U0221641

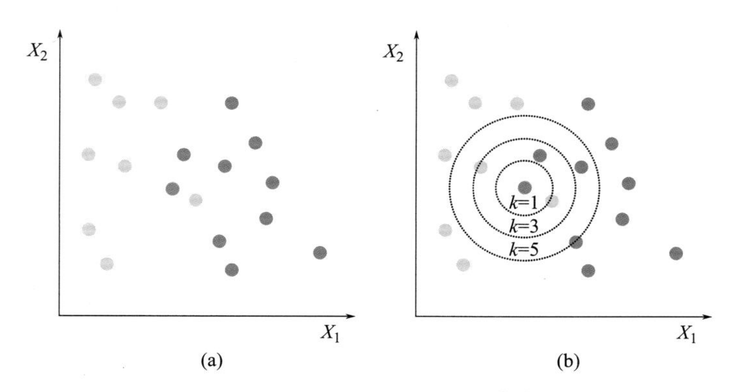

图 3-26　k-最近邻居法原理[49]

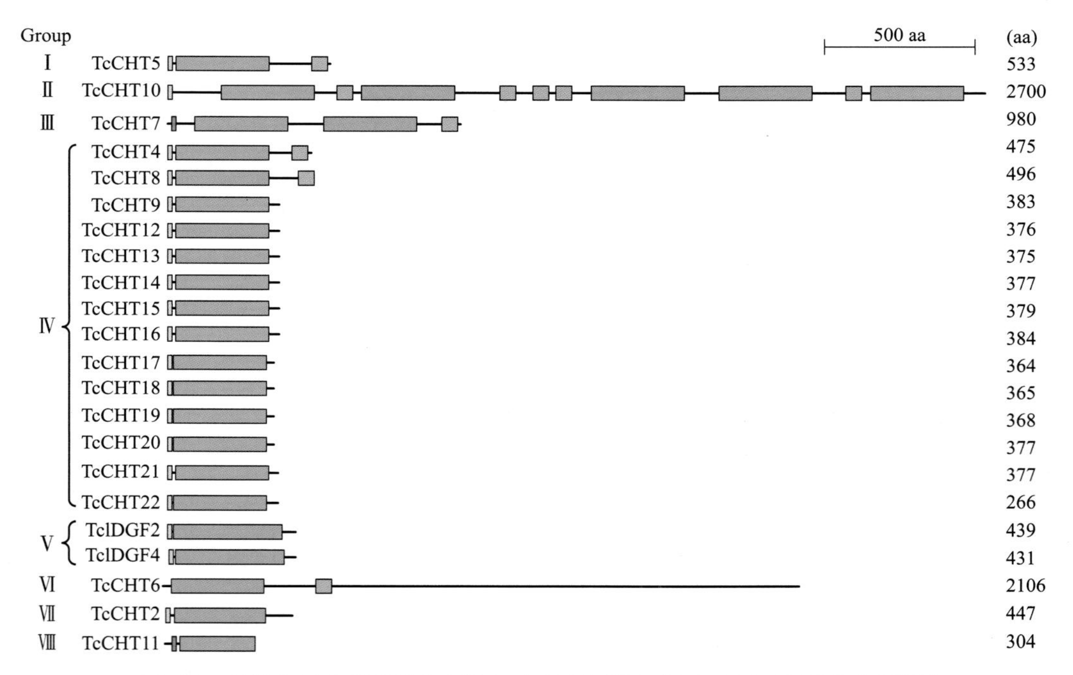

图 3-54　以鞘翅目赤拟谷盗为例的昆虫几丁质酶和类几丁质蛋白酶的分类[104]

蓝色区域—信号肽；粉色区域—催化域；绿色区域—几丁质结合域；红色区域—跨膜区；线条—区域连接

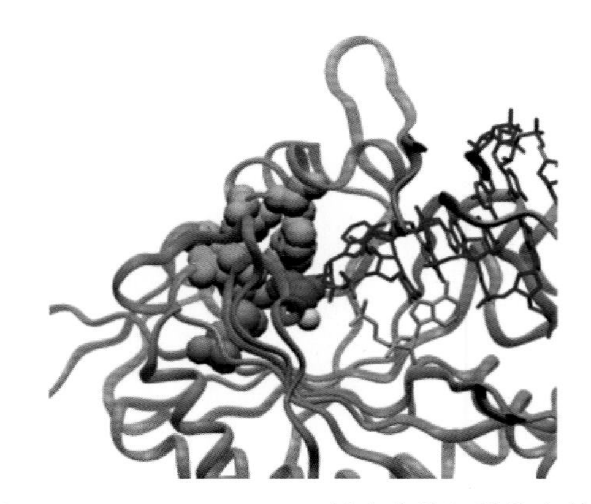

图 3-79　*E. coli* ThrRS 及其底物的活性位点结构

簇 A（Leu493、His307、His309 和 Pro335：橙色；Leu489：绿色；Cys334：紫色）

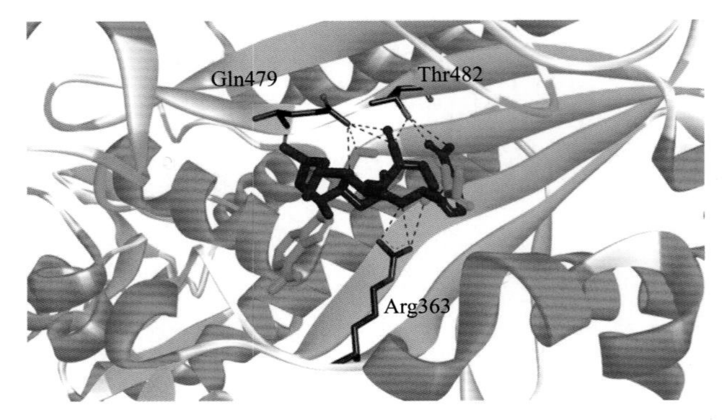

图 3-81　勃利霉素和 ATP 在 ThrRS 中的空间位置

（图中勃利霉素为蓝色，ATP 为绿色，勃利霉素与 ATP 均能形成氢键）

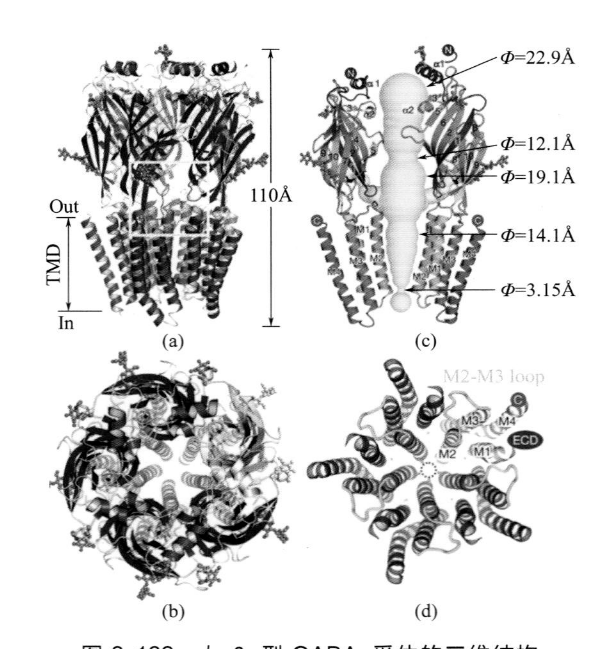

图 3-132　人 β_3型 $GABA_A$受体的三维结构

（a）侧视图（α-螺旋：红色；TM2：青色；β-折叠：蓝色；loop 环：灰色；*N*-连接甘氨酸：橘色球棍显示）；（b）胞外俯视图，一个亚基灰色显示；（c）孔径及拓扑图；（d）五聚体跨膜区的组装方式，M2 与 M3 之间的 loop 用黄色显示[390]

“十三五”国家重点出版物
出版规划项目

中国农药研究与应用全书
Books of Pesticide Research and Application in China

农药创新

Pesticide Innovation

李 忠　邵旭升　主编

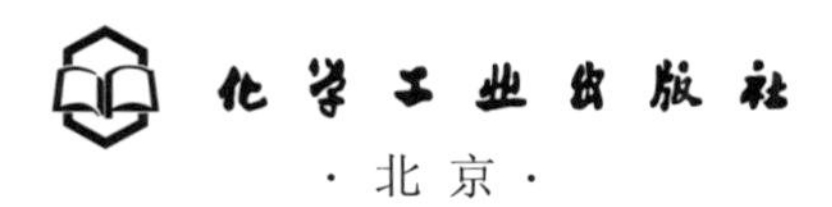

·北京·

本书详细介绍了中国农药创制发展历史、农药创制现状、农药创新体系以及主要农药研发单位等情况，重点介绍了农药筛选、细胞靶标水平测试技术、作用机制研究技术和氟化学技术等农药创新研究新技术，以及类同合成、分子设计和靶标发现等农药创新研究新理论。同时，介绍了中国创制的农药新品种，并介绍了杀线虫药物的研究状况、非农用农药和生物农药等内容。

本书可为从事新农药研究、开发、应用的农林科技人员提供指导和参考，也可供大专院校相关专业师生参考。

图书在版编目（CIP）数据

中国农药研究与应用全书．农药创新/李忠，邵旭升主编．—北京：化学工业出版社，2019.4

ISBN 978-7-122-33892-1

Ⅰ.①中… Ⅱ.①李… ②邵… Ⅲ.①农药-研制-研究-中国 Ⅳ.①S48②TQ450.6

中国版本图书馆CIP数据核字（2019）第028306号

责任编辑：刘　军　冉海滢　张　艳　　文字编辑：向　东　　责任印制：薛　维

责任校对：王素芹　　装帧设计：王晓宇

出版发行：化学工业出版社（北京市东城区青年湖南街13号　邮政编码100011）

印　　装：中煤（北京）印务有限公司

787mm×1092mm　1/16　印张29¼　彩插1　字数718千字　2019年10月北京第1版第1次印刷

购书咨询：010-64518888　　售后服务：010-64518899

网　　址：http：//www.cip.com.cn

凡购买本书，如有缺损质量问题，本社销售中心负责调换。

定　　价：168.00元

《中国农药研究与应用全书》

编辑委员会

本书编写人员名单

主　　编：　李　忠　邵旭升

编写人员：（按姓名汉语拼音排序）

曹晓峰　陈　刚　陈睿嘉　陈信飞　陈修雷
程家高　杜　康　杜少卿　杜瑶瑶　韩　醴
何鲁珏　侯晴晴　胡　建　贾浩武　荆一飞
李久辉　李　威　李晓阳　李　忠　栗广龙
刘鹏建　梅倩倩　乔　治　任　超　邵旭升
沈昱君　谭　都　王福凯　王俊杰　王　蓉
王轶平　吴　桐　须志平　徐　琪　徐晓勇
袁鹏涛　张瑞峰　张　晓　周　聪　周存存
朱　玲

序

农药作为不可或缺的农业生产资料和重要的化工产品组成部分，对于我国农业和大化工实现可持续的健康发展具有举足轻重的意义，在我国农业向现代化迈进的进程中，农药的作用不可替代。

我国的农药工业60多年来飞速地发展，我国现已成为世界农药使用与制造大国，农药创新能力大幅提高。近年来，特别是近十五年来，通过实施国家自然科学基金、公益性行业科研专项、“973”计划和国家科技支撑计划等数百个项目，我国新农药研究与创制取得了丰硕的成果，农药工业获得了长足的发展。“十二五”期间，针对我国农业生产过程中重大病虫草害防治需要，先后创制出四氯虫酰胺、氯氟醚菊酯、噻唑锌、毒氟磷等15个具有自主知识产权的农药（小分子）品种，并已实现工业化生产。5年累计销售收入9.1亿元，累计推广使用面积7800万亩。目前，我国农药科技创新平台已初具规模，农药创制体系形成并稳步发展，我国已经成为世界上第五个具有新农药创制能力的国家。

为加快我国农药行业创新，发展更高效、更环保和更安全的农药，保障粮食安全，进一步促进农药行业和学科之间的交叉融合与协调发展，提升行业原始创新能力，树立绿色农药在保障粮食丰产和作物健康发展中的权威性，加强正能量科普宣传，彰显农药对国民经济发展的贡献和作用，推动农药可持续发展，通过系统总结中国农药工业60多年来新农药研究、创制与应用的新技术、新成果、新方向和新思路，更好解读国务院通过的《农药管理条例（修订草案）》；围绕在全国全面推进实施农药使用量零增长行动方案，加快绿色农药创制，推进绿色防控、科学用药和统防统治，开发出贯彻国家意志和政策导向的农药科学应用技术，不断增加绿色安全农药的生产比例，推动行业的良性发展，真正让公众对农药施用放心，受化学工业出版社的委托，我们组织目前国内农药、植保领域的一线专家学者，编写了本套《中国农药研究与应用全书》（以下简称《全书》）。

《全书》分为八个分册，在强调历史性、阶段性、引领性、创新性，特别是在反映农药研究影响、水平与贡献的前提下，全面系统地介绍了近年来我国农药研究与应用领域，包括新农药创制、农药产业、农药加工、农药残留与分析、农药生态环境风险评估、农药科学使用、农药使用装备与施用、农药管理以及国际贸易等领域所取得的成果与方法，充分反映了当前国际、国内新农药创制与农药使用技术的最新进展。《全书》通过成功案例分析和经验总结，结合国际研究前沿分析对比，详细分析国家“十三五”农药领域的研究趋势和对策，针对解决重大病虫害问题和行业绿色发展需要，对中国农药替代技术和品种深入思考，提出合理化建议。

《全书》以独特的论述体系、编排方式和新颖丰富的内容，进一步开阔教师、学生和产业领域研究人员的视野，提高研究人员理性思考的水平和创新能力，助其高效率地设计与开发出具有自主知识产权的高活性、低残留、对环境友好的新农药品种，创新性地开展绿色、清洁、可持续发展的农药生产工艺，有利于高效率地发挥现有品种的特长，尽量避免和延缓抗性和交互抗性的产生，提高现有农药的应用效率，这将为我国新农药的创制与科学使用农药提供重要的参考价值。

《全书》在顺利入选“十三五”国家重点出版物出版规划项目的同时，获得了国家出版基金项目的重点资助。另外，《全书》还得到了中国工程院绿色农药发展战略咨询项目（2018-XY-32）及国家重点研发计划项目（2018YFD0200100）的支持，这些是对本书系的最大肯定与鼓励。

《全书》的编写得到了农业农村部农药检定所、全国农业技术推广服务中心、中国农药工业协会、中国农业科学院植物保护研究所、贵州大学、华东理工大学、华东师范大学、中国农业大学、上海师范大学、湖南化工研究院等单位的鼎力支持，这里表示衷心的感谢。

宋宝安，钱旭红

2019 年 2 月

前言

在国家的大力支持下，我国农药创新整体水平稳步提升，创制能力及国际影响力大大增强，取得多项具有国际影响力的原创性成果。建立了涵盖分子设计、化学合成、生物测试、靶标发现、产业推进等环节的较完整的农药创制体系，自主创制的病虫草害防治品种开始走向应用，组建了一支绿色农药创制队伍，使中国成为第五个具有创制新农药能力的国家。

农药发展经历了低效高毒→高效高毒→高效低毒→绿色农药的发展过程，现代农药创制更加关注生态安全。生态兴则文明兴，低生态风险的绿色杀虫剂创制是未来发展的方向。针对绿色农药发展，立足我国农药创新现状，在化学工业出版社的支持下，我们编写了《农药创新》，介绍了中国农药创制发展历史、农药创制现状、农药创新体系、主要农药研发单位；重点介绍了农药筛选、细胞靶标水平测试技术、作用机制研究技术和氟化学技术等农药创新研究新技术，以及类同合成、分子设计和靶标发现等农药创新研究新理论。同时还介绍了中国创制的农药新品种、杀线虫药物、非农用农药和生物农药的研究状况。本书力图反映我国目前的农药创新现状和技术，内容丰富，将为农药创制的发展起到积极的促进作用。

全书共分7章。第1章绪论，介绍中国农药创制发展历史、现状、创新体系和主要农药研发机构；第2章主要介绍农药创新技术，包括常规筛选技术、新型筛选技术、细胞水平测试技术、靶标水平测试技术、氟化学技术、作用机制研究新技术及其他新技术；第3章介绍了农药创新理论，包括类同合成、分子设计、靶标发现等；第4章介绍农药创新品种，主要是杀虫剂、杀菌剂和除草剂；第5章介绍农药在工业、花卉、卫生、园林等非农业领域中的应用以及杀线虫药物的研究概况；第6章介绍了生物农药状况；第7章总结了中国农药的发展历程、国内外差距及中国农药未来的发展趋势。

本书编写分工如下：第1章由李忠、邵旭升、陈信飞、刘鹏建和杜康编写；第2章由李忠、邵旭升、程家高、徐晓勇、须志平、朱玲、梅倩倩、侯晴晴、荆一飞、周存存、任超、周聪和沈昱君编写；第3章由李忠、邵旭升、袁鹏涛、何鲁珏、李久辉和王蓉编写；第4章由李忠、邵旭升、李威、陈睿嘉、王福凯和贾浩武编写；第5章由陈刚和陈修雷编写；第6章由李忠、邵旭升、朱玲、袁鹏涛、张晓、王俊杰、王轶平、曹晓峰、张瑞峰、徐琪和乔治编写；第7章由李忠、邵旭升、韩醴、谭都、杜瑶瑶、栗广龙、吴桐、李晓阳、胡建和杜少卿编写，全书最后由李忠和邵旭升统稿。

在编写本书时，力求做到科学性、实用性、操作性强，文字通俗易懂，以便于读者参考应用。 在编写过程中，参考了大量有关文献资料。 另外，本书的编写得到了化学工业出版社、华东理工大学农药学团队等的大力支持。 在此一并致以衷心的感谢。

鉴于本书涉及内容广泛，编撰方式也有一些新的尝试，加之编者水平有限，书中难免有疏漏和不当之处，敬请读者批评指正。

李忠、邵旭升
2019 年 5 月

目录

第1章 绪论

1.1 引言

环境、人口、粮食是21世纪持续发展所面临的三个重大问题，其中人口增长与粮食短缺之间的矛盾更是尤为突出。目前，全球可用耕地面积仅为18.29亿公顷，且由于自然和人为因素，这一数值还在逐年下降。在耕地面积减少的同时，全球人口数量却在不断地增长。联合国的一项人口预测显示：世界人口将在2050年超过90亿，届时的食物需求将会是目前粮食产量的一倍以上。粮食危机已成为当今世界面临的重大挑战，人口的持续增长、食品结构的改变、种植面积及种植结构的变化、可再生的生物质能源用农作物的栽培面积不断扩大，以及水源紧缺、自然灾害、沙漠化、全球气候变化异常等因素，导致粮食供应日趋紧张。因此，如何提高耕地单位面积的产能已经成为国家、政府以及科学家们亟待解决的重大问题。

在粮食生产过程中，病害、虫害、杂草和其他有害生物是影响农作物生产，降低粮食产量和品质的主要因素。据联合国粮食及农业组织（Food and Agriculture Organization of the United Nations，FAO）估计，这些农业有害生物所引起的农产品损失约为世界农业生产量的1/3，其中虫害所引起的损失占12.3%，病害所引起的损失占11.8%，草害所引起的损失占9.7%。故控制病害、虫害、杂草和其他有害生物的发生发展是提高粮食产量和质量的关键，而农药正是实现这一目标的重要“武器”。农药的使用不但可挽回作物的损失，提高经济效益，还可以节省劳动力，降低生产成本。

农药是现代农业、生态保护和卫生防护不可缺少的药剂。农药的创新和应用与生态保护、粮食安全、食品安全等息息相关，不仅影响着化学工业和农业动植物保护产业的竞争力，也影响着人民生活，牵动着千家万户的注意力，是建设美丽中国和生态文明需要直接面对的重大产业发展和民生改善的关键问题之一。由于科技的进步，现代农药已经进入超高效、低用量、无公害的绿色农药时代，新的种植形态和生态理念对农药发展及其应用提出了更高的要求。美国、日本、德国、瑞士、英国、法国等发达国家，在农药的创新能力、产业发展水平、应用水平方面处于世界的领先地位。

新农药创制耗资、风险大。用传统随机合成筛选方法研制一种新农药，成功率约为1/200000，平均花费10～12年时间，耗资高达2亿～4亿美元。农药创制是跨国公司全球竞争的焦点，通过兼并与重组，充分利用技术、资金、人才和市场的优势，长期以来，形成了先正达（Syngenta，瑞士）、拜耳（Bayer，德国）、巴斯夫（BASF，德国）、陶农科（Dow AgroScience，美国）、孟山都（Monsanto，美国）和杜邦（Dupont，美国）六大集团公司引领国际农药发展的局面。2018年，欧盟反垄断部门批准了德国拜耳以625亿美元收购美国农业生物技术公司孟山都，意味着继陶氏与杜邦合并、中国化工收购先正达后，全球农化行业向三巨头争霸格局又迈进了最为关键的一步。

农药创新和应用研究具有长周期性、基础性、高度学科交叉性和公益性。农药与医药相近，又远甚于医药的生态影响广泛性和复杂性，农药发展对医药的发展又具有一定的推动和补充作用。发达国家的医药和农药，往往能通过跨国公司的链条，以生命事业部等产业管理形式有效地整合在一起。

我国农药研究相对落后于发达国家，研究经费、人力投入等与医药相比投入较少，研究人员和产业的积极性相对较低，国内农药企业的创新能力弱，长期处于技术和产业的低端。近年来，在国家“973”计划、“863”计划、支撑计划的支持下，我国农药的创新能力有所加强，产业发展水平和应用水平有所提高，创制能力及国际影响力大大增强。我国建立了涵盖分子设计、化学合成、生物测试、靶标发现、产业推进等环节的较完整的农药创制体系，自主创制的病虫草害防治品种开始走向应用，组建了一支绿色农药创制队伍，进一步发展和完善了我国绿色农药创新研究体系，提升了我国的创新能力，使我国成为第五个具有独立创制新农药能力的国家。

基因技术、分子生物学、结构生物学等生物学技术的发展为未来杀虫剂的创制提供了更大的机遇和平台。其他学科的发展渗入到新农药创制的研究中，如化学、物理学、计算机和信息科学等学科与农药研究的交叉和渗透；生命科学前沿技术如基因组、功能基因组、蛋白质组和生物信息学等，与农药创制研究紧密结合，促进农药筛选平台、新先导化合物发现和新型药物靶标验证等的快速发展。

现代农药创制更加关注生态安全，低生态风险的绿色杀虫剂创制是未来发展的方向，未来农药要符合活性高、选择性高、农作物无药害、无残留、制备工艺绿色的特点。未来农药的创制不是单一学科能够完成的，需要多学科的集成，是一个非常复杂的系统工程，需要包括生物、化学、生态、环境、毒理、经济、市场等多个学科的共同努力。

1.2 中国农药创制发展历史

1.2.1 中国农药创新起源

我国是使用农药最早的国家之一，有着十分悠久的历史。据记载，在公元前7～公元前5世纪，即用牡鞠、莽草、蜃炭灰等灭杀害虫；在公元前4～公元前3世纪，《山海经》中记载用含砷矿物毒鼠；在公元前32～公元前7年，《记胜之书》中谈及用附子、干艾等植物防虫及储存种子等；到公元200～251年，东汉用炼丹术制造白砒；在659年，《唐本草》中记载了用硫黄杀虫、治疥。在唐代，有用砷化物防治庭园害虫；在明代，李时珍的《本草纲目》中更是介绍了不少杀虫物质，如砒石、雄黄、百部、藜芦等；而在宋应星的《天工开物》中记述了用砒石防治地下害虫、田鼠及水稻害虫。以后，又有用烟草、除虫菊、鱼藨等除虫的记录。

到 1930 年，中国浙江省植物病虫防治所建立了药剂研究室，这是中国最早的农药研究机构。到 1935 年，中国开始使用农药防治棉花、蔬菜蚜虫。1943 年，在四川重庆市江北建立了中国首家农药厂。但在 1949 年以前，主要使用无机农药，所生产的也是一些含砷无机化合物及植物性农药。到 1946 年，开始小规模生产滴滴涕[1]。

中华人民共和国建立后，中国农药工业才得以发展。在 1950 年开始生产六六六，并于 1951 年首次用飞机喷洒滴滴涕灭蚊、喷洒六六六治蝗。自 1957 年中国建成了第一家有机磷杀虫剂生产厂——天津农药厂后，开始了有机磷农药对硫磷（1605）、内吸磷（1059）、甲拌磷、敌百虫等农药的生产。在 20 世纪 60～70 年代，主要发展有机氯、有机磷和氨基甲酸酯类杀虫剂品种。

中国的农药创制是来自农业生产的需要，市场的需求是创制的原动力。防治病害的迫切性引起各级政府和国内各专业科研单位的高度重视。农业部门提出中国十大难治病害［水稻稻瘟病、纹枯病、白叶枯病，小麦条锈病，棉花黄萎病、枯萎病，玉米大小斑病，甘薯黑斑病，柑橘黄龙病（即溃疡病），苹果腐烂病］并在国内各科研和高校组织技术攻关。

20 世纪 70 年代是我国农药创制的上升阶段，取得不少成果。当时中国科学院上海有机化学研究所梅斌夫先生研发出乙基大蒜素，该药对甘薯黑斑病有很好的防治效果[2]。上海市农药研究所沈寅初先生研制出抗生素井冈霉素（validamycin A）。井冈霉素是一株在井冈山地区发现的微生物菌株所产生的农用抗生素。25 年来，井冈霉素经久不衰，已成为我国家喻户晓的生物农药，为我国水稻高产稳产做出了重大贡献。近 10 年来，我国井冈霉素的年产量稳定在 30000～40000t 之间（以 5%制剂计），供 0.1 亿～0.13 亿公顷稻田防治纹枯病使用。根据广东地区 53.3hm^2 稻田测产结果，使用井冈霉素以挽回粮食损失 36.5kg·亩$^{-1}$（1 亩＝666.7m^2）计算，每年可挽回稻谷损失约 500 万吨以上[3]。该药对防治水稻纹枯病做出重大贡献，具有高效性、持效长、内吸性和治疗作用、毒性低、对环境安全和成本低廉等优点。通过实验室驯化和突变纹枯病菌的抗性品系，发现其对井冈霉素的敏感性没有显著改变。从长期用药地区的水稻田中采集纹枯病菌测定对井冈霉素的敏感性，也没有改变。结合有关文献报道，至今尚没有发现水稻纹枯病菌对井冈霉素发生抗药性。据报道，环孢霉素（cyclosporine）和多菌灵（carbendazim）对其他病原菌已有抗药性发生[4]，但没有发现纹枯病对它们有抗药性。长期用于水稻纹枯病防治的甲基胂酸锌（稻脚青）、田安等药剂也未发现抗药性的报道。井冈霉素对纹枯病没有杀死作用，它使纹枯病菌丝体形成不正常分枝而影响纹枯病菌的致病力[5]。井冈霉素本身对抗性菌株没有筛选作用，一旦井冈霉素的作用消失，纹枯病菌仍能恢复正常生长。即使在纹枯病菌群体中出现少量抗性菌株，也很难因药物的筛选作用而使整个群体成为抗性群体。

沈阳化工研究院有限公司（以下简称沈阳化工研究院或沈阳院）张少铭研发出多菌灵，多菌灵的出现在中国杀菌剂发展史上具有重要的意义。多菌灵是内吸性杀菌剂，国际上内吸性的概念出现在 20 世纪 60 年代中后期，沈阳院 1969 年合成并筛选出多菌灵，1971 年完成中试，1973 年生产，比德国 BASF 公司至少早两年。多菌灵首先在防治小麦赤霉病中发挥重大作用，20 世纪 70 年代长江中、下游小麦赤霉病极其严重，感病麦粒会引起人畜中毒，当时农业上无药可用，多菌灵的出现解决了该病的防治难题。此外，多菌灵对粮食作物、蔬菜、果树和多种经济作物的病害均有良好的防效。该时期，贵州化工研究院曹素芸、郭文松、唐太斌、段成刚及其同事研发出杀虫双，并通过优化生产工艺，使其发展成为我国最大吨位的农药品种，在防治水稻螟虫上发挥重大作用。水稻是我国人民的主要口粮，而螟虫又是水稻最严重的害虫之一，到目前为止，杀虫双仍然是防治水稻螟虫的重要品种。

1.2.2 中国农药创新发展

改革开放初期，国家百废待兴，资金紧张。即使如此，国家仍然拿出不少资金建立国家农药创制体系。“九五”期间，国家计委提供五千万元人民币给沈阳化工研究院和南开大学建立北方农药工程中心；国家科技部提供超过一亿元的资金在上海市农药研究所、江苏省农药研究所、浙江省化工研究院和湖南化工研究院帮助建立南方农药创制中心。同时，国家一直将农药创制列入国家“九五”“十五”科技攻关和“十一五”科技支撑项目的重要课题，可以说农药创制正是在国家给予巨大的支持和帮助下，取得了显著的成果。

20 世纪 70 年代后期到 80 年代，高效、安全的农药新品种不断开发出来。1983 年，高残留有机氯杀虫剂六六六、滴滴涕停止生产，取而代之的是有机磷、氨基甲酸酯和拟除虫菊酯类等杀虫剂；甲霜灵、三唑酮、三环唑、代森锰锌、百菌清等高效杀菌剂也相继投产，有效地控制了水稻、小麦、棉花、蔬菜、果树等各种作物上的多种病害；除草剂的用量也在迅速增加，丁草胺、灭草丹、绿麦隆、草甘膦、灭草松及磺酰脲类除草剂也投入了市场。

以沈阳院为例，其农药专业建立于 20 世纪 50 年代中期，是中国最早的农药专业研究机构之一，王大翔先生是沈阳院农药专业的奠基人[6]。沈阳院先后开发了多项农药生产技术，70 年代末建立了化学合成、生物测定、剂型加工和急性毒性试验等专业，并建立了国家农药信息中心和国家农药质量监测中心。20 世纪 80 年代王大翔先生利用联合国工业发展组织援建项目和英国政府的特殊捐款开始建立农药安全评价中心。中心自 1980 年立项到 1997 年正常运转，前后花了十七年，历尽艰辛。90 年代中期开始创制人员队伍建设，特别是学科带头人的配置。沈阳院陆续从南京、广州等地引进一批博士，同时派研究人员到国外学习进修，增强了生物活性测定和安全性评价的实力。

疫病和霜霉病导致葡萄、马铃薯、番茄等作物严重减产，重发年份甚至绝产绝收。传统防治卵菌纲病害的杀菌剂由于抗性的发展，不能有效控制由卵菌纲引起的病害。对此，沈阳院刘长令等创制了一种新型内吸性杀菌剂——氟吗啉[7]。氟吗啉（flumorph）开发于 1994 年，是中国第一个实现工业化、具有自主知识产权的含氟杀菌剂[8]，实现了中国具有自主知识产权的农药品种产业化零的突破。氟吗啉的研发为中国新农药创制起到了良好的促进作用。由于卵菌纲病原菌属于气传性病害，以往治疗这些病虫害所需要的农药主要依赖进口。中国仅蔬菜、瓜果等经济作物上霜霉病和疫病的防治费用每年就高达 8 亿元人民币，约占杀菌剂市场总用药费用的 30%。而高效杀菌剂氟吗啉的成功研制和推广使用，结束了中国此类农药长期依靠进口的历史。目前，氟吗啉主要应用于农民大棚蔬菜的防病治病，每年可为国家节约成本 10 多亿元[9]。

继氟吗啉之后，沈阳化工研究院的研发重点转移到甲氧基丙烯酸酯类杀菌剂的创制上[10]。以 strobilurin 为先导化合物[11]，在生物电子等排理论的指导下，通过结构修饰，

1997年发现了烯肟菌酯（enestroburin）[12]。自1998年开始对烯肟菌酯进行合成工艺、生物学、毒理学及制剂工艺的系统性研究开发工作；2003年在布莱顿植物保护会议及第十五届国际植保大会上报道了该化合物及其杀菌活性；2002年完成原药及25%EC临时登记进入中国市场，先后在黄瓜霜霉病、葡萄霜霉病、苹果斑点落叶病和小麦赤霉病上获得登记。烯肟菌酯对由结合菌、子囊菌、担子菌及半知菌引起的大多数植物病害均有很好的防治作用，能有效地控制黄瓜霜霉病、白菜霜霉病、葡萄霜霉病、马铃薯晚疫病、苹果斑点落叶病、梨黑星病等重要病害的发生与危害。烯肟菌酯与甲霜灵、烯酰吗啉、腐霉利、三唑酮等常规药剂无交互抗性。烯肟菌酯对试验作物安全，有促进植株生长和改善作物品质的作用，是与环境相容性良好的一类新型农药，符合高效、低毒、与环境友好的新农药发展方向。

烯肟菌胺（SYP-1620）是沈阳化工研究院以天然抗生素strobilurin为先导化合物最新开发的甲氧基丙烯酸酯类高效农用杀菌剂，目前已获得中国发明专利[13]。其作用机理是通过阻止细胞色素b和c_1之间的电子传导而抑制线粒体的呼吸作用，可以有效地防治对其他杀菌剂产生抗性的病原菌系列。烯肟菌胺杀菌谱广、杀菌活性高、具有保护及治疗作用，与环境生物具有良好的相容性，属低毒农药，无致癌、致畸作用，无抗药性[14]。对由鞭毛菌、结合菌、子囊菌、担子菌及半知菌引起的多种植物病害具有良好的防治效果，并能提高作物产量，改善产品品质。室内及田间生物活性研究结果表明：烯肟菌胺对瓜类、小麦等作物的白粉病、黄瓜霜霉病、番茄叶霉病、番茄晚疫病、小麦锈病、苹果斑点落叶病有优异的防治效果。

目前除原药获得临时登记（LS20041760）外，5%烯肟菌胺乳油（商品名“高扑”）已在小麦白粉病、小麦锈病及黄瓜白粉病上获得临时登记（LS20041761），并在防治小麦赤霉病、水稻稻瘟病等多种病害的田间试验中取得成功；复配剂有20%戊唑醇·烯肟菌胺胶悬剂（1∶1）（LS20060065，商品名：爱可），登记防治小麦锈病；对20%烯肟菌胺悬浮剂配方也进行了研究。该品种已获中国发明专利授权（ZL 98113756.3）。

啶菌噁唑是沈阳化工研究院于1997年发现的异噁唑啉类化合物，试验代号SYP-Z048[15]。该化合物的发明于2002年9月25日获得中国专利（专利号为ZL99113093.6），其生物活性由沈阳化工研究院农药生物测定中心经过温室内的普筛、粗筛和复筛给予肯定，又经过大面积、多布点的田间药效试验进一步证实，啶菌噁唑是具有全新作用机制的农用杀菌剂。1998年开始进行工艺研究及相关的系统研究，先后被列为国家“九五”及“十五”重点科技攻关课题。目前，已经在沈阳化工研究院试验厂二分厂实现产业化，年生产规模原药为100t，制剂为400t。啶菌噁唑低毒、低残留、对环境友好；活性高、杀菌谱广，兼有保护和治疗作用，可有效防治黄瓜、番茄、韭菜、草莓等蔬菜、水果的灰霉病，番茄叶霉病，小麦、黄瓜白粉病，黄瓜、梨黑星病，苹果斑点落叶病，花生叶斑病，花生褐斑病，水稻稻瘟病等[16]，尤其是对植物灰霉病具有特殊的疗效，防治效果好于目前市场上推广和使用的各种常规药剂，田间有效使用剂量为125～200g·hm^{-2}。啶菌噁唑的创制及其成功的产业化，不仅仅是创制了一个具有自主知识产权的农药新品种，更重要的是实现了先导化合物的发明及其合成工艺的创新，开辟了灰霉病防治的新领域，为农用杀菌剂市场增添了一个优秀品种，标志着我国农药创制已开始尝试先导设计并取得理想的结果。

到2000年底，沈阳化工研究院创制出氟吗啉、烯肟菌酯、烯肟菌胺和啶菌噁唑等新品种。应用试验证明，这些药剂具有良好的防治效果，在2001年全国农药交流会上，农业部农药检定所公布的92个试验样品（按实验效果好坏国内外统一排队）中，上述几个品种均名列前茅，其中烯肟菌酯和烯肟菌胺实验效果与国外同类产品嘧菌酯和醚菌酯相当！

在1980～2000年间，农药产品转型升级的途径体现在3个方面：现有产品的改造和革新；专利即将过期农药的研发；新农药的创制。在新农药的创制方面，据不完全统计，从“七五”（1985～1989年）以来，我国创制并已登记或生产的农药品种有50个，其中杀虫剂14个，占28%，杀菌剂25个，占50%，除草剂8个，占16%，植物生长调节剂3个，占6%。“七五”期间创制1个，占2%，“八五”“九五”（1990～1999年）期间创制21个，占42%。“十五”以后创制的28个，占56%。

1.2.3 中国农药创制现状

中国农药的创制研究历史很久，但真正给予高度重视是从“九五”开始，在此期间先后重点投资建立了农药国家工程研究中心和国家南方农药创制中心。农药国家工程研究中心由沈阳化工研究院和南开大学组成，国家南方农药创制中心是分别依托上海市农药研究所、江苏省农药研究所、湖南化工研究院和浙江省化工研究院的上海、江苏、湖南及浙江新农药创制基地。此外，另有一批大专院校、研究院所也在从事农药创制研究。如中国农业大学、贵州大学、华中师范大学、中国农业科学院植物保护研究所、华东理工大学、华南农业大学、西北农林科技大学、中国科学院大连物理化学研究所、中国科学院上海有机化学研究所等。目前，中国已经基本上具备了从化合物合成、生物活性评价、剂型加工、农药安全评价到农药新品种市场评估的新农药创制体系[17]，实现全产业链一体化创新。

经过几十年的努力，我国农药工业已形成了一个协同发展的体系，从活性结构的合成筛选、田间效应、环境评价、制剂加工、安全性评价到生产工艺设计等，形成了一支研究、生产、应用、监测和销售的队伍。农药产品不仅能满足国内需要，并且打入了国际市场。

但是，跟先进国家相比，我国的农药工业还比较落后，品种比较单一，且大多数农药为仿制产品。另外，在农药质量及加工上也需进一步努力加以改善。为了保证我国农药工业的发展，保持发展后劲，国家已把农药作为我国化工发展的重点工程之一，并通过与国外的交流，引进国外先进技术，以加速我国农药工业的发展。

1.2.3.1 杀虫剂工业现状

在杀虫剂方面，截止到2018年，全国共创制出多个具有自主知识产权的杀虫剂品种，2001年，江苏农药研究所和大连瑞泽分别创制出呋喃虫酰肼（fufenozide）和丁虫腈（flufiprole）。2003年，湖南化工研究院科研人员经过不懈努力研制出了氯溴虫腈（bromchlorfenapyr）。2004年，华东理工大学李忠团队研制出超高效的新烟碱杀虫剂哌虫啶（paichongding）。到了2008年，全国杀虫剂的研制更是百花齐放，江苏扬农、华东理工大学、南开大学和沈阳化工研究院分别研制出氯氟醚菊酯（meperfluthrin）、环氧虫啶（cycloxaprid）、叔肟虫脲（NK-17）和嘧螨胺（pyriminostrobin）。

（1）呋喃虫酰肼　呋喃虫酰肼为江苏省农药研究所股份有限公司创制的新杀虫剂，属双酰肼类昆虫生长调节剂，以胃毒作用为主，有一定的触杀作用，无内吸性。结构式如下：

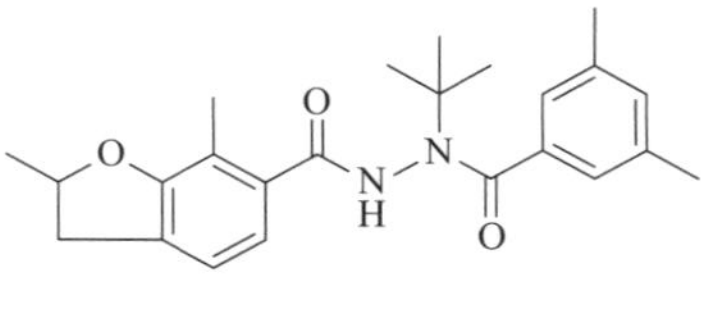

O N H N O

作用机理为使昆虫产生类似蜕皮甾酮过剩的症状，刺激昆虫蜕皮，对各龄幼虫均有作用。幼虫取食后4～16h开始停止取食，虫体萎缩并卷曲，随后开始蜕皮，24h后，中毒幼虫的头壳早熟开裂，蜕皮过程停止，头壳裂开露出表皮，没有鞣化和硬化的新头壳，经常形成“双头囊”，不表现出蜕皮或蜕皮失败，直肠突出，血淋巴和蜕皮液流失，末龄幼虫则形成幼虫-蛹的中间态等。中毒害虫表现为幼虫头部与胸部之间具有淡色间隔。与有机磷、拟除虫菊酯类无交互抗性。

按我国农药毒性分级标准，呋喃虫酰肼为微毒杀虫剂。雄性大鼠急性经口 $LD_{50}>5000mg\cdot kg^{-1}$；雌性大鼠急性经口 $LD_{50}>5000mg\cdot kg^{-1}$；雄性大鼠经皮 $LD_{50}>5000mg\cdot kg^{-1}$；雌性大鼠经皮 $LD_{50}>5000mg\cdot kg^{-1}$；对眼无刺激性，对皮肤无刺激性。对鱼、蜜蜂、鹌鹑等四种环境生物均为低毒，对家蚕高毒；对蜜蜂低风险、对家蚕极高风险，桑园附近严禁使用[18]。斑马鱼 LC_{50}（96h）为 $48mg\cdot L^{-1}$，蜜蜂 LC_{50}（48h）$>500mg\cdot L^{-1}$，鹌鹑 LD_{50}（7d）$>5000mg\cdot kg^{-1}$体重，家蚕 LC_{50}（2龄）为 $0.7mg\cdot kg^{-1}$桑叶。

对鳞翅目害虫如甜菜夜蛾、菜青虫、黏虫、玉米螟、稻纵卷叶螟等均有良好的防治效果。亩用呋喃虫酰肼4～8g可有效控制甜菜夜蛾、斜纹夜蛾、菜青虫、稻纵卷叶螟等的危害。

（2）环氧虫啶（cycloxaprid） 环氧虫啶是由华东理工大学开发的一种顺式氧桥杂环结构的新烟碱类杀虫剂。该杀虫剂的作用机理与传统新烟碱类杀虫剂有所不同。环氧虫啶对半翅目的稻飞虱（褐飞虱、白背飞虱、灰飞虱）、蚜虫（麦蚜、棉蚜、苜蓿蚜、甘蓝蚜虫）等害虫有高杀虫活性，对鳞翅目类害虫如稻纵卷叶螟、黏虫和小菜蛾等有一定的杀虫效果。由于其独特的作用机理，环氧虫啶对室内抗噻虫嗪的B型烟粉虱成虫、抗吡虫啉的褐飞虱、抗吡虫啉的B型和Q型烟粉虱具有显著的高活性。因此，在实际生产应用中，环氧虫啶可考虑作为吡虫啉等新烟碱类杀虫剂抗性治理的替代品种。其结构式如下：

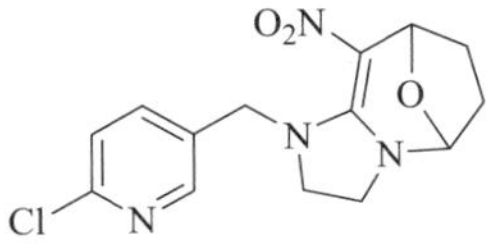

研究表明，环氧虫啶对哺乳动物的急性毒性为低毒。对非靶标生物如水蚤类、鱼类、藻类、土壤微生物和其他植物影响甚微；对鸟类和家蚕毒性高；24h内环氧虫啶对蜜蜂的安全性要明显高于呋虫胺和吡虫啉，48h的测试安全性也明显高于吡虫啉。

多年、多地连续的田间药效试验结果表明，环氧虫啶能够有效地防治水稻稻飞虱，防效略优于吡虫啉、噻嗪酮，该药在试验剂量范围内对水稻安全，试验中未见有药害发生，对水稻害虫天敌等有益生物也未见明显影响[19]。

1.2.3.2 杀菌剂工业现状

纵观世界农药市场，由于转基因作物的迅速发展，导致化学农药在近5年中连续出现了负增长。但是，杀菌剂却在当今低迷的农药市场中稳步增长。中国现有农药生产企业2000余家，年产杀菌剂4.1万吨，占农药产量的10.4%。产量比较大的品种有代森锰锌、多菌灵、福美双、三唑酮及百菌清。与国外相比，中国农药存在着企业规模小、过于分散、农药品种老化、新品种匮乏等诸多问题。但随着人们对创制研究的重视，中国也有了具有自主知识产权的杀菌剂品种，如氟吗啉、消菌灵等。另外，一些较新杀菌剂仿制品种的生产和使用也呈现上升趋势，如腈菌唑、戊唑醇、丙环唑等品种的产量和使用面积都在逐年上升。

在杀菌剂研制方面，贵州大学、沈阳化工研究院等做出了杰出的贡献。20 世纪 90 年代的啶菌噁唑（pyrisoxazole）、烯肟菌酯（enestroburin）、氟吗啉（flumorph）和烯肟菌胺（fenaminstrobin），到 2000 年后的丁香菌酯（coumoxystrobin）、唑菌酯（pyraoxystrobin）、唑胺菌酯（pyrametostrobin）和氯啶菌酯（triclopyricarb），撑起了中国杀菌剂创制的半边天[20]。江苏农药研究所创制出氰烯菌酯、中国农业大学创制出丁吡吗啉、南开大学创制出甲噻诱胺、华中师范大学创制出苯噻菌酯和贵州大学创制出毒氟磷、甲磺酰菌唑、氟苄噁唑砜和香草硫缩病醚等新杀菌剂和免疫诱导剂，在农药创制中做出了杰出的贡献。

研究开发的新品种主要有以下几种。

（1）毒氟磷　毒氟磷是由贵州大学宋宝安院士课题组通过将绵羊体内的一种化合物——α-氨基磷酸酯作为先导，最终研究开发出的一种生物源抗病毒药剂，随后贵州大学于 2007 年 12 月 21 日将与其相关的技术成果转让于广西田园生化股份有限公司。毒氟磷对烟草、黄瓜、番茄等病毒病、水稻黑条萎缩病等有良好的防治效果。其中，毒氟磷对烟草花叶病毒的防效作用与宁南霉素相当。毒氟磷的合成工艺较为简单、成本低，药效好，具有良好的应用前景。在药效试验过程中，经研究发现：10％的毒氟磷乳油与 30％的毒氟磷可湿性粉剂的药效要高于宁南霉素。该品种是国际首个免疫诱抗型农作物病毒病害调控剂，对环境友好，符合绿色农药开发思路。

毒氟磷是一种诱导植物产生抗病免疫激活的抗病毒剂。对黄瓜花叶病毒（cucumber mosaic virus，CMV）等病毒侵染所引起的病毒病具有良好的防治效果。毒氟磷可提高植物寄主体内水杨酸（salicylic acid，SA）含量，诱导植物病程相关蛋白（pathogensis related protein，PR）、防御酶、植保素等防御物质的基因表达、促进双子叶植物和单子叶植物产生系统性获得性抗性（systemic acquired resistance，SAR），从而限制病毒的增殖和复制。

（2）氟吗啉（flumorph）　氟吗啉（试验代号：SYP-L190）为吗啉类杀菌剂。化学名称：4-[3-(3,4-二甲氧基苯基)-3-(4-氟苯基)丙烯酰]吗啉，含有顺反异构，结构式如下：

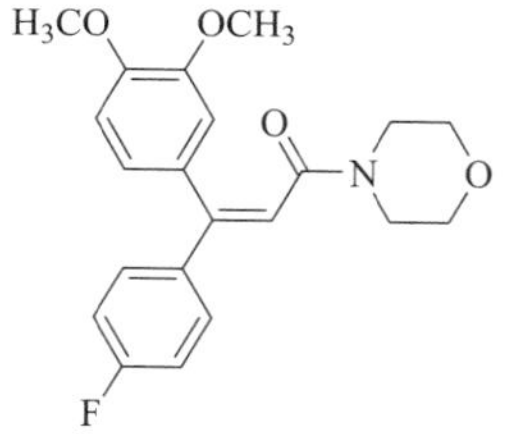

氟吗啉是由沈阳化工研究院李宗成和刘长令等于 1994 年创制的一种新型内吸性杀菌剂，主要用于防治霜霉病和疫霉属病害，尤其适用于防治抗性病害。氟吗啉已获中国和美国发明专利（中国专利号：ZL96115551.5，美国专利号：US6020332），并于 1999 年商品化。氟吗啉是我国第一个实现工业化的、具有自主知识产权的农药品种，也是我国第一个创制的农用含氟杀菌剂。氟吗啉于 1999 年通过了辽宁省科委技术鉴定，获沈阳市十大科技成果奖（2000 年）、第七届中国发明专利奖金奖（2001 年）、中国石油和化学工业技术发明奖一等奖（2001 年）等奖励。

多年的国内外室内生测结果、大量的田间试验结果、各种毒性试验结果以及农户应用信息反馈表明，氟吗啉具有活性高、毒性低、治疗及保护活性兼备、抗性风险低、对作物和人类及环境安全、持效期长、用药次数少、农用成本低、增产效果好等显著特点。氟吗啉主要用于防治卵菌纲病原菌产生的病害如霜霉病、晚疫病、霜疫病等，具体的如黄瓜霜霉病、葡萄霜霉病、白菜霜霉病、番茄晚疫病、马铃薯晚疫病、辣椒疫病、荔枝霜疫病、大豆疫霉根腐病等；卵菌纲病原菌危害的植物如葡萄、板蓝根、烟草、啤酒花、谷子、花生、大豆、马铃薯、番茄、黄瓜、白菜、南瓜、甘蓝、甜菜、大蒜、大葱、辣椒及其他蔬菜，橡胶、柑橘、鳄梨、菠萝、荔枝、可可及玫瑰、麝香石竹等观赏植物[21]。

氟吗啉与代森锰锌的混剂（60%可湿性粉剂）已上市，混剂氟吗啉和百菌清（烟剂）、混剂氟吗啉与乙磷铝（可湿性粉剂、水分散颗粒剂）都具有很好的增效作用。氟吗啉和噁唑菌酮可制成乳剂、悬浮剂、可湿性粉剂等，用于作物、蔬菜、果树均有良好的杀菌效果。

(3) 烯肟菌酯（enestroburin） 烯肟菌酯，属甲氧基丙烯酸酯类杀菌剂，化学名称：2-[[[[4-(氯苯基)-丁-3-烯-2-基]亚甲基]甲基]苯基]-3-甲氧基丙烯酸甲酯，结构式如下：

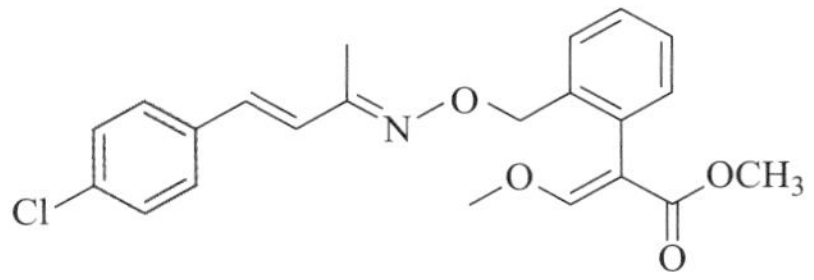

烯肟菌酯由沈阳化工研究院1997年发现，是中国开发的第一个以天然抗生素strobilurin为先导化合物的新型杀菌剂品种。目前已获得了中国（ZL98113756.3）、美国（US1060139）、日本（JP11315057）和欧洲（EP936213）发明专利，2002年完成原药临时登记进入中国市场。其作用机理是通过与细胞色素 bc_1 复合体结合，抑制线粒体的电子传递，进而破坏病菌能量合成而起到杀菌作用。烯肟菌酯与丙硫菌唑混配在小麦病害的综合防治上具有很好的应用前景[22]。目前登记的防治对象有：黄瓜霜霉病（25%烯肟菌酯乳油），葡萄霜霉病（25%烯肟菌酯+霜脲氰可湿性粉剂）、苹果斑点落叶病（18%烯肟菌酯+氟环唑悬浮剂）和小麦赤霉病（28%烯肟菌酯+多菌灵可湿性粉剂），与苯基酰胺杀菌剂无交互抗性。田间使用剂量为50～200g有效成分·hm^{-2}，是具有广阔应用前景的杀菌剂新品种。

(4) 啶菌噁唑 啶菌噁唑（试验代号：SYP-Z048）属吡啶噁唑啉类杀菌剂，化学名称：*N*-甲基-3-(4-氯)苯基-5-甲基-5-吡啶-3-基-噁唑啉。结构式如下：

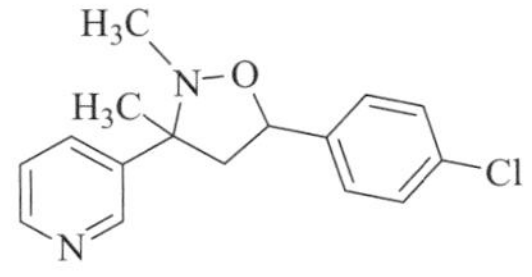

能量抑制剂即线粒体电子传递抑制剂，对复合体Ⅲ中细胞色素c的氧化还原有抑制作用，具有保护、治疗、铲除、渗透、内吸活性，与苯基酰胺类杀菌剂无交互抗性。适宜作物有小麦、大麦、豌豆、甜菜、油菜、葡萄、马铃薯、瓜类、辣椒、番茄等。主要用于防治子囊菌纲、担子菌纲、卵菌亚纲中的重要病害，如白粉病、锈病、颖枯病、网斑病、霜霉病、晚疫病等。

通常推荐使用剂量为50～280g(a.i.)·hm^{-2}。禾谷类作物最大用量为280g(a.i.)·hm^{-2}。防治葡萄霜霉病施用剂量为50～100g(a.i.)·hm^{-2}；防治马铃薯、番茄晚疫病施用剂量为100～200g(a.i.)·hm^{-2}；防治小麦颖枯病、网斑病、白粉病、锈病施用剂量为150～200g(a.i.)·hm^{-2}，与氟硅唑混用效果更好。对瓜类霜霉病、辣椒疫病等也有优良的活性[23]。

（5）磷氮霉素　磷氮霉素英文名 phosphazomycin。研究表明，其系列化合物平面化学结构包括 α、β-不饱和 δ-内酯、磷酸酯、共轭二烯和环已烷环等，组分间化学结构仅在母环上所接 R 基团有所区别，分子量大多在 600～700 之间，抑菌活性基本相同。其结构式如下：

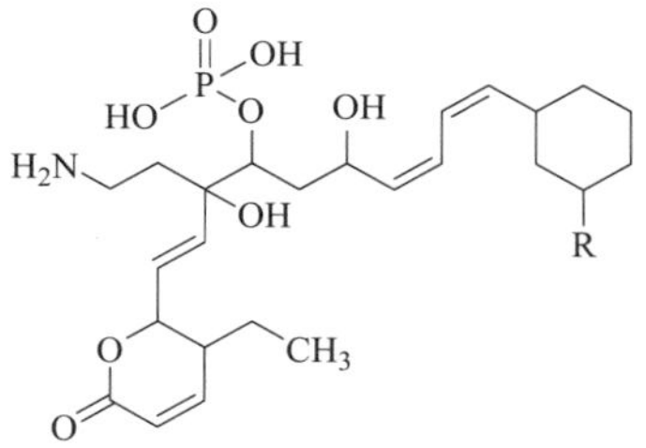

磷氮霉素是由放线菌产生的一类结构独特的聚酮类抗生素，具有抗作物病原真菌、抗肿瘤和抗病毒活性。PLMs 是丝氨酸/苏氨酸蛋白磷酸化酶的高效选择性抑制剂，有发展成为抗肿瘤先导化合物或抗真菌生物农药的潜力[24]。国家南方农药创制中心上海基地在创制农药筛选中发现活性菌株，经发酵、吸附、提取等手段得到的活性化合物，对多种植物病原菌有显著的抗菌活性，尤其是对灰霉病有很好的防治作用，最低抑菌浓度小于 $2mg \cdot L^{-1}$，对多菌灵的抗性及敏感菌均有良好的防效。

（6）氨基寡糖素　氨基寡糖素是抗病活化剂，来源于天然高分子化合物——甲壳质，甲壳质广泛存在于自然界，经脱乙酰化处理产生壳聚糖，再降解为寡聚糖。化学名称 [(1，4)-2-氨基-2-脱氧-β-D-葡萄糖]$_n$。其结构式如下：

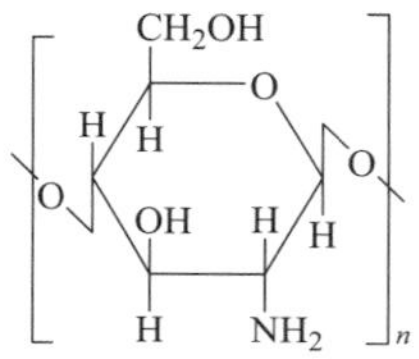

氨基寡糖素具有独特的作用机理，能抑制病菌孢子萌发及菌丝生长，同时诱导植物产生抗病性；是用于维护农业生产平衡，保持农业可持续发展及生产绿色食品的环保型杀菌剂；可用作种子处理剂、肥料土壤改良剂、果品蔬菜保鲜剂、食品防腐剂；对真菌、细菌、病毒引起的多种植物病害有防治效果，对病毒病的防效尤为突出，而且还有增产作用[25]。

甲氧基丙烯酸酯类杀菌剂是我国目前杀菌剂领域开发的热点，国内目前公开的 14 个自主创新的杀菌剂品种中，此类杀菌剂占据了相当大的比例。此类杀菌剂的作用机理是通过与细胞色素 bc_1 复合体的结合，抑制线粒体的电子传递，进而破坏病菌能量合成，起到杀菌作用。大量的生物学试验表明：烯肟菌酯杀菌谱广、活性高，具有预防及治疗作用，与环境生物有良好的相容性，与甲霜灵、氟吗啉、霜脲氰无交互抗性，对由鞭毛菌、接合菌、子囊菌、担子菌及半知菌引起的多种植物病害有良好的防治效果。烯肟菌酯对黄瓜霜霉病、葡萄霜霉病、小麦白粉病表现出优异的防治效果，对作物同期发生的其他病害也有很好的兼治作用，以及对作物生长性状和品质的改善作用。另外，烯肟菌酯及其由烯肟菌酯组成的混剂对番茄晚疫病、白菜霜霉病、马铃薯晚疫病、小麦赤霉病、梨黑星病、草莓白粉病均有很高的防治效果[26]。

1.2.3.3 除草剂的工业现状

在除草剂研制方面，华中科技大学杨光富在农药分子设计方面取得了系统的研究成果，建立了基于活性小分子与作用靶标相互作用研究的农药生物合理设计创新研究体系，成功创制出“苯噻菌酯”“苯醚酰胺”两个农药候选新品种以及多个高活性农药候选化合物。中国科学院上海有机化学研究所和浙江化工研究院联合研制的丙酯草醚和异丙酯草醚也推向了市场。

（1）丙酯草醚　丙酯草醚（pyribambenz-propyl）属于嘧啶苄胺类衍生物，乙酰乳酸合成酶的抑制剂，通过阻止氨基酸的生物合成而起作用；可通过植物的根、芽、茎、叶吸收，并在体内双向传导，其中以根吸收为主，其次为茎、叶；向上传导性能好，向下传导性能较差。药剂的活性发挥与土壤有机质含量和 pH 值较为相关，且随土壤有机质含量的升高和 pH 的增大，除草活性降低，即轻质中性土壤内丙酯草醚的生物活性最高，土壤结构、微生物含量等因子可能通过吸附、解吸附、分解等间接地影响着丙酯草醚的生物活性发挥。其结构式如下：

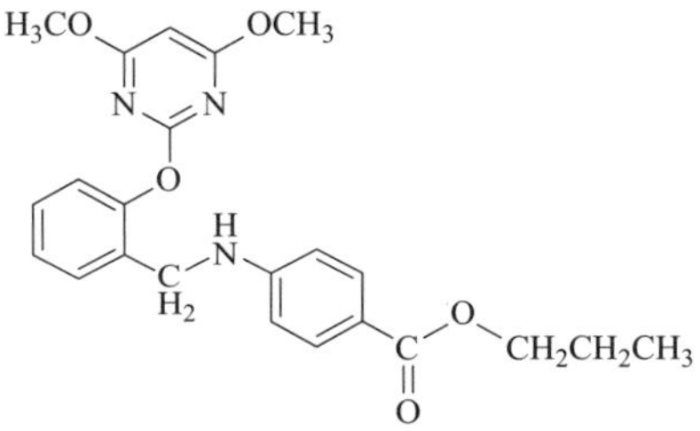

丙酯草醚的活性发挥相对较缓慢，施药 10d 以后，杂草才表现出受药症状，20d 后除草活性完全发挥。该药对甘蓝型油菜较安全。在每亩用 10％乳油 60mL 以上时，对油菜生长前期有一定的抑制作用，但能很快恢复正常，对产量无明显不良影响。对 4 叶期以上的油菜安全[27]。

（2）异丙酯草醚　异丙酯草醚（pyribambenz-isopropyl），化学名称：4-[2-(4,6-二甲氧基嘧啶-2-氧基)苄氨基]苯甲酸异丙酯。其结构式如下：

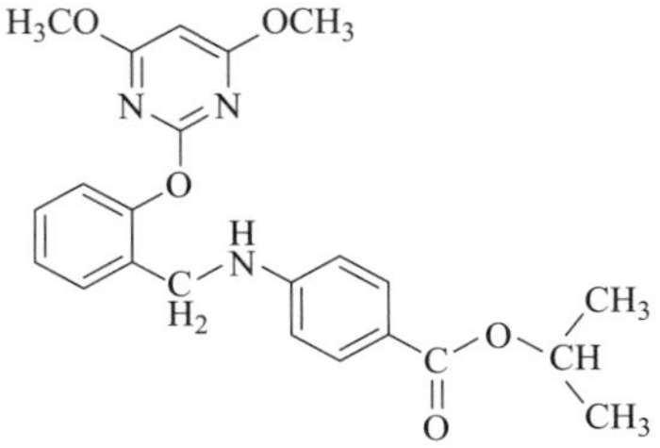

异丙酯草醚原药雌雄性大鼠急性经口 LD_{50}＞5000mg・kg^{-1}，急性经皮 LD_{50}＞2000mg・kg^{-1}，兔眼睛轻度刺激性，对兔皮肤无刺激性；皮肤致敏试验原药属弱致敏物；三项致突变试验：Ames 试验、小鼠骨髓细胞微核试验、小鼠睾丸细胞染色体畸变试验均为阴性，未见致突变性；大鼠 13 周亚慢性喂饲试验最大无作用剂量雄性 14.78mg・kg^{-1}・d^{-1}，雌性 16.45mg・kg^{-1}・d^{-1}。10％异丙酯草醚乳油大鼠急性经口 LD_{50} 雄性 4300mg・kg^{-1}、雌性＞4640mg・kg^{-1}，急性经皮 LD_{50}＞2000mg・kg^{-1}，兔眼睛中度刺激性，兔皮肤无刺激性；皮肤致敏试验属弱致敏物。该原药和 10％乳油的毒性分级均为低毒。10％异丙酯草醚乳油对斑马鱼 LC_{50}（96h）8.91mg・L^{-1}；鹌鹑急性经口 LD_{50} 雄性 5663.75mg・kg^{-1}，雌性

5584.33mg・kg^{-1}；蜜蜂（接触）LD_{50} > 200μg 每只蜂；桑蚕（食下毒叶法）LC_{50} > 10000mg・L^{-1}。对鱼为中等毒，对鸟、蜜蜂为低毒，对家蚕低风险。

目前我国有多项正在进行的创制工作，其中包括防治水稻螟虫、迁徙性病虫害、恶性杂草等重大病虫草害的农药创制开发：如 NK-2、SYP-11277、ZJ3757 等高活性化合物的筛选研究；瑞虫丙醚、二氯噁唑灵、甲噻诱胺、杀毒菌素、JS9117、NK-0673、NK-007、IP-PA152616、JS9117 等候选创制品种的研究开发；哌虫啶、氯氟醚菊酯、毒氟磷、苯醚菌酯、噻唑锌、丁吡吗啉等的产业化及拓展应用开发。

我国的农药创制还处在起步阶段，至今尚无在国内外享有盛誉且市场占有率高的重要品种。如何制订适合我国国情的农药创制战略，将有限的农药研发费用花在刀刃上，尽快取得具有市场价值的创制成果是需要认真研究、付之行动的艰巨任务。

1.2.4 中国农药创新体系

我国农药工业从无到有、从小到大，尤其是改革开放 40 年来，行业总体水平大幅度提升，低毒高效农药替代了高毒低效农药，产业和产品结构调整也取得了重大进展，其中农药技术创新起到了不可磨灭的推动作用。“九五”以来，国家科技计划的支持与导向，引领中国农药开始了自主创新与跨越式发展的新征程，成绩斐然，令世人瞩目。

“九五”开局，国家科技计划及时启动了以农药自主创新为主要目标的南北两个农药创制中心的建设，标志着中国农药创制研究的正式起步。“十五”和“十一五”国家科技计划的滚动支持，保证了刚刚建立起来的农药创制体系的稳步发展与平稳运行，实现了农药创制品种自主开发和市场份额的重要突破，在中国农药发展史上具有里程碑意义，书写了我国农药工业发展的新篇章。

中国农药工业在近 10 年的发展中，经历了从仿制到仿创结合、再到创制的一个艰难的过程，目前农药创制的理念已被普遍接受，确立了农药创制的基本理论和技术方法，建立了农药创制的必要基础设施，具备了农药创制的基础条件，并且农药创制队伍不断扩大，覆盖了产学研多家创新主体。仅在“十一五”期间，中国农药创制成绩斐然，已经取得登记的创制品种 36 个，其中杀虫剂 8 个、杀菌剂 18 个、除草剂 10 个，累计使用面积 3.3 亿亩。

1.2.4.1 “973”计划

农药研究相关的重大基础研究“973”创新团队主要有：中国农业科学院植物保护研究所万方浩研究员“重要外来物种入侵的生态影响机制与监控基础研究”团队、华东理工大学钱旭红院士“分子靶标导向的绿色化学农药创新研究”团队、浙江大学娄永根教授“稻飞虱灾变机理及可持续治理的基础研究”团队、云南农业大学朱有勇院士“作物多样性对病虫害生态调控和土壤地力的影响研究”团队、中国科学院上海植物生理生态研究所何祖华研究员“植物免疫机制与作物抗病分子设计的重大基础理论研究”团队、中国农业大学彭友良教授“主要粮食作物重大病害控制的基础研究”团队、中国科学院动物研究所康乐院士“害虫暴发成灾的遗传与行为机理”团队、浙江大学陈学新教授“天敌昆虫控制害虫机制及可持续利用研究”团队、云南大学张克勤教授“农作物重要病原线虫生物防控的基础研究”团队、西北农林科技大学黄丽丽教授“小麦重要病原真菌毒性变异的生物学基础研究”团队。

其中以钱旭红院士为首席科学家的“973”计划项目“分子靶标导向的绿色化学农药创新研究”汇聚了国内主要的农药创制专家和队伍，该项目以生态环境友好为背景，从我国农林植物保护的重要实际需求出发，以候选农药的化学多样性与生物合理性、候选靶标生物特异性及化学成药性、高活性先导与候选靶标间相互验证等关键科学问题为切入点，进行分子靶标为导向的绿色化学农药创制研究，从而进一步完善和发展新农药的创制体系。

在该项目中，有基于新分子靶标导向进行杀虫剂的研究，包括对新颖结构——顺硝烯新烟碱杀虫剂的先导衍生和优化，通过研究已开发的几个化合物已获登记或正在登记中；也有通过对新靶标调控或与昆虫生长与行为调控相关的绿色杀虫杀螨剂的创制；同时，还进一步从分子水平进行靶标研究开发新先导。

除了寻求新的靶标并进行研究外，该项目还对有害物候选靶标的生物特异性及化学成药性进行广泛和深入的研究，即通过对机制的研究来启发绿色农药靶标分子的创新，建立农药靶标比较生物学研究方法。对于植物病害防御的研究，该项目针对最令人棘手的病毒及菌害调控的候选药物与分子靶标为切入点进行研究，在南方黑条矮缩病的防治方面已取得相当的成效；此外，环保型的植物诱导抗病剂的创制亦是其研究目标之一，基于对机制的研究，已开发出一些颇有成效的药物。

同样，对于除草剂也注重与植物调控相关的药物和分子靶标的研究。这些研究包括以有害植物特有的酶作为靶标进行抑制剂的设计和开发，通过计算机辅助设计，建立新的先导发现和筛选的方法或模型用于新的除草剂先导发现。

1.2.4.2　“863”计划

“863”计划研究团队有：南京农业大学刘凤权教授“农林有害生物调控与分子检测技术研究”团队、中国农业科学院植物保护研究所何晨阳研究员“农林有害生物分子免疫调控技术研究”团队、南京农业大学郑小波教授“重要农林有害生物高通量分子检测技术研究”团队、中国农业大学高希武教授“农作物重要病虫抗药性早期快速分子诊断技术”团队、中国农业科学院植物保护研究所邱德文研究员“微生物杀菌剂研究与产品创制”团队；华东理工大学李忠教授“基于靶标的新型化学农药设计合成、优化与产品创制研究”团队、华中农业大学孙明教授“细菌类生物杀虫剂研究和产品创制研究”团队、浙江大学冯明光教授“真菌病毒类生物杀虫剂研究与产品创制研究”团队、湖北省生物农药工程研究中心杨自文研究员“生物农药新剂型研究与产品创制研究”团队。

1.2.4.3　其他重大研究计划和创新团队

入选 2013 年国家自然科学基金委创新研究群体的有：中国农业科学院植物保护研究所吴孔明院士“棉花—害虫—天敌的互作机制”研究团队。

国家科技支撑计划研究团队有：中国农业科学院植物保护研究所陈万权研究员“农林生物灾害防控关键技术研究与示范”研究团队、中化化工科学技术研究总院李钟华研究员“绿色生态农药的研发与产业化”研究团队、贵州大学杨松教授“西南地区主要粮经作物重大病害防治的绿色农药创制与应用”研究团队。

科技部基础性工作专项研究团队有：中国农业科学院植物保护研究所张朝贤研究员“主要农作物有害生物及其天敌资源调查”研究团队。

1.2.4.4　南北农药创制中心

至 2000 年底，依托于沈阳化工研究院和南开大学元素有机化学研究所建立的农药国家工程研究中心（沈阳）和农药国家工程研究中心（天津）（简称北方中心），与依托于上海市农药研究所、江苏省农药研究所、湖南化工研究院和浙江省化工研究院建立的国家南方农药创制中心上海基地、江苏基地、湖南基地和浙江基地（简称南方中心）等南北农药创制中心六个基地相继验收，标志着我国农药创制体系的初步建成，为我国农药创制工作的起步奠定了一定的物质基础。国家南北农药创制中心具备了农药创制的基本条件，可以开展新化合物设计、化学合成与结构分析、室内生物活性筛选、田间试验、卫生毒理学和环境毒理学评价等研究。本着“边建设、边运行、边出成果”的原则，在中心建设的同时还开展了探索性研究工作，初步形成了新农药创制的技术体系。国家南北农药创制中心的建立是中国农药发展史上的里程碑。“十五”以来，以南北农药创制中心为核心，通过联合与辐射，带动了中国科学院上海有机化学研究所、中国农业大学、贵州大学等一批科研院所及高等院校加入新农药创制行列，壮大了创制研究队伍，活跃了研究氛围，拓宽了研究思路。随着创制农药的应用技术开发，江苏扬农化工股份有限公司、大连瑞泽农药股份有限公司、南通江山农药化工股份有限公司和浙江龙湾化工有限公司等生产企业纷纷参与了农药创制。

1.2.4.5 中国农药创制的特点

（1）农药创制体系运行平稳，成效显著。在国家科技计划的持续引导与支持下，我国的农药创制体系运行平稳，与国际先进水平的差距正在逐步缩小。“十五”以来，国内各单位累计申请与农药创制研究相关的国内外发明专利近 300 件，其中国外专利 24 件，已获得专利授权 100 多件，涉及新化合物发现、创制农药研究与应用技术开发的各个阶段。

（2）通过组合化学、高通量筛选、生物与化学相结合等新技术、新方法在创制研究中的应用，目前我国新化合物合成能力已达到每年 3 万个，筛选能力达到每年 6 万个，已有 30 个具有自主知识产权的创制农药完成临时登记，包含杀菌剂 14 个、杀虫剂 7 个和除草剂/植物生长调节剂 9 个（其中 1 个杀虫杀螨剂由于安全性问题而退出市场），其中 7 个已完成创制的全过程并取得正式登记，平均每年有 2 个创制品种取得登记并进入市场。南北农药创制中心建立伊始，国内农药研究单位对农药创制依然存在着模糊不清的认识。科技部集成国内专家的集体智慧、借鉴国外公司的成熟经验，以及不断造访国际农药跨国公司技术研究中心、邀请国外专家进行专题讲座和派遣访问学者，初步建成了具有中国特色的农药创制体系。

由于创制农药的过程十分复杂且技术难度极大，农药创制具有周期长、风险高、投资高的特点，必须立足全球市场才可能取得较高的回报。我国创制的杀虫剂丁烯氟虫腈和杀菌剂噻菌铜已经走出国门打入国际市场。

（3）技术创新成为企业发展的不竭动力，支撑着农药工业的稳健发展。近 10 多年来，我国农药工业进入新一轮快速发展阶段，已成为世界瞩目的农药生产和出口大国，农药行业的技术创新能力和综合实力显著提高。国家科技计划支持了一批关键共性技术的创新开发，引领了行业创新能力的提升，起到了支撑行业发展的重要作用。

产业和产品结构优化升级。通过科技攻关，毒死蜱、二嗪磷、吡虫啉等一大批高效、低毒的杀虫剂优化了生产工艺，提高了产品质量，降低了生产成本，有效保证了国家经贸委、农业部联合制定的高毒农药削减计划的顺利实施。到 2007 年，甲胺磷、久效磷等 5 种高毒有机磷品种全部停止生产和使用，没有因为缺少有效药剂而暴发大面积虫害，农民没有因为用药贵而增加投入，农业生产持续丰收，农药技术创新起到了相当重要的作用。

随着高毒有机磷农药退出历史舞台，我国农药工业的产业结构得到了明显改善，品种结构趋于合理。杂环农药、含氟农药、手性产品及生物源农药的开发成效明显，新型除草剂发展迅速，2007 年达到了农药总量的 32.5%。

(4) 关键技术创新引领行业发展，经济效益和社会效益显著。“九五”以来，国家科技计划重点支持了重要农药骨干品种及其关键中间体的创新技术开发，实现了生产过程的规模化、连续化、清洁化，形成具有国际先进水平和示范意义的生产技术和装置，平均降低生产成本 10%左右，减少排放达 40%以上。不对称合成、催化加氢和定向硝化等关键共性技术的开发，形成了良好的示范效应，提升了农药行业的总体技术水平，生产过程中节能减排的成效显著。国家农药废水处理项目的实施必将进一步推动我国大吨位骨干农药品种和重要中间体的清洁生产。这些新技术、新产品和新工艺对提升行业的创新能力，引领农药工业的持续发展，起到了积极的示范作用。

除草剂草甘膦是世界上吨位最大、销售额最高的品种，在我国也位居第一。南通江山农药化工股份有限公司以活性炭为催化剂，采用空气氧化法生产草甘膦的新工艺近年取得成功。生产装备技术水平和设备利用率大幅提高，实现了主要副产物的回收利用，产品质量达到国外同类产品先进水平。该工艺成功应用于每年 7 万吨的生产装置，给企业带来 22 亿元的销售收入。

杀虫剂吡虫啉的持续创新研究，使其市场价格从 20 世纪 90 年代中期的每吨 100 多万元降到目前的 10 多万元，仅为以前国外产品价格的 1/10。吡虫啉连续化清洁生产新工艺实现了生产的连续化操作，节能减排效果显著，收率水平明显提高，成本降低 15%。

农药关键技术创新在引领行业发展的同时产生了显著的经济效益。据统计，国家科技计划支持的产业化关键技术开发共实现销售收入 45 亿元，利税 9.7 亿元，出口创汇 1.96 亿美元。

(5) 攻克共性配套中间体，国际市场竞争能力明显提升。依靠科技进步与技术创新，我国农药生产所需的关键中间体基本配套，减少了对外依存度，保障了农药生产，间接降低了农民的用药成本。

吡啶碱的工业化生产采用了具有自主知识产权的流化床技术，打破了国外半世纪之久的垄断，促进了我国杂环类农药及医药中间体的发展，为国家实施绿色环保化学工业、循环经济提供有效保障，而且可以带动上下游产业链的高速增长。万吨级吡啶碱项目的成功投产，使吡啶的市场价格从每吨 6 万元以上下降到 3 万元左右，有效降低了百草枯等农药的生产成本，增强了企业的市场竞争力，并使农民间接受惠。

贲亭酸甲酯采用塔式反应器连续化生产工艺，使设备产能提高了近 5 倍，提升了生产过程的稳定性，产品质量优于国外同类产品，增强了菊酯类农药的竞争力，加速了农用拟除虫菊酯的快速发展。2008 年，扬农化工股份有限公司的贲亭酸甲酯实现销售收入近 5000 万元，出口创汇 400 多万美元。

近年来，我国农药出口量大幅增长，产品除销往南美、东南亚等地区的发展中国家外，还大量销往欧洲和北美等地的发达国家。我国农药产品在国际市场上具有明显的价格竞争优势，在产品大量出口的同时，保护了我国的民族农药工业，在市场竞争日趋激烈的大环境下仍占据着绝对的国内市场份额，为我国的农业生产提供了物优价廉的作物保护产品，降低了农民支出和农业生产成本，提升了农产品的市场竞争优势[28]。

(6) 推广使用水基性制剂，增强环境友好意识。新制剂的开发关乎农药的有效利用与使用寿命，关乎环境保护与生态安全。“十五”以来，国家科技计划加大了对环境友好型农药新制剂及其专用助剂的支持力度，丙烯酸系共聚物盐分散剂和含氟有机硅表面活性剂等进入实际应用阶段，新剂型产品批量进入市场。

水分散粒剂、水乳剂、悬浮剂、微乳剂及泡腾片剂等以水代替有机溶剂的新剂型已开发并应用于草甘膦、吡虫啉、三唑磷、毒死蜱、阿维菌素、乙草胺等骨干农药品种，有效降低了苯类有机溶剂在环境中的释放，既节约了能源，又减少了二次污染。

水基性制剂的开发成功提高了农药的有效生物利用率，减少了用药量，避免了大量化学物质释放到环境中，符合环境友好和科学发展的理念。使用植物源除草剂专用助剂在保证除草效果的前提下可减少农药用量50%，开始在国内推广使用并获得先正达公司的技术认可。

1.3 主要农药研发单位

1.3.1 南开大学

1995年11月，国家计委批准南开大学依托元素有机化学研究所筹建农药国家工程研究中心（天津），总投资3600万元。2001年，该研究中心在深圳正式授牌。农药国家工程研究中心（天津）创建以来一直以具有自主知识产权的农药研发和成果转化为己任，已经完成农药分子设计、农药创制与研发、分析测试、生物测定、工程化和产业化平台建设工作，满足了绿色农药和精细化学品研发、工程化和产业化的要求，并自主建成了新农药创制体系的基础与开发研究、中间试验、药效试验、工程化和产业化等环节组成的从创制到产业化全过程的新农药技术创新平台，取得了创制具有自主知识产权绿色农药和精细化学品的实践经验和成果，并聚集、造就了一支从事创制农药研发、工程化和产业化的富有创新精神的高素质团队。

目前中心已经完成单嘧磺隆、单嘧磺酯等具有自主知识产权的新型超高效绿色除草剂从研发到产业化的全过程，已先后申请国家发明专利八项，包括原药和制剂在内的六个品种获得了国家新农药“三证”，获准进入市场并推广到全国10多个省市，并被科技部列为国家重点推广项目。在国家“十五”攻关项目鉴定会上，专家认为具有自主知识产权的单嘧磺隆产业化的成功，标志着我国磺酰脲类除草剂已经进入理论指导下的创制，修正了国际上有关新磺酰脲类除草剂创制的理论，该项目达到了国际同类研究的先进水平。这是我国唯一经过国家批准在谷田实用化的绿色除草剂，并且以其为主要内容的“对环境友好的超高效除草剂的创制和开发研究”获得2007年度国家技术发明二等奖。

元素有机化学国家重点实验室以有机化学和农药学两个国家重点学科为支撑，研究有机化学新反应、新方法，创造新药物、新催化材料及具有先进光电磁等特性的有机功能材料，研究物质结构与性能的关系；研究农药化学、化学生物学的基础理论问题，创制具有自主知识产权的新型绿色农药。农药学的主要研究方向是农药化学与化学生物学，具体如下：①新型高效农药的分子设计、合成、生物活性及构效关系；②天然源农药的分离、鉴定、合成及结构改造；③农药的高效微量筛选；④高效农药的作用靶酶、结构生物学和药理基因组学。

1.3.2 中国农业大学

中国农业大学农药学专业于1952年创建，是我国第一个农药学专业。该学科于1981年和1983年分别获得硕士、博士学位授予权，1988年被评为国家重点学科，2001年和2006

年又再次被评为国家重点学科，同时，该学科也是国家“985”和国家 211 工程重点建设学科。60 多年的建设和发展中，农药学科已形成了本科、硕士、博士及博士后的完整人才培养体系，为我国农药学科的相关教学、研究、管理及营销等领域培养了大量的高水平人才。拥有国家基础科学研究与人才培养基地（化学）、农业部农药化学与应用重点开放实验室、农业部农产品质量监督检验测试中心、农业农村部认证的农药全组分分析实验室、农药环境毒理与环境行为实验室、农药室内毒力和田间药效实验室、北京实验教学示范中心（化学）。

经过 60 多年的建设和发展，中国农业大学拥有农药研究的完整平台，可进行农药创制、农药使用和其对环境影响的各项研究。该校农药研究为我国对硫磷、乐果等国内有机磷农药工业的发展奠定了基础；率先开展农药残留分析及 2,4-D、萘乙酸、敌稗等品种的合成与应用研究；20 世纪 60 年代研制的甲-六合剂、灭蚕蝇Ⅲ号对水稻螟虫、柞蚕饰腹寄生蝇的防治起了重要作用，挽救了辽宁省的柞蚕业；80 年代进行杀虫剂拟除虫菊酯、植物生长调节剂缩节安、超低容量制剂及喷雾技术、环境毒理、药械及施药技术研究；90 年代在手性农药、生物源农药、化学去雄剂、免疫分析、抗药性机制等方面取得了显著的成绩。近年来在小麦去雄剂、植物生长调节剂、杀菌剂、大环及杂环农药的创制，农药环境毒理、手性农药的代谢，新型农药制剂、药械与施药技术的研究方面取得丰硕的研究成果。

主要研究方向：①农药分子设计与合成：主要是利用本学科扎实的农药学背景，借助计算机和生物等先进技术，进行新功能性绿色农药（如：植物生长调节剂、抗病诱导剂、昆虫行为控制剂等）的设计与合成、生物源农药的发现研究、手性农药的不对称合成研究等；②农药分析与环境毒理学研究：基于农药的安全、合理使用，建立农药常量及农药残留分析方法，深入探讨农药在环境中的残留、降解、代谢及归趋行为，系统研究手性农药的分离分析及环境行为，加强农药监测及污染治理基础理论研究；③农药毒理与使用技术原理研究：基于农药的安全合理使用，研究农药毒理及生态毒理机制（包括毒作用原理、抗药性原理、选择性原理），农药活性筛选及精密毒力测定技术、农药作用机理、农药使用技术原理等；④农药制剂、药械与施药技术方向：基于农药的高效安全使用，进行农药新剂型、新助剂的宏观与微观理论研究，高效施药技术与机具的基础理论、应用研究和使用机具与使用技术的研究。

1.3.3　贵州大学

贵州大学农药学学科主要依托精细化工研究开发中心（以下简称“精化中心”）。精化中心由我国农药和植物保护知名专家宋宝安院士创建于 1995 年，1998 年经国务院学位委员会批准设立农药学硕士点，2000 年经国务院学位委员会批准获得农药学博士点，2003 年获批了绿色农药与农业生物工程教育部重点实验室（贵州大学）。2003 年经农业部药检所考核，认证并批准为“农药登记残留试验认证单位”，2005 年经国务院学位委员会批准获得植物保护一级学科博士点，2007 年贵州大学农药学学科获批了国家重点学科，同年还获批了植物保护一级学科博士后流动站，2008 年获批了科技部国家国际科技合作基地，2010 年经科技部批准成为绿色农药与农业生物工程省部共建国家重点实验室培育基地，2012 年被科技部评为优秀省部共建国家重点实验室培育基地，2013 年获批国家首批国家创新人才推进计划——重点领域创新团队，2017 年作为核心单位支撑贵州大学植物保护学科入选国家“双一流”建设学科，并支撑贵州大学植物保护一级学科在全国第四轮学科评估中取得 B^{+}，带动贵州大学化学、植物与动物科学进入 ESI 全球前 1%，拥有化学一级学科和植物保护一级学科博士学位授予权，为贵州高等教育做出了重要贡献，成为我国新农药创制的重要创新基地和人才培养基地。

实验室拥有先进的研究平台，面积 8000m^2，仪器设备总值 8000 多万元。先后承担国家重点研发计划重点专项、国家自然科学基金重点项目、国家“973”计划、国家科技支撑计划、国家公益性行业（农业）科研专项、国家自然科学基金等 100 余项国家重要的科研项目。

针对我国农药工业发展中的重大科技需求，先后研发出吡虫啉、甲基立枯磷、恶霉灵等新工艺和 20 余个环境友好型农药新产品，在扬州农化、广西田园等十余家农药骨干企业实现产业化，推动了我国农药工业技术的进步；针对我国农作物重大病虫害发生及危害特点，创制出了我国第一个自主知识产权仿生型小分子免疫诱抗绿色农药新品种——毒氟磷，获得国家新农药正式登记和国家重点新产品；并研制出了香草硫缩病醚、恶线硫甲醚、病氰硝、甲磺酰菌唑等一系列候选创制农药新品种；阐明了毒氟磷免疫激活作用机制，提出了基于免疫激活创制抗植物病毒剂的新思路；针对农作物病毒病和土传病等重大病害，提出以免疫诱抗为核心的生态调控理念，以自主创制的免疫诱抗绿色农药新品种毒氟磷和氨基寡糖等为核心，构建了基于作物健康的全程免疫防控技术体系，有效解决了我国水稻、蔬菜病毒病和土传病害的防控技术难题，取得了显著的经济、社会效益。成果先后获得国家科技进步二等奖 2 项、三等奖 1 项，省部级科技进步一等奖 4 项、二等奖 7 项，获发明专利授权 50 余件，新农药创制和病虫害可持续控制的成果在 *Nature Commun.*、*Angwe. Chem. Int Ed.*、*J. Amer. Soc. Chem.*、*J. Agric. Food Chem.*、*Pest Manag. Sci.* 等国际权威刊物上发表 SCI 论文 300 多篇，培养出博士后、博士、硕士 300 余名。2014 年荣获全国专业技术人才先进集体，并在农业部领导下牵头成立了国家高效低风险农药科技创新联盟。

1.3.4 华中师范大学

华中师范大学是国内开展新农药创制基础研究与人才培养的重要基地之一。农药与化学生物学教育部重点实验室（华中师范大学）经教育部批准于 2003 年正式立项建设，2006 年通过验收并正式对外开放。该实验室建有农药学国家级重点学科和湖北省优势重点学科，拥有化学和植物保护两个一级学科博士学位授予权，建有化学博士后科研流动站。

华中师范大学农药学科始终秉承“扎根基础、面向需求”的指导思想，坚持“科学研究与人才培养相结合、理论研究与应用研究相结合”，在为国家培养输送一大批高质量农药学研究人才的同时，还先后承担国家“973”计划、国家“863”计划、国家科技攻关计划、国家科技支撑计划、国家重点研发计划以及国家自然科学基金重点项目、杰出青年基金项目等国家重大科研项目的研究工作，研制成功了以水胺硫磷和甲基异柳磷为代表的农药新品种以及氯酰草膦、喹草酮、氟苯醚酰胺、醚唑磺胺酯等多个绿色农药候选品种，创造了巨大的经济效益和社会效益，先后获得全国科学大会奖、国家科技进步二等奖、国家技术发明奖、教育部自然科学一等奖、湖北省自然科学一等奖、科技进步一等奖、技术发明一等奖等 20 多项省部级及以上科技奖励，并被授予“全国农林科技推广先进集体”“全国高等学校科研先进集体”“全国模范职工小家”等荣誉称号。

1.3.5 华东理工大学

华东理工大学农药学主要依托上海市化学生物学重点实验室。上海市化学生物学（芳香杂环）重点实验室的前身华东理工大学药物化工研究所成立于 1992 年初。成立伊始，即以“诚信团结，追求卓越”为理念，坚持创新为主，创仿结合，坚持基础理论与工程开发相结合，形成了一支有活力、有朝气的以“技术报国”为己任的、由平均年龄四十岁以下的年轻人组成的高学历、高效率的科研团队，并已经成为我国在农药化学及芳香杂环化学生物学领域主要的研究团队之一。2001 年经批准，成立上海市化学生物学（芳香杂环）重点实验室。

上海市化学生物学（芳香杂环）重点实验室的总体定位是立足上海、面向全国，开展芳香杂环化学生物学相关领域的创新研究，成为特色鲜明、队伍整齐、条件先进、国内领先并具有一定国际影响力的基础研究与应用开发基地。目前实验室在荧光传感器、色素类抗癌先导发现领域处于国际水平；农药先导发现及化学生物学研究国内领先，具有国际影响力；绿色化学、组合化学和含氟砌块多组分反应方法学研究特色鲜明，受到国际同行的关注；有力提升了上海在相关研究领域的国内外影响力，成为国内核心的研究基地之一。

近年来，主要从事绿色化学农药分子设计及合成的研究，并在顺式硝基烯类新烟碱杀虫剂创制研究方面取得突破性进展，发现了三类具有全新结构的超高活性化合物，活性显著超越目前最著名的杀虫剂品种吡虫啉，并对抗性品系超高效。研究方向为绿色农药创制和昆虫控制的化学生物学，针对昆虫生长行为以及 nAChR、鱼尼汀受体、5-HT 受体，设计合成新先导化合物，系统开展结构创新、生物活性、毒理学和构效关系研究，在自主知识产权“环氧虫啶”创制方面形成了新的产学研模式，为中国创新农药步入国际奠定基础。该校农药研究团队有一批从事植物保护研究的学者，如钱旭红院士和李忠教授，所在的重点实验室及药学院有一批从事生物学研究的专家和学者；作为首席单位承担国家重点研发计划 1 项，国家“973”农药创制项目 2 项，承担了国家自然科学基金重点及面上项目、国家“863”项目、国家科技支撑计划等多项课题；创制了三个农药品种——哌虫啶、环氧虫啶和氟唑活化酯，在农药的基础和应用研究上具有一定的经验和影响力；2017 年 8 月，哌虫啶获得农业部正式登记，2018 年 8 月，环氧虫啶获得农业农村部正式登记。

1.3.6 中国农业科学研究院植物保护研究所

中国农业科学院植物保护研究所创建于 1957 年 8 月，是以华北农业科学研究所植物病虫害系和农药系为基础，首批成立的中国农业科学院五个直属专业研究所之一，是专业从事农作物有害生物研究与防治的社会公益性国家级科学研究机构。

1970 年初，研究所病虫研究部分搬迁至河南，农药研究部分搬迁至重庆；1979 年，从河南、重庆搬回北京。1989 年，中国农业科学院原子能利用研究所微生物研究室在学科调整基础上组建研究所；2006 年，中国农业科学院农业环境与可持续发展研究所原植物保护和生物防治学科划转至研究所。1992 年，植物病虫害生物学国家重点实验室正式对外开放；2013 年，依托研究所的国家农业生物安全科学中心投入使用。研究所在农业部组织的“十一五”全国农业科研机构综合实力评估中排名第二，专业排名第一。2013 年，研究所入选中国农业科学院科技创新工程第一批试点研究所。在中国农业科学院 2012～2017 年连续六年科研院所评估中，研究所位居人均实力第一。

研究所设有植物病害、农业昆虫、农药、生物防治、植保生物技术、生物入侵、杂草鼠害与草地植保 7 个研究室，全面涵盖了当今植物保护学科的内容，形成了植物病害、植物虫害、农药、杂草鼠害、作物生物安全等 5 个院级重点学科领域。在中国农业科学院科技创新工程中，植保所组建了作物真菌病害流行与防控、作物病毒病害流行与控制、作物细菌病害流行与控制、作物线虫病害流行和防控、粮食作物虫害监测与控制、经济作物虫害监测与控制、天敌昆虫保护与利用、农田杂草监测与防控、草地有害生物监测与控制、农药化学与应用、生物杀虫剂的创制与应用、生物杀菌剂的创制与应用、农业入侵生物预防与监控、转基因作物安全评价与管理、作物有害生物功能基因组、天然产物农药生物合成与调控机理、土壤有害生物防控 17 个创新团队。

“十二五”以来，获得各种科技成果奖励 56 项，其中国家科技进步奖 6 项，省部级奖 32 项，中国农业科学院科技成果奖 8 项，中国植物保护学会科技进步奖 10 项。“中国小麦条锈病菌源基地综合治理技术体系的构建与应用”荣获 2012 年度国家科技进步一等奖，“主要农业入侵生物的预警与监控技术”荣获 2013 年度国家科技进步二等奖，“农药高效低风险技术体系创建与应用”荣获 2016 年度国家科技进步二等奖。审定农作物新品种和获新品种保护 6 个，获得农药登记证 28 个，制定国家和行业标准 120 项。

研究所构建了较为完善的植物保护科技平台体系，拥有国家级平台 14 个，院所级平台 15 个。建成了由国家农业生物安全科学中心、植物病虫害生物学国家重点实验室、农业农村部作物有害生物综合治理重点实验室（学科群）、农业农村部外来入侵生物预防与控制研究中心、中美生物防治合作实验室、MOA-CABI 作物生物安全联合实验室等组成的植物保护科技创新平台；依托研究所建立的农业农村部植物生态环境安全监督检验测试中心（北京）、农业部农药应用评价监督检验测试中心（北京）为主体构成了科技服务平台；由河北廊坊、内蒙古锡林郭勒、河南新乡、甘肃天水、广西桂林、吉林公主岭、山东长岛和新疆库尔勒 8 个野外科学观测试验站（基地）构成了植物保护科技支撑平台。

通过科技下乡、科技兴农等方式，开展技术服务、技术转移，大力示范推广科研成果。2009 年以来，研究所针对农业生产的实际需求，研发主要农作物重大有害生物防治的新技术、新产品和新品种等 176 项，其中 93 项得到广泛应用，有效地控制了农作物有害生物的发生和危害，实现新增社会经济效益 23 亿元左右，对农作物有害生物的持续有效治理发挥了重要作用。以廊坊农药中试厂为龙头，中保绿农公司为载体，组建了“中保兴农种业公司”“中保科农生物公司”“中保益农物业管理公司”和“中保御京香餐饮公司”等子公司，促进农药厂向集团化方向发展，取得了明显的经济效益和良好的社会效益。

研究所主办《中国生物防治学报》和《植物保护》期刊，与中国植物保护学会合办《植物保护学报》《生物安全学报》和《植物检疫》等期刊。

1.3.7 西北农林科技大学

西北农林科技大学农药专业主要依托植物保护学院和农学院。

西北农林科技大学植物保护学院可以追溯到国立西北农林专科学校 1936 年组建的植物病虫害教学组。1936 年开始招收本科生，1960 年开始招收研究生。学院现设植物病理学系、昆虫学系、农药学系 3 个教学系和植物病理学研究所、昆虫学研究所、农药学研究所以及 1 个植保技术推广服务中心；有植物保护、制药工程 2 个本科专业；有植物保护一级学科博士点 1 个，植物保护博士后流动站 1 个，有植物病理学、农业昆虫与害虫防治、农药学、有害生物治理生态工程、植保资源利用等 5 个二级学科博士、硕士学位授权点；植物病理学是国家重点学科，农业昆虫与害虫防治是国家重点（培育）学科，农药学是陕西省重点学科。

学院有植保资源与害虫治理教育部重点实验室、农业部农作物病虫害综合治理与系统学重点开放实验室、陕西省植物源农药研究与开发重点实验室、农业部农业有害生物无公害控制技术创新中心、陕西省生物农药工程技术研究中心、农业部太白小麦条锈病菌重点野外科学观测实验站、国家“985”工程“农业有害生物治理与生物源农药创新”科技创新平台及教育部、国家外专局“创新引智基地”、学校应用昆虫学重点实验室等12个省部以及学校科技创新科研平台；有1个中试基地及11个校外教学实践基地；目前亚洲最大的昆虫博物馆为学院创办，主办《昆虫分类学报》；收藏昆虫标本120多万号，植物真菌病害标本5万多号；中国昆虫学会蝴蝶分会、中国植物病理学会植物抗病育种专业委员会、陕西省昆虫学会、陕西省植物病理学会、陕西省植物保护学会均挂靠在学院。

学院在昆虫分类与标本馆建设、小麦条锈病、蚜虫传毒专化性和植物源农药研究与开发等方面的科研工作居国内领先水平。学院始终坚持以农作物病虫害成灾机理与综合治理为主攻方向，先后对影响我国农业生产可持续发展的重大病虫害的发生规律和控制技术开展了系统深入的研究，并取得了重大研究成果，其中小麦吸浆虫的发生规律、小麦条锈病大区流行规律、品种抗病性和病菌毒性变异、杀虫活性物质苦皮藤素的发现与应用研究、小麦赤霉病致病机理与防控关键技术等研究成果曾获国家科学大会奖、国家自然科学二等奖以及国家科技进步一、二等奖等多项奖励。

在新的时期，植物保护学院将继续弘扬传统，深化改革。以国家“985”农业有害生物治理与生物源农药创制科技创新平台为依托，全面实施人才强院战略，以学科建设为龙头，教学、科研为中心，促进产学研紧密结合，团结一致、共同奋进，打造一流人才梯队，创建一流学科，培养一流人才，争创一流成果，为把学院建成国际知名的高水平研究型学院而努力奋斗。

农学院是西北农林科技大学办学历史最悠久的学院之一。1936年开始招收本科生，1960年开始招收研究生。学院现设农学系、植物科学系、种子科学系；有农学、植物科学与技术、种子科学与工程3个本科专业；有作物学一级学科博士授权点，设有作物学博士后流动站。作物遗传育种是国家重点（培育）学科，作物栽培学与耕作学是陕西省重点学科。长期以来学院以保障国家粮食安全、服务旱区农业发展为己任，立足西北旱区，面向国家粮食主战场，致力于小麦、玉米、油菜和小杂粮等旱区作物遗传育种与种质资源、旱作农业理论与技术的创新，旱作农业和小杂粮研究达到国际一流水平。

小麦遗传育种居于世界领先水平，远缘杂交与染色体工程育种、雄性不育与杂种优势利用研究处于国际先进水平。据中国农业大学图书馆情报研究中心研究，2014～2015年小麦研究领域通讯作者发文量、JCR期刊特征因子前10%的论文数量位居世界第一；小麦品种选育长期处于国内领先地位，目前西农979为全国第三大主栽品种。

旱作农业研究特色鲜明。率先开展的“旱作农田作物降水生产潜力”等方面的研究，丰富发展了旱农科学理论与实践；近年来提出的“旱区稳定型种植制度”“旱地秋覆盖春播”“旱作农田集雨种植”等技术，在北方旱区广泛应用，构建了富有区域特色的现代旱作农业技术体系；基于长期的研究积累，开设了“旱农学”课程，并成立了干旱农业研究中心。经过长期凝练，作物学一级学科下设了作物遗传改良与种质创新、作物杂种优势理论与技术、作物分子生物学基础、旱区高效农作制度与作物栽培技术和农业区域发展与循环农业5个研究方向。

学院现拥有旱区作物逆境生物学国家重点实验室（共建单位）、国家杨凌农业生物技术育种中心、国家小麦改良中心杨凌分中心、国家玉米改良中心陕西杨凌分中心、小麦育种教育部工程研究中心、农业部西北黄土高原作物生理生态与耕作重点实验室、农业部西北地区小麦生物学与遗传育种重点实验室、农业部西北旱区玉米生物学与遗传育种重点实验室、农业部作物基因资源与种质创制陕西科学观测实验站等 15 个国家级、省部级及 5 个校级科技创新研究平台，1 个校内实践教学基地、12 个校外实践教学基地，主办《西北农业学报》《麦类作物学报》学术刊物。

自设系建院以来，为社会培养了各类人才。著名小麦育种学家、中国科学院院士赵洪璋教授，中国工程院院士喻树迅研究员，中国农业区划的开拓者沈煜清教授，陕西省科学技术最高成就奖获得者王辉教授，中国农业科学院作物学科杰出人才李立会，著名旱地小麦育种家梁增基，全国杰出专业技术人才许为钢，全国“五一”劳动奖章获得者陈耀祥等是校友中的杰出代表。

学院积极围绕国家和地区战略需求进行科技创新和技术推广工作，取得重要进展。黄淮麦区四次换代更新的六大品种中学院培育了 4 个，在我国黄淮麦区小麦品种的更新换代中起了主导作用。20 世纪 50 年代，赵洪璋院士选育的“碧蚂 1 号”年推广最高面积达九千万亩，创我国单个小麦品种种植面积的最高纪录；80 年代，中国科学院院士李振声研究员选育的“小偃系列”品种累计推广面积达 4 亿多亩，获国家发明一等奖；90 年代，宁锟研究员选育的小麦“陕农 7859”获国家科技进步一等奖；学校的远缘杂交与染色体工程持续保持该领域国际前沿水平。学校实现了陕西省玉米品种的 3 次更新换代，林季周研究员先后育成武字号、陕字号玉米杂交品种 20 多个，是我国较早提出和利用玉米单交育种的农学家之一；俞启葆研究员创立了棉花病圃选育，产生了重要影响。近年来，学院在杂交小麦选育等方面也做出了突出贡献。

学院坚持产学研紧密结合的办学特色，不断强化服务“三农”的能力。当前，正在努力加大国家及省级审定品种的推广工作。以“西农 979”为代表的小麦优良品种正在陕西及黄淮麦区推广；以“秦研 211”为代表的油菜新品种向长江中下游流域推广，目前在黄淮麦区建立示范园 20 个。经过不懈的努力，小麦优良品种“西农 979”在河南省年推广面积超过 1000 万亩，成为全国三大主栽品种之一。

1.3.8 南京农业大学

南京农业大学农药创制主要依托植物保护学院，该学院成立于 2000 年，肇始于 1902 年三江师范学堂的病理学，从金陵大学 1916 年设立的植病组、昆虫组以及国立东南大学 1921 年创立的中国第一个植物病虫害学系发展而来，是我国近代植物病理学、昆虫学及植物检疫事业的发祥地之一。

植物保护学院的植物保护学科为国家一级重点学科，在第四轮全国一级学科评估中获评 A$^+$。建有国家和省部级科研平台 3 个，培训中心 2 个。拥有国家基金委创新研究群体、科技部重点领域创新团队等多个优秀科研团队和千人计划专家、长江学者、国家杰出青年基金获得者等各类人才 40 余人次。先后在 *Science*、*Nature* 系列等发表各类高水平研究论文，一项科研成果入选 2017 年度“中国高等学校十大科技进展”，部分研究领域进入国际顶尖行列。拥有国家级教学团队和全国模范教师、江苏省教学名师等优质师资。植物保护本科专业全国首个通过教育部专业认证。先后获得国家级教学成果一、二等奖各1项，全国优秀博士学位论文3篇。毕业生核心竞争力强，就业率稳定在95%以上，社会认可度高。

植物保护学院是我国最早从事植物保护科学研究的单位，一批我国植物保护学科的开创者如邹秉文、谢家声、邹树文、邹钟琳、张巨伯、戴芳澜、俞大绂等知名教授都先后在此工作过。建院以来，科学研究得到了快速发展，研究规模不断扩大，综合竞争力不断提高。自1978年以来，每年组织1期全国农作物病虫测报培训班，同时举办农作物病虫抗药性培训班和其他各类成人教育培训40多期，为社会培养了大批植保实用和专业人才。学院结合社会经济发展需要，积极开发产业技术和新型农药。获得授权国家发明专利200多项，开发了氰烯菊酯等8种新型化学农药，构成我国真菌病害抗药性治理的骨干药剂；研制的蔬得康等生物农药6种，在有机蔬菜生产中得到广泛应用。参与和指导防控小麦赤霉病、大白菜软腐病、中药材根腐病、芦蒿软腐病等，取得了显著的经济和社会效益。

植物保护学院的农药科学系是2000年对农业昆虫和植物病理进行专业调整成立的二级学科，是我国较早设立博士点的学科，是江苏省唯一的农药学博士点，2002年被评为江苏省重点学科。目前学科包括农药毒理与抗药性（杀虫剂、杀菌剂、除草剂）、农药合成、农药加工应用与管理、农药残留与环境毒理、天然农药与防生农药等5个方向，基本覆盖了农药学的各个重要领域，形成了自己的研究特色。

1.3.9　中国科学院上海有机化学研究所

中国科学院上海有机化学研究所（简称上海有机所）创建于1950年6月，是中国科学院首批成立的15个研究所之一，前身是建立于1928年7月的前中央研究院化学研究所，以历史悠久、人才荟萃、实力雄厚、设备一流、成果丰硕，在国内外享有较高的声誉和影响。

上海有机所从开展抗生素和高分子化学的研究起步，经过60多年几代人的艰苦创业、奋力拼搏，在探索自然科学真理的基础研究、面向国民经济和国家安全的高技术研究、促进高新技术产业化研究以及人才培养方面均取得了令人瞩目的成就。在我国“两弹一星”研制、人工合成牛胰岛素、人工合成酵母丙氨酸转移核糖核酸和物理有机化学中的两个基本问题——自由基化学中取代基离域参数和有机分子簇集概念等的重大科技成果中，上海有机所科研人员做出了重要贡献。

上海有机所立足基础交叉前沿领域，坚持重大科学问题和国家重大需求导向，发挥有机合成化学的创造性，加强与生命科学、材料科学的交叉与融合；致力于推动我国化学转化方法学、化学生物学、有机新材料创制科学等重点学科领域的发展；在有机化学基础研究、新医药农药和高性能有机材料创制方面实现新的突破；引领有机化学学科前沿的发展，满足国家战略需求，服务国民经济主战场；将上海有机所建设成为国际一流的有机化学研究中心。

上海有机所现有生命有机化学国家重点实验室、金属有机化学国家重点实验室、中国科学院氟化学重点实验室、中国科学院天然产物有机合成化学重点实验室、中国科学院有机功能分子合成与组装化学重点实验室、中国科学院生物与化学交叉研究中心、推进剂关键材料重点实验室、沪港合成化学联合实验室、中国科学院有机合成工程研究中心以及企业联合实验室等。受中国化学会委托，编辑出版《化学学报》、“Chinese Journal of Chemistry”和《有机化学》三种已列入SCI源收录的期刊。

1.3.10 沈阳化工研究院有限公司

沈阳化工研究院有限公司（简称沈阳院）是中国中化集团公司的全资子企业。

沈阳院成立于1949年1月8日，是国内最早的综合性化工科研院所。沈阳院是原化工部直属的从事精细化学品研究开发的重点科研单位。1999年5月，经国务院有关部委批准由事业单位转制为中央直属大型科技企业，2007年4月，经国务院批准并入中化集团。

沈阳院主要从事农药、染料、中间体、助剂等精细化学品的开发研究及高新技术产品生产，是全国农药和染料技术开发中心、农药国家工程研究中心和染料国家工程研究中心的依托单位，是国家农药和染料质量检测中心、国家新药安全评价中心、农药和染料信息中心及农药和染料标准化归口单位，也是中国化工学会农药和染料专业委员会挂靠单位，是应用化学专业硕士学位授权单位和人事部与国家博士后管委会批准的企业博士后科研工作站。

建院以来沈阳院技术成果累累，到目前，获科技成果3500余项，推广了1700余项。1977年以来获各级科技奖励400余项，其中国家级奖励47项；已经获得授权中国专利500余项和国外专利（包括美国、欧洲、日本、韩国、加拿大、澳大利亚、巴西、印度、阿根廷等国家和地区专利）百余项；“六五”至“十二五”期间完成170余项国家重点科技攻关项目。

科研方向由农药、染料、化工、环保等专业构成。农药研究与开发包括除草剂、杀虫剂、杀菌剂及中间体合成、制剂加工、农药生测、农药安全性评价和标准化技术领域。染料专业研究与开发包括染料、有机颜料及中间体合成、纺织印染助剂、染料应用及加工和标准化技术等。

1952年，为满足抗美援朝的需要，在2周的时间内研究了“六六六”生产技术并在沈阳化工厂生产，以后陆续建立了涉及所有方向的完整的农药研发体系。时年沈阳院人数已从7人发展到400人。

沈阳院是目前国内唯一的、规模最大、专业配套最齐全的农药专业研究机构，拥有国内最为完善的新农药创制体系。从建院之初的“六六六”到20世纪70年代我国第一个全新结构的创制杀菌剂多菌灵，再到80年代开始的新药创制，沈阳院都能够独立完成化合物设计、新药合成、活性筛选、安全性评价、制剂加工和标准制定等农药创制项目，目前9个创制产品（氟吗啉、啶菌噁唑、烯肟菌酯、烯肟菌胺、唑菌酯、丁香菌酯、氯啶菌酯、四氯虫酰胺、乙唑螨腈）已获准正式登记并实现规模化生产，还有多个创制产品在产业化开发中；同时根据市场需要，每年完成1～2个过专利期的产品的开发。

1.3.11 湖南化工研究院有限公司

湖南化工研究院有限公司（以下简称湖南化工研究院）系湖南省石油化工厅下属的化工科研机构，创建于1951年，其前身是湖南省工业试验研究所，于1988年改现名，是一个具有60多年农药研究开发历史的综合性应用型科研单位，主要从事农药、精细化工、水处理化学、储能功能材料等领域新技术新产品的研究开发、工程设计、环境保护及技术咨询服务，是我国农药行业的主要创制和研发中心之一。该院在体制改革方面走在全国科研院所的前列，成功地走出了一条“科工贸一体化”道路，于1994年以湖南化工研究院为主组建了科技股份制公司“湖南海利化工股份有限公司”，于1996年作为湘股第一家在上海证券交易所上市（股票代码600731）；作为湖南省第一批事业单位转制成企业的试点单位，于2000年9月1日经湖南省人民政府批准整体转制组建成立“湖南海利高新技术产业集团有限公司”，其研发机构名称“湖南化工研究院”仍被省政府保留迄今。目前海利集团已发展为国有控股“大一”型企业，2017年总资产21.8亿元，净资产10.5亿元，营业收入13.3亿元，实现利税8700万元，整体综合实力在我国农药行业前列。

湖南化工研究院现有固定人员170余人，其中博士学历占比8%、硕士学历占比33.38%、本科学历占比36.62%、大专学历占比22%；高级职称占比19.26%、中级职称占比19.13%、初级职称占比16.26%；享受国务院特殊津贴5人、国家百千万人才工程人选1人、湖南省新世纪121人才工程4人、湖南省首届科技领军人才1人、湖南省优秀专家3人、湖南省光召科技奖1人、湖南省优秀中青年专家1人等。在杰出的老一辈代表范涤尘、吴必显、朱瑞林、臧开保、王晓光等的带领下，培养出了一支整体素质高、年龄结构合理、专业结构合理、学术和工程技术水平高、开拓创新能力强的科研团队。

湖南化工研究院下设5个研究所（农药合成、农药剂型及应用系统、精细化工、功能材料、水处理技术）、5个中心（农药安全评价、农药生物测定、分析测试、化工信息、计量仪表）、1部（新农药创制部）和1个第三方检测机构（湖南加法检测有限公司），拥有4个国家级研发平台（国家农药创制工程技术研究中心、国家氨基甲酸酯类农药工业性试验基地、仿生农药工程技术国家地方联合工程实验室、国家南方农药创制中心湖南基地）、2个省级重点实验室（农用化学品湖南省重点实验室、绿色化工过程湖南省工程实验室）、6个省级中心和站点（湖南省农药工程技术研究中心、湖南省农药残留检测研究中心、湖南省化工信息中心、湖南省石化产业竞争情报中心、湖南省化肥农药质量监督检验授权站、湖南省化工产品质量监督检验授权站）。与湖南海利化工股份有限公司共建国家级企业技术中心和博士后科研工作站，与湘潭大学、湖南师范大学和湖南农业大学等高校共建有化学工程、有机化学、应用化学、农药学等学科3个博士生点和6个硕士生点，是湖南省教育厅研究生创新培养基地和国家教育部卓越工程师教育培养基地，是国家农业部认证的农药室内活性、田间药效、农药残留、农药理化性质和全组分分析、农药环境毒理及环境行为等农药登记试验资质单位，其中农药残留化学、农药环境以及农药理化性质与全组分分析被认证为良好实验室规范（GLP）实验室。目前该院已形成了集农药活性新化合物设计与合成、结构表征、生物活性筛选、工艺研究、工程技术开发、产品质量检测、应用技术研究、田间药效试验、残留、代谢与环境行为研究以及信息咨询等于一体的农药创新开发体系。

数十年来，湖南化工研究院先后主持承担和参加完成了国家及湖南省课题200多项，取得了一系列阶段性的创新性成果，获国家重点新产品5项、省级以上科技成果奖27项及发明专利授权164件。在农药研发与工程化发明，率先在国内开发成功系列高效氨基甲酸酯类农药及关键中间体（甲基异氰酸酯、呋喃酚、邻仲丁基酚、邻异丙基酚等）成套清洁生产技术，使我国氨基甲酸酯类农药的制造技术达到世界先进水平，累计创造直接经济效益10多亿元，社会效益200多亿元，其中“甲基异氰酸酯工程技术开发”（1988年）获国家技术发明四等奖、“杀虫剂残杀威原药技术开发”（2001年）和“呋喃酚技术的研究与开发”（2004年）获国家科技进步二等奖；在新农药创制研究方面，研制出了我国首个具有自主知识产权的创制杀虫剂新品种硫肟醚，并于2006年获湖南省科技进步一等奖。

1.3.12 浙江省化工研究院有限公司

浙江省化工研究院有限公司（简称浙化院）始建于1950年1月，是目前浙江省内规模最大的科研开发类院所，是国家消耗臭氧层物质（ODS）替代品工程技术研究中心、国家南方农药创制中心浙江基地的依托单位。同时，还是长三角有机硅研究中心、浙江省氟化工工程技术研究中心，以及通过国家实验室认证的浙江省化工产品质量监督检验站的依托单位。设有国家科技部批准的“含氟温室气体替代及控制处理”国家重点实验室，国家人事部批准的博士后科研工作站。浙化院主要从事CFCs替代品和Halon替代品、氟精细化学品、含氟新农药、精细及专用化学品等的研究。横向技术服务能承接化工产品分析检验、生物测试、安全评价等业务。

近年来，浙化院以“增强创新能力，引领产业发展，打造国内一流的研发机构”为目标，坚定“新材料、新技术、新应用、新服务”的发展战略，围绕氟化工、农药、新领域精细化工为重点，加速创新和科研开发，成为支撑中化蓝天氟化工产业持续发展的重要保证。

1.3.13 上海市农药研究所有限公司

上海市农药研究所有限公司建于1963年，是中国首家建立的农药专业研究所，主要从事化学农药、生物农药、农药剂型的研发；农药、化肥质量检测；农产品、食品质量检测；农药登记药效试验；农药登记残留试验；农药登记环境安全评价试验；农药标准物质研制等工作。

公司从1979年开始从事农药行业的检验检测工作，曾是上海市农药产品质量监督检验站、上海市化工产品质量检验中心农药站、上海市产品质量监督检验所农药检验室、上海公益计量公正行（食用农副产品农药含量公正计量站）等权威检验机构的挂靠单位，目前是中国上海测试中心农药行业测试点的挂靠单位。

公司于1995年经国家科技部批准，成为化工部上海生物化学工程研究中心和国家南方农药创制中心上海基地的依托单位，先后开发了150多项科研成果，其中90多项已投入工业化生产（包括20余项中间体），主要品种有三唑酮、井冈霉素、浏阳霉素、阿维菌素、生物法生产丙烯酰胺、氰戊菊酯、吡虫啉、快杀稗、敌鼠隆、草除净、烟酰胺等。至今共申请了国内外发明专利155项，获国家、部和省市级科技进步奖54项，并承担和完成了10多项国家科技攻关项目。主持中国农药界专业杂志《世界农药》的编辑和发行工作。化学农药“粉锈宁”获得国家科技进步一等奖。

公司于1995年通过了上海市质量技术监督局的计量认证，2001年获得中国农业部农药登记药效试验单位资质，2005年通过了CNAS农药产品和农药残留检测认可，2010年获得中国农业部农药登记残留试验单位资质，2012年通过上海市质量技术监督局的食品检验机构资质认定，2014年分别荣获中国农业部农药登记环境毒理试验单位资质、中国绿色食品发展中心的绿色食品检测机构资质、上海市农产品质量安全检测中心的农产品质量安全检测机构资质，2015年分别获得农业部农产品质量安全中心的无公害农产品检测机构资质、中绿华夏有机食品认证中心有机食品检测机构资质。

1.3.14 江苏省农药研究所股份有限公司

（1）历史沿革 江苏省农药研究所成立于1966年，创始人是我国著名的农药化学科学家程暄生先生。公司前身系江苏省化工研究所的一个研究室，逐渐发展成为具有合成、分析、农业药效、卫生药效、加工、残留、信息情报等多个研究学科的专业研究所，在我国拟除虫菊酯类杀虫剂、农药中间体、农药情报信息等领域做出了显著贡献。江苏省农药研究所于2003年1月转制为江苏省农药研究所有限公司，于2005年6月重组为江苏省农药研究所股份有限公司。江苏省农药研究所是国内南北方农药创制中心的六个基地之一，在原国家南方农药创制中心领导小组的领导下，在新农药创制体系建设和新农药创制方面进行了大胆尝试，并取得了阶段性成果，创制发明的杀菌剂氰烯菌酯在我国小麦赤霉病的防治中取得了非常显著的经济效益和社会效益。

（2）技术传承

① 拟除虫菊酯研发与产业化。江苏省农药研究所创制人程暄生先生，早期在中央农业试验所（江苏农业科学院前身）植物病虫害系药械室工作，自20世纪70年代起，带领江苏省农药研究所开创了我国拟除虫菊酯的研究和开发，被业界称为拟除虫菊酯工业的先驱，为我国拟除虫菊酯工业奠定了坚实的基础。自20世纪80年代起，传承程暄生除虫菊研发的第二代专家如高中兴、候鼎新、殷先友、林树等，分别在氯氰菊酯、氯氟氰菊酯、丙烯菊酯等品种的研究与开发方面做出了重要贡献。自20世纪90年代起，陈孝君、张湘宁、钱稿等专家在高效氯氟氰菊酯、丙烯菊酯等产业化方面，与企业合作，为企业和行业做出了显著贡献。拟除虫菊酯的研发和产业化获得国家部级/省级奖项多项。

② 新杂环类农药和中间体的研发与产业化。江苏省农药研究所作为国内为数不多的农药专业研究所，在农药研发方面与沈阳化工研究院等一起，为我国农药工业的发展起到了引领和推动作用。自国家"六五"至"十五"期间（1981～2005年），在原总工程师薛振祥先生的带领和指导下，承担了国家级农药科技攻关项目和一批省级科技项目，包括杀虫剂（如菊酯类杀虫剂、吡虫啉、啶虫脒、噻嗪酮、吡蚜酮、灭蝇胺）、杀菌剂（如多效唑、三唑酮等）、除草剂（如草除灵、噁草酮、喹禾灵、环嗪酮等）原药及其中间体的研发与产业化，农药所立足研发，与企业广泛合作进行产业化开发，取得了良好的经济效益和社会效益。期间，薛总还组织编写了重点介绍农药中间体方面的丛书，为有机合成工作者留下了宝贵的技术资料。

③ 新农药创制品种的研发与产业化。在"九五"到"十二五"（1996～2015年）的20年，江苏省农药研究所着力于新农药创制体系的建设和新农药创制。创制体系建设包括基础设施和人才队伍，于2000年初步建成国家南方农药创制中心江苏基地，培养了一批技术人才和管理人才。先后创制了杀虫剂呋喃虫酰肼和杀菌剂氰烯菌酯，拥有数十项发明专利，两个创制品种均得到了国家科技攻关/科技支撑项目的资助和省级科技成果转化项目的资助，杀虫剂呋喃虫酰肼的研发于2006年获得中国石油化学工业协会技术发明一等奖，杀菌剂氰烯菌酯的研发与产业化于2012年获得国家科技进步二等奖，2015年南京农业大学植保学院周明国教授团队首次提出了氰烯菌酯的作用机理，阐明了禾谷镰孢菌对氰烯菌酯的抗性机制，不论是基础研究还是产业化，创制杀菌剂氰烯菌酯的研发与产业化模式具有借鉴意义。

（3）公司未来

目前，江苏苏研农业集团拥有江苏省农药研究所股份有限公司、江苏恒生检测有限公司、江苏南方农药研究中心、江苏璐科仕化学有限公司、《现代农药》与《农药快讯》编辑部等五大版块。

江苏省农药研究所股份有限公司于1998年注册"苏研农药"商标，经20多年的市场验证，已经成为国家知名品牌。公司农药制剂、原药产品数量多、品种新。现有原药品种15个，制剂40多种。主要有高效氯氰菊酯、吡虫啉、啶虫脒、噻嗪酮、灭蝇胺、杀螺胺、草除灵、戊唑醇、吡蚜酮、氰烯菌酯、呋喃虫酰肼等原药以及相关制剂。原药年生产能力2000多吨，制剂年生产能力5000多吨，年销售额近2亿元。

参考文献

[1] 李宗成．中国农药，2008，2：11.

[2] 李正名．世界农药，1999，21（6）：1.

[3] 徐利剑，赵维，等．中国农学通报，2015，31（22）：191.

[4] 伏进，等．植物保护，2017，43（06）：196.

[5] Kamiya K，Wada Y，Horee S，et al. J Antibio，1971，24（5）：317.

[6] 王大翔．上海化工，2004（02）：7.

[7] 刘长令．世界农药，2005，27（6）：48.

[8] 刘武成．浙江化工，2000，31：87.

[9] 江华．农资导报，2015，25（03）：14.

[10] 刘君丽．第八届全国农药创制交流论文集，2009：144.

[11] 刘阳，等．有机化学，2017，37（2）：403.

[12] 周凤琴，汪红．农药，2006，45（6）：422.

[13] 司乃国．第八届全国农药创制交流论文集，2009：70.

[14] Zhang X，Wu D，Duan Y，et al. Pestici Biochem Physiol，2014，114：72.

[15] 程春生．农药市场信息，2006，3：18.

[16] Chen F，Han P，Liu P，et al. Sci Rep，2014，4：6473.

[17] 彭丽．今日农药，2009，32（10）：30-31.

[18] 李云芝，等．蚕业科学，2015，41（01）：183-186.

[19] Li Z，Shao X，Xu X，et al. Abstracts of Papers of The American Chemical Society，2014，248.

[20] 王双全，谢谦．南方农业，2018，12（02）：13.

[21] 刘武成．农药，2002，41（1）：8.

[22] 刘刚．农药市场信息，2017（25）：56.

[23] 司乃国，张宗俭．农药，2004，43（1）：16.

[24] 韩秀林，赵江源，李铭刚，等．全国新农药创制学术交流会，2011.

[25] 司乃国．中国植物病害化学防治学术研讨会，2002.

[26] 王斌，赵杰，等．农药，2017，56（03）：231.

[27] 王艳辉．农田杂草识别与防除原色生态图谱．北京：中国农业出版社，2013.

[28] 李钟华，徐尚成，黄文耀，等．中国农药，2009（5）：7.

第 2 章
农药创新技术

2.1 概论

现代农业面临着巨大的挑战——确保提供足够的高品质食物来满足不断增长的人口需求。随着工业化进程的加剧，农业用地的缺失，气候变化和饮食习惯的改变，也需要对农业生产力进行调整。虽然生物化学和生物技术的创新、种子选育和基因修饰技术为保障食物供应提供了更好的解决方案[1]，农药仍然是控制因病、虫、草造成的作物产量损失的最有效方案。随着目标生物和种群的变化以及不断增加的需求，需要探寻农药创制的新技术，满足新的作物保护化合物的高效研究需求，如新靶标鉴定过程的创新技术，毒理学和生态毒理学风险评估研究的创新技术等。

本章介绍了我国现代农药创制的常用技术，以及新开发的用于识别和开发新活性化合物的创新技术。本章主要包括如下内容：①新活性化合物的设计和优化方法：通过使用现代研究技术和独特的高特异的生物筛选系统在靶标水平、细胞水平及生物个体水平实现快速、大量、稳定的活性化合物筛选过程；以及基于分子结构信息和量子化学理论的计算方法发现和优化先导化合物。如为寻找高效、环境安全、用户友好、经济效益高的“最优产品”，卤素取代的活性化合物在农化产品中呈现逐渐上升的趋势，氟化学技术的应用显得尤为重要。②确定活性成分作用方式的创新技术：如 RNA 干扰技术用于阐明作用模式，确定新的开发靶标；通过使用 DNA 芯片技术，基因表达可以快速鉴定除草剂作用模式。③毒理预测技术：利用计算毒理学、生物信息学和系统生物学的知识来评估人类健康和环境安全，例如利用暴露模拟、体外模型来评估表型和基因表达变化等。将分子生物学和生物技术与计算毒理学和生物信息学结合使用，增强毒性测试与低水平的人体暴露的相关性，减少动物模型中体内测试的需求，并使毒理数据生成的整个过程更快、成本更低。

2.2 生物筛选技术

生物筛选是指采用一定的可重复的方法和步骤，用一定数量的候选化合物处理供试生物，根据供试生物的反应并经过特定的统计分析后，选出有效化合物供进一步的实用性开发研究，或作为先导化合物为合成药效更好的新化合物提供依据。生物筛选对于农药的研究与开发具有重要的意义：可以根据生物筛选所提供的化合物的生物活性信息，从大量的化合物中发现先导化合物；对先导化合物的优化、分子设计以及构效关系的研究，必须要依赖生物活性筛选提供的定量活性资料；根据生物筛选结果能够对候选化合物是否具有商品化开发价值做出评价；生物筛选提供的毒理学数据可作为化合物结构优化的重要参考，给农药的研究和开发提供新的思路。

2.2.1 杀虫剂生物测定方法

杀虫剂生物测定是度量杀虫剂对昆虫及螨类产生效应大小的农药生物测定方法[1]。杀虫剂经典的生测方法，无论是活性测定还是毒力测定，都是依据杀虫剂的作用方式和作用机理而建立的。杀虫剂的作用方式主要有触杀、胃毒、内吸、熏蒸、驱避、引诱、拒食、生长发育调节等。

触杀毒力测定是使杀虫剂经体壁进入虫体，达到其作用部位而引起中毒致死反应，由此来衡量杀虫剂触杀毒力的生物测定。触杀毒力的大小通常以 LD_{50}、LC_{50} 或 KT_{50} 表示。测定方法可分为整体处理法和局部处理法。整体处理法是采用喷雾、喷粉、浸渍以及玻片浸渍等方法，使供试昆虫的整个虫体几乎都接触药剂的毒力测定方法。例如喷雾法的基本原理是使供试样品直接附着于昆虫的体表，通过表皮侵入昆虫体内致毒。为了使昆虫个体所捕获的药剂量尽可能相同，除了昆虫本身的因素外，主要取决于良好的喷雾装置，要求喷出的雾滴大小均匀，单位面积上沉降的药剂量应基本一致。整体处理法接近于田间施药的方法，但是无法避免药剂通过口器、气孔等部位进入虫体。局部处理法是采用点滴法、药膜法等方法，将药液或药粉均匀地施于虫体的合适部位，由于药剂不直接接触供试昆虫的口器，基本上可以避免胃毒作用的干扰，与整体处理法相比，能更精确地测定药剂的触杀毒力作用。例如点滴法的基本原理是每一试虫个体的某一部位都接受相同体积的药液，因而统一处理的每个试虫实际接受的剂量相同。点滴法耗用的供试样品少，每个试虫的受药量是已知的，可以计算 LD_{50} 值，是杀虫剂触杀活性测定中使用最广泛的方法。

胃毒毒力测定是指通过供试昆虫吞食带药食物，引起消化道中毒致死反应，以测定胃毒毒力的杀虫剂生物测定方法。根据供试昆虫摄食量的差异可以分为无限取食法和定量取食法。无限取食法是指在一定的饲喂时期内，供试昆虫可以无限制地取食混有杀虫剂的饲料，不用计算实际吞药量的实验方法。此方法比较简单，但是不能避免其他毒杀作用的影响。无限取食法包括饲料混药喂虫法、培养基混药法、土壤混药法等。定量取食法是指让供试昆虫按照预定剂量的杀虫剂取食，或者在供试昆虫取食后能精确算出昆虫的吞食剂量。测定方法有叶片夹毒法、口腔注射法、液滴饲喂法等，其中叶片夹毒法最为常用。

内吸毒力测定是使药剂经植物的根、茎、叶或者种子吸收传导后，通过供试昆虫吸取植物含毒汁液而产生中毒反应，以测定内吸毒力的杀虫剂生物测定法。其测定方法有种子内吸法、根系内吸法、茎部内吸法、叶部内吸法等，还可以用处理后的植物，取其叶片研磨成为水悬剂，加在水中，测定对水生昆虫的毒力。

熏蒸剂毒力测定是使药剂以气态从气门经呼吸系统进入虫体，并在其作用部位产生中毒致死反应，以测定熏蒸毒力的杀虫剂生物测定。

昆虫生长调节剂的生物测定是通过昆虫生长调节剂调节或干扰昆虫的正常生长发育，减弱昆虫的生活能力，最终使昆虫死亡，以测定其毒力的生物测定。

2.2.2　杀菌剂生物测定方法

杀菌剂生物测定是将杀菌活性化合物作用于病原菌（如真菌、细菌等）或感菌植物体，根据产生的各种效应来判断药剂效果的实验方法[2]。常规生物测定一般是利用生物活体作靶标，通过观察靶标生物对化合物在生理生化、生长发育、形态特征等方面的反应来判断化合物的活性。常规杀菌剂生物测定方法主要有离体测定、活体测定、组织筛选法等。

离体测定以杀菌剂抗菌活性为中心内容，仅包括药剂、病原菌和基质，不包括寄主或寄主植物，利用药剂和病原菌接触，以抑制孢子萌发、菌丝生长、导致菌丝变色变形等指标作为衡量毒力的标准。离体测定方法主要有孢子萌发法、抑菌圈法、生长速率法，另外比较常见的还有附着法、最低浓度测定法、对峙培养法和干重法等经典离体测定方法。离体测定操作简单、快速，测定结果的重复性好，不受季节影响，但有时会出现测定结果与田间实际防治效果不一致的问题，虽然离体测定毒力相对容易，但是使用价值较小。

活体测定最早开始于 20 世纪 60 年代初期，日本理化研究所研究的防治水稻纹枯病及其他真菌病害的杀菌剂[3]。活体测定包含药剂、病原菌和寄主，根据寄主植物发病的程度来衡量药剂的防治效果。活体测定一般是在温室里进行的，根据不同病原菌、不同药剂的作用机理、不同植物寄主具体设计筛选方法。常用的活体筛选主要有叶片接种法、幼苗接种试验法、种子杀菌剂药效测定、果实防腐剂生物测定等。活体测定操作烦琐，周期长，受季节影响大，测定结果的重复性差，但是测定结果的使用价值较大。

组织筛选法是利用植物部分组织或器官作为实验材料评价化合物杀菌活性的方法，具有离体的快速、简便和微量等优点，又具有与活体植株效果相关性高的特点。以植物的根、茎、叶等组织为实验材料，适合于多种病害的杀菌测定方法。例如，适用于病毒病害的“叶片漂浮法”和“局部发病法”，适用于多种空气传播的“洋葱鳞片法”，适用于蔬菜灰霉病的“黄瓜子叶法”，适用于水稻纹枯病的“蚕豆叶片法”，适用于细菌性软腐病的“萝卜块根法”，适用于稻瘟病的“叶鞘内侧接种法”，适用于柑橘树脂病的“离体叶片法”，以及适用于稻百叶枯病的“喷菌法”等。这些方法快速、简便，并且与田间实验法具有很高的相关性，适用于大规模筛选。

如安徽农业大学花日茂课题组从天然产物的五元体系出发，在离体水平筛选设计合成的 26 个 3-酰基硫代柠檬酸衍生物。以菌丝生长速率法测试化合物对苹果腐烂病菌、弯孢菌、禾谷镰刀菌和尖孢镰刀菌的活性。根据还原型烟酰胺腺嘌呤二核苷酸磷酸（NADPH）的丙二酰辅酶 A 依赖性氧化，以分光光度法测定脂肪酸合成酶的活性。分子对接表明 3-酰基硫代柠檬酸衍生物靶向 β-酮酰基合成酶 C171Q KasA 复合物。这些发现有助于理解新型强效杀真菌剂的作用模式和设计与合成[192]。

2.2.3　除草剂生物测定方法

除草剂生物测定是通过测定除草剂对生物的影响程度，来确定它的生物活性、毒力等。除草效力测定是指利用供试杂草的植株、器官、组织或靶标酶等对除草剂的反应来测定除草剂生物活性的方法。通过采用几个不同剂量的除草剂对供试杂草产生效应强度的比较方法，以评价药剂的相对除草效力或对作物的安全性。

整株水平测定是用整株植物来测定除草剂的活性。一般是在温室用盆钵、培养皿或小杯如玻璃杯或一次性塑料杯培养供试的指示植物，根据不同要求用供试除草剂处理，待药害症状明显后进行观察评价。评价的指标包括出苗率、株高、地上部重量和地下部重量等，还可对植物的受害症状进行分级，再计算综合药害指数。植株个体大的供试材料用大盆钵培养，采用测定株高或重量的方法以及分级方法进行评价都可以取得好的结果。而用培养皿或小杯培养的供试材料，由于苗小，测定株高或重量，特别是测定鲜重时，由于植株带水或泥土，对实验结果的影响大，测定的误差也相应增大，所以采用目测分级的方法较好。根据所有供试植物出现的药害症状进行分级，从无症状至症状最重可分为5～7级，分级后统计每一培养皿或杯内供试生物的药害症状并记录，之后计算药害综合指数，最后根据药害综合指数确定除草剂的活性。

组织或器官水平测定一般在实验室进行，常用的有种子。用种子测定时培养器皿可以采用培养皿或小杯，培养皿的培养介质一般是水，即在培养皿内垫上滤纸，加入除草剂的水溶液进行培养。测定的指标可以是主根长或地上部鲜重或株高，具体采用哪种指标应根据预备实验结果确定，实验数据经分析后选择稳定性和相关性较好，以及容易测定的指标。应用较多的是主根长生测法，例如利用玉米或油菜主根长法测定磺酰脲类除草剂的残留活性。在利用种子作为生测材料时，供试的种子一定要有较高的发芽率和发芽势，否则会影响测定结果，造成实验结果不可靠。

细胞或细胞器水平测定一般是针对特定作用机制的除草剂，常用的细胞器有叶绿体和线粒体。根据叶绿体和线粒体中一些特定的生理生化反应测定生理指标。许多光合作用抑制剂如三氮苯类除草剂，作用于光系统Ⅱ中质体醌 Q_B 结合部位，它们竞争性地替换与 D_1 蛋白结合着的质体醌 Q_B，导致电子传递受阻。对这类除草剂的活性可以测定希尔反应活性，其希尔反应活性的测定不直接测定放氧活性，而是测定铁氰化钾光还原，并折算成放氧活力。这种方法被证明能很好地测定除草剂的活性。在离体线粒体条件下，用瓦氏呼吸装置测定氧的吸收和磷氧比，从而确定呼吸作用抑制剂活性。除光合作用和呼吸作用的指标外，还可以选用细胞器中特定物质含量作为指标。常用的指标有叶绿素含量，例如新型磺酰脲类除草剂HNPC-C9908对蛋白核小球藻细胞叶绿素含量有影响，藻细胞叶绿素含量随药剂浓度的增加而下降，表现出良好的剂量-效应关系。

酶水平测定是对已知作用靶标的除草剂，生物测定可在酶水平上进行。如对草甘膦的生物活性，可以通过测定植物体内莽草酸的累积量来测定。因为草甘膦作用于芳香族氨基酸合成过程中的一种重要酶——磷酸合酶（5-enolpyruvylshikimate-3-phosphate synthase，EPSP合酶），导致莽草酸积累，因此，测定植物体内莽草酸的累积量可以得知草甘膦活性的大小。

我国各个研究部门和不同地区间在创制农药生物活性评价方面采取的研究手段和研究基础差异较大。为完善我国的生物农药活性评价系统，提高生测研究水平和质量，在国家“十五”科技攻关期间，由沈阳院和农业部农药检定所承担，南开大学、南方农药创制中心参加了“创制农药生物活性评鉴SOP体系”课题研究，建立起农药生物活性评价标准操作规范（Standard Operation Procedure，SOP），实现新农药创制研究和管理的规范化、标准化。该体系包括管理、基础、靶标、新药筛选、应用技术、创制农药田间筛选和农药田间实验等内容的创制农药生物活性评价标准操作规程共11篇534条[4～6]。在新化合物筛选方面，建立了包括普筛、初筛、深入筛选和特性研究、田间实验与登记实验等内容的SOP，解决了创制农药登记和管理方面的诸多问题，累计筛选新化合物4500个，发现新先导结构8个，进入产业化开发阶段的化合物5个，为我国创制农药的研究和开发做出了重要贡献。

2.3　新型筛选技术

在1956年，每一种产品诞生需要对1800个化合物进行评估，这个数量在1972年已经上升到10000个。到1995年，这个数量已经超过了5万个，而今天每开发一个产品，需要测试大约14万个化合物[7]。这种数量的增长部分是由于对生物活性要求的提升、改善非靶标物种和环境安全的需要以及各种基于经济因素的考虑的需求。因此，在逐渐复杂的农化市场的压力下，公司必须以更低的成本来开发新的和高效的作物保护产品。这就要求更精简和集中的农药研发方法，重点就是初期筛选阶段的技术的创新。

一般采用两种筛选策略来发现潜在的先导化合物。

第一个策略是将化合物直接在有害生物体上测试，评级反馈的活性数据并优化。这种体内测试的方法只能表明生物学效应，却不能明确所涉及的作用机制。优化策略必须考虑到可能涉及的几种作用机制，而在合成优化过程中，原始的作用机制可能会发生变化。此外，所有观察到的效果都包括化合物的靶标活性以及生物利用度。

第二个策略是基于机制的方法，允许特定的靶标活性优化。该方法的基本条件是分子靶蛋白的可用性和在筛选化合物存在的情况下对靶蛋白进行合适的生物化学测试。在这种情况下，主要的挑战是将活性从生物化学测定转移到生物系统。

在农药研发中，靶标生物的多样性带来了特殊和复杂的挑战。杂草、真菌病原体和昆虫在进化上属于不同的有机体组织，因此，几乎不可能有一种能够解决所有有害生物控制问题的单一作物保护化合物。即使将有害生物分为昆虫、真菌和杂草，在许多情况下这种分类方式仍然不完善。虽然术语“杀虫剂”通常用于任何用于对抗昆虫、蜘蛛、螨或线虫的化学物质，但这些生物体之间的差异是非常大的，更准确地应分别称为杀虫剂、杀螨剂和杀线虫剂。在植物致病真菌中，进化范围甚至更广泛，卵菌根本不是真菌，尽管杀卵菌剂通常也被称为“杀真菌剂”。因此，杀真菌剂和杀虫剂的活性化合物筛选需要大量不同的物种。除草剂筛选在某些方面的情况与上述相反，作物和杂草植物之间密切的遗传相似性对除草剂区分作物和杂草植物的特异性提出了挑战。除草剂筛选程序中需要使用一系列不同的作物和杂草植物。鉴于上述情况，在实验室和温室试验中都采用了广谱的模式和害虫种类来筛选新的活性化合物。

农药的筛选与医药的筛选不同。自从开始寻找新农药以来，体内筛选一直是农业化学研究的主要基础，引导新的活性化学物质的鉴定和表征及其随后的优化。在农业化学中使用整个靶标生物来筛选相比于药物化学中的有更高处理量的体外筛选而言有许多优势。研究者可以快速识别出有生物活性的化合物而并不需要知道其作用机制，并且这一点并不影响农药的上市[8]。在后续的研究过程中可以对其机理进行深入研究。而在药物化学的研发过程中，随着生物化学、分子生物学、分子药理学和生物技术的研究进展，影响生命过程的一些环节的酶、受体、离子通道等已经被阐明，并被分离、纯化、鉴定、克隆和表达，越来越多地被当作药物作用的靶标进入体外药物筛选系统。相反，由于靶标生物的多样性，分子筛选技术和组学技术（功能基因组学、转录组学和蛋白质组学等）应用于农药创制研究一直是一个重大的挑战。与医药研发相比，农药研发在计算化学方面受益较小，计算机设计起到的是辅助作用。到目前为止，尚未有成功上市的农药是通过计算机模拟出来的[9]。

2.3.1 微量筛选技术

筛选模型的确立和准确度以及筛选速度是制约新农药创制的关键。近年来，筛选技术的发展与创新使得筛选效率大大提高：不论是处理对象为整个生物体的温室试验，还是利用了生物化学靶标的体外筛选试验都有了更高的处理量。样品处理量的提高使得化合物的消耗成为关键性问题。此外，在新农药的开发与研制中，新化合物合成及有效天然化合物提取的量是很有限的，这也是新化合物生物筛选所面临的问题之一。微量化的筛选方法可以在传统实验方法的基础上加以改进，也可以根据新的科学研究成果建立；可以是离体微量筛选，也可以是活体微量筛选。其目的在于减少用药量、缩短试验周期、降低试验占用空间，为大规模高通量筛选建立快速准确的筛选模型。

为了进一步阐明生命现象，生命科学的研究不断由整体水平、器官组织水平向细胞和分子水平发展，特别是细胞生物学、分子生物学的快速发展，使生命科学的大量研究内容可以在微观环境下完成。这种微观条件下进行的研究，同样可以用来探讨外源性物质，如药物与生物体内生理生化过程的相互影响，而且可以直接获得外源性物质与生物体内物质相互作用的机理，成为药物作用机理研究的重要手段。

由于高通量药物筛选要求同时处理大量的样品，实验体系必须微量化。生命科学研究的微量化为高通量药物筛选创造了条件。分子水平和细胞水平的筛选模型是实现高通量药物筛选的技术基础。常用的高通量药物筛选模型可以根据其生物学特点分为以下几类：①受体结合分析法；②酶活性测定法；③细胞因子测定法；④细胞活性测定法；⑤代谢物质测定法；⑥基因产物测定法。

以作用于受体的化合物为例，可以通过动物实验方法研究其对生理活动的影响，观察药物引起的生理指标的变化，如血压的变化、心率的变化等；也可以采用体外器官组织的实验方法，观察药物对心肌张力或收缩频率的影响等。这些是药理学研究常用的方法，而分子药理学的研究则直接观察药物与受体之间的亲和力大小和结合程度。特别是分子生物学技术的应用，可以用转基因的方法通过细菌或培养的细胞获得大量大的受体蛋白质，将这些受体蛋白质直接与药物相互作用，即可得到药物与受体结合程度的信息。这种研究方法应用的材料极少，蛋白质和药物或外源性样品的用量可以控制在纳摩尔以下，全部反应过程可以在非常小的容积内完成。微量的反应体系为同时进行大批量的实验次数提供了方便的条件。

以酶为作用靶点的药物，如酶抑制剂、酶诱导剂，也可以通过分子水平或细胞水平的实验方法完成活性评价，这些实验方法也达到了微量反应系统的要求。分子生物学的发展，使越来越多的实验实现了微量化，如基因的表达、生物活性物质的释放、细胞功能的测定等。

分子水平和细胞水平的筛选模型建立的基础是对药物作用靶点的认识，因此，在建立这两类微量筛选模型的过程中，最基本的工作是通过各种信息资料，其中包括生物信息学技术，研究药物作用的机理和药物作用的靶点；在获得了相关靶点的基本知识以后，再根据药物作用靶标的特点和药物与靶点作用的可能方式，建立相应的筛选模型。

例如，选择的目的靶点是受体蛋白质，首先应该了解的是该受体在与配基相互作用以后，可能产生的生理或药理作用，以便分析筛选结果；其次是分析药物与该受体可能的作用机制，对于受体而言，一般药物是通过与受体结合以后，或发挥激动受体的作用，或发挥拮抗受体的作用。因此，建立受体-配体结合的实验方法，筛选与该受体具有较强亲和力的化合物，有可能发现该受体的激动剂或拮抗剂。

确定一个目的靶点有多种途径，主要是根据生命科学研究的成果，在复杂的生理和病理调节过程中寻找具有主要作用的环节和基础物质，从而发现可以作为药物靶点的物质。特别是近年来生物信息学的快速发展，为寻找新的药物作用靶点提供了强有力的工具，应用生物信息学的技术，可以发现新的药物作用靶点，为发现新药创造了新的契机。

但是，分子、细胞水平筛选模型获得的结果，对于评价药物的整体药理作用也存在着明显的不足。尽管应用分子、细胞水平的筛选也可以对药物的毒性和吸收情况进行评价，但由于药物发挥治疗作用要受到机体整体调节和多种因素的影响，仅仅依靠分子细胞水平筛选模型的筛选结果判断其临床治疗作用还是有一定的局限性，离不开整体动物实验的结果和临床试验。

确定了药物作用的靶点，等于选定了药物筛选的目标。实施药物筛选的关键步骤就是针对选择的药物作用靶点，建立能够反映药物作用的筛选方法，即建立筛选模型。由于药物作用过程是在微量条件下进行的，因此，这些模型应符合以下基本要求。

(1) 灵敏度　筛选模型的灵敏度实际上包括两方面的含义，一是能够灵敏地反映样品在该模型上的作用，二是阳性对照与空白对照之间的范围或信噪比足以反映样品作用的层次。影响灵敏度的因素很多，如样品浓度、药物靶点浓度等，在模型的建立过程中要特别注意。

(2) 特异性　要对药物作用具有特异的反应，才能表现出药物的作用。筛选的特异性包括药物作用的特异性和疾病相关的特异性。根据筛选结果可以说明药物的作用原理，证明药物发挥了特异性的相互作用，而疾病相关特异性则是指该模型确定能够反映某种疾病的病理过程。

(3) 稳定性　无论采用何种方法建立的筛选模型，筛选的结果稳定是非常重要的要求。根据模型研究过程建立的标准操作程序，应能够在重复实验中获得一致的结果。

(4) 可操作性　在微量、体外可控条件下稳定地反映筛选结果，可进行大规模实验。一般筛选模型的操作步骤越少，操作过程越简单，实现高通量自动化筛选就越容易。

2.3.2　高通量筛选技术

高通量筛选（high-throughput screening，HTS）是 20 世纪 80 年代后期发展起来的一种以随机筛选和广泛筛选为基础的用于寻找活性分子的高新技术。HTS 是以药物和靶标的相互作用为理论依据而建立的分子、细胞水平的高特异性的体外筛选模型，通常以单一的筛选模型对大量样品的活性进行评价，从中发现针对某一靶点具有活性的样品。由于 HTS 在创新先导物的发现过程中具有快速、高效、微量等特点，在创新药物的发现过程中得到了广泛应用。

高通量药物筛选与普通的筛选方法一样，也是由四个主要部分组成的，即被筛选的样品、药理活性评价方法或称药物筛选模型、筛选的实施（实验操作）过程和筛选结果的分析。但是，高通量药物筛选对每一个组成部分又有特殊的要求。高通量筛选需要其他高新技术的支持：包括由常规化学合成和组合化学建立起的高容量、结构多样性的化合物库用以提供被筛选的大量化合物；自动化快速处理样品的操作系统用以代替人工进行自动加样、稀释、转移、洗脱、混合、温育、检测等操作；高特异性的离体或活体筛选模型用以使生物反应微量化（样品量在微克至毫克级），可在更密集的孔板上进行；高灵敏的检测系统用以直接测定不同规模多孔板中的生化反应；强大的计算机控制系统用于大量数据的采集、存储、分析和处理。

2.3.2.1 基于靶标的高通量筛选

在药物研究中，HTS 已被证明是新的先导结构的主要来源，从而促使农药研究至少部分地将这一方法纳入农药研发过程。以生物化学高通量靶标筛选为手段的分子农业化学研究始于几种模式物种。遗传学家和分子生物学家最初热衷于这些模式生物主要是因为其易于遗传获取。因此，模式生物与农业中最重要的有害生物种类大体不同。尽管如此，基因组测序的最新进展仍带来了农学相关生物知识的稳定增长。

杂草的情况比较简单，因为所有植物都密切相关。第一个被测序的模式生物，拟南芥（*Arabidopsis thalianas*）与许多双子叶杂草在遗传上没有很大的区别。单子叶作物与单子叶杂草密切相关，几千年以来，这些杂草形成了今天谷物种类的基础。黑腹果蝇（*Drosophila melanogaster*）是一种双翅目昆虫，其基因组为第一个测定的昆虫基因组，在遗传和分子生物学研究中得到了广泛的开发。为了更好地研究相关有害生物，如鳞翅目害虫或蚜虫，研究人员对烟芽夜蛾（*Heliothis virescens*）和桃蚜（*Myzus persicae*）等物种进行了测序。贝克氏酵母、酿酒酵母（*Saccharomyces cerevisiae*）长期以来一直是最广泛使用的真菌类模式生物，而子囊菌纲稻瘟病菌（*Magnaporthe grisea*）和黑粉菌纲玉米黑粉病菌（*Ustilago maydis*）是第一批测序的相关植物病原体[10]。

农业相关生物的分子生物学进展引入了基于靶标的生物化学体外高通量筛选，显著改变了过去 20 年活性化合物的筛选方法。应用于农业的基于靶标的高通量筛选是通过对确证的作用机制的筛选来提供新的活性化合物[11]。

基因组学的进展——包括模式生物的全基因组敲除程序——表明所有基因中约有 1/4 是必需的。必须进一步研究所产生的大量潜在的农用化学靶标，以澄清基因的功能（反向遗传学），并更好地了解其在生物体的生命周期中的作用。尽管基因组范围内的敲除技术本身是高效率和完善的技术，但研究发现，即使是一些已知的相关靶标的敲除也不是致命的，无论是由于遗传或功能冗余、反调节，还是由于敲除不能完全模拟激动药物对靶标的作用。必须认识到的一点是，基因功能的阐述是一项具有挑战性和耗费资源的任务，注意力应尽可能更多地集中在生理功能已明确表征的靶标上。令人感兴趣的农药靶标的最佳证明是生物活性化合物的“化学验证”。所有既定靶标都是如此。然而，作用于这些靶标的新化学物质相对于已知的化合物必须具有某些优势：这可能是化学结构的新颖性，新颖的结合位点或可以解决抗性问题。从创新的角度来看，对于已知的活性化合物，如天然产物（例如杀虫剂作用于鱼尼丁），新靶标是特别有意义的。最有趣的是从基因工程或作用方式研究中产生的新颖靶标。现代分析技术如高效液相色谱-质谱联用、电生理学、细胞成像技术为新靶标的发现打下基础。对于代谢靶标，如甾醇生物合成，可以通过代谢物分析直接鉴定靶标[12]。然而，尽管技术方面取得了广泛的进展，但是对新靶标作用方式的阐释仍然是一个非常苛刻的挑战。

评判一个靶标的最重要的标准是其可药性，即农药类化学品的可及性[13]。靶标与活性分子的作用不是巧合，靶标具有预先存在的结合位置，特异性地与符合某些物理化学性质的配体结合。此外，靶标在有害生物的有害生命阶段应是相关的，在实际条件下对杂草或害虫的破坏性影响应在施药后的短时间内发生。预测一种新的活性成分是否能被识别，以及一种新颖的靶标是否在市场上具有竞争力是一项有挑战性的工作。通常，药物研究系统地集中在特定的靶标类别，一个例子是癌症研究中的蛋白激酶。农业化学研究中类似的方法价值有限，因为没有这样的特定靶标的类别[14]。事实上，各种农药的共同点通常是干扰靶标生理功能而产生的破坏性，有时甚至是“副作用”，如产生活性氧（reactive oxygen species，ROS)[11]。当然也有例外，如蛋白激酶类靶标，已被鉴定为有希望的杀真菌剂靶标[15]。

2.3.2.2　高通量筛选技术(体外)

拜耳作物科学公司的第一个 HTS 系统是在 20 世纪 90 年代后期建立的。之后，在最先进的技术平台上，每天的筛选能力迅速扩大到超过 10 万个数据点。这包括完全自动的 384 孔筛选系统，复杂的板复制和存储概念，精简的测定验证和质量控制工作流程。在组合化学的帮助下扩大了化合物的收集，启动了对开发合适的数据管理和分析系统的重大投资。

该概念允许筛选大量化合物以及大量新鉴定的靶标，从而产生相应数量的命中化合物。同时，开发的质量控制技术能够将有效命中与由于各种原因（例如非特异性结合）而造成的假阳性和不感兴趣的化合物分离。有趣的是，一些靶标测定法提供相当数量的体内活性化合物，而对于其他体外 HTS 测定，通常显著的靶标抑制未能转移到相应的体内活性。在某些情况下，这可以归因于靶标致死率低或测试物种体内的“农药动力学”因素。

在 20 世纪 90 年代末期，大农药公司跟随了制药公司与生物技术合作伙伴合作开展基因组计划的趋势。然而，不幸的是，尽管这种基因组方法提供了 100 多种新的筛选试验，但并没有提供所需的结果。因此，基于靶标的筛选方法被重新定位，新方向的变化如下。

① 用已验证的抑制剂筛选已知的作用机制。

② 更严格的验证过程以及指示生物化学，以确保更好的化学起点。

③ 清理用于筛选的化合物库，以提高样本质量以及收集的结构多样性。

④ 筛选新的经过验证的作用方式，以促进创新领域，如疟疾的发展。

生物化学体外筛选可以提供化合物，尽管具有明确的靶标活性，却在靶标生物体内的活性表现不佳，这是由不利的物理化学性质（缺乏生物利用度）、快速代谢、稳定性不足或在靶标生物体内分布较差等原因造成的。然而，这类化合物仍然是化学家感兴趣的，因为这些性质的不足可以通过化学优化来克服。因此，“农药动力学”引导了纯体外命中的识别，并且还有助于阐明体内测试失败的原因，从而指导体外命中转化为体内命中。体外和体内筛选过程可以是互补的，并且可以一起用于广泛地表征测试化合物在早期研发过程中的活性。

2.3.2.3　体内高通量筛选

以经典和成熟的生物筛选的经验为基础，用于农业化学研究体内 HTS 技术得以被开发。从 20 世纪 90 年代中期开始，大多数主要农药公司建立了体内高通量微量筛选系统，与体外筛选不同，它是对完整植物的反应进行分析[13,16,17]。在高通量系统中，每年报告筛选的化合物数量在 10 万～50 万个之间，大多数方案利用少于 0.5mg 的物质，使用 96 孔或 384 孔微量滴定板（microtiter plates，MTP)，为靶标植物、昆虫和真菌产生相关命中化合物。这样的 HTS 系统可以产生大量的命中，所有这些都取决于筛选剂量、通过的标准以及使用的测试种类的数量和类型。通过增加额外的剂量率和重复，可以提高 HTS 的命中质量，可以提高相关后续筛选的命中质量。

HTS程序基于自动化、小型化，并且还常常使用易于处理和适应MTP版式的模型生物体或系统。在农药研发项目中，使用埃及伊蚊、黑腹果蝇、拟南芥、秀丽隐杆线虫或基于细胞生长的杀真菌剂测定的模型系统可以成功鉴别大量的命中化合物。这些模型系统使用高度敏感的物种，主要用于鉴别生物活性。然而，在农业相关物种的后续试验中，由于模型生物与真实害虫物种之间的差异较大，感兴趣的化合物的数量通常会急剧下降。因此，潜在地，使用模型生物体的HTS系统可能会错过农业相关物种的命中。

由于二者间这种不太理想的关联，已经引入更多相关的靶标生物来改善体内HTS系统，特别是对于杀虫剂和杀真菌剂的测试系统。例如，涉及鳞翅目幼虫的96孔MTP测定被广泛使用，且叶盘法被开发，已被许多公司应用于汁液喂养昆虫，如蚜虫。

用于杀真菌剂的HTS系统利用细胞生长来测试，但也仅覆盖相关靶标生物体的一部分；所有专有病原体如霉菌或锈菌类都无法测试。此外，这种细胞测试不测试真菌病原体在活体植物组织上发育的相关阶段。然而，可以通过使用叶盘法或有相关真菌物种侵染的整株植物来解决这个问题。

使用靶标有害物种进行杀虫剂和杀菌剂的相关HTS的发展是一个持续的挑战。在许多情况下，这些检测的复杂性可能会显著增加，并且运行靶标生物测定所需的时间和精力可能大于以前的模型系统所需要的时间和精力。因此，体内HTS所筛选的物种种类逐渐减少至一个或两个模型物种作为生物活性的一般指标，再加上一些主要产品领域具有代表性的特定有害生物。例如，杀虫剂的研发中，许多筛选方案着重于一个或两个鳞翅目物种，作为广谱的咀嚼式害虫的指标，蚜虫则是广谱的刺吸式害虫的指标。虽然这两个产品领域并不代表总杀虫剂市场，但它们的占比是最大的。因此，这些更复杂的HTS系统的使用需要处理量和体内HTS专用资源的平衡。生物活性相关性更好的化合物来自专注于代表性害虫的HTS。

2.3.2.4 化合物供应和计算机辅助筛选

为了实现高通量筛选的目标，需要大量的化合物来满足测试的能力。因此，许多主要的公司——包括制药和农药公司开始在全球范围内从不同的渠道购买现成的化合物。此外，组合化学的繁荣也有助于满足大量新物质的需求。靶标库和化合物库的建立，对HTS效率提出了新的要求，使HTS朝着日筛规模越来越大、速度越来越快的方向发展，目前已形成了可日筛选10万样次的超高通量筛选技术（ultra high-throughput screening，uHTS）。

最初购买化合物主要基于可用性和便利性的考虑。然而，尽管化合物筛选的处理量不断增加，但除草剂、杀菌剂和杀虫剂这三类并没有相应的新活性化合物增加。研发人员很快认识到：对于医用和农用化合物，为了获得的相关生物活性在有效水平范围内，需要对购买的化合物类型设定某些限制。随后，在制药研发中，出现了两种方法用以解决上述问题，即基于片段的筛选和多样性导向合成[18,19]。

多样性导向合成（diversity-oriented synthesis，DOS）概念最初由Schreiber于2000年提出，它以一种“高通量”的方式产生“类天然产物”（natural product-like）的化合物。其合成是从单一的起始原料出发以简便易行的方法合成结构多样、构造复杂的化合物集合体，再对它们进行生物学筛选。它的合成策略遵循正向合成分析法（forward-synthetic analysis），在合成过程中尽量引入多样化的官能团，构建不同的分子骨架，并希望最终建立的小分子化合物库涵盖尽可能多的化学多样性（包括密集的手性官能团、丰富的立体化学和三维结构，以及多样性的化合物骨架）。DOS的筛选目标并不是针对某一类特定的生物靶标，而是为各种靶标寻找新的配体，进而分析细胞和生物体的功能，发现大分子相互作用的“接线图”。

农药研发通常早期更倾向于多样性导向合成以符合化合物的限制，这些限制和（亚结构）指纹作为分子相似性的描述符，被用于选择农药研发的化合物集。主要在制药或生物技术行业开发的基于片段的设计、虚拟筛选等现代技术已成功应用于药物先导的发现。只要药物和农药之间的差异被考虑在内，比如一些理化性质的差异，这些工具也可以应用于农业化学品的发现。

在过去20年中，计算化学已成为药物发现的重要合作伙伴。事实上，其对高通量筛选的主要贡献之一是虚拟筛选[20,21]，一种可应用于大量化合物的计算方法，其目的是应用某些标准对这些化合物进行评估或过滤，或代替体内或体外测试。一旦一个可靠的虚拟筛选流程被确定，就可以通过筛选明确的化合物子集而减少试验次数。虚拟筛选结合高通量实验筛选可使阳性率高达5%～30%，远远高于直接进行高通量实验筛选（0.01%～0.1%），因此，只有对需筛选的分子或分子构建块进行合理的预筛选以后，超高通量筛选与快速、并行的组合化学相结合的方法才有可能成功。否则，这种方法还只是一种成功率非常低的随机筛选。在计算机筛选的帮助下，类农药化合物集的限制条件被进一步修正，化合物收集的多样性也得到了进一步改善。

在组合化学领域，化合物库由早期未经纯化的混合物组成转变成只含有纯化的单一化合物的随机数据库，又过渡到具有生物学背景的靶向数据库。基于上述改变，合成路线会变得更加复杂，这又导致化合物库的缩小。然而，各种研究表明，要做到对所需化学空间进行充分取样，非常大的化合物库并不是必需的，通过正确的设计，较小的化合物库也可以同样有效。基于上述考虑，获得更高质量命中化合物的可能性提升了，从而在先导发现的早期阶段提供了更明确的前进方向。重要的是，通过这些和其他的计算机方法来修正和靶向所需分子的类型和数量，筛选大量化合物的需求可能已经降低，且改善输入HTS的化合物的质量和相关性会增加新活性化合物的输出。类农药定义工具和精挑细选的生物骨架可能会合力助力于农业化学新先导或新产品的诞生。

过去20年中，HTS已经被农药行业采用，作为早期研究阶段的重要组成部分，部分原因是为了解决新农药开发中日益严峻的挑战和新产品发展过程不断下降的成功率等问题。与研发过程中广泛采用体外靶向HTS的制药行业不同，农药行业更倾向于利用部分有害物种体内HTS。高通量化学、功能基因组计划和机器人筛选系统的显著进步是HTS建立和发展的基础，这一切使得农药公司可以高效地筛选大批量的化合物。此外，这些知识的应用不断地改进农药研发技术，这些新技术会促进符合现代农药需求的创新产品的产生。

2.3.3 虚拟筛选技术

活性成分的新骨架通常由随机筛选得到，从公司拥有或者各处购买的多达几百万个化合物样品中，挑出100～1000个分子来进行活性测试或进行高通量筛选。尽管高通量筛选的化合物处理量较大，但是与化学空间所可能拥有的总分子数相比仍是极少的[22]。且考虑到对化合物库进行高通量筛选所需的成本、时间和资源，采取替代策略促进先导的发现是十分有必要的。虚拟筛选（virtual screening，VS）是一种计算机方法，其目的是从大型具有化学多样性的化合物库中发现先导化合物，集中目标，降低实验筛选化合物的数量，缩短研究周期，节约研究经费。其基本思想就是应用计算机过滤工具来帮助识别期望的分子，以及构建具有合理性质或活性谱的化合物集合。化学空间指的是由原子组合成的所有分子的集合。对化学空间（chemical space）进行的理论估计表明，可能存在的化合物分子多达10^{60}～10^{100}个。如果对靶标结构、潜在构效关系等信息一无所知，又没有已知的参考化合物，设计者必须全盘考虑理论上可被测试的、具有全部结构多样性的所有化合物。这就需要首先从一个大型的筛选化合物库中挑选出一个合适的最优子集进行测试。这些筛选化合物库可以是真实的样品库，也可以是从头设计的虚拟库。

进行虚拟筛选需要一些已知条件，如已知配体、QSAR（定量构效关系）模型或者靶标结合口袋等。因此，一般是高通量筛选之后才进行虚拟筛选，这样可以利用高通量筛选的活性数据作为参考。虚拟筛选被大规模应用于药物活性化合物的发现始于20世纪90年代中期，超级计算机的发展，大大促进了虚拟筛选研究，由此发展了虚拟筛选并行算法，实现了虚拟筛选的高通量化。通过多年的努力，虚拟筛选已经成为一种实用化的工具应用于先导化合物的发现，提高获得活性化合物的能力已经逐步被认可。我国虚拟筛选研究起步较早，发展也较快，与国际上的研究处于同一水平。目前全国已有80余家院校和研究机构建立了药物设计（包括农药设计）研究部门[23]。

虽然虚拟筛选在制药领域作为先导发现和骨架跃迁的主要工具受到高度重视，但在农药创制这一领域的应用研究报道较少。在农业化学中，这种方法的基本概念与药物研发中保持一致：活性化合物通常通过生物筛选、竞争对手的专利或文献追踪来鉴定，需要对新的活性分子进行骨架跃迁或扩充结构-活性关系分析。在农药创制中，也是在这种情况下，虚拟筛选是一种选择相关化合物用于生物测试的有效方法，所用化合物库可以来自农业化学企业或为商业性的化合物库。可用的虚拟筛选工具与药物研发相同，尽管农业化学产品具有一些特殊性。例如，化合物的活性主要在体内直接评估，并且不反映分子在其靶标上的内在活性。此外，“类农药”化合物与“类药性”化合物不同：例如，lg$P$值通常较低，并且除草剂的氢键供体原子相较于药物中的出现频率较低。一些官能团，如醇和胺，代表性弱，而杂芳香环、磺酰胺和羧酸更常见。企业数据库的内容和特征在两个领域都是不一样的，另外，也没有“类农药”的公共数据库可用于农药的虚拟筛选[24]。

最常用的虚拟筛选策略包括对接、药效团、QSAR、相似性搜索以及机器学习[25]。这些方法通常分为基于结构的虚拟筛选和基于配体的虚拟筛选。

2.3.3.1 虚拟筛选策略

（1）对接方法　通过几何对接分子到预选的靶位点识别活性化合物，然后进行结合构象优化和评分[26]。该方法准确地描述了分子结合，并且不需要已知活性化合物的任何信息，允许对结合过程的直观了解，并且能够鉴定具有不同结合模式的新型化合物与已知配体的结合模式。但是，此法在模建靶标的灵活性、溶剂化效应和熵效应中能力有限。通过更全面的构象取样、评分算法的改进以及足够的溶剂化和熵效应建模可以部分地改善这些局限性，但是增加的计算成本可能会限制该方法用于虚拟筛选。

（2）药效团方法[27]　通过将分子与活性所需的空间和物理与化学特征的组合相匹配来识别活性化合物。药效团特征是基于配体或者基于结构的方法得到的。基于配体的方法是通过叠加多个活性分子来提取必需特征用于产生药效特征。基于结构的方法是通过探测靶标和配体可能的相互作用位点来构建药效特征。在模建详细的结合方式方面，药效团方法与对接方法相比往往不太有效，尽管前者会通过选择具有较高结构灵活性的结构来弥补。药效团方法的表现往往受到以下因素的影响：训练集数据的敏感性，特征多重选择性，构象取样和分子覆盖的质量，锚定点的选择和对结合亲和力的估计。

（3）QSAR 方法[28] 从分子结构和活性之间的统计学显著相关性出发，以此为依据来估计化合物的活性，寻找活性化合物。分子结构通常由与其活性相关的特定的结构或物理化学性质（分子描述符）表示。QSAR 方法的质量受概念兼容性、结构活性数据的代表性、数据异常值、量化关系发展的适应性、3D-QSAR 中几何起始点的影响。

（4）相似性搜索方法[29,30] 通过评价化合物与已知活性化合物的结构相似性来鉴别活性化合物。该方法中，化合物通常由分子指纹表示，一些对分子指纹的研究表明，分子结构的相似性通常由 Tanimoto 系数决定。相似性搜索方法有效且快速，与对接方法相比，在虚拟筛选中表现更为出色，但往往受到已知活性化合物的结构或亚结构相似性要求的限制。

（5）机器学习方法 如二进制核心识别（binary kernel discrimination，BKD）[31]和支持向量机（support vector machines，SVM）[32]，通过统计分析已知的活性化合物和非活性化合物的理化性质、结构和活性之间的内在联系来识别活性化合物。机器学习方法利用非线性监督学习算法来开发统计模型，与传统的 QSAR 模型相比，能够以更高的 CPU 速度预测更多样化的结构和物理化学性质，这一点对筛选大型化合物库以发现新的活性骨架十分有益，是对对接、药效团、QSAR 和相似性搜索方法的补充。机器学习方法的性能取决于训练集的多样性、处理不平衡数据集（非活性化合物的数量通常超过活性化合物的数量）的能力以及对活性和非活性化学空间的参数涵盖范围等因素[33]。

2.3.3.2 基于结构的虚拟筛选

将化合物库聚焦到特定靶标的一个有用的策略是基于该蛋白的分子结构。基于结构的虚拟筛选在药物研发领域应用广泛，在农作物保护研究中是一个相对较新的技术，尚未有农药是通过此种途径设计得到的[9]。基于结构的虚拟筛选在农药研发领域的应用不断增长，不同研究领域蛋白质结构数量的大幅增加是其中一个主要的驱动因素。目前，应用 X 射线晶体学、核磁共振或低温电子显微镜等高度复杂的分析方法来解析酶、离子通道、G 蛋白偶联受体等蛋白质的三维结构，在某些情况下，甚至配体-蛋白质复合物晶体的结构也被解析。蛋白质数据库（protein date bank，PDB，www. pdb. org）可以免费获得蛋白晶体结构。数据库中可以找到许多农药分子结合靶标位点的复合物晶体结构，例如，除草剂唑啉草酯作用于酿酒酵母乙酰辅酶 A 羧化酶（acetyl CoA carboxylase，ACC）中羧基转移结构域的复合物结构（PDB ID：3PGQ）[34]，杀真菌剂嘧菌酯与细胞色素 bc_1 复合物晶体结构（PDB ID：3L71），以及杀虫剂甲胺磷与乙酰胆碱酯酶结合的复合物晶体结构（PDB ID：2JGE）[35]。这些都可以用于基于结构设计的虚拟筛选。此外，一些众所周知难以结晶的离子通道在农药创制领域颇受关注，其结构最近得以被解析。例如，2011 年报道了伊维菌素（mecti 类杀虫剂）与谷氨酸门控氯离子通道的复合物晶体结构[36]，为设计新型作用于谷氨酸门控氯离子通道的激活剂类杀虫剂奠定了坚实的基础。2009 年，Nicolas Bocquet 等发表了五聚体离子通道的晶体结构[37]。在这种结构的基础上，三井公司的研究人员于 2013 年为相关的 γ-氨基丁酸（γ-aminobutyric acid，GABA）门控的氯离子通道建立了一个同源模型，并提出了被许多农化公司研究的间二酰亚胺类杀虫剂的一种可能的结合方式[38]。最后一个例子表明，在实际目标结构未知的情况下，可以从相关蛋白质的结构中获得基于结构的设计的有价值的起点。同源模建的方法若通过实验技术（如定点诱变）验证，其意义更加重大。

在2000年以前的13年中，蛋白质结构已经从13600个增加到了92700个[39]。基因测序、重组蛋白质制备和纯化、蛋白质晶体学和结构基因组学等方面的发展带来了PDB数据的大幅增长[40]。从共晶衍生的坐标明确地定位结合位点并提供配体的结合模式；反过来允许计算化学家表征特定的结合模式，这对紧密结合至关重要。利用这种信息，结合位点像是一把锁，通过虚拟筛选多种化合物库（先导发现）或者增加亲和力较弱的化合物的特异性（先导优化）来识别最佳的一把钥匙。

这种基于结构的虚拟筛选包括候选配体与靶标对接，应用评分函数来估计配体与高亲和力结合蛋白的可能性。

2.3.3.3 基于配体的虚拟筛选

基于配体的虚拟筛选以分子结构、属性、药效团特征为计算描述符来分析活性模板与取自化合物库的化合物之间的关系。为了确定对生物活性至关重要的分子特征，必需叠加共同命中化合物簇中所有化合物以产生药效团模型，由于这是在3D空间中完成的，因此，必须确定每个配体的相关构象和关键分子的功能。配体（或同系物）的X射线晶体结构有助于解决构象问题，因为它们至少表示了一个潜在的最小能量构象。生理内源性底物的3D结构或酶反应的假定转变状态对此问题的解决作用更大。然而，有时候根本就没有实验数据，在这种情况下必须考虑到所有的旋转自由度来对相关构象进行理论检索。命中化合物很少能满足成为一个先导结构的所有必需条件。因此，药物化学家必须分析筛选结果（通常是具有相应生物或生物化学数据的结构式），鉴别在所有活性配体中应该存在（至少部分地存在）的关键官能团，以此得出一种结构-活性关系假说（structure-activity relationship，SAR），并且可以通过测试缺失及含有关键官能团的化合物来检验SAR的正确性。为了以适当的方式叠加所有配体，选取能量较优构象的必需基团（如羰基、芳环等）作为叠合锚定点。因为所有分子的类似官能团指向相同的3D空间，产生的药效团模型表征的是化合物常见的生物活性构象。缺少一个或几个关键官能团可能会导致活性下降[41]。

通过虚拟筛选技术可以增加基于新骨架筛选发现活性类似物的可能性[42]。这种方法成功应用于药物研发，已在农药研究中得到验证[24]。邻氨基苯甲酸合酶抑制剂类潜在除草剂的参考配体的药效团是明确定义的，通过保持核心骨架不变并附加不同的连接臂，可以得到目标类化合物虚拟化合物库[43]。从对接研究获得的分数用于对这些分子进行排名，然后合成并测试新化合物的活性，命中率达10.9%，高于常规高通量筛选率[43]。当然，药效团在先导筛选中明确定义的情况很少见。利用其他工具，诸如3D形状、原子类型相似性或2D扩展连接性指纹也可以从数据库中获取感兴趣的分子，成功率与药物研发文献中类似数据匹配[44]。骨架跃迁也可以通过虚拟筛选有效实现，2D和3D结构变体提供最好的结果[24]。

南开大学席真教授课题组考虑到在小分子3D-QSAR的研究中，比较分子场分析（CoMFA）是兼有预测小分子性质和直观指导小分子设计改造的一个成熟方法，它所研究的体系是一系列以相同的方式作用于同一靶标的小分子类似物，可类比于一系列蛋白突变体作用于同一药物，将这一方法移植到生物大分子突变酶系的定量构效关系研究，建立了MB-QSAR（mutation-dependent biomacromolecular QSAR）方法，实现了对靶标组药物抗性的准确、快速预测，同时，也可直观地为反抗性小分子设计提供指导[45～47]。

广义上，不同种属酶可以看作是该酶进化中的不同突变体。药物对靶标的选择性和靶标对药物的抗性的共同本质是药物与靶标的相互作用，这种相互作用的定量表征，构成了评价药物选择性和抗性的共同标准。因此，MB-QSAR 方法不仅是靶标抗性的预测方法，也是药物选择性的预测方法。

席真教授课题组在前期的工作中对 AHAS 突变体进行了系统的研究，积累了丰富的各种突变体酶动力学数据及对多种除草剂的表观抑制常数数据。他们将这一方法应用于除草剂重要靶酶 AHAS 酶及突变体对除草剂氯嘧磺隆、氯磺隆、双草醚、阔草清的抗性研究，建立的 MB-QSAR 模型均表现出较强的 AHAS 突变体抗性预测能力，同时也为反抗性/选择性药物设计提供了直观的改造信息。他们采用已经建立的 MB-QSAR 模型对氯嘧磺隆（chlorimuron-ethyl，CE）针对不同种属的 AHAS 酶抑制选择性能力进行了预测：CE 对大多数绿色植物具有较好的抑制活性，对大多数细菌的抑制能力稍差，但对个别细菌如宿主麦二叉蚜内共生菌的抑制活性较好。这一结果与专利或文献报道的这些种属的实测活性是一致的。

东北农业大学的向文胜教授课题组发现 borrelidin 对大豆疫霉细胞质苏氨酰转移核糖核酸合成酶（*Phytophthora sojae* ThrRS，PsThrRS）具有较好的抑制作用，所以根据结构相似性质相近的原则，可以推测 borrelidin 的结构类似物也对 PsThrRS 具有潜在的、甚至更好的抑制作用。因此，以 borrelidin 的骨架结构为匹配对象，以 50％的相似性为参数，在 ZINC 数据库（含有的小分子化合物超过 35000000）中搜索 borrelidin 的结构类似物。最终得到了 1999 个 borrelidin 的结构类似物（其中包括 borrelidin 本身）。这些结构类似物将用于后面的初步虚拟筛选。最终筛选出的 9 个化合物为设计 PsThrRS 酶专有的抑制剂提供可靠的理论线索，通过进一步的活性测试验证有望成为防治大豆疫霉病的新型农用抗生素[48]。

2.3.4　固定化酶技术

酶是一种可以用于高效控制特定化学反应的生物催化剂，是提供生化反应的生物识别元件之一，具有高选择、高催化活性、反应条件温和等优点。有史以来，酶就在酿造、干酪制造以及纤维、皮革、食品、医药等工业的各个领域中得到广泛的应用。特别是在近代，由于生物化学的进展，探明了酶的作用机理，开发了新的酶源，微生物应用技术的显著进步，使酶的应用开发更加活跃起来。

但是，这种性能良好的新酶源，是生物为维持自身的生命活动而产生的，其生物作用并不适合人类的需要，即这种酶只适于在生物体内进行化学反应，如果作为人类所需要的催化剂还远不够理想，还有缺陷。因其化学本质为蛋白质，故游离态的酶对强酸、强碱、高温、有机溶剂、高离子强度等的稳定性较差，即使在酶反应中给予合适的条件，也会很快失活。而且随着反应时间的延长，反应速度便逐渐下降，这是它的缺点。此外，酶仅限于在水溶液中使用，在有机溶液中不能使用。而且这种酶只有在溶解于水时才能与底物发生作用，即采用所谓间歇法（batch process）进行反应，故在反应结束后，必须趁反应酶还没有变性时，立即回收，而重复利用这种回收酶时，在技术上则是困难的。因为反应后，在反应液中还残留有大量的活性酶，只有把这些变性、失活的酶除去后，才能分离出反应生成物。因此，每反应一次就要扔掉一部分酶，这种方法是一种很不经济的方法。

如果能找到一种方法，既能保持酶所特有的催化活性，又能得到不溶于水的性能稳定的酶标准品，是最为理想的。而固定化酶就能克服上述大多数缺点。这种酶，就像有机化学反应中所使用的固体催化剂一样，也具有生物体内酶一样的很强的催化特性，这种方法对酶的利用将是非常有利的。将酶做固定化处理能克服上述大多数缺点。所谓固定化酶，系指在一定空间内呈闭锁状态存在的酶，能连续地进行反应，反应后的酶，可以回收重复利用。该技术的原理是模拟体内酶的作用方式，通过化学或物理的手段，用载体将酶束缚或限制在一定的区域内（体内酶多与膜类物质相结合并进行特有的催化反应），使酶分子在此区域进行特有和活跃的催化作用，并可回收及长时间重复使用。目前，该方面的研究已经得到了长足的发展，在应用研究方面取得了许多重要成果。固定化酶由于其高稳定性、可重用性、易分离等性质被广泛地应用于诊断、医药、药物生产、过程控制、生物反应器、质量控制、农业、工业废水控制、采矿、军事防御等领域。

酶不溶于水而具有活性这一现象，是由 Nelson 和 Griffin 在 1916 年首先发现的：人工载体氧化铝和焦炭上结合的蔗糖酶仍具有蔗糖酶的催化活性。这一简单的意外发现在 40 年之后才被接受，是近代酶固定化技术的基石，激发了人们更多的兴趣和努力，探索了更多的固定化酶技术。在早期，生物固定化技术主要被免疫学家用于制备分离蛋白质和抗体的吸附剂。最初的方法是将蛋白质吸附在无机载体，如玻璃、矾土或表面包裹疏水化合物的玻璃上。这些是通过可逆的非共价物理吸附制备的固定化酶。20 世纪 50 年代的酶固定化技术仍以物理方法占主流，例如将 α-淀粉酶结合于活性炭、皂土或白土，AMP 脱氨酶吸附于硅胶，胰凝乳蛋白酶吸附于高岭土等。随后渐渐从简单的物理吸附转向专一性的离子吸附发展，例如胰凝乳蛋白酶吸附于磷酸纤维素，脂肪酶和过氧化物吸附于 Amberlite XE-97，核糖核酸酶吸附于阴离子交换剂 Dowex-2 和阳离子交换剂 Dowex-50。在使用物理方法制备固定化酶（非专一吸附、离子吸附）的同时，也试探了共价固定化方法，例如将脂肪酶以及其他蛋白质或抗体共价结合聚氨基苯乙烯、重氮化纤维素、聚丙烯酰氯、重氮化聚氨基苯乙烯、聚异氰酸酯等。然而，这些早期开发的载体不太适合酶共价固定化，原因是当时使用的载体或是疏水性强，或是功能团不恰当（如重氮盐之类），造成固定化酶活力回收很低。这一时期，除了物理吸附固定化和共价固定化方法之外，Dickey 首次报道包埋于硅酸盐玻璃溶液中的 AMP 脱氨酶达到了较高的酶活性，这一发现的重要性也是在 40 年后才被重视。除了使用天然高分子，例如 CM-纤维素、DEAE-纤维素那样的衍生物以及活性炭、玻璃、高岭土那样的无机材料作为载体外，几种直接从活性单体聚合制备的合成高聚物（如氨基聚苯乙烯、聚异氰酸酯）也可用于共价固定化酶，合成离子交换剂（如 Amberlite XE-97、Dowex-2、Dowex-50）可通过离子交换吸附制备固定化酶。

20 世纪 60 年代生物固定化的焦点是共价固定化技术。与此同时，建立已久的非共价固定化技术——吸附法和包埋法仍在改进发展。张明瑞首次提出酶包埋技术，也进一步扩展了用合成高分子凝胶如 PVA（聚乙烯醇）、PAAM（聚丙烯酰胺凝胶）或天然高分子衍生物（如硝酸纤维素或淀粉）、硅橡胶高弹体作为溶液-凝胶过程，其他酶固定化技术（如酶在薄膜上的吸附交联或者形成酶网罩）也相继开发成功。

除了开发载体结合固定化酶以外，人们也使用双功能交联剂——戊二醛交联酶晶体或溶液酶制备不溶性的无载体固定化酶。虽然当时交联酶晶体的潜力未受重视，科研人员还是深入细微地探究了无载体固定化酶的制备，特别是研究了可溶性交联固定化酶（CLE）。20 多种酶蛋白或者直接交联形成各种CLE，或者先吸附在膜类惰性载体上再交联形成CLE。然而，20世纪60年代后期，研究的重心主要倾向载体连接固定化酶，此时众多载体专一地为酶的固定化开发，并建立起多种重要的酶与载体结合的有机反应。

从20世纪60年代中期至后期，由于更加亲水的并有一定几何性质的不溶性载体（例如交联葡聚糖、琼脂糖颗粒、纤维素颗粒等）的使用，使得生物固定化的范围大为扩展。不仅如此，新的活化方法的应用，如用溴化氰、三嗪活化聚糖、用异硫氰酸交联氨基基团，用Woodward试剂活化羧基基团，使得带有活性功能团（如聚酸酐、聚异硫氰酸等）的合成载体能够直接与酶结合，使固定化酶的制备相当简单快捷。

而且，所研究的酶也从经典的蔗糖酶、胰蛋白酶、脲酶、胃蛋白酶等迅速拓展，许多在化学工业、医药工业中具有重大应用潜力的酶（如半乳糖苷酶、淀粉葡糖苷酶、枯草杆菌蛋白酶、胰凝乳蛋白酶、乳酸脱氢酶、腺苷三磷酸双磷酸酶、氨基酰化酶、氨基酸氧化酶、过氧化氢酶、超氧化物歧化酶、己糖激酶、胆碱酯酶、α-淀粉酶、ATP酶、醛缩酶、碱性磷酸酯酶、青霉素G酰化酶、β-半乳糖苷酶、脱氧核糖核酸酶、尿酸氧化酶等）也成为研究对象。

同时，科研人员也进一步认识到，载体的理化性质，尤其是载体微环境的亲水/疏水特性、表面电荷以及结合化学，也在很大程度上影响酶的催化特性，例如活力、活力回收以及稳定性等。研究人员还进一步发现，载体除了充当酶分子的支持物以外，在实际应用中还可用于改造酶的性质。本着这一认识，人们开发了多种不同理化特性、不同亲水/疏水特性、不同形状及大小（例如颗粒、各种膜或微囊）的载体，提供了足够的选择余地，载体从经典的纤维素及其衍生物、无机载体、聚苯乙烯及其衍生物转向了更为广泛的一系列新材料。其中既有天然材料（如琼脂糖、Sephadex、Sepharose、玻璃、高岭土、黏土、DEAE-Sephadex、DEAE-纤维素等），也有以聚合物（如聚丙烯酰胺、乙烯-马来酸共聚物、甲基丙烯酸-甲基丙烯酸-间氟苯胺共聚物、尼龙、PVA等）为骨架的合成载体，用于酶的共价结合和包埋；还有一系列理化性质确定的合成离子交换树脂，如Amberlite、Diaion、Dowex等。

同样值得注意的还有活性位点滴定法的引入，这使研究人员可以评估活性位点的有效性，以及固定化时错误定向、失活和扩散限制对固定化的影响。与此同时，研究人员还首次使用载体连接的酶拆分外消旋化合物，研制了首个酶电极，Clark和Lyons第一次将葡萄糖氧化酶固定在电流型氧电极上用于心血管手术中的连续监测[49]。Clazer等证明，固定化以前在酶上引入新的功能团是控制酶与载体结合方式的有效方法。此方法还有其他方面的优势，例如可以避免由于酶直接与载体结合而引起的失活。这一概念后来发展为修饰-固定化技术，目的在于在酶固定化前改善酶的性质，例如加强其稳定性、活力和选择性。更引人注目的是，研究人员发现，不仅是溶液酶，就连酶晶体也可以包埋在凝胶基质中，获得较高的产率。

20世纪60年代末，日本田边制药公司开发利用固定化酶（离子吸附结合的L-氨基酸酰化酶）拆分外消旋氨基酸衍生物生产L-氨基酸。这是固定化酶的首次工业化应用，它不仅标志着固定化酶的工业价值，也激发了科研人员新的研究兴趣。

在20世纪70年代，尽管当时的固定化技术仍不属于“合理设计”，但这一技术还是步入了成熟期。前几个发展阶段开发的技术已被用于多种极具工业应用潜力的酶，如α-淀粉酶、青霉素G酰化酶、酰化酶、蔗糖酶等。尽管当时的酶固定化技术并未超过四大基本技术——共价法、吸附法、包埋法、微囊化法的范围，可还是出现了许多新的子技术，如亲和连接和配位连接，酶固定化的技术有了新发展。20世纪70年代发展的最尖端酶固定化技术，其主要目的是获得常规固定化无法达到的效果。例如，将双键修饰的酶在单体存在的情况下共聚合，从而将酶包埋在凝胶基质中，形成稳定性更好的“塑性酶”。

更重要的是，研究人员发现化学修饰可以改善酶的性质。受此鼓舞，人们将多种酶先经过化学修饰，再用适当的方法制成固定化酶。例如，通过琥珀酰化在酶分子上引入羧基离子，将酶吸附在阳离子交换剂上；还有就是将酶包埋在高聚物基质内，以制得稳定的固定化酶。这一时期另一个重要发现是酶的固定化不一定要在水相中进行，酶的共价连接和包埋也可以在有机溶液中进行。这些发现极具吸引力，例如可借此调节酶的构象，而且还将酶的固定化技术扩展到非水介质进行。遗憾的是，当时这一方法也未得到很好的重视。

这十年中开发了不少可供生物固定化使用的高聚物载体，这些高聚物的性能都是预先设计的，例如有定制的疏水性或亲水性、定制的尺寸大小、定制的连接功能团。到20世纪70年代末，多种合成或天然功能性高聚物被设计用于共价结合酶，它们的理化性质明确，带有多种官能团：以天然高聚物为骨架的载体带有醛基、环碳酸酯、酸酐及酰胺等活性基团，合成的聚丙烯酸载体含有环氧基、醛基、酸酐等官能团。

上述载体中，带有环氧基团的合成高聚物分子和天然高聚物及其衍生物的理化性质明确，可以在温和条件下直接连接酶，因而受到人们的广泛关注。更重要的是，当时建立并确认了许多用于酶共价连接的新化学反应，这些反应包括Ugi反应、用酰亚胺酯酰化、与糖偶联、使用*N*-羟基琥珀酰亚胺活化羧基基团、通过二硫键互换同时偶联并纯化酶、与环氧基团连接、苯醌方法、可逆共价固定化。

到20世纪70年代末，酶固定化技术已经相当成熟，选择适当的固定化方法（共价法、吸附法、包埋法、微囊化法或组合方法）、适当的载体（无机载体或有机载体、天然载体或合成载体、有孔载体或无孔载体、膜、颗粒、泡沫、胶囊等）以及适当的固定化条件（水相、有机溶剂、pH、温度等），所有的酶都可以被固定化。人们日益认识到，酶固定化的重要问题并不是将酶固定在载体上，而是为某一个具体的应用从现有的方法中选择一个合适的固定化方法，获得理想的使用效果。

在20世纪80～90年代，高效酶固定化研究的动力之一是人们再度发现多种酶在有机溶剂中仍然具有催化活力且很稳定。这样，许多原本在水相中无法进行的酶反应就可以在有机相中进行了。但是相对于传统的水相介质，酶的活力和稳定性通常都有下降。为了解决这个问题，开发具有更好性能的固定化酶于恶劣的条件下使用，特别是非水相介质中，成为这一时期的研究前沿。

其中，因为交联酶晶体（CLEC）在恶劣反应条件下具有较高稳定性，人们做了很大努力来对CLEC进行开发，以用于在非水介质或油-水混溶物中进行生物转化。值得注意的是，CLEC的特性高度依赖于晶格中预先确定的酶分子构象。因此，为了开发高活力、高稳定性和选择性的CLEC，通过改变结晶条件筛选高活力的酶分子构象十分关键。尤其是蛋白质结晶是酶分子构象均一化的过程，并且在晶格中酶的构象是由结晶条件预先确定的，CLEC实质上是酶的均一构象为交联所固定化，同种酶的每一种CLEC类型可能仅代表一种特定的固定化酶。虽然酶在结晶时可以形成不同的构象，从而可以调整它的特性，但是与载体结合方法相比较，这种技术明显耗时耗力和有局限性。

酶固定化的基本方法可以粗分为5种，即吸附、共价结合、包埋、微囊化和交联，这些原始方法组合已经形成了数百种方法。相应地，为了多种生物固定化和生物分离，已经设计了许多具有不同物理特性和化学特性以及可行的化学连接法的合理组合，使得任何酶都可以找到一条可行的固定化路线。

不论固定化酶如何制得，也不论其性质如何，任何一种固定化酶都必须具有两大基本功能：非催化功能和催化功能。非催化功能促进催化剂从应用环境中分离、固定化酶的反复运转与反应过程的调节控制等；催化主要用于在一定时间和空间中催化转化目标物质。非催化功能主要与固定化酶的非催化部分的物理性质和化学性质相关，尤其是几何性质，即载体的形状、厚度和长度。而催化功能则与催化性质相关，如活力、专一性、稳定性、pH和温度曲线。

靶标酶在新农药的研发中占有重要的地位。目前，用于筛选抑制剂的基质固定化靶酶法广泛应用于医药研发领域。在农药研究领域，该类方法主要用作生物传感器，在农药残留的检测、农药残留降解及农业废物再利用方面均有应用。

用固定化酶筛选模型从天然产物中筛选 α-葡糖苷酶抑制剂。固定化的 α-葡糖苷酶与游离酶相比，固定化酶筛选模型上的酶由于N端被固定，其空间结构有所制约，可模拟其在体内小肠壁上的情况，在实验中反映出来的数据更接近于体内。该固定化酶筛选模型除了筛选外，还可直接在体外评价 α-葡萄糖苷酶抑制剂的作用效果，研究一些已经能够治疗糖尿病的天然产物的作用机制[50]。

乙酰胆碱酯酶（acetylcholinesterase，AChE）存在于昆虫的神经传递通路中，因此是各种神经毒素的作用靶点，是一种至关重要的酶。抑制该酶可导致昆虫的死亡，特异性和有效的AChE抑制剂作为防治昆虫害虫和其他有害生物的控制剂的开发已经引起了研究者极大的兴趣。南京农业大学叶永浩课题组采用了溶胶-凝胶交联和溶胶-凝胶嵌入两种方法构建并优化了AChE固定化酶柱，并与高效液相色谱（HPLC）结合，建立了可以从复杂天然产物中快速检测和分离出杀虫成分的模型系统[51]。利用上述方法从草药厚朴（*Magnolia officinalis*）提取物中筛选、鉴定了两个化合物，即厚朴酚与和厚朴酚，可作为AChE抑制剂。

利用胆碱酯酶抑制法对农药残留进行检测是业内公认的方法。由于液态的胆碱酯酶不易保存，采用固定化酶法检测有机磷和氨基甲酸酯类农药的方法已有文献报道。经固定化以后，乙酰胆碱酯酶的保存时间延长至至少45d，且农药残留提取液与固定化酶易分开，抑制完毕后可用水对酶层进行冲洗，用于下次检测[52]。

莠去津对土壤、地下水和地表水的污染是全球关注的问题。节杆菌属HB-5是一种高效率的莠去津解毒剂。将从HB-5提取的粗酶和由藻酸钠制成的固定化酶引入莠去津污染土壤中，以评价对莠去津的降解能力，对莠去津进行降解动力学计算[53]。通过酪氨酸催化（L-DOPA）的聚合将酪氨酸原位包埋在形成的聚合物中形成聚L-DOPA-酪氨酸（PD_M-Tyr）复合物，用于底物-苯酚和抑制剂-莠去津的检测。该生物传感器在实际水样中的测定效果良好，对莠去津的线性检测范围用质量分数表示为 $50\mu g \cdot kg^{-1} \sim 30mg \cdot kg^{-1}$，检测限用质量分数表示为 $10\mu g \cdot kg^{-1}$[54]。

固定化的 β-葡萄糖苷酶可用于去除黑豆浆中大豆异黄酮糖苷的糖基，建立稳定高效的生产高生理活性的黑豆浆的反应体系。该方法利用固定化酶技术在黑豆浆加工过程中实现酶的再利用，同时，易于产品的分离。该方法将主要的农业废品纤维素开发为固定化酶载体，满足当前的环境发展需要，同时，可以从产品和技术应用中获得较高的经济效益[55]。

在六组氨酸标记的有机磷水解酶（hexahistidine-tagged organophosphorus hydrolase，His_6-OPH）的基础上开发的固定化生物催化剂被试用于严重受农药污染的各种土壤样品的生物修复。作为农业废物的各种纤维素被用作 His_6-OPH 固定化的载体，有机磷农药破坏区中酶的稳定性得以保留。秸秆固定化酶制剂在不到 10d 的时间内分解了以下农药残留：每千克土壤中 630mg 帕索氧或 850mg 二嗪农或 185mg 对硫磷；同时，砂中活性生物催化剂的半衰期为 130d。在重新引入土壤样品的情况下，固定的 His_6-OPH 仍能水解农药[56]。

2.3.5 药效团连接碎片虚拟筛选

寻找高活性的小分子，也就是对化学空间进行搜索。农药研发领域长期持续着“化学第一（chemistry first or chemistry driven）”的理念[57]，化学物质可以在体内直接测试的事实有利于支持这种理念。上文介绍的高通量筛选技术可以在短时间内对化学空间进行大规模的搜索，后来由高通量筛选衍生出了计算机辅助的虚拟筛选，该技术可以极大地扩大筛选范围。然而后来人们发现通过这类方法筛选到的化合物结构新颖性差且分子量较大，大部分化合物不具备成药性，且改造费力，所以总的来说，这类方法发现先导化合物的效率较低。

近年来出现了一种新的先导化合物的发现技术——基于碎片的药物分子发现（fragment based drug discovery，FBDD），该技术为药物先导发现提供了一种新思路，是新兴的高通量筛选的替代方法之一。FBDD 是把已知的药物分子剪裁成多个碎片，这些分子碎片中的一些可能继承了原有活性分子的全部或部分药理性质，再通过筛选这些分子碎片，把搜到的不同作用位点的碎片连接起来组成新的分子，有可能找到更好的药物分子。

在农药研发中，该方法曾用于设计抑制乙酰乳酸合成酶的杀菌剂。陶氏农业科学（Dow AgroSciences）与 Locus 制药（Locus Pharmaceuticals）合作，将计算机辅助的基于碎片的设计（fragment-based design）和蛋白-配体复合物晶体结构联合应用，生成合成上可行的化合物[9]。这些化合物扩大了乙酰乳酸合成酶抑制剂化学结构的范围。

一般来说，基于碎片的分子设计有 3 个关键步骤：①分析靶标分子活性部位、亚活性空腔；②针对特定亚活性空腔来筛选碎片；③将碎片组合成新的分子并预测结合模式。该方法作为碎片分子设计的一个重要方向，其发展前景是非常广阔的，但是目前也存在一些问题需要解决：①如何选择分子碎片库；②如何准确地评价分子碎片与亚活性空腔的结合模式及结合力；③如何选择合成候选分子。

由于碎片的分子量都比较小（通常小于 300），因此库的容量不会太大。与高通量筛选动辄几百万甚至几千万的分子库相比，该方法筛选的碎片库往往包含较少的碎片分子，一般来说少于 5000 个；由于分子量有限，再加上结构上缺少取代基变化，因此就碎片本身来说，其结构类型比较丰富，可以覆盖较广泛的化学空间，可以有效地降低化学空间的维度，同时大大提高了获得新颖分子的概率；而且针对各个亚活性空腔分别进行筛选再连接则更容易得到与整体空腔匹配性较好的分子。因此，基于碎片的筛选与高通量筛选相比，无论是从高活性化合物的命中率、其结构的多样性，还是分子与靶标蛋白之间的匹配性上来说都占据显著优势。高活性化合物的结构多样性又会进一步增加先导化合物发现的概率，而且经过该方法所发现的分子往往也具有较小的分子重量和较高的配体效率。配体效率是将配体与靶标蛋白之间的结合力按照配体大小来分配，衡量配体大小的两个重要指标是重原子的数目和分子的重量大小，配体效率实际上指的是单位重原子数目或单位分子重量对结合力的贡献。通过该方法所筛选到的分子有些虽然结合力不强，但是却具有较高的配体效率，对这样的分子加以优化就容易提高活性。

通常分子碎片与靶标之间的结合力较弱，用传统的生物活性筛选的方法很难探测到这种结合，因此需要引入特别的技术，比如一些生物物理技术，像NMR、晶体衍射、表面等离子共振等。用这些方法来进行碎片筛选，不仅仅是因为与传统的生物活性测试相比，它们能够探测较弱的相互作用；更重要的是它们可以提供碎片的结合模式。然而这些技术需要特别的设备，而且需要高纯度的蛋白（>10mg）和高浓度的碎片分子，因此具有很大的局限性。

于是有很多计算模拟的方法应用到了基于碎片的分子设计中，计算程序可以根据靶标活性腔的性质，如空间性、电性、疏水性及氢键等，来搜索分子碎片库并获得匹配较好的分子，然后利用碎片连接或生长的方法来产生新的分子骨架。

分子最终活性的高低，在一定程度上取决于其母体结构的好坏，如果没有一个好的母体结构作支撑，分子活性的提高会受到很大的限制；良好的母体结构指的是分子母体骨架的每一个部分都与靶标有较好的结构匹配，具有较高的效率；而且母体结构还应符合类农药性。这三个方面是缺一不可的，因此，如果将这三个方面看作是有加和性的话，基于碎片的分子设计无疑是筛选良好母体结构的一种有效方法。因此，在现有的计算模拟碎片筛选方法的基础上进行改进，引入新的筛选策略是必要的[58]。

华中师范大学的杨光富教授课题组发展了一种基于碎片的农药分子设计新方法——药效团连接碎片虚拟筛选（pharmacophore-linked fragment virtual screening，PFVS），首先，建立专门针对农药碎片筛选的分子数据库；其次，固定一类抑制剂的药效团在靶标中的结合结构，采用碎片生长的办法，将所建立的农药分子碎片库中的碎片连接到药效团结构上，并根据化学合成的可行性来设计药效团结构的生长点，并采用修改后的MM-PBSA方法来进行结合自由能的计算。整个过程采用逐级筛选的策略来搜索分子碎片库。为此，修改并编写了相应的程序来完成碎片筛选。具体流程如下：①准备相应的药效团与受体复合物的结构文件，并在药效团上设置相应的生长点；②按照事先设置好的生长点，将碎片连接到药效团结构上；③对复合物结构执行能量优化和动力学模拟来优化新配体与受体之间的结合模式；④对优化后的复合物进行结合自由能计算。由于使用了自编的程序来处理以上的计算流程，大大提高了筛选的效率。

该方法已成功用于细胞色素 bc_1 复合物蛋白体系中并发现了不同结构类型的高活性抑制剂，成功获得了第一个人工合成的皮摩尔级别的细胞色素 bc_1 复合物抑制剂（$k_i=43pmol \cdot L^{-1}$）[59]。与最初的苗头化合物相比，活性提高了20507倍，并获得了化合物与鸡心细胞色素 bc_1 复合物的晶体结构。特别需要指出的是，这些化合物对霜霉病和白粉病表现出优异的杀菌活性，并对对嘧菌酯具有高抗的白粉病菌株也表现出较高的杀菌活性。

琥珀酸-泛醌氧化还原酶（succinate ubiquinone oxidoreductase，SQR）是有吸引力的杀真菌剂的作用靶标。作为对膜蛋白新的抑制剂的计算发现的延续，华中师范大学的杨光富教授等将PFVS方法扩展到具有吡唑-甲酰胺部分作为药效团的SQR系统，并设计了一系列新的有效的SQR抑制剂。他们利用PFVS法发现并优化了含吲哚的吡唑-甲酰胺类结构，成功获得了一种SQR抑制剂，纳摩尔级别的抑制作用与商业产品戊吡啶相比效力显著提高[60]。

此外，一些化合物表现出良好的体内预防立枯丝核菌（*Rhizoctonia solani*）的效果，并针对该法获得中等活性的命中化合物骨架，设计并合成了一系列含二苯醚的吡唑-甲酰胺衍生物作为新的琥珀酸泛醌氧化还原酶抑制剂[61]。

该方法为今后基于碎片的农药分子设计提供了方法学上的借鉴。该策略需要有固定的药效团结构用于碎片生长，因此并不是任何体系都适用[58]，比如对于PPO酶抑制剂来说，已经发现的商品化抑制剂有20多种，但是纵观这20多种抑制剂，并没有相对固定的药效团结构。

2.4 细胞水平测试技术

2.4.1 细胞水平药物筛选

随着生命科学的迅速发展，特别是功能基因组、蛋白质组、代谢组、细胞组、组合化学、组合生物合成等新的研究领域的迅猛发展，潜在的药物作用靶标数目和可供筛选的化合物数目显著增多。这些进展在为高通量药物筛选提供良好条件的同时，也对高通量筛选的效率提出了更高的要求，不仅需要更大的筛选规模和速度，同时也要求筛选模型的检测技术能够更快速、全面地反映被筛样品的生物活性特征[62,63]。

高通量筛选中，标准的体外分子水平筛选技术具有快速、微量的特点，筛选结果准确稳定、易于评价，但其检测只局限于对特定靶点的单指标检测，提供化合物对靶点作用的有限信息，无法对化合物的生物活性进行综合评价。而细胞水平的高通量筛选涉及完整细胞，在活细胞自然条件下研究药物对生命体功能的影响，更接近体内的生化过程，可以较为准确地了解药物的生物学特性，提供生物相关信息，并可通过一次试验获得多个参数的高内涵信息[64,65]。因此，随着对药物筛选技术要求的日益提高，细胞水平的高通量筛选相较于分子水平的筛选更适应于这一研究趋势。

（1）细胞水平的高通量筛选的特征

① 微量化，超高通量化：国外大多数的制药公司细胞水平的筛选已经至少达到了1536孔板的规模。尤其是对于荧光方法，目前已有报道可以达到3456孔甚至9600孔。微量化技术可以说是超高通量筛选（uHTS）的基础。但随着检测体积的减少，对载体微孔板硬度和加样自动化精度的要求越来越高，同时，对检测系统和数据分析系统也提出了更高的要求。

② 均质检测：指采用一步加入策略，尽可能省去过滤、离心和冲洗等烦琐的难于自动化的步骤[66,67]。

③ 多指标、多靶点、多通道检测：现今细胞水平高通量筛选技术的核心和关键。而光显微荧光成像技术是多指标检测的基础。通过多指标、多靶点检测有助于发现药物作用的新途径，深入认识药物作用的机制。另外，也为筛选具有互补的多靶点作用机制的单一治疗药物提供了手段和工具[68]。

④ 实时动态检测和可视化：通过对活细胞进行荧光标记，采用先进的荧光成像技术可实现对研究对象的分子水平的实时动态检测和可视化研究，并可进行自动图像分析和数据量化分析。

（2）细胞水平高通量筛选的常用技术　细胞水平筛选的常用技术包括分子克隆和表达、

报告基因系统、荧光标记检测、离子流检测、荧光影像技术和微量化技术。这些技术的快速发展迅速推动了细胞水平药物筛选技术的发展。如靶向细胞因子、生长因子、离子通道和G-蛋白偶联受体（GPCR）在细胞水平上的功能性检测都取得了成功的进展。

2.4.1.1　细胞水平重组技术

细胞水平重组技术是细胞水平高通量筛选的常用技术手段，经典的方法是通过重组基因在宿主细胞基因组中随机整合而产生稳定的细胞株。这种重组技术的不足之处在于重组基因的定位不可预测，表达水平受重组位点的影响，筛选时间长等。而采用游离体载体（episomal vector）相较前种方法转染效率更高，阳性克隆筛选速度更快。

2.4.1.2　报告基因技术

报告基因技术是指通过激活或抑制连接到细胞上的靶基因来表达报告基因，再采取比色、荧光或发光的方法进行检测[69]。目前报告基因技术应用更加简便，如荧光素酶（luciferase）和β-半乳糖苷酶报告基因系统，不需裂解分离，可直接均质检测。目前活体细胞应用较多的报告基因是绿色荧光蛋白（GFP），也被称为生物传感蛋白。GFP的优点是具有自发荧光，不需要其他底物和辅因子且荧光稳定，另外，GFP与其他蛋白嵌合后不影响其自身的荧光特性[70]。GFP及其变体作为报告基因适用于实时动态研究体内或细胞水平的蛋白定位和转位、蛋白的降解、蛋白-蛋白的相互作用、细胞骨架动力学、细胞周期，并可检测目的基因的表达变化[71~73]。除GFP外，常用的报告基因还有β-内酰胺酶等。

2.4.1.3　荧光检测分析技术

在细胞筛选中使用荧光技术，在单次实验中，不仅可读取荧光密度，还可同时获得荧光寿命、极化、猝灭等其他的荧光特性，提高筛选的有效性，可快速、多参数地评价样品和靶之间的相互作用。

（1）荧光偏振（fluorescence polarization，FP）　FP作为一种可分析生物体系中分子间相互作用的技术，根据荧光标记的小分子在游离和与大分子靶标结合两种状态时的偏振光值不同而加以区分[74]。荧光偏振的优点是不用分离游离的荧光标记物，整个反应可在均相溶液中进行，且检测时间不会影响结果，具有高灵敏性、高稳定性和可重复性的特点。该方法操作简便，假阴性或假阳性率低，是一种理想的研究方法，可用于细胞水平的膜受体如GPCR、核受体调节剂的HTS筛选[75,76]。

（2）荧光共振能量转移（fluorescence resonance energy transfer，FRET）　FRET是指非放射性能量在适当能量给予体和接受体之间转移。当给体激发态能量满足光学和空间上的要求时，其能量能有效转移给受体，导致受体发射荧光。而随着给体和受体空间距离的变化能显著影响能量的有效转移效率，利用这一原理可进行荧光底物设计和人工合成，并用于分子间相互作用分析[67]。

（3）时间分辨荧光能量传递分析法（time resolved-fluorescence resonance energy transfer，TREF或TR-FRET）　TREF是一种双标记方法，其原理是在长寿荧光镧系复合物和共振能量受体之间的长范围能量传递。TREF是在液态条件下进行的，不需固定相支持和分离步骤，也不需对试剂进行特殊处理。其优点是通过减少背景，使长期存在的供体和受体信号随时间显示很高的敏感性。该方法广泛用于蛋白与蛋白结合分析、受体配体结合分析等。

2.4.1.4　荧光成像技术

荧光成像（fluorescence imaging）技术包括高内涵筛选技术、共聚焦显微成像技术、荧光相关光谱技术等。

(1) 高内涵筛选(high content screening, HCS) 高内涵筛选是指在保持细胞结构和功能完整性的前提下，同时检测被筛样品对活细胞形态、生长、分化、迁移、凋亡、代谢途径及信号转导各个环节的影响，最大的特点是可在单一实验中获取大量的相关信息，确定样品的生物活性和潜在毒性。高内涵筛选是一种应用高分辨率的荧光数码影像系统，在细胞水平上检测多个指标的多元化、功能性筛选技术，旨在获得被筛样品对固定化或动态细胞产生的多维立体和实时快速的生物效应信息。高内涵筛选技术的检测范围包括靶点激活、细胞分裂及凋亡、蛋白转位、细胞活力、细胞迁移、受体内化、细胞毒性、细胞周期和信号转导，还可用来监测细胞器、活性物质释放(一氧化氮、活性氧、胞内钙离子)等。

(2) 共聚焦显微成像技术(fluorescence confocal microscope imaging) 共聚焦显微成像技术采用共聚焦激光微扫描，并结合数字化影像和光稳荧光染料，特别适合于微量、快速的细胞水平生物分子的多荧光标记检测，活细胞和亚细胞影像分析和多维成像。

(3) 荧光相关光谱(fluorescence correlation spectroscopy, FCS) FCS 作为一种超高通量筛选检测技术，通过共焦镜提供高聚激发光，消除背景，做到单分子检测，其共聚焦光学系统使得对输出信号的微量化分析成为可能，FCS 可评价单个分子的荧光信号，提供荧光粒子的扩散特征信息，可进行多参数、多维荧光检测。FCS 能用来监测分子结合时的相互作用如进行受体结合分析[63,76]和其他分子事件。

2.4.2 微流控芯片系统

20 世纪 90 年代，为了适应对生物样品进行更灵敏、更高效、快速分离分析的需要，瑞士的 Manz 和 Widmer 等首先提出微全分析系统(miniaturized total analysis systems, μTAS)的概念[77]，这种系统以微机电加工技术为基础，被称为微流控芯片系统或芯片实验室，指将常规化学和生物等领域中所涉及的样品制备、反应、分离、检测等基本操作单元集成或基本集成到一块几平方厘米的芯片上，能够快速检测分析，信息量大、高通量[78,79]。在最近的十几年里，该系统被广泛应用在生命科学、疾病诊断与治疗、环境监测、药物合成与筛选等领域，已经成为 21 世纪最为热门的前沿技术之一[80]。

药物筛选是从天然或合成的化合物中筛选出高效的新药或先导化合物。药物筛选的过程是对化合物进行生物活性和药理作用检测的过程。传统的药物筛选过程复杂、效率低下且成本昂贵，不能适应大规模样品的快速筛选，因此，近年来，随着细胞生物学技术的迅速发展，基于细胞水平的高通量、高内涵筛选为新药筛选提供了途径。细胞水平药物筛选具有微量化、超高通量化、均质检测的优点，并可进行多指标、多靶点及多通道检测。而微流控芯片凭借其样品及试剂消耗少、分析速度快、效率高、操作模式灵活多变、可在生理环境或接近生理环境下进行、集成化优势明显等特点，成为细胞水平药物筛选的新兴技术平台之一[81,82]。

微流控芯片系统在细胞培养和细胞水平药物筛选两个方面都取得明显进展。本书主要介绍微流控芯片在细胞水平药物筛选方面的技术。

细胞水平药物筛选微流控芯片系统是指通过设计具有不同功能的芯片来培养细胞，对细胞施加药物刺激，并配合自动化的检测装置以采集药物与细胞相互作用的信号，收集数据供药物作用分析，进行筛选并得到筛选结果。该系统的优点在于通过对样品全分析过程的微缩化和集成化，实现高灵敏的快速检测、高通量输出以及在线自动化操作等功能，较以往常规技术表现出极大的优势，非常适合药物成分的筛选。

微流控技术通过微通道网络控制流体，产生不同的浓度梯度，为浓度梯度的可控性提供了一种可行的方法。当前在细胞水平筛选方面以浓度梯度生成器为基本功能单元的研究较多，且产生的浓度梯度具有可预见性、可重复性和定量性。如中国科学院大连化学物理研究所秦建华等[83]构建了一套用于细胞水平药物筛选研究的集成化微流控芯片系统，该系统集细胞培养、浓度梯度加样、不同小分子-细胞相互作用等单元操作于一体。芯片结构的主体部分是8个金字塔形的浓度梯度生成器网络围绕一个公共的废液池，网络结构单次可产生64种药物作用条件并获得192种细胞生物信号。该芯片实现了对阿霉素诱导肝癌细胞凋亡过程的监测。

同时，细胞毒性检测也已成为新药开发过程中进行化合物筛选的主要观测指标，大量细胞培养微流控芯片药物毒性成分筛选方面的研究，对人们在药物的发现和研发的过程中尽早确定化合物的安全特性与功效起到了积极的促进作用。

基于微流控芯片的药物筛选技术正逐步成为人们关注和研究的热点。微流控分析系统应用到细胞水平药物筛选领域，将会有无限的发展空间。然而，目前的微流控芯片仍然存在很多问题，例如许多现有的微流控细胞芯片还不能独立、系统地完成细胞操作和分析，整体上依然存在技术难度高、操作手段复杂、成本昂贵和对仪器设备要求高等缺点，作为药物筛选的实验平台还处于早期研究开发阶段，尚未达到理想的商品化和通用化程度[84]。

2.5 氟化学技术在农药中的应用

氟是一种很特殊的元素，对于自然界生物圈而言，有机氟化物几乎完全是外来的。生物过程完全不依赖于氟的代谢，但另一方面许多的现代药物或农用化学品又至少含有一个氟原子，它们通常都有着特别的功能。而全氟烷烃又被认为对于生命是“正交”的，它们起到的仅是单纯的物理作用，比如说作为氧气的载体，然而对于生命体而言，它们却完全是一个外来者，不被生命体所识别甚至完全被忽略了。这些特殊性使得有机氟化学成为一个非同一般和非常迷人的领域，它给许多与化学相关的学科，如理论化学、合成化学、生物化学和材料化学的发展提供了新的刺激和惊喜。

由于氢氟酸的毒性及由氢氟酸制备单质氟较为困难，因此，有机氟化学的发展和含氟有机化合物的实际应用直到19世纪晚期才开始。真正的突破是Moissan于1886年首次合成了单质氟，而第一个结构确定的有机氟化合物——苯甲酰氟是由俄国化学家、物理学家和作曲家Alexander Borodin于1863年制备的。20世纪30年代初将氟氯烷烃（CFCs）用作制冷剂标志着有机氟化学工业应用的开始。为了发展核武器而始于1941年的曼哈顿计划，则是工业有机氟化学发展历史上的一个重要转折点。曼哈顿计划要满足对高度抗腐蚀材料、润滑材料和冷却剂的需求，以及处理一些腐蚀性特别强的无机氟化物工业技术。到了20世纪50～60年代，更多的民用产品如含氟药物、农药及含氟材料的出现，将氟化学研究推向了前沿领域。到了20世纪80年代末，一个主要的同时也是快速增长的市场就是含氟精细化工产品市场，这些产品被用于生产药物、农药的中间体。

过去的35年是卤代化合物在农用化学品研发领域的扩张时期[85]。应现代农用化学品高效、环境安全、使用者友好和经济性等要求，向活性中间体引入卤素成为一个关键的步骤。

活性成分的代谢通常受其取代基和土壤稳定性、水溶性的影响。基于合成方法特别是氟化学技术所取得的进展，今天可以以工业规模生产各种各样所需的合成砌块。

卤素原子及卤代基团的重要性可归因于其空间效应（例如碳卤素键长度、范德华半径）、电子效应（例如卤素和卤代基团的 Pauling 电负性值）、碳卤素键的极性（例如偶极矩、活性成分-受体相互作用）和 p*K* 值效应（例如氢键，与靶标的相互作用）。此外，应着重指出代谢、氧化和热稳定性（碳-卤素键能，通过卤代基团的吸电子效应代谢稳定化）等方面的改善以及卤素对物理化学性质如分子亲油性的影响（例如吸收和运输的关键参数）。此外，有文献阐述了卤素原子对生物学性质的影响[86]，并且以将稳定卤素引入生物活性农药分子而产生生物活性变化为实例来说明[20]。

氟草敏（norflurazon）、氟啶草酮（fluridone）、氟氯酮（flurochoridone）、吡氟草酰胺（diflufenican）属于类胡萝卜素生物合成抑制剂类除草剂，可阻断抗氧化剂的形成，该抗氧化剂起着保护植物光合作用器官的作用。通过这类化合物处理后，植物被感应，不能进行光合作用反应。芳氧基苯氧基丙酸酯类除草剂可阻碍脂肪酸的生物合成，该类第一个商品化的是 2,4-二氯苯酚的衍生物禾草灵，在该分子引入含氮杂环和三氟甲基后（伏寄普，haloxyfop-ethoxyethyl），活性有了很大的提高。氟草烟为吡啶氧乙酸衍生物，其结构和 2,4-二氯苯氧乙酸（2,4-D）相关。它们有相同的作用机制，但前者可以控制一些 2,4-D 不起作用的杂草。primsulfuron methyl 是含氟的磺酰脲类除草剂，适合于对玉米地的除草。另一类老的除草剂是三氟甲基磺酰苯胺类，如氟磺酰草胺（mefluidide）。氟乐灵（trifluralin）通过抑制发芽秧苗的根和芽来控制杂草的生长，是商业化最成功的含氟除草剂之一。

许多杀菌剂通过抑制麦角甾醇生物合成中 ^{14}C α-去甲基化而发生作用。比如粉唑醇（flutriafol）、氟硅唑（flusilazole）、氟菌唑（triflumizole）、三氟苯唑（fluotrimazole）、尼莫瑞（nuarimol）、呋嘧醇（flurprimidol），分子中的氟原子是导致它们有高活性的根本原因。

苯甲酰脲类杀虫剂属于几丁质合成抑制剂，通过抑制几丁质在昆虫体内的生物合成而使昆虫致死，是一种昆虫生长调节剂（IGR），它攻击昆虫的生长发育系统，作用机理与其他杀虫剂不同，具有杀虫活性高、杀虫谱广、残留量低、选择性强等特点，成为杀虫剂类的重要品种之一。而且大部分苯甲酰脲类杀虫剂为含氟化合物，主要品种有除虫脲、氟虫隆、定虫隆、氟虫脲、杀虫隆、啶蜱脲、氟酰脲、氟螨脲等。

自 1976 年美国氰胺公司研究出与氰戊菊酯结构类似的氟氰菊酯，发现其效果明显高于氰戊菊酯后，含氟拟除虫菊酯的开发日新月异，不仅新品迭出，而且结构不断增加和多样化。氟氯氰菊酯（cyfluthrin）和氯氟氰菊酯（cyhalothrin）是用 F 或 CF_3 替换氯氰菊酯（cypermethrin）结构中的 H 或 Cl 而得的；氟氰戊菊酯（flucythrinate）是用 $OCHF_2$ 代替已知杀虫剂氰戊菊酯（fenvalerate）结构中的 Cl 得到的。这些是根据生物电子等排理论，以 F 及含氟的基团如 CF_3、OCF_3、$OCHF_2$ 等替代已知化合物或先导化合物结构中的 H、Cl、Br、CH_3、OCH_3 等基团而得的含氟农药，或对替换后的化合物进行进一步的优化而得。

含氟化合物蚁爱呷（hydramethylnon）是专杀蚂蚁的杀虫剂。含氟化合物偶尔也可以作为灭鼠剂。氟鼠灵（flocoumafen）是一个相当有效的抗凝血剂类灭鼠剂，而一些香豆素衍生物并没有这个作用。含氟苯并噻二唑植物抗病激活剂诱导激活细胞，提高人参皂苷、三七皂苷、灵芝紫杉烷等次生代谢产物的产量。

市场上销量最高的药用化学品，有50%是卤代化合物。含氟芳香化合物作为农药和医药合成的前体化合物，已经得到了广泛的应用。在农业化学方面，过去6年中，含有氟原子的商业农药的数量显著增加（约52%）。含氟基团包括三氟甲基、二氟甲基或二氟甲氧基基团取代的芳环或芳杂环以及二氯亚甲基、二氟乙烷基或二氟甲氧基磺酰基等基团。约26%的新商业杀虫剂含有“混合”卤素原子，例如一个或多个氟、氯或溴原子，约74%的商品含一个或多个另外的卤素原子。然而，与前几年相反，目前尚未发现含碘农药。将碘原子引入活性化合物需要一些特殊的活化方法。尽管已经取得了一定的进展，但特定碘原子取代的关键中间体的合成方法仍然是昂贵的。

对过去由国际标准化组织（ISO）暂时批准的用作农作物保护品的新活性成分[87]（共24种商品）的调查表明，除了唯一的非卤化杀线虫剂（2010，Agro Kanesho）外[88]，所有其他推出的产品（约96%）都是卤素取代的化合物（8种除草剂，8种杀真菌剂，4种杀虫剂/杀螨剂和3种杀线虫剂）。约35%的新卤化农药含有三氟甲基，约22%含二氟甲基及约4%含二氟甲氧基作为苯环或杂环部分上的取代基。卤素取代的商业产品的巨大增长显示了现代农药的卤化的重要性。以工业规模批量生产用于新农化产品的含氟砌块的合成技术取得了显著进展，如3-(二氟甲基）和3-(三氟甲基)-1-甲基-1*H*-吡唑-4-羧酸用于杀菌剂，3-溴-1-(3-氯-2-吡啶基)-1*H*-吡唑-5-羧酸、2,2-二氟乙胺或三氟甲基取代的吡啶基团用于杀虫剂或杀线虫剂，以及用于杀螨剂的取代的4-七氟异丙基苯胺。

虽然氟元素是地壳中最丰富的元素之一，但自然界中有机氟化合物极为罕见，迄今已有十几种。因此，开发有机氟化合物的制备方法仍然是有机合成化学的重要目标。

近年来，利用单质氟直接氟化取得了一定的进展。如在酸性介质中的活泼亚甲基类化合物的氟化，大环冠醚类化合物氟化成全氟冠醚类等。此外，通过各种各样的氟化试剂可将氟原子引入分子的特定的位置。常见的氟化试剂有以下两种。

① 亲核性氟化试剂　如$(HF)_nPy$（吡啶）、DAST（二乙基胺三氟化硫）以及金属氟化物MF_n。

② 亲电性氟化试剂　如CF_3OF、XeF_2、“NF”试剂、吡啶盐类Uemoto氟化试剂。

虽然直接氟化法只要有合适的氟化剂就很简单，但是立体选择性的控制往往难以实现。由于大多数氟化剂的高反应活性，许多分子中已经存在的官能团很可能会受到影响。因此，这些官能团必须保护好。此外，目前这类直接引入氟的氟化剂往往价格昂贵，并且有毒有腐蚀性，有的还易爆。因此，目前世界各地不同实验室正在开展能够从C—H键或官能团形成C—F键的新型选择性氟化试剂的研究。

间接氟化法是将一个含氟分子通过化学反应转化为另一个含氟化合物或片段。该方法又包括两类：一类是利用基本的含氟材料通过简单的有机化学反应合成含氟化合物；另一类是含氟砌块法（fluorine-containing building blocks），由于在反应过程中一般不涉及C—F键的断裂和生成，而是利用含氟砌块上原有的官能团，高效、高化学选择性、立体选择性地合成特定结构的含氟化合物。

氟化学在农药中有许多应用实例。

吡唑酰胺类杀菌剂是近年来各大农药公司竞相开发的一类新型杀菌剂，其靶标为琥珀酸脱氢酶，共有5个化合物实现商品化。3-二氟甲基-1-甲基吡唑-4-甲酸酯可用于制备二氟甲基吡唑甲酰胺类化合物，故该化合物的合成路线的先进性成为其终端农药产品成本的关键。该化合物的合成主要有4条工艺路线，其中Matthew与Graneto报道[89]，格韦尔[90]、相原秀典等[91]改进的以4,4-二氟乙酰乙酸乙酯为原料的合成路线具有原料易得、收率高、异构体含量低和成本低等优点，有较好的工业化前景。

随着氟虫酰胺作为农用杀虫剂的出现，全氟烷基取代苯胺作为氟虫酰胺的化学构成部分已成为新农药分子设计研究的热点。全氟烷基取代苯胺通常是指七氟异丙基或九氟异丁基取代苯胺。Onishi等报道了该中间体的高产率合成方法[92]。

2,2-二氟乙胺是一种重要的含氟脂肪族化合物，应用广泛，可以作为许多医药、农药等产品的合成原料或中间体，具有重要的工业价值。Moradi等报道了*N*-[6-氯吡啶-3-甲基]-2,2-二氟乙胺含氟砌块的合成，该路线以2-氯-5-(氯甲基)吡啶为原料，在碱金属或其氢氧化物存在的情况下对2,2-二氟乙胺进行烷基化反应[93]。

2.6 作用机制研究新技术

2.6.1 化学生物学技术

近年来，化学生物学已经成为具有举足轻重作用的一门新兴交叉学科，是推动未来生命科学和生物医药发展的关键研究领域。通过充分发挥化学和生物学、医学交叉的优势，化学生物学的研究具有重要的科学意义和应用前景，能够深入揭示生物学新规律，促进新药、新靶标和新的药物作用机制的发现，造福于人类的健康事业，推动社会经济发展。

目前，化学生物学研究已经引起各国政府和全球重要科研机构的高度重视，成为发达国家竞相资助和优先发展的领域之一。美国国立健康研究院（NIH）提出的生物医学路线图计划（NIH Roadmap），将化学生物学设定为5个研究方向之一。它们还设立了巨额预算作为化学生物学的培训经费以及建立了若干著名的小分子化合物筛选平台。例如，博大研究院（Broad Institute）就是一个由哈佛大学和麻省理工学院共建的合作单位，致力于开发在生命科学和医药学中能探究基因组学的新工具。化学遗传学（chemical genetics）以及化学基因组学（chemical genomics）在该过程中发挥着重要的作用。耶鲁大学基因组和蛋白质组研究中心（Yale University Center for Genomics and Proteomics）专门成立了化学生物学研究小组，从事化学生物学新技术的开发，并应用于功能基因组等方面的研究中。美、日和大部分欧洲发达国家的一流大学均建立了化学生物学人才培养计划。各出版机构都相继出版了高水平的化学生物学专业学术杂志，此外，许多生物和化学国际会议也设立了化学生物学分会。这些努力都极大地推动了国际上化学生物学研究水平的快速进步。在化学生物学的发展过程中，相继出现了如组合化学、高通量筛选技术、分子进化、基因组（芯片）技术、单分子和单细胞技术等一系列新技术和新方法，为化学与生物学、医学交叉领域的研究注入了新的内涵和驱动力。近年来，化学生物学家以小分子探针为主要工具，对细胞生命现象，尤其是细胞信号转导过程中的重要分子事件和机理进行了深入的研究。通过充分发挥小分子化学探针研究信号转导的优势，探索和阐述信号转导途径的分子事件与规律，以及在病理状态下的变化规律，为疾病的诊断和治疗研究探索新的思路。与此同时，化学生物学与包括生物化学、分子生物学、结构生物学、细胞生物学等领域的交叉合作越发深入，研究优势越发明显，这也推动了化学、医学、药学、材料科学和生物学科相关前沿的探索研究，现举例介绍目前的一些具体的交叉研究趋势。第一，生物有机化学与细胞生物学的交叉融合：利用有机化学手段，通过设计合成一系列多样化的分子探针，研究细胞信号转导过程的重要分子机理。第二，药物化学与医学的交叉融合：为了实现“从功能基因到药物”的药物研发模式，采用信号转导过程研究与靶标发现相结合，注重药物靶标功能确证与化合物筛选相融合的研究策略。第三，化学生物技术与生命科学问题的交叉融合：以化学生物学技术为手段，着重发展针对蛋白质、核酸和糖等生物大分子的特异标记与操纵方法，以揭示它们所参与的生命活动的调控机制。第四，分析化学与生物学的交叉融合：以化学分析为手段，发展在分子水平、细胞水平或活体动物水平上获取生物学信息的新方法和新技术。化学在让生命可视、可控、可创造的进程中日益彰显其核心作用。

2.6.1.1　化学生物学进展

（1）基于小分子化合物及探针的研究

① 以小分子化合物为探针，深入研究细胞生理、病理活动的调控机制。自吞噬（autophagy）是细胞内的一个重要降解机制。中国科学院上海有机化学研究所马大为和美国哈佛大学袁钧英合作，发现 spautin-1 可以特异性地抑制泛素化酶 USP10 和 USP13，进一步促进了 VPS34/P13 复合物的降解，导致特异性地抑制自吞噬。他们发现 USP10 和 USP13 作用于 VPS34/P13 复合物的亚单位 beclin-1，beclin-1 是一肿瘤抑制剂，调控 P53 的水平。他们的发现提供了一个蛋白去泛素化调控 P53 和 beclin-1 的水平、抑制肿瘤的新机制。近年来，细胞坏死逐渐被认为是哺乳动物发育和生理过程的重要组成部分，并参与了人类的多种病理过程。北京大学雷晓光研究组和北京生命科学研究所王晓东等通过筛选得到 1 个抑制细胞坏死的小分子化合物坏死磺酰胺（necrosulfonamide）。此前，北京生命科学研究所王晓东实验室的研究证实了 RIP3 的激酶活性在肿瘤坏死因子 TNF-α 诱导的细胞坏死过程中是不可或缺的，并发现 MLKL 扮演着 RIP3 激酶其中 1 个底物的角色。这次发现的小分子正是通过特异识别 MLKL 而阻止坏死信号的转导，对于设计并开发针对细胞坏死相关疾病的药物起到了极大的提示和推动作用。中国科学院广州生物医药与健康研究院院长裴端卿教授等发现维生素 C 能够显著提高小鼠与人的体细胞重编程效率（效率可以达到约 10%），引起广泛关注之后，进一步研究发现体细胞的组蛋白去甲基化酶 Jhdm1a/1b 是维生素 C 介导的细胞重编程的关键作用因子。他们发现，维生素 C 能够诱导小鼠成纤维细胞 H3K36me2/3 去甲基化，并促进体细胞重编程。该工作也证明了制约体细胞“变身”的分子障碍是组蛋白 H3K36me2/3，而维生素 C 能够突破这一障碍从而促进重编程的发生，该工作被选为 *Cell Stem Cell* 当期的封面文章。

② 重要靶标、抑制剂和标记物的发现。上海交通大学陈国强教授等在前期发现从腺花香茶菜中提取的腺花素（adenanthin）能够诱导白血病细胞分化的基础上，成功地捕获了它在细胞内的靶蛋白——过氧化还原酶（peroxiredoxin）Ⅰ/Ⅱ，并依此阐释了白血病细胞分化的新机理。他们通过对腺花素进行分子改造，并在明确其活性基团后，合成生物素标记的腺花素分子，借助蛋白质组学和生物信息学技术平台的支持，以生物素标记的腺花素为“诱饵”，利用蛋白质组学和生物信息学技术，在白血病细胞中“垂钓”腺花素可能结合的蛋白质，结果发现，腺花素能够与过氧化还原酶 PrxⅠ和 PrxⅡ共价结合，该工作对白血病的病理研究及治疗都将起到极大的推动作用。厦门大学吴乔教授课题组、林天伟教授课题组和黄

培强教授课题组等发现了名为TMPA的化合物，能够通过与厦门大学吴乔教授课题组等前期发现的与糖代谢调控密切相关的新靶点——Nur77的基因转录调控因子的结合，使原先结合Nur77的LKB1得到分子释放。后者能够从细胞核转运到细胞质，并激活直接参与糖代谢调控的重要蛋白激酶AMPK，达到降低血糖的目的。此外，他们还通过晶体结构解析了Nur77-TMPA的复合物晶体，从原子水平上进一步解释了TMPA结合Nur77的构象和精确位点，为今后设计和研发新型的糖尿病药物提供了必不可少的结构基础。该工作所发现的化合物TMPA或可成为一种新型糖尿病治疗药物的“雏形”，为未来新型糖尿病治疗药物的研发提供一个全新的方向和路径。中国科学院上海药物研究所杨财广研究员等进行了基于mRNA中N6位甲基化修饰的腺嘌呤（N6-methyladenosine，m6A）去甲基化酶FTO结构开展小分子调控的研究，首次获得了对核酸去甲基化酶FTO具有酶活性和细胞活性的小分子抑制剂。中国科学院上海药物研究所张翱研究组和镇学初研究组等针对帕金森病治疗过程中出现的异动症进行作用机制研究，阐明了5-羟色胺1A受体和*FosB*基因与异动症的关系，进而发现了同时靶向多巴胺D2和5-羟色胺1A受体的新型抗帕金森活性化合物。

③ 天然产物分子的生物及化学合成。南京中医药大学副校长谭仁祥教授等通过研究发现了螳螂肠道真菌（*Daldinia eschscholzii*）产生的结构全新的dalesconol类免疫抑制物及其独特的“异构体冗余现象”。在此基础上，发现dalesconol类免疫抑制物是由不同的萘酚通过酚氧自由基耦合产生的，同时发现其“异构体冗余现象”很可能源于真菌漆酶引致的关键中间体优势构象。该成果不仅为此类免疫抑制物来源问题的解决奠定了重要基础，而且为酚类合成生物学研究提供了新的思路和概念。萘啶霉素（NDM）、奎诺卡星（QNC）及ecteinascidin743（ET-743）均属于四氢异喹啉生物碱家族化合物，它们都具有显著的抗肿瘤活性，其中ET-743已发展为第1例海洋天然产物来源的抗肿瘤新药。这3种化合物都具有一个独特的二碳单元结构，其生物合成来源问题一直没有得到解决。唐功利等在克隆了NDM和QNC生物合成基因簇的基础上，通过前体喂养标记、体内相关基因敲除-回补以及体外酶催化反应等多种实验手段相结合的方式，阐明了二碳单元的独特生源合成机制：NapB/D及QncN/L在催化功能上均属于丙酮酸脱氢酶及转酮醇酶的复合体，它们负责催化二碳单元由酮糖转移至酰基承载蛋白（ACP）上，而后经过非核糖体蛋白合成（NRPS）途经进入到最终的化合物中。这种将基础代谢中的酮糖直接转化为次级代谢所需要的二碳单元在非核糖体肽合成途径中是首次报道。该研究结果也有助于揭示海洋药物ET-743独特的二碳单元生物合成来源，为非核糖体聚肽类天然产物的组合生物合成带来了新的前体单元。此外，他们还利用全基因组扫描技术定位了抗生素谷田霉素生物合成的基因簇，通过基因敲除结合生物信息学分析确定了基因簇边界。谷田霉素可以抑制致病真菌，且对肿瘤细胞表现出极强的毒性（比抗肿瘤药物丝裂霉素的活性高约1000倍）；该家族化合物属于DNA烷基化试剂，典型的结构特征是吡咯吲哚环上的环丙烷结构。他们在对突变株的发酵检测中成功分离、鉴定了中间体YTM-T的结构，并结合体外生化实验揭示了一类同源于粪叶啉原Ⅲ-氧化酶（coproporphyrinogen Ⅲ oxidase）的甲基化酶以自由基机理催化YTM-T发生C-甲基化，这是此类蛋白催化自由基甲基化反应的首例报道，为下一步阐明YTM结构中最重要的环丙烷部分生物合成途径奠定了基础。pyrroindomycins（PTR）是能够有效对抗各类耐药病原体的一种天然产物，它含有1个环己烯环螺连接的tetramate这一独特的结构。刘文等通过对PYR生物合成的研究揭示了2个新的蛋白质，均能够单独在体外通过迪克曼环化反应将*N*-乙酰乙

酰基-1-丙氨酰硫酯转化成 tetramate。这一工作揭示了一种通过酶的方式首先生成 C—X（X=O 或 N）键，然后再生成 C—C 键来构建五元杂环的生物合成途径。

④ 金属催化剂在活细胞及信号转导中的应用。金属催化剂在活细胞及信号转导中的应用——利用化学小分子在活体环境下实现生物大分子的高度特异调控是化学生物学领域的前沿热点问题之一。作为生物体内含量最多的一类生物大分子，蛋白质几乎参与了所有的生命活动，因此，“在体”研究与调控其活性及生物功能意义重大。北京大学陈鹏课题组通过将基于钯催化剂的“脱保护反应”与非天然氨基酸定点插入技术相结合，首次利用小分子钯催化剂激活了活细胞内的特定蛋白质[98]。

(2) 核酸及糖化学生物学的进展 RNA 干扰近年来一直被认为可用于新一代生物制药技术，各国政府及制药巨头投入巨大，但小核酸生物制药一直受到核酸稳定性、脱靶效应及给药性差等因素的制约。南开大学席真教授等[99]通过深入研究小核酸在人血清中的稳定性，发现血清中 RNaseA 具有双链 RNA 限制性内切酶性质，是造成小核酸血清不稳定性的主要因素，并发现对双链 siRNA 中热切位点的单碱基修饰可以极大地提高小核酸血清稳定性。他们进一步发现，利用普适性碱基对双链 siRNA 进行单点突变，可以极大地提高 RNA 干扰中双链 siRNA 的链选择性，降低 siRNA 的脱靶效应[100]。通过研究 siRNA 的体内不对称性选择机制而设计合成的超高效 siRNA 可以达到 pmol·L^{-1}级的 RNA 干扰活性[101]。

寡糖化合物的合成是制约糖科学发展的瓶颈之一。叶新山等利用“糖基供体预活化”策略，将添加剂控制的立体选择性糖基化方法应用于葡萄糖和半乳糖硫苷供体的糖基化反应中，实现了路易斯酸控制的高 α-立体选择性糖基化反应[102]；并将该策略成功应用于伤寒 Vi 抗原寡糖重复片段的合成[103]。俞飚等对一价金催化的以糖基邻炔基苯甲酸酯为供体的糖基化方法的机理[104]进行了深入研究，并进一步用于药用分子 digitoxin[105]和皂苷类化合物[106]的合成；他们还首次实现了结构复杂的含脱氧糖单元的抗生素 landomycin A 的合成[107]。

2.6.1.2 部分国际研究热点和前沿以及我国科学家的贡献

(1) 以细胞信号转导为主线的化学生物学研究蓬勃发展 在 G 蛋白偶联受体、TGF-β 受体、Wnt、NFκB 等信号转导途径的分子机理及其与细胞增殖、分化、凋亡及迁移等生命活动的关系的化学生物学研究方面都取得了突破性的进展，涌现了若干高水平的研究成果。我国科学家也在急性髓系白血病（AML）细胞凋亡的机制和治疗手段、抑制 TGF-β 受体活性的小分子及机理研究、酸敏感离子通道的动力学行为和通道门控功能、干细胞多能性的维持机制及相应的诱导因子的发现等方面取得突破。

(2) 生物活性分子的合成方法取得进展 在直接利用天然小分子探针的同时，科学家们还发展了高效的天然产物组合库合成方法，复杂天然糖缀合物及寡糖的化学合成方法，环肽及带有不同修饰基团的多肽的合成方法，利用合成生物学合成活性分子等。在合成生物活性小分子或生物大分子方面所取得的这些成果极大地推动了我国化学生物学的发展。

(3) 现代分析技术和方法在化学生物学研究中的重要性日益彰显 各种原位、实时、高灵敏、高选择、高通量的新方法和新技术在国际上不断涌现，我国科学家对此也做出了巨大的贡献。例如，在生物分子检测探针和生物传感器方面，发展了多种适合于实时检测活细胞中金属离子、自由基、活性氧等重要生物活性分子的光学探针，发展了细胞表面糖基和聚糖等的原位检测传感器；开发了基于化学抗体-核酸适配体的蛋白质、核酸检测新方法，药物小分子或小分子配体与蛋白质复合物结构和分子识别的质谱分析和光学检测等新方法。在单分子水平的分析检测方面，发展了能在活细胞状态监测蛋白质亚基组成和信号转导过程中蛋白质动态行为的单分子荧光成像法、分析蛋白质聚集状态的单分子荧光光谱法，以及能在细胞上实时检测配体-受体的作用力和复合物稳定性的单分子力谱法。

（4）在时间与空间上对细胞内的分子过程与新陈代谢进行成像与控制的技术　这些技术可为复杂生物学问题的解析提供重要的工具，是国际上的研究前沿与热点。我国科学家针对细胞代谢研究的技术瓶颈问题，发明了系列特异性检测核心代谢物 NADH 的基因编码荧光探针，实现了活细胞各亚细胞结构中对细胞代谢的动态检测与成像，不仅可为细胞、发育等基础研究提供创新方法，也为癌症和代谢类疾病的机制研究与创新药物发现提供了有力的工具。在此基础上，利用合成生物学与化学生物学方法，开发出由光调控的转录因子和含有目的基因的转录单元构成的基因表达系统，为发育、神经生物学的复杂生物学问题的解析提供有力的研究工具。中国科学院生物物理研究所徐涛研究员和徐平勇研究员等在超高分辨率成像领域取得重要的研究成果。近期发展的超高分辨率成像技术（F）PALM/STORM 能够在纳米尺度展示生物分子的精确定位，是蛋白质研究和荧光成像领域的研究热点和发展趋势。其中的 mGeos-M 因其具有十分优异的单分子特性，有望成为替代 Dronpa 的新一代超高分辨率显微成像分子探针[94]。华东理工大学杨弋教授等[95]发明了一种简单实用的光调控基因表达系统，将可以广泛应用于基础研究领域，并可能用于光动力治疗，这是我国科学家在合成生物学与光遗传学前沿领域获得的重要突破。北京大学方晓红课题组与中国科学院化学研究所郭雪峰研究员等[96]利用具有 G4 构象的 DNA 适配体分子构建了功能化的单分子器件，实现了对凝血酶的高选择性的可逆检测，最低检测浓度可达 $2.6amol \cdot L^{-1}$（约 $88ag \cdot mL^{-1}$）。厦门大学杨朝勇教授等[97]发展了一种基于 L-DNA 分子信标（L-MB）的安全、稳定、准确的细胞内的纳米温度计。

（5）计算化学和计算生物学取得明显进展　计算化学与计算生物学在生命科学和药学研究中的应用在国际上受到了极大的关注。我国科学家较快地将计算化学和计算生物学应用于化学生物学研究，开展了不少开创性的研究和有特色的工作，取得了一些具有重要创新性的成果。其中，在以小分子为探针进行药物靶标预测和生物分子功能研究、生物分子模拟应用、生物网络和化学小分子对于生物系统的作用以及蛋白质设计等方面都取得了一些创新性成果。

2.6.1.3　化学生物学的方法与技术

（1）探针分子的发现　分子探针是一类能与其他分子或者细胞结构相结合，帮助获得重要生物大分子在细胞中的定位、定量信息或进行功能研究的分子工具。

（2）生物正交化学　发展能够在活细胞环境下进行但不干扰细胞内在生化过程的化学分子工具及其化学反应。

（3）生物标记与成像　通过具有高靶标亲和力或者生物正交化学反应能力的分子探针标记特定物质，对生物过程进行细胞和分子水平的定性和定量研究。

（4）生物分子的光调控　通过远程光源诱发生物分子上所连光活性基团的反应，从而对生物分子实现具有时空分辨率的结构及功能调控，并发现动态生命体系中新的分子机制。

2.6.1.4　化学生物学的发展趋势及应用

（1）生物大分子的化学生物学

① 核酸化学生物学。在分子水平上研究核酸的结构、功能及作用机理，运用核酸探针

研究和调控细胞生命活动，并在研究过程中强调化学方法与化学手段的运用与创新。

② 蛋白质与多肽化学生物学。在分子水平上研究蛋白质与多肽分子的结构、功能及生物学、医学应用，并在研究过程中强调化学方法与化学手段的运用与创新。

③ 糖、脂化学生物学。运用化学方法与技术，在分子水平上研究糖和脂这两类生物分子的结构与功能，探索糖、脂在生命过程中的基本规律，促进糖、糖缀合物和脂的生物医学应用。

④ 生物大分子的修饰与功能。运用化学生物学方法与技术研究生物大分子的化学修饰、机理、调控基因表达等生物功能。

（2）计算化学生物学　活性分子设计理论及应用；生物分子功能的理论预测；生物网络计算与模拟；生物体系分子动态学以及生命体系的人工设计与模拟等。

（3）细胞化学生物学

① 探针分子与生物大分子的相互作用。发展特异识别生物大分子的化学探针，并利用该特异性结合调控生物大分子生理功能的探索是化学生物学研究的一项重要内容。

② 信号转导过程的分子识别。利用化学生物学方法和技术，研究重要信号转导通路以及这些过程中的重要生物大分子在细胞生理和病理条件下的作用机制。

③ 细胞重编程过程的小分子调控。将小分子化合物用于干细胞的自我更新、定向分化及体细胞重编程等方面的研究是国际上干细胞研究领域的热点问题，也是采用化学生物学策略进行干细胞研究的优势所在。

④ 非编码 RNA 体系的小分子调控。非编码 RNA 体系的小分子调控是通过设计、合成、筛选等手段，开发出能够特异性地识别、结合非编码 RNA 并调控非编码 RNA 生理功能的活性小分子，以期实现小分子在非编码 RNA 相关生物学、医学问题中的研究与应用。

（4）药物发现的化学生物学基础　癌症、心血管疾病、神经退行性疾病、代谢性疾病、免疫疾病、病毒和病菌感染等重大疾病的药物靶标和先导化合物的开发。

（5）化学生物学的应用

① 生物标志物与疾病诊断的化学生物学研究。可以标记系统、器官、组织、细胞及亚细胞结构，以及与疾病发生、发展密切相关的各种细胞学、生物学、生物化学或分子指标。

② 功能性分子的生物合成。生物合成是生物体内进行的同化反应的总称，为许多常规化学方法不能或不易合成的化合物提供新的合成途径。

③ 生命复杂体系的组装与模拟。在超分子水平上研究生物活性分子间相互作用的本质和协同规律，在此基础上实现对组装过程的调控，创造具有特定功能的自组装体系。

④ 纳米技术的化学生物学。发展生命调控的纳米材料，提供生命研究的功能化纳米分子工具，研究解决与重大疾病的诊断和治疗相关的问题。

2.6.1.5　展望

在未来，随着经济快速发展和人口持续增加，我国在人口与健康、农业、资源和环境等方面面临着巨大的压力。但是当前解决这些领域问题的高新技术发展面临着严重的“源头”短缺。面对充满挑战和机遇的新时期，化学家在发展本学科的同时，必须不断开创新的研究领域，来满足日益增长的需求。化学生物学作为一个新兴的交叉前沿研究领域，所发现和创制的新颖生物活性物质将为医学和生命科学研究提供重要的研究工具，用来发现和表征它们在生物体中的靶分子——对生理过程具有调控作用的蛋白质、核酸和糖复合物等生物大分子，进一步研究生物活性小分子与生物体靶分子间的相互作用、分子识别和信息传递，从而阐明各种生理和病理过程的分子机制，为开发新颖药物、临床诊断和治疗提供新的途径，有的能直接作为创制新颖药物或农药的先导化合物，从而为医药、农业和环境等方面高新技术的发展提供丰富的“源头”。

2.6.2 电生理技术

2.6.2.1 电生理技术的研究进展

电生理学（electrophysiology）是以作用于生物体所发生的电现象为主要研究对象的生理学的一个分支领域。电生理学技术的概念始于1791年，开始于Galvani的一次实验[108]。近代电生理学的发展多借助于细胞内电极和电子管、晶体管等放大技术的发展。随着电子学技术的不断发展，电生理方法也得到了很大的发展。20世纪初，Erlanger和Gasser将当时先进的电子管放大器和阴极射线示波器引入到电生理实验后，可精确地记录微弱的但变化迅速的生物电信号，极大地推动了神经生理学的迅猛发展。20世纪40年代发展起来的微电极和细胞内记录技术，对电生理学的发展做出了划时代的贡献，将传统的电生理学发展成为分辨率可与显微镜媲美的显微生理学，Hodgkin等利用微电极技术，阐明了神经冲动传导的理论。Eccles等用微电极细胞内记录技术，创始了兴奋性和抑制性突触后电位的概念，Walter用微电极技术记录到了单个心肌细胞的动作电位，使生理学产生了革命性的变化。1949年由Claming发明的电压钳位技术，后经改进，成功地在枪乌贼巨轴突上进行了一系列试验，建立了离子学说，解释了神经系统的电活动。1967年，Pichon首次用电压钳位法研究了美洲大蠊（*Periplaneta americana*），确定了美洲大蠊轴突的电生理学特性和药物（包括杀虫剂）作用于轴突细胞上的作用机理，逐渐认识到杀虫剂等毒素作用在与电压相关的Na^+、K^+通道上[109]。20世纪70年代因膜片钳技术的发展，电生理技术又迈了一大步。电压钳技术可以更精确地测量细胞膜上的离子运动规律，在此基础上，由Neher和Sakmann[110]发展的膜片钳技术为观察几个离子通道的活动及阐明药物对离子通道的作用提供了直接的手段，而电子计算机技术更为电生理研究的数据采集和处理提供了极其方便的工具。

2.6.2.2 电生理技术的应用

兴奋状态的细胞，响应Ca^{2+}浓度的胞吐作用很快，一般技术很难检测到这一变化，而高分辨率技术通过膜片钳电容测量来测量钙活化的胞吐作用，可以精确地反映神经递质通过狭窄的融合孔缓慢释放[113]。细胞膜动作电位（actionpotential）是细胞受刺激时，在静息电位的基础上发生一次短暂的扩布性的电位变化。动作电位包括一个上升相和一个下降相，当细胞受到外界刺激时，引起Na^+内流，去极化达到阈电位水平时，Na^+通道大量开放，Na^+迅速内流的再生性循环，造成膜的快速去极化，使膜内正电位迅速升高，形成上升相，即去极化相。当Na^+内流达到平衡时，此时存在于膜内外的电位差即Na^+的平衡电位。动作电位的幅度相当于静息电位的绝对值与超射值之和。动作电位上升主要是Na^+的平衡电位，Na^+通道为快反应通道，激活后很快失活，随后膜上的电压门控K^+通道开放，K^+顺梯度快速外流，使膜内电位由正变负，迅速恢复到刺激前的静息电位水平，形成动作电位下降相，即复极化相。动作电位是可兴奋细胞兴奋的标志，细胞膜某一点受刺激产生兴奋时，其兴奋部位的膜电位由极化状态（内负外正）变为反极化状态（内正外负），于是兴奋部位和静息部位之间出现了电位差，导致局部的电荷移动，即产生局部电流。此电流的方向是膜外电流由静息部位流向兴奋部位，膜内电流由兴奋部位流向静息部位，这就造成静息部位的膜内电位升高，膜外电位降低（去极化）。当这种变化达到阈电位时，便产生动作电位。新产生的动作电位又会以同样的方式作用于它的邻点。这个过程此起彼伏地逐点传下去，就使兴奋传至整个细胞。因此，AP 的发放频率和幅值的改变，都可能影响整个细胞的兴奋性。电生理技术常应用到杀虫剂作用机理的研究中，研究中以细胞膜上的离子通道为研究对象，细胞多采用昆虫神经元细胞。在很多昆虫的腹神经索神经节的背中线上排列着一小群特殊的神经元，这类神经元被称为背侧不成对中间神经元（dorsal unpaired median neurons），简称 DUM 神经元，这类神经元因能自发地产生内源性超射动作电位而不同于其他类型的中枢神经元。DUM 神经元和果蝇光感受器、蝗虫跳跃肌是研究离子电流详细调控机理的良好标本。20 世纪 80 年代以来，膜片钳技术的长足发展促进了人们对 DUM 神经元膜上离子通道及其产生自发性超射动作电位的离子机制的认识。目前，已证实其细胞膜上表达 K^+ 通道、电压依赖的 Na^+ 通道、Ca^{2+} 敏感的 Cl^- 通道、Ca^{2+} 通道、Cl^- 通道、乙酰胆碱受体、谷氨酸受体等多种离子通道和受体。这使得 DUM 神经元成为研究杀虫剂神经毒性和昆虫抗性的理想细胞模型。神经元离子通道和受体是存在于细胞膜上的蛋白质，参与细胞信号转导。近年来，DUM 神经元作为昆虫神经元体外试验的细胞模型已用于杀虫剂神经毒性机理研究和昆虫抗性研究。

电生理技术用于记录生物组织和细胞的电学特性，可测量从单离子通道蛋白到整个器官的多种规格样本的电流或者电压的变化，研究不同神经组织的自发和诱发电活动与代谢的关系[111]。该技术最开始主要应用于神经系统的研究，即用电流刺激神经系统的某一部位，记录在该部位或单个神经元发生的电位变化。分子生物学和电子技术的发展及应用使昆虫电生理学有了很大的进步，电生理技术逐渐成为研究昆虫生理功能的一项非常重要的技术方法。近年来，用电生理技术研究神经毒剂的分子机理已有很大发展，可以很好地模拟神经的各种兴奋和传导特性，能定量地描述杀虫剂的作用机理，从而把杀虫剂毒理学研究提高到细胞水平和分子水平。膜片钳技术作为研究电生理的主要工具为解决这一问题提供了有力的手段，在农药开发与毒理学研究中发挥了重要作用。膜片钳技术在杀虫剂作用机理的研究中应用广泛，膜片钳技术以细胞膜上的离子通道为研究对象，可以分辨通过细胞膜上的离子通道的电流，从而可以对通道电流的电导以及其动力学特征、药理学特征以及通道的调节机制进行深入研究。膜片钳在通道电流记录中，可分别与不同时间、不同部位（膜内或膜外）施加不同浓度的药物或毒素，研究它们对通道功能的可能影响。目前，膜片钳技术已广泛应用于研究杀虫剂对离子通道的影响、神经敏感性与离子通道功能的关系及昆虫对杀虫剂的抗性机制等方面。昆虫电生理技术是深入进行药剂毒理学研究，特别是研究分子水平作用机制主要的实验技术。现有的杀虫剂绝大多数是神经毒剂，生物活性天然产物也有不少是神经毒剂，如烟碱、河豚毒素、天然除虫菊素等。因此，电生理技术是研究杀虫剂对昆虫的致毒机制的重要手段。目前，电压钳位法是测定神经膜离子电导性和研究药剂对神经膜离子通透性最好的方法，也是研究和验证神经毒性杀虫剂作用机理的重要手段[112]。钙活化的胞吐作用介导神经递质在突触中的释放：神经肽的释放、来自神经末梢和神经内分泌细胞激素的释放以及其他细胞的胞吐释放。最近 10 年来发展的生物传感器则能够以乙酰胆碱酯酶作为探头检测农药，这可以用来检测某种化合物的作用靶标是否为乙酰胆碱酯酶，同时，生物传感器还可以通过测定昆虫的生化需氧量来确定化合物是否对有氧呼吸有抑制作用。

（1）电生理技术在植物质杀虫剂作用机理研究中的应用　一方面对研究植物质杀虫剂的忌避和拒食活性具有重要意义，另一方面能很好地阐明它对神经或神经肌肉传导的作用。化学感受器（嗅觉和味觉）在昆虫的取食过程中起了重要作用，昆虫的忌避反应一般是嗅觉和视觉感受的结果，而拒食反应主要是味觉反应的结果。昆虫对化学物质的接受或拒食与糖感受细胞和拒食感受细胞的反应有关，能诱发拒食感受细胞放电，又能抑制糖感受细胞电位的物质一般具有拒食活性，可以根据这一特性用电生理方法对植物质杀虫剂进行作用机理的研究。电生理技术用来检测昆虫对植物成分及各种化合物的味觉、嗅觉等方面的反应，寻找新的对昆虫具有引诱趋避特性的杀虫植物，为新杀虫剂的开发提供非常重要的理论指导。之前有文献报道[114]，用电生理方法记录了黏虫下颚瘤状体上的栓锥感受器的传入冲动，观察到川楝素处理细胞后可抑制感受器细胞对诱食剂的反应。浙江大学严福顺教授[115]用电生理方法研究大菜粉蝶（*Pieris brassicae*）幼虫对蓼二醛的味觉反应，证明蓼二醛能对大菜粉蝶幼虫的下颚叶上的中央栓锥感器的取食抑制素感受细胞起激发作用，非食物信号传入到中枢神经系统，继而产生拒食作用；另一个抑制幼虫取食的可能因素是在侧边感受器内，糖、氨基酸和芥子油苷 3 种感受细胞的活性受抑制，致使正常情况下能对幼虫取食起到刺激或调节作用的这些物质的敏感性减弱。烟碱作用于神经膜内部表面[116]，通过对 Na^+、K^+ 活化的抑制来阻断神经的传导，低浓度时使突触后膜产生去极化，高浓度时对受体产生脱敏性抑制，即神经冲动传导受阻滞，但神经膜仍然保持去极化。而沙蚕毒素则几乎不引起去极化电位，通过降低终板膜 AchR（acetylcholine receptor）敏感性，阻止神经肌肉的传导，抑制神经后膜对 Na^+、K^+ 的通透性。非洲爪蟾卵母细胞是外源离子转运蛋白电生理学研究的示范系统，离子转运蛋白作为绿色荧光蛋白融合物的表达允许在卵母细胞内转运蛋白产量的荧光测定。检测转运蛋白介导的离子活动是通过将卵母细胞体内或表面的离子敏感型微电极的末端定位来实现的。使用离子敏感电极对于研究由电中性转运蛋白介导的离子运动至关重要，该研究联合使用荧光测定法和电生理学，通过在电生理学研究之前测量转运蛋白产量，并将相对转运蛋白产量与运输率相关联，加速了转运蛋白的研究[117]。

（2）电生理技术在害虫抗药性方面的应用　电压钳（voltage clamp）技术由美国学者提出，其实质是通过负反馈微电流放大器在兴奋性细胞膜上外加电流，使膜电位稳定在指令电压水平，以消除钠电导对膜电位的正反馈效应。这样，在膜电位突然跃变并固定于某一数值时，可观察膜电流的变化。膜电流的改变反映了膜电阻和膜电导的变化，后者相当于膜通透性的变化，而膜通透性与离子通道有关。因此，电压钳技术也是研究离子通道的基本方法。离子通道是多种天然毒素及合成杀虫剂的基本作用靶，因此，该技术为害虫抗药性及药物作用机理研究等提供了有力的武器[118]。

电生理技术在研究一些容易产生抗性的杀虫剂的抗性机理时起了重要的作用，尤其是对害虫易产生抗性的除虫菊酯类药剂。之前有研究表明，通过电生理技术分析出家蝇对氯氰菊酯产生抗性的主要机制是抗性家蝇的神经敏感性降低。有研究表明，相对于利用增效剂或者标记药剂的排除法，用神经电生理法研究害虫对杀虫剂抗性的神经不敏感机制的方法更直接、更可靠。

（3）电生理技术在昆虫视觉电生理学方面研究的应用　电生理技术在昆虫视觉生理上的研究，有助于了解昆虫复杂的趋光特性，为应用灯光来诱杀害虫提供了科学数据。研究对昆虫辨别色彩能力，了解昆虫对植物颜色的趋性等，对合理使用肥料及防治害虫都很有参考意义。复眼（单眼）是昆虫的主要感光器，其中视网膜细胞又是最重要的感光场所，它接受外界的光刺激后，经中枢视觉通路的编码、加工，最终形成视物形象的感觉（包括光线强弱、物体形状、空间程度及颜色感等）。动物的视觉差异甚大，一些低等种类往往仅具备某一视觉功能，而缺乏色觉能力。视网膜细胞为视觉感受器，能将其感受的外界光刺激的光能转变为化学能，从而引发视细胞膜的电位变化。因此，人们常用在不同光刺激下视网膜电位（electroretinogram，ERG）的变化来研究昆虫的感光机制。ERG 实质是一种感受器电位，它是外界环境的刺激能量（光能）向内转化为不同形式的神经冲动的起点，其特点是一种局部电位，该电位并不沿神经纤维传导，仅以电紧张电位形式向邻近区域扩散，其反应呈等级性，随刺激加强而增大，反应无不应期，不受局部麻醉的影响。当感受器电位达到一定程度时，便会引起神经末梢动作电位的发放，感受器电位越大，引发的动作电位频率越高，反之，则越低，表现出所感受刺激的强度与感觉冲动发放频率的对应关系。目前认为，感受器电位的产生与神经末梢钠导增加有关。在数以万计的昆虫种类中，存在着为数众多的植食性和食虫或寄生性天敌昆虫。现在已经知道，尽管在远距离上，它们发现寄主植物或寄主大多凭借嗅觉等化学通信信息，但在近距离精确定位活动等方面视觉作用同样十分重要，尤其是对夜出性种类来讲更为重要。如在棉田可以观察到，棉铃虫雌蛾每隔 2～3s 在植株间转移产卵时均能进行精确地定位飞行，显然此过程中视觉提供了有利于其选择产卵寄主的信息。视网膜细胞含视色素（视紫红质），视色素由视黄醛和视蛋白组成，它是将光能转化为神经冲动的重要场所，其发生的光化学过程大致如下：静息时，视黄醛以 11-顺视黄醛形式存在，吸收光后 11-顺视黄醛变为全反型视黄醛，每吸收一个光量子可使一个分子的视紫红质分解，同时释放出能量，引致视网膜细胞兴奋，产生超极化型的感受器电位，进而使神经节细胞等兴奋产生视觉冲动；在暗处，全反型视黄醛在酶的作用下，又转变成 11-顺视黄醛，与视蛋白重新结合形成视紫红质。维生素 A 是视紫红质的组成原料，缺乏时会影响视黄醛的补充与视紫红质的再合成。

（4）电生理技术在昆虫学其他研究方面的应用　在对昆虫的嗅觉及味觉的研究中，也运用了电生理技术。触角是昆虫身体上嗅觉器（多由毛形、板形和锥形等感受器组成）分布最多的场所，给予触角气味刺激后，其上的嗅觉感受细胞电位发生变化，这些电位变化的图形即触角电位图（electroan-tennogram，EAG）。不同种类昆虫的触角对特定的化学物质极为敏感，如天幕毛虫（*Malacosoma neustria testacea* Motschulsky）能感应 4.1×10^{-7} mol 的苯、醛混合气体。因此，触角是各种昆虫感受特定化学物质的最重要的结构和功能器官。在植物抗虫性研究中，也应用了电生理方法。昆虫对寄主植物的嗜好不同，可以从其下颚瘤的栓锥感受器中诱发出不同的电位反应，可以根据这一原理来检测抗虫育种的结果。通过对与成虫产卵和幼虫取食行为有关的味觉感受器的电位变化的研究，为安排引诱田，集中诱引成虫产卵或引诱成虫到非其幼虫寄主的物体上产卵提供了理论指导，促进了害虫生物防治的开展。此外，电生理技术还可以用于研究昆虫的寄主范围、药剂的杀虫谱、不同作物轮作与混栽等。如鳞翅目成虫 3 对胸足跗节上的味觉感受器对其产卵寄主的选择有着非常重要的作用。浙江大学严福顺教授等对大菜粉蝶成虫的研究发现，当雌性大菜粉蝶在一种植物上着落后，它的跗节常本能地在植物表面上磨动，从而使跗节上的味觉感受器能接触到植物体所含的次生化合物，进而“判断”是否为合适的产卵场所，这一发现为寻找和研究成虫产卵引诱剂提供了线索。一旦能查明引诱成虫产卵的物质，就有可能引诱到其非幼虫寄主的物体上去产卵，从而有效控制幼虫的为害。

2.6.2.3 电生理技术的优点与局限性

电生理技术在实际应用中具有用虫量少、所需化合物微量、快速灵敏等特点，作为活性物质的定性检测手段是可行的，不仅如此，现代化电生理技术用于具有生理活性物质的天然产物的探索，因此，此项技术尚有广阔的前景。但是，目前的研究多局限于中枢神经系统的自发性电活动，化学药剂对突触传导作用的影响，感受器官和神经系统的电活动，如触觉、听觉、视觉和化学感觉等。研究的技术和方法也停留在离子选择微电极法、细胞记录法、电压钳位法等，这对于迅速发展昆虫学研究来说已是比较落后的，因此，亟需提高电生理技术来适应新的研究的需要。当前，气相色谱与电生理仪的联用，很大程度上提高了对昆虫性信息素的分析能力，缩短了研究周期。在此基础上发展出了气相色谱-单感器记录（gas chromatography-single cell recording，GC-SCR）技术，可用于研究触角上不同类型的感受细胞对信息素中不同成分的特异反应。近年来发展的生物传感器在农业和生物领域的应用也越来越广泛，目前在作用靶标为酶及呼吸系统的药剂已能够进行检测。而且将计算机和单个嗅觉感受细胞电反应记录联用，提高了分析的精确度、测量的准确性及结果分析的速度，推动了电生理技术与现代科技的结合。

2.6.3 细胞压电膜片钳技术

2.6.3.1 膜片钳技术概述

每个细胞通过脂质膜与外部环境分离，嵌入膜中的通道调节细胞膜上的离子通量，它们几乎涉及所有的生理过程，离子通道出现故障已经与许多疾病有关。因此，离子通道已经被广泛地研究，并且由于其在药物研究中具有潜在的作用，它们被称为“下一个 G 蛋白偶联受体”（G protein-coupled receptors，GPCRs）。此外，离子通道还与许多药物的副作用有关，最显著的是心律失常，其可能是由药物对心脏离子通道的影响而诱导产生的，特别是 hERG 离子通道。在离子通道的研究过程中，膜片钳技术由此诞生[119]。

膜片钳技术是在电压钳技术的基础上发展起来的，该技术是采用记录流过离子通道的离子电流，来反映细胞膜上单一的（或多个的）离子通道分子活动的一门技术。该技术可将一尖端经加热抛光的玻璃微电极管吸附只有几平方微米的细胞膜，在玻璃电极尖端边缘与细胞膜之间形成高阻封接，因而可通过微电极直接对膜片（细胞膜小区域）进行电压钳制，而无需使用其他微电极离子通道是生物电活动的基础，自 1976 年德国生理学家 Neher 等建立膜片钳技术（patch-clamp technique）以来，膜片钳技术就成为研究离子通道的“金标准”[120]。科学家利用该技术证实了细胞膜上离子通道的存在并对其电生理特性、分子结构、药物作用机制等进行深入的研究，推动了生理学、神经科学和细胞生物学等生命科学领域研究的发展。现在，膜片钳技术已经成为与细胞分子生物学方法（蛋白质化学、克隆和表达技术、显微荧光技术）并驾齐驱的现代细胞生物学研究的基础研究方法之一[121]。

膜片钳技术的核心原理是通过微玻管电极（尖端直径 1～5μm）接触细胞膜，但是不刺入进去，然后在微电极另一端开口施加适当的负压，将与电极尖端接触的那一小片膜轻度吸入电极尖端的纤细开口，这样在这一小片膜周边与微电极开口处的玻璃边沿之间，会形成紧密的封接（gigaohm seal），在理想的情况下，其电阻可达数个或数十个千兆欧姆以上的阻抗封接，使与电极尖开口处相连的细胞膜的小区域（膜片）与其周围的细胞膜在电学上完全分隔，如果在这一小片膜中只包含了一个或少数几个通道蛋白质分子，那么通过此微电极就可测出单一通道开放时的离子电流和电导，并能对单通道的其他功能特性进行分析[122]。

膜片钳实验最常采用的标本是培养或急性分离的细胞，因为此种情况方便在显微镜下监视玻璃微电极与细胞膜的接触过程。同时，也可以使用组织片（如脑片、脊髓片等）作为标本，这样既能保持神经元在体发育的程序及空间结构，有相对完整的突触联系，同时，神经元没有受到消化酶的破坏，细胞生物活性接近生理状态。膜片钳的研究对象包括细胞膜离子通道（如电压门控离子通道、配体门控离子通道）、各种由于载体运输而产生可测量电信号的离子交换泵（如 Na^{+}-Ca^{2+} 交换器、氨基酸转运体）等。

2.6.3.2　膜片钳技术的起源与发展

电生理学的发展追溯于荷兰显微镜学家 Jan Swammerdam 在 17 世纪通过将透水膜作为兴奋性底物的概念开始，由 Luigi Galvani 在 18 世纪末期推动发展[123]，德国生理学家 Neher 和 Sakmann 从 1976 年首先建立膜片钳技术以来，该技术已经获得了快速的发展，同时，已成为现代细胞电生理学研究中的常规方法之一，并且与其他技术相结合，逐步完善和发展出许多新的技术[124]。

1988 年，Horn 等对传统的全细胞记录方式进行了改进，由此 Horn 等建立了穿孔膜片钳技术，即利用某些抗生素的性质，如其在生物膜上能够形成通透性的孔道，将这类抗生素充灌在电极液中，在高阻封接形成之后能够自发形成全细胞的记录模式。在该技术中，抗生素在细胞膜上形成孔道的有效半径为 0.4～0.8nm，因此，可以选择性地通透一些一价离子，例如 Na^{+}、K^{+}、Li^{+}、Cs^{+}、Cl^{-} 等，从而使细胞内的生理环境保持相对稳定的状态，电流的衰减现象逐渐减弱。并且此类抗生素对细胞产生的损伤作用比较小，高阻封接不容易被破坏，记录的持续时间从而延长。这种技术有一定的实验环境要求，如需要在避光条件下配制含有抗生素的穿孔液，配好后在 4℃的条件下避光保存。在充灌电极时，还要注意到先用不含抗生素的电极液充灌，然后再加入含有抗生素的电极液反向充灌电极。在这个过程中，为了保持实验的准确性，应快速形成高阻封接，避免抗生素扩散到电极尖端，从而抑制高阻封接的形成。

在体膜片钳技术主要用于研究感觉系统对外界环境刺激的反应特性和机理。早期膜片钳记录用的大多是急性分离的细胞，到了 20 世纪 90 年代，Pei 等报道了在整体动物上进行膜片钳的记录，从此开创了在体膜片钳技术的研究。在体膜片钳的研究初期，以 Blanton 和 Margrie 为代表的“盲法”记录不能使电极与细胞膜准确的封接，带有一定的随机性，从而影响了该技术的准确性。Margrie 对此方法做了改进，采用活体双光子靶向膜片钳（two-photon target patch-clamp，TPTP）技术。该技术主要引入双光子显微技术，并结合荧光标记技术，使细胞内微电极的穿透可以准确定位，能探测到胞体、树突甚至个别的棘突，大大提高了实验的准确率和成功率。

膜片钳技术有非常高的敏感度和时间分辨率，能得到非常准确的关于离子通道的电生理信息。然而，它的空间分辨率很低，单细胞一般采用单电极进行测量。为了了解神经信号的整合，必须提高膜片钳的空间分辨率，进行多位点记录。电压敏感染料和多电极阵列的使用提供了相对较高的空间分辨率的电生理测量，是多位点测量的常用方法。目前，基于光学方法和多电极阵列的多位点记录技术已被应用到嗅球切片和脑片上。然而，现有的电压敏感染料对电压的敏感度普遍较低且存在荧光漂白现象，使得光学方法的信噪比相对较低。由于不能与细胞形成 GΩ 封接，多电极阵列法有较高的生物源噪声，信号处理复杂；另外，电极阵列往往以固定规格排列且只能覆盖有限的范围，它的定位能力十分有限。虽然基于膜片钳的多位点记录技术的难度较大，但是能得到更加精确的测量结果。基于膜片钳的多位点记录存在技术上的难点，现在主要为多电极法。

全自动膜片钳技术的出现标志着膜片钳技术已经发展到了一个崭新的阶段，从这个意义上说，前面所讲的膜片钳技术称为传统膜片钳技术，离子通道是药物作用的重要靶点，膜片钳技术被称为研究离子通道的“金标准”。美国食品药品管理局规定，非心脏类新药必须有其对心脏 K^+ 通道是否抑制的膜片钳研究结果，否则新药不得用于临床。传统膜片钳技术每次只能记录一个细胞（或一对细胞），对实验人员来说是一项耗时耗力的工作，它不适合在药物开发初期和中期进行大量化合物的筛选，也不适合需要记录大量细胞的基础实验研究。全自动膜片钳技术的出现在很大程度上解决了这些问题，它不仅通量高，一次能记录几个甚至几十个细胞，而且从找细胞、形成封接、破膜等整个实验操作实现了自动化，免除了这些操作的复杂与困难。这两个优点使得膜片钳技术的工作效率大大提高了。不同的全自动膜片钳技术所采用的原理也不完全相同，大体上有如下几种。

（1）flip-tip 翻转技术　将一定密度的细胞悬液灌注在玻璃电极中，下降到电极尖端的单个细胞通过在电极外施加负压可以与玻璃电极尖端形成稳定的高阻封接，打破露在玻璃电极尖端开口外的细胞膜就形成了全细胞记录模式。德国 Flyion 公司的 Flyscreen 8500 系统采用的就是这一技术，其通量最高为 6，即一次可同时记录 6 个细胞。它的显著特点是：①仍然采用玻璃毛坯作为电极；②药物施加微量、快速。

（2）sealchip 技术　完全摒弃了玻璃电极，而是采用 sealchip 平面电极芯片，一定密度的细胞悬液灌注在芯片上面，随机下降到芯片上约 1～2μm 的孔上并在自动负压的吸引下形成高阻封接，打破孔下面的细胞膜形成全细胞记录模式。采用这一技术的美国 Axon（mds）公司的 Patchxpress 7000a 系统是高通量全自动膜片钳技术的典范，是离子通道药物研发的革命性工具，在国外实验室和制药厂广泛用于 herg 通道药理学的研究。其通量最高为 16，即一次可同时记录 16 个细胞。同时，其药物施加微量、快速，不仅用于药物筛选，还大量用于离子通道的基础研究。

（3）population patch clamp 技术　同 sealchip 技术一样，完全摒弃了玻璃电极，而是采用 patchplate 平面电极芯片。该芯片含有多个小室，每个小室中含有很多 1～2μm 的封接孔。在记录时，每个小室中封接成功的细胞数目较多，获得的记录是这些细胞通道电流的平均值。因此，不同小室其通道电流的一致性非常好，变异系数很小。美国 Axon 公司采用这一技术研发出了全自动高通量的 Ionworks quattro 系统，成为药物初期筛选的“金标准”。此外，同 sealchip 技术一样，采用平面电极芯片，但只含有一个封接孔的小型全自动膜片钳设备也已经问世。这种小型设备代替了显微镜、防震台/屏蔽网和微操纵器，一次只记录一个细胞。虽然通量不高，但是由于封接、破膜等过程为自动化，工作效率也有显著提高。德国 Nanion 公司的 Port-a-Patch 就是这样的全自动膜片钳设备。全自动膜片钳技术采用的标本必须是悬浮细胞，像脑片这类标本无法采用。此外，全自动膜片钳技术只能进行全细胞记录模式、穿孔膜片钳记录模式以及细胞贴附式单通道记录模式，而不能进行其他模式的记录。

膜片钳技术具有一定的不可避免的局限性，例如非常低的吞吐量。在这方面，它几乎不能应用于神经网络中的蜂窝通信的研究。此外，在记录过程中，细胞内溶液不能方便地交换，使得需要进行大量的实验。此外，需要一名高技能和经验丰富的操作员来完成抽吸、溶液或药物的交换，并在显微镜下进行记录。由于上述问题，传统的膜片钳技术仅限于实验室的研究工作。为了实现在行业中的应用，科学家们通过开发传统的微电极和新一代微电极的新配置，大力改进传统的膜片钳技术。Sophion Bioscience 首先实现了电极配置的改进。之后，Neuropatch 试图用一台基于计算机视觉控制微操作器的机器人来代替传统膜片钳技术的操作者，以将微电极自动定位在电池上。Flyion 提出了一种名为 flip-tip 的技术，并生产了一种新颖的自动膜片钳仪器 Flyscreen 8500 系统，它反转了电池和电极之间的界面，将细胞置于微电极内部，使得细胞到达移液管的尖端并从内部形成密封。如上所述，这些系统仍然基于单个微电极，并且不能用于高通量应用中。在 20 世纪 90 年代后期，科学家们开始研发贴片钳芯片，并提出将细胞引导到微孔径上的概念，该微孔径用平面结构取代玻璃微电极。利用负压或静电场将电池引导到孔上，然后施加另一个负压以在电池和芯片之间形成高密封电阻，这个操作更方便快捷。多电极阵列芯片可以同时记录多个单元。平面膜片钳技术的出现使离子通道的高度平行和自动电生理记录成为可能。这种新颖的芯片可以同时记录许多细胞，并且可以容易地与多种测量方法组合。例如：味觉细胞是具有神经元特征的上皮细胞。它们可以将味道信息转化为电信号，然后通过神经将其传输到大脑。细胞和分子生物学结合膜片钳电生理学的结果表明，细胞通信存在于滋味细胞网络之间。平面膜片钳技术将成为研究味觉转导机制的潜在有效途径。

2.6.3.3　膜片钳技术的应用

虫害是世界各国农业生产面临的重大问题，全世界每年因虫害造成的损失逾 2000 亿美元。目前，控制虫害的主要方法是使用化学农药，而化学农药的残留严重危害人畜健康和污染环境。寻找新型安全的生物杀虫剂不仅是农业发展迫切需要解决的问题，也是保障人类生命安全和保护环境的必要措施。新型安全生物杀虫剂的研发目标是探索发现对人类、牲畜以及非靶标昆虫安全无害的材料。蝎、蜘蛛、蛇、海葵、河豚等有毒动物在长期进化过程中在体内形成了一类对猎物高选择性、高特异性的毒素。膜片钳技术是以细胞膜上的离子通道为研究对象的现代电生理研究方法。电压门控 Na^+ 通道在昆虫神经系统电生理过程中起着非常重要的作用。昆虫 Na^+ 通道是许多动植物神经毒素特异作用的靶受体。膜片钳技术自发展以来，在生物杀虫剂作用机理的研究与生物杀虫剂的研发中发挥了巨大的作用。

膜片钳技术可以用于研究细胞膜离子通道的电导、动力学、生理功能、药理学特征和调节机制等，也可以通过在细胞内外施加各种不同浓度的药物或毒素，用于了解选择性作用于通道的药物影响人和动物生理功能的分子机理，也可以提供有关通道蛋白亚单位结构与功能关系的信息。膜片钳技术还可以监测与细胞胞吐、胞吞活动有关的膜电容的细微变化，是一种研究细胞分泌机制的新方法。现代膜片钳技术与其他技术的结合，使其应用范围更加广泛。

膜片钳技术在对天然毒素杀虫作用机理的研究中发挥了巨大的作用。与传统的化学农药和微生物杀虫剂相比，生物杀虫剂具有选择性强、使用安全、投资少、见效快的优点，而且对于植物的保护作用具有连续性和全面性。因此，通过膜片钳技术研究天然毒素对昆虫 Na^+ 通道的作用机理为寻找和开发昆虫毒素型生物杀虫剂及培育抗虫转基因作物提供了材料来源，在新型安全生物杀虫剂的研发中将发挥巨大的作用[125]。

杀虫剂在毒杀害虫时，不可避免地损伤其他有益生物。通过对药剂进行结构修饰或合理混配，利用细胞电生理技术就有可能筛选出理想的杀虫剂。如合成拟除虫菊酯在毒杀稻田害虫时，对鱼类也造成毒害，对其进行分子修饰（改变官能团）所得的化合物之一，silafluofen依然具有较高的杀虫活性，但对鱼的毒性降低到可忽略不计。silaneophares化合物所含4价硅可与多种苯基取代基相连，电压钳条件下，该类化合物可延长螯虾大轴突钠电流和尾电流，与常规拟除虫菊酯类似。以美洲大蠊为材料对该化合物的杀虫活性进行分析，发现毒性与对螯虾尾电流的延长活性成线性关系，尾电流时程越长，毒性越强。该化合物的杀虫活性亦与取代基的物化参数有关，苯环上的取代基越长，杀虫活性越强。菊酯结构与其活性密切相关。Ruigt报道菊酯可使小鼠neuroblastoma细胞的钠电流峰值增加200%，通道在去极化激活时，峰电流下降相明显变慢，产生缓慢失活的尾电流，尾电流的衰减速率与菊酯结构有关。Halliday等以库蚊为材料的研究表明，醇部位含有3-苯氧基苄基的菊酯能导致高抗性，而把酸部分乙烯基上的一个氯用三氟甲基取代后，抗性水平显著降低。Ⅰ型菊酯不含α-氰基，能暂时抑制Na^+通道失活，引起重复后放；Ⅱ型菊酯在醇部位含有α-氰基，能使Na^+通道较长时间处于开放状态，使神经膜静息电位发生变化。电生理分析显示，醇部位被α-氰基取代后拟除虫菊酯的毒力显著增强。

膜片钳技术中计算机的应用，实际上就是膜片钳技术与现代信息技术的结合。由于提供数据存储、用户接口等都属于较为独立的功能，它们与膜片钳可看作松散结合。膜片钳与现代信息技术的紧密结合可分为控制、仿真和建模。在细胞、膜片钳和计算机组成的系统中，膜片钳的基本功能在于通道电流或电压的测量，这个基本功能的实现称为初级的信号测量。利用初级信号可以对细胞进行电阻抗模型的建模，并以此分析细胞的结构信息、生理活动过程等，这个称为中级的信号建模。利用模型或模型与信号的结合，可以分析神经编码及神经系统的计算功能，以及行为学、意识等，这称为高级的数据挖掘。在高级的数据挖掘层次，膜片钳的上游是具有计算功能的神经系统，下游是具有计算功能的计算机，人们的梦想是通过计算机端的仿真去理解真实神经系统的工作原理。计算机与神经系统之间计算功能的类比不总是成功的，然而可以确定的是，在这种类比思路下，计算机科学和神经科学互相促进并共同发展。膜片钳将检测到的细胞响应传递给计算机，同时将计算机的计算结果传递给生物系统。最好的情况是，膜片钳是“透明”的，即信号在二者之间的传递是不失真的。然而，这显然不可能。为了检测到pA级的离子电流，膜片钳电路里有复杂的信号调理及补偿电路。信号经过膜片钳，其幅度和相位都会发生变化。退而求其次，做不到“透明”做到“公开”，即希望能够了解膜片钳电路对信号的影响。于是，在计算机深度参与到神经科学研究的大背景下，必须为膜片钳电路进行建模。广义的现代信息技术，可以说是基于信息的不确定性的技术的总称。在确定性系统中，这种不确定性表现为噪声、扰动；在非确定性系统中，则有基于随机过程、信息论等的一系列方法。对于前者，不确定性是把握确定性的工具；对于后者，不确定性本身就是研究的对象，人们通过对不确定性系统的研究充实自己对世界的认识和理解。可见，现代信息技术在神经科学中的应用可以非常广。

膜片钳技术与显微荧光测钙技术相结合——光电联合检测技术。荧光染料Fura-2可被紫外光激发发射出荧光，它可选择性地结合钙离子，而与钙离子结合的Fura-2越多，以相同紫外光激发出的荧光就越弱，因此，可根据荧光强度的变化计算出单位体积中钙离子浓度的变化。具体过程为：在做全细胞记录之前，以孵育或经电极扩散的方法使荧光染料Fura-

2 进入细胞，然后对该细胞内的荧光强度、细胞膜离子通道电流及细胞膜电容等多种指标变化情况进行观测，并分析这些变化间的相互关系[126]。

膜片钳技术与碳纤电极局部电化学微量检测技术的结合。如果给碳纤电极一个适当的稳定的电压，使接近或吸附到碳纤电极表面的某些物质发生氧化反应而释放出电子，碳纤电极可俘获这些电子，而电子流过电极产生电流，因此，根据所控测部位或培养细胞中某物质氧化时所产生电流的不同，可判别分泌物（被探测物）的种类，并根据电流总量的大小，计算出该物质的分泌量。1992 年，Neher 实验室首次将膜片钳膜电容检测与碳纤电极联合运用；1994 年，又将光电联合检测与碳纤电极局部电化学微量检测技术结合，既能研究分泌机制，又能鉴别分泌物质[127]。

膜片钳技术与逆转录多聚酶链式反应技术（polymerase chain reaction，PCR）的结合。1991 年，Eberwine 和 Yeh 等首先将膜片钳技术与 PCR 技术结合起来运用，用全细胞膜片钳记录培养细胞或制备脑片的生物物理学和药理学特征，然后将细胞胞质内容物收集入膜片微吸管尖内，再把胞质 RNA 反转录成 cDNA，用 PCR 直接扩增，PCR 的产物通过凝胶电泳和 DNA 序列进行分析。这两项技术的结合可对形态相似而电活动不同的细胞做出分子水平的解释[127]。

利用膜片钳技术配合基因重组突变技术，发现林丹和氟虫腈对重组人谷氨酸受体 $\alpha1$、$\alpha1\beta$、$\alpha2$ 和 $\alpha3$ 均有抑制作用，IC_{50} 为 $0.2\sim2\mu mol \cdot L^{-1}$，二者与孔道衬里（pore-lining）的 $6'$-苏氨酸残基通过疏水作用和氢键相互吸引，而氟虫腈在孔道和非孔道区都有结合位点。氟虫腈的代谢产物砜化物对脱敏和非脱敏状态的谷氨酸门控的氯离子通道也有浓度依赖的抑制作用。相较于氟虫腈，其砜化物具有更慢的解离速率，因此，具有更强的毒性和对非脱敏通道更大的使用依赖性。

近几年来，膜片钳技术迅速发展，可以在组织切片靠近表面的细胞上进行记录，随后又进一步发展出了一种红外线膜片钳法。这种方法利用红外线透过厚的组织切片，用显微摄像机直接观察细胞，可以记录到距表面 $50\mu m$ 深处的细胞。最近，将膜片钳技术与激光扫描共聚焦显微镜系统相结合，以实现同步实时记录离子电流、离子浓度和分布的变化，从而达到了显微形态与功能的同步实时分析，有助于进一步了解细胞膜上离子通道的内部作用机制[128]。

膜片钳技术自建立和发展完善以来，对细胞膜的电生理研究起到了巨大的促进作用。该技术已成为神经生物学和细胞生物学研究的一种基本方法，可以对离子通道、信号转导及神经传导系统的机制进行深入的研究，广泛应用于神经科学、心血管科学、药理学、细胞生物学、病理生理学、中医药学、植物细胞生理学、运动生理学等多学科领域[124]。在神经科学中，膜片钳技术被广泛用于表征神经元的基本生物物理特性。或者，用户可以执行“电流钳”实验：将电流注入电池以观察电压波动，例如动作电位和低幅度亚阈值事件[129]。膜片钳技术在杀虫剂的毒性、毒理、结构与活性关系等方面的研究中应用广泛，加强对杀虫剂机理及其抗药性的研究有利于杀虫剂的深度开发，保障害虫综合治理的正常实施，延长新药剂的生命力。杀虫剂通过影响神经信息传导系统达到干扰昆虫正常生理活动的目的，其中涉及信号转导、相关物质分泌等生理活动，这些活动与细胞膜上各种各样的离子通道密切相关，电压钳和膜片钳技术是研究细胞膜离子通道最基本和最直接的实验方法，因此，随着膜片钳技术的进一步发展完善以及与其他技术的结合，必将在阐明杀虫剂的作用机制等方面发挥重大作用，还能为高活性和高选择性的杀虫剂的合成、混配及筛选开发等工作提供十分有益的理论指导。

2.6.4 同位素示踪技术

同位素示踪法（isotopic tracer method）是将可探测的放射性或非放射性核素添入物理、化学或生物系统中，标记研究对象，以便追踪发生的过程、运行的状况或研究物质的结构等的一种科学手段[130]。它的特点是灵敏度高、方法简便、定位定量准确、分辨率高以及活体测量等，该技术已成为农业及生物科学研究中直接或者间接获得信息和依据的重要手段，并且在某些研究领域显示出其他技术无法替代或无法比拟的优势。

同位素示踪所利用的放射性核素或稳定性核素及它们的化合物，与自然界存在的相应普通元素及其化合物之间的化学性质和生物学性质是相同的，只是具有不同的核物理性质。因此，就可以用同位素作为一种标记，制成含有同位素的标记化合物代替相应的非标记化合物。利用放射性同位素不断地放出特征射线的核物理性质，就可以用核探测器随时追踪它在体内或体外的位置、数量及其转变等，稳定性同位素虽然不释放射线，但可以利用它与普通相应同位素的质量之差，通过质谱仪、气相色谱仪、核磁共振仪等质量分析仪器来测定。放射性同位素和稳定性同位素都可作为示踪剂，但是，稳定性同位素作为示踪剂其灵敏度较低，可获得的种类少，价格较昂贵，其应用范围受到限制；而用放射性同位素作为示踪剂具有灵敏度高、测量方法简便易行，能准确地定量、准确地定位及符合所研究对象的生理条件等特点。同位素示踪技术在农药学的发展中有着广泛的应用，例如农药的创制到应用、环境归趋、作用机理、吸收传导、代谢降解等各个方面。

同位素标记法是研究农药在生物体内的作用机制的重要技术手段[131,132]。经过筛选具有高活性的化合物，具有较高的开发价值，需要利用同位素标记的化合物，通过离体或活体的施药、分离、分析测定，确定化合物在靶标生物的作用位点或者抑制目标，研究化合物的作用机理以及作用方式。特别是对于开发结构新颖的化合物，在作用靶标和作用位点均未知的情况下，需要对所有靶标生物中已知的靶标酶、蛋白质等逐一排查，确定作用机理。同位素标记试剂分为放射性和稳定性两种。

放射性同位素标记农药通常由有机化学合成法、生物合成法和同位素交换法等方法得到[133]。放射性同位素标记农药在试验中只需要添加痕量即可，因此不会扰乱或破坏生物体内的生理过程。放射性同位素成像技术可以对农药活性成分在生物体的组织器官、细胞以及亚细胞水平上进行定量定位，能够在分子水平上研究农药活性成分的作用机理和动态变化过程，因此，该技术常用于农药作用靶标定位和作用机制研究。

稳定性同位素标记农药与放射性同位素标记农药的制备方法基本类似，但是稳定性同位素标记农药的合成不需要专用设备，无放射性物质的处理问题。利用稳定性同位素标记农药进行定量测定时，一般使用质谱分析法，对^{3}D 和^{13}C，可使用核磁共振分析法，对^{15}N，可使用发射光谱分析法。

例如为研究勃利霉素作用的分子靶标，在 *Streptomyces* sp. neau-D50 培养基中添加同位素乙酸钠［1,2-^{13}C］，获得的勃利霉素经^{13}C NRM 测定表明乙酸钠为勃利霉素的合成前体，后经乙酸钠［1-^{14}C］添加培养基获得放射性^{14}C-勃利霉素。利用^{14}C-勃利霉素亲和筛选大豆疫霉菌的 λ cDNA 噬菌体表达 cDNA 文库，筛选测定勃利霉素作用于细胞质苏氨酰转移核糖核酸合成酶。经大肠杆菌表达大豆疫霉菌细胞质 ThrRS，进行体外酶活性抑制实验；勃利霉素对 ThrRS 有荧光猝灭作用；以及在培养基中添加各种氨基酸，仅苏氨酸能诱导细胞质 ThrRS 酶量增加，从而解除勃利霉素对大豆疫霉菌的抑制作用等实验证实，细胞质 ThrRS 是勃利霉素作用的靶标，为以 ThrRS 为分子靶标创制新杀菌剂开辟了新方向。

虽然同位素标记法因其灵敏度高、方法简便、定位定量准确以及符合生理条件等优点而广泛应用于农药作用机制的研究，但同位素标记法也存在着一定的问题，例如有些放射性同位素的半衰期较短，易环境污染，危害操作者的安全，放射性同位素废物处理复杂等。稳定性同位素虽然不释放射线，不存在环境污染和废物处理的问题，但是，稳定性同位素作为标记试剂灵敏度较低，可获得的种类少，价格较昂贵，因而其应用范围受到一定的限制。

2.7 其他新技术

2.7.1 卵母细胞表达技术

乙酰胆碱受体是位于细胞膜上的重要功能性蛋白，与5-羟色胺受体、甘氨酸受体及 γ-氨基丁酸受体等同属于半胱氨酸环配体门控离子通道（cysLGIC）超家族成员，在神经系统及神经与肌肉连接处介导快速胆碱能。乙酰胆碱受体是跨膜蛋白复合体，由五个亚基组成，分布在细胞表面，这五个亚基环形排列形成一个中央离子通道。每个亚基含有4个跨膜片段，分别为M1～M4，其中M1、M3和M4为 β 折叠，M2为中间带有一个弯曲的 α 螺旋，5个亚基的M2形成孔道的内衬。它们就像一个分子开关，当与乙酰胆碱等激动剂结合后构象发生改变，通道就会打开，允许离子进出细胞。每个亚基的N端结构域都位于胞外，而半胱氨酸环模体（motif）就包含在N端结构域中。半胱氨酸环在乙酰胆碱受体的装配以及离子通道动力学控制方面发挥着重要作用。乙酰胆碱在受体上的结合位点位于两个相邻亚基的表面，由这两个相邻亚基N端结构域各贡献三个环状结构组成——由 α 亚基贡献环A、B和C，由另一个亚基（α 亚基或非 α 亚基）贡献环D、E和F。

最早在电鳐及鳗鱼的电组织中共分离纯化出四个乙酰胆碱受体亚基，这四个亚基依据其在聚丙烯酰胺凝胶电泳上显示出的蛋白分子量递增的顺序依次用希腊字母命名为 α、β、γ 和 δ 亚基。其中只有 α 亚基可以被亲和标记物标记，因此，当时认为 α 亚基是激动剂的结合亚基（事实上非 α 亚基也有贡献）。在其后的研究中从克隆出的电鳐的 α 亚基的基因序列中发现了两个相连的半胱氨酸残基 Cysl92 和 Cysl93，学者们普遍认为这两个半胱氨酸残基对激动剂的结合起着非常重要的作用，并约定如果某个亚基上在与电鳐的乙酰胆碱受体 α 亚基 Cys192 和 Cys193 相对等的位置同样存在两个相邻的半胱氨酸残基，那么这个亚基就被命名为 α 亚基，否则就被命名为非 α 亚基。如果这个非 α 亚基在脊椎动物的神经肌肉接头处，则命名为 $\beta 1$、γ、δ 或 ϵ 亚基；如果这个非 α 亚基在脊椎动物的神经系统内表达，则命名为 $\beta 2$、$\beta 3$ 或 $\beta 4$ 亚基。因此，表达在肌肉细胞的乙酰胆碱受体被称为肌肉型，通常包括 $\alpha 1$、$\beta 1$、γ、δ 和 ϵ 亚基；表达在神经系统的被称为神经型乙酰胆碱受体，通常包括 $\alpha 2$～$\alpha 10$ 亚基和 $\beta 2$～$\beta 4$ 亚基。然而有学者提出，肌肉型或神经型乙酰胆碱受体的这种命名不应成为正式的命名，因为有报道证实，那些被称为组成神经型乙酰胆碱受体的亚基在非神经系统中也有表达。

乙酰胆碱受体的亚型是通过构成这个受体亚基的类型来区分的。例如，$\alpha1\beta3$ 受体亚型指的是只包含 $\alpha1$ 亚基和 $\beta3$ 亚基的乙酰胆碱受体。如果某一亚型的乙酰胆碱受体亚基的精确构成并不清楚，那么就会标注一个星号以示区别。例如 $\alpha1\beta3^*$ 受体指的是这个乙酰胆碱受体亚型包含 $\alpha1$ 亚基和 $\beta3$ 亚基，但同时也可能包含其他的亚基类型。如果一个乙酰胆碱受体的亚基类型及亚基的化学数量都已知，那么这个乙酰胆碱受体的组成应用下标数字的形式给出。如 $(\alpha1)_2\beta1\gamma\delta$ 即表示是由两个 $\alpha1$ 亚基、一个 γ 亚基、一个 δ 亚基和一个 $\beta1$ 亚基构成的乙酰胆碱受体亚型。像这样由不同的亚基组成的乙酰胆碱受体称为异型五聚体或异型受体，而如果乙酰胆碱受体只由一个亚基组成则称为同型五聚体或同型受体。

生物体内一般存在两种乙酰胆碱受体——烟碱型乙酰胆碱受体（nicotinic acetylcholine receptor，nAChR）和蕈毒碱型乙酰胆碱受体（muscarinic acetylcholine receptor），均为重要的功能性膜蛋白。其中蕈毒碱型乙酰胆碱受体属于 G 蛋白偶联受体（G protein coupled receptor，GPCR），被激活后通过相应的信号转导途径调节或诱发特定的细胞功能。而 nAChR 为乙酰胆碱门控离子通道的受体，是集受体功能和离子通道功能于一身的功能性膜蛋白，其广泛分布于中枢神经系统中，通过影响递质释放、细胞兴奋性及神经整合过程等对神经网络进行调节并参与许多生理功能和病理过程，是研究药物作用机制、突触传递以及跨膜信号分子构效关系的经典模型[134]。

昆虫中最早关于乙酰胆碱受体的研究是通过放射性标记 α-银环蛇毒素等可以与乙酰胆碱受体特异结合的神经毒素检测是否存在结合位点。Schmidt Nielsen 等（1997）检测到果蝇的头部和胸部存在与 ^{125}I 标记的 α-银环蛇毒素相结合的位置。在蜜蜂的脑中，在神经纤维网区域尤其是重要的感觉发生区检测到结合位点。^{125}I 标记的 α-银环蛇毒素的分布状况与报道的在果蝇和烟草天蛾中的分布相似。在美洲大蠊和蟋蟀腹神经索的突触连接处同样检测到了 α-银环蛇毒素结合位点。在一些昆虫中只检测到了一个结合位点，然而在有关桃蚜的研究中检测到了两个结合位点——高亲和力结合位点和低亲和力结合位点。这表明乙酰胆碱受体存在不同亚型或者在同一受体上存在两个结合位点。为了区分这些 α-银环蛇毒素的结合位点，另一种放射性标记的生物碱甲基牛扁亭碱（methyllycaconitine，MLA）用于结合实验。MLA 是竞争性烟碱类拮抗剂，比 α-银环蛇毒素的区分性更强。在实验中发现，加入 MLA 后同位素标记的 α-银环蛇毒素从桃蚜膜提取物上分离的速度开始加快。这个分离动力学情况表明乙酰胆碱受体上 α-银环蛇毒素的高亲和力结合位点可能具有两个结合口袋或区域。最近，吡虫啉等新烟碱类杀虫剂作为配体被应用于乙酰胆碱受体亚型的鉴定。在果蝇中，吡虫啉的结合位点既不同于 ^{3}H 标记的地棘蛙素，也不同于 ^{3}H 标记的 α-银环蛇毒素。^{3}H 标记的吡虫啉饱和结合实验表明，乙酰胆碱受体上存在高亲和力和低亲和力两个吡虫啉的结合位点。

由于乙酰胆碱受体是昆虫中枢神经系统中重要的神经递质受体，对于昆虫的正常生命活动至关重要，因此也成为非常重要的杀虫剂靶标。新烟碱类、多杀菌素类、沙蚕毒素等多类杀虫剂或天然产物都作用于乙酰胆碱受体。昆虫乙酰胆碱受体的结构组成和药理学特性研究对于杀虫剂的创制开发、现有杀虫剂的合理使用以及害虫抗药性治理等农业生产活动具有非常重要的现实意义。

非洲爪蟾（*Xenopus laevis*）生长于南非，其卵母细胞是一种巨大细胞，直径可达 1.0～1.2mm，细胞黑白分明，白半球为植物极，黑半球为动物极。1971 年，Gurdon 等首次将兔网织红细胞的 mRNA 导入其中并成功地表达出球蛋白[135]。非洲爪蟾卵母细胞表达体系能有效地表达外源性 mRNA 编码的受体蛋白质，并能进行翻译后加工，最后将组成蛋白质分子的各亚单位通过胞内运输管道，以正确的方向组装在卵母细胞表面，形成有效的功能单元，与天然受体具有相同或相似的生理生化特性，因此又被形象地称为受体移植[136]。

非洲爪蟾卵母细胞表达离子通道，进而进行结构功能的研究已有几十年的历史，近年来，随着电压钳技术的发展、膜片钳技术的应用、分子生物学技术检测方法的不断创新，使非洲爪蟾卵母细胞表达体系在这方面的研究有了极其广泛的应用。目前，许多离子通道的结构已逐步弄清，许多相应离子通道的 cRNA 已被克隆，将 cRNA 转录成 mRNA 在非洲爪蟾卵母细胞上进行功能表达研究，对阐明离子通道的结构与功能的关系和离子通道基因突变与疾病的发生机制都具有重要意义[137]。爪蟾卵母细胞已成为实验室常用的基因表达系统之一，具有操作简单、易培养、表达稳定等优点，已被国内外实验室广泛应用[138]。至今，国内外已有研究将外源性基因注入爪蟾卵母细胞，通过翻译将膜蛋白整合到活细胞膜中，并显示一定的功能。

在乙酰胆碱受体的功能及药理学研究中，非洲爪蟾卵母细胞表达技术是非常重要的研究途径，将乙酰胆碱受体进行体外重组，并对不同亚基构成的乙酰胆碱受体进行生理及药理学上的研究。

在非洲爪蟾卵母细胞系统中将克隆自沙漠爪蟾的 $\alpha 1$ 亚基单独表达时，能够检测到对激动剂的剂量反应并且该反应能够被 α-银环蛇毒素、箭毒碱和甲基牛扁亭碱等拮抗剂阻断。克隆自果蝇的 D$\alpha 2$ 亚基在非洲爪蟾卵母细胞中同样成功表达出有功能的同源受体，但只有在激动剂的浓度很高的条件下才能检测到剂量反应。另外有报道称，克隆自桃蚜的 Mp$\alpha 1$ 亚基和 Mp$\alpha 2$ 亚基分别单独在非洲爪蟾卵母细胞中表达后，同样能检测到微弱的反应。虽然意大利蜜蜂、家蝇、赤拟谷盗、家蚕、烟草天蛾、褐飞虱和东亚飞蝗等很多昆虫的乙酰胆碱受体亚基的克隆已有报道，但获得有功能的重组受体的报道却较少。在一些成功获得有功能的重组受体的报道中，取得的进展较为有限。

2.7.2 DNA 芯片技术

DNA 芯片技术伴随人类基因组计划而产生，是 20 世纪 90 年代中期以来影响最深远的重大科技进展之一，是物理学、微电子学与分子生物学综合交叉形成的高新技术[139]。DNA 芯片（DNA chip）也称基因芯片、DNA 阵列或寡核苷酸阵列，把巨大数量的寡核苷酸、酞核酸或 cDNA 固定在一定的固相支持物表面，制成核酸探针，利用碱基互补原理，使其与待测 DNA 样品进行杂交反应，通过对杂交信号的检测分析，得出所需要的生物学信息。

2.7.2.1 DNA 芯片技术的组成

DNA 芯片技术主要包括芯片制备、样品制备与杂交反应、信号检测，以及结果分析与验证等四个步骤。

（1）芯片制备　DNA 芯片的种类很多，制备方法也不尽相同，根据探针固定方式的不同，大致可以分为两类[140]：原位合成芯片（synthetic genechip）和 DNA 微集芯片（DNA microbaray）。原位芯片是指直接在芯片上用 4 种核苷酸合成所需探针制备而成的；而 DNA 微集芯片的制备是将预先合成好的探针通过点样设备直接点在芯片片基上。两类芯片的比较见表 2-1[141]。

表 2-1 基因芯片的类型及比较

内容	原位合成法	预合成后点样法
方式	原位化学合成	探针收集，显微打印
探针类型	寡核苷酸	cDNA、基因片段、寡核苷酸、RNA 等
最高集成度	10 万～40 万点 · cm^{-2}	1 万～4 万点 · cm^{-2}
探针长度	短，小于 50 个碱基	可较长，100～500 个碱基或更长
杂交过程	条件要求高，不易控制	条件要求低，较易控制

（2）样品制备与杂交反应　用于制备芯片的 DNA 或 RNA 样品，通常需要先对其靶序列进行高效而特异的扩增，扩增产物纯化后进行标记。标记主要包括放射性标记、生物素标记及荧光标记等方式，目前多用荧光标记法。将标记后的样品溶于杂交缓冲液中加至 DNA 芯片表面进行杂交。由于组成阵列的序列长度、芯片用途均存在一定的差异，杂交反应的条件也需要进行优化，不同的杂交强度必须对应不同的序列。如进行多态性分析和测序，则必须考虑基因中外显子或易突变位点的每一个核酸的位置；而用于基因表达研究时则无需考虑精确的序列，反应条件相对宽松[142]。

（3）信号检测　杂交信号的检测是 DNA 芯片技术的重要部分，主要包括杂交信号的产生、收集及传输、处理及成像等部分。芯片在与荧光标记过的样品杂交后，互补序列结合，大量阳性杂交信号被平行采集，通过检测结合于芯片上靶基因的荧光信号，与对照比较后分析处理获得的有关生物信息。目前，最常用的芯片检测方法为激光共聚焦荧光检测，检测到的荧光信号被计算机处理后，可直接读出杂交图谱，该方法的灵敏度和精确度较高，但耗时较长。CCD 摄像作为另一种较常见的检测系统扫描时间段，但灵敏度和精确度不及激光共聚焦。近年来还产生了多种检测方法，如质谱法、化学发光法及光导纤维法等。

（4）结果分析与验证　DNA 芯片技术可同时对几千个基因表达进行分析，产生大量的数据。对这些实验数据的统计方法一般分为监督方法和非监督方法。监督方法需要外部信息，如实验目的及样品来源等提供参考，适用于对与处理因素有关的关键基因进行分析研究，从而简洁地对样品进行分类。研究中常用的监督方法有最近邻法、线性判别分析和分类树法等。非监督方法是指聚类分析法，包括自组图分析、系统聚类分析和逐步聚类分析，适用于发现新的基因转录变化。

DNA 芯片的实验结果需要其他技术去证实其准确性，如实时定量 PCR 和蛋白质抗体反应等。

2.7.2.2 DNA 芯片技术的应用

DNA 芯片技术具有高度的并行性、多样化、微型化和自动化[140,143]，在生物医药的各个领域都取得了较大的突破，例如疾病相关的突变基因检测、DNA 已知序列的重测序等，显示出其巨大的发展潜力和应用价值[144,145]。其中药物研究是其应用最为广泛的领域之一，主要体现在以下几点。

（1）药物筛选　药物筛选的关键在于选择合格的靶标及提高筛选效率。DNA 芯片技术作为高度集成化的分析手段能很好地胜任这两方面的任务，可以同步分析上千个基因用于发现靶标及筛选先导物，从而加快新药研发的进程，是一种高通量药物筛选方法，其在药物筛选中的作用如用于抗药性基因的筛选、指导药物研究或直接筛选特定基因文库以寻找药物作用靶点。目前上市的芯片中，筛选药物的速度已可达每小时380个细胞的超高通量药物筛选，而科研人员最快的速度也只能达到每天5～6个细胞[146]，意味着降低药物设计与研发费用的同时，效率也有质的飞跃。以下简单介绍其在医药筛选中的作用。

① 比较正常组织细胞及病变组织细胞中大量（可达数千）基因的表达差异，从而发现一组疾病相关基因作为药物筛选靶标，尤其适用于病因复杂或尚无定论者。如在利用DNA芯片技术对食道癌的研究中发现，与正常食道上皮细胞比较，在食道癌上皮中其筛选出135个基因表达异常，其中85个基因表达异常增高，甚至达2倍以上；而在癌旁组织中只有31个基因异常表达，其中27个表达上调；进一步的分析显示，这31个基因中有13个基因是同时在癌上皮和癌旁组织中异常表达，其余18个只出现在癌旁组织中。提示这些基因可能与食道癌的发生、发展密切相关，对于药物的筛选很有意义，特别是那些表达差异在2倍以上的基因。Kumar-Sinha等通过DNA芯片筛选发现，在乳腺癌及其他癌细胞中，均检测到脂肪酸合成酶（fatty acid synthesis，FAS）基因过度表达，酪氨酸激酶抑制剂抑制FAS基因表达可诱导乳腺癌细胞的凋亡。提示FAS基因及其相应的信号通路与乳腺癌的发生有关，可能被用来作为治疗或药物筛选的新靶标。

② 用于病原体的确定及抗药性基因的筛选，指导药物研究。Rogers等通过DNA芯片对氟康唑耐药及敏感的白色念珠菌的基因比较发现，在耐药菌中，有关固醇合成及细胞应激的*CDR1*、*ERG2*、*CRD2*、*GPX1*、*RTA3*、*IFD5*等基因表达上调，而有关线粒体醛脱氢酶及转铁蛋白的*ALD5*、*GPI1*、*FET34*、*FTR2*等基因表达下调。提示可能正是这些差异导致了耐药的产生，而这些基因显然也就成为今后新药筛选的候选靶标分子。

③ 直接筛选特定基因文库以寻找药物作用靶点。如通过构建一个酵母基因文库，每一株酵母都有一个特定的基因呈单倍体状态，对应的位置上设置了一个遗传标记，该标记可被DNA芯片识别，通过比较药物作用前后整个文库的结果，获得药物作用的靶基因。

④ 可以通过建立临床疗效确切的药物作用后的基因表达谱，与待筛选药物作用后的表达谱图比较其相似性，筛选得到新药。这可成为新药筛选的一个捷径。

(2) 药物药理学研究　DNA芯片技术可以将组织细胞中基因表达水平的异同点展示出来，因此，分析比较经药物作用前后，相对应组织细胞基因表达的变化，就可以从分子水平、基因水平更方便、快捷、全面地阐明药物的作用机制。Hoshida等通过将8种人肝癌细胞系的2300个已知基因制成DNA芯片，比较抗癌药物作用前后的结果显示，与5-氟尿嘧啶密切相关的敏感基因有21个，与顺铂相关的有40个。进一步分析表明，这些基因中有些是编码代谢酶的基因，还有些是与细胞周期及转录相关的。对皮质甾类甲泼尼龙的药理学研究显示，在一次检测的5200个基因中，大约有20个基因呈现显著表达增强，而有31个基因表达显著降低，且这些基因大都与急性时相免疫反应、能量代谢、微粒体代谢及肝功能相关。这些结果为阐明药物的作用机理提供了有力的依据。

(3) 药物毒理学及药物安全性评价　在药物筛选过程中，药物的毒性评价是十分重要的步骤，医药方面可能是病患人类产生副作用，在农药创制领域，药物的毒性主要指对非靶标有益生物的毒性影响，如人类、蜜蜂、家蚕、鱼类等。由于毒素无论是直接作用还是间接作用，几乎都要改变基因的表达模式，这使得基因表达成为目前在毒理学研究中广泛应用的一个高敏感、高信息量的生物标记。利用DNA芯片技术，从动物或体外模型系统中，快速分析待测毒性化合物对基因表达谱的影响，就能在药物研发的早期很方便地鉴别出其毒性作用，从而节省药物研发中不必要的人力、物力和时间。目前已有多种较为成熟的毒理学DNA芯片研究成功。美国国立环境卫生研究院的Barrett等构建的名为ToxChip的DNA芯片，被认为是毒理研究有力的工具，它可以同时检测有害化学物质对几千个不同基因表达的影响。Syngenta公司设计的称为ToxBlot Ⅱ的DNA芯片，包含了有关氧化应激、信号通路、应激反应等大约一万多个毒理相关的基因。在检测毒性药物毒性作用的量效关系方面，DNA芯片技术也是有力的工具。DNA芯片技术可以在很宽的剂量范围内分析基因表达的改变，找出与药物毒性最相关和最敏感的基因，与适当的危险性评价模型相结合就可用于确定药物的最小有效剂量、最大中毒剂量、安全给药范围等重要的临床药理学参数，使药毒理的研究更简单、方便。De Longueville等从鼠肝细胞管家基因及药物代谢相关基因中筛选出59个候选的毒性标记基因，构建成一个低密度的DNA芯片，研究苯巴比妥对这些基因表达的影响，结果显示，苯巴比妥在一定剂量下除影响相应的细胞色素P450酶的编码基因外，还改变了一些凋亡相关基因的表达。

2.7.3 纳米农药技术

2.7.3.1 纳米农药技术发展简介

农药对于农业生产有着重要的意义，也是我国国民经济中不可或缺的经济产业，我国人口众多，对粮食的需求量大，进而对农药的使用量也大，农药生产量同样巨大。从1990年起，我国农药的生产量占全球农药生产量第二，仅次于美国，1996年，我国农药生产的品种高达181种。在我国，农药主要有生物农药和化学农药，使用量最多的是化学合成农药，而化学农药的毒性较大。有些化学农药没有选择性，会作用于人畜的靶标，致使人畜直接中毒[147]。有些化学农药难降解，残存时间长，并且对环境造成严重污染。有关资料表明，我国受农药污染的土壤面积已达1600hm^2，主要农产品的农药残留量超标率高达16%～18%，食品安全方面受到严峻的挑战，并且由于长期使用某些化学农药，病虫害产生了抗药性，进而导致出现恶性循环，加大农药的施药量进行毒杀害虫。据统计，20世纪50年代以来，抗药害虫已从10种增加到目前的417种。虽然生物农药的毒性小，但是防治效果受多种条件的制约，其杀虫防病的能力往往不如化学农药，且成本偏高，因此还难以大规模地推广使用。针对这些问题，研制出一系列防治效果好、用药量少、使用成本低、环境污染小、对人畜危害小的新型农药已被提上日程。

纳米技术是研究尺度为1～200nm范围内材料的制备、性质和应用，它包括4个主要方面：①纳米材料；②纳米动力学；③纳米生物学和纳米药物学；④纳米电子学。

纳米科学技术是以许多现代先进科学技术为基础的科学技术，它是现代科学（混沌物理、量子力学、介观物理、分子生物学）和现代技术（计算机技术、微电子和扫描隧道显微镜技术、核分析技术）结合的产物，纳米科学技术又将引发一系列新的学科知识和科学技术，例如：纳米物理学、纳米生物学、纳米化学、纳米电子学、纳米加工技术和纳米计量学等。20世纪70年代，科学家开始从不同角度提出有关纳米的科学构想，1974年，科学家谷口纪男（Norio Taniguchi）最早使用纳米技术一词描述精密机械加工；1982年，科学家发明研究纳米的重要工具——扫描隧道显微镜，为我们揭示了一个可见的原子、分子世界，对纳米科技的发展产生了积极的促进作用；1990年7月，第一届国际纳米科学技术会议在美国巴尔的摩举办，标志着纳米科学技术的正式诞生；1991年，碳纳米管被人类发现，它的质量是相同体积钢的1/6，强度却是钢的10倍，成为纳米技术研究的热点，诺贝尔化学奖得主斯莫利教授认为，纳米碳管将是未来最佳纤维的首选材料，也将被广泛用于超微导线、超微开关以及纳米级电子线路等；1993年，继1989年美国斯坦福大学搬走原子团“写”下“斯坦福大学”英文、1990年美国国际商用机器公司在镍表面用36个氙原子排出“IBM”之后，中国科学院北京真空物理实验室自如地操纵原子成功写出“中国”二字，标志着中国开始在国际纳米科技领域占有一席之地；1997年，美国科学家首次成功地用单电子移动单电子，利用这种技术可望在2017年后研制出速度和存储容量比现在提高成千上万倍的量子计算机；1999年，巴西和美国科学家在进行纳米碳管实验时发明了世界上最小的“秤”，它能够称量十亿分之一克的物体，即相当于一个病毒的重量；此后不久，德国科学家研制出能称量单个原子重量的秤，打破了美国和巴西科学家联合创造的纪录；到1999年，纳米技术逐步走向市场，全年基于纳米产品的营业额达到500亿美元；2001年，一些国家纷纷制定相关战略或者计划，投入巨资抢占纳米技术战略高地。日本设立纳米材料研究中心，把纳米技术列入新5年科技基本计划的研发重点；德国专门建立纳米技术研究网；美国将纳米计划视为下一次工业革命的核心，美国政府部门将纳米科技基础研究方面的投资从1997年的1.16亿美元增加到2001年的4.97亿美元。中国也将纳米科技列为中国的“973”计划，其间涌出了像“安然纳米”等一系列以纳米科技为代表的高科技企业。由于纳米材料具有小尺寸效应、表面界面效应、量子尺寸效应和量子隧道效应等基本特性，因此，显现出许多传统材料不具备的奇异特性，纳米材料在机械性能、磁、光、电、热等方面与普通材料有很大不同，具有辐射、吸收、催化、吸附等新特性，正因为如此，纳米科技越来越受到世界各国政府和科学家的高度重视，美国、日本和欧盟都分别将纳米技术列为21世纪最先研究的科技。

由于对食品需求的增加，未来的自然资源如土地、水和土壤肥力是有限的。由于天然气、石油等资源的限制，化肥、农药等投入生产成本预计会以惊人的速度增长，环境污染风险也在增加。为了克服这些限制，精细耕作降低生产成本和最大限度提高产量是更好选择。纳米技术提供了一些改进精确农业的技术，纳米技术在农药上的应用已经开始取得一定的效果，对提高农业生产力有重要影响，使农药具有可持续的方式，利于农业更有效地投入，减少可能对环境和人体健康有害的产品的使用。

随着纳米技术的发展，将纳米技术应用于农药发展能够将纳米技术的优势有效地发挥，同时有利于解决农药带来的负面影响，提高农药的药效，提高农作物产量，将纳米技术与农药的研制相结合，即形成了一个新兴的纳米农药研究领域。纳米农药的出现，不仅大大降低了用药量，提高了药效，在使用经济性上也得到突破。纳米农药真正体现了使用浓度低、杀虫防病广谱、病虫害不易产生抗性、对人畜低毒、农药残留少、对环境污染小等诸多优点。一般来说，纳米技术在农业中使用的材料和结构各不相同，如纳米载体、纳米复合材料、纳米晶体材料、纳米颗粒、纳米片、纳米结构和纳米管[148]。

2.7.3.2　纳米技术在农药中的应用

（1）农药微乳剂　1943年，Hoar和Schulman首次报道，水与大量表面活性剂和助表面活性剂混合能自发分散在油中（W/O型）。分散相质点为球形，半径通常为10～100nm，是热力学稳定体系。如果将药物有效成分作为分散相加工成微乳液，习惯上称微乳剂。农药微乳剂与普通乳剂相比，除了具有良好的稳定性外，还具有许多优良特性。

① 具有增溶和渗透作用。当农药加工成微乳液剂型时，农药成分的迅速扩散，帮助农药能发挥药效的主要成分迅速传递穿过动植物组织的半透膜，提高农药的药效发挥作用。

② 传递效率高。微乳剂的形成提高了农药的传递效率，进而提高了农药的使用效果，并相应地减少农药的喷施用量。

③ 安全性好。微乳制剂中水为连续相，溶剂来源广，价格低廉，成本低，提高了经济效益，有利于农药企业的成长，抑制了农药蒸气的挥发，使农药制剂的臭味很小，同时降低了制剂对人畜的毒性，保障了农药企业员工的健康安全。

微乳剂中以水代替了大量的有机溶剂，减少了在作物中有毒物质的残留，因此，微乳剂能降低农药对人体和环境的危害。农药微乳剂从 20 世纪 70 年代开始，在美国、西德、日本、印度就有研究报道，首次提出了氯丹微乳剂，它是由氯丹、非离子表面活性剂和水组成的透明微乳状液。美国专利（1974 年）、日本专利（1978 年）分别对马拉硫磷、对硫磷、二嗪磷、乙拌磷等有机磷杀虫剂进行了微乳剂的配方研究，解决了其有效成分的热贮稳定性问题。国内直到 20 世纪 90 年代农用微乳剂才真正进入研究和开发阶段，1992 年，研制出了氰戊菊酯微乳和 5%高效氯氰菊酯、菊酯类杀虫剂与灭多威等复合微乳剂。目前我国微乳剂正处于发展阶段，相关研究较多，开发的微乳剂品种和数量迅速增加，技术水平也有所提高，正成为我国农药剂型开发的新热点[149]。

（2）农药悬浮剂　悬浮剂是农药制剂中发展历史较短，并处于不断完善中的一种新剂型。这一新剂型的出现，给难溶于水和有机溶剂的固体农药制剂化生产和应用提供了新的途径。发达国家对悬浮剂的开发较早，推广速度也较快。美国 20 世纪 80 年代初上市的悬浮剂品种就达 29 种。英国 1992～1993 年间销售的悬浮剂占全部制剂销售量的 23%，超过可湿性粉剂。我国自 20 世纪 70 年代开始研制悬浮剂以来，无论在配方研究、加工工艺和制剂品种、数量上都获得了较大发展[150]。截至 2003 年，我国已登记的主要悬浮剂品种已有 168 种，其中涉及原先品种 41 种。农药悬浮剂有以下主要优点。

① 与水任意比例均匀混合分散，不受水质和水温的影响，与环境的相容性好。

② 有效成分颗粒小，悬浮率高，活性比表面大，药效与传统剂型相比大大提高。

③ 以水为基质，基本不用二甲苯类有机溶剂，加工设备、能耗成本远低于可湿性粉剂。

④ 采用湿法加工，生产过程中无可湿性粉剂生产的粉尘飞扬，无有毒溶剂挥发，不易燃。

⑤ 使用方便，使用时可兑水直接喷雾，也可用于地面或使用无人机的低容量喷雾，无粉尘飞扬，有利于使用人员的健康安全[151]。

（3）以纳米 TiO_2 颗粒为主体的纳米农药　随着纳米技术在农药上的应用研究不断深入，国内外出现了一些纳米农药新剂型的报道。纳米 TiO_2 是目前研究最为活跃的无机纳米材料之一，也是无机纳米农药中被研究得比较多也比较深的一种。纳米 TiO_2 具有无毒、防紫外线、超亲水和超亲油等特性，并且具有半导体能带结构，在光激发状态下能够杀灭细菌、病毒、真菌等各种微生物。因此，我们可以运用纳米 TiO_2 来制备农药新制剂，这种农药具有优良、广谱抗菌抑菌特性；并且具有光催化作用，使叶片光合色素含量增加，从而提高农作物的产量。比如通过溶胶-凝胶法制备具有不同 Ag/Ti 摩尔比的超细 TiO_2 颗粒，悬浮于啶虫脒溶液中，研究光催化降解，半导体光催化是一种消除有机污染物的先进氧化工艺，保护了环境，提高了农药药效[152]。

（4）载药纳米微粒剂型　载药纳米微粒有两种类型：一种是将农药包裹于纳米胶囊中，另一种是将农药吸附在纳米级的载体上。纳米胶囊主要具有以下优点。

① 抑制了因光、热、空气、雨水、土壤、微生物等环境因素和其他化学物质等所造成的农药的分解和流失，提高了药剂本身的稳定性，抑制了农药的挥发，隐蔽了农药原有的异味，降低了农药的接触毒性、吸入毒性和药害，减轻了它对人畜的刺激性和毒害性。

② 引入控制释放功能，提高了农药的利用率，延长了农药的持久期，从而减少了施药的数量和次数，改善了农药对环境的压力。

③ 为多种不同性能的农药有效成分物质的复配提供方便，纳米囊膜的存在也改善了制剂的胶体和物理稳定性[153]。比如聚己酸内酯和聚乳酸纳米颗粒也被用于杀虫剂乙虫腈的纳米胶囊化[154]。载体纳米在农业领域应用有巨大的空间（图 2-1），涉及农用化学品的递送系统、作物疾病的早期检测、动物感染的检测和处理、营养缺乏、提供定时释放药物或微量营养素、营养物质智能输送系统的纳米设备、治疗元素、纳米农药和化肥的生产等。

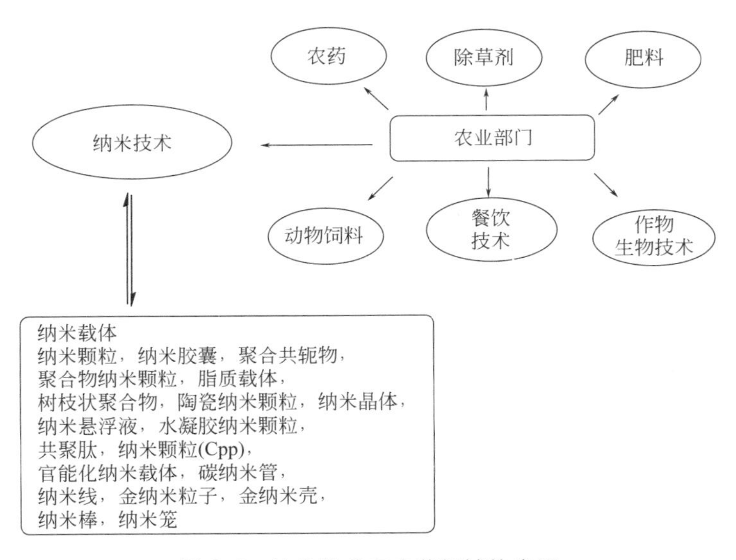

图 2-1　纳米技术在农药领域的应用

此外，有关负载型纳米农药的研究得到报道。如华中农业大学微生物农药国家工程研究中心将苏云金芽孢杆菌工程菌株 WG-001 伴胞晶体碱溶裂解，得到具有杀虫活性的毒性肽，将毒性肽吸附在纳米级蒙脱土、高岭土、红壤胶体、针铁矿、氧化锌和氧化硅上，得到毒性肽-胶体矿物复合物。生物测定表明，这种载有杀虫毒素的纳米粒 LC 铀值比等量未吸附纯化毒素的值要低，显示出更高的杀虫活性[155]。2016 年 11 月 18 日，首届纳米科技与农业可持续技术发展国际会议上，我国专家宣布成功研制出纳米农药新剂型，这标志着我国纳米农业技术进入发展新阶段。据介绍，纳米技术可将农药粒子从传统的 5μm 降低至 100nm，利用小尺寸效应可减少叶面农药脱落，提高农药的利用率。与此同时，利用纳米材料负载农药粒子，可根据作物防治的时效特性等需求，通过微囊化技术实现药物的控制释放并延长持效期，能够减少农药的施用次数，从而避免了农药滥用引发的食品安全问题。

（5）纳米生物农药　将纳米技术应用于生物农药创制纳米生物农药是一个新兴的研究领域，纳米生物农药集纳米技术和生物农药的优点于一身，是未来环境友好型农药的主要发展方向，有着较高的研究价值和广阔的应用前景。生物农药普遍存在药效慢、防效较差、稳定性欠佳、价格高等缺点，制约了生物农药的快速发展。若将生物农药纳米化后，可改善制剂有效成分的粒径细度及稳定性等农药特性，提高其杀虫速效性和防治效果。河北科技大学尚青教授等以甲氨基阿维菌素为原料，加入丙烯酰氯后在氨基氮上进行酰化反应，在甲氨基阿维菌素的分子上接一个含有双键的物质，作为乳液聚合的单体，然后将反应生成物分散于单体中，在表面活性剂和水溶性自由基引发剂存在下发生乳液聚合，得到甲氨基阿维菌素衍生物，再将其制成纳米颗粒，大大提高了甲氨基阿维菌素的光稳定性，使其能充分地发挥低毒、高效、高选择性及与环境相容性好等特点。

（6）纳米技术在农药污水处理方面的应用　许多国家面临的最重要的问题之一是世界各地的清洁水供应不断恶化。各种行业污染物如重金属、染料[156]、农药和药品废物进入水环境，破坏了环境，影响人类健康和水生生物的生存[157]。保护和净化水资源的污染成为人们重点关注的课题。农药在农业中的广泛使用正在降低土壤质量和水质。大多数污染物是稳定的，体积小并且在生物系统中不可降解，因此，去除废水中的农药是我们面临的最大问题。持久性农药在水体中的存在会对环境和公众造成不利的健康影响。世界卫生组织和联合国环境规划署的数据显示：每年有 20 万人死亡，约 300 万人中毒是因为世界各地使用各种农药造成的。其中多环芳烃是最常用的农药，污染水最严重，该类化合物的持久稳定性和极高的水溶性使多环芳烃被认为是最重要的污染物，其典型代表的化合物有萘，Savita Chaudhary 研发出了氧化锌纳米粒子，可对萘进行有效吸附而沉积，从而除去水中的萘等污染物[158]。美国的 Hothn Mattews 等对水中 3000 多种难降解有机污染物的光催化分解进行了系统地研究，结果表明，在紫外线的照射下，通过纳米 TiO_2 光催化氧化可将水中的烃类、卤代物、羧酸、表面活性剂、染料、含氮有机物、有机磷杀虫剂等完全氧化为 CO_2、H_2O 和无机酸根离子等无害物质，特别是当水中的有机污染物浓度很高或用其他方法很难降解时，这种技术有着更明显的优势。20 世纪 90 年代，周永秋等进行了太阳光下降解久效磷的催化剂研究，以 TiO_2 为基体，用掺杂某些金属或离子的方法，提高 TiO_2 在太阳光下的催化活性，从多种掺杂催化剂中筛选出太阳光下降解久效磷的有效催化剂 Fe^{3+}/TiO_2，经 3h 阳光照射，久效磷的矿化率达 90%。1999 年，陈士夫等也探索了光催化降解有机磷农药废水的研究，研究了在 TiO_2 粉末的存在下，光催化降解有机磷农药废水的可行性，结果表明，有机磷含量 19.8mg・L^{-1}的农药废水，经 375W 中压汞灯照射 4h，有机磷将完全转化为 PO_4^{3-}。浙江大学陈梅兰教授等研究了纳米 TiO_2 光催化降解低浓度的溴氰菊酯，采用高压汞灯为光源，以二氧化钛光催化降解杀虫剂溴氰菊酯，研究了 TiO_2 用量、pH 值等对降解的影响及采用太阳光作光源处理溴氰菊酯的可行性，说明以高压汞灯及太阳光作光源，TiO_2 催化降解敌杀死是有效的。余家国等研究了 TiO_2 多孔纳米薄膜利用太阳光光催化降解有机磷农药，指出了锐钛矿型 TiO_2 多孔纳米薄膜在太阳光照射下有效地催化降解有机磷农药水溶液。将纳米技术应用于农药“三废”的处理中，为“三废”处理开辟了新的途径，为环境保护做出了新的贡献。

（7）纳米技术在农药残留检测方面的应用　由于农药对人体健康有危害和毒性，所以水果和蔬菜中的任何农药残留对人体构成危险并造成某些疾病。确定和量化农药喷洒后可能被水果和蔬菜摄入的农药是非常重要的。由于金属纳米粒子具有非凡的物理化学性质，因此，纳米技术在农药检测方面起着至关重要的作用。我国首席科学家、中国农业科学院农业环境与可持续发展研究所研究员崔海信介绍，我国是世界第一的农药生产和使用大国：目前常年发生农业病虫害100余种，每年化学防治面积70亿亩次，农药年使用量达200多万吨；每年农药产量超过300万吨（折原药），产值2000多亿元。农药成为保障农业安全稳定生产的重要物质基础。但与此同时，高效、低残毒的制剂比例不高，高附加值农药仍然依赖进口，表现为：传统农药剂型的有效性与安全性急待改善；分散性差、沉积性差、生物活性低、降解缓慢，靶标作物利用率不到30%，有害生物受药量不足0.1%；导致农药残留、环境污染、生物多样性被破坏、生态退化。因此，发展绿色农药制剂是国家重大战略需求。中国农业科学院农业纳米研究中心主任崔海信强调，纳米科技是缓解农药残留污染的重要手段。纳米材料因其小尺寸、大比表面积、可修饰性而使纳米载药系统具有水基化以提高分散性、载体包封以增强稳定性、靶向传输以提高利用率、可控释放以延长持效期、催化降解以降低残留量等优点。

最近，Rajeshkumar等研究出新型生物共轭金纳米粒子快速制备，建立效果良好和成本经济的方法量化痕量稻瘟净[159]。由于有机磷杀虫剂对有害生物和杂草控制有非常显著的效果，所以其在农业中已被广泛应用。但是，这些农药残留可能会导致水污染，并对生态系统和人体健康造成风险，已被证明会损伤心肌和呼吸系统，并通过抑制乙酰胆碱酯酶阻断肌肉神经的传播，因此，检测食品样品中的这些农药残留非常必要，其检测时通常需要采用快速、灵敏和简单的预浓缩方法，才能进行仪器分析。Xin Lu和Fanggui Ye等在磁性Fe_3O_4纳米颗粒表面上顺序引入磷酸基和碳-碳双键形成新的纳米粒子，与HPLC联用萃取对硫磷、三唑磷、甲基对硫磷和辛硫磷四种有机磷农药并进行有效检测[160]。

2.7.3.3 纳米农药技术的发展前景

纳米技术是跨世纪新兴的交叉和边缘学科，已发展成为21世纪最重要的技术之一，将纳米科技应用在农药上，不仅能够促进科学知识和科学技术的进步，促使工业农药发生跨越式发展，而且会成为具有自主创新知识产权农药的突破口，促使农药更进一步向前发展。纳米技术在农药研究领域有着广阔的应用前景，它不仅为农药新剂型研究提供了先进的手段，还可以用于改造传统剂型，检测环境中的农药残留，保障人们的食品安全，有望克服传统农药工艺无法解决的难题，从而使农药剂型越来越接近农业生产的需要，将纳米技术应用于农药，必将对农药的研究、开发和生产产生深远重大的影响。

2.7.4 荧光标记技术

2.7.4.1 荧光标记技术的简介

荧光标记技术是指利用一些能发射荧光的物质共价结合或物理吸附在所要研究分子的某个基团上，利用它的荧光特性来提供被研究对象的信息。荧光标记技术起源于20世纪40年代，最初主要用于标记抗体以检测相应的抗原。1991年，罗氏公司推出了荧光标记的核酸探针。随着现代医学生物学技术的不断发展，新型荧光标记试剂的发现以及各种先进荧光检测技术和仪器的应用，荧光标记技术作为一种非放射性的标记技术开始受到重视并得到发展。

荧光，是指一种光致发光的冷发光现象。当某种物质在常温下经某种波长的入射光（通常是X射线或是紫外光）照射，物质吸收光能之后进入激发态，随后立即退激发，由于物质在激发的过程中有能量的丢失，所以产生的发射波长要比荧光波长长，称为Stokes位移；一旦停止入射光的照射，发光现象也立即消失。具有这种性质的出射光为荧光。利用荧光染料与被研究对象（多肽、蛋白等）吸附或共价结合后其荧光特性发生的改变，从而反映有关研究对象性能的信息。

2.7.4.2　荧光标记物质

荧光物质能够与待检测分子的某些化学基团结合而提供荧光体。在荧光标记技术中，常用的荧光物质有：小分子有机荧光染料，包括荧光素类、罗丹明类及多环芳烃化合物类，近年来发展起来的一些新型荧光标记物，包括一些稀土元素的螯合物、量子点纳米晶粒等，由于其卓越的性能逐步得到广泛应用。

荧光素类标记试剂包括标准荧光素及其衍生物，如四氯荧光素、异硫氰酸荧光素、羟基荧光素等。其中异硫氰酸荧光素是目前应用最为广泛的一种荧光素。罗丹明类染料[161]是以氧杂蒽为母体的碱性呫吨染料，是生物学中常用的一类荧光染料，主要包括 R101、四乙基罗丹明和羧酸四甲基罗丹明等。菁染料是一种非常重要的染料，是核酸和蛋白质分析的主要荧光探针之一。其他染料：如二苯乙烯、香豆素类、吖啶类、芘类等，主要用于蛋白质标记；菲啶类、哌洛宁、色素酶 PA 等，主要用于核酸标记。还有一些镧系螯合物，某些三价稀土镧系元素的螯合物经激发后也可以发射特征性的荧光，尤其是铕元素（Eu）应用比较广，Eu^{3+} 螯合物的激发光波长范围宽，而发射光波长范围较窄，荧光衰变时间长，最适合用于分辨荧光免疫测定。

除了以上传统的荧光染料以外，还有一些新型的荧光染料，比如量子点、荧光蛋白。这些新型生物荧光染料具有荧光化学性质稳定、抗光漂白能力强的特点，对于肿瘤细胞跟踪以及肿瘤发病机制的研究具有重要的应用价值。其中，荧光蛋白最初是由海洋产物产生的，包括黄色荧光蛋白、橙色荧光蛋白、红色荧光蛋白、绿色荧光蛋白等。而我们经常用的检测荧光蛋白是经基因工程构建的，作为一种新型生物荧光探针，在活细胞成像和蛋白动力学的研究中发挥重要作用。其中，比较常用的一种荧光蛋白是绿色荧光蛋白。蛋白质体内荧光标记的第一次尝试是当绿色荧光基因序列合成的蛋白质（green fluorescent protein，GFP）变得可用。1992 年，GFP 首次被克隆[162]，1994 年，首次在活细胞中标记目标蛋白[163]。从那时起，GFP 的修改版本[164]开始得以应用。例如青色荧光蛋白（cyan fluorescent protein，CFP）和黄色荧光蛋白（yellow fluorescent protein，YFP），已经产生了具有各种发射波长和改善的光稳定性，新发荧光蛋白（fluorescent protein，FP）也是从其他生物发光种类中发现的。

2.7.4.3　荧光标记技术的应用

荧光标记技术与激光扫描共聚焦显微技术、荧光显微镜等设备联用，可以直接动态地检测活细胞中生物分子的位置、运动状况及其他分子的相互作用[165]。荧光标记技术可以应用于组织和活体动物标记成像，这对于癌细胞的跟踪观察具有重要意义，荧光标记技术还可以用于药物分析领域[166]以及癌症的早期治疗。利用荧光化学在标记抗体方面的成功应用，可以基于免疫荧光分析和点击化学的分析原理对病原微生物进行检测，构建的这种病原微生物免疫荧光分析方法丰富了免疫测定系统和荧光抗体技术[167]。

由于快速发展，活细胞成像在体内选择性标记蛋白质上已取得重大进展。绿色荧光蛋白（GFP）是第一个荧光标记基因导入目标蛋白的例子[168]。而 GFP 和其他表达类型的荧光蛋白（FP）已经被用于活细胞成像多年，荧光蛋白的分子大小和其变体以及荧光光谱的局限性可能是限制其应用的重要因素。为了补充基于 FP 的标签方法，开发合成荧光探针。合成荧光探针比荧光蛋白小，通常具有改善的光化学性质并提供各种各样的颜色。这些合成探针可以通过多种选择性引入目标蛋白的方法分类为基于化学识别的标签，其利用金属螯合肽标签和携带荧光团的金属配合物，以及基于生物学识别的标记。例如：①酶标签与其荧光载体底物之间的特异性非共价结合；②使用与荧光团相结合；③酶反应以产生小分子之间的共价结合底物和肽标签；④目标蛋白的基于裂解-内含肽的C-末端标记。该类基于化学反应的标记识别通常受金属-配体的选择性影响，从而破坏其在胞质环境中的作用，从而产生高背景信号。用于蛋白质-底物相互作用或酶介导的反应通常表现出改善的特异性。每种方法都有其局限性，一些实例是大连接蛋白的存在，限制由于酶的底物特异性引起的引导探针的选择以及竞争，反应由引入的蛋白质标签的内源类似物介导。这些限制一直是通过引入荧光探针的基于分裂内含肽的标记方法，部分解决具有最小尺寸（B4氨基酸）肽标签。

在农药学领域，可以通过Ca^{2+}敏感荧光探针和电压敏感性荧光探针来检测探究药物在昆虫体内的作用机制。在过去的20年里，使用荧光探针用来检测生理功能的变化，扩大了人们对药物作用靶标位点和作用机制的认识，很多研究人员将荧光标记技术用于新药作用靶标部位的研究，用荧光实时跟踪标记药物的作用位点，有文献报道，利用荧光标记技术来标记一种新型的黏虫杀虫剂在黏虫体内的作用部位，更好地分析了新型杀虫剂的作用机制[169]。荧光检测系统成功地检测了荧光的实时变化，荧光探针可以检测细胞内Ca^{2+}浓度、膜电位、细胞内pH以及线粒体的变化。钙离子荧光探针是钙螯合剂EGTA的衍生物，具有荧光基团，并有多个羧基作为Ca^{2+}的结合部位，与Ca^{2+}结合后其荧光光谱发生变化。钙离子荧光探针有多种，如Quin-2、Indo-1、Fura-2和Fluo-3等。目前应用最多的是Fluo-3，它与Ca^{2+}的亲和力低，易于解离，因而提高了时间分辨率。Fluo-3与胞质内的Ca^{2+}结合后产生荧光，荧光的强度及分布即反映了胞质内钙离子的浓度及分布。对细胞凋亡的研究发现，许多凋亡诱导剂都是通过促使细胞内游离钙的升高来激活细胞凋亡的。因此，通过LSCM（Laser Scanning Confocal Microscope）检测细胞内游离钙的变化动态，可以筛选细胞凋亡的抑制剂和诱导剂，通过Ca^{2+}敏感荧光探针的使用，可以实时检测到药物作用到细胞后细胞膜电位的变化以及细胞的状态变化，对进一步了解药物的作用机制具有重要意义[170]。

有关荧光标记技术应用于蛋白质和核酸分析研究中的报道很多，不仅如此，荧光标记方法在其他物质的检测中同样具有重要的作用。

（1）荧光标记多糖　近30年来，随着分子生物学及现代分析技术的飞速发展，作为生命三大物质之一的多糖倍受人们的关注。有关多糖荧光标记的研究目前国内外报道较少，已有的标记方法大多缺乏选择性，不能很好地反映多糖的生物学性质。多糖具有许多生物学功能，但由于多糖组成与结构的复杂性，致使其结构生物学研究受到极大的限制。有研究表明，利用多糖及寡糖具有还原性末端的特点，将硫酸多糖（911）还原性末端的半缩醛基，通过还原胺化反应与酪胺（Tyr）的氨基共价偶联，硫酸多糖911-Tyr中酪胺引入的仲氨基通过与异硫氰酸荧光素（FITC）进行亲核反应，实现对硫酸多糖911还原末端的选择性标记。该方法对硫酸多糖911的抗凝活性无明显影响，也无明显的细胞毒性，适用于具有还原末端的多糖及寡糖的荧光标记。

（2）荧光标记药物　甲磺酸培氟沙星（pefloxacin mesylate，PM）是一种新型喹诺酮类抗菌药，在pH 5.6的乙酸-乙酸钠缓冲液中，La^{3+}与PM形成配合物，其荧光强度比PM

增加50%，且抗干扰能力与稳定性显著增强，利用该体系的分子荧光特性能直接测定药品与人血清中PM的含量。

（3）光标记用于表征生物活性分子的自由基　生命过程中产生的羟基自由基（·OH）已经引起人们的广泛关注。羟基自由基（·OH）诱导损伤生物大分子能够产生大量的碳中心自由基。文献中报道将4-羟基-2,2,6,6-四甲基哌啶氮氧自由基（HO-TEMPO·）用于标记α-萘甲酸获得自旋标记荧光探针4-萘甲酸酯-2,2,6,6-四甲基哌啶氮氧自由基（NA-TEMPO·），并将其用于表征蛋白质和DNA等氧化损伤所形成的活性碳中心自由基。当4-萘甲酸酯-2,2,6,6-四甲基哌啶氮氧自由基（NA-TEMPO·）通过酯键结合到萘环上形成自旋标记荧光探针4-萘甲酸酯-2,2,6,6-四甲基哌啶氮氧自由基（NA-TEMPO·）后，荧光强度急剧下降。4-萘甲酸酯-2,2,6,6-四甲基哌啶氮氧自由基（NA-TEMPO·）自身为弱荧光分子，羟基自由基（·OH）不具备直接捕获作用，但当反应体系中加入脱氧鸟嘌呤核苷酸（5′-dGMP）后，羟基自由基（·OH）能诱导其损伤，产生活性碳中心自由基。4-萘甲酸酯-2,2,6,6-四甲基哌啶氮氧自由基（NA-TEMPO·）能与碳中心自由基形成稳定的烷氧胺类化合物，使体系的荧光强度显著增高。甲酸钠是一种羟基自由基（·OH）清除剂，将其加入上述反应体系中，可减弱羟基自由基（·OH）对5′-dGMP的氧化损伤作用，形成的碳中心自由基中间体减少，表现为自旋荧光标记分子-自由基捕获物减少，体系的荧光强度增量减少。这一结果表明自旋标记荧光探针的荧光强度与捕获的碳中心自由基存在一定的定量关系。

新型的荧光标记技术在药物研究方面的应用也迅速崛起，主要包括纳米材料在医药研究领域的应用。随着人们对生命现象研究的不断深入，为了要准确研究生物分子之间的相互作用以及实现对重大疾病的早期诊断，就迫切地需要在微观尺度上原位、活体、实时地获取被研究对象的信息。纳米标记物的出现为这一信息的获取过程提供了革命性的手段。量子点（quantum dots，QDs）又被称为半导体纳米微晶粒（semiconductor nanoctystal），是一种直径在1～100nm之间，能够接受激发光产生荧光的半导体纳米颗粒，由Ⅱ～Ⅵ族或Ⅲ～Ⅴ族元素组成，其中研究较多的是CdX（X=S、Se、Te）。量子点的光谱性质主要取决于半导体纳米粒子的半径大小，而与其组成无关，粒子越大，波长越长，通过改变粒子的大小可获得从紫外到近红外范围内的任意点光谱。被激发的量子点根据其半导体核心直径的不同，可发射绿色、黄色、橙色、橙红色的荧光。量子点的荧光谱峰狭窄而对称，半高峰宽通常只有40nm甚至更小，这样就允许同时使用具有不同发射光谱特征的量子点来获得多种颜色的荧光。目前QDs的生物连接方式主要有两种。

① 依靠静电吸引力使生物分子连接到QDs表面包覆的一层带负电荷的游离基团上。

② 采用共价偶联的方法将QDs包覆一层聚丙烯酸，然后修饰成疏水性的聚丙烯酸酯，再将抗体、链酶亲和素或其他蛋白共价偶联到QDs上。

而应用于生物学就意味着QDs必须具有水溶性。将巯基乙醇连到CdS/ZnS的ZnS外壳上，游离在外的羧基使QDs具有良好的水溶性，而且为生物分子的共价偶联提供了连接位点。

量子点的应用如下。

（1）标记DNA和蛋白质　用荧光免疫法标记了细胞（使用直径在7.4～10nm的量子点），用疏水的改良聚丙烯酸包被量子点，使之与免疫球蛋白G和链霉亲和素相结合，使其能准确地结合并标记在细胞表面蛋白、细胞支架蛋白和细胞核内的蛋白质上。

（2）生物活体成像　将单个量子点包于磷脂中，不但能够用于体内及体外成像，作为特异性DNA杂交探针，还可将其注入爪蟾类的胚胎中观察其胚胎形成的整个过程。

（3）生物芯片　量子点在生物芯片领域的前景也很广。研究结果证明，包入量子点的高分子聚合微球可标记寡核苷酸探针或抗体，用于基因芯片或蛋白质芯片的搜索。理论上使用6种颜色和10种强度的量子点就可以对10^6个核酸或蛋白质序列进行编码，如要达到精确检测应该没有问题。人类具有的基因不超过4万个，该技术可对这些基因探针进行编码标记，这样，研究人员就可以很容易地将基因材料样本与已知的DNA序列进行比较，还可以找出哪些基因在特定细胞或组织中较为活跃，量子点在研究蛋白质与蛋白质相互作用的芯片中同样意义重大。利用量子点密码微球标记物，在同一波长的光激发下，就可同时检测标记蛋白与芯片蛋白之间的相互作用，实现了双高通量分析检测。不带有任何光谱交叠，可编码的量子点微粒达到1万～4万个。

（4）量子点应用于溶液矩阵（solution array）　即将不同的量子点或量子点微粒标记在每一种生物分子上，并置于溶液中，形成所谓的溶液矩阵。生物分子在溶液状态下易于保持其正常的三维构象，从而具有正常的生物功能，这是其优于平面芯片之处。

上海师范大学任天瑞课题组和华东理工大学程家高教授利用亲和色谱法、荧光标记结合测定和分子模建对分子靶标水平的作用机制进行研究。结合鳙鱼（*Aristichthys nobilis*）的γ-氨基丁酸受体的锐劲特，K_d和B_{max}值分别是（346±6）nmol·L^{-1}和（40.6±3.5）pmol·mg^{-1}蛋白质。与家蝇（*Musca domestica*）脑中$GABA_ARs$结合的氟虫腈的K_d和B_{max}值分别为（109±9）nmol·L^{-1}和（21.3±2.5）pmol·mg^{-1}。研究结果表明，氟虫腈与鳙鱼和家蝇有类似的相互作用，导致高毒性。这两种物质之间与氟虫腈的不同结合特征可能有助于设计和开发对鱼类毒性低的高选择性杀虫剂。

2.7.5　RNA干扰技术

RNA干扰（RNAi）是一项新兴的分子生物学技术，是指外源和内源性双链RNA在生物体内诱导同源靶基因mRNA特异性降解，从而导致转录后基因沉默的现象。由于其特异性高、高效性等显著优势，近年来该技术得到迅速发展，并且在基因功能研究、疾病治疗、药物开发及作用机制研究等生物医学领域表现出巨大的应用价值和潜力。

2.7.5.1　RNAi背景

1990年，Jorgensen向矮牵牛花中导入一种紫色素合成基因，希望能使花朵的颜色更深，结果却得到白色花朵的矮牵牛花，他将这种导入基因未表达、植物本身色素合成基因也受到一定抑制的现象称为共抑制[171]。1994年，Cogoni等在真菌中发现同种现象，称为基因压制[172]。1995年，Guo等[173]用反义RNA技术阻断线虫*par-1*基因表达时，发现正义RNA具有与反义RNA同样可以抑制该基因表达的作用。1998年，Fire等[174]将dsRNA注入线虫体内后可抑制序列同源基因的表达，遂将这种现象命名为RNA干扰（RNA interference），简称RNAi。2001年，Elbashir等[175]用siRNA在哺乳动物细胞中诱导特异性基因沉默，从而开始了RNAi技术在哺乳动物细胞中的研究。2002年，Brummelkamp等首次成功构建了小发夹RNA（small hairpin RNA，shRNA）表达载体，并发现转染该载体可特异性、有效地降低目的基因表达，为RNAi技术在基因治疗中的应用奠定了基础[176]。

2.7.5.2 RNAi 技术原理及特点

RNAi 包括两个阶段，分别为起始阶段和效应阶段。

（1）起始阶段　dsRNA 在细胞内被 RNAse Ⅲ（如 Dicer 酶）均匀切割成 21～23bp 长的小分子干扰 RNA 片段（small interfering RNA，siRNA）。Dicer 酶是 RNAse Ⅲ家族中特异性识别双链 RNA 的成员之一，它可以以一种 ATP 依赖的方式逐步切割由外源导入的或是由转基因、病毒感染等各种方式引入的双链 RNA（dsRNA），将 RNA 降解为 21～23bp 的 siRNA 双链，并且每个片段的 3′端都有 2 个突出的碱基。

（2）效应阶段　siRNA 双链结构与核酶复合物相结合，形成了 RNA 诱导的沉默复合物（RNA induced silencing complex，RISC）。正义链被释放出来后，反义链作为引导链与靶 mRNA 作用。激活 RISC 需要一个 ATP，根据碱基配对原理，激活的 RISC 定位到同源 mRNA 转录体上，并且在距离 siRNA 的 3′端 12 个碱基的位置切割 mRNA。每个 RISC 都含有一个 siRNA 和一个不同于 Dicer 的 RNA 酶[177]。

与反义寡核苷酸核酶、基因敲除等技术相比，RNAi 技术具有明显的特点与优势。

① 高效性：少量的 siRNA 即可显著抑制目的基因的表达，具有催化放大效应。

② 高特异性：RNAi 只降解同源 mRNA，其他 mRNA 的表达不会受到影响。

③ 传播性：RNAi 具有强大的细胞穿透力，抑制效应可以穿过细胞界限，干扰效应可遗传给后代。

④ ATP 依赖型：RNAi 依赖于 ATP 的参与，Dicer 酶将 dsRNA 切割成 siRNA 过程及 RISC 过程均需要 ATP 的参与[178]。

2.7.5.3 RNAi 技术在昆虫研究领域的发展

RNAi 技术作为一种强有力的分子生物学技术，除医药领域外，在昆虫研究领域中得到了十分广泛的应用。接下来将主要介绍 RNAi 在昆虫中的系统性、研究方法，以及 RNAi 技术在基因功能、抗药性研究和害虫防治中的应用进展。

（1）昆虫的系统性　RNAi 昆虫的 RNAi 可分为细胞自治式和非自治式[179]。细胞自治式 RNAi 的转录后基因沉默效应只限于引入或表达 dsRNA 的细胞自身，无细胞间传递性；若沉默效应可以传递到不同的细胞或组织中，则称为非细胞自治式 RNAi。非细胞自治式 RNAi 包括环境性 RNAi 和系统性 RNAi 这两种形式，环境性 RNAi 发生在能够从环境中吸收 dsRNA 的单细胞生物中，而系统性 RNAi 只特定于多细胞生物，从而包括沉默信号在细胞或组织间的传递过程[180]。

（2）昆虫 RNAi 的方法　昆虫 RNAi 有注射、浸泡、喂食、转基因和病毒介导等方法。这里主要介绍注射与喂食两种方法。在绝大多数昆虫 RNAi 研究中，首选的方法是将体外合成的微量 dsRNA 的显微注射到昆虫体腔内，这种方法效率高，但体外合成及保存 dsRNA 的成本相对较高，且步骤较为烦琐。此外，注射所产生的压力和伤口会在一定程度上影响昆虫，如表皮损伤激发了免疫反应，这样研究昆虫免疫时就不适宜用注射的方式沉默基因。另一种方式为喂食，喂食在绝大多数情况下可能是科研工作者的第一选择，这种方法操作简单方便，容易实现。同时，由于喂食 dsRNA 是自然的输入方式，对昆虫造成的侵害性小，不影响其他基因的表达。研究显示，喂食 dsRNA 在许多昆虫上取得了成功。例如喂食苹浅褐卷蛾（*Epiphyas postvittana*）幼虫的 dsRNA 可以使幼虫中肠的羧酸酯酶基因 *EposCXE1* 表达得到抑制，还可以抑制成虫触角上的信息素结合蛋白 *EposPBPI* 基因的表达。喂食

dsRNA 可以抑制长红猎蝽（*Rhodnius prolixus*）唾液 *nitrophorin 2* 基因 *NP2* 的表达，导致血浆凝结时间缩短。喂食 dsRNA 还在其他许多昆虫中取得成功，包括半翅目、鞘翅目和鳞翅目昆虫[181,182]。

(3) RNAi 技术用于昆虫抗药性研究　农药大量长期、无计划的使用，导致农业害虫的行为及生化机制改变，从而形成抗药性。昆虫产生抗药性的主要机理包括表皮穿透力降低、体内代谢酶系对杀虫剂的解毒代谢作用以及靶标位点敏感性降低。深入探究昆虫的抗性机制，有助于害虫抗性的有效治理，RNAi 技术为抗性机制的探究提供了一种有效的途径。

生物体内代谢途径的增强是形成抗性的重要机制之一。其中昆虫体内细胞色素 P450 酶系（简称 P450s）组分含量增加及活性增强，是其对 DDT 和拟除虫菊酯类杀虫剂产生抗药性的重要机制；乙酰胆碱酯酶（AChE）、羧酸酯酶（CarE）及谷胱甘肽 *S*-转移酶（GSTs）则参与昆虫对有机磷、拟除虫菊酯和氨基甲酸酯类杀虫剂的抗药性形成，这几种较为主要。

Turner 等[183]饲喂苹浅褐卷蛾［*Epiphyas postvittana*（Walker）］羧酸酯酶 *EposCXE1* 的 dsRNA，使 *EposCXE1* 转录后水平降低 50%，为研究苹浅褐卷蛾羧酸酯酶的相关抗性提供了基础。Mao 等[182]通过棉铃虫和棉花互相作用研究，鉴定了在棉铃虫体内高度表达的细胞色素 P450 *CYP6AE14* 基因。生物测定及 Western Blot 分析结果均表明，喂食添加棉酚的人工饲料后。幼虫体重及其对棉酚的耐受性与 *CYP6AE14* 基因的表达成正相关，且该基因的表达受棉酚的特异性诱导。将基于 *CYP6AE14* 基因设计的 dsRNAs 转入三生烟（*Nicofiana tobacum*）和拟南芥中，用转基因植物叶片喂食棉铃虫幼虫后发现 *CYP6AE14* 转录水平明显下降，并且幼虫对棉酚的敏感性增强。此外，表达 *CYP6AE14* dsRNA 的 DCL2、DCL3 及 DCL4 突变型拟南芥中产生长 dsRNAs，从而更显著地抑制 *CYP6AE14* 的表达[184]。Bautista 等[185]发现，氯菊酯抗性种群小菜蛾（*Plutella xylostella*）的 4 龄幼虫细胞色素 P450 基因 *CYP6BG1* 过量表达，且室内饲养的敏感幼虫经过氯菊酯诱导后，*CYP6BG1* 表达量也会出现增高趋势，推测 *CYP6BG1* 的过量表达与小菜蛾的氯菊酯抗性有关。进一步通过饲喂小菜蛾幼虫 *CYP6BG1* dsRNA 进行验证，荧光定量检测发现，*CYP6BG1* 转录水平显著降低；同时对处理后的幼虫进行氯菊酯生物测定，发现 *CYP6BG1* 沉默后 LC_{50} 显著降低，证明小菜蛾对氯菊酯形成抗性与细胞色素氧化酶 *CYP6BG1* 活性增强有关。

(4) RNAi 技术在害虫防治中的研究　近年来，RNAi 技术在田间作物保护中的应用逐渐受到广泛关注。主要体现在两方面。一方面，开发自身可以转录合成害虫靶标基因 dsRNA 的转基因作物，当有害生物取食该作物时，引发害虫体内发生 RNAi，降低害虫的取食能力。Baum 等[181]饲喂为害玉米根部的西方甲虫［*Diabrotica virgifera*（LeConte）］以表达 ATP 酶 dsRNA 的转基因植物，导致玉米甲虫发育迟缓、死亡率升高。Zha 等[186]将褐飞虱中肠中高表达的 3 个基因（*NlHT1*、*Nlcar*、*Nltry*）转入水稻中，当若虫取食这种转基因水稻时，靶标基因的转录水平下降，但未产生致死效应。另一方面，化学合成 siRNA 作为生物农药。很多研究者筛选具有致死效应的 siRNA，大多数来源于生物体内重要生化途径的候选基因。例如，线粒体呼吸电子传递链生成 ATP 过程中，RISP 是细胞色素氧化酶复合体 bc_1 的一个亚基，Gong 等[187]基于序列已公布的小菜蛾 RISP（Pxyl-RISP），设计了 3 种特异性 siRNA，与饲料混合后分别饲喂小菜蛾幼虫，发现幼虫的死亡率最高达 73%；荧光定量 PCR 检测发现，死亡幼虫 RISP 转录水平显著降低，存活幼虫 ATP 水平低于对照组，首次证明了将化学合成的 siRNA 作为线粒体电子传递抑制剂，具有新一代生物农药的潜力。

RNAi 防治害虫的效果依赖于高效的干扰片段和简单快速的导入方法。筛选大量具有致死效应的干扰片段是 RNAi 应用于害虫防治、创制生物新农药的基础。研究表明，利用 RNAseq 和数字基因表达谱 DGE-tag 技术筛选有效的 RNAi 片段是可行的，尤其是对于缺少基因序列信息的害虫更有价值。Wang 等[188]以亚洲玉米螟［*Ostrinia furnalalis*（Guenee）］为研究对象，获得了 14690 个阶段性（卵、幼虫、蛹、成虫）特异表达的基因，选择了幼虫阶段 DGE-tag 拷贝数最高的 10 个基因合成相应的 dsRNA，喷洒到幼虫和人工饲料上，发现幼虫发育迟缓且死亡率升高；通过 qRT-PCR 分析，表明幼虫死亡率和靶基因表达沉默程度具有相关性，并通过荧光标记 dsRNA，使虫体吸收 dsRNA 的过程可视化，首次验证了 dsRNA 可以穿透鳞翅目昆虫的体壁和卵壳，为 dsRNA 可直接喷洒用于害虫防治提供了依据。

目前，RNAi 在农业害虫防治领域面临挑战，不仅由于转基因植物的社会认可度和安全评价问题，而且取决于大量致死效应基因序列的筛选和有害生物对 RNAi 的敏感程度，若将 siRNA 或 dsRNA 开发成生物农药，则需要明确控制害虫为害水平的制剂用量。虽面临诸多困境，但 RNAi 技术无疑为防护农业害虫进而保护农作物提供了新的思路，RNAi 技术的巨大潜力决定了其将会成为近年来持续的研究热点。

2.7.6 记录钙微电流膜片钳技术

2.7.6.1 细胞内钙离子的研究进展

钙离子是所有生物细胞中的重要元素，在细胞生理调控中起着重要作用，其浓度的变化会引起一系列的生理反应。作为动物神经细胞信息传递的第二信使，其完成正常生理功能与胞内钙离子的稳定与转移有非常密切的关系，胞内 Ca^{2+} 的轻微变化便可显著影响神经元功能。当前农业生产中，为能够迅速而有效地杀死农业害虫，开发了大量的神经性杀虫剂，这些杀虫剂对昆虫的作用靶点集中在了神经细胞钙离子调节功能：通过干扰神经细胞钙离子通道，从而扰乱神经细胞内钙离子浓度，扰乱神经细胞正常的生理功能和信号传递，从而使昆虫在接触到农药后能够迅速被麻痹甚至死亡，从而达到高效和快捷的效果。鉴于不同毒性和浓度的杀虫剂引起靶标昆虫神经细胞钙离子浓度的变化有一定的规律性，因此，测定神经细胞游离钙离子的浓度变化可以作为评定一种物质对细胞毒性的重要指标之一。

Ca^{2+} 作为细胞内最重要的第二信使之一，不仅可参与突触神经递质释放，蛋白质激素的合成、分布和代谢以及细胞内外多种酶的激活，还参与生物信号的跨膜传递，维持神经、肌肉的正常兴奋性，调节腺体分泌等一系列生理活动。同时，从极低频磁场的生物效应来看，Ca^{2+} 也是生物离子中最重要的[189]。细胞内 Ca^{2+} 浓度严重失衡将导致机体趋向死亡，所以，钙信号也是生存和死亡的信号。细胞内 Ca^{2+} 信号的产生是通过细胞内和细胞外两方面的离子源。在细胞内 Ca^{2+} 源是通过内质网供给的，在肌肉细胞中 Ca^{2+} 源是通过肌质网供给的。内质网和肌质网中的释放则是通过两种通道蛋白调节的，一种是鱼尼丁受体（ryanodine receptors，RyRs），另外一种是三膦酸肌醇受体，三膦酸肌醇受体依赖于肌醇-1,4,5-三膦酸的扩散，也就是通过和三膦酸肌醇受体的结合来激活 Ca^{2+} 从内质网中释放出来[190]。

2.7.6.2　膜片钳技术基本组成及原理

膜片钳装置系统的基本组成包括微电极探头、微操纵器、倒置显微镜、膜片钳放大器、数模转换器。

（1）微电极探头　与细胞膜表面进行了高阻抗封接，进行离子通道电信号检测。

（2）微操纵器　调节微电极的位置，使之与细胞形成封接，用于给细胞施加药物或向细胞内注射物质。

（3）倒置显微镜　用于观测膜片钳放大器微电极探头尖端与细胞膜形成的高阻封接，保证封接符合要求。

（4）膜片钳放大器　是系统的核心，以负反馈方式对微电极尖端的膜片进行电压钳制或电流钳制，记录离子通道电信号。

（5）模数转换器　将膜片钳记录的模拟信号转化为数字信号，把计算机数据采集软件发出的指令电压等参数输出至膜片钳放大器。

（6）计算机数据采集与分析　用于采集、储存与分析数据，并向膜片钳放大器发出相应的控制指令。

膜片钳技术是用玻璃微电极吸管把只含 1～3 个离子通道、面积为几个平方微米的细胞膜通过负压吸引封接起来，由于电极尖端与细胞膜的高阻封接，在电极尖端笼罩下的那片膜事实上与膜的其他部分从电学上隔离，因此，此片膜内开放所产生的电流流进玻璃吸管，用一个极为敏感的电流监视器（膜片钳放大器）测量此电流的强度，就代表单一离子通道电流[191]。

根据细胞膜片与电极之间的相对性位置关系，膜片钳共有四种基本记录模式，分别为细胞贴附记录模式、全细胞记录模式、膜内面向外记录模式、膜外面向外记录模式。当电极与细胞膜接触后，以轻微的负压开始进行封接，封接电阻大于 1GΩ 形成细胞贴附记录模式；若此时轻拉电极，使电极局部膜片与细胞体分离而不破坏 GΩ 封接，形成膜内向外记录模式；若在细胞贴附基础上给以短暂脉冲负压或电刺激打破电极内细胞膜，形成全细胞记录模式；全细胞模式下，将微电极向上提起，可得到切割分离的膜片，形成膜外向外记录模式。传统膜片钳每次记录一个细胞或一对细胞，不适合进行大量化合物的筛选，也不适用于需要记录大量细胞的基础实验研究。新全自动膜片钳的出现不仅通量高，而且一次能记录几个甚至几十个细胞，从寻找细胞、形成封接、破膜等整个实验操作实现了自动化。

2.7.6.3　膜片钳记录模式[122]

膜片钳记录（patch clamp recording）是利用玻璃微电极吸引封接面积仅为几平方毫米的细胞膜片，记录单个或几个通道的离子电流，已达到当今电子测量的极限。此技术广泛用于细胞膜离子通道电流的测量和细胞分泌、药理学、病理生理学、神经科学、脑科学、植物细胞的生殖生理等领域的研究，从而点燃了细胞和分子水平的生理学研究的生命之火，并取得了丰硕的成果。

膜片钳记录技术的特点：膜片钳技术是用微玻管电极（膜片电极或膜片吸管）接触细胞膜，以吉欧姆（GΩ）以上的阻抗使之封接，使与电极尖开口处相接的细胞膜的小区域（膜片）与其周围在电学上绝缘，在此基础上固定电位，对此膜片上的离子通道的离子电流（pA 级）进行监测记录的方法。膜片钳记录技术的优点有以下几个。

① 最主要的是在 GΩ 封接形成的结果使漏出的电流极少，所以能正确地进行电压固定。

② GΩ 封接使背底噪声水平达到极低。因为由热噪声（Johnson 噪声）引起漂动的标准误差与阻抗的平方根值成正比，所以，高阻抗封接时可达到最小。

③ 膜片钳法对一般较小的细胞也能在电位固定的条件下记录出膜电流。

④ 膜片钳技术可以直接控制细胞内环境。

膜片钳记录技术有以下几种。

（1）细胞贴附式（cell-attached 或 on-cell mode）千兆欧姆封接后的状态即为细胞贴附式模式，是在细胞内成分保持不变的情况下研究离子通道的活动，进行单通道电流记录。即使改变细胞外液对电极膜片也没有影响。

（2）膜内面向外式（inside-out mode）在细胞贴附式状态下将电极向上提，电极尖端的膜片被撕下与细胞分离，形成细胞膜内面向外模式。此时膜片内面直接接触浴槽液，灌流液成分的改变则相当于细胞内液的改变。可进行单通道电流记录。此模式下细胞质容易渗漏（washout），影响通道电流的变化，如 Ca^{2+} 通道的 run-down 现象。

（3）全细胞式（whole-cell mode）在细胞贴附式状态下增加负压吸引或者给予电压脉冲刺激（zapping），使电极尖端膜片在管口内破裂，即形成全细胞记录模式。此时电极内液与细胞内液相通成为和细胞内电极记录同样的状态，不仅能记录一个整体细胞产生的电活动，并且通过电极进行膜电位固定，也可记录到全细胞膜离子电流。这种方式可研究直径小于 20nm 以下的小细胞的电活动；也可在电流钳制（current clamp）下测定细胞内电位。目前将这种方法形成的全细胞式记录称为常规全细胞模式（conventional whole-cell mode 或 whole cell mode）。

（4）膜外面向外式（outside-out mode）在全细胞模式状态下将电极向上提，使电极尖端的膜片与细胞分离后又黏合在一起，此时膜内面对电极内液，膜外接触的是灌流液，可在改变细胞外液的情况下记录单通道电流。

（5）开放细胞贴附膜内面向外式（open cell-attached inside-out mode）在细胞贴附式状态下，用机械方法将电极膜片以外的细胞膜破坏，从这个破坏孔调控细胞内液并在细胞贴附式状态下进行单通道电流记录。用这种方法时，细胞越大，破坏孔越小，距电极膜片越远，细胞因子的流出越慢。

（6）穿孔膜片式（perforated patch mode）或缓慢全细胞式（slow whole-cellmode）在全细胞式记录时由于电极液与细胞内液相通，胞内可动小分子能从细胞内渗漏到电极液中。为克服此缺点，可在膜片电极内注入制霉菌素（nystatin）或两性霉素 B（amphotericin B），使电极膜片形成多数导电性小孔，进行全细胞膜电流记录，故被称为穿孔膜片式或制霉菌素膜片式（nystatin-patch mode）。又因胞质渗漏极慢，局部串联阻抗较常规全细胞记录模式高，钳制速度慢，故也称为缓慢全细胞式。

（7）穿孔囊泡膜外面向外式（perforated vesicle outside-out mode）在穿孔膜片式的基础上，将电极向上提，使电极尖端的膜片与细胞分离后又黏合在一起形成一个膜囊泡。如果条件很好，在囊泡内可保留细胞质和线粒体等，能在比较接近正常的细胞内信号转导和代谢的条件下进行单通道记录。

细胞的动作电位（action potential，AP）反映了细胞在兴奋过程中膜上各种离子通道激活和失活状态的综合特点。在许多动物种属，快速外向 K^+ 电流决定了复极初级阶段，L-型 Ca^{2+} 电流是决定平台期的主要电流。同样，神经元 AP 发放也基本上由 Na^+ 通道、K^+ 通道

及 Ca^{2+} 通道开放而引起。如：Na^{+} 通道广泛分布在昆虫的神经元膜内，它们是控制生物系统细胞兴奋性的重要结构因子[193]；同时，由内向 Na^{+} 电流增加引起的动作电位延长也可能直接或间接影响 Ca^{2+} 流入细胞，导致 Ca^{2+} 电流的再活化，进一步促进去极化[194]。但神经元细胞膜上的离子通道远较心肌细胞的复杂，又有突触前、后的区分，因此，神经元 AP 形成的离子通道激活和失活机制较为复杂。神经细胞膜上的离子通道被认为是哺乳动物中枢神经系统最重要的全麻药物作用靶点，大部分的全麻药通过作用于不同的离子通道而发挥作用，例如 $GABA_A$ 受体等。另外，一些配体门控和电压门控的离子通道被认为可能是麻醉药的作用靶位。

一般采用全细胞记录与单通道记录相结合的方法进行实验。单通道记录可获得单通道电导、通道开放概率、开关时间的分布特征等；而全细胞记录尤其是脑片的在体记录，能反映细胞功能、细胞之间信息传递的改变，加之易于更换细胞外液，所以全细胞记录更适合于离子通道药理学的研究。

2.7.6.4 膜片钳技术在作用于钙离子通道的杀虫剂神经毒性研究中的应用

有机农药有品种多、见效快、成本低和使用方便等诸多优点，广泛应用于农业、医药、工业等领域，为人类的生活质量和水平的提高做出了重要贡献。然而，农药的大规模使用带来各种各样的“副作用”，如环境污染、害虫抗药性的产生、非靶标生物的毒性等，这些负面影响已经引起了社会的极大关注。因此，对杀虫剂效果、特异性、安全性等进行全面的评价，阐明杀虫剂的作用机制，探求对高等动物安全的杀虫剂成为一个关键问题。同时，昆虫抗药性的产生是对不利生存环境的一种适应，害虫具有对任何一种杀虫剂产生抗性的潜能。随着杀虫剂用量的增多和杀虫剂种类的不断更替，交互抗性现象日益严重，多抗现象变得越来越普遍。害虫抵抗杀虫剂和杀虫剂毒杀害虫的机理十分复杂。杀虫剂作用于昆虫要经过侵入体内、在体内组织中的分布、储存、代谢及最终作用于靶部位等过程。害虫抗药主要通过行为改变、表皮穿透性降低、代谢解毒能力增强和靶标敏感性降低等表现。由于杀虫剂多为神经毒剂，因此，细胞神经电生理技术在害虫抗性机理研究中越来越受到重视，与其他方法相结合，有助于阐明各类药剂的药理和毒理、药物结构与活性的关系及新药筛选等研究。

二甲基二硫醚（fumigant dimethyl disulfide，DMDS）是一种植物性杀虫熏蒸剂，可以通过升高 Ca^{2+}，调节美洲大蠊背侧不成对中间神经元上 Ca^{2+} 敏感的 K^{+} 通道电流（$I_{K,Ca}$），进而导致神经元自发放电频率增加，而后超极化电压幅度降低。

在研究七氟菊酯对垂体瘤细胞（GH_3）和下丘脑神经元（GT1-7）上电压门控离子通道的作用中发现，七氟菊酯除了抑制 Na^{+} 通道失活外，还可以抑制 L 型 Ca^{2+} 电流（$I_{Ca,L}$），仅轻微抑制外向 K^{+} 电流，而对 Ca^{2+} 激活的 K^{+} 通道无作用。氯菊酯通过部分抑制 Ca^{2+} 通道来调节果蝇投射神经元上胆碱能微小兴奋性突触后电流。

为了进一步表征 v-atracotoxin（v-ACTX）的目标，使用全细胞膜片钳技术进行蟑螂背侧对中位神经元的电压钳分析。这里首次显示 v-ACTX-Ar1a 及其同源物 v-ACTX-Hv1a 可逆地阻断中低（mid-low-activated，M-LVA）和高电压激活（high-voltage-activated，HVA）昆虫钙离子通道（calcium channel，Ca_v）电流。这种情况发生在 Ca_v 通道的激活对电压依赖性没有改变，并且是与电压无关的，这表明 v-ACTX-1 家族毒素是阻塞剂而不是门控修饰剂。浓度为 $1mmol \cdot L^{-1}$ 的 v-ACTX-Ar1a 未能显著影响 K_v 通道电流。然而，$1mmol \cdot L^{-1}$ 的 v-ACTX-Ar1a 能导致昆虫 Na_v 通道电流的 18% 阻滞，另外，据报道昆虫 Ca_v 通道阻断剂v-恶病毒素ⅣA也可以阻断 Na_v 通道。这些发现证实M-LVA和HVA Ca_v 通道都是杀虫剂的潜在靶标[195]。

P2X受体家族是一类细胞膜上以胞外ATP（adenosine triphosphate）为配体的非选择性阳离子通道（ligand gated ion chennels，LGICs）。在哺乳动物细胞内，有7个P2X（$P2X_{1\sim7}$）受体已被克隆并阐明其药理学特性。研究表明，不同浓度的伊维菌素对 $P2X_4$ 离子通道的作用不同：高浓度与低浓度伊维菌素都可显著增大 $P2X_4$ 通道电流，但高浓度时可明显增强ATP与受体结合，减慢通道失活，而低浓度则无相似作用。另外，研究发现，伊维菌素在 $P2X_4$ 受体上有2个结合位点：高亲和位点和低亲和位点，与前者结合可以减缓通道脱敏、增加电流幅度，而与后者结合可以通过稳定通道的开放状态来减缓通道失活。利用半胱氨酸扫描突变技术结合膜片钳检测，发现受体上的 Gln^{36}、Leu^{40}、Val^{43}、Val^{47}、Trp^{50}、Asn^{338}、Gly^{342}、Leu^{346}、Ala^{349}、Ile^{356} 与伊维菌素的毒性有关，而 Met^{31}、Tyr^{42}、Gly^{45}、Val^{49}、Gly^{340}、Leu^{343}、Ala^{344}、Gly^{347}、Thr^{350}、Asp^{354}、Val^{357} 与通道门控有关[121]。

霍乱毒素（CTX）可激活兴奋性异三聚体G蛋白（Gαs）的α亚基和刺激电压门控L-型 Ca^{2+} 通道，而昆虫的L-型 Ca^{2+} 通道可能是拟除虫菊酯类杀虫剂的作用靶点。为进一步探讨农业害虫对拟除虫菊酯类杀虫剂产生抗药性的作用机理，赵强等[196]检测了CTX对三氟氯氰菊酯抗性及敏感棉铃虫中枢神经细胞电压门控L-型 Ca^{2+} 通道的调节作用。分别急性分离三氟氯氰菊酯抗性及敏感的3～4龄棉铃虫幼虫胸腹神经节细胞，并在改良的L15培养基（加入或未加入700ng·mL^{-1} 的CTX）中培养12～16h。钡离子为载流子，应用全细胞膜片钳技术记录电压门控L-型 Ca^{2+} 通道电流。结果显示，CTX可使敏感组棉铃虫神经细胞L-型 Ca^{2+} 通道的峰值电流密度增大36%，峰值电压左移5mV，但对抗性组棉铃虫神经细胞L-型 Ca^{2+} 通道无上述作用。并且，CTX对敏感组及抗性组棉铃虫神经细胞L-型 Ca^{2+} 通道的激活电位、翻转电位、激活曲线和失活曲线等其他一些参数的影响也不明显。在无CTX作用时，所检测到的抗性组与敏感组棉铃虫神经细胞L-型 Ca^{2+} 通道的上述参数值间差异不显著。结果显示，棉铃虫神经细胞内存在Gs腺苷酸环化酶（AC）cAMP蛋白激酶A（PKA）L-型 Ca^{2+} 通道信号调节系统；与敏感棉铃虫神经细胞L-型 Ca^{2+} 通道相比，三氟氯氰菊酯抗性棉铃虫神经细胞L-型 Ca^{2+} 通道的活性相对不易受到CTX调节，这可能与昆虫对拟除虫菊酯产生抗药性的机理有关。

最近的研究显示，瞬间受体电位离子通道（transient receptor potential ion channels，TRP离子通道）可能是杀虫剂的一个新作用位点。TRPA1受体在小鼠伤害性感受神经元中表达，果蝇体内也存在其同源物——painless。全细胞和单通道膜片钳实验表明，TRPA1通道可以被异硫氰酸烯丙酯（isothiocyanate）激活，表现出电压依赖的快激活、慢脱敏特性，并且 Ca^{2+} 对这一过程有调节作用。

记录钙微电流膜片钳技术在生物杀虫剂的开发研究中具有重要作用，离子和离子通道是细胞兴奋的基础，也是产生生物电信号的基础。细胞膜上的离子分布是非均匀的，大多数动物细胞的 Na^+、Cl^- 和 Ca^{2+}，其胞内浓度低于胞外浓度，而 K^+ 则相反。这一方面是由于膜蛋白质的主动转运功能所致；另一方面则是由于跨膜的离子扩散与漂移运动达到平衡状态的结果。跨膜两侧的离子由两种梯度所制约：浓度梯度和电位梯度（电场），前者形成扩散运动，后者形成漂移运动；当二者达到动态平衡时，跨膜离子电流等于零。此时的平衡电位由 Nernst 方程确定。细胞膜可用电路参数来表征，脂质双分子层的介电特性可用电容 C 来表示，离子通道则可用电导 G 来表示。膜片钳技术广泛用于细胞膜离子通道电流的测量、细胞分泌、药理学、病理生理学、神经科学、脑科学、细胞生物学与分子生物学的桥梁，以及植物细胞的生殖生理的研究等。在电生理研究中，常用电冲击或电流作为刺激信号以引起膜电位的变化。当外加电流做跨膜流动时含有两种可能的成分，即离子通道电流和电容电流。现代电生理研究中，使用膜片钳技术中的电流钳以测量细胞膜的动作电位。

膜片钳技术自发展完善以来，对细胞膜电生理研究起到了巨大的推进作用。实际上，该技术已成为细胞生物学研究的一种标准方法，派生出许多生物物理和生物化学技术，可对细胞内和细胞间信息的传导、细胞分泌等进行详尽的研究。许多实验室巧妙地用膜片钳技术对通道、第二信使、G 蛋白和其他调节蛋白间相互作用的复杂性进行了分析。通过检测膜电容的微小变化，根据膜表面积与膜电容成正比的关系可对细胞的分泌机制进行研究。另外，我们知道离子通道不仅是杀虫剂的作用靶，同时也是复杂的信号转导、传送机制网络的一部分，而且对第二信使分子的功能起交互影响。这样通过膜片钳技术与显微荧光测钙技术相结合——光电联合检测技术，可以同时测定通道离子电流、细胞内外游离 Ca^{2+} 浓度变化和单个细胞的分泌过程等信息，即可以对细胞的信号转导过程及分泌活动等进行全面的分析研究。若将光电联合检测与碳纤电极局部电化学微量检测技术相结合，也就是将与分泌相关的细胞膜离子通道的电活动、细胞内游离 Ca^{2+} 浓度及细胞膜电容的变化等指标与递质囊泡释放量的测定结果联系起来，就既能对分泌物质的种类性质等做出鉴别，又能对分泌机制进行详尽的分析研究。另外，膜片钳与重组 DNA 技术结合，通过改变通道蛋白中关键氨基酸序列，即可对相关氨基酸与通道功能的关系进行分析研究。这些技术目前还未应用到昆虫抗药性研究领域。尽管如此，杀虫剂处理扰乱了昆虫正常的生理活动，中毒作用中受影响最大的是神经信息传导系统。在这一过程中，必然涉及信息传递、神经电兴奋性和相关物质的分泌等生理活动。这些活动与细胞膜上各种各样的离子通道密切相关。随着昆虫对农药杀虫剂逐渐产生抗性，发现新的作用靶标尤为重要，电压钳和膜片钳技术是研究细胞膜离子通道最基本和最直接的实验方法，因此，随着膜片钳技术的进一步发展完善，必将在害虫抗性研究以及杀虫剂药理分析和药物筛选等研究中显示其威力[197]。

2.7.7 荧光偏振技术

2.7.7.1 荧光偏振技术的研究进展

荧光偏振（fluorescene polarized，FP）是通过监测在荧光标记或固有荧光分子的表观尺寸中的变化来研究分子相互作用的有力工具，通常称为示踪剂或配体。Weigert 教授于 1920 年首次发现了荧光偏振现象；1926 年，Perrin[198] 首次在研究论文中描述了他在实验中所观察到的荧光偏振现象，被激发的荧光物质处于静止状态，该物质仍保持原有激发光的偏振性；被激发的荧光物质处于运动状态，该物质发出的偏振光将区别于原有激发光的偏振特性，也就是所谓的荧光去偏振现象。20 世纪 50 年代，Weber 对荧光偏振理论进一步拓展并首次将荧光偏振用于生化分析领域。20 世纪 60 年代，Dandliker 教授建立了均相荧光偏振免疫分析技术（fluorescene polarized immunoassay，FPIA），使得荧光偏振技术进一步得到生物学领域的认识。20 世纪 80 年代，随着微电子技术的快速发展，以及高通量筛选技术在世界制药行业的兴起，给了荧光偏振检测技术以展示其优势的舞台，灵敏、快速、可重复、均相等优势使这一技术在药理学研究领域得到广泛的应用和推进，荧光探针和荧光偏振分析仪器得到了进一步的商业化，荧光偏振技术在生命科学等各个领域扮演着越来越重要的角色。并且在20世纪80年代，FPIA首次应用于农药残留中的检测，美国Abbott公司研发的荧光偏振分析仪，采用FPIA检测血液中百草枯的残留含量，方法检测限度为1.5ng，线性范围为0.025～2mg・L^{-1}。随后，又有俄罗斯学者开展了多种农药残留的FPIA的研究，检测对象主要是三嗪类、苯氧乙酸类和磺酰脲类除草剂。自21世纪初，俄罗斯学者Eremin又与多所中国高校合作研究了以杀虫剂为主的FPIA方法，此外，也有针对农药代谢物的FPIA方法。

2.7.7.2 荧光偏振技术的原理

许多有共轭芳香结构的化合物，吸收了一定波长的可见或者紫外光后，共轭结构中的电子从基态跃迁到能量较高的能阶上，这个过程称为分子的激发（excitation，Ex）。分子被激发后，其电子在较高的激发态能阶上，瞬时部分能量以热能的形式放出，电子本身降至较低的激发态能阶上，此过程称为分子的弛豫（relaxation）。有一些电子弛豫到第一电子激发态的最低能阶，其中少数电子继续放热而回到基态，经过一定时间，发射出波长比激发波长长的光，此过程称为荧光的发射（emission，Em）。普通光源称自然光，它是在与光传播方向垂直的一个平面内沿各个方向振动的光。当用偏振器允许自然光中某一方向振动的光通过，此光即称偏振光。荧光偏振是一种光谱技术，可用于确定分子相互作用，它是基于激发一个荧光分子平面偏振光并测量发射光的偏振度[199]。荧光偏振方法是基于分子在均相溶液中的自由旋转，当一个小的荧光分子受到平面偏振光的激发时，由于分子在荧光寿命里会不断地快速旋转运动，发射光会大部分去偏振化，其发射光可发射到一个固定的平面，而该发射光的偏振水平与分子的旋转速度成反比。就大的荧光分子而言，在激发态仍然相对稳定，在激发和发射之间，光的偏振几乎不变；而对小的荧光分子来说，小的荧光分子，在激发态时处于高速旋转状态，在激发和发射之间光的偏振有很大的变化；所以小分子具有低的偏振值，大分子具有高偏振值。当示踪物与大分子结合后会使其分子体积变大，示踪物的旋转速度降低，以便使发射光与激发光能量处在同一个平面。结合的和游离的示踪物都有一个固定的偏振值：结合的示踪物偏振值大，游离的示踪物偏振值小。检测出来的偏振值是这两个值的加权平均值，因此，提供了一个结合了受体的示踪物的直接的分数。

用荧光物质标记生物分子，当分子之间由于结合或解离、生物大分子降解等相互作用时，分子的体积或分子量发生变化，从而引起由荧光信号反映的偏振值的变化，荧光标记的小分子在均相体系里处于高速旋转状态，发射光表现为除极化状态，得到一个较低的偏振值，而非荧光标记的大分子旋转速度远远低于荧光标记的小分子，当小分子和大分子发生特异性结合后，复合物的旋转速度与大分子的旋转速度相比变化不明显，而远远低于未结合前荧光标记小分子的旋转速度，偏振值显著升高：所以FP能够被用于分析蛋白-蛋白、蛋白-DNA、抗原-抗体等的结合与解离，以及生物分子的降解。FP可用于蛋白激酶等的活性检测，相较于传统检测方法，FP不需要固定化和分离步骤，是目前最简单快捷的蛋白激酶活性检测方法[200]。荧光偏振技术主要应用有荧光偏振免疫分析技术、高通量药物筛选以及受体-配体结合反应。荧光偏振免疫分析技术于20世纪60年代初就开始应用于生物系统中抗原-抗体和激素-受体之间的作用。而目前，荧光偏振免疫技术多用于分析抗原-抗体反应、激酶磷酸化反应等实验中。传统的药物筛选检测技术，一般包含多个操作步骤，这些技术过程烦琐，耗费时间，日处理样品的能力非常有限，无法达到高通量筛选的目的。相对于传统技术来说，荧光偏振技术可以避免这些问题，均相、快速、灵敏、可重复检测等特点非常适合于高通量药物筛选，提高了高通量筛选的效率。受体是最大的一类药物作用靶标，一般受体作为大分子，与小分子配体物质结合而相互作用的主要特征是饱和性、特异性、高度的亲和性和可逆性，基于这些特点，利用荧光偏振技术研究受体与配体间的相互作用具有非常大的优势。

2.7.7.3　荧光偏振技术的应用

（1）荧光偏振技术在农药残留中的应用　20 世纪 80 年代，荧光偏振免疫分析技术开始应用于农药残留检测的研究，Colbert 等使用美国 Abbott 公司研发的荧光偏振分析仪，采用 FPIA 检测血液中百草枯的残留含量；随后，以俄罗斯学者 Eremin 为代表开展了多种农药残留的 FPIA 研究，检测对象主要是三嗪类、苯氧乙酸类和磺酰脲类除草剂。自 21 世纪初，Eremin 又与中国多所高校合作研究了以杀虫剂为主的 FPIA 的方法[201]。除此以外，也有针对农药代谢物的 FPIA 的研究。近几年来，关于饮食中农药残留的问题越来越受到重视，农药残留可能的健康风险普遍存在，并有所增加，特别是与高毒有机磷有关的杀虫剂。任何可能的残留物或这些农药的污染可能对人类健康造成严重后果。因此，对目标分析物具有预定选择性和亲和性的高通量筛选方法的需求比以往任何时候都要大。而 FPIA 这一技术可以很好地应用于这种筛选中。已有文献报道将 FPIA 应用于农药残留的研究，成功利用快速、均匀、高通量的 FPIA 快速筛选三唑磷[202]以及其他有机磷杀虫剂[203]等残留物农产品。

（2）荧光偏振技术在高通量筛选中的应用　高通量筛选是现代发现药物先导化合物的主要手段之一。荧光技术在高通量药物筛选中被广泛使用，根据荧光检测技术的原理及其在高通量药物筛选中的应用情况进行归纳总结，主要包括荧光强度分析法、荧光偏振检测法、荧光共振能量转移检测法、均相时间分辨荧光检测法、荧光关联光谱、荧光成像分析、荧光报告系统[204]。随着技术的不断发展进步，目前已经建成多种高通量药物筛选模型，利用荧光检测技术进行高通量药物筛选具有广阔的应用前景。

2.7.7.4　使用荧光偏振技术的注意事项

（1）荧光素标记　荧光素必须要标记在小分子物质上，这样才能在其与大分子物质结合后，体积发生显著的变化，从而引起偏振值的变化。

（2）反应体系相互作用物质浓度的确定　首先要通过预实验确定相互作用物质最佳的反应浓度。当示踪剂浓度过低时，所测得的荧光值较低，会降低信噪比；当荧光示踪剂浓度太高时，会降低结合力比较弱的样品的敏感性。在实际实验中，大分子物质的浓度一定要过量，这样可以使荧光标记物完全与之结合，否则会影响竞争性结合反应的荧光值。

（3）荧光素的寿命　不同的荧光素具有不同的荧光寿命，在荧光偏振实验中，如果荧光素的荧光寿命太短，则在此荧光寿命内标记荧光素的荧光基团可能没有足够的时间达到旋转松弛时间，导致标志物完全与之结合，否则会影响竞争性结合反应的荧光偏振值。

（4）反应体系的黏稠度　反应体系黏度大时，会使分子在溶液中旋转的阻力增大，偏振值也随之增大，所以在实验中也要考虑溶液体系的黏稠度对偏振值的影响。

（5）其他影响因素　在溶液体系中，一些因素会影响荧光的强度，使得荧光的强度值升高或者降低，而这些因素也会影响荧光偏振值。

① 温度。温度增加，荧光强度下降。因为随着温度的升高，增加分子间碰撞的概率，

促进分子内能的转化和系间窜跃、黏度或者刚性降低。

② pH。大多数芳香族化合物都具有酸性或碱性功能团，因此，对 pH 的变化非常敏感。对于有机荧光物质，具有酸性或碱性基团的有机物质，在不同的 pH 时，其结构可能发生变化，因而荧光强度也将发生改变；对于无机荧光物质，pH 会影响其稳定性。在不同的酸碱度中，荧光物质分子与离子间的平衡会改变，因此，荧光强度也有差异。

③ 溶剂效应，指溶剂的折射率和介电常数的影响。波长随溶剂介电常数的增大而增大，荧光峰的波长越大，荧光效率越大。原因是：介电常数增大，极性增加，使分子的紫外吸收和荧光峰波长均向长波长方向移动，强度增加。

④ 荧光猝灭。当体系中存在可以吸收荧光的物质，或存在一些猝灭剂时，如卤素离子、重金属离子、氧分子、硝基化合物、重氮化合物、羰基和羧基化合物，会使荧光强度降低。

2.7.7.5 荧光偏振技术的优点与局限性

荧光偏振作为测定技术具有许多优点，它是在溶液阶段进行的非放射性，不需要任何分离的结合自由配体，并且容易适应于低体积（10mL），可以利用这些功能来设计 FP 探针用于竞争性结合测定。据文献报道[205]，昆虫的钙离子通道主要由鱼尼丁受体构成，鱼尼丁受体是新型双酰胺类杀虫剂（邻苯二甲酸类和邻氨基二酰胺类）的作用靶标。鱼尼丁受体可以通过匀浆和离心从美洲大蠊肌肉中提取。基于前期荧光探针的发展应用开发了荧光偏振法，用于测定新型双酰胺类杀虫剂在美洲大蠊鱼尼丁受体中的亲和力和结合活性。结果表明，在鱼尼丁受体上邻氨基双酰胺可以代替荧光探针的结合，但邻苯二甲酸类似物，包括氟虫酰胺都不能影响荧光探针与鱼尼丁受体的结合。由此可见，用荧光偏振法来研究小分子与荧光探针在鱼尼丁受体上的亲和力比用［^{3}H］标记结合位点的方法更简单有效。

荧光偏振技术比研究受体-配体结合的传统方法具有更多优势，特别是相对于同位素标记的受体-配体结合反应分析技术，它不生成有害的放射性废物，这对于环境的保护有着重要的作用；不仅如此，荧光偏振技术还具有均相检测、灵敏度高、检测限低等优势，还具有可重复检测、稳定、实时的特点，因此，反应体系达到稳态后可以进行多次重复检测荧光偏振值，也可以进行动力学检测。荧光偏振技术的检测限很低，可达亚纳摩尔级范围，而最主要的优势就是均相检测特点，在实验中，不用过滤和洗涤程序，也不需要分离和结合的示踪剂，所以均相特点是该技术能够被广泛应用的主要原因。

虽然荧光偏振技术与其他方法相比具有明显的优势，但是该方法也具有一定的局限性，目前在使用中也面临一些挑战。在荧光偏振实验中，有的荧光素的荧光寿命太短，那么在此荧光寿命内标记荧光素的荧光基团没有足够的时间达到旋转松弛时间，这样会导致标志物的起始偏振值太高而在一些实验的应用中受到限制。而对于标记的大的标记物，很容易使得极化值达到顶峰，当要增加要结合的物质的分子量时，偏振值的变化很小，从而影响实验的精准性。目前主要的解决方法是选择将荧光素标记于尽可能小的分子上。

2.8 毒理预测技术

药物创新研发是一个风险极高、投入巨大、周期漫长的过程。据工业统计数据，平均每10000 个新化学实体（NCEs）中只有 1 个化合物最终可能开发成为商品药物，并且整个流程要花费超过 10 年时间和不低于 8 亿美元的投入[206]。通过统计分析发现，造成药物研发失败的原因主要归纳为：缺乏生物效果，差的药物代谢动力学（以下简称药代动力学）性质，动物体内毒性，人体副作用，以及其他的商业因素。其中，因药代动力学性质和毒性问题造成的失败率达到 39%[207]。随着对药代动力学研究的逐步重视和投入，这一比例逐渐降到了不到 10%[208]。毒性和副作用等安全性因素则从 21%上升到接近 30%[208~210]，成为药效因素之外，导致药物研发失败的最主要原因。

在医药行业中，上市药物的失败不仅会导致巨额经济损失，更严重的是会危害人类健康，而在农药使用过程中，由于喷雾飘移、挥发、淋溶等作用，药物毒性问题不仅给环境带来了负面的影响，同时也对非靶标有益生物，例如人、蜜蜂、家蚕、鱼类等造成难以挽回的危害。因此，本着“fail early，fail cheaply”（失败越早，损失越小）的原则，在药物开发早期阶段，就应提前考虑原先在药物研发后期才考虑的毒性问题。在先导化合物发现与优化阶段，甚至是在化合物合成出来之前就尽量准确地评价和预测候选化合物的安全性，将有毒化合物从候选化合物库中剔除出去，既可以缩短试验周期，降低开发成本，又能提高创新药物研发的成功率。

2.8.1　常规毒理测定技术

对化合物进行毒性评价的实验方法大体上可以分为体外（*in vivo*）试验和体内（*in vitro*）试验两大类。但这种传统的生物实验有着周期长、花费高、效率低等缺点，而且实验结果易受模型动物、试剂、技术、环境等各个方面因素的影响。随着组合化学与高通量筛选技术的迅速发展及广泛应用，大规模的候选化合物实体库和虚拟库相继产生，常规的毒性测试不能满足快速对化合物实体库进行筛选的需求，特别是不能评价虚拟库中尚未合成的化合物[211,212]。此外，使用动物进行毒性评价实验也遭到了动物保护者的反对，许多国家和地区已经出台相关的法律法规限制毒性评价实验中活体动物的使用。例如欧盟出台的化学品的注册、评估、授权和限制法案（Registration，Evaluation，Authorization and Restriction of Chemicals，REACH）要求发展并使用体外试验或计算机预测的方法作为动物实验方法的替代，逐步减少动物实验的使用。在农药创制过程中，如能便捷、快速、高效地对农药活性分子开展毒性评估，特别是对未合成的化合物进行毒性预测，可以大大降低农药创制面临的生态毒性风险，并缩短绿色农药的研发时间。

2.8.2　计算毒理学

传统的化学毒理研究提供了大量的化合物结构信息及其毒性数据，通过化学信息学方法对已有的毒性数据进行分析和挖掘，借助机器学习等建模方法，用计算机建立毒性预测模型，对新化合物进行毒性预测，能够有效避免常规毒性测试耗时费力的问题。国际经济合作与发展组织（OECD）、美国环保署（EPA）、欧盟（EU）等政府和国际组织，都已组建了相关的研究机构，大力发展计算毒理学方法和技术，用于化合物的安全性评价和生态风险评估。

美国环保署（EPA）对计算毒理学的定义如下：“CompTox conducts innovative research that integrates advances in molecular biology，chemistry and computer science to identify important biological processes that may be disrupted by chemicals and tracing those biological disruptions to related dose and human exposure to chemicals. The combined information allows chemicals to be prioritized for more in depth testing based on the specific processes they disrupt and potential health risks.”简单来说，计算毒理学是结合生物学、化学、计算机科学等的交叉学科，通过构建计算机模型，探索化合物毒性的机理，预测化合物可能的潜在毒性，估算毒性物质的暴露浓度，最后对化合物进行安全风险评估[213]。计算毒理学涉及毒理学、化学生物学、化学、环境科学、数学、统计学、医学、工程学、生物学和计算机科学等诸多学科。它基于毒性机制与相关的化学生物学以及其他学科相结合的方法，开发了测试指定化合物可能产生毒性作用的计算机预测模型，并且还能够利用模型对含有大量信息的生物和化学数据进行管理、检测其作用模式和相互作用。

与常规毒理学实验方法相比，使用计算模型进行毒性预测的优势十分明显[214~216]：①计算机方法可以快速地处理和检测大批量化合物，且花费极低；②只要化合物结构已知，即使化合物尚未成功合成，也可以进行预测；③使用计算机方法进行预测，还可以促进化合物毒性作用机制的研究。因此，采用计算毒理学方法进行化合物毒性预测，是化合物毒性评价实验的一种有效的辅助和替代方法。

2.8.2.1 化合物毒性的计算机预测方法

被广泛用于进行药物毒性预测的计算方法包括两大类：基于小分子化合物结构的方法和基于受体结构的方法。基于受体结构的方法是指针对生物体内可以与化合物结合并引起特定毒性作用的生物大分子，通过分子对接等虚拟筛选手段，预测化合物与这些毒性靶分子可能的结合能力及结合模式，从而判断化合物是否存在该毒性。这种方法又称为基于分子机理（molecular mechanism）的方法[217~219]，该方法要求具有明确的毒性产生机制，确切的毒性靶分子晶体结构及其与化合物的结合模式。由于毒性机制的复杂性，目前基于分子机理方法的应用受到了限制，相对而言，基于化合物结构的计算机毒性预测方法是从化合物本身的结构特征出发，对现有的化合物毒性数据进行归纳分析，发掘其中包含的规律和信息，不仅可以对已有的毒性结果进行解释，也可以将这些信息和规律用于未知化合物的毒性预测。显然，对于解决实际的安全性评价问题，这种方法更加具有实用性。因此，我们所说的化合物计算机毒性预测方法通常就是指以小分子化合物结构为基础的方法。

基于化合物结构的计算机毒性预测方法大体上可以分为三类[220]：交叉参照法（read across）、定性/定量结构-毒性关系（qualitative/quantitative structure-toxicity relationships，QSTR）模型和警示结构（structural alerts，SA）。

（1）交叉参照法　交叉参照（read-across）是指根据化学物质的端点（endpoin）信息预测另外一种结构相似的化学物质相同端点信息的方法[221]。REACH 法规附件规定[222]，某一物质的理化特性、人类健康危害、环境分布和危害，可以从同一类结构相似的物质中的其他物质内推而来，这种方法可以避免测试同一类物质中的每一个物质，节省不必要的数据测试费用，降低成本。交叉参照法能够用于预测化学物质的理化特性、健康毒性及环境毒性，但是由于化学物质的基本理化特性比较容易测试，而且不涉及动物实验，因此，在实际应用中，交叉参照法通常应用于化合物的人类健康和环境毒性评估。欧盟化学品管理署（European Chemicals Agency，ECHA）公布的物质卷宗和美国环保署公布的高产量物质危害报告中，有相当一部分物质就是采用交叉参照方法预测得到的。

为应对欧盟 REACH 法规，我国国家质量监督检验检疫总局和国家标准化管理委员会于 2009 年底联合制定并发布了化学品安全系列标准，建立了《化学物质分组和交叉参照法》

（GB/T 24776—2009）。标准参考了联合国《全球化学品分类和标记制度》（Globally Harmonized System of Classification and Labelling of Chemicals，GHS）和欧盟 REACH 法规指南文件《化学品安全评估和信息指南》（Guidance on Information Requirements and Chemical Safety Assessment，CSA）。

交叉参照法的主要步骤包括以下五步[223]。

① 查找目标化合物的相似物。为了预测目标化学物缺失的端点信息，交叉参照法的第一步即为查找目标化学物质的相似物。在所有查找得到的相似物中，如果存在一个或多个能够满足交叉参照法的源化学物质（有生物测试结果的化合物），则在此基础上对目标化合物进行预测，相反，则应扩大搜索范围继续查找相似物，直至找到满足条件的源化学物质。

② 判断目标化合物是否属于已有化学物质类别。如果目标化合物属于某一化学物质类别，则该类别中的其他化合物就是其相似物。

③ 相似性评估。若目标化合物无法确定化学物质的类别归属，可以通过相似性评估查找相似物。

④ 收集相似物的毒性信息并制作工作表格。根据需要收集有关相似物的数据，保存在表格内。

⑤ 进行交叉参照并得出结论。目标化合物与相似物的相关端点数据列入工作表格后，根据结构相似性关系以及端点变化的规律，对目标化合物的未知端点数据进行预测，得出结论。

交叉对照法的限制因素主要在于化合物相似性的表征以及参考化合物的数据质量。由于目前化合物的相似程度无法准确进行量化，以及无法比较化合物作用机制的相似性，具有毒性信息参考化合物的数量和数据质量不受控制，因此，交叉参照方法的应用受到了限制。

（2）QSTR 模型　定量构效关系（quantitative structure activity relationships，QSAR）研究是应用最为广泛的药物设计方法之一。QSAR 方法在毒理学研究中，又被称为定性/定量结构-毒性关系（qualitative/quantitative structure-toxicity relationships，QSTR）。QSTR 已经越来越多地应用到毒理学、生态毒理学和药理学的性质预测中，QSTR 模型的通式可以表示为 $Y=f(X_1, X_2, X_3, \cdots)$，其中 Y 表示特定毒性端点；X_1，X_2，X_3 表示描述分子结构特征的参数，包括理化性质或者分子指纹等；f 表示使用的各种函数，通过统计数据分析（statistical analysis）、机器学习（machine learning）等数理统计方法，揭示或者建立化合物某一特定毒性端点与其物理化学性质或者结构特征之间的定量/定性关系。详细描述如下。

① 化合物描述符计算方法。结构决定性质，而能否正确编码化合物的结构特征是构建有良好预测力的 QSTR 模型的基础。通常采用描述符来表征化合物的结构特征。描述符又分为分子描述符和分子指纹。

分子描述符不仅可以是分子的一些物理化学性质，也可以是根据分子结构通过某种算法推导出来的数值。分子描述符的计算可通过 MODEL、Dragon、PowerMV 等专门的描述符计算软件实现，也可以利用 Sybyl、Pipeline Pilot、MOE 等分子模拟软件包中有关分子描述符计算模块实现描述符计算；除商业软件外，许多课题组也各自开发了描述符计算程序。常用的分子描述符包括分子理化性质（如脂水分配系数、溶解度等）、分子组成（如氢键供体受体数、可旋转键数、原子计数等），以及理论或实验光谱数据等，分子描述符一般是基于经验和半经验的方法计算。

分子指纹是以分子片段来描述分子的结构特征，并以一串二进制码来表示。其方法是先建立一个包含许多片段的“字典”，对于一个给定的分子，需要描述哪些片段，就在对应的“字典”位置标记为“1”，否则标记为“0”。这样，每个分子的结构就可以一个二进制编码的形式来表示。目前主要的分子指纹包括 MACCS keys（MACCS）、substructure fingerprints（SubFP）、CDK fingerprint（FP）、PubChem fingerprints（PubChem）、Estate fingerprint（Estate）等。

② 机器学习方法。机器学习是指通过数据，经过不断的训练，自动提高计算机的算法性能，可分为非监督性学习和监督性学习。非监督性学习，即对没有标记（分类）的训练样本进行学习，以发现训练样本集中的规律，主要包括聚类分析和主成分分析等。构建 QSTR 预测模型的机器学习方法多采用监督性学习，主要有支持向量机（support vector machine，SVM）、决策树（decision tree，DT）、朴素贝叶斯分类器（Naïve Bayes，NB）、最近邻居法（*k*-nearest neighbors，*k*-NN）和随机森林（random forest，RF）等。

支持向量机（SVM）是由 Vapnik 及其同事于 1995 年研究开发的一种监督性机器学习算法。其理论基础为统计学习理论的 VC 维理论（vapnik-chervonenkis dimension）和结构风险最小（structural risk minimization）理论，该算法可以根据有限的样本信息在模型的学习能力和模型复杂性之间寻求最佳解，从而获得最好的泛化能力。该方法在解决小样本、非线性以及高维模式识别中具有特有的优势。对于以往困扰机器学习方法的很多问题，如非线性和维数灾难、局部最小问题等，通过支持向量机均可得到一定程度上的解决。SVM 方法可以用来进行化合物分类、排序和回归的属性值预测。例如药物和非药物的区分；化合物是否具有某种特定的活性、可合成型或水溶解度。

决策树（DT）是另外一种常用的监督学习方法。因为决策树的表现形式由一个决策图和可能的结果组成，这种决策分支画成图形很像一棵树的枝干，因此，形象地将该算法称之为决策树。其核心原理是根据给定的分子特征或描述符数值定义一组与属性（活性）相关的“规则”，然后利用该规则进行化合物的属性判断。决策树方法应用的领域主要有组合化合物库设计、药物类药性预测、特定的生物活性值预测等。使用该方法不仅可以实现识别化合物库中与活性相关的结构及其子结构，还可以区分出药物和非药物化合物。另外，决策树还可以用于 ADMET（absorption distribution metabolism excretion toxicity）性质预测中，例如药物的吸收和分布、溶解和渗透等性质的预测，P-蛋白或血脑屏障（BBB）的渗透预测，以及代谢稳定性评价。决策树从顶部开始，由一个枝干分裂成两个或多个枝干。而每一个枝干又可以分裂成两个或多个枝干。这种情况一直持续下去，直到达到枝叶，即该节点不能进一步分裂。被分裂的枝干被称为内部节点，根和树叶也被称为节点。每一个树叶节点根据其描述特征被分配到不同的特定属性，非叶节点（内部节点和根节点），由于其分子描述符特征而具有不同的属性则被分到一个待测试的分支，然后根据其分子描述符特征进行再次的分配，最终被划分到不同的树叶节点上。一个未知的化合物从根节点的第一个划分开始，经过一系列内部节点和决定采取哪些进入分支，最后到达枝叶，根据其到达叶节点的属性进行分类。与支持向量机相比，决策树非常容易被理解和实现，在进行训练学习过程中并不需要了解很多的背景知识，模型能够直接体现数据的特点，只要通过简单的解释后可以很容易地理解决策树所表达的意义。但是它也有一些缺点，比如其预测结果的方差可能会较大，数据集微小的变动会导致不分解，从而影响最终的结果产生差异。另外，大规模的数据集容易导致决策树产生过拟合的现象。因而采用合适规模的训练集，高度平衡的决策树结构以及层级精度的提高都可以提升算法的准确性。

朴素贝叶斯分类器（NB）是基于独立假设的贝叶斯定理的简单概率分类器，因此，它有着坚实的数学基础和稳定的分类效率。与 SVM 算法相比，朴素贝叶斯分类器主要输出具体数值的概率结果。朴素贝叶斯分类器的一个前提条件是在构建预测模型的输入特征，即描述符之间是相互独立的。然而，很多真实情况是很多描述之间是内部相关的。在构建朴素贝叶斯分类器时，进行描述符筛选，特别是将内部相关性很高的描述符剔除是非常重要的操作步骤。

最近邻居法（*k*-NN），又称 *k*-近邻法，是根据特征空间（描述符空间）中最接近的样本进行分类的方法。*k*-近邻法是一种局部近似和将所有计算推迟到分类之后的惰性学习方法。与 SVM 方法相比，*k*-NN 的算法复杂度要简单得多。

随机森林（RF）是将多个决策树包含在一起，然后对样本进行训练预测的分类器，该方法由 Breiman 研究开发。对于分类问题，随机森林首先从原始样本中抽取多个样本，并使用决策树算法对每个样本集进行建模，多棵决策树一起构成了一个随机森林。当对于给定的未知样本进行分类时，森林中的每一棵决策树都将对该样本进行类别的判断，预测该样本的类别属性。然后收集每棵树的预测结果进行投票，根据投票的结果，最终判断未知样本属于哪一类，完成分类的学习过程。随机森林的优势在于该算法能够很好地处理含有大量噪声以及高度相互变量的高维数据。并且随机森林算法不易发生过拟合问题，对于正负样本数不平衡的数据，也能够获得较好的结果。另外，随机森林不仅能适用于分类的问题，也能够适用于回归的问题。

（3）警示结构　警示结构（structural alerts，SA）的概念最早是由 Ashby[224] 提出的，可以理解为能导致化合物产生某种毒性的官能团或者结构片段，根据这些官能团或者结构片段是否存在，可以判断化合物是否具有毒性[225]。

警示结构是根据化合物的毒性机理总结而来的，使用警示结构可以很方便地直接根据化合物结构对化合物毒性作出预测，并推测其产生该毒性的机理，具有很好的可解释性。因此，警示结构是一种很好的毒性预测工具，也是 REACH 法规推荐的计算机预测方法之一。

2.8.2.2　计算毒理学方法的应用

目前，采用计算毒理学方法开展的研究有许多，例如：中国科学院上海有机化学研究所姚建华课题组采用机器学习方法对遗传毒性进行预测与评估[226]；基于化合物结构进行毒性预测[227]；信息学和机器学习在计算毒理学研究中的应用[228]；生物学上的毒性通路的评估[229]；使用计算机预测化合物潜在的致癌性[230]；计算毒理学的公共数据库的建立[231]；使用分子模拟的方法研究环境中化合物对雌激素活性的影响[232]；使用计算机对人类遗传易感染性进行预测评估[233]；化合物与靶标结合活性的预测[234]；纳米粒子的药代动力学模型研究[235]；化合物毒性预测的定量构效关系[236]；使用机器学习方法进行乙酰胆碱酯酶抑制剂的预测与筛选[237]；细胞色素 P450 激动剂的预测与筛选[238]等。

氟虫腈是第一种广泛用于作物保护和公共卫生的高效苯基吡唑类杀虫剂，作用于昆虫 γ-氨基丁酸（GABA）受体（$GABA_A$Rs），对哺乳动物的毒性低，但对鱼等非目标生物具有高毒性，极大地限制了它的应用。华东理工大学程家高教授利用同源建模、对接和分子动力学模型在内的一系列计算方法，探索氟虫腈与果蝇和斑马鱼系统中 $GABA_ARs$ 的结合差异。结果发现在斑马鱼系统中，6′Thr 和氟虫腈之间的氢键对氟虫腈的识别起关键作用，而氟虫腈在果蝇系统中不存在该残基。另外，在果蝇系统中，2′Ala 和氟虫腈之间的强静电相互作用有利于氟虫腈的结合，但对斑马鱼系统中的结合有害。这些发现标记了氟虫腈与不同 $GABA_ARs$ 的结合差异，这可能有助于设计针对害虫而非鱼类的选择性杀虫剂。

2.9 手性农药技术

含手性的新型农用化学品日益增加，约占总体的 1/3。手性极大地影响了化合物的生物学和药理学特性。手性中心对化合物的活性至关重要，因为生物体对化合物的响应很大程度上取决于这些分子和生物受体上的特定位点的匹配程度。手性杀虫剂的应用将降低不必要的环境负荷，避免非靶标毒性和不良生态影响。啶酰菌胺是由德国巴斯夫公司开发的烟酰胺类杀菌剂，属琥珀酸脱氢酶抑制剂类杀真菌剂（succinate dehydrogenase inhibitors，SDHIs）。Topomer CoMFA 是一种独立对齐的 3D QSAR 方法，它结合了 Topomer 搜索方法和传统的 CoMFA 方法，克服了 CoMFA 方法的种种局限，在几分钟内产生可靠的 QSAR 模型。南京农业大学的 Li 等将含一个手性中心的噁唑啉基团引入烟酰胺类杀真菌剂中，利用 Topomer CoMFA 方法，探索手性 SDHIs 及其初步机理。分子对接模型显示了与氨基酸残基的结合位点不同的手性效应[239]。

毒氟磷是贵州大学教育部绿色农药与农业生物工程重点实验室宋宝安院士创制的一种具有自主知识产权的抗植物病毒绿色农药新品种。在国家“十五”攻关项目、国家“973”项目、国家自然科学基金和贵州省工业攻关等项目的支持下，宋宝安院士以绵羊体内发现的天然 α-氨基膦酸为先导，引入氟原子及杂环结构单元，进行了系统结构优化，仿生合成了上千个新化合物，经生物活性测定和免疫诱导机制研究，创制出我国第一个具有自主知识产权抗病毒病新农药品种毒氟磷，并于 2007 年将相关专利技术成果转让给广西田园生化股份有限公司。其后宋宝安院士又以毒氟磷为先导开展了系统的手性农药研究。采用活性基团拼接法，将手性氨基酸、膦酸酯或苯并噻唑等引入到硫脲结构中，设计合成了系列手性（膦酸酯）硫脲，从中发现部分手性膦酸酯硫脲具有优异的抗 TMV（烟草花叶病毒）活性，与宁南霉素的活性相当，并研究了手性膦酸酯硫脲的初步作用机制，发现其启动植株体内一系列抗病因子，促进烟草体内防御酶系产生，增强了植物的系统抗病性[240]。进一步保持毒氟磷氨基酸酯类似物的结构特征，引入 β-氨基酸酯结构，合成了系列含苯并噁唑、1,3,4-噻二唑等杂环的手性 β-氨基酸酯类衍生物，设计合成了系列手性金鸡纳碱硫脲催化剂、手性金鸡纳碱芳酰胺-叔胺催化剂，首次报道了利用金鸡纳碱硫脲-叔胺催化剂通过协同活化方式实现的 2-氨基-5-氯苯并噁唑、取代醛以及丙二酸酯的一锅法不对称 Mannich 加成反应（asymmetric three-component one-pot Mannich reaction，ATOM）；该方法不仅可以成功构建手性叔碳中心，而且对脂肪醛及芳香醛底物均具有很高的对映体选择性（＞99%*ee*），底物适应范围广。生物活性测试结果表明，部分手性 β-氨基酸酯类衍生物对 CMV（黄瓜花叶病毒）的抑制活性接近对照药剂宁南霉素[241～244]。2016 年，宋宝安院士课题组基于毒氟磷结构，使用新型手性硫脲有机催化剂，以高产率（高达 99%）和优异的对映选择性（高达 99%*ee*）制备获得了含 *N*-苯并噻唑杂环的 α-氨基膦酸酯的两种对映体。抗 CMV 活性测试表明，*R*-

体比 S-体化合物有更高的生物活性。通过荧光光谱研究了 R-体与 S-体化合物与 CMV-CP 之间的相互作用，进一步通过分子对接研究了 CMV-CP 和两种对映异构体之间的相互作用可能发生在由五个残基定义的结合口袋，且 R-型的结合能低于 S-型（$-6.57kcal \cdot mol^{-1}$），因此，与靶标结合的作用更强[245]。此外，宋宝安院士课题组还采用铜催化剂与氮杂卡宾催化剂协同催化策略，合成了一系列手性吲哚醌和吲哚内酯及多取代苯衍生物，生物活性测试表明具有良好的抗 TMV 活性，获得多个原创手性先导化合物[246~248]。

参考文献

[1] 沈晋良．农药生物测定．北京：中国农业出版社，2013.

[2] 田丽娟，叶非．农药科学与管理，2007，28（6）：19.

[3] 李树正．农药议丛，1990，12（5）：48.

[4] 康卓，顾宝根．农药生物活性测试标准操作规范——杀菌剂卷．北京：化学工业出版社，2016.

[5] 顾宝根，刘学．农药生物活性测试标准操作规范——杀虫剂卷．北京：化学工业出版社，2016.

[6] 刘学，顾宝根．农药生物活性测试标准操作规范——除草剂卷．北京：化学工业出版社，2016.

[7] http://www.croplifeamerica.org/crop-protection/pesticide-facts.

[8] Harrison W. J Biomol Screen，1999，4（2）：61.

[9] Lamberth C，Jeanmart S，Luksch T，et al. Science，2013，341（6147）：742.

[10] Jeschke P. Modern methods in crop protection research. 1st ed. Weinheim：Wiley-VCH，2012：4.

[11] Tietjen K，Drewes M，Stenzel K. Comb Chem High Throughput Screen，2005，8（7）：589.

[12] Ott K H，Araní N，Singh B，et al. Phytochemistry，2003，62（6）：971.

[13] Smith S C，Delaney J S，Robinson M P，et al. Comb Chem High Throughput Screen，2005，8（7）：577.

[14] Fox S. HighTech Business Decisions. Moraga：CA，2005.

[15] Tückmantel S，Greul J N，Janning P，et al. ACS Chem Biol，2011，6（9）：926.

[16] Steinrucken H C，Hermann D. Chem Ind，2000，7：246.

[17] Short P. Chem Eng News，2005，83：19.

[18] Galloway W R J D，Isidro-Llobet A，Spring D R. Nat Commun，2010，1：80.

[19] Hajduk P J，Galloway W R J D，Spring D R. Nature，2011，470（7332）：42.

[20] Jeschke P. Modern methods in crop protection research. 1st ed. Weinheim：Wiley-VCH，2012：73.

[21] Charette A B，Beauchemin A. Organic reactions，2001，58.

[22] 施耐德，巴林豪斯．药物分子设计从入门到精通．上海：华东理工大学出版社，2012.

[23] 刘庆山．民族药物高通量筛选新技术．北京：中央民族大学出版社，2008.

[24] López-Ramos M，Perruccio F. J Chem Inf Model，2010，50（5）：801.

[25] Ma X H，Zhu F，Liu X，et al. Curr Med Chem，2012，19（32）：5562.

[26] Kitchen D B，Decornez H，Furr J R，et al. Nat Rev Drug Discov，2004，3（11）：935.

[27] Alonso H，Bliznyuk A A，Gready J E. Med Res Rev，2006，26（5）：531.

[28] Dudek A Z，Arodz T，Gálvez J. Comb Chem High Throughput Screen，2006，9（3）：213.

[29] Willett P. J Chem Inf Comput Sci，1998，38：983.

[30] Evers A，Hessler G，Matter H，et al. J Med Chem，2005，48（17）：5448.

[31] Liu X H，Ma X H，Tan C Y，et al. J Chem Inf Model，2009，49（9）：2101.

[32] Harper G，Bradshaw J，Gittins J C. J Chem Inf Comput Sci，2001，41（5）：1295.

[33] Ma X H，Jia J，Zhu F. Comb Chem High Throughput Screen，2009，12（4）：344.

[34] Yu L P，Kim Y S，Tong L. Proc Natl Acad Sci USA，2010，107：22072.

[35] Hörnberg A，Tunemalm A K，Ekström F. Biochemistry，2007，46：4815.

[36] Hibbs R E，Gouaux E. Nature，2011，474：54.

[37] Bocquet N，et al. Nature，2009，457：111.

［38］Nakao T，Banba S，Nomura M，Hirase K. Insect Biochem Mol Biol，2013，43：366.
［39］Berman H M，et al. Nucleic Acids Res，2000，28：235.
［40］Berman H M. Acta Crystallogr A，2008，64：88.
［41］Schleifer K J. Modern methods in crop protection research. 1st ed. Weinheim：Wiley-VCH，2012：22.
［42］Kar S，Roy K. Expert Opin Drug Discov，2013，8：245.
［43］Lindell S D，Pattenden L C，Shannon J. Bioorg Med Chem，2009，17：4035.
［44］Beffa R. Pflanzenschutz Nachr Bayer（English edition），2004，57：46.
［45］He Y，Niu C，Wen X，et al. Mol Inform，2013，32（2）：139.
［46］He Y，Niu C，Li H，et al. Sci China Chem，2013，56（3）：286.
［47］He Y，Niu C，Wen X，et al. Chin J Chem，2013，31（9）：1171.
［48］Gao Y M，Wang X J，Zhang J，et al. J Agric Food Chem，2012，60（39）：9874.
［49］Clark L C，Lyons C. Ann N Y Acad Sci，1962，102（1）：29.
［50］卢大胜，吕敬慈，雍克岚，等．中国新药杂志，2005，14（12）：1411.
［51］Ye Y H，Li C，Yang J，et al. Pest Manag Sci，2015，71（4）：607.
［52］黄永春，刘红梅，裴瑞瑞，等．环境科学，2006，27（7）：1469.
［53］Ma T，Zhu L，Wang J，et al. Environ Earth Sci，2011，64（3）：861.
［54］Guan Y，Liu L，Chen C，et al. Talanta，2016，160：125.
［55］Chen K I，Yao Y，Chen H J，et al. J Food Drug Anal，2016，24（4）：788.
［56］Sirotkina M，Lyagin I，Efremenko E. Int Biodeterior Biodegrad，2012，68：18.
［57］Tietjen K，Schreier P H. Modern methods in crop protection research. Weinheim：Wiley-VCH，2012：197.
［58］郝格非．农药合理设计的分子基础研究［D］．武汉：华中师范大学，2011.
［59］Hao G F，Wang F，Li H，et al. J Am Chem Soc，2012，134（27）：11168.
［60］Xiong L，Zhu X L，Gao H W，et al. J Agric Food Chem，2016，64（24）：4830.
［61］Xiong L，Li H，Jiang L N，et al. J Agric Food Chem，2017，65（5）：1021.
［62］Du G H. Chin J New Drugs，2002，1（1）：31.
［63］Lv Q J. Foreign Med Sc，2003，30（3）：129.
［64］Sundber G S. Curr Opin Biotechnol，2000，11（1）：47.
［65］Gary J C，Vivian L，Deborah C L. J Biomol Screen，2004，9（6）：467.
［66］Oleg K，Raul L，Priya K. J Biomol Screen，2004，9（3）：186.
［67］Linda P，Annie G，Patricia K. J Biomol Screen，2001，6（3）：75.
［68］Curtis T，Grant R Z. Curr Drug Discov，2004：19.
［69］Giuliano K A，Taylor D L. Trends Biotechnol，1998，16（3）：135.
［70］李韶菁，杜冠华．中国药学杂志，2008，43（2）：84.
［71］Zhang L，Du G H. Acta Pharm Sin，2005，40（6）：486.
［72］Nandini V H. Curr Drug Discov，2004：29.
［73］Zheng N，Cheng J，Zhang W，et al. J Agric Food Chem，2014，62（44）：10646.
［74］Xu Z H，Jiang S. Bull Biol，2003，38（3）：7.
［75］Zhang T T，Du G H. Acta Pharm Sin，2005，40（4）：289.
［76］Liu W R，Luan X H. Pharm J Chin，2003，19（1）：63.
［77］Harrison D J，Manz A，Fan Z，et al. Ana Chem，1992，64（17）：1926.
［78］Weigl B H，Bardell R L，Cabrera C R. Adv Drug Deliv Rev，2003，55（3）：349.
［79］El-Ali J，Sorger P K，Jensen K F. Nature，2006，442：403.
［80］Yeo L Y，Chang H C，Chan P P，et al. Small，2011，7（1）：12.
［81］Rios A，Escarpa A，Gonzalez M C，et al. Trends in Anal Chem，2006，5：467.
［82］Graichea D H. Nature，2006，442：387.
［83］Ye N N，Qin J H，Shi W W，et al. Lab Chip，2007，7（12）：1696.

[84] 庞磊，马立东，孟宪生，等. 中国现代应用药学，2015，32（12）：1518.
[85] Jeschke P. Pest Manag Sci，2010，66：10.
[86] Rocher F，Dédaldéchamp F，Saeedi S，et al. Plant Physiol Bioch，2014，84：240.
[87] http：//www. alanwood. de.
[88] Wada S，Toyota K，Takada A. J Nematol，2011，43（1）：1.
[89] Matthew J，Graneto S L. US 5093347，1922-03-03.
[90] 格韦尔，米勒，格尔特. CN 1968934A，2007-05-23.
[91] 相原秀典，横田和加子，山川哲，等. CN 110133031A，2008-02-27.
[92] Onishi M，Yoshiura A，Kohno E，et al. EP 1006102A2，2000-06-07.
[93] Moradi W A，et al. WO2015140198A1，2015-09-24.
[94] Chang H，Zhang M，Ji W，et al. Proc Natl Acad Sci USA，2012，109（12）：4455.
[95] Roy S，Yang G，Tang Y，et al. Nat Protoc，2012，7（1）：62.
[96] Liu S，Zhang X，Luo W，et al. Angew Chem Int Edit，2011，50（11）：2496.
[97] Ke G，Wang C，Ge Y，et al. J Am Chem Soc，2012，134（46）：18908.
[98] Li J，Yu J，Zhao J，et al. Nature Chem，2014，6（4）：352.
[99] Hong J，Huang Y，Li J，et al. Faseb J，2010，24（12）：4844.
[100] Zhang J，Zheng J，Lu C，et al. Chem Bio Chem，2012，13（13）：1940.
[101] Wei L，Cao L，Xi Z. Angew Chem Int Edit，2013，125（25）：6629.
[102] Geng Y，Qin Q，Ye X S. J Org Chem，2012，77（12）：5255.
[103] Yang L，Zhu J，Zheng X J，et al. Chem-Eur J，2011，17（51）：14518.
[104] Zhu Y，Yu B. Angew Chem Int Edit，2011，50（36）：8329.
[105] Ma Y，Li Z，Shi H，et al. J Org Chem，2011，76（23）：9748.
[106] Li Y，Sun J，Yu B. Org Lett，2011，13（20）：5508.
[107] Yang X，Fu B，Yu B. J Am Chem Soc，2011，133（32）：12433.
[108] Galvani L. Bon Sci Art Inst Acad Comm，1967，7：363.
[109] Verkhratsky A，Krishtal O A，Petersen O H. Pflug Arch Eur J Phy，2006，453（3）：233.
[110] Neher E，Sakmann B. Nature，1976，260（5554）：799.
[111] 吕为群，程若冰，兰兆辉. 水生生物学报，2014，38（4）：780.
[112] 李佳，李贺年，赵斌涛，等. 河北农业大学学报，2003，26（增）：208.
[113] Lindau M. BBA-GENGenaral Subjects，2012，1820（8）：1234.
[114] 施玉梁，王文萍，廖春燕，等. 昆虫学报，1986，29（3）：235.
[115] 严福顺. 昆虫学报，1993，36（1）：1.
[116] Tomizawa M，Millar N S，Casida J E. Insect Biochem Molec，2005，35（12）：1347.
[117] Musa-Aziz R，Boron W F，Parker M D. Methods，2010，51（1）：134.
[118] He B，Liu A. Acta Ent Sin，2001，44（4）：574.
[119] Alison O，Sonja S F，Nadine B，et al. Channels，2015，9（6）：367.
[120] Chen P，Zhang W，Zhou J，et al. Mater Int，2009，19（2）：153.
[121] 杨琳，李莉. 农药，2014（02）：83.
[122] 田晶. 吉林医药学院学报，2008（04）：227.
[123] Verkhratsky A，et al. Eur J Physiol，2006，453（3）：233.
[124] Dale T J，Townsend C，Hollands E C，et al. Mol Biosyst，2007，3（10）：714.
[125] 王瑞兰. 安徽农业科学，2013（05）：1948.
[126] 杜育哲，贺秉军，刘丽，等. 天津农学院学报，2001（02）：24.
[127] 薛超彬，罗万春. 昆虫知识，2003（06）：496.
[128] 曹建斌. 运城学院学报，2009（02）：53.
[129] Harrison R R，Kolb I，Kodandaramaiah S B，et al. J Neurophysiol，2015，113（4）：1275.

[130] 折冬梅，黄啟良，李凤敏．中国植物保护学会，2008，5.
[131] 陈子元．核农学报，2003，17（05）：325.
[132] 贾明宏，李本昌．农药科学与管理，1996，60（04）：14.
[133] 闫晓静，秦维彩，齐淑华，等．世界农药，2009，31（06）：16.
[134] Chernyavsky A I，Arredondo J，Qian J，et al. J Biol Chem，2009，284：22140.
[135] Gurdon J B，Lane C D，Wood H R，et al. Nature，1971，233：177.
[136] Buznikov G A，Shmukler Y B，Lauder J M. Cell Mol Neurobiol，1996，16（5）：537.
[137] Kolosha V，Anoia E，Cespedes C，et al. Hum Mutat，2000，15（5）：447.
[138] Dascal N. Crit Rev Biochem，1987，22：317.
[139] 刘瑛，温来欣．职业与健康，2008，24（14）：1448.
[140] Pennie W D. Toxicology，2002（181-182）：551.
[141] 顾大勇．国外医学生物医学工程分册，2004，27（3）：129.
[142] 汪琦，陈观今，郑焕钦．生命科学研究，2001，5（3）：86.
[143] Gabig M，Wegrzyn G. Acta Biochem Pol，2001，48（3）：615.
[144] Shoemaker D D，Linsley P S. Curr Opin Microbiol，2002，5（3）：334.
[145] Heller M J. Ann Rev Biomed Eng，2002：129.
[146] 夏俊芳，刘箐．生物技术通报，2010，75：73.
[147] 胡笑形．农药，1998，37（6）：7.
[148] Mehrazar E，Rahaie M，Rahaie S. Int J Nanopart，2015，8（1）：1.
[149] 周学永，陈守文，喻子牛．化学与生物工程，2004（1）：4.
[150] 王李节，周艺峰，聂王焰．安徽化工，2007，33（1）：16.
[151] 冯建国，路福绥，李明，等．农药研究与应用，2009（03）：12.
[152] Cao Y，Tan H，Shi T，et al. J Chem Technol Biot，2008，83（4）：546.
[153] 许艳玲．天津农学院学报，2009，16（1）：49.
[154] Lynch M P，Bech J R. GB 2149402，1985-06-12.
[155] Mehrazar E，Rahaie M，Rahaie S. Int J Nanopart，2015，8（1）：1.
[156] Fan H L，Li L，Zhou S F. Ceram Int，2016，42：4228.
[157] Fu J，Xin Q，Wu X，et al. J Colloid Interface Sci，2016，461：292.
[158] Kaur Y，Bhatia Y，Chaudhary S，et al. J Mol Liq，2017，234：94.
[159] Malarkodi C，Rajeshkumar S，Annadurai G. Food Control，2017，80（10）：11-18.
[160] Fan Nie，Wang J，Lu X，et al. Sci Hortic，2017，67（3-4）：229.
[161] 吴超柱，徐凡，郜炎龙，等．重庆理工大学学报自然科学版，2014，28（5）：55.
[162] Prasher D C，Eckenrode V K，Ward W W，et al. Gene，1992，111：229.
[163] Chalfie M，Tu Y，Euskirchen G，et al. Science，1994，263：802.
[164] Shaner N C，Steinbach P A，Tsien R Y. Nat Methods，2005，2：905.
[165] Hoppin J，Orcutt K D，Hesterman J Y，et al. J Pharmacol Exp Ther，2011，337（2）：350.
[166] You J，Dou K，Song C，et al. J Sep Sci，2017，21（11）：138.
[167] 张玺，张奇，白芳，白钢．南开大学学报（自然科学版），2014，47（5）：40.
[168] Jung D，Min K，Jung J，et al. Mol Biosyst，2013，9（5）：862.
[169] Feng M，Zhao J，Zhang J，et al. Toxins，2014，6（5）：1575.
[170] 张桂芬，靳颖，张爱民，等．武警后勤学院学报（医学版），2008，17（6）：550.
[171] Jorgensen R. Trends Biotechnol，1990，8（12）：340.
[172] Cogoni C，Romano N，Macino G. Antonie Van Leeuwenhoek，1994，65（3）：205.
[173] Guo S，Kemphues K J. Cell，1995，81（4）：611.
[174] Fire A，Xu S，Montgomery M K，et al. Nature，1998，391（6669）：806.
[175] Elbashir S M，Harborth J，Lendeckel W，et al. Nature，2001，411（6836）：494.

[176] Brummelkamp T R，Bernards R，Agami R. Science，2002，296（5567）：550.
[177] Zhu R，Shevchenko O，Ma C，et al. Planta，2013，237（6）：1483.
[178] 张鑫，郝玉琴．中国麻风皮肤病杂志，2016，32（2）：119.
[179] Whangbo J S，Hunter C P. Cell，2008，24：297.
[180] Huvenne H，Smagghe G. J Insect Physiol，2010，56：227.
[181] Baum J A，Bogaert T，Clinton W，et al. Nat Biotechnol，2007，25（11）：1322.
[182] Mao Y B，Cai W J，Wang J W，et al. Nat Biotechnol，2007，25（11）：1307.
[183] Turner C T，Davy M W，MacDiarmid R M，et al. Insect Mol Biol，2006，15：383.
[184] Zhang B，Zhang L，He L，et al. J Agric Food Chem，2018，66（23）：5756.
[185] Bautista M A M，Miyata T，Miura K. Insect Biochem Molec，2009，39：38.
[186] Zha W，Peng X，Chen R，et al. PLoS One，2011，6：20504.
[187] Gong L，Yang X Q，Zhang B，et al. Pest Manag Sci，2011，65：514.
[188] Wang Y，Zhang H，Li H，et al. PLoS One，2011，6：18644.
[189] Obo M. Bioelectromagnetics，2002，23：306.
[190] 周蕴赟．鱼尼丁受体类杀虫剂的设计合成和生物活性研究［D］．天津：南开大学，2014.
[191] 薛超彬，罗万春．昆虫知识，2003（2）：496.
[192] Lv P，Chen Y，Zhao Z，et al. J Agric Food Chem，2018，66（4）：1023.
[193] Wang J，et al. Zhejiang Univ Sci B，2010，11（6）：451.
[194] Hickman J J. Toxicol in Vitro，2006，20：375.
[195] Chong Y，Hayes J L，Sollod B，et al. Biochem Pharmacol，2007，74（4）：623.
[196] 赵强，李杰，刘燕强，等．昆虫学报，2006（1）：50.
[197] 贺秉军，刘安西．昆虫学报，2001（04）：574.
[198] Perrin F. J Phys Radium，1926，7：390.
[199] Alfonso A，Fernández-Araujo A，Alfonso C，et al. Anal Biochem，2012，424（1）：64.
[200] Wang Z，Zhang X，Wang Y，et al. Acta Chimica Sinica，2013，71（12）：1620.
[201] 朱广华，郑洪，鞠熀先．分析化学，2004，32（1）：102.
[202] Liu Y，Liu R，Boroduleva A，et al. Anal Methods，2016，8（36）：6636.
[203] Zhang C，Wang L，Tu Z，et al. Biosens Bioelectron，2014，55（15）：216.
[204] 张怡轩，韩云波．中国药学杂志，2009，44（11）：801.
[205] Liu K，Li Q，Wang Y，et al. Rsc Adv，2016，6（45）：39039.
[206] Hutchins S，Torphy T，Muller C. Drug Discov Today，2011，16（7-8）：281.
[207] Waterbeemd V D，Han，Gifford E. Nat Rev Drug Discov，2003，2：192.
[208] Kola I，Landis J. Nat Rev Drug Discov，2004，3：711.
[209] Arrowsmith J. Nat Rev Drug Discov，2011，10：1.
[210] Arrowsmith J，Miller P. Nat Rev Drug Discov，2013，12：569.
[211] Nigsch F，Macaluso N J，Mitchell J B，et al. Expert Opin Drug Metab Toxicol，2009，5（1）：1.
[212] Modi S，Hughes M，Garrow A，et al. Drug Discov Today，2012，17（3-4）：135.
[213] http://www. epa. gov/comptox/#.
[214] Dearden J C. J Comput-Aided Mol Des，2003，17（2-4）：119.
[215] Gleeson M P，Modi S，Bender A，et al. Curr Pharm Des，2012，18（9）：1266.
[216] Merlot C. Drug Discov Today，2010，15（1-2）：16.
[217] RichardA M. Mutat Res-Fund Mol M，1998，400（1-2）：493.
[218] Nestler E J. Neuropharmacology，2004，47：24.
[219] Muster W，Breidenbach A，Fischer H，et al. Drug Discov Today，2008，13（7-8）：303.
[220] Modi S，Hughes M，Garrow A，et al. Drug Discov Today，2012，17（3-4）：135.
[221] Patlewicz G，Roberts D W，Aptula A，et al. Regul Toxicol Pharmacol，2013，65：226.

[222] Nicolotti O, Benfenati E, Carotti A, et al. Drug Discov Today, 2014, 19 (11): 1757.
[223] Vink S R, Mikkers J, Bouwman T, et al. Regul Toxicol Pharmacol, 2010, 58: 64.
[224] Ashby J. Environ Mutagen, 1985, 7: 919.
[225] Kruhlak N L, Contrera J F, Benz R D, et al. Adv Drug Deliv Rev, 2007, 59: 43.
[226] Liao Q, Yao J, Yuan S. Mol Diversity, 2007, 11 (2): 59.
[227] Russom C L, Bradbury S P, Broderius S J, et al. Environ Toxicol Chem, 1997, 16 (5): 948.
[228] Hardy B, Douglas N, Helma C, et al. J Cheminf, 2010, 2 (1): 7.
[229] Bhattacharya S, Zhang Q, Carmichael P L, et al. PloS One, 2011, 6 (6): e20887.
[230] Matthews E J, Contrera J F. Regul Toxicol Pharmacol, 1998, 28 (3): 242.
[231] Kavlock R, Dix D. J Toxicol Environ Health, Part B, 2010, 13 (2-4): 197.
[232] Tong W, Lowis D R, Perkins R, et al. J Chem Inf Model, 1998, 38 (4): 669.
[233] Daetwyler H D, Villanueva B, Woolliams J A. PloS One, 2008, 3 (10): e3395.
[234] Keiser M J, Setola V, Irwin J J, et al. Nature, 2009, 462 (7270): 175.
[235] Puinean A M, Foster S P, Oliphant L, et al. PLoS Genet, 2010, 6 (6): e1000999.
[236] Altenburger R, Nendza M, Schüürmann G. Environ Toxicol Chem, 2003, 22 (8): 1900.
[237] Lv W, Xue Y. Eur J Med Chem, 2010, 45 (3): 1167.
[238] Yap C W, Chen Y Z. J Chem Inf Model, 2005, 45 (4): 982.
[239] Li S, Li D, Xiao T, et al. J Agric Food Chem, 2016, 64 (46): 8927.
[240] Fan H T, Song B A, Bhadury P S, et al. Int J Mol Sci, 2011, 12 (7): 4522.
[241] Bai S, Liang X P, Song B A, et al. Tetrahedron: Asymmetry, 2011, 22 (5): 518.
[242] Li L, Song B A, Bhadury P S, et al. Eur J Org Chem, 2011, 25: 4743.
[243] Lin P, Song B A, Bhadury P S, et al. Chin J Chem, 2011, 29 (11): 2433.
[244] Li W H, Song B A, Bhadury P S, et al. Chiralty, 2012, 24 (3): 223.
[245] Zhang G, Hao G, Pan J, et al. J Agric Food Chem, 2016, 64 (21): 4207.
[246] Chen X K, Yang S, Song B A, et al. Angew Chem Int Ed, 2013, 52 (42): 11134.
[247] Namitharan K, Zhu T S, Cheng J J, et al. Nat Commun, 2014, 5: 3982.
[248] Zhu T S, Zheng P C, Mou C L, et al. Nat Commun, 2014, 5: 5027.

第3章
农药创新理论

3.1 概论

农药历经几十年的发展，现有理论还不能满足农药创制需求，而理论是对实践的高度总结和归纳，理论不仅作为解释，更重要的是作为指导，理论的建立、革新和发展对农药的开发至关重要，因此，人们需要通过不断开创新理论以满足对人们对农药创新理论的需求。

目前对农药创新理论的研究主要针对合成方法、农药分子设计以及分子靶标发现等方面展开，以构建集成现代分子设计学、合成化学、生物学与分子生物学的农药创新理论体系。在合成方法上，以类同合成为农药分子合成的新思路，发展了片段拼接法、中间体衍生法等创新农药合成理论，用以给农药分子开发提供明确的方向，提高成功率。在农药分子设计方面，基于绿色化学与分子设计学，发展了QAAR、构型控制、MB-QSAR、DFT/QSAR、构象柔性度分析、活性碎片法等分子设计策略，用于验证候选农药分子的生物合理性，实现对候选药物的高效优化。

在靶标发现方面，基于生物学与分子生物学，开发包括几丁质合成酶、细胞质苏氨酰转移核酸合成酶、气味蛋白、咽侧体蛋白、HrBP蛋白等在内的潜在分子靶标，为新型农药的开发以及农药小分子与靶标生物大分子的各种相互作用的研究提供理论基础。农药创新的理论必然会为今后新农药的开发提供新的思路和指导，这些新理论在新农药的研究开发中将越来越成为关键因素，以适应不断发展的农药需求。

3.2 类同合成

类同合成有时也被称为模拟合成，是从已知的商品化农药结构出发，利用生物电子等排、活性叠加等原理进行结构变化和修饰，设计合成系列衍生物，或以该化合物为先导，衍生出二级化合物，从而开发出结构不同的新化合物的方法。它有衍生合成的意思，也称为me-too。这种方法在初期药物开发时常用。随着药物设计理论的不断发展，这一方法有了更进一步的发展。目前，类同合成进行农药分子设计主要包括以下两种策略：片段拼接法和中间体衍生法。

类同合成法的目的性强，命中率高，可以少走弯路，省力省钱，是目前国内农药创制领域比较受欢迎的方法。但是由于其结构与母体结构的相似性高，生物活性和靶标也可能类似的局限性，容易产生比较严重的抗性，有时也会产生产权纠纷。有实力的公司可以通过相互追踪专利，借助生物信息学和结构生物学等理论基础，开发出新一代的高活性农药。但是，这种做法有可能导致在化合物研究彻底或者完全开发前既不对外公布也不对外申请专利，虽然短时期内保护了结构的新颖性，产生竞争力并降低商品价格，但是从长远看并不利于整个农药行业的持续健康发展[1,2]。

3.2.1 片段拼接法

3.2.1.1 原理

在以往农药创制过程中，大量具有生物学意义的活性片段不断被发现，而这些活性片段完全可以重新利用到新农药的创制过程中去。基于此，片段拼接法即通过一定的连接体将两种或者更多的已知活性的结构单元有机结合起来，获得结构新颖的化合物。通过此方法获得的化合物，可能具有意想不到的生物活性[3]。

3.2.1.2 发展

这种方法最早应用于医药方面。后来经过不断的发展，这种药物合成方法在新农药的创制上的应用十分广泛，并且已经取得显著的进展。

新烟碱杀虫剂的发展正是体现了这种方法在新农药创制上的成功应用，以吡虫啉为母体，将吡啶环相继变换成噻唑环、呋喃环，产生了第一代、第二代以及第三代新烟碱类杀虫剂（图 3-1）。

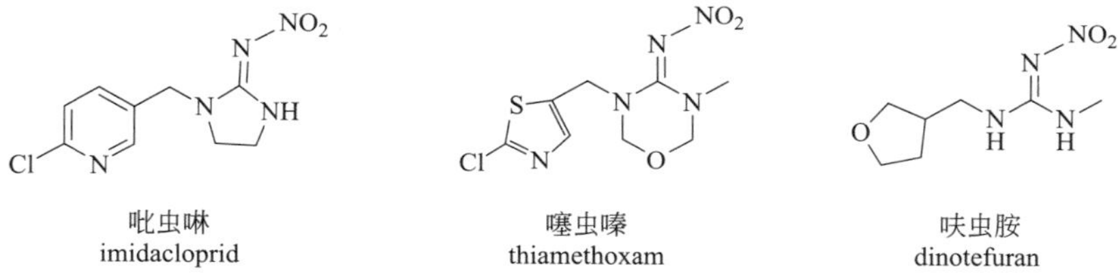
NO2
N
N
NH
Cl
N
吡虫啉
imidacloprid
S
Cl
O
噻虫嗪
thiamethoxam
H
呋虫胺
dinotefuran

图 3-1 三代新烟碱类杀虫剂的代表结构

许洪涛等[4]采用亚结构拼接法，将具有除草活性的脲类亚结构与具有植物生长调节活性的 *N*-硝基取代苯胺亚结构连接起来，获得同时具有除草和植物生长调节活性的化合物（图 3-2）。

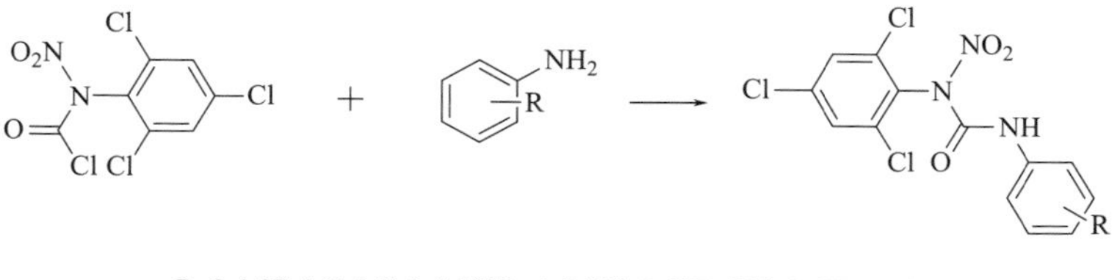
Cl
O2N
N
Cl
O
Cl Cl
+
NH2
R
NO2
NH
Cl O

R=3,4-2F, 2-F, 3-F, 3,5-2CH_3, 3,5-2Cl, 3-CH_3-5Cl, 4-CH_3-3Cl

图 3-2 *N*-硝基-*N*,*N*-二苯脲类衍生物的设计合成

于海波、秦雪等先后利用亚结构拼接以及生物电子等排等原理设计合成了一系列氮杂环的新烟碱及苯甲酰脲类化合物和含噻唑和吡唑环的 strobilurin 杀菌剂[5]，再次扩展了类同合成的应用范围（图 3-3，图 3-4）。

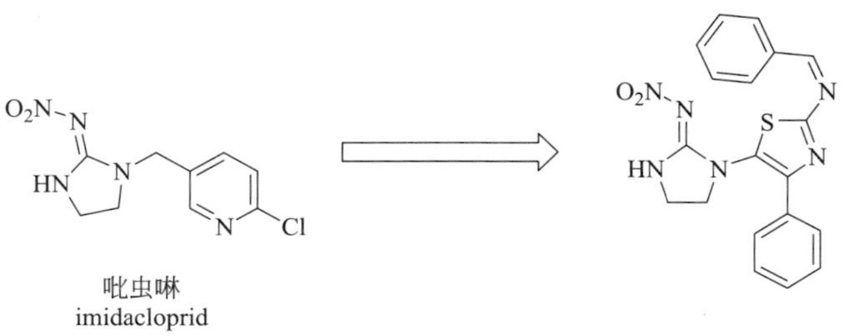

吡虫啉
imidacloprid

图 3-3　新烟碱类化合物的设计合成

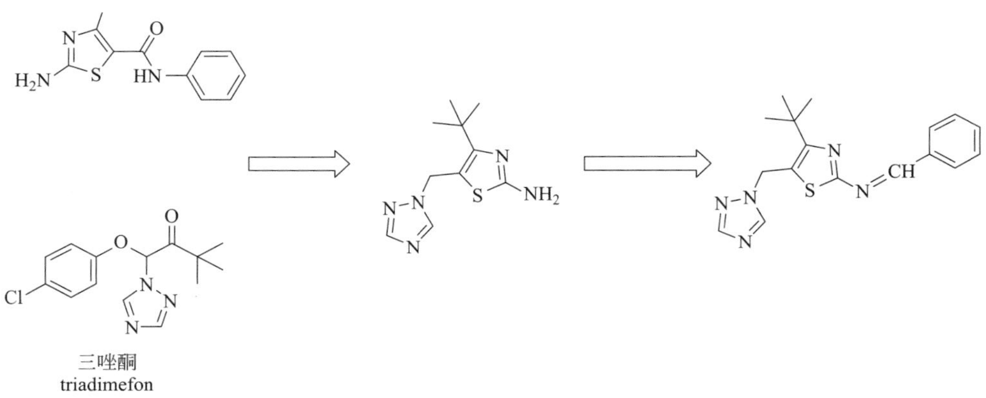

三唑酮
triadimefon

图 3-4　含噻唑和吡唑环的 strobilurin 杀菌剂的设计合成

葛前建等采用亚结构拼接法，将氟虫腈和氯虫酰胺的活性亚结构衍生物连接在一起，获得了一系列含吡唑环的新型二酰胺类化合物。该类化合物对黏虫、苜蓿蚜、茶尺蠖具有一定的抑制活性（图 3-5）。

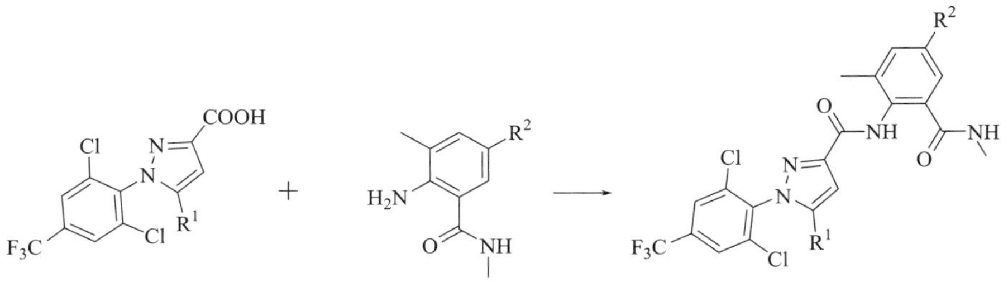

图 3-5　含吡唑环的新型二酰胺类化合物的设计合成

马洪菊先后以 KIH-485 为先导合成了结构新颖的含吡唑类和噻唑环类的玉米田高效除草剂[6]。该除草剂对稗草、马齿苋、牛筋草均具有很好的抑制活性，并且对玉米和油菜安全（图 3-6）。

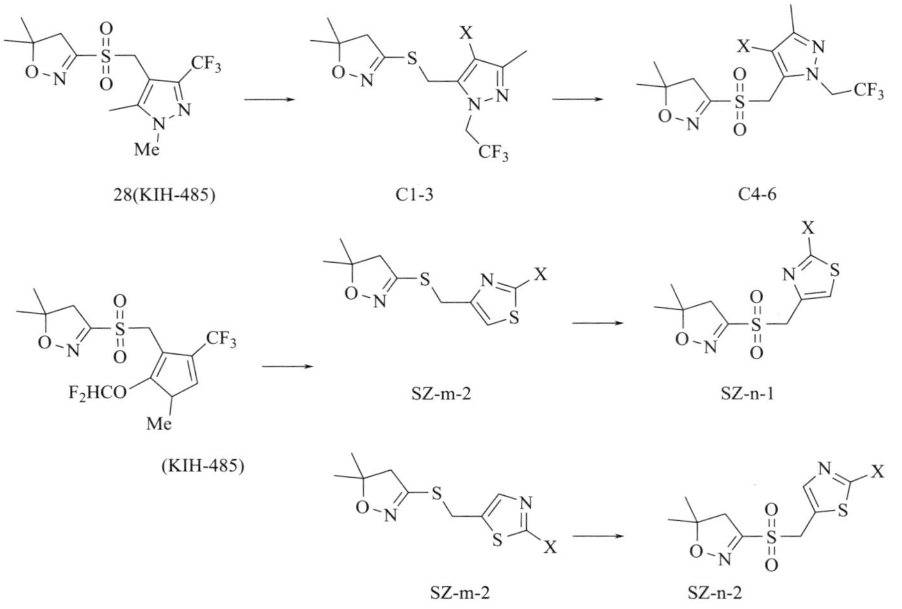

图 3-6　含吡唑类和噻唑环类的化合物的设计合成

浙江大学赵金浩等利用亚结构拼接原理将螺螨酯的关键中间体 S-(2,4-二氯苯基)-4-羟基-1-氧杂螺[4.5]癸-S-烯-2-酮与拟除虫菊酯类菊酰氯、硫代磷酰氯等拼接，设计合成了罗环季酮酸类衍生物，并且进行了生物活性测定，发现了一些活性高的化合物。该类化合物对蚜虫、黏虫和朱砂叶螨具有良好的活性（图 3-7）。

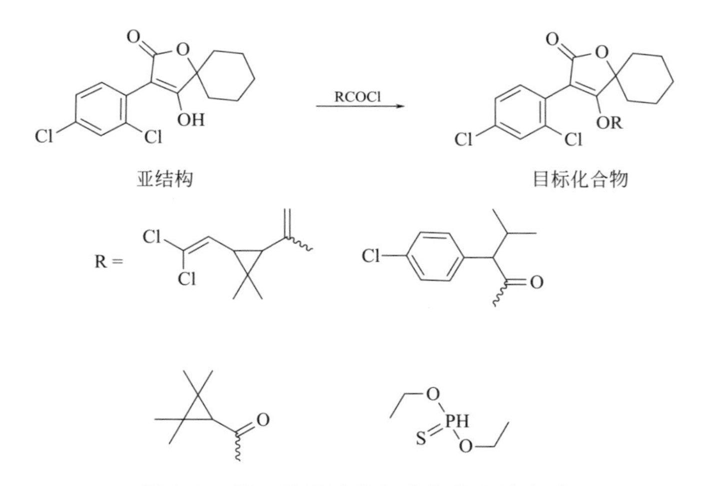

图 3-7　螺环季酮酸类衍生物的设计合成

3.2.2　中间体衍生法

3.2.2.1　原理

当前我国的新农药创制大多属于模拟合成（me-too）研究，这就不可避免地存在很多局限性。当前专利申请时，大多数情况下已经考虑到生物电子等排的替换，因此，相关的替换基本都在专利权的保护范围之内。所以，仅依靠生物电子等排和活性亚结构拼接的方法进行新农药创制很难进行me-too研究。这就给结构新颖的先导化合物的发现带来了严峻的挑战，也只有非等排替换，才能超出原有的专利保护。鉴于me-too研究存在很多局限性，在新农药创制领域，只有研制的化合物超出既有专利保护的范围，且符合专利的“三性”：新颖性、创造性、实用性，这样的化合物才有进一步研究的意义。我们必须“与时俱进”，探索一条适宜我国国情的新农药创新研究方法。

中间体衍生化方法是沈阳化工研究院刘长令教授通过多年的研究实践，并在总结他人的研究成果的基础上发现的一种新农药创新研究方法。基于所有的产品都是由一个或多个中间体或原料经过化学反应得到的事实，其实质是对有机中间体可进行多种有机化学反应的特性加以利用，从化学的角度出发，把新药先导发现的复杂过程简单化的过程。

先导化合物的发现是新农药创制阶段的重要环节，如果研究过程中发现的活性化合物具有可以继续反应或者衍生的基团，可以与其他原料和中间体进一步反应；或者可以通过化学反应合成更多的类似物；经过初步的筛选研究发现大多数的类似物均具有活性，那么该化合物即可称为先导化合物。当然新化合物通常不会有很好的活性，研制的过程中需要化合物设计者的经验与灵感，更需要艰辛和持之以恒的努力。

如果基于化学反应，合成一个化合物所利用的某些中间体或原料在目前的文献中都没有记载的话，那么合成的化合物也一定是新的。也可以通过化学反应先合成出新的中间体，再进一步合成出新的化合物。当然也有可能通过两个已知中间体合成出新的化合物，或者通过如发酵或者生物催化等其他途径获得新的化合物。

3.2.2.2 分类

按照其内涵上的差别，中间体衍生化法在实际应用中可以具体地分为以下三种。①直接合成法：利用中间体进行化学反应，然后筛选，发现先导化合物，先导化合物再经进一步的优化发现新的农药品种，可以研制出结构全新的化合物，但需要长期积累。②替换法：基于生物电子等排的中间体衍生化方法，属于me-too研究，即利用简单的原料，通过化学反应合成新的中间体，利用该中间体替换已知农药或者医药品种化学结构中的一部分，得到新的化合物，经筛选发现新的先导化合物，再经优化发现新的农药品种。此种方法将活性基团拼接和生物电子等排有机结合在一起，可以在短时间内发现专利保护范围之外的新先导化合物，快速研制新产品。③衍生法：利用已知的具有活性的化合物或农药品种作为中间体，进行进一步的化学反应，设计合成新化合物，经过筛选优化研究发现新农药品种。亦属于me-too研究，经优化研究，所得的化合物性能只有显著优于已知的活性化合物或农药品种，才能得到专利授权，属于选择发明。当然，利用已知的具有活性的化合物或农药品种作为中间体也可以衍生出结构新颖的、已知专利保护范围的化合物。

3.2.2.3 中间体衍生化方法的应用

中间体衍生法主要基于关键中间体的发现和开发。快速的生物活性筛选对于新的先导化合物的开发来说是非常有必要的。先导化合物可以通过化学合成以及诸如发酵和生物催化等生物手段得到。以上三种方法的不同具体体现在关键中间体的复杂程度和从初始结构到最优化合物所需要的时间上。较短时间内得到成功化合物对于专利性来说也是非常关键的。单从化合物的新颖性来说，直接合成法是最有效的方法，但是也存在着费时费力的缺点。替换法和衍生法是基于结构已知的化合物，在此基础上进行结构优化，虽然目的性强，但也存在着难以跳出别人的专利保护范围之类的不足。替换法和衍生法的结合使用不失为一种有效的方法。

从时间方面比较三种方法发现新化合物的成功率来看，替换法和衍生法明显快于直接合成法。比如，在化合物 SYRICI 的合成方面，用替换法和衍生法在两三年内就合成了几百个新化合物。而对于直接合成法，更多地依赖于运气，这肯定会在研发周期上对先导化合物的发现产生更为不利的影响。

起始原料的选择在中间体衍生法的成功运用上起着非常重要的作用。一个合理的出发点能够明显提高高活性化合物的发现效率，进而成功地发现农药新品种。在有生物活性的天然产物或者已经商品化的农用化合物之间选择一个合适的活性原料对中间体衍生法的成功运用能够产生比较重要的影响。

以下介绍的是中间体衍生法在先导化合物的成功发现上的具体的运用。

（1）直接合成法　许多商品化的农用化学品都是通过直接合成法发现的。

图 3-8 列出了三种由 β-酮酯结构作为初始结构的商品化的农用化学品（嘧螨醚、二氟林和嘧虫胺）的合成路线[7,8]。关键中间体 **2** 是中间体 **1** 经三氯化磷氯化得到的，其中三氯化磷便是经 α-氯-β-酮酯经取代得到的。可以确定的是，在整条合成路线中，取代的 β-酮酯被用作了初级关键中间体，而中间体 **1** 和中间体 **2** 则被用作次级关键中间体。中间体 **2** 然后经过与其他含有诸如羟基、初级或次级胺、肼基、硫醇等现有中间体进一步反应来获得一系列具有较好生物活性的嘧啶胺衍生物。因此，通过何种取代胺的亲核取代反应从中间体 **2** 出发合成了一系列的嘧啶胺的衍生物。后经生物活性测试以及化合物的优化，嘧螨醚、二氟林和嘧虫胺三种化合物最终被筛选出来。这三种化合物分别具有良好的杀螨/杀虫、杀菌和杀虫活性。

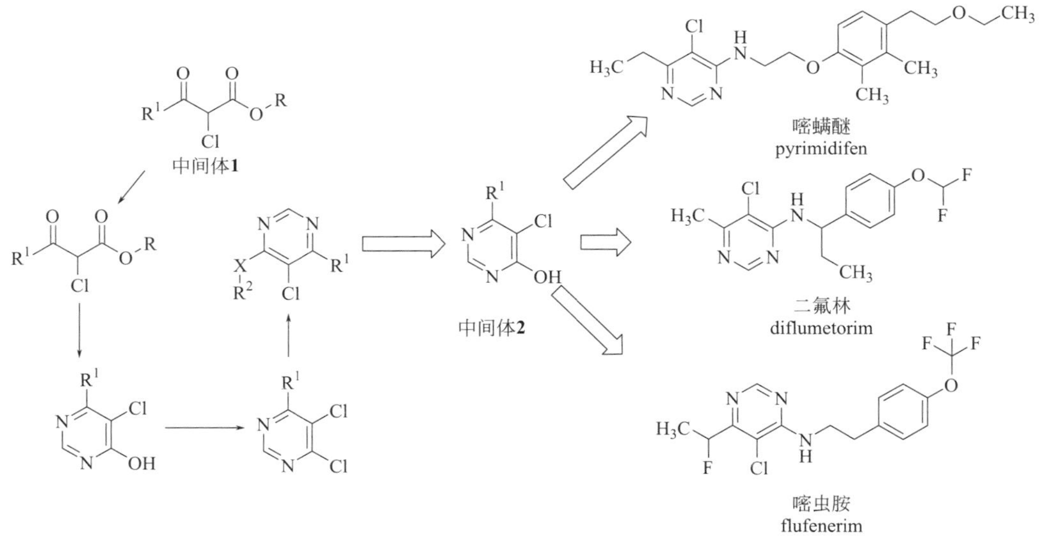

图 3-8　嘧螨醚、二氟林和嘧虫胺的发现过程

除此之外，恶霉灵的合成也体现了直接合成法的应用[9]。恶霉灵是由 Sankyo Co，Ltd. 在 1970 年开发的一种兼具植物生长调节活性的杀菌剂。图 3-9 所示的合成路线中，杀菌剂恶霉灵也是由 β-酮酯起始合成的。乙酰乙酸乙酯与羟胺反应生成酰胺衍生物，然后经过环化反应得到目标产品恶霉灵。

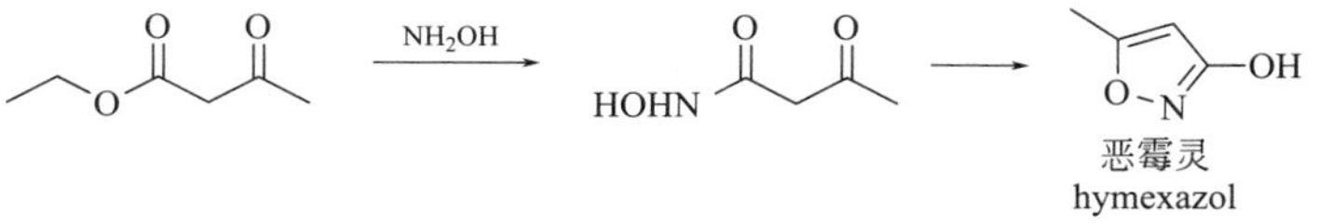

图 3-9　恶霉灵的发现过程

在氟啶虫酰胺的合成路线中[10]（图 3-10），被标出的关键中间体 4-(三氟甲基)烟碱甲氰是由乙基-4,4,4-三氟醚-3-氧桥丁酸和 2-氰基乙酰胺经过环化、氯化和加氢脱氯反应得到的，后经水解作用得到羧酸化合物并进一步转化为酸氯化物。氟啶虫酰胺是由酸氯化物由氨基乙腈冷凝所得的。氟啶虫酰胺是由 Ishihara Sangyo Kaisha，Ltd. 发现的一种新型低毒吡啶酰胺类昆虫生长调节剂类杀虫剂。

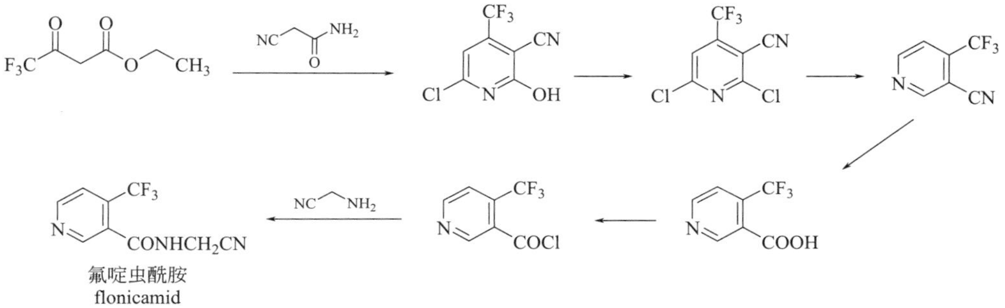

图 3-10　氟啶虫酰胺的发现过程

（2）替换法　许多商品化的农用化学品都是通过某些活性基团的替换发现的。

磺酰脲类除草剂的发现过程体现了替换法的设计思路[11]。图 3-11 展现了该类除草剂的发现过程，从图中可以看出：磺酰脲类除草剂的产品基本都是中间磺酰脲类化合物氯磺隆的末尾基团（2-氯苯基和三嗪）经不同基团的相互替换而来的。

通过对芳氧苯氧丙酸类除草剂的发现过程[12,13]（图 3-12）进行分析发现：芳氧苯氧丙酸类除草剂的产品同样基本都是由中间芳氧苯氧丙酸类化合物氯磺隆的末尾基团（2,4-二氯苯氧和碳酯基链）经不同基团的相互替换而来的。自从第一个芳氧苯氧丙酸类除草剂上市之后，通过末端基团替换的方法，许多有着相似的骨架结构的该类除草剂被相继发现。这正是中间体衍生法中替换法的成功运用。

替换法在杀虫剂的发现过程中也有体现。图 3-13 展示了双酰肼类杀虫剂的发现过程[14]：双酰肼类杀虫剂的产品同样基本都是由中间双酰肼类先导化合物 RH 5849（对鳞翅目害虫有较好的杀虫活性）的末尾苯基经不同基团的相互替换而来的。自从第一个双酰肼类杀虫剂——RH 5849 被 Rohm & Haas（现 Dow AgroSciences LLC）发现以来，通过末端基团替换的方法，许多有着相似的骨架结构的该类杀虫剂被相继发现。这正是替换法在杀虫剂的发现过程中的成功运用。

除除草剂和杀虫剂之外，替换法在杀菌剂的发现过程中也有体现。甲酰胺类杀菌剂是化学结构中含有酰胺结构的有机化合物。图 3-14 展示了甲酰胺类杀菌剂的发现过程[15]。从图中可看出，甲酰胺类杀菌剂结构的共同特征是都具有中间的酰胺结构，该类杀菌剂的衍生也是基于对甲酰胺两侧结构的活性基团的替换。

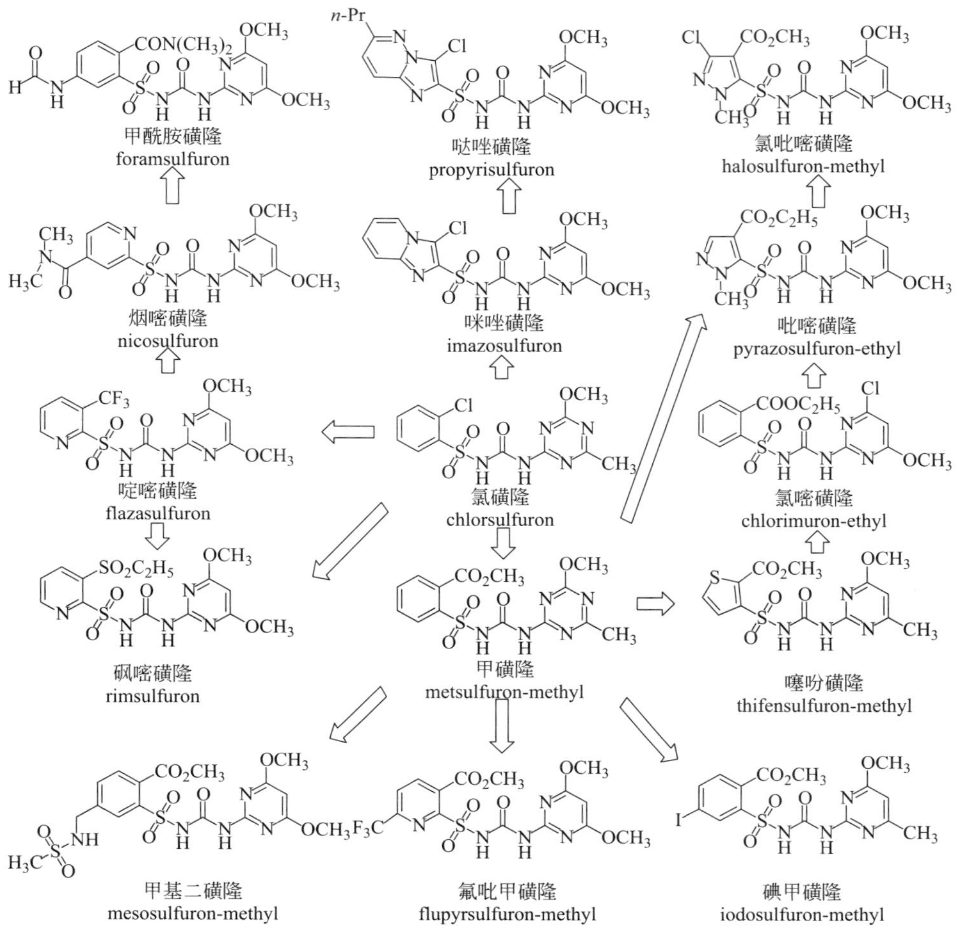

甲酰胺磺隆
foramsulfuron

哒唑磺隆
propyrisulfuron

氯吡嘧磺隆
halosulfuron-methyl

烟嘧磺隆
nicosulfuron

咪唑磺隆
imazosulfuron

吡嘧磺隆
pyrazosulfuron-ethyl

啶嘧磺隆
flazasulfuron

氯磺隆
chlorsulfuron

氯嘧磺隆
chlorimuron-ethyl

砜嘧磺隆
rimsulfuron

甲磺隆
metsulfuron-methyl

噻吩磺隆
thifensulfuron-methyl

甲基二磺隆
mesosulfuron-methyl

氟吡甲磺隆
flupyrsulfuron-methyl

碘甲磺隆
iodosulfuron-methyl

图 3-11　磺酰脲类除草剂的发现过程

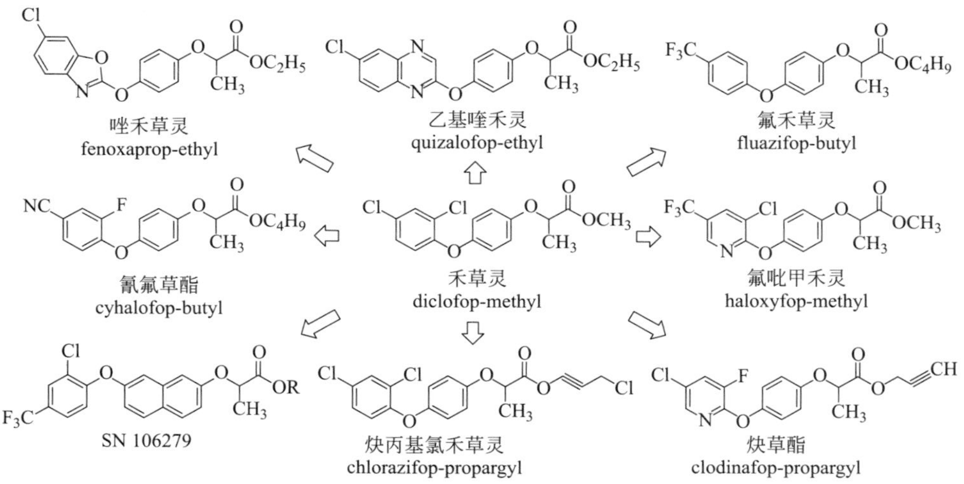

唑禾草灵
fenoxaprop-ethyl

乙基喹禾灵
quizalofop-ethyl

氟禾草灵
fluazifop-butyl

氰氟草酯
cyhalofop-butyl

禾草灵
diclofop-methyl

氟吡甲禾灵
haloxyfop-methyl

SN 106279

炔丙基氯禾草灵
chlorazifop-propargyl

炔草酯
clodinafop-propargyl

图 3-12　芳氧苯氧丙酸类除草剂的发现过程

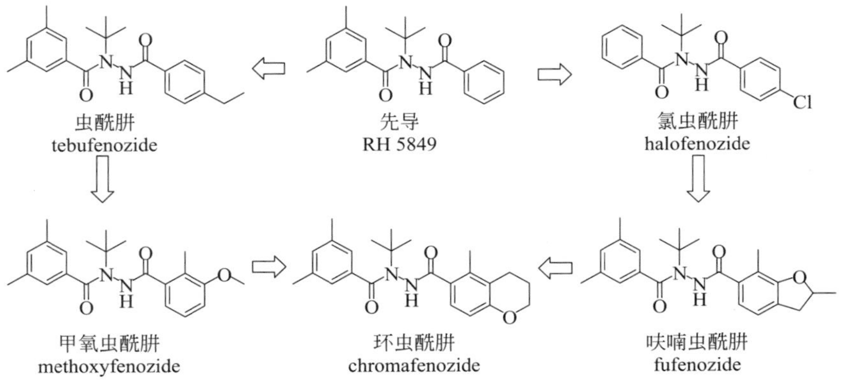

虫酰肼
tebufenozide

先导
RH 5849

氯虫酰肼
halofenozide

甲氧虫酰肼
methoxyfenozide

环虫酰肼
chromafenozide

呋喃虫酰肼
fufenozide

图 3-13　双酰肼类杀虫剂的发现过程

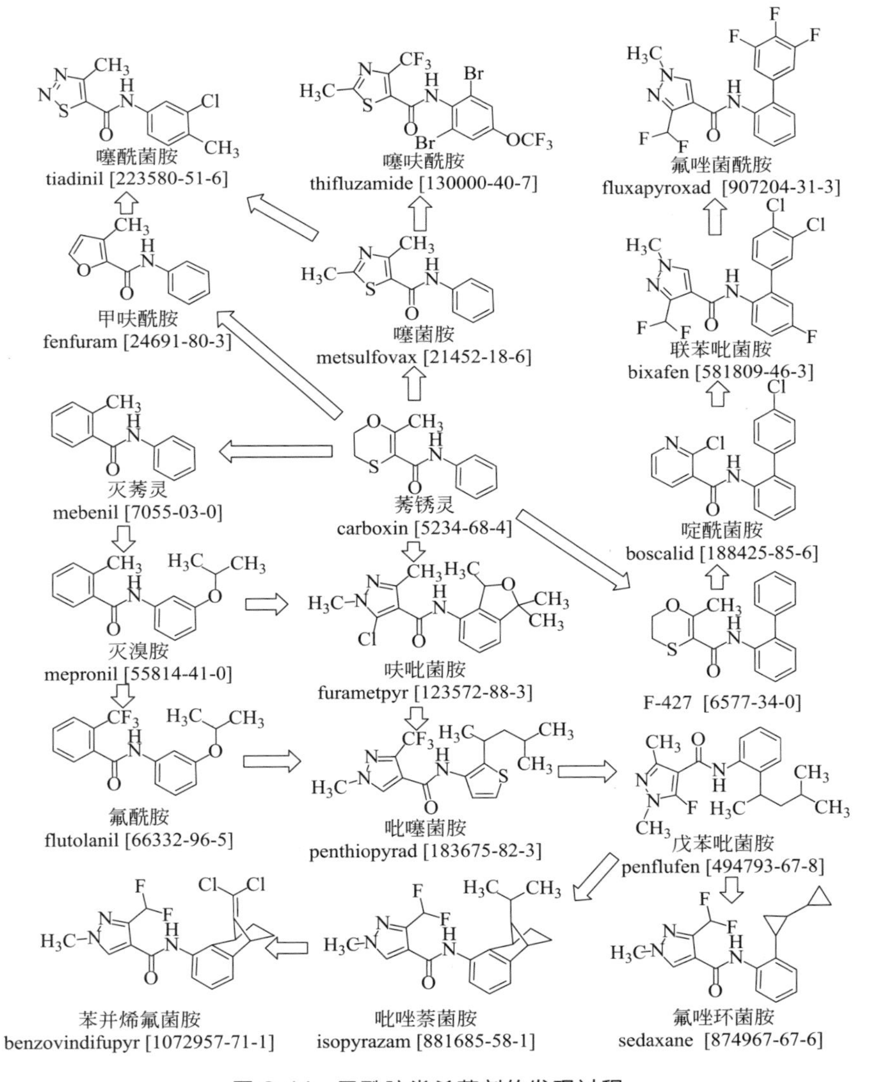

图 3-14　甲酰胺类杀菌剂的发现过程

（3）衍生法　衍生法已经被广泛用于新农药的创制过程。衍生法已经在许多农用化学品的研发上取得了成功的应用。一个结构新颖并且具有良好活性的化合物被发现后，基于此化合物的结构衍生研究通常会被人们所重视。结构衍生法常用的反应基团包括羟基、伯胺或仲胺、硝基、氰基、羧基或酯基等活性基团。衍生法成功运用的关键是相比于起始化合物来说，具有更好的诸如高选择性、高活性、高作物安全性的新化合物的发现。衍生法在除草剂（图 3-15）、杀虫剂（图 3-16）和杀菌剂（图 3-17）上都得到了成功运用[16～18]。

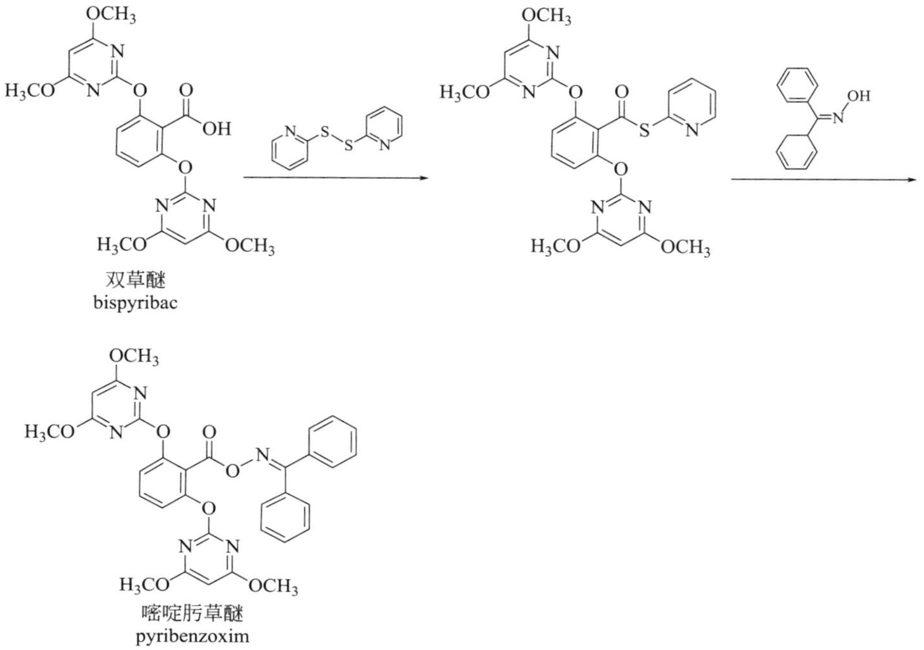

双草醚
bispyribac

嘧啶肟草醚
pyribenzoxim

图 3-15　嘧啶肟草醚的发现过程

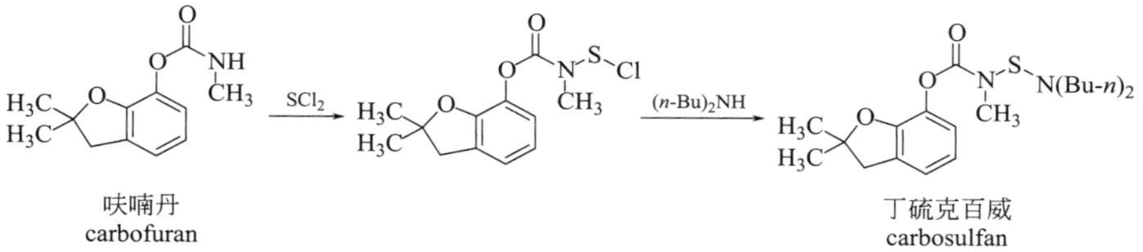

SCl_2　$(n\text{-Bu})_2NH$

呋喃丹
carbofuran

丁硫克百威
carbosulfan

图 3-16　呋喃威的发现过程

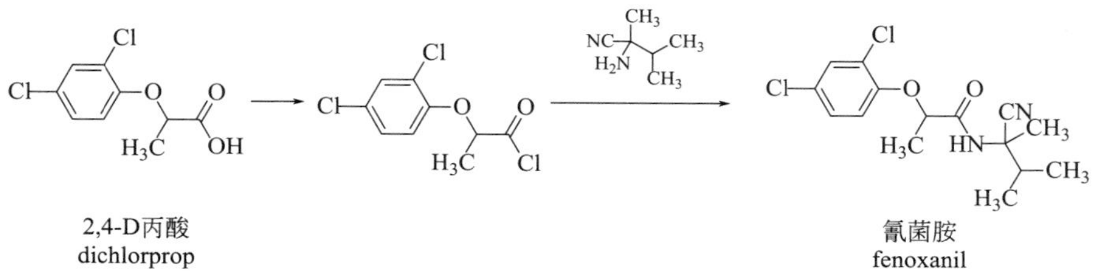

2,4-D丙酸
dichlorprop

氰菌胺
fenoxanil

图 3-17　氰菌胺的发现过程

正如前边所述，衍生法是基于含有活性基团片段的，并且易于合成的现有化合物的一种具有生物活性的新化合物的创制方法。在很多情况下，从起始化合物到最终产品只是涉及一个官能团的不断优化。新化合物可能会通过以已知的或者已经存在的已经商品化的化合物作为起始原料通过一步或者多步化学反应得到。

3.3　分子设计

3.3.1　QAAR

3.3.1.1　QAAR 的发展

定量构效关系（quantitative structure-activity relationship，QSAR）是指利用数学和统计学手段来研究化合物结构信息与其生物活性数据之间的定量关系，是一种基于配体的药物设计方法。这种方法广泛应用于医药、农药、化学毒剂等生物活性分子的合理设计，在医药和农药研发领域起重要作用。

目前，QSAR 的研究主要是基于化合物以单个分子的状态与靶标一一结合产生药效作用的假设。但是很多研究都表明，大多数情况下活性化合物分子并不是以单分子的形式存在，而是以某种聚集态的形式运输到靶标产生作用。在农药研究领域，这种情况也时有出现，很多活性化合物在活体测试和离体测试中的生物活性有较大差异，这可能是受到了分子聚集态的影响[19]。例如，化合物 DOW416 的实际活性比它的应有活性低[20]。并且，Seidler 等发现了一些小分子在溶液中形成聚集态，并以这种形式抑制酶的活性，如槲皮素和楸毒素等[21]。徐筱杰教授发现在传统中药中，分子聚集态也是活性成分起作用的主要方式[22]。因此，不仅活性化合物的分子结构影响着生物活性，其分子的聚集状态也对生物活性产生一定的影响。特别是在农药中，有些对化合物的单分子信息进行的 QSAR 研究甚至无法构建具有较好预测性能的模型。基于上述原因结合农药应用的特殊性，华东理工大学的钱旭红院士和李忠教授首次提出了基于分子聚集态参数进行 QSAR 研究的观点，即分子聚集态的定量构效关系（quantitative aggregation-activity relationship，QAAR）。

最初，李忠教授等对一些溶解性较差的体系，如苯甲酰脲类昆虫生长调节剂，通过构建基于氢键的二聚体模型，成功开展了 QAAR 的研究，结果表明，QAAR 模型相比传统的 QSAR 模型更加完善，对化合物的活性预测能力更好[23,24]。此后，夏爽等进一步发展了 QAAR 方法，探索了 QAAR 方法在高水溶性农药体系中的适用性，并且对基于其他类型非键相互作用形成的分子聚集态进行研究，如 π-π 相互作用[25]，同时还考虑了同源和异源分子聚集态[26]，将化合物的分子聚集态对活性的影响从运输到靶标过程拓展到化合物与靶标的相互作用，为分子聚集态定量构效关系更深入的研究奠定基础。

3.3.1.2　QAAR 的原理

QAAR 方法认为在施药到生物体、生物体内运输、与靶标结合等药物作用过程中，活性化合物往往是以分子聚集态的形式进行的。活性化合物分子可以通过分子间氢键、π-π 堆积作用、静电作用等非键相互作用聚集在一起[27]，不同的分子聚集态表现出不同的生化性质，因而影响药物的生物活性。因此，可以通过建立 QAAR 模型来揭示化合物的分子聚集状态与生物活性之间的关系。QAAR 是通过构建活性化合物分子聚集态结构，通过计算得到一些可以描述分子聚集状态信息的参数作描述符，通过这些描述符构建基于分子聚集态的定量构效关系模型。采用线性回归系数平方（R^2）和交叉验证回归系数平方（Q^2）来评价QAAR模型的质量。

QAAR方法的关键在于描述分子聚集状态信息的描述符，常用的描述符有分子间相互作用能（ΔE）、回旋半径差（ΔR_g）、最低电子占有轨道能量（E_{LUMO}）、正辛醇/水分配系数［$\lg P(O/W)$］等。

（1）分子间相互作用能（ΔE） 分子间相互作用能（ΔE）是用来表示分子间非键相互作用的强度，采用量子化学的方法得到单分子的能量 E_1、聚集态分子的能量 E_2 以及聚集态分子的基组重叠误差 E^{BSSE}。分子间相互作用能计算见式（3-1）：

$$\Delta E = E_2 - kE_1 + E^{BSSE} \tag{3-1}$$

式中，k 为形成的聚集态的分子个数。ΔE 多为负值，并且值越小，说明聚集态分子间的作用力越大[23]。

（2）回旋半径差（ΔR_g） 回旋半径差（ΔR_g）是用来表示分子从聚集状态变化成单分子所引起的结构变化[23]。分子回旋半径可用式（3-2）计算得到：

$$R_g = \sqrt{\frac{1}{n}\sum_i r_i^2} \tag{3-2}$$

式中，n 为分子中所有的原子数；r_i 为第 i 个原子距离分子重心的距离。分别计算聚集态分子的回旋半径 R_g2 和单分子的回旋半径 R_g1，回旋半径差定义为：$\Delta R_g = R_g2 - kR_g1$，$k$ 表示形成的聚集态分子的个数。

（3）最低电子占有轨道能量（E_{LUMO}） 最低电子占有轨道能量（E_{LUMO}）描述单分子的结构性质，也可以体现电子亲和力。E_{LUMO} 是指静止状态和最低未占分子轨道之间的能隙。E_{LUMO} 越低说明该分子越容易接受外界电子[23]。

3.3.1.3 QAAR的应用

通过对活性化合物的单晶结构进行研究发现，很多活性化合物的确是通过分子间非键相互作用以分子聚集态的形式存在的。这也进一步证实化合物的生物活性与分子聚集状态存在一定的关系，因此，通过建立QAAR模型来探索分子聚集态与生物活性之间的关系具有重要的意义。但是，由于分子聚合状态的复杂性和多分子聚合状态下计算的难度，目前的研究多以最简单的二聚体作为聚集状态。

（1）基于苯磺酰脲类化合物二聚体进行分子聚集态定量构效关系 李忠教授等基于苯磺酰脲类化合物二聚体进行分子聚集态定量构效关系（QAAR）的研究[23]。苯磺酰脲类化合物（benzoylphenylureas，BPUs）是有效的杀虫剂，通过抑制害虫表皮几丁质的合成，导致其死亡。在研究者之前的研究中已经得到苯磺酰脲类化合物氟苯脲（teflubenzuron）的晶体结构，从晶体数据观察到，氟苯脲是通过分子内氢键［O(1)与H(3′)(2.08Å)，O(1′)与H(3)(2.13Å)］形成二聚体的状态（图3-18），根据氟苯脲的二聚体结构构建了一系列基于氢键作用的苯磺酰脲类化合物二聚体模型，用3个表示分子聚集状态信息的参数 ΔE、ΔR_g 和 E_{LUMO} 成功构建了3个分别含有2个、3个、4个参数的QAAR模型，见方程（3-3）～方程（3-5）。以单分子特征参数 $E1$、R_g1 和 E_{LUMO} 构建了3个QSAR模型作对照，见方程（3-6）～方程（3-8）。

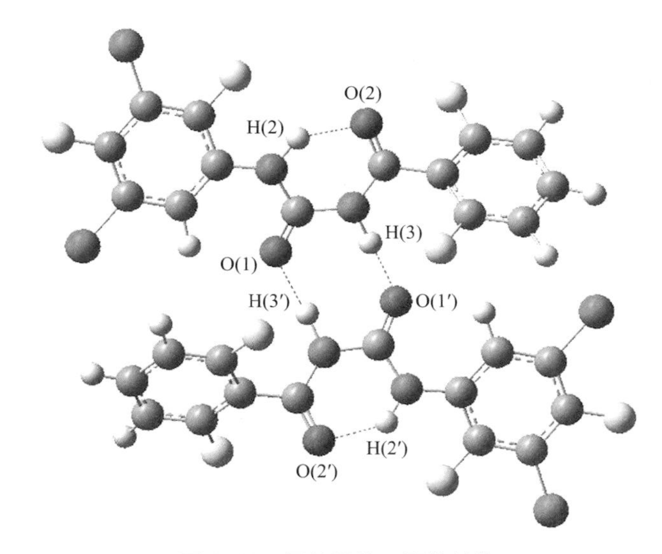

图 3-18　氟苯脲的二聚体结构

$$-\lg LC_{50}=-8.665-3.966(E_{\mathrm{LUMO}})-0.118(\Delta E)$$

$$(n=15,\quad r^2=0.832,\quad XVr^2=0.748,\quad PRESS=3.136) \tag{3-3}$$

$$-\lg LC_{50}=-9.655-3.264(E_{\mathrm{LUMO}})+1.247(\Delta R_{\mathrm{g}})-0.060(\Delta E)$$

$$(n=15, r^2=0.882, XVr^2=0.794, PRESS=2.563) \tag{3-4}$$

$$-\lg LC_{50}=-9.565-3.004(E_{\mathrm{LUMO}})+1.340(\Delta R_{\mathrm{g}})-0.066(\Delta E)-0.0002(\Delta E)^2$$

$$(n=15,\quad r^2=0.882,\quad XVr^2=0.800,\quad PRESS=2.496) \tag{3-5}$$

$$-\lg LC_{50}=-9.999-3.051(E_{\mathrm{LUMO}})+1.710(R_{\mathrm{g}}1)$$

$$(n=15,\quad r^2=0.816,\quad XVr^2=0.739,\quad PRESS=3.255) \tag{3-6}$$

$$-\lg LC_{50}=-9.347-2.933(E_{\mathrm{LUMO}})+1.645(R_{\mathrm{g}}1)+0.0001(E1)$$

$$(n=15,\quad r^2=0.797,\quad XVr^2=0.695,\quad PRESS=3.796) \tag{3-7}$$

$$-\lg LC_{50}=-10.427-2.802(E_{\mathrm{LUMO}})+1.851(R_{\mathrm{g}}1)-0.066(E1)-0.029(\lg P)^2$$

$$(n=15,\quad r^2=0.818,\quad XVr^2=0.640,\quad PRESS=4.480) \tag{3-8}$$

对比二聚体 QAAR 模型与单分子 QSAR 模型的 r^2 与 XVr^2 发现，基于单分子特征参数构建的模型质量比基于二聚体的参数构建的模型质量要差。对比不同参数构建的 QAAR 模型发现，参数的差异也会对模型的质量产生影响。基于苯甲酰脲类化合物二聚体的 QAAR 模型的成功建立表明，分子聚集态与生物活性之间的关系比单分子更密切。

(2) 基于“水桥”氢键的经典新烟碱化合物进行异源分子聚集态的 QAAR 研究　华东理工大学李忠等基于“水桥”氢键的经典新烟碱化合物进行异源分子聚集态的 QAAR 研究[26]。研究者考虑化合物存在与其他一些小分子，如水分子、助剂以及金属等结合形成异源分子聚集态的可能。根据吡虫啉与乙酰胆碱结合蛋白形成的复合物晶体结构（图 3-19）中，吡虫啉（橙色）通过水分子（红色球）与两个异亮氨酸形成的氢键网络，构建了新烟碱类化合物与水分子的异源 QAAR 模型。

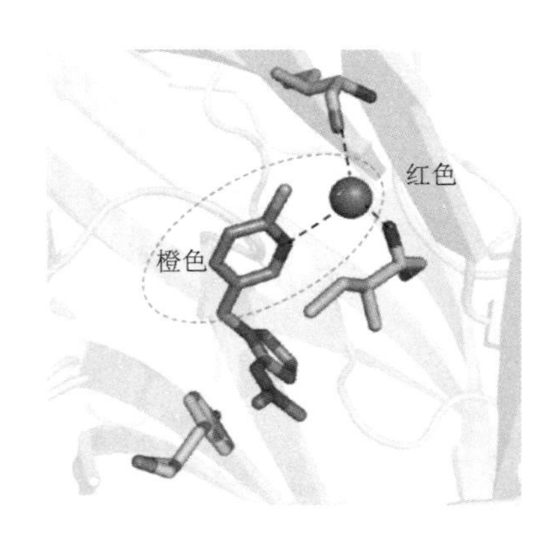

图 3-19 吡虫啉与乙酰胆碱受体复合物

通过引入描述分子聚合态信息的参数，采用 CoMFA 和 CoMSIA 方法建立 QAAR 模型，得到结果（表 3-1，图 3-20）。对比 q^2、r^2 值发现，QAAR 模型的 q^2、r^2 均高于单分

表 3-1 CoMFA 和 CoMSIA 模型的统计参数

项目	q^2	ONC	r^2	SEE	F
单分子模型					
CoMFA	0.566	4	0.936	0.206	91.770
CoMSIA	0.610	5	0.878	0.290	34.549
聚集态模型					
CoMFA	0.688	4	0.966	0.149	179.500
CoMSIA	0.673	5	0.898	0.265	42.473

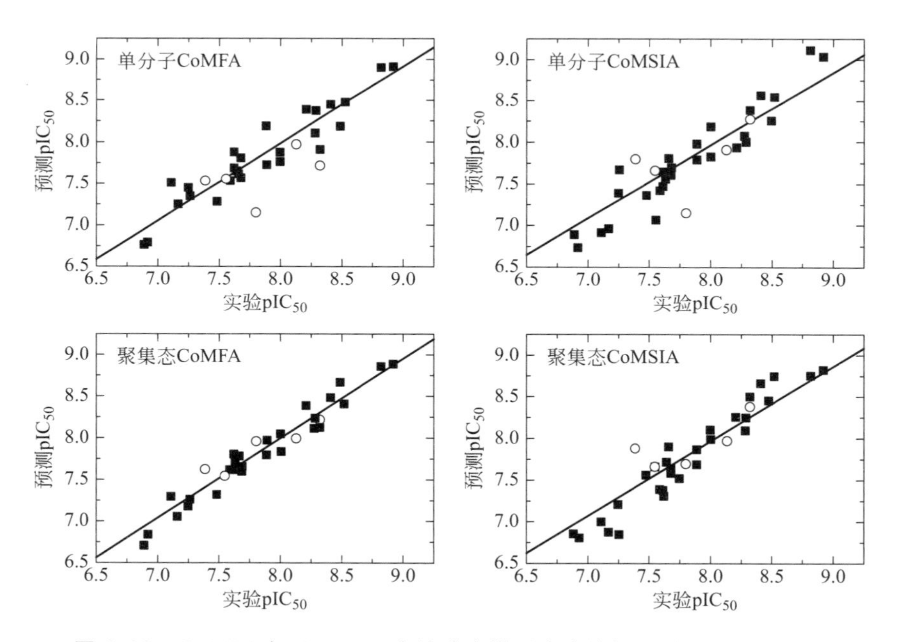

图 3-20 CoMFA 与 CoMSIA 方法建立模型实验值与预测值的线性关系

■ 训练集；○ 测试集

子QSAR模型。夏爽等的实验不仅进一步证实了活性化合物的分子聚集态QAAR模型优于单分子QSAR模型，还将QAAR方法的适用性由同源聚集态扩展到异源聚集态，为分子聚集态定量构效关系的进一步研究奠定基础。

3.3.2 MB-QSAR

3.3.2.1 MB-QSAR的发展

近年来，由于杀虫剂和除草剂等农药的广泛使用，使得越来越多的植物病虫对农药产生了抗性。植物病虫对农药产生抗性以后，不仅使农药的使用量增加，加大了农业的生产成本，而且还加重了农药对环境、对一些非靶标有益生物的危害。因此，综合考虑靶标对农药分子的抗性以及农药分子对靶标分子的选择性是未来农药分子设计的发展趋势。能够准确预测抗性与选择性是研究和开发选择性及抗性规避性药物的关键。

目前，基于统计学和能量计算等方法已被开发并广泛应用于靶标分子抗性的预测[28]。比如，分子对接、动力学模拟、GRID/CPCA、SIFt、COMBINE、AFMoC、3D-QSAR等。虽然这些方法对于给定的一个靶标突变体能够准确地预测靶标的抗性，但是却缺乏能够直观地阐释靶标结构与抗性的关系并为反抗性药物的设计提供指导的功能[28]。其中，3D-QSAR方法虽能通过研究多个小分子对同一蛋白的活性来直观地指导小分子的设计改造，但却无法研究小分子药物对多个蛋白的抗性和选择性。基于上述原因，南开大学席真教授首次提出将3D-QSAR方法移植到生物大分子突变酶体系进行定量构效关系研究的观点，建立了生物大分子定量构效关系方法（mutation-dependent biomacromolecular quantitative structure-activity relationship，MB-QSAR）。

最初，何寅武等针对绿色除草剂重要靶酶乙酰羟基酸合成酶（acetohydroxyacid synthase，AHAS）及突变体对氯嘧磺隆、双草醚、氯磺隆的抗性进行研究，成功地建立了MB-QSAR模型[28,29]。此后，Hank T. Li等进一步发展了MB-QSAR方法，应用范围扩展到HIV蛋白酶和蛋白激酶等体系，应用方式也更为多样[30]。

3.3.2.2 MB-QSAR的原理

靶标对药物分子产生抗性的主要分子机制是靶标的突变，产生的突变体对药物存在抗性。比如靶标蛋白的过表达就会导致药物分子在原有剂量下不能发挥药效。MB-QSAR方法在3D-QSAR方法的基础上，突破性地以生物大分子（靶标及其突变体）作为变量，将计算得到生物大分子的分子场数据与其生物活性之间的关系进行定量分析，找出在生物大分子活性位点周围哪些区域的蛋白质残基的改变影响靶标与药物的相互作用，从而直观地了解靶标对药物分子的抗性机制和药物分子对靶标的选择性机制，然后根据这些机制实现对未知靶标药物抗性高效、准确的预测，同时也可反过来指导反抗性药物分子设计。

3.3.2.3 MB-QSAR方法的应用

目前，MB-QSAR方法主要应用于医药、农药分子重要靶标的药物抗性的研究。南开大学席真课题组利用MB-QSAR方法在乙酰羟基酸合成酶（AHAS）、HIV蛋白酶、蛋白激酶对药物的抗性预测研究中均取得了不错的成果[28,29]。

AHAS是除草剂、灭菌剂和抗菌化合物的最重要的靶标之一，由于以AHAS为靶标的除草剂的广泛使用使得杂草对其产生了很大的抗性。在大多数情况下，AHAS对除草剂的抗性主要是由于AHAS的突变引起的。何寅武等将MB-QSAR方法应用于AHAS对氯嘧磺隆、氯磺隆、双草醚的抗性研究（表 3-2）。建立的 MB-QSAR 模型对 AHAS 突变体的药物抗性均显示较好的预测能力，同时也为药物分子设计提供了直观的指导[28]。

表 3-2　MB-QSAR 方法用于商品化除草剂的抗性研究结果

项目	氯嘧磺隆		氯磺隆		双草醚	
	CoMFA	CoMSIA	CoMFA	CoMSIA	CoMFA	CoMSIA
ONC	5	5	5	5	5	5
q^2	0.631	0.540	0.705	0.558	0.615	0.446
SEE	0.434	0.391	0.339	0.289	0.266	0.253
r^2	0.927	0.940	0.918	0.940	0.921	0.929
F	126.140	158.066	91.775	129.270	117.333	131.034
	(5，50)	(5，50)	(5，41)	(5，41)	(5，50)	(5，50)
r^2_{pred}	0.684	0.690	0.635	0.527	0.598	0.612
贡献						
S	0.686	0.199	0.717	0.283	0.666	0.191
E	0.314	0.306	0.283		0.334	0.651
H		0.117		0.171		0.158
A		0.378		0.546		

3.3.3　DFT/QSAR

3.3.3.1　DFT/QSAR 的发展

定量构效关系（quantitative structure-activity relationship，QSAR）的目的是有效地描述配体与受体的相互作用，获得能够定量精确地表示结构与活性之间关系的模型。QSAR 模型的性能很大程度上取决于所使用的表示分子结构信息的描述符[31]。传统的 QSAR 研究中，使用的描述符通常是一些经验化或理论化的参数，缺乏可靠性。考虑到配体与受体相互作用时有效位点的电子结构特征决定了它们之间的相互匹配性[32]，因此，若能够获得小分子精确的电子结构特征，以这些信息作为 QSAR 研究中的描述符，可以得到高质量的 QSAR 模型，想要完整正确地处理和描述分子的电子结构须使用量子化学的方法。

人们很早就意识到应用量子化学来计算处理化合物进行相关的 QSAR 研究这一思想，但是由于 QSAR 的研究对象通常是一系列的小分子，采用量子化学计算分子的结构信息作为描述符在计算时间及精度上不能取得理想的结果，因此人们大多是采用半经验方法。随着计算机软硬件的飞速发展，从 20 世纪 90 年代开始，相对准确的 Hartree-Fock 方法（HF 方法）逐渐被用来进行量化计算得到相应的描述符，在很长一段时间里，HF 方法一直占主导地位。直到 21 世纪初期，密度泛函方法（DFT）以其精确性、非主观性及利于自动化规模化计算等特点逐渐取代了 HF 方法，因此，基于 DFT 计算的 QSAR 研究工作也逐渐显现出来[33]。

DFT 方法是目前处理电子结构和立体结构最有力的方法，通过该方法所获得的描述符信息能够精确地反映化合物的电子结构特征。基于此，华中师范大学杨光富教授团队第一次提出了将基于 DFT 的 QSAR 方法应用于农药领域。

最初，杨光富等通过基于密度泛函的方法得到关于小分子量子化学描述符，并成功地对一系列原卟啉氧化酶（PPO）抑制剂苯取代三唑啉酮化合物建立了 DFT/QSAR 模型[34,35]。此后，余志红等定义了一种能够直接而有效地表示立体效应的量子化学描述符，将基于密度泛函计算的 QSAR 从方法学上向前推进了一步[31]。这之后，杨光富教授与南开大学的席真教授又进一步发展了 DFT/QSAR，建立了基于 DFT/QSAR 的小分子活性构象分析策略，用于确定农药先导化合物的活性构象，以便开展基于小分子活性构象的靶标探索以及先导化合物活性构象与分子靶标间的相互作用研究[36]。

3.3.3.2　DFT/QSAR 的原理

DFT/QSAR 的基本原理是采用能够精确计算小分子电子结构信息的密度泛函方法（DFT），对小分子化合物进行量化计算，主要涉及几何结构的优化、频率计算、布局分析、分子不同电子云密度等势面所包围的体积计算等方面，获得一些能够较为精确地反映电子结构特征的描述符，通过适当的方法进行分析建模，得到高质量的 QSAR 模型。

3.3.3.3　DFT/QSAR 的应用

大量的研究已经表明，通过密度泛函方法（DFT）计算所获得的结构信息可以较为精确地反映化合物的电子结构特征；大量的基于量化计算的描述符也已经广泛地应用于 QSAR 研究中，能很好地说明与电子性质相关的一些因素，并表现出很高的优越性，因而在农药分子设计领域得到了广泛应用。

（1）基于 DFT/QSAR 方法研究原卟啉氧化酶（PPO）抑制剂苯取代三唑啉酮类化合物

杨光富等基于 DFT/QSAR 方法对一系列原卟啉氧化酶（PPO）抑制剂苯取代三唑啉酮类化合物（图 3-21）进行研究[34]。PPO 是植物体中叶绿素生物合成的关键酶，是重要的除草剂作用靶标，而苯取代三唑啉酮类化合物则是 PPO 有效的抑制剂。

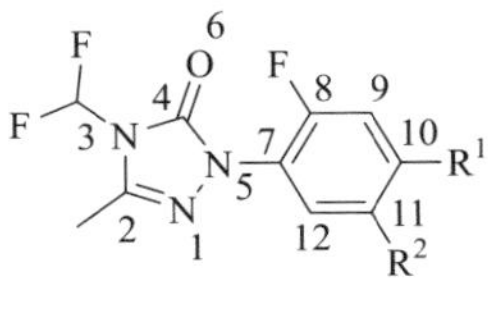

图 3-21　苯基三唑啉酮类化合物

在之前 Theodoridis 等的研究中，制备了一系列取代的苯基三唑啉酮，并采用 QSAR 方法以半经验法得到的两个物化参数疏水性（π）、Sterimol 立体参数（B_1）作为描述符，研究了它们在芳环 10 位和 11 位上结构与活性的关系，得到方程（3-9）。并且，他们得到的结果还显示这组物化参数不能预测 10 位取代基的生物活性[34]。

$$pI_{50}=2.51+7.02B_1-0.18\pi^2-2.57B_1^2 (n=14, r^2=0.78, s=0.22) \tag{3-9}$$

使用 Gaussian 03 软件对苯取代三唑啉酮类化合物进行 DFT 计算，研究了 5 位、10 位、11 位上结构变化与活性的关系。根据 DFT 得到的结果，最终选取骨架原子净电荷 Q_A、最低未占分子轨道（LUMO）与最高占据分子轨道（HOMO）之间的能量差 ΔE、加权的亲电及亲核原子前沿电子密度 F_A^E 和 F_A^N 作为量子描述符，与生物活性值 pI_{50} 建立关联，得到令人满意的结果：

$$pI_{50}=2.178+2.714Q_{C11}+0.235F_{C10}^{N}+0.262F_{N5}^{E}+0.397\Delta E$$
$$(n=24, r^2=0.85, s=0.33, F=40.67, q^2=0.66, SPRESS=0.51) \tag{3-10}$$

比较等式（3-9）与等式（3-10）可以看出，杨光富等基于DFT建立的QSAR模型在质量上比基于半经验法有明显的提高。最重要的是，杨光富等得到的QSAR模型不仅适用于11位的取代基，而且还适用于10位的取代基。

（2）基于DFT/QSAR方法研究嘧啶硫苯甲酸类化合物的生物活性构象　何彦祯等通过将DFT运用到3D-QSAR中推导小分子的活性构象，并与分子对接整合，研究了嘧啶硫苯甲酸类化合物与AHAS的分子间相互作用[36]。首先，他们基于已知的AHAS的晶体结构，采用分子对接的方法得到62个嘧啶硫苯甲酸类化合物可能的活性构象。对接结果显示，以嘧啶环平面作为参考，嘧啶硫苯甲酸类化合物中的苯基具有两种相反的取向，一种是向左扭转，另一种是向右扭转。

为了确定正确的取向，在将复合物用Amber7 FF99力场优化后，提取化合物30的*L*型构象作为模板构建另外61个分子（命名为30-*L*系列），再扭转到相反的方向构建61个分子（命名为30-*R*系列），分别采用Tripos力场、PM3半经验方法、AM1半经验方法和DFT方法对小分子进一步进行构象优化。并分别赋予Gasteiger-Hfickel电荷、PM3电荷、AM1电荷、ESP电荷，记为Tripos/GAST_HUCK、PM3/PM3、AM1/AM1和DFT/ESP。得到每个分子的最佳活性构象，采用CoMFA、CoMSIA方法建立3D-QSAR模型，结果见表3-3。

表3-3　不同优化方法建立的3D-QSAR模型结果

项目	Tripos/GAST_HUCK				AM1/AM1			
	L		*R*		*L*		*R*	
	CoMFA	CoMSIA	CoMFA	CoMSIA	CoMFA	CoMSIA	CoMFA	CoMSIA
q^2	0.694	0.387	0.730	0.513	0.629	0.082	0.707	0.213
r^2	0.943	0.806	0.968	0.924	0.975	0.331	0.980	0.620
F	107.790	39.990	200.170	52.568	219.575	25.699	270.140	27.162
项目	PM3/PM3				DFT/ESP			
	L		*R*		*L*		*R*	
	CoMFA	CoMSIA	CoMFA	CoMSIA	CoMFA	CoMSIA	CoMFA	CoMSIA
q^2	0.643	0.140	0.688	0.069	0.711	0.555	0.788	0.720
r^2	0.957	0.384	0.960	0.572	0.947	0.810	0.960	0.921
F	145.675	32.396	187.048	34.029	140.188	52.269	188.254	76.218

比较各个模型的q^2值，*R*取向较好于*L*取向，因此，*R*取向为优势构象。并且最好的3D-QSAR模型是采用DFT方法在ESP电荷下优化的构象，对比其他方法，高精度的DFT方法通过量化计算进行几何结构的优化，得到的活性构象更准确，这有利于进一步开展基于活性构象的靶标探索及先导化合物活性构象与分子靶标间的相互作用研究。

3.3.4　构象柔性度分析

3.3.4.1　发展

计算机辅助药物设计（CADD）是近年来发展起来的研究与开发新药的一种崭新的技术，它以数学、药物化学、生物化学、分子生物学、结构化学、结构生物学、细胞生物学等学科为基础，以量子化学、分子力学和分子动力学等为理论依据，借助计算机数值计算和逻辑判断、数据库、图形学、人工智能等处理技术，进行合理的药物设计，以缩短药物的开发周期。

自从 20 世纪 60 年代构效关系研究提出后，经过 40 多年的理论研究和探索，尤其是 90 年代前后随着许多新方法的出现，计算机辅助药物设计方法已经发展成为一种新兴的研究领域，大大提高了药物开发的效率。药物分子设计是分子设计领域中要求最严格、耗资最大、程序最烦琐的集合，应该属于分子设计的核心领域。从 20 世纪 60 年代以来，现代药物设计的策略和方法大为丰富，根据生物大分子的结构是否已知，计算机辅助药物设计可以分成两大类：直接药物设计和间接药物设计。

基于靶点的三维结构搜寻算法便是直接药物设计的一种方法，属于连续性多步骤过程，一般包括初筛、几何搜寻和柔性构象搜寻这 3 个步骤。根据搜寻方法的不同，可分为三维几何搜寻、三维相似性搜寻和柔性构象搜寻。在药物设计中，构象柔性度分析主要用来从化合物数据库中搜寻与受体生物大分子有较好亲和力的小分子，从而发现全新的先导化合物。

3.3.4.2　原理

所谓构象柔性度分析，是指分子的结构不仅取决于组成分子的原子间的内在力，而且取决于分子及其周围环境的外在力。由于生物活性分子大都具有一定的柔性，从而产生不同的构象，因此，三维结构数据库搜寻应该考虑到分子的生物活性构象即受体结合构象，这样才能接近于现实。但是，储存在数据库中的分子的三维结构产生时，并没有考虑到可能影响配体构象的受体结构及结合过程知识，而是每个化合物只储存一种低能构象。一般而言，低能构象与受体结合构象并非一致。如果采用一个反映活性化合物结合构象的搜寻提问结构来搜寻含有同样化合物低能构象的数据库，这种搜寻就会难以“命中”已知活性化合物或其他也能采纳所需构象的化合物。只有当低能构象越接近于结合构象时，命中率才会提高。因此，柔性构象搜寻已成为目前三维结构搜寻领域中一个广泛研究的课题，也是最重要的课题[37]。

3.3.4.3　方法分类

三种方法可用于对柔性构象的分析。

其一为对数据库中的每一个化合物都存储多个构象，这也是最为笨拙的方法之一。具体体现在对大量的磁盘空间和搜寻时间的占据，并且不一定能保证其结合构象一定在所存储的构象中。

其二为把柔性信息加入三维提问结构中，采用柔性提问结构来搜寻含一个或者少量低能构象的数据库。这样做最明显的方法是放宽三维搜寻标准（如增加可接受的目标间距离的范围等）。

其三为在搜寻时对被选择化合物的构象空间进行系统搜索，以得到分子中每对关键目标间的最小和最大距离，一旦得到这些范围，即可对化合物数据库进行初筛，迅速确定不可能满足三维提问结构的化合物。然后对初筛合格的化合物，使用搜寻软件来探索起构象空间，以寻找其满足三维提问结构的准确构象。

3.3.4.4　柔性构象的检索方法

其一为 Monte Carlo 法。此种方法是一种随机抽样方法，它依靠随机数发生器无偏倚遍历 N 维空间，即等概率地历经所有格点。对任一候选结构通过随机数的控制产生一系列构象，由于采用随机数的周期较长，在研究范围内可以认为不存在随机数的退化问题，即可以遍历整个构象空间，同时又可以解决系统搜索法所无法解决的高维构象空间的搜索问题。对产生的每个构象与提问结构进行匹配，如果满足提问结构的各种限制条件，即为命中构象。图 3-22 为药效团与它的一个命中结构。疏水中心苯环和氢键给体 N 的距离为 5.4Å（1Å$=10^{-10}$m），苯环中心到 C 的距离为 5.4Å，氢键给体 N 到 C 的距离为 2.5Å，还存在与命中 C 原子相连的羰基，满足我们对药效团的限制条件。

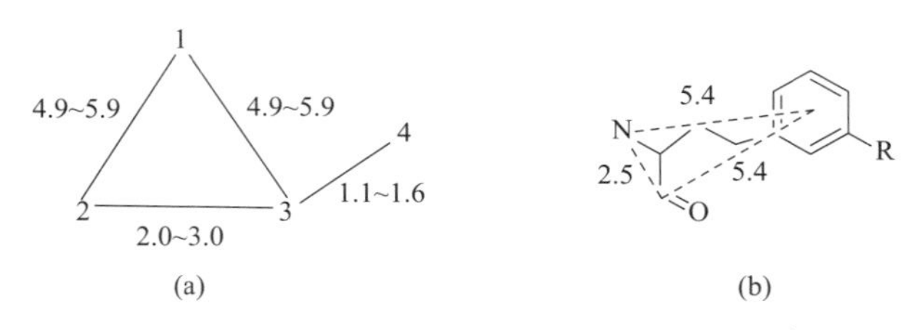

图 3-22 药效团及命中结构示意图（单位：Å）

（a）提问结构的药效团结构：1—疏水中心；2—氢键给体；3—碳原子；4—羰基氧；（b）包含提问的药效团的命中结构

其二为遗传算法。遗传算法是通过模拟自然进化过程来搜索最优解的方法。它包括了染色体的复制、杂交、变异等一系列过程。由于适应值（惩罚函数）越高的染色体得到的复制机会越多，使优于平均适应值的染色体在下一代将有更多的子代染色体，从而逐渐趋近于最优解。对每一候选结构随机产生 100 个初始构象作为一个群体，根据可扭转键的数目确定染色体串的长度，然后对这 100 个构象群体，任选两个个体进行杂交操作，以产生新的构象（染色体）。构象是否被保存要根据新生成构象的适应值是否比父代构象高来取舍，适应值高则取代父代构象，否则保留父代构象。然后再从这 100 个构象中任选 5 个个体进行变异操作，使整个群体既保持相对稳定，又能向最优解逼近。对于变异的子代构象的取舍，仍然取决于适应值的高低。对经过复制、杂交和变异之后的构象群体进行排序后，如果发现两个构象完全相同，则重新产生一个新的构象取而代之。设定进化代数为 30 代。当任一构象满足给定的药效团的限制条件时就跳出循环，否则直至最大代数。

3.3.4.5 应用实例

杨光富教授通过计算化学和结构生物学的研究，并且运用 DFT/QSAR 以及柔性构象分子设计方法[38]，合成了国内外未见报道的先导化合物结构通式（图 3-23），以及在此基础上衍生合成了 69 个结构较为新颖的化合物。经过结构确认和生物活性测定发现：该系列化合物不仅保持了较好的 AHAS 抑制剂活性，还展现出了在低剂量下对抗磺酰脲杂草优异的除草活性，可进入下一步的复筛，也可作为新型结构进行下一步的优化改造，为“基于构象柔性度分析”的反抗活性先导的分子设计和抗性杂草治理提供了有益的启示和有效的方向。

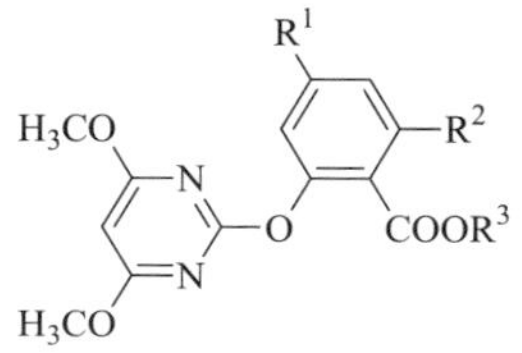

R^1, R^2, H_3CO, N, O, $COOR^3$, N, H_3CO

图 3-23 先导化合物结构通式

3.3.5　定量结构-毒性关系

3.3.5.1　引言

在农药的使用过程中，由于喷雾飘移、挥发、淋溶等作用，不仅污染了土壤、空气、水体等不同环境介质，也危害了环境中一些非靶标有益生物。一些农药品种由于对非靶标有益生物高毒被限制使用，甚至全面禁用。例如吡虫啉、噻虫嗪及噻虫胺等新烟碱类杀虫剂的使用对蜜蜂会产生毒性，造成蜂群崩溃综合征，因此已被欧盟临时禁用。在苯基吡唑类农药中，氟虫腈对鱼类等水生生物呈现出高毒性，造成大面积的鱼虾死亡，除卫生用药、部分旱田种子包衣以外，禁止其他用途[39]。双酰胺类农药氟苯虫酰胺由于对水生无脊椎动物大型溞存在不可接受的风险，影响水生环境的安全，已被取消在水稻上使用的登记[40]。因此，农药对非靶标有益生物的毒性问题，不仅会对生态环境造成影响，而且也会影响农药自身的命运。为了使农药更好地适应当今社会发展的需要，开展对靶标生物高活性及对非靶标生物低毒、低风险的生态农药研究，是我国农药创制研究的必然发展方向，也是新农药创制的重中之重。

新农药创制是复杂的、多学科交叉的漫长过程，若在农药创新研究初期，特别是在分子设计阶段即开展对非靶标有益生物的毒性评价，可大大降低农药活性分子的潜在生态毒性风险，对新农药创制具有重要意义。目前，国际组织及各国相继颁布了一系列农药对非靶标有益生物的毒性测试准则，作为农药对蜜蜂、鸟类、鱼类、家蚕等非靶标有益生物生态毒性评价的参照。国际经济合作与发展组织（Organization for Economic Co-operation and Development，OECD）为了评估化学品对环境的潜在危害，于 1992 年、1998 年和 2004 年分别制定了化学品对鱼类、蜜蜂和大型溞急性毒性测试指南，国际上将这些指南作为化合物安全测试的标准方法[41]，该方法也适用于农药。美国环保署（EPA）的化学品安全和污染防治办公室（Office of Chemical Safety and Pollution Prevention，OCSPP）也制定了一系列测试指南，并于 2012 年修订了蜜蜂接触毒性测试，于 2016 年修订了咸水鱼与淡水鱼以及大型溞急性毒性测试等。在我国，国家质量监督检查检疫总局、国家标准化管理委员会于 2014 年最新发布的《化学农药环境安全评价试验准则》中明确了对家蚕、鸟类、蜜蜂、鱼类等非靶标有益生物的毒性试验方法，为农药对非靶标有益生物的毒性测试提供了参考准则。

目前，工业界、学术界以及各政府部门均参照以上准则进行非靶标有益生物的毒性测试，但常规的毒性测试也存在着一些问题，如在具体的实验操作上仍存在着差异，并且随着大规模候选化合物实体库和虚拟库的相继产生，常规的毒性测试试验不能快速地对化合物实体库进行评价，更不能评价虚拟库中尚未合成的化合物[42,43]。为了能够快速、高效地对农药活性分子进行毒性评估，特别是能对未合成化合物进行毒性预测，国内外各研究机构通过用计算机建立毒性模型，大力发展计算毒理学方法和技术，用于化合物的安全性评价和生态风险评估。计算毒理学研究涉及多种计算工具，其中，将定量构效关系（qualitative structure activity relationships，QSAR）应用于毒理学研究的方法又被称为定量结构-毒性关系（qualitative structure-toxicity relationships，QSTR）。

3.3.5.2　QSTR 原理

QSTR 是基于传统农药毒性测试研究中已累积的大量化合物结构信息及其生态毒性数据，通过化学信息学方法对已有的毒性数据进行分析和挖掘，采用物理描述符或分子指纹来表征化合物结构方面的特征，借助机器学习方法进行模型的构建，得到 QSTR 模型。构建的 QSTR 模型可用如下通式表示[44]：

$$Y=f(X_1,X_2,X_3,\cdots)$$

式中，Y 表示特定的毒性端点；X_1、X_2、X_3 为描述分子结构特征的参数，可以用物理描述符或分子指纹表示；f 表示各种函数关系，通过机器学习或统计数据分析方法实现。

构建 QSTR 预测模型的机器学习方法多采用监督学习，主要包括支持向量机（support vector machine，SVM）、决策树（decision tree，DT）、随机森林（random forest，RF）、k-最近邻居法（k-nearest neighbors，k-NN）、朴素贝叶斯分类器（Naïve Bayes，NB）等。

（1）支持向量机　支持向量机（SVM）是 1995 年由 Vapnik 和 Cortes 研究开发出的一种统计学习算法[45]。支持向量机以统计学习理论的 VC 维理论和结构风险最小化原理为理论基础，在计算过程中考虑经济风险和置信风险，可以根据有限的训练集样本信息在模型的复杂性和学习能力之间寻求最佳的折中，从而获得最好的泛化能力[46]。支持向量机通过对输入样本空间进行非线性转换，将输入空间变换到一个高维空间，从而将线性不可分问题转化为线性可分问题，利用线性分类平面来描述非线性分类边界[47]。进行 SVM 训练的目的就是在样本空间中找到一个划分超平面，将不同类别的样本分开，并且使得各类别样本到该平面的几何间距最大。例如图 3-24 中，实心点和空心点分别表示活性与非活性两类化合物。在图 3-24（a）的低维空间中，两类化合物是线性不可分的，将其映射到如图 3-24（b）所示的高维空间，活性化合物和非活性化合物则可被超平面区分开来。图 3-24（b）中实线即为超平面，距离超平面最近的几个点被称为“支持向量”[48]。

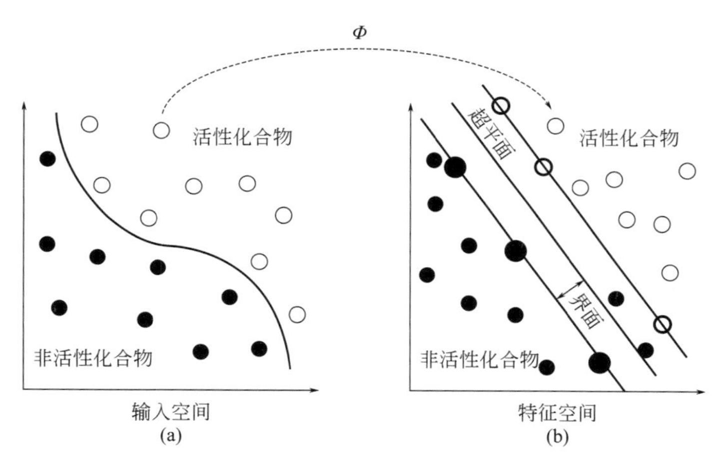

图 3-24　支持向量机原理图[49]

SVM 是通过核函数实现非线性变换，目前常用的核函数主要有线性核函数（linear kernel）[式（3-11）]、多项式核函数（polynomial kernel）[式（3-12）]、经向基核函数（radial basis function，RBF）[式（3-13）] 和 Sigmord 核函数（Sigmord kernel）[式（3-14）]。

$$k(x,y)=x^Ty+c \tag{3-11}$$

$$k(x,y)=(ax^Ty+c)^d \tag{3-12}$$

$$k(x,y)=\exp\left(-\frac{\|x-y\|^2}{2\sigma^2}\right) \tag{3-13}$$

$$k(x,y)=\tanh(ax^T+c) \tag{3-14}$$

SVM方法在解决小样本、非线性、高维模式识别以及过拟合等方面表现出特有的优势，并且泛化推广能力优异，通常可以用来对化合物进行分类、排序和回归预测。

（2）决策树　决策树（DT）是一类常见的机器学习方法。决策树的表现形式由一个决策图和可能的结果组成，由于决策分支画成的图形与树的枝干相似，因此称为决策树[50]。一棵决策树包含一个根节点，若干个内部节点和若干个叶节点。树的最顶层是根节点，每个内部节点表示一个属性，每个叶节点代表一个类别。

决策树的构建过程是一个递归过程，包括建树和剪枝两个部分。建树时，从顶部开始由一个枝干分裂成两个或多个枝干，即内部节点，每个枝干又可进一步分裂成两个或多个枝干，一直持续直到枝叶，即叶节点，该节点不可再分。构造的结果是得到一棵二叉树或多叉树。剪枝是决策树学习避免“过拟合”的主要手段，基本策略是预剪枝和后剪枝。预剪枝是在建树过程中，在内部节点划分前对节点进行估计，若当前的节点不能使决策树的泛化能力提升，则停止对该节点的划分，将该节点标记为叶节点。后剪枝是在利用训练集建成一棵完整的树后，利用测试集自底向上对内部节点进行考察，若将某一内部节点对应的分支替换成叶节点后，决策树的泛化能力能够提升，则减去该分支替换成叶节点。

决策树的本质就是通过一系列规则对数据进行分类。与其他的分类算法相比，决策树方法容易被理解和实现，能够清晰地显示出哪些属性比较重要，并且能够直接体现数据的特点，主要通过简单的解释便可理解决策树所表达的意义。决策树方法在计算毒理学中有着广泛的应用，主要应用于组合化合物库设计、药物类药性预测、ADMET性质预测等。

（3）随机森林　随机森林（RF）是以决策树为基学习器，通过将多个决策树集成，再对样本进行训练并预测的一种机器学习方法[49]，如图3-25所示。并且随机森林进一步在决策树的训练过程中引入了随机属性选择。具体来说，传统的决策树在选择内节点划分属性时是在当前节点的所有属性集中选择一个最优属性，而随机森林对每个内节点划分属性的选择首先要从所有属性集中随机选取一部分作为子集，再从子集中选择一个最优属性用于划分。这种属性干扰可增加基学习器的多样性，也使集成后随机森林的泛化能力进一步提升。

随机森林简单、容易实现、不易发生过拟合现象，与其他机器学习方法相比，随机森林方法能够很好地处理含有大量噪声以及含有高度相互变量的高维数据[51]。并且对于分类问题中，训练集各分类样本数量相差较大的情况，它可以减少由于数据集不平衡带来的误差。

（4）k-最近邻居法　k-最近邻居法（k-NN）是理论上较为成熟的一种机器学习方法，并且工作原理较为简单。k-NN方法的基本思想是：对于给定的测试样本，基于某种距离度量在训练集中找出与测试样本最为靠近的k个训练样本，然后再基于这k个最近“邻居”的信息对测试样本进行预测。通常，在分类任务中采用投票法来决定，即k个邻居中出现次数最多的类别作为测试样本的预测结果；对于回归任务，通常使用平均法，即将k个邻居的平均值作为测试样本的预测结果；还可根据距离的远近进行加权，距离越近权重越大[52]。

如图3-26（见文前彩图）所示，假设图中蓝色圆点与红色圆点分别代表活性与非活性训练集化合物，绿色圆点为活性未知的待分类测试集化合物。当$k=1$时，则认为待测化合物的分类与距离其最近的化合物（红色圆点）分类相同，即为非活性。当$k=3$时，距离待测化合物最近的3个化合物中有2个非活性与1个活性化合物，则预测该待测化合物为非活性。

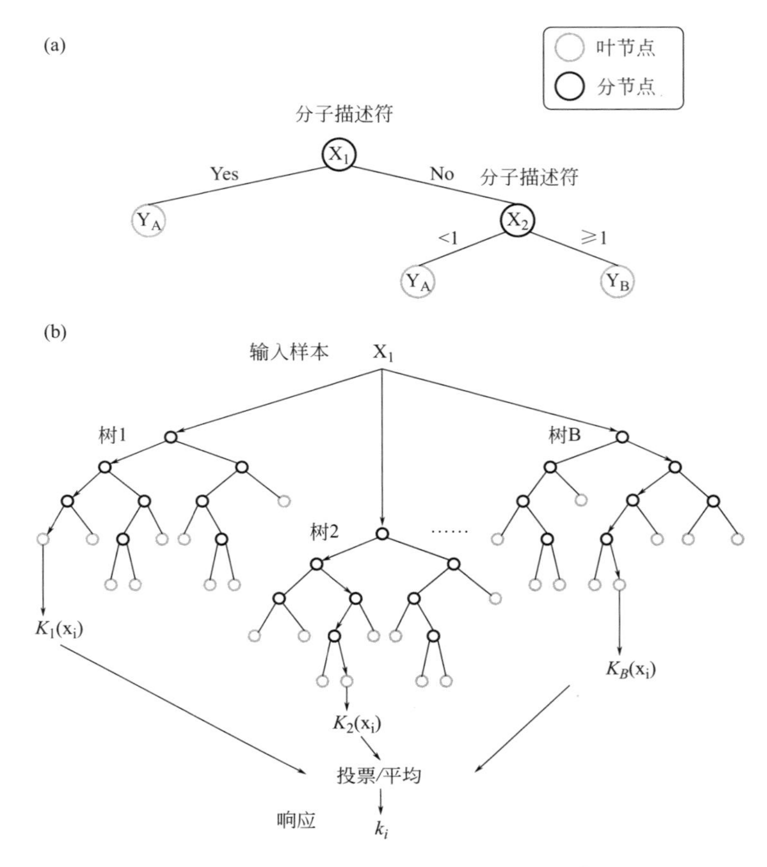

图 3-25　决策树和随机森林原理图[49]

与其他机器学习方法相比，k-NN 方法有明显的不同之处，即 k-NN 没有训练过程，输入的训练集信息仅是将样本保存，待输入测试集样本后再进行处理。因此，k-NN 用于 QSTR 建模较为快速、简单，但 k-NN 对噪声数据较为敏感。

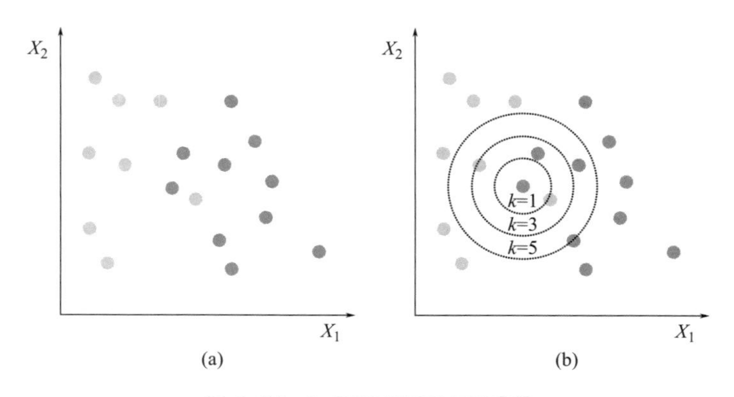

图 3-26　k-最近邻居法原理[49]

（5）朴素贝叶斯分类器　朴素贝叶斯分类器（NB）是一种简单、有效的机器学习算法[53]。朴素贝叶斯分类器的原理是在贝叶斯分类器的基础上采用了“属性条件独立性假设”，即所有属性都独立地作用于类变量。可用下列数学公式（3-15）表示[52]。

$$P(c \mid x)=\frac{P(x \mid c)P(c)}{P(x)}=\frac{P(c)}{P(x)}\prod_{i=1}^{d}P(x_i \mid c) \tag{3-15}$$

式中，c 为可能的分类结果；x 为待测样本；d 为属性数目；x_i 为 x 在第 i 个属性上的取值。

该方程表示待测样本为 x 时分类结果为 c 的概率大小。对于给定的待测样本，求在每个类别出现的概率，将待测样本的类别判定为出现概率最大的类别。

朴素贝叶斯分类器在分类过程中计算所利用的资源很少，并且分类结果的稳定性好，具有鲁棒性。但在实际构建毒性预测模型时，大多数物理描述符或分子指纹间有一定的相关性，不能使所有属性独立作用于结果。因此，在构建贝叶斯分类器时，通常采用一些统计学方法，如遗传算法，对物理描述符或分子指纹进行筛选，剔除其中相关性较高的描述符。

3.3.5.3　QSTR方法分类

QSTR作为计算毒理学中的一种常用方法，为化合物的安全性评估提供了新的方向。从不同角度审视理解建模思路与所建模型，可对QSTR研究进行以下分类[54]。

（1）全局模型（global models）和局部模型（local models）　根据建模所用数据信息的不同，QSTR可以分为全局模型和局部模型。

全局模型是指在研究数据集中所有化合物的结构与毒性之间的关系时，通常利用训练集中所有化合物的结构信息来建立模型，试图从全局的角度来分析化合物对非靶生物产生毒性的重要结构特征[55]。但是存在这样一种情况：数据集中一部分化合物的毒性与某些特定的结构特征有着密切的关系，但与全局结构-毒性关系存在差异，此时就需要建立局部模型。

局部模型是指将数据集中所有化合物按其作用机制或某种相似性进行分类，不同类的化合物分别建立模型，当有新的化合物需要预测时，首先要确定该化合物属于哪一类，再用相应的模型对该化合物进行预测[56]。局部模型试图从单一机制出发，从局部的角度研究某一作用机制对非靶生物产生毒性的重要结构特征。在局部建模方法中子集的划分是一个关键的步骤，不同的分类方法会直接影响到所建模型的质量，常用的局部建模方法有LLR[55]、read-across等。

全局模型涵盖给定毒性端点的多种作用机制，而局部模型针对单一作用机制。全局模型存在一些缺点，例如，对纤毛原生动物四膜虫毒性的全局模型，对共价结合酚的预测性能较差。相对而言，局部模型能提高模型的预测能力，但适用范围较窄。

（2）分类模型和回归模型　按照所建模型的目标值不同，QSTR模型可以分为分类模型（classification models）和回归模型（regression models）。

分类模型是用于给待测化合物指定一个标签，通常结果为离散值。例如判断待测化合物的毒性种类可分类为有无毒性（通常1代表有毒性，0代表无毒性）或毒性高低（高毒性、中毒性、低毒性及无毒性）。分类结果并不是其对应的真实活性数据，没有近似的概念，最终正确的结果只有一个。回归模型是用来给待测化合物预测某一具体的值，通常结果为连续值。当目标值为待测化合物的真实实验数据时，通常可建立回归模型，回归结果是其对应的真实活性数据的逼近预测。

分类模型的输出为离散的属性，而回归模型的输出为连续属性值。通常QSTR建模方法既可以用来建立分类模型也可以用来建立回归模型，如支持向量机、随机森林、偏最小二乘法、人工神经网络、遗传算法等。

3.3.5.4 QSTR方法在农药上的应用

人们进行QSTR研究，并不是为了建模而建模，目的是想用模型预测的结果来解释一些问题和现象，并提出方案和建议去解决实际问题。QSTR在农药上的应用主要是用来解释和预测农药对非靶标有益生物的毒性，从而获得高选择性及对非靶标有益生物低毒、低风险的农药。

2001年，Wang等就建立QSTR模型研究含苯酚类农药和工业化合物等对林蛙蝌蚪的急性毒性作用[57]。研究者将苯酚类化合物按其毒性作用机制进行分类，并建立单一机制的QSTR局部回归模型。最后证明极性麻醉作用是大多数苯酚类化合物的主要毒性作用模式，并以$\lg K_{ow}$为描述符，建立了具有鲁棒性的极性麻醉作用QSTR模型［式(3-16)］。该模型能够较好地预测以极性麻醉为毒性作用机制的新化合物的毒性数据。

$$LC_{50}=0.95\lg K_{ow}+1.35 \quad (n=21, r^2=0.91) \tag{3-16}$$

2006年，Yan等建立了有机磷农药对鲤鱼的QSTR模型，以确定43种有机磷农药1381个化学结构参数与鲤鱼毒性的关系[58]。通过多变量线性回归和相变量回归分析，针对不同毒性水平推导出各种方程。对于所有选择有机磷农药，特别是低毒性的农药，可通过式(3-17)的QSTR模型来预测。空间结构、电子特性和疏水性是最重要的结构参数。对于高毒性的有机磷农药，引入不同的结构参数得到两个方程。当LC_{50}小于2.5mmol/L时，式(3-18)的预测性能更好；当LC_{50}小于0.3mmol/L时，可用式(3-19)模型来预测毒性。

$$\begin{aligned}LC_{50}=&56.259-13.071\lg K_{ow}+17.510\mathrm{MATS8p}-17.455\mathrm{Mor24u}-0.085\mathrm{MW}+\\&1.706(\lg K_{ow})^2+2.306(\mathrm{Mor14e})^2+6.849\ \mathrm{Mor20m}\\&(n=43, F=36.815, r=0.942, r^2_{adj}=0.862, SE=2.899, p<10^{-6})\end{aligned} \tag{3-17}$$

$$\begin{aligned}LC_{50}=&3.795-1.195(\mathrm{Hlp})^2-0.037\mathrm{U}-2.225\mathrm{MATS3v}-19.593\mathrm{Tcon}\\&(n=16, F=56.820, r=0.977, r^2_{adj}=0.937, SE=0.143, p<10^{-6})\end{aligned} \tag{3-18}$$

$$\begin{aligned}LC_{50}=&0.341-0.561(\mathrm{HOMA})^2+0.231\mathrm{HOMA}\\&(n=3, F=56.820, r^2_{adj}=1)\end{aligned} \tag{3-19}$$

计算毒理学的发展，为农药的安全性评估提供了一个新的解决思路，解决了传统毒性测试方法耗时费力的缺点。并且QSTR作为常用的计算毒理学方法，给农药的毒性预测以及新农药的研制提供了一定的参考意见，随着实验数据的积累、建模方法的改善，QSTR将更有效地用于农药的创制。

3.3.6 活性碎片法

药物研究以及制药行业的主要目标是发现生物活性高并且对环境和有益生物毒性低的结构新颖的新化合物，而探索先导化合物的发现方法是实现这一目标的主要途径。近年来，随着药物化学以及相关领域的不断发展，药物研究新技术和新方法层出不穷，已经总结了很多先导化合物的研究方法，例如：基于结构和基于机制的药物发现，基于组合化学和高通量筛选的药物发现，这些方法和理论对新药的研发起到了巨大的推动作用。但是尽管具有较好生物活性的苗头化合物和先导化合物明显加快，新药的整体研发效率依然偏低，新品种的发现速度并没有明显改善。因此，怎样提高化合物的成药概率，提高先导化合物的研发效率，成为新药研发中的“瓶颈”问题。造成这一问题的主要原因是先导化合物发现方法的盲目应用。药物研发机构通常建立了巨大的化合物库，利用高通量筛选方法对化合物库中的分子进行快速的生物活性初步筛选，从而发现苗头化合物，经过进一步优化成为先导化合物。这种新药发现模式虽然在初期加速了新药研发的速度，但是由于化合物库中的分子往往不具备结构的多样性，而且经过结构修饰后分子量较大，难以兼顾类药性质，导致先导化合物的开发由于物化性质、药物代谢性质以及安全性等方面的问题而被迫中止。为摆脱新药研究的困境，药物化学家们发展了很多优化先导化合物的新方法：如药效团与分子骨架跃迁方法，基于系统生物学以及电子生物学的药物发现方法，以及基于分子片段的药物发现方法等，这些方法的应用提高了先导化合物的品质，使其成药的概率提高。本章内容就基于活性分子碎片的药物发现方法做简要评述。

3.3.6.1 原理

药物是由若干个分子片段相互连接所构成的，分子片段具有功能性和结构性两大特点。功能性分子片段包含药物产生生物活性所必须的结构单元（简称药效基团）；而结构性分子片段则是将功能性分子片段连接起来从而形成特定结构的分子骨架。药物分子结构复杂多样，但如果将其分子骨架进行分解，则会发现药物分子通常包含相似的分子片段，这些片段分子具有较为简单的分子结构，较低的分子量和脂水分配系数。对片段分子进行分类和生物活性筛选，通过分子的扩增、融合以及置换连接方式等手段发现先导化合物的方法称为基于分子片段的药物发现方法[59]。

3.3.6.2 发展

最早提出基于碎片的药物设计概念并进行相关研究的是Jencks和Ariens等，其于20世纪90年代早期即提出，某个类药性分子可以看作两个或多个具有生物活性的小分子碎片的叠加。这里所讲的分子碎片是指对某些目标受体具有亲和力的小分子，其分子量为150～250，非氢原子总数不超过18个。这些小分子碎片可能承继了整个药物分子结构中所包含的潜在生物活性，通过筛选和优化可得到NCE（新化学实体）[60]。

过去二十余年很多制药公司采用HTS方法寻找NCE。但是，无论是质量还是数量，巨大的投资并未换来满意的NCE开发进展。其原因部分与筛选方法自身的复杂性和被筛选化合物的数量极其巨大有关。然而，碎片的药物设计可弥补HTS的不足[61,62]。与HTS相比，碎片的药物设计的优势在于：①化合物库小；②化合物结构简单，简单的结构一方面可使化合物较易与靶蛋白的热区结合，从而使片段筛选的命中率高于HTS，另一方面便于筛选后的结构改造；③筛选获得的化合物质量高，通常经HTS获得的化合物半数抑制浓度（IC_{50}）$<10\mu mol \cdot L^{-1}$，且产生假阳性的概率较高，而碎片的药物设计因小分子量的片段易溶、检测方法简单，不会出现上述缺陷；④高效性及新颖性，碎片的药物设计能在短时间内完成对标记蛋白的检测，此方法筛选某个化合物库的时间较HTS法明显缩短，例如Astex Therapeutics公司开发的AT7519从化学合成到进入临床研究只用了18个月，较传统的候选药物遴选时间大为缩短。通过碎片的药物设计获得的结构片段，进一步结构衍生得到的化合物分子比通过HTS筛选获得的药物分子更具新颖性。基于这些优势，越来越多的制药公司开始采用碎片的药物设计策略进行新药研发。

3.3.6.3 研究过程

基于碎片的药物设计的过程主要包含3个环节[63]：①片段库构建；②筛选得到可与靶点结合的片段，以及这些片段的结构构象；③利用结构信息对片段进行优化。

（1）片段库构建　在构建各种化合物库时，应考虑几个关键因素，如化合物库的大小、库中化合物的质量及检测的方法等。化合物库的大小取决于检测方法，例如，采用核磁共振（NMR）或者X射线晶体学方法筛选片段时，库中的化合物数是10^2～10^3个，而采用表面等离子共振技术（SPR），因其具有高通量特点，库中化合物数可达到10^5个。此外，对任何一种筛选方法而言，化合物质量的好坏直接影响筛选结果，纯度不高的样品，由于化合物之间可产生化学反应或发生化合物聚合，因此，筛选结果可能出现假阳性。所以，在设计片段库时，要求片段达到以下要求[54]：①高溶解度，因为筛选是在高浓度下进行的（0.2mmol/L）；②较高的纯度，尽可能使假阳性率降到最低；③不能含有活性功能团以避免片段之间的聚合。片段库还应充分体现结构的多样性，缺乏多样性的片段库亲和力数据会误导定量构效关系的结果。Astex Therapeutics公司在对筛选结果进行分析后，提出了构建片段库的“3”法则（rule of three）[64]，即片段分子量＜300，氢键供体数目及受体数目均≤3，脂水分配系数（Clg$P$）≤3，这一法则已成为目前公认的构建片段库规则。

（2）筛选　基于碎片的药物设计发展的重要基础就是高灵敏度的筛选方法，传统的HTS所采用的筛选技术无法检测到低亲和力的片段分子，近年来，NMR、X射线晶体学[65,66]和某些生物物理技术的发展[67]，为提高片段筛选的灵敏度奠定了基础。1996年，Fesik研究小组提出的通过NMR谱研究结构-活性关系的方法（SAR-by-NMR法）[68]，是利用已知三维结构的^{15}N标记蛋白质的2D ^{1}H～^{15}N同核或异核单量子相关谱（HSQC），研究药物分子结构与活性的关系。该方法的基本点是首先筛选适合于生物靶分子亚活性位点的低亲和性配体，然后通过优化和组装得到所期望的高亲和性配体。其具有以下优点：首先，可以检测分子间的相互作用，并无目标特异性分析和大分子功能知识方面的要求；其次，NMR可直接检测配体和大分子间的相互作用，把干扰功能分析的假阳性信息降到最低；更重要的是，采用NMR技术对化合物间弱的相互作用也有很好的灵敏度（毫摩尔水平也能进行亲和力检测），并能提供配体结合模型的详细结构信息。因而，基于片段筛选的NMR技术能提供具有低或中等亲和力的小配体片段的结构信息，以便将这些片段组装成新配体。但是，该技术需要知道靶蛋白确切的NMR三维结构，所以除了必须提供足够量的^{15}N标记的靶蛋白（＞200mg）用以筛选和结构测定之外，其只能用于分子量小于50000的靶蛋白。

X射线晶体衍射方法能够测定配体和受体复合物的三维结构，同时提供分子间氢键、分子内氢键及成键原子间的键长、键角、扭角等准确可靠的信息，为片段分子的改造和新药设计提供合理建议，极大缩短了获得先导化合物和药物分子正确结构所需的时间。但是，该方法需要提供10～50mg纯度在95％以上的靶蛋白，而且化合物在毫克级浓度时能够溶解。另外，并不是所有靶蛋白都适合进行X射线分析，因为有些晶体结构不能获得很好的衍射。尽管如此，仍然有很多制药公司采用这种技术对不同蛋白质家族进行筛选，如激酶、蛋白酶和磷酸二酯酶等。SPR作为一种配体筛选技术也得到了青睐。SPR的特点是高通量、具有特异性、能在天然状态下研究药物分子与靶点的相互作用、耗费低且无需标记蛋白，因而很适合用于片段分子的筛选。目前，国际性生物制药公司几乎都有基于SPR原理的Biacore仪器用于新药的研究和筛选。

（3）将片段优化为先导化合物　通常筛选获得的初始片段活性很低，所以筛选后的关键是要对其加工以提高活性，并改善片段的其他性质，如对靶标的选择性、生物利用度及生物转化等，使之成为候选药物。改造方法一般包括片段进化、片段连接和片段的自我组装等。

① 片段进化。片段进化就是在初始片段的基础上增加或者替换某些功能团以改善其性质。首先可通过 NMR 或者 X 射线晶体学方法获得相关片段的结构信息，然后适当增加或者替换部分功能团。蛋白酪氨酸磷酸酯酶 1b（PIP1b）抑制剂的开发就采用了该策略：首先通过 NMR 筛选得到磺胺乙内酰脲，该片段的活性很低，随后进行的针对该片段和靶蛋白复合物的 X 射线晶体衍射分析，显示其采用了高能构象，并同时确定了其他有潜力的结合位点，通过正位引入取代基稳定弯曲的芳香-磺胺乙内酰脲的空间构象，随后又引入一个苯环以增加其活性。经过加工，磺胺乙内酰脲片段的活性显著提高，原来 3mmol/L 才能发挥作用，加工后 3μmol/L 即能发挥作用。

② 片段连接。片段连接是将能够与受体结合且结合位点不同的两个或者两个以上的片段通过连接桥连接起来，从而形成药物候选分子（图 3-27）。因为各个片段都可以与受体结合，所以可发挥片段与受体结合力的加合效应，其结果是亲和力为 mmol/L 和 μmol/L 数量级的小分子经连接可到亲和力为 nmol/L 甚至 pmol/L 数量级的先导化合物。这种方法的关键在于所设计的连接桥的长度及其性质。

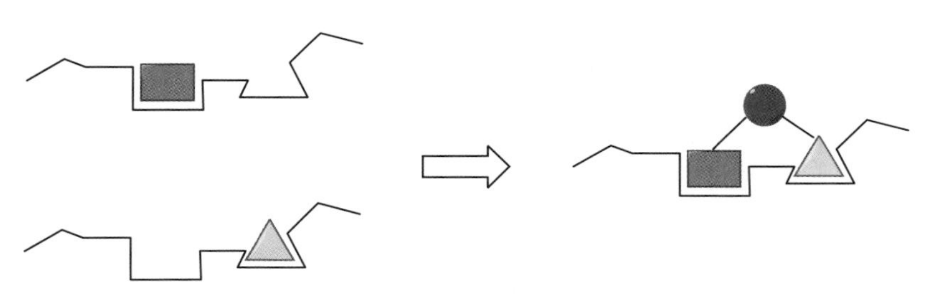

图 3-27　片段连接

③ 片段自我组装。片段自我组装是指在靶蛋白存在的情况下，能与靶蛋白结合的片段之间发生化学反应，从而产生新的化合物（图 3-28）。

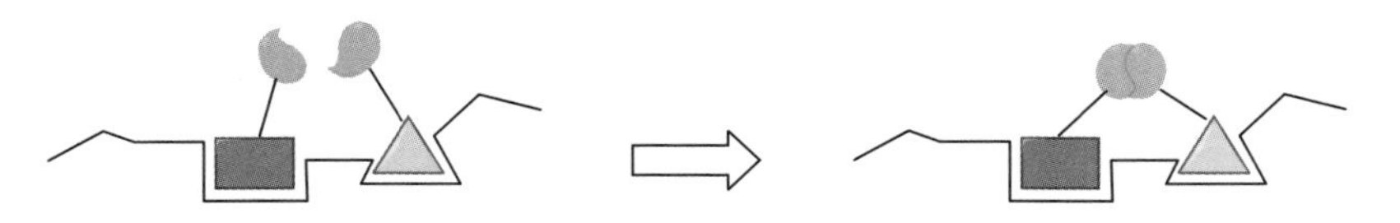

图 3-28　片段自我组装

3.3.6.4　应用实例

近年来，基于碎片的药物设计方法得到广泛的运用。然而，此方法的成功运用也受到了碎片与靶标之间的结合力往往较弱以及筛选方法的限制。华中师范大学的杨光富教授发展了一种新的基于碎片的药物分子设计方法，即药效团连接碎片虚拟筛选方法[48]，该方法克服了传统必须依赖生物物理技术进行碎片筛选及需要大量高纯度蛋白的不足，成功实现了碎片的高通量虚拟筛选，使得基于碎片的药物设计方法成为一种更通用的分子设计方法。应用这种方法，成功设计合成了第一个活性达到皮摩尔级别的细胞色素 bc_1 复合物 Q_o 位点抑制剂。药效团连接碎片虚拟筛选方法的工作流程可用图 3-29 表示。

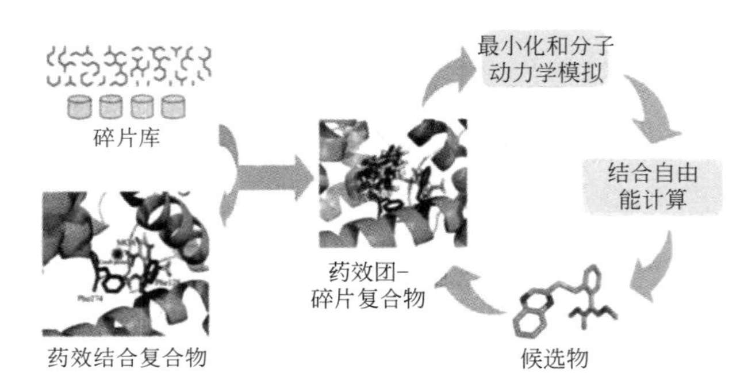

图 3-29　药效团连接碎片虚拟筛选方法工作流程

通过基于片段分子的药物方法，可以将普通片段分子演化成苗头片段分子，进而优化成先导化合物或候选药物，片段分子的演化、连接以及融合的前提是在提高分子活性的同时控制其分子量以期满足类药性特征。对片段分子进行精密有效的分子操作是方法运用成败的关键，也体现出研究者对诸多学科、研究领域知识与原理的理解程度，而这种理解则体现在在正确理念和策略的指导下，化学以及生物学方法的巧妙应用。

3.3.7　构型控制

3.3.7.1　构型控制的发展

构型是指一个有机分子中各个原子或基团特有的固定的空间排列，比如，顺（Z）与反（E），R 与 S。具有相同构造的分子，由于在三维结构中所体现的空间排列的不同，产生了构型的差异，对分子的性质也会有所影响。

在农药创制过程中，小分子活性构型往往是影响化合物活性及作用机制的关键因素。在农药领域，存在着许多由于顺反异构引起构型差异的化合物[69]，并且顺反构型差异的化合物的生物活性也具有较大差异，差异可以达到几十倍或上百倍。比如，辛硫磷反式结构对蚊子幼虫的活性是顺式结构的 3 倍[70]。日本武田药业生产的农药新品种嘧菌腙（ferimzone），其顺式结构的杀菌活性远大于反式结构[71]。灭多威顺式结构的杀虫活性也远大于反式结构（图 3-30）。因此，选择性合成或通过构型转化得到单一构型的化合物，即对化合物进行构型控制，成为药物研究中的一项重要内容[72]。

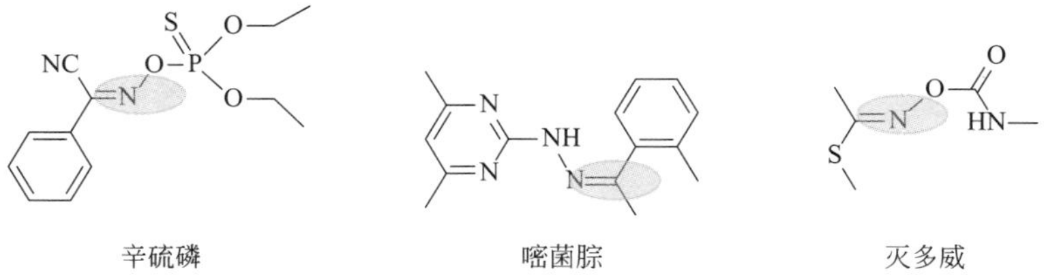

辛硫磷　　嘧菌腙　　灭多威

图 3-30　具有顺反异构的农药分子

手性是指一个物体与其镜像不重合，如同我们的左手与右手虽互为镜像却不重合。手性是自然界中的普遍现象，在已经商品化的农药中超过 700 种，约有 25%～40%具有手性。大多数商品化的手性农药多以对映体混合物的形式存在。手性对映体虽具有相似的理化性质，但在生物活性、毒理性质等方面存在显著差异，有些甚至表现出相反的特性。比如，手性农药对映体在防止虫、草、鼠害时往往具有不同的生物活性，一种对映异构体对靶标高活性，而另一种对映体可能是低活性或是无活性的，甚至可能存在相反的活性。

目前，手性农药的研究主要集中在拟除虫菊酯类杀虫剂、有机磷类杀虫剂和三唑类杀菌剂等方面。拟除虫菊酯类杀虫剂是近年来广泛使用的一类杀虫剂，绝大多数都具有手性，对映体的活性差别较大。例如，第一个人工合成并投入工业化生产的丙烯菊酯，其化学结构中存在 3 个手性中心，具有 8 个异构体，而其中（1*R*,3*R*）-反式-（α*S*）-菊酯具有高杀虫活性，是其对映体（1*S*,3*S*）-反式-（α*R*）-菊酯杀虫活性的 200 倍。有机磷类农药的使用具有 60 多年的历史，对人类社会的发展做出了巨大贡献。然而随着有机磷农药中毒事件的不断发生，引起了全世界对有机磷农药危害的广泛关注。有机磷类农药分子结构中多含有不对称碳、磷、硫原子等，因而大多具有手性，且对映体之间的活性也存在较大的差异。例如，（－）-噻唑磷的毒性是其对映体（＋）-噻唑磷的 30 倍，甲丙硫磷和地虫磷 *R* 型对映体的药效远小于 *S* 型对映体[73]。因此，如果手性农药中包含一些低效、无效甚至是相反药效的对映异构体，不仅会降低药效，而且会给环境带来不必要的负担，造成巨大的资源浪费，还可能会产生毒副作用，影响人类的健康和环境安全。

近年来，人们开始认识到药物的立体结构会影响其在生物体内的活动，不同对映体在药理活性、代谢过程和药动学方面存在较大差异，通过手性控制合成及制备单一对映体的研究已引起各国科学家的重视，成为 21 世纪农药发展的主要方向之一。目前，手性控制制备单一对映体的方法主要有外消旋体拆分、差向异构化和立体选择性合成。

3.3.7.2 构型控制的基本原理

构型控制是基于化合物反应过程中可能出现具有较大化学性质和活性差异的构型异构体，为了获得具有某单一构型的化合物，通过选择性合成或构型转化等方法来对目标化合物的构型进行控制。

3.3.7.3 位阻控制构型

近年来，对农药构型的控制研究越来越受到人们的重视。在国内，华东理工大学钱旭红院士、李忠教授从 NTN32692 结构出发，通过控制硝基构型，发现了一系列高活性顺式硝基化合物[74,75]，并成功发现了哌虫啶（2009 年）和环氧虫啶（2015 年）。

（1）通过四氢吡啶环固定硝基为顺式构型的哌虫啶　从吡虫啉的硝基亚甲基类似物 NTN32692 出发，通过与 α,β-不饱和烯醛（酮）反应生成含羟基的目标化合物，醇化后得哌虫啶（图 3-31）。

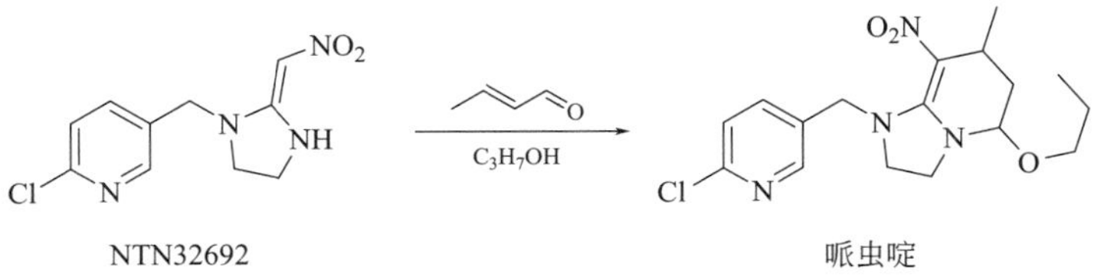

NO_2 Cl N N NH NTN32692 → C_3H_7OH O_2N Cl N N N O 哌虫啶

图 3-31 哌虫啶的合成

哌虫啶对蚜虫表现出很好的杀虫活性，尤其是对抗性品系褐飞虱的防效显著。

（2）通过氧桥杂环固定硝基为顺式构型的环氧虫啶　从吡虫啉的硝基亚甲基类似物

NTN32692 出发，通过与丁二醛反应得到氧桥杂环化合物环氧虫啶（图 3-32）。

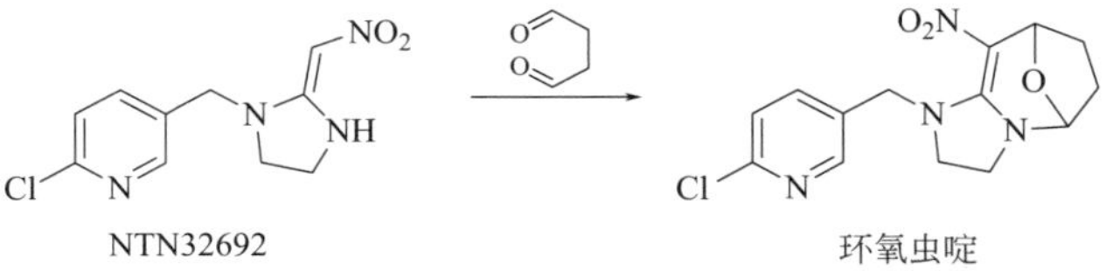

NTN32692　环氧虫啶

图 3-32　环氧虫啶的合成

环氧虫啶对水稻褐飞虱、白背飞虱、灰飞虱均表现出很好的活性，对甘蓝蚜虫和黄瓜蚜虫也有良好的防治效果，对棉田烟粉虱的活性显著高于吡虫啉，目前正由华东理工大学与上海生农生化制品有限公司共同开发。

3.3.7.4　手性控制——外消旋体拆分

将外消旋体拆分成纯左旋体或纯右旋体的过程称为外消旋体的拆分。目前用于外消旋体拆分的方法主要有化学拆分法、结晶法、色谱拆分法、微生物和酶催化拆分法。

化学拆分法是外消旋体拆分制备光学异构体的主要方法，化学拆分法的机理是由于一对外消旋体［图 3-33 中（i）、（ii）］，并且是一对对映体，在非手性条件下具有相同的物化性质，普通分离方法很难得到纯光学活性物质，若先将对映体在拆分剂的作用下变成非对映体，此时两者的物化性质差别较大，可将它们分离、提纯，再分别分解非对映异构体得到两个纯的对映体[76]。

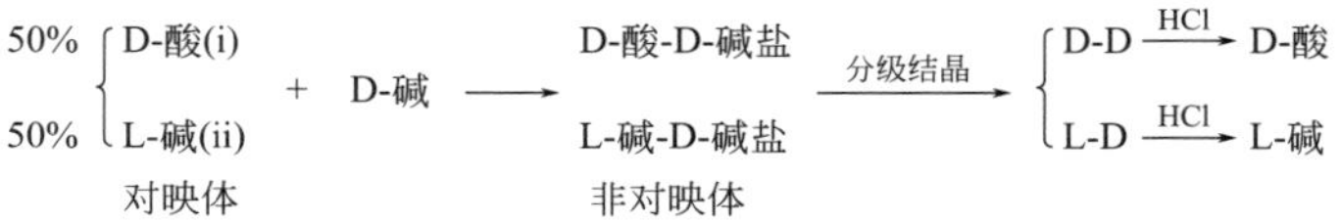

50% D-酸(i)　50% L-碱(ii)　对映体　+ D-碱 → D-酸-D-碱盐　L-碱-D-碱盐　非对映体 —分级结晶→ D-D —HCl→ D-酸　L-D —HCl→ L-碱

图 3-33　外消旋体化学拆分法过程

在农药领域方面的应用如利用（*S*）-*α*-苯乙胺拆分（*RS*）-戊菊酸得到（*S*）-（+）-戊菊酸（图 3-34）和利用（+）-氯霉胺拆分反式菊酸得到（1*R*，3*R*）-*trans*-菊酸（图 3-35）[55]。

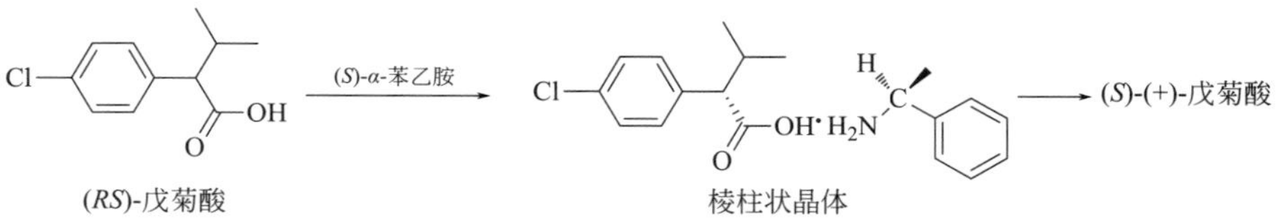

(*RS*)-戊菊酸 —(*S*)-α-苯乙胺→ 棱柱状晶体 → (*S*)-(+)-戊菊酸

图 3-34　（S）-α-苯乙胺拆分（RS）-戊菊酸

(±)-*trans*-菊酸 —(+)-氯霉胺→ (+)-(1*R*,3*R*)-*trans*-菊酸 + (−)-(1*R*,3*S*)-*trans*-菊酸

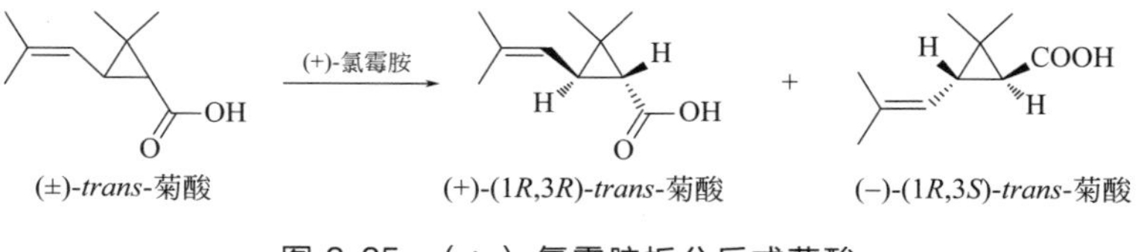

图 3-35　（+）-氯霉胺拆分反式菊酸

3.3.7.5 手性控制——差向异构化

如果分子中含有多个手性中心，只有一个手性中心的构型相反，其余手性中心的构型相同，这样的两种异构体互称为差向异构体。在一定条件下，一种差向异构体转变成另一种差向异构体的过程称为差向异构化。

差向异构化的机理与有机化合物的光学和几何异构体在碱性或酸性催化剂作用下异构的机理相同。图3-36中，C2由于与羰基相连较活泼，容易发生构型转变，相对而言C4较稳定，C2受到攻击发生消旋化，体系就成了（i）、（iii）两个非对映体等分子比的混合物，这两个非对映体就是差向异构体。若选定的某一溶剂对其中一种差向异构体具有溶解作用最大，另一种差向异构体不溶或微溶，于是后者就从溶液中以晶体形式不断析出，打破平衡，溶液中C2以某单一构型存在[76]。

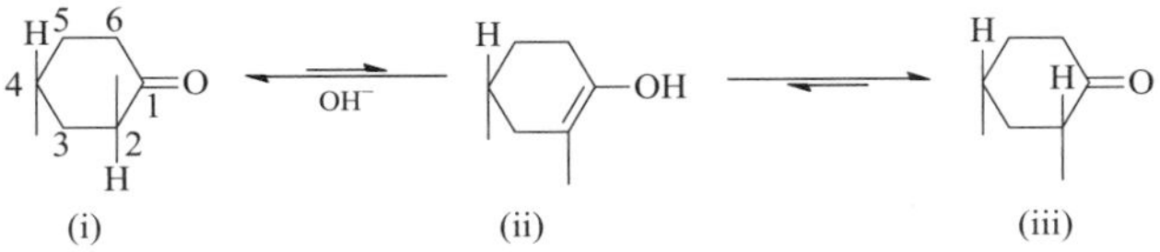

H 5 6 4 1 O 3 2 H OH⁻ H OH H H O
(i) (ii) (iii)

图3-36 差向异构化过程

薛振祥等[77]利用差向异构化方法对拟除虫菊酯杀虫剂进行研究，从具有8种异构体的(±)-顺反氯氰菊酯（图3-37）出发，在有机溶剂存在下以异丙胺为催化剂，经差向异构化得到4种异构体氯氰菊酯，又称高效氯氰菊酯，药效是原来的2倍。

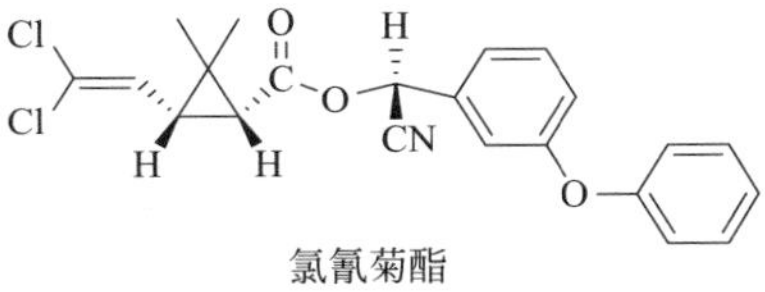

Cl Cl H H O C O H CN O
氯氰菊酯

图3-37 氯氰菊酯的结构

3.3.7.6 手性控制——立体选择性合成

立体选择性合成是从非手性化合物出发，利用一些不对称条件，如手性试剂、手性溶剂或手性催化剂等，进行不对称反应产生不等量的立体异构体，直接获得光学活性物质的一种方法。图3-38中，丙酮酸（i）是一个对称分子，将其还原会产生手性碳原子，并且是外消旋状态，若是先引入不对称条件，如天然的（−）-薄荷醇（ii），（i）与（ii）酯化后会产生一个光活性的酯，再进行还原时，薄荷醇的手性会诱导产生的第二个手性中心向着空间有利的方向进行，使得羰基的反应具有选择性，一个反应速度快于另一个，产生不等量的非对映体，水解后得到单一构型的乳酸[76]。

农药合成中进行立体选择性反应主要有下列方法，以光学活性化合物为手性源的手性合成子法、手性辅基的不对称诱导、不对称催化反应、微生物发酵和酶催化的立体选择性合成。祝捷等[78]采用手性合成子法，以D-缬氨酸为起始原料生成中间体（*R*）-氟胺氰菊酸，在甲磺酰氯、吡啶、4-二甲氨基吡啶和甲磺酸为催化剂的作用下，与间苯氧基苯甲醛反应合成（*R*）-氟胺氰菊酯，得到的（*R*）-氟胺氰菊酯的纯度高达95%。通过立体选择性合成（*R*）-氟胺氰菊酯是其工业化合成的新路线（图3-39），打破了国外一直以来的垄断。

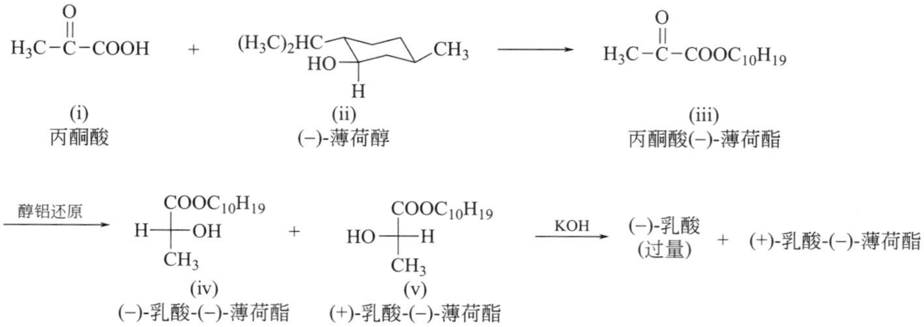

图 3-38 立体选择性合成过程

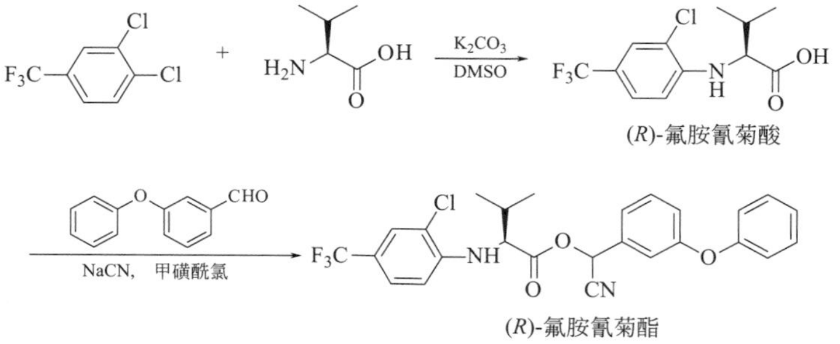

图 3-39 （R）-氟胺氰菊酯的合成路线

3.4 靶标发现

3.4.1 几丁质合成酶

3.4.1.1 引言

几丁质，又称甲壳素，是一类由 β-N-乙酰-D-葡萄糖胺（β-N-acetyl-D-glucosamine，GlcNAc）以 β-1,4-糖苷键连接而成的线形多糖。几丁质是自然界中生成量仅次于纤维素的多糖，广泛存在于原生生物、真菌、甲壳类动物、植物细胞壁及昆虫表皮中。

几丁质不溶于水，在自然界中以三种晶态形式存在：α-几丁质、β-几丁质和 γ-几丁质。α-几丁质是由糖链以反平行的方式组合，结构刚性，是真菌细胞壁和节肢动物外骨骼的重要组成部分，含量占自然界中的大多数。β-几丁质由糖链以平行的方式组合，而 γ-几丁质是糖链以反平行和平行混合的方式组合，它们在自然界中存量少，具有柔性，主要存在于昆虫围食膜和蚕茧等组织中。

几丁质是昆虫表皮之外的外骨骼和中肠围食膜的重要组成成分，昆虫生长发育的各个时期都与几丁质密不可分：例如在昆虫取食时，围食膜是中肠上皮细胞保护层，可以避免食物的损伤和加快消化，因而为了避免磨损需要合成一定量的几丁质[79]；而在昆虫蜕皮时，表皮细胞分泌几丁质水解酶，降解几丁质，进行正常的生长发育[80]。

昆虫在生长发育中，必须定期地脱落与合成外骨骼。在蜕皮过程中，首先，昆虫的真皮层合成分泌一层新的角质层，而旧的角质层在蜕皮的最后阶段脱落下来，以满足虫体生长的需要。同时也使得昆虫可以适应新的外部环境，在不同生命阶段表现出独特的功能。其中，蜕皮激素、羽化激素、蜕皮触发激素等激素严格调控着蜕皮过程，几丁质合成酶、几丁质酶和 β-N-乙酰葡萄糖胺酶，分别参与了新的几丁质的合成和旧的几丁质的降解过程。

昆虫几丁质降解主要有以下两条生物途径：一是通过专一水解几丁质 β-1,4-糖苷键的几丁质水解酶系统进行降解；二是通过脱乙酰酶脱去几丁质乙酰基，形成壳聚糖，再由壳聚糖酶进行后续降解。几丁质水解酶主要分为外切酶 β-N-乙酰氨基己糖苷酶和内切酶几丁质酶两类。β-N-乙酰氨基己糖苷酶从多糖链的非还原末端开始催化水解多聚糖或寡聚糖；几丁质酶则随机地通过水解糖苷键断裂几丁质，降解为寡聚糖。在整个水解过程中，两个酶的协同作用可以提高降解几丁质的效率。有文献报道，当昆虫几丁质降解体系中几丁质酶/β-N-乙酰氨基己糖苷酶的含量比为 6∶1 时，水解效率最高。这个比例正好接近于天然情况下昆虫蜕皮液中两者的比例[81]。由于几丁质是昆虫重要的结构组分，但在高等动植物体内没有分布，因此，其降解体系中的催化蛋白就可以作为研究绿色杀虫剂的靶标，为防治农业害虫提供新思路。昆虫生长调节剂可特异性干扰昆虫的生长发育过程，其作用机理是物种、靶标和靶点专一定向的，因而是绿色农药的重要发展方向之一。

3.4.1.2 几丁质合成酶的结构与功能

几丁质合成酶（chitin synthase，CS）是一种大分子的跨膜蛋白，主要参与几丁质的生物合成。CS 结构较为复杂，包括三个结构域，分别是 N-末端跨膜结构域、中央催化结构、C-末端跨膜结构域。几丁质合成酶是几丁质合成的关键酶，抑制几丁质合成酶，阻断几丁质的生物合成，从而达到杀虫、杀螨、杀菌等作用，是目前农药领域的研究热点。

对几丁质合成酶的研究，真菌类的几丁质合成酶的研究最为深入。由于真菌可以引起动植物多种病害，有 70%～80%的植物病害是由真菌引起的，且植物真菌病害有许多，包括植物叶片表面长出霉状物、粉状物，叶片变色、坏死、萎蔫、早落等。为了抑制和消灭病原真菌，近年来，人们一直致力于寻找有效的抗真菌药物。从结构上来分析真菌，真菌细胞壁是真菌细胞外的重要结构，为真菌抵御渗透压和机械力，主要是由葡萄糖、甘露聚糖、几丁质组成的。由于几丁质在不同菌种中的含量不同，如在酿酒酵母中，几丁质含量在 1%～2%，在哺乳动物和植物中基本不存在几丁质，因此，通过抑制几丁质的合成从而达到杀菌效果，是一个安全、高选择性的方法。

酿酒酵母（*S. cerevisiae*）是研究真菌类几丁质合成酶的典型代表。酿酒酵母中经检测可发现并获得三种几丁质合成酶：几丁质合成酶Ⅰ（CSⅠ）、几丁质合成酶Ⅱ（CSⅡ）、几丁质合成酶Ⅲ（CSⅢ）。从功能上来说，CSⅠ主要起到修复作用，该酶可以在胞质分裂过程中补充几丁质；CSⅡ可以形成隔膜，CSⅠ与 CSⅡ共同作用，合成细胞中 10%的几丁质；CSⅢ为几丁质合成酶，90%的几丁质由 CSⅢ合成得到。在几丁质合成酶的作用下，几丁质前体物尿苷二磷酸酯-Ⅳ-乙酰氨基葡萄糖（UDP-GlcNAc）生物合成几丁质（图 3-40）。从生物特性上来说：钴离子可以激活 CSⅡ与 CSⅢ，却对 CSⅠ有抑制作用；而当 pH、温度均为酶活性最高时的对应 pH、温度时，CSⅠ与 CSⅡ都为酶原，在离体状态下需要通过蛋白的水解才能被激活，而 CSⅢ在胰蛋白处理下活性降低[82]。

此外，除了以几丁质合成酶为靶标来抑制真菌外，昆虫体内的几丁质合成酶研究也具有重大的意义。根据氨基酸序列的差异性，昆虫体内的 CS 主要被分为两大类：CSA 与 CSB。其中，CSA 类大多参与表皮层细胞以及气管细胞中几丁质的合成，C 端 5 个跨膜螺旋后还

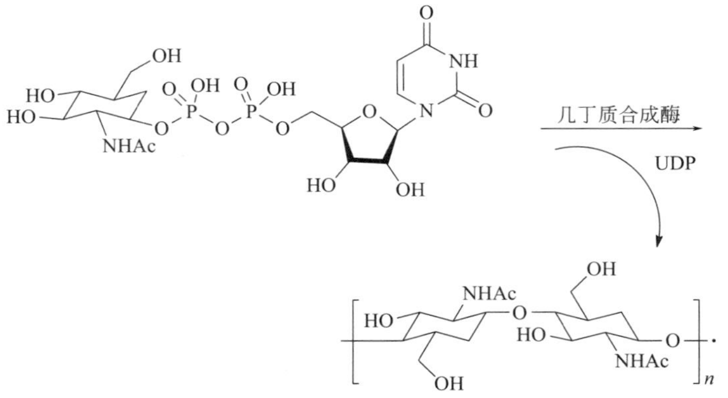

图 3-40 几丁质合成酶催化 UDP-GlcNAc 形成几丁质过程

有 1 个卷曲螺旋区，该螺旋区面向细胞外，而 CSB 类主要在中肠的表皮细胞中表达[83]。以实例来说，经研究发现，当 RNA 干扰中华稻蝗（*Oxya chinensis*）幼虫的 CSA 时，其 CSA 表达量减少 70.8%，并产生稻蝗蜕皮时间延迟或不能完成蜕皮等现象，而干扰飞蝗（*Locusta migratoria*）CSB 时，飞蝗出现消化困难等现象[84]。

3.4.1.3 几丁质合成酶抑制剂

由于几丁质代谢对昆虫的生长发育、真菌病害的防治至关重要，抑制几丁质的合成、以几丁质合成酶为靶标进行研究成为目前农药领域的一个重要的研究热点。近年来，作用新颖、对环境友好、对非靶标生物安全的几丁质合成酶抑制剂应运而生，主要包括核苷肽抗生素类、核苷磷酸类。

核苷肽类抗生素是一类竞争性抑制剂，主要是多氧霉素系列和尼克霉素系列。多氧霉素最早是在链霉素的培养产物中提取得到的，该结构由一个脲苷核糖和两个二肽结合而成。而尼克霉素结构与之极为类似，在多氧霉素最后一个氨基酸上加一个嘧啶环即为尼克霉素。经研究发现，多氧霉素 D、尼克霉素 Z 的结构与几丁质合成酶底物 *N*-乙酰氨基葡萄糖（GlcNAc）十分相似，在几丁质生物合成过程中，多氧霉素 D、尼克霉素 Z 核苷部分可以与几丁质合成酶结合，肽与合成酶的催化部位结合，降低了酶的活性，从而达到有力的竞争性作用。但是，由于多氧霉素 D、尼克霉素 Z 的抗菌谱窄、成本高等原因，其应用并不广泛。

近年来，在多氧霉素 D、尼克霉素 Z 的结构上进行改造的研究方向已取得重大成果，例如：Kikoh Obi 课题组[85]以尼克霉素 Z 作为先导进行结构改造，引入疏水基团，得到高活性化合物，其中含有菲环的 KFC-431，其结构与尼克霉素 Z 十分相近。Finney 等[86,87]通过在葡萄糖底物中引入 4-OCH_3，阻断几丁质的聚合，从而抑制几丁质的合成（图 3-41）。

核苷酸类抑制剂主要是通过增加昆虫体内脲苷二磷酸（UDP）的浓度，从而降低几丁质的合成速度，最终达到抑制作用[88]。

除了以上核苷肽抗生素类、核苷磷酸类外，有一些非核苷肽化合物对 CS 也有较高的抑制活性，可作为几丁质合成抑制剂使用。例如杀螨剂 oxythioquinox、除草剂燕麦灵 barban、杀虫剂 EBP、杀螨剂克螨特 omite 等（图 3-42）。

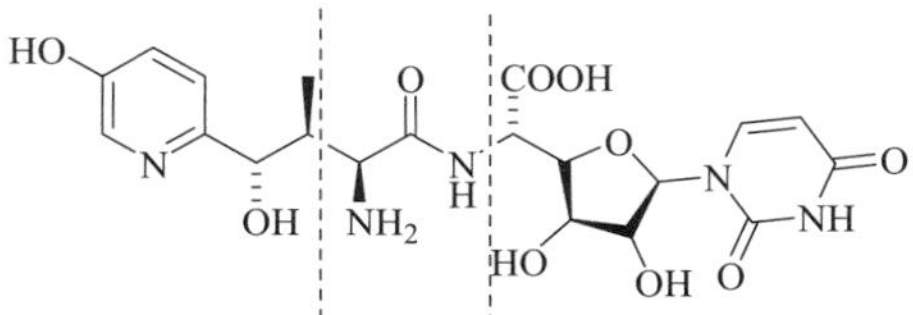

尼克霉素Z

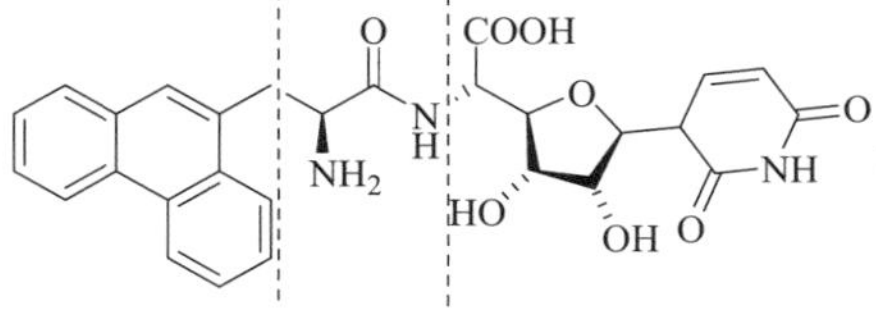

KFC-431

图 3-41　尼克霉素 Z 与 KFC-431

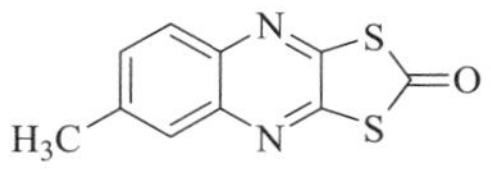

oxythioquinox

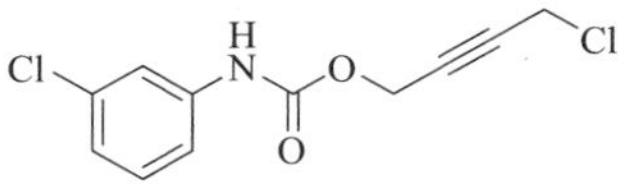

barban

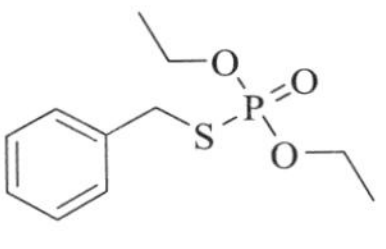

EBP

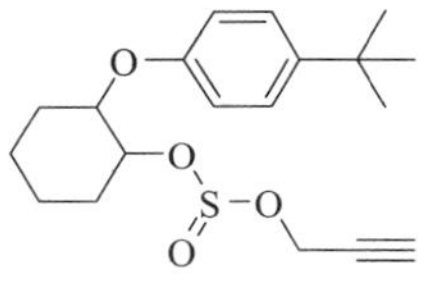

omite

图 3-42　oxythioquinox、 barban、 EBP、 omite 的结构

Lopez 课题组对查尔酮类似物进行结构衍生，发现该系列化合物对 CS 有明显的抑制活性，其中用呋喃环、萘环取代苯环的化合物活性较高，IC_{50}值达到 0.03$\mu g \cdot mL^{-1}$；Park 课题组合成并衍生了喹啉类化合物 HWY-289，经研究，发现其对几丁质合成酶的抑制活性较高[89,90]（图 3-43）。

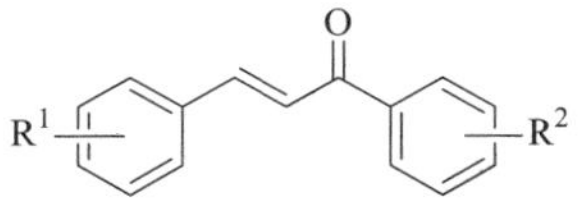

查尔酮类似物

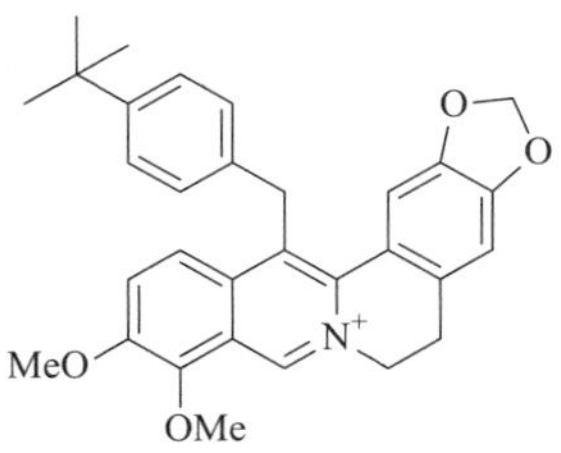

HWY-289

图 3-43　查尔酮类似物与 HWY-289

喹啉酮类化合物作为喹啉类化合物中的一类，经研究发现其存在一定的抗菌活性。例如：喹啉酮化合物 A 经研究发现其对白色念珠菌 CS Ⅰ有较优的抑制活性，IC_{50} 为 0.07$\mu mol \cdot L^{-1}$，明显优于临床抗真菌药物特比萘酚（IC_{50}为 11.3$\mu mol \cdot L^{-1}$）。对喹啉酮化合物 A 进行结构改造得到衍生物 B，研究发现，衍生物 B 在对念珠菌表现出广谱抗菌活性的基础上，还能抑制部分耐唑类耐药菌株[91]（图 3-44）。

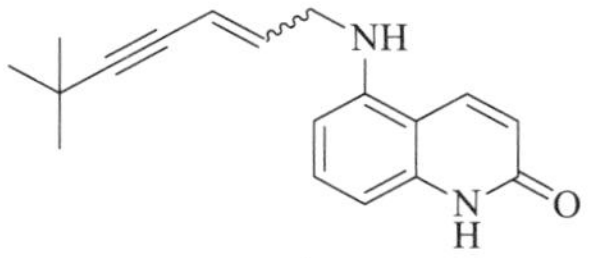

A　　　　B

图 3-44　喹啉酮化合物 A、B 的结构

脲类化合物也存在一定的几丁质合成酶抑制活性。Ke 等[92]合成了化合物 NA、NB。其中 NA 的 IC_{50} 为 5.6μmol·L^{-1}，而 NB 浓度为 100μg·mL^{-1}时，可以有效地抑制几丁质合成酶。对 NB 进行进一步的结构衍生发现，当在 NB 两个苯环区引入吸电子基团时，抑制活性明显提高，最高抑制率达到 81%（图 3-45）。

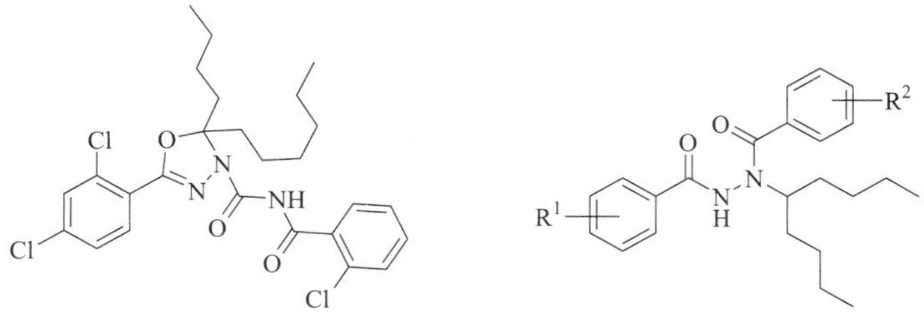

NA　　　　NB

图 3-45　NA、NB 的结构

从天然产物中，包括各种菌以及药用植物或野生植物中，可以提取出几丁质合成酶抑制剂。最早在 1976 年，Tamm 等从 *Pseudeurotium ovails* 培养的滤液以及 *Aspergillus fumigatus* DSM 6598 中分别成功分离得到 pseurotins A 与 pseurotins F_2[93]。pseurotins A 与 pseurotins F_2 对 CS 有明显的抑制活性（图 3-46），但杀菌活性较低，基本表现为无杀菌活性。

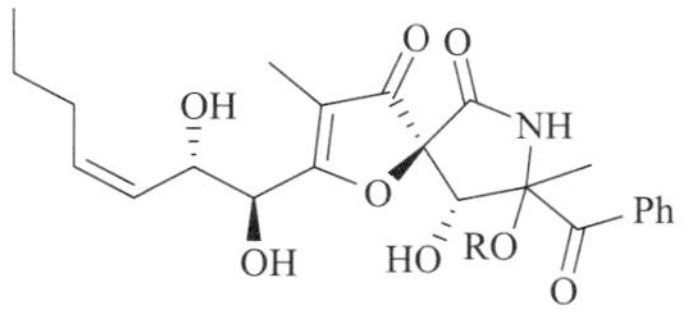

pseurotins A (R=Me)　pseurotins F_2 (R=H)

图 3-46　pseurotins A 与 pseurotins F_2 的结构

从非洲医用植物蓝茉莉（*Plumbago capensis*）中成功提取到 plumbagin（2-甲基-5-羟基-1,4-萘醌），经研究发现，plumbagin 能够有效地抑制 4 种农业鳞翅目昆虫的蜕皮过程，当其浓度达到 3×10^{-4}mol·L^{-1}时，对粉纹夜蛾（*Trichoplusiani*）体壁分离得到的几丁质合成酶的活性起到一定的抑制作用[94]。从山楂（*Crataegus pinnatifida*）叶片中成功分离得到的熊果酸（图 3-47），经研究发现，其为 CS Ⅱ 的选择性抑制剂，对 *S. cerevisiae* 的 IC_{50} 为 0.84μg·mL^{-1}[95]。从五味子（*Schizandra chinensis*）中提取得到的 gomisin N、wuweizisu C 虽然对 CS Ⅱ 的抑制活性远高于多氧霉素 D，IC_{50}分别达到 62.4μg·mL^{-1}和 19.2μg·mL^{-1}，但两者均没有明显的杀菌活性[96]。

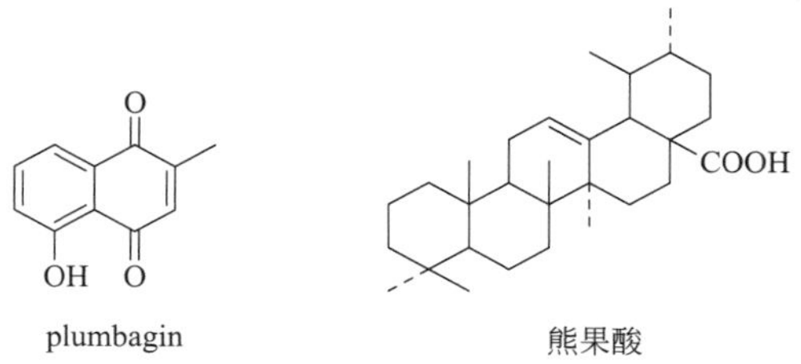

plumbagin 熊果酸

图 3-47 plumbagin、熊果酸的结构

在米曲霉（*Aspergillus oryzae*）中成功分离得到的 asperfuran（羟基苯并呋喃衍生物）对 *Coprinus cinereus* 能够产生较弱的抑制活性，IC_{50}为 $25\mu g \cdot mL^{-1}$[97]。中国科学院成都生物研究所成功地从诺尔斯链霉菌西昌变种的发酵液中提取得到宁南霉素（图 3-48），发现其对革兰氏菌，包括阴性菌与阳性菌，均有较优的抑制活性，可作为一种农用抗生素新药进行进一步的研发[98]。

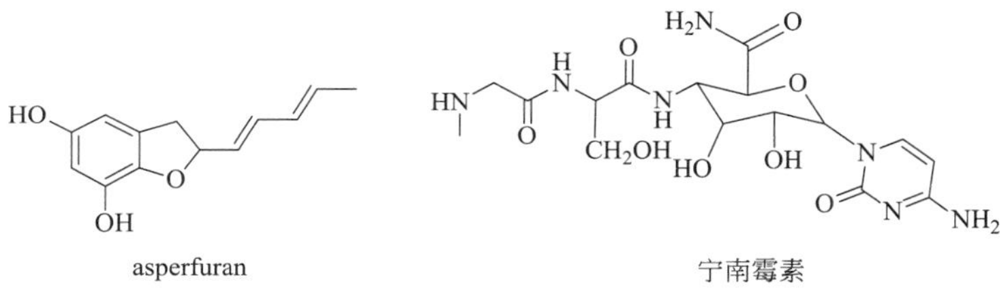

asperfuran 宁南霉素

图 3-48 asperfuran、宁南霉素的结构

从链霉菌（*Streptomyces* sp.）中分离得到的 guanofosfocin A、从木霉菌（*Trichoderma* sp.）中分离得到的 guanofosfocin B 与 guanofosfocin C 均对 *C. albicans* 有抑制活性作用，且活性要明显高于多氧霉素 D 与尼克霉素 Z[99]（图 3-49）。

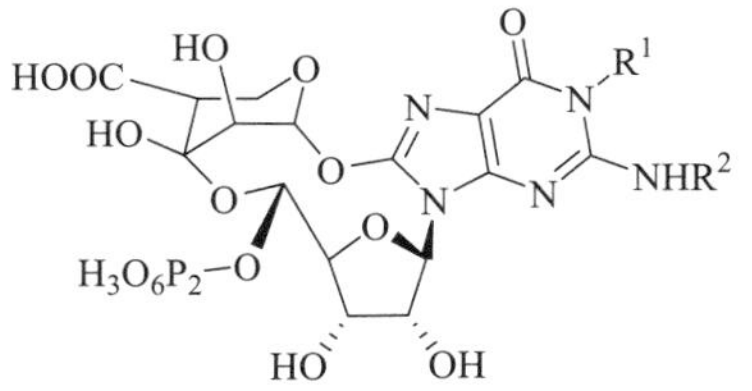

guanofosfocin A: R^1=Me, R^2=H
guanofosfocin B: R^1=H, R^2=H
guanofosfocin C: R^1=H, R^2=$COCH(CH_2OH)NHCOCH_2CH(CO_2H)NHCOCH(CH_2OH)NHCOCH(CH_2OH)NH_2$

图 3-49 guanofosfocin A、B、C 的结构

从 *Kernia* sp. 中分离得到的 FR2900403，经研究发现，该菌株对白色念珠菌的几丁质合成酶有一定的抑制活性，MIC 值为 $0.4\mu g \cdot mL^{-1}$，可以作为先导结构进行进一步的研究[100]。从厚朴（*Magnolia obovata*）中分离得到的 obovatols 以及其衍生物 tetrahydrobovatol 均是 CSⅡ的竞争性抑制剂，IC_{50}分别为 $38\mu mol \cdot L^{-1}$、$59\mu mol \cdot L^{-1}$。经研究发现，obovatols 与 tetrahydrobovatol 对 *C. albicans* 的 CS 也有抑制作用，IC_{50}分别为 $28\mu mol \cdot L^{-1}$ 和 $51\mu mol \cdot L^{-1}$[101]（图 3-50）。

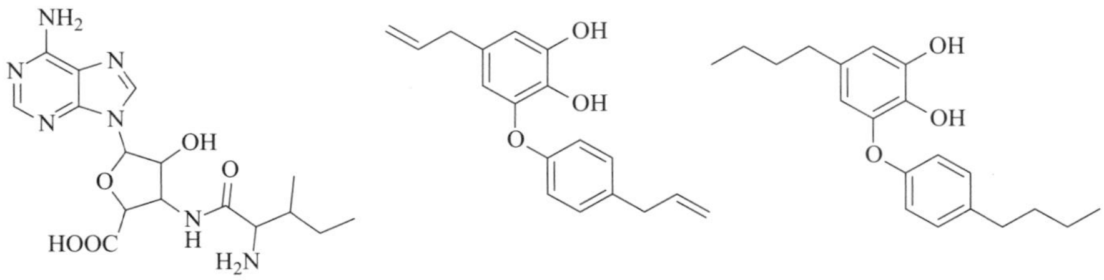

FR2900403　　obovatols　　tetrahydrobovatol

图 3-50　FR2900403、obovatols、tetrahydrobovatol 的结构

从真菌 *Phellinus* sp. PL3 中成功提取得到的 phellinsin A 对 CS Ⅰ、CS Ⅱ 均表现出选择性抑制活性，对多种真菌病原体均表现出较优的杀菌活性[96]。从真菌 *Chaetomium atrobrunneum* F449 中分离得到的 chaetoatrosin A 对 CS Ⅱ 表现出一定的抑制活性[102]。从放线菌代谢产物中分离得到的拟三糖类化合物 allosamidin，经研究发现，其能有效地抑制昆虫几丁质合成酶。此外，allosamidin 的中间体 demetylallosamidin 也对几丁质合成酶有较优的抑制活性[103]（图 3-51）。

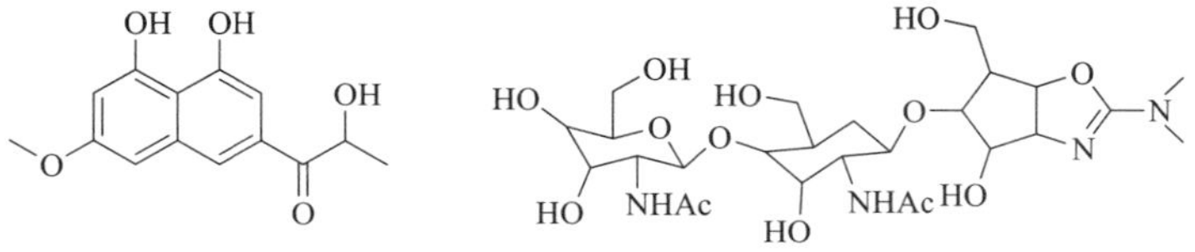

phellinsin A　　allosamidin

图 3-51　phellinsin A、allosamidin 的结构

此外，苯甲酰基脲类（BPUs）虽然并不是几丁质合成酶的抑制剂，且其作用机制尚存争议，但其对几丁质的高抑制活性使得其在农用杀虫剂中的应用十分广泛。20 世纪 70 年代偶尔发现了 BPUs，代表性的化合物有除虫脲、氟铃脲、苏脲一号、苏脲二号（图 3-52）。该类杀虫剂低毒、易分解，有很好的应用前景。

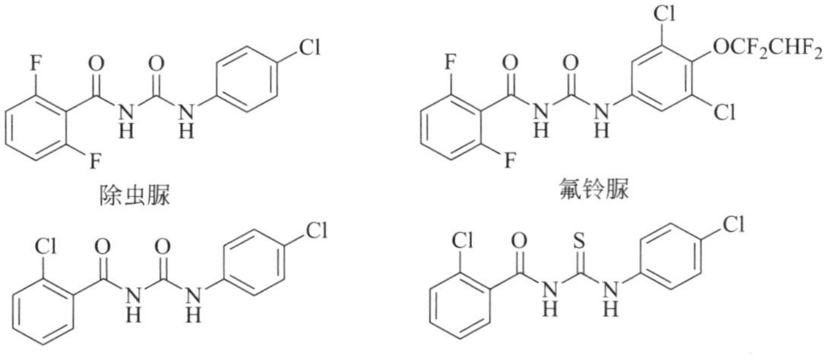

除虫脲　　氟铃脲

苏脲一号　　苏脲二号

图 3-52　代表性 BPUs

3.4.2　几丁质酶

几丁质酶（EC 3.2.1.14），能够水解几丁质和几丁寡糖的 β-1,4-糖苷键。根据氨基酸序

列的保守性和蛋白折叠方式，可将几丁质酶分为两个家族，分别属于糖基水解酶 18 家族（glycoside hydrolase family 18，GH18）和 19 家族。研究发现，不同家族的几丁质酶不仅在氨基酸序列上没有相似性，而且在结构、物种分布、催化机理方面也存在较大差异。18 家族几丁质酶在植物、细菌和动物中广泛存在，而 19 家族几丁质酶大部分存在于植物中。目前，关于 19 家族几丁质酶的研究主要源于蜱虫、病毒、细菌和线虫等。从原生动物到哺乳动物，GH18 几丁质酶都有分布，其中在昆虫中的分布最为广泛。

3.4.2.1　GH18 家族几丁质酶的分布与功能

18 家族几丁质酶广泛分布于细菌、真菌、节肢动物、植物以及哺乳动物中，在它们的生命活动中具有重要作用，包括营养、细胞分裂、病原体感染、昆虫蜕皮和免疫与预防。

细菌自身不含有几丁质，其表达的几丁质酶用于水解外源的几丁质作为营养来源。目前对黏质沙雷菌的三种几丁质酶的研究最为详尽，这三种几丁质酶分别命名为几丁质酶 A（*Sm*ChiA）、几丁质酶 B（*Sm*ChiB）和几丁质酶 C（*Sm*ChiC）。*Sm*ChiA 和 *Sm*ChiB 是两种具有外切活性的几丁质酶，能够分别从几丁质的还原端和非还原端切下二糖单元。*Sm*ChiC 具有内切活性，从几丁质长链的中间位置任意切割。*Sm*ChiA 和 *Sm*ChiB 是典型的进程性水解酶，一次切割完成后，酶不会离开底物，几丁质链在酶的活性口袋滑动两个糖单元的距离，酶进行下一次切割。而 *Sm*ChiC 没有进程性，完成一次切割后，酶会离开底物，寻找到下一个切割位点后，再附着在底物上。这些几丁质酶的功能各异，在降解几丁质的过程中，它们协同作用，实现对底物的高效降解。见图 3-53。

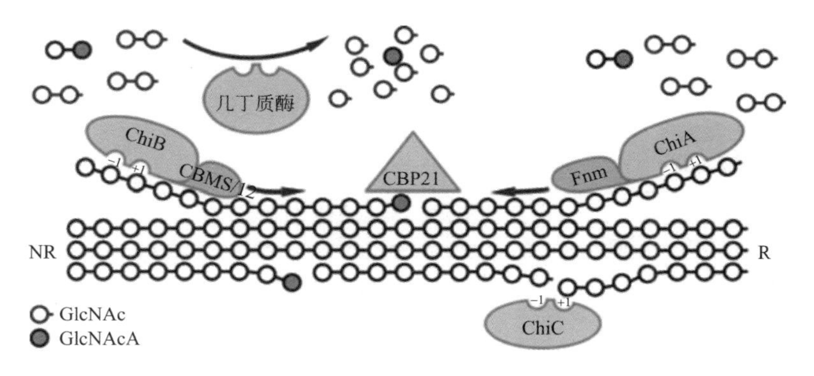

图 3-53　黏质沙雷菌的几丁质代谢系统

真菌中含有的家族几丁质酶，根据序列可以分为两类。其中一类为分泌型，与细菌几丁质酶的功能类似，用于消化外源的几丁质以及消化真菌自裂解时自身的几丁质作为营养来源。另一类几丁质酶负责降解真菌细胞壁中的几丁质成分，在真菌形态变化过程中具有重要的作用。真菌细胞壁的主要成分为几丁质和 $\beta(1,3)$-聚糖，使得细胞壁很坚硬，而真菌的分裂需要细胞壁具有弹性。

植物虽然本身并不含有几丁质也不能利用几丁质作为营养来源，但是却具有多种几丁质酶。基于序列相似性，植物几丁质酶可以分为五类（Ⅰ～Ⅴ）。其中分支Ⅲ和分支Ⅴ属于 18 家族。分支Ⅲ几丁质酶以橡胶树（*Hevea brasiliensis*）来源的 hevamine 为代表，主要参与非生物胁迫响应，而分支Ⅴ几丁质酶以烟草（*Nicotiana tabacum*）来源的 *Nt*Chi Ⅴ为代表，参与生物和非生物胁迫反应，还具有抗真菌的活性。

与植物的情况相似，哺乳动物虽然不含有几丁质，但是体内也发现了几丁质酶。哺乳动物（人）含有两种能够编码有活性的几丁质酶的基因，分别是酸性哺乳动物几丁质酶（acidic mammalian chitinase，hAMCase）和壳三糖酶（human chitotriosidase，*Hs*Cht）。这两个基因可能是通过基因复制获得的，且与细菌的几丁质酶具有一定的序列相似性。此外，研究发现，基因复制还产生了其他一些催化氨基酸发生改变导致失去活性的类几丁质酶蛋白。虽然这些有活性的以及无活性的几丁质酶在哺乳动物体内的功能还不十分清楚，但是可以确定的是，这些蛋白的表达水平在先天性和获得性免疫应答过程中会发生变化。*Hs*Cht主要在激活的巨噬细胞细胞中表达，在针对含有几丁质的真菌、细菌及其他病原菌的先天性免疫中起到重要的作用。而能够导致感染、急性炎症以及哮喘的Th2驱动的病原菌的出现会使得hAMCase和类几丁质酶蛋白的基因表达水平上调。

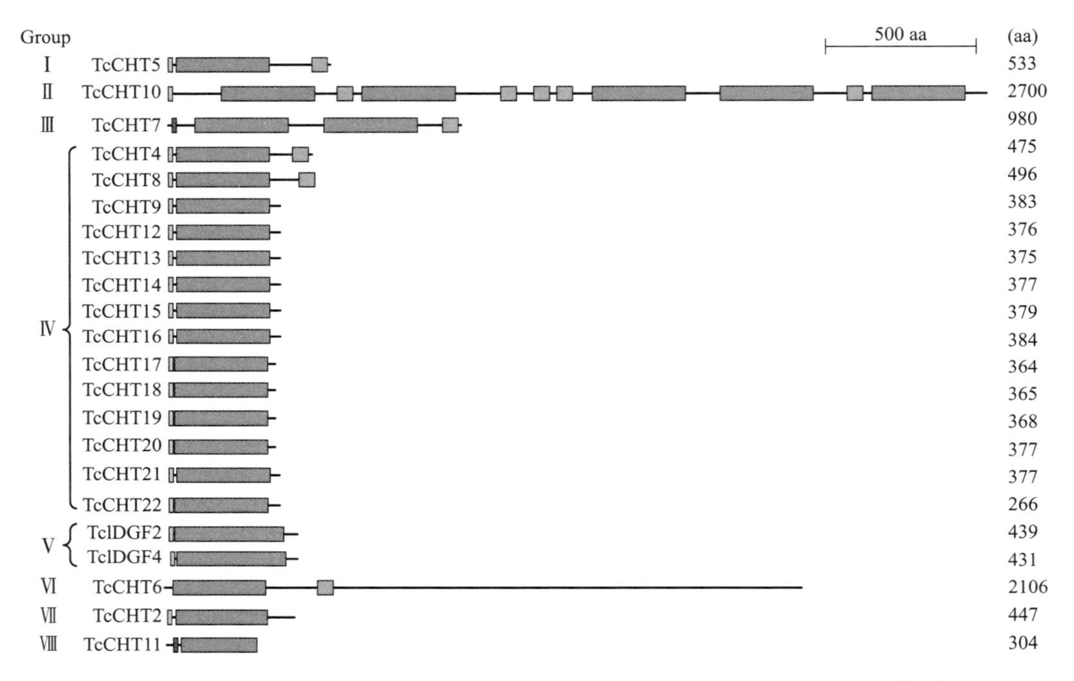

图 3-54 以鞘翅目赤拟谷盗为例的昆虫几丁质酶和类几丁质蛋白酶的分类[104]

蓝色区域—信号肽；粉色区域—催化域；绿色区域—几丁质结合域；红色区域—跨膜区；线条—区域连接

18家族几丁质酶广泛存在于所有种类的昆虫中，包括鳞翅目、半翅目、双翅目、膜翅目和鞘翅目[104]，见图3-54（见文前彩图）。这些几丁质酶大多存在于新旧表皮之间的蜕皮液中，根据几丁质酶的氨基酸序列、有无特定区域，目前将这些几丁质酶分为八个分支[105]。这八个分支的几丁质酶，它们的结构域组成、组织分布、表达时期、生理生化性质均不同。通过对赤拟谷盗各类几丁质酶进行RNAi实验，发现在幼虫或蛹阶段注射Ⅰ分支（group Ⅰ）几丁质酶基因dsRNA，导致表达水平下调，致使昆虫不能蜕下旧的表皮，并且在羽化时死亡；group Ⅱ几丁质酶的缺失会导致卵的孵化、幼虫蜕皮、幼虫到蛹以及蛹到成虫的每个阶段的发育都出现蜕皮阻滞；group Ⅲ几丁质酶在蛹的腹部收缩与成虫的翅膀展开过程中发挥功能；group Ⅴ类几丁质酶蛋白（成虫盘生长因子-IDGF）的缺失使得昆虫在成虫的羽化过程中死亡，表明IDGF是昆虫羽化所必需的。此外，Shen等对蚊子肠内几丁质酶（group Ⅳ）进行研究，发现该酶参与疤原虫的侵染和防御。类几丁质酶蛋白除了参与昆虫羽化外，还具有调节昆虫细胞增殖和重塑性的功能，同时，有些蛋白具有免疫的功能。

昆虫几丁质酶家族Ⅰ（group Ⅰ，CHT5s）是目前酶学性质研究得比较透彻的一类几丁质酶，主要存在于昆虫的蜕皮液中。对比家蚕、烟草天蛾及亚洲玉米螟的Ⅰ家族几丁质酶基因和蛋白序列发现，Ⅰ家族几丁质酶含有一个 N 端信号肽、一个几丁质酶催化域（CAD）、一个 linker 和一个几丁质结合域（CBD）。其中 linker 区域含有丰富的 Ser 和 Thr，易被 *O*-糖基化，能够稳定几丁质酶，保护其不被组织中的蛋白酶水解。

研究表明，group Ⅰ几丁质酶在幼虫和/或蛹的蜕皮阶段达到最高表达水平，并在蜕皮结束后，表达水平瞬间下降。由表达时期和组织分布可知几丁质酶负责昆虫蜕皮时表皮几丁质的降解。上述的针对赤拟谷盗的 RNAi 结果表明，group Ⅰ几丁质酶参与赤拟谷盗的变态发育。此外，针对鳞翅目甜菜夜蛾进行 RNAi 实验，发现其 group Ⅰ几丁质酶基因表达水平的下降导致该昆虫不能完成幼虫到蛹和蛹到成虫的蜕皮过程而死亡，再次说明 group Ⅰ几丁质酶对昆虫的生长发育至关重要。这些研究均表明 group Ⅰ几丁质酶可以作为杀虫剂设计的靶标。

3.4.2.2　GH18 家族几丁质酶结构与功能的关系

1994 年，Dijkstra 报道了第一个 GH18 几丁质酶的晶体结构，来源于橡胶（*Hevea brasiliensis*）的 hevamine[106]。到目前为止，已经报道了多达 20 个来源于不同物种的（8 个来自原核生物[107~114]，12 个来自真核生物[107,109,110,115~120]）、有活性的 GH18 几丁质酶的晶体结构，它们的催化域的整体结构比较相近，为典型的（$\beta/\alpha)_8$ TIM 折叠桶结构。虽然这些已经获得晶体结构的几丁质酶的整体结构相似，但是它们的底物结合裂缝的形状和结合位点有较大差别，这种差别与酶的功能是对应的。有些几丁质酶在 TIM 桶中插入了一个特殊的结构域，称为几丁质插入结构域。拥有这一结构域的几丁质酶称为“细菌型”几丁质酶，没有这一结构域的称为“植物型”。还有一些类几丁质酶的蛋白，结构发生了变化，使其丧失了水解几丁质的能力。下面详细阐述三种类型几丁质酶的结构特点以及对应的生理功能。

本书中，结合位点的命名采用 Davies 等[121]的命名法则：$-n$ 位点代表结合底物的非还原端的位置，$+n$ 位点代表结合底物的还原端的位置。催化裂解发生在 -1 和 $+1$ 位点之间。催化反应发生时，是由 -1 位点结合的糖基的乙酰氨基进攻该糖的 C1 异头碳，使得 C1 与 $+1$ 糖的 C4 之间的 *β*-1,4-糖苷键发生断裂。

（1）细菌型几丁质酶　目前报道的细菌型几丁质酶较多，如 *Sm*ChiA[110,122]、*Sm*ChiB[123,124]、*Hs*Cht[117] 和 hAMCase[118] 等。其底物结合裂缝含有许多芳香族氨基酸，通常具有至少五个底物结合位点。几丁质插入域位于底物断裂位点的正上方，构成了活性裂缝的一面墙，使得细菌型几丁质酶的活性裂缝变深。细菌型几丁质酶通常具有长而深的底物结合裂缝。但是通过结构比较发现，不同的酶之间，底物结合裂缝的形状与组成也有很大不同。

如图 3-55 所示，*Sm*ChiA 的底物结合裂缝为沟形，结合底物还原端的一侧只含有两个结合位点，+1 位和+2 位，分别由芳香族氨基酸 Trp275 和 Phe396 组成。而结合底物非还原端的一侧含有至少七个结合位点，分别是－1 位（Trp39）、－3 位（Trp167）、－5 位（Tyr170）和推测的－7 位（Phe232）[125]。*Sm*ChiA 的几丁质结合域在氨基酸序列的 N 端，晶体结构显示其在结合底物非还原端的一侧。结合上述活性裂缝的特点，可以推测 *Sm*ChiA 是从几丁质底物的还原端进行切割。几丁质结合域以及催化域有多个芳香族氨基酸暴露在溶液中，这些氨基酸线形排列，中间距离为 10Å（1Å＝0.1nm）左右，这是两个糖单元的距离。这些结果表明 *Sm*ChiA 是进程性的外切酶。

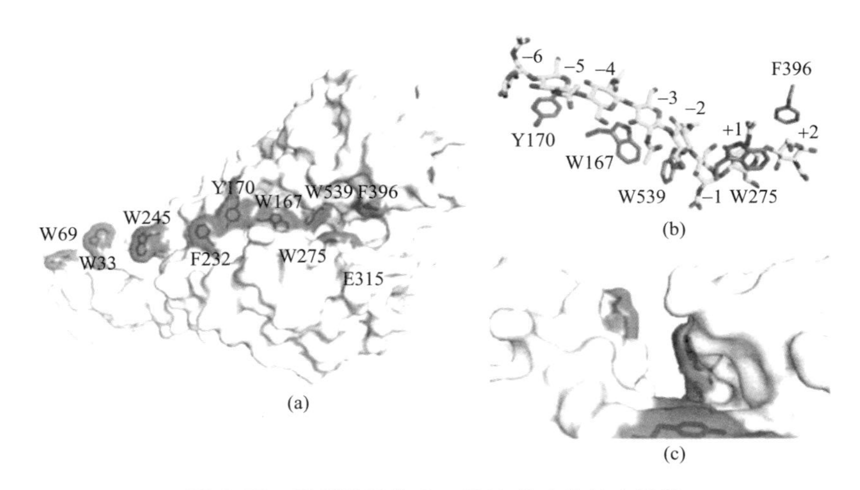

图 3-55　黏质沙雷菌 *Sm*ChiA 的底物结合裂缝

*Sm*ChiB 的底物结合裂缝与 *Sm*ChiA 不同，为管道形（图 3-56），而且结合底物非还原端的一侧在−3 位被一段 loop 和 α-螺旋堵塞，所以在这一侧，酶只为底物提供了两个结合位点：−1 位和−2 位。结合底物还原端的一侧含有至少 4 个结合位点，分别是＋1 位（W97）、＋2 位（Trp220）、＋3 位（Phe190）和推测的＋*n* 位（Tyr240）。在酶的活性裂缝中，几丁质插入域具有一段特异的 loop。当有底物进入裂缝时，这段 loop 通过 Asp148 与 Trp97 的作用扣在活性裂缝上，形成封闭的、管道形的底物结合裂缝。*Sm*ChiB 的几丁质结合域的位置与 *Sm*ChiA 的完全相反，在氨基酸序列的 C 端，晶体结构显示其在结合底物还原端的一侧，推测 *Sm*ChiB 是从几丁质底物的非还原端进行切割。而几丁质结合域和催化域暴露在溶液中的芳香族氨基酸的功能与 *Sm*ChiA 相似，说明 *Sm*ChiB 也是进程性的外切酶。

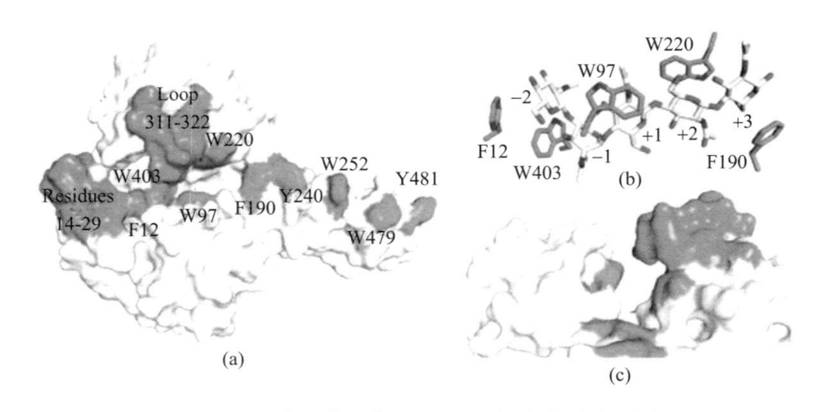

图 3-56　黏质沙雷菌 *Sm*ChiB 的底物结合裂缝

（2）植物型几丁质酶　目前，植物型几丁质酶在细菌、真菌以及植物中均有发现，而昆虫、哺乳动物的几丁质酶和类几丁质酶蛋白都含有几丁质插入域，不含有植物型几丁质酶。与细菌型几丁质酶相似的是，有些植物的几丁质酶除了催化域以外，也含有几丁质结合域。来自植物的 hevamine、黏质沙雷菌的 *Sm*ChiC[111]、真菌 *Saccharomyces cerevisia* 的 *Sc*CTS 1[107] 是结构研究得较为清楚的植物型几丁质酶。将这些植物型几丁质酶（以 *Sm*ChiC 为例，图 3-57）与细菌型 *Sm*ChiA 和 *Sm*ChiB 的结构进行比较，发现它们的底物结合裂缝具有明显的差别。

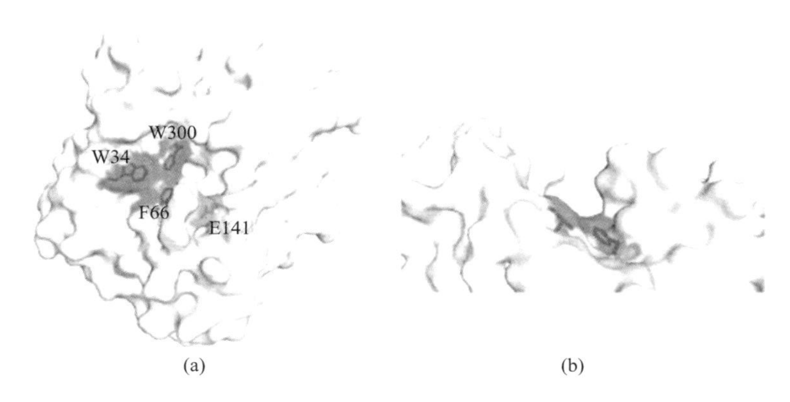

图 3-57　植物型 *Sm*ChiC 的底物结合裂缝

首先，由于没有几丁质插入域的存在，植物型几丁质酶的底物结合裂缝比细菌型的浅［图 3-57（b）］。

其次，植物型几丁质酶的活性裂缝从结合底物非还原端到还原端的跨度比细菌型的短［图 3-57（a）］，使得植物型几丁质酶形成浅而短的活性裂缝。

最后，许多参与底物结合的芳香族氨基酸呈线形排列在细菌型的活性裂缝，但是植物型的裂缝含有的芳香族氨基酸很少，如 *Sc*CTS1 和 hevamine 在活性裂缝仅有一个芳香族氨基酸，分别是 Trp285 和 Trp255。这一性质说明植物型几丁质酶在水解底物时无法行使进程性的功能。

在底物结合裂缝的这三方面的差别使得植物型几丁质酶展示的是无进程性的内切水解性质。

黏质沙雷菌的三种几丁质酶是目前结构和功能研究最为清楚的。*Sm*ChiA 是外切酶，能够进程性地从几丁质链的还原端以二糖为一个单位进行切割，*Sm*ChiB 也是外切酶，但与 *Sm*ChiA 的作用方式相反，进程性地从几丁质链的非还原端以二糖为单位切割。*Sm*ChiC 属于内切酶，从几丁质链的中间位置切割，为 *Sm*ChiA 和 *Sm*ChiB 创造更多的末端，因此，在黏质沙雷菌分泌这些酶降解外源几丁质作为营养时，三种酶各司其职，协同作用，高效快速降解几丁质。

（3）类几丁质酶蛋白　类几丁质酶蛋白在长期进化的过程中失去了水解几丁质及几丁寡糖的能力，属于失活蛋白。在低等的细菌和真菌以及植物中均没有发现，但是却大量存在于昆虫（group Ⅴ家族）和哺乳动物（来源于人的 YKL-40[126,127]、YKL-39[128]、Ym 12[129]）中。这些蛋白大都扮演凝集素和调节因子的角色。这里仅阐述这些失活蛋白所具有的结构特征。

图 3-58（a）以来源于果蝇的成虫盘生长因子（imaginal disc growth factor 2，*Dm*IDGF-2）为例[130]。与细菌型几丁质酶相似的地方是 *Dm*IDGF-2 的结构也具有典型的 $(\beta/\alpha)_8$ TIM 桶结构以及几丁质插入域。通过研究其他物种来源的类几丁质酶蛋白的序列，

发现它们都拥有几丁质插入域，只是插入的序列长短有所不同。通过观察 *Dm* IDGF-2 的结构可以清楚地找到类几丁质酶蛋白丧失活力的原因。

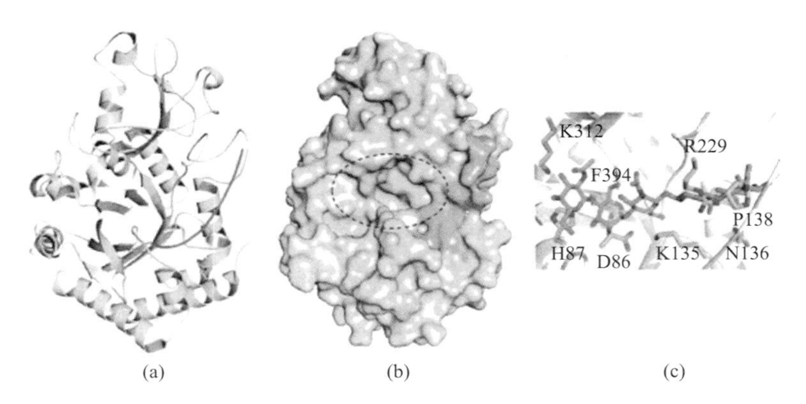

图 3-58 果蝇成虫盘生长因子的结构特征

首先，在催化活性裂缝，提供质子的催化氨基酸——谷氨酸（Glu）被突变成了谷氨酰胺（Gln 132）。其相邻的能够辅助底物结合以及稳定催化氨基酸的天冬氨酸（Asp）被取代成丙氨酸（Ala 130）。这两个位点的突变使得酶的活性中心负电荷减少，导致对底物不能行使催化功能。其次，将 *Dm* IDGF-2 与其他几丁质酶和底物的复合物结构进行叠加，发现这些底物的位置与 *Dm* IDGF-2 的底物结合裂缝的大量氨基酸都存在冲突［图 3-58（c）］。这些氨基酸包括 Asp86、His87、Lys135、Asn136、Arg229、Tyr279、Lys312 和 Phe394。此外，组成－1 位点的 Phe394，其侧链相对其他几丁质酶这一位点的芳香氨基酸（一般为 Trp）翻转 130°，这一构象使得 Phe394 很难与底物的－1 糖形成疏水堆积。这些结果表明，在长期的进化过程中，*Dm* IDGF-2 的底物结合裂缝已经失去结合以及催化底物水解的能力。再者，在晶体结构表面上，*Dm* IDGF-2 还有一个显著的特点，其拥有一段很长的 loop（氨基酸 131～165）插入底物结合裂缝，阻止底物延伸到＋3 位点以外［图 3-58（b）］。这些结构特点均说明 *Dm* IDGF-2 应该是一种调节剂，而不是酶。

大连理工大学杨青教授课题组[131]报道了亚洲玉米螟来源的 group Ⅰ几丁质酶 *Of* ChtⅠ的晶体结构及其与寡糖底物的复合物结构，分辨率为 1.7～2.2Å，这也是对昆虫来源的几丁质酶晶体结构的首次报道。与其他几丁质酶的结构比较发现，*Of* ChtⅠ与黏质沙雷菌来源的 *Sm* ChiB 结构相似，含有一个长的底物结合裂缝（图 3-59）。但是，具有外切酶活性的 *Sm* ChiB 活性裂缝为管道形且一端被堵塞，与之相比，*Of* ChtⅠ的活性裂缝两端均开放且为沟形。*Of* ChtⅠ的催化域（*Of* ChtⅠ-CAD）与（GlcNAc）2/3 的复合物结构显示－1 位点的还原糖呈现能量不利的船式构象，可能是催化反应刚刚完成的状态。此前研究表明，*Of* ChtⅠ从底物非还原端开始水解，复合物结构中的 $(GlcNAc)_3$ 是 $(GlcNAc)_6$ 的水解产物，表明 *Of* ChtⅠ拥有内切酶的活性。此外，在底物结合裂缝的边缘存在一个疏水平面，由四个暴露于溶液的芳香族氨基酸（Phe159、Phe194、Trp240 和 Tyr290）组成。这些氨基酸的突变严重影响了 *Of* ChtⅠ-CAD 对几丁质的结合能力，说明此疏水平面使得 *Of* ChtⅠ-CAD 具有锚定几丁质的能力。这些研究表明昆虫几丁质酶具有自身独特的结构特征。

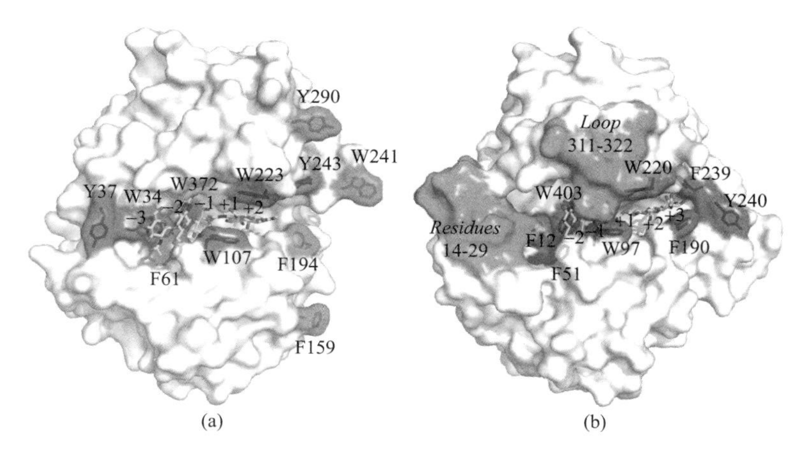

图 3-59　*Of*ChtⅠ-CAD（a）和 *Sm*ChiB（b）复合物的底物结合裂缝

该研究详细阐明了 *Of*ChtⅠ的功能，且晶体结构的获得，可以基于结构设计该靶标的小分子抑制剂，为害虫防治新技术的开发提供了重要的信息。

3.4.2.3　GH18 家族几丁质酶抑制剂

几丁质酶在真菌侵染、昆虫蜕皮和人类哮喘疾病中发挥重要的功能，因此，针对几丁质酶的抑制剂在抗真菌剂、杀虫剂和止喘药方面具有潜在的应用。

目前已经获得了许多具有很高潜力的几丁质酶抑制剂。它们大多从自然界中分离或是通过筛选化合物库获得。这些抑制剂的结合模式大都已经通过 X 射线晶体学分析得以研究。基于结合模式，人们又设计合成了一些新的化合物。在这些抑制剂中，有些模拟了反应的类鎓离子过渡态，如 allosamidin；有些模拟了蛋白与糖的相互作用，如 argifin 和 argadin；有些结合在催化中心，与关键性的氨基酸堆积，如甲基黄嘌呤衍生物；还有一些抑制效果很好，但作用方式各异。下面对这些抑制剂的研究进行阐述。

（1）allosamidin　allosamidin 是最经典的抑制剂。它是一种天然的假三糖，由两个 *N*-乙酰-D-allosamine 和一个 allosamizoline 组成（图 3-60）。为了阻止几丁质酶和其他糖基水解酶的降解，allosamidin 含有 allosamizoline，取代了底物还原端的 GlcNAc。allosamidin 最早由 Sakuda 等在放线菌 *Streptomyces* sp. 的菌丝中获得[132,133]。而其整个合成工艺由 Griffith 等完成[134]。许多研究表明，allosamidin 及其衍生物能选择性地抑制来源于不同物种的 GH18 家族几丁质酶，抑制水平在 nmol/L～mmol/L 的范围，但是不能抑制 GH19 家族几丁质酶[135]。

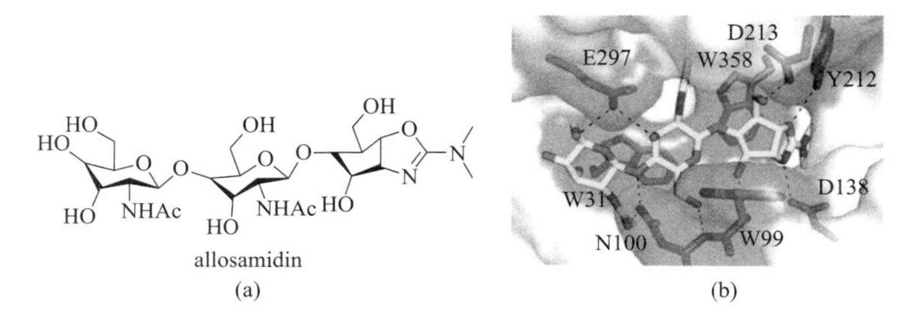

图 3-60　allosamidin 的结构（a）及其与 *Hs*Cht 的相互作用（b）

相对其他几丁质酶抑制剂而言，对 allosamidin 的抑制机理研究得较为透彻，目前已经获得了多种几丁质酶与 allosamidin 的复合物晶体结构[106,124,136,137]。两个 *N*-乙酰-D-allosamine 分别占据几丁质酶活性裂缝的－3 位点和－2 位点，与底物几丁寡糖的结合方式相同。allosamizoline 结合在－1 位点，该结构与几丁质酶催化反应中的类鎓离子过渡态的结构类似，因此，allosamidin 是通过模拟反应过渡态来实现在催化中心的结合以及高水平的抑制活力。以人来源的 *Hs*Cht 与 allosamidin 的复合物晶体为例[137]（图 3-60），allosamizoline 与构成－1 位点的 Trp358 形成堆积作用，而且与四个氨基酸 Trp99、Asp138、Tyr212 和 Asp213 形成氢键。allosamidin 非还原端的 *N*-乙酰-D-allosamine 与 Trp31 堆积，并且与三个氨基酸残基 Asn100、Glu297 和 Trp358 形成氢键。

这里值得一提的是，虽然 NAG-thiazoline 已经被设计作为类鎓离子反应过渡态的类似物，是 GH20 家族 *N*-乙酰己糖胺酶的潜在抑制剂[138]，但是它不是具有同一催化机理的 GH 18 家族几丁质酶的抑制剂。NAG-thiazoline 的衍生物 chitotriose thiazoline（图 3-61）却被证明对 18 家族几丁质酶具有很好的抑制活性，其对 *Sm*ChiA 的 K_i 值为 0.25μmol・L^{-1}。chitotriose thiazoline dithioamide（图 3-61），是 chitotriose thiazoline 的乙酰氨基两个氧原子被硫取代，以阻止几丁质酶的水解。它对 *Sm*ChiA 的抑制活性更好，K_i 值达到 0.15μmol・L^{-1}[139]。

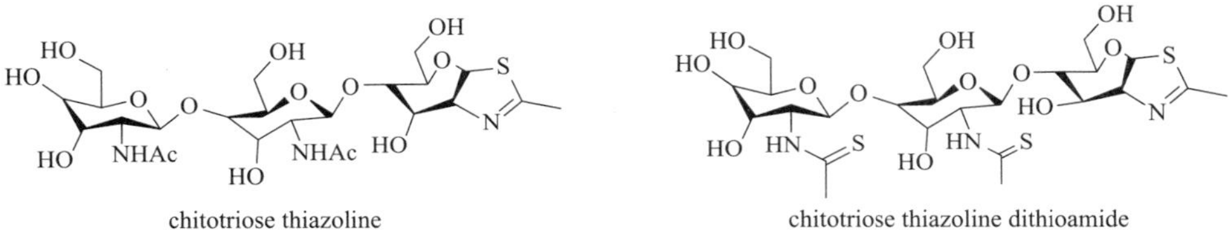

chitotriose thiazoline　　chitotriose thiazoline dithioamide

图 3-61　chitotriose thiazoline 抑制剂及其衍生物的结构

（2）argifin 和 argadin　与反应过渡态类似物 allosamidin 的结构不同，argifin 和 argadin 是典型的环五肽结构，它们是 Omura 等分别从真菌 *Gliocladium* sp. FTD-0668-1 和 *Clonostachys* sp. FO-7314 的发酵培养液中分离得到的[140~142]，是真菌分泌到发酵液中的活性化合物。如图 3-62 所示，argifin 拥有一个 *N*-甲基氨基乙酰化的 L-精氨酸残基、一个 *N*-甲基-L-苯丙氨酸残基、两个 L-天冬氨酸残基以及一个 D-丙氨酸残基[142]。而 argadin 由一个乙酰化的 L-精氨酸残基、一个 D-脯氨酸残基、一个主链环化的 L-天冬氨酸-β-醛、一个 L-组氨酸以及一个 L-氨基脂肪酸残基组成[141]。argifin 和 argadin 对几丁质酶的抑制活力很高，它们的 K_i 值在 nmol・L^{-1}～μmol・L^{-1}范围[135]。

为了清楚地展示这两个化合物的结合模式，人们也已经获得了来源于 *Aspergillus fumigatus* 的 *Af*ChiB1、*Hs*Cht 以及 *Sm*ChiB 与 argifin 和 argadin 的复合物晶体[143]。复合物结构显示这些抑制剂与几丁寡糖的结合方式类似，结合在酶的活性中心，作为竞争性抑制剂与底物竞争结合位点。以 *Af*ChiB1 为例（图 3-63），argifin 通过分别与 Trp384、Trp137 和 Phe251 堆积，结合在－1、＋1 和＋2 位点。L-精氨酸基团与四个残基（Asp 175、Glu177、Tyr245 和 Asp246）的侧链形成作用，说明这一基团对抑制剂结合的贡献很大。除了一些小的变化，argadin 的作用模式与 argifin 类似。在 argadin 中，L-组氨酸与 Tyr245 和 Glu177 形成氢键；半缩醛胺和 L-精氨酸的羰基分别与 Asp246 和 Arg301 的侧链形成氢键。

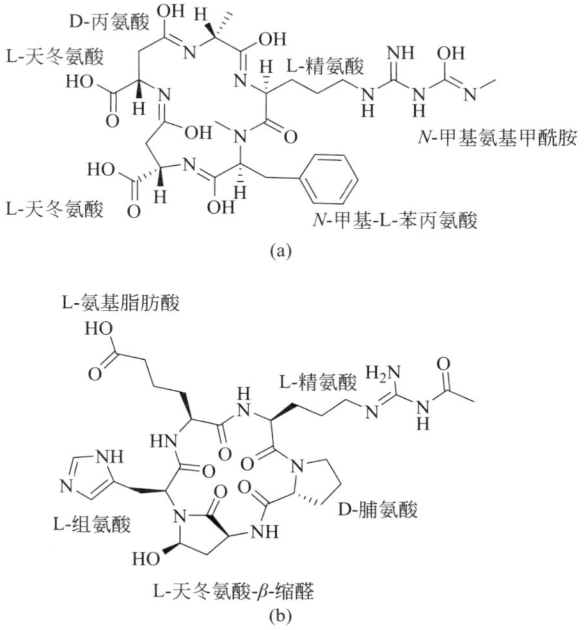

图 3-62　argifin (a) 和 argadin (b) 的结构

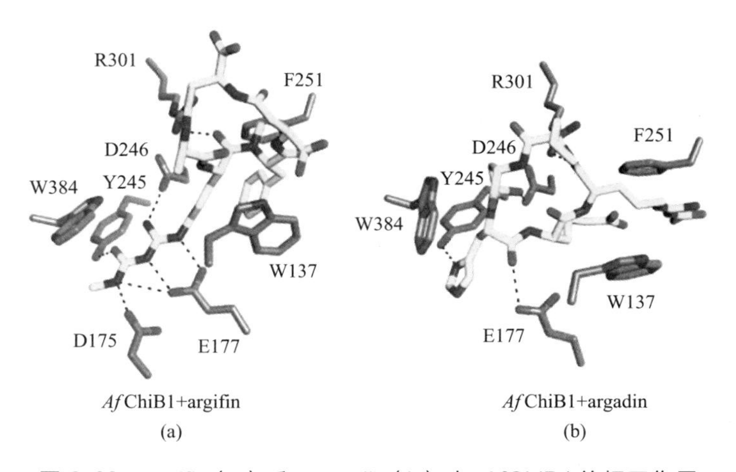

图 3-63　argifin (a) 和 argadin (b) 与 AfChiB1 的相互作用

由上述结构可知，argifin 的 L-精氨酸基团与酶的口袋形成大量的作用。van Aalten 等[135]已经合成了 argifin，并且进一步将化合物切割，以期找到关键的效应基团。他们分别设计了四个线形肽（四肽、三肽、二肽和单肽）以及一个二甲基胍基脲，评估它们对 *Af*ChiB1 的抑制活性[144]。晶体结构显示这些线性肽的构象与 argifin 中相应基团的构象相同。这些化合物的抑制效果逐渐变差，二甲基胍基脲仍然具有抑制活性（对 *Af*ChiB1 的 IC_{50}值为 500μmol・L^{-1}；对 *Af*ChiA 的 IC_{50}为 79μmol・L^{-1}[145]）。甲基胍基脲，分子量仅为 argifin 的 1/4，但保留了 argifin 与几丁质酶之间的所有重要的作用，是 argifin 的药效团。虽然它的活性比 argifin 差 4 个数量级，但是从配基效率的角度来说，二甲基胍基脲比

argifin 的效率更高。

Omura 等[146]从 argifin 的单肽片段出发，合成了三个含有叠氮的衍生物。其中化合物 azide-bearing *N*-methylcarbamoyl-L-arginine 对几丁质酶的抑制效果最好（对 *Sm*ChiA 的 IC_{50} 为 0.045μmol·L^{-1}；对 *Sm*ChiB 的 IC_{50} 为 0.58μmol·L^{-1}）（图 3-64）。之后，研究者采用原位点击化学的方法以 *Sm*ChiA 和 *Sm*ChiB 为靶标分子，将此化合物与多达 71 种炔类化合物一起孵育，通过叠氮与炔基的环加成反应获得了抑制活性更高的化合物 *Syn*-triazole（图 3-64）。它对 *Sm*ChiB 的抑制活力比上述叠氮化合物高 300 倍[146]。为了研究点击化学产生高亲和抑制剂的机理，Tomoyasu Hirose 等获得了相应的晶体结构，研究发现，大分子蛋白 *Sm*ChiB 的活性中心为叠氮化合物以及炔类发生环加成反应提供了空间，同时，鉴于活性中心的形状，合成的新化合物会适合于这一形状[147]。

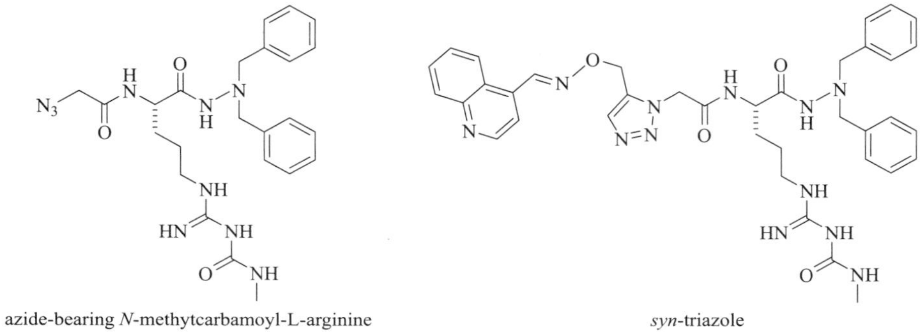

azide-bearing *N*-methytcarbamoyl-L-arginine　　　*syn*-triazole

图 3-64　argifin 的有效基团（a）和点击化学产生的 triazole（b）

（3）甲基黄嘌呤衍生物　上述的 allosaxnidin 以及 argifin 和 argadin 是天然分离获得的对 GH18 家族几丁质酶有抑制活性的化合物。针对 GH18 家族几丁质酶，研究人员还通过筛选药物库的方法获得了一些抑制剂，以甲基黄嘌呤衍生物作为代表。这些衍生物包括 theophylline、caffeine 和 pentoxifylline（图 3-65），它们对 *Af*ChiB1 和 *Hs*Cht 显示中等的抑制活性[115]。由于这些化合物具有理想的类药性质，而且已经被用于抗炎症的治疗，因此，它们是进一步修饰的理想母体。通过抑制活性测定，这三种衍生物中 pentoxifylline 的效果最好，对 *Af*ChiB1 和 *Hs*Cht 的 IC_{50} 值分别为 126μmol·L^{-1} 和 98μmol·L^{-1}。根据 *Af*ChiB1 与 pentoxifylline 的复合物晶体结构，黄嘌呤环和 Trp384 形成的 π-π 堆积作用是结合的主要作用力。另外，Trp137 翻转 93°与黄嘌呤环以及 Trp384 形成三明治结构。

研究人员还以 caffeine 为母体合成了一系列化合物用于筛选实验。其中，biodionin B 的效果最好（图 3-65），对 *Af*ChiB 1 的 IC_{50} 值为 4.8μmol·L^{-1}，比 pentoxifylline 的抑制活性高一个数量级[148]。如图 3-66 所示，Schuttelkopf 等也已获得 biodionin B 与 *Af*ChiB 1 的复合物晶体，结构显示两个黄嘌呤环分别与 Trp384 和 Trp52 形成堆积作用。Trp137 也与第一个黄嘌呤环堆积。然而，基于结构分析，biodionin B 处于拉紧的状态，阻止它与色氨酸进行很好的堆积。为了解决这一问题，他们又合成了一些具有不同长度 linker 的 dicaffeine 类似物。在这些化合物中，biodionin C（图 3-65）表现良好，比 biodionin B 的效果高一个数量级。结构分析也证明了 biodionin C 的构象能量更加有利（图 3-66）[149]。

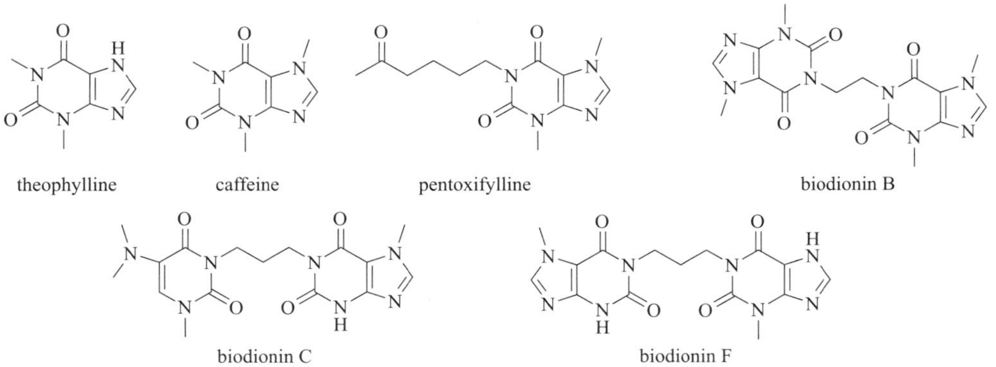

theophylline　caffeine　pentoxifylline　biodionin B

biodionin C　biodionin F

图 3-65　甲基黄嘌呤衍生物的结构

如前面所述，人类含有两个有活性的几丁质酶（*Hs*Cht 和 hAMCase）。这两个酶的生理功能不同：*Hs*Cht 起到免疫预防的作用，而 hAMCase 参与很多疾病的发生。因此，研究具有选择性抑制 hAMCase 活性的抑制剂具有更加重要的意义。van Aalten 等根据 biodionin C 的结构，设计了新的化合物 biodionin F（图 3-65）。它对 hAMCase 的 IC_{50} 值为 0.92μmol・L^{-1}，而对 *Hs*Cht 的 IC_{50} 值为 18μmol・L^{-1}，具有一定的选择性[150]。

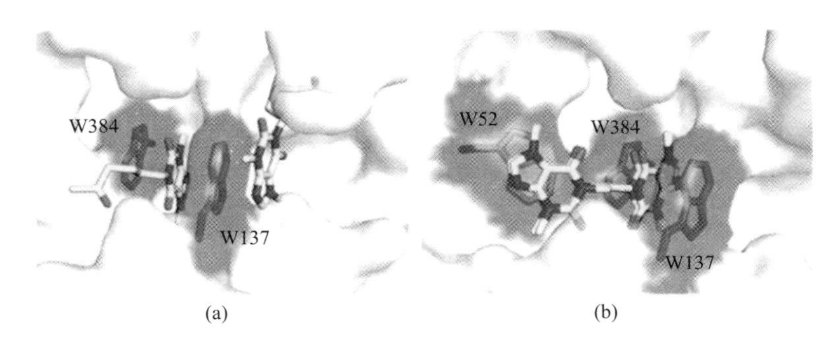

图 3-66　biodionin B（a）和 biodionin C（b）与 AfChiB1 的相互作用

（4）其他抑制剂　尽管目前已对抑制剂 allosamidin、argifin、argadin 以及黄嘌呤类化合物的抑制机理研究得很清楚，但还有一些抑制剂，虽然具有很好的抑制效果，但是作用方式各不相同。

2011 年，Supansa Pantoom 等[151]以来源于 *Vibrio harveyi* 的 chitinase A（*Vh*ChiA）为靶标，对 LOPAC 化合物库进行了筛选，获得了六个高活性的化合物：benzofuran、propentofylline、idarubicin、dequalinium、chelerythrine、sanguinarine（图 3-67）。晶体结构显示，与之前报道的抑制剂不同的是，这些化合物主要结合在底物结合裂缝外围的两个疏水区域。一个是＋1 和＋2 位点，分别含有 Trp397 和 Trp275，可与抑制剂发生堆积作用。另一个疏水区域则是－3 位点，亲和力较低，通过两个保守的残基，Trp168 和 Val205，与抑制剂形成较为松散的作用。在这些化合物中，dequalinium 的效果最好，K_i 值达到 70nmol・L^{-1}。它的结构比较特殊，两个疏水头通过一段柔性的 linker 相连。晶体结构显示，dequalinium 能同时占据两个疏水域［图 3-68（a）］，从而增强了对酶的亲和力。

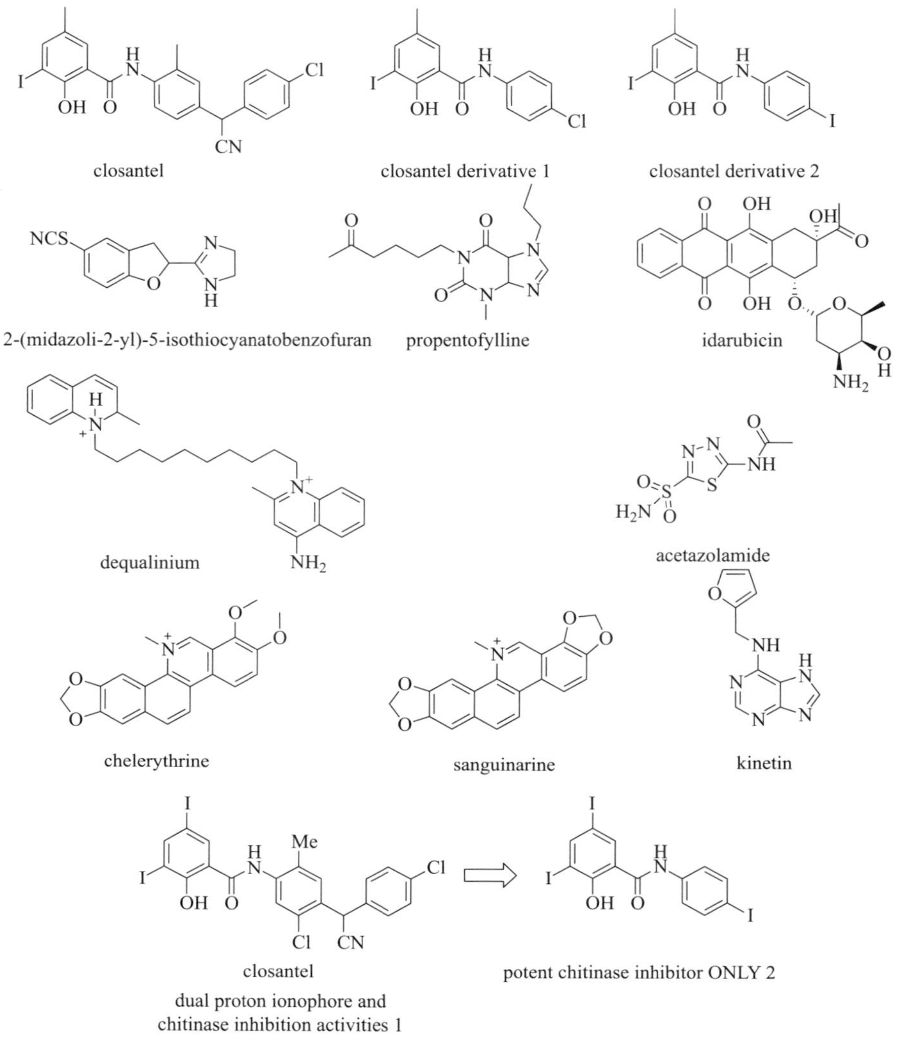

图 3-67 其他一些对几丁质酶有抑制活性的化合物

closantel 是一种兽医常使用的打虫药，可作为质子载体。研究发现，它也能抑制线虫几丁质酶的活性，但不能抑制 *Hs*Cht 的活性[152]。其有效结构为图 3-67 中的 closantel derivative 1，对线虫 *Onchocerca volvulus* 来源的 *Ov*Cht 1 的 IC_{50} 为 5.8μmol·L^{-1}。其衍生物 closantel derivative 2 是将氯原子取代为碘原子，抑制活性更高，IC_{50} 值降低了一个数量级[153]。

值得注意的是，van Aalten 研究组[107]尝试寻找酵母 *Saccharomyces cerevisiae* 来源的植物型几丁质酶 *Sc*CTS1 的抑制剂。通过筛选化合物库，得到的化合物中效果较好的两个是 acetazolamide 和 kinetin（图 3-67）。它们的 K_i 值分别为 21μmol·L^{-1} 和 3.2μmol·L^{-1}。这些化合物与 *Sc*CTS1 的结合模式已经通过 X 射线晶体学测定。acetazolamide 与组成−1 位点的 Trp285 堆积。kinetin 的嘌呤基团也具有这一作用，此外，kinetin 的呋喃基团还能够与 *Sc*CTS1 的 Tyr32 堆积，结合在活性口袋的底部［图 3-68（b）］，从而进一步增强了该化合物对酶的抑制潜力。

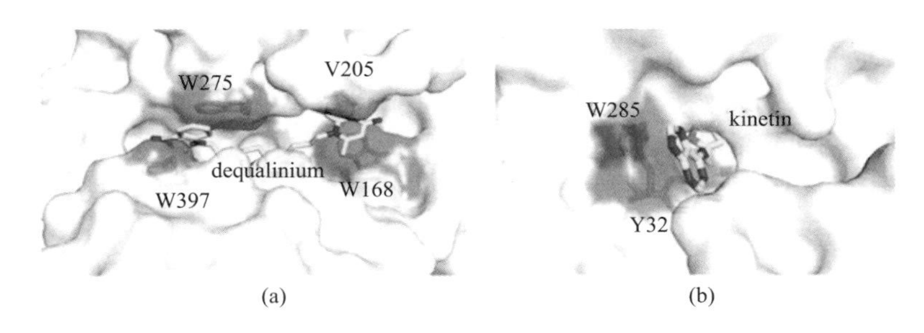

图 3-68 dequalinium 与 *Vh*ChiA（a）以及 kinetin 与 *Sc*CTS1（b）的相互作用

几丁质酶的抑制剂在杀虫、抗真菌和止喘方面具有潜在的应用价值。陈磊等[154]报道了一系列全部去乙酰化的几丁寡糖（壳寡糖）$(GlcN)_{2\sim7}$对四种几丁质酶的抑制活性，包括昆虫的 *Of*ChtⅠ、人的 *Hs*Cht、细菌的 *Sm*ChiA 和 *Sm*ChiB（图 3-69），其 IC_{50} 值在 $\mu mol \cdot L^{-1} \sim mmol \cdot L^{-1}$ 水平，对 *Of*ChtⅠ的抑制效果最好。通过对亚洲玉米螟 5 龄幼虫注射 $(GlcN)_{2\sim7}$的混合物，发现壳寡糖的注射导致 85％的幼虫不能实现幼虫到蛹的变态发育，并在 10d 后死亡，这也说明 $(GlcN)_{2\sim7}$可能在昆虫体内也可以抑制 *Of*ChtⅠ的活性。

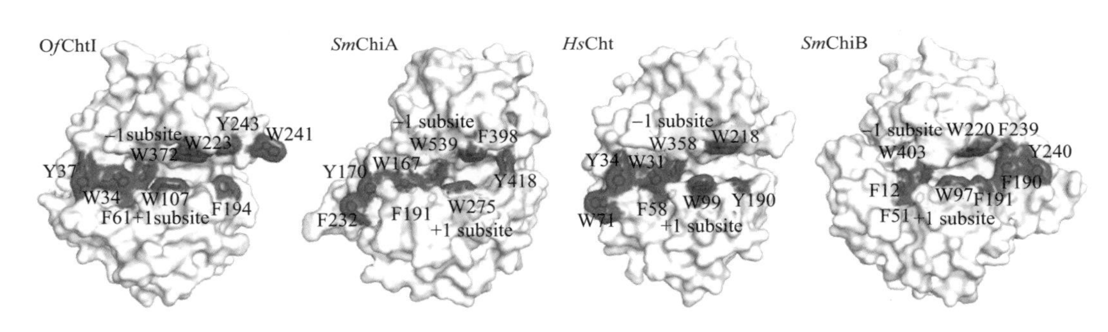

图 3-69 不同种属几丁质酶的结构比较

为了研究抑制剂的结合机理，他们又分别获得了 *Of*ChtⅠ-CAD 与 $(GlcN)_5$ 和 $(GlcN)_6$ 的复合物晶体结构，分辨率为 2.0Å，结构比对显示壳寡糖模拟了底物几丁寡糖在活性裂缝中的结合。通过结构、定点突变和热力学分析，发现抑制剂的－1 GlcN 与催化氨基酸 Glu148 之间的作用对抑制剂的结合至关重要。这些研究首次报道了壳寡糖对几丁质酶具有抑制活性，并且进一步阐释了其抑制机理。壳寡糖很容易由几丁质制备获得，且该原料在自然界中含量丰富，为开发环境友好的几丁质酶抑制剂提供了平台。

3.4.3 β-N-乙酰己糖胺酶

β-*N*-乙酰己糖胺酶（EC 3.2.1.52）是一类能够催化 *N*-乙酰氨基葡萄糖（GlcNAc）或者 *N*-乙酰氨基半乳糖（GalNAc）从寡聚糖、糖蛋白和配糖脂等不同底物的非还原末端脱除的蛋白质[155]，是典型的外切糖苷酶。根据氨基酸序列的同源性，这些酶可以归类于糖基水解酶家族 3（GH3）、家族 20（GH20）和家族 84（GH84）。GH3 和 GH84 家族的糖苷水解酶只能识别 *N*-乙酰氨基葡萄糖，因此又被命名为 *β*-*N*-乙酰氨基葡糖苷酶。而大部分 GH20 家族的糖苷水解酶能够识别 *N*-乙酰氨基葡萄糖和 *N*-乙酰氨基半乳糖两种底物，因此，通常被命名为 *β*-*N*-乙酰己糖胺酶（hexosaminidase）[156]。

糖苷键的酶促水解通过一般的酸催化发生，需要两个关键残基参与：一个作为质子供体，另一个作为亲核试剂或碱。人类 β-N-乙酰己糖胺酶的水解通过底物协助催化（或者叫作邻基参与催化）过程完成。底物 2 位乙酰氨基作为亲核试剂形成噁唑啉中间体。蛋白活性中心包含了一对高度保守的催化残基：天冬氨酸（Asp）和谷氨酸（Glu）。水解过程中，谷氨酸作为质子供体，底物乙酰氨基作为亲核试剂。天冬氨酸稳定了中间体噁唑啉离子结构，而且协助调整了乙酰氨基的结构指向（图 3-70）[156]。

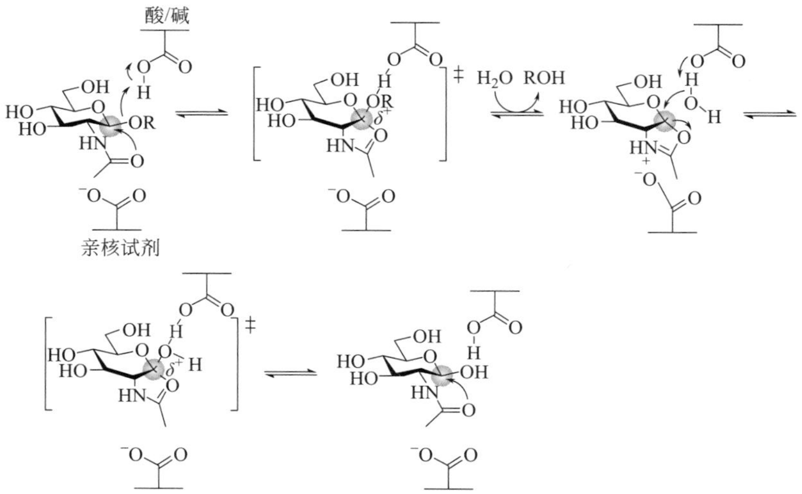

图 3-70　β-N-乙酰己糖胺酶催化水解机理

β-N-乙酰己糖胺酶（EC 3. 2. 1. 52）除了存在于人体中，其在细菌、真菌和动植物体内也广泛存在。其能够通过水解非还原端的 β-1,4-糖苷键，切断乙酰氨基己糖胺基团。昆虫体内存在的 β-N-乙酰己糖胺酶，其种类和特点多样复杂，可以参与几丁质降解、高尔基体糖蛋白 N-糖基修饰、溶酶体糖复合物降解及受精过程中的配子识别等多种重要的生理过程。因此，对昆虫 β-N-乙酰己糖胺酶的研究在绿色农药研发、医药研发和生物几丁质资源利用方面都有重要的潜在应有价值。

昆虫糖蛋白上的 N-聚糖修饰的实现有赖于高尔基体内一种 β-N-乙酰己糖胺酶。该类酶负责在 N-聚糖加工过程中，水解 GlcNAc 基团，生成昆虫特有的寡甘露糖型 N-聚糖[157,158]。昆虫 β-N-乙酰己糖胺酶也参与配子识别过程，在果蝇和地中海实蝇精子质膜上存在两种异源二聚体 β-N-乙酰己糖胺酶，可能以一种非水解的模式参与精子与卵子表面糖被的结合[159,160]。

昆虫体内含有糖脂、糖蛋白、糖胺聚糖等多种糖复合物，在溶酶体中进行的聚糖链的水解常需要 β-N-乙酰己糖胺酶的参与，因此，推测昆虫体内也存在溶酶体 β-N-乙酰己糖胺酶参与糖复合物的降解。目前已发现丝蚕、草地夜蛾的细胞存在 β-N-乙酰己糖胺酶，能降解双天线 N-聚糖底物和线形的吡啶标记的几丁三糖底物[161～163]。

3.4.3.1　亚洲玉米螟 β-N-乙酰己糖胺酶

亚洲玉米螟（*Ostrinia furnacalis*）属昆虫纲（Insecta）、鳞翅目（Lepidopteran）、螟蛾科（Pyralidae），主要分布于亚洲和大洋洲，广泛存在于玉米种植区。亚洲玉米螟是一种杂食性寄生害虫，主要危害玉米、高粱、谷子、棉花和大麻，此外，也会危害小麦、大麦、马铃薯、豆类、向日葵、甘蔗、甜菜、茄子、番茄等20多种植物。亚洲玉米螟的危害特点主要是在幼虫期钻蛀取食叶肉或蛀食未展开的心叶；抽穗后钻蛀茎秆，蛀食雌穗、嫩粒，不但造成植株发育受阻和倒伏，而且其钻蛀造成的创伤也为霉菌的侵入提供了方便，引起玉米穗腐病，使得籽粒的品质下降而且难以储藏。每年对我国造成玉米减产10%～30%，成为近年来农作物的主要害虫之一，因此，研究作用于亚洲玉米螟的农药，迫在眉睫。

(1) *β-N*-乙酰己糖胺酶*Of* Hex1　在前期工作中，大连理工大学杨青教授课题组从重要农业害虫亚洲玉米螟（*Ostrinia furnacalis*）中首次纯化并鉴定了专一性参与几丁质降解的几丁质外切酶*Of* Hex1，而且获得了编码该酶的基因。该酶能够高效降解几丁质寡糖，但不能水解*N*-糖链底物GnGn，说明该酶只参与几丁质降解，与糖基化修饰及糖复合物降解等生理过程无关；该酶在昆虫化蛹过程中转录水平显著上调，上调集中于体壁组织，说明该酶参与昆虫化蛹过程中的几丁质降解；通过对该酶的RNAi发现昆虫不能成功化蛹并引起死亡，说明该酶对于昆虫的生长发育至关重要。因此，*Of* Hex1是一个可能的新农药潜在靶标。*Of* Hex1在体内专一性地行使降解几丁质的功能，而其他Hex酶虽都存在相同的催化结构域，却不参与几丁质代谢。所有这些酶的蛋白质结构均未见报道。

杨青教授课题组获得了*Of* Hex1野生型及突变体E328A和V327G的晶体结构，并获得了该酶与抑制剂TMG-chitotriomycin、PUGNAc、NGT、Q1及Q2等的复合物晶体结构[164]（图3-71)。晶体学数据从分子水平揭示昆虫*Of* Hex1所具有的独特结构，并且这些结构在人源Hex酶中不存在。

① 活性口袋的+1位点（结合几丁寡糖第二糖的结构）及关键残基Trp490是决定*Of* Hex1偏好选择几丁质底物的结构基础。将非催化氨基酸残基Trp490突变为Ala490，*Of* Hex1对几丁寡糖类似物——小分子抑制剂TMG-chitotriomycin的敏感性降低为1/2277，对几丁寡糖底物（GlcNAc)$_2$的催化活性降低为1/18。

② 活性口袋入口处的大小两个loop结构（L314～335，L478～496）是第1簇Hex酶所特有的。由残基Trp448、His433、Val327和Trp490组成的狭长口袋，是导致*Of* Hex1偏好长链几丁质底物的本质原因。将非催化氨基酸残基Trp448突变为Ala或者Phe，催化活性指标K_{cat}/K_m降低为1/1000；突变体H433A对几丁寡糖底物（GlcNAc)$_2$的催化活性降低为1/1200。

③ 结合底物前后，*Of* Hex1的活性口袋构象发生显著变化，并遵从“开/关”机制。活性口袋入口处“盖子”残基Trp448的侧链吲哚环，在结合底物后绕C_α—N键旋转180°，盖住活性口袋，形成催化三联体“Glu368-His303-Asp249”，完成催化过程。序列比对结果表明该机制是第1簇Hex酶所特有的。

某些海洋细菌也存在第1簇Hex酶，并具有与*Of* Hex1相同的催化结构。这些细菌酶参与降解甲壳类动物的几丁质外壳以获得生长发育所需的碳源和氮源。但昆虫体壁的几丁质与甲壳类动物外壳的几丁质结构是不同的。

研究发现，昆虫*Of* Hex1与细菌酶*Sp* Hex1（皱褶链霉菌Hex）及*Sm* ChiB（黏质沙雷菌壳二糖酶，Hex同源酶）相比，对小分子抑制剂PUGNAc的活性干扰呈现不同的敏感性，差别达到100倍，说明昆虫与细菌酶因所降解的几丁质结构不同而产生差异（图3-72)。

图 3-71　*Of*Hex1 与 TMG-chitotriomycin 的复合物晶体结构（左），*Of*Hex1 酶+1 位点的三个关键氨基酸残基及其与抑制剂 TMG-chitotriomycin 的相互作用（右）

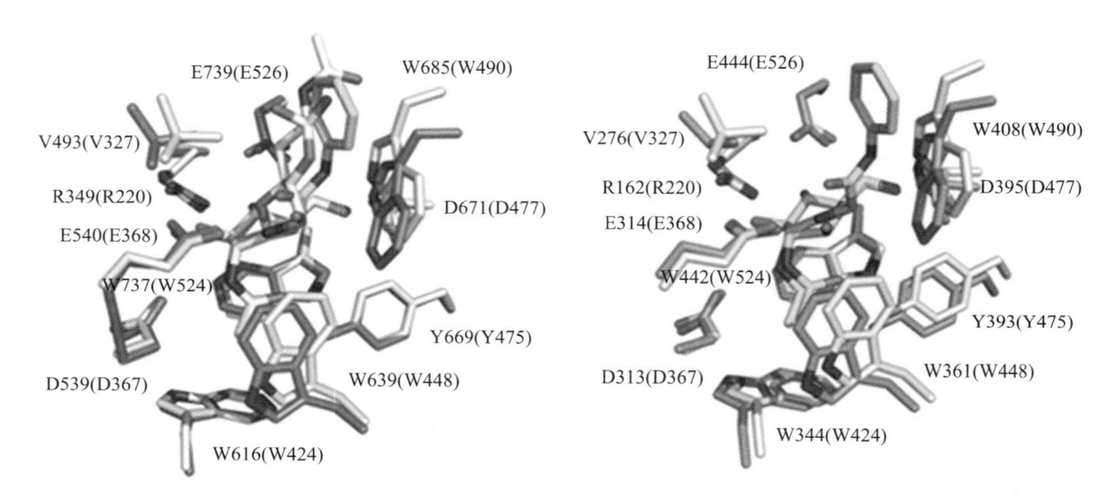

图 3-72　*Of*Hex1 与黏质沙雷菌 *Sm*ChiB 及皱褶链霉菌 *Sp*Hex1 活性口袋关键氨基酸残基的结构比较

获得分辨率分别为 2.0Å 和 2.3Å 的野生型 *Of*Hex1 及突变体 *Of*Hex1（V327G）与 PUGNAc 的复合物晶体结构，并比较昆虫与细菌酶两者的晶体结构发现，两者的活性口袋都非常保守，而且参与底物结合和催化的氨基酸残基在序列和空间位置上也都非常保守。然而，这些残基侧链之间的距离长短却差别显著。

这一差异直接导致昆虫 *Of*Hex1 活性口袋最大但入口最窄，而细菌 *Sp*Hex1 活性口袋最小，细菌 *Sm*ChiB 活性口袋入口最宽。进一步比较 *Of*Hex1 野生型和突变体的晶体结构发现，*Of*Hex1 活性口袋入口处残基 Val327 有一个较长的疏水脂肪侧链，是口袋入口窄的关键因素。Val327 突变为侧链空间位阻较小的 Gly327 时，活性口袋入口变宽，使 *Of*Hex1 对 PUGNAc 的抑制活性与 *Sm*ChiB 相同，说明活性口袋的尺寸是昆虫酶区别于细菌酶的关键原因。

（2）*β*-*N*-乙酰己糖胺酶 *Of*Hex2　*β*-*N*-乙酰己糖胺酶（EC 3.2.1.52）是昆虫几丁质水解过程的关键酶之一，负责将几丁质酶（EC 3.2.1.14）产物几丁寡糖进一步水解为 *N*-乙酰葡萄糖胺。昆虫体内存在不同亚型的 *β*-*N*-乙酰己糖胺酶，其生理功能尚不清楚。杨青教授课题组对亚洲玉米螟 *β*-*N*-乙酰己糖胺酶 *Of*Hex2 进行研究，发现该酶与其他已知昆虫 *β*-

N-乙酰己糖胺酶及哺乳动物 β-N-乙酰己糖胺酶在氨基酸序列以及底物选择性方面存在显著差异。基于结构的序列比对表明该酶与哺乳动物来源的酶具有明显的序列差异。该酶具有广泛的底物选择性。除不能降解带电荷的底物外，能够水解各类糖复合物中以 β-1,2-、β-1,3-和 β-1,4-连接的 β-N-乙酰葡萄糖胺和 β-N-乙酰半乳糖胺。实时定量 PCR 结果表明，*Of* Hex2 的表达水平在生长期而不是在变态过程中上调，而且这种上调集中于体壁组织而非中肠。同时，利用 RNA 干扰等技术阐明了 *Of* Hex2 的时空表达模式及生理功能。该工作对于阐明昆虫 β-N-乙酰己糖胺酶作为杀虫剂靶标的成靶性具有显著的意义。

（3）β-N-乙酰己糖胺酶 *Of* Hex3　杨青教授课题组还获得了潜在农药靶标 *Of* Hex3。酶学性质表征发现，*Of* Hex3 能够水解几丁寡糖，但水解效率低于已知的 *Of* Hex1。但是 *Of* Hex3 不像 *Of* Hex1 那样具有底物抑制现象，因此，推测这两种酶在昆虫表皮几丁质的水解过程中功能互补。*Of* Hex3 的基因表达水平在昆虫蜕皮过程中上调，*Of* Hex3 在脂肪体和精巢中的表达水平最高。以上数据说明，*Of* Hex3 是一种多功能酶，同时参与蜕皮和配子识别过程。以上研究工作有助于了解昆虫蜕皮过程的复杂性，同时，*Of* Hex3 也可能作为害虫防治的靶标。

3.4.3.2 OfHex1 结构与功能对应关系指导高效小分子抑制剂设计

Of Hex1 是昆虫特有的、专门参与几丁质降解的 N-乙酰己糖胺酶，而且 RNAi 实验表明其为昆虫生长发育所必需，因此，*Of* Hex1 是潜在的绿色农药靶标。有研究获得了 *Of* Hex1 野生型及突变体 E328A 和 V327G 的晶体结构，并获得了该酶与抑制剂 TMG-chitotriomycin、PUGNAc、NGT、Q1 及 Q2 等的复合物晶体结构（图 3-73）。结构-功能关系研究发现了 *Of* Hex1 活性口袋存在独特的开关机制，明确了决定 *Of* Hex1 功能特异性的关键氨基酸残基（V327、E328 及 W490）。通过 *Of* Hex1 与其他已知 N-乙酰己糖胺酶的结构比较以及 *Of* Hex1-抑制剂复合物晶体结构的结构解析，找出了选择性抑制剂的两条设计思路，即：①*Of* Hex1 的活性口袋－1 位点空间较大且具有柔性；②＋1 位点能够形成独特的相互作用。应用上述发现成功获得了高效的含糖基的抑制剂 TMG-$(GlcNAc)_2$（K_i＝65nmol·L^{-1}）及非糖基的抑制剂 Q2（K_i＝300nmol·L^{-1}），且上述抑制剂对于人类及植物同工酶无效。

（1）含糖基的抑制剂 TMG-$(GlcNAc)_2$　小分子 TMG-chitotriomycin［或表示为 TMG-$(GlcNAc)_3$］含 1 个 TMG 基团和 3 个 GlcNAc 残基。分析晶体结构发现，TMG-chitotriomycin 还原端的 2 个 GlcNAc 残基与 *Of* Hex1 没有相互作用，因而推测这部分结构对干扰 *Of* Hex1 的活性没有贡献。设计并合成了 TMG-chitotriomycin 类似物，这些类似物包含 1～4 个 GlcNAc 结构单元，即 TMG-$(GlcNAc)_{1\sim4}$。抑制动力学数据分析表明，TMG-$(GlcNAc)_2$ 和 TMG-chitotriomycin 具有完全相同的抑制活性。分子对接表明，TMG-$(GlcNAc)_2$ 与 *Of* Hex1 的结合完全重复了 TMG-chitotriomycin 与 *Of* Hex1 的结合模式，即 TMG 与 *Of* Hex1 活性口袋的关键氨基酸结合，而－$(GlcNAc)_2$ 与 *Of* Hex1 的＋1 位点氨基酸残基 Val^{327} 和 Trp^{490} 存在强相互作用，说明小分子 TMG-chitotriomycin 通过 TMG-$(GlcNAc)_2$ 干扰 *Of* Hex1 的活性。这一机理也适用于具有几丁质降解活性的细菌 Hex 酶，但是细菌酶对该小分子的敏感性较昆虫酶降低 1 个数量级。

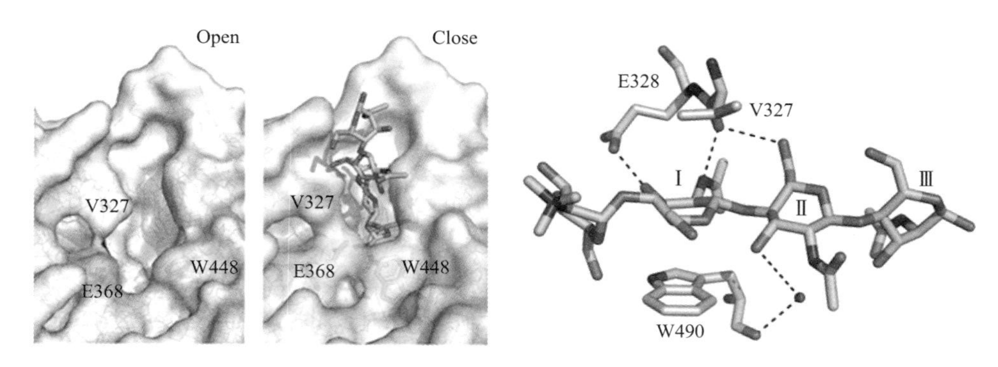

图 3-73　*Of*Hex1 活性口袋的开关机制及酶+1 位点的三个关键氨基酸残基与抑制剂 TMG-chitotriomycin 的相互作用

（2）非糖基抑制剂 Q2　特定功能的 β-GlcNAcase 选择性抑制剂在药物设计和生物学研究方面有很大的潜力。前期工作获得的双萘酰亚胺 M-31850 及其衍生物能够特异性地抑制人类 β-GlcNAcase，但对昆虫几丁质降解 β-GlcNAcase 没有活性。华东理工大学钱旭红教授课题组与大连理工大学杨青教授课题组合作[165]，使用蛋白-配体共结晶和分子对接技术相结合，设计了新型萘酰亚胺衍生物 Q2（图 3-74），该化合物能够选择性抑制昆虫几丁质降解 β-GlcNAcase。通过复合物晶体及分子对接研究表明，Q2 上的萘酰亚胺环结合于人类及昆虫酶的不同部分，为选择性抑制剂的设计提供了新的思路。此外，位于底物结合口袋的噻唑啉环可以诱导活性口袋的闭合。Q2 是第一个选择性针对几丁质水解 β-GlcNAcase 的非糖基抑制剂。该研究提供了基于结构的合理设计抑制剂的例子，而 Q2 具有作为潜在的药物或农药的潜力。

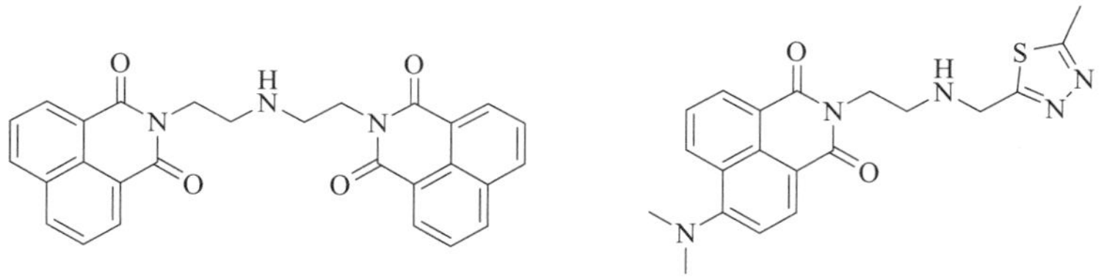

M-31850　　Q2

图 3-74　M-31850 与新型萘酰亚胺衍生物 Q2

3.4.3.3　*Of*Hex2 抑制剂

已报道的 GH20 家族的 β-*N*-乙酰己糖胺酶抑制剂主要为糖基衍生物（图 3-75），郭鹏博士[166]以玉米螟 β-*N*-乙酰氨基己糖苷酶 *Of*Hex2 为靶点，设计并合成了一系列以萘酰亚胺为母体的非糖基小分子 *Of*Hex2 抑制剂（图 3-76），其中化合物 a 和 b 的活性分别达到 0.37μmol · L^{-1}和 0.36μmol · L^{-1}。与传统的该蛋白抑制剂相比，具有合成方法简单、成本低廉、化学性质稳定、结构易于修饰衍生的特点。并且根据构效关系、色氨酸滴定实验和同源模建对接实验阐述了分子与蛋白的作用模式，为开发针对亚洲玉米螟的选择性农药提供了平台。同时，化合物活体初步测试显示此类萘酰亚胺衍生物具有良好的杀虫活性，也是首次发现了具有农药活性的萘酰亚胺类化合物。

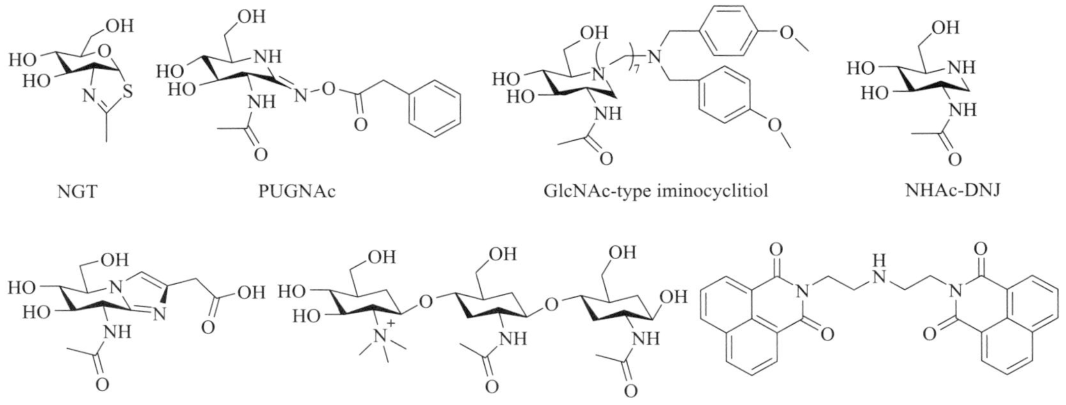

NGT　PUGNAc　GlcNAc-type iminocyclitiol　NHAc-DNJ

gluco-nagstain　TMG-$(GlcNAc)_2$　M-31850

图 3-75　已报道的 GH20 家族的 β-*N*-乙酰己糖胺酶抑制剂

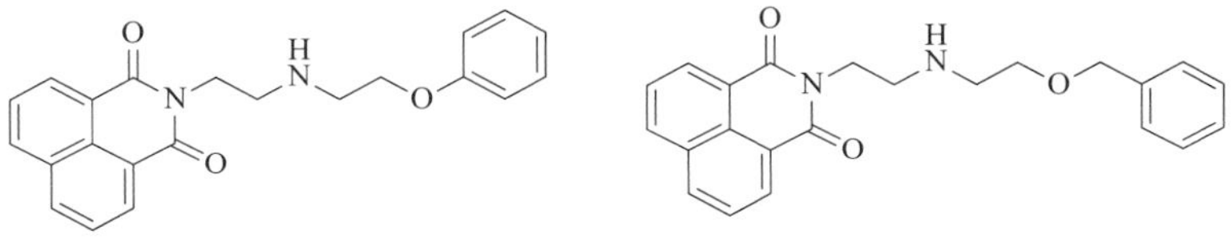

a　b

图 3-76　萘酰亚胺为母体的非糖基小分子 *Of*Hex2 抑制剂

3.4.4　细胞质苏氨酰转移核糖核酸合成酶

3.4.4.1　引言

大豆疫霉（*Phytophthora sojae*）是一种分布广、世界性危害极其严重的土传性病害。由于它的破坏性极大，被列为国际检疫对象。甲霜灵（metalaxyl）从 20 世纪 80 年代开始用于防治大豆疫病，但由于作用位点单一和多年的使用，在我国，病原菌已产生了广泛的抗药性，部分地区该药剂已失去了防治效果，而其他药剂防治大豆疫病均不理想。因此，研发可替代甲霜灵的高效、低毒、低残留的防治大豆疫病的杀菌剂已刻不容缓。

研究发现，大环内酯类化合物勃利霉素可以高效抑制大豆疫霉菌丝的生长，但勃利霉素对大豆疫霉抑制作用的分子机制还有待深入研究。东北农业大学的向文胜教授通过放射性标记、噬菌体表达、体外酶活性抑制实验、荧光光谱和停流光谱等证实细胞质苏氨酰转移核糖核酸合成酶（ThrRS）是勃利霉素作用的靶标，并全面分析了勃利霉素对大豆疫霉苏氨酰-tRNA 合成酶的抑制作用机理。这是首次证明细胞质 ThrRS 可作为农药杀菌剂的靶标，为以 ThrRS 为分子靶标创制新杀菌剂开辟了新方向。

3.4.4.2　苏氨酰转移核糖核酸合成酶的结构与功能

氨酰 tRNA 合成酶（aminoacyl-tRNA synthetase，aaRS），可根据多肽链的组成提供装载合适氨基酸的 tRNA，20 种不同的氨酰 tRNA 合成酶分别通过酯化活化相应的氨基酸到对应的 tRNA 上，在蛋白质翻译过程起着重要的作用[167]。

苏氨酰转移核糖核酸合成酶（threonyl-tRNA synthetase，ThrRS）是一种 α2 二聚体酶，属于Ⅱ类氨酰 tRNA 合成酶家族。苏氨酰转移核糖核酸合成酶最早是从小鼠和几内亚猪的肝脏中分离得到的。Allende 及其同事分离了苏氨酰-腺苷酸-ThrRS 复合物，表明苏氨酸能从该复合物上转移到 tRNA 上，即 ThrRS 以两个核心步骤催化反应。Hirsh 最早完成了大肠杆菌 ThrRS（EThrRS）的完全纯化和生物化学研究，他通过蔗糖密度梯度法测量了 EThrRS 的分子量（117000），并测量了苏氨酸和 ATP 在交换反应和整个氨基酸氨酰化反应中的动力学常数。后续试验用葡聚糖凝胶 G200 凝胶过滤和非变性聚丙烯酰胺凝胶电泳揭示天然的酶分子量大概为 150000，而在变性电泳下，发现其分子量为 76000，说明了 ThrRS 是一个同源二聚体。

从大肠杆菌到人类的组织，已经有大量物种的 ThrRS 被分离纯化得到，在原核生物和真核生物中，该酶主要以二聚体的形式被纯化。来自大肠杆菌和小鼠肝脏的 ThrRS：Thr-AMP 复合物的分离，以及一些详细的初始速度动力学的研究表明，tRNAThr 的氨酰化像其他 tRNA 一样分别经历两个步骤：

$$\text{ThrRS}+\text{Thr}+\text{ATP}\longrightarrow\text{ThrRS:Thr-AMP}+\text{PPi} \tag{3-20}$$

$$\text{ThrRS:Thr-AMP}+\text{tRNA}^{\text{Thr}}\longrightarrow\text{Thr-tRNA}^{\text{Thr}}+\text{AMP}+\text{ThrRS} \tag{3-21}$$

关于这两个步骤尚无定论，有报道认为在反应（3-20）中，ATP 与苏氨酸先后结合到苏氨酰 tRNA 合成酶上，而在反应（3-21）中，Thr-tRNA^{Thr}和 AMP 被随机释放出来。与之相反，有报道认为在反应（3-20）中，ATP 和苏氨酸随机结合到 ThrRS 上，而在反应（3-21）中，Thr-tRNA^{Thr}先于 AMP 被释放出来。

1999 年，Rajan 等报道了 2.9Å 下的源于大肠杆菌的 ThrRS 与 tRNA^{Thr}的复合物的晶体结构[168]。如图 3-77 所示，与两个 tRNA 结合的大肠杆菌二聚体，由四个区域组成：N-端域、催化域、链接螺旋和反密码子结合域。由残基 240～528 组成的催化域组成了Ⅱ类合成酶典型的由螺旋围绕 β 折叠链的平台。这个区域包含应答氨基酸和 ATP 识别。腺苷化中间体的合成和活化的氨基酸转移到 tRNA 接受末端的活性位点。

定义Ⅱ类合成酶的核心存在三个显著的基序，基序 1 由残基 268～298 组成，基序 2 由残基 353～388 组成，基序 3 由残基 508～534 组成。二聚体的接触面由基序 1 和两个短的毗邻链组成。涉及氨基酸和 ATP 的识别基序 2 和 3 被定位在一个深沟的低端，这个深沟非常适合 tRNA CCA 尾端的进入。这使得末端腺苷酸在正确的位置进行腺苷化。C 端反密码子结合区（残基 535～642）被定位于紧挨着基序 3，而堆放在催化域。C 端反密码子结合区是一个由平行和 4 个反平行的 β 折叠链及 3 个螺旋组成的 α/β 混合区域，这与其他的Ⅱ类合成酶，如 ProRS、HisRS 和 GlyRS 的 C 端反密码子结合区十分相似。ThrRS 的 N 端延伸由 2 个区域组成，这两个区域由一个长螺旋（残基 225～242）交联成一个蛋白质核。这就使得该分子具有双翼的形状。小区域 N1（残基 1～62）与泛素家族蛋白质具有类似的拓扑学结构。它与区域 N2（残基 63～224）接触的区域包括一些疏水的残基。区域 N2 具有一种新的 α+β 家族的折叠，即一个长的中心 α 螺旋由反相平行的 β 片层包围，这两个片层一个由 3 个 β 链组成，而另一个由 4 个 β 链组成，而该螺旋与 β 片层分别垂直。tRNA：ThrRS 复合物的结构表明，区域 N2 的一个作用是它的小沟侧面能够特异地接触 tRNA 的接受臂。这导致 tRNA 接受臂紧夹在催化区和区域 N2 的中间。在金黄色葡萄球菌游离的 ThrRS 结构中，N-端域被旋转了 18°而与催化中心十分接近。

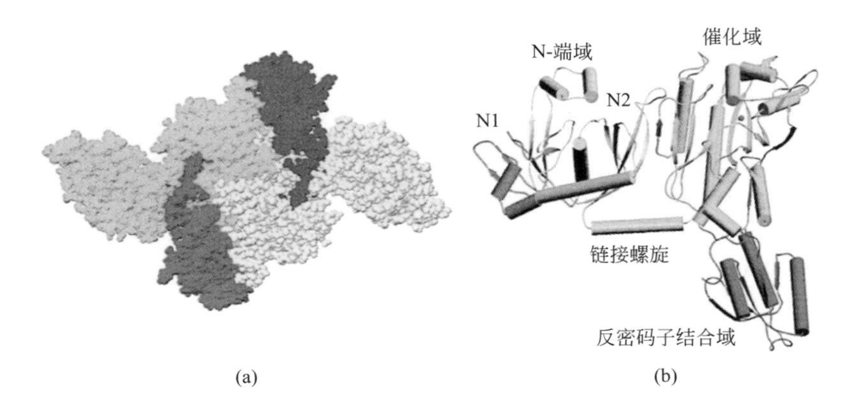

图 3-77　ThrRS 与 $tRNA^{Thr}$ 复合物的结构

研究者发现，在 ThrRS 的 AMP 结合口袋附近活性位点中有锌离子的存在，并证实了每个 ThrRS 单体中含有一个锌离子，去除锌离子会大大降低氨酰化活性[169]。在酶中单个锌离子结合位点一般分为两个主要类别：①结构锌，由四个来自蛋白质的配体与金属离子配位；②催化锌，蛋白提供三个配体而第四个配体为水分子。在 ThrRS 中，锌离子与两个组氨酸和一个半胱氨酸及一个水分子构成四面体结构，因此属于催化锌。通过引起锌离子配体变化的突变体发现，当有一个氨基酸配体被替换掉时，极大地影响了氨酰化的活性而不是 mRNA 的结合，也证实了锌离子的主要功能在于催化而不是作为维持蛋白整体的结构。

尽管复合物中没有苏氨酸，但是氨基酸的结合位点可根据所有 ThrRS 保守氨基酸定义的口袋推测出来。锌离子和其配体 His385、His511 和 Cys334 位于该口袋，且这三个残基非常保守，表明锌离子参与了苏氨酸的识别。

苏氨酸的识别机制是通过 N 端截断的 EThrRS（N1 和 N2 均消除的 NThrRS）的结构阐明的。两个晶体结构分别是在苏氨酸与苏氨酸同系物——苏氨酸-腺苷酸（Thr-AMP）以及苏氨酸与苏氨酸-硫磺酰腺苷（Thr-AMS）存在的环境下获得的。这两个晶体结构均在高分辨下得到，表明锌离子同时结合苏氨酸的氨基和羟基，直接参与苏氨酸的识别。

3.4.4.3　作用于 ThrRS 的抑制剂

勃利霉素（borrelidin）最早是于 1949 年从 *Streptomyces rocheii* 中分离出来的，一种 18 元环的大环内酯类抗生素，具有抗癌、抗微生物、抗疟疾和抗病毒等广泛的生物活性。后来发现其抗菌活性与抑制 ThrRS 有关[170]。勃利霉素结构独特，具有如下特性：首先，在 C4 和 C10 之间，具有一个由 4 个交替的 1,3-C-甲基组成的丙酸脱氧单元；其次，它的 C12～C15 是一个共轭的二烯氰基生色团；最后，它的 C17 上含有一个环戊烷羧基片段（图 3-78）。勃利霉素的氰基、内酯以及相应的羟基对勃利霉素的抗微生物活性十分重要。

东北农业大学的向文胜教授课题组研究发现，勃利霉素对大豆疫霉（*Phytophthora sojae*）有很高的活性，EC_{50} 可达 0.0056mg・L^{-1}，是其他植物病原菌的 20 倍。之前报道认为勃利霉素的生物活性主要是通过抑制了苏氨酸 tRNA 合成酶（ThrRS）的活性，但具体的抗菌机制仍不清楚。

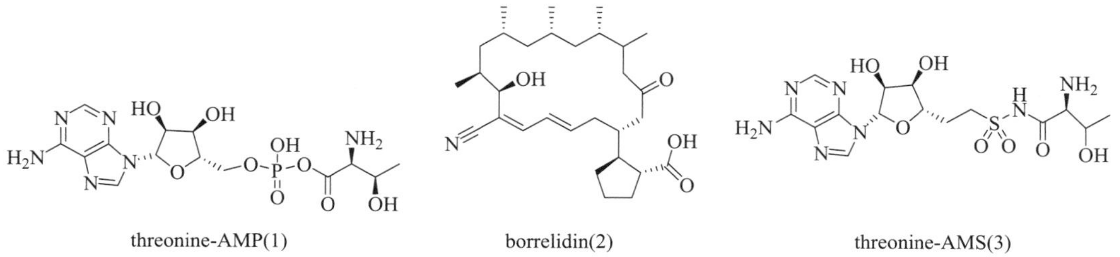

threonine-AMP(1)　　borrelidin(2)　　threonine-AMS(3)

图 3-78　勃利霉素与其他已知的 ThrRS 抑制剂的结构

Ruan 等[171]筛选了 *E. coli* ThrRS 的一个随机突变体库，鉴定了勃利霉素与 *E. coli* ThrRS 的结合位点为簇 A 部分（图 3-79，见文前彩图）。该部分由 Thr307、His309、Cys334、Pro335、Leu489 和 Leu493 组成。而簇 A 中的 Cys334 尤为重要，因为它与对活性起着关键作用的 ThrRS 的锌离子配位结合。因此推测，勃利霉素与簇 A 的结合，可能会使得 Cys334 的位移，导致锌离子的功能紊乱，从而干扰了 ThrRS。缺乏簇 A 的 tRNA 合成酶与勃利霉素不能有效结合，也证明了簇 A 是勃利霉素与 ThrRS 作用的重要位点。

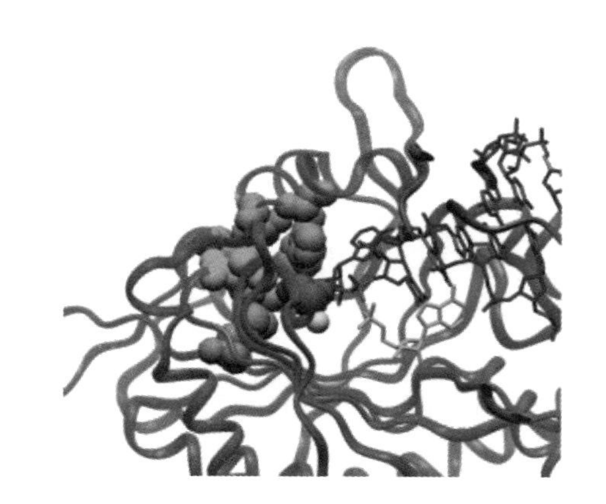

图 3-79　*E. coli* ThrRS 及其底物的活性位点结构

簇 A（Leu493、His307、His309 和 Pro335：橙色；Leu489：绿色；Cys334：紫色）

但由于 EThrRS 和勃利霉素的复合物晶体没有得到，上述推测可能并不准确，需要进一步验证。

向文胜课题组利用圆二色谱检测勃利霉素结合 ThrRS 后构型的变化（图 3-80，表 3-4），结果发现，勃利霉素结合 ThrRS 后的 α-螺旋结构增加，而 β-折叠结构减少，证明勃利霉素对大豆疫霉的抑制作用是由于勃利霉素与其靶标蛋白 ThrRS 形成复合体。

通过 Autodock vina 软件对勃利霉素与大肠杆菌野生型 ThrRS 进行了分子对接。对接结果表明，勃利霉素在抑制 ThrRS 活性时，是勃利霉素竞争占领 ATP 与 ThrRS 结合的位置。分子对接计算结果显示，勃利霉素与 ThrRS 的结合能为 $-9.1\ kcal \cdot mol^{-1}$，小于 ATP 与野生型 ThrRS 的结合能（$-8.7kcal \cdot mol^{-1}$），即勃利霉素与 ThrRS 的亲和力要大于 ATP 与野生型 ThrRS 的亲和力，表明勃利霉素抑制 ThrRS 活性是通过竞争性抑制酶底物 ATP[172]（图 3-81，见文前彩图）。

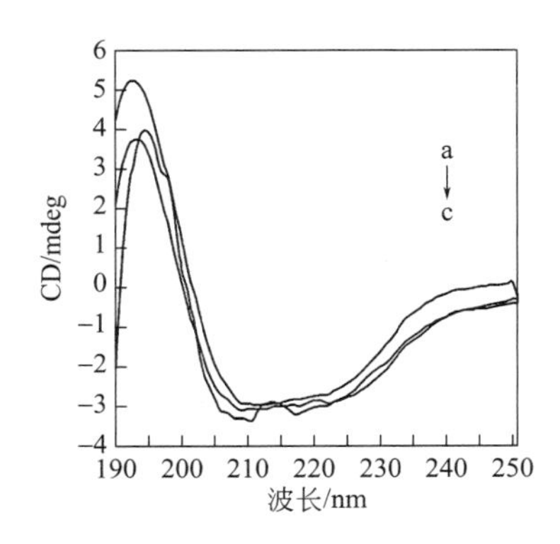

图 3-80　勃利霉素对大豆疫霉 ThrRS 构象影响的圆二色谱图

表 3-4　大豆疫霉 ThrRS 与勃利霉素复合物二级结构分析

蛋白质与勃利霉素摩尔比		α-螺旋百分比/%	β-折叠百分比/%
a	1∶0	18.25	25.60
b	1∶1	24.38	22.39
c	1∶5	25.67	21.80

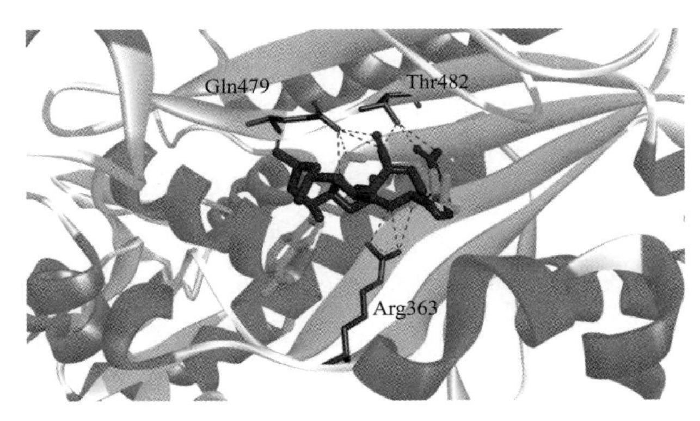

图 3-81　勃利霉素和 ATP 在 ThrRS 中的空间位置

（图中勃利霉素为蓝色，ATP 为绿色，勃利霉素与 ATP 均能形成氢键）

勃利霉素抑制 ThrRS 的独特的结合模式，使得 ThrRS 可能被开发成一个作用模式新颖的新型抗生素靶标。前期的研究发现，勃利霉素具有很好的抗疟疾活性，特别是对 *Plasmodium falciparum* 抗性品系 K1，IC_{50} 为 0.93ng・mL^{-1}（青蒿素 6ng・mL^{-1}）[173]。然而，勃利霉素对人胚胎成纤维细胞 MRC-5 有很强的毒性，远远高于青蒿素。Akihiro Sugawara 等[174]通过三唑连接臂，合成了一系列含 CH_2SPh 基团的勃利霉素衍生物（图 3-82），提高了勃利霉素的抗疟疾活性的同时，也大大降低了对人细胞的毒性。

除了勃利霉素外，已知的 ThrRS 抑制剂还有 threonine-AMP 和 threonine-AMS。threonine-AMS 是 ThrRS 的竞争性抑制剂，其与 *E. coli* ThrRS 的复合物晶体也已经报道[175]。由于缺乏成药性，其既没有抗菌活性，也缺乏对细菌酶的选择性。Min Teng 等[176]通过 SBDD 的方法，引入药物中活性杂环片段（图 3-83），大大提高了抑菌活性和选择性。

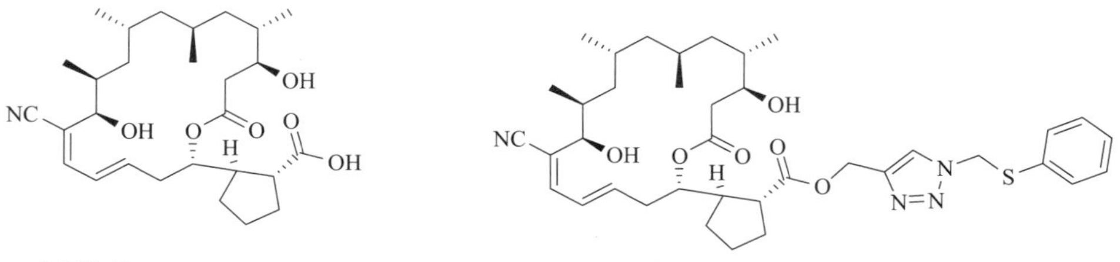

疏螺体素
抗疟活性$IC_{50} = 0.93ng \cdot mL^{-1}$
(恶性疟原虫*P.falciparum* K1 strain)
细胞毒性$IC_{50} = 201ng \cdot mL^{-1}$(MCR-5)

疏螺体素衍生物
抗疟活性$IC_{50} = 0.031ng \cdot mL^{-1}$
(恶性疟原虫*P.falciparum* K1 strain)
细胞毒性$IC_{50} = 16800ng \cdot mL^{-1}$(MCR-5)

图 3-82　勃利霉素及其衍生物的抗疟活性及选择性

E. coli：$K_i = 0.18\mu mol \cdot L^{-1}$
人：$K_i > 50\mu mol \cdot L^{-1}$

E. coli ThrRS　　人ThrRS

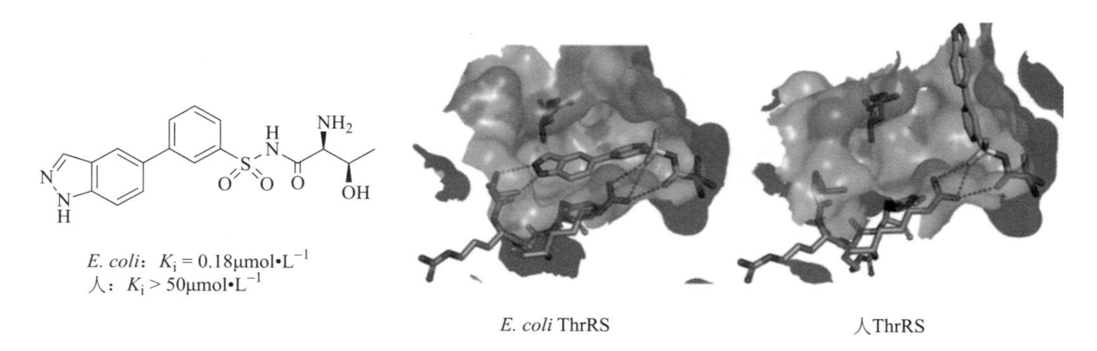

图 3-83　threonine-AMS 衍生物及其抑制活性

近些年来，越来越多的 ThrRS 的抑制剂相继被报道出来，但关于抑制剂与 ThrRS 的复合物晶体的报道仍然较少，仍需要进一步地进行研究，来阐明相关抑制剂与 ThrRS 的分子作用机制，将极大促进开发新的选择性好、活性高的抗生素和杀菌剂。

3.4.5　气味结合蛋白

3.4.5.1　引言

气味结合蛋白（odorant-binding proteins，OBP）是由嗅觉感器内的支持细胞分泌的，浸润于感器淋巴液中的一类小分子蛋白。OBP 是外部环境与气味受体联系的媒介[177]。如图 3-84 所示，外界脂溶性的化学气味分子通过触角表皮上的微孔进入水溶性的淋巴液，与 OBP 结合形成气味分子/OBP 复合体。在 OBP 的作用下，气味分子/OBP 复合体穿过水溶性的淋巴液到达嗅觉神经树突，气味分子激活神经树突上的气味受体（ORs），ORs 将化学信号转化成电信号，然后通过轴突传到昆虫的中枢神经系统，最终引发昆虫相关的行为反应[178]。

3.4.5.2　气味结合蛋白的分布

目前的研究表明，已经在至少 8 个目超过 400 种昆虫中发现 OBP 的存在，包括鳞翅目[180]、鞘翅目[181]、双翅目[182]、直翅目[183]、半翅目[184]、膜翅目[185]、等翅目[186]、蜚蠊目[187]等。不同种昆虫之间和相同种昆虫之间的 OBP 序列相似性差异很大[188]。

Vogt 等在多音天蚕蛾（*Antheraea polyphemus*）的雄蛾触角中鉴定了第一个昆虫 OBP 基因[189]。在以后的研究中发现，家蚕[190]、甜菜夜蛾[191]、二化螟[192]、小菜蛾[193]、棉铃

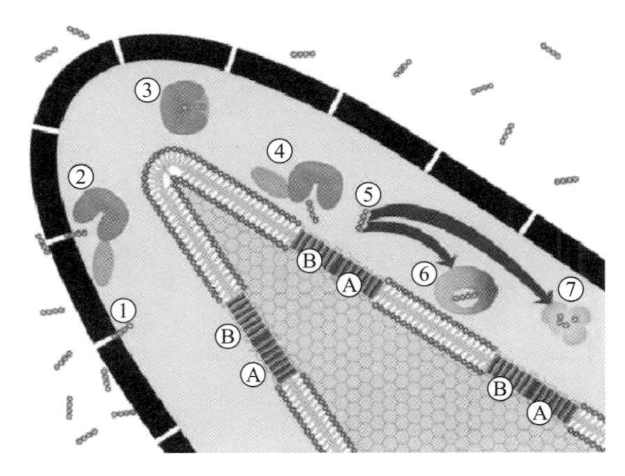

图 3-84 气味分子与 OBP 的结合与释放示意图[179]

虫[194]、梨小食心虫[195]、稻纵卷叶螟[196]的 OBP 仅特异性地表达于触角中。目前越来越多的证据表明，OBP 除特异性地表达于触角外，在其他部位也有表达，如胡蜂（*Polistes dominulus*）和大黄蜂（*Vespa crabro*）的 OBP 在触角、翅和跗节中均有表达[197,198]，埃及伊蚊（*Aedes aegypti*）的 OBP 同时在触角、喙、精囊、气门中表达[199]。一般认为，在触角中特异性表达的 OBP 参与嗅觉信号的识别过程，在其他部位表达的 OBP 可能参与与嗅觉相关的生理活动，如在性腺中表达的 OBP 可能与性信息素的运输以及雌蛾实时监测性信息素的释放等过程有关。

3.4.5.3 气味结合蛋白的三维结构

目前，国际上主要通过解析昆虫 OBP 的三维结构来阐释其与气味分子的结合与释放机制，比较经典的解析 OBP 三维结构的方法是核磁共振和 X 射线衍射。目前至少有 13 种昆虫 OBP 的三维结构获得了解析（图 3-85）。

气味结合蛋白的典型特征为：分子量小，介于 11000～20000 之间；呈酸性，等电点介于 4.0～5.2 之间；有 α-螺旋结构和信号肽；多肽链中含有 6 个保守的半胱氨酸，并两两配对形成 3 个二硫键，对 OBP 的三维结构起支撑作用[189,200,201]。

OBP 的氨基酸序列呈多样性，根据半胱氨酸的数量和序列特征可分为不同的亚型：Classic OBP（具有上述所有特征）、Dimer OBP（具有两个 6-半胱氨酸）、Plus-C OBP（拥有 8 个半胱氨酸和 1 个脯氨酸位点）、Minus-COBP（缺失 2 个半胱氨酸位点）、Atypical OBP（具有 9～10 个半胱氨酸位点和长的碳末端）[202,203]。

尽管不同 OBP 之间的氨基酸序列不同，但 OBP 具有很强的保守性，由氨基酸组成的多肽链会折叠成由 6 个 α-螺旋组成的结构域，通过形成的结合腔来结合气味分子[204]。一般认为，α-1、α-2、α-4、α-5 和 α-6 螺旋组成结合腔的壁，而 α-3 螺旋位于结合腔的入口处，是结合化学信号分子的“开关”[205]。

目前普遍认为，OBP 与气味分子的结合与释放机制与气味分子的构象、触角感器淋巴液的 pH 值和神经元树突膜附近的盐离子浓度有关，并且不同昆虫的 OBP 与配体的结合与释放机制存在差异[177]。

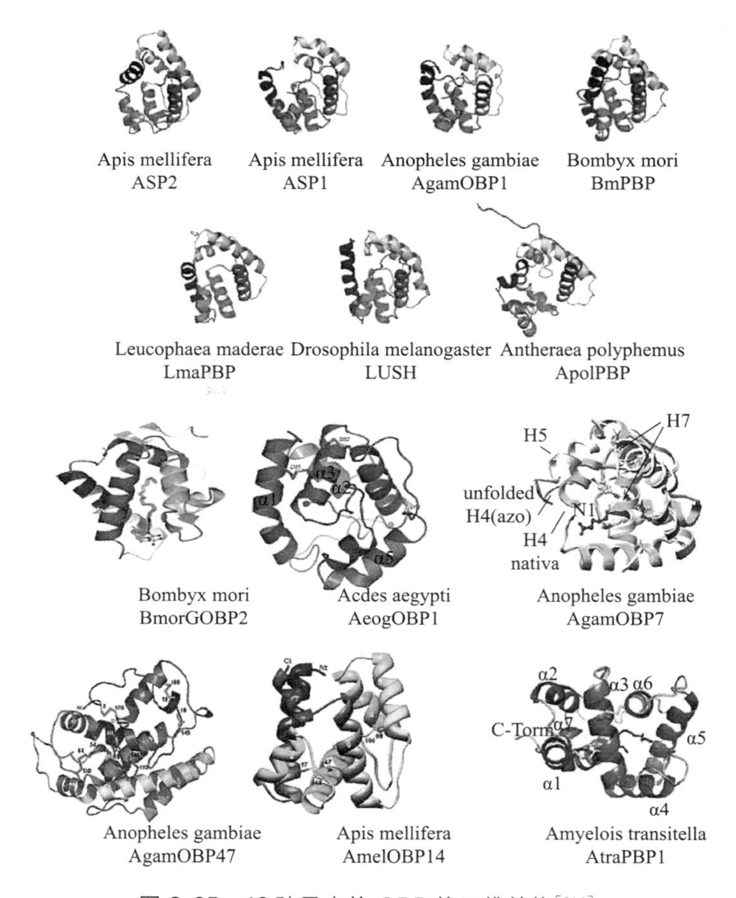

图 3-85 13 种昆虫的 OBP 的三维结构[206]

3.4.5.4 气味结合蛋白的功能研究

通过 OBP 和 ORs 对化学信号物质的高效筛选，使得昆虫嗅觉兼具了特异性和灵敏性。在嗅觉信号识别中，OBP 的作用主要有以下几点。

（1）外周过滤作用 清除外周感器中不需要或有毒的气味分子，特异性结合某些化学信号物质。

（2）载体运输作用 通过形成 OBP/气味分子复合体，运输脂溶性的气味分子穿过水溶性的淋巴液，最终到达感觉神经元树突上的嗅觉受体[207]。

（3）受体激活作用 气味分子/OBP 复合体更易被受体识别，从而使信号更容易传导。

（4）保护气味分子作用 OBP 可以保护气味活性分子免被气味降解酶降解。

（5）平衡作用 当气味活性分子浓度过高时，OBP 会过滤多余的气味分子，避免受体长时间处于兴奋状态。

（6）其他作用 表达于昆虫其他部位的 OBP，可能具有化学信号识别以外的功能[205]。然而，在 OBP 传递气味分子的过程中，对气味分子的运载方式目前还不明确。

3.4.5.5 作用于 OBP 的农药

避蚊胺（*N*,*N*-diethyl-*m*-toluamide，DEET）是 1956 年由美国率先成功开发的，因其具有高效、低毒及广谱等优点，成为目前市场上应用最广泛的商品化驱避剂。长久以来，研究人员针对 DEET 开展了大量且深入的研究，但关于 DEET 发挥驱避作用的具体机制一直存在争议。1999 年，Dogan 等[208]通过行为试验研究发现，DEET 能够通过降低蚊虫对哺乳动物释放乳酸的敏感程度，达到驱避的目的。2008 年，Ditzen 等[209]进一步研究发现，DEET 是通过阻碍昆虫气味受体（olfactory receptors，ORs）与哺乳动物汗液中 1-辛烯-3-醇的结合，降低蚊虫对人畜所释放汗液的敏感程度，从而达到驱避蚊虫的目的。在气味分子识别昆虫 ORs 的过程中，需以另一种气味结合蛋白（OBP）作为载体，携带气味分子穿过淋巴液运输到达 ORs，从而实现调控功能。

Tsitsanou 等[210]通过研究冈比亚按蚊（*Anopheles gambiae* Giles）的气味结合蛋白结合避蚊胺的晶体结构，首次揭开了 DEET 与气味结合蛋白相互作用的神秘面纱。他们发现，DEET 分子被结合在幽长通道的边缘位置，靠无数的非极性作用力以及一个氢键与之相连接（图 3-86）。基于实验测定的 DEET 与 AgamOBP1 的亲和力（K_d 为 31.3μmol·L^{-1}）与结构信息，他们对已报道的具有驱避活性的结构进行了分子模拟，确认了 OBP 这一靶标。这一靶标的确认，对更高结合力和选择性的新型驱蚊剂的开发研制具有重要意义。

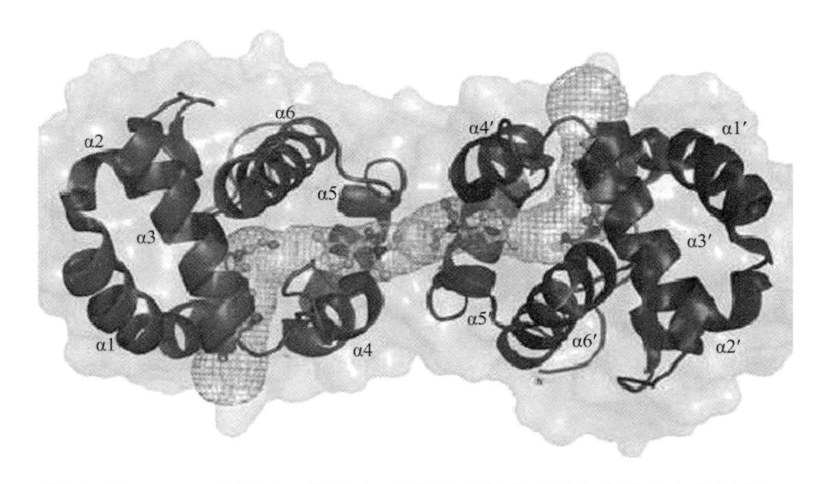

图 3-86　AgamOBP1 二聚体与 DEET 分子和 PEG 分子结合的示意图

2012 年，Sun 及 Zhong[211,212]对一些气味分子和荧光探针 1-NPN 与 OBP 的竞争结合能力进行研究，发现与 OBP 结合能力越强的气味分子，其驱避能力越强。这预示着昆虫 OBP 可能作为结合及运输气味分子的潜在靶标，同时也可以作为创制新型驱避型农药的靶标。

3.4.5.6　以气味蛋白为靶标的绿色杀蚜虫剂的创制

蚜虫是农业的主要害虫之一，利用蚜虫报警信息素控制其行为，可减少化学杀虫剂用量及抗药性的产生，利于保护生态环境。由于蚜虫的种类不同，其报警信息素的成分也有所不同。反-β-法呢烯（E-β-farnesene，EBF）是大多种类蚜虫报警信息素的主要组分，遇到捕食危险时迅速由腹管分泌，引发各类行为学反应，比如提高警戒层级、停止取食、迅速逃离危险区域或者直接掉落限制。由于合成成本高，结构不稳定，在空气中容易氧化，加之易挥发都严重限制了其在蚜虫防治中的应用。

中国农业大学的杨新玲教授课题组对 EBF 做了一系列的改造工作。首先他们对 EBF 进行化学基团的修饰和改造，分别在天然 EBF 分子的 A 和 B 两端不饱和双键处引入了羟基、酯基团、卤素原子和含氧族元素的杂环结构等（图 3-87），解决了天然 EBF 化学稳定性较差的应用瓶颈，而且新合成的化合物的理化特性能够满足田间蚜虫防治的应用条件。室内对朱砂叶螨、小菜蛾生物学测定都具有较好的毒杀效果，其中某些新合成的 EBF 类似物对蚜虫也有不错的防效[213]。

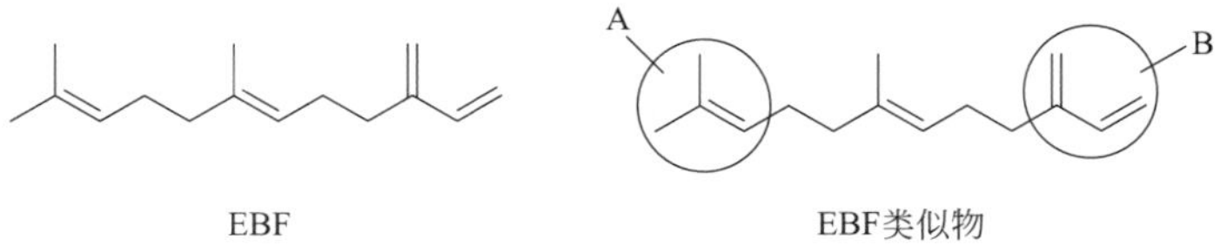

A B

EBF　　EBF类似物

图 3-87　EBF 及其类似物的结构

进一步地，他们[214]向 EBF 分子中引入了一个有杀虫活性的吡唑分子，合成出 EBF 的类似物（如图 3-88 所示）。结合实验测定表明，该化合物与豌豆蚜的气味结合蛋白仍然可以特异性地结合。与商品化的杀虫剂噻虫啉（thiacloprid）相比，防效更好。该研究为蚜虫的防治引入了新的开发思路，即一种杀虫剂同时既能杀虫又可以达到趋避的双重效果。生态学实验表明，该系列中的化合物 CAU-1204 对蜜蜂、家蚕、鱼等环境有益生物的急性毒性低，是生态友好农药。

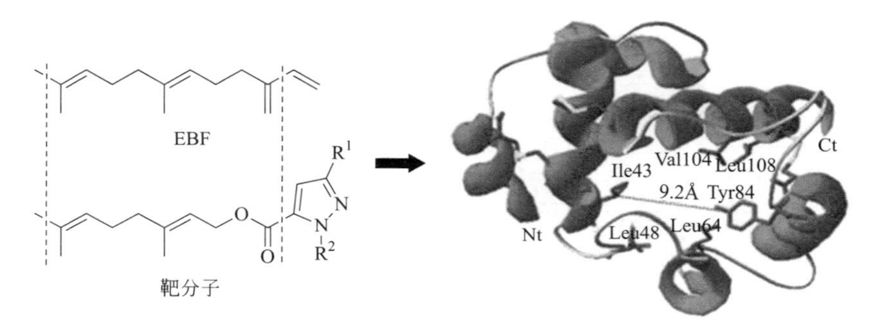

图 3-88　新型含吡唑环的 EBF 类似物及其 OBP 结合靶标

茉莉酸甲酯是植物体内茉莉酸信号转导通路的重要物质，可以有效提高植物的抗虫能力。杜少卿等[215]以气味结合蛋白 MvicOBP3 和气味蛋白 CquiOR136 为导向，利用活性拼接策略，设计合成了一系列的新型含茉莉酸基团 EBF 类似物（图 3-89）。其中合成的化合物 D1、D2 表现出优异的驱避活性和杀大豆蚜活性，且结构更加稳定，可作为先导进一步研究。

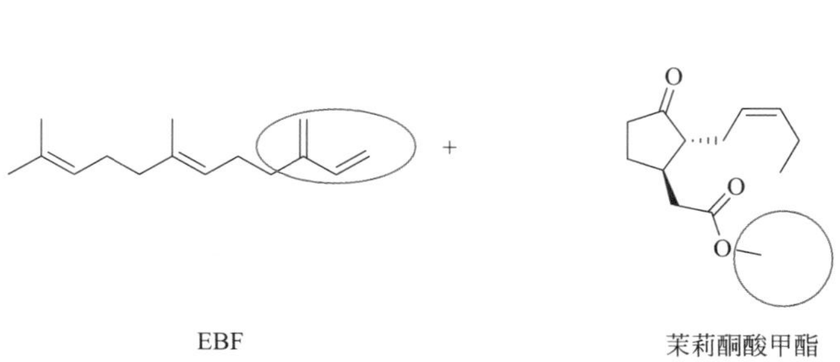

EBF　+　茉莉酮酸甲酯

图 3-89　茉莉酸衍生物的拼接策略

1,2,3-噻二唑是一个具有广泛生物活性的片段，比如杀虫、杀菌、除草、抗病毒、诱导系统获得性抗性等。最近有大量具有杀虫活性的衍生物的报道，结构上，1,2,3-噻二唑很容易通过释放 N_2 降解掉，有利于研制环境友好型杀虫剂。张景鹏等[216]报道了将1,2,3-噻二唑引入EBF基团的策略（图3-90），以羰基和噻二唑中的双键来模拟EBF中萜的结构，提高了结构的稳定性，活性最好的化合物 LC_{50} 达到了 33.4μg·mL^{-1}，尽管低于对照（商品化的杀虫剂吡蚜酮 LC_{50} 为 7.1μg·mL^{-1}），但为进一步发现环境友好的杀蚜虫剂提供了重要信息。

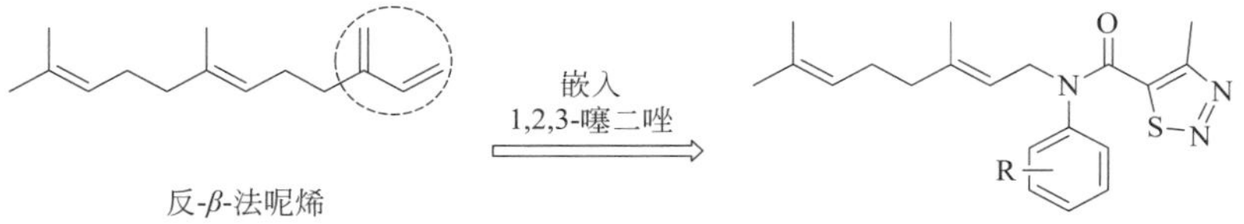

反-β-法呢烯

嵌入
1,2,3-噻二唑

图3-90 EBF噻二唑衍生物

3.4.6 咽侧体受体

咽侧体（allata）是一种能合成并释放保幼激素（JH），控制昆虫变态和蜕皮的内分泌腺体，主要由胞膜组织、血管组织、神经索以及腺细胞四大部分组成。咽侧体生长于咽喉的两侧，位于心侧体的侧下方，呈椭圆球形，通过神经与心侧体紧密相连，与心侧体共同构成脑后方内分泌腺群。在大多数昆虫体中，咽侧体成对地附着在心侧体的下方；而在半翅目昆虫中，左右两个咽侧体通常合并为一个中央腺；双翅目昆虫中，咽侧体、心侧体与前胸腺合并成一个环腺。此外，无翅亚纲昆虫类，除铗尾虫类外，均不具有咽侧体。

20世纪30年代，人们已成功发现并证明了咽侧体与昆虫变态、生殖密切相关。以东亚飞蝗为研究对象进行研究发现：在雌性成虫中，咽侧体周期性地进行分泌活动。将羽化1～2d后的雌雄飞蝗体中的咽侧体摘除，雌性飞蝗卵巢无法发育，而雄性成虫交配次数明显减少。当将咽侧体植入正常交配的雌性飞蝗体中时，该飞蝗产卵前期时间明显缩短，产卵量增加。若将咽侧体重新植入已摘除咽侧体的雌性飞蝗体中，卵巢发育正常。由以上实验可以推测，咽侧体与飞蝗性腺发育密切相关。

昆虫脑神经内分泌细胞能够分泌促咽侧体素（allatotropin，AT）与抑咽侧体素（allatostatin，AST），二者分别刺激或抑制咽侧体的保幼激素的生物合成。

3.4.6.1 促咽侧体受体

促咽侧体素最初是在鳞翅目类烟草天蛾（*M. sexta*）中发现的，是一种有效刺激保幼激素合成的神经肽。后经研究发现，成熟的促咽侧体素一般为C链末端酰胺化的13肽或14肽，具有多向性的特点，能有效地作用于不同的昆虫物种，主要包括鳞翅目类、双翅目类、膜翅目类、革翅目类[217]。促咽侧体素的主要作用是促进保幼激素和促肌蛋白的生物合成、加速心脏搏动以及抑制活性离子的运输[218]。

近年来，关于促咽侧体素的研究还在起步阶段，所取得的成果并不多，例如：魏兆军等利用RT-PCR技术成功克隆了家蚕促咽侧体素受体全长基因序列，并发现家蚕脑-咽下神经节复合体中的促咽侧体素受体基因mRNA在蛹前期和成虫阶段中期基因表达量最低，蛹后期增多，而5龄幼虫期表达量最高[219]。Elekonich等将烟草天蛾的促咽侧体素与另外昆虫的咽侧体进行共同体外培养，发现促咽侧体素并没有呈现出促进保幼激素分泌的作用，推测促咽侧体素仅仅只是 myotropins[220]。

3.4.6.2 抑咽侧体受体

抑咽侧体素是一类能够有效抑制保幼激素合成的神经肽，与促咽侧体素一样，都具有较优的多相选择性。关于抑咽侧体素的研究最早起源于 Bendena 与 Tobe 对太平洋折翅蠊中所含的抑咽侧体素的研究[218]，而近年来，关于该神经肽的研究发展较快，在多个方向上都取得了成果。

抑咽侧体素广泛存在于大部分的昆虫体内，功能多样，主要可以分为三大类。第一类为 A 型：蜚蠊型抑咽侧体素，也是目前研究的热点。A 型抑咽侧体素最早是从雌性太平洋折翅蠊（*Diploptera punctata*）的后脑复合体（retrocerebrai compiex）中分离出来的，其结构特征表现在 C 末端的五肽结构（Y/FXFGL-NH_2），该五肽结构能够较好地结合至抑咽侧体素受体活性腔内，在许多研究中均表现为关键活性片段。此外，若末端氨基基团缺失，活性将损失至少 10000 倍。第二类为 B 型：蟋蟀型抑咽侧体素，该类抑咽侧体素最初是从咖啡两点蟋（*Gryllus bimaculatus*）中分离得到的，从结构上来说，B 型抑咽侧体素 C 末端结构为 $W(X)_6W$-NH_2。第三类是 C 型：从烟草天蛾（*Manduca sexta*）中得到的抑咽侧体素，C 末端结构为 YXFGL-NH_2[221,222]，N 末端具有环化阻碍的特点。

总的来说，抑咽侧体素是一种多功能的神经肽，不同结构的抑咽侧体素在不同昆虫体中的作用不同，但大多数的抑咽侧体素均有抑制保幼激素合成的这一功能。Kramer 等[223]从太平洋折翅蠊（*Diploptera punctata*）中鉴定出多个抑咽侧体素，这些抑咽侧体素能够在相同的细胞中表达并显示出较优的保幼激素抑制活性。但经研究发现，这些鉴定得到的抑咽侧体素并不能抑制源昆虫的保幼激素的合成，如 *Euborellia annulipes*。此外，部分昆虫的抑咽侧体素并不能抑制源昆虫的咽侧体，可能是由于这些昆虫体内存在其他的机制能够有效地合成保幼激素，例如：*Schistocerca gregaria*、*Carausius morosus*、*Calliphora Uomitoria*[224]。

一种昆虫中往往有多个 A 型抑咽侧体素，且基本上来自同一个单一的多肽前体，而这些 A 型抑咽侧体素均有抑制保幼激素合成的能力，只是效果略有差异。研究发现，A 型抑咽侧体素在离体实验中能够抑制蜚蠊、蟋蟀保幼激素的生物合成，而对丽蝇科、黏虫、蜜蜂的保幼激素无抑制作用。除了对保幼激素的合成与释放起作用外，A 型抑咽侧体素还有许多其他功能。举例来说：Lange 等[225]发现 A 型抑咽侧体素能抑制由促肌激素和原肠肽诱导产生的后肠肌肉的收缩；Duve 等[226,227]发现在大苍蝇体系中，A 型抑咽侧体素能有效地抑制回肠的肌肉收缩；Veelaert 等[228]发现 A 型抑咽侧体素对蟋蟀的输卵管瞬时收缩有一定的抑制作用。这些研究结果表明，A 型抑咽侧体素在部分昆虫体内能够调节肌肉活动。此外，在德国小蠊的离体实验中，A 型抑咽侧体素还表现出对卵黄蛋白原的抑制作用，从而影响卵的发育；对某些特定的蜚蠊活体注射高剂量的 A 型抑咽侧体素，可以发现蜚蠊体内卵母细胞的生长受到了明显的抑制，或血淋巴中保幼激素的浓度降低。

基于 A 型抑咽侧体素在生物体内易代谢失活、水溶性较高等特性，杨新玲课题组以天然肽为先导通过设计、合成、优化等过程得到了一类高活性肽类似化合物（图 3-91）。首先，以核心的五肽片段作为先导，在保留 C 末端 YFL 三肽的前提下，设计并合成五肽模拟物，通过与天然抑咽侧体素活性对比发现，C 末端 YFL 三肽为活性关键部分，而连接三肽与芳香环的碳链桥以 5 个碳为最佳。

Ⅰ

Ⅱ

Ⅲ n=2
Ⅳ n=4
Ⅴ n=5
Ⅵ n=6

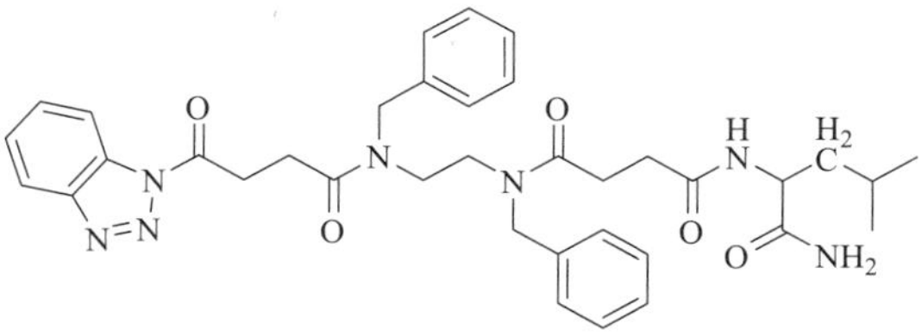

图 3-91　AST“核心五肽”类似物

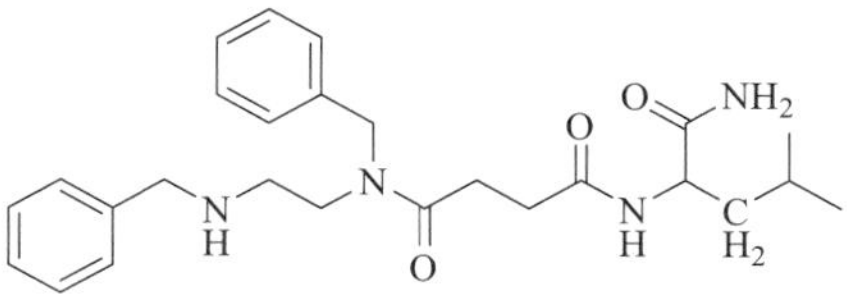

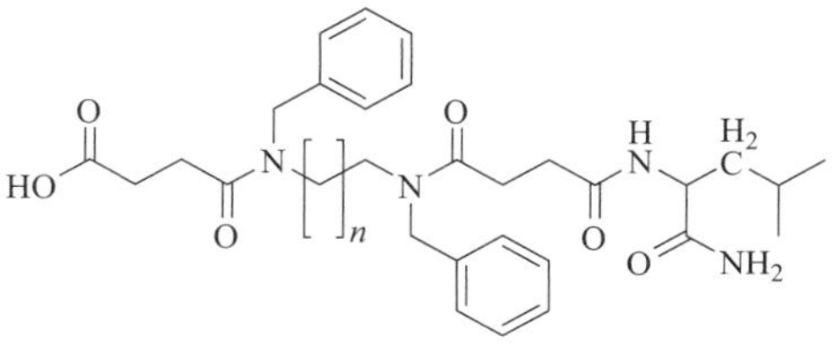

在进一步研究中，基于高活性模拟肽化合物的结构，对多位点进行结构修饰优化，其中包括在 N 端引入脲桥结构以消除酶水解位点，从而提高酶解能力，设计合成了一系列类似物并对其进行抑制保幼激素合成活性测试与分析。分析结果表明，类似物的活性明显提高，而 N 端苯环上取代基位置处在对位且取代基为强吸电子基时有利于活性的提高（图 3-92）。此外，在该研究过程中，在用核磁共振和分子动力学技术研究类似物在溶液中的构象问题时发现，核心五肽的柔性很强，天然抑咽侧体素中不存在 β-转角或 γ-转角构象，并在 GFGL 区域形成了“linear”构象，而合成得到的高活性类似物与天然抑咽侧体素产生的现象类似，因此，推测高活性抑咽侧体素类似物的活性构象为“linear”构象（图 3-93）。进一步的实验验证了这一假设[229～232]。

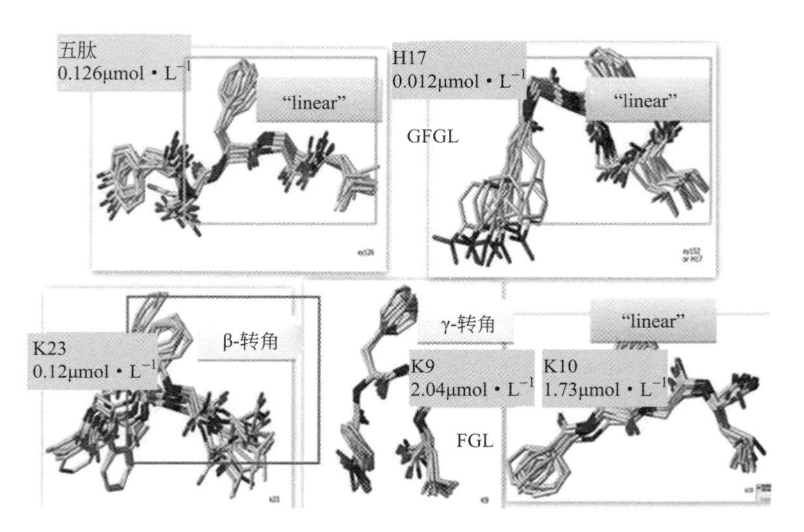

图 3-92　N 末端修饰的 AST 类似物的活性构象分子动力学计算结果

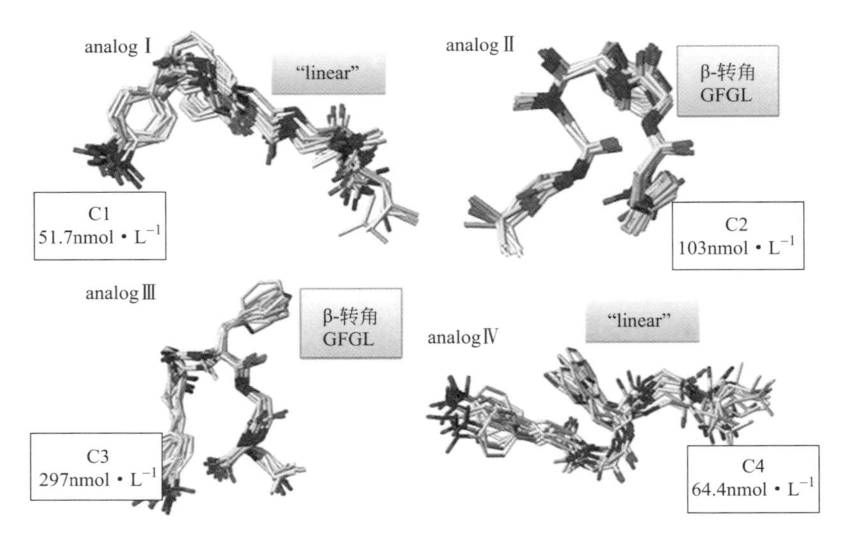

图 3-93 *N*-甲基化修饰的 AST 类似物的活性构象分子动力学计算结果

经免疫组化研究，B 型抑咽侧体素主要分布在雌性蟋蟀的心侧体中，Wang 等[233]通过分子生物学的方法发现 B 型抑咽侧体素还存在于脑、食管下神经节、腹部神经节、胸部神经节以及肠中。B 型抑咽侧体素的功能多样：蟋蟀体中，B 型抑咽侧体素对保幼激素存在可逆性的抑制作用，但效果并没有 A 型抑咽侧体素高。离体条件下，B 型抑咽侧体素能够抑制东亚飞蝗后肠以及输卵管的自发性收缩运动。此外，研究发现，B 型抑咽侧体素能够通过抑制卵巢蜕皮激素的合成从而表现出抑制蜕皮作用的功能。

值得注意的是，虽然 B 型抑咽侧体素目前已在许多种类的昆虫中被鉴定得到，但只有在蟋蟀体内的 B 型抑咽侧体素才显示出对保幼激素生物合成的抑制活性，例如在家蚕中，B 型抑咽侧体素并不能抑制保幼激素的合成。

近年来，对于 C 型抑咽侧体素对保幼激素到底有没有抑制或者其他方面的作用这个问题一直存在争议。通过对比保幼激素酸甲基转移酶（JHAMT）量的变化来判断 C 型抑咽侧体素以及双 C 型抑咽侧体素对分月扇舟蛾（属鳞翅目类舟蛾科）保幼激素的作用，研究表明，这两种多肽的作用一致，在幼虫体内起到有效的刺激作用，而在雌性成虫体内起到明显的抑制作用[222]。

Jorge Rafael Ronderos 等研究发现，C 型抑咽侧体素改变了长红猎蝽体中血管收缩素与促咽侧体素的协同作用，并加速了长红猎蝽心脏的搏动，抑制了活性离子的运输[218]。

此外，西安大学的何宁佳等[234]基于家蚕脑组织芯片数据、基因表达模式与功能之间的关系，开展了神经肽基因 C 型抑咽侧体素在家蚕不同发育阶段脑组织和中枢神经系统（CNS）的转录表达模式的分析。利用原位杂交技术，该课题组成功地对家蚕脑组织中的 C 型抑咽侧体素进行定位表达并通过与已知的功能基因促前胸腺激素释放激素（prothoracicotropic hormone，PTTH）基因的表达位点进行比较，来验证家蚕 C 型抑咽侧体素的功能。实验结果表明，C 型抑咽侧体素与促前胸腺激素释放激素以相同的转录表达模式协同调控家蚕的变态发育过程。

3.4.6.3 抑咽侧体素的应用

昆虫神经肽类激素的研究是一种新型的农药研究途径。一方面，由于抑咽侧体素在昆虫体内的含量极低，故可以用极其微小的量就能达到抑制保幼激素合成的目的。而保幼激素含量的减少会造成昆虫停止进食、提前蛹化进入成虫阶段，严重的甚至可以因机体激素功能的紊乱而直接造成昆虫的死亡，进而有效地遏制虫害。另一方面，抑咽侧体素的作用对不同的昆虫可以产生不同的效应，不易产生抗性，具有极大的优势。

3.4.7 HrBP1

3.4.7.1 Harpin 蛋白

Harpin 蛋白最早是在梨火疫病菌中发现的，它由 *Hrp* 基因（hypersensitive reaction and pathogenicity gene）表达分泌。Harpin 蛋白由 403 个氨基酸所组成，分子量为 44000。该蛋白不含半胱氨酸，富含甘氨酸，无四级结构，其理化性质十分特殊，对热稳定。当温度升至 100℃，10min 内未能使该蛋白失活；Harpin 蛋白对蛋白酶 K 和紫外线均敏感。Harpin 决定了病原菌对寄主植物的致病性以及非寄主植物的过敏性反应（hypersensitive reaction，HR）。此外，Harpin 通过作用于植物的免疫相关的信号通路，从而诱导植物产生系统性获得性抗性（systemic acquired resistance，SAR）[235]。

Harpin 主要由携带超敏反应和致病（hypersensitive response and pathogenicity，Hrp）系统的革兰氏阴性菌所分泌。例如，欧文菌（*Erwinia Amylovora*）、丁香假单胞菌（*Pseudomonas syringae*）、青枯菌（*ralstonia solanacearum*）和黄单胞菌属（*Xanthomonas*）等[235~239]。Harpin 被确定为 HR 的引发子（HR-elicitor）[235]。由欧文菌和丁香假单胞菌分泌的 Harpin 可引起植物细胞凋亡，产生活性氧[235,236,240~243]。此外，Harpin 可增加植物寄主水杨酸（salicylic acid，SA）含量，诱导 *PR-1* 基因表达上调，促进植物寄主产生 SAR[244,245]。作物生长早期，喷施 Harpin 可提高寄主抗性，有效控制病虫害的发生及危害，提高作物的产量[244,246]。

3.4.7.2 Messenger

在美国，Harpin 被 E-DEN 生物科学公司开发为农业杀菌剂——Messenger，并于 2000 年 4 月获得登记。Messenger 的施用方法多样，可用作叶面喷雾、种子处理、灌溉、温室土壤处理等，其用量极低，用量为 2～11.5g(a.i.)·hm^{-2}，间隔 14d。此外，Messenger 在土壤中易降解，无农药残留，对人及周围环境安全无害，对鸟、鱼、蜜蜂、藻类等环境生物无明确影响。田间试验表明，该农药能够有效地促进作物生长与发育，增加作物生物量的累积，增加净光合效率，激活作物多种途径的防卫反应。例如，在施用 Messenger 后，番茄产量平均增加 10%～22%，化学农药用量减少 71%。

3.4.7.3 HrBP1

HrBP1 是植物细胞壁受体蛋白，最早在拟蓝芥（*Arabidopsis*）上发现，该蛋白可与 Harpin 相结合，从而激活植物寄主产生 SAR[235]。此外，HrBP1 也可调控乙烯（ethylene，ET）、茉莉酸（jasmonic acid，JA）和光合作用通路[235]。蛋白序列分析表明，HrBP1 在各种植物中非常保守[247,248]。

Lee 等[249]在研究 *Pseudomonas syringae* pvphaseolicola 的 harpinpsph 与烟草悬浮细胞的互作时，发现烟草细胞膜上 harpinpsph 存在非蛋白结合位点，并推测该结合位点以受体的形式介导了 harpinpsph 诱导的抗病反应。此外，Lee 等推测 HrBP 与 Harpin 蛋白相互作用，从而激活 MAPK（mitogen activated protein kinase）通道，促使植物产生抗病活性。

宋宝安院士团队采用双向荧光差异凝胶电泳（two dimension difference gel electrophoresis，2D-DIGE）-质谱-生物信息学联用技术发现，毒氟磷可激活烟草 HrBP1，启动植物细胞内的 SA 信号通路，诱导植物产生 SAR，发挥抗烟草花叶病毒的活性[250]。宋宝安院士团队[251]进一步对 HrBP 进行了序列同源性分析、抗原指数分析，为进一步研究 HrBP 在植物抗病激活方面奠定了基础。

3.4.8 瞬时受体电位通道

瞬时受体电位通道（transient receptor potential channels，TRP channels）是位于细胞膜上的一类重要的阳离子通道。TRP 通道对生物体的感官，包括视觉、听觉、嗅觉、温度感知、疼痛感知等，都有一定的作用。该通道最早发现于果蝇的视觉系统中，在光的刺激下可以使细胞内 Ca^{2+} 浓度瞬时升高。目前，根据其氨基酸序列的同源性特征，已发现的 30 多种 TRP 通道（大多数生物体中均已发现 TRP 通道，包括果蝇、蠕虫、哺乳类动物等）主要被分为七个亚家族：TRPC 亚家族、TRPV 亚家族、TRPN 亚家族、TRPA 亚家族、TRPM 亚家族、TRPML 亚家族和 TRPP 亚家族（图 3-94）。经研究发现，TRP 基因参与编译一种阳离子通道，而该通道可供 Ca^{2+} 穿透，从结构上来看，TRP 通道具有六次跨膜螺旋结构域，可形成功能性的同聚或异聚四聚体，N 末端和 C 末端均在胞内，由第五和第六跨膜结构域共同构成通道孔区。TRP 阳离子通道的非选择性，对 Ca^{2+} 的高通透性，使其在信号转导过程中起到非常重要的作用。

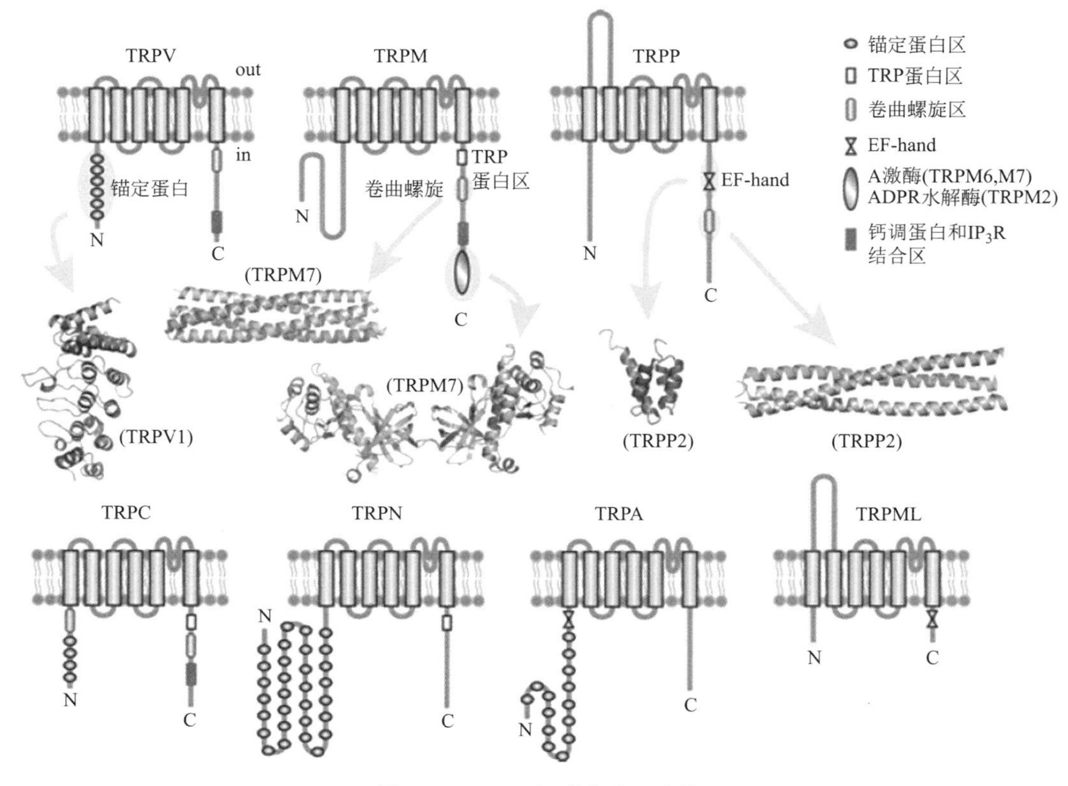

图 3-94　TRP 通道七个亚家族

3.4.8.1　TRPV 亚家族

瞬时受体电位香草酸受体（TRPV）亚家族主要存在于哺乳类动物体中，是目前运用较为广泛的杀虫剂靶标。TRPV 亚家族目前主要包括六个成员，其中，TRPV1～4 通道主要影响温度的感知，TRPV5～6 通道参与肠道、肾脏中 Ca^{2+} 的重吸收（图 3-95）。

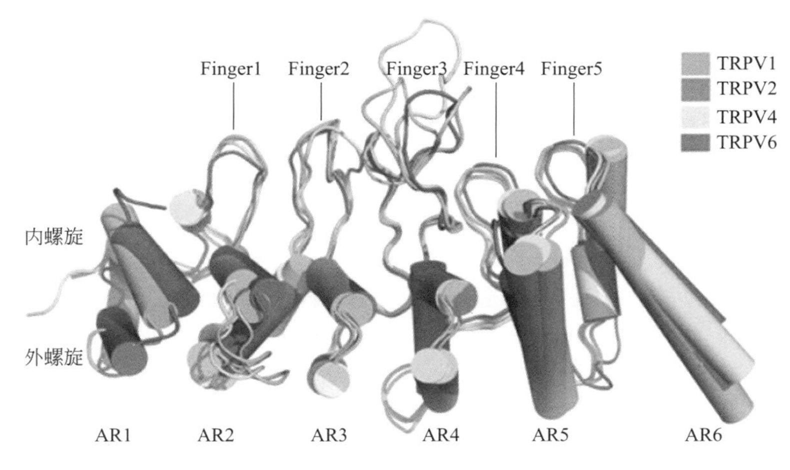

图 3-95　TRPV 亚家族锚蛋白域的单晶结构图

瞬时受体电位香草酸受体亚型 1（TRPV1）主要分布于脊髓背根神经节和三叉神经节的小直径神经元上，是由 838 个氨基酸组成的蛋白质，其通道内有许多蛋白激酶磷酸化位点，是介导疼痛的重要受体。辣椒素受体，作为常用的 TRPV1 通道激活剂、阻断剂，对它本身及其类似物进行结构修饰、改造等，从而激活或阻断 TRPV1 通道是目前的一个研究热点。例如 Peter M. Blumberg[242,243]课题组对原始 TRPV1 拮抗剂进行结构改造，得到活性最优结构 SC0030，研究发现并成功证实其在中国仓鼠卵巢细胞中的作用靶标是 TRP 蛋白；Rami 课题组[244]基于脲桥结构设计合成了化合物 SB-70496（图 3-96），并经研究确认其作用于 TRPV1 靶标。

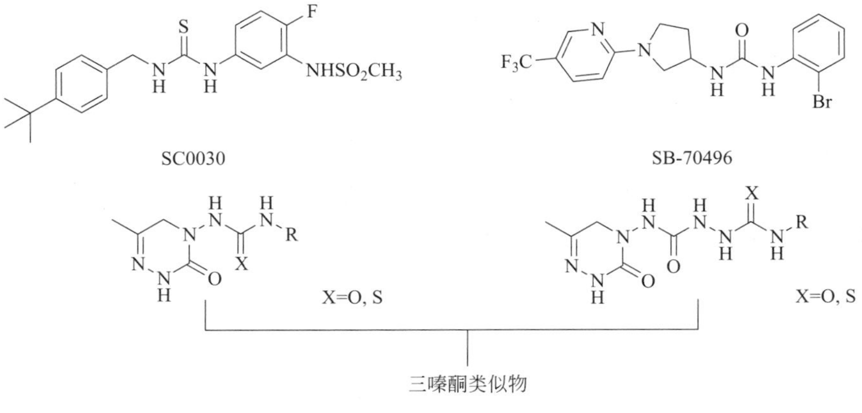

SC0030　　SB-70496

X=O, S　　X=O, S

三嗪酮类似物

图 3-96　SC0030、SB-70496、三嗪酮类似物的结构

在哺乳动物体中，TRPV2 通道主要存在于大脑、脊髓背角以及脾和肺中，经研究发现，大鼠 TRPV2 通道与 TRPV1 通道有 66%的同源性，当温度大于 52℃时该通道可被激

活。TRPV3 通道在皮肤、舌、三叉神经节、脊髓等有一定的表达，与 TRPV2 相类似的是，该通道也可被热温度激活。TRPV4 通道与 TRPV1～3 有所不同，该通道并不能被辣椒素或热所激活，但在胞外渗透压降低时，该通道将会打开。而 TRPV5 与 TRPV6 具有较高的 Ca^{2+} 选择性，被称为“上皮钙通道”，这两种通道主要能够调节上皮组织 Ca^{2+} 的平衡。

吡蚜酮（pymetrozine）和 pyrifluquinazon 是目前现有的新型高效拒食剂（图 3-97），其作用方式独特，对害虫并没有直接的毒性，蜂毒性低，不具“击倒”效果。先正达公司认为，无论是点滴、饲喂或注射试验等方式，只要蚜虫或飞虱一接触到吡蚜酮几乎立即不可逆地产生口针阻塞效应，停止取食，最终导致饥饿致死。利用电穿透图（EPG）技术进行研究发现，吡蚜酮对飞虱并没有产生趋避性和拒食性，也未阻碍其口针刺探取食过程，但对其韧皮部取食有明显的抑制作用，且该抑制作用恢复极为缓慢[245]。以蝗虫作为研究对象进行研究时发现，吡蚜酮影响了蝗虫腿部的神经传导，使其不能弯曲，从而影响取食[246]。Nesterov 等[247]以果蝇作为研究对象进行研究，发现吡蚜酮激活了 TRPV 通道亚家族中的 Nanchung（Nan)(介导声音传递的通道，由 Kim 等发现)[248]和 Inactive（Iav)，对振动神经元（chordotonal neurons，CHNs）产生影响，并导致机械传导受阻，从而最终达到杀虫的效果。

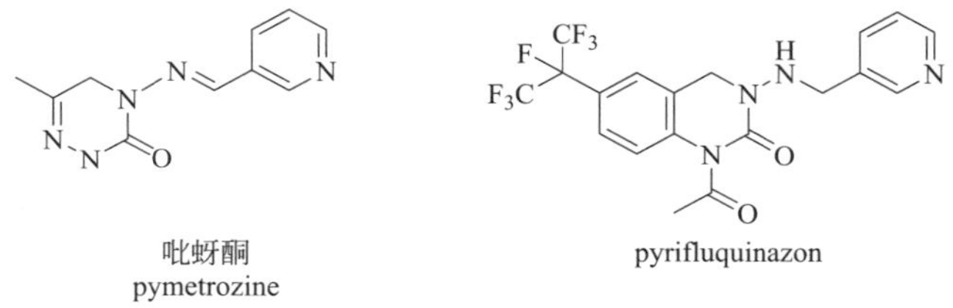

吡蚜酮
pymetrozine

pyrifluquinazon

图 3-97　吡蚜酮和 pyrifluquinazon 的结构

此外，线虫体内也存在 TRPV 通道。经研究发现，在线虫 ASH 伤害性神经元、头感器非伤害性神经元中均能表达 OSM-9，能有效传导有害化学物质、渗透压变化、触觉等信息。此外，在线虫基因组中还发现了 OSM-9 的同源物——OCR（OSM-9/capsaicin receptor-related）1～4，这四个同源物可感受机械力[249]。

3.4.8.2　TRPA 亚家族

TRPA 亚家族中 TRPA1 通道在 17℃以下可被激活，该通道主要能够传导温度与化学信息。经 DRG 研究发现，97%的 TRPA1 与 TRPV1 共表达。

Tatsuhiko Kadowaki 课题组发现几种植物性扁虱驱虫剂能够激活蜂螨体中的 TRPA1 通道，从而能够有效地抑制螨虫进入蜂巢进行繁殖。在研究过程中，该课题组发现，蜂螨的 TRPA1 通道具有蜱螨亚纲的特性，可进一步对 TRP 通道在宿主和寄生虫关系方面有何联系进行研究。

Wang 课题组[250,251]从盲蝽体内成功分析并克隆出了四种 TRPA1 变体，经研究发现，当盲蝽所处环境的温度发生变化、接触到有毒物质时，这四种 TRPA1 变体会被激活。此外，该课题组还在棉铃虫体内发现了一种 TRPA1 变体，其作用与上述四种变体相类似。因此，Wang 课题组认为 TRPA1 通道对温度、有害化学物质信息的传递以及调控这一特点可以作为一种新的防治害虫的方向进行进一步的研究。

Tatsuhiko Kadowaki 课题组[252]在瓦螨中成功分析出一种 TRPA1 变体，经研究确认，其对温度、有害化学物质的传导信息作用，并发现该变体有一定的控制、调控作用。这也进一步验证了研究 TRPA1 通道从而用于防治害虫这一思路的可行性。

3.4.8.3　TRPC 亚家族、TRPM 亚家族、TRPN 亚家族、TRPML 亚家族、TRPP 亚家族

根据序列同源性的特点，哺乳动物 TRPC 亚家族主要被分为四大类。其中，TRPC1 作为一类，该通道是第一个克隆得到的哺乳动物 TRP 通道。经研究发现，TRPC1 通道是一种钙库操控的通道，当胞内钙库被耗竭时，该通道被激活，从未增加胞内 Ca^{2+} 的浓度[253]。TRPC2 作为第二类，主要表达于大鼠犁鼻器的微绒毛和小鼠精子头部，能产生持续的 Ca^{2+} 内流，若 TRPC2 基因缺失，小鼠则不能接收到外界激素的刺激。TRPC3、TRPC6、TRPC7 作为第三类 TRPC 亚家族通道，具有内外双向整流特性的特点，对 Ca^{2+} 的选择性较低[254]。TRPC4、TRPC5 作为第四大类，在络氨酸受体等被激活时，这两类通道会被打开[255]。

此外，Xu 等[256]研究发现了线虫精子中存在一种 TRPC 的同系物——TRP-3（图 3-98）。该蛋白最初主要分布在胞内分泌囊泡中，当精子活化时，TRP-3 将转运到细胞表面，从而介导 Ca^{2+} 内流，影响精子与卵子的膜相互作用并导致受精。因此，若突变 TRP-3，将会导致线虫不育，这一发现可用于后期针对线虫防治的研究。

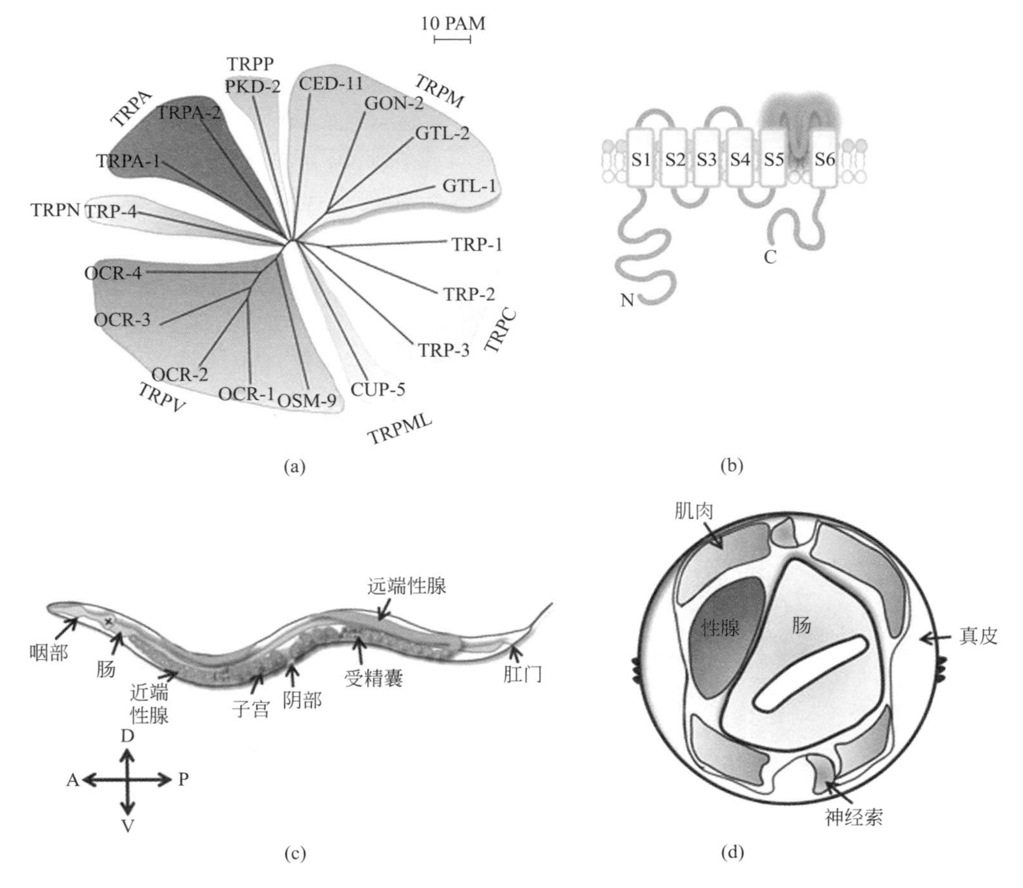

图 3-98　线虫体中 TRP 通道示意图

TRPM 亚家族目前只在哺乳动物中发现，其中全长的 TRPM1 蛋白只在正常的黑色素细胞中表达，经研究发现，黑色素瘤细胞中只存在 TRPM1 的多个 mRNA 片段，且这些片段的下调程度与黑色素瘤病人的肿瘤迁移过程相一致。TRPM2 通道能够导致 Ca^{2+} 内流，经研究发现，该通道可在脑损伤引起的细胞死亡时进行一定的调节作用[257,258]。TRPM3 通道主要作用于肾脏，当胞外渗透压降低时，该通道将会开放进行调节。TRPM4、TRPM5 通道能够调节胞内 Ca^{2+} 的浓度，其中，TRPM5 能够传导甜、苦两种味觉[259,260]。TRPM6、TRPM7 通道能够通透 Ca^{2+}、Mg^{2+}，对于胞内 Mg^{2+} 的平衡起到关键作用[261]。TRPM8 通道能够被低温或薄荷醇激活，从而导致胞外 Ca^{2+} 流入神经元，诱发动作电位。

TRPN 亚家族主要包括能够介导斑马鱼内耳毛细胞机械传导的 dmNOMPC 通道、果蝇的 drNOMPC 通道以及线虫的 ceNOMPC 通道[262]。

TRPML 通道主要能够调节胞饮作用，经研究发现，线虫体内 TRPML 同源物 CUP-5 发生突变时会产生过量的酸性溶酶，可导致细胞的死亡[263]。

TRPP 亚家族中，TRPP1 与 TRPP2 相互作用，才能形成通透 Ca^{2+} 的非选择性阳离子通道，而 TRPP3 可单独作用，且 TRPP3 通道在视网膜发育过程中起到重要的作用[264]。

3.4.9 烟碱乙酰胆碱受体

3.4.9.1 烟碱乙酰胆碱受体的结构与功能

烟碱乙酰胆碱受体（nicotinic acetylcholine receptor，nAChR）是一类结构特殊的五聚配体跨膜蛋白（图 3-99），主要存在于哺乳动物和昆虫的肌肉神经接点、中枢神经系统和周围神经系统中。nAChR 作为一种配体门控离子通道（ligand-gated ion channels，LGICs），属于离子通道受体中半胱氨酸环受体家族，主要负责快速调节由乙酰胆碱（acetylcholine，ACh）引起的离子浓度变化，传递中枢神经上的兴奋性神经递质[265~267]。从结构上来看，nAChR 是由 5 个结构相似的亚基组成的同聚体或异聚体，每个亚基都由独立的基因编码，含有约 500 个氨基酸。其中每个亚基都含有 1 个胞外 N 末端区（含有 6 个明显的结构 loops A～F，可与配体结合），4 个位于 C 末端的跨膜区（T23-TM4）和 1 个 TM3 和 TM4 之间的胞内区[268]。目前，在脊椎动物中已发现 17 个 nAChR 亚基（α1～α10、β1～β4、γ、δ 和 ε），而在昆虫中，已发现数个编码 nAChR 亚基的基因，表明存在多个跨种的昆虫受体类型[269,270]，例如黑腹果蝇（*Drosophila melanogaster*），其 nAChR 拥有 10 个 nAChR 亚基，

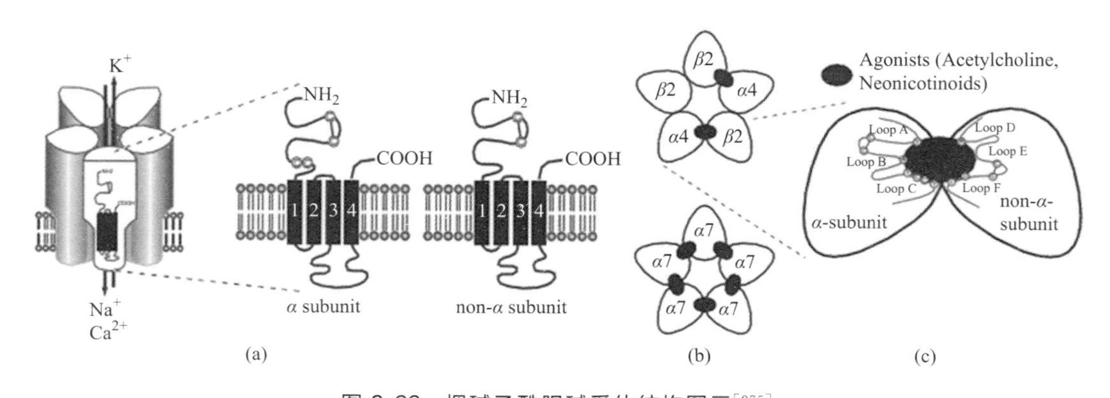

图 3-99 烟碱乙酰胆碱受体结构图示[275]

包括 7 个 Dα1～7 和 3 个 Dβ1～3[271]。类似于疟疾传播媒介冈比亚按蚊（*Anopheles gambiae*），共含有 9 个 Agamα1～α9 和 1 个 Agamβ1。蜜蜂（*Apis mellifera*）的 nAChR 由 11 个亚基组成，包括 9 个 Amelα（α1～α9）和 2 个 Amelβ（β1 和 β2）[272]。

虽然昆虫 nAChR 基因家族的数量要远远小于脊椎动物的 nAChR 基因家族，甚至比某些无脊椎动物，例如秀丽隐杆线虫（*Caenorhabditis elegans*）还要少，但其与脊椎动物的 nAChR 相比，昆虫 nAChR 的多样性、结构功能性以及它的三维结构目前还未研究透彻[273]。此外，由于 nAChR 常伴有其他的膜蛋白，可用于高分辨 X 射线晶体研究的 nAChR 晶体至今还未得到，因此，如今用于 nAChR 和相应激动剂间相互作用研究的主要是乙酰胆碱结合蛋白（acetylcholine bindingprotein，AChBP）的单晶结构以及电鳐乙酰胆碱受体（acetylcholine receptor，AChR）模型[274]

3.4.9.2　作用于烟碱乙酰胆碱受体的商品化杀虫剂

作为一种传递兴奋神经的激动门控离子通道，nAChR 广泛分布于昆虫的中枢神经系统中，是杀虫剂的主要作用靶点。最早被发现的作用于该靶标的杀虫剂是在 1828 年由 Posselt 和 Reimann 在烟草中发现并成功获得的植物源农药（S）-（－）-烟碱［（S）-（－）-nicotine］[276]。

此后，作用于昆虫 nAChR 的杀虫剂应运而生，主要可以分为三大类（图 3-100）。第一类是以活性天然产物沙蚕毒素（nereistoxin）为母体结构进行结构改造、衍生而得到的前体

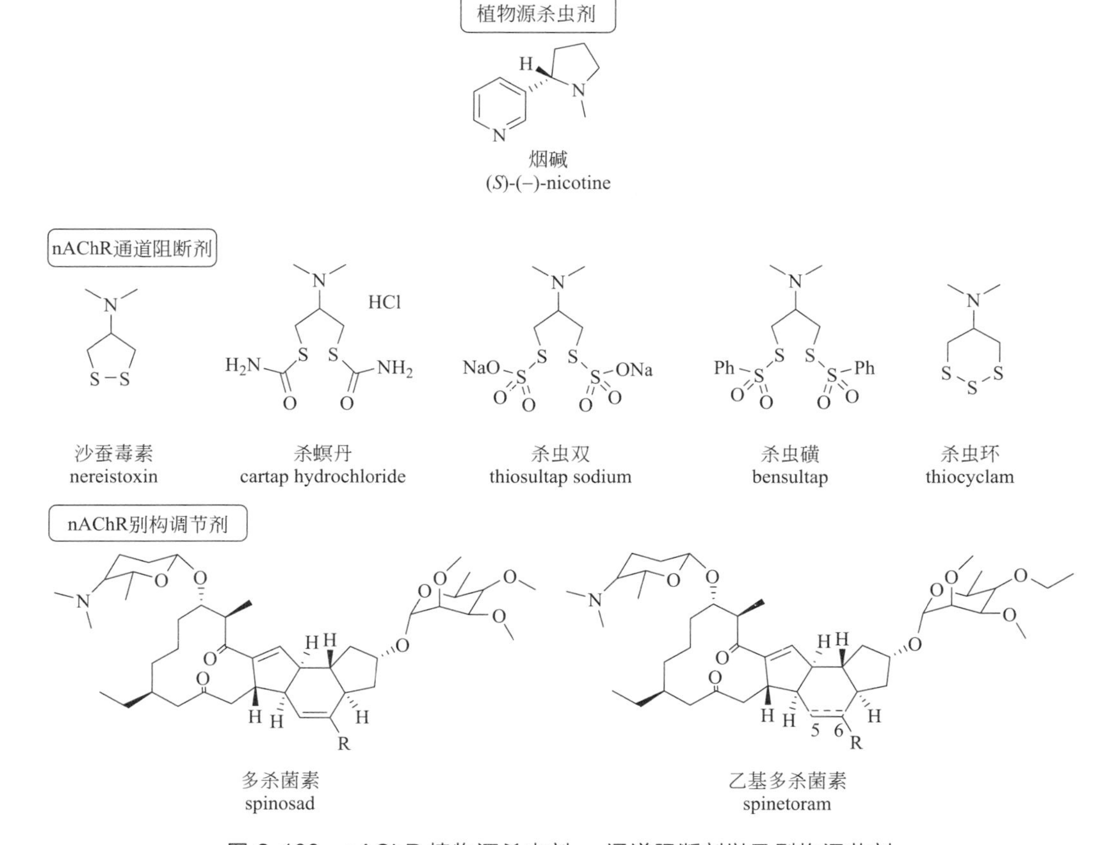

图 3-100　nAChR 植物源杀虫剂、通道阻断剂以及别构调节剂

杀虫剂（pro-insecticide）。该类杀虫剂主要是 nAChR 通道阻断剂，在昆虫体内通过代谢转变为活性成分沙蚕毒素从而发挥杀虫效果[277]，主要代表有杀虫双（thiosultap sodium）、杀虫磺（bensultap）、杀虫环（thiocyclam）、杀螟丹（cartap hydrochloride）等[278～280]。第二类杀虫剂为多沙霉素类，主要包括具有杀虫活性的大环内酯类化合物，如天然生物杀虫剂多杀菌素（spinosad）、半合成的乙基多杀菌素（spinetoram），该类杀虫剂主要是 nAChR 别构调节剂[281]。第三类为新烟碱类杀虫剂，主要代表有吡虫啉、噻虫嗪等商品化杀虫剂，该类杀虫剂是 nAChR 激动剂。

在这三大类杀虫剂中，近年来，新烟碱类杀虫剂（neonicotinoids）的研究最为广泛。新烟碱类杀虫剂具有触杀、胃毒、内吸活性、高效、广谱等特点，选择性作用于昆虫中枢神经系统的突触后膜，作用模极为新颖独特，故不易与其他类型的杀虫剂产生交互抗性，属于一种新型的 nAChR 激动剂。作为一种新型的杀虫剂，新烟碱类杀虫剂对环境友好、靶标转移，残留低，可以用于防治半翅目类昆虫，例如蚜虫、臭虫、粉虱、飞虱等，同时也对一些鞘翅目以及鳞翅目害虫有一定的防效。此外，该类杀虫剂对哺乳动物低毒，经研究发现，部分新烟碱类杀虫剂可以有效地防治地下害虫，也可作为兽药使用[282]。

20 世纪 70 年代早期，壳牌公司筛选得到了一类新型的硝基亚甲基杂环类化合物（SD-031588）。经研究发现，该类化合物对家蝇（*Musca domestica* L.）、豆蚜（*Acyrtosiphum pisum* Harris）表现出一定的杀菌活性。在进一步的结构改造过程中，该公司发现了六元环状结构的硝乙脲噻唑（nithiazine，SKI-71），该化合物的活性最高，但由于其光不稳定性限制了其进一步的商品化发现[283]。20 世纪 80 年代早期，Shinzo Kagabu 等针对光稳定性问题对先导结构进行改造，当一系列取代基引入五元环咪唑烷结构上时，部分衍生物的杀虫活性有所提高，而当结构开环时杀虫活性完全丧失。再进一步研究时，他们发现，当引入 4-氯苯甲基、吡啶-3-甲基时，杀虫活性大大增加。针对硝基亚甲基的光不稳定性，继续进行结构衍生，最终，该研究团队发现硝基亚胺衍生物能够在活性保持的前提下有较优的稳定性，从而开发得到了氯代烟碱杀虫剂——吡虫啉（imidacloprid）[284,285]（图 3-101）。

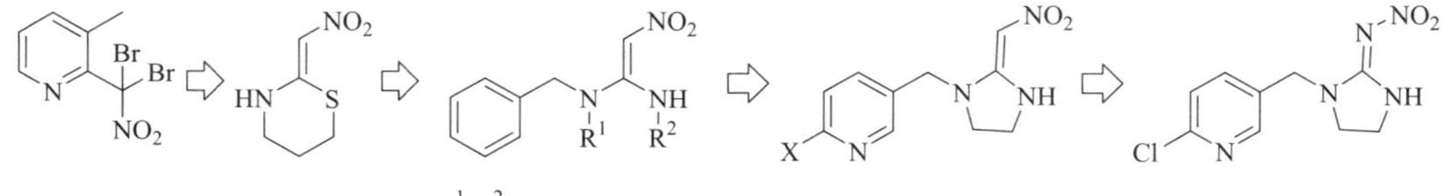

图 3-101　杀虫剂吡虫啉的开发过程及其对黑尾叶蝉的杀虫活性（LC_{90}）

此后，噻虫啉（thiacloprid）、噻虫嗪（thiamethoxam）、烯啶虫胺（nitenpyram）、啶虫脒（acetamiprid）、噻虫胺（clothianidian）、呋虫胺（dinotefuran）等商品化杀虫剂陆陆续续地登上了历史的舞台（图 3-102）。

3.4.9.3　新烟碱类杀虫剂的研究进展

除了上述已经上市的商品化杀虫剂外，近年来，新烟碱类杀虫剂的研究也有许多重大成果。通过将活性药效团拼接而得到的氯噻啉（imidaclothiz）、JT-L001[286]和戊吡虫胍（guadipyr）都具有较好的杀虫活性（图 3-103）。其中氯噻啉已经由南通江山农药化工股份有限公司在中国上市销售，主要用于防治茶绿叶蝉（*Jacobiasca formosana*）以及蚜虫[287]。

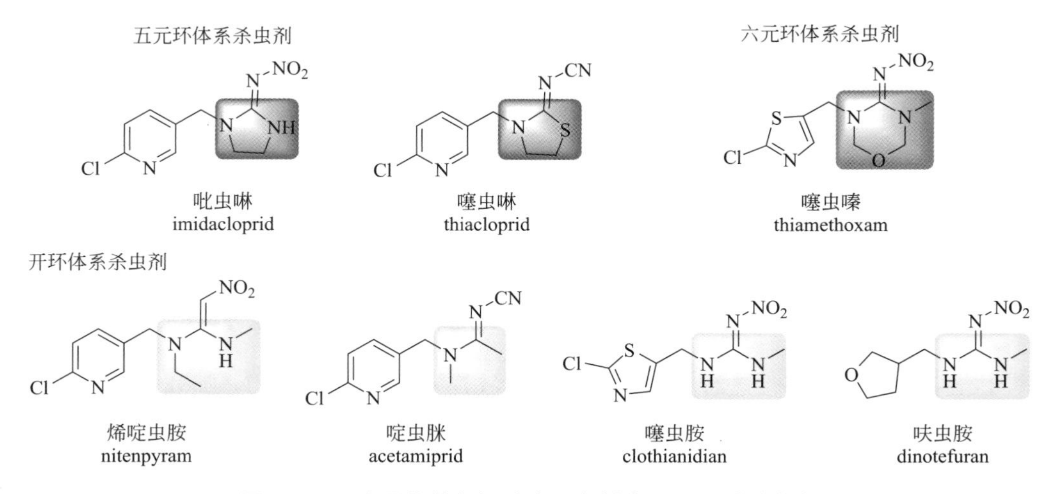

图 3-102　商品化的新烟碱类杀虫剂（nAChR 激动剂）

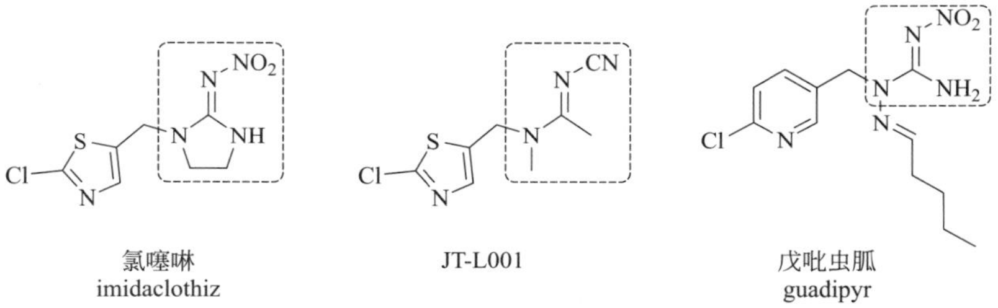

氯噻啉
imidaclothiz
JT-L001
戊吡虫胍
guadipyr

图 3-103　氯噻啉、 JT-L001、 戊吡虫胍的结构

通过计算机辅助分子设计，Tomizawa 教授等[288~291]设计合成了一系列含 *N*-乙酰亚氨基结构的 nAChR 激动剂（图 3-104）。研究结果表明，当 R^1 为氢键受体或三氟甲基时，该

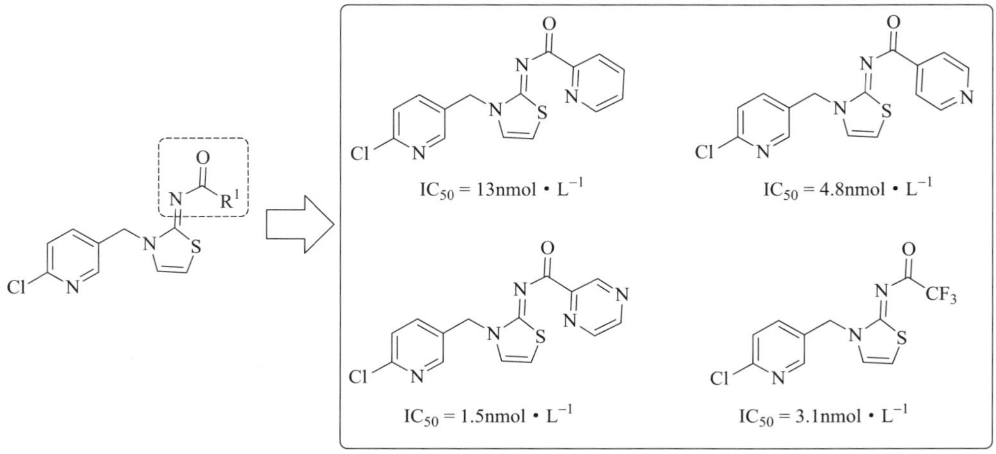

IC_{50} = 13nmol・L^{-1}　　IC_{50} = 4.8nmol・L^{-1}

IC_{50} = 1.5nmol・L^{-1}　　IC_{50} = 3.1nmol・L^{-1}

图 3-104　含有 *N*-乙酰亚氨基药效团的 nAChR 激动剂

类化合物与 nAChR 的结合能力较好，显示出很好的杀虫活性。

基于新烟碱杀虫剂的水桥作用模式，Kagabu 教授课题组[292]合成了一系列 *N*-取代 2-硝基亚氨基咪唑啉类似物（图 3-105），经研究发现，其中含有 3-氟正丙基或 3-羰基正丁基时，该类化合物表现出较好的杀虫活性。

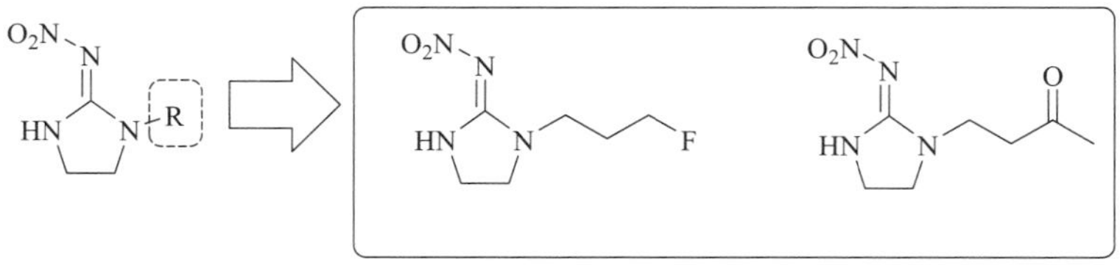

图 3-105 基于水桥作用模式设计合成的 *N*-取代 2-硝基亚氨基咪唑啉类似物

基于化学结构的特异性进行分子设计，李忠教授等[293,294]以 NTN32692 为先导化合物，通过引入稠杂环或者大位阻基团将先导化合物的双键构型控制为顺式，合成了一系列具有高活性的新型顺硝基类新烟碱化合物（图 3-106）。在这一研究过程中，陆续发现哌虫啶 (paichongding)[295]、环氧虫啶（cycloxaprid）[296]。

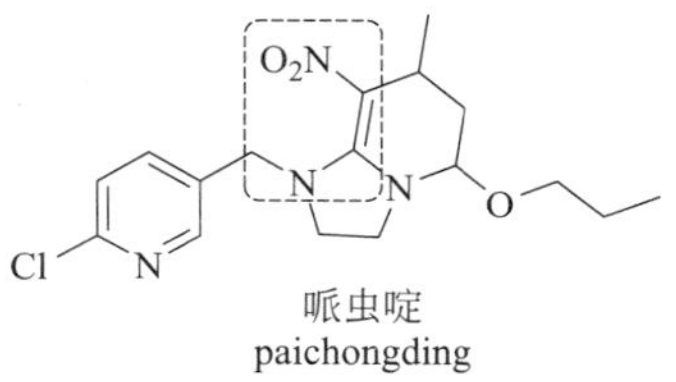

哌虫啶
paichongding

环氧虫啶
cycloxaprid

图 3-106 顺式硝基烯类新烟碱化合物

陶氏益农的研究人员以亚砜亚胺为母体结构（图 3-107），合成了一系列含有不同取代基的新型化合物[297]。其中氟啶虫胺腈（sulfoxaflor）上市销售，主要用于防治蚜虫、水稻褐飞虱等害虫。此外，陶氏公司还通过开环策略，设计合成了一系列的开环新烟碱化合物（图 3-108），并通过在桥链上引入甲基，得到对蚜虫、飞虱等高活性的化合物。

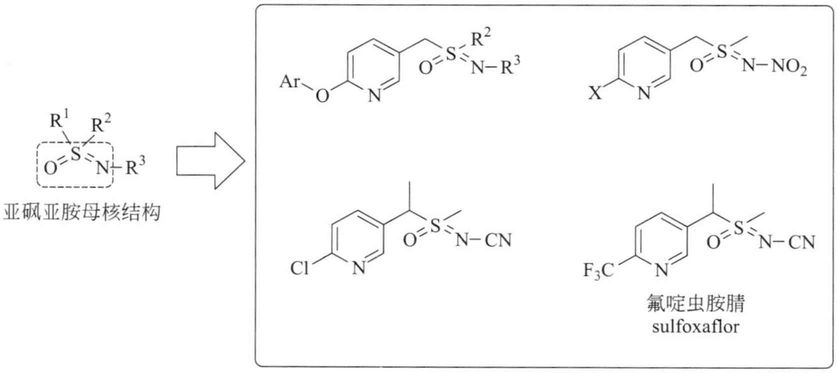

亚砜亚胺母核结构

氟啶虫胺腈
sulfoxaflor

图 3-107 亚砜亚胺类新烟碱化合物

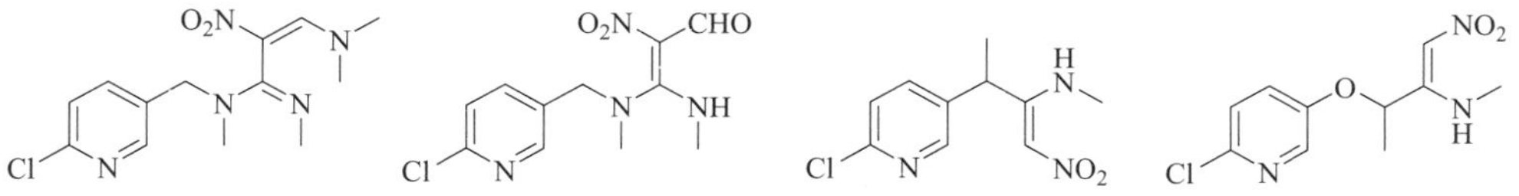

图 3-108　开环新烟碱化合物

基于天然产物中的特殊结构，Zeneca 教授等以百部叶碱的“笼状结构”（cage）为主要药效团（图 3-109），设计合成了结构较为简单的一系列化合物，并经研究发现，该系列化合物对昆虫 nAChR 具有较强的激动活性[298~301]。拜耳公司研究人员受百部叶碱“头部基团”（head group）的启发（图 3-110），以丁烯酸内酯作为生物活性骨架进行结构衍生，合成了一系列的化合物[302,303]，经研究发现，其中部分化合物对蚜虫、叶蝉、粉虱等刺吸式害虫都具有很好的杀虫活性。

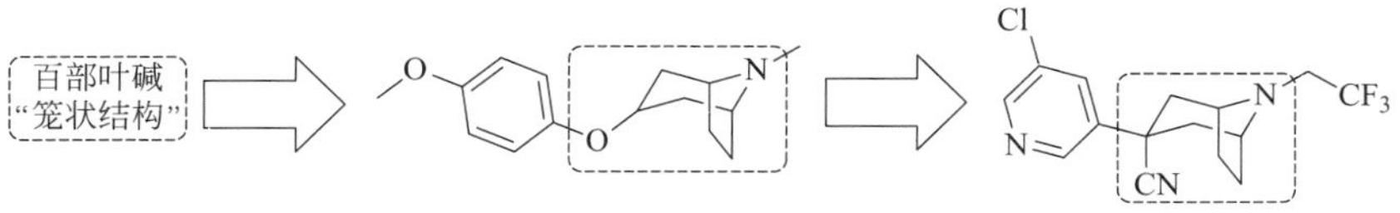

图 3-109　含笼状结构的新烟碱化合物

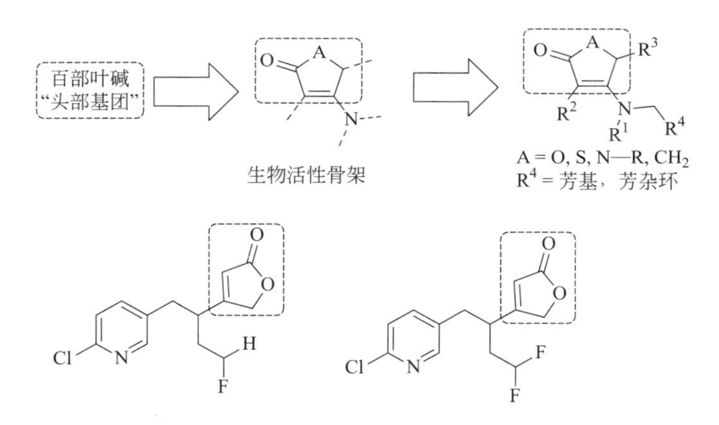

图 3-110　丁烯酸内酯类新烟碱化合物

3.4.9.4　新烟碱杀虫剂机制研究

作为昆虫 nAChR 的激动剂，新烟碱类杀虫剂与昆虫 nAChR 之间必然存在一种或者多种的相互作用机制。最早在 1995 年，Yamamoto 教授等认为，新烟碱化合物中氯吡啶上的 N 原子可与 nAChR 上的氢键供体形成氢键，而咪唑啉上的 N1 原子带有部分正电荷，可与 nAChR 的负电中心以静电作用结合[304]。1997 年，Kagabu 教授等提出新烟碱中的药效团硝基以及氰基中的氧原子和氮原子在化合物分子和 nAChR 结合时也可与 nAChR 形成氢键作用[284]。2000 年，Casida 教授等[305]通过将得到的单晶与计算得出的新烟碱类化合物与 nAChR 的亲和能力相结合进行研究，发现硝基可与 nAChR 氨基酸残基之间发生相互作用，此外，研究也表明，吡啶环上的 N 原子和 nAChR 可形成氢键，而这两种相互作用决定着化合物的杀虫活性。在进一步的研究过程中，Casida 等成功合成出了 N1 原子被碳原子所取代的两个化合物，并研究发现这两个化合物同样对 nAChR 表现出了很高的亲和性，以此来进一步验证了其所提出的作用机制，并且否定了之前 Yamamoto 教授和 Kagabu 教授所提出的假设[306]。

以上三种机制并没有考虑到受体的特异性问题，只是单纯地根据新烟碱药效基团的数据进行了推测假说，因此，这三种假说存在一定的片面性。此后，在进一步研究过程中，Casida 教授等又提出了一类作用方式的假说（图 3-111），他们认为新烟碱化合物中药效团和杂环部分的共面性增强了药效团的电负性，使其选择性地与 nAChR 中的赖氨酸（Lys）或者精氨酸（Arg）发生相互作用，而咪唑啉上的 N1 原子则与芳香残基以 p-π 模式相互作用[307]；Sattelle 教授等提出，新烟碱化合物中硝基的 N 原子受正电荷残基的诱导作用显正电性，且咪唑啉和 loop B 中的色氨酸（Trp）残基发生阳离子-π 作用，而硝基在和 loop D 中的谷氨酰胺（Gln）残基发生作用的同时，和 loop D 中的酪氨酸（Thr77）残基形成氢键，进一步增强了新烟碱配体和受体之间的作用（图 3-112）[275,308~310]。

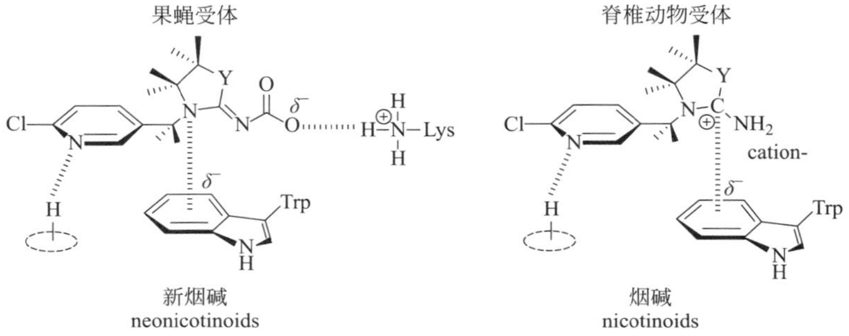

图 3-111 Casida 等提出的新烟碱化合物与昆虫以及脊椎动物烟碱乙酰胆碱受体间的相互作用[307]

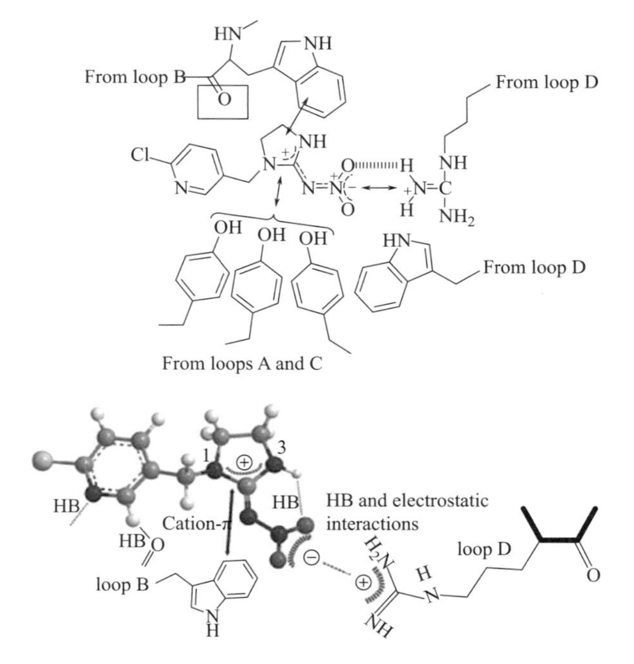

图 3-112 Sattelle 等提出的吡虫啉与昆虫烟碱乙酰胆碱受体间的作用模式[275,310]

华东理工大学钱旭红院士等通过优化化合物几何构型、电荷转移建立了一个新型的作用模型（图 3-113），他们认为新烟碱化合物的硝基和受体氨基酸正电荷侧链所形成的氢键与共轭部分和色氨酸芳香残基所形成的 π-π 堆积作用之间的协同作用在配体与受体的结合中起到了重要的作用，而在这一模型中可以看到，硝基和精氨酸或赖氨酸之间形成的氢键强度主要受胍或脒的共面性及共轭性的影响，而共轭性主要受五元环的氮原子的影响。共轭部分与色氨酸之间 π-π 相互作用强度主要受化合物和精氨酸或赖氨酸之间作用强弱的影响[311]。

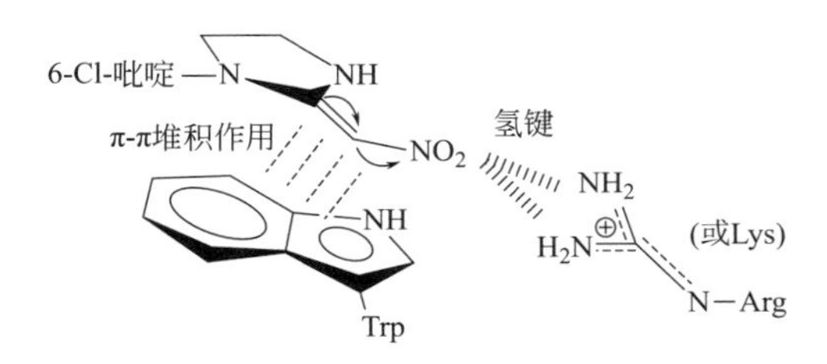

图 3-113　钱旭红等提出的 π-π 堆积作用模式[311]

2009 年，Kagabu 教授等基于海蜗牛（*Aplysia californica*）乙酰胆碱结合蛋白、淡水蜗牛（*Lymnaea stagnalis*）乙酰胆碱结合蛋白这两种蛋白与新烟碱杀虫剂的复合物晶体结构进行作用机制的进一步研究，他们认为，吡虫啉（IMI）或噻虫胺（CLO）和 nAChR 结合的过程中，水分子起到了衔接桥的作用（图 3-114）。吡虫啉或噻虫胺中的 N 原子首先和水分子形成氢键，再由水分子和 loop E 中异亮氨酸的氮氢和羰基氧原子形成氢键。与此同时，两个化合物中的氯原子则可与 loop E 中的异亮氨酸形成范德华键[312]。

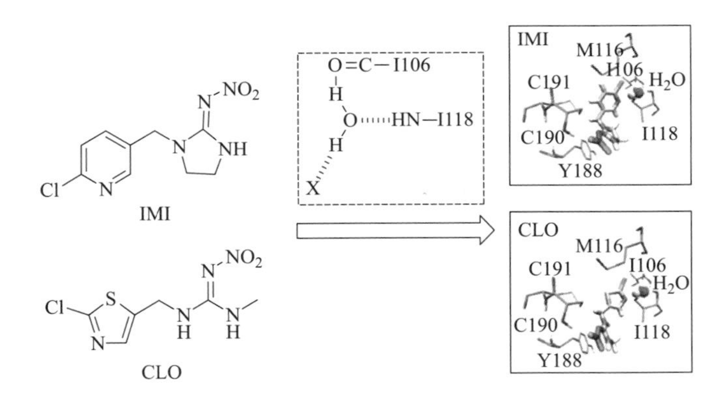

图 3-114　Kagabu 等提出的水桥作用模式[312]

3.4.9.5　新烟碱杀虫剂的理化性质

新烟碱类杀虫剂具有独特的物理化学性质，首先，其光稳定性较优，能够有效地在田间发挥药效。其次，其 $\lg P_{ow}$（化合物的正辛醇-水分配系数）较小，因此，在使用该类杀虫剂时施药方法多样，化合物内吸性好，在植物中的传导也比较快。Briggs 等研究表明，新烟碱类化合物具有较高的脂溶性，能够较好地被植物的根部吸收并转移，从而更加适于作为种子处理剂来使用。

3.4.9.6　新烟碱杀虫剂的选择性

近年来，在新型杀虫剂的开发过程中，化合物的选择性越来越多地引起人们的注意，尤其是在杀虫剂对环境以及人类安全方面。如表3-5所示，新烟碱类杀虫剂作为一种低毒、低残留的新型杀虫剂，它有较好的选择性，并在环境相容性、安全性方面都有较好的表现。

表 3-5 nAChR 激动剂和 AChE 抑制剂的选择性毒性（LD_{50}值）

杀虫剂	作用靶标	老鼠经口毒性 /mg·kg^{-1}	蚜虫经口毒性 /mg·kg^{-1}	选择性（老鼠/蚜虫）
(S)-(−)-烟碱	nAChR	50	>5	<10
吡虫啉	nAChR	450	0.36	1300
噻虫胺	nAChR	>5000	0.14	36000
抗蚜威	AChE	150	0.50	300
灭多松	AChE	70	0.98	71

新烟碱类杀虫剂选择性地作用于昆虫的nAChR，而昆虫与哺乳动物的nAChR有较大的区别，尤其是在结合配体的氨基酸残基方面，区别十分明显，因此，实现了新烟碱类杀虫剂较优的选择性这一特性。以具体实例来说，哺乳动物的nAChR中没有能与吡虫啉相结合的氨基酸残基阳离子，吡虫啉与哺乳动物神经元$\alpha4\beta2$-nAChR的结合常数十分低，是吡虫啉与昆虫nAChR相结合时的结合常数的1/1000。更有报道称，在微摩尔的浓度下，吡虫啉不能与哺乳动物的nAChR相结合，其亲和力几乎不存在[313]。

3.4.9.7 新烟碱杀虫剂的抗性

新烟碱类杀虫剂为全能型杀虫剂，可用于保护多种农作物，能够有效地防治多种害虫，包括刺吸式、鞘翅目类、潜叶式类昆虫以及一些对其他杀虫剂产生抗性的害虫，例如蚜虫、粉虱、飞虱、叶蝉、潜叶虫、马铃薯甲虫以及稻水象虫等。新烟碱类杀虫剂除了可以用于防治作物害虫外，还能用于治理城市卫生害虫，例如蚂蚁、蟑螂、苍蝇、草坪害虫白蛴螬等。此外，某些新烟碱类化合物还可用于防治猫、狗身上的跳蚤（*Ctenocephalides felis* 和 *C. canis*）[282]。

由于新烟碱类杀虫剂作用靶标的特殊性，所以表现出明显的选择性，不易与其他的杀虫剂产生交互抗性。但由于近几十年来的不断使用，目前已有多种害虫对吡虫啉产生了抗性，例如烟粉虱、白粉虱、小菜蛾、棉蚜、家蝇、德国小蠊、黑腹果蝇等[314,315]。

总的来说，害虫对新烟碱类杀虫剂产生抗性主要涉及三大酶系：羧酸酯酶（carboxleseterases，CarEs）、谷胱甘肽*S*-转移酶（glutatllione *S*-transferases，GSTs）和依赖细胞色素P450的单加氧酶（cytochrome P450-dependent monooxygenases，P450s）。Rauch等测定了不同烟粉虱品系对乙酸-α-萘酯和丁酸-α-萘酯的CarEs活性并验证了抗性烟粉虱中P450对吡虫啉的解毒作用[314]。Daborn等以对吡虫啉表现出8倍抗性的果蝇突变体为研究对象进行研究，发现P450活性的增高与P450基因*Cyp6g1*的过表达相关。Pedra等在Daborn等研究的基础上进一步研究，证明了P450基因*Cyp6g1*的过表达是过转录造成的。由此可以看出，新烟碱类杀虫剂的抗性与P450的活性增高有一定的联系[316]。

3.4.10 电压门控钠离子通道

3.4.10.1 概述

离子通道是生物膜上各种无机离子跨膜被动运输的通道，在昆虫和其他生物的神经细胞膜上离子通道是由通道蛋白形成的跨膜小孔，是具有高度选择性的亲水性通道。离子通道的开放和关闭，称为门控。根据门控机制的不同，离子通道分为三大类：第一类是电压门控性离子通道，该离子通道的开启和关闭主要是由于膜电位的变化，以最容易通过的离子命名，如钠离子（Na^+）通道、钾离子（K^+）通道、钙离子（Ca^+）通道和氯离子（Cl^-）通道是四种主要类型；第二类是配体门控性离子通道，该离子通道是通过递质与通道蛋白质受体分子结合位点结合而开启的，以递质受体命名，如乙酰胆碱受体（nAChR）通道、氨基丁酸受体（GABA）通道、谷氨酸受体通道等；第三类是机械门控性离子通道，其通过感应细胞膜张力变化而改变离子通道的开放概率，从而实现机械信号从胞外向胞内传导。

电压门控钠离子通道在神经元动作电位的起始和传导中起着关键作用[317]，也是多种杀虫剂的作用靶标，包括 DDT[318]、拟除虫菊酯类杀虫剂[319]、钠离子通道阻断剂[4]、羧氨基脲类杀虫剂等。电压门控钠离子通道主要有三个状态：关闭状态、开启状态和失活状态，其中 DDT 和拟除虫菊酯类杀虫剂主要结合于通道开启状态时，并且使通道稳定在开启状态，延长了钠离子通道的开放时间，引起膜去极化，导致神经系统的重复后放[318,319]。而钠离子通道阻断剂则主要作用于失活状态的钠离子通道，不可逆地阻断钠离子通道，破坏神经冲动传导，最终导致靶标害虫的死亡[320]。

3.4.10.2　电压门控钠离子通道的结构与功能

电压门控钠离子通道是一种跨膜蛋白，是一种多亚基的复合体，由一个 α 亚基和一个或数个小的 β 亚基构成（见图 3-115）[321]。在哺乳动物中，已经确定了 9 个钠离子通道 α 亚基（Nav1.1～Nav1.9），每个亚基的组织分布和生物学特征都各不相同。α 亚基可在哺乳动物细胞系中单独表达而产生钠离子内流，在电压门控钠离子通道中起主要作用。而 β 亚基主要是用于调节钠离子通道门控和/或蛋白的表达，起着一定的辅助调节功能。电压门控钠离子

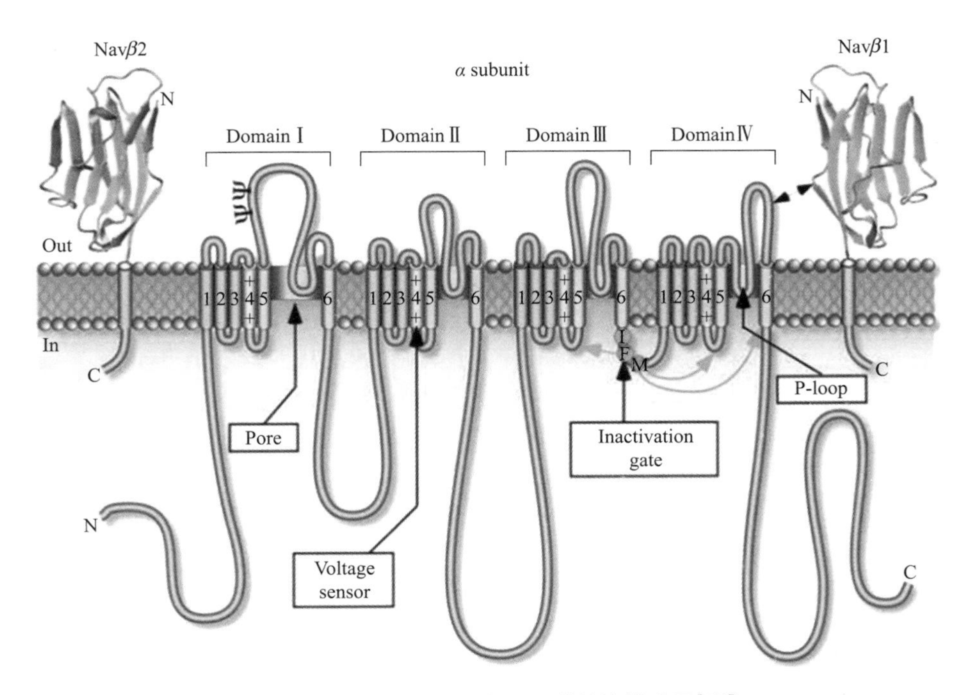

图 3-115　电压门控钠离子通道结构模式图[322]

通道 α 亚基由 4 个同源结构域（DⅠ～DⅣ）构成，每个结构域都有 6 个跨膜螺旋片段（S1～S6）。在每个结构域中，S4 螺旋最为保守，是通道电压门控传感器，该区域每 3 个氨基酸中包含 1 个带正电的氨基酸（精氨酸或赖氨酸）。S5、S6 以及 S5 和 S6 之间孔连接环（P 环）参与孔隙的形成，4 个同源结构域的 P 环形成通道外孔，该区域的选择滤过作用，决定离子的选择性。在同源结构域Ⅲ和Ⅳ之间有 3 个疏水氨基酸（IFM 控件）组成的高度保守结构，IFM 控件与离子通道的快速失活有关。

3.4.10.3 电压门控钠离子通道与神经毒素

电压门控钠离子通道是可兴奋组织的关键成分，是多种神经毒素的主要作用靶标。根据它们的结合位点和生理效应，这些神经毒素可分为 9 类（见表 3-6）[323]。表 3-6 中所列的毒素又可归为两大类[324]，一类毒素主要的生理效应是抑制离子的运输，包括结合位点 1 和结合位点 9；另一类毒素的主要生理效应是改变钠离子通道的门控性质，使通道更容易打开或抑制通道的失活。

表 3-6 神经毒素与电压门控离子通道的结合位点

结合位点	毒素	生理效应
1	河豚毒素（tetrodotoxin）、海藻毒素（saxitoxin）	抑制运输
2	蛙毒（batrachotoxin）、藜芦碱（veratridine）、乌头碱（aconitine）、木黎芦毒素（grayanotoxin）	引发持续激活
3	α-蝎毒（α-scorpion toxins）、海葵多肽类神经毒素（sea anemone neurotoxin）	抑制失活 促进持续激活
4	β-蝎毒（β-scorpion toxins）	改变激活的电压依赖性
5	短裸甲藻毒素（brevetoxins）、雪卡毒素（ciguatoxins）	改变激活的电压依赖性
6	芋螺毒素（conotoxins）	抑制失活
7	DDT、拟除虫菊酯（pyrethroid）	改变激活的速度和电压依赖性
8	织锦芋螺毒素（conus）	抑制失活
9	麻醉剂、抗惊厥剂、抗抑郁药	抑制运输

3.4.10.4 电压门控钠离子通道与杀虫剂

在表 3-6 所属的 9 类神经毒素结合位点中，目前有 3 个位点是已发现的电压门控钠离子通道抑制杀虫剂的靶标位点（图 3-116），分别为作用于结合位点 7 的 DDT 和拟除虫菊酯类，作用于结合位点 9 的吡唑类和二苯基甲醇哌啶类，和作用于结合位点 2 的藜芦碱类和 *N*-烷基酰胺类[325]。虽然目前商品化的电压门控钠离子通道抑制剂的结构类型较多，但近年来的发展主要局限于拟除虫菊酯类杀虫剂，其他结构类型的品种较少。并且，有机氯杀虫剂 DDT 由于残留期长，会对环境造成长期危害，因此，世界广大地区基本上已经禁止使用 DDT，仅在疟疾严重的地区被有限使用。目前该类杀虫剂新型化合物的研究开发基本处于停顿状态[325]。

拟除虫菊酯类杀虫剂是根据天然的除虫菊酯的结构进行改造的产物，是一类化学合成的神经毒素，其安全性高、效果好，目前是农药市场上最重要的电压门控钠离子通道抑制类杀虫剂。拟除虫菊酯主要的作用机理是它们可以阻止钠离子的运输、加强钠离子的失活或延长钠离子激活的时间，诱导产生拖尾电流。

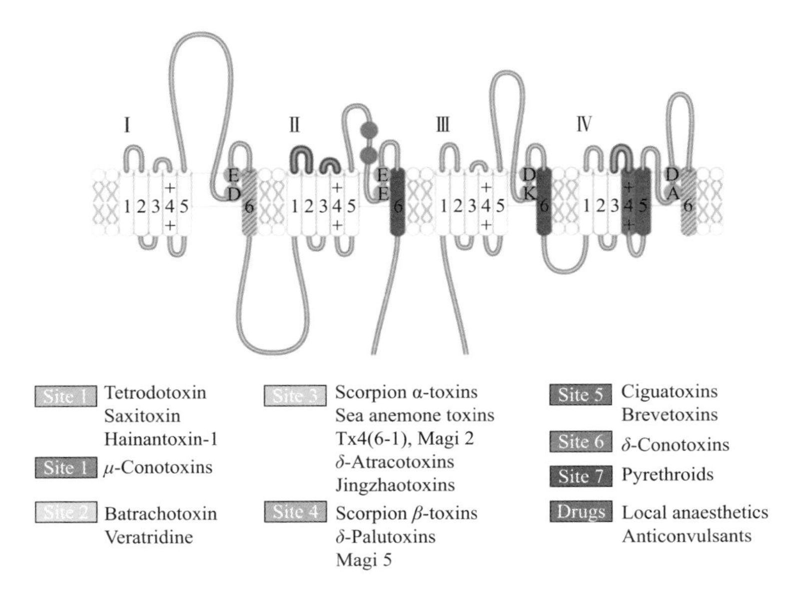

图 3-116　钠离子通道上神经毒素受体位点的位置[322]

1947 年，La Forge 等合成了第一个拟除虫菊酯类杀虫剂丙烯菊酯，但由于其具有光不稳定性，只能用于室内害虫的防治。1973 年，英国的 Elliott 通过对酸部分的改造，成功合成了具有光稳定性的氯菊酯和溴氰菊酯[325]。我国对拟除虫菊酯类杀虫剂的开发始于 20 世纪 70 年代，江苏省农药研究所程暄生研究员等率先进行拟除虫菊酯的研究，合成了我国第一个拟除虫生产品种胺菊酯[326]。随后国内相继开发出氯氰菊酯、高效氯氰菊酯、氰戊菊酯、溴氰菊酯和高效氯氟氰菊酯等产品（图 3-117）[327]。

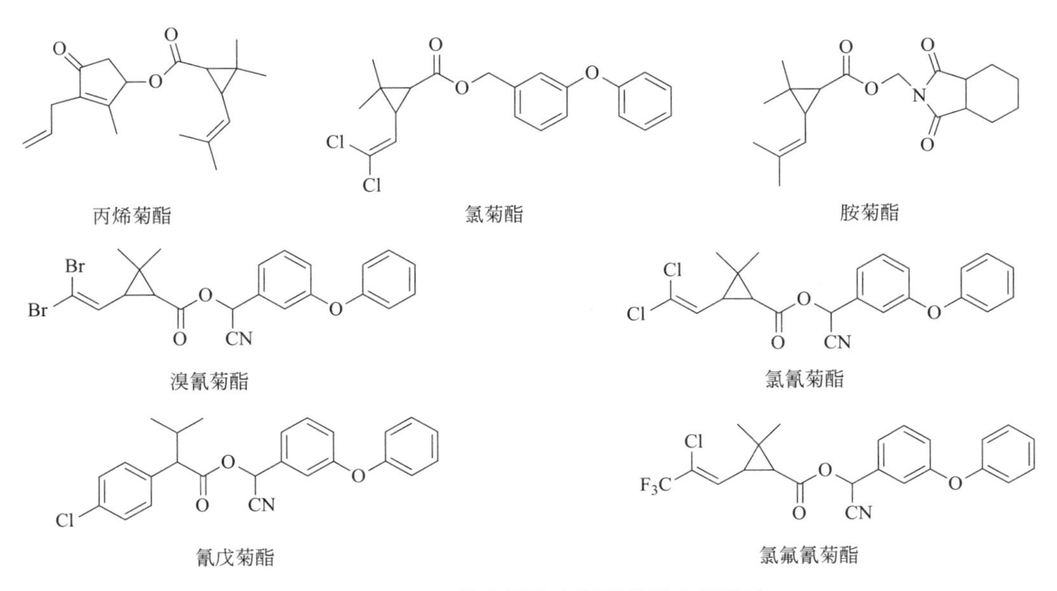

图 3-117　已开发的拟除虫菊酯类杀虫剂品种

根据国内外的研究进展，国家南方农药创制中心自主设计并合成了一系列新型肟醚非酯拟除虫菊酯类杀虫剂，包括硫肟醚（实验代号 HNPC-A9908）[328]、硫氟肟醚（实验代号 HNPC-A2005）[329]等（图 3-118）。非酯拟除虫菊酯类杀虫剂的开发摆脱了拟除虫菊酯都属于羧酸酯类化合物的传统观点，扩大了拟除虫菊酯的化学结构范围，并且与羧酸酯型拟除虫菊酯相比，对鱼毒性较低。

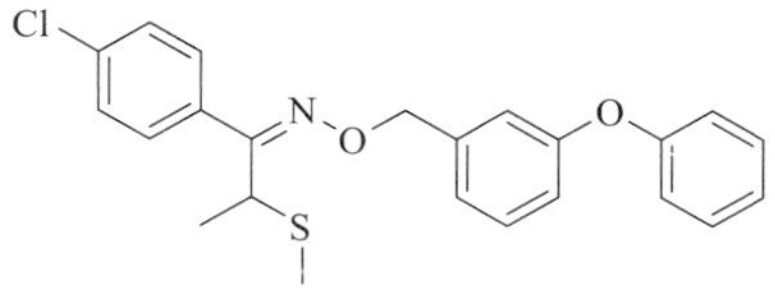

HNPC-A9908 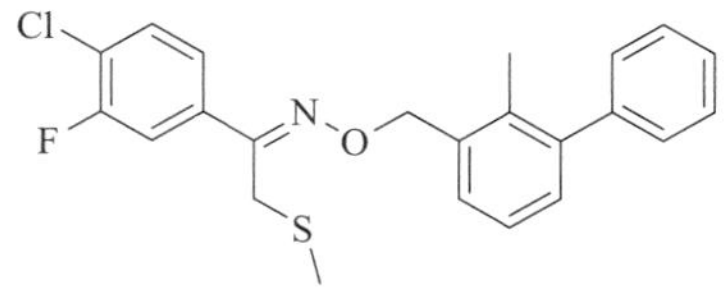　　HNPC-A2005

图 3-118　HNPC-A9908 与 HNPC-A2005 的结构

江苏扬农自主开发了高效低毒的新一代除虫菊酯类杀虫剂氯氟醚菊酯（图 3-119），并于 2008 年获得原药登记[330]。氯氟醚菊酯是一种具有光学异构体的含氟类杀虫剂，在酸的部分采用高活性的右旋反式体酸。从环保角度来看，光学异构体可以减少用药量，降低对非靶标生物的毒性，从而提高安全性。

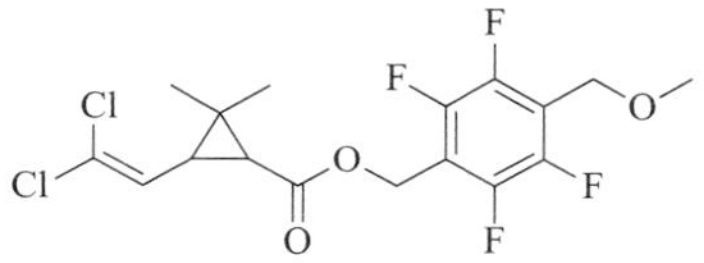

氯氟醚菊酯

图 3-119　氯氟醚菊酯的结构

拟除虫菊酯发展至今，已经有许多品种，先后经历了从对光不稳定到光稳定，从羧酸酯结构到非酯类结构，以及引入含卤素、氰基的基团或含杂环结构等一系列的发展。但是由于拟除虫菊酯类杀虫剂对鱼类存在高毒性，其广泛使用所引起的环境问题以及昆虫对其产生的抗性问题仍然制约其发展。并且绝大多数拟除虫菊酯类杀虫剂存在光学异构体，它们的生物活性存在较大差异。因此，解决拟除虫菊酯对电压门控钠离子通道的抗性问题，拆分光学活性的拟除虫菊酯类杀虫剂，开发低毒、高效、环境友好型拟除虫菊酯类产品，是人们针对电压门控钠离子通道创制农药的新方向。

3.4.11　鱼尼丁受体

3.4.11.1　鱼尼丁及其系列物

鱼尼丁（ryanodine）是从南美的大风子科（Ryania speciosa）植物的根和茎中分离提取出来的一种天然植物碱[1]。1946 年，Rogers 等报道该类物质具有杀虫活性，尤其是对鳞翅目和半翅目害虫有效[331,332]。1985 年，Waterhouse 等又提取到两类鱼尼丁系列物：脱氢鱼尼丁和 18-羟基鱼尼丁（图 3-120）[333,334]。但是，鱼尼丁及其系列物由于对人畜的毒性大而在应用上受到限制。为此，研究人员对鱼尼丁及其系列物进行了大量的研究[335,336]，希望通过结构的衍生和修饰以发现对昆虫高效而对哺乳动物低毒的化合物。

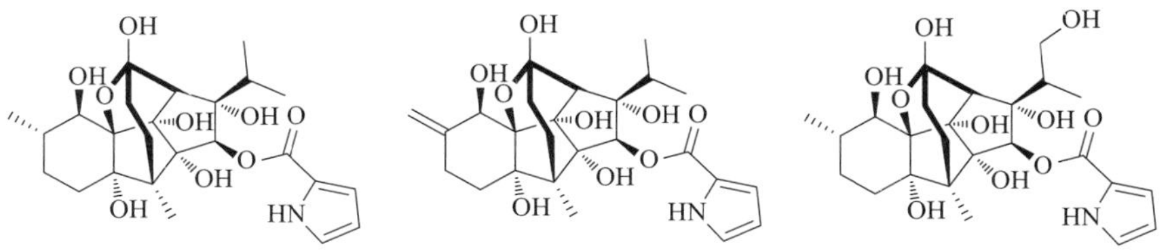

鱼尼丁　　脱氢鱼尼丁　　18-羟基鱼尼丁

图 3-120　鱼尼丁及其系列物的结构

3.4.11.2　鱼尼丁受体的概述

鱼尼丁受体（ryanodine receptors，RyRs）是一类能够在细胞内控制钙离子释放的钙离子配体门控通道。因能与天然植物碱鱼尼丁（ryanodine）发生高亲和性的结合，故得名为鱼尼丁受体[337]。鱼尼丁受体大体上由 5000 个氨基酸组成，在所有的离子通道分子中是最大的，约为（2～2.5）$\times 10^6$ [338,339]。Radermacher 和 Serysheva 等通过冷冻电子显微镜技术鉴别出鱼尼丁受体是一类复杂的四聚体分子[340,341]。

哺乳动物的鱼尼丁受体分为三种不同的类型，分别是 RyR1、RyR2 和 RyR3，每个受体都是其独立的基因表达[342～344]，氨基酸水平的同源性约为 65%。哺乳动物的三种亚型的分布与组织密不可分，RyR1 和 RyR2 分别是骨骼肌和心肌里主要的钙离子释放通道，而 RyR3 主要存在于隔膜、平滑肌和脑部。但是这三种亚型在许多组织中有着不同水平的基因表达，RyR3 的数量相对较少。与哺乳动物相比，鸟类、两栖动物和鱼类只有两种类型的鱼尼丁受体（RyRA 和 RyRB）[345,346]，RyRA 受体与哺乳动物的 RyR1 具有同源性，然而 RyRB 非常类似于 RyR3 亚型[347]。

研究人员对多种昆虫的鱼尼丁受体进行了研究（表 3-7）。从中可以发现：多种昆虫的鱼尼丁受体在氨基酸序列上有很高的相似性，但是与哺乳动物相比具有显著的差异性。

表 3-7　几种昆虫与哺乳动物的鱼尼丁受体氨基酸序列的同源性比较　　单位：%

项目	*M. persicae*	*A. gossypii*	*P. maidis*	*D. melanogaste*	*A. gambiae*	鼠 RyR2	兔子 RyR2	人 RyR2
H. virescens	76.8	77.5	79.6	78.2	79.0	47.1	47.2	47.2
M. persicae	***	97.9	81.9	75.4	76.5	47.0	46.9	46.9
A. gossypii		***	82.2	75.8	76.8	47.1	47.3	47.4
P. maidis			***	78.4	80.2	47.2	47.3	47.2
D. melanogaste				***	82.3	46.6	46.8	46.7
A. gambiae					***	46.7	46.7	46.7
鼠 RyR2						***	97.1	97.2
兔子 RyR2							***	98.6

目前研究最多的昆虫是一种遗传学的模式生物——果蝇（*Drosophila melanogaster*）。1994 年，Takeshima 等表达了果蝇中一个 25.7 kb 的遗传 DNA 片段，该片段包含一个鱼尼丁受体同系物的基因[348]，总计发现了 26 个外显子，组成的蛋白质编码序列中包含 5216 个或 5112 个氨基酸的预测蛋白。该受体与哺乳动物的 RyRs 具有 45%～47%的同源性。相比于哺乳动物，果蝇只含有一个基因（*Rya-r44F*）编码的鱼尼丁受体。值得注意的是，哺乳

动物和昆虫的鱼尼丁受体之间在序列上的差异性大于相应的磷酸肌醇受体之间的差异性，由此可以认为鱼尼丁受体更适合作为杀虫剂的候选靶标。

3.4.11.3 作用于鱼尼丁受体的商品化杀虫剂

目前，商品化的鱼尼丁受体类的杀虫剂基本上可以分为两大类。

（1）邻苯二甲酰胺类（phthalic diamides）[349] 邻苯二甲酰胺类杀虫剂的代表性品种是由日本农药公司开发的氟虫酰胺（flubendiamide）[350,351]。

（2）邻甲酰氨基苯甲酰胺类（anthranilic diamides） 邻甲酰氨基苯甲酰胺类杀虫剂的代表性品种有美国杜邦公司开发的氯虫酰胺（chlorantraniliprole）[352]和氰虫酰胺（cyantraniliprole）[353]（图 3-121）。

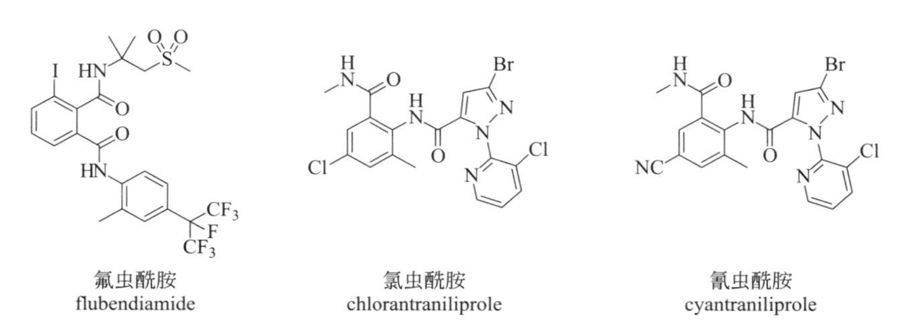

图 3-121 商品化的鱼尼丁受体杀虫剂

3.4.11.4 新型邻苯二甲酰胺类杀虫剂——氟虫酰胺

氟虫酰胺是 1998 年由日本农药公司发现的一种主要用于防治鳞翅目害虫的邻苯二甲酰胺类杀虫剂。2001 年，与拜耳公司合作以加快氟虫酰胺市场化的步伐。2006 年，氟虫酰胺在菲律宾获得了农药登记，接着在多个国家进行了登记。2008 年，氟虫酰胺在中国登记上市，商品名：垄歌。

（1）创制过程 日本农药公司的研究小组对双酰胺类化合物 **1** 的除草活性十分关注[354]，在对化合物 **1** 进行结构优化的过程中意外地发现化合物 **2** 不仅对鳞翅目害虫表现出一定的杀虫活性，而且作用机理独特（中毒症状：虫体收缩）。先导化合物 **2** 的结构由三个部分组成：苯环部分（A）、芳香酰胺部分（B）和脂肪酰胺部分（C）。研究人员分别对 A、B、C 部分进行结构优化，并通过构效关系研究，最终在 1998 年发现了氟虫酰胺（flubendiamide）（图 3-122）。

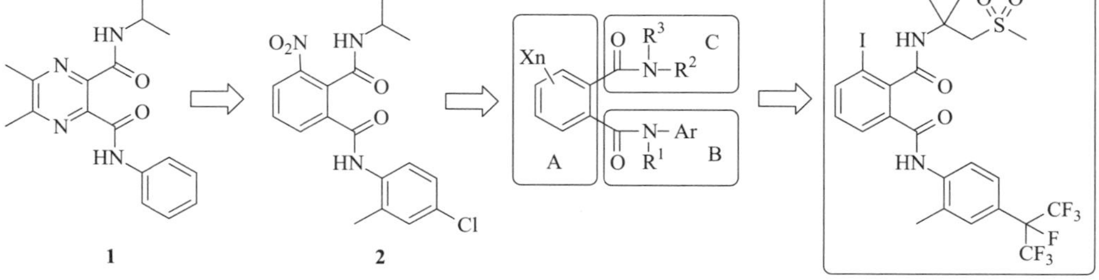

图 3-122 氟虫酰胺的发现过程

表3-8中列出了邻苯二甲酰胺类化合物的杀虫活性，从表中可见其优化过程。

① 苯环部分（A）　当X为H时，与硝基取代基的活性类似或略有提高；当X为Cl时，化合物的活性提高。通过取代基的位置优化发现，苯环3-位是活性最优的取代位置。当X为I时，化合物的活性成倍提高。由此推断，苯环3-位引入亲脂性和大体积的基团能表现出更好的活性。

② 芳香酰胺部分（B）　苯胺4-位是最佳的取代位置，并且亲脂性取代基有利于活性提高，如七氟异丙基。

③ 脂肪酰胺部分（C）　当R^1为CH_3时，活性大大提高，表明α位引入双甲基对双酰胺结构的稳定性具有重要的作用。当R^2为杂原子时，尤其是硫原子的引入能显著提高化合物的活性。

表3-8　邻苯二甲酰胺类化合物的杀虫活性

序号	X	Y	R^1	R^2	EC_{50}/mg(a.i.)·L^{-1}	
					S. litura	*P. xylostella*
1	3-NO_2	4-Cl	H	H	10～100	10～100
2	H	4-Cl	H	H	10～100	3～10
3	3-Cl	4-Cl	H	H	10	1～3
4	4-Cl	4-Cl	H	H	>500	5
5	5-Cl	4-Cl	H	H	>500	50
6	6-Cl	4-Cl	H	H	>500	10
7	3-F	4-Cl	H	H	>100	1～3
8	3-Br	4-Cl	H	H	10	1
9	3-I	4-Cl	H	H	3～10	0.3～1
10	3-I	3-Cl	H	H	10	3
11	3-I	5-Cl	H	H	10～100	3～10
12	3-I	4-OMe	H	H	30～100	10～30
13	3-I	4-OCF_3	H	H	1～3	0.3～1
14	3-I	4-$CF(CF_3)_2$	H	H	0.3～1	0.1～0.3
15	3-I	4-$CF(CF_3)_2$	CH_3	H	0.3～1	0.3～1
16	3-I	4-$CF(CF_3)_2$	CH_3	$NHCOCH_3$	0.1	—
17	3-I	4-$CF(CF_3)_2$	CH_3	SO_2CH_3	0.03～0.1	0.001～0.003

（2）作用机理　作为重要的细胞信号物质，钙离子在体内参与突触神经递质释放、生物信号的跨膜传递等各种生理活动。对于肌肉细胞而言，钙离子浓度的上升可引起肌肉收缩。氟虫酰胺的作用机理如图3-123所示。正常情况下，细胞内的钙离子存储在肌质网内，其通过鱼尼丁受体负责调控。当氟虫酰胺作用于鱼尼丁受体，致使通道处于打开状态，存储于钙库内的大量钙离子释放，导致昆虫肌肉组织中钙离子浓度上升，持续的钙离子释放引起肌肉的收缩，进而停止进食，最终导致昆虫的死亡，达到杀虫的目的[355]。

2009年，日本京都大学Yasuo Mori等研究氟虫酰胺和鱼尼丁受体结合的分子作用机理（图3-124），通过克隆鱼尼丁受体的鳞翅目蚕的cDNA，并且测试氟虫酰胺对其重组RyRs的敏感性，研究结果表明，氟虫酰胺主要作用于昆虫鱼尼丁受体的跨膜区，但对兔子的鱼尼丁受体没有结合，同时，N-末端胞质区是氟虫酰胺诱导活化鱼尼丁受体的必需位点[356]。

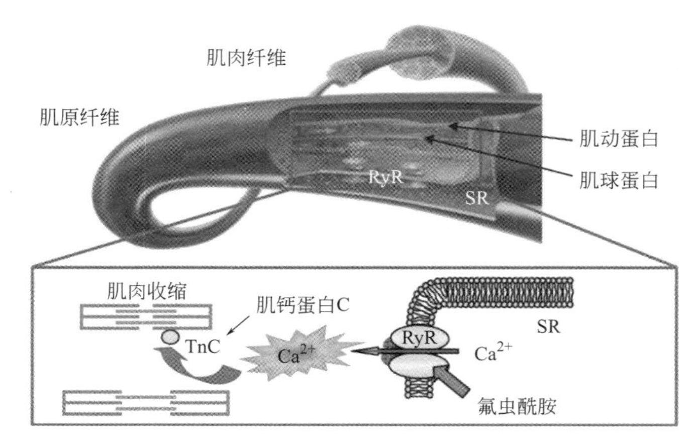

图 3-123 氟虫酰胺的作用机理

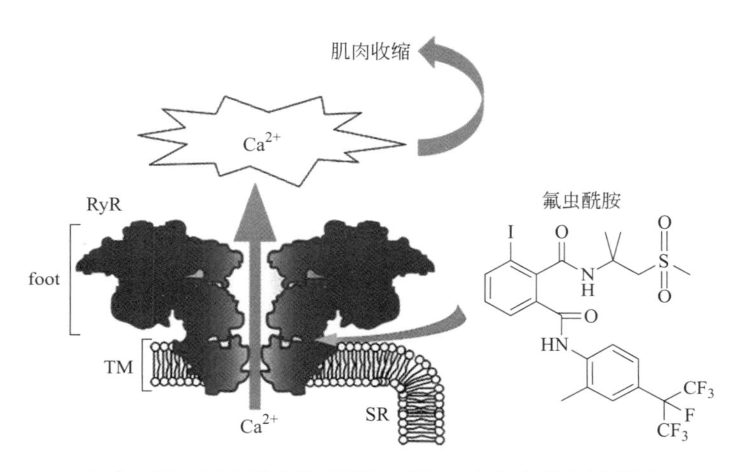

图 3-124 氟虫酰胺和鱼尼丁受体结合的分子作用机理

(3) 杀虫谱　氟虫酰胺在鳞翅目害虫防治中具有高效广谱的特点，对几乎所有的鳞翅目害虫都具有很好的活性，其活性数据见表 3-9，其 EC_{50} 值在 0.004～0.58mg(a.i.)・L^{-1}。

表 3-9　氟虫酰胺对鳞翅目害虫的杀虫谱

系统名	通用名	EC_{50}/mg(a.i.)・L^{-1}
菜蛾属	小菜蛾	0.004
斜纹夜蛾	斜纹夜蛾	0.19
棉铃虫	棉铃虫	0.24
地夜蛾属	芜菁蛾	0.18
丫纹夜蛾属	甜菜夜蛾	0.02
白粉蝶属	菜粉蝶	0.03
褐带卷蛾属	小茶卷夜蛾	0.38
长卷蛾属	茶长卷蛾	0.58
菜螟属	菜化螟	0.01
二化螟	稻化螟	0.01
瓜绢野螟	棉化螟	0.02

与传统的拟除虫菊酯类、苯甲酰脲类、有机磷类和氨基甲酸酯类杀虫剂都不同，氟虫酰胺对小菜蛾的抗性品系与敏感品系具有相同的活性水平，如图 3-125 所示。

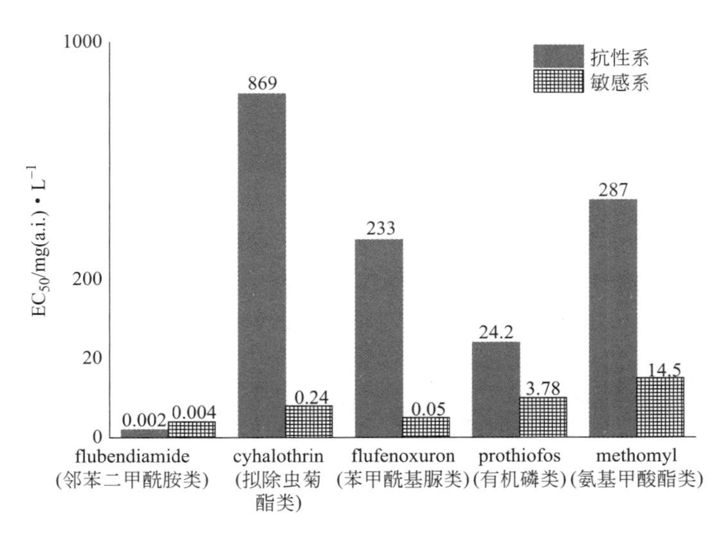

图 3-125　氟虫酰胺与其他杀虫剂对抗性品系和敏感品系的小菜蛾的活性

（4）毒理学　除了家蚕（*Bombyx mori*），氟虫酰胺对有益节肢动物和天敌是安全的（表 3-10）。氟虫酰胺对蜜蜂等有益昆虫和鱼类等水生生物的毒性很低，其 EC_{50} 值为 100～400mg(a. i.)·L^{-1}。

表 3-10　氟虫酰胺对有益节肢动物和天敌的毒性

通用名	系统名	测试龄期	测试方法	EC_{50}/mg(a. i.)·L^{-1}
瓢虫	异色瓢虫	成虫	浸渍法	＞200
	七星瓢虫	成虫	浸渍法	＞200
寄生蜂	丽蚜小蜂	成虫	薄膜法	＞400
	蚜茧蜂	成虫	薄膜法	＞400
	盘绒茧蜂	成虫	薄膜法	＞100
草蛉虫	草蛉科	幼虫	喷雾法	＞100
食肉昆虫	小花蝽属	成虫	喷雾法	＞100
食肉蠓虫	食蚜瘿蚊	幼虫	喷雾法	＞100
食肉螨虫	黄瓜钝绥螨	成虫	喷雾法	＞200
	智利小植绥螨	成虫	喷雾法	＞200
蜘蛛	拟环纹豹蛛	成虫	浸渍法	＞100
	三突花蛛	成虫	浸渍法	＞200

氟虫酰胺对哺乳动物的毒理学数据（表 3-11）说明氟虫酰胺对哺乳动物的 RyRs 几乎没有作用，这进一步证明了氟虫酰胺的安全性。

表 3-11　氟虫酰胺对哺乳动物的毒理学特征

毒性测试	结果
大鼠急性经口 LD_{50}	>2000mg·kg^{-1}（雌雄大鼠）
大鼠急性经皮 LD_{50}	>2000mg·kg^{-1}（雌雄大鼠）
兔子眼睛刺激	轻微刺激
兔子皮肤刺激	无刺激
诱变性（阿姆测试）	无诱变性
蜜蜂毒性 LD_{50}	>200μg·L^{-1}

3.4.11.5　新型邻甲酰氨基苯甲酰胺类杀虫剂——氯虫酰胺

杜邦公司在氟虫酰胺的基础上，将酰胺键位置翻转得到一类新的先导化合物——邻甲酰氨基苯甲酰胺类，代表化合物氯虫酰胺（chlorantraniliprole）是 2004 年由杜邦公司创制，并与先正达公司共同开发的双酰胺类杀虫剂，其对所有重要的鳞翅目害虫都有优良的防效，而且对幼虫有特效，还具有杀卵活性[357]。该化合物在 2007 年布莱顿（BCPC）植保大会上获得最具创新化学奖，并于 2008 年在中国上市，商品名：康宽。2012 年，氯虫酰胺的销售额达到 7.5 亿美元。

（1）创制过程　氯虫酰胺的创制过程主要可以分为两大阶段。

第一阶段，以氟虫酰胺为先导化合物，通过酰胺键位置翻转得到一类新颖的邻甲酰氨基苯甲酰胺类化合物，其作用方式与邻苯二甲酰胺类化合物类似（图 3-126）。杜邦公司研究人员对氟虫酰胺的研究重点是将酰胺键位置进行变化分别得到化合物 **3** 和化合物 **4**，化合物 **3** 对鳞翅目害虫具有很好的活性，其 EC_{50} 值为 10～50mg·L^{-1}，其中 6-位取代是该类化合物

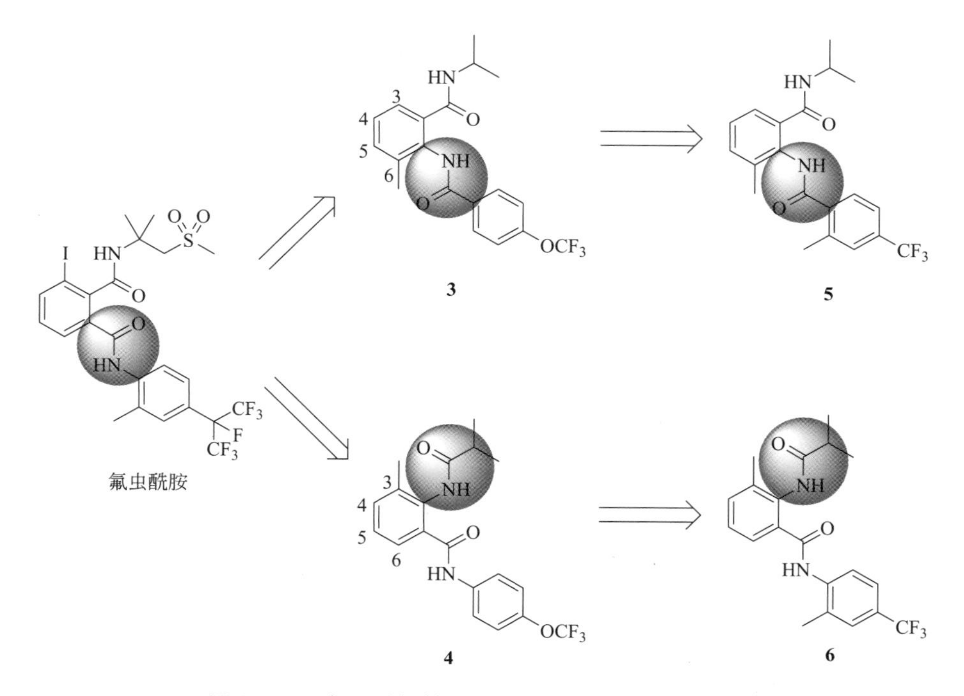

图 3-126　邻甲酰氨基苯甲酰胺类先导化合物的发现

保持高活性的取代位置。而化合物 4 对鳞翅目害虫无杀虫活性。通过将苯环上的三氟甲氧基变为三氟甲基得到化合物 **5**，其活性进一步提升，而化合物 **6** 依然无活性。因此，化合物 5 可以作为先导化合物，进行进一步的结构优化。

第二阶段，通过取代基的变化，结构优化得到高活性的化合物，同时考虑土壤降解能力，最终得到最佳组合的化合物——氯虫酰胺。以化合物 **5**（图 3-127）作为先导化合物，2-甲基-4-三氟甲基苯基部分用杂环进行取代，如吡啶、嘧啶、噻唑、吡唑等杂环，其中化合物 **7** 和 **8** 的活性略有提高。化合物 **9a** 的取代基为 2-氯苯基吡唑时，其活性大约有 200 倍的提高，但是间位和对位取代的化合物 **9b** 和 **9c** 的活性远远不如化合物 **9a**。化合物 **9a** 的活性已经高于很多商品化的杀虫剂，但是其缺乏土壤降解能力。当引入吡啶并吡唑取代基时，化合物 **10** 不仅在活性上提高了 2 倍，而且提高了土壤降解能力。将吡唑上的三氟甲基变为溴原子时，化合物 **11** 的活性保持不变，其土壤降解能力进一步提高，而且对哺乳动物的毒性比较低。在苯环部分引入溴原子时，化合物 **12** 在活性方面提高 2～5 倍。化合物 **13b** 不仅保

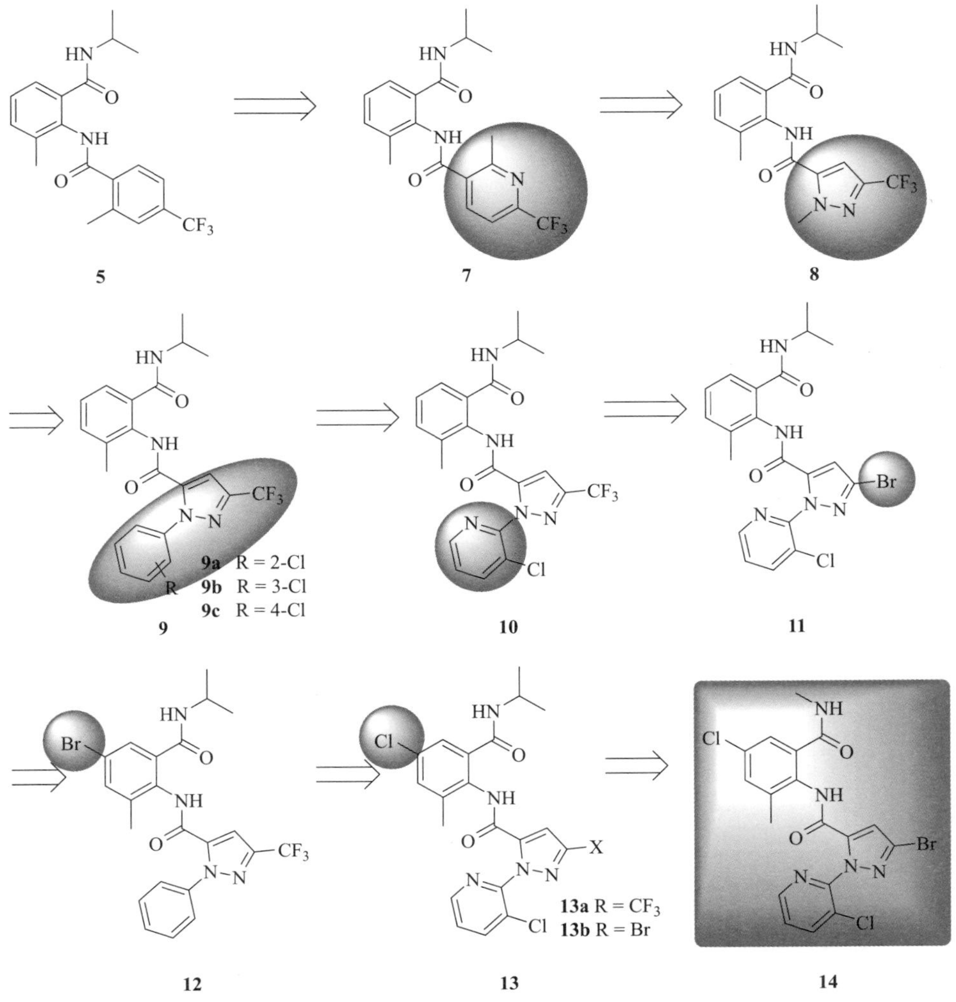

图 3-127　邻甲酰氨基苯甲酰胺类化合物的结构优化

持高活性，而且具有非常好的土壤降解能力。最后，通过将脂肪酰胺部分进行修饰，甲基取代异丙基得到化合物 **14** 即氯虫酰胺，其是最佳的生物活性、土壤降解能力和低哺乳动物毒性的组合，对黏虫的 LC_{50} 为 $0.02mg \cdot L^{-1}$（图 3-127）[358]。

（2）作用机理　氯虫酰胺属于邻甲酰氨基苯甲酰胺类化合物，属于另一大类作用于鱼尼丁受体的杀虫剂，其作用机理与邻苯二甲酰胺类化合物——氟虫酰胺类似（图 3-128）。

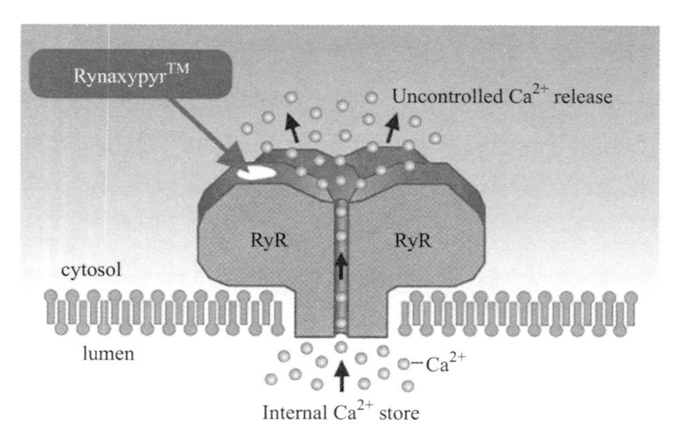

图 3-128　氯虫酰胺的作用机理

2011 年，杜邦公司和 Charles River 实验室的研究人员通过对氯虫酰胺进行 ^{14}C 标记，研究其在哺乳期的山羊体内的代谢，结果显示，氯虫酰胺以及其代谢物绝大部分通过粪便排出，在奶和肺中的含量占总检测含量的 1.5%。主要的代谢途径有 N-去甲基化、苯甲基氢的氧化和进一步氧化成苯甲酸等[359]。

2012 年，美国加州大学伯克利分校 John E. Casida 教授等报道了关于鱼尼丁受体杀虫剂的作用位点[360]。通过同位素标记的方法进行研究发现，鱼尼丁、氟虫酰胺和氯虫酰胺结合在不同的位点，可能是三个明显不同的钙离子释放通道（图 3-129）。

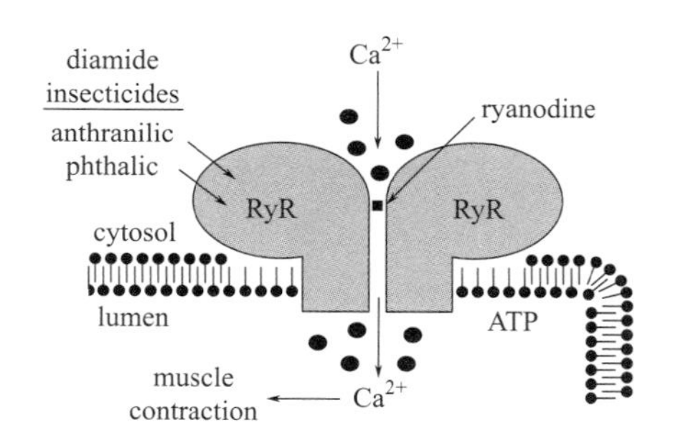

图 3-129　鱼尼丁及双酰胺类杀虫剂的作用位点

（3）杀虫谱　氯虫酰胺不仅对鳞翅目的夜蛾科、螟蛾科、蛀果蛾科、卷叶蛾科、粉蛾科、菜蛾科、麦蛾科、细蛾科等均有很好的防治效果，而且还能防治鞘翅目象甲科和叶甲科、双翅目潜蝇科、同翅目粉虱科等多种非鳞翅目害虫。活性数据见表 3-12[361,362]。

（4）毒理学　氯虫酰胺具有非常友好的毒理学特性，对哺乳动物的经口、皮肤、吸入或眼睛的毒性均很低，而且无致突变作用、无致癌作用、无神经毒性和无生殖毒性等[363]。田间试验表明，氯虫酰胺对蜜蜂的毒性很低，对寄生天敌和捕食天敌基本没有影响[364,365]。

表 3-12　氯虫酰胺的杀虫活性

昆虫类别	通用名	拉丁名	EC_{50}/mg·L^{-1}
鳞翅目	草地黏虫	*Spodoptera frugiperda*	0.06
鳞翅目	小菜蛾	*Plutella xylostella*	0.05
鳞翅目	烟草夜蛾	*Heliothis virescens*	0.04
鳞翅目	甜菜夜蛾	*Spodoptera exigua*	0.1
鳞翅目	粉纹夜蛾	*Trichoplusia ni*	0.06
鞘翅目	马铃薯甲虫	*Leptinotarsa decemlineata*	<0.1
半翅目	桃蚜	*Myzus persicae*	5.0
半翅目	棉蚜	*Aphis gossypii*	12.4
半翅目	马铃薯叶蝉	*Empoasca fabae*	1.5
半翅目	甘薯粉虱	*Bemisia argentifolii*	0.8

3.4.11.6　新型邻甲酰氨基苯甲酰胺类杀虫剂——氰虫酰胺

氰虫酰胺（cyantraniliprole）是杜邦公司通过改变氯虫酰胺的物化性质，降低 lg$P$ 值增加水溶性之后得到的一种具有强内吸性的第二代鱼尼丁受体杀虫剂[366]。相比于氯虫酰胺，氰虫酰胺适用的作物更广泛，能有效防治鳞翅目、半翅目和鞘翅目等害虫。其于 2013 年在中国上市，商品名：倍内威。倍内威因其高昂的价格和高效性被誉为“农药界的法拉利”，预计其销售额为 2.5 亿～3 亿美元。

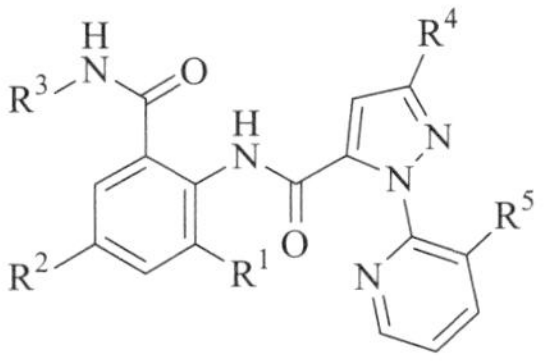

15a~g

表 3-13　邻甲酰氨基苯甲酰胺类化合物的 lg$P$ 值与 EC_{50} 值

类别	R^1	R^2	R^3	R^4	R^5	lg$P$	EC_{50}/mg·L^{-1}		
							Sf	Ag	Ef
15a	Me	Cl	Me	Br	Cl	3.0	<0.1	12.4	1.5
15b	Cl	Cl	Me	Br	Cl	2.9	<0.1	0.9	1.4
15c	Me	CN	Me	Br	Cl	2.6	0.2	0.4	2.0
15d	Me	CN	Me	CF_3	Cl	3.1	0.1	1.3	—
15e	Me	CN	H	CF_3	Cl	2.7	0.7	4.7	<2.0
15f	Me	CN	H	Br	Cl	2.3	<0.1	4.0	3.8
15g	Me	CN	H	Cl	Cl	2.2	0.3	1.9	4.8

注：Sf：灰翅夜蛾；Ag：苜蓿蚜；Ef：绿叶蝉。

（1）创制过程　氯虫酰胺主要防治鳞翅目类害虫，而对半翅目类害虫的防治效果不明显。基于防治刺吸式害虫需要水溶性更好的化合物（即 lg$P$ 值更低）的事实，研究重点是改变该类化合物的 lg$P$ 值（表 3-13）。化合物 **15b** 将氯虫酰胺的苯环上甲基变为氯时，其对半翅目和鳞翅目害虫都具有很好的活性，其 lg$P$ 值从 3.0 降到 2.9。通过大量的极性基团筛选发现，氯虫酰胺苯环上的氯原子用氰基进行取代，化合物 **15c** 的 lg$P$ 值为 2.6，其对半翅目、鞘翅目和鳞翅目类害虫都具有很好的防治效果。化合物 **15f** 和 **15g** 具有更低的 lg$P$ 值，但降低了杀虫活性。结合考虑生物活性与 lg$P$ 值，氰虫酰胺被成功研发出来。

（2）杀虫谱　氰虫酰胺是第一个能同时控制咀嚼式口器和刺吸式口器害虫的广谱性杀虫剂，对鳞翅目、鞘翅目、半翅目和缨翅目害虫的杀虫活性如表 3-14 所示[366]。

表 3-14　氰虫酰胺的杀虫活性

昆虫类别	通用名	系统名	EC_{50}/mg·L^{-1}
鳞翅目	草地黏虫	*Spodoptera frugiperda*	0.35
鳞翅目	小菜蛾	*Plutella xylostella*	0.07
鳞翅目	烟草夜蛾	*Heliothis virescens*	0.21
鳞翅目	甜菜夜蛾	*Spodoptera exigua*	0.75
鳞翅目	粉纹夜蛾	*Trichoplusia ni*	0.26
鞘翅目	马铃薯甲虫	*Leptinotarsa decemlineata*	<0.1
半翅目	桃蚜	*Myzus persicae*	1.1
半翅目	棉蚜	*Aphis gossypii*	0.4
半翅目	马铃薯叶蝉	*Empoasca fabae*	2.0
半翅目	甘薯粉虱	*Bemisia argentifolii*	0.08
缨翅目	西花蓟马	*Frankliniella occidentalis*	3.1

3.4.11.7　双酰胺类杀虫剂的抗性问题

双酰胺类杀虫剂凭借其卓越的生物活性、生态毒性及毒理学特性迅速占领了杀虫剂市场。在全球杀虫剂市场占有重要的地位。迄今为止，其收入总额已经超过 10 亿美元。随着双酰胺类杀虫剂的大量使用，其抗性问题引起世界各地研究人员的关注。

2012 年，杀虫剂抗性工作委员会（IRAC）公布了双酰胺类杀虫剂不仅在中国、美国、巴西、菲律宾等地产生抗性，而且在印度、越南、澳大利亚等地也出现了疑似抗性。2012 年，南京农业大学吴益东等报道了氯虫酰胺防治小菜蛾的抗性问题，在中国广东省，氯虫酰胺对于小菜蛾的最高抗性倍数达到 2000 倍[367]。2012 年，Troczka 等报道了在菲律宾和泰国发现了氟虫酰胺和氯虫酰胺对小菜蛾表现出高抗性，鱼尼丁受体跨膜区域的突变与其产生交互抗性有关[368]。2013 年，吴益东等报道了在小菜蛾的防治中，氟虫酰胺和氯虫酰胺之间有很强的交互抗性，因此，这两类双酰胺类杀虫剂应该分开使用，不能交替使用[369]。2014 年，山东农业大学的薛超彬等报道了氯虫酰胺在小菜蛾防治上产生抗性的原因可能与鱼尼丁受体的 mRNA 转录水平的降低以及作用位点的突变有关[370]。

3.4.12　GABA 受体

GABA 是由神经细胞末端突触前膜释放的，广泛分布在生物体中枢神经系统（central nervous system，CNS）内的一种重要的抑制性神经递质，并且通过与 GABA 受体

(gamma-aminobutyric acid receptor，GABAR) 结合产生生理作用。

3.4.12.1 脊椎动物的 GABA 受体

根据药理学和药代动力学的差异，脊椎动物的 GABA 受体可分为 $GABA_A$ 受体、$GABA_B$ 受体和 $GABA_C$ 受体三类[371]。其中 $GABA_B$ 受体也被称为离子型 GABA 受体，属于 G-蛋白偶联受体。$GABA_A$ 受体和 $GABA_C$ 受体与烟碱乙酰胆碱受体 (acetylcholine receptor，nAChR)、甘氨酸受体 (glycine receptor，GlyR)、5-羟色胺 3 受体 (5-hydroxytryptamine 3 receptor，5-HT_3R) 和谷氨酸氯离子通道受体 (glutamate-gated chloride channel receptor，GluClR) 一样，都属于配体门控离子通道 (ligand-gated ion channel，LGIC)[372,373] 家族。根据离子性质的差异进行细分，$GABA_A$ 受体、$GABA_C$ 受体、GluCl 受体和 Gly 受体属于门控阴离子通道，而 nAChR 和 5-HT3R 属于门控阳离子通道。

离子型 GABA 受体有脱敏、静息和开启三种状态[374]。基态（静息状态）是受体未与 GABA 结合时所呈现的状态；当受体结合 GABA 后，通道由静息状态转换为开启状态（去极化状态），引起 Cl^- 内流，膜电位超极化，进而产生快速的抑制作用[375]。受体被过度刺激后进入脱敏状态，也被称为受体的自我保护状态[374]。当非竞争性拮抗剂 (non-competitive antagonists，NCAs) 如氟虫腈与 GABA 受体结合后则会改变受体的空间构象，阻断氯离子的正常通过，从而影响受体的功能（图 3-130），最终导致昆虫抽搐死亡[376]。

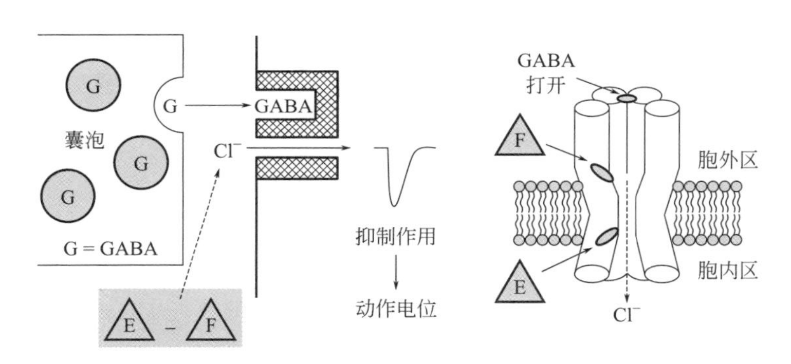

图 3-130 GABA 受体对抑制性神经递质的反应过程[377]

目前，从脊椎动物身上通过克隆确定的 $GABA_A$ 受体的亚基序列共有 8 组 19 种，分别命名为 $\alpha1\sim6$、$\beta1\sim3$、$\gamma1\sim3$、δ、ε、π、θ 和 $\rho1\sim3$[378]。通过重组体表达和免疫沉淀反应证明原生脊椎动物的 $GABA_A$ 受体一般包含 α、β 和 γ 三种亚基类型，而大多数都是由 2 个 α 亚基、2 个 β 亚基和 1 个 γ 亚基组装而成的，主要包括 $\alpha1\beta2/3\gamma2$、$\alpha2\beta3\gamma2$ 和 $\alpha3\beta3\gamma2$[379]，其中以 $\alpha1\beta2\gamma2$ 方式组装的功能性的 $GABA_A$ 受体最多，约占已发现 $GABA_A$ 受体总数的 40%（图 3-131），但在某些情况下 $GABA_A$ 受体也含有 δ、ε、π 及 θ 亚基。迄今，人们发现 β 亚基和 ρ 亚基均可独立表达，分别形成同源的 $GABA_A$ 受体和 $GABA_C$ 受体[380]。$GABA_A$ 受体广泛分布于中枢神经系统，是重要的医药靶标，不仅与疼痛、癫痫、失眠、帕金森病、精神分裂症及亨廷顿病等多种神经性疾病密切相关，也是麻醉和治疗酗酒的重要靶标。$GABA_A$ 受体结构分为胞外区、跨膜区和胞内区，胞外区主要分布着位

于 α 亚基和 β 亚基界面的 GABA 结合位点及位于 α 亚基和 γ 亚基界面的苯二氮䓬（benzodiazepine，BZD）结合位点（图 3-131）。作用于 $GABA_A$ 受体的拮抗剂主要有生物碱、巴比妥类药物、苯二氮䓬类药物、孕烷类固醇、呋喃苯胺酸、木防己苦毒素（picrotoxinin）和麻醉药[381]。

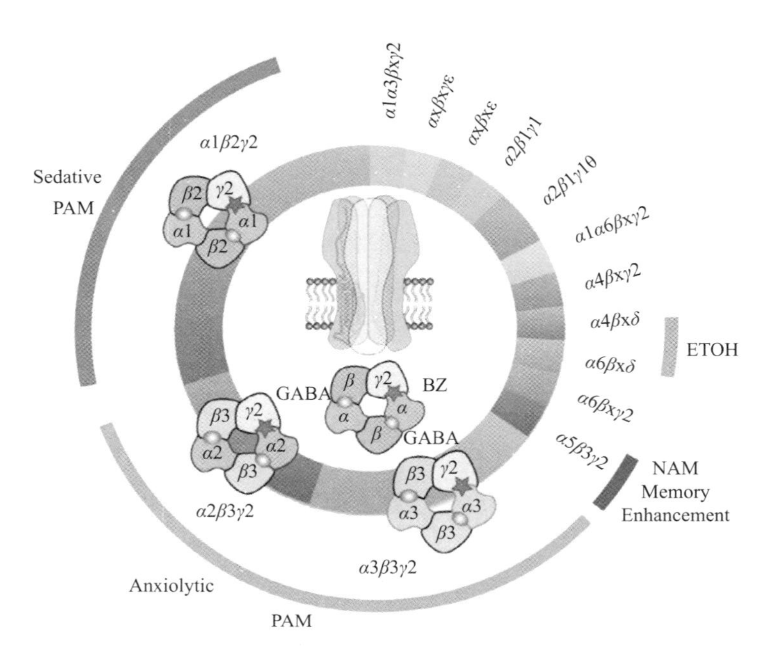

图 3-131　GABA 受体亚基及结合位点分布图（胞外区域分布着 GABA 位点和 BZD 位点）[381]

3.4.12.2　昆虫的 GABA 受体

相比脊椎动物的 GABA 受体，人们对昆虫的 GABA 受体的认识了解相对较少。目前对昆虫 GABA 受体的研究大多集中在抗狄氏剂（resistance to dieldrin，RDL）型 GABA 受体，1991 年，Ffrench-Constant 等从果蝇体内克隆得到了 RDL 型 GABA 受体亚基[382]，此亚基仅存在于昆虫体内，对环戊二烯杀虫剂和木防己苦毒素分别表现出 4000 倍和 22000 倍的抗性[383]。此外，还从昆虫体内克隆得到了 GRD（GABA and glycine like receptor of Drosophila）和 LCCH3（ligand-gated chloride channel homologue）两种受体亚基。在以上三种昆虫 GABA 受体亚基中，对 RDL 亚基的研究最为深入[384]。迄今，已在果蝇、家蝇、白背飞虱等多类昆虫体内克隆得到 RDL 亚基。在果蝇中，RDL 亚基广泛分布于成虫和胚胎的中枢神经系统中，而在肌肉中则未发现[385,386]。

RDL-GABA 受体广泛分布于昆虫中枢神经系统，是苯基吡唑类、有机氯类、木防己苦毒素类、阿维菌素类及间二酰胺类等多类杀虫剂的作用靶标[387]。

和 $GABA_{A/C}$ 受体类似，RDL-GABA 受体也为离子通道，且 5 个 RDL 亚基可组成同源五聚体。目前，尚未在脊椎动物体内发现 RDL 亚基，相对于脊椎动物 $GABA_{A/C}$ 受体来说，氟虫腈对昆虫的 RDL-GABA 受体有着更好的亲和力[347]。昆虫 RDL 亚基与脊椎动物 $GABA_A$ 受体亚基的序列一致性约为 30%～38%，序列差异导致昆虫和脊椎动物 GABA 受体结构和功能的差异，也是氟虫腈对害虫高活性而对哺乳动物低毒的内在原因。

3.4.12.3 离子型 GABA 受体的结构

$GABA_{A/C}$受体及 RDL-GABA 受体都是由 5 个亚基组装而成的跨膜五聚体，每个亚基都包括胞外区、跨膜区及胞内区三个部分。2014 年，Miller 和 Aricescu 解析了首个人的 β_3 型 $GABA_A$受体胞外区和跨膜区的三维结构（PDB ID：4COF），该受体是由 5 个 β_3 亚基组成的同源五聚体，其每个亚基胞外区包含 N 端和 C 端，由 10 个 β 折叠、1～2 个 α 螺旋和数个 loop 组成，其中有 6 个 loop 区是保守的，分别为连续的 loop A、loop B、loop C 和不连续的 loop D、loop E、loop F；跨膜区（transmembrane domains，TMDs）由 4 个紧密联系且高度保守的 α-螺旋组成，这 4 个螺旋对称排列，依次命名为 TM1～TM4；胞内区是位于 TM3 和 TM4 之间的 loop 环，包含了磷酸化作用位点。5 个亚基的 TM2 区跨膜螺旋组成了受体的跨膜通道区域（图 3-132，见文前彩图），除了决定离子选择性外，此通道也是许多 NCAs 的作用位点[388,389]。

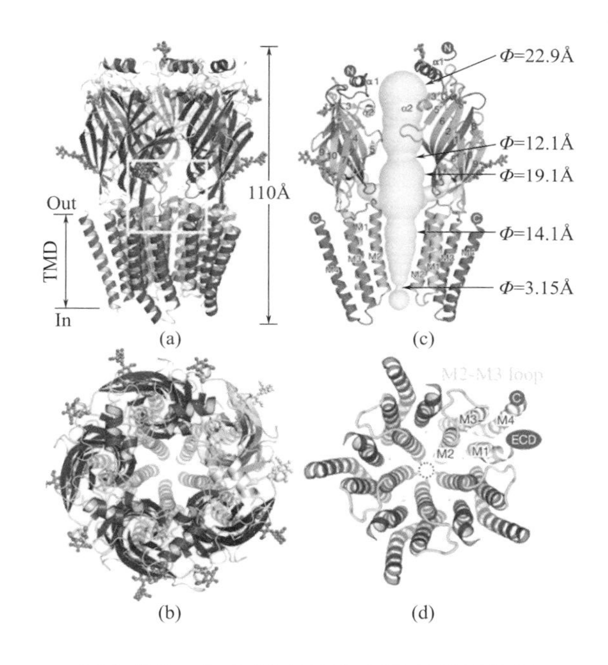

图 3-132 人 β_3型 $GABA_A$受体的三维结构

(a) 侧视图（α-螺旋：红色；TM2：青色；β-折叠：蓝色；loop 环：灰色；N-连接甘氨酸：橘色球棍显示）；(b) 胞外俯视图，一个亚基灰色显示；(c) 孔径及拓扑图；(d) 五聚体跨膜区的组装方式，M2 与 M3 之间的 loop 用黄色显示[390]

人 β_3 型 GABA 受体三维结构的解析，为通过计算模拟方法，构建昆虫、蜜蜂以及鱼类等有益物种的 GABA 受体结构，开展基于靶标组结构差异的苯基吡唑类杀虫剂生态毒性机制研究奠定了基础。

3.4.12.4 作用于昆虫 GABA 受体的商品化杀虫剂

目前商品化的 GABA 受体杀虫剂主要有苯基吡唑类杀虫剂和有机氯类杀虫剂两种。此外，如环戊二烯类、阿维菌素等其他种类的杀虫剂也是作用于 GABA 受体。下面是对两类主要的 GABA 受体类杀虫剂的简单介绍。

（1）苯基吡唑类杀虫剂　苯基吡唑类杀虫剂是继几类传统老牌杀虫剂（有机磷类、氨基甲酸酯类、拟除虫菊酯类、有机氯类）之后引入全球市场的一类新型高效低毒杀虫剂[391]。

苯基吡唑类杀虫剂通过阻滞 GABA 受体氯离子通道来破坏昆虫的中枢神经系统，从而引起昆虫神经和肌肉的过度兴奋，导致昆虫惊厥死亡[392,393]。氟虫腈是第一个高活性的苯基吡唑类化合物，商品名为锐劲特，其杀虫机制独特，杀虫谱广，特别适用于对传统杀虫剂产生抗性的害虫。氟虫腈的防治对象多达 80 多种，主要包括飞虱类、蝇类、鳞翅目和鞘翅目等，可广泛应用于水稻、蔬菜、花卉等作物上，也可用于卫生害虫、牲畜害虫及地面建筑物害虫的防治[394]。

十余年来，商品化的苯基吡唑类化合物的数量不断增加，拜耳相继推出了乙虫腈、acetoprole 和 vaniliprole；日本三菱化学推出了 pyrafluprole 和 pyriprole；我国的大连瑞泽开发出了丁烯氟虫腈（图 3-133）[395～398]。

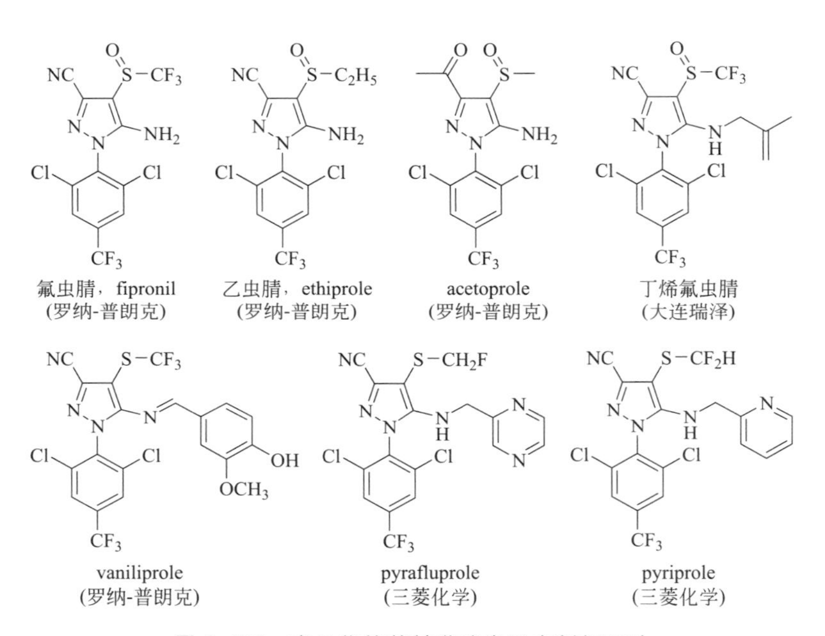

图 3-133　商品化的苯基吡唑类杀虫剂新品种

（2）有机氯类杀虫剂　有机氯类杀虫剂（organochloride）是以碳氢化合物为基本架构，并有氯原子连接在碳原子上，同时又有杀虫效果的有机化合物。大多数有机氯杀虫剂具有生产成本低廉，在动植物体内及环境中长期残留的特性。此类化合物具有优良的杀虫效果，在第二次世界大战后很快就成为最常用的主要杀虫剂。有机氯杀虫剂流行了约 25 年之久，也因此成为世界上最常见的环境污染物之一。

DDT 大概是最广为人知的杀虫剂，便宜，持久，对于控制害虫非常有效。有机氯杀虫剂除了 DDT、DDE 等 DDT 类的衍生化合物之外，多属于环状二烯烃类化合物（cyclodiene）。不同于 DDT 作用在昆虫神经细胞的钠离子通道上，环状二烯烃类化合物作用在 GABA（gamma-氨基丁酸）的受体上。

商品化的有机氯类杀虫剂的结构如图 3-134 所示[399]。

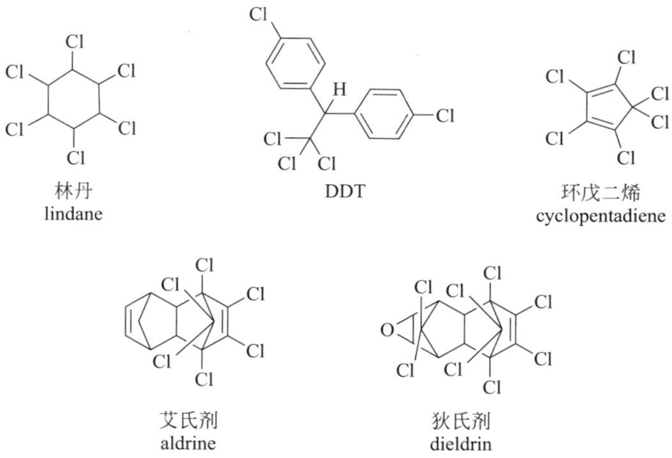

林丹
lindane

DDT

环戊二烯
cyclopentadiene

艾氏剂
aldrine

狄氏剂
dieldrin

图 3-134 商品化的有机氯类杀虫剂的结构

参考文献

[1] 陈万义．新农药研究与开发．北京：化学工业出版社，1996.

[2] 陈万义．新农药的研发：方法·进展．北京：化学工业出版社，2007.

[3] 陈文纳，潘英明，张巧平，等．广西师范学院学报（自然科学版），2000，17（2）：41.

[4] 许洪涛，申晓霞，曹丹，等．农药，2008，47（8）：563.

[5] 于海波．具有含氮杂环结构的新烟碱及苯甲酰脲类化合物的研究[D]．天津：南开大学，2009.

[6] 马洪菊．利用簇合效应与类同法合成新农药活性化合物的研究．北京：中国农业科学院，2010.

[7] Liu C，Men W，Liu Y，et al. System Sciemces & Comprehensive Studies in Agriculture，2002，18（4）：291.

[8] Qun G，Xiao Z. Modern AgroChem，2010，29（13）：145.

[9] Gershon H，Grefig A T，Scala A A. J Heterocyclic Chem，1983，20（1）：219.

[10] Toki T，Koyanagi T，Yoshida K，et al. US5288727，1994.

[11] Levitt G，Levitt G. US 4238621，1980.

[12] Itoh S，Ohta K，Yamawaki T，et al. J Pestic Sci，2001，47（9）：281.

[13] Yamamoto S，Nawamaki T，Wakabayashi T，et al. J Pestic Sci，1996，21（2）：259.

[14] Aller H E，Ramsay J R. Proceedings of the British Crop Protection Conferences and Diseases，1988.

[15] Schmeling B V，Kulka M. Science，1966，152（3722）：659.

[16] Worthing C R，Walker S B. British Crop Protection Council，1990（2）：148.

[17] Lawrence R V. DE2655212，1977.

[18] Black L，Fukuto T R. DE 2433680，1975.

[19] Takako Y，Erbo D，Takako N，et al. J Agr Food Chem，1998，46（6）：2143.

[20] Zheng X，Li Z，Wang Y，et al. J Fluorine Chem，1997，28（4）：163.

[21] Seidler J，Mcgovern S L，Doman T N，et al. J Med Chem，2003，46（21）：4477.

[22] Zhuang Y，Yan J，Zhu W，et al. J Ethnopharmacol，2008，117（2）：378.

[23] Feng F，Li Z，Xu X，et al. Qsar Comb Sci，2010，26（6）：737.

[24] Fan F，Cheng J，Li Z，et al. J Comput Chem，2010，31（3）：586.

[25] Xia S，Feng Y，Cheng J G，et al. Chinese Chem Lett，2014，25（7）：973.

[26] 夏爽．分子聚集态对典型农药体系活性影响规律的计算模拟研究[D]．上海：华东理工大学，2014.

[27] Mcgovern S L，Caselli E，Grigorieff N，et al. J Med Chem，2002，45（8）：1712.

[28] He Y，Niu C，Wen X，et al. Chinese J Chem，2013，31（9）：1171.

[29] He Y，Niu C，Wen X，et al. Mol Inform，2013，32（2）：139.

[30] Li H T. Application of MBQSAR in the Investigation of Protein Kinase[D]．天津：南开大学，2015.
[31] Xi Z，Yu Z，Niu C，et al. J Comput Chem，2006，27（13）：1571.
[32] 张莉．基于结构的新型原卟啉原氧化酶抑制剂的合理设计、合成和除草活性[D]．武汉：华中师范大学，2007.
[33] 余志红．农药分子与靶标相互作用的计算化学研究[D]．天津：南开大学，2007.
[34] Wan J，Zhang L，Yang G. J Comput Chem，2004，25（15）：1827.
[35] Zhang L，Wan J，Yang G. Bioorgan Med Chem，2004，12（23）：6183.
[36] He Y Z，Li Y X，Zhu X L，et al. J Chem Inf Model，2007，47（6）：2335.
[37] MurrayC W，Rees D C. Nat Chem，2009，1（3）：187
[38] Hao G P，Li W C，Qian D，et al. J Am Chem Soc，2011，133（29）：11378.
[39] Tingle C C，Rother J A，Dewhurst C F，et al. Rev Environ Contam T，2003，176（1）：1.
[40] Wang X，Zhou S，Ding X，et al. J Environ Sci Heal B，2010，45（7）：648.
[41] Oakeshott J G，Home I，Sutherland T D，et al. Genome Biol，2002，4（1）：202.
[42] Nigsch F，Macaluso N J，Mitchell J B，et al. Expert Opin Drug Met，2009，5（1）：1.
[43] Modi S，Hughes M，Garrow A，et al. Drug Discov Today，2012，17（3）：135.
[44] 李晓．化合物毒性预测模型构建及烟草烟气化学成分毒副作用预测研究[D]．上海：华东理工大学，2016.
[45] Vapnik V N. IEEE T Neural Networ，1999，10（5）：988.
[46] V D S A. Neurocomputing，2003，55（1-2）：5.
[47] Gammermann A. Computational Stat，2000，15（1）：31.
[48] Lavecchia A. Drug Discov Today，2015，20（3）：318.
[49] Quinlan J R. In Data：Goals and General Description of the IN L. EN System，1986，6（10）：257.
[50] Klekota J，Roth F P. Bioinformatics，2008，24（21）：2518.
[51] 方匡南，吴见彬，朱建平，等．统计与信息论坛，2011，26（3）：32.
[52] 周志华，机器学习：Machine learning. 北京：清华大学出版社，2016.
[53] Watson P. J Chem Inf Model，2008，48（1）：166.
[54] 李加忠．QSAR 研究中提高模型预测能力的新方法探讨及其在药物化学中的应用[D]．兰州：兰州大学，2009.
[55] Rajarshi G，Debojyoti D，Peter C J，et al. J Chem Inf Model，2006，46（4）：1836.
[56] Yuan H，Wang Y，Cheng Y. IJICIC，2006，26.
[57] Wang X，Dong Y，Wang L，et al. Chemosphere，2001，44（3）：447.
[58] Yan D，Jiang X，Yu G，et al. Chemosphere，2006，63（5）：744.
[59] Kindt T，Morse S，Gotschlich E，et al. Nature，1991，31（3）：420.
[60] Jencks W P. P Nat Acad Sci USA，1981，78（7）：4046.
[61] Diller D J. Curr Opin Drug Disc，2008，11（3）：346.
[62] Stout T J，Foster P G，Matthews D J. Curr Pharm Design，2004，10（10）：1069.
[63] Rees D C，Congreve M，Murray C W，et al. Nat Rev Drug Discov，2004，3（8）：660.
[64] Congreve M，Carr R，Murray C，et al. Drug Discov Today，2003，8（19）：876.
[65] Pellecchia M，Sem D S，Wüthrich K. Nat Rev Drug Discov，2002，1（3）：211.
[66] Jhoti H，Cleasby A M，Williams G. Curr Opin Chem Biol，2007，11（5）：485.
[67] Nienaber V L，Richardson P L，Klighofer V，et al. Nat Biotechnol，2000，18（10）：1105.
[68] Hajduk P J，Meadows R P，Fesik S W. Science，1997，278（5337）：497，499.
[69] 李锋，边庆花，乔振，等．农药，2004，43（5）：201.
[70] 王文丽，毕富春，黄润秋，等．农药，1998，35（9）：126.
[71] Konishi K，Matsuura K. US4341782，1982.
[72] 邵旭升．顺式硝基烯类新烟碱化合物结构多样性衍生及生物活性研究[D]．上海：华东理工大学，2009.
[73] 王鸣华，农药立体化学．北京：化学工业出版社，2016.
[74] Zhao X，Shao X，Zou Z，et al. J Agr Food Chem，2010，58（5）：2746.
[75] Chen P J，Yang A，Gu Y F，et al. Bioorg Med Chem Lett，2014，24（12）：2741.
[76] 邢其毅．基础有机化学．北京：高等教育出版社，2005.

[77] 薛振祥．现代农药，2002，1（5）：1.
[78] 祝捷，方维臻，陆群．农药，2011，50（7）：487.
[79] Merzendorfer H J. Comp Physiol B，2006，176（1）：1.
[80] Merzendorfer H，Zimoch L. J Exp Biol，2003，206（24）：4393.
[81] Fukamizo T，Kramer K J. Insect B iochemistry，1985，15（2）：141.
[82] Song E Y，Kim K S，Kim K A，et al. Glycoconjugate J，2002，19（6）：415.
[83] 唐梦君，有利利，倪红．南方农业，2017（1）：41.
[84] 马英杰，阿热达克·塔瓦太依，王鹏军，等．塔里木大学学报，2017（1）．
[85] Obi K，Uda J I，Iwase K，et al. Bioorg Med Chem Lett，2000，10（13）：1451.
[86] Chang R，Moquist P，Finney N S. Carbohydr Res，2004，339（8）：1531.
[87] And A R Y，Finney N S. J Org Chem，2004，69（3）：613.
[88] 李映，崔紫宁，胡君，等．化学进展，2007，19（4）：535.
[89] Park K S，Kang K C，Kim K Y，et al. J Antimicrob Chemoth，2001，47（5）：513.
[90] Ruiz J，San G. Current Drug Targets Infectious Disorders，2003，3（1）：77.
[91] Creaven B S，Duff B，Egan D A，et al. Inorg Chim Acta，2010，363（14）：4048.
[92] Ke S，Qian X，Liu F，et al. Eur J Med Chem，2009，44（7）：2985.
[93] Aoki S Y，Oi T，Shimizu K，et al. Cheminform，2005，36（1）：161.
[94] Kubo I，Uchida M，Klocke J A. Agri Bio Chem，2006，47（4）：911.
[95] Jeong T E，Lee H，Lee E，et al. Planta Med，1999，65（3）：261.
[96] Hwang T L，Su Y D，Hu W P，et al. Cheminform，2009，40（43）：1563.
[97] Pfefferle W，Anke H，Bross M，et al. J Antibiot，1990，43（6）：648.
[98] 向固西，吴林森．微生物学报，1995（5）：368.
[99] Katoh H，Yamada M，Iida K，et al. 天然有机化合物讨论会讲演要旨集．1996，115.
[100] 叶丽娟，朱辉，田敏．微生物来源的真菌细胞壁抑制剂的研究进展．抗真菌药物与真菌感染诊治研究学术会议，2003.
[101] Hwang E I，Kwon B M，Lee S H，et al. J Antimicrob Chemoth，2002，49（1）：95.
[102] Hwang E I，Yun B S，Kim Y K，et al. Cheminform，2000，53（3）：248.
[103] 周泽扬，作田庄平．中国抗生素杂志，1996（4）：298.
[104] Arakane Y，Muthukrishnan S. Cmls Mol Life S，2010，67（2）：201.
[105] Tetreau G，Cao X，Chen Y R，et al. Insect Biochem Molec，2015，62（1）：114.
[106] AcT V S，KalkK H，Beintema J J，et al. Structure，1994，2（12）：1181.
[107] Hurtadorero R，Aalten D M F V. Chem Biol，2007，14（5）：589.
[108] Tsuji H，Nishimura S，Inui T，et al. FEBS J，2010，277（12）：2683.
[109] Yang J，Gan Z，Lou Z，et al. Microbiology，2010，156（12）：3566.
[110] Perrakis A，Tews I，Dauter Z，et al. Structure，1994，2（12）：1169.
[111] Payne C M，Baban J，Horn S J，et al. J Biol Chem，2012，287（43）：36322.
[112] Songsiriritthigul C，Pantoom S，Aguda A H，et al. J Struct Biol，2008，162（3）：491.
[113] Busby J N，Landsberg M J，Simpson R M，et al. J Mol Biol，2012，415（2）：359.
[114] Malecki P H，Vorgias C E，Petoukhov M V，et al. Acta Crystallogr，2014，70（3）：676.
[115] Rao F V，Andersen O A，Vora K A，et al. Chem Biol，2005，12（9）：973.
[116] OussenkoI A，Holland J F，Reddy E P，et al. Cancer Res，2011，71（14）：4968.
[117] Fusetti F，Von M H，Houston D，et al. J Biol Chem，2002，277（28）：25537.
[118] Olland A M，Strand J，Presman E，et al. Protein Sci，2009，18（3）：569.
[119] Cavada B S，Moreno F B B，et al. FEBS J，2006，273.
[120] AW S L，DE B，et al. Biorg Med Chem，2010，18（23）：8334.
[121] Davies G J，Wilson K S，Henrissat B. Biochem J，1997，321（Pt 2）（2）：557.
[122] Papanikolau Y，Tavlas G，Vorgias C E，et al. Acta Crystallogr，2003，59（Pt 2）：400.

[123] Pence N S, Larsen P B, Ebbs S D, et al. P Nati Acad Sci USA, 2000, 97 (9): 4956.
[124] Aalten D M F V, Komander D, Synstad B, et al. P Nat Acad Sci USA, 2001, 98 (16): 8979.
[125] Papanikolau Y, Prag G, Tavlas G, et al. Biochemistry, 2001, 40 (38): 11338.
[126] Bigg H F, Wait R, Rowan A D, et al. J Biol Chem, 2006, 281 (30): 21082.
[127] Fusetti F, Pijning T, Kalk K H, et al. J Biol Chem, 2003, 278 (39): 37753.
[128] Schimpl M, Rush C L, Betou M, et al. Biochem J, 2012, 446 (1): 149.
[129] Kzhyshkowska J, Gratchev A, Goerdt S. Biomarker Insights, 2007, 2 (1): 128.
[130] Varela P F, Llera A S, Mariuzza R A, et al. J Biol Chem, 2002, 277 (15): 13229.
[131] Chen L, Liu T, Zhou Y, et al. Acta Crystallogr D, 2014, 70 (Pt 4): 932.
[132] Sakuda S, Isogai A, Matsumoto S, et al. Tetrahedron Lett, 1986, 27 (22): 2475.
[133] Sakuda S, Isogai A, Matsumoto S, et al. J Antibiot, 1987, 40 (3): 296.
[134] Griffith D A, Danishefsky S J. Cheminformatics, 1991, 22 (44): 5863.
[135] Dixon, Mark J Andersen, et al. J Biol Chem, 2002, 277 (15): 13222.
[136] Bortone K, Monzingo A F, Ernst S, et al. J Mol Biol, 2002, 320 (2): 293.
[137] Rao F V, Houston D R, Boot R G, et al. J Biol Chem, 2003, 278 (22): 20110.
[138] Spencer K, David V, Gao Z, et al. J Am Chem Soc, 1996, 118 (28): 419.
[139] Macdonald J M, TarlingC A, Taylor E J, et al. Acta Vet Brno, 2010, 49 (14): 2599.
[140] Omura S, Arai N, Yamaguchi Y, et al. J Antibiot, 2000, 53 (6): 603.
[141] Arai N, Shiomi K, Yamaguchi Y, et al. Chem Pharm Bull, 2000, 48 (10): 1442.
[142] Arai N, Shiomi K, Iwai Y, et al. J Antibiot, 2000, 53 (6): 609.
[143] FV R, DR H, RG B, et al. Chem Biol, 2005, 12 (1): 65.
[144] Andersen O A, et al. Chem Biol, 2008, 15 (3): 295.
[145] Rush C L, Schüttelkopf A W, Hurtadoguerrero R, et al. Chem Biol, 2010, 17 (12): 1275.
[146] Hirose T, Sunazuka T, Sugawara A, et al. J Antibiot, 2009, 62 (9): 495.
[147] Hirose T, Maita N, Gouda H, et al. P Nat Acad Sci USA, 2013, 110 (40): 15892.
[148] AW S, OA A, FV R, et al. J Biol Chem, 2006, 281 (37): 27278.
[149] Schüttelkopf A W, Andersen O A, Rao F V, et al. Acs Med Chem Lett, 2011, 2 (6): 428.
[150] Sutherland T E, Andersen O A, Betou M, et al. Chem Biol, 2011, 18 (5): 569.
[151] Pantoom S, Vetter I R, Prinz H, et al. J Biol Chem, 2011, 286 (27): 24312.
[152] Gloeckner C, Garner A L, Mersha F, et al. Proc Natl Acad Sci USA, 2010, 107 (8): 3424.
[153] Garner A L, Gloeckner C, Tricoche N, et al. J Med Chem, 2011, 54 (11): 3963.
[154] Chen L, Zhou Y, Qu M, et al. J Biol Chem, 2014, 289 (25): 17932.
[155] Wendeler M, Sandhoff K. Glycoconjugate J, 2009, 26 (8): 945.
[156] Slámová K, Bojarová P, Petrásková L, et al. Biotechnol Adv, 2010, 28 (6): 682.
[157] Léonard R, Rendi? D, Rabouille C, et al. J Biol Chem, 2006, 281 (8): 4867.
[158] Geisler C, Jarvis D L. Biotechnol Progr, 2010, 26 (1): 34.
[159] Cattaneo F, Pasini M, Intra J, et al. Glycobiology, 2006, 16 (9): 786.
[160] Hogenkamp D G, Arakane Y, Kramer K J, et al. Insect Biochem Molec, 2008, 38 (4): 47.
[161] Okada T, Ishiyama S, Sezutsu H, et al. Biosci Biotech Bioch, 2007, 71 (7): 1626.
[162] Kokuho T, Yasukochi Y, Watanabe S, et al. Genes Cells, 2010, 15 (5): 525.
[163] Tomiya N, Narang S, Park J, et al. J Biol Chem, 2006, 281 (28): 19545.
[164] Liu T, Zhang H, Liu F, et al. J Biol Chem, 2011, 286 (6): 4049.
[165] Liu T, Guo P, Zhou Y, et al. Sci Rep, 2013, 4: 6188.
[166] Chen Q, Guo P, Xu L, et al. Biochimie, 2014, 97: 152.
[167] Shimizu S, Juan E C M, Miyashita Y, et al. Acta Crystallogr F, 2008, 64 (Pt 10): 903.
[168] Sankaranarayanan R, Dockeon A C, Romby P, et al. Cell, 1999, 97 (3): 371.
[169] Nureki O, Vassylyev D G, Tateno M, et al. Science, 1998, 280 (5363): 578.

[170] Jackson K E, Pham J S, Kwek M, et al. Int J Parasitol, 2012, 42 (2): 177.
[171] Ruan B, Bovee M L, Sacher M, et al. J Biol Chem, 2005, 280 (1): 571.
[172] Li M, Zhang J, Liu C, et al. Biochem Bioph Res Co, 2014, 451 (4): 485.
[173] Khan S. Malaria J, 2016, 15 (1): 1.
[174] Sugawara A, Tanaka T, Hirose T, et al. Bioorg Med Chem Lett, 2013, 23 (8): 2302.
[175] Sankaranarayanan R, Dockbregeon A C, Rees B, et al. Nat Struct Biol, 2000, 7 (6): 461.
[176] Teng M, Hilgers M T, Cunningham M L, et al. J Med Chem, 2013, 56 (4): 1748.
[177] Leal W S, Chen A M, Erickson M L. J Chem Ecol, 2005, 31 (10): 24939.
[178] Krieger M J, Ross K G. Science, 2002, 295 (5553): 328.
[179] Leal W S. Annu Rev Entomol, 2013, 58: 373.
[180] Zeng F F, Sun X, Dong H B, et al. Biochem Biophy Res Co, 2013, 433 (4): 463.
[181] Meillour N L, François M C, Jacquin E. J Chem Ecol, 2004, 30 (6): 1213.
[182] Ozaki M, Wadaumata A, Fujikawa K, et al. Science, 2005, 309 (5732): 3114.
[183] Ban L, Scaloni A, D′ Ambrosio C, et al. Cell Mol Life Sci, 2003, 60 (2): 390.
[184] HuiLi Q, Tuccori E, XiaoLi H, et al. Insect Biochem Molec, 2009, 39 (5-6): 414.
[185] Lu D, Li X, Liu X, et al. J Chem Ecol, 2007, 33 (7): 1359.
[186] Ross K G. Science, 2002, 295 (5553): 328.
[187] Rivière S, Lartigue A, Quennedey B, et al. Biochem J, 2003, 371 (2): 573.
[188] Zhou J J, Vieira F G, He X L, et al. Insect Molec Bio, 2010, 19 (2): 113.
[189] Vogt R G, Riddiford L M. Nature, 1981, 293 (5828): 161.
[190] Gong D P, Zhang H J, Zhao P, et al. Insect biochem molec, 2007, 37 (3): 266.
[191] Xiu W, ong S. Chem Ecol, 2007, 33 (5): 947.
[192] Gong Z J, Zhou W W, Yu H Z, et al. Insect Mol Biol, 2009, 18 (3): 405.
[193] Zhang Z C, Wang M Q, Zhang G. Entomol Exp Appl, 2009, 133 (2): 136.
[194] Liu Y, Gu S, Zhang Y, et al. PloS one, 2012, 7 (10): e48260.
[195] Zhang G H, Li Y P, Xu X L, et al. J Chem Ecol, 2012, 38 (4): 427.
[196] Zeng F F, Sun X, Dong H B, et al. Biochem Bioph Res Co, 2013, 433 (4): 463.
[197] Calvello M, Brandazza A, Navarrini A, et al. Insect Biochem Molec, 2005, 35 (4): 297.
[198] Calvello M, Guerra N, Brandazza A, et al. Cell Mol Life Sci, 2003, 60 (9): 1933.
[199] Li S, Picimbon J F, Ji S, et al. Biochem Bioph Res Co, 2008, 372 (3): 464.
[200] Pelosi P, Zhou J J, Ban L, et al. Cell Mol Life Sci, 2006, 63 (14): 1658.
[201] Liu Z, Vidal D M, Syed Z, et al. J Chem Ecol, 2010, 36 (7): 787.
[202] Hekmate D S, Scafe C R, McKinney A J, et al. Genome Res, 2002, 12 (9): 1357.
[203] Xu P, Zwiebel L, Smith D. Insect Mol Biol, 2003, 12 (6): 549.
[204] Zhou J J, Robertson G, He X, et al. J Mol Biol, 2009, 389 (3): 529.
[205] Zhou J J, Vieira F G, He X L, et al. Insect Mol Biol, 2010, 19 (s2): 113.
[206] 谷少华．小地老虎性信息素通讯的分子和细胞机制[D]．北京：中国农业科学院，2013.
[207] Steinbrecht R A. Ann NY Acad Sci, 1998, 855 (1): 323.
[208] Dogan E B, Ayres J W, Rossignol P A. Med Vet Entomol, 1999, 13 (13): 97.
[209] Ditzen M, Pellegrino M, Vosshall L B. Science, 2008, 319 (5871): 1838.
[210] Tsitsanou K, Thireou T, Drakou C, et al. Cell Mol Life Sci, 2012, 69 (2): 283.
[211] Sun Y F, Biasio F D, Qiao H L, et al. PloS one, 2012, 7 (3): e32759.
[212] Zhong T, Yin J, Deng S, et al. J Insect Physiol, 2012, 58 (6): 771.
[213] 孙亮，凌云，邱庆正，等．公共植保与绿色防控，2010.
[214] Sun Y, Qiao H, Ling Y, et al. J Agr Food Chem, 2011, 59 (6): 2456.
[215] 杜少卿，杨朝凯，张景朋，等．中国化工学会农药专业委员会第十七届年会论文集，2016：9.
[216] Zhang J P, Qin Y G, Dong Y W, et al. Chinese Chem Lett, 2017, 28 (2): 372.

[217] Masood M, Orchard I. Peptides, 2014, 53 (2): 159.
[218] Villalobosucaro M J, Diambra L A, Noriega F G, et al. Gen Comp Endocr, 2016, 233: 1.
[219] 邱娜莎, 刘畅, 严雅静, 等. 合肥工业大学学报自然科学版, 2012, 35 (8): 1117.
[220] Elekonich M M, Horodyski F M. Peptides, 2003, 24 (10): 1623.
[221] Gäde G, Goldsworthy G J. Pest Manage Sci, 2003, 59 (10): 1063.
[222] Dong Y Q, Wang Z Y, Jing T Z. Gene, 2016, 598.
[223] SJ K A T, CA M, et al. P Nat Acad Sci USA, 1991, 88 (21): 9458.
[224] Lorenz M W, Kellner R, Hoffmann K H, et al. Insect Biochem Molec, 2000, 30 (8-9): 711.
[225] Lange A B, Chan K K, Stay B. Arch Insect BioChem, 1993, 24 (2): 79-92.
[226] Duve H, Wren P, Thorpe A. Physiol Entomol, 1995, 20 (1): 33-44.
[227] Duve H, Thorpe A. Cell Tissue Res, 1994, 276 (2): 367.
[228] Veelaert D, Devreese B, Schoofs L, et al. Mol Cell Endocrinol, 1996, 122 (2): 183.
[229] Kai Z P, Xie Y, Huang J, et al. J Agr Food Chem, 2011, 59 (6): 2478.
[230] Xie Y, Kai Z P, Tobe S S, et al. Peptides, 2011, 32 (3): 581.
[231] 汪梅子, 王献伟, 吴小庆, 等. 中国科学: 化学, 2016, 46 (11): 1235.
[232] Xie Y, Wang M, Zhang L, et al. J Pept Sci, 2016, 22 (9): 600.
[233] Wang J, Meyeringvos M, Hoffmann K H. Mol Cell Endocrinol, 2004, 227: 141.
[234] 甘玲, 刘喜龙, 何宁佳. 昆虫学报, 2015, 58 (7): 706.
[235] Wei Z M, Laby R J, Zumoff C H, et al. Science, 1992, 257 (5066): 85.
[236] Elmaarouf H, Barny M A, Rona J P, et al. FEBS Lett, 2001, 497 (282).
[237] He S Y, Huang H C, Collmer A. Cell, 1993, 73 (7): 1255.
[238] Lee J, Klessig D F, Nürnberger T. Plant Cell, 2001, 13 (5): 1079.
[239] Bordoli L, Kiefer F, Arnold K, et al. Nat Protoc, 2009, 4 (1): 1.
[240] 陈卓, 于丹丹, 郭勤, 等. 生物技术通报, 2012, (9): 59.
[241] Zhuo C, Zeng M, Song B, et al. PloS one, 2012, 7 (7): e37944.
[242] Lee J, Jin M. K, Kang S U, et al. Bioorg Med Chem Lett, 2005, 15 (18): 4143.
[243] Chung J U, Kim S Y, Lim J O, et al. Bioorgan Med Chem, 2007, 15 (18): 6043.
[244] Gunthorpe M J, Hannan S L, Smart D, et al. American Society for Pharmacology & Experimental Therapeutics, 2007.
[245] Pilipecz M V, Mucsi Z, Nemes P. Heterocycles, 2007, 71 (9): 1919.
[246] Ausborn J, Wolf H, Mader W, et al. J Exp Biol, 2005, 208 (Pt 23): 4451.
[247] Nesterov A, Spalthoff C, Kandasamy R, et al. Neuron, 2015, 86 (3): 665.
[248] Kim J, Chung Y D, Park D Y, et al. Nature, 2003, 424 (6944): 81.
[249] Tobin D, Madsen D, Kahnkirby A, et al. Neuron, 2002, 35 (2): 307.
[250] Wei J J, Fu T, Yang T, et al. Insect Mol Biol, 2015, 24 (4): 412.
[251] Fu T, Hull J J, Yang T, et al. Insect Mol Biol, 2016, 25 (4): 370.
[252] Peng G, Kashio M, Morimoto T, et al. Cell Rep, 2015, 12 (2): 190.
[253] Venkatachalam K, Zheng F, Gill D L. J Biol Chem, 2003, 278 (31): 290310.
[254] Estacion M, Li S, Sinkins W G, et al. J Biol Chem, 2004, 279 (21): 22047.
[255] Richter J M, Schaefer M, Hill K. Mol Pharmacol, 2014, 86 (5): 514.
[256] Xu X Z, Sternberg P W. Cell, 2003, 114 (3): 285.
[257] Irie S, Furukawa T. TRPM1. Springer Berlin Heidelberg, 2014: 387.
[258] Kraft R, Grimm C, Grosse K, et al. Am J Physiol Ph, 2004, 286 (1): C129.
[259] Pérez C A, Huang L, Rong M, et al. Nat Neurosci, 2002, 5 (11): 1169.
[260] Kaske S, Krasteva G, König P, et al. BMC Neurosci, 2007, 8 (1): 1.
[261] Ayca A, Peter S K, Sultan T M. J Clin Res Pediatr E, 2016, 8 (1): 101.
[262] Xiao R, Xu X Z. *C. elegans* TRP Channels. Springer Netherlands, 2011.

[263] Colletti G A, Kiselyov K. Adv Exp Med Biol, 2010, 704 (704): 209.
[264] Chen X Z, Li Q, Wu Y, et al. Febs Journal, 2008, 275 (19): 4675.
[265] Karlin A. Nat Rev Neurosci, 2002, 3 (2): 102.
[266] Sattelle D, Jones A, Sattelle B, et al. Bioessays, 2005, 27 (4): 366.
[267] Millar N S, Gotti C. Neuropharmacology, 2009, 56 (1): 237.
[268] Sine S M, Engel A G. Nature, 2006, 440 (7083): 448.
[269] Millar N S, Denholm I. Invertebr Neurosci, 2007, 7 (1): 53.
[270] Thany S H, Lenaers G, Raymond V, et al. Trends In Pharmacol Sci, 2007, 28 (1): 14.
[271] Breer H, Sattelle D B. J Insect Physiol, 1987, 33 (11): 771.
[272] Jones A K, Raymond V, Thany S H, et al. Genome res, 2006, 16 (11): 1422.
[273] Gundelfinger E D, Scchulze R. Springer Science & Business Media, 2000, 44.
[274] Unwin N. J Mol Biol, 2005, 346 (4): 967.
[275] Matsuda K, Shimomura M, Ihara M, et al. Biosci Biotech Bioch, 2005, 69 (8): 1442.
[276] Ishaaya I. 2001, 17 (5): 77.
[277] Sattelle D, Harrow I, David J, et al. J Exp Biol, 1985, 118 (1): 37.
[278] Konishi K. Agricultural and Biological Chemistry, 1970, 34 (6): 926.
[279] Richter R, Ottow D, Mengs J. SpringerVerlag, 1989, 28 (2): .
[280] Lee S J, Tomizawa M, Casida J E. J Agr Food Chem, 2003, 51 (9): 2646.
[281] Schirmer U, Jeschke P, Witschel M. John Wiley & Sons, 2012, 3.
[282] Mencke N, Jeschke P. Curr Top Med Chem, 2002, 2 (7): 701.
[283] Kollmeyer W D, Flattum R F, Foster J P, et al. Springer Japan, 1999: 71.
[284] Kagabu S, Matsuno H. J Agr Food Chem, 1997, 45 (1): 276.
[285] Jeschke P, Nauen R, Beck M E. Acta Vet Brno, 2013, 52 (36): 9464.
[286] 许网保,魏明阳,缪留福,等. CN 101016277A, 2007.
[287] Su W, Zhou Y, Ma Y, et al. J Agr Food Chem, 2012, 60 (20): 5028.
[288] Tomizawa M, Kagabu S, Ohno I, et al. J Med Chem, 2008, 51 (14): 4213.
[289] Tomizawa M, Kagabu S, Casida J E. J Agr Food Chem, 2011, 59 (7): 2918.
[290] Ohno I, Tomizawa M, Aoshima A, et al. J Agr Food Chem, 2010, 58 (8): 4999.
[291] Tomizawa M, Durkin K A, Ohno I, et al. Bioorg Med Chem Lett, 2011, 21 (12): 3583.
[292] Kagabu S, Aoki E, Ohno I. J Pestic Sci, 2007, 32 (2): 128.
[293] Shao X, Xu Z, Zhao X, et al. J Agric Food Chem, 2010, 58 (5): 2690.
[294] Ye Z, Shi L, Shao X, et al. J Agr Food Chem, 2012, 61 (2): 312.
[295] Shao X, Zhang W, Peng Y, et al. Bioorg Med Chem Lett, 2008, 18 (24): 6513.
[296] Shao X, Fu H, Xu X, et al. J Agric Food Chem, 2010, 58 (5): 2696.
[297] Zhu Y, Loso M R, Watson G B, et al. J Agri Food Chem, 2011, 59 (7): 2950.
[298] Kaltenegger E, Brem B, Mereiter K, et al. Phytochemistry, 2003, 63 (7): 803.
[299] Jiwajinda S, Hirai N, Watanabe K, et al. Phytochemistry, 2001, 56 (7): 693.
[300] Mungkornasawakul P, Pyne S G, Jatisatienr A, et al. J Nat Prod, 2004, 67 (4): 675.
[301] Yamamoto I, Casida J E. Springer, 1999, 26 (11): 110.
[302] Peter J, Robert V, Thomas S. De 102006015467, 2012.
[303] Jeschke P, Beck M, Kraemer W, De 10119423, 2002.
[304] Tomizawa M, Yamamoto I. J Pestic Sci, 1993, 18: 91.
[305] Tomizawa M, Lee D L, Casida J E. J Agr Food Chem, 2000, 48 (12): 6016.
[306] Zhang N, Tomizawa M, Casida J E. J Org Chem, 2004, 69 (3): 876.
[307] Tomizawa M, Zhang N, Durkin K A, et al. Biochemistry, 2003, 42 (25): 7819.
[308] Shimomura M, Okuda H, Matsuda K, et al. Brit J Pharmacol, 2002, 137 (2): 162.
[309] Shimomura M, Yokota M, Okumura M, et al. Brain Res, 2003, 991 (1): 71.

[310] Ihara M, Shimomura M, Ishida C, et al. Invertebr Neurosci, 2007, 7 (1): 47.
[311] Wang Y, Cheng J, Qian X, et al. Bioorgan Med Chem, 2007, 15 (7): 2624.
[312] Ohno I, Tomizawa M, Durkin K A, et al. J Agr Food Chem, 2009, 57 (6): 2436.
[313] Tomizawa M, Casida J E. Annu Rev Pharmacol. 2005, 45: 247.
[314] Rauch N, Nauen R. Arch Insect BioChem, 2003, 54 (4): 165.
[315] Fray L M, Leather S R, Powell G, et al. Pest Manage Sci, 2014, 70 (1): 88.
[316] Daborn P, Boundy S, Yen J, et al. Mol Genet Genomics, 2001, 266 (4): 556.
[317] Dib S D, Binshtok A M, Cummins T R, et al. Brain Res. Reviews, 2009, 60 (1): 65.
[318] Narahashi T. J Pharmacol Exp Ther, 2000, 294 (1): 1.
[319] Wang S Y, Wang G K. Cell Signal, 2003, 15 (2): 151.
[320] Silver K S, Song W, Nomura Y, et al. Pestic Biochem Phys, 2010, 97 (2): 87.
[321] Catterall W A. Neuron, 2000, 26 (1): 13.
[322] King G F, Escoubas P, Nicholson G M. Channels, 2008, 2 (2): 100.
[323] 邵亚明．家蚕烟碱型乙酰胆碱受体与电压门控钠通道基因研究[D]．杭州：浙江大学，2009.
[324] Fainzilber M, Kofman O, Zlotkin E, et al. J Biol Chem, 1994, 269 (4): 2574.
[325] 苏旺苍，吴仁海，张永超，等．河南农业科学，2012，41 (8)：6.
[326] 薛振祥，我国拟除虫菊酯 30 年的回眸和展望．中国拟除虫菊酯发展三十年学术研讨会，2003.
[327] 华纯．世界农药，2009，31 (5)：39.
[328] 柳爱平，王晓光，欧晓明，等．新农药，2005 (4)：3.
[329] 柳爱平，王晓光，欧晓明，等．精细化工中间体，2011，41 (5)：1.
[330] 吕杨，戚明珠，周景梅，等．农化市场十日讯，2015 (15)：28.
[331] Heal R E, Folkers K, Rogers E, et al. US 1946.
[332] Rogers E F, Koniuszy F R, Shavel Jr J, et al. J Am Chem Soc, 1948, 70 (9): 3086.
[333] Waterhouse A L, Holden I, Casida J E. J Chem Soc, Perkin Trans. 2, 1985 (7): 1011.
[334] Pessah I N, Waterhouse A L, Casida J E. Biochem Bioph Res Co, 1985, 128 (1): 449.
[335] Waterhouse A L, Pessah I N, Francini A O, et al. J Med Chem, 1987, 30 (4): 710.
[336] Jefferies P R, Yu P. Casida, J E. Pestic sci, 1997, 51 (1): 33.
[337] Ogawa Y. Crit Rev Biochem Mol, 1994, 29 (4): 229.
[338] Meissner G. Ann Rev Physiol, 1994, 56 (1): 485.
[339] Hamilton S L. Cell Calcium, 2005, 38 (3): 253.
[340] Radermacher M, Rao V, Grassucci R, et al. J Cell Biol, 1994, 127 (2): 411.
[341] Serysheva I I, Orlova E V, Chiu W, et al. Nat Struct Mol Biol, 1995, 2 (1): 18.
[342] Takeshima H, Nishimura S, Matsumoto T, et al. Nature, 1989, 339 (6224): 439.
[343] Nakai J, Imagawa T, Hakamata Y, et al. FEBS lett, 1990, 271 (1): 169.
[344] Sorrentino V, Giannini G, Malzac P, et al. Genomics, 1993, 18 (1): 163.
[345] Ogawa Y, Murayama T, Kurebayashi N. Springer, 1999, 10 (23): 191.
[346] Ottini L, Marziali G, Conti A, et al. Biochem J, 1996, 315: 207.
[347] Oyamada H, Murayama T, Takagi T, et al. J Biol Chem, 1994, 269 (25): 172064.
[348] Takeshima H, Nishi M, Iwabe N, et al. FEBS lett, 1994, 337 (1): 81.
[349] Sattelle D B, Cordova D, Cheek T R. Invertebr Neurosci, 2008, 8 (3): 107.
[350] Tohnishi M, Nakao H, Furuya T, et al. Nippon Noyaku Gakkaishi, 2005, 30 (4): 354.
[351] Masaki T, Yasokawa N, Tohnishi M, et al. Mol Pharmacol, 2006, 69 (5): 1733.
[352] Lahm G P, Stevenson T M, Selby T P, et al. Bioorg Med Chem Lett, 2007, 17 (22): 6274.
[353] Selby T P, Lahm G P, Stevenson T M, et al. Bioorg Med Chem Lett, 2013, 23 (23): 6341.
[354] Tsuda T, Yasui H, Ueda H. Nippon Noyaku Gakkaishi, 1989, 14 (2): 241.
[355] Ebbinghaus U, Luemmen P, Lobitz N, et al. Cell Calcium, 2006, 39 (1): 21.
[356] Kato K, Kiyonaka S, Sawaguchi Y, et al. Biochemistry, 2009, 48 (43): 103422.

[357] Lahm G P, Selby T P, Freudenberger J H, et al. Bioorg Med Chem Lett, 2005, 15 (22): 4898.
[358] Lahm G P, Cordova D, Barry J D. Bioorgan Med Chem, 2009, 17 (12): 4127.
[359] Gaddamidi V, Scott M T, Swain R S, et al. J Agr Food Chem, 2011, 59 (4): 1316.
[360] Isaacs A K, Qi S, Sarpong R, et al. Chem Res Toxicol, 2012, 25 (8): 1571.
[361] Spomer N A, Kamble S T, Siegfried B D. J Econ Entomol, 2009, 102 (5): 1922.
[362] Koppenhöfer A M, Fuzy E M. Biol Control, 2008, 45 (1): 93.
[363] Bentley K, Fletcher J, Woodward M. Hayes Handbook of Pesticide Toxicology, 2010: 2231.
[364] Brugger K E, Cole P G, Newman I C, et al. Pest Manag Sci, 2010, 66 (10): 1075.
[365] Preetha G, Stanley J, Suresh S, et al. Phytoparasitica, 2009, 37 (3): 209.
[366] Ohkawa H, Miyagawa H, Lee P W. John Wiley & Sons, 2007, 34 (15): 81.
[367] Wang X, Wu Y. J Econ Entomol, 2012, 105 (3): 1019.
[368] Troczka B, Zimmer C T, Elias J, et al. Insect Biochem Molec, 2012, 42 (11): 873.
[369] Wang X, Khakame S K, Ye C, et al. Pest Manag Sci, 2013, 69 (5): 661.
[370] Gong W, Yan H H, Gao L, et al. J Econ Entomol, 2014, 107 (2): 806.
[371] Alastair M, Hosie K A, David B. Neurosci, 1997, 20: 578-583.
[372] Chebib M, Johnston G A. Clin Exp Pharmacol P, 1999, 26 (11): 937.
[373] Le Novére N, Changeux J. Philos T R Soc B, 2001, 356 (1412): 1121.
[374] Huganir R L, Greengardt P. Neuron, 1990, 5 (5): 555.
[375] Nguyen D L, Jones R K. US 5958963, 1999.
[376] Perret P, Sarda X, Wolff M, et al. J Biol Chem, 1999, 274 (36): 253504.
[377] Casida J E, Durkin K A. Annu Rev Entomol, 2013, 58: 99.
[378] Simon J, Wakimoto H, Fujita N, et al. J Biol Chem, 2004, 279 (40): 414225.
[379] Möhler H. Cell Tissue Res, 2006, 326 (2): 505.
[380] Taylor P M, Thomas P, Gorrie G H, et al. J Neurosci, 1999, 19 (15): 6360.
[381] Knoflach F, Hernandez M. Bertrand D. Biochem Pharmacol, 2016, 115: 10.
[382] Ffrenchtant R, Roush R, Mortlock D, et al. J Econ Entomol, 1990, 83 (5): 1733.
[383] Bloomquist J R, Ffrench R H, Roush R T. Pestic Sci, 1991, 32 (4): 463.
[384] Hosie A, Sattelle D, Aronstein K. Trends neurosci, 1997, 20 (12): 578.
[385] Harrison J, Chen H, Sattelle E, et al. Cell Tissue Res, 1996, 284 (2): 269.
[386] Aronstein K, Ffrench R. Invertebr Neurosci, 1995, 1 (1): 25.
[387] Ottini L, Marziali G, Conti A, et al. Biochem J, 1996, 315 (1): 207.
[388] Chen L, Durkin K A, Casida J E. P Nat Acad Sci USA, 2006, 103 (13): 5185.
[389] Olsen R, Tobin A. FASEB J, 1990, 4 (5): 1469.
[390] Miller P S, Aricescu A R. Nature, 2014, 41 (8): 401.
[391] Klis S F, Vijverberg H P, van der Bercken J. Pestic Biochem Phys, 1991, 39 (3): 210.
[392] Casida J E. Arch Insect BioChem, 1993, 22: 113.
[393] Cole L M, Nicholson R A, Casida J E. Pestic Biochem Phys, 1993, 46 (1): 47.
[394] Meinke P T. J Med Chem, 2001, 44 (5): 641.
[395] Jiang X, Kumar A, Liu T, et al. J Chem Inf Model, 2016, 56 (12): 2413.
[396] Kong H, Lu H, Dong Y, et al. Carbohydr Res, 2016, 429: 54.
[397] Chen L, Liu T, Duan Y, et al. J Agric Food Chem, 2017, 65 (19): 3851.
[398] Liu T, Chen L, Zhou Y, et al. J Biol Chem, 2017, 292 (6): 2080.
[399] Dong Y, Jiang X, Liu T, et al. J Agric Food Chem, 2018, 66 (13): 3351.

第4章 农药创新品种

4.1 概论

我国科学家围绕农作物重大病虫草害，以绿色发展和农药减量为前提，开展了绿色新农药的创制。在杀虫剂和杀线虫剂创制方面，我国的战略目标转向高活性、易降解、低残留及对非靶标生物和环境友好的药剂研究，并在新理论、新技术和产品创制上取得了系列进展，创制出哌虫啶、环氧虫啶、戊吡虫胍、环氧啉、叔虫肟脲、硫氟肟醚、氯溴虫腈、丁烯氟虫腈、氯氟氰虫酰胺和四氯虫酰胺等新型农药；在杀菌抗病毒方面，开展以超高效、调控和免疫为特征的分子靶标导向的新型杀菌抗病毒药剂的创新研究。针对水稻、蔬菜和烟草等主要农作物上的病害，建立了基于分子靶标的筛选模型，开展了杀菌抗病毒作用靶标及反应机理研究，发展了基于靶标发现先导化合物的新思路，创制出毒氟磷、丁香菌酯、氰烯菌酯、噻唑锌、丁吡吗啉、氟唑活化酯等多个具有自主知识产权的绿色新农药；在除草剂方面，建立了基于活性小分子与作用靶标相互作用研究的农药生物合理设计体系，形成了具有自身特色的新农药创制体系，构建了杂草对除草剂的抗性机制及反抗性农药分子设计模型，创制出喹草酮、甲基喹草酮以及环吡氟草酮等新品种。

4.2 杀虫剂

4.2.1 哌虫啶

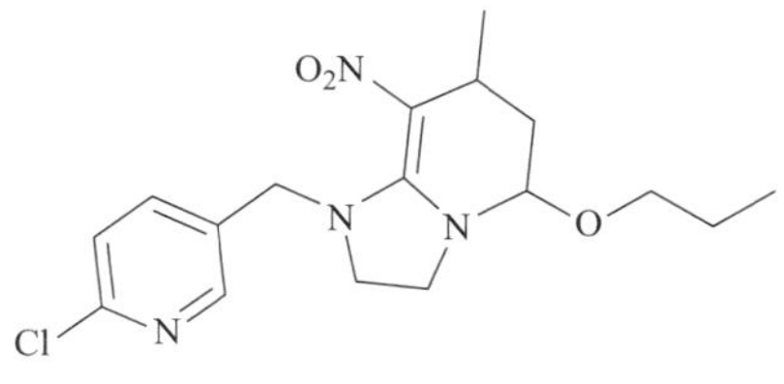

O_2N N N O Cl N

化学名称（IUPAC）：1-[(6-氯吡啶-3-基）甲基]-5-丙氧基-7-甲基-8-硝基-1,2,3,5,6,7-

六氢咪唑并[1,2-*a*]吡啶。

CAS 登录号：948994-16-9。

理化性质：纯品为淡黄色粉末。熔点：130.2～131.9℃。溶解于水（0.61g・L^{-1}）、乙腈（50g・L^{-1}）、二氯甲烷（55g・L^{-1}）及丙酮、氯仿等溶剂。蒸气压 200mPa（20℃）。

加工剂型：悬浮剂等。

研发单位：华东理工大学。

创制流程：在亚洲地区，稻褐飞虱（*Nilaparvata lugens*）是水稻的主要害虫。在中国、印度、泰国等地，稻褐飞虱对吡虫啉等新烟碱化合物产生了严重的抗性，由此导致的直接问题是水稻的严重减产[1,2]。而中国地区的稻褐飞虱就更为严重[3]，2005 年，稻褐飞虱对吡虫啉的抗性甚至高达 400 倍以上，导致江苏、浙江、上海、安徽等地的稻褐飞虱危害异常严重，有些地方甚至绝收。随着时间的推移以及吡虫啉单一大量的使用，抗性的倍数也在与日俱增。为解决抗性问题，人们对抗性机制进行了大量研究。烟粉虱（*Bemisia tabaci*）抗性机制的生物化学原因的研究取得了很大的进展[4~7]。抗性烟粉虱的体内代谢研究表明，吡虫啉的体内代谢物主要是 5-羟基-吡虫啉。烟粉虱的氧化代谢是吡虫啉活性消失的主要原因。南京农业大学的刘泽文等克隆了五个褐飞虱 nAChR 亚单元（N1α1～N1α4 和 N1β1），通过对比吡虫啉敏感和抗性褐飞虱 nAChR 亚单元的基因，得出褐飞虱对新烟碱杀虫剂的抗性是由于 α 亚单元 Y151S 的突变造成的[8,9]。

抗性问题的产生制约了新烟碱杀虫剂的发展，减小了虫害防治的用药选择性，因而针对性地创制具有新颖结构和低交互抗性的新型新烟碱杀虫剂具有非常重要的意义[10]。

吡虫啉与硝基亚甲基类化合物（NTN32692）的化学结构相似（$=NNO_2$ 基团替换 $=CHNO_2$ 基团），两者在生物活性方面表现出一定的差异；虽然两者之间的杀虫效果相近，但亲和力测试表明，硝基亚甲基化合物对烟碱乙酰胆碱受体具有更高的亲和性。电生理学实验表明，硝基亚甲基化合物全部是激动剂，而吡虫啉是部分激动剂[11]。

20 世纪 70 年代，壳牌公司开始对硝基亚甲基类化合物作为先导化合物做了大量的工作。在研究之初，首先以活性较低的化合物 **1** 作为先导化合物，测试其对家蝇以及蚜虫的活性，但是抑制效果一般。对化合物 **1** 进行修饰，用碘盐进行取代，希望得到碘类似物，但却得到化合物 **2**。令人欣喜的是，这个化合物表现出较高、广谱的杀虫活性，尤其是对玉米螟具有较高的活性。在此基础上，研发人员及一步修饰该类化合物，得到一类新的化合物 **4**[12,13]，这类化合物表现出较高的对蚜虫的活性。而结构中最具活性的化合物是六元环的 2-硝基亚甲基四氢-1,3-噻嗪（nithiazine，**5**）[14]，相对于最初的先导化合物 **1**，对玉米螟的活性提高了 1000 倍。但是由于 2-硝基亚甲基基团的光不稳定性（电子吸收波长 λ_{max} = 384nm），所以 nithiazine 从诞生起就没有市场化，但它的新颖结构引起了一些农药开发企业的极大关注（图 4-1）。

20 世纪 80 年代早期，拜耳公司对壳牌公司早期的工作进一步修饰，开发出了高活性化合物 **6**，也就是 NTN32692（图 4-2），其对同翅目昆虫具有极强的作用，但是这类化合物的光稳定性比较差。为了进一步提高杀虫活性以及光稳定性，华东理工大学钱旭红研究组首先通过引入双环结构，固定硝基烯处于顺式位置；引入脂肪族六元环提高化合物的油水分配系数，以利于化合物很好地穿越昆虫表皮，并且可以有效地在体内传输，同时通过对羟基醚化修饰，通过改变 R 基团的化学结构，能够有效地控制硝基的空间取向，调节化合物的水溶性和脂溶性之间的平衡；其次，为了提高化合物的稳定性，在 C1 位置引入 C—C 键，可以有效地提高化合物的光稳定性。

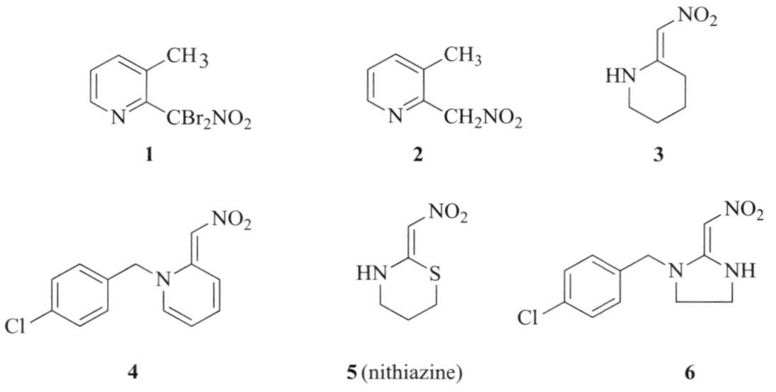

1　2　3

4　5 (nithiazine)　6

图 4-1　硝基亚甲基类化合物的发展

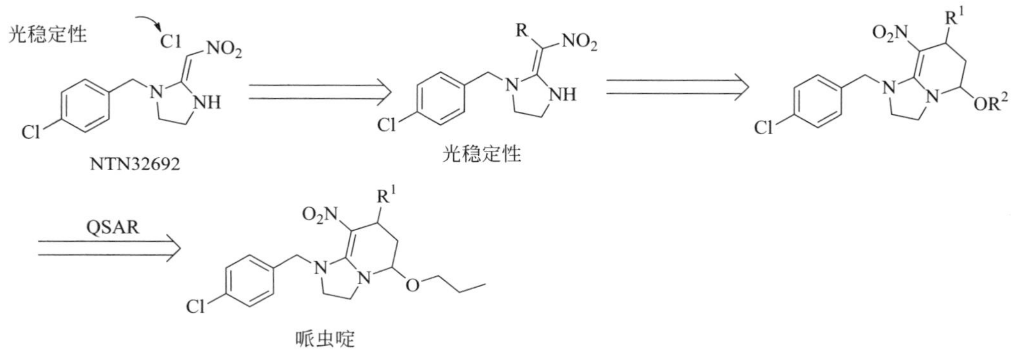

光稳定性　NTN32692　光稳定性　QSAR　哌虫啶

图 4-2　哌虫啶的研发过程

相比较拜耳公司 Bay T 9992 化合物中的四氢嘧啶环，首次引入四氢吡啶环，设计一类具有新骨架的化合物（图 4-3）。

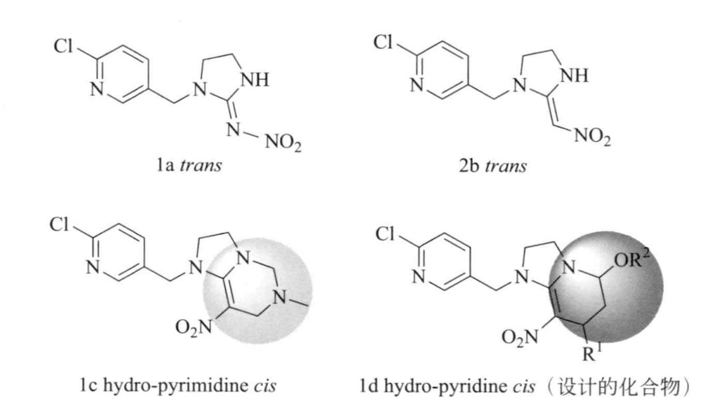

图 4-3　新烟碱化合物的结构对比

为了进一步验证设计的化合物的合理性，使用 $Cerius^2$ 软件计算比较了化合物 B1、B3、NTN32692、吡虫啉分子的 lg$P$ 值（表 4-1）。比较 NTN32692、吡虫啉分子，可以发现所设计的分子脂溶性具有明显的提高。同时使用 Hyperchem 70 软件，把 Bay T 9992 分子与 B1 进行分子模拟叠合；结果显示，氯吡啶部分、硝基亚甲基部分叠合效果较好。

表 4-1　计算比较 B1、B3、NTN32692、吡虫啉的 lg$P$ 值

名称	lg$P$	结构式	名称	lg$P$	结构式
NTN32692	−0.19		吡虫啉	1.24	
B1	0.59		B3	1.51	

哌虫啶由华东理工大学独家转让江苏克胜集团股份有限公司。它是国内第一个具有自主知识产权的新烟碱类杀虫剂，对抗性害虫具有极高的活性。哌虫啶的结构是含有两个手性碳的消旋体结构，探索手性异构体对杀虫活性的影响具有重要价值，通过手性拆分、晶体结构、活性测试，为工业化生产高活性化合物奠定基础。针对哌虫啶具有两个手性碳的结构特征，通过手性拆分的方法，得到了四个光学对映体（图 4-4）。初步考察了四个手性对映异

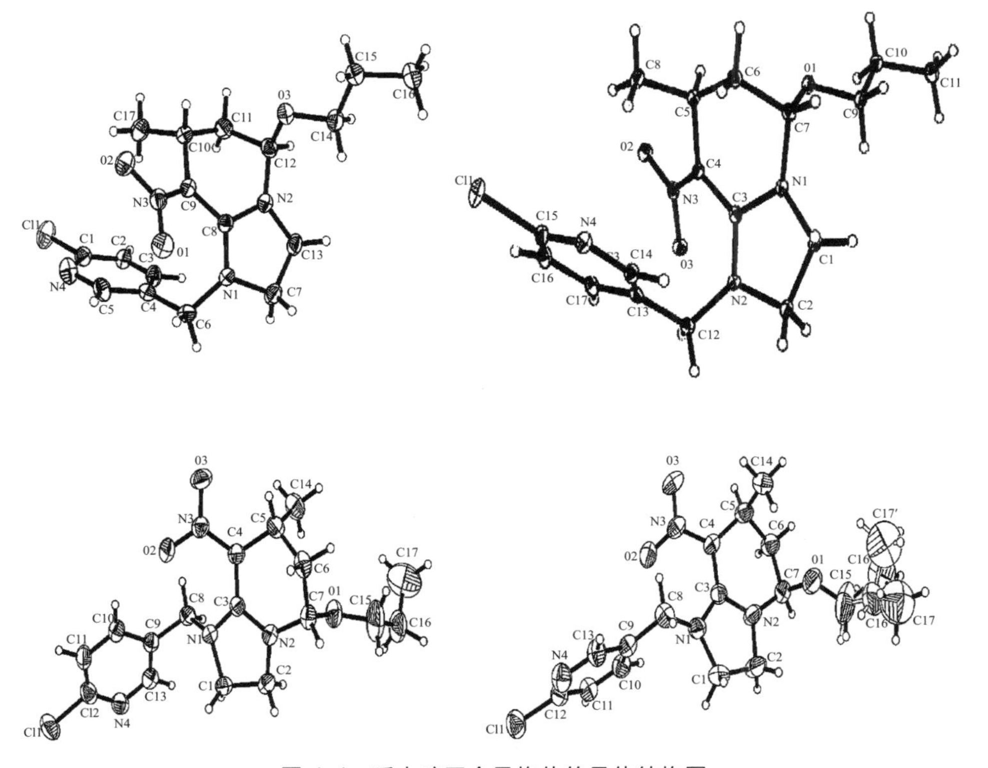

图 4-4　哌虫啶四个异构体的晶体结构图

构体室内防治苜蓿蚜的活性，结果表明，哌虫啶四个对映异构体的生物活性相差很大(表 4-2)，甲基与正丙基位于四氢嘧啶环同侧的一对差向异构体的活性高于两者处于异侧的活性。通过手性差分、晶体结构获得等研究方法确认四个光学异构体的绝对构型，为后期的工业化生产获得高活性化合物奠定了基础。工艺优化已获得了高活性的一对对映异构体。

表 4-2　哌虫啶结构及对苜蓿蚜的半数致死浓度（LC_{50}）

构型编号	结构	LC_{50}/mg · L^{-1}
1	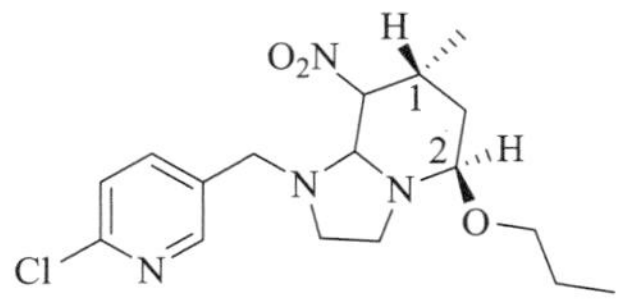 1*R*2*R*	288
2	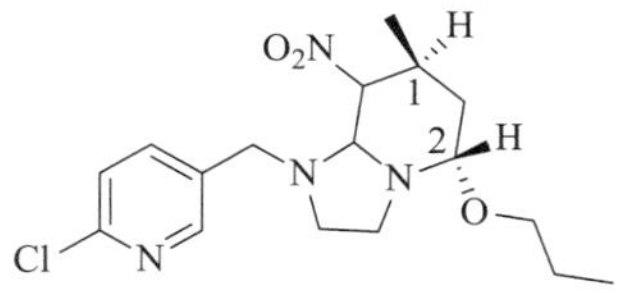 1*S*2*S*	50
3	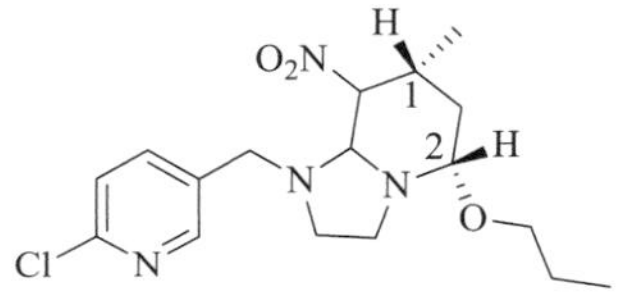 1*R*2*S*	57
4	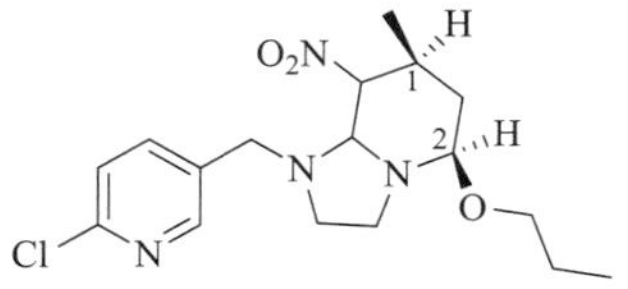 1*S*2*R*	14

作用机制：作用于昆虫烟碱乙酰胆碱受体。

生产企业：江苏克胜集团股份有限公司。

产品性能（用途）：主要用于防治半翅目害虫，对稻飞虱具有良好的杀虫效果，防效在90%以上，对蔬菜蚜虫的防效在 94%以上。可广泛用于大豆、蔬菜、果树、小麦、玉米和水稻等多种作物害虫的防治。作用方式独特，作用于昆虫烟碱乙酰胆碱受体。本品具有较强的内吸传导作用，可以被作物迅速吸收，喷药 5h 后药液可均匀充满整个植株。对各种刺吸式害虫具有杀虫速度快、防治效果好、持效期长、广谱、低毒等特点。防治稻飞虱在低龄若虫盛发期喷雾，25～35g · 亩$^{-1}$，每亩兑水 50kg。喷雾时务必将药液喷到稻丛中、下部，以保证药效。若药后 5h 内降雨需补用药，避开大风天用药。

哺乳动物和生态毒性：哌虫啶悬浮剂对雌雄大鼠急性经口 LD_{50} >5000mg · kg^{-1}(bw)，属低毒，对大鼠亚慢性（91d）经口毒性试验表明，最大无毒作用剂量是 30mg · kg^{-1}(bw) · d^{-1}；对豚鼠皮肤属弱致敏物；对家兔皮肤、眼球均无刺激性；对鸟类低毒。对斑马鱼急性毒性为低毒；对家蚕急性毒性为低毒；对蜜蜂低毒，其风险性为中风险，使用中注意对蜜蜂的影响。

注意事项：本品在水稻上使用的安全间隔期为20d，最多使用次数为1次。本品剂型为悬浮剂，施药时应注意清洗药袋，不能与碱性农药混用。远离水产养殖区施药，禁止在河塘等水体中清洗施药器具。使用本品时应穿戴防护服，避免吸入药液，施药时不可吃东西和饮水，施药后应及时洗手、洗脸。建议与其他不同作用机制的杀虫剂轮换使用。

4.2.2 环氧虫啶

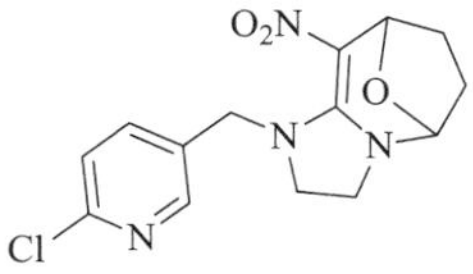

O_2N O N N N Cl

化学名称（IUPAC）：[9-(6-氯吡啶-3-基)甲基]-4-硝基-8-氧杂-10,11-二氢咪唑并[2,3-*a*]双环[3,2,1]辛-3-烯。

CAS登录号：1203791-41-6。

理化性质：黄棕色粉末，稍有气味。易溶于DMF、DMSO，可溶于二氯甲烷、氯仿，微溶于甲醇、乙醇、丙酮。水中溶解度0.116g·L^{-1}（20℃），堆密度为0.44g·mL^{-1}，分配系数（正辛醇/水）$\lg P_{ow}$为0.14（25℃），蒸气压<0.01kPa（20℃），具有热储稳定性。

加工剂型：可湿性粉剂、水分散粒剂、油悬剂等。

研发单位：华东理工大学[15]。

创制流程：新烟碱类杀虫剂为防治半翅目（蚜虫、粉虱和飞虱）、鞘翅目（甲虫）等对作物最具破坏力的害虫提供了强有力的工具，而且在防治长期产生抗性的害虫上也发挥了重要的作用[16]。但随着吡虫啉的大量使用，新烟碱的抗性和交互抗性问题越来越明显。到目前为止，许多昆虫如蚜虫（*Myzus persicae* 和 *Phorodon humuli*）、粉虱（*Bemisia tabaci* 和 *Trialeurodes vaporariorum*）、马铃薯甲虫（*Leptinotarsa decemlineata*）、飞虱（*Laodelphax striatellus* 和 *Nilaparvata lugens*）、小菜蛾（*Plutella xylostella*）、西方花木草虫（*Franklienella occidentalis* Pergande）、家蝇（*M domestica*）、德国蟑螂（*Blattella germanica* L）等都对吡虫啉或其他新烟碱杀虫剂产生了抗性或交互抗性[2,17~21]。为及早防治半翅目害虫出现的抗性，人们已得到一些基线敏感数据[4,5,18,22~26]。

桃蚜（*Myzus persicae*）对吡虫啉和其他新烟碱杀虫剂的低敏感性是因为长期使用天然烟碱[(*S*)-尼古丁][27,28,33,34]。Foster等报道欧洲不同地区吡虫啉对桃蚜的敏感性和烯啶虫胺对桃蚜的交互抗性[25]。南西班牙地区的Q-型烟粉虱（*Bemisia tabaci*）对吡虫啉产生抗性的同时会对噻虫嗪和啶虫脒产生高的交互抗性，德国和意大利的部分地区也观测到了这一趋势[17]，而且Q-型烟粉虱的抗性开始蔓延到全世界范围。1995年，吡虫啉开始引入到北美用来防治马铃薯甲虫（*Leptinotarsa decemlineata*），近来摄入和接触活性测试表明，马铃薯甲虫已对吡虫啉产生了30倍的抗性[35]，纽约地区马铃薯甲虫的抗性问题也十分严重[20,29]。一些相对不是重要的害虫也产生了一定的抗性和交互抗性，这些害虫包括灰飞虱[*Laodelphax striatellus*（Fall）][30]、黑腹果蝇（*Drosophila melanogaster* Meigen）[31]和盲蝽（*Lygushesperus* Knight）[32]。

毫无疑问，作用于烟碱乙酰胆碱受体（nAChR）的新烟碱类杀虫剂是发现的最为成功的杀虫剂之一。因为其杀虫活性高、作用机制新颖、环境友好性等优点在虫害防治方面发挥了重要的作用，并成为新农药研究的重要热点领域。但是由于其过量频繁使用，抗性严重。以顺式构型为出发点，合成具有顺式构型的硝基烯类新烟碱化合物，通过构型的变化寻找低交互抗性、低蜜蜂毒性、新作用机制的新型新烟碱杀虫剂。

吡虫啉的硝基亚甲基类似物 6-Cl-PMNI（图 4-5）可以和甲醛反应得到双联产物，C1 是反应的亲核中心，但是该化合物并没有表现出一定的杀虫活性；6-Cl-PMNI 与 α,β-不饱和醛反应得到了四氢吡啶环固定硝基为顺式构型的化合物，C1 和 N1 是反应的亲核中心，此类化合物表现出较高的杀虫活性。6-Cl-PMNI 与五元杂环醛反应得到的化合物具有优异的杀虫活性，C1 是亲核中心。为了寻找杀虫活性更高的化合物，华东理工大学李忠课题组把二醛引入到反应体系，合成了一系列双联化合物或氧桥杂环固定硝基为顺式构型的硝基烯类新烟碱衍生物。化合物杀虫活性测试表明，双联化合物对蚜虫和黏虫具有一定的活性；丁二醛构建的氧桥杂环化合物（环氧虫啶）对蚜虫、黏虫和抗性褐飞虱的活性超过了吡虫啉。

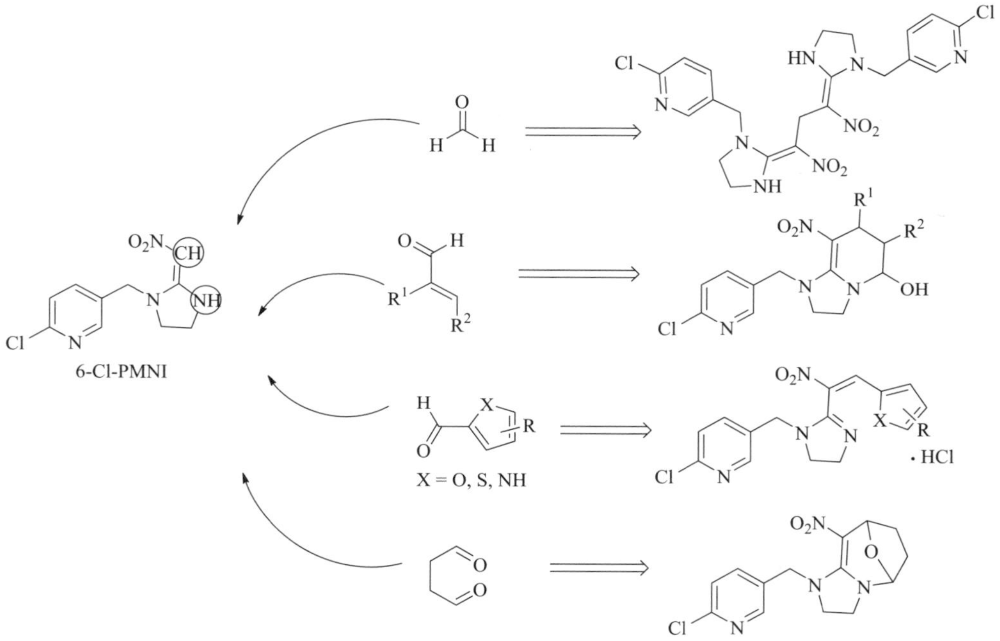

图 4-5 环氧虫啶的研发过程

在顺硝烯新烟碱杀虫剂的创制方面，对于具有全新作用机制的环氧虫啶进行多年多地的田间药效试验，发现了环氧虫啶对于水稻抗性褐飞虱具有很高的活性，活性显著超越商品化品种吡虫啉、噻嗪酮，与目前主流的产品吡蚜酮相当，对小珀椿象和烟粉虱的杀虫活性都高于美国陶氏益农的 sulfoxaflor。杀虫谱广，不仅对刺吸式口器的害虫效果明显，对咀嚼式昆虫如稻纵卷叶螟也有一定的兼防效果，该药在试验剂量范围内对水稻安全，可以推广使用，对蜜蜂的毒性也较吡虫啉低，显示出商品化开发的巨大潜力。这是作用于重要作物水稻的高活性候选药物，国内无相关药物，在国内外市场将具有较强的竞争力。

环氧虫啶的作用机制新颖，不同于已商品化的传统新烟碱杀虫剂和哌虫啶。在杀虫剂量表现出拮抗的效果，从而与现有的新烟碱杀虫剂没有交互抗性。国际杀虫剂抗性行动委员会（IRAC）将环氧虫啶列为未来开发的作用于 nAChR 受体的杀虫剂，这也是 IRAC 唯一选入的国内自主研发的杀虫剂（Pesticide BioChem Physiol，2015，121：122-128）。拜耳著名农药学专家Peter Jeschke认为此研究是环氧虫啶为潜药的重要证据（Pest Manag Sci，2016，72：210-225）

目前环氧虫啶专利独家许可转让给上海生农生化制品股份有限公司。环氧虫啶已经拿到了原药（LS20150095）和25%可湿性粉剂（LS20150097）的临时农药登记证，正式登记所需的慢性毒性数据已经初步做完。环氧虫啶生产批准证申请的环境评价和安全性评价的批件已得到，相关工作正在进行中。环氧虫啶的中国发明专利已授权，申请了国际PCT专利，进入20个国家，已获得美国、欧洲、加拿大等国授权。

环氧虫啶作为一个全新的具有自主知识产权的新杀虫剂品种进行创制，涉及创制的每一个方面，包括高活性化合物工艺路线优化开发、化合物新剂型的研制、化合物新作用机制的研究、同位素标记化合物用于环境行为的探索、化合物田间推广应用等。这些和环氧虫啶相关的探索研究将有力地提升相关学科的研究水平，积累创制的经验，引发国内的研究机构对环氧虫啶的后续研究，并发表了有影响力的高质量文章和成果，这对于推动国内在杀虫剂领域的创制研究也具有较大的促进作用。这将有利于建立在具有顺式构型的新烟碱化合物创制领域的技术优势，从而得以在具有独立知识产权的农药新品种创制方面取得重大突破。

作用机制：环氧虫啶是新烟碱类杀虫剂，是烟碱乙酰胆碱受体（nAChR）的拮抗剂。

生产企业：上海生农生化制品股份有限公司。

产品性能（用途）：环氧虫啶是新烟碱类杀虫剂，是烟碱乙酰胆碱受体（nAChR）的拮抗剂，适用作物包括水稻、蔬菜、果树、小麦、棉花、玉米等多种作物，既可用于茎叶处理，也可进行种子处理。防治对象包括同翅目的稻飞虱（褐飞虱、白背飞虱、灰飞虱）、蚜虫（麦蚜、棉蚜、蚕豆蚜、苜蓿蚜）、烟粉虱、葡萄斑叶蝉、长尾粉蚧；鞘翅目的马铃薯甲虫；双翅目的枣瘿蚊；缨翅目的蓟马等害虫；对鳞翅目的稻纵卷叶螟、大螟、黏虫等也有明显的防效。可防治鳞翅目、半翅目害虫；其对水稻褐飞虱、白背飞虱、灰飞虱均高效，对甘蓝蚜虫和黄瓜蚜虫也有良好的防效，对稻纵卷叶螟有较好的兼防效果，对棉田烟粉虱的活性显著高于吡虫啉。该产品建议在卵孵高峰期至低龄幼虫盛发期使用，注意避开水稻扬花期，每亩兑水45～60kg，对植株均匀喷雾，间隔期7～10d。大风天或预计1h内降雨，请勿施药。

哺乳动物和生态毒性：97%环氧虫啶原药对哺乳动物较为安全，其原药对大鼠急性经口LD_{50}为雌性2330mg·kg^{-1}，雄性2710mg·kg^{-1}；对雌、雄性大鼠急性经皮LD_{50}均大于2000mg·kg^{-1}，属于低毒；对家兔眼睛有轻度刺激性，对家兔皮肤无刺激性；Ames试验结果阴性；对小鼠骨髓嗜多染红细胞微核试验、体外哺乳动物染色体畸变试验以及体外哺乳动物细胞基因突变试验均是阴性。蜜蜂的急性经口毒性：LC_{50}（48h）为1.04mg·L^{-1}（0.88～1.23mg·L^{-1}）；松毛虫赤眼蜂成蜂期的接触毒性：LR_{50}（24h）为7.6×10^{-6}mg·cm^{-2}；羊角月牙藻的半数抑制浓度EC_{50}为33.9mg·L^{-1}（18.3～63.0mg·L^{-1}）；家蚕LC_{50}（96h）为0.50mg·L^{-1}（0.47～0.53mg·L^{-1}）；鹌鹑急性经口毒性试验：雌性LC_{50}为10.4mg·kg^{-1}体重，雄性LC_{50}为9.0mg·kg^{-1}体重。

25%环氧虫啶可湿性粉剂对哺乳动物较为安全，其原药对大鼠急性经口LD_{50}为雌性＞5000mg·kg^{-1}，雄性＞5000mg·kg^{-1}；对雌、雄性大鼠急性经皮LD_{50}均大于2000mg·kg^{-1}，属于低毒；对家兔眼睛有轻度刺激性，对家兔皮肤无刺激性；Ames试验结果阴性；

对小鼠骨髓嗜多染红细胞微核试验、体外哺乳动物染色体畸变试验以及体外哺乳动物细胞基因突变试验均是阴性。蜜蜂的急性经口毒性：LC_{50}（48h）为 3.72mg・L^{-1}（3.24～4.23mg・L^{-1}）；家蚕 LC_{50}（96h）为 1.33mg・L^{-1}（1.14～1.54mg・L^{-1}）；鹌鹑急性经口毒性试验：雌性 LC_{50} 为 23.6mg・kg^{-1}体重，雄性 LC_{50} 为 25.0mg・kg^{-1}体重。

注意事项：①在开启包装物时，应戴用必要的防护器具，要小心谨慎，防止污染。废弃物应掩埋于远离住宅和水源的深坑中，废包装物严禁作为他用，不能乱丢放，要妥善处理；完好无损的可由销售部门或生产厂统一回收。②操作时应戴好保护手套和口罩，穿好防护服；不准抽烟喝酒，不许吃东西，不得用手擦嘴、脸、眼睛，禁止赤膊。③着火时可用泡沫、二氧化碳、干粉及砂土扑救灭火；散落在车、船厢上或地面上的农药应及时清除，废渣土应埋在远离住宅区、水源的地方。④本品对水生生物有毒，不要污染湖泊、河流或鱼塘等水体。对蜜蜂和家蚕的毒性高，远离蜂房和蚕室放置。⑤孕妇及哺乳期妇女严禁接触。

4.2.3 氯噻啉[33～35]

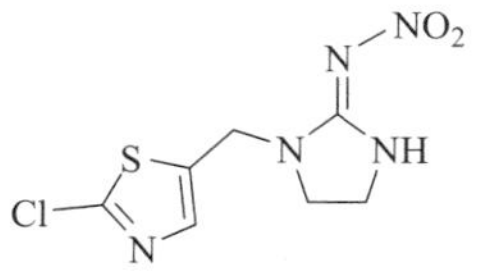

化学名称（IUPAC）：1-(2-氯-5-噻唑甲基)-*N*-硝基亚咪唑烷-2-基胺。

CAS 登录号：105843-36-5。

理化性质：纯品为淡黄色至米黄色白色固体，熔点为 146.8～147.8℃。溶解于水（5g・L^{-1}）、乙腈（50g・L^{-1}）、二氯甲烷（20～30g・L^{-1}）、甲苯（0.6～15g・L^{-1}）、丙酮（50g・L^{-1}）、甲醇（25g・L^{-1}）、二甲基亚砜（260g・L^{-1}）及 DMF（240g・L^{-1}）等溶剂。96%原药对热比较稳定，65～105℃条件下储存 14d 分解率在 1.31%以下，稳定性比较好。

加工剂型：10%可湿性粉剂，40%水分散粒剂。

研发单位：南开大学。

创制流程：自从 20 世纪 80 年代引入吡虫啉作为作物保护的杀虫剂以来，由于其高效、对哺乳动物低毒、广泛的杀虫谱[36]，新烟碱类杀虫剂在全世界迅速发展，与烟碱乙酰胆碱受体（nAChR）相互作用的新烟碱类对昆虫受体相比于哺乳动物具有较高的亲和力；因此，对哺乳动物和水生生物相对安全[36～38]。吡虫啉，作为烟碱乙酰胆碱受体（nAChR）的第一种新烟碱类杀虫剂，已被广泛用于控制各种植物的有害生物，也可用于控制猫、狗和白蚁的跳蚤[22,39,40]

吡虫啉、噻虫嗪、噻虫啉、无环新烟碱杀虫剂、呋虫胺、啶虫脒、硝苯虫胺和噻虫胺已被登记为农药[41～46]。通过用噻唑环或饱和杂环取代吡啶环，将硝基亚氨基改变为等电子的硝基亚甲基或氰基亚氨基，或用生物电子的无环状或非环状部分重建咪唑烷环，开发出七种产物（图 4-6）[47]。所有这些化合物的特征在于其对昆虫的杀虫活性高，对哺乳动物和水生生物相对安全[48～50]，在此设计的基础上，南开大学设计并合成了氯噻啉。

作用机制：氯噻啉是作用于烟碱乙酰胆碱受体的内吸性杀虫剂。

生产企业：南通江山农药化工股份有限公司。

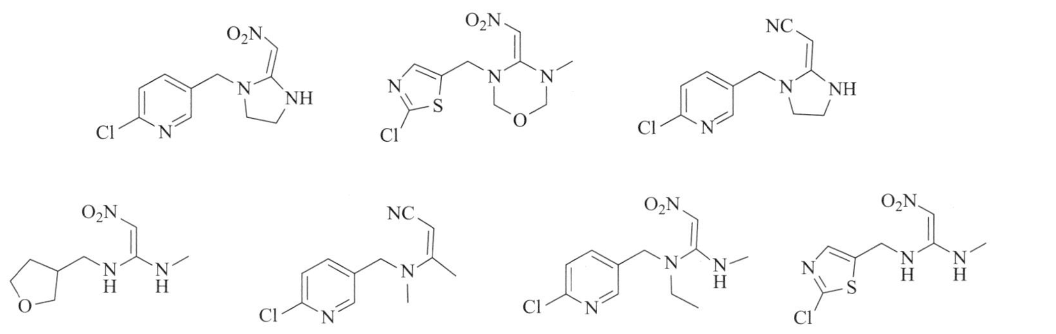

图 4-6　几种商品化的新烟碱化合物

产品性能（用途）：氯噻啉是一种新烟碱类杀虫剂，具有内吸、渗透作用，对刺吸式口器害虫的防治效果较好，如飞虱、蓟马、粉虱、蚜虫、叶蝉及其抗性品种，同时对双翅目、鞘翅目和鳞翅目害虫也有效，尤其是对水稻二化螟、三化螟的毒力比其他烟碱类杀虫剂高，可以广泛用于烟草、棉花、果树、茶树、水稻、小麦、蔬菜等作物，具有高效、广谱、低毒等特点。但对蜜蜂及家蚕的毒性较大，田间使用时，应注意其对蜜蜂及家蚕的危害影响，在作物开花期及桑田附近不要使用。防治白粉虱、飞虱、蚜虫等刺吸式口器害虫，最好在低龄若虫高峰期施药，大风天或预计 4h 内降雨，请勿施药。

哺乳动物和生态毒性：氯噻啉对哺乳动物较为安全，其原药对大鼠急性经口 LD_{50} 为雌性 $1620mg \cdot kg^{-1}$，雄性 $1470mg \cdot kg^{-1}$；对雌、雄性大鼠急性经皮 LD_{50} 均大于 $2000mg \cdot kg^{-1}$，属于低毒；对家兔眼睛和皮肤均没有刺激性；Ames 试验结果阴性；对小鼠急性经口 LD_{50} 为雌性 $90mg \cdot kg^{-1}$，雄性 $126mg \cdot kg^{-1}$，中毒；对小鼠骨髓嗜多染红细胞微核试验以及睾丸初级精母细胞染色体畸变分析结果均是阴性；对豚鼠皮肤变态反应试验结果是弱致敏物。大鼠喂食原药三个月最大无作用剂量是 $15mg \cdot kg^{-1}(bw) \cdot d^{-1}$，若用 100 倍安全系数计算，则 ADI 为 $0.015mg \cdot kg^{-1}$。

氯噻啉 10% 可湿性粉剂对大鼠急性经口 LD_{50} 为雌性 $2710mg \cdot kg^{-1}$，雄性 $3690mg \cdot kg^{-1}$；对雌、雄性大鼠急性经皮 LD_{50} 均大于 $2000mg \cdot kg^{-1}$，属于低毒；对家兔眼睛和皮肤均没有刺激性；对豚鼠皮肤变态反应试验结果是弱致敏物；斑马鱼 LC_{50}（48h）$7216mg \cdot L^{-1}$，蜜蜂 LC_{50}（48h）$1065mg \cdot L^{-1}$，鹌鹑 LD_{50}（7d）$2887mg \cdot L^{-1}$，家蚕 LC_{50}（2 龄）$0.32mg \cdot kg^{-1}$ 桑叶。

氯噻啉 40% 水分散粒剂对大鼠急性经口 LD_{50} 为雌性 $3160mg \cdot kg^{-1}$，雄性 $3690mg \cdot kg^{-1}$；对雌、雄性大鼠急性经皮 LD_{50} 均大于 $2150mg \cdot kg^{-1}$，属于低毒；对家兔眼睛和皮肤均没有刺激性；对豚鼠皮肤变态反应试验结果是弱致敏物；斑马鱼 LC_{50}（96h）$155mg \cdot L^{-1}$，LC_{50}（48h）$805mg \cdot L^{-1}$，鹌鹑 LD_{50}（7d）$680mg \cdot L^{-1}$，家蚕 LC_{50}（2 龄）$0.36mg \cdot kg^{-1}$ 桑叶。

注意事项：①对家蚕的毒性高，施药时防止飘移到桑叶上，对蜜蜂有毒，施药时避开作物开花期。蚕室与桑园附近禁用。②施药前后应将喷雾器清洗干净。③施药时应穿戴好手套等防护用品，使用后用肥皂洗净手和脸。④安全间隔期及施药次数：水稻 30d，2 次；番茄 7d，2 次；甘蓝 7d，4 次；茶树 5d，2 次；小麦 14d，2 次；柑橘 14d，3 次。⑤建议与不同作用机制的杀虫剂混合或轮换使用。

4.2.4 戊吡虫胍[51~53]

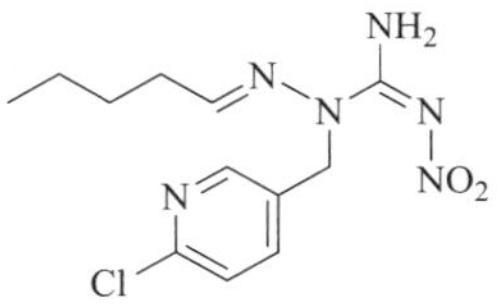

化学名称（IUPAC）：(*E*)-*N*-(2-氯吡啶-5-基)甲基-*N*-戊亚氨基-*N′*-硝基胍。

CAS登录号：1376342-13-0。

理化性质：纯品为白色晶体。熔点：112～114℃；密度：(134±1)g·cm^{-3}（20℃）；分配系数 lgK_{ow}=155（25℃）；pK_a 350±50（25℃）；蒸气压：135×10^{-8}Pa（25℃）。溶解度：苯 495g·L^{-1}（25℃）；甲苯 540g·L^{-1}（25℃）；二甲苯 720g·L^{-1}（25℃）；丙酮 52555g·L^{-1}（25℃）；二氯甲烷 31545g·L^{-1}（25℃）；三氯甲烷 25795g·L^{-1}（25℃）；乙酸乙酯 34490g·L^{-1}（25℃）；甲醇 48160g·L^{-1}（25℃）；乙醇 43535g·L^{-1}（25℃）。堆密度：0.3658g·mL^{-1}。

研发单位：中国农业大学。

创制流程：烟碱是一种天然生物碱，早在19世纪就被人们用作杀虫剂，其作用靶标为烟碱型乙酰胆碱受体（nAChR）[54,55]，但其杀虫活性低，并且对人畜有较高的毒性[55]。拜耳公司以烟碱为先导化合物，成功开发出新烟碱类杀虫剂吡虫啉，随后该类杀虫剂取得了长足的发展，经过20多年的研发已经有7个新烟碱类杀虫剂商品化，它们对哺乳动物、鸟类及水生生物低毒安全，在环境中几乎无残留等优点使其成为杀虫剂中销售额最大的农药，目前占当前全球杀虫剂市场的1/5[56]。其中吡虫啉是使用最广的新烟碱类杀虫剂[57]，对脊椎动物显示高选择性。虽然其对环境相对安全[58,59]，但对蜜蜂、蚯蚓等能造成一定的伤害[60~64]。缩氨基脲类化合物也是农药领域研究的热点，也拥有一些畅销的农药品种，如氰氟虫腙、茚虫威等。但随着这两类杀虫剂的大量使用，害虫对其的抗性问题日益严重，因此创制具有多靶标位点的新型农药势在必行。

许多研究论文在讨论新烟碱类杀虫剂（NNS）的结构优化时都是基于新烟碱化合物的环化，如吡虫啉。只有少部分文章关注于新烟碱化合物的非环化结构修饰，比如，烯啶虫胺[65,66]。在市售的7种商业新烟碱类[45,67~72]，有4种是开链化合物，即硝基嘧啶、噻虫胺、敌敌畏和啶虫脒，3种是环状化合物，即吡虫啉、噻虫嗪和噻虫啉。虽然环化和非环化新烟碱类化合物具有相似的nAChR识别位点，但是它们之间存在着重要的差异。比如，烯啶虫胺对哺乳动物、鸟类和水生生物的毒性比吡虫啉低得多。虽然设计和合成非环化新烟碱分子的策略正在出现，但对非环化NNS的结构优化研究仍然是一个有吸引力的研究领域。

生物对单一作用靶标药物的适应能力明显要强于多靶标药物，基于这些特性，如果在分子设计时就充分考虑到靶标的多样性，则有可能获得抗性风险相对较低的药物品种。戊吡虫胍正是基于这一认识设计的（图4-7）。措取新烟碱类杀虫剂（烟碱乙酰胆碱受体激动剂，如吡虫啉）和缩氨基脲类杀虫剂（钠离子通道抑制剂，如茚虫威）的典型活性结构单元，中国农业大学覃兆海设计合成了化合物Ⅰ（R=H、烷基、芳基；R^1=H、烷基、烯基、炔基、芳基、杂环等；R^2=H、烷基），通过生物活性筛选和QSAR研究，明确了以下结构-活性特征：①R 为脂肪烃基，活性高于 H 和芳基，且以 C_4 和 C_6 的活性最好；②R^1 为芳杂环，活性最好；③R^2 为 H，活性高于烷基。从而最终开发出戊吡虫胍[53,73～79]。

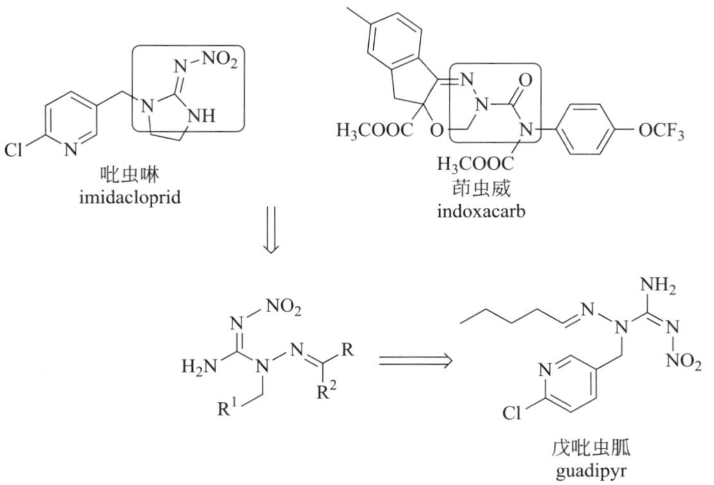

图 4-7　戊吡虫胍的设计

化合物的特点、优势：①毒性低，残留低，安全性高；②抗性风险低，对新烟碱类杀虫剂产生抗性的稻飞虱依然高效；③对蜜蜂特别安全。

生产工艺研究：戊吡虫胍的合成路线见图 4-8。

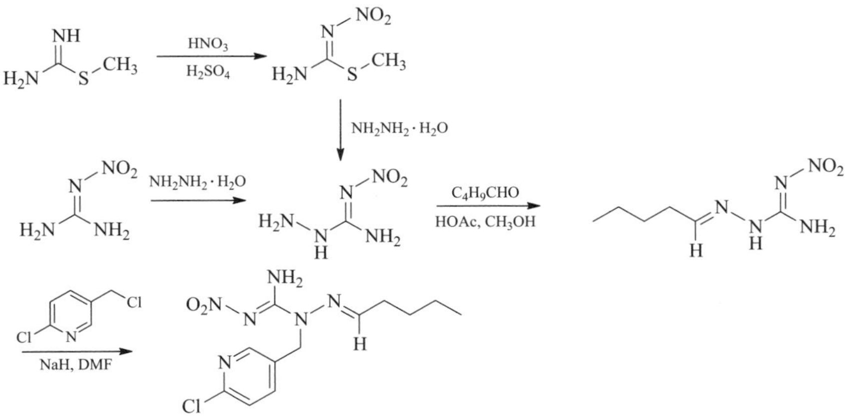

图 4-8　戊吡虫胍的合成路线

戊吡虫胍是从新烟碱类和缩胺脲类杀虫剂的活性结构基团巧妙地组合到一个分子中的系列化合物筛选出的产物，兼具新烟碱类和钠离子通道抑制剂 2 种杀虫剂的活性特点。已有的数据表明，戊吡虫胍能有效地防治蚜虫和褐飞虱，且对于哺乳动物的毒性较吡虫啉低[16]。

目前，正在进行正式登记试验。

作用机制：戊吡虫胍具有双重作用机制，既是烟碱乙酰胆碱受体（nAChR）激动剂，也是钠离子通道抑制剂。

生产企业：合肥星宇化学有限责任公司。

产品性能（用途）：作用对象——稻飞虱、各类蚜虫、叶蝉等；适宜作物——水稻、蔬菜、小麦、茶叶、草药、棉花、果树等；推荐使用剂量——蚜虫 30～45g·hm^{-2}，稻飞虱 60～105g·hm^{-2}。

哺乳动物和生态毒性：雌、雄大鼠急性经口 LD_{50}＞5000mg·kg^{-1}(bw)，属微毒；雌、雄大鼠急性经皮 LD_{50}＞5000mg·kg^{-1}(bw)，属微毒。雌、雄大鼠急性吸入毒性 LC_{50}＞3458mg·m^{-3}，属低毒。Ames 试验结果为阴性。对兔眼、皮肤的刺激强度为无刺激级。皮肤变态（致敏）强度为Ⅰ级，属弱致敏物。体外哺乳动物细胞基因突变试验结果为阴性。细胞体外染色体畸变试验结果为阴性。小鼠睾丸染色体畸变试验结果为阴性。

亚慢性毒性：戊吡虫胍原药对雌、雄性大鼠 3 个月经口染毒剂量为 50mg·kg^{-1}(bw)时，对大鼠有毒性效应；对雌、雄性大鼠 3 个月经口染毒剂量为 10mg·kg^{-1}(bw)时，对大鼠无毒性效应。因此，在本试验条件下，戊吡虫胍原药大鼠 3 个月亚慢性经口毒性试验未观察到有害作用的剂量（NOAEL）为 10mg·kg^{-1}(bw)，最小观察到有害作用剂量（LOAEL）为 50mg·kg^{-1}(bw)。

生态毒性：见表 4-3。

表 4-3　戊吡虫胍的生态毒性

项目（LC_{50}或 LD_{50}）	药剂	
	戊吡虫胍	吡虫啉
蜜蜂急性摄入（48h）/mg·L^{-1}	108 × 10^4（低毒）	1199（高毒）
蜜蜂急性触杀（48h）/μg·蜂$^{-1}$	5182（低毒）	723×10^{-2}（高毒）
鸟急性饲喂（168h）/mg·kg^{-1}饲料	＞200×10^2 饲料（低毒）	—
鸟急性经口（168h）/mg·kg^{-1}（bw）	＞100×10^2（低毒）	3312（高毒）
鱼急性毒性（96h）/mg·L^{-1}	1374（低毒）	＞100×10^2（低毒）
家蚕急性毒性（96h）/mg·L^{-1}	232（高毒）	0.18（剧毒）
赤眼蜂急性毒性（24h）	极高风险	中等风险
蚯蚓急性毒性（14d）/mg·kg^{-1}干土	＞100×10^2（低毒）	156（中毒）
大型溞急性毒性（48h）/mg·L^{-1}	1097（低毒）	2396（低毒）
斜生栅藻急性毒性（72h）/mg·L^{-1}	879（低毒）	5197（低毒）
土壤微生物急性毒性（15d）	低毒	—
天敌两栖类急性毒性（48h）/mg·L^{-1}	193（低毒）	—

注意事项：操作时应穿工作服、工作鞋，戴好口罩和手套；施药时，应遵照安全使用农药守则；用过的容器应妥善处理，不可作他用，也不可随意丢弃。

4.2.5　环氧啉

HN　N　N　O_2N　O

化学名称（IUPAC）：1-(2,3-环氧丙基)-*N*-硝基亚咪唑烷-2-基胺。

CAS 登录号：1185987-44-3。

理化性质：环氧啉为淡黄色固体，化合物不含吡啶环，熔点 99～100℃，可溶于 DMSO、DMF，在水、乙醇中有一定的溶解度。

加工剂型：可加工成可湿性粉剂、乳油等剂型。

研发单位：武汉工程大学。

创制流程：现代社会，对于实际的综合虫害治理，天然杀虫剂和合成杀虫剂是最佳选择[79]。自 20 世纪 80 年代新烟碱类杀虫剂问世以来，由于其独特的作用模式、对哺乳动物低毒、杀虫谱广及较好的物理性质，新烟碱类杀虫剂成为农业、动物疾病预防常用的药物种类[80]。但随着新烟碱类农药的长期使用，一些农药使用中常见的问题和特殊难题也伴随而来。新一代合成化学杀虫剂——新烟碱类杀虫剂，在较短的时间内发展成为一个重要的杀虫剂品种系列，占据世界杀虫剂市场份额的 30%[81]。但由于新烟碱类杀虫剂的频繁使用，以及单一品种的长期使用，害虫对新烟碱类杀虫剂的抗药性及交互抗性引起了人们的高度重视[17,20]。据报道，1996 年，西班牙部分地区由于长期单一频繁地使用吡虫啉防治烟粉虱，发现该地的烟粉虱对吡虫啉的抗药性提高了 25 倍左右。美国 1997 年在纽约发现部分马铃薯甲虫对吡虫啉的抗性提高到 100 倍左右，使吡虫啉的防治效果失效。2000 年，我国发现山东棉蚜种群对吡虫啉的抗性提高到 10 倍[82]。

近些年，蜜蜂群体紊乱和授粉下降引起人们对环境的密切关注，因为这可能导致许多农作物减产。据统计，养蜂人的蜂群损失数量巨大，达到整体数量的 30%，部分甚至达到 90%[83]。对于蜜蜂群体紊乱现象，目前还没有找到具体的原因，但证据证明部分新烟碱类杀虫剂的使用，与这一现象的产生有关[83]。针对这一问题，新烟碱类杀虫剂在欧洲叶面喷洒虽然仍可使用，但作为种子处理剂已经被禁止[84]。在欧洲南部，由于狄斯瓦螨和气动凿岩机播种新烟碱类杀虫剂处理过的玉米种子，春天大量工蜂消失。目前普遍接受的观点，是气动凿岩机在播种新烟碱类杀虫剂处理过的玉米种子时，吸进种子过程中造成种子破损，杀虫剂污染附近的空气。同时，种子污染了种植区的植被，使附近采集花粉和花蜜的蜜蜂中毒[85]。

2010 年，美国化学学会国际奖颁发给 Shinzo Kagabu 教授，以表彰其在农业化学方面发明了吡虫啉和噻虫啉，开启了新烟碱类杀虫剂的新纪元[86,87]。新烟碱类杀虫剂，虽然同样面临着农药发展中的一些问题，但因其特殊的作用模式和高效的杀虫效果，仍然是农业化学研究的热点。

环氧啉农药不但可以克服吡虫啉成本高和昆虫抗性的缺点，而且具有和吡虫啉一样的杀虫谱及杀虫活性；而且环氧啉的药物持效期高于吡虫啉，毒性更低，生产成本仅为吡虫啉的 1/3。环氧啉的结构新颖，具有广阔的市场前景。

环氧啉的开发应用，必将对我国的农药创新起到积极的推动作用，将进一步减少高毒农药的使用，对保护环境起到积极的推动作用。所以环氧啉的推广必将创造较大的经济效益和社会效益。

作用机制：作用于昆虫的烟碱乙酰胆碱受体。

生产企业：武汉中鑫化工有限公司。

哺乳动物和生态毒性：雄性大鼠急性经口 LD_{50} 为 $5000mg \cdot kg^{-1}$，雌性大鼠急性经口 LD_{50} 为 $4300mg \cdot kg^{-1}$，可知环氧啉为低毒化合物。

4.2.6 硫氟肟醚

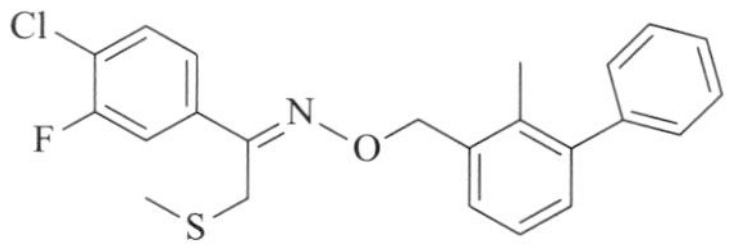

Cl F N O S

化学名称（IUPAC）：(*Z*)-(3-氟-4-氯苯基)-(1-甲硫基乙基）酮肟-*O*-(2-甲基-3-苯基)苄基醚。

理化性质：硫氟肟醚纯品为白色固体，工业品为淡黄色固体，熔点710～712℃，闪点107℃，堆密度0.4616mg·mL^{-1}，易溶于大多数有机溶剂，难溶于水。溶解性（20℃）：甲醇54g·L^{-1}、二甲苯2110g·L^{-1}、二氯乙烷4375g·L^{-1}、丙酮1958g·L^{-1}。25℃水中溶解度分别为：0.196g·L^{-1}（pH＝3）、0.278g·L^{-1}（pH＝7）、0.918g·L^{-1}（pH＝9）。在酸性和中性条件下稳定，对光、热稳定，不具有可燃性和爆炸性。

加工剂型：10％悬浮剂等。

研发单位：湖南化工研究院。

创制流程：肟醚（酯）衍生物不仅在医药上有着广泛的应用，在农药上也是一类重要的活性化合物，该类化合物具有杀虫、杀螨、杀菌、除草、解毒和/或增效等广谱生物活性，且大多具有高效、低毒、低残留等特点[87～92]。鉴于肟醚化合物的结构与活性特点，为解决拟除虫菊酯类农药高抗性及高鱼毒而限制其在水田中应用的不足，湖南化工研究院柳爱平于1992年开始了肟醚类化合物的自主设计、合成与生物活性研究。通过对烷基醛肟醚（a）、烷基-烷基酮肟醚（b）、环酮肟醚（c）、芳基醛肟醚（d）、芳基-烷基酮肟醚（e）、杂芳基醛肟醚（f）、杂芳基-烷基酮肟醚（g）等多个系列化合物的研究，于1997年底发现了HNPC-A7077、HNPC-A9835等4个芳基-含硫烷基酮肟醚具有广谱而高效的杀虫活性，为获得具有更高杀虫活性化合物，湖南化工研究院柳爱平选择HNPC-A9835为先导化合物，分别对含S的烷基部分、对醚部分的苯氧基以及对酮的芳基部分4-氯苯基展开了优化。通过对化合物合成的难易程度、合成成本、活性、毒性等的综合比较，选择HNPC-A9908和HNPC-A2005进行进一步的研究与开发，前者已完成产业化开发。

生产企业：湖南海利化工股份有限公司。

产品性能（用途）：硫氟肟醚是非酯肟醚类化合物，具有较高的杀虫活性、杀虫谱广、作用迅速、毒性低等特点，能有效防治茶毛虫、茶尺蠖、茶小绿叶蝉等茶树害虫及柑橘潜叶蛾等橘树害虫。硫氟肟醚在30～150g(a.i.)·hm^{-2}剂量下，能有效防治茶树害虫茶毛虫、茶小绿叶蝉、茶尺蠖，柑橘害虫潜叶蛾和蔬菜害虫菜青虫等。本品应于茶树茶毛虫卵孵盛期至低龄幼虫期间施药，注意茶树叶片正反两面喷雾均匀，视虫害发生情况，每5天左右施药一次，可连续用药1～2次。大风天或预计1h内降雨，请勿施药。

哺乳动物和生态毒性：急性经口LD_{50}，雄性大鼠＞4640mg·kg^{-1}，雌性大鼠＞4640mg·kg^{-1}。急性经皮LD_{50}，雄性大鼠＞2150mg·kg^{-1}，雌性大鼠＞2150mg·kg^{-1}。对兔皮肤和兔眼睛无刺激作用。豚鼠皮肤变态反应试验为阴性。大鼠亚慢性（90d）经口接触最大无作用剂量为438mg·kg^{-1}(bw)·d^{-1}（雌）和232mg·kg^{-1}(bw)·d^{-1}（雄）。经Ames试验、小鼠睾丸精母细胞染色体畸变试验、小鼠骨髓嗜多染红细胞微核试验等均未见致突变作用。对环境生物安全性测试结果，蜜蜂LC_{50}（48h）为908mg·L^{-1}；鹌鹑LC_{50}

(7d)＞950mg·kg^{-1}；斑马鱼 LC_{50}(96h)＞160mg·L^{-1}；家蚕 LC_{50}(96h)＞0.441mg·L^{-1}；硫氟肟醚10%悬浮剂对鱼、鸟、蚯蚓、斜生栅藻为低毒，但对蜂和蚕有一定的风险。建议施用该药时应避免在蜜源作物开花期、有授粉蜂群的大棚及其他有蜂群采粉区应用，避免在桑园使用或飘移至附近桑叶上。

注意事项：本品应储存在干燥、阴凉、通风、防雨处，远离火源或热源。置于儿童触及不到之处，并加锁。勿与食品、饮料、饲料等其他商品同储同运。避免在低于－10℃和高于35℃处储存。

4.2.7 氯溴虫腈

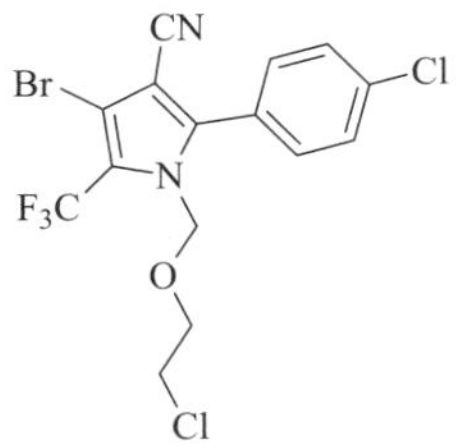

化学名称（IUPAC）：4-溴-1-[(2-氯乙氧基)甲基]-2-(4-氯苯基)-5-三氟甲基-1*H*-吡咯-3-腈。

CAS登录号：890929-78-9。

理化性质：纯品为白色结晶，熔点109.5～110.0℃；燃点256℃；堆密度0.8801g·mL^{-1}；溶解度（20℃，g·L^{-1}）：甲醇322，丙酮9565，三氯甲烷8855，甲苯6001，正己烷113，水0.413（pH＝4）、0.011（pH＝7）、154（pH＝9）。

加工剂型：10%氯溴虫腈悬浮剂和10%氯溴虫腈乳油等。

研发单位：湖南化工研究院。

创制流程：1987年由美国氰胺公司从*Streptomyces*菌株中分离出的二噁吡咯霉素（A，图4-9）被发现对昆虫和螨虫具有适度的活性[93]。虽然其对小鼠的急性口服 LD_{50} 为14mg/kg，对哺乳动物来说毒性太强，不能作为一个候选药物进一步研发，但其新颖和足够简单的结构，可以进行修饰性的研发。为了解决高毒性的问题，大部分修饰和优化已经集中在新的2-芳基吡咯。

美国氰胺公司还发现，化合物B（图4-9）对烟草芽孢杆菌、双斑螨和马铃薯叶蝉表现出优异的活性。然而，发现2-芳基吡咯（B）具有高水平的植物毒性[94]。为了进一步优化减小植物毒性，美国氰胺公司进一步对化合物B的N—H进行优化。1988年，美国氰胺公司通过用乙氧基甲基取代化合物B氮原子上的氢，发现了化合物C并于2001年开发和商业化为农药杀虫剂[95,96]，通用名为溴虫腈[4-溴-2-(4-氯苯基)-1-乙氧基甲基-5-(三氟甲基)-1*H*-吡咯-3-甲腈]。

作为新一类化学品的唯一商业化成员——2-芳基吡咯，溴虫腈是一种农药前药，是通过混合功能氧化酶氧化去除*N*-乙氧基甲基形成化合物B起作用，其解离线粒体上的氧化磷酸化并导致ATP产生的破坏，最终细胞死亡、生物体死亡。溴虫腈的急性口服 LD_{50} 对小鼠为55mg·kg^{-1}，对大鼠为626mg·kg^{-1}。据报道，溴虫腈还可以诱导小鼠脾脏、肝脏、肾细胞和外周血淋巴细胞的DNA损伤[97,98]。

为了寻找具有独特生物活性和对哺乳动物细胞毒性降低的新型2-芳基吡咯，基于前药[11]的原理，通过用*N*-烷氧基草酰氧基、*N*-酯或*N*-桥连的衍生物[99~102]代替溴虫腈的*N*-乙氧基甲基进行一系列优化，一系列新型含硫肟醚显示出显著的杀虫活性。化合物D（图4-9）显示比任何商业杀虫剂溴虫腈和氰戊菊酯更好的杀虫活性。研究者还发现了另一种肟醚化合物E（图4-9），其杀螨效力与商业杀螨剂如嘧螨酯、吡螨胺和溴虫腈相当[103~105]。

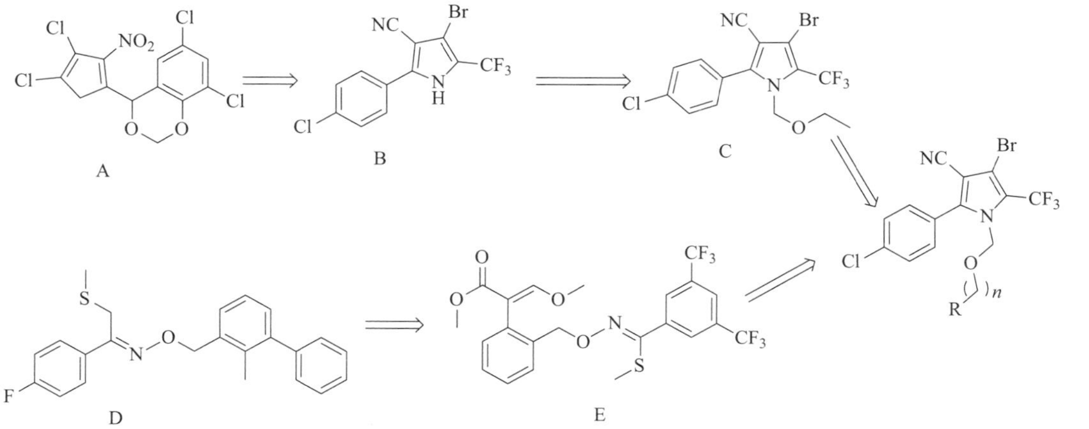

图4-9 具体化合物的设计策略

在这些报告的鼓舞下，开发了一种通过用乙基取代硫、氧和/或含卤素的取代基，改善生物学特性，降低DNA损伤。考虑到这一目标，设计并合成了一系列新的2-芳基吡咯衍生物（图4-10）。

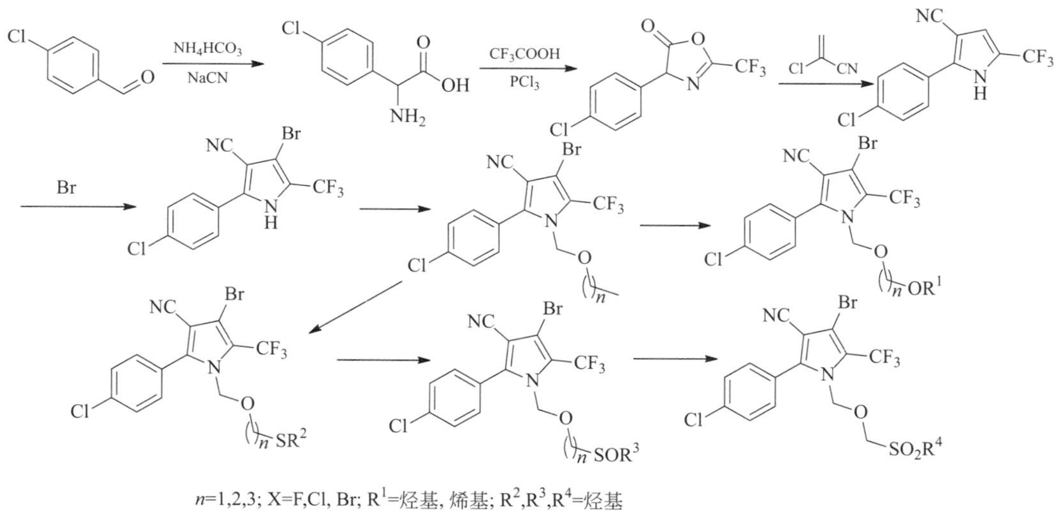

图4-10 具体化合物的合成路线

生产企业：湖南海利化工股份有限公司。

产品性能（用途）：氯溴虫腈是湖南化工研究院创制的具有自主知识产权的新化合物，

系吡咯类化合物，具有很高的杀虫活性，杂环化合物由于其独特的作用机制和其“高活性、高选择性、高环境相容性”的活性特点，其结构新颖独特、活性高，具有广谱的杀虫、杀螨等生物活性，能有效防治水稻、蔬菜等作物上的斜纹夜蛾、小菜蛾、棉铃虫、稻纵卷叶螟、稻飞虱、茶毛虫等多种害虫，杀虫谱广、作用迅速、对作物安全。毒性及残留试验结果表明，氯溴虫腈低毒、低残留、对土壤微生物及蚯蚓等非靶标生物安全。本品应于甘蓝斜纹夜蛾卵孵盛期至低龄幼虫期间施药，注意甘蓝叶片正反两面喷雾均匀，视虫害发生情况，每10天左右施药一次，可连续用药2～3次。大风天或预计1h内降雨，请勿施药。

哺乳动物和生态毒性：急性经口LD_{50}，雌、雄大鼠681mg·kg^{-1}；急性经皮LD_{50}，雌、雄大鼠>2000mg·kg^{-1}；急性吸入LD_{50}，雌、雄大鼠>2000mg·m^{-3}；皮肤致敏试验，豚鼠致敏率为0%；对家兔皮肤无刺激，对家兔眼睛轻度刺激；鼠伤寒沙门菌回复突变试验（Ames试验）和体外哺乳动物细胞基因（TK位点）突变试验、体外哺乳动物细胞染色体畸变试验均为阴性；对小鼠骨髓多染细胞无致微核作用；对雄性小鼠生殖细胞无致突变作用。

亚慢性经口毒性试验：雌、雄SD大鼠亚慢性（90d）经口毒性试验的最大无作用剂量分别为5mg·kg^{-1}（bw）和25mg·kg^{-1}(bw)·d^{-1}。鹌鹑急性经口（168h）LD_{50}=640mg·kg^{-1}（bw），鹌鹑急性饲喂（192h）LC_{50}>2030mg·kg^{-1}；斜生栅藻急性毒性（72h）EC_{50}=1010mg·L^{-1}；蚯蚓急性毒性（14d）LC_{50}>100mg·kg^{-1}干土；土壤微生物急性毒性为低毒；家蚕急性毒性（96h）LC_{50}=6463mg·L^{-1}；赤眼蜂急性毒性（24h）安全系数215；斑马鱼（72h）LC_{50}=0.49mg·L^{-1}；蜜蜂急性摄入（48h）LC_{50}=1354mg·L^{-1}，蜜蜂急性接触（48h）LD_{50}=0.68μg·蜂$^{-1}$。

注意事项：①产品在甘蓝上使用的安全间隔期为10d，每季作物最多使用次数为3次。②本品对蜜蜂、鱼类等水生生物、家蚕有毒，施药期间应避免对周围蜂群的影响，蜜源作物花期、蚕室和桑园附近禁用。远离水产养殖区施药，禁止在河塘等水体中清洗施药器具。赤眼蜂等天敌放飞区禁用。③本品不可与呈碱性的农药等物质混合使用。④使用本品时应穿戴防护服和手套，避免吸入药液。施药期间不可吃东西和饮水。施药后应及时洗手和洗脸。⑤孕妇及哺乳期妇女避免接触。

4.2.8 丁烯氟虫腈

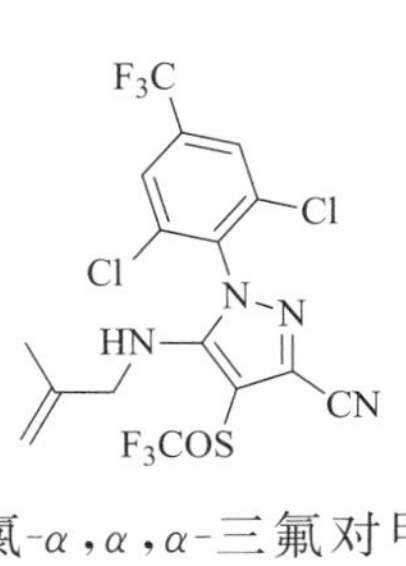

F_3C Cl Cl N N HN CN F_3COS

化学名称（IUPAC）：1-(2,6-二氯-α,α,α-三氟对甲苯基)-5-甲代烯丙基氨基-4-(三氟甲基亚磺酰基)吡唑-3-氰基吡唑。

CAS登录号：704886-18-0。

理化性质：丁烯氟虫腈原药含量≥96.0%，外观为白色疏松粉末。熔点为172～174℃。溶解度（25℃，g·L^{-1}）：水0.02，乙酸乙酯260，微溶于石油醚、正己烷，易溶于乙醚、丙酮、三氯甲烷、乙醇、DMF。$K_{ow}\lg P=37$。常温下稳定，在水及有机溶剂中稳定，在弱酸、弱碱及中性介质中稳定。丁烯氟虫腈5%乳油外观为均相透明液体，无可见悬浮物和沉淀。乳液稳定性（稀释200倍）合格。

加工剂型：80%水分散粒剂、5%乳油、0.2%饵剂等。

研发单位：大连瑞泽农药股份有限公司。

创制流程：*N*-取代苯基吡唑类是近年国际上研究较为广泛的一类杀虫剂[106~110]。其代表品种有原法国罗纳-普朗克（现拜耳公司）1989年开发的氟虫腈，即著名的锐劲特(Regent)。该药剂对众多害虫有很好的防治效果，如半翅目、鳞翅目、缨翅目、鞘翅目等害虫，杀虫谱甚广。同时，对环戊二烯类、拟除虫菊酯类、氨基甲酸酯类杀虫剂的抗性害虫亦十分有效。由于其对鱼、虾等水生生物的毒性较高，从而也限制了它的应用。为了开发活性高、杀虫谱广、对人畜及水生生物安全的杀虫剂，以取代甲胺磷等高毒农药，大连瑞泽农药股份有限公司在此类化合物的基础上，自主设计并合成了以丁烯氟虫腈为代表的化合物，且获得了国内与国际专利（国内专利号：021283125，国际专利号：PCT/CN03/0343)。

丁烯氟虫腈是在氟虫腈的基础上经过优化筛选得到的，可由如图4-11所示方法制得。

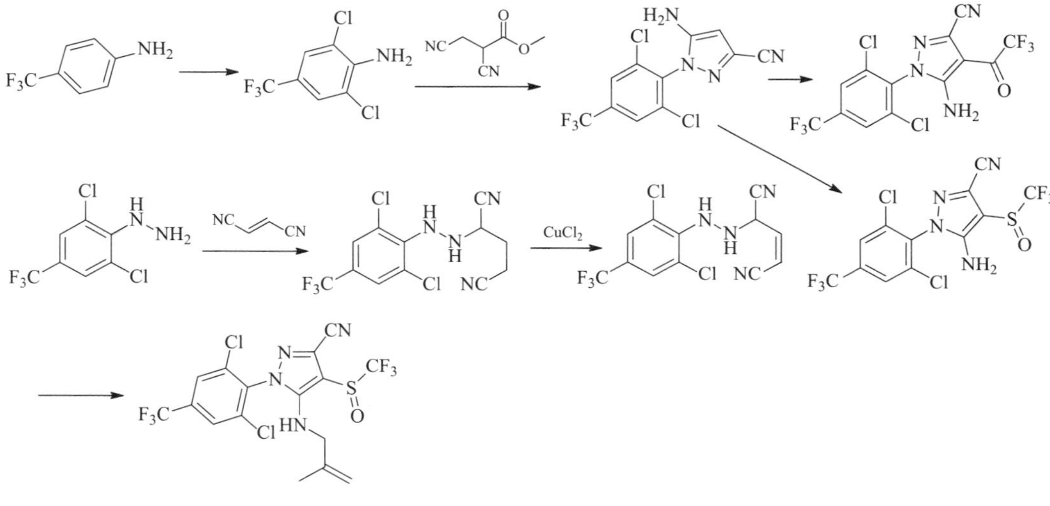

图4-11 丁烯氟虫腈的合成路线

作用机制：药剂兼有胃毒、触杀及内吸等多种杀虫方式，主要是阻碍昆虫γ-氨基丁酸控制的氟化物代谢。

生产企业：大连瑞泽农药股份有限公司。

产品性能（用途）：

(1) 适用作物　水稻、蔬菜等作物。

(2) 防治对象　稻纵卷叶蛾、稻飞虱、二化螟、三化螟、蝽象、蓟马等鳞翅目、蝇类和鞘翅目害虫。

(3) 应用技术　与其他杀虫剂没有交互抗性，可以混合使用。经田间药效试验结果证明，丁烯氟虫腈5%乳油对甘蓝小菜蛾的防治效果较好。甘蓝小菜蛾用药量为每公顷15～30g（有效成分）（折成5%乳油商品量为每亩20～40mL，一般加水50～60L稀释）。于小菜蛾低龄幼虫 1～3 龄高峰期，采用喷雾法均匀施药 1 次。对作物安全，未见药害发生。

防治水稻田二化螟、稻飞虱、蓟马每亩可用 5%丁烯氟虫腈乳油 30～50mL，防治稻纵卷叶螟可用 40～60mL 于卵孵化高峰、低龄幼虫、若虫高峰期两次施药，即在卵孵盛期或水稻破口初期第 1 次施药，此后 1 周第 2 次施药。防治蔬菜小菜蛾、甜菜夜蛾、蓟马每亩可用 5%丁烯氟虫腈 30～50mL，在 1～3 龄幼虫高峰期施药。每亩所用药剂兑水 20～30kg，摇匀后均匀喷施水稻植株或菜心、菜叶片正反两面。

哺乳动物和生态毒性：丁烯氟虫腈原药和 5%乳油大鼠急性经口 $LD_{50}>4640mg \cdot kg^{-1}$，急性经皮 $LD_{50}>2150mg \cdot kg^{-1}$。原药对大耳白兔皮肤、对眼睛均无刺激性，对豚鼠皮肤无致敏性；5%乳油对大耳白兔皮肤无刺激性，对眼睛为中度刺激性；对豚鼠皮肤无致敏性。原药大鼠 13 周亚慢性毒性试验最大无作用剂量 [$mg \cdot kg^{-1} \cdot d^{-1}$]：雄性 11，雌性 40。Ames 试验、小鼠骨髓细胞微核试验、小鼠显性致死试验均为阴性，未见致突变作用。

环境生物安全性评价：丁烯氟虫腈 5%乳油对斑马鱼 96h 的 $LC_{50}=19.62mg \cdot L^{-1}$，鹌鹑急性经口 $LD_{50}>2000mg \cdot kg^{-1}$，蜜蜂接触染毒 $LD_{50}=0.56\mu g \cdot$ 蜂$^{-1}$，家蚕食下毒叶法 $LC_{50}>5000mg \cdot L^{-1}$。该药对鱼、家蚕低毒，对鸟中等毒或低毒（以有效成分的量计算），对蜜蜂为高毒，高风险性。应注意蜜源作物花期禁用，勿用于靠近蜂箱的稻田、菜地，不要在非登记的蜜源作物上使用。在养鱼稻田禁用，施药后的田水不得直接排放入水体，不要在河塘等水域内清洗施药器具。

注意事项：①安全间隔期，甘蓝 7d、水稻田 30d，每个生长季节甘蓝田最多使用 3 次，水稻田最多使用 2 次。②本品对蜜蜂高毒，应注意保护蜜蜂，避开蜜源作物花期用药。③本品对虾、蟹及甲壳类水生生物高毒，水产养殖区周围禁用。④严禁在池塘、水渠、河流中洗涤施用过本品的器械，以避免对水生生物造成危害的风险。⑤蚕室和桑园附近禁用。⑥在配制和使用本品时，应穿防护服，戴手套、口罩，严禁吸烟和饮食，施药后应立即用肥皂清洗全身和防护服。⑦不得与碱性农药等物质混用，为防止抗性的产生，应与其他作用机理不同的杀虫剂混用。⑧赤眼蜂等天敌放飞区禁用。⑨孕妇和哺乳期妇女应避免接触。⑩用药后器械应妥善处理，不可挪作他用及随意丢弃。

4.2.9　四氯虫酰胺

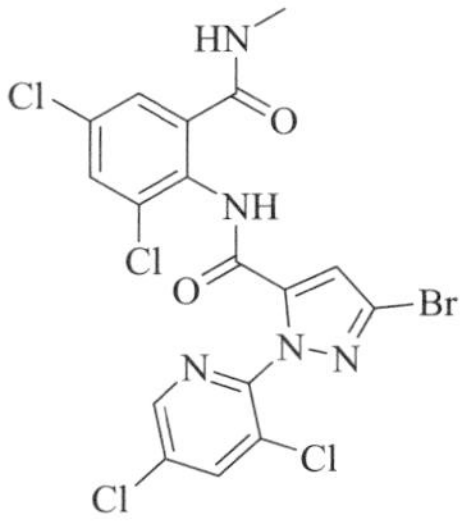

化学名称（IUPAC）：3-溴-*N*-[2,4-二氯-6-(甲氨基甲酰基) 苯基]-1-(3,5-二氯-2-吡啶基)-1*H*-吡唑-5-甲酰胺。

CAS 登录号：1104384-14-6。

理化性质：其为白色至灰白色固体，熔点 189～191℃，易溶于 *N*,*N*-二甲基甲酰胺

（DMF）、二甲基亚砜（DMSO），可溶于二氧六环、四氢呋喃、丙酮，光照下稳定。

加工剂型：10%四氯虫酰胺悬浮剂。

研发单位：沈阳化工研究院。

创制流程：双酰胺类杀虫剂属于鱼尼丁受体激活剂，对水稻等作物上的鳞翅目害虫等具有优异的防效，并对非靶标生物安全，与现有的其他作用方式的杀虫剂无交互抗性。目前有4个品种商品化，分别是2006年上市的氟苯虫酰胺（flubendiamide）[111]、2007年上市的氯虫苯甲酰胺（chlorantraniliprole）[112]、2013年上市的溴氰虫酰胺（cyantraniliprole）[113]，以及2014年上市的四氯虫酰胺（SYP-9080）。其中，氟苯虫酰胺是日本农药株式会社在一个随机筛选项目中发现的，具有优异的杀鳞翅目害虫的活性，同拜耳公司联合开发，2012年的销售额为2.30亿美元；氯虫苯甲酰胺是杜邦公司以氟苯虫酰胺为先导化合物，经过深入先导优化研究发现的，具有一定的内吸传导性，杀虫谱更广，2012年的销售额为9.15亿美元，2013年突破10亿美元。杜邦公司通过对邻氨基苯甲酰胺类化合物的持续优化，发现氰基的引入，降低了化合物的 lg$P$ 值，不仅保持了对鳞翅目害虫的高活性，而且大大增强了对半翅目、鞘翅目等害虫的活性，具有不同于氯虫苯甲酰胺的市场。

沈阳化工研究院有限公司以氯虫苯甲酰胺为先导，重点对苯胺部分、吡啶基吡唑部分、酰胺桥部分进行结构优化，首次将多卤代吡啶基团引入到双酰胺分子结构中，于2008年发现具有高杀虫活性的化合物SYP-9080[114~116]，经过后续的深入研究，于2013年获得临时登记，2014年上市。见图4-12。

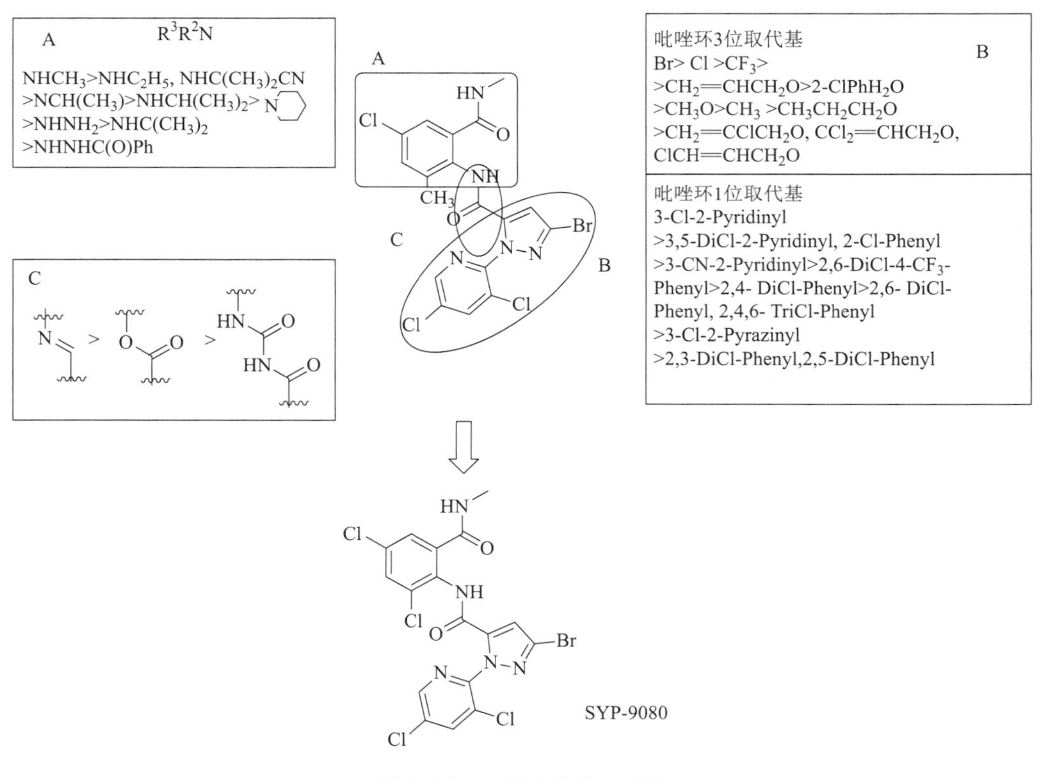

图4-12　四氯虫酰胺的设计

四氯虫酰胺对甜菜夜蛾、小菜蛾、稻纵卷叶螟、玉米螟、二化螟、菜青虫等鳞翅目害虫具有优异的防效，持效期长，具有一定的内吸活性，可使害虫快速停止取食，减少对作物的损害。

四氯虫酰胺的合成以 2,3,5-三氯吡啶为起始原料，经肼解、合环、溴化、水解、酰氯化同时氧化制得酰氯，再与苯胺反应制得目标产品（图 4-13）。该路线将吡唑啉酮羧酸酯水解成吡唑啉羧酸，而后在酰氯化试剂条件下酰氯化同时氧化，“一锅法”制得吡唑酰氯，路线新颖、简便，较现有双酰胺类产品的合成路线缩短了反应步骤，消除了氧化时氧化剂的使用及大量废硫酸的产生，同时降低了反应风险。

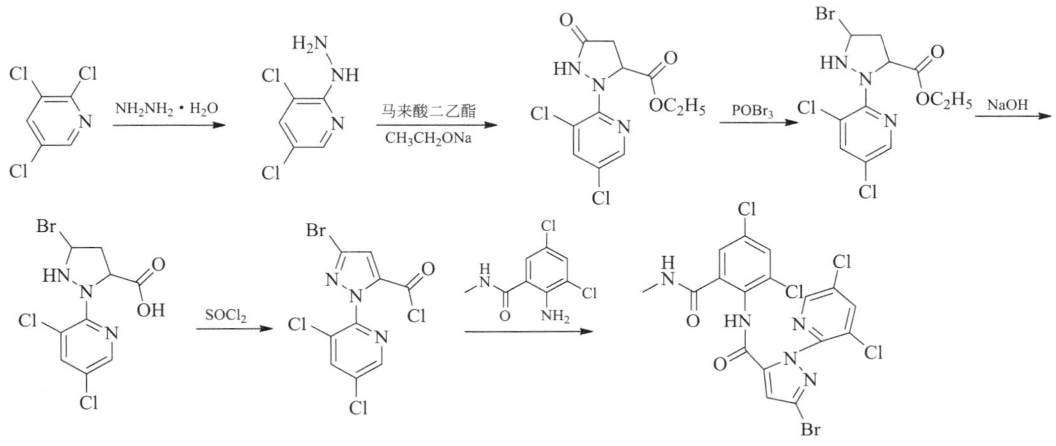

图 4-13　四氯虫酰胺的合成路线

作用机制：双酰胺类杀虫剂，属于鱼尼丁受体激活剂。

生产企业：沈阳科创化学品有限公司。

产品性能（用途）：本品为新型酰胺类内吸性杀虫剂，以胃毒为主，兼具触杀作用，有一定的杀卵活性，具有内吸作用和叶片间横向传导作用。可用于防治稻纵卷叶螟等害虫，害虫摄入后数分钟内即停止取食。采用叶碟法测定四氯虫酰胺对甜菜夜蛾、黏虫、小菜蛾和二化螟的室内活性。四氯虫酰胺在质量浓度为 $0.3mg \cdot L^{-1}$、$10mg \cdot L^{-1}$、$100mg \cdot L^{-1}$时，药后 4d，对甜菜夜蛾的防效分别为 87.5%、>90.0%、>90.0%；在质量浓度为 $0.4mg \cdot L^{-1}$时，药后 3d，对黏虫的防效在 90%以上；在质量浓度为 $0.8mg \cdot L^{-1}$时，药后 3d，对小菜蛾的防效在 90%以上；在质量浓度为 $5mg \cdot L^{-1}$、$10mg \cdot L^{-1}$时，药后 3d，对二化螟的防效分别为 90%和 100%。

哺乳动物和生态毒性：雌、雄大鼠急性经口 $LD_{50}>5000mg \cdot kg^{-1}$，雌、雄大鼠急性经皮 $LD_{50}>2000mg \cdot kg^{-1}$，对家兔眼睛、皮肤均无刺激性，豚鼠皮肤变态反应试验为阴性，Ames 试验、小鼠骨髓细胞微核试验、小鼠睾丸细胞染色体畸变试验均为阴性。

注意事项：①本品在水稻上使用的安全间隔期为 30d，每季作物最多使用 2 次。为提高药剂效果，建议使用时采用二次稀释法。②本品为酰胺类新型杀虫剂，为避免抗性产生，一季作物，建议使用本品不超过 2 次，在靶标害虫当代，若使用本品且能连续使用 2 次，但在靶标害虫的下一代，推荐与不同作用机理的产品轮换使用。③禁止在蚕室和桑园附近用药，禁止在河塘等水域内清洗施药器具。水产养殖区、河塘等水体附近禁用。鱼、虾、蟹套养稻田禁用，施药后的田水不得直接排入水体。本品对虾、蟹的毒性高。④本品不可与强酸、强碱性物质混用。⑤用过的容器要妥善处理，不可作他用，也不可随意丢弃。⑥使用本品时应有相应的安全防护措施，穿防护服、戴手套等。施药期间不可吃东西和饮水，施药后应及时洗手和洗脸。⑦孕妇与哺乳期妇女应避免接触。

4.3 杀菌剂

4.3.1 毒氟磷

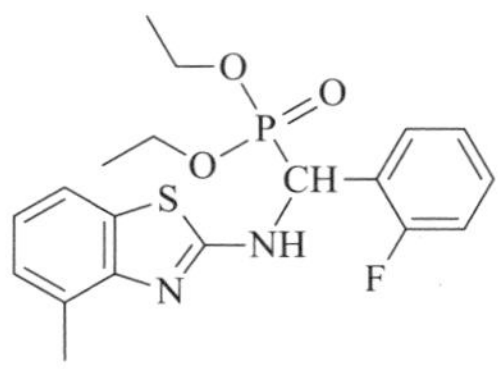

化学名称（IUPAC）：*N*-[2-(4-甲基苯并噻唑基)]-2-氨基-2-氟代苯基-*O*,*O*-二乙基磷酸酯。

CAS登录号：882182-49-2。

理化性质[117,118]：无色晶体。无特殊气味。熔点：143～145℃。lg$P$＝4.47。易溶于丙酮、环己酮、四氢呋喃、二甲基亚砜，微溶于环己烷，不溶于水。对光、热和潮湿均较稳定。

加工剂型：可湿性粉剂。

研发单位：贵州大学。

创制流程：

（1）先导发现及结构优化　毒氟磷的创制流程如图4-14所示，贵州大学宋宝安院士课题组以绵羊体磷酸酯为先导化合物，模拟天然氨基酸的结构，进行仿生合成。在对两芳香环结构进行结构及取代基优化后，引入杀菌药效团苯并噻唑，最终研发出了新农药——毒氟磷[118]。

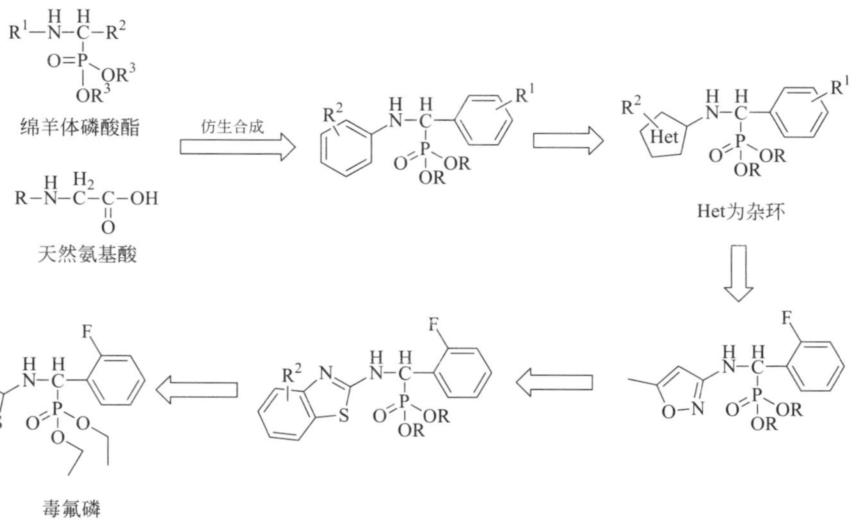

绵羊体磷酸酯

仿生合成

Het为杂环

天然氨基酸

毒氟磷

图4-14　毒氟磷的创制历程

（2）生产工艺研究　毒氟磷生产工艺清洁、无“三废”污染、生产成本较低，其合成过程如图 4-15 所示。以 2-氨基-4-甲基苯并噻唑、邻氟苯甲醛、亚磷酸二乙酯为原料，经两步加热反应得到毒氟磷。实际生产中，无须将中间体亚胺分离提纯，即采用“一锅两步法”：在 2-氨基-4-甲基苯并噻唑与邻氟苯甲醛反应基本完全后，直接加入亚磷酸二乙酯，最后重结晶即得到产品。

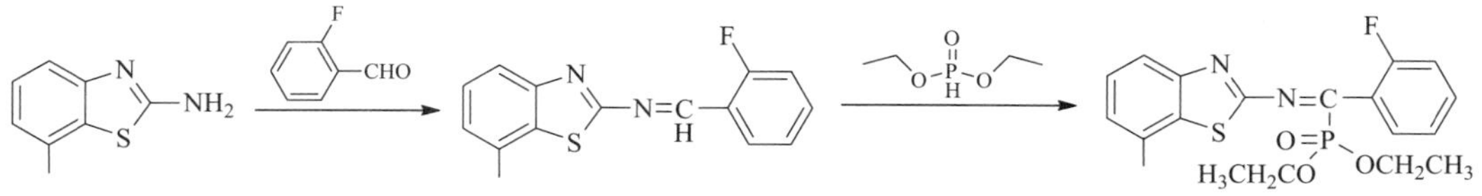

图 4-15　毒氟磷的合成过程

作用机制：基于分子生物学、蛋白质组学和生物信息学的研究结果表明，毒氟磷可提高植物寄主体内水杨酸（salicylic acid，SA）含量，诱导植物病程相关蛋白（pathogensis related protein，PR）、防御酶、植保素等防御物质的基因表达，促进双子叶植物和单子叶植物产生系统性获得性抗性（systemic acquired resistance，SAR），从而限制病毒的增殖和复制[119～123]。例如，宋宝安院士团队采用双向荧光差异凝胶电泳（two dimension difference gel electrophoresis，2D-DIGE）-质谱-生物信息学联用技术发现，毒氟磷激活烟草细胞壁受体（harpin binding protein 1，HrBP1），启动植物细胞内的 SA 信号通路，诱导烟草产生 SAR，发挥抗烟草花叶病毒（tobacco mosaic virus，TMV）的活性[123]。此外，通过南方水稻黑条矮缩病毒（southern rice black-streaked dwarf virus，SRBSDV）侵染水稻悬浮细胞和水稻活体植株，采用分子生物学和酶学试验均证实毒氟磷可上调苯丙氨酸解氨酶（phenylalanine ammonia-lyase，PAL）、过氧化物酶（peroxidase，POD）和多酚氧化酶（polyphenol oxidase，PPO）等酶的活性，促进水稻产生 SAR，提高水稻寄主对 SRBSDV 的抗病能力[128]。对于毒氟磷如何引发植物寄主产生 SAR，宋宝安院士团队克隆了 SRBSDV 的基质蛋白——P9-1，采用荧光光谱（fluorescence spectrum）、等温滴定量热法（isothermal titration calorimetry，ITC）和微量热泳动（microscale thermophoresis，MST）方法发现毒氟磷与 P9-1 蛋白有着较强的亲和力，其 K_d 值分别为 7.25μmol・L^{-1}、8.55μmol・L^{-1}和 3.26μmol・L^{-1}，提示毒氟磷与 P9-1 蛋白可形成稳定的复合物[130]。通过进一步评价毒氟磷与 P9-1 点突变体以及 N 端和 C 端截短型的亲和力，发现毒氟磷与野生型 P9-1 存在较强的亲和力[124,125]。通过分子对接和动力学模拟，发现毒氟磷占据 P9-1 蛋白四聚体的内部孔穴，形成大分子复合物，干扰了 SRBSDV 的基质形成，并作用于水稻寄主 SA 信号通路的关键调控分子，产生 SAR[124]。

生产企业：广西田园生化股份有限公司。

产品性能（用途）：毒氟磷是一种诱导植物产生抗病免疫激活的抗病毒剂，对 TMV、SRBSDV、黄瓜花叶病毒（cucumber mosaic virus，CMV）等病毒侵染所引起的病毒病具有良好的防治效果[117,122～124,126]。

哺乳动物和生态毒性：大鼠（雄、雌）急性经口 LD_{50}（mg・kg^{-1}）＞5000。大鼠（雄、雌）急性经皮 LD_{50}（mg・kg^{-1}）＞2150。对兔眼、兔皮肤均无刺激性。对豚鼠致敏性试验为弱致敏物。亚慢性经口毒性试验未见雌雄性 Wistar 大鼠的各脏器存在明显的病理改变[117]。外消旋-毒氟磷、*S*-(+)-毒氟磷和 *R*-(−)-毒氟磷主要分布在大鼠肝脏和肾脏，最大浓度仅为 $ng \cdot g^{-1}$级，3h 内能显著降解[127]。

细菌回复突变试验、小鼠睾丸精母细胞染色体畸变试验和小鼠骨髓多染红细胞微核试验皆为阴性[117]。

蜜蜂胃毒试验表明，30%毒氟磷可湿性粉剂在低质量浓度组（$125mg \cdot L^{-1}$）时，对蜜蜂的中毒症状不明显，对蜂 48h 的 $LC_{50} > 5000mg \cdot L^{-1}$[128]。

家蚕胃毒试验表明，30%毒氟磷可湿性粉剂对 2 龄期家蚕胃杀毒性 $LC_{50} > 5000mg \cdot kg^{-1}$桑叶，对家蚕的实际风险小[134]。

斑马鱼急性毒性 LC_{50}（$mg \cdot L^{-1}$，96h）>12.4。蜜蜂急性经口毒性 LC_{50}($mg \cdot L^{-1}$，48h)>5000。鹌鹑急性毒性 LD_{50}($mg \cdot kg^{-1}$，7d)>450。家蚕急性经口毒性 LC_{50}($mg \cdot kg^{-1}$，2 龄)>5000[128]。

环境行为和农药残留：毒氟磷原粉光解、水解和土壤吸附等环境行为试验表明，毒氟磷的光解半衰期为 1980min，大于 24h；毒氟磷在 pH 三级缓冲液中的水解率均小于 10，其性质较稳定[117]。比较 *S*-(+)-毒氟磷和 *R*-(−)-毒氟磷在我国南北地域不同土壤类型中的降解情况，发现 *S*-(+)-毒氟磷的降解速率显著快于 *R*-(−)-毒氟磷，毒氟磷在有微生物菌群的土壤中的降解速率快于无微生物菌群的土壤[129]。*S*-(+)-毒氟磷和 *R*-(−)-毒氟磷的光解和水解试验表明，*R*-(−)-毒氟磷更易光解，而 *S*-(+)-毒氟磷的水解速率快于 *R*-(−)-毒氟磷[130]。

毒氟磷在贵阳、天津和海口番茄果实中的半衰期为 2.8d、4.7d 和 9d，在三地土壤中的半衰期为 6.1d、8.2d、17.2d[131]。

注意事项：①建议与不同作用机制的药剂轮换使用。②避免药液接触皮肤、眼睛和衣服，如不慎溅到皮肤上或眼睛内，应立即用大量清水冲洗，严重的请医生治疗。③不能与碱性农药混用。应远离食品、饲料，储存在儿童接触不到的地方，剩余药剂和使用过的容器要妥善处理，避免污染水源。④在水稻上的安全间隔期不小于 49d，在番茄上的安全间隔期不小于 3d，在烟草上的安全间隔期为 21d，每季作物生长季节内最多施药 3 次。

4.3.2 丁吡吗啉

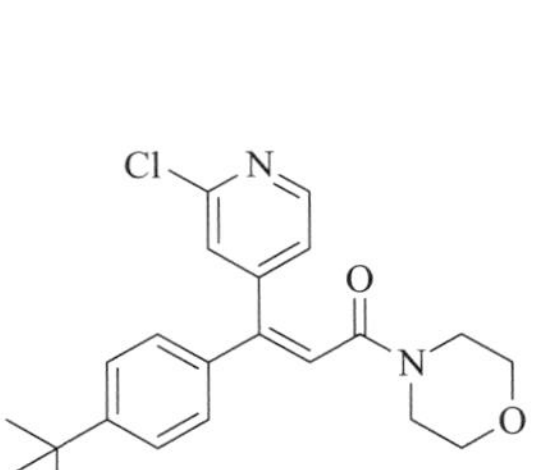

Cl N O N O

化学名称（IUPAC）：3-(4-叔丁基苯基)-3-(2-氯吡啶-4-基)-1-吗啉-2-烯-1-酮。

CAS 登录号：868390-90-3。

理化性质：白色固体。无气味。脂水分配系数：2.61（20℃）；熔点：128～130℃。易溶于苯、甲苯、二氯甲烷、三氯甲烷，可溶于二甲苯、甲醇、乙醇。无爆炸性，不可燃，无腐蚀性，无氧化还原性。

加工剂型：悬浮剂。

研发单位：中国农业大学。

创制流程：许多的商业化化学农药，其结构中都含有吡啶基团。作为一个农药优势骨架，吡啶杂环的作用，却没一个确定、统一的理论解释。通常的说法是：吡啶类化合物较之相应的苯系物，极性强、水溶性高，活性也相应更高。作为进一步的研究，中国农业大学选取了一系列含有苯环的农药品种，以吡啶环进行替换，并深入探讨了吡啶基团对化合物活性和作用机制的影响。其中，吗啉类杀菌剂烯酰吗啉，对霜霉病及疫霉病等多种植物病害的防治效果较好，其化学结构中也含有两个苯环。中国农业大学对烯酰吗啉及其苯基类似物进行了相关的研究，发现了一些新的具有杀菌活性的吡啶基化合物。经过后续的研究和开发，中国农业大学最终获得了新农药——丁吡吗啉[132]（图 4-16）。

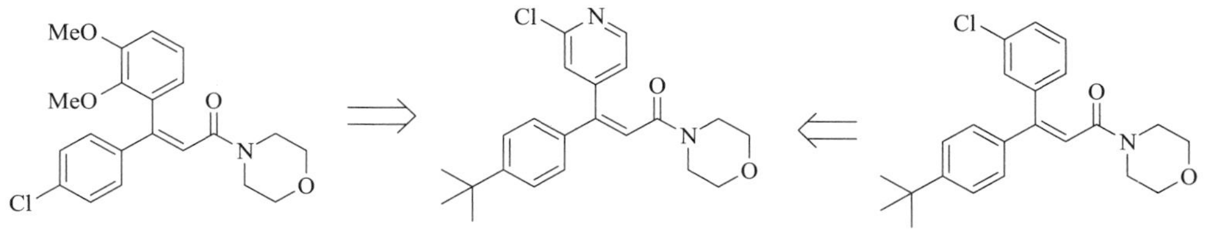

烯酰吗啉 dimethomorph　　丁吡吗啉 pyrimorph

图 4-16 丁吡吗啉创制思路

试验结果表明，丁吡吗啉的活性约为其苯基类似物的 5 倍，说明吡啶环对提高活性确有帮助；烯酰吗啉的作用机制单一（影响细胞壁合成），而丁吡吗啉却具有双重作用机制，说明吡啶环不仅仅能影响化合物的极性或水溶性，还有可能会改变化合物的作用机制。

同时，中国农业大学还对丁吡吗啉的合成路线进行了优化（图 4-17 与图 4-18）。以烟酸为原料经傅克反应生成中间体，再直接与 *N*-乙酰基吗啉反应，最后得到丁吡吗啉。

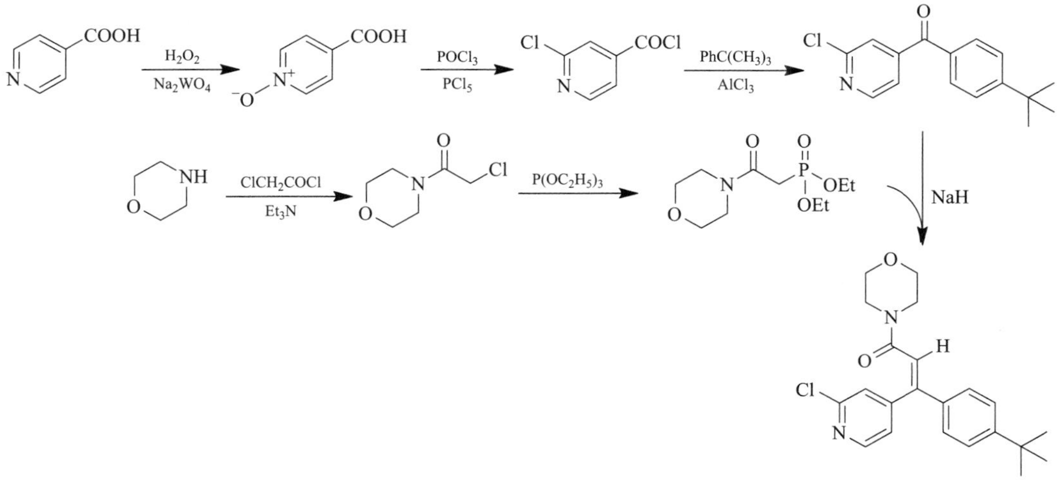

H_2O_2 / Na_2WO_4；$POCl_3$ / PCl_5；$PhC(CH_3)_3$ / $AlCl_3$；$ClCH_2COCl$ / Et_3N；$P(OC_2H_5)_3$；NaH

图 4-17 丁吡吗啉原合成路线

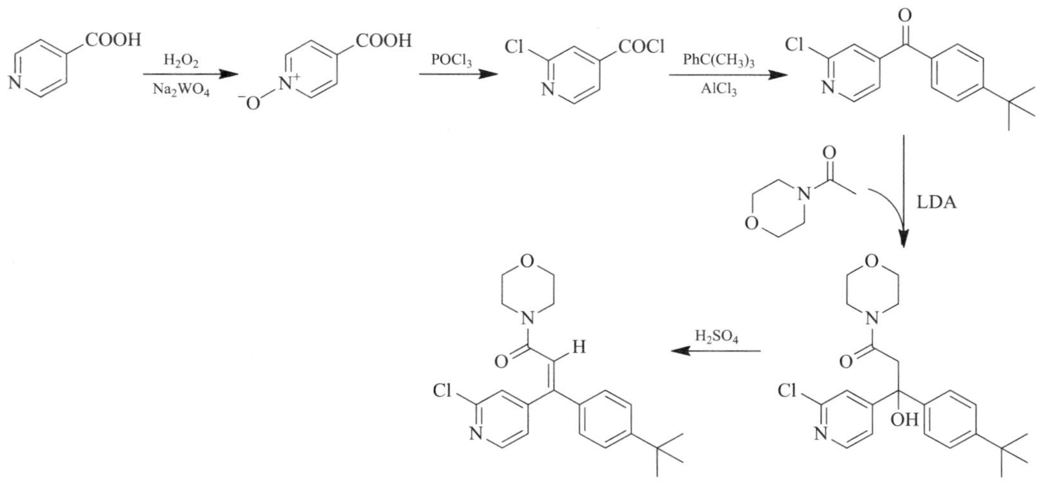

图 4-18 改进后的丁吡吗啉合成工艺

作用机制：丁吡吗啉具有双作用机制[133]。

(1) 影响病原菌细胞壁的合成[134] 5mg·L^{-1}以上处理的辣椒疫霉孢子只完成了到休眠孢子这个过程，没有观察到芽管的萌发，休眠孢子被均匀染色，没有观察到休眠孢子的极性生长。这证明了丁吡吗啉处理后，辣椒疫霉菌有新的细胞壁物质的合成，只是新合成的细胞壁的位置发生了改变。

(2) 抑制线粒体复合物Ⅲ 丁吡吗啉对细胞色素 bc_1 复合物具有较强的抑制活性，细胞色素 bc_1 复合物（复合物Ⅲ）是其作用靶标，且其作用位点为 Q_o 位点。但具体结合方式目前还未知。

生产企业：江苏耕耘化学有限公司。

产品性能（用途）：丁吡吗啉是一种广谱的杀菌剂，适用作物有葡萄、番茄、黄瓜、辣椒、棉花、水稻、马铃薯、西瓜、甜瓜、莴苣、烟草等，对霜霉病、晚疫病、早疫病、各类疫病、立枯病、黑胫病及盘梗霉等均有良好的防效。

哺乳动物和生态毒性[135]：急性经口 LD_{50}（mg·kg^{-1}），大鼠（雄、雌）＞5000。急性经皮 LD_{50}（mg·kg^{-1}），大鼠（雄、雌）＞2000。对兔眼、兔皮肤的刺激强度为无刺激级。皮肤变态反应（致敏）强度为Ⅰ级，属弱致敏物。Ames、微核染色体试验结果均为阴性。原药亚慢性毒性，对 SD 雌、雄大鼠三个月亚慢性经口的最大无作用剂量为 30mg·kg^{-1}(bw)·d^{-1}，若以 100 倍的安全系数计，则其日容许摄入量（ADI）为 0.3mg·kg^{-1}(bw)·d^{-1}。原药慢性毒性，病理组织学检查结果表明，在 75～1875mg·kg^{-1}饲料和 3.75～93.75mg·kg^{-1}剂量喂养条件下，未发现丁吡吗啉对 SD 大鼠的慢性毒性和致癌性。

蜜蜂毒性：见表 4-4。

表 4-4 丁吡吗啉的蜜蜂毒性

时间/h	摄入（LC_{50}）/mg·L^{-1}	接触（LD_{50}）/μg·蜂$^{-1}$
24	＞2.00×10^3	＞12.00
48	＞2.00×10^3	＞12.00

鹌鹑毒性：LD_{50}＞1000mg・kg^{-1}(bw)（8～168h）。

斑马鱼毒性：LC_{50}＝43.02mg・L^{-1}（96h）。

家蚕毒性：LD_{50}＞250mg・kg^{-1}桑叶（96h）。

挥发性：在空气、水和土壤中的挥发率 R_v（%）＜1，难挥发。

吸附特性：在土壤中的吸附能力较强，吸附常数 K_d：内蒙古土 10.42，北京土 27.44，广西土 37.72；该物质在土壤中为较易吸附。

淋溶特性：在三种土壤中 R_f 值在 0.10～0.15 之间，该农药在土壤中不易移动。

土壤降解：在不同理化性质的内蒙古土壤、北京土壤及广西土壤中，在厌氧条件下，降解半衰期分别为 37.07d、37.27d 和 72.20d；好氧条件下，降解半衰期分别为 60.08d、43.32d 和 58.25d，该物质在土壤中为较易降解。

水解：5d 后，丁吡吗啉在 pH4、pH7 和 pH9 的缓冲溶液中水解率都小于 10%，说明在 pH4、pH7 和 pH9 时难水解。

水中光解：丁吡吗啉在水中光降解 50%的时间小于 3h，在水中易光解。

土壤光解：丁吡吗啉在土壤表面光降解 50%的时间在 8～9h 之间，在土壤表面为中等光解。

水沉积物降解：原药在不含沉积物的纯湖水和池塘水中降解较慢，好氧条件下降解半衰期为 73d（池塘水）和 96.3d（纯湖水），厌氧条件下稍快，半衰期分别为 73.0d（池塘水）和 96.3d（纯湖水）；在沉积物存在下降解速度大大提高，好氧条件下降解半衰期为 3.6～8.3d（池塘水）和 11.6～28.6d（纯湖水），厌氧条件下半衰期分别为 5.5～9.1d（池塘水）和 8.2～8.9d（纯湖水）。

生物富集：鱼体对丁吡吗啉的富集系数（BCF，8d）为 106.76（2.0mg・L^{-1}）和 23.13（0.25mg・L^{-1}），该农药中等富集。

4.3.3 唑菌酯

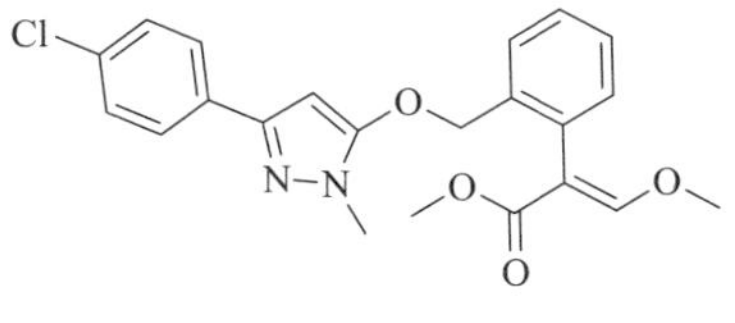

CAS 登录号：862588-11-2。

理化性质：白色结晶固体。易溶于 *N*,*N*-二甲基甲酰胺、丙酮、乙酸乙酯、甲醇，微溶于石油醚，不溶于水。常温下储存稳定。

加工剂型：悬浮剂。

研发单位：沈阳化工研究院。

创制流程：

（1）先导化合物发现　中间体衍生化方法（intermediate derivatization methods，IDMs），是沈阳化工研究院刘长令教授团队在长期的探索和研究中，总结出的新农药创制新技术[134]。该方法的实质，就是从化学的角度出发，利用中间体化合物可进行多种有机化学反应的特性，将新药先导发现原本的复杂过程简单化。根据关键中间体的不同，IDMs 分为三种类型：普通中间体法（common intermediate method）、端基替换法（terminal group）、活性化合物衍生化法（active compound derivatization method）。在实际应用中，这三种方法都取得了不凡的效果。唑菌酯，即是中间体衍生化方法应用于新农药创制中的一个成功案例。

在研究香豆素类化合物的过程中，沈阳化工研究院合成了很多的β-酮酸酯类（β-ketoesters）中间体。而β-酮酸酯除了可以与取代的酚反应（即生成取代香豆素）外，还可以与肼、羟胺等很多原料反应生成新的中间体——含羟基的五元或六元杂环，如吡唑、异噁唑、嘧啶等[136]。这些中间体，又可与其他中间体进一步反应生成新的中间体或新化合物（图 4-19）。

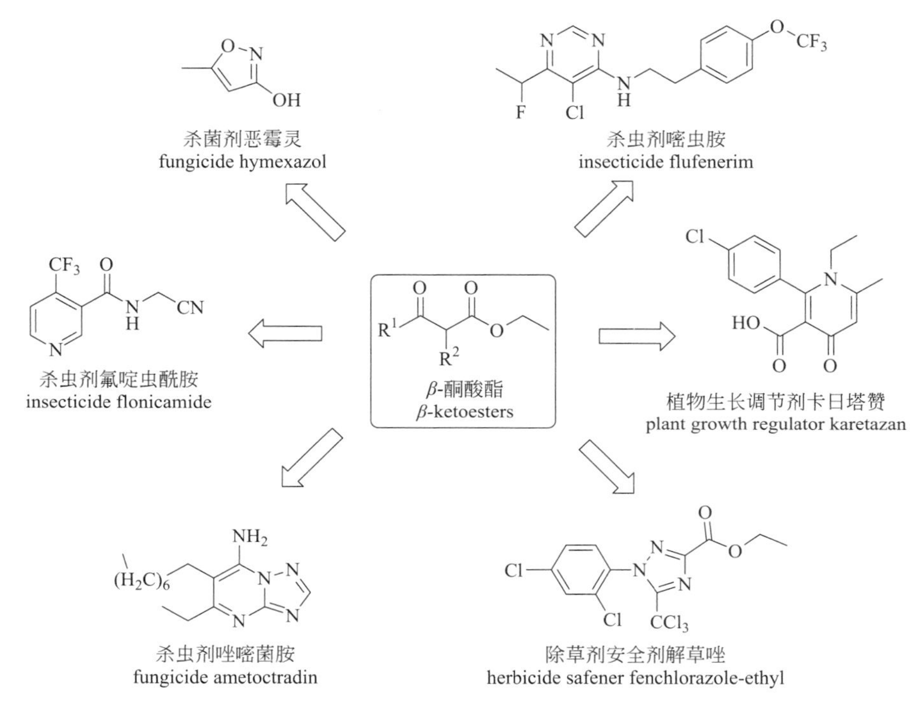

图 4-19　由 β -酮酸酯中间体衍生合成的农药

结合甲氧基丙烯酸酯类杀菌剂的结构，对这些β-酮酸酯进行衍生，设计合成了一系列的化合物。其中，化合物**Ⅰ-2**具有较好的杀菌活性（见图 4-20），性能接近但略低于商品化品种。

（2）结构优化　首先，依次对化合物**Ⅰ**（图 4-20）的吡唑环的 R^1、R^2、R^3 进行取代基的结构优化。保持 $R^3=CH_3$、$R^2=H$ 或 CH_3，在对 R^1 的 SAR 研究中发现，当 R^1 原来的吡啶环替换为噻吩环、呋喃环、噻唑环时，活性有所降低；当 R^1 为取代苯基时，化合物的活性又会因为取代基的不同而变化。若 $R^2=H$，当苯环对位为氯、溴、氟和硝基等吸电子基团时，化合物的活性较好；若 $R^2=CH_3$，当苯环对位为氯时，化合物的活性较好。对这些化合物进行活性、成本等方面的综合比较，最终将 R^1 选定为对氯苯基。

保持 $R^3=CH_3$、$R^1=$取代苯基，对 R^2 进行结构优化。研究表明，R^2 为氢或甲基时，化合物的活性较好。其中，当 $R^2=H$、$R^1=$对氯苯基时（化合物 SYP-3343），杀菌活性最好，在 3.12mg・L^{-1}浓度下，对黄瓜霜霉病的防效达到 100%。

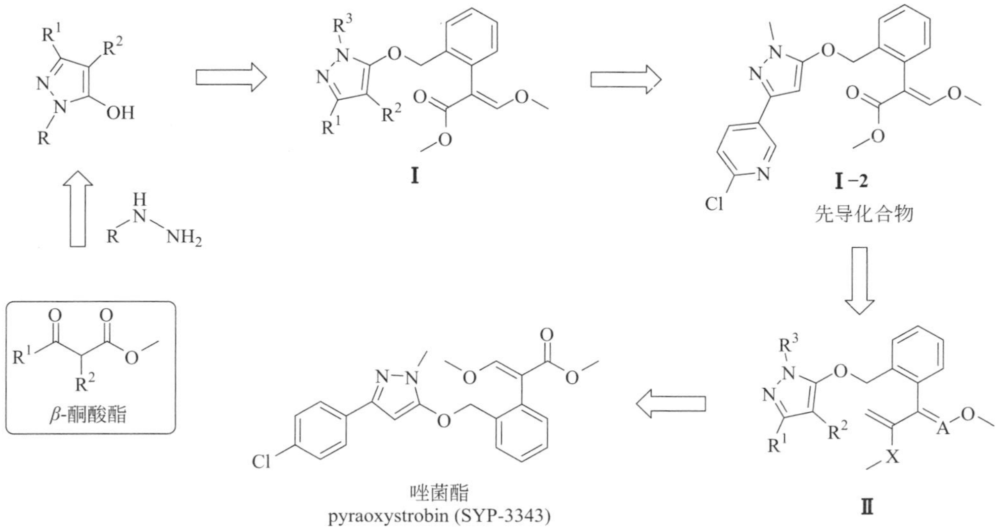

先导化合物

β-酮酸酯

唑菌酯
pyraoxystrobin (SYP-3343)

图 4-20　唑菌酯的创制过程

保持 R^1＝对氯苯基且 R^2＝H，或 R^1＝对甲基苯基且 R^2＝CH_3，考察 R^3 对活性的影响。其中，将 R^3 原有的甲基替换为异丙基时，化合物的活性大大降低。

为了更深入更全面地寻找到最优结构，沈阳化工研究院又接着变换了原药效团甲基丙烯酸酯的种类，合成了一系列的化合物Ⅱ(图 4-20)[137]。

在化合物Ⅱ(图 4-20) 中，当 A＝N、X＝O (OE) 时，变换 R^1、R^2、R^3。试验结果表明，当 R^1＝对氯苯基、R^2＝甲基、R^3＝CH_3 时，化合物的杀菌活性最好，6.25mg・L^{-1} 浓度对黄瓜霜霉病的防效为 100%。在化合物Ⅱ中，当 A＝N、X＝NH (OA) 时，变换 R^1、R^2、R^3。试验结果表明，当 R^1＝2,4-二甲基苯基、R^2＝甲基、R＝CH_3 时，化合物的杀菌活性最好，6.25mg・L^{-1}浓度对黄瓜霜霉病的防效亦为 100%。对这两个化合物与 SYP-3343 进行进一步的活性比较试验，最终发现，SYP-3343 的活性最好，且优于同类商品化农药。

SYP-3343，即最终开发的新农药，唑菌酯。

作用机制：唑菌酯为真菌线粒体呼吸抑制剂，对线粒体复合体Ⅰ和复合体Ⅲ均有抑制作用。唑菌酯可以与细胞色素 bc_1 复合体结合，抑制线粒体的电子传递，从而破坏病菌的能量合成，起到杀菌作用。唑菌酯能够有效地抑制孢子萌发和菌丝生长。黄瓜灰霉病菌中旁路氧化途径能对唑菌酯起到一定的增效作用。

生产企业：沈阳科创化学品有限公司。

产品性能 (用途)：唑菌酯是一种广谱的杀菌剂，且具有很好的保护作用、治疗作用、抗病毒活性、杀虫活性和促进植物生长的作用。可防治半知菌亚门、子囊菌亚门、鞭毛菌亚门病原菌引起的植物病害。适用作物有水稻、小麦、黄瓜、番茄、苹果、棉花、油菜等。对稻瘟病、纹枯病、稻曲病、小麦赤霉病、小麦白粉病、小麦锈病、黄瓜黑星病、黄瓜炭疽病、黄瓜霜霉病、番茄灰霉病、番茄叶霉病、苹果树腐烂病、苹果轮纹病、苹果斑点落叶病、棉花枯萎病、油菜菌核病等，均有良好的防效。

哺乳动物和生态毒性：急性经口 LD_{50}（$mg \cdot kg^{-1}$），雄大鼠 1000，雌大鼠 1022，雄小鼠 2170，雌小鼠 2599；急性经皮 LD_{50}（$mg \cdot kg^{-1}$），大鼠（雄、雌）> 2150。对兔眼、兔皮肤单次刺激强度均为轻度刺激性。对豚鼠致敏性试验为弱致敏物。Ames、微核、染色体试验结果均为阴性。

注意事项：收获前 3d 禁止施药。建议与不同作用机制的杀菌剂交替使用，降低抗药性风险。

4.3.4 唑胺菌酯

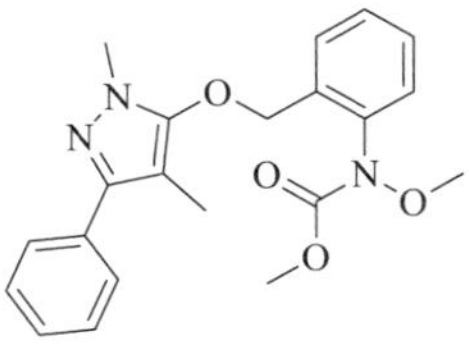

CAS 登录号：915410-70-7。

理化性质：淡黄色疏松固体粉末。有刺激性气味。熔点：65.6～67.2℃。脂水分配系数：4.07±0.16。不溶于水。在热储条件下能够稳定。

加工剂型：悬浮剂。

研发单位：沈阳化工研究院。

创制流程：

（1）先导化合物发现　唑胺菌酯与唑菌酯拥有相同的先导化合物。沈阳化工研究所将先导化合物的吡唑结构，与商品化杀菌剂吡唑醚菌酯（pyraclostrobin）的药效结构（*N*-甲氧基氨基甲酸甲酯）相结合，试图以此发现新的活性化合物（图 4-21）。

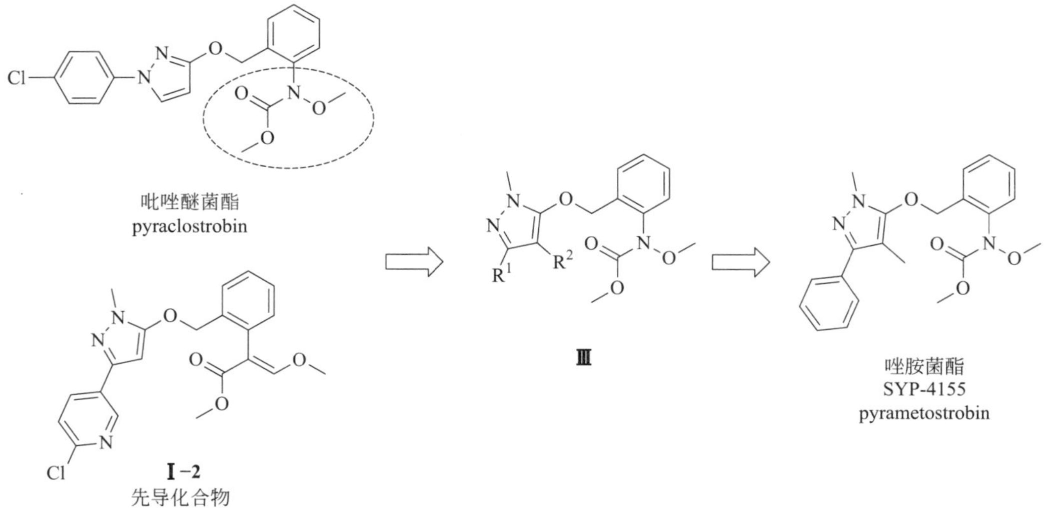

吡唑醚菌酯
pyraclostrobin

Ⅰ-2
先导化合物

Ⅲ

唑胺菌酯
SYP-4155
pyrametostrobin

图 4-21　唑胺菌酯的创制过程

（2）结构优化　如图 4-21 所示，保持其他部分不变，合成了一系列的化合物Ⅲ，探讨吡唑取代基 R^1 与 R^2 对化合物杀菌活性的影响。生物检测试验结果见表 4-5。

表 4-5　化合物Ⅲ的杀菌活性普筛结果

化合物	R^1	R^2	防治效果（$400mg \cdot L^{-1}$）/%			
			水稻稻瘟病	黄瓜灰霉病	黄瓜霜霉病	小麦白粉病
Ⅲ-1	6-Cl-吡啶-3-基	H	30	100	0	100
Ⅲ-2	6-CF_3CH_2O-吡啶-3-基	H	70	0	30	90
Ⅲ-3	Ph	H	0	0	100	100
Ⅲ-4	4-Cl-Ph	H	0	0	30	70
Ⅲ-5	4-Br-Ph	H	50	0	100	100
Ⅲ-6	4-CH_3-Ph	H	0	0	*	98
Ⅲ-7	4-t-C_4H_9-Ph	H	100	0	100	0
Ⅲ-8	3,4-di-CH_3-Ph	H	100	50	100	100
Ⅲ-9	2,4-di-CH_3-Ph	H	100	50	100	100
Ⅲ-10	2,4-di-Cl-Ph	H	0	0	100	100
Ⅲ-11	4-CH_3O-Ph	H	100	80	98	100
Ⅲ-12	Ph	CH_3	0	0	100	100
Ⅲ-13	4-Cl-Ph	CH_3	50	0	0	40
Ⅲ-14	4-CH_3-Ph	CH_3	0	0	100	100
Ⅲ-15	3,4-di-CH_3-Ph	CH_3	100	50	100	100
Ⅲ-16	2,4-di-CH_3-Ph	CH_3	100	50	100	100
Ⅲ-17	4-t-C_4H_9-Ph	CH_3	0	0	0	0
Ⅲ-18	4-CH_3O-Ph	CH_3	100	0	100	100
嘧菌酯			100	—	100	100
醚菌酯			100	100	—	100
唑菌胺酯			—	—	100	—

注：* 代表苗死亡。

由表 4-5 中数据可知，对照药剂嘧菌酯、醚菌酯和唑菌胺酯在 $400mg \cdot L^{-1}$ 浓度下均具有很好的杀菌活性，在此浓度下化合物**Ⅲ-1**～**Ⅲ-18** 对四种病害的活性与对照药剂相当或低于对照药剂。对水稻稻瘟病，R^1 为苯基取代的化合物的活性优于吡啶基取代的化合物，且苯环上连有两个甲基（**Ⅲ-8**、**Ⅲ-9**、**Ⅲ-15**、**Ⅲ-16**）或 4 位为甲氧基（**Ⅲ-11**、**Ⅲ-18**）的化合物活性最好。对黄瓜灰霉病，该类化合物的防治效果均不理想，仅**Ⅲ-1** 在 $400mg \cdot L^{-1}$ 浓度下具有 100%的防治效果。对黄瓜霜霉病，R^1 为吡啶基取代的化合物的活性同样没有苯基取代的化合物的活性好。对小麦白粉病，R^1 为苯基和吡啶基取代的化合物均具有较好的活性，但苯环 4 位为氯（**Ⅲ-4**、**Ⅲ-13**）或叔丁基（**Ⅲ-7**、**Ⅲ-17**）的取代，不利于化合物对该病的防效。

之后，又复筛了部分化合物对黄瓜霜霉病和小麦白粉病的防治活性，见表 4-6。

从试验结果可以看出，R^1 为苯基的化合物的活性优于吡啶基化合物。R^2 位为甲基的化合物（**Ⅲ-12**～**Ⅲ-18**）比 R^2 为氢时（**Ⅲ-3**～**Ⅲ-11**），对黄瓜霜霉病和小麦白粉病的杀菌活性更好。其中，化合物**Ⅲ-14** 和**Ⅲ-16** 在 $12.5mg \cdot L^{-1}$ 下对黄瓜霜霉病的防治效果达到 95%以上，与嘧菌酯相当，明显高于醚菌酯；化合物**Ⅲ-12**、**Ⅲ-14** 和**Ⅲ-15** 在 $1.56mg \cdot L^{-1}$ 下对小麦白粉病的防治效果达到 95%以上，与醚菌酯相当，明显高于嘧菌酯和唑菌胺酯。

表 4-6　部分化合物的杀菌活性复筛结果

病害	黄瓜霜霉病/%		小麦白粉病/%		
浓度/mg·L^{-1}	25	12.5	25	6.25	1.56
Ⅲ-1	0	0	100	100	60
Ⅲ-2	0	0	50	0	0
Ⅲ-3	40	0	80	30	0
Ⅲ-5	100	20	100	85	50
Ⅲ-6	0	0	50	0	0
Ⅲ-7	0	0	—	—	—
Ⅲ-8	100	40	100	85	50
Ⅲ-9	70	30	100	85	20
Ⅲ-10	100	20	100	100	80
Ⅲ-11	30	0	40	10	0
Ⅲ-12	100	60	100	100	100
Ⅲ-14	100	95	100	100	95
Ⅲ-15	80	50	100	100	100
Ⅲ-16	100	100	100	100	65
Ⅲ-18	55	15	100	85	30
嘧菌酯	100	98	100	90	60
醚菌酯	35	10	100	100	100
唑菌胺酯	—	—	100	98	75

最终选择对黄瓜霜霉病和小麦白粉病均具有很好防效的化合物Ⅲ-12（SYP-4155），进行进一步的开发。该化合物即为新农药，唑胺菌酯。

作用机制：唑胺菌酯为真菌线粒体的呼吸抑制剂。唑胺菌酯可以与细胞色素 bc_1 复合体结合，抑制线粒体的电子传递，从而破坏病菌的能量合成，起到杀菌作用。唑胺菌酯能够有效地抑制病原菌的多个生长发育阶段，如游动孢子的释放、芽管的伸长等。

生产企业：沈阳科创化学品有限公司。

产品性能（用途）：唑胺菌酯是一种广谱的杀菌剂，且兼具一定的保护和治疗活性。可防治担子菌亚门、子囊菌亚门、接合菌亚门、半知菌亚门病原菌引起的植物病害。适用作物有黄瓜、小麦、玉米、苹果、葡萄、苦瓜、辣椒、番茄、甜瓜、草莓、四季豆及豇豆等。对霜霉病、白粉病、锈病和疫病等，均有良好的防效。

哺乳动物和生态毒性：急性经口 LD_{50}（mg·kg^{-1}），雄大鼠＞5010，雌大鼠＞4300。急性经皮 LD_{50}（mg·kg^{-1}），大鼠（雄、雌）＞2150。对兔眼为轻度至中度刺激性。对豚鼠致敏性试验为弱致敏物。对兔皮肤无刺激性。Ames、微核、染色体试验结果均为阴性。

鸟类急性经口毒性 LD_{50}（mg·kg^{-1}）：＞5000。斑马鱼急性毒性 LC_{50}（mg·L^{-1}，96h）：0.44。虹鳟鱼的急性毒性 LC_{50}（mg·L^{-1}，96h）：0.01。蜜蜂急性经口毒性 LC_{50}（mg·L^{-1}）：(24h)＞10000，(48h)＞10000。蜜蜂急性接触毒性 LD_{50}（μg·只$^{-1}$）：(24h)＞500，(48h)＞500。对微生物的毒性为低毒级。唑胺菌酯在空气中、水中和土壤表

面（吉林黑土）的挥发性均属于Ⅳ级（难挥发）。唑胺菌酯的吸附系数 K_{oc} 为1000，其 $\lg K_{oc}$ 为3.0。在吉林黑土、江西红土和太湖水稻土中的移动性等级则属于Ⅴ级（不移动）。吉林黑土、江西红土和太湖水稻土中的积水厌气土壤降解半衰期分别为18.2d、17.8d和16.7h。

注意事项：白粉病、锈病是高抗性的危险病原菌，施药应避免漏喷和短时间内重复、低剂量喷药。

4.3.5　苯噻菌酯

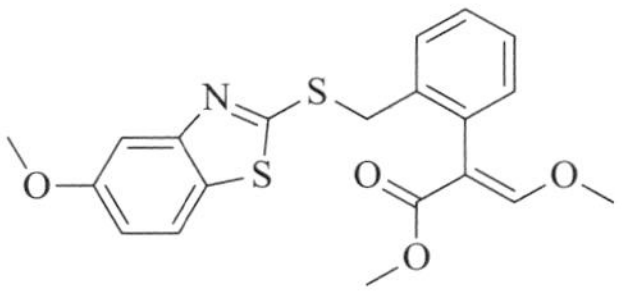

化学名称（IUPAC）：甲基（*E*)-3-甲氧基-2-[2-[[(5-甲氧基苯并[*d*]噻唑-2-基)硫]甲基]苯基]丙烯酸酯。

CAS登录号：1070975-53-9。

理化性质：白色粉末状固体。熔点：85～87℃。溶于二氯甲烷、乙腈。

加工剂型：25%悬浮剂。

研发单位：华中师范大学。

创制流程：strobilurins类杀菌剂是来源于具有杀菌活性的天然抗生素strobilurin A。自其被发现杀菌活性以来，经过二十多年的结构优化和生物活性验证，终使此类杀菌剂开发成功，在杀菌剂开发史上树立了继三唑类杀菌剂之后又一个新的里程碑。strobilurins类杀菌剂是一类作用机制独特、极具发展潜力和市场活力的新型农用杀菌剂。目前，strobilurin类杀菌剂已经发展成为欧洲谷物市场的主要杀菌剂品种。

而苯并噻唑类则是一类非常重要的活性碎片。苯并噻唑类衍生物具有广泛的生物活性，在医药上被用作抗菌剂、杀螨剂、抗寄生虫、抗结核病、抗风湿病和抗癌等；在农药上，可以用于除草、杀虫、杀菌。近年来，2-巯基苯并噻唑衍生物的活性也不断被报道。早期商品化的杀菌剂2-(硫氰基甲基硫）苯并噻唑1a具有广泛的杀菌谱，尤其是对引起棉籽和棉苗病害（如棉炭疽病、猝倒病、棉立枯病等）的致病真菌具有很高的抑制活性。1994年，Steven等研究了硫醚1b、亚砜1c以及砜1d取代的苯并噻唑类衍生物的生物活性，发现这类化合物对供试昆虫和真菌有不同程度的抑制或杀死活性。Sidoova等报道了2-烷硫基-6-取代氨基苯并噻唑衍生物1e、1f、1g的生物活性，发现化合物1e对金黄色葡萄球菌和念珠菌都具有良好的抑制活性，在32mg·L^{-1}时，对金黄色葡萄球菌的抑制率达到100%。化合物1f和1g对菠菜叶片的光合作用具有优良的抑制活性。当R=C_5H_{11}时，其最低抑制浓度IC_{50}=23mg·L^{-1}；当R=C_6H_{13}时，其最低抑制浓度IC_{50}=17mg·L^{-1}（见图4-22）。

华中师范大学杨光富课题组采用其自行发展的“药效团连接碎片的虚拟筛选（pharmacophore-linked fragment virtual screening，PFVS）”[138,139]方法，以细胞色素bc_1复合物为靶标，开展基于碎片的合理设计。在所获得的苗头化合物中，苯并噻唑衍生物2表现出良好的细胞色素bc_1复合物抑制活性，进一步采用自行发展的计算取代优化方法（computational substitution optimization，CSO）[140]针对苗头化合物2开展结构优化，成功发现了候选药剂苯噻菌酯（实验代号：Y5247）。苯噻菌酯的创制思路见图4-23，发现过程见图4-24。

1a

1b

1c

1d

1e

1f

1g

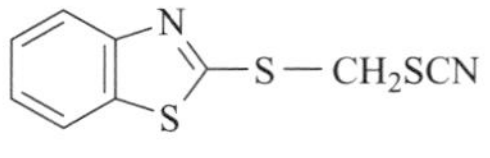

图 4-22 苯并噻唑类药物

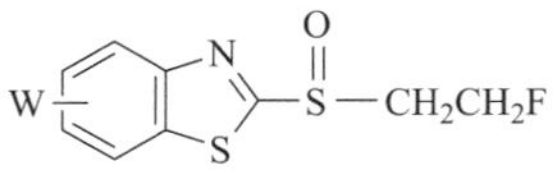

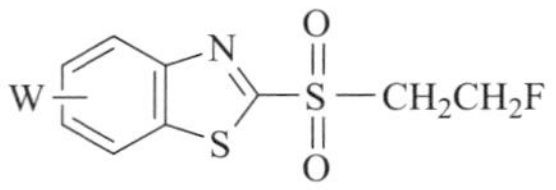

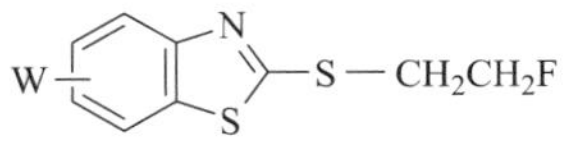

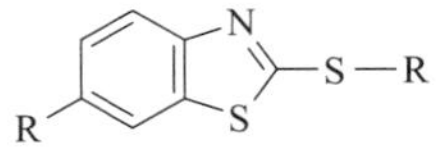

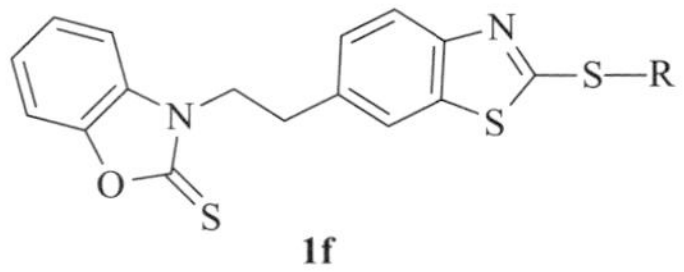

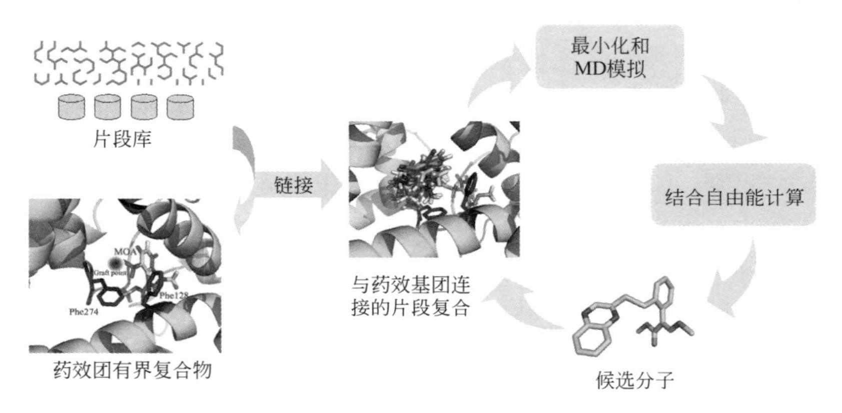

图 4-23 苯噻菌酯的创制思路

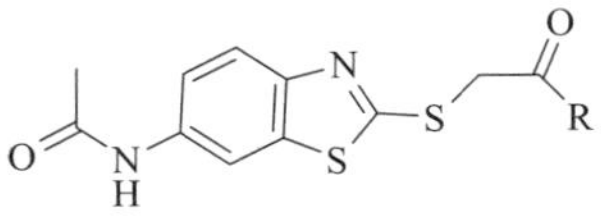

作用机制：苯噻菌酯为线粒体呼吸链细胞色素 bc_1 复合物抑制剂，是底物醌的竞争性抑制剂，而与底物细胞色素 c 属于非竞争性抑制剂，阻碍了电子由细胞色素 b 到细胞色素 c_1 的传递，从而阻碍了能量的生产，最终杀死病原菌。

生产企业：江苏七洲绿色化工股份有限公司。

产品性能（用途）：苯噻菌酯是一种广谱的杀菌剂。适用作物有黄瓜、葡萄、草莓、玉米、水稻、油菜等。对白粉病、霜霉病、灰霉病、褐斑病、黑星病、玉米小斑病、水稻纹枯病、柑橘地腐病、油菜菌核病等，都有良好的防效。

哺乳动物和生态毒性：急性经口 LD_{50}（mg·kg^{-1}），大鼠（雄、雌）>5000。急性经皮 LD_{50}（mg·kg^{-1}），大鼠（雄、雌）>5000。对兔眼轻度刺激，对兔皮肤的刺激强度为无刺激级。对豚鼠皮肤致敏性试验，属Ⅰ级弱致敏物。Ames、微核、染色体试验结果为阴性。

斑马鱼急性毒性 LC_{50}（mg·L^{-1}，96h）=0.044。鹌鹑急性经口毒性 LD_{50}（mg·kg^{-1}）>1100。蜜蜂急性经口毒性 LC_{50}（mg·只$^{-1}$，48h）=0.10。家蚕饲喂毒性试验 LC_{50}（mg·kg^{-1}桑叶，48h）>300。苯噻菌酯在东北黑土、南京黄棕壤、江西红壤中属中等降解，半衰期分别为 32.8d、37.9d、51.7d。在三种土壤中，苯噻菌酯的吸附以物理作用为

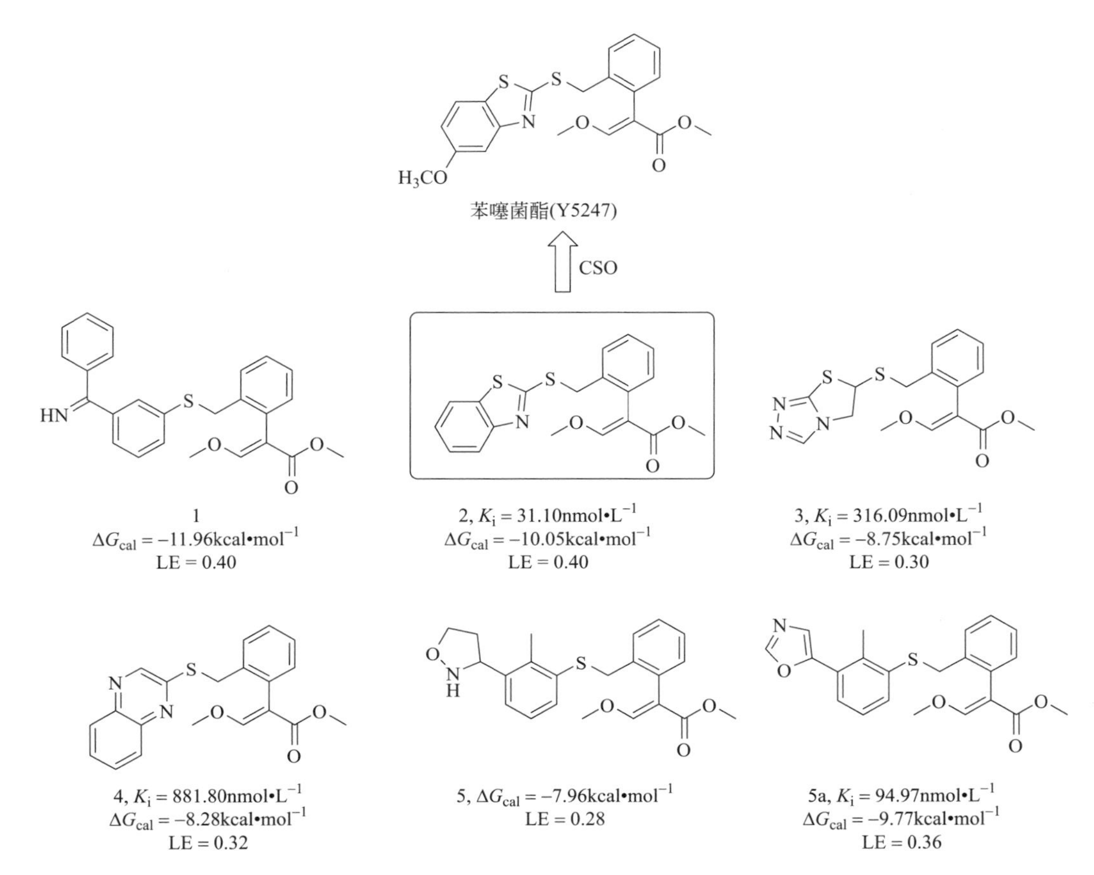

图 4-24　苯噻菌酯的发现过程

主，不易移动[141]。

注意事项：使用时应选在白粉病初发期、病情指数较低时使用。使用时应叶片和植株整株均匀喷雾，建议使用剂量为 25～50mg・L^{-1}，采用 2 次或 2 次以上施药方法进行防治，同时，根据天气和病害发生情况决定用药间隔，一般间隔 4～7d。

4.3.6　草酸二丙酮胺铜

CAS 登录号：1232774-12-7。

加工剂型：草酸二丙酮胺铜原药。

研发单位：西北农林科技大学。

创制流程：西北农林科技大学农药研究所姬志勤等在分离秦岭链霉素次生代谢物的过程中，得到了一个已知化合物——二丙酮胺，并首次报道了二丙酮胺对多种农业病原真菌和细菌具有明显的抑制活性，具有开发成农用杀菌剂的潜力。二丙酮胺虽然对多种细菌和病原真菌表现抑菌活性，但其抑菌活性较低，不能直接开发为农用杀菌剂。为提高二丙酮胺的抑菌活性，西北农林科技大学农药研究所以二丙酮胺为原料合成了新型化合物——草酸二丙酮胺铜。室内初步活性表明该化合物对多种农业病原真菌表现出良好的抑菌活性[142]。

作用机制：草酸二丙酮胺铜的作用方式主要表现为抑制病原真菌孢子萌发，而对病原真菌菌丝生长的抑制作用则较弱。草酸二丙酮胺铜应该是一种保护性杀菌剂，但同时它对某些病原菌也表现出良好的治疗作用，具体的作用机理有待于进一步研究。

产品性能（用途）：用于防治黄瓜霜霉病、番茄灰霉病、苹果斑点落叶病。

4.3.7 甲磺酰菌唑

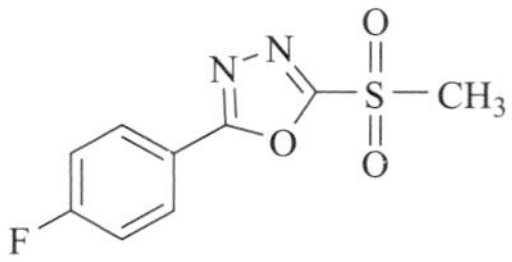

化学名称（IUPAC）：2-(对氟苯基)-5-甲磺酰基-1,3,4-噁二唑。

CAS 登录号：142225-95-4。

理化性质：甲磺酰菌唑为灰色粉末状固体，熔点为 142～144℃，蒸气压为 4×10^{-6} Pa（25℃）。溶解度（g・L^{-1}，20℃）：水 0.41，乙醇 32.5，乙酸乙酯 90.5。常温条件下，密封保存相当稳定。

加工剂型：20％甲磺酰菌唑悬浮剂和 20％甲磺酰菌唑可湿性粉剂。

研发单位：贵州大学。

创制流程：贵州大学精细化工中心以天然产物中筛选出的先导化合物没食子酸为起始原料，设计合成了一系列新的含 1,3,4-噻（噁）二唑基砜（亚砜）衍生物，采用生长速率法，以小麦赤霉病菌、黄瓜灰霉病菌、油菜菌核病菌等病害为测试对象，对部分目标化合物进行了抑菌活性研究。结果表明，部分目标化合物的 EC_{50} 值在 2.9～23.3mg・mL^{-1}之间，具有很好的抑制病害活性。在此基础上，进行更深入的合成研究，发现了甲磺酰菌唑[143]。

产品性能（用途）：用于防治水稻白叶枯病、水稻细菌性条斑病、番茄青枯病和果树溃疡病等细菌病害。

哺乳动物毒性：大鼠急性经口 $LD_{50}>$ 383mg・kg^{-1}，大鼠急性经皮和吸入 $LD_{50}>$ 2000mg・kg^{-1}，对家兔急性皮肤中等刺激，对豚鼠皮肤弱致敏。

生态毒性：日本鹌鹑急性经口 $LD_{50}>$2000mg・kg^{-1}（bw），对赤子爱胜蚓、蜜蜂急性接触 LC_{50}（14d）为 138mg(a. i.)・kg^{-1}，对羊角月牙藻急性毒性 EC_{50}（72h）为 2.54mg(a. i.)・L^{-1}，对大型溞的半数抑制浓度 EC_{50}（48h）为 2.31mg(a. i.)・L^{-1}。

4.4 除草剂

4.4.1 单嘧磺酯

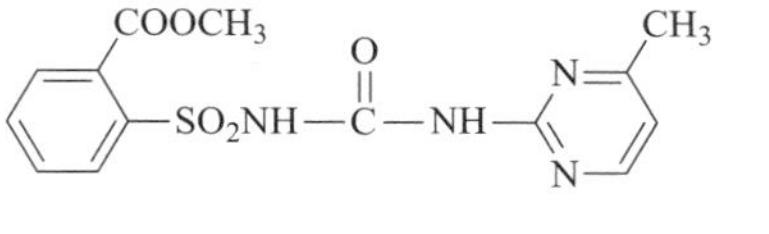

化学名称（IUPAC）：2-*N*-[(4-甲基嘧啶-2-基）氨基甲酰氨基磺酰基]苯甲酸甲酯。

CAS 登录号：175076-90-1。

理化性质：纯品为白色粉末，熔点 179.0～180.0℃。溶解度（20℃，$g \cdot L^{-1}$）：甲醇 0.30，水 0.06，乙腈 1.44，丙酮 2.03，四氢呋喃 4.83，*N*,*N*-二甲基甲酰胺 24.68。稳定性：抗光解性好，在室温下稳定，在弱碱、中性及弱酸性条件下稳定，在酸性条件下易水解。在 pH 值小于 7 的土壤内温湿度适宜的条件下，其土壤残留半衰期小于 20d，在 pH 值大于 7 的可耕土壤残留半衰期将随 pH 值的增大而延长，但较氯磺隆土壤的残留半衰期明显缩短。在推荐剂量范围内，单嘧磺酯的安全间隔期短于单嘧磺隆[144]。

加工剂型：单嘧磺酯原药和 10%单嘧磺酯可湿性粉剂。

研发单位：南开大学。

创制流程：20 世纪 80 年代初，美国杜邦公司报道了一类新的磺酰脲类除草剂，其作用靶标——乙酰乳酸合成酶（ALS）是植物和微生物体内所特有的一种酶，由于它对温血动物无毒和它的超低用量（每亩 1～2g）大大改善了对环境的影响，该类除草剂一经问世，迅速在国际上掀起了一股研发热潮。据了解，杜邦等公司已合成了此类新结构约 6 万个，申请专利约 400 件，覆盖了几乎所有可能的设计范围及知识产权。磺酰脲类除草剂也因此成为农药创制史上的一个里程碑。其发明人 Levitt 博士由于在磺酰脲除草剂方面的突出贡献，1991 年美国化学学会授予他创造发明奖，1993 年美国总统授予他美国国家技术奖。在授奖仪式上，Levitt 博士就他 20 年来研究磺酰脲类除草剂的实践经验，总结了其构效关系的四点重要结论：

① 分子中含有脲桥；

② 在脲桥间位须有两个取代基；

③ 在脲桥对位不能有任何取代基；

④ 分子中须有一个杂环系统。

自 20 世纪 90 年代初，南开大学元素有机化学研究所李正名院士课题组开始对磺酰脲类除草剂进行深入和系统构效关系研究，先后设计、合成了 900 多个磺酰脲类新化合物，首次发现具有含单取代杂环的新型磺酰脲分子同样具有很高的除草活性，总结并提出了磺酰脲分子除草活性三要素，修正和发展了国际上公认的磺酰脲构效关系理论[145]：

① 在磺酰脲分子中存在一个分子内氢键，它促使脲桥和杂环之间形成一个新的共轭体系；

② 羰基氧、磺酰氧和杂环氮原子共同形成一个三负电子中心的反应中心；

③ 在苯环中磺酰脲桥和关键的邻位取代基之间存在一个空穴很为关键。

在合成的上述近千个新结构中，先后筛选出 5 个具有超高效除草活性的单取代磺酰脲类新结构[92825（单嘧磺隆）、9285、94827（单嘧磺酯）、01806 和 01808]。单嘧磺酯（NK 94827）是南开大学继单嘧磺隆（NK 92825）产业化后，成功开发的另一个超高效绿色除草剂创制品种，突破了国际上已商品化的磺酰脲类超高效除草剂必须含有双取代杂环的经典结构要求，在先后提交了 NK 94827 有关毒理、环境、生态、田间药效、残留、对非靶生物体、降解、对下茬作物的影响等 41 项生态毒性和环境行为等技术资料后，已获得农业部新农药正式登记、国家有关部委颁发的农药生产证和企业标准证，这也是我国继单嘧磺隆后第二个获得国家正式登记证、具有自主知识产权的创制除草剂。单嘧磺酯的毒性低，环境安全性好，有效剂量每亩仅 1g 左右，对小麦田杂草具有优良的防治效果，曾对河南、河北、山东和甘肃等地的冬小麦、春小麦田间的藜、扁蓄、荠菜、播娘蒿等杂草进行大田防治，对小麦田最常见的后茬作物玉米安全，这些特点优于其他小麦田除草剂。单嘧磺酯优秀的生物活性进一步验证了南开大学李正名团队对磺酰脲活性三要素理论的实用性，为我国农药工业增添了一个新的除草剂品种，对于加强我国创制具有自主知识产权的新农药的能力，避免发达国家对我国除草剂市场的垄断，稳定农药市场价格和保护我国农业生产的安全都具有深远的影响。

与常规除草剂相比，单嘧磺酯属于超高效除草剂，因用量很少可大幅度减少进入环境中的施用药剂，其极低的毒性又可大幅度降低对有益动植物的生态影响，新除草剂的问世还可避免单一品种长期使用对环境带来的不良影响和杂草草相变化的危害，具有较大的社会效益和环境效益。

单嘧磺酯的生产工艺条件温和、反应稳定，系采用 2-甲氧羰基苯磺酰胺与氯甲酸乙酯在碱性试剂作用下反应得到中间体 2-甲氧羰基苯磺酰氨基甲酸乙酯，进而与 4-甲基嘧啶-2-胺反应得到单嘧磺酯。

此外，通过与澳大利亚昆士兰大学 Duggleby 博士开展国际合作，成功获得了单嘧磺酯作为底物与拟南芥 ALS 靶酶对接所形成的复合物晶体，其精确的蛋白质结构确定后被国际结构生物信息学办公室授予其标志码：RCSB 049066 和 PDB 3EA4，其后才能阐明含单取代磺酰脲类除草剂的活性分子作用机制，把磺酰脲构效关系理论研究提升到了分子水平。多年来基于对环境友好的超高效磺酰脲除草剂单嘧磺隆、单嘧磺酯的创制和开发研究系列成果，李正名团队获得 2003 年天津市发明专利金奖、2004 年天津市技术发明一等奖、2006 年全国发明创业奖、2007 年国家技术发明二等奖、2012 年“天津市最有价值发明专利称号”、2013 年天津市科技重大成就奖等多个奖项。

近年来，对单嘧磺隆、单嘧磺酯及合成的其他系列新磺酰脲类化合物的后续研究先后发现，新磺酰脲类还在控制外来入侵生物紫茎泽兰、去油菜雄花、抗耐药性结核菌、抑制各种植物真菌等方面具有新的生理功能，这些研究进展已以论文形式在国内外期刊发表[146]。

作用机制：单嘧磺酯为乙酰乳酸合成酶（ALS）抑制剂，通过抑制乙酰乳酸合成酶的活性，进而抑制支链氨基酸（如：亮氨酸、异亮氨酸、缬氨酸）的生物合成，造成敏感植物停止生长而逐渐死亡。其可通过根、茎、叶吸收，但以根吸收为主，有内吸传导作用。其选择性主要来源于作用位点作用力的差异以及吸收、代谢和土壤位差效应等差异[147]。

生产企业：天津市绿保农用化学科技开发有限公司，山东侨昌化学有限公司。

产品性能（用途）：单嘧磺酯是我国自主研发的具有自主知识产权的磺酰脲类除草剂新品种，主要用于防除冬小麦、春小麦田杂草，国外初试对大麦杂草有效。对一年生禾本科杂草马唐、稗草、碱茅、野燕麦、硬草等在田间应用 $30 \sim 60\ g \cdot hm^{-2}$，表现很高的活性。对一年生阔叶杂草播娘蒿、荠菜、米瓦罐、藜、马齿苋、反枝苋在田间应用 $18 \sim 45 g \cdot hm^{-2}$，有很好的活性，对猪殃殃、婆婆纳、麦家公、泽漆和田旋花等多年生阔叶杂草也有一定的除草活性。

哺乳动物毒性：单嘧磺酯（原药）对大鼠（雄、雌）急性经口毒性 $LD_{50} > 10000 mg \cdot kg^{-1}$；对大鼠（雄、雌）急性经皮毒性 $LD_{50} > 10000 mg \cdot kg^{-1}$。对大耳白兔皮肤无刺激，对眼睛有轻微刺激，24h 恢复。致敏强度为Ⅰ级，属弱致敏物。Ames 试验阴性；微核或骨髓细胞染色体畸变阴性；显性致死或生殖细胞染色体畸变阴性。

生态毒性：单嘧磺酯对蜜蜂低毒，$LD_{50}>200\mu L\cdot$蜂$^{-1}$；对鹌鹑低毒，$LD_{50}>2000mg\cdot kg^{-1}$；对斑马鱼低毒，$LC_{50}$（96h）为 $64.68mg\cdot L^{-1}$；对桑蚕低毒，$LC_{50}>5000.00mg\cdot kg^{-1}$。对鱼、鸟、蜜蜂均为低毒，对家蚕低风险[148]。

注意事项：①使用的包装根据国家和地方有关法规的要求处置，或与厂商或制造商联系，确定处置方法。②不慎发生着火或泄漏或溢洒，应隔离泄漏污染区，限制出入，切断火源，应用干粉、泡沫灭火器或砂土灭火；或拨打火警电话求救，消防人员须穿戴防毒面具与防护服。③孕妇及哺乳期女性应尽量避免接触此药。④本品为粉剂，操作时应戴化学安全防毒面具，穿防毒物渗透工作服，戴橡胶手套等，不可吃东西、喝水和吸烟；操作完毕后应及时洗手和脸等裸露部位。⑤生产使用过程中的废弃物质和废液要妥善处理，不准排入河流、池塘等水源。

4.4.2　丙酯草醚和异丙酯草醚

4.4.2.1　丙酯草醚

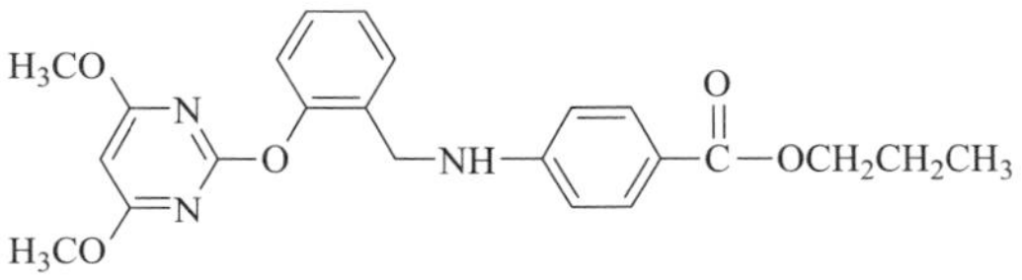

H_3CO　N　O　NH　O　$C-OCH_2CH_2CH_3$　N　H_3CO

化学名称（IUPAC）：4-[2-(4,6-二甲氧基-2-嘧啶氧基)苄氨基]苯甲酸丙酯。

CAS 登录号：1225373-53-4。

理化性质：外观为白色固体。熔点：(96.9±0.5)℃；沸点：279.3℃（分解温度），310.4℃（最快分解温度）；密度（堆积度）：$0.682g\cdot mL^{-1}$；溶解度（$g\cdot L^{-1}$，20℃）：水 1.53×10^{-3}，乙醇 1.13，二甲苯 11.7，丙酮 43.7；分配系数（正辛醇/水，20℃）：3.0×10^{5}；稳定性：对光、热稳定，但在一定的酸、碱条件下会逐渐分解。

加工剂型：10%丙酯草醚悬浮剂，10%丙酯草醚乳油。

研发单位：中国科学院上海有机化学研究所和浙江省化工研究院。

创制流程：2003 年，中国科学院上海有机化学研究所和浙江省化工研究院共同发现了一类具有我国自主知识产权和高效除草活性的农药先导化合物——2-嘧啶氧基-*N*-芳基苄胺类衍生物，具有国际先进水平和很强的开发前景。至今已获得了中国发明专利（ZL 00130735.5）、美国发明专利（US 6800590 B2）、韩国发明专利（KR 0511489）、墨西哥发明专利（MX 234202）、欧盟发明专利（EP 1327629）、日本发明专利（JP 4052942）、加拿大发明专利（CA 2425984）和波兰发明专利（PL 216218）等的授权。

通过对先导化合物结构的优化，成功开发出 2 个新型高效油菜田除草剂——丙酯草醚和异丙酯草醚，该系列新型除草剂具有高效、低毒、对后茬作物安全、环境相容性好、杀草谱较广且成本较低等优点，已成为我国油菜田除草剂的重要品种之一。

按照农业部农药登记资料要求，新型油菜田除草剂品种丙酯草醚和异丙酯草醚原药及其 10%乳油制剂于 2014 年 7 月通过农业部农药检定所组织的专家评审，2014 年 8 月 1 日获得了农业部颁发的农药正式登记证书[149]。

作用机制：在离体条件下，丙酯草醚对乙酰乳酸合成酶 ALS 没有抑制作用；在活体条件下，丙酯草醚对 ALS 有一定的抑制作用，且随着处理时间的延长，酶活力降低，对 ALS 的抑制作用增加。丙酯草醚使植物体内必需的支链氨基酸合成受阻，但仍然属于 ALS 抑制剂，即为前体除草剂。对其代谢过程、环境行为与归趋等的进一步研究表明：①丙酯草醚在土壤中的降解比在植物中的代谢更为复杂，但主要降解产物与其在植物体内的代谢物相同；②丙酯草醚在油菜籽中的残留量远小于可能对人体造成伤害的剂量，属于低残留的农药品种；③从迁移和淋溶特性看，田间使用丙酯草醚不易对地下水造成污染；④除酸性土外，丙酯草醚的矿化量均大于 5%，且其结合残留低于 70%，符合欧盟农药正式登记对结合残留和矿化的要求[149,150]。

生产企业：山东侨昌化学有限公司。

产品性能（用途）：油菜田除草剂，能有效防除油菜田中主要的单、双子叶杂草，在以看麦娘、日本看麦娘、繁缕、牛繁缕、雀舌草等杂草为主的油菜区，一次性施药可解决油菜田的杂草危害，对当季油菜和后茬作物水稻等安全。通常使用剂量为 $45\sim60g\cdot hm^{-2}$。

哺乳动物毒性：对大鼠急性经口 $LD_{50}>5000mg\cdot kg^{-1}$，急性经皮 $LD_{50}>2000mg\cdot kg^{-1}$；对家兔眼睛有轻度至中度刺激；对家兔皮肤无刺激；对豚鼠皮肤无致敏性；无胚胎毒性、繁殖毒性和致畸作用，无致突变和致癌作用。大鼠喂食最大无作用剂量 NOEL（2年）：雄性为 $(145.6\pm8.9)mg\cdot kg^{-1}\cdot d^{-1}$；雌性为 $(193.4\pm20.7)mg\cdot kg^{-1}\cdot d^{-1}$。人体每日允许摄入量（ADI）为 $1.367mg\cdot kg^{-1}$。

生态毒性：桑蚕毒性（48h）$LC_{50}>10000mg\cdot L^{-1}$，鹌鹑鸟毒（7d）$LD_{50}>5000mg\cdot kg^{-1}$，斑马鱼毒（96h）$LC_{50}=84.26mg\cdot L^{-1}$，蜜蜂急性接触毒性（48h）$LD_{50}>50.0\mu g\cdot$ 蜂$^{-1}$，斜生栅藻毒性（72h）$EC_{50}=27.54mg\cdot L^{-1}$，大型溞急性毒性（48h）$EC_{50}=32.81mg\cdot L^{-1}$，赤眼蜂急性毒性（24h）安全系数>5，蚯蚓急性毒性（14d）$LC_{50}>100mg\cdot kg^{-1}$。

注意事项：丙酯草醚活性发挥相对较慢，药后 10d 杂草开始表现受害症状，药后 20d 杂草出现明显的药害症状。该药对甘蓝型油菜较安全，在商品用量 $900mL\cdot hm^{-2}$ 以上时，对油菜生长前期有一定的抑制作用，但很快能恢复正常，对产量无明显的不良影响。温室试验表明，在商品量 $375\sim4500mL\cdot hm^{-2}$ 剂量范围内，对作物幼苗的安全性为：棉花>油菜>小麦>大豆>玉米>水稻。10%丙酯草醚 EC 对 4 叶以上的油菜安全。在阔叶杂草较多的田块，该药需与防阔叶杂草的除草剂混用或搭配使用，才能取得好的防效[151]。

4.4.2.2 异丙酯草醚

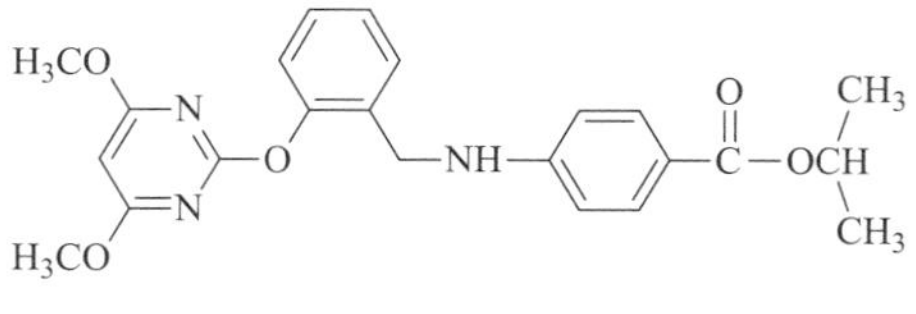

化学名称（IUPAC）：4-[2-(4,6-二甲氧基-2-嘧啶氧基)苄氨基]苯甲酸异丙酯。

CAS 登录号：1225348-54-8。

理化性质：外观为白色固体。熔点：(83.4 ± 0.5)℃；沸点：280.9℃（分解温度），316.7℃（最快分解温度）；密度（堆积度）：$0.500g\cdot mL^{-1}$；溶解度（$g\cdot L^{-1}$，20℃）：水

1.39×10^{-3}，乙醇 1.07，二甲苯 23.2，丙酮 52；分配系数（正辛醇/水，20℃）：4.5×10^{5}；稳定性：对光、热稳定，但在一定的酸、碱条件下会逐渐分解。

加工剂型：10%异丙酯草醚悬浮剂，10%异丙酯草醚乳油。

研发单位：中国科学院上海有机化学研究所和浙江省化工研究院。

创制流程：2003 年，中国科学院上海有机化学研究所和浙江省化工研究院共同发现了一类具有我国自主知识产权和高效除草活性的农药先导化合物——2-嘧啶氧基-*N*-芳基苄胺类衍生物，具有国际先进水平和很强的开发前景。至今已获得了中国发明专利（ZL 00130735.5）[152]、美国发明专利（US 6800590 B2）、韩国发明专利（KR 0511489）、墨西哥发明专利（MX 234202）、欧盟发明专利（EP 1327629）、日本发明专利（JP 4052942）、加拿大发明专利（CA 2425984）和波兰发明专利（PL 216218）等的授权。

通过对先导化合物结构的优化，成功开发出 2 个新型高效油菜田除草剂——丙酯草醚和异丙酯草醚，该系列新型除草剂具有高效、低毒、对后茬作物安全、环境相容性好、杀草谱较广且成本较低等优点，已成为我国油菜田除草剂的重要品种之一。

按照农业部农药登记资料要求，新型油菜田除草剂品种丙酯草醚和异丙酯草醚原药及其10%乳油制剂于 2014 年 7 月通过农业部农药检定所组织的专家评审，2014 年 8 月 1 日获得了农业部颁发的农药正式登记证书。

作用机制：在离体条件下，异丙酯草醚对乙酰乳酸合成酶 ALS 没有抑制作用；在活体条件下，异丙酯草醚对 ALS 有一定的抑制作用，且随着处理时间的延长，酶活力降低，对 ALS 的抑制作用增加。异丙酯草醚使植物体内必需的支链氨基酸合成受阻，但仍然属于 ALS 抑制剂，即为前体除草剂。

生产企业：山东侨昌化学有限公司。

产品性能（用途）：油菜田除草剂，能有效防除油菜田中主要的单、双子叶杂草，在以看麦娘、日本看麦娘、繁缕、牛繁缕、雀舌草等杂草为主的油菜区，一次性施药可解决油菜田的杂草危害，对当季油菜和后茬作物水稻等安全。通常使用剂量为 $45\sim60g\cdot hm^{-2}$。

哺乳动物毒性：对大鼠急性经口 $LD_{50}>5000mg\cdot kg^{-1}$，急性经皮 $LD_{50}>2000mg\cdot kg^{-1}$；对家兔眼睛有轻度刺激；对家兔皮肤无刺激；对豚鼠皮肤无致敏性；无胚胎毒性、繁殖毒性和致畸作用，无致突变和致癌作用。大鼠喂食最大无作用剂量 NOEL（2 年）：雄性为 $(10.4\pm0.9)mg\cdot kg^{-1}\cdot d^{-1}$；雌性为 $(12.7\pm1.2)mg\cdot kg^{-1}\cdot d^{-1}$。人体每日允许摄入量（ADI）为 $0.095mg\cdot kg^{-1}$。

生态毒性：桑蚕毒性（48h）$LC_{50}>10000mg\cdot L^{-1}$，鹌鹑鸟毒（7d）$LD_{50}>5000mg\cdot kg^{-1}$，斑马鱼毒（96h）$LC_{50}=55.98mg\cdot L^{-1}$，蜜蜂急性接触毒性（48h）$LD_{50}>50.0\mu g\cdot$ 蜂$^{-1}$，斜生栅藻毒性（72h）$EC_{50}=23.79mg\cdot L^{-1}$，大型溞急性毒性（48h）$EC_{50}=11.57mg\cdot L^{-1}$，赤眼蜂急性毒性（24h）安全系数>5，蚯蚓急性毒性（14d）$LC_{50}>100mg\cdot kg^{-1}$。

注意事项：在移栽油菜移栽缓苗后禾本科杂草 2～3 叶期茎叶喷雾，对看麦娘、日本看麦娘、牛繁缕、雀舌草等的防效较好，但对大巢菜、野老鹳草、碎米荠的效果差，对泥糊菜、稻搓菜、鼠麦基本无效。

4.4.3 甲硫嘧磺隆

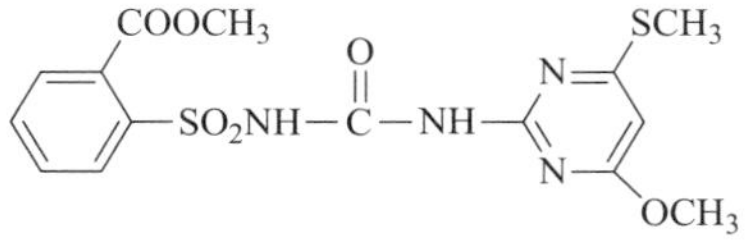

化学名称（IUPAC）：3-(4-甲氧基-6-甲硫基嘧啶-2-基)-1-(2-甲氧基甲酰基苯基)磺酰脲。

CAS登录号：441050-97-1。

理化性质：甲硫嘧磺隆原药（含量≥95%）外观为白色至浅黄色粉状结晶。纯品蒸气压：0.82kPa（25℃）；熔点：187.8～188.6℃。溶解性（$g \cdot L^{-1}$，20℃）：水中0.129（pH 3）、0.187（pH 8）、2.536（pH 2）；其他有机溶剂中，乙醇1.198，甲苯1.719，甲醇2.228，丙酮17.84，二氯乙烷31.064，三氯甲烷64.792，二氯甲烷71。稳定性：中性条件下稳定，酸性、碱性条件下不稳定；对热稳定，常温下对日光稳定。10%甲硫嘧磺隆可湿性粉剂外观组成为均匀灰白色的疏松粉末，不应有团块和异物；在规定的条件下该产品的质量保证期为2年。

加工剂型：甲硫嘧磺隆原药和10%甲硫嘧磺隆可湿性粉剂。

研发单位：湖南省化工研究院。

创制流程：甲硫嘧磺隆是湖南省化工研究院对磺酰脲类化合物进行结构修饰而得到的高效除草剂，通过引入易降解的甲硫基团，有效缩短了残留期，同时又保持了磺酰脲类化合物高效、低毒的特点，已在中国获得临时登记。

作用机制：甲硫嘧磺隆为长残效的磺酰脲类除草剂。其作用机理与其他磺酰脲除草剂相同，为乙酰乳酸合成酶（ALS）的抑制剂[153]。

生产企业：湖南海利化工股份有限公司。

产品性能（用途）：经田间药效试验结果表明，10%甲硫嘧磺隆可湿性粉剂对春小麦一年生阔叶杂草及禾本科杂草有较好的防治效果。根据药效试验，在高剂量下该药剂存在对当茬和后茬作物的安全性问题，因此，批准使用剂量建议为有效成分22.5～30.0$g \cdot hm^{-2}$（折成商品量为每亩15～20g，加水30～50kg稀释），建议限制在东北地区的春小麦田使用，适用时期为春小麦2～3叶期。

哺乳动物和生态毒性：甲硫嘧磺隆原药大鼠急性经口LD_{50}＞4640$mg \cdot kg^{-1}$，急性经皮LD_{50}＞10000$mg \cdot kg^{-1}$；对家兔皮肤、眼睛无刺激性；豚鼠皮肤变态反应（致敏）试验结果属弱致敏物（致敏率为0）；大鼠90d亚慢性喂饲试验最大无作用剂量为151$mg \cdot kg^{-1} \cdot d^{-1}$。三项致突变试验：Ames试验、小鼠骨髓细胞微核试验、小鼠睾丸细胞染色体畸变试验，结果均为阴性，未见致突变作用。10%甲硫嘧磺隆可湿性粉剂大鼠急性经口LD_{50}：雄性为3830$mg \cdot kg^{-1}$、雌性为2150$mg \cdot kg^{-1}$，急性经皮LD_{50}＞2000$mg \cdot kg^{-1}$；对家兔皮肤无刺激性，对眼睛轻度刺激性；豚鼠皮肤变态反应（致敏）试验结果为弱致敏物（致敏率为0）。甲硫嘧磺隆原药和10%甲硫嘧磺隆可湿性粉剂为低毒除草剂。

注意事项：①开启农药包装、配制农药时要穿工作服、戴好手套等必要的防护用品，用适当的机械，不能用手取药或搅拌，且要远离儿童和家禽、家畜。②操作时应穿工作服、工作鞋，戴好口罩和手套。③万一着火用砂土、泡沫、干粉扑救，用水灭火无效。如有泄漏，尽可能将溢漏物收集在密闭容器内，小心收集残余物，转移到安全场所。④出现泄漏，隔离污染区，应急人员佩戴防尘口罩、防酸碱的塑料工作服、橡胶耐酸碱手套，用洁净的铲子收集泄漏物，置于干净、干燥的容器中，然后将泄漏物移离泄漏区。⑤本品不能与碱性物质混用。本品包装废弃物请妥善处理，不可他用。

4.5　其他

4.5.1　乙螨唑

化学名称（IUPAC）：(*RS*)-5-叔丁基-2-[2-(2,6-二氟苯基)-4,5-二氢-1,3-噁唑-4-基]苯乙醚。

CAS 登录号：153233-91-1。

理化性质：纯品为白色晶体粉末，熔点 101～102℃，蒸气压 7.0×10^{-6}Pa（25℃），相对密度 1.24（20℃）。分配系数 K_{ow} lg$P$＝5.59（25℃）。20℃时在水中溶解度为 75.4μg・L^{-1}；其他溶液中溶解度（g・L^{-1}，20℃）：甲醇 90，乙醇 90，丙酮 300，环己酮 500，乙酸乙酯 250，二甲苯 250，正庚烷 13，乙腈 80，四氢呋喃 750。稳定性：DT_{50}（20℃）9.6d（pH＝4），约 150d（pH＝7），约 190d（pH＝9）。在 50℃下储存 30d 不分解。闪点 457℃[154]。

加工剂型：乙螨唑原药和乙螨唑 110g・L^{-1}悬浮剂。

研发单位：日本住友化学株式会社。

创制流程：具有内环氧和氮原子的五元杂环结构已广泛用于生物活性天然产物中。已经从具有杀虫（家蝇）活性的蘑菇中分离出异噁唑衍生物，如毛红酸、异烟酸和米托莫尔。1,2,4-噁二唑、1,3,4-噻二唑、1,2,4-三唑和 1,3-噁唑-5-酮等具有两个取代苯基或一个苯基和一个吡啶基作为取代基的衍生物已经被报道表现出杀虫和杀螨活性。具有农药活性的 1,3-噁唑啉衍生物已经存在了。由于螨虫通常很快获得抗药性，杀螨剂的使用寿命都很短。因此，具有新型作用方式的新型杀螨剂是十分重要的。研究者合成了一系列 2,4-二苯基-1,3-噁唑啉衍生物及其在两个苯环上具有各种取代基的类似物（图 4-25），并对它们对双斑蜘蛛螨、绿米蝉、小菜蛾和绿桃蚜的杀菌、抗菌活性进行了评估。

作用机制：普遍认为 2,4-二苯基-1,3-噁唑啉杀螨剂/杀虫剂乙螨唑的作用模式是蜕皮抑制，但缺乏支持这一假设的实验结果。研究者调查了乙螨唑对秋季黏虫甲壳素生物合成的影响。乙螨唑诱导的秋季黏虫幼虫的蜕皮缺陷与苯甲酰脲类——一种众所周知的杀虫甲壳素生物合成抑制剂——类似但并不相同。此外，与未处理的幼虫相比，处理后数天的幼虫皮壳中的甲壳质含量与新鲜感染的个体没有差异，因此，表明体内几丁质生物合成受到强烈抑制。通过将来自 *S. frugiperda* 培养物的皮肤块与 [^{14}C] 放射性标记的几丁质前体 *N*-乙酰基-D-葡糖胺，孵育出抑制潜力，研究显示乙螨唑和杀虫隆的 IC_{50} 值分别为 2.95μmol・L^{-1}和

0.071μmol·L^{-1}。放射性标记物掺入氢氧化钾耐药材料中以乙螨唑剂量依赖性方式被抑制。基于这些结果，得出结论：乙螨唑的杀螨和杀虫作用模式是几丁质生物合成抑制[155]。

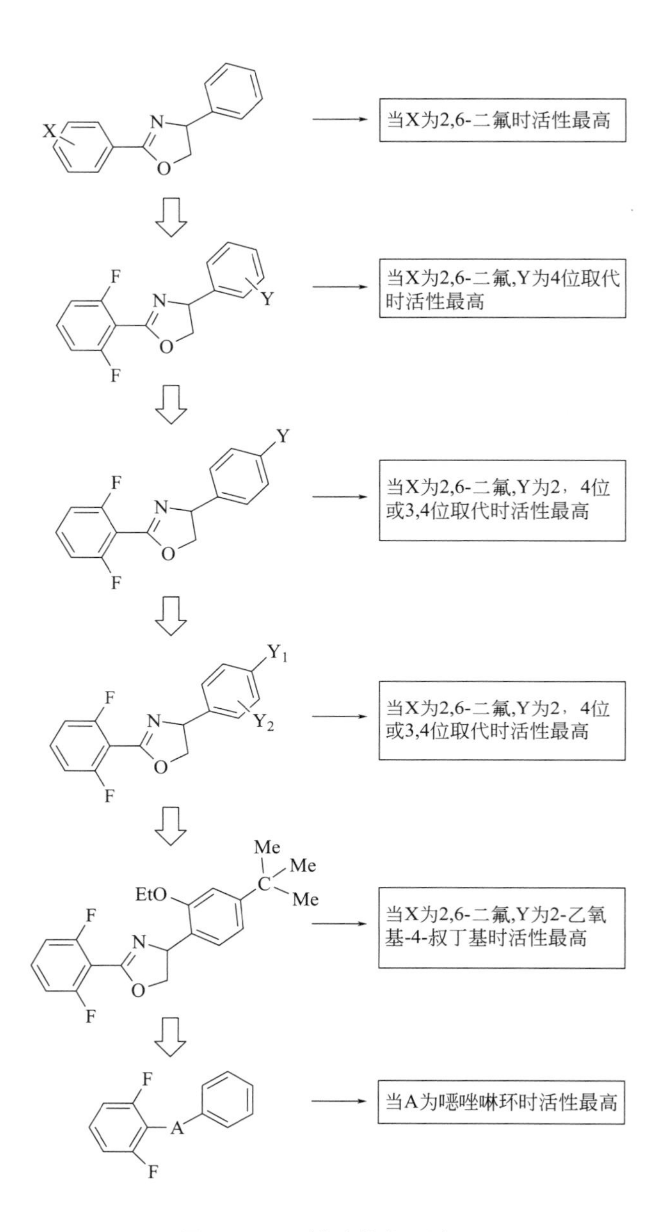

图 4-25 乙螨唑的发现过程

生产企业：广东金农达生物科技有限公司。

产品性能（用途）：乙螨唑对柑橘、棉花、苹果、花卉、蔬菜等作物的叶螨、始叶螨、全爪螨、二斑叶螨、朱砂叶螨等螨类有卓越的防效。因此，其最佳的防治时间是害螨危害初期。

哺乳动物和生态毒性：大鼠急性经口 $LD_{50}>5000$mg·kg^{-1}；大鼠急性经皮 $LD_{50}>2000$mg·kg^{-1}；对兔眼睛和皮肤无刺激，对豚鼠无皮肤过敏。大鼠吸入 $LC_{50}>1.09$mg·

L^{-1}。野鸭急性经口 $LD_{50}>2000mg \cdot kg^{-1}$。鱼类 LC_{50}：大翻车鱼 $1.4g \cdot L^{-1}$，日本鲤鱼(96h) $>0.89g \cdot L^{-1}$，虹鳟鱼 $>40mg \cdot L^{-1}$；水蚤 LC_{50} (3h) $>40mg \cdot L^{-1}$。蜜蜂（经口或接触）$LD_{50}>0.2g \cdot$ 只$^{-1}$[156]。

注意事项：不得污染饮用水、河流、池塘等。远离水产养殖区施药，禁止在河塘等水域清洗施药器具。本剂不可与波尔多液混用。建议与其他不同作用机制的杀螨剂轮换使用，以延缓抗性。本品每季作物最多用药 1 次，安全间隔期为 30d。孕妇及哺乳期孕妇禁止接触。使用本品应穿防护服，戴手套、口罩等，避免吸入药液，施药期间不可吃东西、抽烟、饮水等，施药后应及时洗手和脸。

4.5.2 乙唑螨腈[157～159]

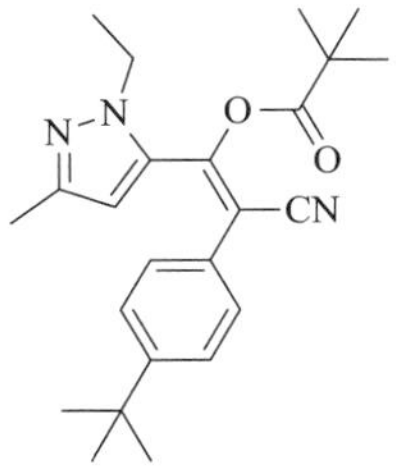

化学名称（IUPAC）：(*Z*)-(4-叔丁基苯基)-2-氰基-1-(1-乙基-3-甲基吡唑-5-基) 乙烯基-2,2-二甲基丙酸酯。

CAS 登录号：1253429-01-4。

理化性质：白色固体。熔点：92～93℃。易溶于二甲基甲酰胺、乙腈、丙酮、甲醇、乙酸乙酯、二氯甲烷等，可溶于石油醚、庚烷，难溶于水。

加工剂型：30%水悬浮剂。

研发单位：沈阳中化农药化工研发有限公司。

创制流程：cyenopyrafen 是由日产化学公司开发的一种新型丙烯腈类杀螨剂，目前已在日本、韩国、哥伦比亚商品化，用于防治叶螨，并对非靶标生物安全，尤其是对蜜蜂也具有高的安全性。商品名为 Starmite。其对线粒体呼吸链复合体Ⅱ表现出优异的抑制作用，目前具有此种作用机制的杀螨剂仅此一个，推测与现有杀螨剂无交互抗性。沈阳中化农药化工研发有限公司以 cyenopyrafen 为先导化合物，经过对吡唑的 1、3、4 位和酯基部分的系列结构优化，最终发现了活性更高、成本更低的化合物 SYP-9625。构效关系研究表明，吡唑 1 位为甲基或乙基时，化合物的杀螨活性较好；吡唑 3 位的甲基是保持活性的必要基团；吡唑的 4 位为甲基、氢、氯时，杀螨活性相当；当酯基部分为烷基羧酸酯时，杀螨活性较好。具体构效关系见图 4-26[159,160]。

作用机制：尚未开展作用机制研究，预计其与 cyenopyrafen 具有相同的作用机制，作用于线粒体呼吸链复合体Ⅱ。

生产企业：沈阳科创化学品有限公司。

产品性能（用途）：在 $50 \sim 100mg \cdot L^{-1}$ 下可有效防治柑橘红蜘蛛和苹果红蜘蛛；在 $25 \sim 50mg \cdot L^{-1}$ 下有效防治蔬菜害螨，具有较好的速效性和持效性。

哺乳动物毒性：哺乳动物的毒性见表 4-7[161]。

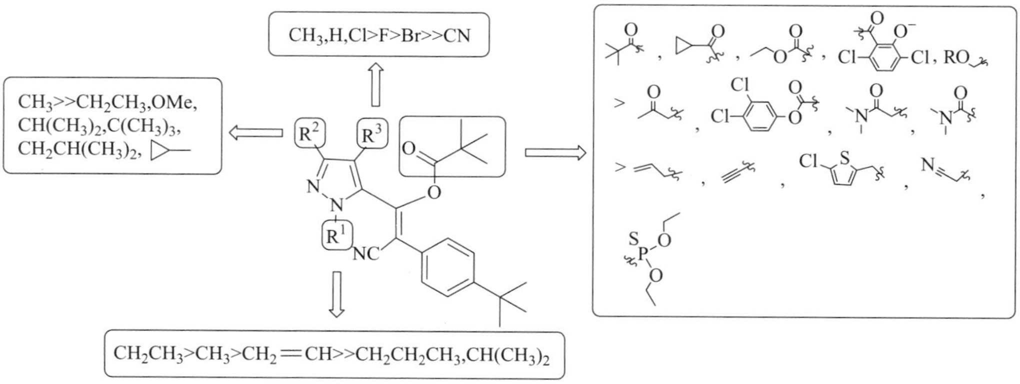

图 4-26　乙唑螨腈的发现过程

表 4-7　乙唑螨腈的哺乳动物毒性

给药途径	试验动物	性别	原药 $LD_{50}/mg \cdot kg^{-1}$
经口	大鼠	雄	>4640
	大鼠	雌	
经皮	大鼠	雄	>2150
	大鼠	雌	
眼睛刺激	兔		无
皮肤刺激	兔		无
Ames 试验	阴性		
微核	阴性		

生态毒性：对蜜蜂、鸟、鱼、蚕均为低毒。

注意事项：①考虑到抗性治理，建议在一个生长季（春季、秋季），乙唑螨腈的使用次数最多不超过 2 次。②乙唑螨腈的主要作用方式为触杀和胃毒，无内吸性，因此，喷药要全株均匀喷雾，特别是叶背。

4.5.3　氟唑活化酯[162～164]

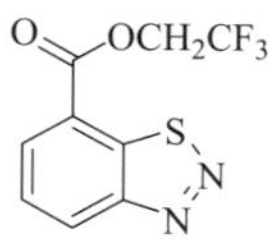

化学名称（IUPAC）：1,2,3-苯并噻二唑-7-羧酸-(2,2,2-三氟)乙酯。

CAS 登录号：864237-81-0。

理化性质：外观（25℃）为无气味浅棕色粉末。pH 值：4.6。密度：松密度 $0.60g \cdot mL^{-1}$，堆密度 $0.84g \cdot mL^{-1}$。熔点：94.5～95.5℃。氧化-还原/化学不相容性：与水、磷酸二氢铵、铁粉和煤油相混未发现明显反应，不存在氧化-还原/化学不相容性；在 $0.1mol \cdot L^{-1}$ $KMnO_4$ 溶液中颜色发生变化，存在氧化-还原/化学不相容性。正辛醇-水分配系数

(20℃)：$\lg P_{ow}=2.90$。溶解度（20℃）：易溶于丙酮、乙酸乙酯、二氯甲烷、甲苯等有机溶剂，正己烷中8.5g·L^{-1}，水中0.03g·L^{-1}。原药热稳定性：该物质在室温下是稳定的。固体可燃性：不具有燃烧性。爆炸性甄别试验：该物质在50～500℃内放热效应小于500J·g^{-1}，不具有爆炸危险性。对包装材料的腐蚀损失率：该物质对包装材料不具有腐蚀性。

加工剂型：氟唑活化酯原药和氟唑活化酯5%乳油。

研发单位：华东理工大学。

创制流程：已知苯并-1,2,3-噻二唑-7-甲酸是植物激活剂活性的基本结构。大多数的结构改造均对化合物的抗病激活活性产生了不利的影响。苯并噻二唑（BTH）之所以很容易被植物吸收，这应该是硫甲酯在起作用，这对于它的活性发挥是有帮助的。另外，由于苯并噻二唑在植物体的作用模式为模拟水杨酸的作用，研究结果也显示，苯并噻二唑可与水杨酸结合蛋白更好地结合从而发挥作用。因此，其发挥活性的最终形式有可能是裸露的羧酸，而酯基基团的引入则可提高化合物的透膜性，或者更好地进入植物体从而发挥作用。同时，邻羟基苯甲酸乙酯基苯并噻二唑-7-羧酸酯的高诱导活性进一步证实，不同的酯基基团对活性的影响很大，而引入合适的基团，可能得到高活性的化合物。研究结果发现，引入含氟基团对化合物活性的提高具有很强的作用[165]。

作用机制：氟唑活化酯诱导黄瓜组织木质素沉积，增加了抗病原菌侵染能力；氟唑活化酯诱导后大量产生胼胝质，黄瓜根组织通过此代谢物质的积累抵御病原菌的侵染；氟唑活化酯诱导黄瓜对酚类化合物的代谢，氟唑活化酯诱导黄瓜产生的酚类物质变化与BTH的诱导结果存在差异，说明氟唑活化酯本身诱导抗病性机制与BTH可能不同；氟唑活化酯诱导后对黄瓜富含羟脯氨酸糖蛋白（HRGP）活性的影响，总体上各处理在相同时间段中，经氟唑活化酯诱导后未接种的处理HRGP含量高于其他处理；氟唑活化酯诱导对黄瓜病程相关蛋白活性的影响，诱导未接种处理β-1,3-葡聚糖酶的活性，在相同时间点高于诱导接种的处理，该变化的特点与富含羟脯氨酸糖蛋白的变化趋势相同[166]。

生产企业：南通泰禾化工股份有限公司。

产品性能（用途）：其抗病性具有持效性和广谱性，可用于防治黄瓜霜霉病、白粉病。

注意事项：①本品每季作物最多用药5次，施药间隔7d，安全间隔期为3d。②使用前，请充分摇匀；使用时请均匀喷雾。③施药时穿长衣长裤，戴手套、口罩等；施药期间不能吸烟、饮水等；施药后请洗干净手脸。④本品对鱼有毒，应远离水产养殖区施药，避免污染水源，禁止在河塘等水域清洗施药器具。⑤孕妇及哺乳期妇女避免接触本品。⑥用过的容器应妥善处理，不可作他用，也不可随意丢弃。

4.5.4 甲噻诱胺[167～169]

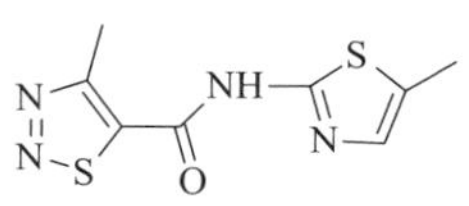

化学名称（IUPAC）：*N*-(5-甲基-1,3-噻唑-2-基)-4-甲基-1,2,3-噻二唑-5-甲酰胺。

CAS登录号：908298-37-3。

理化性质：工业品为黄色粉末状，无明显气味。微溶于乙腈、氯仿、二氯甲烷，熔点为232.5℃，不易燃，无热爆炸性。

加工剂型：甲噻诱胺原药和甲噻诱胺25%悬浮剂。

研发单位：南开大学。

创制流程：国际上已经发现的小分子植物激活剂有苯并噻二唑（BTH）、DL-β-氨基丁酸（BABA）、N-氰甲基-2-氯异烟酰胺（NCI）、烯丙异噻唑（probenazole）、噻酰菌胺（TDL）等。研究者通过电子等排原理，将噻酰菌胺的苯环用噻唑环和噁唑环替代，筛选出了高活性的植物激活剂甲噻诱胺[170]。

作用机制：初步研究发现，该化合物不仅可以抑制病原真菌菌丝的生长，也可使菌丝畸变，而且还能抑制病原真菌孢子的萌发，或使孢子产生球状膨大物。

生产企业：利尔化学股份有限公司。

产品性能（用途）：甲噻诱胺属植物激活剂，可应用于烟草、水稻、黄瓜等经济类作物，主要用来防治烟草花叶病毒病等病毒病害，水稻稻瘟病、黄瓜霜霉病、黄瓜细菌性角斑病等真菌病害，防效分别为40%～70%、30%～40%、30%～70%、30%～40%。

哺乳动物和生态毒性：急性毒性试验结果表明，甲噻诱胺对雌、雄大鼠的急性经口的LD_{50}均大于5000mg·kg^{-1}，属低毒化合物；甲噻诱胺对雌、雄大鼠的急性经皮的LD_{50}均大于2000mg·kg^{-1}，属低毒化合物；甲噻诱胺对家兔的急性眼刺激试验结果为轻度刺激；甲噻诱胺对家兔的急性皮肤刺激试验结果为无刺激；甲噻诱胺对豚鼠的皮肤致敏试验结果为弱致敏。

注意事项：由于甲噻诱胺对烟草花叶病毒、黄瓜花叶病毒等主要以预防为主，打破了常规的以防治为主的用药方式，在病毒病的防治上还可以与现有的抗病毒药剂复配使用，也可以和杀虫剂复配，同时防治传毒昆虫。

参考文献

[1] Gorman K，Liu Z，Denholm I，et al. Pest Manag Sci，2008，64（11）：1122.

[2] Zewen L，Zhao H，Yinchang W，et al. Pest Manag Sci，2003，59（12）：1355.

[3] Wang Y，Chen J，Zhu Y C，et al. Pest Manag Sci，2010，64（12）：1278.

[4] R N，NS，A E. Pest Manag Sci，2002，58（9）：868.

[5] Rauch N，Nauen R. Arch Insect Biochem Physiol，2003，54（4）：165.

[6] FJ，B S，C N P，et al. Pest Manag Sci，2003，59（3）：347.

[7] Liu Z，Williamson M S，Lansdell S J，et al. Proc Natl Acad Sci USA，2005，102（24）：8420.

[8] Liu Z，Williamson M S，Lansdell S J，et al. J Neurochem，2010，99（4）：1273.

[9] Kagabu S，Nishiwaki H，Sato K，et al. Pest Manag Sci，2002，58（5）：483.

[10] 王建军，韩召军，王荫长．植物保护学报，2001，28（2）：178.

[11] E J，W R，C T，et al. US：1974.

[12] Tieman C H，Kollmeyer W D，Roman S A. US：1976.

[13] Powell J E. US：1977.

[14] Kagabu S，Medej S. Biosci Biotech Biochem，1995，59（6）：980.

[15] Kristensen M，Jespersen J B. Pest Manag Sci，2008，64（2）：126.

[16] Jeschke P，Nauen R. Comprehensive Molecular Insect Science，2010，53（95）：53.

[17] Nauen R，Denholm I. Arch Insect Biochem Physiol，2005，58（4）：200.

[18] Elber A，Nauen R. Pest Manag Sci，2000，56（1）：60.

[19] Ninsin K D. Pest Manag Sci，2004，60（9）：839.

[20] Mota-Sanchez D，Hollingworth R M，GrafiusE J，et al. Pest Manag Sci，2006，62（1）：30.

[21] Gorman K, Devine G, Bennison J, et al. Pest Manag Sci, 2007, 63 (6): 555.
[22] Ihara M, Shimomura M, Ishida C, et al. Invert Neurosci, 2007, 7 (1): 47.
[23] Cahill M, Gorman K, Day S, et al. B Entomol Res, 1996, 86 (4): 343.
[24] Elbert A, Nauen R, Cahill M, et al. Pflanzenschutz-Nachrichten Bayer (English ed.), 1996, 49 (1): 5.
[25] Foster S P, Denholm I, Thompson R. Pest Manag Sci, 2003, 59 (2): 166.
[26] Weichel L, Nauen R. Pest Manag Sci, 2003, 59 (9): 991.
[27] Nauen R, Strobel J, Tietjen K, et al. B Entomol Res, 1996, 86 (2): 165.
[28] Devine G J, Harling Z K, Scarr A W, et al. Pestici Sci, 1996, 48 (1): 57.
[29] Zhao J Z, Bishop B A, Grafius E J. J Economic Entomol, 2000, 93 (5): 1508.
[30] Sone S, Yamada Y, Tsuboi S. Jpn J Appl Entomol Z, 1995, 39 (2): 171.
[31] Daborn P, Boundy S, Yen J, et al. Mol Genet Genomics, 2001, 266 (4): 556.
[32] Dennehy T J, Russell J S. Cotton A College of Agriculture Report, 1996.
[33] Yan S, Chen L, Lin J. CN106518885A, 2017.
[34] Chen L, Huang R, Du X X, et al. ACS Sustain Chem Eng, 2017, 5 (2): 18995.
[35] Li Z, Shao X, Lei C, et al. CN106632300A, 2017.
[36] Bai D, Lummis S C R, Leicht W, et al. Pestici Sci, 1991, 33 (2): 197.
[37] Liu M Y, Lanford J, Casida J E. Pestici Biochem Physio, 1993, 46 (3): 200.
[38] Mori K, Okumoto T, Kawahara N, et al. Pest Manag Sci, 2002, 58 (2): 190.
[39] Tomizawa M, Casida J E. Ann Rev Pharmacol Toxicol, 2005, 45 (45): 247.
[40] Kagabu S, Ito N, Imai R, et al. J Pestici Sci, 2005, 30 (1): 409.
[41] Shiokawa K, Tsuboi S, Kagabu S, et al. US: 1987.
[42] Kiriyama K, Nishimura K. Pest Manag Sci, 2002, 58 (7): 669.
[43] Ishimitsu K, Suzuki J, Ohishi H, et al. US: 1994.
[44] Aoki I, Tabuchi T, Minamida I. Eur Patent Appl, EP 1990, 381130.
[45] Jeschke P, Uneme H, Benet-Buchholz J, et al. Pflanzenschutz Nachrichten-Bayer-English Edition, 2003, 56: 5.
[46] Voss G, Ramos G. Chemistry International-News Magazine IUPAC, 2003, 25 (2): 24.
[47] Yamamoto I, Casida J E. Nicotinoid Insecticides and the Nicotinic Acetylcholine Receptor. Tokyo: Springer, 1999.
[48] Yokota T, Mikata K, Nagasaki H, et al. J Agric Food Chem, 2003, 51 (24): 7066.
[49] Mallipudi N M, Lee A H, Kapoor I P, et al. J Agric Food Chem, 1994, 42 (4): 1019.
[50] Mao C H, Wang Q M, Huang R Q, et al. J Agric Food Chem, 2004, 52 (22): 6737.
[51] Gewehr M. WO2014053398A1, 2014.
[52] Brahm L, Liebmann B, Wilhelm R, et al. WO2014079813A1, 2014.
[53] Su W, Zhou Y, Ma Y, et al. J Agric Food Chem, 2012, 60 (20): 5028.
[54] Matsuda K, Buckingham S D, Kleier D, et al. Trends Pharmacol Sci, 2001, 22 (11): 573.
[55] Jeschke P, Nauen R. Pest Manag Sci, 2008, 64 (11): 1084.
[56] 季守民，程传英，袁传卫，等．农药，2015，54 (4): 282.
[57] 张敏恒，赵平，严秋旭，等．农药，2012，51 (12): 859.
[58] Song M Y, Stark J D, Brown J J. Environ Toxicol Chem, 1997, 16 (12): 2494.
[59] Hayasaka D, Suzuki K, Nomura T. J Pestic Sci, 2013, 38 (1-2): 44.
[60] Capowiez Y, Dittbrenner N, Rault M, et al. Environ Pollut, 2010, 158 (2): 388.
[61] Capowiez Y, Rault M, Costagliola G, et al. Biology & Fertility of Soils, 2005, 41 (3): 135.
[62] Duzguner V, Erdogan S. PesticiBiochemPhysiol, 2010, 97 (1): 13.
[63] Iwasa T, Motoyama N, Ambrose J T, et al. Crop Protec, 2004, 23 (5): 371.
[64] Song Y Zhu, L S, Wang J, et al. Soil BioBiochem, 2009, 41 (5): 905.
[65] Sun C, Jin J, Zhu J, et al. Bio Med Chem Lett, 2010, 20 (11): 3301.
[66] Minamida I, Iwanaga K, Tabuchi T, et al. J Pestic Sci, 1993, 18: 41.

[67] Casida J E, Quistad G B. Ann Rev Entomol, 1998, 43 (1): 1.
[68] Kollmeyer W D, Flattum R F, Foster J P, et al. Springer Japan, 1999 (1): 71.
[69] Takahashi H, Mitsui J, Takakusa N, et al. Brighton Crop Protection Conference, Pests and Diseases, 1992 Brighton, November. 1992: 89.
[70] Ohkawara Y, Akayama A, Matsuda K, et al. The BCPC Conference: Pests and diseases, Volumes 1 and 2. Proceedings of an international conference held at the Brighton Hilton Metropole Hotel, Brighton, UK, 18-21 November 2002. 2002: 51.
[71] Kodaka K, Kinoshita K, Wakita T, et al. 1998.
[72] Wakita T, Yasui N, Yamada E, et al. J Pestic Sci, 2005, 30 (2): 133.
[73] 张政, 苏旺苍, 王蕾, 等. 农药学学报, 2013, 15 (4): 381.
[74] Qi S, Wang C, Chen X, et al. Ecotox Environ Safe, 2013, 98: 339.
[75] 杨冬燕, 王蕾, 贾长青, 等. 高等学校化学学报, 2014, 35 (8): 1703.
[76] 张靖, 曹亚琴, 崔丽, 等. 农药学学报, 2015, 17 (2): 143.
[77] Wang K, Mu X, Qi S, et al. Ecotox Environ Safe, 2015, 114: 17.
[78] Liu X, Guan W, Wu X, et al. Int J Environ Ana Che, 2014, 94 (11): 1073.
[79] Ohkawa H, Miyagawa H, Lee P W. Pesticide Chemistry Crop Protection Public Health Environmental safety. 2007.
[80] Shao X, Lee P W, Liu Z, et al. J Agric Food Chem, 2011, 59 (7): 2943.
[81] Jeschke P, Nauen R, Schindler M, et al. J Agric Food Chem, 2011, 59 (7): 2897.
[82] 韩晓莉, 潘文亮, 高占林, 等. 华北农学报, 2007, 22 (08): 28.
[83] Kamel A. J Agric Food Chem, 2010, 58 (10): 5926.
[84] Tapparo A, Marton D, Giorio C, et al. Environ Sci Tech, 2012, 46 (5): 2592.
[85] Pistorius J, Bischoff G, Heimbach U, et al. Julius-Kühn-Archiv, 2009, 423: 118.
[86] Tomizawa M, Casida J E. J Agric Food Chem, 2011, 59 (7): 2825.
[87] 柳爱平, 姚建仁. 农药, 2004, 43 (5): 196.
[88] 柳爱平. 精细化工中间体, 2000 (5): 4.
[89] Mohsen A M Y, Mandour Y M, Sarukhanyan E, et al. Chem Biodivers, 2014, 11 (8): 1256.
[90] Lv K, Liu Y, Li Y, et al. J Chem Res, 2015, 39 (10): 594.
[91] Qin H L, Leng J, Zhang C P, et al. J Med Chem, 2016, 59 (7): 3549.
[92] Dai H, Chen J, Li G, et al. Bioorg Med Chem Lett, 2017, 27 (4): 950.
[93] Carter G, Nietsche J, Goodman J, et al. J Antibiotics, 1987, 40 (2): 233.
[94] Addor R W, Babcock T J, Black B C, et al. ACS Symposium Series, (USA), 1992.
[95] Treacy M, Miller T, Gard I, et al. Proceedings-Beltwide Cotton Conferences, (USA), 1991.
[96] Treacy M, Miller T, Black B, et al. Biochem Soc T, 1994, 22 (1): 244.
[97] Au W W, Lee E, Christiani D C. J Occup Environ Med, 2005, 47 (2): 145.
[98] Gao S, Lu Y, Zhou P, et al. Pesticides-Shenyang, 2005, 44 (11): 511.
[99] Zhao Y, Mao C, Li Y, et al. J Agric Food Chem, 2008, 56 (16): 7326.
[100] Zhao Y, Li Y, Ou X, et al. J Agric Food Chem, 2008, 56 (21): 10176.
[101] Mao C, Zhao B, et al. Chin J Org Chem, 2009, 29 (6): 929.
[102] Kuhn D G. Acs Symposium Series, 1997: 195.
[103] Liu A, Wang X, Ou X, et al. J Agric Food Chem, 2008, 56 (15): 6562.
[104] Liu A, Ou X, Huang M, et al. Pest Manag Sci, 2005, 61 (2): 166.
[105] Liu A, Wang X, Chen C, et al. Pest Manag Sci, 2009, 65 (3): 229.
[106] Zhao P L, Wang L, Zhu X L, et al. J Am Chem Soc, 2009, 132 (1): 185.
[107] Chen L, Ou X M, Mao C H, et al. Bioorg Med Chem, 2007, 15 (11): 3678.
[108] Balbi A, Anzaldi M, Macciò C, et al. Eur J Med Chem, 2011, 46 (11): 5293.
[109] 孙玉凤, 李永强, 凌云, 等. 有机化学, 2011, 31 (9): 1425.

[110] 安悦，魏魏，牟萍萍，等．有机化学，2010，30（11）：1726.
[111] Tohnishi M，Nakao H，Furuya T，et al. J Pestic Sci，2005，30（4）：354.
[112] Lahm G P，Selby T P，Freudenberger J H，et al. Bioorg Med Chem Lett，2005，15（22）：4898.
[113] Selby T P，Lahm G P，Stevenson T M，et al. Bioorg Med Chem Lett，2013，23（23）：6341.
[114] 李斌，杨辉斌，王军锋．现代农药，2014（3）：17.
[115] 顾建忠，张夕林．上海农业科技，2015（4）：138.
[116] 李斌，杨辉斌，王军锋．CN：2011.
[117] 陈卓，杨松．世界农药，2009，31（2）：52.
[118] 宋宝安，张国平，胡德禹，等．*N*-取代苯并噻唑基-1-取代苯基-*O*,*O*-二烷基-烷基氨基膦酸酯类衍生物及制备方法和用途．ZL 2005 1 0003041. 7.
[119] 陈卓，李向阳，俞露，等．植物保护学报，2017，44（6）：905.
[120] 吴剑，宋宝安．中国科学：化学，2016，46（11）：1165.
[121] Li X Y，Song B A. J Integr Agr，2017，16（12）：2772.
[122] Yu D，Wang Z，Liu J，et al. J Agric Food Chem，2013，61（34）：8049.
[123] Chen Z，Zeng M，Song B，et al. P LoS One，2012，7（5）：e37944.
[124] Li X，Liu J，Yang X，et al. Bioorg Med Chem，2015，23（13）：3629.
[125] Wang Z，Li X，Wang W，et al. Viruses，2015，7（3）：1454.
[126] 陈卓，李国君，范会涛，等．中国农学通报，2011，27（18）：250.
[127] Chen H，Zhou X，Song B. J Agric Food Chem，2018，66（28）：7265.
[128] 范会涛，李向阳，陈卓，等．农药，2011，50（1）：48.
[129] Zhang K K，Hu D Y，Zhu H J，et al. J Agric Food Chem，2014，62（8）：1771.
[130] Zhang K，Hu D，Zhu H，et al. Chem Cent J，2013，7（1）：86.
[131] Zhu H，Shi M，Hu D，et al. Bull Environ Contam Toxicol，2014，92（6）：752.
[132] 慕长炜，袁会珠，李楠，等．高等学校化学学报，2007，28（10）：1902.
[133] Yan X，Qin W，Sun L，et al. J Agric Food Chem，2010，58（5）：2720.
[134] Guan A，Liu C，Yang X，et al. Chem Rev，2014，114（14）：7079.
[135] Wang J，Zhao L，Li X，et al. B Environ Contam Tox，2011，86（3）：326.
[136] Kirby N V，Butz J L A，Rieder B J，et al. WO：2004.
[137] Nakagawa Y，Kitahara K，Nishioka T，et al. Pestici Biochem Physiol，1984，21（3）：309.
[138] Hao G F，Wang F，Li H，et al. JAm Chem Soc，2012，134（27）：11168.
[139] Xiong L，Li H，Jiang L N，et al. J Agric Food Chem，2017，65（5）：1021.
[140] Hao G F，Yang S G，Huang W，et al. Sci Rep，2015，5：13471.
[141] 陈卓，宋宝安．南方水稻黑条矮缩病防控技术．北京：化学工业出版社，2011.
[142] 朱志宽．3%中生菌素可溶性粉剂的研究[D]．杨凌：西北农林科技大学，2011.
[143] 令狐蓉，金明姣，潘思竹．广州化工，2015（4）：115.
[144] 蔡飞，陈建宇，王海英，等．农药学学报，2009，11（3）：3881.
[145] 李正名．2012中国国际农用化学品高峰论坛暨农药科技与应用发展学术交流会，2012.
[146] 李国平，单炜力，王国联．农药科学与管理，2005，26（9）：4.
[147] Yu Z，Niu C，Ban S，et al. Chinese Science Bulletin，2007，52（14）：1929.
[148] Wu C，Zhang S，Nie G，et al. J Environ Sci，2011，23（9）：1524.
[149] 陈杰，吕龙，等．CN1853470A，2003.
[150] Wang W，Wang Y，Li Z，et al. Sci Total Environ，2014，472：582.
[151] Wang W，Yue L，Zhang S，et al. J Hazardous Materials，2013，258-259：151.
[152] 吕龙，吴军，陈杰，等．CN：2003.
[153] 庞怀林，杨剑波，黄明智，等．农药，2007，46（2）：86.
[154] Suzuki J，Ishida T，Kikuchi Y，et al. J Pestic Sci，2002，27（1）：1.

[155] Nauen R，Smagghe G. Pest Manag Sci，2006，62（5）：379.
[156] 戴炜锷，程志明．浙江化工，2009，40（7）：7.
[157] Wang J，Wang H. CN106879611A，2017.
[158] Yu H，Cheng Y，Xu M，et al. J Agric Food Chem，2016，64（51）：9586.
[159] Lu W，Liao D，Ma L，et al. CN107751193A，2018.
[160] 李斌，于海波，罗艳梅，等．现代农药，2016，15（6）：15.
[161] 杜青山．新型植物抗病激活剂的创新、活性评价及传导过程初探[D]．上海：华东理工大学，2013.
[162] Xu Q，Guo S，Fan K，et al. CN106922707A，2017.
[163] Pang H，Zhang Z，Ge X，et al. CN107235929A，2017.
[164] Du Q，Zhu W，Zhao Z，et al. J Agric Food Chem，2012，60（1）：346.
[165] 毛武涛．具诱导抗病活性的农药先导优化及生物活性[D]．天津：天津大学，2013.
[166] 石延霞，徐玉芳，谢学文．中国农业科学，2015，48（19）：3848.
[167] 刘刚．农药市场信息，2010，16（8）：40.
[168] 那海鸥，伍亚琼，杨苑钊，等．吉林农业，2015，18（7）：78.
[169] 刘刚．农药市场信息，2013，19（21）：26.
[170] 王守信，左翔，范志金，等．有机化学，2013，33（11）：2367.

第5章 非农用及杀线虫农药

5.1 非农用农药概况

5.1.1 非农用农药的概念

农药除了在农业上发挥着重要的作用，在非农业领域也有着广泛的用途。长期以来，一提到农药，人们便立刻和农业联系起来，很少会有人想到它在其他方面的用途。人类在非农业用途上使用农药已有几十年的历史，尤其是在白蚁防治、灭鼠、公共卫生、木材防腐等方面，农药均发挥了巨大的作用。从20世纪90年代开始，在家庭园艺、草坪、工业防菌防霉防蛀、苗圃、养殖业等方面，农药使用的频率及使用量在稳步增长。此外，在道路、机场、球场等场所也使用了不少农药。社会越是向前发展，农药的非农用市场前景就越广阔。随着城镇化建设的提速，城市用于绿化、草坪、道路及公共卫生等方面的农药会越来越多；随着物质文明和精神文明的进步，用于调节人们心态的绿色植物、花卉植物（心理调节植物）等观赏植物也为人们所必需，尤其是在人类社会步入老龄化的今天，更是不可缺少，而这些心理调节植物的病、虫、草害的防治，理所当然也少不了农药，并且要求更高，需要也越来越迫切；特别是随着生活水平的日益提高，人们家居环境的美化及家居条件的改善，高尔夫球场的发展等，需要使用农药的机会越来越多；住房卫生及衣物、工艺品、书籍、收藏品等的防菌、防霉、防蛀等同样需要农药，还有电缆、光缆、计算机、精密仪器等高科技产物的维护、保养，也需要有相适应的农药品种。农药已渗透到人类生活中的各个领域，农药已不再是农业的专用产品。

2017年6月1日，中国开始正式执行修订后的《农药管理条例》[1]（简称《条例》）。该《条例》中将农药定义为“用于预防、控制危害农业、林业的病、虫、草、鼠和其他有害生物以及有目的地调节植物、昆虫生长的化学合成或者来源于生物、其他天然物质的一种物质或者几种物质的混合物及其制剂”。

《条例》中按用于不同目的、场所的农药分为下列各类：①预防、控制危害农业、林业的病、虫（包括昆虫、蜱、螨）、草、鼠、软体动物和其他有害生物；②预防、控制仓储以及加工场所的病、虫、鼠和其他有害生物；③调节植物、昆虫生长；④农业、林业产品防腐或者保鲜；⑤预防、控制蚊、蝇、蜚蠊、鼠和其他有害生物；⑥预防、控制危害河流堤坝、铁路、码头、机场、建筑物和其他场所的有害生物。

非农用农药指在日常生活、林业、工业、畜牧业、渔业和交通运输等非农业生产场合使用的农药[2]，也有将非农用药剂称之为杀生剂（biocide）[3]。各国对非农业用途农药的定义不同，有的国家把这类产品称为非农用或非食用农药，这样分类的目的主要是便于研究农药残留问题（即食品安全问题），其次是环境问题。具体来说，欧盟分为农用和非农用，美国分为食用和非食用，我国分为农用（大田）和卫生用。通常以上各种分类方式基本以残留为依据[4]。

中国是全球最大的农药生产国和出口国，非农用农药在中国的应用也已有数十年的历史。目前我国90%的农药用于农业生产，非农业用途农药占10%左右。汶川大地震后紧急调拨的驱避剂等防控疫情的主力军，就属于非农用农药范畴。举世瞩目的北京奥运会的成功举行也有非农用农药的一份功劳，应用非农用农药成功防治了奥运场馆周边的媒介生物[5]。

5.1.2 非农用农药的分类

5.1.2.1 按应用领域分类[3]

非农业用途农药主要应用于以下几大领域。

（1）工业及工业品上的应用　生产产品、设备等；交通、道路、水库、铁路、餐饮场所、医疗环境及火车、飞机、汽车及船舶等运输工具等上应用。主要是工业以及交通有害物方面的防治，包括了水生杂草的防控；公路、铁路、水路等有害物的防除；管道、线路的有害物的防治；工业生产场地有害物的清理等。

（2）家庭园艺和环境上的应用　庭院、草坪、公园、绿地、球场、宠物、畜牧业等。包括了高尔夫球场的有害物质的防治；居民住宅区草坪的养护；旅游景点的有害生物控制；草场害虫杂草的防控等。

（3）林木、渔业上的应用　包括绿地、苗圃、森林、护林等。主要用于木材的处理，木材的采伐、运输、储存和成品等。

（4）医疗卫生上的应用　主要用于维护公众健康，用于居民住所的卫生害虫（蚊子、苍蝇、蟑螂、虱子、跳蚤、蛀虫等各种寄生害虫）的防治，例如用各种喷雾剂来灭杀水生的害虫。

（5）其他　食品、医药品、草药、化妆品、饲料、洗涤剂、电器电缆、工艺品、文物、档案、皮革、纸张、木材、家具等。

5.1.2.2 按农药类别分类[3]

与农用农药相同，非农业用药领域包括杀虫剂、杀菌剂、除草剂、杀鼠剂、驱避剂、植物生长调节剂等农药类别。在全球统计的621个农药品种中，用于非农业领域的产品有164个，占26.41%。其中杀虫剂62个，占非农用途品种的37.8%；杀菌剂48个，占29.27%；除草剂47个，占28.66%；其他类7个，占4.27%。

（1）用于非作物保护用的杀虫剂

① 拟除虫菊酯类　烯丙菊酯、咪炔菊酯、胺菊酯、氟氯氰菊酯、烯炔菊酯、溴氰菊酯、

氯氟氰菊酯、联苯菊酯、苯氰菊酯、苯醚菊酯、炔呋菊酯、氯菊酯、苄呋菊酯、七氟菊酯、苄醚氰菊酯、四氟苯菊酯、炔丙菊酯、醚菊酯、氰戊菊酯、氟硅菊酯等。

② 有机磷类　毒死蜱、甲基毒死蜱、敌敌畏、杀螟硫磷、倍硫磷、乙酰甲胺磷、亚胺硫磷、马拉硫磷、辛硫磷、甲基对硫磷、氧乐果、噁唑磷、伏杀硫磷、异砜磷、乙硫磷、二溴磷、毒虫畏等。

③ 氨基甲酸酯类　灭梭威、灭害威、残杀威、蜱虱威、噁虫酮、双氧威、茚虫威等。

④ 新烟碱类　吡虫啉、噻虫嗪、呋虫胺、啶虫脒、噻虫啉等。

⑤ 生物类　阿维菌素、伊维菌素、甲氨基阿维菌素、埃珀利诺菌素、道拉菌素、弥拜菌素、多杀菌素、苏云金杆菌等。

⑥ 其他　除虫脲、定虫隆、噻嗪酮、啶蜱脲、烯虫酯、蚊蝇醚、灭蝇胺、吡丙醚、驱蚊酯、避蚊胺、贝螺杀、蜗牛敌、蜗螺杀、伏蚁腙、氟虫胺、氟虫腈、溴虫腈、虫酰肼、氯虫酰肼、氯虫苯甲酰胺、螺虫乙酯、乙虫腈、四聚乙醛、氰氟虫腙等。

(2) 非农用杀菌剂

① 三唑类　三唑醇、戊唑醇、丙环唑、腈菌唑、环丙唑醇、氟环唑、氟菌唑等。

② 甲氧基丙烯酸酯类　嘧菌酯、吡唑醚菌酯、醚菌酯、啶氧菌酯、肟菌酯等。

③ 其他类　苯噻清、麦穗灵、敌菌丹、克菌丹、灭菌丹、苯霜灵、异菌灵、百菌清、萎锈灵、乙氧喹、灭锈胺、丁蜗锡、邻酰胺、四氯苯酞、溴硝醇、壳聚糖、克菌定、安百亩、威百亩、三氯异氰尿酸、氧氯化铜、硫酸铜、8-羟基喹啉酮、多果定、十二吗啉、二氰蒽醌、戊菌隆、五氯硝基苯等。

(3) 非农用除草剂　在非农领域中应用的除草剂甚多，特别是非选择性除草剂。

主要品种有：草甘膦、草铵膦、双丙氨膦、特丁净、敌草隆、溴苯腈、百草枯、敌草快、甲嘧磺隆、环嗪酮、酰嘧磺隆、氟乐灵、噁草酯、苯达松、啶嘧磺隆、咪唑烟酸、唑啉草酯、双草醚、西玛津、嗪草酮、苯嗪草酮、环嗪草酮、氯氟吡氧乙酸、氨氯吡啶酸、二氯吡啶酸、三氯吡氧乙酸、氯氨吡啶酸、氟硫草啶、氟啶草酮、2,4-滴和2甲4氯及它们的丙酸和丁酸化合物共5个、氟胺磺草胺、乙氧氟草醚、丙炔氟草胺、唑草酯、吡草醚、异噁酰草胺、敌稗、环草定、抑草磷、氟胺草唑、萘草胺等。

(4) 其他类农药　包括熏蒸剂和植物生长调节剂，如甲基环丙烷、多效唑、烯效唑、抑芽丹、调呋酸、氯化苦、棉隆等。

5.1.2.3 按市场分布分类

在传统意义上非农用农药会被分为多种种类，有家庭驱虫剂、草坪杀虫剂、健康类灭蚊的行动用品、杀鼠剂和观赏植物用农药等种类。美国成立的作物保护协会将非农用农药分成了八个运用区域，包括工业防霉、公共健康、住宅用药、草坪防护、林业管理、害虫防治、季节用药以及木材防腐，而这些不同种类的市场还可以进一步地细致划分[6]。

非农用农药以个人应用所占份额最高，占62%，草坪9%，木材处理5%，生活场所5%，季节性用药5%，木材处理5%，工业上用途4%，公众健康4%，其他1%。

5.1.2.4 按防治害物的对象分类

用于防除阔叶杂草占10%，其他杂草8%，蚊类9%，蟑螂8%，蚁类8%，蝇等其他害虫4%，鼠类4%，木材储存4%，白蚁3%，其他42%。

5.1.3 杀虫剂、杀菌剂和除草剂在非农领域的应用

在把农药运用于非农领域的大约30个国家里，大概有600多个品种取得了有效成分的登记，产品达到约3000个。其中，在非农用区域得到广泛运用的有三大类农药，包括除草剂、杀虫剂以及植物生长调节药剂，这三类占据了75%以上。根据非农用农药品种的市场销售额显示，前十大农药品种包含草甘膦、氟虫腈、胺菊酯、甲萘威[6]。

灭生性的除草剂通常主要运用在林地、非耕地以及铁路上。在登记的非农用除草剂品种中，登记数量最多的是灭生性除草剂草甘膦，共297个产品，占登记总数的60.37%，与之相关的产品涉及铵盐、异丙胺盐、钠盐、钾盐、二甲胺盐等多种盐制剂。其中单剂产品246个、混剂产品51个，分别占登记总数的56.04%、96.23%。其次是莠去津，共登记了64个产品。其后依次为草铵膦、环嗪酮、乙氧氟草醚、甲嘧磺隆、西玛津、敌草快、扑草津、氯氟吡氧乙酸等[7]。在林业除草中最常运用的是甲磺隆和环嗪酮等；在非农用的领域中，除草剂是草坪除草的重要选择。在成坪的草坪中针对芽前而使用的有效除草剂包含有氟硫草啶、二甲戊灵以及氟草烟等；适用于禾本科播后苗前的主要除草剂包含有二氯喹啉酸；而适用于茎叶的处理在防除阔叶杂草方面的除草剂包含有2-甲基-4-氯丙酸等多种药物[6]。啶嘧磺隆是城市绿化“不可或缺”的优良草坪除草剂，是乙酸乳酸合成酶抑制剂，主要抑制产生侧链氨基酸、亮氨酸、异亮氨酸等的前驱乙酰乳酸合成酶的反应。一般情况下，处理过后的杂草立即停止生长，吸收4～5d后新发出的叶子褪绿，然后逐渐坏死并蔓延至整个植株，20～30d杂草彻底枯死。它主要通过叶面吸收并转移至植物各部位。对草坪尤其是暖季型草坪除草安全，对马尼拉草、天鹅绒草、日本结缕草、大穗结缕草等结缕草类和狗牙根草等的安全性更高，从休眠期到生长期均可使用。啶嘧磺隆不仅能极好地防除草坪一年生阔叶杂草和禾本科杂草，而且还能够防除多年生阔叶杂草和莎草科杂草，如马唐、穗草、牛筋草、早熟禾、看麦娘、狗尾草、香附子、水蜈蚣、碎米莎草、异型莎草、扁穗莎草、空心莲子草等，尤其是对短叶水蜈蚣、马唐和香附子的防效极佳。环嗪酮是内吸选择性三嗪酮类除草剂，主要抑制植物的光合作用，植物根系和叶面都能吸收，通过木质部传导，使代谢紊乱，导致死亡，对松树根部没有伤害，是优良的城市绿化林用除草剂，适用于常绿针叶林，如红松、樟子松、云杉、马尾松等的幼林抚育，其可有效防除芦苇、窄叶山蒿、小叶樟、蕨类、野燕麦、稗草、走马草、狗尾草、蚊子草、羊胡苔草等[8]。

杀虫剂被主要运用在卫生害虫的防治以及花卉、仓储害虫、畜牧业等方面，同时还被用在工艺品、工业品以及木材的防蛀方面。专门防治卫生害虫的杀虫剂包括除虫菊酯类：咪炔菊酯、氟氯氰菊酯、糠醛菊酯、苯醚菊酯、氯菊酯等；氨基甲酸酯类：噁虫威和残杀威等；有机磷类：敌敌畏、双硫磷等。杀灭水生动物以及驱避昆虫方面的主要农药包括畜虫磷、畜蜱磷、亚胺硫磷等。基于安全和环保原因，近几年生物农药在卫生杀虫剂中的应用得到重视，除苏云金杆菌外，球形芽孢杆菌、蟑螂病毒和金龟子绿僵菌等得到开发应用，其中金龟子绿僵菌表现出很好的应用前景。新产品的开发和应用近几年得到加快，新增羟酯（icaridin）、硼酸锌（zinc borate）、氟酰脲（novaluron）、诱虫烯（muscalure）、多杀霉素（spinosad）、伊维菌素（ivermectin）、甲氨基阿维菌素苯甲酸盐（emamectin- benzoate）甲氧苄氟菊酯（metofluthrin）、四氟醚菊酯（tetramethylfuthrin）、氯氟醚菊酯等新品种，其中后两个品种是我国自主创新的农药，均已取得ISO通用名[9]。城市高节奏的生活要求卫

生杀虫剂产品功能全、效果好、使用方便。更重要的是，产品必须绿色、安全和环保，不论是有效成分还是助剂，以及使用方法，安全是第一位的。生物农药、植物农药和昆虫调节剂包括驱避剂和引诱剂，因其安全性好、风险小而在美国大量用于卫生杀虫剂，而我国卫生杀虫剂的有效成分主要为化学农药，生物杀虫剂的发展具有很大潜力。气雾剂、蚊香、电热蚊香液和电热蚊香片 4 种卫生用农药产品主要在家居环境里使用，其溶剂油应该异味越少越好。随着气候变暖、臭氧层破坏等问题逐步显现，各国都在关注挥发性有机物（VOC）污染的危害性，美国主要是水基气雾剂，VOC 总量自然偏低，我国的气雾剂也将逐步水基化[9]。

杀菌剂通常主要在各个领域中作为防霉抗菌剂使用，主要包含三丁基氧化锡、克菌丹、菌核净、喹啉铜、多菌灵、噻菌灵、灭菌酮、丙环唑、环丙唑醇、克霉唑等，而在这些药物中多菌灵的运用是最为广泛的。而在国外已经广泛在防菌、防霉上使用的三唑类杀菌剂，在我国几乎为空白。三唑类杀菌剂化学结构上的共同特点是主链上含有羟基（酮基）、取代苯基和 1,2,4-三唑基团化合物。这类药剂除了对鞭毛菌亚门中的卵菌无活性外，对子囊菌亚门、担子菌亚门和半知菌亚门的病菌均有活性，其作用机理为影响甾醇类的生物合成，使菌体细胞膜的功能受到破坏。多年的应用表明，尚未发现病原菌产生抗性。20 世纪 70 年代以三唑酮为代表进入农药市场，以其卓越的药效展示了三唑类农药的发展前景，其后相继开发了一系列活性结构，每个新品种的出现都使用药量和防治谱有所改进。三唑类农药除有抑菌作用外，还具有调节植物生理效能、改变结合基因的作用，又具有杀虫、除草活性。该类杀菌剂应用广泛，作用方式不同于以往的杀菌剂，其生物活性很有潜力。食品保鲜剂是指用于防止食品在储存、流通过程中，由于微生物繁殖引起的变质，或由于存储销售条件不善，食品内在品质发生劣变、色泽下降，为提高保存期、延长食用价值而在食品中使用的添加剂。水果保鲜剂可以和水果的乙烯受体首先结合，从而抑制因为乙烯结合所诱导的与果实后熟相关的一系列生理生化反应，降低水果的呼吸速率[8]。

5.1.4 非农用农药的管理规范

各国在非农领域的法规也将给非农领域农药的应用带来影响。生物杀灭剂包括非农用农药的有效成分在欧盟成员国需完成农药有效成分评审，并会出台可持续使用规范以及减量使用措施。然而，大多数欧盟成员国虽然已经完成农药有效成分评审，但可持续用药规范要走的路还很长，生物杀灭剂评价更是遥遥无期。目前工作完成的截止日已经被推迟到 2024 年[9]。可持续用药的目标是降低使用生物杀灭剂时对环境和健康的影响。2017 年，欧盟立项资助开发一款在线工具，用于评估生物杀灭新有效成分的潜在环境毒性。该工具可以基于数学模型计算，来预测新有效成分对细菌、藻类和鱼类的影响。该工具遵循欧盟生物杀灭剂法规要求，主要针对非农用农药[10]。

据中华人民共和国农业部公告第 2569 号[11]，我国申请登记的产品种类包括化学农药、生物化学农药、微生物农药、植物源农药和卫生用农药。登记类型包括农药原药、一般农药制剂、卫生用农药制剂、杀鼠剂制剂和登记变更。卫生用药定义为“用于预防、控制人生活环境和农林业中养殖业动物生活环境的蚊、蝇、蜚蠊、蚂蚁和其他有害生物的农药”，并指明“剧毒、高毒农药不得用于防治卫生害虫”。它从使用范围可大致分为环境用、家用和个人防护；从使用方法可分为稀释（经稀释等处理在室内外环境中使用）和不稀释（在居室直接使用)；从销售渠道可分为专业和商业化使用。

从公告内容来看，基本沿用农用（大田）和卫生用农药两大类进行管理。一般将非耕地、林业、草坪、花卉等场所用农药及杀鼠剂、杀螺剂等都归属在大田用农药名下，把仓库、建筑、堤坝、木材等场所用农药及防蛀剂、驱避剂等都归属在卫生用农药名下，这种分类不论是从它的定义和类别，还是从管理的角度上看，还有待于进一步完善[12]。

随着《农药管理条例》和配套规章的实施，提高了登记门槛，强化风险评估和安全管理。根据需求要转变思路和观念，将杀灭转为预防和控制为主，鼓励发展安全、高效、经济的卫生用农药，发展环保型产品；推进最低有效剂量，加强病媒生物综合管理和农药生命周期管理；推进专业化和规范化使用，促进产业升级，满足市场需求[13]。

目前发布的卫生用农药有关标准有国内标准：卫生用标准（164 项）及基础标准（50 项）；WHO 标准：WHO 农药原药/剂型标准（36 个）。《农药剂型名称及代码》(GB/T 19378—2017）已于 2018 年 5 月 1 号实施。它是基础标准，遵循安全、环保、科学、规范原则，对原标准（GB/T 19378—2003）进行优化、整合和修订，共制定 61 种农药剂型名称及代码，其中有 85%等同采用国际剂型名称及代码，15%的创制剂型，体现了我国农药剂型水平和中国特色。2016 年，WHO 更新推荐用于防治蚊虫的室内滞留喷洒、空间喷洒和控制蚊幼虫及长效防蚊帐和蚊帐处理产品名单[13]。

5.1.5 非农用农药的市场

非农用农药市场之所以快速发展成为一个产业，很重要的原因是对专业植保和消费者日用市场的划分，两方面对产品的概念、制造、包装、销售和服务都各有不同的增长需求。非农用农药产业增值链较传统农药要长，并在消费者层面还有高端产品和低端产品之分，以满足各阶层消费者的不同需求[14]。与农业用药相比，其用户和市场销售渠道大为不同。与用于农作物保护市场的农药受到农产品价格的制约不同，除了其本身的价值外，非农用农药产品还能激发更大的服务性市场，提供了更高的附加值。在传统农药市场之外，非农用农药将开辟一个高利润的新领域。欧洲害虫管理协会理事长 Rod Fryatt 先生认为，在非农行业，服务类公司可利用化学品创造更大的附加价值，因为药剂的施用一般是由专业杀虫公司操作进行的，以专业消杀领域为例，15 亿美元的产品价值可以带动产生价值 160 亿美元的服务性市场[15]。因为非农用农药是在特定范围内使用的，与大面积推广使用的大田用药不同，对环境相对安全。在大多数情况下，非农用农药市场受气候、环境及价格等条件的影响较少，发展相对稳定。

在世界范围内的市场现状：非农用农药的市场中，庭院以及家庭的业务占有 63%的份额，其他的不同种类在非农用农药市场所占份额分别为园林花卉占 5%、公共健康占 3%、工业防霉占 4%、林业管理占 3%、草坪防护占 9%、木材防腐占 5%、其他占 8%。其中，草坪用药与住宅用药有相对较高的利润，具有很大的发展潜力，而木材处理与林业的利润比较低，相应地，发展潜力也较小一些。

我国非农用农药在核心的运用市场如林业、家庭用途以及公共卫生方面占据的市场份额分别为 8.5%、80.8%、5.8%。通过比较可以发现，中国家庭用途非农用农药的市场比例显著高于发达国家的水平，但公共卫生等其他大部分领域的非农用农药市场仅处于成长阶段，而其余部分区域的非农用农药市场仍然处于萌芽发展的阶段。我国国内所体现出的这种不平衡的市场结构同时说明了我国在排除家用用途以外的其他部分区域还是有潜力的，尤其是在林业、草坪等领域还有巨大的发展潜力，表现在草坪、公共卫生等进一步划分的市场。我国在非农用农药需求量大增的同时，将更加注重产品的环保和健康品质。高质环保产品是有害生物防治业发展的方向，替代高毒农药产品的环保杀虫剂如菊酯类中的氯氰菊酯、高效氯氟氰菊酯和联苯菊酯等有望大幅增长[16]。

由于绝大部分的家庭用途非作物农药产品属于杀虫剂，杀虫剂在整个非农用农药市场占据主导地位。这具体体现为除草剂占有3%；杀鼠剂占有8.9%；杀菌剂占有2.9%；杀虫剂占有58.4%。我国非农用农药所具有的品种结构特征同时也与国际化市场中存在显著的区别，而除草剂在非农用方面有很大的增长空间。

非农用农药的市场有三个特点：一是目前的大市场在发达国家，产品和市场较成熟；二是发展中国家的市场在迅速成长，生产厂家和品种还比较少；三是非农用农药的价格高，利润大[16]。

目前全球传统农药已出现产能饱和、行业利润下降的趋势，非农用农药市场的增速大大超过传统农药市场。英国咨询公司GFK的研究数据表明，从1990～2013年，世界上重要大国的非农用农药的市场持续增长，年平均增长为5.7%，而作物保护用农药市场年平均增长为4.75%。2013年，非农用农药市场的市值占全球农药的25.23%。从这种增长趋势可以看出，非农用农药市场已成为世界农药市场的重要组成部分[16]。2004～2016年，全球非农用农药市场基本在持续上升，除2015年下降了3.58%。世界农药市场，每隔几年会出现一次下跌（如2006年、2009年），但非农用农药市场的下落是当今值得重视的一大现象，也是重振农药市场一个重要方面。非农用农药市场的下跌，与药剂有很大关系，特别是一些对环境有不良影响的农药品种，如百草枯、草甘膦及对环境生物有影响的新烟碱类农药品种，这些都妨碍了它们的市场发展，抗性也是阻碍其发展的重要因素，特别是抗菌防霉用药剂。

有统计显示，2016年，全球非农用农药终端市场总计250亿美元，其中全球非农用农药生产市场65亿美元，占比11.5%。在非农用农药领域，杀虫剂占比56%，为140亿美元，以除虫菊酯类农药的应用最为广泛；除草剂为28%，为70亿美元；杀菌剂为12%。全球前十大非农用农药市场为140亿美元，占据了58%的市场份额，其中美国为55亿美元，中国为17亿美元，中国非农用农药市场快速增加，拥有广阔的市场空间。未来全球市场增长强劲，预计2020年全球的家庭卫生害虫防控市场将达到137亿美元。

此外，各大非农用农药市场并不是传统植物保护市场上的强者垄断的局面，美国Scotts公司所占份额相对较大，占到17%以上。该公司是世界上最大的从事花园与草坪化学品生产与销售的专业公司，产品有杀菌剂、杀虫剂、除草剂以及肥料和草种。该公司2002年的销售额为17.7亿美元，2006年的销售额为27亿美元，每年的增长率超过18%。Scotts公司的成功证明了农药在非农业领域是大有作为的。

2017年，农药企业间的收购、兼并更加加剧：先正达公司被中国化工公司收购；陶氏益农公司与杜邦公司携手合作；拜耳公司与孟山都商讨合作事宜等。这些都是震动世界农药行业的重大事件，促进了世界农药公司重新洗牌，再作调整。不妨看一下这些农药公司现在的业务结构，它们除了农作物保护业务以外，还有环境卫生、动物保健、草坪保护等业务，其产品不仅有传统化学农药，还有生物农药和转基因产品。这些公司在非农用农药市场的销售额成长迅速，利润也比传统农药大得多。最近几年，在欧美还出现了一些专门从事非农业用的农药公司，事实上，这些公司的名称已不再带有“农药”二字，其业务发展迅速，利润相当可观。

农药的非农领域的巨大潜力吸引各大跨国农化公司纷纷介入，积极开展此块业务，并有各自的侧重点。拜耳公司2002年兼并安万特公司后，将安万特公司非农用农药业务继续作为主营业务发展，并将杀虫剂作为该领域的主要发展方向。巴斯夫公司的非农市场主要在北美，非农用农药业务的发展得益于并购氰胺公司，巴斯夫公司在非农市场将二甲戊灵用于草坪除草，与拜耳合作将氟虫腈用于防治蟑螂和蚂蚁。2017年，陶氏益农和杜邦携手合作，合并之前，陶氏的非农业务主要以牧草、草坪、高尔夫球场等的应用为主，杀虫剂以有机磷为主，最重要的品种是毒死蜱；杜邦的主攻领域为林业防护和工业杂草防除领域。孟山都公司基本上围绕灭生性除草剂草甘膦开展，该公司不断开发新的制剂，扩大已专利过期的草甘膦在非农领域的应用。

跨国公司不断推出满足细分市场需求的非农用农药新产品，其重要策略是应用同一活性成分针对不同的防治对象推出不同的品牌[17]。如孟山都公司的非农用农药活性组分只有草甘膦和磺酰磺隆，主要是针对应用市场进行细分。以草甘膦为例：Roundup Original MAX、Roundup Pro、Roundup ProDry、Roundup ProConcentrate、AquaMaster 主要用于工业上防除杂草，AquaMaster 用于水生杂草的防除，Campaign 用于路边杂草的防除，QuikPro 增加了产品的速效性。拜耳公司以吡虫啉为活性组分推出了 Merity，用于防治草坪和花卉害虫，QuickBayt 用作飞蝇的引诱剂，Premise 用于防治家庭蚂蚁，Hachikusan 用于防治白蚁。

开发非农应用的专用新品种逐渐成为重要的研究内容。杜邦公司近年开发了非农用除草剂环丙嘧啶酸（aminocyclopyrachlor，商品名 Imprelis）。

环境卫生市场包括住宅卫生、公共卫生和工业卫生，甚至包括由地震、台风、禽流感等引起的突发性虫菌的防治。其用药的目的包括消毒、杀菌、除藻、除草和杀虫。这里与农药有关的主要是杀菌剂、除草剂和杀虫剂。环境卫生除藻剂的应用在西方国家已经较普遍，主要用在市内湖泊、河流，国内市场尚未起步。

伴随着经济发展和工业规模的扩大，工业杀菌剂的市场需求呈现稳步上涨趋势。中化化工科学技术研究总院总工程师伍振毅指出，工业用水循环利用率的提高，特别是循环冷却水浓缩倍率的提高，相应增加了对杀菌剂的消耗需求；涂料、皮革、日化、纺织等行业的产值规模长期居前位，保持了对杀菌剂的稳定需求。就目前而言，农用杀菌剂已有加快转向部分工业领域应用的趋势。

中国工业杀菌剂（含公共环境及个人护理）的市值预计约60亿元，按照年均12%的增长计算，目前中国市场工业杀菌剂的规模每年为200亿元，工业杀菌剂与农用杀菌剂的市值规模大约为1∶4，或者略高于此数值，预计2020年将达到350亿元。公共环境、家居环境及个人护理等市场需求将呈现快速增长态势。伍振毅表示，目前工业领域对杀菌剂活性成分没有登记注册制度；工业领域标准管理归口部门多，相对松散，但国家标准或行业标准对使用杀菌剂均有限量要求，这点值得关注。

卫生杀虫剂市场是农药在非农业领域里最大的一块市场。全球总值数十亿美元。我国是一个13亿人口的大国，有600多个大中小城市、2000多个县城、60000多个乡镇和4亿多个家庭，需要使用大量的卫生杀菌杀虫剂产品。近年来，中国非农用农药市场发展迅速，非农用农药拥有 45 个以上的细分市场，其中最大的细分市场是卫生杀虫剂——仅气雾剂和蚊香等就占整个中国的非农市场价值的 50%以上。据报道，2009 年，中国前十大非农用农药生产企业的主营业务均为家用卫生杀虫剂，其销售总额占当年全国非农用药总销售额的 53%。病媒生物防控的主要方法依然是药物处理。目前，已登记的靶标生物有 20 余种，用于防治蚊和蚊幼虫的卫生用产品已超过 45%，蜚蠊 23%、蝇和蝇幼虫 21%，还有蚂蚁、跳蚤、白蚁、黑毛皮蠹、霉菌、红火蚁、螨、臭虫、衣蛾、蜱、蠓、腐朽菌、尾蚴等。卫生用农药五大剂型占卫生用产品的 64%。环境友好剂型在悄然兴起（如悬浮剂、长效防蚊帐、防蚊网等），防蛀、驱避和木材防腐等类产品陆续加入，近年新登记的有效成分（如溴氰虫酰胺、呋虫胺、氯烯炔菊酯、氟丙菊酯、四溴菊酯、灭菌丹、伊维菌素、多杀菌素、虫螨腈、硼酸锌等）和各种剂型产品在百花齐放。但农药产品质量不合格率仍有 15%左右，非法添加隐性成分的现象屡见不鲜，存在不规范用药问题。

虽然各国对非农用登记法规和管理范围存在差异，但非农用的剂型多、涉及范围广、发展空间大、机遇和挑战也多，其市场前景广阔，有潜在的上升空间。

5.1.6 非农用农药的机遇和挑战

早在 2006 年，上海市农药研究所张一宾先生就已经提出，农药在非农业上的用途，是未来农药发展的一个重要方向。他认为，约超过 50%的农药产品均可在非农业领域中应用，非农用药和农业用药间可以互相进行试验，以拓展各自的市场。一些传统农药不断扩展非农市场，溴氰菊酯、氟虫腈、高效氯氟氰菊酯和苏云金芽孢杆菌 4 个杀虫剂原药，被批准用于非农领域，于 2013 年供欧盟成员国和各公司用于批准相关产品。非农业用药涉及领域多，拓展了农药的适用范围，一些在农业上被限制的药剂如氟虫腈等被发展用于畜牧业、宠物、观赏植物；又如一些对水生生物毒性高的药剂，被工业上应用（如船舶漆等）。与农化市场相比，非农用农药有一定的准入门槛，使农药在品种以及品质上得到了提升。大力开发非农用农药市场，将有利于化解我国农药产品结构性过剩的问题，推进农药产业供给侧改革。

一方面，人们仍继续不断地将农药品种（包括新开发的农药品种）于非农领域中应用；另一方面，仍在开发用于非农业领域的药剂。图 5-1 即为最新开发的用于非农业领域的新品种。

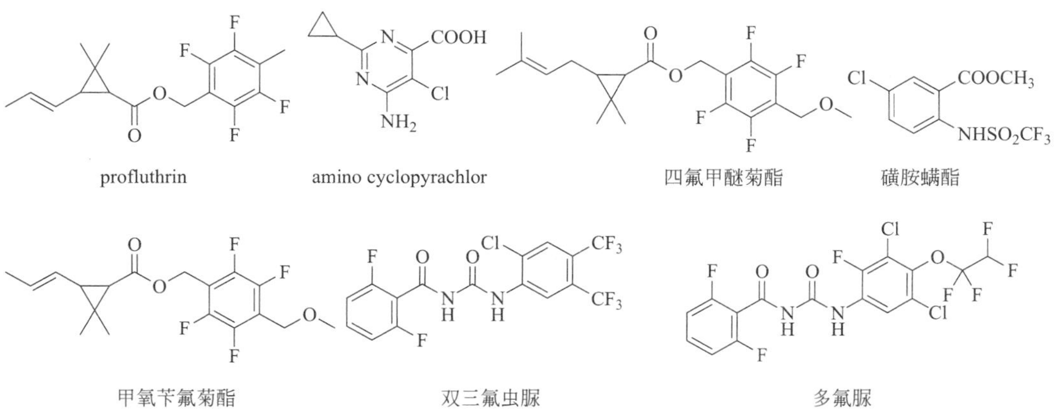

profluthrin　amino cyclopyrachlor　四氟甲醚菊酯　磺胺螨酯

甲氧苄氟菊酯　双三氟虫脲　多氟脲

图 5-1 近期开发的非农新品种

与此同时，也有人将非农用品种在农业上应用，如双胍辛胺、1,2-苯并异噻唑啉-3-酮（BIT）及氟代百菌清（chlorothalonil）。双胍辛胺原为医药品，后开发成农用杀菌剂，被用于防治作物腐烂病等细菌性病害。1,2-苯并异噻唑啉-3-酮（BIT）为著名的抗菌防霉剂，在工业上大量应用；最近我国有研究人员将其开发为果树幼苗浸种剂以防治作物病害，获得了我国农业部登记。氟代百菌清是将著名的广谱杀菌剂——百菌清中的2个氯原子用氟原子取代制得的，是一种出色的抗菌防霉剂。该剂在农业上试验，发现对多种作物病害的效果远优于百菌清。

人们对非农用农药的品质要求更高，迫切需要高效、安全、环保的新型非农用农药及其专业化服务。为了最大限度地降低农药对人体和其他生物的伤害，我国已经有企业尝试利用植物源农药开发创新性产品，并取得了一些成果。目前国内处于有效登记状态的植物源杀虫剂有效成分有近20个，产品总数超过100个，印楝素、鱼藤酮、烟碱、茶皂素和除虫菊素等植物源杀虫剂产品在非农用领域的市场前景十分广阔。

要充分了解非农市场与植保产品两个市场，才能顺利实现转化。这两个市场非常不一样，如果能够提供差异化的产品、剂型以及高附加值的服务，就可带来更多的机会。剂型不妥，用药方法不讲究，就会造成用药量大、药费贵、抗性大、污染大、残留高等本来可以预防的缺点。这些问题在卫生用药、血防用药中尤为突出。

目前看来，非农用农药的来源绝大多数都是根据已经开发出的农药，更新新的品种，同时也不断淘汰一些旧的品种。因此，与传统农药一样，非农用领域的药剂也面临着严峻的挑战，如普遍存在的毒性、抗性、残留、环境污染等问题。从WHO推荐防治重要媒介生物农药的品种更迭来看：新增加的非农用农药多属于毒性较低的、相对安全的新农药，淘汰的多为有机磷、有机氯、氨基甲酸酯和杀鼠剂等危害较大的传统农药。此外，非农用农药还有着更多的困难需要去解决——品种较单一，剂型较老化，施用方法也研究得不多。

目前，我国非农用农药使用现状主要存在的问题包括：一是直接登记农业用药，剂量、剂型无变化；二是缺乏专一、特殊、针对性药剂；三是农药企业只负责生产销售，生产单位只负责使用，但缺乏使用方法、技术的指导；四是缺乏与非农用领域其他系统的沟通。未来非农用农药企业不仅要成为农药生产专家，更要努力争做农药应用专家。在产品研发、生产等环节，更要突出剂型多样化、产品系列化、技术细微化、服务功能化。

我国非农用农药发展缓慢，有些品种是刚刚起步，有些品种还是处女地，与发达国家相比，存在很大的差距。关注农药在非农业上的用途，是未来农药发展的一个重要方向。然而在我国，农药品种在非农业上的应用并没有引起广大企业的关注，最主要的原因就是缺乏交流。

目前，在防菌、防霉方面，仅有百菌清、多菌灵、苯菌灵、噻菌灵等在工业等非农业上作为防菌、防霉剂使用。而国外已较广泛地在防菌、防霉上使用的三唑类杀菌剂，在我国几乎为空白。虽然我国也开发了不少新的杀菌剂，但同样缺少在这方面的开发。而且，在防菌、防霉领域中，由于产品较少，原有品种产生了严重的抗性，开发新的品种已迫在眉睫。目前，大部分农药品种未在非农业领域中进行应用试验，同时也有约60%的工业防菌、防霉剂品种未在农业上应用过。这些药剂完全可以互相进行试验，以拓展各自的市场。

工业抗菌、防霉剂大多是复配制剂，对产品的性能要求比较严格，同时也要为用户提供具体的技术服务。与农药有关的领域主要有涂料干膜防霉、木材防腐、工业过程及水处理等领域。应该说国产原药的质量在工业应用上是没有问题的，但是由于国内工业杀菌剂生产厂家不太熟悉农药品种和复配技术，而农药生产厂家又不懂工业应用，这种交叉学科技术的欠缺，影响了我国农药在工业上的应用。另外，国内工业杀菌剂公司在技术服务方面不如外国公司做得到位，也影响了产品的竞争力。

卫生杀虫剂用的原药，目前仍以拟除虫菊酯为主，占了整个卫生用药的 80%。由于它们具有广谱、低毒、高效的优点，在一段时期内，很难被其他品种取代。常用的品种有胺菊酯、烯丙菊酯、氯菊酯、氯氰菊酯、高效氯、氰菊酯、溴氰菊酯和富右旋反式烯丙菊酯等。卫生杀虫剂剂型的发展方向是水性化、颗粒化、控制释放功能化等。我国卫生用农药产品主要用于室内，室外用品种较少；主要防治蚊、蝇、蜚蠊；防治蚂蚁、白蚁、跳蚤的品种不多，防治红火蚁、尘螨、臭虫的品种就更少；尤其是预防型防治白蚁的品种不多，随着天气变暖、白蚁北迁，尤其是我国南方新建筑物需要防治白蚁的长效预防型产品；防蛀、驱避和个人护理产品虽然已起步，但品种还是偏少。我国目前在农用菊酯类农药的合成技术和产量上都具有一定的优势，但对用于卫生杀虫剂方面的品种和制剂的开发还不够。大多数生产厂家没有原药生产，产品在功效、质量和成本上缺乏竞争力。我国卫生用杀虫剂产业集中度较低，企业规模较小，存在着“小而多”“小而差”“小而散”“小而弱”四小现象，缺乏资金实力和创新能力。缺乏市场竞争和抗风险能力。应尽快通过兼并、重组、股份制改造等多种方式组建大型企业集团，大幅度减少卫生杀虫剂生产企业的数量，推动形成具有特色的大规模、多品种的生产企业集团。此外，创新是卫生杀虫剂产业突出重围的必经之路。由于原药有效成分含量高，除了少数品种可以直接用于熏蒸或超低容量喷洒外，很少直接使用，需要加工成各种剂型才能使用。我国市场上常见的剂型为湿性粉剂、喷射剂、气雾剂、盘式蚊香、电热蚊香、毒饵、粘捕剂、烟剂等，剂型老化、单一，企业之间没有个性化、差异化。胶悬剂、微胶囊剂、控制缓释试剂、杀虫涂料驱避剂、纳米复合涂膜等先进的新剂型很少，应引起企业的高度重视，谁先开发成功，谁就能赢得市场。目前，对生态环境无害、有效防治钉螺、红火蚁的新型药剂是“一药难求”。

需要稀释的产品大部分为公共卫生用产品（包括室内外使用产品），主要由专业人员使用，这部分产品登记的数量不多，在市场的份额也不如家用产品多，但主要用于公共卫生环境，影响面较大，更需要关注这类产品的质量和安全。目前，这类产品不少是从大田农药转化而来的，有的缺乏对媒介生物防治特点的研究，缺少科技含量；有的相同产品的毒理学数据存在较大差异；有的滞留、喷洒效果较差；有的助剂对人或环境存在风险或安全隐患等问题，需要稀释的产品也应考虑配方的合理性和科学性。但也有不少具有特色的产品，如浓饵剂是我国防白蚁的一种新剂型，微囊悬浮剂也是一种比较先进的剂型，还有一种水乳剂在作超低容量液剂或热雾剂使用时，由于长链醇在雾滴表面成保护膜，具有抗水分蒸发特性，可达到较好的防效，且为环保型剂型。媒介传染病防治需要公共卫生用产品的数量还是比较可观的，在产品丰富的情况下，应有计划地考虑轮换使用不同类型的农药，延缓抗性发展，非农用农药产品在公共场所有广阔的天地。

提高产品的科学性，提高产品的技术含量，配方要有科学性。最低有效剂量，是国际推行提高农药产品使用安全的有效管理方式之一，尤其是对室内不需要稀释使用产品的含量，在达到可接受的防治效果的前提下，推荐使用最低剂量。美国强调有效剂量低的产品，而我国强调杀虫效果，在药效评价体系上，国内与国外存在较大差异。我国卫生杀虫剂登记产品的有效含量不断增加，不仅易促使抗性发展，缩短农药寿命，且增加对人类有益生物和环境的潜在风险。随着市场需求多元化、便捷化，以及剂型加工技术的不断提高，驱蚊手环、驱蚊贴、驱蚊条等新的非农用农药产品不断涌现，对该类产品的管理也提出了新的要求。

仓储熏蒸剂的品种也越来越少，由于近年来长期固定使用一种杀虫剂（磷化铝），害虫的抗药性不断增强，在药剂的使用剂量上即使不断加大也难以达到预期的杀虫效果，特别是对锈赤扁谷盗的防治效果很不理想。同时，加大药剂量熏蒸也会加快粮食品质的劣变，不利于粮食的储存。及时找到一种新杀虫剂来替代磷化铝就成了当前的首要任务。罗正有等在众多防治产品中寻找硫酰氟作为替代熏蒸剂[18]。

木材防腐登记的产品更是寥寥无几，而实际在我国使用的室外用木材防腐剂是已在多个国家和地区禁限用的铜铬砷（CCA）类产品，我国的防腐木材比例低，与发达国家相比差距较大。

按照生长环境的不同和饲养用途的不同，动物可分为牲畜（livestock）、家禽（poultry）和宠物（pet）。动物保健（animal health care）指对动物的医疗和护理。动物保健产品有两大类，一类是医疗用药，即兽药；另一类是非医疗用品，即国内所谓的动物保健品。有不少农药品种在这两方面都有应用。农药在兽药上的使用主要是在抗寄生虫方面，而作为保健品主要集中在宠物市场上。需要特别指出的是，抗寄生虫药，其中有不少品种的原药来自农药，而且是主流抗寄生虫产品。例如氟虫腈、氯菊酯、胺菊酯、毒虫畏、阿维菌素、吡虫啉、二嗪磷、双甲脒等。中国动物保健产品是在近二十年养殖业有了较大发展的情况下逐渐形成的较具规模的产业。截至 2001 年，生产的兽药品种规格约 2000 余种，年产值约 150 亿元。2002 年底，农业部共批准一类、二类、三类新兽药 187 种，批准新生物制品 134 种。在这 187 种新兽药中，抗生素类占 24%，驱寄生虫药占 25%，药物添加剂及促生长剂占 2%，抗菌药占 25%，抗球虫药占 7%，消毒剂占 6%，其他占 11%。我国动物保健企业和产品的现状：一是企业规模小，产品档次较低。不少企业仍处于小作坊状态，技术和产品仅限于分装和复配。二是没有形成较具实力的动物用原料药生产基地和研发力量。目前的兽药厂大部分为制剂厂，专门从事动物用药研究的机构和原料药企业较少。在配方和制剂技术上，也落后于国外产品。例如国外已经上市的伊维菌素制剂有注射剂、口服液剂、浇泼剂、片剂、缓释丸剂、预混剂等。又例如二嗪磷，国外产品的制剂有微胶囊剂、水乳剂、微乳剂、片剂，甚至细分到控效微胶囊剂、长效微胶囊剂、挂耳片剂、挂颈片剂等。因此，国内应加强剂型的开发[19]。

适合非农领域应用的专有剂型也将更多地受到重视并成为重要的研究开发内容。目前我国所面临的问题是剂型结构不合理，农药助剂开发滞后。我国可生产农药剂型 120 多种，制剂超过 3000 种，大部分原药只能加工 5～7 种制剂，而发达国家一个农药品种可加工成为十几种甚至几十种制剂，且其中绝大多数是水基化制剂或固体制剂。我国农药助剂尚不能满足剂型开发要求，大多借助其他行业已有的品种，缺乏水基化、微囊剂、缓控释等新型制剂的专用助剂[21]。各种特殊使用，应该有特殊的剂型为之匹配，这一点亟需完善。卫生用农药领域前景广阔，附加值也相对较高，产品品种和剂型多，涉及范围广，机遇也会更多。但要以保障人畜健康和对环境安全为原则，即对人和畜的毒性以及蓄积性小。转变思路和理念，与国际接轨，拓展农药市场的新思路。

5.1.7 展望

随着我国经济实力、教育水平的不断提高，人们对生活有了更深的理解和更高的要求，对非农用农药产品及其专业服务有更多需求，将是非农用农药市场不断成长的主要驱动力。“十二五”末期，我国提出到2020年实现农药使用量“零增长”的目标，农药行业欲求新发展，拓展现有农药的非农业市场、开发非农业应用的专用产品及应用技术的创新发展必将成为农药行业经济发展新常态下的着力点。农药工业“十三五”发展计划中明确指出重点发展针对用于城市绿化、花卉、庭院作物的杀菌剂、种子处理剂和环保型熏蒸剂；鼓励发展用于小宗作物的农药、生物农药和用于非农业领域的农药新产品、新制剂。大力推动农用剂型向水基化、无尘化、控制释放等高效、安全的方向发展；支持开发、生产和推广水分散粒剂、悬浮剂、水乳剂、缓控释剂等新剂型以及与之配套的新型助剂；降低粉剂、乳油、可湿性粉剂的比例，严格控制有毒有害溶剂和助剂的使用[20]。

农药的非农用途还会继续发展，目前还有不少领域还缺医少药，加之近年又有不少新农药品种不断诞生，它们的非农用途有待开发。可以断言，农药的非农用途还会不断发展，有待于人们去不断开发，包括在应用、使用方法及相匹配的剂型开发等方面。政府、企业应加强非农用农药市场的研究，开发适销对路的产品与使用技术，拓展农药的应用范围，满足国民经济相关领域对农药的需求。企业需加强自主创新，开发非农用农药核心技术、关键共性技术及其应用。进一步完善知识产权鼓励机制，鼓励和支持企业、研究单位到海外登记申请专利、登记产品和注册商标，从科研、生产到销售等环节，强化知识产权意识，提升非农用农药企业知识产权的创造、运用和保护能力。国家应结合农药行业的发展情况，根据国民经济相关领域对农药的需求，适时更新和发布非农用农药鼓励目录，引导企业有目的地开发产品。鼓励产学研结合，支持企业建立技术中心，与科研单位、高等院校等组成产学研实体，引导企业、科研单位、高等院校开展有针对性的创新工作，共同做大做强非农用农药产业。

5.2 工业杀菌剂

微生物是自然生物链的重要组成部分，没有它们，自然界将堆满动植物残骸，微生物为自然循环带来了无穷的益处，然而也为人类的生产生活带来了很多危害，如食品和粮食、仪器设备、各种工业产品、生活和生产用水等物质的腐败变质，造成难以估计的损失，对动植物和人体的健康造成很大的威胁。那么怎么解决这些问题，就成了人们长期考虑的问题。大量的研究和生产实践给了我们宝贵的经验：杀菌是最有效合理的解决办法，可以有效控制微生物对生产生活产品的腐蚀，减少由于微生物的腐蚀而带来的损失。

在工业生产和日常生活中，杀菌主要有三类方法：物理方法、化学方法和生物方法。通常使用的物理方法是通过高温、干燥、电子射线、电磁波等来杀灭细菌；生物方法为通过营养源的控制、加入抗生素类物质，如加入青霉素、链霉素和制霉菌素等以达到杀灭细菌、放线菌和霉菌的目的；化学方法为使用氧化还原性或非氧化还原性化学品破坏微生物的蛋白质或核酸、电子传递链等以达到杀菌的目的。上述三种方法均在不同方面得以应用，但由于化学抗菌防腐剂的来源广泛、成本较低，所以在工业生产中得到了最为广泛的应用。工业杀菌剂是在工业领域中用以杀灭或抑制微生物生长的制剂，除了农业杀菌剂和医用杀菌剂之外，其他几乎都属于工业杀菌剂。

由于我国工业的发展速度加快，城乡用水量加大，导致本就匮乏的水资源严重短缺。其中工业用水占城市总用水量的70%。与国外工业水处理技术相比，我国水处理技术还有待提高，主要有微生物腐蚀、水处理设备落后、循环利用率低、易污染等特点。水处理技术在工业冷却水处理和油田开采这两个领域尤为重要。微生物的危害主要有黏泥危害和腐蚀危害两方面。微生物的黏泥危害会导致设备中水质变差，大部分生物黏泥附着在冷却设备上，造成管道堵塞，传热率大幅度降低，设备运行负荷加重。微生物的腐蚀危害会对设备管道造成点腐蚀，对管道造成穿孔甚至完全破坏。因此，加入经济适用的杀菌剂十分必要。

杀菌剂使用的历史可以追溯到久远的年代。在约万年前的新石器时代，源于储藏食品的需要，人类通过干燥和腌制来保存食物，这也是人类最早使用的防腐方法，所以食盐是人类最早使用的防腐剂。19世纪初有机杀菌剂才开始出现，这时候的杀菌剂如酒精、乙酸等主要是从生物材料中提取而来的。到了19世纪后期，人们发现了甲酸、苯酚、水杨酸的杀菌活性。在20世纪中期，杂环类化合物开始引起科学家的关注，如吡啶类抗菌防霉剂、苯并噻唑类抗菌防霉剂，而随着异噻唑啉酮衍生物类化合物的出现，杂环类化合物逐渐显现出其优良特性。

目前，无论是国内还是国外对杀菌剂的需求都是庞大的。IHS Markit 公司的全球杀菌剂市场研究报告显示，2016年全球特种杀菌剂市场产量约140万吨，市值大约57亿美元，并依然保持迅猛的增长速度。主要市场为工业水处理、食品保鲜、医疗消毒等。但是，随着人们环保意识的逐渐增强，各个国家的环保法规陆续严格，之前一直使用的大多数杀菌剂不符合相关法律法规而无法继续使用。这也促使陶氏化学（DOW）、通用（GE）、纳尔科（NALCO）这些水处理巨头公司纷纷加大对新型环保杀菌剂的研究投入和力度，新型杀菌剂的研发创新势在必行。

5.2.1 工业杀菌剂的发展历史

18世纪初，使用的杀菌剂主要是金属和盐类等无机杀菌剂。1705年，升汞（$HgCl_2$）开始用于木材防腐和种子消毒；1815年，氯化锌开始用作木材的防腐。这一时期的有机杀菌剂也主要是在生物材料中提取的，如通过发酵得到的酒精、乙酸等。直到19世纪后期，一些有机杀菌剂才慢慢出现。1865年，甲酸的抗菌能力被发现；1867年，医学上开始用苯酚作为消毒剂；1874年，Kolbt 和 Thersch 发现了水杨酸的抗菌作用；直到1914年出现了第一个有机杀菌剂：氯化苯汞；1923年，Sablitschka 发现了对羟基苯甲酸酯类的抗菌作用；1934年，二硫代氨基甲酸盐化合物的杀菌效果报道后，开启了近代有机杀菌剂的研究。

从此以后，杀菌剂领域开启了革命式的发展，有些经典杀菌剂一直沿用至今。由于乙醛的大量使用，它的弊端逐渐显露，20世纪30年代，新的消毒剂环氧乙烷取代了乙醛。直到20世纪中期，杂环类化合物开始出现，如吡啶类抗菌防腐剂、苯并噻唑类抗菌防腐剂。20世纪50年代末期，简单的异噻唑啉酮衍生物类化合物开始出现并引起了化学家的注意，到20世纪60年代中期，Mittler 和 Goerdeler 提出来这类化合物的合成方法。因其具有抗菌能力强、应用剂量小、毒性低等优点，并且其对细菌真菌都具有很强的抗菌活性，迄今为止，它已经被广泛应用于工业、医药、农业等行业。

5.2.2 工业常用杀菌剂的种类

工业常用杀菌剂分为两类，氧化型杀菌剂和非氧化型杀菌剂，主要品种及特点如表5-1所示。

表5-1　工业常用杀菌剂及其特点

杀菌剂类别	杀菌剂	特点
氧化型	氯气	价廉，常用，加氯机操作不便
	次氯酸盐	价廉，常用，不稳定
	氯化异氰尿酸	缓释，效果好，较常用
	氯化溴	价高，不稳定，辅助费高，不宜用
	卤胺	价高，效果好
	卤化海因	价高，效果好
	二氧化氯	效果极佳，不稳定，国外用
	臭氧	效果佳，价高
	H_2O_2，$KMnO_4$	作剥氯剂，临时性使用
	重金属化合物	毒性大，难降解，不再使用
非氧化型	氯酚	毒性大，限制使用，国内使用较多
	有机胺类	常用，但易产生耐药性
	季铵盐型	常用，泡沫多
	有机锡化合物	效果好，稳定，低毒
	异噻唑啉酮	新型，效果好，低毒，不稳定
	戊二醛	高效快速广谱，低毒，适用范围广
	阳离子表面活性剂	广谱，能剥离污泥，用量大，耐药性强
	有机氮硫物	常用，但易产生耐药性
	活性卤化物	效果好，稳定，低毒
	洗必泰	效果好，价高

5.2.2.1 氧化型杀菌剂

氧化型杀菌剂主要有氯、溴、碘及其化合物（如稳定性二氧化氯、次氯酸钠、氯化异氰尿酸、卤化海因等）、臭氧、过氧化氢、过碳酸、高锰酸钾、高铁酸钾、过氧乙酸等。

氯（气）是一种历史悠久、使用最广的水处理剂。它具有高效低毒、杀菌力强的优点；而且它有来源方便、价格低廉等特点，所以即便是人们开发出了许多新型的氧化型和非氧化型的水处理剂，氯的应用范围依然很广泛[21]。二氧化氯是一种微量高效、适用pH范围广的水处理剂，它的杀菌能力比氯强，见效快，药性持续时间长，不仅具有与氯相似的杀菌性能，而且还能杀死细菌的芽孢和霉菌的孢子。但是气、液体状态的二氧化氯都不是很稳定，容易在运输途径中发生爆炸，且使用成本高，是氯的5倍。它们是通过在水中生成了极强的氧化剂次氯酸，次氯酸通过扩散作用而穿越了微生物的细胞壁，同时与细胞原生质反应并生成稳定的氮-氯键，从而达到破坏以致杀死微生物细胞的目的。而次氯酸盐及次氯酸异氰尿酸的杀菌机理和氯类似。

溴的杀菌作用和氯的相似，而杀菌速度比氯快很多，而且氯对金属的腐蚀速度比溴强2～3倍。在工业杀菌剂方面，由于氯对环境的影响和新的可减少腐蚀的碱基物质处理协议，氯在高pH时不起作用，但溴在较高pH时仍具有较高的杀灭活性，并且含溴杀菌剂品种大多具有低毒、易分解、强效、无残留等优点[22]。

国外从20世纪70年代开始开发溴类工业杀菌剂，其主要产品有溴氯化合物、二溴氮川丙酰胺、溴氯海因类等产品（表5-2，图5-2）。目前，溴类工业杀菌剂的市场占有量已超过氯类杀菌剂，是世界上发展较快、销量较大的一类杀菌剂，并以每年10%的速度增长。

表5-2 含溴类工业杀菌剂的主要品种和用途

品名	用　途	杀菌防腐效果
溴甲烷④	工业上可用作建筑物、船只和飞行器的消毒剂	广谱杀菌剂，但其杀菌作用较弱，仅为环氧乙烷的1/10
溴氯海因②	主要用于工业循环水、油田注水、造纸、泳池、景观喷泉、医院污水、医疗用具、食品加工、宾馆家庭卫生洁具的消毒杀菌灭藻，还可以用于保鲜库、气调库杀菌保鲜、水产养殖消毒杀菌、口岸检验检疫处理消毒杀菌及疫区的防疫消毒	广谱杀菌剂，杀菌速度快，杀菌效果高，是氯气的20倍，使用浓度低，不会对水质造成任何形式的影响
二溴海因①	广泛用于工业用水处理系统、室内外游泳（浴）池、卫生系统及养殖水环境的消毒处理及杀菌灭藻。可预防及治疗由于细菌及病毒引发的水产养殖动物疾病	高效消毒剂，对各种微生物都有杀灭作用。全面杀灭包括异养菌、硫酸还原菌等多种细菌。同时还可以有效抑杀真菌、部分病毒，以及水体不良藻类，并能有效改善养殖水体的水质状况
溴硝基苯乙烯②	主要作切削液、化妆品（润肤剂）、涂料和乳液等领域的抗菌防霉剂；亦可用于工业水处理、石油回注水以及纸浆的杀菌灭藻	对细菌、真菌、藻类都有效
溴乙酸苄酯③	适用于化纤油剂防腐以及地毯、乳胶涂料等领域的防霉	对细菌、霉菌等微生物均有良好的抑制作用
新洁尔灭①	常用的阳离子表面活性剂，兼有杀菌和去垢效力，作用强而快，对金属制品无腐蚀作用。作为消毒剂大量使用于农业、食品、医药行业；另外，在油田、工业水处理上大量用作杀菌灭藻剂等	低效消毒剂，只能杀灭一般的细菌繁殖体，对化脓性病原菌、肠道菌与部分病毒有较好的杀灭能力；对核杆菌与真菌的杀灭效果不好；不能杀灭细菌芽孢和分枝杆菌，对细菌芽孢一般只能起到抑制作用
布罗波尔③	主要用于工业循环水、造纸纸浆、涂料、塑料、化妆品、木材、冷却水循环系统以及工业用途的杀菌、防霉、防腐、灭藻等	布罗波尔是一种广谱抗菌剂，主要通过氧化细菌酶中的巯基，抑制脱氢酶的活性，从而导致细胞膜不可逆转的损害。其对革兰氏阴性菌，尤其是对铜绿假单胞菌有高度的活性。布罗波尔对细菌比对霉菌、酵母更有效。此化合物在广泛的pH范围内有杀菌作用，也不受阳离子、阴离子的表面活性剂或蛋白质所影响
三溴苯酚②	作为防霉剂主要用于木材、草藤制品、手工艺品、涂料、纸张等行业，与三氯苯酚并用效果更佳	三溴苯酚对常见的霉菌均有较好的抑制效果
防霉剂DP②	防霉剂DP主要用于皮革及其制品的防霉，还可以用于橡胶、竹木制品等的防霉。若将防霉剂DP与防霉剂PC按比例复配使用，效果更佳	对多种微生物有杀死或抑制作用。据文献报道，使用本品100mg·L^{-1}浓度时，就能抑制霉菌的生长。对细菌和酵母菌亦显示出良好的抑制效果

续表

品名	用　　途	杀菌防腐效果
休菌清②	广泛用于下列领域的防霉防腐和灭藻：纺织品、皮革、毛皮、油漆、涂料、黏合剂、金属加工液、钻探泥浆、化妆品、纸张、竹木材等。也可用于水池、冷却循环水系统的杀菌灭藻	对细菌和真菌均有效，其抗细菌作用的有效浓度为0.025%～0.075%，并能持续18个月
溴代肉桂醛②	常用于服装、包装、建材、化工工业中。防腐、防霉变效果显著。如将其稀释一定比例用于皮鞋、运动鞋、旅游鞋等产品中能有效地起到防腐、防霉、防臭、杀菌作用，杀灭一些顽固的有害菌类，可有效地防治脚疾的发生	溴代肉桂醛是广谱性杀菌剂，常温下的蒸气压极低，在密闭的容器内，蒸气不会再形成结晶，但能杀死多种霉菌、细菌和酵母及一些害虫
1,4-双(溴乙酮氧)-2-丁烯②	广泛用于工业循环水、工业冷却水、油田回注水的水处理剂，以及造纸行业水处理杀菌剂等	具有广泛的抑菌效果，尤其是对抑制黏性细菌有特效
2,2-二溴-2-硝基乙醇②	广泛应用于工业循环水、工业冷却水、电力、油田、污水处理等行业的杀菌灭藻，也适用于橡胶乳液、涂料、木材等领域的系统消毒杀菌	对霉菌、细菌等微生物均有不错的抑制效果，添加量少
N-(4-溴-2-甲基苯基)氯乙酰胺	主要用作涂料防霉剂。其抗氧化、抗紫外光照射而不发生涂层分解、粉化、脱落和发黄，因此，在户外涂料中的应用前景十分广阔。与其他工业防霉剂共用，还具有协同增效作用	对常见的曲霉、青霉等有很好的抑制效果
2,2-二溴-3-氰基丙酰胺③	用来防止细菌和藻类在造纸、工业循环冷却水、金属加工用润滑油、纸浆、木材、涂料和胶合板中的生长繁殖。同时可广泛用于食品、饲料及水处理系统的杀菌消毒	对细菌、真菌、藻类都有很好的灭杀作用，尤其是对形成黏泥的细菌具有极好的活性，杀菌速度快。其显著特点是容易水解，具有在水中快速降解、在低剂量下发挥高效的双重特点

① 微毒。
② 低毒。
③ 中毒。
④ 高毒。

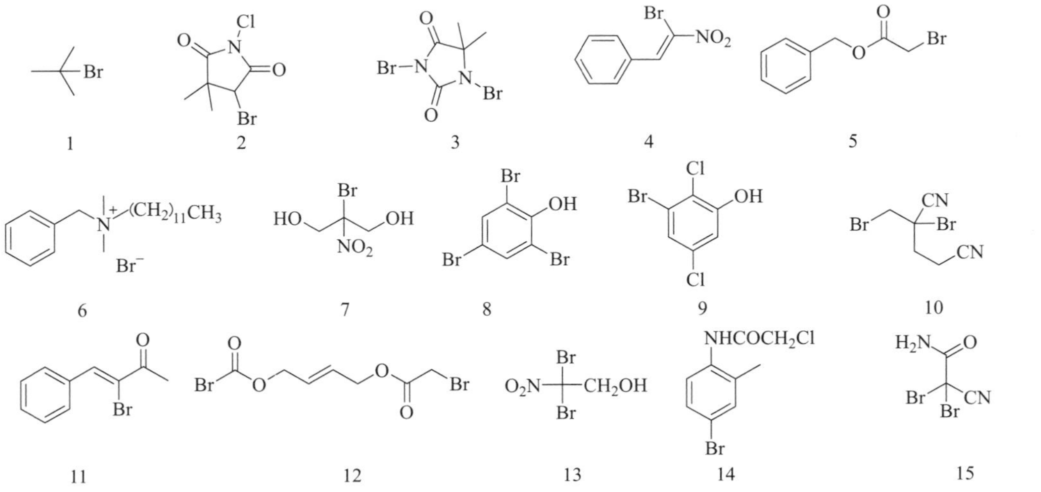

1　2　3　4　5
6　7　8　9　10
11　12　13　14　15

图5-2　溴工业杀菌剂的结构

1—溴甲烷；2—溴氯海因；3—二溴海因；4—溴硝基苯乙烯；5—溴乙酸苄酯；6—新洁尔灭；7—布罗波尔；8—三溴苯酚；9—防霉酚；10—休菌清；11—溴代肉桂醛；12—1,4-双(溴乙酮氧)-2-丁烯；13—2,2-二溴-2-硝基乙醇；14—*N*-(4-溴-2-甲基苯基)氯乙酰胺；15—2,2-二溴-3-氰基丙酰胺臭氧是极易分解、较难储藏的氧化型杀菌剂，在水溶液中能够保持着很强的氧化性。它的优点是在光合作用下会很快分解为氧，不会污染环境和伤害水生生物；它除了能杀菌外还能缓蚀阻垢，并且能够使废水脱色。杀菌机理为：它与细菌体内的还原酶结合而破坏它的活性，从而阻断其呼吸作用使细胞死亡。过氧化氢主要用于水的杀菌消毒，废水和污水的氧化脱色、脱氯、除臭、去毒，以及废水中氰化物的分解处理等。其不足之处是其活性受温度和浓度的限制，容易被水中的酶分解，因此未能在水处理中得到推广使用。

5.2.2.2 非氧化型杀菌剂

非氧化型杀菌剂主要有季铵盐类、季膦盐类、杂环类化合物、氯酚类、有机醛类、含氰类化合物、有机锡化合物、铜盐、天然杀菌剂、其他有机杀菌剂。常用的非氧化型杀菌剂主要有异噻唑啉酮衍生物类、氯酚类、季铵盐类、吡啶类等。常见的异噻唑啉酮类杀菌剂有1,2-苯并-3-异噻唑啉酮（BIT）、2-正辛基-4-异噻唑啉-3-酮（OIT）、2-甲基-4-异噻唑啉-3-酮（MIT）、5-氯-2-甲基异噻唑啉-3-酮（CMIT）。它们的共同特点是具有抗菌能力强、应用剂量小、相容性好、毒性低等优点，并且它们对多种细菌、真菌都具有很强的抗菌作用，它们还具有高效性、较好的配伍性、较宽的 pH 适用范围、能够自然生物降解等特点[23]。它们的杀菌机理为：靠杂环上的活性部位与细菌体内蛋白酶中的巯基形成二硫键使其失活，或杂环上的活性部位与细菌体内的核酸碱基形成氢键，并吸附在细菌的细胞上，从而破坏细胞内 DNA 的结构，使其失去复制能力，最终导致细胞死亡[24,25]。但不足之处就是它们与人体皮肤接触易导致过敏、不耐高温、水溶性极差。

有机胺类杀菌剂也是有效的杀菌剂，松香胺盐甚至在低浓度下仍是一种有效的灭藻剂。但有机胺类杀菌剂在工业水处理中的使用量较少，一般与具有表面活性的季铵盐型杀菌剂复配，以达到良好的分散效果。

有机锡化合物中比较常用的是氯化三丁基锡、氢氧化三丁基锡和氧化双三丁基锡，它们对藻类及菌类有毒性。由于在水中不电离，它们容易穿透微生物的细胞壁并侵入细胞质，与蛋白质中的氨基和羧基形成复杂化合物，从而使蛋白质失效。其在碱性 pH 值范围内效果最好。

戊二醛（glutaraldehyde）被誉为继甲醛和环氧乙烷之后化学消毒杀菌剂发展史上的第三个里程碑。戊二醛是一种高效、快速、广谱的杀菌剂，能与水以任何比例互溶，加入水中无色无味无臭，无腐蚀性，对人的毒性低，适应 pH 值的范围较广，能耐较高的温度，在自然水体中能自然降解，是杀死硫酸盐还原细菌的特效药剂[26]。戊二醛用于医疗器械和耐湿忌热的精密仪器的消毒与灭菌。其杀菌机制为依靠醛基作用于菌体蛋白的巯基、羟基、羧基和氨基，使之烷基化，引起蛋白质凝固，造成细菌死亡。但是其缺点是易与氨、胺类化合物发生反应而失去活性，因此，在漏氨严重的化肥厂不能使用。

常见的季铵盐有十二烷基二甲基苄基氯化铵、十二烷基三甲基氯化铵、十八烷基三甲基氯化铵、十四烷基二甲基苄基氯化铵、二异丁基苯氧乙基二甲基苄基氯化铵等。它们的共同特点是都含有水溶性基团，这可以提高它们在水溶液中的分散度，增强表面活性剂的活性，从而加强了该药剂在细菌体表面的吸附强度，因而阻止了细菌的呼吸及糖酵解作用，同时，它们也能破坏细胞壁的通透性，使维持生命的养分摄入量降低，使蛋白质变性，使氯和磷化物排出，从而导致细胞死亡。它们被广泛用于工业水处理中，杀菌有高效、广谱、低毒、不受 pH 值变化的影响的特点，使用方便，对黏泥层有较强的剥离分离作用，且有着很好的分散性能，兼有一定的缓解侵蚀作用。但是当用在被油类、尘埃和碎屑严重污染的系统中，季铵盐的杀菌效果会降低甚至失去效果，还有就是季铵盐一般起泡多，常常要与消泡剂一起使用，很不方便。

季鏻盐是和季铵盐有相似结构的一类杀菌剂，一些季鏻盐已初步显示出高效、广谱、快速的抗菌性能。季鏻盐类杀菌剂因其成本低，毒性小，故在工业冷却水系统和油田注水系统得到广泛的应用，但使用中还存在如下问题：①季鏻盐多易溶于水，造成水体的二次污染；②易起泡；③长期使用细菌产生抗药性，使加药浓度上升，水处理费用增加；④季鏻盐类杀菌剂长时间使用后会使杀菌基团丧失杀菌活性，重复利用性差。

常见的氯酚类杀菌剂有一氯酚、双氯酚、三氯酚、五氯酚以及五氯酚的盐等。它们的作用机理是：吸附在微生物的细胞壁上，然后扩散到细胞结构中，在细胞质内生成一种胶态溶液，同时使蛋白质沉淀而破坏蛋白质。它们具有水溶性好、杀菌效果理想等优点，但也存在明显的不足之处，就是其毒性较大，容易污染水环境，已经逐渐被淘汰。

5.2.3　异噻唑啉酮衍生物类杀菌剂

5.2.3.1　异噻唑啉酮衍生物类杀菌剂的发展历史

异噻唑啉酮衍生物类杀菌剂是指含有噻唑啉酮杂环的一系列化合物，美国 Rohm&Haas 公司对它们进行了研究，并于 20 世纪 70 年代初申请了它们的合成方法专利，开启了该类杀菌剂应用于工业生产的先河。20 世纪 80 年代后期，国外对异噻唑啉酮衍生物类杀菌剂的研究达到了空前高度。此期间，2-甲基-4-异噻唑啉-3-酮（MIT）和 5-氯-2-甲基异噻唑啉-3-酮（CMIT）的应用范围和杀菌性能优良的特性逐渐被人们发现，并被人们广泛使用在工业领域。1990 年，Ramsey 和 Collier 合成了 1,2-苯并-3-异噻唑啉酮（BIT），这种异噻唑啉酮类的衍生物具有广谱性和高效性，对霉菌、细菌、放线菌均有明显的抑杀作用，被广泛应用于涂料、造纸、金属切削液、工业循环水、皮革、石油注水等领域的防腐。2002 年，4,5-二氯-2-壬基-3-噻唑啉酮的有机物作为性能优良的抗菌剂出现。2004 年，开始报道 4,5-二氯-2-辛基-3-噻唑啉酮在地下水、船舶以及渔网方面的抗菌防腐应用[27]。

20 世纪 80 年代，异噻唑啉酮类杀菌剂开始在工业上应用，最早在化妆品防腐等领域出现，直到 90 年代才开始使用于工业冷却循环水的灭藻杀菌。我国早期对这类杀菌剂的研究也主要局限于对已知的异噻唑啉酮衍生物类化合物的探索以及杀菌活性的检测，直到 1998 年开始，才相继研发合成了新型的噻唑啉酮衍生物类化合物，并将其用在涂料、清洁用品、造纸、工业循环水、化妆等领域的抗菌防腐。近年来，异噻唑啉酮衍生物类杀菌剂得到了快速广泛的发展，广泛应用于工业冷却循环水、涂料、黏合剂、造纸、建材、纺织、制革、金属加工液、轻工等工业领域，已成为苯甲酸类、尼泊金酯类抗菌防腐剂的理想的更新换代产品[28]，众多研发机构的参与，为国内杀菌剂市场的繁荣打下了坚实的基础，为新型高效杀菌剂的开发和利用提供了重要的理论指导。

5.2.3.2　异噻唑啉酮衍生物类杀菌剂的研究进展

由于异噻唑啉酮类化合物是环境友好型的高效抗菌剂，近年来，许多化学工作者都致力于该类化合物的合成及抗菌活性的研究，做了大量的结构修饰工作，主要对 R^1、R^2 和 R^3 的位置进行修饰和取代（表 5-3、表 5-4）。

表 5-3 异噻唑啉酮衍生物类化合物

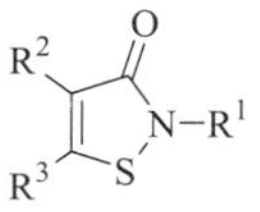

R^1	R^2	R^3
C_1～C_{10}	C_1	C_1
C_3～C_6	C_1～C_{16}	C_1～C_{16}
C_1～C_{16}	H	H
烯基	H	H
炔基	H	H
芳基	H	H

表 5-4 苯并异噻唑啉酮衍生物类化合物

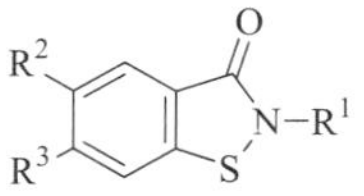

R^1	R^2	R^3
烯烃基	H	H
炔烃基	$—CH_3$	$—CH_3$
C_1～C_{14}烷基	Cl	Cl
C_3～C_{16}环烷基	$—OCH_3$	$—OCH_3$
吡啶环等杂环基团	H	H

5.2.3.3 异噻唑啉酮衍生物类杀菌剂的合成方法

目前，异噻唑啉酮衍生物类化合物的合成方法已经逐渐成熟，可采用不同原料闭环合成异噻唑啉酮衍生物类化合物。主要采用的方法如下[29]。

(1) 1963 年，Goerdeler 和 Mittle 发表了异噻唑啉酮的制备方法。由 β-硫酮酰胺在惰性有机溶剂中卤化制得异噻唑啉酮。其反应如下：

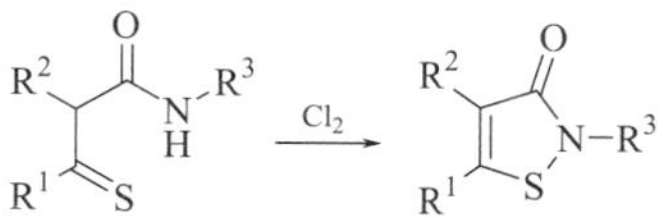

(2) 1965 年，Grow 和 Leonard 提出，β-硫氰丙烯酰胺或硫代丙烯酰胺经酸处理（如硫酸）可制备异噻唑啉酮，其反应式如下：

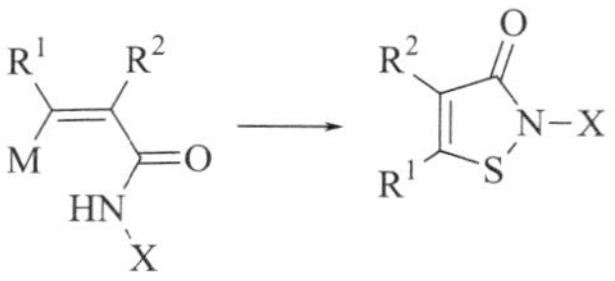

(3) 20 世纪 70 年代，美国 Rohm&Hass 公司申请了异噻唑啉酮同系列物质的制备专利，制备的方法就是将 3-羟基异噻唑啉酮与卤化剂反应得到异噻唑啉酮。

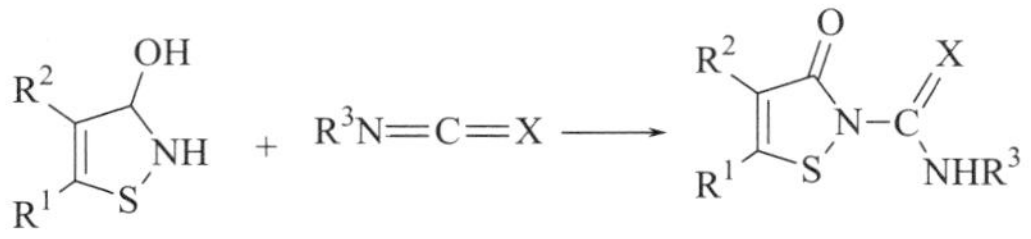

其中的 R^3 可以为 $C_1 \sim C_{18}$ 的烷基、低烷基的磺酰、芳基磺酰、卤素等。X 为氧原子或者是硫原子。

（4）1973 年，美国 Rohm&Hass 公司又提出了异噻唑啉酮同系物新的制备方法，即在惰性溶剂中将二硫代二酰胺与卤化剂反应制得，反应式如下：

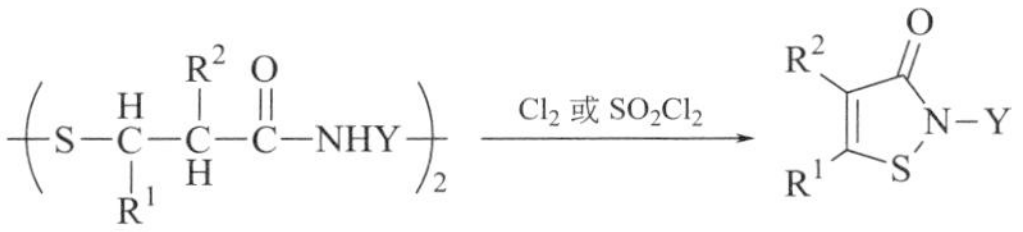

（5）1974 年，美国 Rohm&Hass 公司再次提出以巯基酰胺为原料制备异噻唑啉酮的方法，反应式如下：

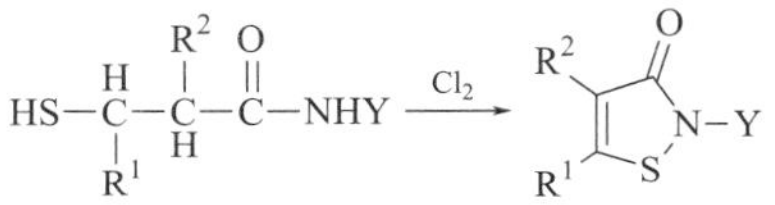

（6）1998 年，Kagano 等提出用 2-烷基硫代苯酰胺和卤化试剂反应制备 1,2-苯并异噻唑啉酮，反应式如下：

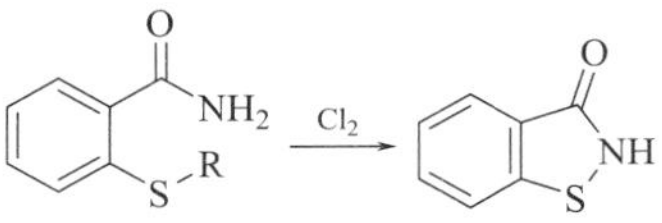

5.2.3.4　异噻唑啉酮衍生物类杀菌剂的杀菌机理研究

目前的研究认为[28,29]：异噻唑啉酮衍生物类化合物的杀菌机理是依靠杂环上键的活性部位与蛋白质的半胱氨酸上的巯基形成二硫键，从而使蛋白质失活，来达到杀菌的目的。也有研究认为，异噻唑啉酮衍生物类化合物是进入细胞内，与细胞核酸中的碱基形成氢键从而使核酸不能复制和转录而使细菌死亡，从而达到杀菌的目的。图 5-3 为异噻唑啉酮与谷胱甘肽（GSH）的反应式，式中的 R^2 或 R^3 可相同也可不同，亦可为卤素或 $C_1 \sim C_4$ 的烷基或 H。

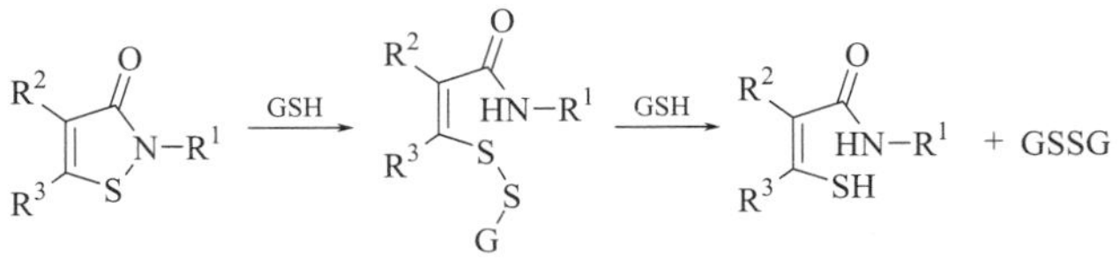

图 5-3　异噻唑啉酮与谷胱甘肽反应通式

5.2.3.5　异噻唑啉酮衍生物类杀菌剂耐药性产生及解决途径

20 世纪 80 年代，异噻唑啉酮衍生物类杀菌剂开始在工业上投入使用，其中包括 2-甲基-4-异噻唑啉-3-酮（MIT）、5-氯-2-甲基异噻唑啉-3-酮（CMIT）、1，2-苯并-3-异噻唑啉酮

(BIT)、*N*-R 基异噻唑啉酮及二氯正辛基异噻唑啉酮（DCOIT）[30]，它们作为一种杂环类有机化合物，作为高效的杀菌剂被广泛应用于各种液态涂料、化妆品、水处理、皮革等的抗菌防腐，然而在使用没多久就有了关于抗菌性的案例报道[31]。究其耐药性产生的原因，可知与其一类杀菌剂的长期、大量、反复使用有关，微生物对周围的不利环境容易产生应变机制而产生耐药性，每一种异噻唑啉酮衍生物类杀菌剂在一地区的使用总会达到十年以上，它们的使用量不断加大，而且效果还不是很显著。但是总体来看，工业微生物对异噻唑啉酮衍生物类杀菌剂的耐药性还处于初级阶段，主要体现在抗药性不稳定、持久性差。在工业杀菌中，绝大多数为多位点杀菌剂，它们对微生物的作用过程极其复杂，不同工业微生物由于其组织结构和代谢途径不尽相同，所以对同种工业杀菌剂产生的耐药性机制也有所不同，所以工业微生物通过改变工业杀菌剂对其的作用位点而获得耐药性不是主要的抗药性机制[32]。可以从微生物细胞代谢反应模式及杀菌剂的化学结构和活性部位着手，再结合微生物所处的工业环境，就可以找到使工业微生物产生耐药性的机制及规律，这样就可在工业抗菌防腐中扬长避短，也可以改善抗菌剂的使用方法来提高工业杀菌剂的使用效率，用最少的投入发挥最大的效果。

测试工业杀菌剂的耐药性主要借助于抗生素药敏实验，然而工业杀菌剂的杀菌机制和抗生素的杀菌机制完全不同，而且还与工业环境密切相关，致使工业微生物产生耐药性的因素不仅与微生物本身的耐药性相关，而且和使用环境关系密切，通过 MIC 值检测只能反映部分情况。不同种属的微生物产生的耐药性差异很大，其主要原因是细胞壁和细胞膜结构的差异而引起的。目前对工业微生物的抗药性的认识还不完善，主要借鉴于微生物对抗生素的抗药性研究，但它们的区别很大，所以工业微生物的抗药性原因存在很大的争议[33]。以前相关工作者认为工业杀菌剂的抗药性是微生物自身可遗传的变异，而与外界的环境条件无关，然而在工业实践中发现绝大多数抗药性是表型性状的变化，容易受外界条件的影响，可以随着外界环境的改变而逐渐消失。

严格地说，已产生抗药性的菌株经过多次传代培养后，如果抗药性逐渐消失不表现出遗传稳定性，那么实验获得的菌种不是抗药性菌种，而是耐药性菌种，它们的区别在于：耐药性菌株是由于环境因素而导致的感受性上短暂改变的现象，而抗药性是可稳定遗传的感受性永久改变的现象。菌株产生耐药性的过程，生物膜起了关键作用。生物膜是指细菌的生长为了适应环境而在周边固体表面与游离细胞相对的存在形式，菌体在其附着的固体表面分泌胞外聚合物，细菌在其中生长繁殖形成菌落，即为生物膜。生物膜在自然微生物界广泛存在，只要条件允许几乎所有细菌都能形成生物膜。它使浮游细胞更易形成抗药性，这一现象已在相关的医疗行业得到广泛关注[34]。对工业腐败微生物进行研究证明，绝大多数微生物显示的是耐药性而不是真正的抗药性，产生耐药性的原因主要跟工业杀菌剂的杀菌作用机制有关，也与杀菌剂的使用方法有关，但主要跟生物膜的形成有关。

从国内外工业杀菌剂的研究和应用情况来看，杂环类杀菌剂因其具有理想的杀菌活性及不污染环境，所以在工业领域的应用前景极其广阔。异噻唑啉酮衍生物类杀菌剂作为杂环类杀菌剂的佼佼者，主要具有低毒、高效、不易使工业微生物产生耐药性等优点。这些优点成为工业微生物杀菌剂的重要发展趋势，异噻唑啉酮衍生物类杀菌剂的发展也将趋向于与其他杂环类结构相结合，实现生物活性的叠加，来实现它们的应用领域和杀菌谱的拓宽。

但是面对异噻唑啉酮衍生物类杀菌剂的耐药性的产生，我们要抓着耐药性还处于初级阶段的时机就采取行动，以达到充分了解耐药性机制并寻求正确的治理方法，将工业抗菌防腐的成本降至最低水平。为了避免大量盲目使用单一工业杀菌剂，就必须对工业微生物的抗菌防腐采取科学有效的方法，合理应用现有的工业杀菌剂，也可以对现有的工业杀菌剂单体进行合理复配使用，同时也要设计更有效的新型杀菌剂。

5.2.4　新型杀菌剂

5.2.4.1　含银杀菌剂

含银化合物的杀菌能力已经被人们长期认识，并成功应用到许多领域。含银化合物对细菌具有较强的毒性，对人体却是低毒的。但是含银杀菌剂的应用受到水溶性银毒性的限制[35]。此外，由于含银化合物对蓝色和较短波长的光敏感，易分解成黑色金属银而大大降低其杀菌能力。因此，Somov 等[36]研究了一种弱解离且耐光的无色含银杀菌剂，在原有含银杀菌剂的基础上加入一些化合物，使其变为 $\{Ag_4[NH(CH_2PO_3H)_3]_2(H_2O)_2\} \cdot H_2O$ 的结构便可抑制一些菌株对于银的抵抗力。除了杀菌属性，还发现这种含银复合物具有发光能力，未来可能会有其他用途。随着材料学的发展，纳米技术展现出了极大的潜力，其中纳米银受到了极大的关注。纳米银具有广泛的杀菌范围，能够杀死细菌、真菌、病毒（甚至是HIV），且对人的毒性较低[37]。如今，随着纳米技术的逐渐成熟，许多科研单位和大型企业都在开发新型的消毒剂。获得纳米银的方法是多种多样的，其中最常见的方法就是用强力的还原剂还原银盐。最常见的银原子来源为硝酸银（$AgNO_3$）、氯酸银（$AgClO_4$）或四氟硼酸银（$AgBF_4$）等无机盐[38]。纳米技术最大的特点就是稳定性，常用的稳定剂有聚乙烯吡咯烷酮（PVP）、十二烷基硫酸钠（SDS）或聚乙烯（PVA）。Malina 等发现银可以在胶体溶液中以三种形式存在，即单质银、游离的银离子和吸附在纳米颗粒表面的银。尽管纳米银对细菌杀菌的具体机制还不是很清楚，但是最近 Lok 等[39]和 Wzorek 等[40]已经深入研究了纳米银的杀菌特点。Taylor 等[41]研究发现纳米银能直接发挥抗菌作用，并协同释放的 Ag^+ 发挥作用，而银盐只通过释放 Ag^+ 发挥显著的抗菌作用。Sukdeb 等[42]研究表明，纳米银由于小尺寸效应引起的表面电子结构特异性导致其抗菌性能比微米银和 Ag^+ 强，主要体现在影响细菌生活环境、破坏细胞壁、抑制 DNA 复制、抑制酶呼吸作用和抑制酶活性等方面。在工业领域，纳米银的加入不但能提高复合材料光学和热学的性能，还能使复合材料产生新的其他性能和应用，因此，广泛应用于催化剂、导电油墨、厚膜金属浆、黏合剂，甚至摄影行业。在医疗器械领域，由于其强大的抗菌能力，纳米银被广泛应用于植入人体内医疗材料（导尿管、胆管支架）的涂层部分。由此可见，纳米银未来的发展前景巨大。

5.2.4.2　油田注水杀菌剂

油田投入开发后，如果没有相应的驱油能量补充，油层压力将随着开发时间的延长逐渐下降，引起产量下降，使油田的最终采收率降低。通过油田注水，可以使油田能量得到补充，保持油层压力，达到油田产油稳定、提高油田最终采收率的目的。然而，当向油田注入大量的水时，由于水中含有大量的微生物如硫酸盐还原菌（SRB）、铁细菌（IB）、腐生菌（TGB）会腐蚀石油管道，这也是石油行业需要处理的最严重的问题之一。Chen 等[43]发现还原性有机染料靛蓝能够很好地抑制这些石油管道中的细菌。虽然现在石油注水加入一些如季铵盐类、醛类、Cl_2、ClO_2 等杀菌剂，但是大多数杀菌剂都具有较大的毒性。由于靛蓝可以用作食品着色剂，具有很低的毒性，可以很好地解决毒性大的问题。Chen 等使靛蓝与氨基化合物反应中的 C ═O 变为 C ═N，其他结构不变。在 0.20g/L 和 0.02g/L 的浓度下进行试验。结果表明，正常的靛蓝对 SRB 有良好的抑制作用，但是对 IB 和 TGB 都没有很好的抑制作用。但是在 C ═N 上加上氯苯后其性质改良，不但对 SRB 的抑制性基本保持不变，而且对 IB 和 TGB 的抑制性也显著增强。

5.2.4.3 异硫氰酸丙酯

异硫氰酸丙酯（AITC）由于其便宜且易于合成，在环境中易降解，是工业杀菌剂的潜力股。AITC 一直是抗菌领域的研究热点，有研究者提出假说 AITC 的抗菌机理是能结合并破坏细菌活性位点的酶。据报道，AITC 对革兰氏阳性菌和革兰氏阴性菌的最低抑菌浓度在 50～200mg · L^{-1}之间。最新研究表明，革兰氏阴性菌要比革兰氏阳性菌对 AITC 敏感。AITC 由于亲电子易溶于水，且其易于降解，半衰期约 5d（pH 5.2，37℃）。这对于将 AITC 应用于工业杀菌剂是个巨大的优势。但是对于这种自然降解的副产物，人们仍然不完全清楚，其会导致何种生态效应方面的问题。已知的副产物包括烯丙基胺、烯丙基二硫代氨基甲酸酯、二烯丙基硫脲和二硫化碳等化合物。Mushantaf 等[44]研究了异硫氰酸丙酯在水中的消毒作用，发现在 126.54mg · L^{-1}浓度下的 AITC 作用 2h，水中的 HPC 值没有降到 100cfu · mL^{-1}以下，无法达到世界卫生组织的饮用水标准，因此，AITC 无法用作饮用水的消毒剂，但是可以用作工业上非饮用水的杀菌处理。

5.2.4.4 生姜提取物

几百年来，生姜一直被广泛用作药物治疗人体疾病。有报道证明生姜具有抗肿瘤、消炎、抗凋亡等活性。Kim 等[45]发现生姜提取物（GIE）能够有效抑制铜绿假单胞菌生物膜在金属表面的形成。Parthipan 等[46]研究了 GIE 对苏云金杆菌在 MS1010 上腐蚀的影响，发现 20mg · L^{-1}的 GIE 为最佳抑菌浓度，能够良好地抑制生物膜的生长，抑制腐蚀的效率达到 80%。由于大量使用化学合成类杀菌剂会影响当地的生态环境，因此，像生姜提取物这类天然环保的杀菌剂会更有发展前景。

5.2.5 杀菌增效剂

微生物腐蚀是工业上越来越重视的问题。随着微生物对杀菌剂的抵抗力越来越强，目前采用的方法只是加大剂量，但是随着剂量的提升就会伴随着生产成本的提高和细菌耐药性的产生。Li 等[47,48]发现一些 D-氨基酸对杀菌剂有一定的增强效果。通过比较单 D-氨基酸和混合的 D-氨基酸（D-甲硫氨酸、D-酪氨酸、D-色氨酸、D-亮氨酸），发现混合的氨基酸的增强效果要明显高于单一的氨基酸。微生物腐蚀中 SRB 的腐蚀问题最为严重。杀灭 SRB 最为常用的杀菌剂为四羟甲基硫酸磷（THPS）和戊二醛，但 Xu 等[49,50]发现向戊二醛或 THPS 中加入甲醇和乙二胺二琥珀酸（EDDS）能够增强其杀菌能力。结果表明，向 50mg · L^{-1}的戊二醛中加入 15%的甲醇和 1000mg · L^{-1}的 EDDS 使戊二醛的杀菌能力大幅提升。因此，单一类别的杀菌剂会逐渐被这些复合型的杀菌剂混合物所取代。

5.2.6 新型杀菌剂的发展趋势

虽然新型杀菌剂的研制费用与难度不断提高，但其仍以较快的速度发展，这种发展表现出了多样性。由于当前市场上工业杀菌剂的品种单一，而微生物的抗性产生得又极其迅速，所以内吸性的使用寿命比杀虫剂、除草剂要短，所以新型杀菌剂的研发也非常重要。虽然合成工业杀菌剂并筛选到高效的杀菌剂比较困难，但随着基因组学在阐明药物作用靶标的应用以及高通量、组合化学方法的筛选技术在先导化合物的发现及优化方面的应用等，一定能够加快新型药剂的发现脚步[51]。

随着计算机及分子轨道法在推算分子量子化学参数与活性中的广泛应用，设计一些与受体的最佳结合先导化合物，引导新型杀菌剂的设计向分子设计方向发展。基因工程杀菌剂在工业微生物杀菌剂、分子微生物结构和代谢产物的结果模型的设计及人工合成技能提高的基础上，将成为工业微生物抗菌防腐的主要化学武器。

目前由于工业杀菌剂单剂的使用存在着相当大的抗性风险，所以混合制剂的使用是杀菌剂制剂的一个重要发展方向，工业杀菌剂的制剂与使用方法的发展使得单剂型向混合剂型方向发展。我国现有杀菌剂的品种不多，而且许多种类由于多年来连续大量使用，已产生了不同程度的抗药性，而创制新型工业杀菌剂的费用又非常高（大约需要 10 亿美元），时间周期又大大延长（约 10 年），开发的难度逐渐增大。因此，针对我国杀菌剂发展的现状，充分利用现有的杀菌剂品种来进行科学合理的混合制剂的开发及应用，也可以使杀菌剂的使用获得更好的经济效益及生态效益，也正因为这样，杀菌剂混剂的开发潜力巨大。

5.3　园艺用农药

随着经济建设速度的加快，我国的农业发展也取得了很大的成绩。园艺是农业中的重要组成部分，总体来说，园艺指的是对蔬菜、花卉、树木等进行栽培和繁殖的技术。通常来说，园艺作物包括三个主要的经济群体，分别是果树经济作物群、蔬菜经济作物群以及观赏植物经济作物群。伴随着农业技术的提高，人们对于园艺特产也越来越关注。而为了有效地加强对园艺作物的管理，要加大对农药和农药使用技术的管理，保障园艺特产作物的经济效益。

在园艺特产作物的治理中，农药是最常用的治理方法。农药主要通过化学物质对有害生物进行消灭，也被称为化学防治方法。用农药治理有害生物具有操作简单、受环境影响因素小、利于机械化操作等特点，因此，农药在园艺特产作物的防治工作中得到了广泛的应用[52]。而如何保证杀虫剂具有较好的杀虫效果的同时，又能够具有低毒害、低残留的特点，已经成为社会各界关注的焦点。下面对园艺用农药的主要代表群体进行分析。

5.3.1　草坪用农药

草坪是指由人工建植或人工养护管理，起绿化美化作用的草地。它是一个国家、一个城市文明程度的标志之一。它指以禾本科草及其他质地纤细的植物为覆盖并以它的根和匍匐茎充满土壤表层的地被，适用于美化环境、园林景观、净化空气、保持水土、提供户外活动和体育运动场所。

5.3.1.1　草坪杀虫剂

以白三叶为例，其作为优良的园林地被植物，具有抗干旱、耐贫瘠、耐修剪、再生能力强、花期长等优点，在城市绿化中发挥了重要的作用。在白三叶草坪养护过程中，病虫害防治为关键环节。危害白三叶的主要害虫有金龟甲类、小地老虎、蚜虫、黏虫和斜纹夜蛾等。

害虫吸食白三叶叶片、茎秆的汁液，造成叶片蜷缩成团，影响草坪发育，严重时造成生长停滞，最后枯黄死亡。目前，对白三叶草坪病虫害的防治仍以化学防治为主[53]。

辛硫磷、毒死蜱可有效地防治草坪害虫禾灰翅夜蛾和斜纹夜蛾，同时可兼治其他害虫。二者和高效氯氰菊酯混用后，速效性更好。

5.3.1.2 草坪杀菌剂

根据病原的不同可将病害分为两类：非侵染性病害和侵染性病害。非侵染性病害的发生源于草坪和环境两方面的因素，如草种选择不当、土壤缺乏草坪草生长必需的营养、营养元素比例失调、土壤过干或过湿、环境污染等，这类病害不传染。侵染性病害是由真菌、细菌、病毒、线虫等侵害造成的。这类病害具有很强的传染性，发生的三个必备条件是感病植物、致病力强的病原物和适宜的环境条件。

防治方法如下。①消灭病原菌的初侵染来源：土壤、种子、苗木、田间病株、病株残体以及未腐熟的肥料，是绝大多数病原物越冬和越夏的主要场所，故采用土壤消毒（常用福尔马林消毒，即福尔马林：水＝1：40，土面用量为10～15L・m^{-2}，或福尔马林：水＝1：50，土面用量为20～25L・m^{-2}）、种苗处理（包括种子和幼苗的检疫和消毒；草坪上常用的消毒办法是：福尔马林1%～2%的稀释液浸种子20～60min，浸后取出洗净晾干后播种）和及时消灭病株残体等措施加以控制。②农业防治：适地适草，尤其是要选择抗病品种、及时除去杂草、适时深耕细肥、及时处理病害株和病害发生地、加强水肥管理等。③化学防治：即喷施农药进行防治。一般地区可在早春各种草坪将要进入旺盛生长期以前，即草坪临发病前喷适量的波尔多液1次，以后每隔2周喷1次，连续喷3～4次。这样可防止多种真菌或细菌性病害的发生。病害种类不同，所用药剂也各异。但应注意药剂的使用浓度、喷药的时间和次数、喷药量等。一般草坪叶片保持干燥时喷药效果好。喷药次数主要根据药剂残效期长短而确定，一般7～10d喷1次，共喷2～5次即可。雨后应补喷。此外，应尽可能混合施用或交替使用各种药剂，以免产生抗药性[54,55]。

5.3.1.3 草坪除草剂

危害草坪的生物包括杂草、致病生物、某些昆虫及其他具有危害的动物。杂草是草坪有害生物的一个重要组成部分，是对草坪最大的威胁。杂草以极强的竞争力同草坪争夺水分、肥料、光照和空间，严重影响景观，并传播病虫害，导致草坪迅速退化。

在当前的生产中，防除杂草的主要方法依赖于人工拔除和除草剂。Turgeon从防除的角度出发，将草坪杂草分为三类：一年生杂草，多年生杂草和阔叶杂草。草坪除草剂，是以消灭或控制草坪中杂草的生长，使其选择性死亡的特殊专用除草剂。高度选择性，是其与一般除草剂根本的区别[56]。

（1）按作用性质分类

① 灭生性除草剂。不加选择地杀死各种杂草和作物，这种除草剂称为灭生性除草剂，如百草枯、草甘膦等见草就杀。

② 选择性除草剂。有些除草剂能杀死某些杂草，而对另一些杂草则无效，对一些草坪草安全，但对另一些草坪草有伤害，此谓选择性，具有这种特性的除草剂称为选择性除草剂。

（2）按作用方式分类

① 内吸性除草剂。一些除草剂能被杂草的根、茎、叶分别或同时吸收，通过输导组织

运输到植物体的各部位，破坏它的内部结构和生理平衡，从而造成植株死亡，这种方式称为内吸性，具有这种特性的除草剂叫内吸性除草剂。

② 触杀性除草剂。一些除草剂喷于杂草的茎、叶表面后，对该部位的细胞、组织起杀伤作用，只能杀死直接接触到药剂的那部分植物组织，不能内吸传导，具有这种特性的除草剂叫触杀性除草剂。

（3）按施药对象分类

① 土壤处理剂。即把除草剂喷撒于土壤表层或通过混土操作把除草剂拌入土壤中一定深度，建立起一个除草剂封闭层，以杀死萌发的杂草。

② 茎叶处理剂。即把除草剂稀释在一定量的水或其他惰性填料中，对杂草幼苗进行喷洒处理，利用杂草茎叶吸收和传导来消灭杂草。茎叶处理主要是利用除草剂的生理生化选择性达到灭草的目的。

（4）按施药时间分类

① 苗后封闭处理剂。指在草坪草出苗后对土壤进行封闭处理，通过杂草芽鞘和幼芽吸收杀死即将出土和刚出土的杂草，如颜化、垄舞、壹变静等。

② 播后苗前处理剂。即在草坪草播种后出苗前进行土壤处理，此法主要用于杂草芽鞘和幼叶吸收向生长点传导的除草剂，对草坪草幼芽安全。

③ 苗后处理剂。指在杂草出苗后，把除草剂直接喷洒到杂草植株上，苗后除草剂一般为茎叶吸收并能向植物体其他部位传导的除草剂，如卓尔、格尔、均合迪等[57]。

5.3.2　花卉用农药

花卉，是具有观赏价值的草本植物，是用来欣赏的植物的统称，喜阳且耐寒，具有繁殖功能的短枝，有许多种类。宿根花卉是指可以生活几年到许多年而没有木质茎的植物，分为耐寒宿根花卉和常绿宿根花卉两大类，涉及 50 多个科上千品种[58]。据统计，目前在国内广泛栽培的宿根花卉有 200 余种，应用面积较大的主要有菊科、百合科的大花萱草属、玉簪属、土麦冬属、沿阶草属、鸢尾科鸢尾属、景天科景天属等。

刘有俭等调查发现，麦冬试验田春季主要杂草为地肤、灰菜、荠菜、独行菜。蓝键等调查发现，北京天坛公园麦冬草坪有杂草 59 种，分属 27 科；春季杂草有 26 种，其中优势杂草为二月兰、夏至草、斑种草、茵陈蒿、紫花地丁、灰菜、抱茎苦荬菜、蒲公英等；夏秋季杂草有 52 种，优势杂草为马唐、蟋蟀草、紫花地丁、狗尾草、丛生隐子草、牛膝菊、铁苋菜、二月兰、酢浆草、凹头苋、夏至草、地锦草等；其中菊科杂草有 10 种，占 16.95%，禾本科杂草有 7 种，占 11.86%。陆仟等 2014～2015 年对广西 6 个主要城市的麦冬草坪杂草的调查结果表明，常见杂草有 30 科 107 种；其中菊科最多，有 22 种，占 20.56%；其次是禾本科 13 种，占 12.15%；危害较严重的有 15 种，依次为白花鬼针草、狗牙根、马唐、胜红蓟、香附子、铺地黍、阔叶丰花草、双穗雀稗、积雪草、龙葵、光鳞水蜈蚣、红花酢浆草、小飞蓬、银胶菊和升马唐。杜娥等调查的大花萱草田间杂草主要有藜、反枝苋、马齿苋、牛筋草、马唐、看麦娘。一般在 4～5 月开始出苗，6 月为萌发高峰期。张清萍等调查的鸢尾化学除草种类主要以禾本科杂草马唐和阔叶杂草反枝苋、马齿苋、藜为主。王飞等调查的桔梗田间杂草种类有马齿苋、苘麻、藜、田旋花、铁苋、反枝苋、葎草、醴肠、裂叶牵牛、圆叶牵牛、田皂角、牛筋草、狗尾草和马唐。宿根花卉的杂草种类较多，来源较广，主要有禾本科、阔叶、莎草科等一年生及多年生深根性杂草[59~63]。

5.3.2.1 花卉除草剂

二甲戊乐灵和异丙甲草胺是比较常用的土壤处理剂，为全球十大除草剂之一，对大花萱草、玉带草、麦冬、鸢尾等宿根花卉也安全。

杜娥等研究发现，33%二甲戊乐灵 1500mL·hm^{-2} 和 72%异丙甲草胺 1350～1800mL·hm^{-2}的株防效均在90%以上。刘亚军等研究发现，25%噁草酮对玉带草产生明显的药害，33%二甲戊乐灵 4500mL·hm^{-2}和 72%异丙甲草胺 3000mL·hm^{-2}对玉带草的返苗、发芽生长均未产生危害。张定发等研究发现，5月初人工除草后，用二甲戊乐灵 2475～3712.5g·hm^{-2}、氨氟乐灵 780～1170g·hm^{-2}对麦冬作芽前杂草防除，75d 后总防效达80%以上，并对夏季杂草，尤其是梅雨期杂草起到较好的控制作用。张清萍等研究发现，72%异丙甲草胺乳油 108～180g·hm^{-2}能有效防除鸢尾苗期杂草。王飞等的研究表明，33%二甲戊乐灵 1500mL·hm^{-2}、24%乙氧氟草醚 450mL·hm^{-2}和 50%乙草胺 1500mL·hm^{-2}均可作为桔梗播后芽前除草剂；42%异丙草胺·莠去津和 50%噻吩磺隆·乙草胺严重影响桔梗的出苗并有较重的药害。高郁芳等研究认为，50%乙草胺 2.5L·hm^{-2}、72%异丙甲草胺 2.0L·hm^{-2}对桔梗直播田除草安全有效[64～66]。

杜娥等对盆栽大花萱草研究发现，12.5%烯禾啶 1200～1800mL·hm^{-2}和 15%吡氟禾草灵 1050～1575mL·hm^{-2}为最佳浓度，对禾本科杂草的防除效果达到 90%左右，对大花萱草植株安全，但对阔叶杂草无效。赵玉芬等研究了大花萱草茎叶处理剂精喹禾灵和氯氟吡氧乙酸混合使用技术，能够尖阔双除，扩大了杀草谱，对萱草安全。张清萍等采用 12.5%烯禾啶机油乳剂 25.0g·hm^{-2}较好地防除了禾本科杂草，但对阔叶草无效，对鸢尾安全。蓝键等对北京天坛公园的麦冬草地进行了整个生长季节（4月上旬至8月下旬）的茎叶除草处理，总结出麦冬发芽前喷施 70%阔叶净可湿性粉剂对早开堇菜、紫花地丁、二月兰等阔叶杂草的防除效果明显，对麦冬草安全；草坪3叶1心后至成坪期，杂草3叶期至分蘖期使用 42%草坪隆1号 600～750mL·hm^{-2}；8月下旬在杂草密集区可喷施草坪隆1号或 41%草甘膦异丙胺盐水剂 600～750mL·hm^{-2}，能够防治禾草和大部分阔叶杂草[67]。

（1）根据苗龄差异用药　一二年生苗木，可在杂草萌发前使用对苗木安全性较高的除草剂。可在杂草生长旺盛期使用一些除草剂进行茎叶处理，如每亩用 12.5%吡氟氯禾灵乳油 40～80mL，加水 40kg，配成药液喷洒，能有效地防除多种一年生禾本科杂草。如苗圃中双子叶杂草较多时，也可用 10.8%高效吡氟氯禾灵乳油加 23.5%乙氧氟草醚乳油混用，配比 1∶1，有针对性地在苗木行间作叶面处理，能有效防除一年生单、双子叶杂草，对苗木生长无不良影响。两年生以上的苗木，可选用 50%扑草净可湿性粉剂每亩 100～200g，拌过筛干细土 40kg 撒施，可防除看麦娘、早熟禾、千金子、荠菜、旱稗、马唐等杂草，对于两年以上的杨、柳苗木圃地，还可用 65%草甘膦乳油，每亩用量 100～150g，在杂草高 10cm 时，均匀地喷雾，能杀死正在生长的各种杂草。

（2）根据茎叶形态差异用药　有些阔叶苗木如茶花、含笑、广玉兰、女贞等，也可用草甘膦定向喷雾作茎叶处理；其他阔叶苗木如合欢、紫荆、木槿等，不能用草甘膦，但在萌芽前每亩可用 24%乙氧氟草醚乳油 10～15mL，拌干细土制成干药土撒施，然后用清水洗苗，防一年生单、双子叶杂草的效果好，而对苗木无害。一般针叶花木比阔叶花木的抗药性强。金钱松、松柏、侧柏等，可用草甘膦直接进行茎叶处理，能有效杀死茅草、刺儿菜、苦荬菜等多年生杂草，对苗木比较安全。

（3）根据花卉珍贵程度用药 为安全起见，对一些比较稀有的珍贵花卉，如五针松、西洋鹃、茶梅等种植圃用药要格外谨慎，可在杂草 15cm 左右，用草甘膦配成 0.3%～0.4%浓度的药液涂于杂草茎叶，这样可避免药液触及苗木而引起药害；此外，也可在杂草萌芽前每亩用 48%氟乐灵乳油 80～100mL，加水 50L 配成药液喷于床面，然后用清水洗苗，待苗上水分散干，再用适量细土覆盖，以免氟乐灵挥发、光解而影响药效。

（4）根据苗木茎叶质地差异用药 对于叶片革质、表面有蜡质层的含笑、茶花、女贞、广玉兰等和茎叶具芳香脂的松柏类花木，因其耐药性较强，故利用草甘膦等选择性较差的除草剂，在晴朗无风天气喷于杂草茎叶。对于叶片薄、蜡质少的碧桃、法国冬青和叶面有茸毛的芙蓉、麻叶绣球等花木种植圃，则因其耐药性较差，只能用吡氟氯禾灵乳液等选择性强、安全性高的除草剂进行茎叶处理。注意事项：使用 20%百草枯水剂，必须在插条芽萌动前进行，芽萌动后禁用。在苗圃里使用 65%草甘膦可溶性粉剂和 20%百草枯水剂，一般不用微型超低容量喷雾，以防因药液飘移对苗木产生药害。10.5%高效吡氟氯禾灵乳油和 23.5%乙氧氟草醚乳油可以混用，也可交替使用，有利于防除苗圃中的单、双子叶杂草。化学除草是苗圃经营管理的一项先进技术。化学除草具有高效、及时、经济等特点，科学合理地使用除草剂会大大提高经济效益。

如用错了药，应立即喷大量的清水洗淋植株。如果用错了土壤处理药剂，可用灌溉及排水交替进行的方法解救。洗药后施速效肥料，以促使受害植株恢复生机。如果用药发生错误，发现又较及时，可在技术人员的指导下经水洗后进行中和。如在使用乐果乳剂发生药害后，可用石硫合剂、灭多威等碱性农药来中和，或用 200 倍的硼砂溶液喷洒 1～2 次。阔叶花卉植物错用 2 甲 4 氯除草剂后，叶片受害变白，可将 50%的腐植酸钠颗粒剂先用少许水溶解，再兑水成 500 倍液，逐株淋蔸，3～5d 后叶片即可恢复其功能。如喷施硫酸铜发生药害，可喷浓度 5%的石灰水解毒。

5.3.2.2 花卉杀虫剂

在花卉生产中，使用生物农药防治病虫害既安全又环保，在市场上很受花农的欢迎。下面介绍几种常用的杀虫杀菌剂。

烟碱常用的有 10%烟碱乳油，广泛用于防治多种花木植物的介壳虫、红蜘蛛、蚜虫、粉虱等害虫，具有良好的杀虫效果。市面上的烟碱乳油是与皂素配制而成的，使用剂型有可溶性粉剂和水剂等。一般每亩苗木地的使用量为 50～75mL，兑水 50～75kg 喷雾。

烟百素为烟碱、百部碱、楝素混配而成的植物源广谱杀虫剂，耐雨水冲刷，尤其适用于防治花卉苗木的鳞翅目、双翅目、同翅目等多种害虫，如蚜虫、介壳虫、红蜘蛛、造桥虫、尺蠖等。

苦酸碱广泛用于卷叶蛾、潜叶蝇、樟叶螟、舞毒蛾、叶蝉、白粉虱的防治，同时对植物生长具有良好的调节作用。0.36%苦酸碱的使用浓度一般为 800～1000 倍液。

白僵菌粉是一种真菌杀虫剂，由昆虫病原菌球孢白僵菌或卵孢白僵菌经发酵加工而成。目前已广泛用于松毛虫、舞毒蛾的防治。

松油精为松树的茎、枝、叶等以萃取和分馏所得的一种精油，其主要成分是萜醇、萜烃、醚、酮、酚等混合物。95%松油精油剂对害虫的主要作用是熏蒸、杀卵、抑制生长发育，主要用于钻蛀性害虫，如云杉小蠹虫的防治等。

益植灵为低毒生物杀菌剂，具有杀菌谱广、耐雨水冲刷和防腐保鲜作用。该药剂剂型为4%水剂。它能防治花卉的白粉病、黑斑病、炭疽病、轮纹病、斑点落叶病、根腐病等。用喷雾法施药，均用1200～1500倍液，每隔7～10d喷1次，连喷2～3次；如采用浸种或灌根法施药时用600倍液。

特立克商品名为灭菌灵，为低毒杀菌剂，黄褐色粉末，是纯生物活体制剂。其具有杀菌作用、重寄生作用、溶菌作用、毒性蛋白及竞争作用等。由于复杂的杀菌机制，使有害病菌难以形成抗性。本剂对病原菌具有普遍的拮抗作用，因而可防治花卉的灰霉病、叶霉病、根腐病、立枯病、猝倒病、白绢病、疫病等。可拌种、灌根和喷雾。不能与碱性、酸性农药混用，更不能与杀菌剂混用[68,69]。

5.3.2.3 花卉杀菌剂

花卉上的病虫害比较多，用来防治这些病害的杀菌剂品种也很多，最常见的杀菌剂主要有以下3种[70]。

（1）三唑酮　对锈病、白粉病具有预防、铲除、熏蒸等作用。苹果锈病、毛白杨锈病、菊花锈病、薹草锈病、玫瑰锈病、月季白粉病、海棠白粉病、瓜叶菊白粉病、常春藤白粉病等均可防治。如用25%的三唑酮可湿性粉剂喷雾，常用浓度为3000～4000倍液；如用20%的三唑酮乳油喷雾，常用2000倍液。此外，三唑酮对花卉的叶枯病、褐斑病、叶斑病等也有一定的防治效果。

（2）百菌清　对多种植物病害具有预防作用。百菌清在植物表面有良好的黏着性，不易被雨水冲刷，因此具有较长的药效期，一般为10d。但它没有内吸传导作用，不会从喷药部位及根系被吸收，故喷雾应均匀、周到。通常用75%的百菌清可湿性粉剂600～1000倍液喷雾，可有效地防治月季黑斑病、杨树黑斑病、菊花褐斑病、牡丹褐斑病、橡皮树炭疽病、君子兰炭疽病、樱花褐斑穿孔病等。百菌清对人的皮肤和眼睛有一定的刺激，使用时要有相应的保护措施。

（3）消菌灵　消菌灵不仅能预防和杀灭细菌，还具有很强的杀灭病毒的能力。另外，由于生产原料是尿素、钾盐，所以它还有促进植物生长的作用。用50%的消菌灵可湿性粉剂1000～2000倍液喷雾，可有效地防治月季黑斑病、月季白粉病、月季枯枝病、月季灰霉病、月季根癌病、郁金香疫病、百合叶枯病、菊花花叶病、一串红花叶病、草坪褐斑病、草坪茎腐病以及多种根腐病、茎腐病等。

5.3.3 果园用农药

果园，是指种植果树的园地，也叫果木园，有专业性果园、果农兼作果园和庭院式果园等类型。

5.3.3.1 果园常用杀菌剂

（1）铲除性杀菌剂　主要成分为过氧乙酸，属无公害生物制剂，主治果树腐烂病、轮纹病、炭疽病等真菌性病害。杀菌彻底迅速，渗透力强，有效期7～10d，是福美砷、石硫合剂的替代产品。通常用于秋冬、早春清园和各个时期的病害防治。产品有百菌敌、9281强壮素、菌杀特、康菌灵等。

（2）保护性杀菌剂

① 代森锰锌类制剂。该类制剂杀菌范围广，一般不出现抗药性，可防治锈病、叶斑病、

炭疽病等。与多抗霉素交替使用效果较好，有效期15d左右。产品有大生M-45、喷克、比克、新万生、山德生、易保等。

② 矿物源类制剂。该类制剂主要包括硫黄、石硫合剂、晶体石硫合剂、多硫悬浮剂（灭病威）等，属选择性杀菌、杀螨、杀虫剂。可防治腐烂病、炭疽病、白粉病、锈病、黑斑病等多种真菌病害和螨、介壳虫幼虫、若虫等虫害，有效期15～20d。以在果树发病前或发病初期使用效果较好。注意用药时气温应在4～32℃间，否则药效不理想或易发生药害。

③ 铜制剂。铜制剂主要为波尔多液，同类产品有碱式硫酸铜、绿得宝、绿乳铜、铜大师、铜帅、可杀得等，对真菌和细菌均有很好的防治作用。可防治炭疽病、白粉病、叶斑病、黑星病、疮痂病、锈病、褐斑病和细菌性溃疡病等多种病害，有效期15～20d。在发病前或发病初期施用效果最佳，但应注意施药浓度及时期，不在花期和幼果期、阴湿和露水未干时及高温条件下使用。

（3）内吸性杀菌剂

① 抗生素类制剂。抗生素类制剂对植物病原菌有强烈的抑制作用，可被植物根部吸收并向上运输，并能渗透到叶内，对果树的枝干、叶部病害都有良好的防治效果。一般用于病菌发生初期或发病前。同类产品有农抗120、多抗霉素、多氧霉素、保利霉素、宝丽安、多氧素、井冈霉素等，有效期7～10d。

② 有机杂环类制剂。该类制剂主要包括甲托、多菌灵、三唑酮、烯唑醇、世高、好力克、福星、安福、信生、仙生等。其能通过植物叶片渗入植物体内，有效期10～15d。其中，甲托和多菌灵属常规内吸治疗，可防治苹果轮纹病、褐斑病、炭疽病、霉心病、黑星病、花腐病、白粉病，并具有一定的灭螨卵和幼螨的作用，与波尔多液交替使用效果较好。但不防治斑点落叶病。三唑酮属第1代三唑类杀菌剂，主要防治果树的锈病和白粉病。烯唑醇属第2代三唑类杀菌剂，可防治锈病、白粉病、叶斑病和黑星病。三唑类第3代产品有好力克、世高、福星仙生、信生等，可防治叶斑病、白粉病、锈病和黑星病。其中43%好力克悬浮剂对斑点落叶病有特效。使用内吸性杀菌剂时应注意，甲托和多菌灵不能单一连续使用；三唑酮应在苹果芽露出1cm左右嫩叶未展开时使用，严禁在幼果时使用（表5-5）。

表5-5 果园用杀菌剂列表[71]

名称	剂型	特点和防治对象	使用方法	备注
代森锰锌	50%、70%、80%可湿性粉剂	保护性杀菌剂，防治落叶病、轮纹病、炭疽病、霉心病等	发病前夕或初期70% 800～1000倍液喷雾	低毒
安泰生	70%可湿性粉剂	有效成分为丙森锌的广谱保护性杀菌剂，防治落叶病、轮纹病、炭疽病等，有极强的补锌作用，可兼治果树小叶病	发病前夕或初期600～700倍液喷雾	低毒
大生M-45	80%可湿性粉剂	广谱保护性杀菌剂，含锌、锰等微量元素，防治落叶病、轮纹病、炭疽病、黑星病、锈病等	发病前夕或初期用800～1000倍液喷雾	低毒
喷克	80%可湿性粉剂 42%悬浮剂	广谱保护性杀菌剂，防治落叶病、轮纹病、炭疽病、黑星病	发病前夕或初期用80%可湿性粉剂600～800倍液喷雾	低毒

续表

名称	剂型	特点和防治对象	使用方法	备注
易保	68.75%水分散粒剂	保护性杀菌剂，具有极强的耐水冲刷性，防治落叶病及果实病害	发病前夕或初期用1000～1500倍液喷雾	低毒
速保利（特普唑、烯唑醇）	12.5%可湿性粉剂	广谱内吸杀菌剂，对黑星病、白粉病、锈病等有效	发病初期用2000～3000倍液喷雾	低毒
好力克	43%悬浮剂	高效广谱内吸杀菌剂，防治落叶病、黑星病等	发病初期苹果用5000～7000倍液喷雾，梨用3000～4000倍液喷雾	低毒
世高（SCORE、恶醚唑）	10%水分散颗粒剂	高效内吸杀菌剂，用于防治黑星病、轮纹病、白粉病、斑点落叶病有效	发病初期用2000～2500倍液喷雾	低毒
福星	40%乳油	高效内吸杀菌剂，对黑星病、白粉病、落叶病有效	发病初期用8000～10000倍液喷雾	低毒
仙生	62.25%可湿性粉剂	内吸杀菌剂，用于防治黑星病、落叶病、白粉病等	发病初期用600倍液喷雾	低毒
信生	40%可湿性粉剂	高效内吸杀菌剂，用于防治黑星病、锈病等	发病初期用8000倍液喷雾	低毒
施佳乐（嘧霉胺、SCALA）	40%悬浮液	兼具内吸和熏蒸作用的保护治疗剂，主要用于防治黑星病，对果实灰霉病有特效	发病初期用800～1200倍液喷雾	低毒
施保克	25%乳油、45%水乳剂	新型咪唑类广谱杀菌剂，对炭疽病有效，也可用于防治果实储藏期的青霉、绿霉病等	采后用25%乳油500～1000倍液浸果	低毒
施保功	50%可湿性粉剂	新型咪唑类广谱杀菌剂，对炭疽病有效	1000～2000倍液喷雾	低毒
甲基托布津（甲基硫菌灵）	50%、70%可湿性粉剂，40%胶悬剂	广谱内吸杀菌剂，防治落叶病、果实生长期及储藏期病害	发病初期用50%可湿性粉剂600～800倍液喷雾	低毒
多菌灵（苯并咪唑44号）	25%、50%可湿性粉剂，40%胶悬剂，80%超微可湿性粉剂	广谱内吸杀菌剂，防治果实病害、落叶病、白粉病等	发病初期用50%可湿性粉剂800～1000倍液喷雾	低毒
多菌灵锰锌	40%可湿性粉剂	广谱内吸杀菌剂，防治果实病害、落叶病等	发病初期用1000～1200倍液喷雾	低毒
苯来特（苯菌灵）	50%、60%可湿性粉剂，45%胶悬剂	广谱内吸杀菌剂，防治果实病害、落叶病、白粉病等	发病初期用60%可湿性粉剂1500倍液喷雾	低毒
百菌清（敌克）	50%、75%可湿性粉剂	广谱内吸杀菌剂，防治黑星病、白粉病等	发病初期用75%可湿性粉剂600～800倍液喷雾	低毒
腈菌唑	12%、25%乳油	内吸杀菌剂，防治黑星病、炭疽病、轮纹病、落叶病、白粉病等	发病初期用12%、25%乳油3000～5000倍液喷雾	低毒
粉锈宁（三唑酮、百理通）	15%、25%可湿性粉剂	内吸杀菌剂，对白粉病、锈病有良好的效果	发病初期用25%可湿性粉剂1500～2000倍液喷雾	低毒至中毒
霉多克	66.8%可湿性粉剂	具有保护、治疗和铲除作用的、对霜霉病有特效的新型杀菌剂	在葡萄霜霉病发病初期用700～1000倍液喷雾	低毒

续表

名称	剂型	特点和防治对象	使用方法	备注
百可得	40%可湿性粉剂	新型广谱杀菌剂，用于防治果树白粉病、灰霉病、黑星病、褐斑病、轮纹病等	发病初期用 1000～2000 倍液喷雾	低毒，苹果落花后 25d 内使用可能产生果锈
乙磷铝（三乙磷酸铝）	40%、80%可湿性粉剂，90%可溶性粉剂	内吸杀菌剂，对炭疽菌、黑星病、落叶病有效	发病初期用 80%可湿性粉剂 500～600 倍液喷雾	低毒
扑海因（异菌脲）	25.5%、50%悬浮剂，50%可湿性粉剂	接触性杀菌剂，对斑点落叶及果实生长期和储藏期病害有效	发病初期用 50%悬浮液或可湿性粉剂 1000～1500 倍液喷雾	低毒
菌毒清	5%水剂	氨基酸系列杀菌剂，用于腐烂伤疤的消毒治疗	在腐烂病部用刀纵横刻划，然后涂抹 50～100 倍液	低毒
菌立灭 2 号（噻霉酮）	水乳剂	广谱内吸杀菌剂，可渗透皮层进入植物体内传导，用于防治腐烂病、霉心病等	用刀在病疤处纵横刻划，然后涂 3～5 倍液，盛花期喷 600～800 倍液可防霉心病，采果前 150 倍液喷雾防治后期果实病害	低毒
炭疽福美（锌双合剂）	80%可湿性粉剂	具有抑菌和杀菌作用的混合杀菌剂，用于防治炭疽病	发病初期 500～600 倍液喷雾	低毒

5.3.3.2　果园常用杀虫剂[72～76]

（1）菊酯类杀虫剂　杀虫机理为改变昆虫神经膜的渗透性，影响离子通道，从而使神经传导受到抑制，使害虫运动失调、痉挛、麻痹以至死亡。具有触杀、胃毒作用，一般击倒力强，无熏蒸和内吸作用。除百树菊酯、氯菊酯外，大多数中等毒性，如氰戊菊酯、氯氰菊酯、溴氰菊酯。杀虫谱广，对鳞翅目的效果好，对同翅目、直翅目、半翅目和鞘翅目有效果。对天敌、蜜蜂和鱼类高毒，其中联苯菊酯、甲氰菊酯、三氟氯菊酯可兼治叶螨，对鸟类低毒。不能与碱性药剂如波尔多液、石硫合剂混用，持效期长，不能在果树花期、桑园、鱼塘周围使用。特点是光稳性好，高效、低毒和强烈的触杀作用，无内吸作用，田间残效期 5～7d，用于防治多种农业害虫和卫生害虫，对叶螨的防效差。连续使用易产生抗性，要与其他农药交替轮换使用。

① 氰戊菊酯。主要剂型有 20%杀灭菊酯乳油、20%速灭杀丁乳油。低残留，中等毒性，有强烈的触杀作用，也有一定的胃毒、拒食和杀卵作用，无熏蒸和内吸作用。杀虫机理：改变昆虫神经膜的渗透性，影响离子通道，从而使神经传导受到抑制，使害虫运动失调、痉挛、麻痹以至死亡。主要用于防治蛀果害虫、食叶害虫、潜叶蛾等鳞翅目害虫，对同翅目害虫、直翅目害虫、半翅目害虫有效，对螨类无效。常用浓度为 2000～4000 倍，对天敌、蜜蜂和鱼类高毒，对鸟类低毒。不能与碱性药剂如波尔多液、石硫合剂混用，不能在果树花期、桑园、鱼塘周围使用，果实采收前 10d 停止用药。在低温下（15℃）比高温下（25℃）毒性大，有较强的击倒力。根据农业部 199 号公告禁止在茶树使用。

② 氯氰菊酯。主要剂型有 10%灭百可乳油、兴棉宝、安绿宝，中等毒性。主要作用方式是触杀、胃毒作用。杀虫机理：改变昆虫神经膜的渗透性，影响离子通道，从而使神经传导受到抑制，使害虫运动失调、痉挛、麻痹以至死亡。主要用于防治对有机磷农药产生抗性的害虫，杀虫谱广，对光热稳定，主要用于防治鳞翅目害虫、蚜虫，对某些害虫的效果良

好，对螨类和盲蝽的防效差，对人畜安全，常用2000～4000倍液，不能与碱性药剂如波尔多液、石硫合剂混用，持效期长，对蜜蜂、鱼类剧毒，对鸟类的毒性极低，对作物安全，不能在果树花期、桑园、鱼塘周围使用。

③ 溴氰菊酯。主要剂型有2.5%敌杀死乳油，中等毒性杀虫剂。作用方式以触杀和胃毒作用为主，有一定的驱避和拒食作用，无内吸和熏蒸作用。杀虫机理：是一种神经毒剂，改变昆虫神经膜的渗透性，影响离子通道，从而使神经传导受抑制，使昆虫兴奋、麻痹而死。高效、低残留、持效期长，杀虫谱广，主要用于防治鳞翅目害虫、蚜虫，对螨类无效。对蜜蜂、鱼类的毒性极强，对害虫天敌的毒性较大，对植物安全。常用3000～4000倍液，不能与碱性药剂如波尔多液、石硫合剂混用，不能在果树花期、桑园、鱼塘周围使用。人中毒后立即使之呕吐，可用甲胱氨酸给病人15min雾化吸入，或注射异巴比妥1支。

（2）有机磷类杀虫剂　杀虫谱广，分解快，在自然界和生物体内残留少，被广泛应用于防治各类害虫。缺点是不少种类有剧毒，使用不当会引起人畜中毒，大多数无选择性毒性，对天敌的杀伤力强，遇碱易分解，不能与碱性药物混用。杀虫机理：属神经毒剂，进入虫体后，通过抑制害虫胆碱酯酶或乙酰胆碱酯酶的活性，引起神经过分冲动，使内脏器官、肌肉与腺体过分兴奋，最后生理失调而死亡。其中敌百虫、马拉硫磷、乙酰甲胺硫磷、辛硫磷等毒性低，敌敌畏、乐果、杀螟硫磷、亚胺硫磷、喹硫磷等毒性中等，氧化乐果、水胺硫磷、久效磷毒性高。主要作用方式为胃毒和触杀，其中敌敌畏、马拉硫磷、乙酰甲胺磷有熏蒸作用，乐果、氧化乐果、久效磷、乙酰甲胺磷等有内吸作用。杀虫谱广，敌敌畏、乐果、氧化乐果、喹硫磷、马拉硫磷、久效磷、水胺硫磷等可用于防治叶螨，不能与碱性药剂混用，一般对蜜蜂和鱼类高毒，不能在花期使用。一般在果实采收前10～14d停止使用，敌敌畏7d、亚胺硫磷3d停止使用。

① 敌百虫。主要剂型有90%晶体敌百虫、80%敌百虫可溶粉剂和2.5%粉剂，毒性低。有强烈的胃毒和低弱的触杀作用。杀虫机理：一种神经毒剂，进入虫体后，通过抑制害虫胆碱酯酶的活性，引起神经过分冲动，使内脏器官、肌肉与腺体过分兴奋，最后生理失调而死亡。高效、低毒、低残留、广谱性杀虫剂，一般对作物安全，但对高粱易产生药害。对鳞翅目、双翅目、鞘翅目害虫的效果最好，对螨类及某些蚜虫的效果差，可用于防治梨星毛虫、葡萄十字星叶甲、叶蝉、天牛、天蛾、金龟子、虎蛾以及多种果树刺蛾、食心虫等，效果均好。在弱碱性条件下，脱去一分子氯化氢易转化为敌敌畏，药液应现配现用，不可久放；不能与碱性农药混用，对金属有腐蚀作用，易吸潮分解，中毒症状为流涎、大汗、瞳孔缩小、血压升高、昏迷等，中毒后可用阿托品类药物，洗胃不能用碱性液体洗胃，可用高锰酸钾或清水。

② 敌敌畏。主要剂型有50%、80%乳油，中等毒性，广谱杀虫、杀螨剂。有熏蒸、触杀和胃毒作用。作用机理：一种神经毒剂，进入虫体后，通过抑制害虫胆碱酯酶的活性，引起神经过分冲动，使内脏器官、肌肉与腺体过分兴奋，最后生理失调而死亡。对咀嚼式、刺吸式口器害虫有较好的防效，常用1500～2000倍液，对鱼类的毒性大，对瓢虫、食蚜蝇等天敌及蜜蜂的毒性较高。易分解，残效期短，在果品无残留，适用于果品临近采收时使用。在苹果幼果期（6月5日前）使用易产生药害，不宜使用。对高粱会产生严重的药害，对玉米、豆类、瓜类幼苗易产生药害，不能与碱性药剂和肥料混用。果实采收前7d停止使用，花期易产生药害，不能与碱性药剂混用，中毒后应当催吐洗胃，

服用阿托品为主。

③ 辛硫磷。主要剂型有25%辛硫磷微胶囊、50%辛硫磷乳油，毒性低，高效、低毒、低残留的广谱性杀虫剂，药效快。有极强的触杀、胃毒作用，具有一定的熏蒸作用。作用机理：通过抑制胆碱酯酶的活性，使昆虫中毒而死。对鳞翅目害虫的防效高，它在光下易分解，但在土壤中的持效期长，适于防治地下害虫。主要用于防治桃小食心虫、蚜虫、红蜘蛛、卷叶蛾、毛虫、舞毒蛾、叶蝉、刺蛾等，1000倍液喷雾，300倍液土壤处理。残效期2～3d，土壤中10～20d，对光不稳定。在正常用量下，对多数植物安全，对害虫天敌的毒性大，对鱼类也有一定的毒性，不提倡树体喷雾，可做土壤处理。但对蜜蜂有接触、熏蒸毒性，对七星瓢虫的卵、幼虫和成虫均有杀伤作用。高粱对其敏感，果园及周边有高粱时慎用。在果实采收前半个月停止使用。由于易光解，应在傍晚或阴天喷药，不能与碱性药剂混用，中毒参见其他有机磷制剂解救。

④ 马拉硫磷。主要剂型有50%马拉松乳油，毒性低，有触杀和一定的熏蒸作用。杀虫机理：抑制害虫的胆碱酯酶，使害虫中毒而死亡。进入昆虫体内氧化成毒力更强的马拉氧磷，主要用于防治刺吸式口器和咀嚼式口器的害虫以及各种介壳虫的初孵幼虫，常用1000～2000倍液。对蜜蜂高毒，对鱼类的毒性中等，对害虫天敌的毒性较高，低毒农药，残效期短，对果品和环境无污染，适于果品临近采收期使用。对铁有腐蚀性，不能与碱性农药混用，使用高浓度时对梨、葡萄、樱桃等产生药害，果实采收前10d停止用药。

(3) 氨基甲酸酯类杀虫剂　作用机理：抑制昆虫体内的乙酰胆碱酯酶，使昆虫中毒死亡。大多数品种对温血动物和鱼类低毒，在自然界易分解，不留残毒，不易污染环境，有选择性，对天敌安全，杀虫效果迅速，一般不能用以防治螨类和介壳虫，可以用来防治对有机磷农药和有机氯农药产生抗性的一些害虫，但对蜜蜂有较高的毒性。

① 甲萘威。主要剂型有25%可湿性粉剂，毒性中等，有触杀和胃毒作用，兼有一定的内吸作用，是一种广谱、高效的杀虫剂，对叶蝉科害虫的防效良好，对螨类和介壳虫无效，可用于防治木虱、叶蝉、蚧类、尺蠖、柿毛虫等。常用800～1000倍液，残效期短，杀虫速效性差，施药后2d见效，与乐果、马拉硫磷等混用有明显的增效作用。对人畜低毒，对蜜蜂的毒性大，一般浓度下对作物无害。使用不当会造成杀伤天敌，使螨类猖獗，不能与波尔多液、石硫合剂等混用，果实采收前10d停用。

② 硫双威。又叫拉维因，是新一代的双氨基甲酸酯类杀虫剂。作用机理：抑制昆虫体内的乙酰胆碱酯酶，使昆虫中毒死亡。有内吸、触杀、胃毒作用，常用剂型为75%可湿性粉剂和37.5%胶悬剂，主要用于防治鳞翅目害虫。经口毒性高，但经皮肤毒药性低，具有高效、广谱、持久安全的特性。

③ 异丙威。主要剂型有20%叶蝉散。有触杀作用，对叶蝉有特效，此外，还可用来防治大青叶蝉，击倒力强，药效迅速。常用500～800倍液，残效期短，防治大青叶蝉10月上旬喷药1次，5d后再喷1次；防治葡萄二星叶蝉在第1代若虫发生期喷药1次，时间在5月下旬～6月中旬。药效快，残效期短，无残毒危险，残效期2～3d，在作物收获前10d停止使用，不能与碱性农药混用。

(4) 硫逐磷酸酯类杀虫剂　低毒、广谱杀虫剂，有触杀、胃毒和熏蒸作用。其杀虫机理为抑制昆虫胆碱酯酶的活性，使昆虫中毒死亡。

① 毒死蜱。又称乐斯本，常用剂型有48%乳油，是硫逐磷酸酯类高效、广谱、低残留

杀虫剂，中等毒性。杀虫机理是抑制乙酰胆碱酯酶。有触杀、胃毒和熏蒸作用，无内吸作用，但药剂在植物表面有很强的渗透性能。与土壤有机质的吸附力强，在土壤中的持效期长，因此，不仅可以防治地上害虫，而且还能很好地防治地下害虫。主要用于防治苹果绵蚜、桃小食心虫、苹果瘤蚜、黄蚜、多种卷叶蛾、康氏粉蚧、梨木虱、梨黄粉蚜、梨茎蜂、梨网蝽、盲蝽象、桑白蚧、枣瘿蚊、枣步曲、枣食芽象甲、柿绵蚧、柿蒂虫、核桃举肢蛾、栗瘿蜂及多种刺蛾与毛虫类，是目前适用于无公害果品生产、替代高毒农药有机磷农药的理想品种之一。对皮肤和眼睛有刺激作用，对蜜蜂有毒，对鱼类及水生动物的毒药性高，应避免进入湖泊河流及鱼塘中。不能与碱性农药混用，对多数作物无害，但对烟草敏感，安全期30d。根据农业部 2032 号公告自 2016 年 12 月 31 日起在蔬菜上禁用。

② 雷丹。400g/L 甲基毒死蜱，其主要剂型有 40%乳油，属硫逐磷酸酯类低毒、广谱杀虫剂，具有触杀、胃毒和熏蒸作用。杀虫机理：抑制昆虫胆碱酯酶的活性，使昆虫中毒死亡。主要用于防治鳞翅目幼虫、同翅目、双翅目等多种害虫，如果树上的苹果黄蚜、桃蚜、盲蝽象、柿绵蚧、多种卷叶蛾、毛虫、刺蛾等。杀虫迅速，击倒力强，在植物表面降解快，对人畜及天敌的安全性高，与其他杀虫剂混用，可显著提高杀虫速度和药效。但不能与碱性药剂混用，不慎中毒按有机磷农药解毒方法处理。

(5) 新烟碱类杀虫剂　新烟碱类杀虫剂是作为后突触烟碱乙酰胆碱受体（nAChR）的激动剂作用于昆虫中枢神经系统，新烟碱类具有高杀虫活性，而对哺乳动物低毒。

① 啶虫脒。剂型有 3%乳油和 5%乳油，属新烟碱类化合物。除具有触杀和胃毒作用外，还具有较强的渗透作用，且显示杀虫迅速，持效期长达 20d 左右。主要用于防治蚜虫如苹果黄蚜、梨黄粉蚜及桃蚜、桃粉蚜、桃瘤蚜等，对人畜的毒性低，对天敌的杀伤力小，对鱼的毒性较低，对蜜蜂的影响小。对皮肤有刺激性，对蚕有毒，不可与波尔多液、石硫合剂混用。

② 噻虫胺。噻虫胺的商品名称为镇定（20%噻虫胺悬浮剂），是一类高效安全、高选择性的杀虫剂，具有触杀、胃毒和内吸杀虫活性。主要用于水稻、蔬菜、果树及其他作物上防治蚜虫、叶蝉、蓟马、飞虱等半翅目、鞘翅目、双翅目和某些鳞翅目类害虫，具有高效、广谱、用量少、毒性低、药效持效期长、对作物无药害、使用安全、与常规农药无交互抗性等优点，有卓越的内吸和渗透作用，是替代高毒有机磷农药的又一品种。经室内对梨木虱的毒力测定和对梨木虱的田间药效试验表明，具有较高的活性和较好的防治效果，表现出较好的速效性，持效期在 15d 左右。防治梨树上的梨木虱的使用方法：低龄若虫（1～3 龄）发生初期施药，推荐使用 20% 噻虫胺悬浮剂浓度 2500 倍液（有效成分浓度 $80mg \cdot kg^{-1}$），叶背面均匀喷雾，有效控制期为 10～15d。

③ 吡虫啉。10%、2.5%吡虫啉可湿性粉剂和 2.5%高渗吡虫啉乳油等，是一种硝基亚甲基化合物，是新型烟碱超高效、低毒、内吸、广谱杀虫剂，作用方式为胃毒和触杀作用，持效期长，对刺吸式口器害虫有较好的防效。作用机理为：神经毒剂，在昆虫体内的作用点是昆虫烟酸乙酰胆碱酯酶受体，从而干扰昆虫的运动神经系统，导致害虫死亡。与传统的杀虫作用机制不同，无交互抗性，对天敌无害，对环境安全。主要用于防治各种蚜虫、梨木虱及桃蚜、叶蝉等。不宜在强光下喷雾，施药时做好防护。

(6) 专用杀螨剂

① 溴螨酯。又称螨代治，50% 乳油，低毒，具有触杀作用，无内吸性，对成螨、若螨

和卵均有一定的杀伤作用，防治叶螨、瘿螨等。首次用药在苹果开花前后、叶均 2～3 头活动螨时喷药，第 2 次在麦收前后，常用 1000 倍液喷雾。杀螨谱广，持效期长，毒性低，低毒，对作物安全，对天敌昆虫、鱼类、蜜蜂安全，气温对药效的影响不大。凡是对三氯杀螨醇有抗性的，不能用此药。

② 哒螨灵。又称扫螨净、哒螨酮，对人畜中等毒性，20%可湿性粉剂、15%乳油，具有触杀作用，可用于防治幼螨、若螨、成螨及螨卵，对锈螨、瘿螨的防效差。常用浓度为 15%乳油 2000～4000 倍液，或 20%粉剂 3000～4000 倍液。残效期长，药效可保持 50d 左右，对鱼类高毒，对天敌的毒性低，对作物安全，用药安全期 30d。

③ 双甲脒。又称阿米特拉兹、螨克，常用剂型有 20%乳油，广谱性杀螨剂。作用方式有触杀、拒食、驱避、胃毒、熏蒸和内吸作用，具有多种杀螨机理，其中主要是抑制单胺氧化酶的活性，对昆虫的中枢神经系统会诱发直接兴奋作用。对叶螨及梨木虱、梨小食心虫卵、夜蛾类卵、蚜虫、介壳虫有效，对成螨、幼螨、若螨及夏卵有效，对越冬卵无效。同时，对同翅目木虱、粉虱等具有良好的防效，对梨小食心虫和夜蛾科害虫的卵有效，对介壳虫、蚜虫也有效。具有触杀、拒食、驱避、熏蒸作用，有一定的内吸作用。在苹果落花后、叶均 2～3 头活动螨时喷药，麦收前喷第 2 次药，常用为 1000～1500 倍液。中等毒性，对天敌昆虫、蜜蜂、鸟类有低毒，对鱼类有毒。残效期 30d，施用前 1 周和施药后 2 周不要施用波尔多液，果实采前 14d 停止用药。

（7）昆虫生长调节剂　特点是低毒、环保、有选择性，能有效保护天敌，但杀虫速度慢。

① 灭幼脲。其他名称有灭幼脲 3 号、扑蛾丹、蛾杀灵，25%、50%悬浮剂，遇碱和强酸易分解，对鳞翅目害虫和双翅目害虫有特效。害虫取食后，抑制表皮几丁质的合成，使幼虫不能孵化，主要是胃毒作用和一定的触杀作用，无内吸传导性，使昆虫不育，虫卵不能正常孵化，3～4d 显效。对低龄幼虫的常用浓度为 1000～2000 倍液，桃小成虫产卵初期喷 500 倍液。毒性低，对人畜和植物安全，对天敌的杀伤力小，残效期 15～20d。

② 虫酰肼。又叫米螨，20%悬浮剂，可用于防治蚜虫、叶蝉、叶螨、食心虫、小卷叶蛾等，作用方式为胃毒。杀虫机理是害虫幼虫取食植物着药叶片 6～8h 即停止取食进水，不再危害植物，促进昆虫提前进行蜕皮反应，由于不能正常蜕皮而导致幼虫脱水、饥饿而死亡，并使下一代成虫产卵和卵孵化率降低。对所有鳞翅目害虫幼虫有效，有极强的杀卵活性，常用浓度为 1500～2000 倍液。低毒，对人及哺乳动物、鸟、天敌、鱼和蚯蚓安全无害，对环境安全，有效期 2～3 周，耐雨水冲刷，脂溶性好。

③ 甲氧虫酰肼。又叫美满，主要剂型为 24%悬浮剂，是促进鳞翅目昆虫幼虫蜕皮的新型仿生低毒杀虫剂，即幼虫取食后，在不该蜕皮时即提前蜕皮，由于不能正常蜕皮而导致脱水、饥饿，最后死亡，适用于害虫抗性的综合治理。幼虫取食美满后 6～8h 停止取食，由于胃毒作用，比蜕皮抑制剂的作用更迅速，3～4d 开始死亡。美满对高龄和低龄幼虫均有效，无药害，对植物安全，无残留。美满对鳞翅目昆虫具有很高的选择性，只适用于防治鳞翅目害虫，果树常用于防治金纹细蛾、桃潜叶蛾、苹果和桃树卷叶蛾及毛虫和刺蛾类等。对其他节肢动物门、寄生性昆虫和蜜蜂安全，称为“柔性”杀虫剂，是综合治理害虫的理想选择。研究表明，美满对人和环境非常安全；对蚕高毒，应避免洒在桑树上，并远离蚕区；对鱼和水生脊椎动物有毒，严防药液污染水源。

（8）其他类杀虫剂

① 白僵菌。剂型为50亿～80亿活孢子·g^{-1}粉剂。杀虫机理：其孢子接触害虫后产生芽管，通过皮肤渗入其体内长成菌丝，并不断繁殖，使害虫新陈代谢紊乱而死亡。害虫感染后4～6d死亡，虫尸白色僵硬，体表长满白色的白僵菌孢子。主要防治桃小食心虫等土栖类害虫，在越冬幼虫出土及第2代幼虫脱果期用3000倍液，气温24～28℃、相对湿度90%以上时用药效果好。对人畜无毒，对果树安全，对蚕有毒。

② 阿维菌素。其他名称为齐螨素、爱福丁、虫螨克等，1.8%、0.9%、0.6%、0.5%、0.1%乳油，属昆虫神经毒剂，是一种微生物代谢产生的、具有杀虫活性的大分子物质，原药高毒，制剂低毒。主要作用方式是胃毒和触杀作用，不能杀卵。作用机理：干扰害虫的神经生理活动，刺激释放γ-氨基丁酸，而氨基丁酸对神经传导有抑制作用。其渗透性强，药液喷到叶片表面后迅速渗入叶肉内形成众多的微型药囊。螨类成虫、若虫和昆虫幼虫取食或接触到药液后立即出现麻痹症状，不活动不取食，2～4d死亡。一次用药，持效期可长达30d。叶面残留极少，并迅速光解成为无毒物质，对天敌的杀伤小。主要用于防治昆虫、螨类等，常用浓度为0.9%乳油3000～5000倍液。对人畜的毒性高，对鱼类、蜜蜂高毒，不要使药液污染河流、水塘，也不要在蜜蜂采蜜期喷药，对植物和天敌安全。杀虫杀螨缓慢，施药后3～4d才出现死虫高峰，但用药当天害虫害螨即停止取食为害，采收安全间隔期20d以上。

③ 鱼藤酮。由鱼藤中提取，杀虫效力最高的鱼藤酮存在于根部，4%粉剂，5%和7.5%鱼藤精乳油，对作物无药害、无残留，不污染环境，不影响农产品风味。主要作用方式是胃毒和触杀作用。其作用机理是抑制谷氨酸脱氢酶活性，使害虫呼吸减弱、心跳缓慢，致害虫死亡，主要用于防治蚜虫、尺蠖等。易受日光、空气、高温的影响而分解，遇碱分解，因此，不可用热水浸泡，不能与碱性农药混用。

④ 沙蚕毒素类似物。沙蚕毒素的特点是可以作为防除对有机氯或有机磷有抗性的害虫，一般具有胃毒、触杀作用，不少产品还有很强的内吸性，有个别品种如杀虫脒的效力主要是拒食作用，对害虫的选择性强，残效期一般较长。杀虫双，主要剂型为25%水剂，中等毒性，对鱼、蜜蜂及害虫天敌的毒性小，但对家蚕的毒性大，是人工合成的仿沙蚕毒素的类似物。作用方式为较强的触杀和胃毒作用，被植物的根叶吸收后能传导到植物的各个部位，并有一定的熏蒸和较强的内吸作用。主要用于防治食叶害虫、红蜘蛛、星毛虫等，常用浓度为500～700倍液。在养蚕区不能使用。

（9）无机杀虫剂　作用机理是喷在植物表面后，遇空气发生一系列化学反应，形成微细的单体硫颗粒，释放出少量硫化氢，发挥杀虫、杀菌作用；同时，其具有强碱性，能渗透和腐蚀病菌细胞壁、昆虫体壁，可直接杀死病菌和害虫，对具有较厚蜡质层的介壳虫和一些螨卵也有很好的杀灭效果。

① 石硫合剂。属无机农药，毒性中等，兼有杀螨和杀虫作用，可防治病虫、害螨和病害。夏季气温在32℃以上应避免喷施石硫合剂，以免发生药害。芽前3～5°Bé，开花前0.5°Bé，落花后0.1～0.3°Bé。商品45%晶体石硫合剂芽前100倍液，生长期200～300倍液。其对金属容器具腐蚀性，不能使用铜、铝等存放，应现配现用，不能与波尔多液和一般的药剂混用。适于在休眠期使用，药效与温度有关，温度高药效强。对人的眼睛、鼻黏膜、皮肤有腐蚀和刺激作用。

② 松脂合剂。由松香和烧碱熬制成的黑褐色液体，主要成分是松香皂，呈强碱性，有腐蚀作用。配料比为生松香：烧碱：水＝1：(0.6～0.8)：(5～6)。制作方法是先将水放入锅中，再加入碱，加热煮沸，使碱溶化，再把碾成细粉的生松香慢慢均匀撒入，共煮，边煮边搅，并注意用热水补充以保持原来的水量，约 0.5h 后松香溶化，变成黑褐色液体即可。作用方式是具有强烈的触杀作用，黏着性和渗透性很强。杀虫机理是能侵蚀害虫体壁，对介壳虫的蜡质层有强烈的腐蚀作用。主要用于防治介壳虫、红蜘蛛等，对地衣、苔藓的效果也好。安全使用时，注意冬春季果树休眠期用 8～15 倍药液，夏秋季用 20～25 倍液喷雾。防治介壳虫应在蚧卵盛孵期，大部分若虫已爬出并固定在枝叶上开始喷药，每 7～10d 喷 1 次。果树开花、抽芽期、30℃以上高温、下雨前后、空气潮湿时不能使用。不能与任何有机农药混用，也不能与含钙的农药混用，在使用波尔多液后 15～20d 内不能使用。

(10) 果树上禁用的农药名单　见表 5-6。

表 5-6　农业部明确禁止果树上使用农药名单

农业部文件	禁用药剂名单
第 194 号	1 种：乐果不能在柑橘上使用
第 199 号	26 种：六六六、滴滴涕、毒杀芬、二溴氯丙烷、杀虫脒、二溴乙烷、除草醚、艾氏剂、狄氏剂、汞制剂、砷、铅类、敌枯双、氟乙酰胺、甘氟、毒鼠强、氟乙酸钠、毒鼠硅、甲拌磷、甲基异柳磷、内吸磷、克百威（呋喃丹）、涕灭威、灭线磷、硫环磷、氯唑磷
第 322 号	5 种：甲胺磷、甲基对硫磷、对硫磷、久效磷、磷胺
第 1157 号	1 种：氟虫腈
第 1586 号	10 种：苯线磷、地虫硫磷、甲基硫环磷、磷化钙、磷化镁、磷化锌、硫线磷、蝇毒磷、治螟磷、特丁硫磷
第 2032 号	3 种：氯磺隆所有产品和甲磺隆、胺苯磺隆单剂自 2015 年 12 月 31 日起禁止在国内销售和使用；自 2015 年 7 月 1 日起撤销 甲磺隆和胺苯磺隆原药和复配制剂产品，自 2017 年 7 月 1 日起禁止在国内销售和使用 2 种：自 2015 年 12 月 31 日起，禁止福美胂和福美甲胂在国内销售和使用

5.3.3.3　果园除草剂[77]

果园除草剂有两类，一类是灭生性的茎叶处理剂，主要用于防除已出苗的杂草，杂草旺长期使用效果较好，常见的种类有草甘膦、百草枯等；另一类是土壤封闭剂，主要用于防除未出土的杂草，多在降雨、浇水或中耕后使用，常见的种类有乙草胺、莠去津等。在使用时应注意以下几点。

灭生性除草剂对果树茎叶也有杀伤作用，一定要避免药液溅飞到茎叶上。无风时压低喷头喷雾，或喷头上加保护罩，或进行定向喷雾，均可避免药液飞溅，减少药害。土壤封闭剂残效期长，应用不当会对根造成伤害，因此，要避免施药后灌水，以免把药剂淋渗到土壤深层。有的土壤封闭剂只对阔叶杂草有效，选择时应注意。

两类除草剂混合或搭配使用，效果更好。有的除草剂对果树的药害重，如 2,4-D，选择这类除草剂时，一定要慎重。另外，喷施除草剂时加入农用水质优化剂，可有效优化农用水质，提高药效，节省成本。

① 西玛津（simazine）。选择性内吸传导土壤型土壤处理除草剂。药剂被杂草根系吸收后抑制光合作用，使杂草死亡。对植物根系无毒性，对种子发芽基本无影响，只是在种子内部养分耗尽后幼苗才死亡。一般施药后 7d 杂草出现受害症状。可用于防除一年生杂草和种

子繁殖的多年生杂草，在一年生杂草中防治阔叶杂草的药效高于禾本科杂草。杂草出土前、萌发盛期施用效果好。果园、林地多在春季田间萌发高峰时期用药。

② 百草枯（paraquat）。也叫克芜踪。速效触杀型灭生性除草剂。叶片着药后 2～3h 开始受害变色。对单、双子叶植物的绿色组织均有很快的破坏作用，但不能传导。克芜踪不能穿透栓质化后的树皮，药剂一经与土壤接触即钝化失效，无残留。能防除多种杂草，对一、二年生杂草的防除效果最好，对多年生杂草只能杀死绿色部分，而不能杀死地下部分。杂草幼小时用药量低，成株期用药量高。一般亩用量 250～300mL（20%的克芜踪），对地面定向喷雾。

③ 2,4-D 丁酯（2,4-D butylate）。激素型选择性除草剂，具有较强的内吸传导性。主要用于苗后茎叶处理，当药液喷到植物叶表后，穿过角质层和细胞膜，最后传导到各部分。展着性好，渗透力强，容易进入植物体内，不易被雨水冲刷，有很强的挥发性，药液雾滴可在空气中飘移很远，使敏感植物受害[78]。主要用于防除播娘蒿、藜、蓼、反枝苋、芥菜、问荆、苦荬菜、苍耳、田旋花、马齿苋等，对禾本科杂草无效。阔叶杂草 3～5 叶期，用药量 $0.43\sim0.54\mathrm{kg\cdot hm^{-2}}$，加水 300～400kg，均匀喷雾。

5.3.4 园艺作物中农药剂型的使用分析

在现代园艺生产中，应用化学农药防治害虫可以起到迅速压低虫口密度的效果。但在实际生产中，农户由于未正确选择药剂类型和施用方法，致使发生人畜中毒、环境污染等不良后果。农药的加工剂型、防治方法以及作用机理都有很大的不同，因此，如何正确地使用农药，保证在达到杀虫杀菌作用的同时，减少农药的毒副作用非常关键。

（1）粉剂农药的使用　在使用粉剂农药时，要使用喷粉机进行操作，操作人员要保证喷粉工作的均匀，要在植物的茎叶进行比较全面的覆盖。另外，有时为了节约药量的使用或者防止出现浓度过高的情况，可以同干细土进行稀释。采用喷粉方式进行防治工作是一种比较常见也比较简单的方法，效率较高，同时，受到的地形、水源等限制减少，特别适合在我国干旱、林地等区域进行使用。另外，对于大面积防治具有非常好的效果。但同时，粉剂的附着力较低，药效持续的时间较短，因此，产生的经济效益较低。

（2）毒土技术　该技术主要是通过对土壤进行处理，使土壤和农药进行搅拌，配制成毒土，从而发挥农药的作用。需要注意的是，毒土在配制的时候，要保持干燥，湿度和干度之间要保持平衡，防止不易分解和毒土飞扬情况的出现。

（3）涂抹法　涂抹法也是一种比较常见的农药使用方法。该方法主要是将农药涂抹在树枝的干部，通过内吸作用和触杀作用发挥农药的作用。这种方法对幼虫、具有越冬习性的虫类具有较好的效果。

（4）液体药剂　在实际工作中，液体药剂主要依靠喷雾器械进行杀毒作业。液体药剂在喷雾器械的操作下，可以形成喷雾状，并在植物上比较均匀地覆盖。比较适合该种方法的农药类型包括可溶性和可湿性的粉剂、乳油等。在进行喷雾操作时，要注意保持喷雾的均匀。通过喷雾器进行喷药工作时，在黏着性方面要比粉喷具有更好的效果，药剂具有较长的留存时间，药效的发挥时间也较长，具有较好的防治效果。但相对来说，其工作的效率没有喷粉的效果好。

5.3.5　总结

园艺是我国农业的重要组成部分，进行良好的园艺特产作物防治工作对于实现农民增收、保证经济效益的实现具有重要的作用。园艺特产作物的附加值较高，因此，具有良好的开发潜力，是农业中的朝阳产业。但当前园艺特产作物受到病虫灾害的影响较大，因此，要加强对病虫灾害的防治工作。在实际工作中，技术人员要对农药的类型和使用技术引起重视，对当地的情况进行分析，采用适合的农药和技术来进行病虫灾害的防治工作，保证园艺特产作物的良性生长。

5.4　林木用农药

5.4.1　林业防治

5.4.1.1　概述

“加快林业发展，建设生态文明”是国家林业相关部门近年来发展林业的一大口号。2016 年 3 月，习近平在十二届全国人大四次会议上再次重申了“绿水青山就是金山银山”的重要思想。林业资源是十分重要的一种社会资源，在社会发展过程中占据十分重要的地位。从 2009～2013 年，国家林业局组织完成了第八次全国森林资源清查，通过卫星遥感和样地调查测量等现代科技手段，对我国当前森林资源的数量、质量、结构、分布情况等进行了详细的调查。调查结果显示，目前我国森林面积为 2.08 亿公顷，森林覆盖率为 21.63%，森林蓄积为 151.37 亿立方米，人工林的面积为 0.69 亿公顷，蓄积为 24.83 亿立方米。与第七次我国森林资源清查结果相对比，我国的森林总量呈现持续增长的状态，森林的面积从过去的 1.95 亿公顷增加到 2.08 亿公顷，森林的蓄积从过去的 137.21 亿立方米增加到 151.37 亿立方米。森林的质量明显提高了，森林每公顷蓄积量达到了 89.79m^3，森林的生态功能得到了进一步的加强，我国的森林植被总碳储量达到了 84.27 亿吨，平均每年森林涵养水源量为 5807.09 亿立方米，固土量为 81.91 亿吨，年滞尘量为 58.45 亿吨，天然林的面积也从过去的 11969 万公顷增加到了 12184 万公顷，人工林的面积从过去的 6169 万公顷增加到 6933 万公顷，人工林的面积仍然居世界首位[79]。

由于我国幅员辽阔，存在各种地貌以及多样的气候条件，涉及的林木栽种范围较广，因而森林资源结构复杂，而病虫害的防治也比较困难。据不完全统计，林业有害生物年均发生面积为 1.78 亿亩，造成 4000 多万株林木死亡，材积损失 2500 万立方米，直接经济损失和生态服务价值损失高达 1100 亿元，已严重威胁森林、湿地、荒漠三大生态系统的安全。如 1991 年春松毛虫在松岭林业局大面积发生，为害最重的地带嫩叶全部被吃光，虫口密度最高的可达每株 2000 余头，带来了很大的经济损失。林业生物灾害的严重发生，已对森林资源和国土生态安全构成巨大威胁，严重制约生态建设步伐，抵消国土绿化成果，影响社会造林的积极性。同时，随着对外交流的不断扩大，林业有害生物入侵已经成为森林保护工作的重要内容。有害生物治理所面对的不仅是成千上万不断繁衍的有害生物，而且是包括人类自身在内的复杂变化的生态系统，人类采取的各种治理措施实质上是协调系统内不同因素之间的关系，使之处于人类经济活动容许的范围之内。

农药和化学肥料是现代高效种植业的两大支柱，化学农药，尤其是有机合成农药的应用极大地保护和发展了社会生产力，已经成为林业生产不可或缺的重要资料。2008 年，国家林业局推荐一批用于防治林业有害生物的农药品种，在推荐的农药品种中，主要有：生物制剂和生物天敌，包括苏云金杆菌、松毛虫病毒、舞毒蛾病毒、春尺蠖病毒、美国白蛾病毒、茶尺蠖病毒、苦参碱、印楝素、烟碱、鱼藤酮、苦皮藤素、阿维菌素、多杀霉素、白僵菌、绿僵菌、微孢子虫、除虫菊素及肿腿蜂、赤眼蜂、周氏啮小蜂、花角蚜小蜂、瓢虫等寄生和捕食性天敌；引诱剂，包括松褐天牛引诱剂、红脂大小蠹引诱剂、白杨透翅蛾引诱剂、松毛虫性引诱剂、美国白蛾引诱剂、沙棘木蠹蛾引诱剂等；合成制剂（化学农药），包括杀虫、杀螨剂（溴氰菊酯、氟氯氰菊酯、氯氰菊酯、毒死蜱、灭幼脲、杀铃脲、氟铃脲、氟虫脲、除虫脲、虫酰肼、吡虫啉、苯氧威、甲氨基阿维菌素、啶虫脒、氟虫腈、溴虫腈）、杀菌剂（石硫合剂、代森锰锌、多菌灵、百菌清、三唑酮、腈菌唑、异菌脲、氟吗啉）及杀鼠剂（氟鼠灵、溴敌隆、不育剂、驱避剂）[80]。

据统计[81]，2014 年，全国林木种苗、森林防火、有害生物防治等林业支撑与保障方面的投资为 232.74 亿元，占全部林业完成投资额的 5.38%，与 2013 年相比增长 4.99%；其中，中央投资 69.38 亿元，仅占林业支撑与保障投资的 29.81%。林业支撑与保障资金中，林木种苗培育资金投入 95.43 亿元，与 2013 年相比增长 13.26%；用于森林防火与森林公安 48.62 亿元，减少 2.97%；林业有害生物防治投入 23.03 亿元，增长 22.96%；科技教育投入 7.68 亿元，减少了 3.76%；林业信息化建设投入 229 亿元，与 2013 年持平；其他投入 55.69 亿元，减少了 4.49%。

林业有害生物发生面积每年超过 1.78 亿亩，约占乔木林灾害面积的 50%，年均造成死树 4000 多万株，年均经济损失和生态服务价值损失超过 1100 亿元。国务院办公厅《关于进一步加强林业有害生物防治工作的意见》明确提出“将林业有害生物灾害防治纳入国家防灾减灾体系”，并要求进一步落实相关扶持政策，加强灾害防治工作。《国家综合防灾减灾规划（2016—2020 年）》也将生物灾害纳入规划中。而林木用农药作为有害生物防治的重要工具，也会得到更大的投入与发展。

5.4.1.2 各类林业危害防治的方法

病虫害的预防可以有效减少其灾害的发生概率，促进林业发展。这种灾害之所以对林业生产造成巨大的损失，与防范不当有着直接的关系。在林业生产过程中，管理工作较为繁杂，从育苗到封山育林整个过程中都不可轻视病虫害防治工作。防治方法可以分为以下几类[82]：①选育抗病品种是现代病虫害防治最直接的方法。同时，这种方法经济有效，因而被广泛用于病虫害防治领域。抗病品种可以有效地对大范围流行性病害加以防治，特别是在面对一些土壤病害、病毒病害等难以采用农业措施进行防治的病害时。根据生物遗传学知识进行植物抗病育种不仅便捷而且经济，而且由于植物自身抗病，可以减少农药的使用，减少农药对自然造成的影响。②在育苗时，对苗圃的选择至关重要，进行育苗措施前，需要进行相关调查，避免选择病虫害严重的土地，特别是鸟兽灾害严重的地区。需要对猝倒病加以关注，避免选用曾发生严重猝倒病的土地。同时，选用苗圃周遭避免种植已感染和易感染病菌的植物。③林业植物不同的生长期需要进行不同的抚育管理。在其生长初期需要大量水氧供给，要保持植被较好生长则需要进行及时浇灌施肥。同时，要求管理员进行除草处理来改变林木的郁闭度。在合适的光照、水分和空气条件下，能有效减少病虫害的发生。同时，在发现病虫害受灾林区时要及时进行处理，避免受灾范围扩大。④生物防治的方法从古沿袭至今，既环保又经济。它实质上是利用生物种间关系对害虫群密度进行调节的措施，食物链的循环在其间发挥了很大的作用。其中，以天敌治虫的方法更是耳熟能详。⑤利用化学药物对病虫害进行防治是较为常见的方法。这对一些较为严重的病虫害有着显著的效果。1/2 以上的病虫害都需要用化学方法防治，但美中不足的是，这种方法的投入资金较大。同时，化学药物对生物无选择的杀伤性，可能会造成生态失衡和其他环境问题。由此可见，化学防治在林业危害防治中有着举足轻重的地位。

5.4.1.3　林用农药的定义

农药系指用于预防、消灭或者控制危害农业、林业和全人类正常生活和生产环境的病虫草和其他有害生物，以及有目的地调节植物、昆虫生长的各种天然或人工合成的物质及其混剂。农药除了农业上的应用外，在林业上也被广泛运用，包括森林、苗圃、绿化、护林等。据报道，用于森林防治的农药类型主要有化学合成、植物源、微生物类和天敌农药，主要用于杀虫、杀鼠、杀菌、除草及引诱等。另外，市场上的粘虫板也具有一定的防治效果[83]。

5.4.2　林木用杀虫剂

5.4.2.1　发展历程简介

林木虫害是贯穿林木生长整个过程中的问题，对林木各个阶段的生长都具有非常大的危害，其涉及面积广、范围大，如果处理不当很可能会导致大面积的林木枯死，给经济带来严重损失。林木虫害的种类众多，我国已知森林昆虫约 2934 种，益虫约 570 种，其中危害最严重的害虫约 30 种。

林木虫害的特点导致林用杀虫剂相对于农作物杀虫剂有其独特的发展历史。初期，人们使用高毒、对环境污染较严重的有机磷杀虫剂、氨基甲酸酯类杀虫剂，例如利用敌百虫、敌敌畏来防治松毛虫；在 1949 年丙烯酸酯合成后，以除虫菊酯为基础的第一代拟除虫菊酯出现了，拟除虫菊酯类农药在防治林木害虫方面也做出了重大贡献，例如利用溴氰菊酯防治林木的毛虫、刺蛾等。现在，应用最普遍的林用杀虫剂为新烟碱类，此类杀虫剂具有内吸性，可迁移至植物的所有组织中，能够保护植物的所有部分，例如利用吡虫啉和啶虫脒来防治森林中的刺吸式口器害虫。如今，还有很多新型的杀虫剂应用于林木害虫的防治，例如苯甲酰脲类（除虫脲）、大环内酯类（阿维菌素、多杀菌素）等；除此之外，许多复配剂也用于林木害虫的防治，例如，阿维·灭幼脲、甲维·氟铃脲、阿维·高氯氟、氰戊·马拉松等。

林用杀虫剂按特性可分为：胃毒剂，随食物进入害虫消化道使之中毒，对咀嚼式口器害虫有效；触杀剂，药物接触虫体表面透过表皮，侵入虫体使之中毒；内吸剂，施于植物表面由植物吸收传导至各部分，害虫吸食汁液时中毒，对刺吸式口器害虫有效；熏蒸剂，在常温下能产生毒气，从害虫气孔进入虫体使之中毒。许多农药不仅高效低毒，对人、畜、天敌较安全，而且往往一种药兼有胃毒、内吸、触杀、熏蒸几种作用，用途较广。

5.4.2.2　发展趋势及意义

森林有其独特的生态系统，森林中各种生物之间密切相关，极有可能牵一发而动全身，而且森林生态系统相对于农业生态系统较封闭，人类的参与性较低。这种特点决定了林木用杀虫剂的特点及其发展趋势。

随着人们对食品安全意识和环境保护意识的进一步提高，高毒、高残留杀虫剂的品种和范围将会进一步受到限制，而高效、低毒、对环境友好且不易产生抗性的杀虫剂将会得到愈来愈广泛的应用。由此带来的是高毒杀虫剂中间体产品的生命周期已经结束或步入衰退期，而新型杀虫剂中间体由于其下游产品具有高效、低毒、低残留等特点，正处于成长期。结合森林独特的生态环境，林木用杀虫剂越来越向着高效、低毒、环境相容性好的趋势发展。林木用杀虫剂主要用来控制对林木有较大危害的害虫的数量以及突然发生的林木昆虫大爆发，这种特点决定了林木用杀虫剂要有一定的特异性，例如常见广谱性的农业杀虫剂在林木上使用，杀灭害虫的同时，也对一些益虫带来很大的影响。

多种新型杀虫剂如新烟碱类、大环内酯类等的问世，给林木用杀虫剂带来了重大的发展。近年来，植物源杀虫剂、生物杀虫剂在林木上的使用也大大增加。由于生物杀虫剂和植物源杀虫剂具有取材方便，成本低廉、控制期长，高效、经济、安全、无污染，与环境高度相容等特点，也是林木杀虫剂发展的一个新的方向。

5.4.2.3 主要防治对象以及用药简介

林木害虫主要有食叶害虫、蛀干害虫和根部害虫 3 种类型。

食叶害虫吃光叶片，减少叶面积，使光合作用产物减少，对树木生长的影响极大。多爆发于 4 月份。林木食叶害虫一般不会造成林木死亡（一些暴食性害虫或短时间内反复发生的例外），但会影响林木生长量，而有些带有毒毛的害虫毒毛脱落后会污染环境，影响人类的身体健康，在大发生时（例如松毛虫），会侵入农宅、农田，危及人类生产生活安全。主要的食叶害虫有黄杨绢野螟、金龟子、美国白蛾、国槐尺蛾、杨扇舟蛾、柳毒蛾、蓑蛾、舞毒蛾、淡剑夜蛾、舟形毛虫等。不同类型的害虫爆发期不同，最佳防治时间以及防治方法也不同。例如：黄杨绢野螟：4 月下旬进入为害盛期，严重时叶片被吃光，全株枯黄，早期可使用 2500 倍灭幼脲，老龄幼虫可使用 1000 倍 40%氧化乐果乳油防治；国槐尺蛾：6 月初，一代国槐尺蛾幼虫已达 3 龄，即将开始进入暴食期，此期仍可喷洒除虫脲 3000 倍液，也可喷洒 1.2%苦烟乳油（烟参碱）1000～1500 倍液防治；美国白蛾：近年来，美国白蛾在北方地区林木上危害严重，很多地区已在 4 月份都开始进行白蛾的预防和控制工作部署，5 月底 6 月初仍可见到美国白蛾成虫羽化交尾产卵，当前大量幼虫孵化，形成初生网幕，虫龄多为 1～2 龄，此期应喷洒除虫脲 6000 倍液防治幼虫。不同阶段害虫的防治方法也有所不同，所以我们应该根据具体情况，选择不同的药剂进行防治。

蛀干害虫是杨树的重要害虫，由于它钻蛀虫孔，不仅使幼树发生风折，大树发生枯梢，严重时还会造成整株死亡，降低树木的寿命，影响生态效益的发挥，另外，虫孔太多会使木材失去使用价值。主要的蛀干害虫有各种天牛类、吉丁虫类、象甲类、小蠹虫类和鳞翅目类的透翅蛾、木蠹蛾等，其主要特点如下。

第一，天牛在蛀干害虫中占有重要地位，其危害的特点主要有食性多样性，成虫啃食嫩枝树皮和叶片，造成轻微危害，幼虫蛀食枝干，在树皮下为害，使树木生长不良，导致死亡。毒杀幼虫：毒签（磷化锌和草酸）或毒泥堵孔，或 80%敌敌畏 500 倍液注入虫孔；树干涂白防治天牛产卵：石灰、硫黄、盐、水。用 50%杀螟松乳油、40%乐果乳油、50%辛硫磷乳油 100～200 倍液，喷树干。第二，吉丁虫也是一类重要的蛀干性害虫，幼虫在皮层、韧皮部和边材蛀食，有的能够深入木质部为害。受害树木枯枝、折枝、生长衰弱甚至全株枯死。在幼虫为害时期，树干涂药。喷药防治成虫：成虫的抗药性很弱，在成虫羽化出穴初期和盛期喷洒药物。第三，象甲类，成虫畏光，具假死性，幼虫孵化后先在外层叶鞘取食，老熟后在外层叶鞘内咬碎纤维。在11月底和4月初幼虫发生高峰期，用药毒杀。可选用3%呋喃丹、3%米乐尔、20%益舒宝三种颗粒剂，按10g每株施于蕉根；用80%敌敌畏、40.8%乐斯本、40%乙酰甲胺磷均1000倍稀释液灌注于上部叶柄内，每株150～200mL。

根部害虫钻入地下，以树木的根部为食，对树木的营养和水分吸收造成重大的影响，严重时直接导致树木死亡。根部害虫的发生与土壤的质地、含水量、酸碱度，所在地周围的农作物、林木、杂灌木等都有密切的关系。由于根部害虫在土壤中生活，防治较为困难，因此通常采用“地下害虫地上治，成虫幼虫结合治”的综合治理对策。主要的根部害虫有蛴螬类、蝼蛄类、地老虎类等，其主要特点如下。

第一，蝼蛄类（直翅目蝼蛄科）。蝼蛄昼伏夜出，趋光性很强，对香甜物质特别嗜食，对马粪等腐烂有机质粪肥也有趋性，喜欢潮湿土壤。通常用敌百虫加水溶解后喷到麦秸上，拌成毒饵，傍晚置于丛林中诱杀。第二，蛴螬类（鞘翅目金龟总科）。其成虫和幼虫均能对林木造成危害，且多为杂食性。蛴螬除咬食林木侧根和主根外，还能将根皮剥食尽，造成缺苗断条。成虫以取食阔叶树叶居多，有的则取食针叶或花。往往由于个体数量多，可在短期内造成严重危害。常采用喷洒敌百虫（1∶800）～（1∶1000）倍液，1.5%乐果粉，2.5%敌百虫粉，40%乐果800倍液，树干刮粗皮涂40%氧化乐果1～2倍液等，对成虫都有较好的防治效果，也可用辛硫磷和甲基异柳磷进行土壤处理。第三，地老虎类（鳞翅目夜蛾科）。地老虎俗称地蚕、切根虫，危害幼嫩植物，切断根茎之间取食。1～2龄群集危害，3龄以后扩散。幼虫性暴躁，行动敏捷，老熟幼虫有假死性。湿润土壤、黏性土壤、杂草多处易发生。多使用辛硫磷土壤处理或喷洒。

5.4.2.4　最新研究进展

主要介绍几种危害较大、防治较为困难的林木害虫的研究进展，为林木害虫的防治策略以及未来的研究提供了一定的思路和方法。

松墨天牛是重要的林业检疫害虫，也是松材线虫病的主要传播媒介，由于尚无有效的措施防治松材线虫，因而控制松材线虫病的传播媒介——松墨天牛的扩散显得尤为关键，目前控制天牛危害的方法包括化学防治、物理防治、营林技术防治、生物防治、检疫措施等方面，华南农业大学温秀军等综述了松墨天牛的防治进展[84]，信息素诱杀具有针对性强、效果明显、对环境无污染的特点，目前已在多个地区开展[85]。华东理工大学宋恭华、徐晓勇等在化学农药防治松材线虫方面也开展了前期研究。中国林业科学院森林生态环境与保护研究所张永安在松墨天牛发生区分离得到一种新的病原，定名为松墨天牛微粒子虫，能在松墨天牛种群中纵向传播，有较大的推广潜力[86]。东北林业大学的严善春与衡水市林业局森林病害防治检疫站的刘英生研究了吡虫啉、氯虫苯甲酰胺和氟虫双酰胺对光肩天牛的室内防治试验，发现这三种杀虫剂对光肩天牛均有很好的防治效果[87]。福建省清流县林业局的李炜珩通过松墨天牛林间防治试验，测定了不同药剂噻虫啉、绿僵菌对松墨天牛的林间防治效果，实验结果发现，绿僵菌孢子在林间可以反复感染松墨天牛成虫，从维护物种多样性和森林健康的角度来看，采用绿僵菌无纺布菌条防治松墨天牛具有更好的发展前景[88]。华南农业大学林学与风景园林学院、福建农林大学林学院、国家林业局经济发展研究中心的马涛、刘志韬、孙朝辉等通过对APF-Ⅰ型引诱剂对松墨天牛种群动态的研究发现，聚集信息素和植物源信息素联合使用可显著提高对松墨天牛的诱捕效果，对于监测和诱杀松墨天牛、遏制松材线虫病的传播蔓延具有重要意义[89]。福建农林大学的熊悦婷、夏枫、黄志成等从枯死木中分离出一株对松墨天牛幼虫有毒力作用的菌株 BRC-XYT，基于生物测定数据，该菌株对松墨天牛幼虫表现出显著的杀虫活性。研究结果为控制松材线虫病储备了新资源，为开拓新型微生物农药提供了理论基础[90]。万安县植保植检站、万安县林业局的衷敬峰、朱晓光、王斯荣等比较了噻虫啉微胶囊粉剂防治松墨天牛的效果，研究发现，噻虫啉微胶囊粉剂防治松墨天牛，具有持效期长、防效好、成本低、保护生态环境等优点，是当前大面积防治松墨天牛的首选药剂，应大力推广应用[91]。陕西安康学院的李万明通过毒力测定实验测定了几种松墨天牛防治药剂的毒力，实验结果表明，生产上防治松墨天牛成虫推荐使用 2%噻虫啉微胶囊剂、15%吡虫啉微胶囊剂、2.5%吡虫啉可湿性粉剂和 4.5%高效氯氰菊酯乳油。70%噻虫啉水分散粒剂可以使用，但应控制用量并减少使用次数[92]。福建省长泰亭下国有林场的韩水兴研究注干施药防治松墨天牛幼虫的效果，以 4 种药剂林间注干施药，测定了施药后的防治效果。结果表明，4 种注干药剂林间防治后，对松墨天牛幼虫的防治效果存在极显著差异（$P<0.01$），其中以 2%甲维盐 5 倍液、10 倍液、15 倍液、20 倍液，14%吡虫啉 5 倍液、10 倍液，0.3%苦参碱 5 倍液和 5%噻虫啉 5 倍液防治松墨天牛幼虫的效果较佳，均达 80%以上。试验结果还表明，4 种药剂注干防治对马尾松都有一定的保护作用，其中 2%甲维盐对松树的保护效果最好[93]。赣州市林业有害生物防治检疫局、赣州市森林防火指挥部办公室的赖福胜、刘晖等通过对化学药剂的筛选及饵木对天牛引诱距离的测定，优化饵木与化学药剂的组合，提高其对松墨天牛的防治效果。结果表明，饵木与化学药剂的最佳组合是：饵木在成虫羽化前 25d 设置，每两株饵木之间距离应相隔 150m 左右，往饵木上喷洒 1%阿维菌素触破式微胶囊剂 150 倍液，每隔 10d 喷洒 1 次，能充分发挥活饵木和化学药剂的效果，降低林间松墨天牛的虫口密度，从而有效防治松材线虫病[94]。

松毛虫，又叫毛虫，属鳞翅目枯叶蛾科，专食松叶与柏叶，全世界共有 30 余种，其中在中国有 27 种分布，是针叶树种的重要害虫，其灾害发生量大，发生面也比较广泛。云南省林业科学院的陈鹏、槐可跃、袁瑞玲等通过对文山松毛虫质型多角体病毒（DpwCPV）的研究，在云南弥勒市 1000hm^2 松林分别实施了 3 种松毛虫生物防治模式，示范区松毛虫的虫口数量相比治理前下降了 59.1%。结果表明，基于 DpwCPV 制剂的 3 种生物防治模式具有方便、易操作的特点，可在松毛虫生物治理中广泛推广[95]。潜山县余井镇林业站的朱桃云结合潜山县 2017 年潜山县越冬代马尾松毛虫飞防，进行了 AS350B3（小松鼠）飞机施药试验，试验结果表明，采用 25%灭幼脲 30mL＋5.7%甲维盐 10mL，喷量为 4500mL·hm^{-2}，防治效果最好[96]。辽宁省建平县森林病虫害防治检疫站的梁树军通过在建平县应用弥雾机进行松毛虫防治试验，结果表明，使用 1.2%烟碱·苦参碱，防治松毛虫幼虫 80hm^2，96h 杀虫效果达 89%。直接防治成本为 85.5 元·hm^{-2}，仅为同期毒蝇防治成本 225 元·hm^{-2}的 38%。试验证明，应用弥雾机是防治辽西地区松毛虫幼虫的新途径，在同类地区松毛虫幼虫防治中具有广阔的生产应用前景[97]。广西壮族自治区林业科学研究院、国家林业局中南速生材繁育实验室、广西优良用材林资源培育重点实验室的邹东霞、徐庆玲、廖旺姣等通过干旱胁迫试验、紫外线照射试验及高低温胁迫试验，研究 9 株马尾松毛虫白僵菌的抗旱力、抗紫外线及耐高温/低温能力。结果表明，抗旱能力最好的菌株为 S1-3 和 BDZ-2，萌发中时分别为 18.70h 和 18.69h；紫外线照射 10min 对 S3-3 和 S1-3 的影响最小，菌落生长抑制率分别为 28.29%和 31.56%，紫外线照射对各菌株孢子的致死率差别不大；高温处理孢子死亡率较低的是 S1-3 和 BDZ-2，在 50℃处理 30min 条件下的死亡率分别为

60.69%和60.71%；高温对菌落生长抑制作用较小的是P3、S3-3及S1-3，在50℃处理下，抑制率分别为14.04%、16.12%和16.33%；低温条件下，对孢子萌发影响较小的是S1-3和BDZ-4，萌发中时分别为49.89h和49.98h；低温对各菌株菌落生长量的抑制率差别不大。因此，菌株S1-3较其他菌株具有更好的抗逆性，具有较好的开发利用价值[98]。湖北省林业科学研究院、湖北省宜昌市森林病虫防治检疫站的查玉平、陈京元、洪承昊等通过对4种仿生农药的林间试验表明，3%阿维菌素微囊悬浮剂、20%除虫脲悬浮剂、24%虫酰肼悬浮剂、25%灭幼脲悬浮剂对马尾松毛虫都具有较好的防治效果，对人畜、天敌均安全，适用于马尾松毛虫大面积防治[99]。湖北省林业科学研究院、华中农业大学植物科技学院的王义勋等进行了马尾松毛虫高毒力白僵菌菌株的筛选实验，从不同地区林间收集僵虫和采集土壤，分别采用组织分离和稀释涂皿法分离白僵菌菌株，结合形态学观察和ITS序列分析鉴定白僵菌菌株的种级分类地位，通过孢子液浸渍法筛选对马尾松毛虫的高毒力菌株，共分离获得20株白僵菌菌株，筛选得到3株对马尾松毛虫具有高毒力的球孢白僵菌菌株B-2、B-14和B-19，且均具有较高的生物防治潜力和开发应用价值[100]。浙江省松阳县林业局的章伟民等采用森得保粉剂不同浓度及对照药剂1.8%阿维菌素乳油进行了防治松毛虫的试验，结果表明，试验用的森得保粉剂对松树安全，对防治松毛虫有较好的效果，药效可达15d以上，可在生产上推广使用。在松毛虫2龄幼虫高峰期使用，建议用量为每亩20～30g之间效果最好[101]。凌源市林业局林业工作总站的刘明辉进行了松毛虫的生物防治实验，通过选择1.2%苦参碱·烟碱乳油、1.8%阿维菌素和苏云金杆菌等3种生物农药进行松毛虫防治试验，结果表明，应用1.2%苦参碱·烟碱乳油的防治效果达94%以上，1.8%阿维菌素的校正死亡率达100%，苏云金杆菌用药10d后防治效果达89%；3种药剂以应用1.2%苦参碱·烟碱乳油和1.8%阿维菌素为首选，苏云金杆菌次之；1.2%苦参碱·烟碱乳油地面喷雾以1000倍最佳，飞机喷洒每公顷0.375kg药液、盐0.15kg、尿素0.15kg比例为最佳[102]。

林木上还有许多蛾类害虫，例如黄刺蛾、舞毒蛾、杨毒蛾、杨尺蛾等，它们主要以树木的树叶为食，对林木造成了很大的危害。

山西农业大学的杨淑珍[103]、李攀等发明了一种黄刺蛾的性诱剂，可以用于监测黄刺蛾虫情，为适时有效的防治提供科学依据；可以作为生物防治手段进行大量诱捕雄虫，达到减轻为害的目的。该发明的性诱剂使用安全、方便，可以避免使用化学农药，具有突出的生态效益。东北林业大学林学院的王亚军等通过生物测定、离体和体内酶活性实验，分析了上述3种植物次生代谢物质对舞毒蛾的杀虫效果及对其谷胱甘肽S-转移酶（GST）、乙酰胆碱酯酶（AChE）和羧酸酯酶（CarE）活性的影响，结果表明，苦参碱、氧化苦参碱和山萘酚对舞毒蛾幼虫GST、AChE和CarE活性的抑制作用是其具有杀虫活性的原因之一[104]。阜新蒙古族自治县森林病虫害防治检疫站的郑英荣等进行了单波长太阳能灯诱杀杨毒蛾的实验，研究表明，365nm太阳能灯可作为诱杀杨毒蛾的最佳灯具，通过与筛选的最适时间、敏感容器颜色和容器高度组合，能够达到较好的诱杀效果[105]。

5.4.3 林木用杀菌剂

5.4.3.1 发展历程简介

杀菌剂又称杀生剂、杀菌灭藻剂、杀微生物剂等，通常是指能有效地控制或杀死水系统中的微生物——细菌、真菌和藻类的化学制剂。在国际上，通常是作为防治各类病原微生物的药剂的总称。作用机制主要包括抑制生长，使菌丝不能伸长，停止生长；对菌无毒，改变病菌致病过程，或者是诱导植物的抗病能力。

林木杀菌剂的发展主要是从铜制剂的使用（无机杀菌剂）开始的，之后进入有机杀菌剂的时代可分为硫代氨基甲酸酯类杀菌剂的使用和专化型作用的内吸性杀菌剂。

1882 年，Millardet 发现了波尔多液，开创了铜剂杀菌剂的时代，这是杀菌剂发展的一个里程碑。主要品种有硫酸铜、王铜、波尔多液等。当前的铜制剂有：美国固信公司研制的可杀得 WP；日本北兴化学株式会社研制的加瑞农 WP；诺华研制的靠山水分散剂。硫代氨基甲酸酯类杀菌剂的主要品种有代森锰、代森锌、代森铵、代森锰锌，该类杀菌剂具有广谱性，对大部分病害有较好的防治效果，广泛应用于林木病害的防治。但是该类药剂无内吸性，不能进入林木体内，防治效果不能达到最佳。专用型作用的内吸性杀菌剂在 20 世纪 70 年代以后出现，目前使用较多的有甲霜灵、苯霜灵、乙磷铝、霜霉威、霜脲氰等。该类药剂能通过植物叶、茎、根部吸收进入植物体，在植物体内输导至作用部位，此类杀菌剂本身或其代谢物可抑制已侵染的病原菌生长发育和保护植物免受病原菌的重复侵染，在植物发病后施药有治疗作用。

5.4.3.2 发展趋势及意义

随着人类对环境、生态的关注日趋增加，农药登记所需要的数据越来越多；市场竞争日益激烈，要求新品种必须具有更优的性能和更广谱的生物活性；正是如此，新品种研究开发的难度越来越大，相应地，新品上市的数量也在减少，但花费时间与费用则不断增加。尽管如此，未来杀菌剂创制的研究方向仍以可持续发展、保护环境和生态平衡为目标，确保研究开发的化合物不仅具有高活性，而且对环境安全。解决抗性、增强植物免疫能力、与环境友好则是杀菌剂创制研究的主要方向[106]。

林用杀菌剂的发展方向主要包括三个方面。第一，不断开发新的作用机理的杀菌剂。①开发具有自主知识产权的新产品及新剂型，例如：三唑类杀菌剂、生防菌剂的研制；②开发新的混剂，例如：丙环唑＋苯醚甲环唑、戊唑醇＋苯醚甲环唑等。第二，使用技术的精细化、安全化。①在使用过程中严格掌握应用技术，根据不同的防治对象确定具体的施药方案；②将化学杀菌剂和枯草芽孢杆菌或者木霉菌交替使用。第三，老药新用，例如异菌脲、腐霉利等药剂停用数年后恢复防效，可重新启用。

5.4.3.3 林木杀菌剂的特性及注意事项

杀菌剂作为一种广谱性的保护剂，近年来，在林业有害生物防治特别是在种子和土壤消毒处理方面应用非常广泛。杀菌剂具有见效快，能在很短的时间内，将大面积严重发生的病害控制住的优点。但在使用时，合理的用量，科学、适时的施用办法，一直是有关林业技术人员备受关注的问题之一。

施用杀菌剂后，对林木的效果表现有保护作用、治疗作用和铲除作用。保护作用是在病菌侵染林木时施药，保护林木免受病菌的侵染危害。许多杀菌剂是以这种方法达到防治植物病害的目的。具有保护作用的杀菌剂，要求能在林木表面上形成有效的覆盖度，并有较强的黏着力和较长的持效期。治疗作用是在病菌已经侵染林木或发病后施药，抑制病菌生长或致病过程，使林木病害停止发展或使病株恢复健康。铲除作用是病菌已在林木的某部位或林木生存的环境中，施药将病菌杀死，保护林木不受病菌侵染。具有治疗作用和铲除作用的杀菌剂，要求施用后能较快地发挥作用，迅速控制病害的发展，并不要求有较长的持留期。

林木用杀菌剂使用时有一定的注意事项。第一，要注意喷药时间。喷药的时间过早会造成浪费或降低防效，过迟则大量病原物已经侵入寄主，即使喷内吸治疗剂，也收获不大，应根据发病规律和当时的情况或根据短期预测，及时把握在没有发病或刚刚发病时喷药保护。第二，注意喷药次数。喷药次数主要是根据药剂残效期的长短和气象条件来确定的，一般隔10～15d喷一次，共喷2～3次，雨后补喷，应考虑成本，节约用药。第三，注意使用浓度。用液剂喷雾时，往往需用水将药剂配成或稀释成适当的浓度，浓度过高会造成药害和浪费，浓度过低则无效。第四，注意喷药量。喷药量要适宜，过少效果不好，过多则浪费甚至造成药害。喷药要求雾点细，喷洒均匀，对植物应保护的各部包括叶片的正面和反面都要喷到。第五，避免抗药性。长期使用单一的药剂，就会导致病原物产生抗药性，使用的药剂失效。为避免这一问题，可交替使用不同类型的药剂或内吸性杀菌剂和传统性杀菌剂混合使用。第六，注意防治药害。喷药对植物造成药害有多种原因，水溶性较强的药剂容易发生药害，不同作物对药剂的敏感性也不同，例如，波尔多液一般不会造成药害，但对铜敏感的作物却可以产生药害。作物的不同阶段对药剂的反应也不同，一般幼苗和孕穗开花阶段容易产生药害[107]。

5.4.3.4 最新研究进展

松落针病可引起松树针叶大量脱落，影响林木的生长发育和美学价值，个别地区和个别年份在发病严重时引起林木死亡。沈阳农业大学林学院、辽宁省生态公益林管理中心、辽宁省本溪市桓仁县林业局的祁金玉、高国平等通过绿色木霉（*Trichoderma viride*）、哈茨木霉（*T. harzianum*）对松落针病不同病原菌平板对峙培养及两种木霉粗提液对松落针病病原菌菌丝生长抑制试验的研究表明，72h时，哈茨木霉对针叶树散斑壳的抑制率为42.86%，对光亮散斑壳的抑制率为48.44%，绿色木霉对小环绵盘菌的抑制率为33.33%；两种木霉粗提液混合培养基法的试验效果均好于平板涂抹法；两种木霉粗提液对病原菌抑制效果最好的为绿色木霉的混合培养基法，对针叶树散斑壳（*Lophodermiurn conigenum*）、光亮散斑壳（*L. nitens*）、小环绵盘菌（*Cyclaneusula minus*）的抑菌率分别为64.3%、55.42%、61.44%；为松落针病病原菌的抑制提供了思路和想法[108]。赤峰市松山区城市管理局的孙丽雅总结了针枯病（松落针病）不同环境条件下的症状与防治，为落叶针病的防治方法提供了指导[109]。

落叶松枯梢病是一种分布广、危害大的林木真菌病害，病轻时造成枯梢，影响生长高度；重时树冠呈扫帚丛枝状，不能成材，甚至死亡。该病已成为当前我国发展落叶松人工林的障碍之一。吉林省天桥岭林业局、吉林农业大学农学院、延边州森林病虫防治检疫站的张崇颖、王志明等利用25%阿米西达悬浮剂对落叶松枯梢病进行了林间防治试验，结果表明，利用25%阿米西达悬浮剂300g·hm^{-2}和350g·hm^{-2}防治落叶松枯梢病，防治效果分别达到64%和66%，可在生产上推广应用[110]。吉林省敦化市林业局、吉林省长白县林业局的杨安礼等研究了落叶松枯梢病病害与环境因子的关系，为落叶松枯梢病的防治提供了环境方面的思路[110]。

松材线虫病又称松树萎蔫病，是松树的一种毁灭性流行病。松材线虫病是国际检疫对象，是我国头号危险性林业有害生物，是由松材线虫病为病原、松褐天牛等昆虫为传播媒介，危害松属树木的一种病害。松材线虫病的死亡率达100%，并且年年发病，很难根除，又称松树的“癌症”。松材线虫病的传播途径广，蔓延速度快，防治难度大[111]。目前，国内外还没有确切有效的药物来治疗该病，我国主要的防治方法有三点：第一，切断松材线虫病的传播媒介，例如通过控制松墨天牛等传播害虫来预防松材线虫病的传播；第二，及时清除新病死树和遗落的根桩、枝芽等可能引起两次疫情的所有因素，切断传播源；第三，建立松材线虫病远程监测预警系统，对松材线虫病进行实时监控，当病情开始发生时就及时控制。例如巴彦县森防站、国家林业局森林病虫害防治总站、济南祥辰科技有限公司的李念祥、白鸿岩等发明的松材线虫病远程监测预警系统，该系统建立起了覆盖区域的四级松材线虫病监测预警立体系统，实现了松材线虫病检测预警自动化，真正实现了“四适一度”：适时防治、适药防治、适量防治、适法（具）防治和高度协同的统防统治，为准确预测预报松材线虫病，构建松材线虫病的发生规律，控制松材线虫病害的蔓延，最大限度降低经济损失提供了精准防治依据。松材线虫病远程监测预警系统在初期推广应用上取得了较好的实效，值得大面积进行应用推广[112]。

5.4.4 林木用除草剂

5.4.4.1 概述

杂草一直是困扰林木生长的难题，据观察就可以发现，在长期无人看护的山上，杂草无处不在，且长得又高又密，由此可见杂草的生命力极强，且生长得极快，在杂草生长比较茂盛的情况下还会引发病虫害，如果不进行强有效的除草工作，树木在生长的过程中就无法汲取到营养和水分，部分矮小的幼苗甚至无法接触到光照，这样会致使树苗的成活率较低，并且会因为长期的养分不够无法茂盛地成长。最初人们都是采用人工除草等人工物理方法进行杂草的清除，随着科技的发展，物理除草的方法逐渐被化学除草的方法淘汰[113]。除草剂发现于 19 世纪，当时主要应用无机化学生产除草剂，例如，硫酸（H_2SO_4）、硫酸铜（$CuSO_4$）、氯酸钾（$KClO_4$）等，这些化学除草剂主要应用于小麦地的除草。随着化学学科的发展，除草剂的开发逐渐由无机化学向有机化学发展，例如脂肪酸、有机胺等的应用，使除草剂生产趋于多元化，这些除草剂的药物名称呈现出多样化，例如，乙草胺（$C_{14}H_{14}N_2Cl_2$）、扑草净（$C_{10}H_{19}N_5S$）、百草枯（$C_{12}H_{14}N_2Cl_2$）等，这些除草剂都属于有机化学类药品，目前在农业中的使用也最为广泛[114]。

国外林业化学除草发展较早，而且应用范围广，技术完善，已取得明显的生态效益、经济效益和社会效益。美国林业化学除草在低价林改造方面总结出一套成熟的技术，获得了良好的效果。在幼林抚育上，美国利用 2,4-D 消灭花旗松幼林中的美洲颤毛茶等灌木获得很好的效果。近些年来，2,4-D 缓释除草剂用于花旗松幼林抚育，用药一次有效期可达十年之久，能大大促进幼树生长，是一项颇有前途的造林新技术。在除草技术上，美国使用茎秆处理方法中的注射法及飞机喷洒威尔柏丸取得了良好的效果。同时，除草剂在开辟防火线上也得到了广泛应用。近几年来，用除草剂作为控制森林生态系统的一种手段来研究森林生态系统的演变和控制，已成为美国除草剂研究的新热点。

我国在林业生产中应用化学除草工作始于 1959 年，当时由于受药剂品种和使用技术的限制，仅仅开展了一些试验研究。改革开放以后，我国的林业化学除草剂的开发与应用取得了迅猛发展。首先，国家成立了强有力的学术和推广服务机构，建立了较为完备的推广网络。1986 年组建了中国林学会林业化学除草研究会，1999 年又成立了全国林业化学除草技术推广委员会。从此，林业化学除草工作有了技术研究和生产推广双重保障。其次，林业化学除草技术的试验研究已经配套，在营林生产的全过程，从建苗圃、整地、幼林抚育、经济林管理、防火道开设与维护、低价林分的人工改造等方面，化学除草技术均有了长足发展，有些成果经专家鉴定，达到国际先进水平，并已在生产中推广应用，取得了较大的经济效益。同时，施药技术和器械不断完善，新的除草剂品种不断出现，现在国内林业化学除草剂的生产已比较完善，化学除草技术正在全国范围内得到大力推广。林业化学除草是保持水土、维护生态、保护生物多样性的一项有效措施，将在林业现代化建设中发挥重要作用[115]。

化学除草与人工除草比较，无论是在质量上还是效率上都占有优势。在质量上，由于化学除草可以斩草除根，所以效果较好，使用化学除草剂的土壤在一段时间内不会再长草。在效率上，化学除草容易操作，方法简单，效率更高。同时，化学除草剂在幼林抚育中，不破坏地表土层，有利于保护土壤水分和养分，促进幼树的生长；并且可以减少树林养护人员的工作强度，增加效率。

目前世界上农、林业发达的国家，在除草剂的产量和产值方面，都已超过了杀虫剂和杀菌剂。美国1971年在这方面花费了6.6亿美元，1975年14.5亿美元，1987年达26亿美元；生产的除草剂占世界用量的31%。随着工业化的发展，在农业上除草剂应用的比例逐渐上升，到1987年，国际上除草剂用量占农药总量的43%。到2000年初，全世界生产的除草剂品种达到300多个，国际除草剂的销售总额2003年为135亿美元，2004年为155亿美元，约占当年农药销售总额的50%。过去30年间，除草剂的新品种增加了近百个，市场占有率的增长速度最快，年平均超过16.6%。20世纪80年代开发的超高效除草剂，如磺酰脲类的氯磺隆、甲磺隆等，它们的药效比常用除草剂高出100倍，用量由每公顷1～2kg降至10～20g。超高效除草剂的开发，使除草剂进入新的发展阶段。

5.4.4.2　林用除草剂简介

除草剂不仅在农业上得到广泛的应用，目前林业上也在大量的使用，因除草剂种类的选择和使用方法不当常出现各种各样的问题，影响了除草剂的使用效果。

(1) 按照作用方式分类　分为选择性除草剂和灭生性除草剂。选择性除草剂可以杀死杂草，而对苗木无害，如除草醚在松科苗木和杂草之间表现良好的选择性，盖草能可杀死一年生禾本科杂草而对苗木安全。常用的选择性除草剂有除草醚、氟吡甲禾灵（盖草能）、乙氧氟草醚（果尔）等。灭生性除草剂对所有植物都有毒害，只要接触绿色部分，不分苗木和杂草，都会受害或被杀死，这类除草剂主要在播种前、播种后出苗前或森林防火道开辟和非耕地除草中使用，这类除草剂主要是草甘膦、百草枯等。

(2) 根据除草剂在植物体内的移动情况分类　分为触杀型除草剂和内吸传导性除草剂。触杀性除草剂只杀死与药剂接触的部分，只起到局部的杀伤作用，只能杀死杂草的地上部分，对杂草的地下部分或有地下茎的多年生深根性杂草的效果较差，所以在使用时，尤其是对杂草，必须喷洒均匀，才能收到良好的效果，这类除草剂有除草醚、百草枯、灭草胺等。内吸性除草剂被根系或叶片、芽鞘或茎部吸收后，传到植物体内，使植物死亡，如草甘膦，它可以起到斩草除根的作用，对防除一年生和多年生深根性杂草特别有效。苗圃育苗常用的除草剂有果尔、拿扑净、精稳杀得、盖草能、草甘膦等[116]。

(3) 根据除草剂的使用方式分类　分为土壤处理剂和茎叶处理剂。土壤处理剂是以土壤处理法施用的药剂。药剂施于土壤后，一般由杂草的根、芽鞘或下胚轴等部位吸收而产生毒效，如敌草隆、西玛津和杀草安。茎叶处理剂是以茎叶处理法施用的药剂，如草甘膦、百草枯、敌稗、2,4-D、苯达松和麦草畏等。这种分类方法也是相对的，有些除草剂既可以作茎叶处理剂，又可以作土壤处理剂，如2,4-D、莠去津等。

5.4.4.3 林用除草剂的主要应用

除草剂不仅在农业上得到广泛的应用，目前在林业上也被大量地使用。除草剂是苗圃果园经营管理、造林整地、幼林抚育、天然林改造、森林防火道开辟和维护[117]、非耕地除草（铁路、机场、输电线、仓库、古建筑等）过程中的重要工具，具有高效、及时、经济等特点。

（1）苗圃中的应用　近些年来，人们对环保问题越来越重视，致使我国林业飞速发展起来。随着林业发展脚步的加快，有众多的人开始大批量种植苗木，苗圃不仅是苗木出产的重要来源，同时也是城市绿化的重要构成。苗圃育苗技术作为我国林业发展的重要保障，其应用有效地保障了苗圃育苗的质量。

杂草是林业苗圃育苗的大敌。杂草不但与苗木争水、光、养分，而且还是传播病虫害的媒介，妨碍着苗木的生长[118]。过去苗圃大多使用人工除草的方式进行，但是在夏季杂草旺盛时期，劳动力短缺、人工成本高，增加了苗圃育苗的成本，据统计，苗圃生产人工除草费用约占育苗成本的60%以上[119～121]。在宁夏农林科学院的余坪、侯小玲、马杰、余治家、万海霞等于2016年在宁夏中南部山区对化学除草剂对苗圃的应用研究[122]中发现云杉育樟子松苗圃运用人工除草成本是化学除草成本的3.8倍，花灌木人工除草成本是化学除草成本的8.6倍。同时，苗圃人工除草不能达到根除的效果，而化学除草不但能达到根除杂草的目的，还不伤害苗木。化学除草剂由于成本低、效果好，可促进劳动生产率的大幅提高等优势，在经济效益与社会效益的提高方面起到了很大的促进作用，同时，正确运用化学除草剂还可以有效减轻苗圃草害和环境污染，因此，化学除草剂近年来已广泛应用于生产。

由于林用除草剂与常用的农用除草剂使用量等有很大的区别，因此，药剂在环境（水、土壤、空气）中的最大负荷量超过了安全阈值，可能开始引发环境质量发生质的变化，并进而引发环境污染[123]，而且不同类型的除草剂因其性质各异会产生不同的效果，所以近年来许多研究人员对于化学除草剂的应用展开了广泛的研究。浙江省林业科学研究院的王泳、高智慧、柏明娥、何云芳和高立旦[124]总结了在苗圃育苗中主要使用的农药包括果尔、除草醚、草枯醚、灭草灵、西玛津、阿特拉津、扑草净、茅草枯、毒草安、杀草安、拿捕净、枯草多等除草剂。宁夏回族自治区隆德县神林南山林场的张东海[125]将除草剂按照使用方法分为杂草萌芽前使用的除草剂和杂草萌芽后使用的除草剂。杂草萌芽前使用的除草剂主要是以土壤封闭为目的，药液喷洒后会在土壤表面形成1cm左右厚的药膜，杂草种子一旦开始萌发就会接触药膜而死，有效期一般在30～60d之间，个别品种的持效期较长，主要包括惠尔、除草醚、草枯醚、扑草净和圃草封等。杂草萌芽后使用的除草剂是在杂草生长期按照推荐用量和兑水量使用，喷施于杂草叶片后通过叶片吸收传导或触杀作用使杂草死亡，主要包括莠去津、草甘膦、百草枯和森草净等。对于上述农药也有人对其进行药效的比较，安阳市农业科学院的李红伟、胡国平、冯太平、李玉娟、许蕊、朱琳等使用24%乙氧氟草醚乳油（惠尔）、96%精异丙甲草胺乳油、41%草甘膦水剂、20%百草枯水剂4种除草试剂对紫薇苗圃进行了除草效果试验，结果表明，乙氧氟草醚的除草效果最好，同时，不同浓度的除草剂混用后的除草效果比单剂好[126]。

（2）造林地清理上的应用 造林整地的目的在于植树造林工作的良好开展，在造林整地过程中，需要对该地区的各个环境指标如土壤成分、水分、阳光等因素进行技术上和生态上的处理，在不同的地质环境（山地、贫瘠土地等）中采取不同的技术手段进行造林整地工作，有效改善当地的地质环境，提高植苗成活率，调整林区生态结构等，为造林工作提供更好的土壤支持，为植树造林工作创造更加便利的条件，从而为开展植树造林工作打下坚实的基础[127]。

林地清理可以分为造林地割除清理、造林地堆积清理和造林地火烧清理这三个方面。其中造林地割除清理就是在了解林地杂草、灌木生长情况、分布情况的前提下通过人工或者化学的方法进行清理，为植树造林提供良好的环境，而化学除草剂就在清理的过程中起到了重要的作用[128]。相对于传统的人工除草，化学除草具有许多优势并逐渐有取代的趋势。湖南洪江市林业局的张勇和谢红军[129]于2011～2014年采用传统和巧用除草剂模式进行了造林对比研究。结果表明，造林4年内巧用除草剂造林可降低造林成本22.7%，苗木成活率提高3.1%，3年内苗木保存率提高8.3%，平均树高增加52cm，郁闭度增加0.3，主伐期预测缩短4年，经济效率提高28%。药剂除草与人工除草相比能减少水土流失和地表水分蒸发，为幼苗和幼树生长创造良好的生态环境。使用除草剂的时期不同，对药物的效果也有着显著的区别，辽宁沈阳的庞忠义[130]使用4种除草剂（精异丙甲草胺400倍溶液、50%乙草胺400倍溶液、10%的精喹禾灵400倍溶液和25%的高效盖草能400倍溶液）分别进行了土壤封闭和鲜草灭草试验，结果表明，土壤封闭使用50%乙草胺，比其他3种除草剂的效果好，与对照相比，减少杂草99.5%。在鲜草期使用25%高效盖草能的除草效果最好，与对照相比，减少杂草98.9%；其次是10%精喹禾灵，比对照减少杂草98.2%。在不同时期使用不同的药物可以更加经济高效地达到除草的目的，广西钦州的陈荣[131]使用不同的施药方式处理草甘膦和果尔，结果表明，不同处理间除草效果差异显著，各处理药后同期新长出杂草的平均生物量大小顺序为先草甘膦后果尔＜草甘膦＋果尔＜草甘膦＜百草枯，最佳处理是先草甘膦后果尔。

（3）防火线开设和维护中的应用 森林具有调节气候、防风固沙、保持水土的作用，一旦遭到火灾的破坏整个生态环境都会受影响，给林区附近人们的生产生活带来困难，严重的甚至会威胁人们的生命财产安全。因此，加强林业防火不仅能保证森林资源和生态环境不受伤害，更是为了保证人们的正常生产生活以及生命财产[132]。1987年5月6日，我国大兴安岭地区发生了罕见的特大森林火灾。火灾使5万同胞流离失所、193人葬身火海，5万余军民围剿25个昼夜方才扑灭。大火烧过了100.00万公顷土地，焚毁了85万立方米木材，是新中国成立以来毁林面积最大、伤亡人员最多、损失最为惨重的一次[133]。安全防火线是在林区开设的带状空地，主要作用是把大面积森林分割成若干小块，它可以隔绝树冠火和地表火，起阻隔森林火灾的作用，以阻隔山火蔓延，减少森林的损失；也可以作为林区道路，便于巡逻和扑救森林。火灾防火线的开辟办法有火烧、机耕、人割等，经过长期的发展，防火线的开设和维护方法也不断完善，化学除草在防火线开设与维护中的应用日见广泛[134]。化学除草结合火烧的幼林防火隔离带的开设方式，相比于传统的人工生土带、机推生土带的建设，有着防火带宽度大、防火效果好、持续时间长、操作灵活方便、经济性好以及后期维护成本低等优点，具有极高的推广和应用价值[135]。山西省原平市林业工作站的张光远[136]在2006～2010年于所在林场开设防火线27km，对人割、机耕和化学除草剂进行对比，结果表明，化学方法开设防火线应用方便灵活、效果好、有效年限长，其开设成本仅为人工和机械生土带开设的1/6～1/5，而且维护费用也较人工维护为低。在除草后立即使用火烧清理，能够形成良好的防火阻隔带，经过近两年的火情考验，都收到良好的防火效果。

早年，国内许多机构与组织已经对林业防火线使用的除草剂配方进行了试验，例如中国林科院林研所曾与吉林白城地区森防站等单位合作，首先进行飞机开设防火线的试验，并筛选出一批适用配方，经生产上应用，效果很好。黑龙江森保所试验用木醋液消灭森林铁道边的杂草。广西曾用除莠剂开设防火线，当年节省用工25%左右，节省经费20%。陈国海等经16年经验筛选出林区和边境防火线的化学除草剂以草甘膦+2,4-D丁酯、草甘膦+威尔柏等混剂配方为好，除草效果达95%以上。近年来也有许多组织继续着这方面的研究，泾县林业局的张梅林[137]通过应用草甘膦加柴油开设防火线和修复防火线试验，结果表明，每亩应用草甘膦250g+柴油300g清除杂草、灌木的效果达90%以上。采用小容量喷雾法，可节约大量资金、劳力和水资源。福建省武平县城厢林业工作站的钟太欣[138]采用不同化学除草剂开展了生物防火林带抚育试验，结果表明，除草剂草甘膦、草铵膦应用于生物防火林带未成林造林地抚育，对地表植被芒萁骨、五节芒、岗松等有较好的除草效果。其中95%草甘膦60g+除草伴侣60g+水18kg和草铵膦150mL+洗衣粉20g+柴油20mL+水18kg两种药剂配方，化学除草30d后除草效果可达到93%以上，60d后除草效果保持在86%以上。

除了建立防火带网络以外，为了减少森林火灾对于人民生命经济安全的危害，还可以充分利用现代的精准林业技术。随着精准林业技术的发展，将其应用到林业防火中来，可以在火灾发生过程中，通过监测勘察火灾进程等向人们提供大量的有效信息，以便人们能够及时采取营救措施，减少火灾造成的损害[132]。

(4) 幼林抚育中的应用　造林工程中，林业种植不是简单的栽种幼苗，林业种植是一项系统工程中，在林木成长过程中，幼林的抚育工作量远大于植树所花的时间，因为幼林的抚育管理能保证林业的可持续发展，保证林业资源的可补充性，使林业可持续发展的同时，又提高了经济效益和社会效益[139]。

在幼苗种植后的几周内，幼苗由于自身免疫力较弱，容易受到虫害、土壤的影响，如果此时抚育工作不到位，幼苗很难熬过这一阶段，造成幼林的成活率低，而新补充的幼苗得不到及时的抚育管理，长久下来就会形成恶性循环。人工造林只是林业成长的最初阶段，幼苗的成活率关键在于后期的抚育管理，经过良好抚育管理的幼林成活率通常较高，并且经过人工的精心抚育，林木还具备快速成长的优势，极大地促进林木成形。幼林抚育的方法，因造林地环境条件、土壤条件和造林方法不同而不同，可以有效地对造林地的土壤及其天然草被、灌木直接进行人为干涉，用来改善幼苗成活和生长发育的环境条件。及时有效的幼苗抚育管理，能清除掉幼林成长周边的杂草和灌木，减少非林木对幼林生长资源的抢夺，并且清除的杂草可作为肥料提供幼林成长所需的养分，使幼林得到良好的生长，并迅速达到郁蔽。因此，在幼林成长过程中，抚育管理十分重要，及时排除影响幼林生长过程中的干扰因子，能保证幼林的健康成长。

过去做了大量的试验研究，并已得到部分推广。兰玲等在油茶林地内使用草甘膦进行杀除黄茅、五节芒等恶生杂草的试验，试验结果表明，草甘膦最佳用量为1.5kg·hm^{-2}，较好用量为1.8kg·hm^{-2}和1.2kg·hm^{-2}；进行两次喷药可以彻底除草，间隔期2个月；杂草内吸传导草甘膦破坏杂草生长优势致死时间为6h，15d后草根枯死。邓庭顺对杉木杂草进行了草甘膦除草效果的试验研究，结果表明，除草性杂草用0.2%液即可收敛，除白茅宜用0.5%～0.7%液，除五节芒宜先劈后施药，效果更好，浓度在0.7%～0.9%；化学除草较人工除草省工省钱，能抑制杂草再萌发，可广泛推广使用。在幼林化学抚育中广泛运用的除草剂主要有草甘膦、调节膦、2,4-D丁酯、百草枯、磺草灵等[124]。近年来，福建省永泰大湖国有林场的许建忠[140]对草甘膦进行了研究，实践表明，以除草效果90%以上为标准，30%草甘膦铵盐水剂防除不同植被的每亩经济用量分别为：白茅500mL、铁芒萁300mL、杂竹700mL。幼林抚育使用化学除草，与人工除草相比，提高劳动效率和节约抚育成本分别为5倍和56%左右。通化县大安林业站的逄金海、王吉顺[141]对草甘膦和百草枯在幼林抚育方面进行了研究，在红松、落叶松和樟子松等几种幼林中实验。结果表明，百草枯喷后当天见效，植物从叶部开始发黄，逐步延伸于根部，使全株死亡，只有部分如色树仍有萌发能力，但可延缓其生长1个月，杀草率达92%。适用于灌丛地改造抚育。草甘膦喷后10d见效，能使大部分植物致死，对部分木本的效果差，适用荒地造林抚育。除了对于药剂除草效果的研究外，江西省永新县七溪岭林场的贺利中、谭坚、龙塘生、龙建平、肖小辉、吴清华、李天成、周素明、陈伟、王小峰和尹光剑[142]研究了除草剂对未成林造林地植被物种组成的影响，结果表明，与传统除草方式相比，化学除草抚育后，未成林造林地非经营目的植被种类和群落结构发生了变化，多数杂草和灌木的权重发生了根本改变，高大、严重危害目的树种生长的植被（如五节芒、芒、箬竹等）被矮小、对目的树种生长影响较小的植被（如野茼蒿、藿香、苦菜、鼠曲草、委陵菜等）取代，林地生产力得到恢复，改善未成林造林地土壤的肥力状况，提高林地的生产潜力，实现未成林抚育效益的最大化。

5.4.4.4 林用除草剂存在的问题

在化学除草剂推广应用中出现的一些问题，需要引起我们的注意：①杂草抗药性问题；②降解产物对作物发生为害；③对后茬作物的影响。林业化学除草除了上述问题外，在许多方面还存在一定的差距：①除草剂的品种和剂型多样化不够。由于林业上杂草种类多，有一年生的、多年生的，还有多种多样的杂灌木，因此，林业除草需要多种多样的除草剂及不同的剂型，而我国只有草甘膦和除草醚等为数很少的几个品种。②在林业化学除草的应用领域上尚有差距。我国还不够重视在森林生态系统演替和调控方面使用除草剂。③对除草剂消灭杂草的作用机理研究。对施用除草剂后对环境的影响研究得还不够，没有积累足够的资料。

5.5 卫生用农药

我国《农药管理条例》中对农药定义为：用于预防、消灭或者控制危害农业、林业的病、虫、草和其他有害生物以及有目的地调节植物、昆虫生长的化学合成或者来源于生物、其他天然物质或者几种物质的混合物及其制剂。从《条例》看，除了用于农业和林业用的农药外，属农药范畴的还有用于预防、消灭或者控制人和动物生活环境的蚊、蝇、蜚蠊等，及蛀虫、尘螨、霉菌和其他有害生物的卫生用农药，还有预防、消灭或者控制危害河流堤坝、铁路、机场、建筑物和其他场所的白蚁等有害生物，也还有木材防腐或保鲜剂等。

按我国现行政策，通常按农用（大田）和卫生用农药两大类进行管理，一般将非耕地、林业、草坪、花卉等场所用农药及杀鼠剂、杀螺剂等都归属在大田用农药，把仓库、建筑、堤坝、木材等场所用农药及防蛀剂、驱避剂等都归属在卫生用农药名下。

为了人畜健康和环境安全，我国的卫生用农药规定不能用高毒、剧毒的农药原药加工卫生杀虫剂产品；对室内用卫生杀虫剂制剂产品一般控制在低毒以下；对用于卫生杀虫剂的有效成分和限量，是参考 WHO 推荐的名单和用量；对部分农药进行了限制使用，如毒死蜱、二嗪磷、三氯杀虫酯、仲丁威等；我国遵循和履行斯德哥尔摩公约，为取代氯丹、灭蚁灵等有害持久污染物，积极推进登记对环境友好、高效、低毒的产品；我国实施蒙特利尔协定书，在杀虫气雾剂产品中已经全部淘汰氟里昂，为保护环境、保护大气层和保护地球起到中国的责任。为保证儿童的安全，部分产品的外形和名称等做出了限定要求。如笔剂的外观应区别于粉笔形状；对毒死蜱饵剂要求必须做成儿童触摸不到的饵盒；不能采用儿童喜欢的玩具形状的产品；不宜采用儿童熟悉的卡通人物或动物的名称为商品名，避免产生误解；在防蛀剂的标签上，要求标注使用限量和“忌食、远离儿童”等文字；在家庭用的产品标签上，增加了必要的警示语，如：注意通风、远离儿童、用后洗手、对过敏者慎用、对鱼和蚕有毒等。

我国卫生用农药主要应用在杀虫领域，把非农用除草剂（如非耕地、林地、球场、草坪、庭园、苗圃等）规划到大田农药管理范畴，杀菌剂暂还处于启蒙阶段，在国际上杀菌剂的用途更为广泛。目前，我国卫生用农药产品主要用于室内，室外用品种较少，主要防治蚊、蝇、蜚蠊；防治蚂蚁、白蚁、跳蚤的品种不多，防治红火蚁、尘螨、臭虫的品种就更少；尤其是预防型防治白蚁的品种不多，随着天气变暖、白蚁北迁，尤其是我国南方新建筑物需要防治白蚁的长效预防型产品；防蛀、驱避和个人护理产品虽然已起步，但品种还是偏少；木材防腐登记的产品更是寥寥无几。而实际在我国 90%以上的室外用木材防腐剂是已在 30 多个国家和地区禁/限用的铜铬砷（CCA）类产品，我国的防腐木材比例低，与发达国家相比差距较大，但木材防腐类的相关标准出台的还较多［如《木材防腐剂》（GB/T 27654—2011），《木材防腐剂性能评估的野外埋地试验方法》（GB/T 27655—2011），《木材防腐剂对腐朽菌毒性实验室试验方法》（LY/T 1283—2011）等］。

新中国成立初期开展“除四害、讲卫生”的爱国卫生运动，为防治有害生物、减少传染病，起到了巨大的作用。随着气候演变、城市化推进、有害生物繁衍、变迁和密度的不确定因素加大[143]，近年来一些新发蜱媒传染病的发生[144,145]，红火蚁的入侵[146]，臭虫、跳蚤的再猖獗[147,148]，白蚁的北迁[149~152]使有害生物防治面临新的挑战。目前，我国积极推进建设健康城市（healthy city）与卫生城镇相结合。世界卫生组织（WHO）在 1994 年定义：健康城市应该是一个不断开发、发展自然和社会环境，并不断扩大社会资源，使人们在享受生命和充分发挥潜能方面能够互相支持的城市[153]。也就是由健康的人群、健康的环境和健康的社会有机结合发展的整体，缺一不可。

在国家高度重视，各项政策、制度和相关措施到位，各级政府和防控人员的共同努力和各种药剂以及配套器械的使用的情况下，有害生物防治取得了显著的成果，大大降低了有害生物的密度，保障了人民的健康。20 世纪 50 年代，我国的农药工业刚起步，后逐渐开始生产有机氯、有机磷及氨基甲酸酯类产品，但品种、剂型相对单一。随着改革开放，菊酯类农药的引进改变了农药产品的结构，农药工业崛起，各类农药迅速发展，一些品种已进入国际市场。1982 年实施农药登记管理制度，生产和进出口农药须进行登记。

1997 年《农药管理条例》出台，《条例》中农药指预防、消灭或者控制蚊、蝇、蜚蠊、鼠及危害河流堤坝、铁路、机场、建筑物和其他场所的有害生物。卫生用农药指防治人和动物生活环境及自然环境中卫生害虫的农药。卫生用农药的登记数量和生产量迅速增加，突破年登记数量过百的纪录，近期增长平缓、接近稳定水平。截至2012年底，我国有800多家企业，取得2200多个卫生用农药产品的登记，其中气雾剂、蚊香等产品发展较快。

现在，全球都在关注疟疾的防治，从2010年我国就实施全国消除疟疾行动十年计划，2008年前疟疾每年有上万例发病人数，近4年已降到千例；乙肝的死亡人数也呈现下降趋势，每年从百位数降到了十位数，2013年是登革热爆发年，虽然在8～11月就有几千人发病，却无死亡病例。防治有害生物不仅是疾病防控的主要措施，也是保证人们健康、改善环境质量的重要工作。

卫生用农药主要有五大剂型（气雾剂22%、蚊香17%、电热蚊香液9%、电热蚊香片和饵剂各8%），占卫生用农药产品的64%。环境友好剂型（悬浮剂和长效防蚊帐等）悄然兴起，防蛀、驱避和木材防腐类等产品、新有效成分及各种剂型产品不断面世。从使用范围可大致分为公共卫生、居民和个人防护使用3类，从使用方法可大致分为稀释和非稀释（直接）使用2类，从销售渠道可大致分为商品化和专业化2类。

目前，使用化学农药是有害生物防治的主要措施。我国登记产品中，用于防治蚊及其幼虫的产品占卫生用农药的52.7%（有20多种剂型，长效蚊帐的登记有力促进了疟疾的防治），蝇及其幼虫占16.6%，蟑螂占19.5%，蚂蚁占3.5%，蛀虫占2.7%，白蚁占2.2%，红火蚁占0.1%，跳蚤占1.7%，臭虫占0.3%，螨、尘螨占0.43%，蜱占0.05%，其他占0.22%。现在卫生用农药已走进千家万户，已成为家庭和公共场所不可缺少的用品。

卫生用农药一般分为公共卫生用产品和居民用产品以及个人防护用产品。公共卫生用产品或称公共环境用，一般多需稀释，用于公共环境室内外，主要由专业或有害生物防治公司（PCO）人员使用。近年来，为推进媒介生物防治工作，产品种类迅速增加，目前已登记300多个产品。其占市场份额暂不如居民用产品多，但使用量大，与改善环境和保障居民健康密切相关，影响较大，需关注其使用剂量及健康风险。其中悬浮剂、可湿性粉剂、乳油、水乳剂、微乳剂和微囊悬浮剂等13种剂型需稀释，颗粒剂、粉剂、饵剂和浓饵剂等剂型无需稀释。悬浮剂登记数量最多，占公共卫生用农药产品的32%，可湿性粉剂占17%，乳油占13%，水乳剂占12%，微乳剂占10%。需稀释剂型的施药方式主要有滞留喷洒和空间喷雾，近年来用于热雾和超低容量喷雾的产品发展较快。公共卫生用产品防治的靶标主要有蚊（蚊幼虫）、蝇（蝇幼虫）、蜚蠊、蚁、鼠和钉螺等。其中大部分产品用于防治蚊、蝇和蜚蠊；吡虫啉、联苯菊酯、毒死蜱、氰戊菊酯、氯菊酯、氟虫腈、虫螨腈和伊维菌素等用于防治白蚁；吡丙醚、倍硫磷、双硫磷、苏云金杆菌以色列亚种（*Bacillus thuringiensis israelensis*）、球形芽孢杆菌（*B. sphaericus*）和醚菊酯等用于防治幼虫；四聚乙醛和杀螺胺乙醇胺盐等用于防治钉螺。公共环境用产品的有效成分有46种，其中高效氯氰菊酯登记数量最多，占32%，其他依次为氯菊酯、高效氯氟氰菊酯、顺式氯氰菊酯等，近年氟虫腈和吡虫啉发展迅速。

关于卫生用杀虫剂，公共卫生用农药有42种有效成分，大部分都是在WHO推荐的名单上，从登记数量看，最多的是高效氯氰菊酯（占32%），其次是氯菊酯（占10%）、高效氯氟氰菊酯（占8.7%）、残杀威（占8.3%）、顺式氯氰菊酯（占8%），再就是氯氰菊酯（占7%）、胺菊酯（占6%）、溴氰菊酯（占5.6%）、联苯菊酯（占4.3%），正在迅速发展的氟虫腈（占5%）和吡虫啉（占3.6%），其他（占1.5%）。

这类产品共有16种剂型，其中需要稀释的剂型有悬浮剂（SC）、可湿性粉剂（WP）、乳油（EC）、水乳剂（EW）、微乳剂（ME）、微囊悬浮剂（CS）、可溶液剂（SL）、水剂（AS）、水分散粒剂（WG）、可分散片剂（WT）、泡腾片剂（EB）共11种；热雾剂（HN）、超低容量液剂（UL）是使用方式的剂型，一般可直接或稀释使用；不需要稀释的剂型有颗粒剂（GR）、块剂（BF）和气体制剂（GA）共3种。从登记产品剂型的数量看，最多的是悬浮剂，占公共卫生用农药产品的32%，其次是可湿性粉剂占17%、乳油占13%、水乳剂占2%、微乳剂占10%，还有热雾剂4%、微囊悬浮剂3%、颗粒剂3%，以及水分散粒剂、可溶液剂、气体制剂等。

从登记产品的防治生物靶标看，大部分产品用于防治蚊、蝇、蟑螂；防治白蚁的有联苯菊酯、吡虫啉、氟虫腈、毒死蜱（2004年美国就停止在新建住宅和建筑物中作为杀白蚁剂使用[154]）、氯菊酯、氰戊菊酯、S-氰戊菊酯等，虫螨腈（chlorfenapyr）是近些年批准防白蚁的新品种；防治幼虫的有吡丙醚、倍硫磷、双硫磷、氟酰脲、苏云金杆菌以色列亚种、球形芽孢杆菌等；防治钉螺的有杀螺胺乙醇胺盐、四聚乙醛等（这类产品在我国归大田管理）；用于木材防腐的有硼酸、硼酸锌、四水八硼酸二钠、硫酸铜等。但防治蜱、蚋（黑蝇）、虻、白蛉、蜘蛛等及不愉快害虫的产品还是比较缺乏的。

公共卫生用农药产品的一些注意事项：一要配方合理，由于这类产品中有的是从大田农药转化而来的，可能缺乏对有害生物防治特点的研究，缺少技术含量，要根据靶标生物的特性，科学防治。二要加强安全理念，以最低剂量达到有效作用。三要建议采用环境友好型剂型，淘汰、减少落后剂型；另外，滞留喷洒效果的差异一般除与有效成分有关外，还与剂型有关；现已有不少具有特色的剂型，如微囊悬浮剂CS、浓饵剂CB等都是我国的新剂型，超低容量液剂和热雾剂在配方和使用方式上还有较大的提升空间。四要加强助剂管理，对人或环境存在风险或安全隐患的助剂将要逐步更新，替换为环保型助剂，这也是国际上比较关注的问题。根据农业部、国家发展和改革委员会946号公告[155]，需要稀释使用的产品要执行此公告，按含量梯度设定和间隔值确定的原则应量取整数；根据农业部1158号公告[156]，有效成分含量，原则上统一以质量百分含量（%）表示。

还需要关注有害生物对农药的抗性，蝇、蜚蠊等都有对敌敌畏、溴氰菊酯、氯菊酯、氯氰菊酯和残杀威等农药产生抗性的报道[157,158]。研制产品时需要考虑各种农药的作用机理，以及击倒和致死作用的关系，采用复配方法或利用不同剂型，在产品丰富的情况应有计划地考虑轮换使用不同类型的农药，延缓抗性发展。

关于卫生用杀鼠剂，目前，我国已有13种杀鼠剂取得登记，其中7种是在WHO推荐名单上，也是我国杀鼠剂的主打产品。5种剂型［饵粒（GB）占94%、饵块（BB）占1.2%、浓饵剂（CB）占1.2%、触杀粉（CP）占1.2%、气体制剂（GA）占2.4%］，共有80多个产品（截止到2012年12月31日），还有27个原药、46个母药。其中，登记的溴敌隆占杀鼠剂的40%，溴鼠灵占29%，杀鼠醚占9%，敌鼠钠盐占9%，D型肉毒梭菌毒素占4%，杀鼠灵占2%等。由于大部分杀鼠剂的原药是高剧毒的，在我国登记时不论靶标是田鼠、草原鼠、森林鼠，还是家鼠，所有的杀鼠产品都统一在大田农药管理库中。随着经济的发展、人们生活水平的提高和安全风险和环保理念的加强，不仅需要提高产品质量，还需要确保施药中和使用后的安全，降低各种隐患，在田间地头现拌现用杀鼠剂的现象将会逐渐淡出市场。值得注意的是，部分制剂含量超出WHO名单中的最低限量，可能会存在一定的风险。现在，防治老鼠的方法有不少，对于大面积防治，一般是采用饱和投放法，在家庭使用粘鼠板的效果也不错，既安全又卫生。

关于白蚁防治产品，2015年首次尝试性评估在土壤中使用白蚁防治土壤处理产品对地下水的影响，按产品登记的最低和最高使用剂量进行处理，联苯菊酯、吡虫啉、毒死蜱、虫螨腈、氯菊酯、氰戊菊酯和伊维菌素7种农药的风险均可接受；氟虫腈乳油存在不可接受的风险，建议不要直接用于土壤处理或采取降低使用量等措施。在正确操作和使用白蚁防治土壤处理产品的前提下，按室外环境对施药者的健康风险进行评估[159]，联苯菊酯、吡虫啉、虫螨腈、氯菊酯及氰戊菊酯5种农药对施药者的风险均可被接受。由于氟虫腈和伊维菌素的日摄取容许量（ADI）很低，正常使用下对施药者存在不可接受的风险；毒死蜱在最高使用剂量下，对施药者存在不可接受的风险。建议对白蚁防治土壤处理产品尽量不选用氟虫腈和伊维菌素，也不建议在高剂量下使用毒死蜱，其低剂量使用虽风险可接受，但ADI值也偏高，建议采取一定的预防措施，如降低使用量或减少施药面积，加强保护措施，从而降低对施药者的风险。土壤处理药剂在室内实施可能属超登记范围使用，通过居民的健康风险评估，联苯菊酯、吡虫啉、虫螨腈、氯菊酯、氰戊菊酯和氟虫腈6种农药对居民的风险可接受，但毒死蜱对居住的成人和儿童存在不可接受的风险，建议不要在室内使用毒死蜱防治白蚁。由于伊维菌素无蒸气压值，暂不用于评估居民健康风险。

居民用产品主要是在室内使用，一般无需稀释，直接使用的登记数量和生产量在卫生产品中均占主导地位。其中气雾剂发展平稳，蚊香使用量减少，电热蚊香液使用量略有上升，饵剂产品发展较快，电热蚊香片、防蚊片、烟剂、长效防蚊帐和粉剂等用于防治蚊、蝇、蜚蠊、蚁、蚤、臭虫和尘螨等。防蛀剂增加了有效成分（对二氯苯、樟脑和右旋烯炔菊酯等）、扩大了防治范围（黑皮蠹、衣蛾和霉菌等），片剂、球剂和防虫罩等剂型可满足居民的生活需求。

发展饵剂。现饵剂已取得27种有效成分，近200个产品登记，其中有12种列入WHO名单，分别为硼酸、毒死蜱、杀螟硫磷、氟蚁腙、氟虫腈、残杀威、氟虫胺、噻虫嗪、甲氨基阿维菌素苯甲酸盐、吡虫啉、多杀菌素、呋虫胺，从登记数量和产量上均是主流产品，有饵剂和浓饵剂等剂型。氟铃脲、灭幼脲、丁虫腈、茚虫威、氟啶脲、诱虫烯、金龟子绿僵菌（*Metarhizium anisopliae*）、乙酰甲胺磷、蟑螂病毒［黑胸大蠊浓核病毒（*Periplaneta fuliginosa* densovirus）］、胺菊酯、右旋苯醚菊酯、溴氰菊酯、高效氯氰菊酯、顺式氯氰菊酯和啶虫脒未列入WHO名单。近3年饵剂的品种和数量发展迅速，登记数量增长>50%。其中防治蜚蠊的产品最多，占74%（毒死蜱、吡虫啉、硼酸、茚虫威、甲氨基阿维菌素苯甲酸盐、丁虫腈、残杀威和呋虫胺等）；防治蚁类的产品占13%（氟蚁腙、氟虫腈、噻虫嗪、吡虫啉和茚虫威等）；防治蝇类的产品占9%（甲基吡恶磷、吡虫啉、噻虫嗪、诱虫烯和啶虫脒等）；防治红火蚁的产品占3%（氟蚁腙、茚虫威、氟虫腈、氟虫胺和多杀菌素等）；防治白蚁的产品占1%（氟铃脲和氟啶脲等）。金龟子绿僵菌及黑胸大蠊浓核病毒等生物农药的出现丰富了饵剂新品种。吡虫啉、茚虫威、氟虫腈和氟蚁腙等具有多米诺连锁效应，有一代或多代传递破坏害虫的繁衍能力，用菊酯作饵剂需进一步探讨。饵剂产品相对环保，毒性低、用量少、污染小，见效略慢，是防治虫害效果较好的产品。

个人防护产品主要为涂抹在皮肤的驱避剂，防止蚊虫叮咬。现有3种有效成分已取得登记，分别为避蚊胺（66%）、驱蚊酯（28%）和羟哌酯（6%），其中驱蚊花露水占46%，驱蚊液占40%，驱蚊乳占9.5%，有近100个产品。鉴于驱蚊花露水的销售量相对较大，应注意其对人体的安全性及舒适度。

5.5.1 卫生用产品登记现状

1978年，国务院批准对我国农药实行登记管理，具体工作由农业部负责。1982年，在农业部等六部委签发的《农药登记规定》和农业部、卫生部联合颁布的《农药安全使用规定》中规定，卫生用农药属于农药管理范畴，应办理农药登记。1993年，农业部和商业部发布《关于加强卫生杀虫剂登记和销售管理的通知》，强调未经批准的卫生用农药产品，不准生产、销售和使用，国外产品未经批准不准进口。1997年，国务院颁布《农药管理条例》，进一步明确规定：农药应包括卫生用农药。这与WHO和FAO对卫生用农药的界定和分类是一致的。农药登记管理是指政府对农药的安全性和有效性资料等进行评审和批准的过程。一是管理已从产品质量、作用效果的评价为重点过渡到产品质量、药效和安全并重，先后通过法律或文件的形式规定禁止剧毒和高毒农药用于卫生用农药产品，撤销或限制一些具有潜在危险产品或剂型的登记，如六六六、滴滴涕和仲丁威等；二是由于卫生用农药产品的特殊性，在制定《农药登记资料要求》时，针对性地规定了对其相关的资料要求，并采取了不同于其他农药的特殊审批政策，受到广大卫生杀虫剂企业的理解和支持；三是强化市场监督管理工作；四是注重与企业的沟通，了解并解决企业存在的问题[160]。

经过多年的努力工作，卫生用农药登记管理逐步完善，并已得到了大多数企业的支持和认同。现在不仅要把好卫生用农药市场准入关，也要规范和促进卫生杀虫剂行业的发展。目前，我国已有977家企业取得了2191个卫生用农药产品的登记；卫生用农药已登记的有效成分有98个，占我国已登记农药有效成分的15.3%，其中菊酯成分占卫生用农药已登记有效成分的52.6%，菊酯的产品占卫生用农药已登记产品的88.7%；可用于卫生用农药的剂型有67个，占我国农药剂型的55%。在卫生用农药产品中使用量最大的是富右旋反式烯丙菊酯，其后依次是胺菊酯、氯菊酯、炔丙菊酯和氯氰菊酯等。

我国已成为卫生用农药生产和使用的大国，而且每年的出口量也在增加。从1978年至今，我国卫生用农药登记管理基本可以分为3个阶段。①起步阶段：1978～1996年，这8年期间，取得卫生用农药登记的有240个产品，其中临时登记198个（国内125个，国外73个）；正式登记的42个（国内9个，国外33个）。在起步阶段，一些外企公司最早迈进了中国的大门，它们给我国引进新农药品种和新剂型，促进了我国农药工业的迅速发展。②发展阶段：1997～2001年，这5年期间，取得卫生用农药登记的有1296个产品，其中临时登记的1230个（国内1142个，国外88个）；正式登记的66个（国内23个，国外43个）。在这个阶段，由于《农药管理条例》的出台，以及配套的《农药管理条例实施办法》和《农药登记资料要求》等文件的发布，在大力宣传贯彻和实施下，和国内企业积极配合，使登记管理工作迈上了一个新台阶，其登记产品有了飞跃性的发展，创造了有史以来的最新纪录。在这个阶段广东省一直名列前茅，气雾剂产品发展较快。③规范阶段：从2002年至今，卫生用农药登记的产品有740个，其中临时登记的724个（国内720个，国外4个）；正式登记的16个（国内15个，国外1个），蚊香、电热蚊香片和饵剂发展迅速。在这个阶段，在各企业和各省、市药检所的积极配合和支持下，农业部农药检定所建立了中国农药信息网，进行网络审批，不断规范审批程序和手续，提高办公自动化，正逐步向科学、严谨、公平和公正的管理水平去努力[161]。

近几年，随着市场需求和改革发展，我国卫生用农药生产企业和产品品种、数量随时都在变化。有害生物防治公司（PCO）队伍迅速发展，农用企业、化工企业、化妆品企业、境外企业及白蚁防治所等都在不断拓宽领域，加入此行列中来。截至2011年12月，我国有近300家企业，取得了2156个卫生用农药产品的登记（其中境外有105个产品，占4.9%）。室内用的产品约占77.8%，室外用的仅有12%，原药、母药类6.7%，个人护理产品3.5%。在室内直接使用的剂型主要有气雾剂（23.8%）、蚊香（20%）、电热蚊香片（8%）、电热蚊香液（7.6%）、饵剂类（饵剂、饵粒、胶饵、浓饵剂，6.1%）、喷射剂、驱蚊片、笔剂、粉剂、驱蚊帐、气体制剂、杀螨纸、杀蝇纸、涂抹剂、烟剂类（烟剂、烟片、烟雾剂，1.3%）、防蛀剂（防蛀片剂、防蛀球剂、防蛀液剂、防蛀细粒剂，2.4%）等24种剂型。需要稀释的剂型主要有乳油（1.9%）、微乳剂、水乳剂、悬浮剂（3.8%）、微囊悬浮剂、超低容量液剂、热雾剂、水剂、可溶液剂、可湿性粉剂（2.3%）、水分散粒剂、泡腾片剂12种剂型；在室外不需要稀释的主要剂型有颗粒剂和块剂等。个人护理剂型主要有驱蚊花露水、驱蚊液、驱蚊乳、驱蚊霜4种剂型。用于非农用农药的有82个有效成分，其中菊酯类农药占非农用品种的47.5%，有机磷类占12.2%，氨基甲酸酯类占4.9%，其他类占25.6%，无机类占4.9%，微生物类占4.9%。菊酯类农药产品占非农用农药已登记产品数量的71%、有机磷类占2.3%、氨基甲酸酯类占2.5%、其他类型占23%、无机类占0.8%、微生物类占0.4%。新增加的有效成分有七氟甲醚菊酯、氟虫腈、丁虫腈、甲氨基阿维菌素苯甲酸盐、茚虫威、羟哌酯、诱虫烯、硼酸锌等。近年除了拟除虫菊酯类农药的发展，还有各种微生物、植物源类等农药及驱避剂、防蛀剂、防腐剂、引诱剂等功能产品进入，扩大了使用范围和防治对象，推动我国农药产品结构的改变。2011年卫生用农药产值初步估算超过138亿元（比2008年增加50亿元），总体趋势在增加，环保友好剂型在悄然兴起，气雾剂仍在上升，蚊香有所下降，电热蚊香液略有上升，各种有效成分和各种剂型的产品类型在百花齐放。我国是13亿人口的大国，现已成为卫生用农药生产和使用大国，且每年还有大量的出口产品。但在该领域里开发新产品、淘汰和替换落后产品的同时，要提高产品质量，增强法律观念和环保意识，与国际接轨，才能应对新的挑战。

在《农药管理条例实施办法》（简称《办法》）中指出，境外及港、澳、台农药生产者，直接向农业部农药检定所提出登记申请。《办法》还指出，省级农业行政主管部门所属的农药检定机构对登记资料的初审，应当在农药生产者交齐资料之日起1个月内完成。在《农药登记资料规定》（简称《规定》）中明确，试验申请须提交原药基本资料，原药和制剂毒理学资料，药效作用方式、机理等，活性测定报告，混配目的和配方筛选报告等，及其他国家登记情况等。临时登记对≤1%的产品可不提供异构体拆分方法，须在鉴别试验中说明；蚊香含量范围不得高于标明值的40%，不低于标明值的20%，气雾剂禁用氯氟化碳类作推进剂，产品理化性质报告等；药效：活性测定报告、配方筛选报告、1年2地室内药效报告及模拟现场（室内）；1年2地现场报告等（白蚁和外环境用）；环境：室内空间释放的制剂需家蚕毒性试验报告；室外：根据特性、剂型、方法适当减免；缓慢释放剂型需土壤降解和吸附报告；菊酯/饵剂可申请减免家蚕，但标签需标注说明。

正式登记的产品化学需3批次以上常温储存稳定性报告；药效外环境需示范试验报告，

室内需使用综合报告等。需要注意，境外农药产品登记需国家级质检和方法验证报告，药效需试验申请批准的本地试验报告，毒理学和环境可提交 GLP 试验报告。卫生用农药试验单位有国家级农药产品化学检测单位、农药登记药效试验单位、环境试验单位、毒理学试验单位及农药理化性质分析测试单位。在卫生用农药领域已发布实施上百个标准，使登记管理逐步规范。

5.5.2 卫生用农药登记管理政策

（1）限用有效成分　①根据《农药管理条例》，为了人畜健康和环境安全，不能用高毒、剧毒原药加工卫生用农药产品。②用仲丁威做蚊香存在分解产物异氰酸甲酸的毒性问题，根据农药检（药政）[2000] 30 号文，不再受理含有仲丁威的卫生杀虫剂登记申请。③根据第八届第三次全国农药登记评审委员会纪要（农办农 [2008] 118 号），不同意环戊烯丙菊酯的登记和使用。④根据农业部农药临时登记评审会纪要，不批准制剂为中等毒的卫生杀虫剂在室内使用，不再批准高效氯氟氰菊酯的卫生杀虫剂在室内使用。

（2）限用助剂　①限制氯氟化碳物质作为杀虫气雾剂的推进剂。2002 年，农业部农药检定所发出《关于限制氯氟化碳物质作为推进剂的卫生杀虫气雾剂产品登记的通知》[农药检（药政）[2002] 44 号]；2007 年，《农药登记资料规定》（农业部令第 10 号）明确规定，气雾剂产品中不能将氯氟化碳类物质作为抛射剂使用。②根据农业部公告第 747 号规定，农药增效剂八氯二丙醚（S2/S421）不得继续在农药产品中使用。

（3）限定含量　根据第八届全国农药登记评审委员会第九次全体会议纪要（农办农 [2011] 63 号），采用直接使用卫生杀虫剂安全管理措施：①对卫生杀虫剂单剂产品，有效成分含量原则上不得超过 WHO 收录卫生杀虫剂产品有效成分含量上限；②对首次申请登记的有效成分，应提供产品配方的科学依据及相关安全性试验数据和风险评估报告；不再批准三元及以上有效成分的混配产品；③混剂中各有效成分含量与 WHO 推荐对应有效成分含量上限的百分比之和不能超过 100%，混剂中各有效成分含量不能超过其单剂的最高限量（即混配折百计算法）。

（4）限用剂型　①不再批准蝇香 FC 的登记和使用；②限用毒死蜱（chlorpyrifos）须做成儿童触摸不到的饵盒；③为保障儿童安全，限制卫生用产品的外观形状，不能加工成类似儿童玩具形状的产品，如杀蟑笔剂应区别于普通粉笔形状。

登记管理政策新方向。取消临时登记，新《条例》出台后将实施一步申办正式登记，这样可与国际接轨。但企业开发产品有统筹计划性，主要需要考虑 2 年的常温储存试验的衔接问题。

加强助剂管理。为确保人畜和环境的安全，新《条例》出台后将加强助剂管理。推进环保型助剂的开发，降低劣质助剂的使用，确保居室环境的清洁，让人们的生活更加舒适。

① 推进水基气雾剂的发展，各国都在关注挥发性有机物（VOC）污染的危害。美国、欧洲和中国香港对 VOC 进行限量控制。我国杀虫气雾剂主要是油基，有少量的醇基水基气雾剂，所以我国的杀虫气雾剂产生的 VOC 总量偏高。北京奥运会全部采用水基型产品控制媒介生物，开创了一条环保防治的思路和方法。现在各种大型活动也几乎都仿照其模式进行，并取得较好的效果。②鼓励开发环保新剂型，近年，国内外创制了许多新剂型，如长效蚊帐、杀螨纸、挂条、驱虫纸等，这些新剂型都符合低碳经济的发展要求，如通过空气流动

驱动有效成分挥发的产品，可节省能源，减少污染。我国作为世界最大的发展中国家要转变理念，向着安全环保友好的方向发展，加强农药助剂管理，不断开发新产品，淘汰和替换落后产品，提高农药和农产品的质量，确保人类和环境的安全，为中国和世界的蓝天而努力。

提高产品的科学性。提高产品的技术含量，配方要有科学性。“最低有效剂量”是国际推行提高农药产品使用安全的有效管理方式之一，尤其是对室内不需要稀释使用的产品的含量，在达到可接受的防治效果的前提下，推荐使用最低剂量。美国对使用有效剂量低的产品为A级，而我国强调杀虫效果，以药效高为A级，在药效评价体系上，与国外存在较大差异。我国卫生杀虫剂登记产品的有效含量不断增加，不仅易促使抗性发展，缩短农药寿命，且增加对人类、有益生物和环境的潜在风险。在国际农药管理领域已引入农药生命周期的理念（life cycle management），贯穿于农药风险评估过程。全程综合科学管理的目的就是减少农药对人体健康和环境的影响。其实一个农药的生命是有限的，应让它为人类发挥最有效的作用，鼓励开发生物源农药等低风险类农药，优化农药品种结构；改进剂型和施药技术，有计划地减少农药用量，科学用药，降低农药风险，更好地保障公众健康和环境生态安全。

加强安全风险评估。将启动产品安全风险评估程序，加强新农药、第一次在室内、户外和个人防护上使用的新剂型、新使用方法登记的审批，以确保人畜安全。不需要稀释的家用卫生用农药主要在室内环境使用，易接触儿童等敏感人群，因此，提高这类产品的安全性尤其重要。要关注它对使用人群的接触时间和暴露量等，还需要考虑室内空气中的浓度。

单制剂。①列入WHO名单中的农药。在WHO推荐家用农药名单中列出气雾剂和蚊香等主要剂型中大部分有效成分的含量范围，我国可采用借用方法，参考名单中已有农药规定的最高含量作为限量标准。②未列入名单中的农药。采用靠/套政策。a. 对名单中没有的部分农药，建议暂时参考名单上其相同母体化合物、相近有效成分或仅为异构体比例不同的农药限量。这种靠套政策的缺点是没有体现光学异构体农药活性的差异，优点是根据其母体化合物和相似结构对名单没有的农药进行简单归类管理，给予较宽泛的规定。b. 尝试进行风险评估。由首家开发企业和试验单位根据产品的最低有效剂量研制等资料，提交推荐使用范围或限量，进行综合评价和风险评估。如，我国首次登记的七氟甲醚菊酯蚊香，由试验单位摸索出具该产品的最低有效剂量和最高安全剂量的研制报告，并尝试采用安全风险暴露评估模型计算。0.02%七氟甲醚菊酯蚊香对成人的MOE＞100［农药职业健康风险评估中暴露安全界限值（margin of exposure，MOE）或安全系数（margin of safety，MOS）为100］，初步认为风险可控。但由于是第一次进行探索性暴露评估模型评估，还需要进一步研究各项因子的设置和影响关系。对家用卫生产品不仅要考虑吸入问题，可能还会存在经口、经皮等暴露途径，不排除有吸附的可能。其实，毒理学测定方法的科学性和数据的可靠性也极为重要，它直接影响安全风险暴露评估的结果[162]。c. 对已登记的产品建议可采用“前例规则”来研制各剂型的限量，即参考同类农药在相近药效下的剂量，当然也可选择其他科学的测定方法，使我国卫生用农药的管理更规范。

混配制剂。目前，不论是大田还是卫生用农药制剂都在向多元化发展，并已成为我国农药行业的趋势。根据我国第八届第九次会议农药登记评审委员会纪要，对卫生杀虫剂单剂产品，有效成分含量原则上不得超过WHO收录的卫生杀虫剂产品有效成分含量的上限；对首次申请登记的有效成分，应提供产品配方的科学依据及相关安全性试验数据和风险评估报告；不再批准三元及以上有效成分的混配产品；混剂中各有效成分含量与 WHO 推荐对应有效成分含量上限的百分比之和不能超过 100%；混剂中各有效成分含量不能超过其单剂的最高限量。采用 WHO 推荐家用卫生用农药使用最高限量和新产品最低有效剂量进行含量折百计算方法，是目前具有可操作性的临时管理措施，用这种方法可对混配制剂的含量进行限制性管理，以确保产品的使用安全。

5.6 杀线虫农药

5.6.1 概论

植物寄生线虫的数量大，寄主多，环境抗逆性强，针对性药物少，难以根除，容易出现连续感染，造成比较大的经济损失。随着环境条件和耕作制度的变化，植物寄生线虫的发病日趋严重，特别是根结线虫，根结线虫已经成为仅次于真菌类病害的又一大农业病害。在温室大棚蔬菜栽培中，因连作现象较为普遍，根结线虫全年都能发生病害，发病程度远远大于大田。2017 年，新疆甜菜根结线虫导致巨大的损失。此外，线虫作为土传病害，容易随着现代机械化作业器具传播，例如，小麦孢囊线虫随着小麦收割机的地区移动作业进行传播。谷物、苗木的跨地区交易，以及进出口都容易传播线虫，传播途径多样，难以防治。由根结线虫造成的损失比其他植物寄生线虫造成的大，主要原因有以下几个：根结线虫在全世界范围内都有分布；每个作物生长季都有几代线虫，线虫的生活史短，繁殖力强；寄主种类广泛，被根结线虫侵染的寄主容易感染其他病原微生物。

线虫的化学防治自 20 世纪以来就是根结线虫防治的中流砥柱，但是从 1979 年出于对环境和人类安全的考虑，已经逐步减少了 1,2-二溴-3-氯丙烷（DBCP）的使用，到 1981 年，美国环境保护署（EPA）取消了 1,2-二溴-3-氯丙烷在所有作物作为熏蒸剂使用的登记。其他许多类似的卤代烷烃类杀线虫剂也遭受了相同的命运，相继被美国和欧盟（EU）禁用。1992 年，《蒙特利尔议定书》（《蒙特利尔破坏臭氧层物质管制议定书》）决定，由于溴甲烷破坏臭氧层，2005 年 1 月以后，美国和西欧将禁止进口和生产溴甲烷。2004 年 12 月 23 日，美国环境保护署发布了关键用途豁免配额分配的规则。环境保护署每年征求溴甲烷用户关于关键用途豁免的申请。传统的熏蒸剂主要是卤代烃类、二硫化碳、异硫氰酸酯类，卤代烃类主要包括溴甲烷、三氯硝基甲烷、碘甲烷和 1,2-二溴-3-氯丙烷（1,3-D）。威百亩和棉隆在田间代谢后释放甲基异硫氰酸酯。三硫代碳酸酯作为一种无机熏蒸剂，区别于卤代烃类杀线虫剂，该化合物受土壤湿度的影响，在土层中分布，分解释放二硫化碳，起到杀线虫作用。熏蒸剂广义上讲，除了杀线虫功能外，还具有杀虫、杀菌、除草等功能，但是由于其使用成本高于其他类的药物，一般用在经济价值较高的作物上。非熏蒸剂由于其没有广谱的活性，在控制线虫数量方面没有熏蒸剂的效果好。非熏蒸剂通常制剂成颗粒状或者液体药剂，该类包括涕灭威、杀线威、灭线磷、苯线磷、克百威、噻唑膦、特丁磷，在田间和温室都具有杀线虫活性。该类杀线虫剂在全球范围内广泛应用，但是在美国以及欧洲已经取消了其登记。该类杀线虫剂必须通过水相施药在土壤中移动，主要分为有机磷类和氨基甲酸酯类，该类药物作用于乙酰胆碱酯酶从而抑制线虫的活性。但是该类化合物容易被微生物降解，持效期短，要重复用药，并且残留比较严重，一般毒性都很大，基本都被限制登记使用。

据有关资料显示，2011年，全球杀线虫剂的销售总额约为10亿美元，其中化学杀线虫剂的销售总额最大，约占55%；美国、巴西和日本是当前世界排名前三的杀线虫剂市场，杀线虫剂市场在未来几年还将继续扩大，中国有望成为第四大市场。世界各国对线虫防治工作非常重视。

5.6.2 根结线虫简介

线虫（nematodes），又称圆虫或蠕虫，属于线形动物门线虫纲，是一类低等无脊椎动物，具有假体腔，是动物界种类最丰富的类群之一，在陆地、海洋和淡水中普遍存在[163]，甚至在沙漠或北极这样的极端环境中也能发现[164]。有记载的物种超过28000个，其中约有16000多种是寄生性线虫[165]，能寄生在许多植物及包括人类在内的动物体内，是一类危害动植物的重要病原体。

植物寄生线虫（plant-parasitic nematodes）广泛寄生于包括种子在内的植物的各种组织，多寄生于植物的根部[166]，依据生活方式和取食习惯的不同，可以分为定居型外寄生线虫、定居型内寄生线虫、迁移型外寄生线虫和迁移型内寄生线虫四大类。植物寄生线虫种类繁多，几乎遍布世界各地，每年给全球作物造成的经济损失超过1570亿美元[167]，农业上常见的植物寄生线虫见表5-7[168]，危害性较大的为根结线虫（*Meloidogyne* spp.）、孢囊线虫（*Heterodera* spp.）和球孢囊线虫（*Globodera* spp.）等内寄生线虫，其中尤以根结线虫的危害最为严重。

表5-7 农业上常见的植物寄生线虫

纲	目	科	属
侧尾腺纲 Secementea	滑刃目 Aphelenchida	真滑刃线虫科 Aphelenchidae	真滑刃属 *Aphelenchus*
		滑刃线虫科 Aphelenchoidiae	滑刃属 *Aphelenchoides*
			伞滑刃属 *Bursaphelenchus*
	垫刃目 Tylenchida	粒科 Anguinidea	茎线虫属 *Ditylenchus*
			粒线虫属 *Anguian*
		垫刃科 Tylenchidae	垫刃属 *Tylenchus*
		矮化科 Tylenchorhynchidae	矮化属 *Tylenchorhynchus*
		短体科 Pratylenchidae	穿孔线虫属 *Radopholus*
			短体线虫属 *Pratylenchus*
		异皮科 Heteroderidae	根结线虫属 *Meloidogyne*
			胞囊属 *Heterodera*
			球胞囊属 *Globodera*
	三矛目 Triplonchida	毛刺科 Trichodoridae	毛刺线虫属 *Trichodorus*
无侧尾腺纲 Adenophorea	矛线目 Dorylaimida	长针科 Longidoridae	长针属 *Longidorus*
			剑属 *Xiphinema*

根结线虫（root-knot nematodes，*Meloidogyne* spp.），属于垫刃目（Tylenchida）、异皮科（Heteroderidae）、根结线虫属（*Meloidogyne*）[169,170]，是危害最严重的植物寄生线虫之一[171,172]。自 1855 年 Berkely 在黄瓜上首次发现根结线虫以来[173]，全球已有 97 个有效种被发现，其中引起作物病害的常见种有南方根结线虫（*M. incognita*）、花生根结线虫（*M. arenaria*）、爪哇根结线虫（*M. javanica*）、北方根结线虫（*M. hapla*）、象耳豆根结线虫（*M. enterolobii*）和哥伦比亚根结线虫（*M. chitwoodi*），而前 4 种在世界范围内最为普遍，是根结线虫的优势种，约有 95%的根结线虫病害是由它们引起的[174]，尤其是南方根结线虫[175]。

5.6.2.1 根结线虫的生活史

根结线虫完成一次侵染循环过程即为一个生活史周期（图 5-4[173]）。在适宜的环境条件下，虫卵在卵囊内先发育为一龄幼虫（J1），一龄幼虫在卵内经蜕皮发育成二龄幼虫（J2），二龄幼虫破壳进入土壤中。活动的二龄幼虫通过头部的化感器接受植物根系渗出物的刺激，诱使其向着根部移动[176,177]，此类渗出物包括 CO_2、氨基酸、糖类物质及其他植物代谢产物[178]。当二龄幼虫到达植物根部时，会用口针刺穿根部而侵入根内（通常为伸长区），虫体继续移动到达代谢活跃的根尖鞘区域，旋转 180°后进入维管束，再向上移动直至到达分生区。在分生区内，二龄幼虫一般会选择近木质部的 5～7 个原生形成层薄壁细胞[179]，先用口针去刺细胞壁，并分泌纤维素内切酶、木聚糖内切酶、果胶酸裂解酶、聚半乳糖醛酸酶等多种酶使细胞壁部分降解[180,181]，口针进而刺穿细胞壁并将食道腺分泌物注入待取食的细胞，形成取食管（图 5-5[182]），诱导取食管附近的细胞发生有丝分裂（细胞核重复分裂，而

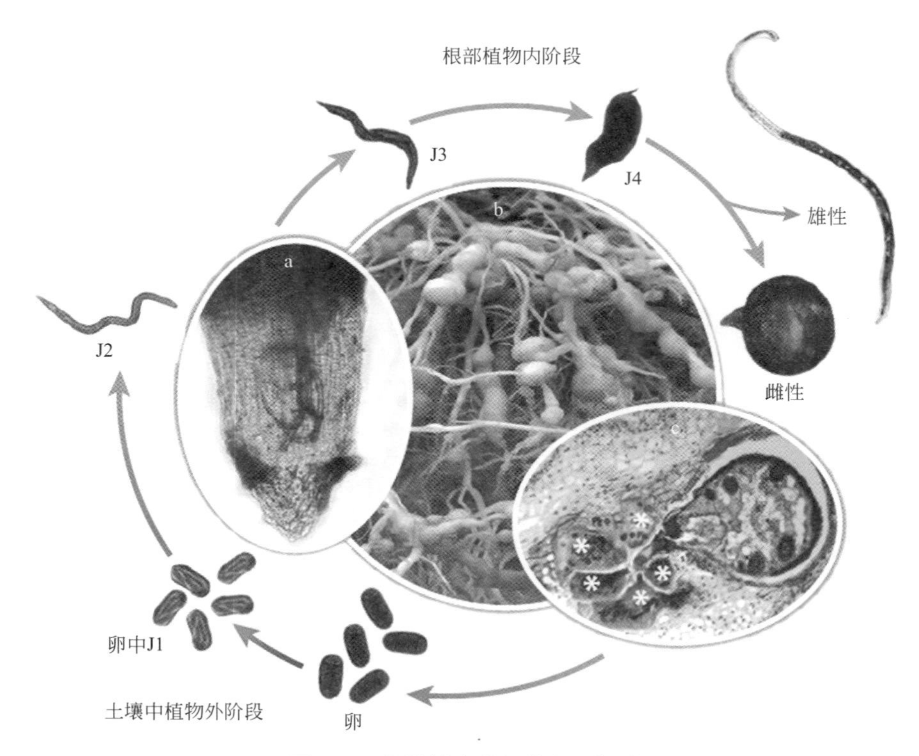

图 5-4 根结线虫的侵染循环[173]

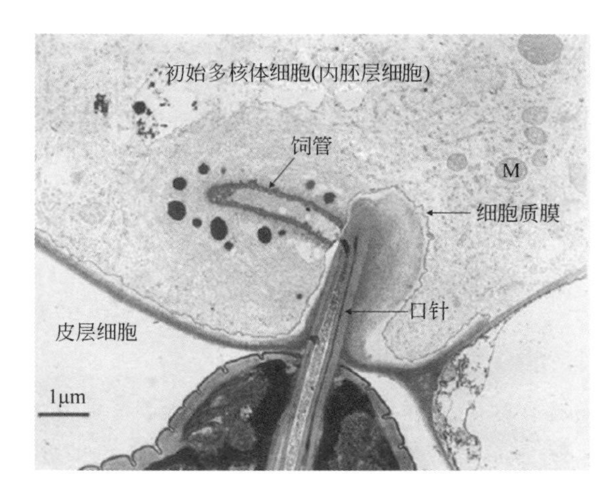

图 5-5　根结线虫取食管的形成[188]

细胞质不分裂），使被取食的细胞体积膨胀，形成多核的巨细胞[183,184]，成为虫体生长发育所需的唯一营养来源。根结线虫在确定取食位点后，由于能刺穿巨细胞壁而通过口针吸取细胞质内的营养物质[185]，虫体会急剧膨胀，肌肉组织会随即退化而丧失活动能力。另外，在根结线虫取食过程中，巨细胞周围也会伴随有原生韧皮部的形成，并能继续增生长大[186]，使植物根部产生独特的含有巨细胞的假体组织——根结。二龄幼虫在摄取了足够的营养物质后，会经历 3 次蜕皮（二龄幼虫 J2→三龄幼虫 J3→四龄幼虫 J4→成虫），最终发育成熟。

在根结线虫的整个生活史中，一龄幼虫在卵内不进食，三龄幼虫和四龄幼虫口器弱化，也不进食，只有二龄幼虫和雌成虫是进食的，一般雌成虫虫体较二龄幼虫会增大超过 500 倍，肿胀呈梨形。雌成虫产卵于胶质卵囊内，外露于根结表面，卵囊既能为虫卵提供水分和营养物质，也能保护虫卵使其免受外来细菌、真菌等的影响[187,188]。卵在土壤中又能孵化成二龄幼虫，进而开始下一个世代，对寄主根系进行再次侵染，如此反复，完成多个世代的繁殖。根结线虫一个生活史周期约为 20～40d，周期的长短则取决于环境条件和寄主种类[189]。

5.6.2.2　根结线虫的发病条件

根结线虫病的发生与土壤温度、湿度及土质等环境条件密切相关，其中温度的影响最为显著。一般情况下，根结线虫的最适宜生长温度为 25～30℃[190]。平均地温为 26℃时，根结线虫完成一代只需 21d，5℃以下或 40℃以上，根结线虫几乎会停止侵染活动，而温度超过 55℃，10min 内便能将其幼虫杀死[191]。土壤湿度能影响根结线虫在土壤中的活动能力，土壤持水量在 40%～70%最为有利，过干或过湿都会使其活动能力下降，故在多雨年份根结线虫发病较轻。此外，土质情况也能影响根结线虫的活动能力。土壤 pH 在 4～8 时最适宜线虫活动，沙质土壤结构疏松，透气性好，能为线虫活动提供充足的氧气，非常有利于线虫的生长和繁殖，而潮湿、板结的黏质土壤则不适合线虫生存，故在 pH 为 4～8 的沙质土壤中根结线虫发病较为严重[192]。

除了环境条件外，耕作制度也是影响根结线虫发病程度的重要因素。若在同一地块连年种植同一种作物，由于寄主种类未变，增加了线虫对寄主的适应性，为线虫提供了相对稳定的食物来源，有利于线虫的大量繁殖，虫口基数会逐渐变大，进而对作物造成严重危害[193,194]。在温室大棚蔬菜栽培中，连作现象较为普遍，根结线虫全年都能发生病害，发病程度远远大于大田。

5.6.2.3 根结线虫的危害症状

根结线虫的寄主范围广泛，超过 3000 种植物，包括蔬菜、果树、谷物和观赏花卉等[195]，尤其是对葫芦科、茄科和十字花科等蔬菜危害严重，一般会造成 30%～50%的产量损失，严重时可达 75%以上[196]。据统计，2009 年根结线虫给全球作物造成的经济损失超过 1000 亿美元[197]，根结线虫已经成为仅次于真菌类病害的又一大农业病害。根结线虫主要侵染植物的侧根或须根，其危害特点表现在以下方面。

首先，根结线虫取食会对寄主根部造成机械损伤，且其食道腺分泌物能破坏根部细胞正常的代谢功能，使根部发育畸形，产生瘤状根结，导致根系获取水分和营养物质的能力降低，使得地上部分生长缓慢，发育不良，叶片暗淡发黄，近底部的叶片极易脱落，植株矮小、瘦弱，果实品质和产量下降，严重时会枯萎死亡，造成绝产。

其次，根结线虫侵染根系所造成的伤口，为土壤中其他病原微生物（如细菌、真菌）的复合侵染提供了便利[198]，导致根系加速腐烂，病情加重。根结线虫病常与枯萎病、黄萎病、立枯病、青枯病等土传病害共同发生[199]。

5.6.3 根结线虫的防治

由于根结线虫病害的症状较为隐蔽，在发病初期与缺水、缺肥症状类似，一般很难被发现，只有在后期严重时才明显表现出来，因而，有效防治根结线虫存在一定的难度。目前，根结线虫的防治方法主要有农业防治、物理防治、生物防治和化学防治。

5.6.3.1 农业防治

（1）轮作　通过与抗（耐）根结线虫的作物轮换种植，可以有效减轻线虫病害的发生。Belair 研究发现，通过胡萝卜与洋葱、大麦进行不同方式的轮作，有效减少了北方根结线虫对胡萝卜的侵染，胡萝卜产量实现大幅提高[200]。Talavera 等将番茄易感品系与抗病品系进行轮作，易感品系中北方根结线虫的虫口数量相对减少 90%，效果显著[201]。一般选择远缘科、属间的作物进行轮作，轮作时间应在两年以上，有条件可进行水旱轮作，防治效果更好。

（2）清除病残体及杂草　及时并彻底铲除前茬作物的病死植株及其残根[202]，集中暴晒[203]或焚烧处理，对使用过的农具进行消毒，并在后茬作物播种前深翻土壤至 30～40cm 处，可有效避免根结线虫的二次侵染。另外，许多杂草是根结线虫的优良寄主[204]，及时清理杂草也是十分必要的。

（3）选育抗病品种　利用不同作物对根结线虫抵抗和耐受力不同，借助传统技术或转基因技术可以培育出抗病品种。研究表明，番茄对南方根结线虫的抗性与 *Mi* 基因有关，利用 *Mi* 基因培育抗性番茄品种是一种较为有效的线虫防治方法[205,206]，缺点是 *Mi* 基因对温度敏感且不抗北方根结线虫[207,208]，限制了其在农业生产中更广泛的应用。

（4）抗性砧木嫁接　砧木嫁接是蔬菜生产中一种常用的根结线虫防治措施。一般选择具有抗根结线虫能力的蔬菜砧木进行嫁接育苗，嫁接苗利用砧木的抗逆性，可增强自身的抗病防虫能力。常用的黄瓜砧木有棘瓜、黑籽南瓜和火凤凰等[209]，番茄砧木有托鲁巴姆、曼陀罗等[210]。

(5) 土壤改良 在作物生长的适当时期，通过追施生石灰、碳酸氢铵等碱性肥料来改变土壤的 pH，同时增施有机肥料（如动物粪便、绿肥及榨油废料等）来改良土壤结构[211]，保证土壤肥水供应充足，既能促进作物更好的生长以增强其自身防御机制，又能增加土壤中根结线虫的天敌数量，从而达到控制根结线虫的目的。

5.6.3.2 物理防治

(1) 种子汰选 用盐水或泥浆水对作物种子进行漂洗，或直接用汰选机，可以除掉带虫的种子。

(2) 水淹处理 空气温度在 20℃以上，土壤水淹处理 8 周，使根结线虫长时间处于缺氧环境，就能有效抑制根结线虫的侵染。淹水时间主要取决于空气温度[212]，但 4 周的处理时间在任何温度下都是不够的。在水稻的灌溉栽培中，水淹法不失为一种防治根结线虫的有效手段[213]，而在蔬菜栽培中，由于存在水量消耗、土壤性质以及农艺等方面的缺点，水淹法并不适用。

(3) 热处理 由于根结线虫对土壤温度较为敏感，在夏季采用日光暴晒、高温闷棚或蒸汽消毒等热处理方式均能在一定程度上杀灭土壤中的根结线虫。暴晒法最早由 Katan 等提出[214]，现已成为线虫防治领域广泛采用的方法，如暴晒感染病株、农具或对土壤进行深翻暴晒。闷棚法多用于夏季棚室蔬菜休耕期间，将棚室密闭并高温暴晒，使土壤温度连续数个小时维持在 45℃以上，能有效杀死土壤中的大部分线虫[215]。蒸气法可能会导致土壤水饱和化，进一步造成土壤结构改变、营养物质流失等问题[216]，目前在国内的应用相对较少。

5.6.3.3 生物防治

在土壤中有很多根结线虫的天敌生物，包括细菌、真菌、原生动物、捕食性线虫和螨类等，可以利用天敌来防治根结线虫。

穿刺巴氏杆菌（*Pasteuria penetrans*）和荧光假单胞菌（*Pseudomonas fluorescens*）是目前研究最多的两种线虫拮抗细菌。在番茄、茄子、豆类或卷心菜的轮作中，穿刺巴氏杆菌能寄生于南方根结线虫体内[217]，但防治效果要取决于耕作技术和土壤条件。灌溉量大或灌溉频繁均容易冲走拮抗菌的孢子而使防效降低[218,219]，而土质也会影响拮抗菌孢子对线虫表皮的附着能力，沙质土壤比黏质土壤更有利[220]。穿刺巴氏杆菌的制剂产品（Econem™）已开发成功，现只在美国销售，用于草坪草的线虫防治。荧光假单胞菌和穿刺芽孢杆菌（*Bacillus firmus*）对根结线虫也具有较好的防效[221,222]。穿刺芽孢杆菌能侵入并彻底破坏根结线虫的卵，使侵染的线虫幼虫数量减少，进而减少根结的形成[223]，精确的作用机制目前还未知。拜耳公司已经开发并推出了穿刺芽孢杆菌的制剂产品（Nortica 和 VOTiVO™），用于草坪草、玉米、棉花、高粱、大豆和甜菜等作物的线虫防治。

用于生物防治的真菌按生活习性分为捕食性真菌、内寄生真菌、卵寄生真菌和产毒真菌[224]。关于捕食性真菌的研究主要集中在两个属：节丛孢属（*Arthrobotrys* spp.）和单顶孢属（*Monacrosporium* spp.），这两种真菌分别通过收缩环和粘网捕食线虫，对危害蔬菜严重的南方根结线虫[225,226]、爪哇根结线虫[227]和北方根结线虫[228]具有较好的防治效果。由于在土壤中的数量不多，而且只能捕食特定种类的线虫，使得其应用具有一定的局限性。

卵寄生真菌包括拟青霉属（*Paecilomyces* spp.）、普可尼亚属（*Pochonia* spp.）和轮枝霉属（*Verticilium* spp.）。其中，淡紫拟青霉菌（*Paecilomyces lilacinus*）和后垣孢普可尼

亚菌（*Pochonia chlamydosporia*）是对根结线虫防效最好的两种卵寄生菌。淡紫拟青霉菌能有效防治番茄、茄子及其他蔬菜上的爪哇根结线虫和南方根结线虫[229,230]。淡紫拟青霉菌的制剂产品（BioAct、MeloCon和NemOut）已在许多国家上市，用于防治蔬菜、草莓、菠萝、香蕉及烟草等作物。淡紫拟青霉菌适用于热带气候[231]和pH接近于6的酸性土壤[232]，而后垣孢普可尼亚菌则适用于温带气候和中性土壤[233]。

其他产毒真菌有曲霉属（*Aspergillus* spp.）和木霉属（*Trichoderma* spp.）。黑曲霉（*Aspergillus niger*）、烟曲霉（*Aspergillus fumigates*）和土曲霉（*Aspergillus terreus*）对南方根结线虫表现出很高的毒性[234,235]，绿色木霉（*Trichoderma viride*）能降低根结线虫的卵孵化率[236]。在实际应用中，由于土壤、耕作条件等的差异，生物防治往往难以达到预想的效果，存在防效低且效果不稳定等问题[237]。

5.6.3.4 化学防治

化学防治是指用化学合成农药或生物源天然产物农药来防治植物线虫的方法，用于防治植物线虫的上述农药称为杀线虫剂。化学防治具有效果好、起效快、施药方便等优点，是目前防治植物线虫的主要手段。

5.6.4 杀线虫剂的研究概况

5.6.4.1 杀线虫剂的发展历程

使用杀线虫剂防治植物线虫的历史最早可以追溯至19世纪后期。1869年，Thenard提出二硫化碳可以作为土壤熏蒸剂来防治线虫。1871年，Kuhn将二硫化碳用于防治甜菜孢囊线虫（*Heterodera schachtii*），未能达到理想的防治效果[238]。1900～1920年，Bessey开展了大量关于用二硫化碳防治根结线虫的研究，并将研究结果发表在了美国农业部的几个期刊上，但二硫化碳由于毒性等原因终究未能商品化[239]。此后，杀线虫剂的发展大致经历了四个时期：①20世纪初期至50年代，卤代烃类和硫代异硫氰酸酯类熏蒸剂；②20世纪60～80年代，有机磷和氨基甲酸酯类非熏蒸剂；③20世纪80年代至21世纪初期，三氟丁烯类和大环内酯类非熏蒸剂；④21世纪初期至今，硫代磷酸酯类和噁二唑类非熏蒸剂。

从上述发展历程可以看出，杀线虫剂的研究和开发相对缓慢，但仍在人类同大自然抗争的历史中留下了浓重色彩的一笔。杀线虫剂经历了由熏蒸剂到非熏蒸剂、由高毒到低毒的发展过程，人们对杀线虫剂的创制不断提出新的要求，在强调高活性的同时，也逐渐开始考虑对人类和环境的影响。时至今日，“高效、低毒、环境相容性好”的绿色杀线虫剂已经成为杀线虫剂发展的必然趋势。

5.6.4.2 杀线虫剂的主要类型

杀线虫剂按作用方式可分为熏蒸杀线虫剂和非熏蒸杀线虫剂，按作用对象可分为专性杀线虫剂和兼性杀线虫剂。专性杀线虫剂是专门用于防治线虫的，而兼性杀线虫剂可兼杀土壤中除线虫外的其他病害（害虫、病原菌及杂草等）。除了早期开发的卤代烃类和硫代异硫氰酸酯类熏蒸剂外，大部分杀线虫剂为非熏蒸剂。

（1）卤代烃类　1920年，Mathews发现了氯化苦（chloropicrin）的杀线虫作用[240]。1935年，Godfrey通过田间试验证明了氯化苦对菠萝根结线虫具有理想的防治效果，并能增加菠萝的产量[241]。此后，氯化苦被美国杀虫剂产品公司（Larvacide Products Co.）开发成第一个商品化的杀线虫剂，广泛应用于蔬菜生产。1940年，Taylor和McBeth用溴甲烷

（methyl bromide）对土壤作熏蒸处理，能很好地防治线虫[242]。1943 年，Carter 报道了 D-D 混剂（1,3-D 和 1,2-二氯丙烷的混合物）对线虫具有显著的防治效果[243]。随后，陶氏（Dow）化学公司和 Christie 分别在美国两个不同的州测试了 EDB（ethylene dibromide）作为土壤熏蒸剂的杀线虫活性，取得了良好的防治效果[244,245]。随着 D-D 和 EDB 土壤熏蒸剂的推广，人们开始认识到"隐蔽在土壤中的敌人"的严重危害，并看到杀线虫剂的使用对作物产量的巨大影响，推动了杀线虫剂的发展，人类从此步入植物线虫的化学防治时代。1955 年，McBeth 和 Bergeson 首次发现了 DBCP（1,2-dibromo-3-chloropropane）的杀线虫活性，可用于防治柑橘半穿刺线虫（*Tylenchulus semipenetrans*）及其他多种植物线虫[246]。卤代烃类杀线虫剂均属于土壤熏蒸剂的范畴，主要品种如图 5-6 所示。

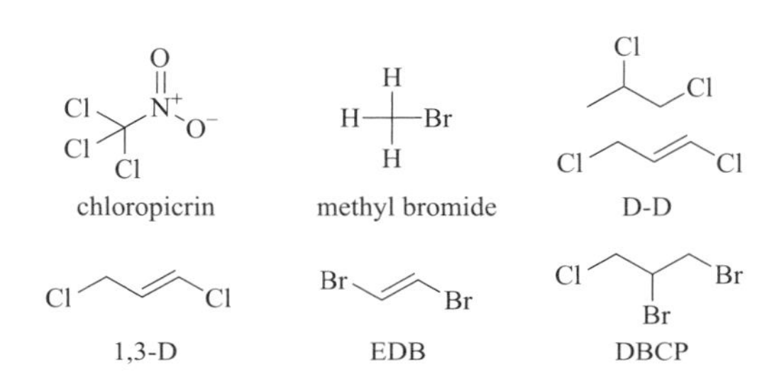

图 5-6　主要的卤代烃类杀线虫剂

氯化苦虽具有杀线虫活性，但现在主要被用作土壤杀菌剂，常与 1,3-D 复配使用。溴甲烷作为一种广谱、高效的杀线虫剂，也可作为杀虫剂、杀菌剂和除草剂，被世界各地所广泛使用，促进了农业生产的发展。D-D 混剂中的 1,2-二氯丙烷不是活性成分，起作用的只有 1,3-D。市售的 1,3-D 制剂一般含两种异构体的混合物，有研究表明，不同状态下两种异构体的活性差异显著[247]。EDB 具有卓越的杀线虫活性，曾是全世界使用量最大的杀线虫剂。DBCP 是一种重要的专性杀线虫剂，必须在作物播种后使用才有效。由于对人类及环境产生了有害影响，一些卤代烃类杀线虫剂遭到禁用。DBCP 被发现能致癌、致男性不育，美国于 1977 年开始限制使用[248]，19 世纪 80 年代末完全禁用。EDB 及 D-D 混剂中的 1,2-二氯丙烷均能造成地下水污染[249]，1981 年，美国环境保护署（EPA）取消了 1,2-二溴-3-氯丙烷在所有作物作为熏蒸剂使用的登记，分别于 1983 年和 1984 年被禁用而退出世界市场。溴甲烷的大量使用，造成了严重的臭氧层空洞问题[250]。1992 年，《蒙特利尔议定书》（《蒙特利尔破坏臭氧层物质管制议定书》）决定，由于溴甲烷破坏臭氧层，2005 年 1 月以后，美国和西欧将禁止进口和生产溴甲烷。2004 年 12 月 23 日，美国环境保护署发布了关键用途豁免配额分配的规则。环境保护署每年征求溴甲烷用户关于关键用途豁免的申请。美国政府在评估申请后，从《蒙特利尔议定书》各缔约方寻求使用授权。溴甲烷在欧盟的使用更为严格，仅经核定的特殊用途才可使用，在发展中国家的使用也在 2015 年禁止。欧盟授权指令 91/414/EEC 规定，所有的农药都要经过认证后才可上市，充分地减少了不合理杀线虫剂在欧洲的使用。

（2）硫代异硫氰酸酯类　硫代异硫氰酸酯类杀线虫剂的代表品种为威百亩（metham）和棉隆（dazomet），如图 5-7 所示。

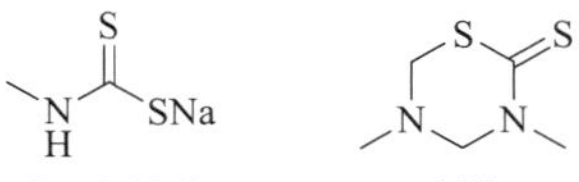

威百亩钠盐　　棉隆

图 5-7　硫代异硫氰酸酯类杀线虫剂的代表品种

威百亩钠盐和棉隆在农业上均用作土壤熏蒸剂，本身无杀线虫作用，在土壤中遇水转化为异硫氰酸甲酯（MITC）而显示出杀线虫活性。具有类似间接杀线虫作用的还有四硫代碳酸钠（sodium tetrathiocarbonate），通过分解产生的二硫化碳而发生作用。此类杀线虫剂的作用范围较广，既能杀死土壤中的线虫，也对土壤中的其他有害昆虫、螨类、病原菌及杂草有一定的杀灭作用，属于兼性杀线虫剂。为了避免发生因植物药害引起的产量损失，必须在作物收获后使用，并要闲置观察一段时间后才能种植下一轮作物。威百亩和棉隆在土壤中能发生如下降解过程（图 5-8），可用作溴甲烷的替代物。

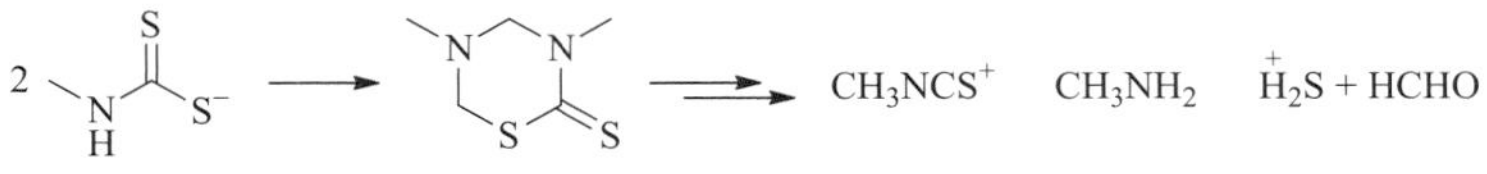

CH_3NCS^+　CH_3NH_2　H_2S + HCHO

威百亩　　棉隆

图 5-8　威百亩和棉隆的降解

（3）有机磷类　1956 年，第一个有机磷类杀线虫剂——除线磷（dichlofenthion）上市，对多种作物的线虫具有很好的防治效果，更重要的是不需要熏蒸用药，因而也被看作是第一个非熏蒸杀线虫剂[251]。20 世纪 60 年代后，各大农药公司掀起了有机磷类杀线虫剂的创制热潮，相继有许多新的杀线虫剂被开发出来，如图 5-9 所示。

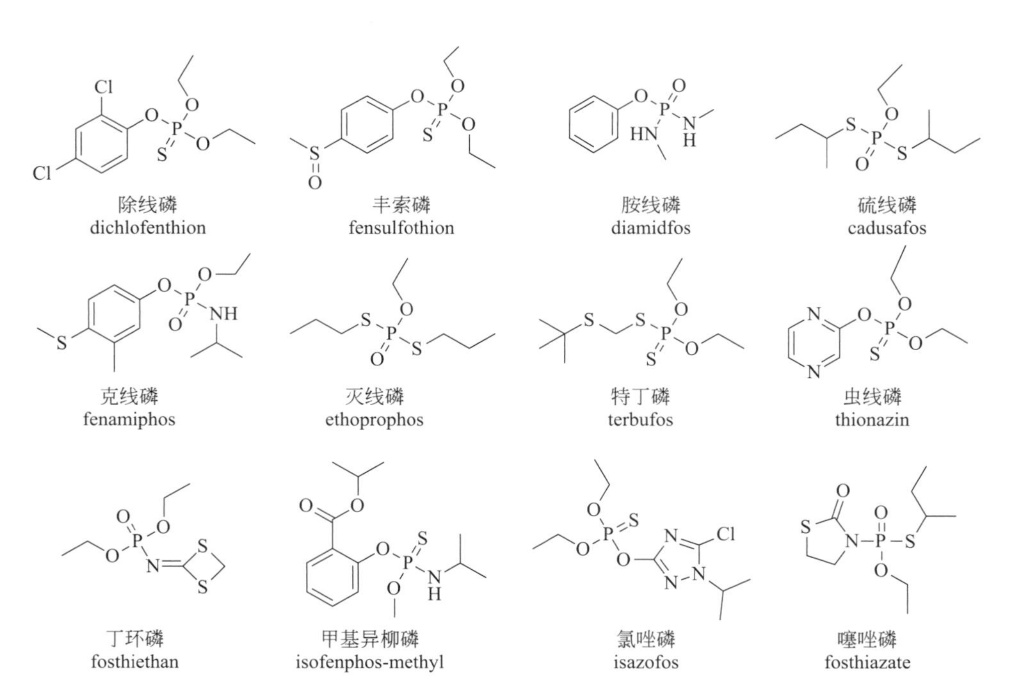

图 5-9　商品化的有机磷类杀线虫剂

有机磷类杀线虫剂是一种广谱性农药，能通杀土壤中的有害昆虫、螨类、病原菌及线虫等，与熏蒸剂相比，在土壤中的持效期更长，具有触杀、胃毒等多种作用方式，用药方式和用药时间也更加灵活多样。有机磷类杀线虫剂的开发，助力杀线虫剂发展提高到一个新的高度，植物线虫防治进入“非熏蒸时代”。

（4）氨基甲酸酯类　20 世纪 60 年代，除了有机磷类杀线虫剂外，另一类非熏蒸剂氨基甲酸酯类杀线虫剂也被开发出来。氨基甲酸酯类与有机磷类一样，属于兼性杀线虫剂，但毒性较有机磷类要低。氨基甲酸酯类杀线虫剂的主要品种有涕灭威（aldicarb）、克百威（carbofuran）、丁硫克百威（carbosulfan）、杀线威（oxamyl）和硫双威（thiodicarb），如图 5-10 所示。

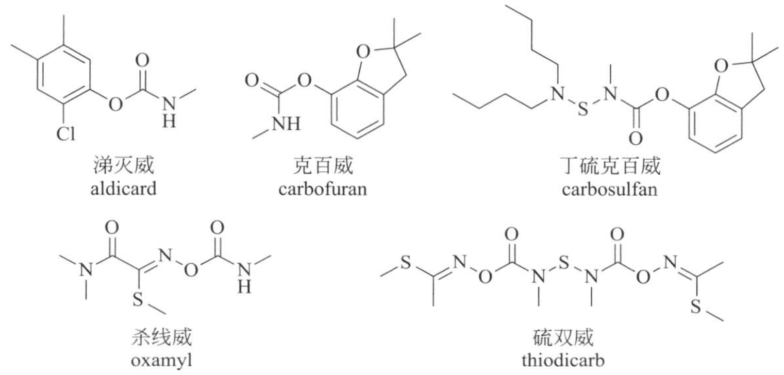

涕灭威 aldicard　克百威 carbofuran　丁硫克百威 carbosulfan

杀线威 oxamyl　硫双威 thiodicarb

图 5-10　商品化的氨基甲酸酯类杀线虫剂

（5）三氟丁烯类　1965 年，美国 Stauffer 化学公司公布了含三氟丁烯结构的化合物 **1**，具有杀线虫作用[252]；1970 年，该公司将硫代碳酸酯结构引入，得到了三氟丁烯类化合物 **2** 和 **3**，在 2.5mg・L^{-1} 下能完全抑制根结线虫[253]。贵州大学宋宝安报道的噻二唑砜类化合物对秀丽隐杆线虫的活性高于对照药噻唑硫磷和氟噻虫砜[254]。意大利意赛格公司基于商品化药物氟噻虫砜，在专利中报道了一系列含有三氟丁烯结构的化合物，具有很好的杀线虫活性[255]。20 世纪 80 年代以来，三氟丁烯类化合物因其杀线虫活性高、环境相容性好等优点，引起了世界各大农药公司的急切关注，成为杀线虫剂领域的研究热点，期间不断有高杀线虫活性的化合物出现（图 5-11）。

氟砜（fluensulfone，开发代号 MCW-2），是由以色列马克西姆（Makhteshim）化学公司开发的一种三氟丁烯类杀线虫剂（图 5-11，化合物 **12**），毒性比有机磷和氨基甲酸酯类杀线虫剂低很多[256,257]，对非靶标生物无毒或低毒，施用简单，易被土壤吸收，进入土壤只需 12h，可用于防治番茄、辣椒、黄瓜、土豆、胡萝卜、草莓及烟草等作物。Makhteshim 公司于 2001 年经过探索发现了最终上市的活性化合物氟噻虫砜，并进行了构效关系的探索，2014 年，氟砜作为非熏蒸杀线虫剂在北美获得批准上市，其商品名为 Nimitz。氟砜的作用方式：爪哇根结线虫体外测试表明，不可逆地对线虫产生麻痹作用，直到线虫死亡，而不是可逆的短暂的麻痹。高浓度下氟砜对线虫卵的孵化表现出一定的抑制活性。氟砜麻痹线虫二龄幼虫的状态与有机磷的有差别，说明了其作用方式不同于有机磷，并非作用于乙酰胆碱酯酶[258]。虽然氟砜的作用机制还不清楚，但是有假说提出可能作用于中链酰基辅酶 A 脱氢酶，该酶是脂肪调动的关键酶[259,260]，在其他昆虫中氟取代烯烃导致中链脂肪酸 β-氧化代谢障碍，饥饿状态下，机体不能通过脂肪酸 β-氧化提供能量，主要表现为线粒体脂肪酸的 β-氧化异常，并出现一系列的相应代谢指标异常[261]。

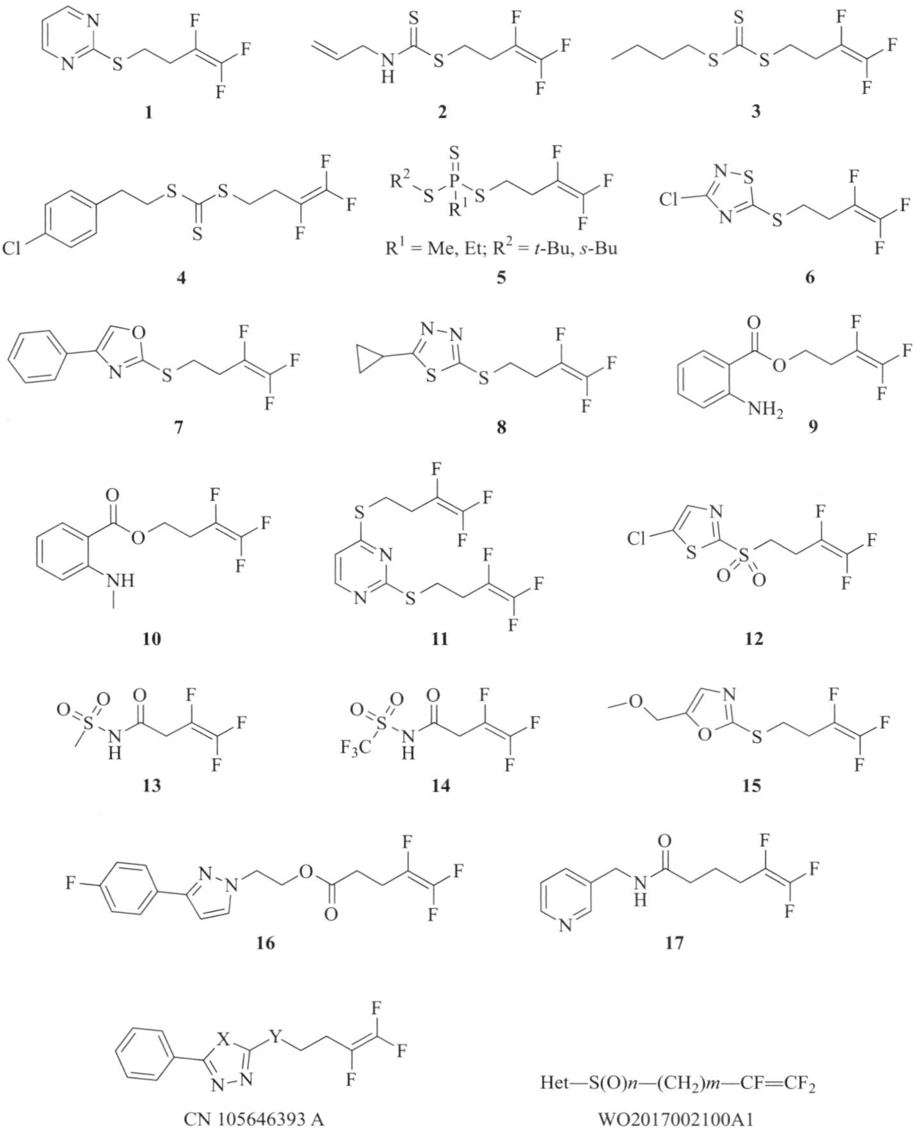
1
2
3
4
R^1 = Me, Et; R^2 = *t*-Bu, *s*-Bu
5
6
7
8
9
10
11
12
13
14
15
16
17
CN 105646393 A
Het—S(O)*n*—(CH$_2$)*m*—CF=CF$_2$
WO2017002100A1

图 5-11　具有杀线虫活性的三氟丁烯类化合物

（6）噁二唑类　2009 年以来，美国孟山都（Monsanto）公司开发了一系列含噁（噻）唑、噁（噻）二唑结构片段的高杀线虫活性化合物[262,263]（图 5-12）。

其中，活性表现最为突出的是化合物 **23**（tioxazafen），tioxazafen 是孟山都研发的一种广谱的杀线虫剂，主要针对玉米、大豆、棉花等作物。主要针对大豆孢囊线虫、根结线虫、大豆肾形线虫、玉米针线虫、棉花肾形线虫和根结线虫。tioxazafen 是一类取代的噁二唑类化合物，在温室和田间测试中都表现出比商业化的杀线虫药物高的活性。研发的初衷是通过

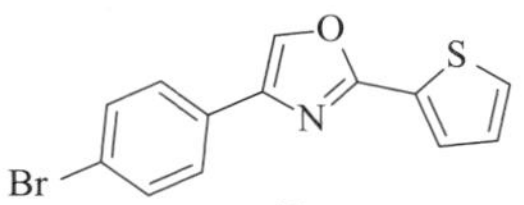

图 5-12　2009 年以来孟山都公司开发的高杀线虫活性化合物

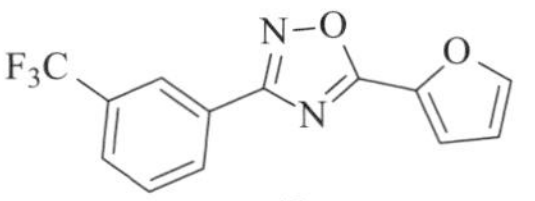

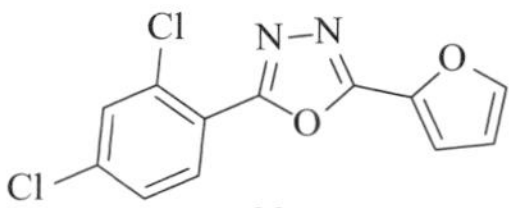

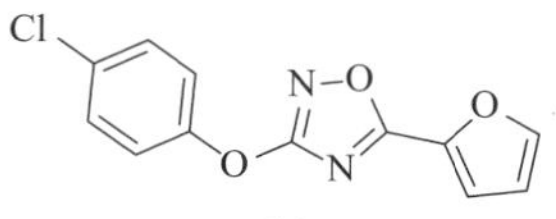

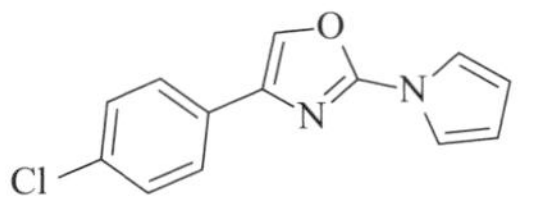

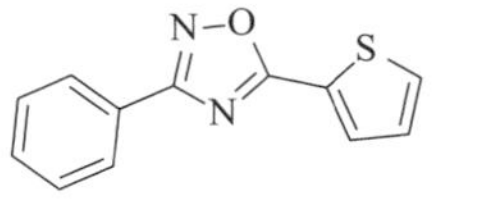

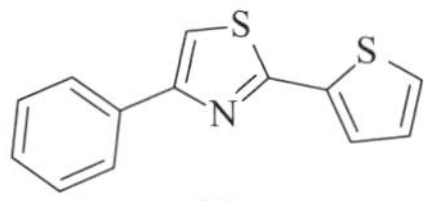

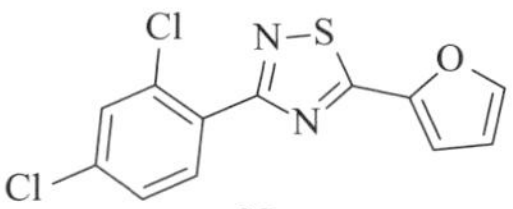

筛选二苯乙烯类、查尔酮类、偶氮苯类化合物，期望找到一类新的框架，这些化合物对植物寄生线虫、动物寄生线虫，还有模式生物秀丽隐杆线虫都表现出广谱有效的杀线虫活性。此外，大环内酯类和苯并咪唑类产生抗性的线虫实验表明，上述化合物表现出新的作用机制。但是该类化合物在田间测试中活性不好，需要对骨架进行改造。为了快速高效地找到候选化合物先导，采用了计算机筛选方法[264,265]。

由于没有靶标蛋白的单晶结构，需要进行基于配体的结构筛选，对方法评估后选择了 Cresset's Extended Electron Distribution（XED）进行计算机筛选[266]。通过筛选 1600 个化合物，找出打分最高的 200 个化合物，建立一个数据集，通过商业等途径扩充该数据集的骨架多样性到 477 个，建立活性筛选库。活性沙土快速测试化合物库中 17%（81/477）的化合物在 6.3mg・L^{-1} 或者更低的浓度对秀丽隐杆线虫幼虫运动性能的影响，标准活性测试中表现出比空白对照好的活性，其中有 14% 的化合物在 40mg・L^{-1} 或者更低的浓度下对南方根结线虫表现出活性，有 14% 的重合，排除 3%，进行沙土有机土混合测试，进一步优化骨架，对骨架进行衍生。通过田间测试实验发现 tioxazafen 的杀线虫活性达到或者优于商品化的杀线虫药物，并且考虑到其低的水溶性，适合开发成种子处理剂（lgK_{ow} 4.13，水溶解度 1.24mg・L^{-1}）。

（7）芳（杂）环酰胺类　2014 年，先正达（Sygenta）和拜耳（Bayer）公司公布了一系列芳杂环酰胺类化合物[267,268]，具有较好的杀线虫活性[269,270]，如图 5-13 所示。

其中氟吡菌酰胺（fluopyram）已经上市，氟吡菌酰胺作为杀菌剂[271,272]：通过阻碍呼吸链中琥珀酸脱氢酶的电子转移而抑制线粒体呼吸；用于防治真菌引起的灰霉病、白粉病、晚疫病、霜霉病、稻瘟病等，用量低，活性高。杀菌剂的杀线虫活性很早就被关注了，苯菌灵、噻菌灵对拟禾本科根结线虫和大豆孢囊线虫没有活性；甲基硫菌灵可以抑制大豆孢囊线虫，但是田间测试对线虫的密度不会产生影响；五氯硝基苯（PCNB）和四氯硝基苯（TCNB）可以抑制南方根结线虫对棉花产生根结；异菌脲可以抑制南方根结线虫对番茄早期产生根结，但是田间测试的效果不好[273]。氟吡菌酰胺和吡虫啉复配田间测试棉花南方根结线虫和肾形线虫的活性好于硫双威。进而对氟吡菌酰胺进行杀线虫活性测试，离体测试（24 孔板），测试对象：二龄南方根结线虫，二龄肾形线虫；测试时间：2h 和 24h；测试浓度：10mg·L^{-1}，1mg·L^{-1}，0.1mg·L^{-1}，0mg·L^{-1}；虫数：30～40条；培养温度：28℃（南方根结线虫）和30℃（肾形线虫）；显微镜观察计数。

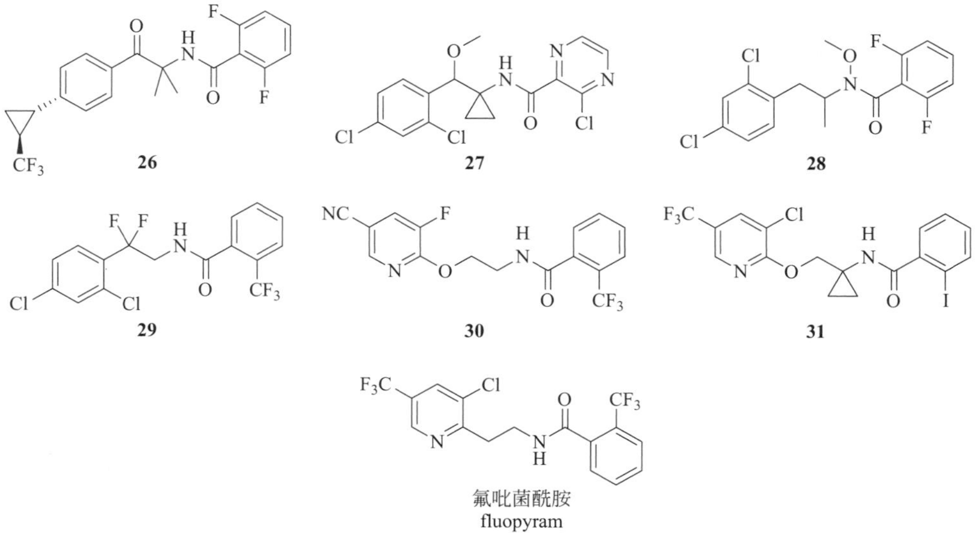

26　27　28

29　30　31

氟吡菌酰胺
fluopyram

图5-13　具有杀线虫活性的芳（杂）环酰胺类化合物

南方根结线虫比肾形根结线虫对于氟吡菌酰胺更为敏感，说明不同种属间对于氟吡菌酰胺的敏感性是有差异的。考虑到可能作用于线虫的琥珀酸脱氢酶，选择作用于琥珀酸脱氢酶的杀菌剂以及异菌脲（啶酰菌胺、氟酰胺、苯并烯氟菌胺、氟唑菌酰胺、异菌脲）1mg·L^{-1}处理24h，氟吡菌酰胺作对照。测试结果表明，除了氟吡菌酰胺，其他作用于线虫的琥珀酸脱氢酶的杀菌剂基本没有杀线虫活性，氟吡菌酰胺的作用机制不同于其他的琥珀酸脱氢酶抑制杀菌剂。

为了初步探究氟吡菌酰胺对线虫的作用模式，进行了线虫麻痹复活实验，线虫：二龄南方根结线虫，二龄肾形线虫；处理浓度：氟吡菌酰胺处理2h的EC_{50}浓度，蒸馏水作阴性对照；处理时间：1h；虫数：2000条成虫；过筛：25 μm；蒸馏水洗两次，放在24孔板，加蒸馏水，氟吡菌酰胺溶液阳性对照，统计1h和24h的活动线虫数。结果发现南方根结线虫的恢复率为58%，肾形线虫的恢复率为54%，涕灭威以及氟吡菌酰胺的线虫麻痹活性具有可逆性，类似熏蒸剂，阿维菌素不具有可逆性，推测作用机制可能是影响了线虫对寄主植物的识别。

活体低浓度氟吡菌酰胺影响线虫侵染实验：温室番茄活体实验；线虫种类：南方根结线虫，肾形线虫；处理浓度：低于2h的EC_{50}浓度，南方根结线虫5.2mg·L^{-1}、3.9mg·L^{-1}、2.6mg·L^{-1}、1.3mg·L^{-1}，肾形线虫13.0mg·L^{-1}、9.8mg·L^{-1}、6.5mg·L^{-1}、3.3mg·L^{-1}，不同药液处理1h后接种到2周大的番茄幼苗，接种500头，加药液5mL。蒸馏水作阳性对照。每浓度重复6次，每线虫种类重复2次，3周后分级统计根结数，每根结酸性品红染色，统计雌性线虫数，通过浓度梯度测试发现呈良好的线性关系。通过与商品化的杀线虫药物离体处理后麻痹率60%所需浓度对比发现，氟吡菌酰胺具有很好的杀线虫活性。

（8）大环内酯类　阿维菌素（avermectin）来源于土壤放线菌灰色链霉菌（*Streptomyces avermitilis*）的菌丝体，是一类大环内酯类杀线虫剂[274]。天然的阿维菌素为混合物，其组分有 8 个，分别为 A_{1a}、A_{2a}、B_{1a}、B_{2a}、A_{1b}、A_{2b}、B_{1b} 和 B_{2b}，前四种含量较高。市售阿维菌素农药的主要成分为阿维菌素 B_1（abamectin，B_{1a} 和 B_{1b} 的混合物），其中 B_{1a} 的含量不低于 80%，B_{1b} 的含量不超过 20%（图 5-14，化合物 **32**）。阿维菌素是一种广谱、高效的农药，对非靶标生物的毒性低，在土壤及作物中的残留低，广泛应用于农业上有害昆虫、螨类及线虫的防治。阿维菌素的光稳定性和水溶性较差，使其施药方式受到了一定的限制，目前主要用作种子处理杀线虫剂[275,276]。

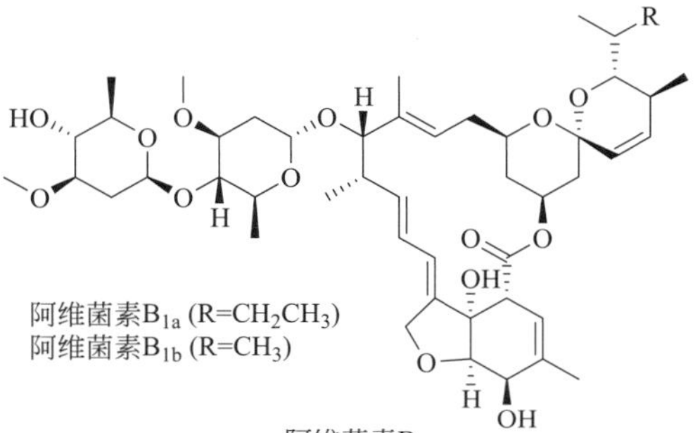

阿维菌素B_{1a} ($R=CH_2CH_3$)
阿维菌素B_{1b} ($R=CH_3$)
阿维菌素B_1
32

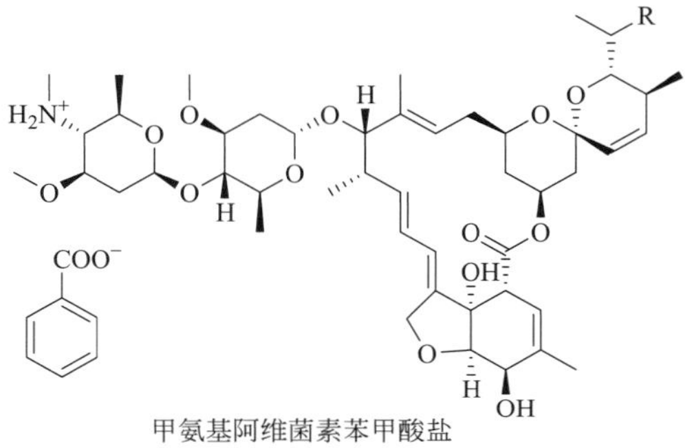

甲氨基阿维菌素苯甲酸盐
33

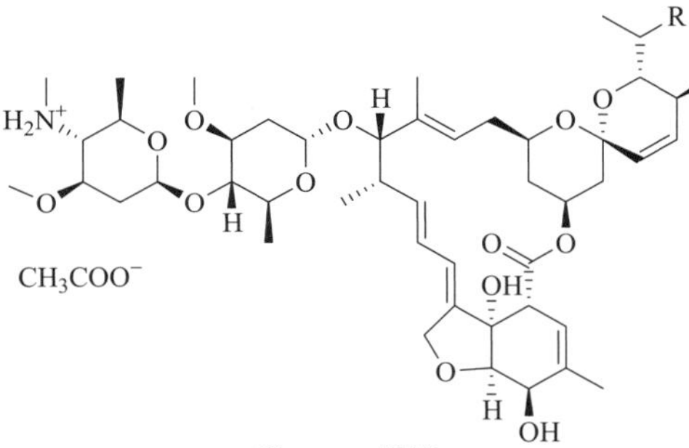

Huanong AVM
34

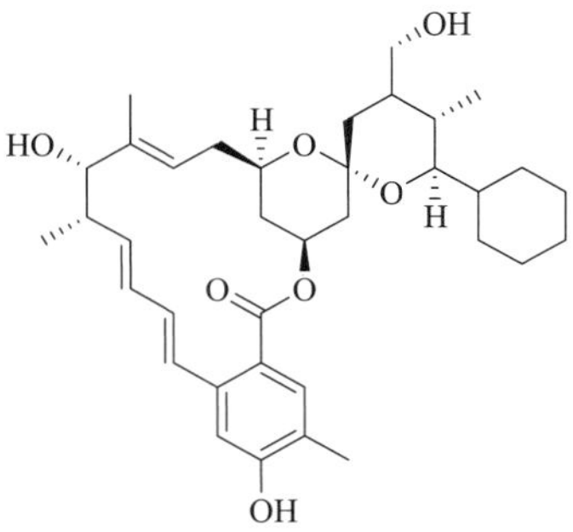

35

图 5-14　大环内酯类杀线虫剂

1984 年，美国默克（Merck）公司对阿维菌素 B_1 进行结构修饰，得到了甲氨基阿维菌素苯甲酸盐 **33**（emamectin benzoate），水溶性明显改善，活性也大大提高。2006 年以来，华南农业大学徐汉虹等合成了一系列甲氨基阿维菌素有机酸盐，其中甲氨基阿维菌素乙酸盐 **34**（Huanong AVM）[277]对松材线虫（*Bursaphelenchus xylophilus*）的活性很高，超过了 abamectin 和 emamectin benzoate；通过对化合物 **34** 作用机制的初步探究，发现线虫体内的磷脂酰肌醇三磷酸（PIP）家族激酶可能是其潜在的作用靶标[278,279]。

2010 年，东北农业大学向文胜等从除虫链霉菌（*Streptomyces avermitilis*）NEAU1069 的发酵液中分离出了大环内酯类似物 **35**，具有杀螨、杀线虫活性，在 $10mg \cdot L^{-1}$ 下对秀丽隐杆线虫（*Caenorhabditis elegans*）的致死率可达 90% 以上[280]。

阿维菌素 B_1（$B_{1a} \geqslant 80\%$ 和 $B_{1b} \leqslant 20\%$）（图 5-14）系列被证明具有优异的杀线虫活性。并且阿维菌素的土壤吸附性较好，降解较快，残留较少，但是其在土壤中的移动性较差，施药需要比较均匀[281]。实验证明，根结线虫 2 龄幼虫在 120nmol·L^{-1}的 B_{2a}-23-ketone 水溶液中，10min 出现麻痹，但是对触碰刺激是还会有反应。在处理 30min 以内部分线虫的麻痹可以恢复，但是超过 120min，多数线虫的麻痹都不能恢复。有报道阿维菌素 B_1 对南方根结线虫的毒性是作为神经突触间的 γ-氨基丁酸（GABA）的竞争性抑制剂发挥作用的。同时，Wright 等证明 GABA 的拮抗剂木防己苦毒素和荷包牡丹碱可以抑制阿维菌素对于南方根结线虫的作用[282]。Dent 等报道伊维菌素可以结合到秀丽隐杆线虫的谷氨酸门控氯离子通道（GluCl），打开谷氨酸控制的氯离子通道，增强神经膜对氯离子的通透性，从而阻断神经信号的传递（伊维菌素 B_1 即 22,23-双氢阿维菌素 B_1），GluCl 突变体对伊维菌素有抗性[283]。Wolstenholme 和 Rogers 等也发现阿维菌素和伊维菌素作为驱虫药作用于线虫谷氨酸控制的氯离子通道，但是还没有相关证据证明，作用于植物寄生线虫的靶标也是谷氨酸控制的[284]。

（9）其他类　拜耳 2015 年专利 CN10555136A（WO2015007668）报道[285]，南方根结线虫活体测试 2×10^{-6}，抑制率 95%，另一个专利 WO2015011082（CN105578885A）[286]报道的类似结构在 1×10^{-6}活体测试抑制率达到 90%，专利 WO2014090765A1[287]报道的化合物也具有很好的杀线虫活性，其中两个类似结构式针对线虫研发，并且活性已经到达了商品化的要求；拜耳在专利 US20160309717[288]中报道了还有吡啶连环丙烷酰胺类化合物，部分化合物在 20mg·L^{-1}对南方根结线虫的抑制活性为 100%；拜耳在专利 US20170135346 A1[289]报道苯连吡唑酰胺类化合物 2mg·L^{-1}对香蕉根结线虫的抑制率为 90%。

日本化药株式会社在专利 JP201775126A[290]和专利 JP201775127A[291]中报道了芳环连吡唑化合物有杀线虫活性。日本日产化学工业株式会社专利 WO2015147199A1[292]报道的肟酰胺类化合物中部分化合物在 1mg·kg^{-1}具有很好的线虫抑制活性。化合物见图 5-15。

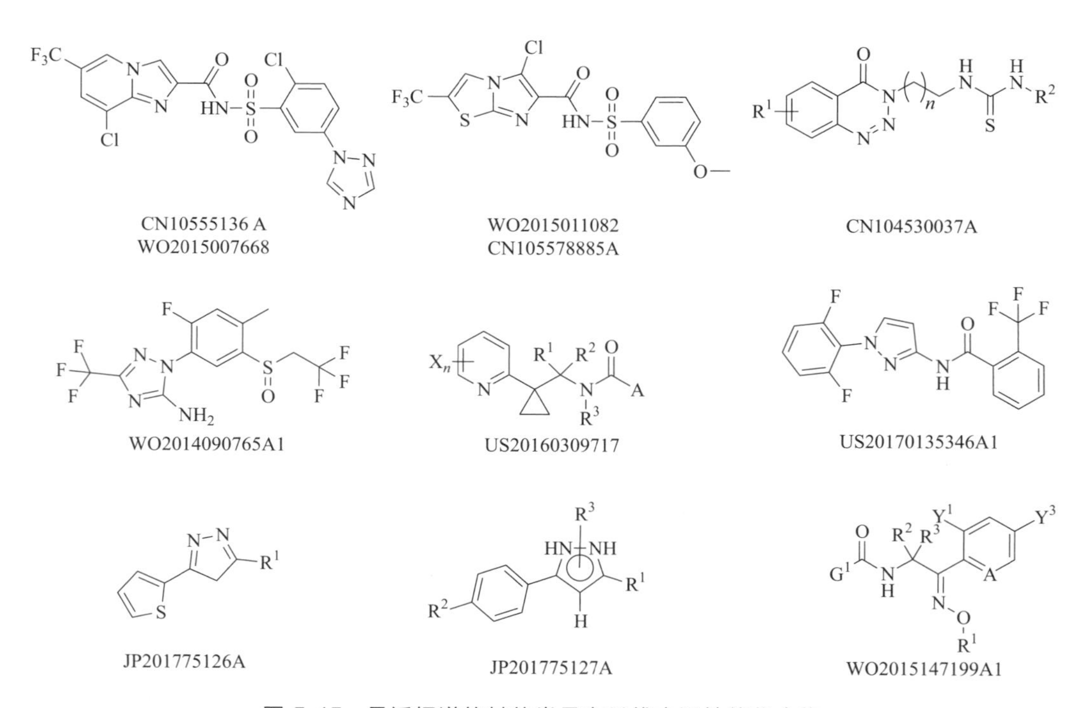

图 5-15　最近报道的其他类具有杀线虫活性的化合物

华东理工大学徐晓勇等[293]报道的1,2,3-苯并三嗪-4-酮活性先导结构出发，以1,2,3-苯并三嗪-4(3*H*)-酮作为结构骨架发现了一系列的活性化合物，通过引入硫脲、杂环，以及其他已经证实有活性作用的片段，合成了含有取代吡啶的三嗪酮硫脲类化合物，在40mg·L^{-1}下对南方根结线虫的抑制率为100%；随后又合成带有4-噻唑酮的1,2,3-苯并三嗪酮化合物，活体生物活性测试表明，在40mg·L^{-1}对南方根结线虫部分化合物具有100%的抑制率，降低浓度到20mg·L^{-1}依然达100%。此外，还设计合成了带有螺环吲哚啉酮的1,2,3-苯并三嗪酮化合物，并且进行了活性研究，并针对发展的化合物寻找其可能的农药靶标，为杀虫剂的研发奠定基础[294,295]。

华东理工大学宋恭华课题组，通过对5-HT_3R拮抗剂以及海洋生物提取物barettin的类农药改造，并发展了一系列哌啶醇类化合物，通过结构修饰以及构效关系合理设计，合成具有一定杀线虫活性的化合物，目标化合物对南方根结线虫的生物活性测试结果表明，此类化合物都对根结线虫有良好的抑制活性，部分化合物在10mg·L^{-1}下抑制率可以达到95%。浙江工业大学基于吡啶并吡唑结构合成了一系列化合物，连接桥用烷基和酰胺键，活体测试显示部分化合物在40mg·L^{-1}对南方根结线虫的活性超过90%[296]。

参考文献

[1] 中华人民共和国国务院．农药管理条例．国务院第677号令．

[2] 筱禾．世界农药，2011，33（02）：52.

[3] 张一宾．农化市场十日讯，2016（4）：24.

[4] 王以燕．世界农药，2009，31（04）：34.

[5] 王以燕．今日农药，2009（4）：33.

[6] 陆东升．北京农业，2014（15）：300.

[7] 田志慧，沈国辉．杂草科学，2015，33（01）：61.

[8] 汪建沃．农药市场信息，2012，（22）：18.

[9] 吴志凤，王以燕，顾宝根．农药科学与管理，2011，32（05）：16.

[10] 薄瑞．农药科学与管理，2015，36（02）：51.

[11] 中华人民共和国农业部．农药登记资料要求．中华人民共和国农业部公告第2569号．

[12] 王以燕．世界农药，2009，31（S1）：20.

[13] 王以燕，姜志宽．中华卫生杀虫药械，2018，24（01）：1.

[14] 罗艳．精细与专用化学品，2012，20（06）：50.

[15] 农化市场十日讯，2012（20）：37.

[16] 汪洋．中国农资，2015（32）：20.

[17] 孙克．农药，2012，51（07）：469.

[18] 罗正有．粮油仓储科技通讯，2017，33（03）：35.

[19] 张明．中国农药，2007（3）：15.

[20] 中国农药，2016，12（05）：23.

[21] 陈仪本．工业杀菌剂．北京：化学工业出版社，2001：153.

[22] 顾学斌．广东化工，2011，38（5）：1.

[23] 王向辉，贺永宁，盘茂东，等．海南大学学报，2008，26（4）：372.

[24] Fuller S J，Denyer S P，Hugo W B，et al. Lett Appl Microbiol，2010，1（1）：13.

[25] Carmellino M L，Pagani G，Pregnolato M，et al. Eur J Med Chem，1994，29（10）：743.

[26] 银涛．熊鸿燕．预防医学情报杂志，2005，21（3）：297.

[27] 王金涛．异噻唑啉酮衍生物的抑菌活性研究[D]．大连：大连理工大学，2013（13）：27.

[28] Lewis S N，Miller G A，Law A B. US3523121，1970.

[29] 贺永宁，许风铃，林强．上海涂料，2007，45（6）：25.
[30] 陈艺彩，谢小保，施庆珊，等．精细与专用化学品，2010，18（1）：43.
[31] 王春华，谢小保，曾海燕，等．微生物学通报，2007，34（4）：791.
[32] Brözel V S，Cloete T E. J Ind Microbiol，1991（8）：273.
[33] Russell A D. The Lancet Infectious Diseases，2003，3（12）：794.
[34] Chapman J S. Int Biodeterior Biodegrad，2003，51（2）：133.
[35] Schreurs W J，Rosenberg H. J Bacteriol，1982，152（1）：7.
[36] Somov N V，Chausov F F. Crystallogr Rep，2016，61（1）：39.
[37] Ahmadi M J，Ahmadi. J World Appl Sci，2009，724（29）：35.
[38] Gajbhiye M，Kesharwani J，Ingle A，et al. J Nanomed Nanotechnol，2009，5（4）：382.
[39] Lok C N，Ho C M，Chen R，et al. J Proteome Res，2006，5（4）：916.
[40] Wzorek Z，Konopka M. Chemia，2007，104（1）：175.
[41] Taylor P L，Ussher A L，Burrell R E. Biomaterials，2005，26（35）：7221.
[42] Pal S，Tak Y K，Song J M. Appl Environ Microbiol，2007，73（6）：1712.
[43] Chen G，Su H J，Zhang M，et al. Chem Cent J，2012，6（1）：90.
[44] Mushantaf F，Blyth J，Templeton M R. Environ Biotechnol，2012，33（19-21）：2461.
[45] Kim H S，Park H D. Plo Sone，2013，8（9）：e76106.
[46] Narenkumar J，Parthipan P，Nanthini A U R，et al. Biotech，2017，7（2）：133.
[47] Li Y，Ru J，Almahamedh H H，et al. Front Microbiol，2016（7）：647.
[48] Xu D，Li Y，Gu T. Materials&Corrosion，2015，65（8）：837.
[49] Wen J，Xu D，Gu T，et al. World J Microbiol Biotechnol，2012，28（2）：431.
[50] Xu D，Wen J，Fu W，et al. World J Microbiol Biotechnol，2012，28（4）：1641.
[51] 陈鑫森，冯素敏，张改然，等．煤炭与化工，2009，32（7）：44.
[52] 涂爱萍．中国园艺文摘，2011（5）：1801.
[53] 李长利，孙凤润，苑克凡．现代农业科技，2013（17）：197.
[54] 刘瑶．农民致富之友，2012（16）：89.
[55] 李文芝．新农业，2015（5）：27.
[56] 刘燕．园林花卉学．第2版．北京：中国林业出版社，2008.
[57] 闫明慧，万开元，陈防．农学学报，2014，4（6）：53.
[58] 陈娜，徐俊玲，霍学红，等．现代园艺，2011（9）：159.
[59] 涂爱萍．中国园艺文摘，2011，27（5）：180.
[60] 赵玉芬，储博彦，李金霞，等．河北林业科技，2017（4）：014.
[61] Mao C，Xie H，Chen S，et al. Planta，2016，243（2）：321.
[62] Netzly D H，Riopel J L，Ejeta G，et al. Weed Science，1988，36（4）：441.
[63] 毛婵娟，解洪杰，宋小玲，等．杂草学报，2016（01）：1.
[64] 吴燕，张由娟，吴亚楠，等．热带作物学报，2013，34（4）：715.
[65] 薛书浩．北京农业，2015（001）：21.
[66] 李长利，孙凤润，苑克凡．现代农业科技，2010（17）：197.
[67] 张晓青，程嘉宁．农业与技术，2016，36（8）：189.
[68] 李文芝．新农业，2015（05）：27.
[69] 曹涤环，刘建武．农村百事通，2016（1）：49.
[70] 任善军，李洪华．中国园艺文摘，2016，32（7）：196.
[71] 张雪文，魏永高．山西果树，2005（2）：57.
[72] 王忠和，孙宝强．西北园艺：果树，2009（4）：37.
[73] 王勤礼．西北园艺：蔬菜，2003（6）：40.
[74] 陈佐忠，白史且．中国草学会草坪专业委员会第六届全国会员代表大会暨第十次草坪学术研讨会论文集，2004：216.

[75] Stephens R J. Theory and Practice of Weed Control，1982（15）：26.
[76] Imaizumi S，Nishino T，Miyabe K，et al. Biological Control，1997，8（1）：7.
[77] 史亚俊，赵建庄．北京农学院学报，2007（29）：30.
[78] 王华军，张雷贤．中国花卉园艺，2002（23）：22.
[79] 中国林业发展报告．北京：中国林业出版社，2015：96.
[80] 王以燕，张永安．世界农药，2008，30（6）：34.
[81] 王海龙．科学技术创新，2016（12）：295.
[82] 屈宏胜，屈俊文．北京农业，2015（19）：147.
[83] 国家林业局．今日农药，2008（8）：32.
[84] 朱诚棋，王博，沈婧，等．中国植保导刊，2017（2）：19.
[85] 温小遂，余莎丽，喻爱林，等．林业科技通讯，2017（11）：46.
[86] 张永安，张龙，王玉珠，等．林业科学研究，2002（5）：627.
[87] 王嘉冰，王琪，严善春，等．东北林业大学学报，2017（5）：117.
[88] 李炜珩．生物灾害科学，2013（2）：202.
[89] 马涛，刘志韬，孙朝辉，等．中国森林病虫，2016（2）：21.
[90] 熊悦婷，夏枫，黄志成，等．生物技术进展，2016（1）：47.
[91] 衷敬峰，朱晓光，王斯荣．中国森林病虫，2014（1）：46.
[92] 李万明．陕西农业科学，2018（1）：52.
[93] 韩水兴．生物灾害科学，2017（2）：93.
[94] 赖福胜，刘晖，邓习金，等．林业科技开发，2015（2）：130.
[95] 陈鹏，槐可跃，袁瑞玲，等．中国森林病虫，2017（2）：1.
[96] 朱桃云．吉林农业，2018（4）：70.
[97] 梁树军．防护林科技，2017（11）：19.
[98] 邹东霞，徐庆玲，廖旺姣，等．西部林业学，2017（4）：128.
[99] 查玉平，陈京元，洪承昊，等．中国森林病虫，2013（6）：27.
[100] 王义勋，王星冉，陈京元，等．南方农业学报，2016（5）：662.
[101] 章伟民，戴斌，江丽娟．绿色科技，2017（13）：177.
[102] 刘明辉．防护林科技，2013（4）：24.
[103] 杨淑珍．山西农业大学，2015（12）：16.
[104] 王亚军，邹传山，王若茜，等．北京林业大学学报，2017（11）：75.
[105] 郑英荣，王建军，吕琳丽，等．辽宁林业科技，2014（3）：12.
[106] 吴峤，焦姣，刘长令，等．农药，2012（1）：4.
[107] 贾仙萍．内蒙古林业调查设计，2014（5）：76.
[108] 祁金玉，高国平，王一，等．中国森林病虫，2014（1）：14.
[109] 孙丽雅．黑龙江科技信息，2016（4）：274.
[110] 张崇颖，王志明，于立民，等．吉林林业科技，2013（5）：30.
[111] 杨安礼，刘然秀，朱敏，等．北京农业，2013（33）：114.
[112] 李念祥，白鸿岩，郭瑞，等．现代化农业，2017（10）：10.
[113] 王庆乐．绿色科技，2017（11）：130，134.
[114] 王战友．民营科技，2014（3）：245.
[115] 王艳林．南方农机，2017（21）：47.
[116] 冯钦．山西林业，2005（6）：30.
[117] 徐晓星．内蒙古林业调查设计，2010，33（6）：79.
[118] 黄建彬．广东科技，2014（24）：137.
[119] 段丽青．内蒙古林业调查设计，2016，39（3）：51.
[120] 张东海．现代农业科技，2015（18）：154.
[121] 闵海华．农业科技与信息，2016（11）：140.

[122] 余坪，侯小玲，马杰，等．陕西农业科学，2016，62（4）：39.
[123] 王志刚．现代园艺，2016（19）：124.
[124] 王泳，高智慧，柏明娥，等．浙江林业科技，2001，21（6）：60.
[125] 张东海．现代农业科技，2015（18）：154.
[126] 李红伟，胡国平，冯太平，等．林业实用技术，2015（3）：44.
[127] 赵义明．建筑工程技术与设计，2016（23）：96.
[128] 孙浩伦．农业科技与信息，2016（21）：145.
[129] 张勇，谢红军．现代园艺，2015（19）：121.
[130] 庞忠义．防护林科技，2018（1）：4.
[131] 陈荣．科学种养，2016（3）：53.
[132] 黄滨．农家科技旬刊，2017（6）：17.
[133] 高树杰，刘宇清，戴汉会，等．湖北林业科技，2011（2）：59.
[134] 朴凤国．城市建设理论研究：电子版，2013（9）：41.
[135] 石刚．河南农业，2016（2）：25.
[136] 张光远．农民致富之友，2014（16）：131.
[137] 张梅林．林业实用技术，2012（9）：101.
[138] 钟太欣．绿色科技，2017（9）：72.
[139] 袁升智．现代园艺，2016（4）：37.
[140] 许建忠．绿色科技，2017（7）：207.
[141] 王泳，王吉顺．中国林副特产，2015（1）：42.
[142] 贺利中，谭坚，龙塘生，等．西北农林科技大学学报，2010（12）：148.
[143] Lingren E，Talleklint L，Polfeldt T. Environ Health Persp，2000，108（2）：119.
[144] 秦少青．畜牧兽医科技信息，2010（10）：15.
[145] Randolph S. Int J Med Microbiol，2004，293（37）：5.
[146] 王以燕，宗伏霖．中华卫生杀虫药械，2006，12（3）：153.
[147] 许荣满．中华卫生杀虫药械，2010，16（5）：398.
[148] 夏世国，郝海波．公共卫生与预防医学，2009（6）：53.
[149] 王云霞，朱蓉，李刚，等．西北大学学报（自然科学网络版），2010，7（3）：15.
[150] 北京市城镇房屋建筑使用安全综合治理办法．北京市住建委，2010.6.2.
[151] 北京市人民政府办公厅．北京市住房和城乡建设委员会关于进一步做好城镇房屋建筑白蚁防治工作通知．京建发［2010］426 号，2010.
[152] 北京市国土资源和房屋管理局．北京市国土资源和房屋管理局关于开展房屋建筑白蚁防治的通知．京国土房管字［2001］371 号，2001.
[153] 高峰．世界卫生组织 1994 年定义的城市类型——健康城市．北京：中国计划出版社，2005.
[154] 秦钰慧，王以燕．农药，2000，39（6）：45.
[155] 中华人民共和国农业部、国家发展和改革委员会公告第 946 号，2007.
[156] 中华人民共和国农业部公告第 1158 号，2009.
[157] 陈志龙，孙俊，张爱军，等．中华卫生杀虫药械，2008，14（4）：275.
[158] 孙俊，褚宏亮，杨维芳，等．中华卫生杀虫药械，2011，17（1）：12.
[159] 王以燕，周艳明，李小鹰，等．中华卫生杀虫药械，2016，22（1）：1.
[160] 王以燕．中华卫生杀虫药械，2004（10）：2.
[161] 王以燕，李富根，曾晓芃，等．中华卫生杀虫药械，2011，17（5）：329.
[162] GB 13917—2009 农药登记用卫生杀虫剂室内药效试验及评价．
[163] Goverse A，Smant G. Ann Rev Phytopathol，2014，52：243.
[164] Escobar C，Barcala M，Cabrera J，et al. Adv Bot Res，2015，73：1.
[165] Hugot J P，Baujard P，Morand S. Nematology，2001，3（3）：199-208.
[166] Gheysen G，Mitchum M G. Curr Opin Plant Bio，2011，14（4）：415.

[167] Abad P，Gouzy J，Aury J M，et al. Nat Biotech，2008，26（8）：909.
[168] De Ley P，Blaxter M. In The Biology of Nematodes，2002，1.
[169] 谢辉．植物线虫分类学．北京：中国农业出版社，2001：51.
[170] Castagnone S P，Danchin E G，et al. Ann Rev Phytopathol，2013，51：203.
[171] Djian C C，Fazari A，Arguel，et al. Theor Appl Genet，2007，114（3）：473.
[172] Andrés M F，González-Coloma A，Sanz J，et al. Phytochem Rev，2012，11（4）：371.
[173] Berkely M. J Gdnrs C. 1855，7：220.
[174] Sasser J N，Eisenback J D，Carter C C，et al. Ann Rev Phytopathol，1983，21（1）：271.
[175] Trudgill D L，Blok V C，et al. Ann Rev Phytopath，2001，39（1）：53.
[176] Perry R，Moens M. Netherlands，2011：3.
[177] Teillet A，Dybal K，Kerry B，et al. PLoS One，2013，8（4）：e61259.
[178] Prot J C. Revue de Nématologie，1980，3（2）：305.
[179] Truong N M，Nguyen C N，et al. Adv Bot Res，2015，73：293.
[180] Davis E L，Haegeman A，Kikuchi T. Netherlands，2011：255.
[181] Wieczorek K，Elashry A，Quentin M. Mol PlantMicrobe In，2014，27（9）：901.
[182] Mitchum M G，Hussey R S，Baum T J. New Phytologist，2013，199（4）：879.
[183] Jones M G K，Payne H L. J Nematol，1978，10（1）：70.
[184] Caillaud M C，Lecomte P，Jammes. The Plant Cell，2008，20（2）：423.
[185] Abad P，Williamson V M. Adv Bot Res，2010，53：147.
[186] Absmanner B，Stadler R，Hammes U Z. Front Plant Sci，2013，4：1.
[187] Wallace H R. Nematologica，1968，14（2）：231.
[188] Sharon E，Spiegel Y. J Nematol，1993，25（4）：585.
[189] Rohini K，Ekanayaka H M，Di V. Tropical Agriculturist，1986，142：59.
[190] Van Gundy S D. Biology and Control. North Carolina State University：Raleigh，USA，1985，1：177.
[191] 刘维志．植物病原线虫学．北京：中国农业出版社，2000，11（9）：23.
[192] Sasser J N. Maryland Agricultural Experiment Station，1954，A-77：1.
[193] 孔祥义，陈绵才．热带农业科学，2006，26（2）：83.
[194] 张守杰．农业工程技术：温室园艺，2014（5）：86.
[195] Abad P，Favery B，Rosso M N，Castagnone S. Molec Plant Pathol，2003，4（4）：217.
[196] 朱卫刚，胡伟群，陈定花．现代农药，2008，7（4）：38.
[197] McCarter J P. Cell Biology of Plant Nematode Parasitism. Germany，2009：239.
[198] Huang Y，Ma L，Fang D H. Pest Manag Sci，2015，71（3）：415.
[199] Kim J I，Choi D R，Han. Crop Protection（Korea R.），1989，31（1）：27.
[200] Belair G，Parent L E. Hortscience，1993，31（1）：106.
[201] Talavera M，Verdejo-Lucas S，Ornat C. Crop Protec，2009，28（8）：662.
[202] Ornat C，Verdejo-Lucas S，Sorribas F J，et al. Nematropica，1999，29（1）：5.
[203] Bridge J. Ann Rev Phytopathol，1996，34（1）：201.
[204] Rich J R，Brito J A，Kaur R，et al. Nematropica，2009，39（2）：157.
[205] Atkinson H J，Green J，Cowgill S，et al. TRENDS Biotechnol，2001，19（3）：91.
[206] Favery B，Lecomte P，Gil N，et al. The EMBO J，1998，17（23）：6799.
[207] Atkinson H J，Urwin P E，Mc P. Ann Rev Phytopathol，2003，41（1）：615.
[208] Williamson V M，Hussey R S. The Plant Cell，1996，8（10）：1735.
[209] 顾兴芳，张圣平，张思远，等．中国蔬菜，2006（2）：4.
[210] 焦自高．农业知识（瓜果菜），2015（4）：27.
[211] Collange B，Navarrete M，Peyre G，et al. Crop Protec，2011，30（10）：1251.
[212] Rhoades H L. Nematropica，1982，12（1）：33.
[213] Duncan L W. Ann Rev Phytopathol，1991，29（1）：469.

[214] Katan J，Greenberger A，Alon H，et al. Phytopathology，1976，66：683.
[215] 杜长青 . 安徽农学通报，2007，13（10）：139.
[216] McSorley R，Wang K H，Kokalis-Burelle N，Church. Nematropica，2006，36（2）：197.
[217] Amer-Zareen Z，et al. In J Bio Biotech，2004，1：67.
[218] Dabiré K R，Ndiaye S，Chotte J L，et al. Biol Fert Soils，2005，41（3）：205.
[219] Mateille T，Fould S，Dabiré K R，et al. Soil Biol Biochem，2009，41（2）：303.
[220] Mateille T，Duponnois R，Diop M T. Agronomie，1995，15：581.
[221] Krishnaveni M，Subramanian S. Current Nematology，2004，15（1/2）：33.
[222] Terefe M，Tefera T，Sakhuja P K. J Invertebr Pathol，2009，100（2）：94.
[223] Keren-Zur M，Antonov J，Bercovitz A，et al. In Proceedings of the Brighton Crop Protection Conference on Pests and Diseases，UK，2000.
[224] Liu X，Xiang M，Che Y. Mycoscience，2009，50（1）：20.
[225] Duponnois R，Mateille T，Sene V，et al. Entomophaga，1996，41（3-4）：475.
[226] Thakur N S，Devi G. Agricultural Science Digest，2007，27（1）：50.
[227] Khan A，Williams K L，Nevalainen H K，et al. Bio Control，2006，51（5）：659.
[228] Viaene N M，Abawi G S. J Nematol，1998，30（4S）：632.
[229] Verdejo-Lucas S，Sorribas F J，Ornat C. Plant Pathol，2003，52（4）：521.
[230] Kumar V，Haseeb A，Sharma A. Annals of Plant Protection Sciences，2009，17（1）：192.
[231] Krishnamoorthi R，Kumar S. Indian Journal of Nematology，2007，37（2）：135.
[232] Krishnamoorthi R，Kumar S. Annals of Plant Protection Sciences，2008，16（1）：263.
[233] Atkins S D，Hidalgo-Diaz L，Kalisz H，et al. Pest Manag Sci，2003，59（2）：183.
[234] Goswami J，Tiwari D D. Pestici Res J，2007，19（1）：51.
[235] Tripathi P K，Singh C S，Prasad D，et al. AnnPlant ProtecSc，2006，14（1）：194.
[236] Goswam B K，Mittal A. Indian Phytopathology，2004，57（2）：235.
[237] Dong L Q，Zhang K Q. Plant and Soil，2006，288（1-2）：31.
[238] Thorne G. Principles of Nematology. New York：McGraw-Hill Book Company，Inc，1961.
[239] Taylor A L. Nematropica，2003，33（2）：225.
[240] Mathews D J. Report of the work of the W. B. Randall research assistant. Nursery and Market Garden Industry Development Society，Ltd. Experimental and Research Station，Cheshunt，Herts，England. Annual Report. 1920，5：18.
[241] Godfrey G H. Phytopathology，1935，25（1）：67.
[242] Taylor A L，McBeth C W. Proceedings of Helminthological Society of Washington，1941：53.
[243] Carter W. Science，1943，97（2521）：383.
[244] Thorne G，Jensen V. Proceedings of the Fourth General Meeting，American Society of Sugar Beet Technologists，1946，4：322.
[245] Christie J R. Heterodera marioni（Cornu）Goodey. Proceedings of the Helminthological Society of Washington，1945，12（1）：14.
[246] McBeth C W，Bergeson G B. Plant Disease Reporter，1955，39：223.
[247] McKenry M V，Thomason I J. Hilgardia，1974，42（11）：422.
[248] Thrupp L A. IntJHealth Serv，1991，21（4）：731.
[249] Hague N G M，Gowen S R，Brown R H，et al. Sydney：Academic Press，1987：131.
[250] Caddick L. Outlooks on Pest Management，2004，15（3）：118.
[251] 陈品三 . 农药科学与管理，2001，22（2）：33.
[252] Brokke M E. US 3223707，1965.
[253] Brokke M E，Richmond，WilliamsonT B. US3510503，1970.
[254] 宋宝安，陈学文，陈永中，等，CN105646393A，2016.
[255] Bellandi P，Gusmeroli M，Sargiotto C，et al. WO2017002100A1，2017.

[256] Thakur N S，Devi G. Agricultural Science Digest，2007，27 (1)：50.
[257] Khan A，Williams K L，Nevalainen H K M. Bio Control，2006，51 (5)：659.
[258] Oka Y，Shuker S，Tkachi N. Pest Manage Sci，2009，65：1082.
[259] Lai M T，Liu L D，Liu H W. J Am Chem Soc，1991，113：7388.
[260] Mansoorabadi S O，Thibodaux C J，Liu H W. J Org Chem，2007，72：6329.
[261] Pitterna T，Boger M，Maienfisch P. Chimia，2004，58：108.
[262] Viaene N M，Abawi G S. J Nematol，1998，30 (4S)：632.
[263] Van Damme V，Hoedekie A，Viaene N. Nematology，2005，7 (5)：727.
[264] Sliwoski G，Kothiwale S，Meiler J，Lowe E W. Rev，2014，66：334.
[265] Ripphausen P，Nisius B，Peltason L，et al. J Med Chem，2010，53：8461.
[266] Cheeseright T J，Mackey M D，Melville J L，et al. J Chem Inf Model，2008，48：2108.
[267] Jeanguenat A，Loiseleur O，Cassayre J Y，et al. WO2014131572，2014.
[268] Greul J N，Schwarz H-G，Hoffmann S，et al. WO2014177473，2014.
[269] Décor A，Greul J N，Heilmann E K，et al. WO2014177514，2014.
[270] Coqueron P Y，Schwarz H G，Heilmann E K，et al. WO2014177582，2014.
[271] Coqueron，PierreY，Desbordes，et al. WO2008046838 A2.
[272] Greul，Joerg N，Mansfield，et al. WO2013064460 A1.
[273] Faske Andk T R，Hurd. Journal of Nematology，2015，47 (4)：316.
[274] Qiao K，Liu X，Wang H，et al. Pest Manag Sci，2012，68 (6)：853.
[275] Putter I，MacConnell J G，Preiser F，et al. Experientia，1981，37：963.
[276] Monfort W S，Kirkpatrick T L，Long D L. J Nematol，2006，38 (2)：245.
[277] 徐汉虹，胡林，梁明龙，等 . CN1948328，2006.
[278] Wang Y Q，Zhang L Y，Lai D，et al. Pestic Biochem Physiol，2010，98 (2)：224.
[279] Wang X J，Wang M，Wang J D. et al. J Agri Food Chem，2009，58 (5)：2710.
[280] Bijloo J D. Nematologica，1965，11 (4)：643.
[281] Barker K R. American Phytopathological Society，1978：114.
[282] Wright D J，Birtle A J，Corps A E，et al. Appl Biol，1984，103：465.
[283] Dent J A，Smith M M，Vassilatis D K，et al. Proc Natl Acad Sci USA，2000，97 (6)：2674.
[284] Wolstenholme A J，Rogers A T. Parasitology，2005，131 (Suppl. 1)：S85.
[285] Greul，Joerg，Heil，et al. WO2015007668A1，2015.
[286] Mueller，Klaus H，Schwarz，et al. WO2015011082A1，2015.
[287] Pitta，Leonardo，Hungenberg，et al. WO2014090765A1，2014.
[288] Greul，Joerg，Decor，et al. WO2015091424A1，2015.
[289] Heilmann，Eike Kevin，Trautwein，et al. WO2015150252A1，2015.
[290] Ichihara，Teruyuki，Fukuchi，et al. JP2017075126A，2017.
[291] Ichihara，Teruyuki，Fukuchi，et al. JP2017075127A，2017.
[292] Imanaka，Hotaka，Nakahira，et al. WO2015147199A1，2015.
[293] 徐晓勇，等 . CN104530037A，2015-04-22.
[294] Wang G，Chen X，Chang Y，et al. Chin ChemLett，2015，26 (8)：1502.
[295] Wang G，Chen X，Deng Y，et al. J Agric Food Chem，2015，63 (23)：6883.
[296] 宋恭华，陆青，徐俊 . CN201410367631，2014.

第6章 生物农药

6.1 概论

随着人类保护环境的呼声越来越高，各国政府对新型化学农药投放的管理与要求也越来越严格，使得化学农药研发和应用的难度越来越大，研发费用越来越昂贵，且成功率越来越低[1]。与此相比，生物农药的研发费用相对要低得多。生物农药因来源于自然，普遍而言，其与环境的相容性较好，对人畜比较安全，再加之生物来源更加广泛，故自20世纪90年代全世界又掀起生物农药的研发热潮，包括将生物分子作为先导化合物，通过结构改造来开发化学农药。发展生物农药，寻求新的开发热正是目前农药科研人员努力的方向。生物农药应用于农业生产已有较为漫长的历史，但由于种种原因，发展相对缓慢。1992年，在巴西里约热内卢召开的国家首脑级“世界环境与发展大会”上，世界各国提出了一个目标，即到20世纪末，在农药使用面积中生物农药要占到60%，以减少有机合成农药的使用。但是这个目标没有能够实现，到2002年，按传统的定义统计，以发达国家——美国为代表，其生物农药使用面积达到15%，按照广义的概念统计，美国达到了41%左右。而我国截至2004年，生物农药使用面积仅4亿～5亿亩次，占农药总施用面积的9%～10%（不包括转基因农药)[2]。生物农药发展缓慢的原因有很多，但一个不争的事实是：生物农药的发展远远落后于社会发展与环境保护的要求，生物农药产业的发展有待加强。

进入21世纪以来，全球保护环境的需求日渐凸显，公众对食品安全健康的关注愈加密切，使得生物农药在国际、国内获得了又一次蓬勃发展的机遇。《国家中长期科学与技术发展规划纲要（2006—2020）》和《国家“十二五”科学和技术发展规划》将生物产业作为新兴产业的一部分，把农业生物药物与生态农业作为优先发展的主题，有害生物的控制作为需求导向的重大科学问题研究领域和方向之一[3]。在此号召下，我国生物农药领域的科研人员抓住机遇、努力创新，在基础理论研究、生物农药创制、应用技术推广等方面都有了新的突破和发展。

6.1.1 生物农药的概念

生物农药目前在国内外尚无被各方认同接受的统一概念。各国的专家学者、政府间相关农药管理法规和农业生产从业技术人员之间对生物农药的定义存在着诸多差异，其相同之处是具有农药相关功能的生物活体可以称为生物农药，不同的地方在于来源于生物体的具备农药功能的物质是否可以被归属于生物农药。广义概念上讲，生物农药通常可以分为昆虫天敌、转基因生物、植物源农药、微生物农药、生物化学农药和农用抗生素等几大类，但不同国家或不同概念所包含的范畴有较大的差异，如英国将上述六类都归于生物农药，而美国的生物农药则只包含了微生物农药、生物化学农药、转基因生物和部分植物源农药。国内的一些化学农药专家坚持认为，生物农药主要包括生物活体，如微生物活体、昆虫天敌和部分生物源农药，将农用抗生素、植物生长调节剂和转基因农药等排除在了生物农药范畴之外[4]。

20 世纪 90 年代以来，许多专家对生物农药的定义均有不同的解释，归纳为以下 7 种。

（1）生物农药是由生物产生的具有农药生物活性的化学品，和具有农药生物作用作为农药应用的活性物体[5]。

（2）生物农药是可用来防除病、虫、草等有害生物的物体本身及源于生物、并可作为“农药”的生物活性，更要在生产、加工、使用及对环境的安全性等方面符合有关“农药”的法规[6]。

（3）生物农药是指用来防治病、虫、草害等有害生物的生物活体及其代谢产物和转基因产物，并可以制成商品上市流通的生物源制剂，包括微生物源（细菌、病毒、真菌及其次级代谢产物农用抗生素）、植物源、动物源和抗病虫草害的转基因植物等[7]。

（4）生物源农药即利用生物资源开发的农药，狭义上指直接利用生物产生的天然活性物质或生物活体作为农药[8]。

（5）生物农药系指含非人工合成、具有杀虫杀菌或抗病能力的生物活性物质或生物制剂，包括生物杀虫剂、杀菌剂、农用抗生素、生态农药等[9]。

（6）生物农药是指利用生物资源开发的农药；根据其来源大致可分为植物农药、微生物农药和抗生素等[10]。

（7）一些化学农药专家认为，生物农药主要指生物活体，如微生物活体、昆虫天敌和部分植物源农药；将农用抗生素、植物生长调节剂和转基因农药等排除在生物农药范畴之外[11]。

专家认为按照农药的活性成分分类，化学合成农药、植物农药和农用抗生素的活性成分均为化学结构明确的化学分子，且以其活性成分的含量为其质量标准的重要指标。毫无疑问，它们都是化学农药，其区别仅在于合成的手段不同。化学合成农药的活性成分是人工合成的化合物；植物农药的活性成分是源自植物体内合成的化合物；农用抗生素是微生物合成的化合物。昆虫信息素是昆虫体内分泌的信号分子，它们在昆虫体内的数量极微，无法用作商品化农药的原料，商品中所用的均为人工合成的化合物。因此，它们也属于化学农药的范畴。转基因作物是否是生物农药亦值得商榷。作物抗（病、虫）性育种已有多年的历史，是属于有害生物农业防治的内容。转基因生物技术对作物抗性育种具有重大的价值，加速了育种工作的进程，但其理论支持和技术基础均属于遗传育种和生物技术学科。在国内我们认为转基因作物是一种作物品种，而并非农药。从产业角度来看，它属于种子行业，而非农药行业[12]。在国外，某些大公司兼营种子和农药，如孟山都等，而在国内则基本上是两个独立的行业。在植物保护领域，防治农业有害生物的方法很多：如用化学药品防治，称为化学防治；用生物活体防治，称为生物防治；采用各种农业措施（包括抗病、虫育种等）防治，称为农业防治等。这些概念沿用已久，且分类清晰，没有变更的必要。所以顾名思义，生物农药应该指以生物活体或其制剂防治农业有害生物的产品，亦即微生物活体农药和害虫天敌产品。

在国内，农业部批准公布的《农药登记资料要求》明确给出了生物农药的定义，即生物农药包括生物化学农药和微生物农药，生物化学农药包括信息素（即外激素、利己素、利它素）、激素（hormones）、天然植物生长调节剂和昆虫生长调节剂、酶四大类物质，微生物农药包括真菌、细菌、病毒和原生动物或经遗传工程修饰的微生物制剂。同时对生物化学农药的本身属性做了明确的规范，即对防治对象没有直接毒性，而只有调节生长、干扰交配或引诱等特殊作用，必须是天然化合物，如果是人工合成，其结构也必须与天然物相同（允许有异构体比例的差异）。2004年，农业部农药检定所公布的《农药登记资料要求》（修订稿）文中“特殊农药”增加了“植物源农药、转基因生物”两类农药，将微生物农药仍然定义为“是生物农药的一类”，而“生物化学农药”原来定义是“生物农药的一类”的解释则不再出现；对“植物源农药”“转基因生物”“天敌生物”未说明是属生物农药或非生物农药。

《农药管理条例实施办法》中指出，用基因工程引入抗病、虫、草的外源基因改变基因组构成的农业生物，及有害生物的商业化天敌均为农药。但没有明确指出是生物农药还是其他农药。农业部农药检定所将生物农药分为微生物农药、生化农药、天敌生物农药及转基因生物农药四类，但是这一定义对生物农药与化学农药的复配剂没有做出明确的界定，因此，转基因作物也算生物农药。

6.1.2 生物农药的分类

生物农药通常是按用途、来源或活性成分来进行分类的。按用途分类，可以分为生物杀虫剂、生物杀菌剂、生物杀螨剂、生物杀病毒剂、生物杀鼠剂、植物生长调节剂和生物杀草剂等。按来源分类，可分为昆虫天敌、转基因生物、植物源农药、微生物农药、生物化学农药和农用抗生素等六大类。按活性成分分类，可分为活体生物农药（包括病毒类、细菌类、真菌类和动物农药类）、生物代谢产物类生物农药（包括农用抗生素、植物激素）和生物体内提取农药（包括植物农药和激素等）。

6.1.3 生物农药的特点

相较于化学农药，生物农药在农业生产活动中表现出诸多优点，且不同的生物农药有着不同的特点。与化学农药相比，生物农药在有效成分来源、工业化生产方式、产品的杀虫防病机理和作用方式等诸多方面，有着许多本质性的区别。相比而言，生物农药更适合于提升在未来有害生物综合治理策略中所占的比重。

（1）环境相容性好　相容性是指农药对非靶标生物的毒性低、影响小，在大气、土壤、水体、作物中易于分解，无残留或低残留影响。生物农药一般来源于自然界的生物或活体代谢的次级产物，较易于降解和分解，且绝大多数具有较好的专一性，因此，生物农药具有对防治目标以外的生物安全、低毒、友好的特点。

（2）不易产生抗药性　大多数生物农药含有多种活性成分，作用机制十分复杂，且往往表现为多种活性成分的相互协同作用，使靶标类生物对其抗性发展较为缓慢。如印楝素，不仅可以阻止脱皮激素的合成，使害虫幼虫难以发育为成虫，而且能引起成虫的趋避和拒食，从而达到了多层次、多角度保护作物的目的。活体生物农药中的活体生物能够在与宿主的共同生活中一同进化，能相应的适应植物病原体、害虫的防卫体系，因此，这类生物农药本身能够在适应抗性的过程中一同发展。如苏云金芽孢杆菌（*Bt*），其主要活性成分为杀虫晶体蛋白、苏云金素和营养期杀虫蛋白，就是该细菌在生长过程中形成的一些毒性蛋白质，但经过几十年的使用，该生物农药仍在农业生产中被广泛使用。2010 年使用面积为 2970 万亩，2011 年更是达到了 3464 多万亩[13]，可见其生产使用规模仍在不断扩大，虽然也发现少数害虫对它产生抗药性，但产生的抗性的影响较小且容易克服。

（3）资源丰富，开发成本较低　随着现代农业生产和环境保护对农药的各项性能指标要求的日渐提高，符合各国政府和市场要求的化学农药研发的难度愈来愈大，周期愈来愈漫长，资金投入愈来愈多，使得许多发展中国家的企业对化学农药的研发望而却步，化学农药的开发也逐步成科研院所和跨国巨头公司的天下。而生物农药则不然，由于我国自然界的动植物、微生物资源极为丰富，通过科学的方法，不仅可以在自然界找到更多环境友好、活性高、安全的生物农药资源，甚至可以通过对原有资源的进一步分离筛选，找到生物活性更强的单一化合物或相应品系。同时，由于生物农药生产大多利用的是农副产品或自然界的生物资源，属于可再生生物资源，为产业的可持续发展提供了充分的资源保障。

（4）产品改良的技术潜力大　对传统生物农药产品，可以采用常规技术、基因工程技术和微生物发酵工程技术改良菌株的生产性能；优化发酵的工艺流程；提高单位体积有效生物活性成分的发酵水平；缩短发酵生产的周期；减少原材料的消耗；降低生产的使用成本；改进产品性能及提高防治效果的稳定性、速效性和持久性等，技术改进的途径多种多样，发展潜力巨大。

生物农药虽然本身具有目前许多化学农药难以企及的优点，但是生物农药产品相比于化学农药也存在许多固有的弱点，概括起来主要包括以下几点：防治效果一般起效缓慢且不明显；有效活性成分比较复杂且难于鉴定结构；控制有害生物的范围较窄且易受到环境因素的制约和干扰；产品有效期短、质量稳定性参差不齐等。因此，在生物农药的使用过程中应当科学合理地使用，以期达到最佳防治效果。

6.1.4　生物农药与化学农药的辩证关系

无论是化学农药还是生物农药，在其使用和发展过程中，都对保障农业生产和促进农业经济发展做出了巨大的贡献。20 世纪以前，人类社会主要是利用生物方法来防治病虫草鼠害的，因此，在 20 世纪上半叶，全世界农业平均每年仅增产 $1.4kg \cdot hm^{-2}$，而下半叶这个数字达到了 $43.0kg \cdot hm^{-2}$。在增产幅度中总技术贡献率占 73%，其中农业化学品（主要是化肥和农药）的贡献就占五成。中华人民共和国成立以来的 60 多年间，我国农业生产产量取得了大幅增长，其增长率也与农药使用的增长率呈线性关系。2012 年，全国农业生产总防控面积约为 70 亿亩次，其中化学防控面积占 88%，生物防控面积占 12%[14]。生物农药与化学农药在农药市场上属于竞争关系，但竞争关系并不是对立关系。高效、安全、经济、环境友好和使用方便是生物农药和化学农药共同的发展方向，将二者看作是对立关系的观点是不科学的。近年来以生物农药活性成分作为先导物的化学农药不仅拥有生物农药和传统化学农药的双重优势，同时也具有低毒的特点，如以天然除虫菊酯为先导物的拟除虫菊酯类化合物、以烟碱为先导物的新烟碱类杀虫剂吡虫啉、以天然鱼尼丁为先导物的邻苯二甲酰胺类杀虫剂氟虫酰胺和氯虫苯甲酰胺等，都得到了广泛的应用[15]。

现在有一种观点认为，生物农药都是安全、无毒的。这种提法是值得商榷的，无论是生物农药还是化学农药，其毒性和安全性都是相对而言的。化学农药也有安全低毒的，生物农药也不一定都是安全的、低毒或无毒的。生物农药除了活性成分本身以外，在制成制剂的过程中尚需添加大量的溶剂、助溶剂等有机物质。

并且生物农药的活性成分并非都是无毒的。烟碱对人畜均为高毒；植物源农药鱼藤酮对鱼和猪有剧毒，20 世纪 80 年代以前曾属于管制药品，现在也仍被人们用作鱼塘清理药剂；阿维菌素原药在登记中标注为高毒，对人、畜、蜜蜂和家蚕都显示出较强烈的毒性，用浸叶喂食法和触杀法测定阿维菌素对家蚕的毒力，处理 48h 后，分别为 $1.88mg \cdot L^{-1}$ 和 $1.22mg \cdot L^{-1}$，其毒性大于丁硫克百威。

生物农药活性成分之外的其他成分的安全性也需要评估。生物农药的原料不少都是从植物或动物中直接提取分离后得到的，这些提取的原料其化学成分十分复杂，除了必要的活性成分外，还包括大量的其他生物碱类和酶类等有机化合物，这类物质对人和其他动物的影响至今没有引起人们的重视，也缺乏相应的研究。

生物农药的原料在收集、储存过程中也会产生毒素。生物农药的原材料大多是动物、植物和微生物，在收集、储存和生产的过程中很容易产生霉变或产生其他有毒成分。如植物源农药印楝素，由于其种仁的油脂含量极高，如果保管不当极易发生霉变而产生黄曲霉素，而黄曲霉素对人类则具有致癌作用。

生产过程中溶剂、助剂或赋形剂等添加成分也会有一定的毒性。尽管工信部和农业农村部均不提倡、甚至希望淘汰乳油剂，但目前乳油剂仍是生物农药的一个主要剂型。乳油剂中含有大量的有机溶剂，部分产品的有机溶剂含量高达 80%～90%，国内现阶段生产使用的有机溶剂主要有甲苯、二甲苯、甲醇和乙醇等，如 0.5%苦皮藤乳油，其制剂中溶剂的毒性比活性成分的毒性更高[16]。

评价农药的安全性应该依据两个方面，一个是对人畜的安全，另一个是对环境的安全。生物农药对人畜的安全问题上面已经谈及，对环境的安全同样需要客观评价。生物农药中的有机溶剂二甲苯、甲醇对环境的影响远远大于其活性成分。农用抗生素主要是微生物的代谢产物，但事实上这种代谢产物也是多组分的，生物农药的活性成分往往是其中的一种或几种，而其他成分对环境的安全性目前也没有具体评估。因此，对生物农药的环境安全性也需要进行系统的环境评估并谨慎对待。

6.1.5 生物农药的发展历史

人类社会在生产劳动的过程中很早就认识了生物农药的作用，并在与病虫害的长期斗争中积累了丰富的实践经验。我国在公元前后的医书《神农本草经》中就记载了白僵菌，在宋代陈敷于1149年撰写的《农书》卷下《桑蚕叙》中就有了采集病死桑香捣烂用于防治害虫的记述，这是世界上首例的书面记录。法国于1763年报道了利用烟草和石灰粉防治厨虫，这是国外首次见于报道的生物杀虫剂。1800年和1848年，美国人吉姆第考夫和沃克嘉先后研究并生产了除虫菊粉和鱼藤根粉农药，虽然历经了几个世纪，其有效成分至今仍用于农业生产实践。

虽然生物农药经历了比化学农药更久远的发展历史，但生物农药的发展并不顺利。随着20世纪40年代之后以六六六等为代表的有机氯、以甲基对硫磷为代表的有机磷类农药相继投入市场，化学农药受到了人们的热烈追捧，其发展势头如日中天。但生物农药并没有因为人们的漠视而停滞不前，50年代初，微生物农药赤霉素得以商品化并大量投入生产。60年代，由于人们逐步认识到化学农药的毒性问题，生物农药更是得到了飞速发展，尤其是在美国女海洋学家莱切尔1969年出版了《寂静的春天》之后，生物农药广泛引起了各国政府和学界有识之士的关注，并由此引发了人们对化学农药和生物农药的作用和地位的重新评估，随后生物农药的开发热潮悄然兴起，一批细菌杀虫剂、病毒杀虫剂和真菌杀虫剂相继问世，尤其是农用抗生素更是发展迅猛，春雷霉素、多氧霉素、有效霉素和杀瘟素等一系列产品陆续投入市场。70年代末期，人们通过仿照生物农药主要活性成分的化学结构，成功开发研究了拟除虫菊酯类杀虫剂，它不但克服了生物农药在生产和应用技术等诸多方面的不足，而且兼备了化学农药高效、速效和生物农药低毒低残留的优势，生物农药因限于当时生产和研发技术以及应用推广技术的不完善，其开发和应用在之后再度走入低谷。直至90年代，环境问题成为全球可持续发展的主要问题之一，加之生物工程技术的飞速发展，使得生物农药的开发再度升温，迎来了一个持续快速发展的新时期。

6.1.6　我国生物农药的发展历程

国内生物农药的发展总体上与世界生物农药的发展保持相同的步伐，可主要分为四个发展阶段。

(1) 引进模仿阶段　我国直至20世纪30年代才开始现代意义上的生物农药研究，在中华人民共和国成立后生物农药的研究才步入正轨，但由于基础设施薄弱，研究条件有限，直到70年代初期，仍主要以直接引进和仿制为主。1959年从苏联引进苏云金芽孢杆菌杀虫剂(简称*Bt*杀虫剂)，1965年在武汉建成了国内的第一家苏云金芽孢杆菌杀虫剂工厂，开始生产苏云金芽孢杆菌杀虫剂，代号叫“青虫菌”。参照日本的灭瘟素、春日霉素、多氧霉素和有效霉素，在国内先后筛选获得了灭瘟素、春雷霉素、多抗霉素、井霉素的产生菌，并相继投厂生产，为我国农用抗生素的发展奠定了坚实的基础。

(2) 自主发展阶段　在1970年国务院发布了“积极推广微生物农药”的相关文件，生物农药也由此在国内受到了空前重视。正是在这一时期，我国相继成功研制出井冈霉素、公主岭霉素和多效霉素等农用抗生素生物农药。

(3) 规范管理阶段　于改革开放后，我国农业生产的体制和组织形式发生了根本性的变革，农业和农村经济呈现迅猛发展的势头。从改革开放到20世纪90年代中期，生物农药的发展进入相对规范的平稳发展期。1984年，国家恢复农药登记管理制度，对生物农药全部进行了重新登记注册，正式登记的生物农药品种有9个，到1995年底又临时登记了10个品种，与此同时，也出台了一系列规范生物农药的生产、布点和应用的政策和规定。

（4）快速发展阶段　20世纪90年代后期至今，环境资源保护和农业可持续发展的呼声日益高涨，发展无公害农业、生产绿色食品、保障食品安全成为国家的发展目标之一。1994年，我国将生物农药研发和环境保护列入《中国21世纪议程》白皮书，科技部将生物农药列入了国家“九五”攻关课题和“863”计划中，我国生物农药的生产应用和基础研究都取得了令世界瞩目的成就。1997年以前，我国尚未分离、克隆自己的苏云金芽孢杆菌毒素基因，但1997～2006年的十年间，全世界共发现的207个新基因中我国就占67个，超过了同期发现总量的25%，与此同时，还完成了棉铃虫核型多角体病毒基因组全系列的测序。近十年来，我国生物农药研发和登记大有加速发展之势，产品数增长迅速，生物农药在农药产品中的占比稳步提高[17]。

6.1.7　我国生物农药的登记情况

截至2016年年底，我国生物源农药已经登记了115个有效成分、3764个产品，大约占整个农药登记的17%和9.9%，从整体来看，微生物农药的有效成分登记的数量最多，农用抗生素登记产品的数量最多。已登记微生物农药有效成分42个、产品495个，涉及细菌、真菌、病毒、原生动物等多个不同类别。产品数量较多的品种有苏云金杆菌、枯草芽孢杆菌、蜡质芽孢杆菌、木霉菌、白僵菌、绿僵菌、棉铃虫核型多角体病毒等。早期登记的微生物农药没有明确要求菌株代号，在2017年的《农药登记资料要求》中，明确要求了提交微生物农药的国际通用名称（通常为拉丁学名）、分类地位（如科、属、种、亚种、株系、血清型、致病变种或其他与微生物相关的命名等）及国家权威微生物研究单位出具的菌种鉴定报告及菌株代号（菌种保藏中心的菌株编号）等，同种微生物农药的不同菌株将会按照不同的有效成分对待，因此，可预见将来的微生物农药有效成分数量将会快速增长。生物化学类有效成分35个、产品619个，涉及化学信息素、天然植物生长调节剂、天然昆虫生长调节剂、天然植物诱抗剂等品种。登记产品数量较多的有赤霉酸、复硝酚钠、氨基寡糖素、芸薹素内酯等。植物源农药有效成分22个、产品260个，涉及杀虫、杀菌、杀螺、杀鼠等多种不同用途，登记产品数量较多的有苦参碱、鱼藤酮、印楝素、藜芦碱、除虫菊素、蛇床子素等。在《农药登记资料要求》中已经明确，植物源农药是指有效成分直接来源于植物体的农药，其产品名称既可用有效成分命名，也可用“原料植物的通用名称＋提取物”表示，但应当明确标志性有效成分。根据其定义要求，今后的生物农药登记将严格区分天然植物提取物和人工合成的植物源农药有效成分，如系人工合成的植物源有效成分将按照化学农药的登记资料要求，一般而言，植物源农药的有效成分都较复杂。目前，天敌生物有松毛虫赤眼蜂、平腹小蜂和异色瓢虫3个有效成分、5个产品处在登记有效状态，根据2017年的《农药登记资料要求》，因天敌生物在自然界存在，可以免于登记。实际上，目前有许多在实际生产中应用的天敌品种并未申请登记。农用抗生素有效成分13个、产品2385个，这类产品虽然本身属于生物源，但速效性和防治效果与化学农药类似，且易被土壤微生物分解而不污染环境，不易造成持久性残留，但需要参照化学农药的要求进行登记。这类产品在生产实际中应用非常广泛，如阿维菌素、多杀霉素、井冈霉素等均是农业生产上的重要品种，登记产品数量较多（图6-1）。

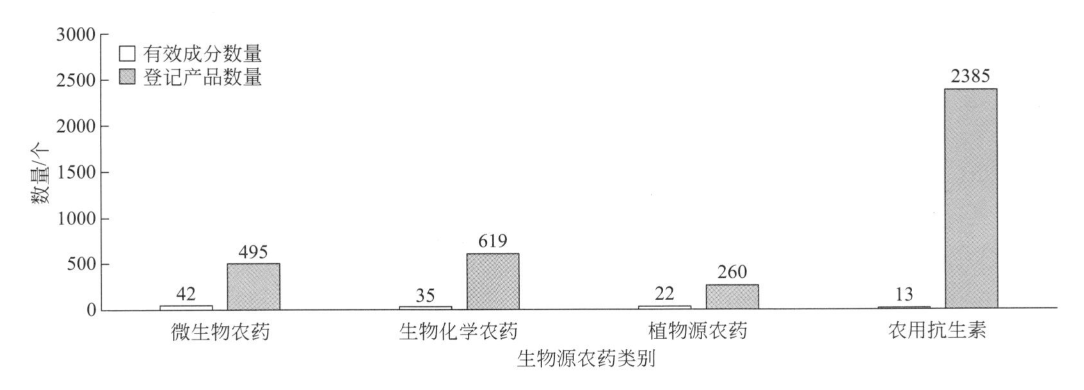

图 6-1　国内生物农药登记情况[18]

6.1.8　生物农药的应用

（1）微生物生物农药　目前应用最广泛的是苏云金芽孢杆菌，自 1901 年日本科学家发现苏云金芽孢杆菌（*Bt*）以来，国内外科学家对其进行了持续而深入的研究，积累了大量的研究资料，取得了很多重要成果。据报道，发现包藏苏云金芽孢杆菌的菌株多达 60000 多株，制备生产苏云金芽孢杆菌产品达 100 多种，在全球范围内被用于防治农业、林业病虫害的微生物农药中，苏云金芽孢杆菌产品占 90%，被广泛用于防治稻苞虫、稻纵卷叶螟和黏虫、松毛虫、茶毛虫和玉米螟等多种农业害虫。微生物农药杆状病毒被用作生物控制剂和杀虫增效剂，在防治农作物和森林害虫中也具有良好的效果。

（2）植物生物农药　据报道称，全球有杀虫植物 2400 多种、杀菌植物 2000 多种、除草植物 1000 多种。我国早在 20 世纪 30 年代就开始着手进行植物源生物农药的研究，至今登记注册的植物源生物农药有 40 多种。杀虫（菌）的植物主要有菊科植物的除虫菊，对菜青虫、蚜虫、蚊蝇等多种害虫有毒杀作用；万寿菊的提取物对豆蚜、菜青虫等具有毒杀或驱避作用。楝科中的印楝、苦楝和川楝，如印楝的提取物印楝素，对果树害虫和蔬菜害虫具有较好的驱避和拒食作用，而且对人、畜无害。卫矛科中的苦皮藤可提取苦皮藤素，对水稻、玉米和蔬菜害虫有良好的防效。还有柏科植物中的沙地柏、瑞香科植物中的瑞香狼毒等多种植物，也都是宝贵的植物农药资源。

（3）动物生物农药　在早期的生物防治中，最重要的措施就是利用天敌昆虫和捕食螨限制害虫。但是作为生物农药，也必须符合农药的条件，即只有那些可作为商品的、能够在市场上销售的、有针对性地使用的天敌昆虫和捕食螨，才能划归为生物体农药。仅就寄生蜂而言，早在 1986 年 Greatllead 报道，有 90 个国家应用了 393 种寄生蜂防治农林业中的 274 种害虫，并取得了 860 例成功的生物防治例子。而在动物源生物化学农药中，最常见的是昆虫信息素类，尤其是性信息素类化合物。据估计，全世界现已合成昆虫性信息素 1000 多种，已商品化的达 280 多种，已成为害虫治理中的一个重要手段。我国在棉铃虫、棉红铃虫、梨小食心虫等性信息素的分离鉴定、人工合成及田间应用方面，均取得可喜的成绩。此外，我国对报警信息素、聚集信息素和踪迹信息素也有一定的研究。除信息素外，节肢动物毒素也是一类动物源生物农药，如来自于沙蚕的沙蚕毒素。

(4) 生物化学农药　譬如对各种蜘蛛和黄蜂毒素的研究发现，这类毒素的化学结构相似，主要作用于昆虫神经-肌肉接头，阻断以谷氨酸为传导介质的神经兴奋传导。这一新的作用靶标，已引起了新型杀虫剂开发创制人员的兴趣。另外，近几年来对几丁质的研究较为深入，已在生物农药领域开拓了一个新的方向。几丁质的脱乙酰化产物壳聚糖可有效阻碍植物病原菌孢子的萌发和生长，对小麦纹枯病、花生叶斑病、烟草斑纹病等病害均有较好的防效。且壳聚糖的降解产物可诱导植物中的防御酶——几丁质酶的含量和活性大大提高（可提高达 4 倍），从而提高植物的抗病性。壳聚糖还能促进土壤中的微生物产生一种可杀死线虫及其虫卵的酶，有开发为杀线虫剂的潜力[19]。

6.1.9　我国生物农药的现状

生物农药因对农业的可持续发展、农业生态环境的保护、食品安全的保障等提供了物质基础和技术支撑而受到越来越广泛的关注与厚爱。目前已有多个生物农药产品获得广泛应用，如苏云金芽孢杆菌（*Bacillus thuringiensis*）、井冈霉素（jingangmycin）、中生菌素（zhongshengmycin）、武夷菌素（wuyiencin）及除虫菊素（pyrethrins）、苦参碱（matrine）、芸薹素（brassinolide）等[20]；然而目前我国生物农药品种的结构还不够合理，突出体现在生物农药产品与生物防治技术还较为落后，无法满足农业生产的需求。生物农药的协同增效、适宜剂型、功能助剂等配套技术问题成为制约生物农药和生物防治的瓶颈。但是当今在微生物活体、天敌昆虫、微生物代谢产物、植物源农药和昆虫病毒类农药以及在基因及化学调控、植物免疫诱导抗性和 RNAi 干扰等领域开展新型生物农药的创新与探索获得了快速和鼓舞人心的发展。

据预测，2014～2020 年间全球生物农药在消费量和市值需求上将获得 10%以上的快速增长，而亚太地区则有望获得最快速的增长。我国政府非常重视生物农药产业的发展，国内一批生物科技重大基础设施相继建成，在生物农药的资源筛选评价、遗传工程、发酵工程、产后加工和工程化示范验证等诸多方面已经自成体系，研究开发步伐逐年加快，研发体系逐步完备。在技术水平层面，我国已经掌握了许多生物农药的关键技术与产品研制的技术，在很多方面研发水平与世界水平相当。在人造赤眼蜂技术、虫生真菌的工业化生产技术和应用技术、捕食螨商品化、植物线虫的生防制剂等领域处于国际领先水平，昆虫性诱剂在害虫综合防治中的作用越来越受到广大人民群众的认可。昆虫性诱剂在虫情监测、诱杀成虫、干扰交配、保护天敌、减少污染等方面有着十分明显的优势。目前在我国已有多个生物农药产品获得广泛应用，其中微生物农药中应用最广泛的苏云金杆菌，已经发现了 140 多种晶体毒素[20]。农用抗生素是目前使用面积最广、防效最显著的一类生物制剂，主要包括井冈霉素、阿维菌素、多氧霉素、中生菌素、武夷菌素、农抗 120 等产品；植物源农药在我国农业生产上也有着广泛的应用，其中化学物质如萜烯类、生物碱、类黄酮、甾体、酚类、独特氨基酸和多糖等均具有广谱杀虫和抗菌活性。昆虫病毒防治虫害的应用在我国也已经取得了很大进步；目前已知至少有 20 余类的昆虫病毒，包括核型多角体病毒、质型多角体病毒和颗粒体病毒等投入生产实践。防治对象主要为鳞翅目、双翅目、膜翅目和鞘翅目害虫。据悉，江西省新龙生物科技有限公司的“年产 2000t 的广谱昆虫病毒制剂产业示范工程”已建立并投产，成为亚洲规模最大的昆虫病毒制剂生产基地。

我国从 2014 年开始大力推广低毒低残留农药示范补贴工作。每年在 10 个省份实施低毒生物农药补贴试点[21]，着力引导农民使用低毒低残留生物农药。在上海、山东等地启动生物农药补贴试点工作的实践经验证明，实施补助政策是推广低毒生物农药实际应用的好办法，有利于规范农民合理使用农药，从源头控制住农药残留，进而减少对环境的污染，从而保障农产品的质量安全。据悉，在食品安全和农村环境治理的迫切需求下，政策将大力扶持低毒高效和生物农药的推广，并将进一步提升市场需求，推动行业扩容。

近几年国务院陆续颁布了《促进生物产业加快发展的若干政策》《关于加快培育和发展战略性新兴产业的决定》《生物产业发展规划》等一系列政策措施，为促进生物农业的发展提供了良好的政策环境。目前，生物农药已逐步发展为国内生物产业的基础和主体之一，并进一步上升为国家战略性新兴产业的重要生长点。“十一五”以来，国家部署安排了20多项与生物农药密切相关的重大科技计划，包括“973”计划、“863”计划、国家科技支撑计划、公益性行业（农业）科研专项、国家自然科学基金等项目，“973”计划包括“肥料减施增效与农田可持续利用基础研究”“农业微生物杀虫防病功能基因的发掘和分子机理”，“863”计划包括“细菌、真菌类生物杀虫剂研究和创制”，科技支撑计划包括“高效施肥关键技术”“新型高效肥料创制”“农药靶标位点与病原抗药性的机理”“粮食主产区三大作物重大病虫害防控技术研究”“靶标害虫抗性遗传演化研究”，以及重大科技成果转化项目“生物农药武夷菌素生产技术改进及产业化”等。“十一五”以来，生物农药创新成果获得多项国家级科技奖励，包括“低成本易降解缓释材料的创制与应用”“克服土壤连作生物障碍的微生物有机肥及其新工艺”获国家技术发明二等奖，“协调作物高产和环境保护的养分综合管理技术”“防治重大抗性害虫多分子靶标杀虫剂的研究开发与应用”“微生物农药发酵新技术新工艺及重要产品规模应用”“南方蔬菜生产清洁化关键技术研究与应用”获国家科技进步二等奖，为生物农药和生物防治技术的实施奠定了坚实的基础。

由武汉武大绿洲与武汉大学产学研联合开发出了一系列昆虫病毒杀虫剂、昆虫病毒与苏云金杆菌复配制剂。其中菜青虫颗粒体病毒是国内唯一的产品，蟑螂病毒是全世界唯一的产品。开发的茶尺蠖核型多角体病毒苏云金杆菌悬浮剂在防治茶园茶尺蠖、茶毛虫、茶小绿叶蝉等茶叶主要害虫方面效果明显，同时可显著减少用药次数，解决茶叶残留超标问题，有助于恢复茶园的生态环境，特别是天敌的恢复可控制其他病虫害的发生，实际上将茶园带上了良性发展循环，取得了巨大的生态效益和经济效益[22]。

由西北农林科技大学发明的一种植物源抗病毒剂可应用于防治多种植物的多种病毒病害，且天然高效，对环境安全；对水稻飞虱、果树介壳虫有显著的防治效果，具有良好的应用前景。由中国农业科学院植物保护研究所研制的我国首个抗病毒蛋白质农药——“阿泰灵”也成为行业热点。植物免疫诱导剂的发展也间接表明了一个事实：以杀灭病虫为目的的传统植保策略开始向以提高植物免疫、预防病虫、植物保健等防治病虫害的策略转变。而随着植物蛋白提取和发酵工艺的不断改进，植物免疫诱导产品的产业化进程也取得了长足发展。

长期以来，对于生物农药的防效评价总是基于化学农药的防效高、见效快和易于观察等优点来对照评价生物农药和生物防治技术，在一定程度上严重阻碍了生物农药的推广与技术的应用。近年来随着人们对生物农药安全性优良、通过提高植物免疫能力降低病虫害作用的认同，生物农药的可持续防控和提高农作物品质的综合效益十分显著，社会对于生物农药效果的评价与生物农药技术的推广应用已经趋于理性与客观，这也为生物农药的推广和生物防治技术的应用提供了良好的社会基础[23]。

6.1.10 我国生物农药的创新方向

随着全球可持续发展潮流的兴起，绿色生产或绿色制造业已成为未来产业发展的必然趋势。随着人类对环境的要求越来越高，要求农药必须向低毒、无公害方向发展。生物农药正是这样一类既满足上述要求又环境友好的绿色农药，它与化学农药相比，具有选择性强、无污染、不易产生抗药性、不破坏生态环境且生产原料广泛等优点，应用前景广阔。发展生物农药，寻求新的开发热点，正是目前农药科研人员努力的方向，生物农药将在生物农业领域起到重要的支撑作用，并逐步发展成为战略性新兴产业。生命科学前沿技术的不断更新，为生物农药的发展提供了全新的技术途径，并随之出现了一批新的研究领域和具有重大应用潜力的新技术及新产品。

（1）以免疫诱抗剂为代表的新生物农药品种将成为产业热点　随着对植物自然免疫抗性和诱导系统性获得抗性研究的不断深入，关于植物免疫诱导和激发的研究是近年绿色生态农药研究中新的增长点。近年来除了各种类型的蛋白激发子不断被发现外，对于激发子作用的分子靶标、分子机制的研究也在不断深入，并主要集中在有关激发子受体、诱导免疫反应的信号通路等方面。有关技术的突破将促进植物免疫诱抗剂的快速发展。作为一类新型的多功能生物制品，已经有部分产品（如蛋白激发子、寡糖、脱落酸、枯草芽孢杆菌及木霉等）在国内管理部门登记注册，并得到大面积的推广应用。这些免疫诱抗药物的共同突出特点是不同于传统的杀菌剂，并不会直接杀死病原菌，而是通过调节植物自身的新陈代谢，激活植物自身的免疫系统和生长系统，诱导植物产生广谱性的抗病、抗逆能力。近年来，植物免疫诱抗剂的研发与应用在应用绿色生物防治手段防治植物病虫害的基础上又有了新的突破。以往创制控制植物病害药物的基本原则，大都以病原菌为靶标，以能快速全面杀死靶标为目标，忽视了被病原菌危害的寄主植物本身对这些外来生物的抵抗能力。而今利用植物的诱导免疫抗性，恰恰是重视了植物的生长规律及其自身对病害发生的潜在控制能力而制定的防治对策。提高植物自身的抗病水平，减少对化学农药的防病依赖，可从根本上减少农药的过度使用对环境和农产品带来的污染。

（2）恢复土壤结构，土壤连作障碍修复技术备受关注　作物健康栽培从健康土壤开始，化肥农药的过度使用，以及土壤有机质匮乏导致大量的功能微生物难以生存，而植物病原微生物以取食植物为生，大量繁殖，土壤微生物生态失去平衡，植物很难健康生长，甚至无法生存。解决问题的根本途径是增加土壤功能微生物的种类和数量，通过添加土壤有机质来维持庞大的功能微生物群体，抑制病原微生物的发生和发展，保障和促进植物的健康生长。

（3）天敌昆虫和高效微生物菌株的改造技术将在生物防治中起重要作用　高效专化性和多功能天敌昆虫和微生物菌株（包括昆虫线虫与昆虫病毒等）的创新技术将随着基因组学、蛋白质组学和代谢组学技术的进步日趋完善与发展。组织实施工程昆虫产业创新发展工程，加强新品种的研制，建设评价与应用基地，加快推进新产品的产业化。建设重要昆虫基因资源信息库，完善安全评价管理体系，强化工程昆虫的工程化能力，建设和完善研究开发设施。到 2020 年，形成以现代科学技术为支撑、以企业为主导的工程昆虫创制和应用产业基础，掌握创制关键核心技术，创建以工程天敌昆虫、雄性不育卫生工程昆虫、生物反应器类工程昆虫、现代生命科学模式生物类工程昆虫等为代表的一批具有国际水平的工程昆虫技术研发与产品应用开发平台，形成安全评价与监督体系，我国工程昆虫产业水平大幅提升，产品发展能力跻身国际先进水平。

（4）昆虫信息素和昆虫性诱剂的发展将广泛应用于植保 随着新技术与新产品的不断涌现，昆虫信息素和昆虫性诱剂已经系列化和技术实用化，生物源信息化合物诱杀害虫技术是目前国际公认的绿色植物保护技术，在生产实践中现已获得了广泛的应用与发展。主要利用了昆虫的各类信息化合物可以特异性地调节靶标昆虫行为的原理，将人工合成的来源于昆虫、植物等的信息分子用释放器缓释到田间，干扰昆虫的交配、取食、产卵等正常行为，从而减少靶标害虫的种群数量，达到控制靶标害虫的目的。与其他病虫害防治技术相比，应用性诱剂防治农业害虫具有安全性、选择性、高效性、持效性、兼容性五大特点，符合“优质、高产、高效、生态、安全”的农业生产发展目标。据联合国粮食及农业组织（FAO）统计，中国的果树总面积为993.3万公顷，占世界果树总面积的20.39%，居世界第一位。应用昆虫信息素来防控果树的虫害是目前行之有效的生物防治措施之一，能够有效减少农药的使用量，降低农药残留，达到出口果品的标准。

（5）代谢产物的仿生合成技术将持续快速发展 包括微生物和植物源等的代谢产物和功能物质的生物合成和绿色技术在近年来已经获得了快速的发展，仿生合成和绿色生产技术的发展将极大地促进代谢产物规模化量产以及代谢产物的推广应用。

（6）RNA干扰精准控害技术的发展将极大地推动产业进步 RNA干扰技术已被广泛用于研究各种生物基因功能、控制动物疾病和植物病毒、害虫的威胁。应用RNAi精准控害技术平台培育新兴产业将极可能对农业病虫害的控制起到巨大的推动作用。

6.1.11 国内生物农药的未来发展策略

生物农药的研发和生产均属于高新技术领域，都需要高投入和新技术。目前由于科研投入较少，基础研究不够深入，科研单位无力或不愿进行高投入的产品作用机理、毒理学和环境行为学试验，导致研究周期延长或研究结果遥遥无期。同时，也因研究的目标、方向和要求不能完全切合企业和市场的需求，结果是具有应用前景的实验室成果很多，具备商品化条件的品种较少，真正开发成产业化品种或当家品种的则更少。与此同时，我国大部分生物农药企业又没有新产品的研究开发机构和能力，只是简单地从事农药制剂的加工、生产和销售。在对于半成品的态度上，科研单位不愿放弃，生产企业又不愿介入，结果造成其束之高阁，许多科研成果无法转化或转化率低[24]。

国家应当把生物农药作为产业重点发展。发展生物农药产业不光看它的经济效益，更要看中它长远的社会效益和环境效益。发展生物农药对于保证农业生产可持续发展，保障人们的生活与健康，保护生态环境不受破坏和污染都是十分重要的。因此，应当把发展生物农药业作为一项国家发展重点来考虑。国家应加大对应用基础研究和中试开发的支持力度。随着人们对绿色食品需求的不断增长，农业生产中将会更多地使用到生物农药。因此，今后一方面应该加快已有研究成果的转化，推进产业化规模化发展；另一方面必须加大科研投入，支持生物农药应用基础研究和中试开发，以期能够不断地开发出新产品；完善相关法规，更新禁用和限用的剧毒、高毒、高残留的化学农药名单，并统一规定在蔬菜和瓜果生产中禁用和限用的化学农药，强调应用生物农药生产无公害蔬菜瓜果的重要性，并逐步淘汰过时且高毒性的农药产品。

在未来要协调发展生物农药和低毒高效化学农药。在今后相当长的一段时间内，生物农药不可能完全取代化学农药的地位，农业生产中将是生物农药和低毒高效化学农药共存的局面。因此，应协调发展生物农药和低毒高效化学农药。采取复配和混配等途径，如 *Bt* 杀虫剂＋阿维菌素、*Bt* 杀虫剂＋灭多威等，将是今后农药发展的一个热点方向。需要集成人才和生物资源优势，实现多方面的技术创新。采用新生物技术研发新品种；重点突破生物农药见效慢的问题；同时，对已有产品进行二次开发以扩大其用途[25]。

生物农药的发展和创新必须注意战略布局[26]。一是注意生物农药品种结构布局；二是注意区域布局。向着多品种结构发展，而不是单单依靠一两个品种，这是生物农药发展的必然趋势。因此，在发展生物农药时，不但要推动集研发生产于一体的大型生物农药企业的形成，而且要发挥我国生物农药研究方面的优势，推动生物农药创新，逐步形成多品种结构，实现生物农药的真正可持续健康发展。

6.2 转基因技术在农药中的应用

在现代农业、林业、牧业等产业的发展进程中，农药是防治重大病虫草害、保障作物丰收、解决粮食生产的有力措施之一，也是确保林业、牧业作物生产平稳发展的重要手段。甚至可以说，农药在一定程度上为解粮食危机、促进世界和平做出了极大的贡献。但是，农业害虫抗性的增加、多种杀虫剂杀虫谱的变化、人们对于农产品要求的提升以及城镇面积的扩大、土地沙漠化导致的耕地面积减少、农作物不断减产，使我国面临的粮食安全问题十分严峻[27]。然而，作物病虫草危害却在逐年加重，农药的不合理使用或者滥用对生态环境造成一定的危害，同时，在一定程度上危害人们的身体健康。过量施肥、施药既会增加农民负担，又对地质造成一定的影响，比如土壤盐碱化等问题；化肥、农药的大量广泛使用，还可能造成水质富营养化，危害水生生物环境[28]。然而，从一个方面来讲，新农药研发是一个周期长、高投资、高风险的过程。以杀虫剂为例，一种新型杀虫剂从发现到成功上市一般需要 8～12 年[29,30]，研发资金约 5000 万美元，而近 10 年研发资金投入呈逐年增长状态[58]，高通量筛选的成功率也逐年下降[31～34]。从另一个方面来讲，从可持续发展的角度，秉承保护环境、保证食品安全的原则，人们对于生态环境逐渐重视起来，人民生活水平的提高与对作物品质要求的矛盾凸显。国家农业部于 2015 年 2 月 17 日下发的《到 2020 年农药使用量零增长行动方案》对农药的使用开始有效的宏观控制。

而生物农药相对更加环保、安全。我国使用生物农药可以追溯到几千年之前人民使用植物源农药。而从 20 世纪开始，生物农药的研发与使用“爆发”了。生物农药中的一个典型的代表就是转基因农药，其发展得益于 DNA 技术的发展。被誉为 20 世纪三大科学发现之一的 DNA 结构的提出与验证为转基因农药的发展奠定了基础。1953 年，沃森和克里克两位科学家发现了 DNA 双螺旋结构，DNA 双螺旋结构的提出具有里程碑的意义，从此开启了分子生物学时代，人们对于遗传的研究到了更加深层次的分子层次，“生命之谜”逐渐被打开，遗传信息的构成以及传递的途径清晰地呈现出来。在以后的近 50 年的时间里，分子遗传学、细胞生物学、分子免疫学等多个新学科如雨后春笋般出现，一个又一个生命的奥秘从分子角度得到了更清晰的阐明，DNA 重组技术更是为利用生物工程手段的研究和应用开辟了广阔的前景。其中，转基因技术或者基因重组技术的发展，为转基因技术在农业上的应用做出了不可磨灭的贡献。

6.2.1　转基因技术介绍

转基因技术指的是通过基因工程方法，将人工分离以及修饰过的基因导入到生物体基因组中，然后通过外源基因的稳定表达和遗传，以达到品种的创新以及遗传改良的目的[35]。从转基因农药的创制方面来讲，主要是用来抗病虫草害，进而提高作物产量，增加经济效益。从技术手段上来讲，转基因技术主要包括以下几个关键的步骤：第一是取得符合要求的目的基因；第二是将目的基因连接成重组 DNA；第三是将重组 DNA 导入到受体细胞中；第四是将能表达目的基因的受体细胞挑选出来，得到高效表达的产品。转基因技术是现代分子生物学发展的产物：在 20 世纪 50 年代科学家揭示了 DNA 双螺旋结构之后，世界开始真正从分子水平认识了基因，同时也开始了通过直接改造基因来改造生物的科学实践。

目前，植物转基因主要采用农杆菌介导法、基因枪法和花粉管通道法以及原生质体融合等技术方法。

（1）农杆菌介导法　目前双子叶植物遗传转化最常用的方法。它是将植物表达载体转入根癌农杆菌，以根癌农杆菌工程菌为介导，通过侵染受体植物后将其所携带的 Ti-质粒上的一段目的 DNA 插入到受体细胞基因组中，从而实现新基因的导入与整合。根癌农杆菌 Ti-质粒转化系统是目前技术方法最成熟的基因转化途径。长期以来，农杆菌介导转化方法仅局限于双子叶植物，直到近年才在单子叶植物（如水稻、玉米等）中得到广泛应用。

（2）基因枪法　利用火药爆炸、高压放电或高压气体驱动力，通过基因枪将包裹了带外源目的基因的高速微弹直接送入完整植物细胞中。外源目的基因随机插入到植物基因组中，从而实现转基因操作。与农杆菌介导法相比，基因枪法不受植物是否是单子叶或双子叶类型的限制，对靶细胞、受体材料的来源基本无严格要求，小到细胞大至组织、器官等均可作为受体实现转化；但基因枪法产生的转基因植物中，外源基因的表达不如农杆菌介导法稳定，成本也相对较高。

（3）花粉管通道法　这种方法由我国科学家周光宇于 20 世纪 80 年代初发明，主要原理是利用植物在开花、受精过程中形成的花粉管通道，将外源 DNA 液用微量注射器注入花中，带入受精卵而自然发育成种子。该法最大的优点是不依赖植物组织培养，也不需要特殊的仪器设备，技术相对简单易行。

（4）原生质体融合　将不同物种的原生质体进行融合，可实现两种基因组的结合。也可将一种细胞的细胞器，如线粒体或叶绿体与另一种细胞融合，此时，是一种细胞的细胞核处于两种细胞来源的细胞质中，这就形成了胞质杂种。

6.2.2　转基因技术在全球农药中的应用与发展

近几十年来，世界农业生物技术的进步，迎来了转基因（GM）作物。转基因农药的开创与发展，要从 1983 年全球首例转基因作物（genetically modified crops，GMC）问世说起。1986 年，转基因作物获批进行田间试验，1993 年，Cagene 公司研制了可以延熟保鲜的转基因番茄在美国批准上市，开创了转基因植物商业应用的先河。20 世纪末，转基因作物得到了“爆炸式”增长。1995～1999 年间，全球转基因作物的销售总额由 0.75 亿美元暴增到 20 亿～25 亿美元，仅仅用了 5 年时间，销售额增加了 30 倍。从全球的种植面积上来讲，

20 世纪 20 年代也是爆发式增长的。比如，从 1996 年开始的 20 多年商品化 GM 种植，已经充分显示了其极强的生命力，已经给采纳 GM 的国家和农民带来了巨大的经济效益。历史已经证明，GM 应该成为世界粮食问题新解决方案的一个不可缺少的部分。基因工程作为生物技术领域的先进技术，近年来发展十分迅猛。尤其是在农业上，转基因作物的研究和开发取得了突破性进展。1996 年，全世界转基因作物生产的面积为 170 万公顷，到 1997 年达到 1100 万公顷，1998 年总面积翻了一番，已达到 2780 万公顷，再到 1999 年总面积为 3990 万公顷，短短四年的时间，种植面积扩大了 20 多倍，不得不说转基因农药的地位得到了极大的提升。1999 年是世界转基因作物快速发展的一年，新品种如雨后春笋；生物技术公司力量大增，生物工程研究方兴未艾。转基因作物正在对 21 世纪农业生产乃至人类社会生产、生活的各个方面产生全面而深刻的影响。

现在可以毫不夸张地说，转基因农业的新时代已经到来。总体来讲，全球转基因作物的种植面积从 1996 年的 170 万公顷发展到 2015 年的 1.797 亿公顷，增加了 100 倍。经过前 19 年的连续增长，全球转基因作物的种植面积于 2014 年达到峰值 1.815 亿公顷。转基因作物的种植面积也是遍布全球，2015 年，全球转基因作物种植面积排名前十的国家分别是美国、巴西、阿根廷、印度、加拿大、中国、巴拉圭、巴基斯坦、南非、乌拉圭。其中美国是全球第一大转基因作物种植国，其种植面积达到 7090 万公顷，占全球总种植面积的 39%。

转基因作物的种类和种植面积也在逐年增多。全球转基因种植面积前两位的是玉米和大豆；11 种转基因作物，玉米、大豆、棉花、油菜、甜菜、苜蓿、木瓜、南瓜、马铃薯、杨树、茄子，其中，美国种植了 9 种，中国种植了 3 种。每年大约有 1800 万农民种植转基因作物，其中大约 90%是发展中国家的小农户[36]。

从全球的转化品种来看，全球转基因作物最多的品种是大豆和棉花。玉米的转基因品种未来有较大的提升空间。水稻、小麦等主粮目前尚无商业化的转基因品种。从性状来看，转基因作物目前最主要的是抗虫和抗除草剂两大性状以及复合性状，其中抗除草剂作物的种植面积最大，截至 2015 年已经达到 1.1 亿公顷。

根据国际农业生物技术应用服务组织的统计，以输入耐除草剂、抗虫和抗病毒等性状为目标的第一代转基因作物使全球农民和粮食种植者在 1996～2015 年间获得 5.74 亿吨作物的经济收益，价值达 1678 亿美元[36]。

转基因技术在农业生产中应用最广泛的领域是转基因育种，这其中转基因抗虫和耐除草剂农作物的培育最为普遍。多年的生产实践证明，这些具有植物保护的性状是农业害虫控制和杂草防除的有效途径，对于保护生态环境和生物多样性具有重要的意义。以转基因抗虫玉米为例，世界范围内玉米害虫约 350 种，其中以玉米螟的分布最广、危害最大。在我国，玉米螟属周期性大爆发害虫，一般发生年可使春玉米减产 10%左右，夏玉米减产 20%～30%，并能危害多种作物。目前国际上推广应用的转基因抗虫玉米多为表达 Cry1Ab 或 Cry1F 等晶体蛋白，这类蛋白是专一性的高效杀虫蛋白，当玉米螟取食后会穿过其围食膜并与肠道上皮细胞的特异性受体结合，形成穿孔，细胞因失去渗透平衡死亡，最后导致害虫死亡。

总体上，转基因技术在农作物上的应用，有以下优势[36]。

（1）提高作物产量　具有耐除草剂或抗虫功能的转基因作物可以通过减少资源浪费来间接提高农作物的产量，从而提高农业的效率。据统计，1996～2014 年间相较于传统作物，抗虫玉米的产量平均提升了 13%，抗虫棉的产量提升了 17%，抗虫大豆的产出提升了 9%。

此外，耐除草剂技术通过有效控制杂草也能显著提高作物的产出。对比中美两国的玉米和大豆的单产水平，由于我国种植的均是常规作物，而美国玉米和大豆中转基因比例极高，导致两者之间单产水平的差距相当明显，且有差距扩大之势。

随着全球人口的不断增长和平均生活水平的持续提高，世界上包括大米、小麦和马铃薯等在内的主粮需求在未来的20年内将增加40%，到2050年将比当前增加70%。在这样的趋势之下，转基因作物的商业化种植能大幅提高作物的单产水平，可能将成为应对未来粮食供应挑战的重要途径之一。

(2) 减轻环境压力 转基因作物能够大大减轻现代农业对环境的影响。据统计，1996～2015年种植具有抗虫和耐除草剂功能的转基因作物使农药的使用量减少了6.2亿千克，这相当于少喷洒了8.1%的农药。此外，由于使用耐除草剂作物品种，不仅减少了除草剂的用量，还使少耕或免耕等保护型耕作方式的大面积推广成为可能，减少对土壤的扰动，同时减少了机械操作，节省了燃料，也直接减少了二氧化碳等温室气体的排放。

据预计，全球转基因市场规模达158亿美元，占全球商业化种子市场规模的35%。2016年，全球转基因作物的种植面积从1996年的170万公顷增加到1.85亿公顷，21年间增加了110倍，成为近年来应用最为迅速的作物技术。从1996～2016年，转基因作物的商业化种植面积累计达到了21亿公顷，其中转基因大豆累计种植面积10亿公顷，转基因玉米累计种植面积6亿公顷，转基因棉花累计种植面积3亿公顷，转基因油菜累计种植面积1亿公顷。

6.2.3 转基因技术在我国的发展

第一，我国的转基因科研起步早，自主创新能力持续提升。

一直以来，我国政府对转基因技术均非常重视，所以转基因相关的科研工作在我国起步比较早。早在1986年，我国政府就制定了政府主导的、以七大重点领域为研究目标的国家高技术研究发展计划（“863”计划），其中优质、高产、抗逆的动植物新品种即为主题研究项目之一。1997年，国家重点基础研究发展规划（“973”计划）面世，转基因研究再次位列其中。2008年，国务院批准设立转基因重大专项，以转基因生物新品种培育为目标，旨在获得一批具有重要应用价值和自主知识产权的基因，培育一批重大转基因生物新品种，提高我国农业转基因生物研究和产业化的整体水平[36]。

总体来说，我国转基因技术研发战略分为三个层级：首先是瞄准国际前沿和重大产业需求，抢占核心技术为主的科技制高点，克隆具有自主知识产权和具有育种价值的新基因；其次是以经济作物和原料作物为主的产业化战略，加强棉花、玉米品种的研发力度，推进新型转基因抗虫棉等产品的产业化进程；最后是以口粮作物为主的技术储备战略，保持抗虫水稻、抗旱小麦等粮食作物转基因品种的研发力度，尤其是保持转基因水稻新品种研发的国际领先地位。

第二，政策高度重视。

我国的基本国情是人多地少，耕地资源相对短缺，我国农业面临人口不断增加和农业资源不断减少的双重压力。目前，我国虽然实现主粮的基本自给，但农产品缺口较大，尤其是随着经济的发展和生活水平的提高，大豆、玉米等的进口量近年来维持在高位，而90%以上的这些进口大豆、玉米均是转基因产品，因此，我国实际上多年来一直在消费大量的转基因产品。对此，党和国家的领导人也是高度重视，例如2013年12月23日习近平在中央农村工作会议上的讲话中说“讲到农产品质量和食品安全，还有一个问题不得不提，就是转基因问题。转基因是一项新技术，也是一个新产业，具有广阔发展前景。作为一个新生事物，社会对转基因技术有争议、有疑虑，这是正常的。对这个问题，我强调两点：一是确保安全；二是要自主创新。也就是说，在研究上要大胆，在推广上要慎重。转基因农作物产业化、商业化推广，要严格按照国家制定的技术规程规范进行，稳打稳扎，确保不出闪失，涉及安全的因素都要考虑到。要大胆创新研究，占领转基因技术制高点，不能把转基因农产品市场都让外国大公司占领了”。可见，政府对转基因技术在农作物上的应用是多么重视。

转基因技术作为现代农业生物技术的核心，在缓解资源约束、保障食物安全、保护生态环境、拓展农业功能等方面已显现出巨大的潜力。我们应该大力发展转基因作物，同时制定严格的转基因生物安全管理规则和制度，让转基因作物的技术优势得到充分的发挥。鉴于转基因技术在农药中的应用主要是在杀虫和除草方面的应用，以下将做详细介绍。

6.2.4 转基因技术在害虫防治中的应用

2000 年全球人口超过 60 亿，预计到 2025 年将达到约 85 亿。因此，为了满足不断增长人口的日益增长的需要，到 2025 年，粮食产量必须再增加 50%以上，需要具有较高产量和稳定性的作物品种。在过去的几十年中，全球作物生产力的提高取得了重大进展。例如，世界稻米产量从 1966 年的 2500 万吨增加到 1999 年的 9200 万吨以上。尽管进行了广泛的植物育种工作，但每年在全球花费超过 100 亿美元用于昆虫损害的管理和化学防治。严重依赖化学杀虫剂可能不可行，因为它们提供了短暂的益处，往往带来不利的副作用，并且在某些情况下实际上带来了有害生物问题。因此，我们面临的主要挑战是如何通过较少地使用化学品来增加和维持作物的生产效率。迄今为止，主要通过应用经典孟德尔遗传学原理和传统植物育种方法，开发出了抗虫品种。细胞和分子生物学的最新进展为基因工程（转基因）植物的新遗传特性开辟了新的途径。这种作物通常被称为转基因（GM）作物，对于为综合虫害管理（IPM）计划做出重要贡献提供了有希望的机会。自从 1984 年获得表达外源蛋白质的第一个转基因烟草植物以来，转基因植物已经产生了 100 多种。转基因作物面积从 1996 年的 170 万公顷增加到 2000 年的 4420 万公顷。

现在有许多方法可用于生产转基因植物，包括农杆菌修饰的 Ti 质粒系统和直接的基因转移，PEG 诱导的 DNA 摄取、将 DNA 显微注射入培养的细胞、电穿孔和基因枪法。主要转基因植物已在玉米、小麦、大麦、水稻、棉花、马铃薯、番茄、大豆等几大作物中生产，通过各种转化技术转移了一系列控制农业重要性状的基因。

6.2.4.1 微生物源转基因

苏云金芽孢杆菌（*Bt*）是微生物源转基因的典型代表。

苏云金芽孢杆菌是一种天然存在于土壤中的细菌，它被用作生物杀虫剂已有 50 多年的历史[37]。这种细菌最初是 1902 年在日本发现的，它能产生许多昆虫毒素，其中最特别的是形成孢子时产生的晶体蛋白质。晶体蛋白质对鳞翅目昆虫具有特异性毒性[38]，并通过破坏昆虫的中肠细胞发挥作用。晶体蛋白质被中肠腔中的碱性肠液溶解，并被肠蛋白酶转化为毒性核心片段。此后，中肠上皮细胞膨胀并最终爆裂。*Bt* 孢子和晶体的微生物制剂已被用作商业杀虫剂超过 20 年。特别地，部署在转基因作物中的 *Bt* 蛋白质显示出针对狭窄害虫物种组的特异性活性，并且通常对非目标物种，包括有益昆虫几乎没有作用或没有直接作用[39]。

作为病虫害综合防治的工具，这种特异性提供了许多优于常规杀虫剂的优势。

已经从苏云金芽孢杆菌中分离并测序了至少90种编码原毒素的基因。最初，基于宿主范围 *Bt* 毒素被分为4大类包含14个不同的组，包括 cryⅠ（针对鳞翅目）、cryⅡ（鳞翅目和双翅目）、cryⅢ（鞘翅目）和 cryⅣ（双翅目）。携带 *Bt* 基因的转基因植物已经在烟草、马铃薯、番茄、棉花、玉米和大米中产生了不同的晶体蛋白基因。转化后的关键因素是杀虫基因的预期表达。*Bt* 基因富含腺嘌呤-胸腺嘧啶，而植物基因往往具有更高的鸟嘌呤-胞嘧啶含量。通过增加其编码基因的鸟嘌呤-胞嘧啶含量来增强杀虫蛋白质的表达[40]。*Bt* 基因在烟草和番茄中转移的第一个成果发表于1987年。自那时以来，*Bt* 基因已被转移到许多作物上，包括棉花、玉米、水稻和马铃薯。Fischhoff 等[41]构建了含有 CaMV 35S 启动子和苏云金芽孢杆菌蛋白质编码序列的嵌合基因。转基因番茄植株表达了 *Bt* 毒素基因，但转基因植物对烟草夜蛾的幼虫表现出很小的摄食损伤。

Perlak 等[39]生产的抗虫棉通过对 *Bt* 编码序列的修改，提高了 *cry* Ⅰ*A*(*b*) 和 *cry* Ⅰ*A*(*c*) 的昆虫控制蛋白的表达水平，达到0.05%～0.1%的可溶性蛋白质。这些截短了的控制昆虫的 *Bt* 蛋白基因对昆虫提供了有效的控制。在高昆虫压力下用棉铃虫测定的植物显示有效的保护作用。与野生型基因相比，带有变异的 *cry* Ⅰ*A*(*b*) 基因的植物有10～100倍的控制昆虫蛋白的水平。*cry* Ⅰ*A*(*c*) 基因也得到了同样的结果。

Fujimoto 等[42]在启动子35S的控制下用 *Bt* 基因改造水稻（日本晴）。两条独立的株系带着一个稳定的遗传和功能的 *cry* Ⅰ*A*(*b*) 基因。转基因植物对二化螟和卷叶虫的抗性增加了。许多实验室已经培育出携带 *Bt* 基因以耐受螟虫的转基因水稻。Wuhn 等[43]通过粒子轰击将 *cry* Ⅰ*A*(*b*) 基因引入水稻品种 IR 58（IR 代表 IRRI，菲律宾）。转基因植物对几种鳞翅目昆虫害虫具有显著的杀虫效果。饲喂研究表明，水稻三化螟和高粱条螟的死亡率高达100%。Nayak 等[44]利用在玉米泛素1启动子控制下的 *cry* Ⅰ*A*(*c*) 基因对 IR64 进行了转换。被转入的合成 *cry* Ⅰ*A*(*c*) 基因在这些株系的 T2 中稳定表达，并且转基因水稻植物对引起少量摄食损伤的水稻三化螟幼虫具有高度毒性。Ghareyazie 等[45]通过转入截短的合成的 *cry* Ⅰ*A*(*b*) 毒素基因改变香米 TaromMolali 的品种，转基因的植株表现出对黄色天牛的高水平耐受性。Alam 等[46]（1999）通过基因枪法引入由35S启动子驱动的 *cry* Ⅰ*A*(*b*) 基因，在转基因水稻（IR68899B）中，*cry* Ⅰ*A*(*b*) 基因的整合显示了对黄色天牛的抗性。

Datta 等[47]引入来自苏云金芽孢杆菌截短的嵌合基因 *cry* Ⅰ*A*(*b*)，该基因由来自 CaMV 的35S和来自水稻的 actin-1 组成的一对组织特异性的启动子驱动。来自玉米绿色组织的髓组织和丙酮酸羧化酶通过微粒子轰击和原生质体系统引入了几种水稻（籼稻和粳稻）。在1800个推定的 *Bt* 转基因植物中，确认了100个植物整合了 *cry* Ⅰ*A*(*b*)。转基因植物显示出对黄色天牛的高度抗性。McBride 等[48]通过同源重组（将两个显示序列同源性的 DNA 片段之间的遗传物质交换）将天然 *Bt* 基因整合到烟草叶绿体基因组中。*Bt* 毒素基因（占叶片总可溶性蛋白质的3%～5%）的整合显示出对昆虫的耐受性。

Bt 基因的基因操作：*Bt* 中 *cry* 基因的基因操作为提高基于 *Bt* 的生物杀虫剂产品的功效和成本效益提供了有前景的手段。据报道，Cry 蛋白的某些组合对鳞翅目和双翅目害虫表现出协同毒性[49]。此外，孢子的存在还可以增强 Cry 蛋白对某些鳞翅目害虫的杀虫活性，并可能阻止 Cry 蛋白对昆虫抗性的发展。*Bt* 的其他昆虫致病因子包括营养型杀虫蛋白（VIP）、α-内毒素和多种次级代谢产物，包括 zwittermycin 也可能适合基因操作[50]。

质粒固化和接合转移。使用质粒固化和接合转移技术，生物杀虫剂在土壤中的活性成分 *Bt* 菌株的EG-2424被Ecogen Inc. 公司用于马铃薯、茄子和其他茄科作物。该菌株产生CryⅢA和CryⅠA(c)蛋白，它们对鳞翅目和鞘翅目产生杀虫活性[51]。

DNA重组技术。天然存在的杀虫晶体蛋白（ICP）基因的某些组合不能通过接合转移实现，因为不是每个ICP编码质粒都可以通过接合转移[52]。另外，编码对特定目标害虫具有优异杀虫活性的ICP基因可能与编码其他非常不理想的杀虫活性的蛋白质的ICP基因在同一质粒上[53]。这需要使用体外分子生物学技术来完成最佳的ICP基因组合。DNA重组技术也可用于通过改变ICP基因的某些控制区域（启动子）来提高ICP的产量[52]。这可能特别重要，因为通过天然存在的菌株产生的高度活跃的ICP非常有限。

Bt 基因作物的田间试验测试。1986年，用烟草进行了首次基因工程植物表达 *Bt* 毒素的田间试验。此后，转基因玉米、番茄和棉花已在美国、阿根廷和澳大利亚进行了田间测试。在我国，转 *Bt* 基因的抗虫棉花已得到了商品化生产，转 *Bt* 抗虫玉米、水稻也已进行了环境释放试验[54]。1996年，*Bt* 农作物占地120万公顷。Delannay等[55]评估了1987年和1988年在田间条件下表达控制昆虫的 *Bt* 蛋白的转基因番茄。转基因植物在受到烟草角虫（*Manduca sexta*）感染后表现出非常有限的摄食损伤，而对照植物表现出严重的摄食损伤并且在两周内几乎完全脱落。同时，还观察到对番茄果蝇和土豆蛲虫的显著控制力。生物测定表明，转基因植物每毫克可溶性蛋白产生1ng的 *Bt* 蛋白毒素。Koziel等[56]生产转基因玉米并获得了对欧洲玉米螟的高水平抗性。引入一个来自苏云金杆菌的编码截短的CryⅠA(b)蛋白的合成基因。对天然 *cry* Ⅰ*A*(*b*)编码区的修饰以及将鸟嘌呤-胞嘧啶含量从38%增加到65%极大地提高了其在玉米中的表达。1988年，在美国进行了首次用 *Bt* 转基因棉田进行的田间试验。在 *Bt* 棉花和 *Bt* 玉米中表达的cryⅠA蛋白已经在实验室和现场进行了广泛的毒理学分析测试。这些研究强有力地支持 *Bt* 蛋白的特定活性谱，这些谱主要由蛋白质活化所需的肠道条件介导，并且需要在毒性生效前与中肠中的受体特异性结合。Tu等[57]生产的转基因籼稻CMS恢复系Minghui 63（T5I-I）表达来自 *cry* Ⅰ*A*(*b*)和 *cry* Ⅰ*A*(*c*)的由水稻actin-1驱动的 *Bt* 融合基因，检测到的 *Bt* 融合蛋白水平是20ng·mg^{-1}可溶性蛋白。转基因水稻品系的田间试验显示对卷叶虫和三化螟的高防效。有白头（茎梗损伤）的植物所占的比例在含有 *Bt* 汕优63中只有11%，显著低于对照组汕优63的44%。类似地，与非转基因植物（汕优63）60%的植物受到卷叶虫的影响相比，转基因植物显示无卷叶虫攻击（0.0%）。*Bt* 蛋白已经在棉花［表达 *cry* Ⅰ*A*(c)］、玉米［*cry* Ⅰ*A*(b)］和马铃薯（*cry* Ⅲ*A*）中实现商业化。转基因 *Bt* 棉花中的CryⅠA(c)蛋白拥有对多种鳞翅目类昆虫的杀虫活性。然而，对于欧洲玉米螟没有有效的控制。马铃薯通过转基因技术来设计以防治科罗拉多马铃薯甲虫，这种害虫在多个马铃薯产区产生显著的危害作用。目前正在开发更多的 *Bt* 作物，包括大米、高粱、羽扇豆、豌豆和其他豆科植物，以及几种乔木作物。*Bt* 棉花品种已在美国、中国、南非和阿根廷作为保铃棉开发和商业化。

6.2.4.2 植物源基因

植物转基因技术（plant transgenic technology），也称为植物遗传转化技术（plant genetic transformation technology），是将目的基因导入宿主植物，并使它在植物中表达，以产生在农艺性状、抗性、营养品质等方面满足人类需求的植物的技术。自1983年获得第1例转基因植物以来，植物转基因技术取得了飞速发展。目前，我国已经建立了农杆菌介导法、直接转入法、花粉管通道法、原生质体融合、电激法等植物转基因的方法。同时，植物选择标记基因也从常规抗生素和抗除草剂基因向更为简便、快捷和安全的花青素和红色荧光蛋白等可视化标记基因发展。1986 年，第 1 例转基因植物获准进入试验田，此后，植物转基因技术在农业生产上的应用取得了巨大的经济效益。截至 2015 年，全球已有近 30 个国家种植转基因作物，种植面积达到 1.797 亿公顷。尽管如此，还存在转化率低、鉴定困难和转基因费时费力等问题。

随着植物转基因技术的飞速发展，一大批转基因植物相继诞生，在应用于农业生产方面，取得了巨大的经济效益。1987 年，比利时植物遗传系统公司（Plant Genetic Systems NV）首次将芽孢杆菌的毒蛋白基因导入烟草，获得转基因的抗虫烟草。基因被转入到棉花、玉米、番茄和水稻等农作物中，成为目前世界上应用最为广泛的抗虫基因。此后，转基因棉花、大豆、玉米、油菜等农作物相继被批准商业化种植。

我国转基因植物的研究始于 20 世纪 80 年代。邓小平在启动“863”计划时就指出：“将来农业问题的出路，最终要由生物工程来解决，要靠尖端技术”。1992 年，我国第 1 例转基因抗病毒烟草实现商业化种植。20 世纪 90 年代，棉铃虫灾害席卷全国，正是转基因抗虫棉技术拯救了我国的棉花产业。2008 年，我国启动实施了转基因生物新品种培育重大专项，加快了植物的转基因研究。

植物衍生的基因，如蛋白酶抑制剂，特别令研究者感兴趣，因为这些抑制剂是植物抵抗昆虫攻击的天然防御系统的一部分。许多昆虫物种在其消化系统中具有丝氨酸型蛋白酶，例如胰蛋白酶和类胰凝乳蛋白酶，用于消化食物蛋白质。蛋白酶抑制剂可能对许多昆虫的生长和发育产生不利作用[58]。这些蛋白酶抑制剂是用于人类和动物的植物源性食物的常见组分，并且它们容易通过蒸煮灭活，因此，将蛋白酶抑制剂基因引入植物可被认为是安全的。

（1）蛋白酶抑制剂基因　获得昆虫抗性的另一个策略是设计蛋白酶抑制剂基因并将这些基因转移到商业品种中。抗代谢蛋白的存在干扰了昆虫的消化过程，是植物广泛使用的一种防治虫害的策略。蛋白质可以转入易受伤害的组织中，比如种子，或者是易受咀嚼式害虫攻击造成机械损害的组织，如叶片。植物现在可以通过蛋白酶抑制剂基因和强大的启动子进行转化来在特定的时间内以相对较高的水平表达蛋白酶抑制剂。植物中丝氨酸蛋白酶抑制剂的存在可以减少昆虫对植株的攻击。它们之所以引起人们的兴趣，是因为它们对昆虫的蛋白质水解酶具有很强的抑制作用。通过分析膳食蛋白酶抑制剂的作用的研究表明，这些蛋白酶抑制剂对包括铃夜蛾属、夜蛾属和叶甲属在内的多个属的昆虫的生长和发育是有害的。

从豇豆中分离出来的编码胰蛋白酶抑制剂的基因（*CpTi*）是第一个分离并被转入其他植物的，是一种能增强昆虫抗性的植物源基因。从那时起，许多植物源的抗虫基因被用来生产转基因植物。豇豆胰蛋白酶抑制剂基因（*CpTi*）为植物提供针对鳞翅目害虫的保护，包括棉铃虫、灰翅夜蛾和烟草天蛾。

Duan 等[59]使用豇豆和马铃薯的丝氨酸蛋白酶抑制剂基因，通过生物转化的方法生产转基因水稻，超过 70%的转化株是可育的。转基因植株对二化螟的抗性增强。类似地，Xu[60]等导入了由活跃启动子 actin-1 驱动的 *CpTi* 基因。携带 *CpTi* 基因的转基因水稻显示对二化螟和大螟的抗性增加。Marchetti 等[61]通过农杆菌介导转化，转移了三种编码丝氨酸蛋白酶抑制剂的大豆基因（*Kti3*、*C-Ⅱ* 和 *PI-Ⅳ*）进入马铃薯和烟草中，生物化学分析证实了转基因植物合成了丝氨酸蛋白酶抑制剂。

蛋白酶抑制剂的基因有一定的局限性，例如对于给定的昆虫种类，一些抑制剂被发现是有效的抗代谢物，而另一些则不然。抑制剂可以对不同昆虫表现出不同程度的抗代谢作用，并且蛋白酶抑制剂基因不如 *Bt* 基因对昆虫的控制有效。在这些结果的基础上，优化蛋白酶抑制剂与其目标蛋白酶之间的相互作用，将提高对表达该抑制剂的转基因植物的保护。在转基因中使用一种以上的外来抑制剂来影响害虫不同的消化蛋白酶的策略似乎是合理的。转基因的组合可能导致对昆虫更高水平的控制力。

(2) α-淀粉酶抑制剂基因　α-淀粉酶抑制剂可能会通过干扰昆虫对食物中碳水化合物的消化，从而对昆虫产生毒害作用。人们普遍认为，在植物组织中积累的蛋白酶抑制剂和淀粉酶抑制剂是植物作为对昆虫的正常防御而产生的。其他可能增强植物抗虫性的基因是编码 α-淀粉酶抑制剂、凝集素和几丁质酶的基因。许多凝集素对昆虫是有毒的，可能是通过与肠道糖蛋白的有害作用而产生的。如果几丁质酶能够降解保护昆虫肠道上皮细胞围食膜的几丁质层，它们就会对昆虫产生毒害作用[62]。

(3) 凝集素基因　凝集素是碳水化合物结合蛋白，在某些植物的种子和储藏组织中含量非常丰富。像从雪花莲或大蒜中提纯的凝集素对昆虫是有毒的，但对哺乳动物无害。被测试的最有效的蛋白质是来自雪花莲的凝集素（雪花莲凝集素，GNA），第一龄和第三龄若虫测定中以 $1g \cdot L^{-1}$ 的饮食浓度饲喂，造成大约 80% 的死亡率。GNA 也对褐飞虱和绿叶蝉有抗代谢作用。

Rao 等[63]通过基因枪法在水稻中引入了雪花莲凝集素基因，为了评估 GNA 基因给予水稻对褐飞虱的抗性，含有 *GNA* 基因并通过韧皮部特异性的启动子驱动的转基因水稻被种植出来。通过对来自这些植物的 DNA 的 PCR 和 Southern 分析证实了它们的转基因状态，并且在自体受精后将转基因传递给后代。Western 印记分析表明，在一些转基因植物中，GNA 蛋白的表达水平达到了总蛋白的 2%。表达 *GNA* 基因的转基因植物使昆虫的生存和繁殖能力下降，延缓了昆虫的发育，对褐飞虱的进食起到了威慑作用。*GNA* 基因是第一个对重要谷物上的刺吸式口器害虫表现出杀虫活性的转基因。Bell 等[64]报告说，携带 *GNA* 基因的土豆叶片的损伤减少了，通过转基因技术，GNA 1.0% 可溶性蛋白的表达大大降低了害虫的危害程度。

在豆类中发现的凝集素（arcelin-1）对豆类上的昆虫巴西豆象有毒杀作用，将凝集素基因引入其他植物可以保护种子免受鞘翅目幼虫的危害。编码豌豆凝集素（P-lec）的基因在具有 CaMV35S 启动子的转基因烟草中以较平表达，在转基因植株中烟夜蛾的数量以及叶片遭受的损伤都有效减少了。

(4) 其他的新基因　Ding 等[65]将昆虫衍生的几丁质酶基因引入烟草。编码烟草天蛾几丁质酶的 cDNA 是通过农杆菌介导的方法转入的。在表达该基因的植物中存在一种被截短但有活性的几丁质酶。分离基因表达水平较高的植株后代来比较对烟草夜蛾幼虫生长的影响和干扰摄食的能力。当蚜虫取食高水平表达几丁质酶基因的转基因烟草植物时，这两个参数显著降低。与此相反的是，烟草天蛾摄食转基因植株后没有表现出明显的生长抑制。然而，当用以亚致死浓度的 *Bt* 毒素包被的表达几丁质酶的转基因植物饲喂时，蚜虫和烟草天蛾幼虫相比于那些用非转基因控制的 *Bt* 毒素处理过的均表现出显著的发育不良。因此，表达几丁质酶的转基因烟草在喂给蚜虫幼虫的时候显示出减少的伤害。Kramer 等[66]生产了含有抗生物素蛋白基因的转基因玉米。抗生物素蛋白，是一种在鸡蛋清中发现的糖蛋白，能够螯合维生素。抗生物素蛋白≥100mg·L^{-1}对储存过程中损害谷物的昆虫具有毒性并能防止其发生。食品或饲料作物中的抗生物素蛋白表达可用作针对一系列危害储粮的害虫的生物农药。

基因聚合（多基因作用的组合）已经用于作物遗传转化的许多候选基因要么特异性过于强，要么仅对目标害虫有轻度有效作用，一些昆虫物种对这些基因中的一些也不敏感。因此，为了将转基因植物转变成防治害虫的有效武器，例如通过延迟对目标基因具有抗性的昆虫种群的进化，重要的是在同一植物中转入具有不同作用模式的基因。不同基因的聚合将减少抗性发展的可能性，因为单个昆虫需要同时进行多重突变。为了增加保护效力、活性谱和抗性耐久性，建议将不同的基因组合。仅 *Bt* 就有超过 50 种基因的杀虫活性已知，其中几个可以同时部署以提高保护植株免受虫害的水平，并可能降低昆虫产生耐药性的风险。多价基因的每个组成部分都应该作用于昆虫内部的不同目标，从而模仿自然界中出现的多重抗性机制。

将单个转基因整合到植物基因组中已经很有价值，然而，多重整合对于控制复杂的代谢途径以及将下一代植物分子育种中的各种农艺学特征结合起来至关重要。Sugita 等[67]报道称，用于产生无标记转基因植物的 MAT-矢量系统也是用于重复导入独立于有性杂交的多个转基因的有效且可靠的转化系统。GST-MAT 载体可成功用于将第二转基因（GFP）导入含有第一转基因单一副本（*npt Ⅱ*和 *uidA* 基因）的无标记转基因烟草品系中。农杆菌转化后的 5 个月内约 20%的切除阳性 IPT-多茎外植体产生转基因堆叠的无标记转基因烟草植物。通过 PCR 分析，验证了 *uidA*、*npt Ⅱ*和 *GFP* 基因的存在以及 *ipt* 基因的缺失。此外，Southern 印迹分析显示在第一次和第二次转化之间不引入染色体重组。De Cosa 等[68]将几个基因引入叶绿体基因组。通过 PCR 和 Southern 印迹分析证实了在 T_0 和 T_1 转基因植物中稳定整合了 cry2Aa2 操纵子。因此，通过新的转化程序聚合单个基因或多个基因可能对长期持久的昆虫抗性具有重要意义。

现有的数据有力地支持插入一个或几个外来基因除了引入基因的表达外不会对宿主的农艺性状产生负面影响。因此，通过插入特定的单基因或少数基因来培育抗虫品种将是传统作物改良计划的一个很好的补充[69]。在 1986～1997 年，在 45 个国家，对超过 60 种作物进行了 25000 个转基因试验，代表 10 个工程性状。大多数试验都是在玉米、番茄、大豆、油菜、马铃薯和棉花上进行的，其中一些特性是除草剂抗性、抗虫性和抗病毒性，包括产品质量。中国是 20 世纪 90 年代初第一个将转基因植物商业化的国家，引入了抗病毒烟草，其次是抗病番茄。美国食品药品管理局（FDA）在 1994 年 5 月批准了由跨国公司 Calgene Inc. 生产的有基因拼接的延迟成熟的番茄“FlavrSavr”的商业化销售。在 1997 年，全球转基因作物的面积从 1996 年的 280 万公顷增加了 4.5 倍，达到 1280 万公顷，在 6 个国家种植了 7 种作物。除草剂耐性占 63%，昆虫抗性占 30%，病毒抗性占 7%。James[70]对转基因作物的益处进行了初步评估。1996 年，美国昆虫抗性 *Bt* 棉花节省了杀虫剂，1996 年种植的 *Bt* 棉花有 70%不需要杀虫剂来控制目标害虫，平均产量增长 7%，为 73 万公顷的 *Bt* 棉花带来了净利润 6000 万美元。1996 年和 1997 年，美国抗螟虫玉米的平均产量提高了 9%，1996 年，在美国种植 *Bt* 玉米的 28 万公顷的收益估计为 1900 万美元，1997 年，种植的 280 万公顷 *Bt* 玉米的收益估计为 1.9 亿美元。1999 年，美国种植了将近 800 万公顷的转基因 *Bt* 作物。在棉花中，应用了更多的杀虫剂（每年 19 亿美元），其中 12 亿杀虫剂可以用 *Bt* 工程棉代替。大部分商业化的 *Bt* 作物都是由私营部门提供的。

6.2.5 转基因技术在除草中的应用

抗除草剂转基因作物是利用转基因生物技术，将具有抗除草剂性状的基因通过根癌农杆菌（agrobacterium tumefaciens）介导、基因枪等方法转入到作物的基因序列中，使作物能表达对特定除草剂的抗性。在转基因作物中，抗除草剂一直占主导地位。

农田化学除草已成为全球现代农业生产的重要组成部分，全世界除草剂的总用量、施用面积及费用均已超过杀虫剂与杀菌剂。随着大量除草剂的出现，新品种开发的难度极大。因此，利用基因工程培育植物的抗除草剂品种越来越受到国内外科学家的关注。通过转基因技术，使作物获得或增强了对除草剂的抗性，不仅可扩大现有除草剂的应用范围，选用超高效、低毒、低残留、杀草谱广、低成本的除草剂转基因作物，还可减少环境污染，降低农业生产成本。

目前国内研发的抗除草剂转基因作物主要是单一抗草甘膦的性状，其次是抗草铵膦的性状；另外还有抗咪唑啉酮类、磺酰脲类和溴苯腈的性状。

（1）抗除草剂转基因作物的分类

① 根据抗除草剂作物类型进行分类。根据国际农业生物技术应用服务组织（International Agricultural Biotechnology Application Service Organization，ISAAA）提供的数据，截至2017年5月21日，共有328个抗除草剂转化事件，其中棉花（*Gossypium hirsutum*）、大豆（*Glycine max*）、油菜（*Brassica napus*）和玉米（*Zea mays*）的抗除草剂转化事件300个，占抗除草剂转化事件总数的91.46%[71]。

② 根据除草剂类型进行分类。目前，抗除草剂转化事件所涉及的除草剂共有9种（类），分别是草甘膦、草铵膦、咪唑啉酮类、2,4-D、异噁唑草酮、麦草畏、磺酰脲类、硝磺草酮和溴苯腈。以较常见的草甘膦、草丁膦、2,4-D做如下介绍。

a. 草甘膦。草甘膦是目前应用最为广泛的非选择性除草剂。其作用机理是特异性地抑制*EPSPS*（5-烯醇丙酮酰莽草酸-3-磷酸合成酶）的活性。利用源于细菌、植物抗性细胞系的EPSPS基因可以大大提高植物对草甘膦的耐受性。这类基因导入烟草、大豆、番茄、马铃薯、棉花、玉米等植物已经获得大量抗草甘膦的株系。

b. 草丁膦。草丁膦是一种灭生性除草剂，可以抑制谷氨酰胺合成酶的作用，使氨积累，造成植物中毒而死亡。源于土壤细菌的*bar*基因可以编码草丁膦乙酰转移酶，使草丁膦的自由氨基乙酰化，从而对其解毒。目前*bar*基因已导入烟草、番茄、马铃薯、水稻、小麦、玉米等植物，获得了大量的草丁膦抗性株系。

c. 2,4-D。2,4-D是一种植物生长调节剂，可选择性地抑制双子叶植物的生长。源于细菌的*tfDA*基因编码的2,4-D单氧化酶可以将2,4-D氧化解毒，该基因已在大豆等双子叶植物中显示了作用。

（2）抗除草剂转基因作物的抗性机理　根据作用机理的不同，可将除草剂抗性基因的作用方式分为三类。

① 提高靶酶或靶蛋白基因的表达量。当施用草甘膦类除草剂时，植物体内会积累大量的莽草酸，最终可导致细胞死亡。

莽草酸是磷酸烯醇式丙酮酸莽草酸合成酶催化过程中的重要中间产物。EPSPS对草甘膦十分敏感，所以，EPSPS是草甘膦的作用靶标。植物细胞或通过EPSPS的过量表达对一定量的草甘膦产生抗性，或是通过EPSPS的作用活性位点变化对草甘膦产生抗性。如携带

EPSPS 基因多拷贝质粒的 *E. coli* 细胞过量生成（5～17倍）的 EPSPS，对草甘膦的抗性至少增加8倍。

② 产生对除草剂不敏感的原靶标异构酶或异构物。磺酰脲类除草剂和咪唑啉酮类除草剂均为植物体内支链氨基酸生物合成的抑制剂，其作用靶标是乙酰乳酸合成酶（ALS）。据交感抗性类型的研究发现，不同位置的点突变与特定的交感抗性类型有关。点突变使 ALS 酶蛋白的氨基酸发生置换，从而降低了 ALS 对除草剂的敏感程度，增加了作物对除草剂的抗性。从烟草和拟南芥菜分离出的 *ALS* 基因的单突变基因，基因表达产生了异构的 ALS 而活性不再受磺酰脲类除草剂的影响。再有，肺炎克氏杆菌 *aroA* 基因的突变使 EPSPS 第96位的甘氨酸被丙氨酸置换，从而使其与草甘膦的结合不敏感。

③ 产生可使除草剂发生降解的酶或酶系统。*GOX* 基因是编码草甘膦氧化还原酶的基因，该基因的产物可使草甘膦降解为无毒成分。从作物的生长发育考虑，通过产生外源酶而使除草剂失活的基因比前面两种抗性机制中提到的基因更具优越性。因靶标酶或靶标蛋白的过量表达会造成作物的代谢负担，对其生长发育和提高产量都不利。而且，靶标酶的改变，其异构酶的活性一般会降低，反而对作物的生长有害。此外，抗溴苯腈的 *BXn* 基因和解毒2,4-D的 *tfDNA* 基因也在作物中获得成功表达。

当然，抗除草剂转基因作物也存在潜在危害。

首先，抗除草剂转基因作物存在潜在风险。虽然抗除草剂转基因作物在高效、经济和无公害方面有着十分诱人的优势，但抗除草剂转基因作物在田间释放带来的潜在生态风险和可能带来的环境问题同样值得深入研究。有关转基因植物的入侵危害、抗性监测、对非靶标有益生物等安全性评价已有大量报道。这些研究表明，转基因植物在生态学方面主要的潜在风险一是转基因植物本身带来的潜在风险，二是转基因植物通过基因漂流对其他物种带来影响，从而给整个生态系统带来危害[72]。

其次，抗除草剂转基因作物自身可能会成为杂草。随着抗除草剂转基因作物的大面积种植，作物落粒成为轮作后茬作物田杂草是一个严重的问题，如加拿大抗除草剂转基因油菜成为后茬小麦田的杂草。在美国中北部地区，抗除草剂玉米已成为后茬大豆田的重要杂草。如果种植抗草甘膦马铃薯，则后茬作物田自生马铃薯就难以防治了。所以对于那些原本就具有杂草特性的植物在进行基因遗传转化时，应该重视可能出现的杂草化问题。

最后，抗除草剂转基因作物通过基因漂流使其近缘。野生种成为杂草或超级杂草基因漂流是指基因通过花粉授粉受精杂交等途径在种群之间扩散的过程。抗除草剂转基因作物通过花粉向近缘野生植物转移，使这些植物含有抗除草剂基因而成为“超级杂草”。现已证实在油菜、甘蔗、莴苣、草莓、马铃薯、禾谷类作物均可以发生向近缘杂草自发基因转移。研究表明，转基因油菜在自然条件下，通过花粉或种子传递，转基因可转入到野生萝卜、白芥和芜菁中。这样就可能加快野生种抗性的产生，增加人们对杂草防除的难度，甚至引发新一轮灾害性草害的发生，从而促使大量化学农药的再次应用，造成严重的环境污染。

总之，抗除草剂转基因作物在提高作物产量、改善品质和保持水土等方面有着潜在的优势。但我们对其存在的潜在风险应该有足够的认识，建立起转基因植物生态安全性评价的技术体系。这样我们才能够充分发挥转基因技术在农业生产中的巨大应用潜力，同时，将转基因植物的生态风险降低到最低水平。

（3）我国抗除草剂转基因作物发展状况　抗除草剂转基因作物不仅在促进粮食、饲料和纤维生产的安全及自足、减轻贫困和饥饿、降低能源消耗等方面起到重要的作用，而且对减缓气候变化也具有重要贡献。因此，未来的转基因耐除草剂育种必将迎来更加广阔的应用前景。当前，中国农业生物技术的某些领域已处于国际领先水平，但整体实力与国际先进水平还有一定的距离，特别是成果的转化率较低。但是，中国作为栽培大豆的起源中心，如今却是全球最大的大豆进口国，而主要的出口国为耐除草剂转基因大豆种植最多的美国、巴西和阿根廷。

30 多年来，植物转基因技术取得了长足进展，转基因抗虫棉等转基因作物在生产上大面积推广，并取得了巨大的经济效益。但目前，类似基因的具有较高实用价值的基因寥寥无几，而且专利基本由国外大公司控制，这对于未来我国转基因农作物的推广极为不利。为此，我国应加大基础研究投入，挖掘更多重要农艺性状基因。此外，转基因生物安全问题也是阻碍我国转基因作物推广的一大因素，国家应加强有关政策的引导[73]。

总之，随着技术的发展和进步，以及人们对转基因生物安全观念的转变，植物转基因技术在解决人类粮食短缺、资源匮乏以及环境恶化等诸多问题上必将发挥越来越大的作用。推动包括耐除草剂转基因育种在内的农业生物技术的发展是维护中国粮食安全和经济安全的命脉所在。

6.3 RNAi 干扰技术在农药中的应用

6.3.1 引言

RNA 干扰（RNA interference，RNAi）是指在进化过程中高度保守的、由双链 RNA（double-stranded RNA，dsRNA）诱发的、同源 mRNA 高效特异性降解的现象。RNAi 技术可以特异性剔除或关闭特定基因的表达，导致内源基因沉默。基因沉默是一个复杂、普遍的现象。转录后水平的基因沉默是指转基因在细胞核里能稳定转录，细胞质里却无相应的稳定态 mRNA 存在的现象。它往往被称为共抑制、静息作用或 RNA 干扰等[74]。自 1998 年 Fire 等首次在线虫中发现并阐明以来，RNA 干扰已经在其他动物、植物和真菌中被证实。研究表明，参与该过程的许多基因具有高度的保守性，这可能是生物调控基因表达及抵御病毒侵染或转座子诱导 DNA 突变的一种共有的生理机制[75]。

6.3.2 RNAi 干扰技术在防治农业害虫中的应用

害虫是影响农作物生长发育的关键因素之一，每年因为害虫危害而造成的农作物损失约占农作物总体损失的 10%。害虫不仅能以自身危害的方式给农作物带来直接损失，还可通过传播植物病毒病害的方式危害农作物。例如蚜虫分泌的蜜露可诱发煤污病、病毒病，并招来蚂蚁危害等。目前，农作物生产中害虫防治仍以化学防治手段为主，虽然防效显著，但其副作用也不容忽视。例如诱发害虫产生抗药性、导致农产品中农药残留增加、破坏农田生态系统、造成环境污染等，这些副作用均不利于农业的可持续发展，还可能危及人类健康。因此，研究新型、安全、有效的害虫防治途径是农业生产可持续发展的重要内容。

RNAi 现象在自然界生物中普遍存在，RNAi 技术已经应用到昆虫抗药性功能基因分析、昆虫表观遗传学分析等领域。而在害虫防治领域，RNAi 技术研究的主要任务是通过抑制必需基因的转录和翻译，从而降低害虫的适应度或致死害虫。该技术针对性强，对作物和人畜无害，具有较大的发展前景[76]。

6.3.2.1 作用于害虫的RNAi机制

RNAi是一种由不同长度和来源的dsRNA所引发的基因沉默现象。体内或体外的长链dsRNA在虫体内被特定的酶识别后加工成长度为21～23bp（base pair），且3′末端悬挂2个未配对碱基的小RNA分子，这些小RNA分子能够识别与之互补的单链RNA分子，如mRNA或病毒的基因组RNA[77,78]，并将其切割或抑制翻译，从而产生基因沉默现象。Siomi等[79]将RNAi介导的基因沉默过程分为3个阶段：①起始阶段，体内表达或细胞内诱导产生的dsRNA被RNaseⅢ家族中的Dicer酶所识别，切割成小分子双链RNA；②小分子双链RNA与不同于Dicer酶的核酶结合，形成新的核酶复合物，即RNA诱导的沉默复合物（RNA-induced silencing complex，RISC），该复合物在RNA解旋酶的作用下，使小分子双链RNA解链为正、反义链RNA，之后正义链RNA游离于RISC之外，而反义链RNA仍结合在复合物上，从而形成具有生物活性的复合物；③RISC在反义链RNA的作用下，指导与之特异性互补的mRNA结合，RISC中的蛋白部分切割mRNA，从而阻碍靶基因mRNA翻译[80]。目前，在模式昆虫或非模式昆虫的RNAi途径中都存在着两种重要的非编码小RNA，分别为siRNA（small interference RNA，siRNA）和miRNA（micro RNA，miRNA）。

（1）siRNA　在生物体内，siRNA介导的基因沉默主要表现在两种水平上，即转录后基因沉默（post-transcriptional gene silencing，PTGS）和转录水平基因沉默（transcriptional gene silencing，TGS）。转录后基因沉默是通过内切核酸酶切割靶基因的mRNA，阻碍靶基因的表达。在生物体内，病毒在复制过程中所形成的复制中间体、转座子的移位或外源dsRNA的转染等过程都可以产生dsRNA[81]，且dsRNA能够被RNAseⅢ家族中的Dicer-2酶识别并切割，从而形成长度为21～23bp，且3′末端悬挂2个未配对碱基的siRNA[82]，该过程是需要ATP的[83]。同样，siRNA可在体外进行生物合成，经过转染、取食或者注射进入生物体内，随后结合在argonaute-2（Ago-2）蛋白上，并在核酸解旋酶的作用下，siRNA的双链打开，正义链则从复合物中释放，反义链仍结合在RISC上。RISC在指导链的作用下与靶标RNA按照碱基互补配对原则进行序列特异性结合，在特定的位点进行切割，切割后的靶RNA从RISC中释放，而RISC进行下一轮切割[84]在线虫和某些植物中存在着RNA依赖的RNA聚合酶（RNA dependent RNA polymerase，RdRP），并且在RdRP的作用下能够以降解靶基因的部分片段为模板合成新的dsRNA，从而扩大RNAi反应，持续抑制基因的表达[85]，但在昆虫中尚未发现RdRP。转录水平基因沉默是siRNA的指导链与靶基因的启动子序列互补，并与之相结合，使启动子序列发生甲基化，从而阻止基因的转录。

（2）miRNA　如果内源性的mRNA有20～50个反向重复序列的碱基，mRNA将自动反向折叠形成具有发卡结构的dsRNA，在RNaseⅢ家族中Dicer-1酶的作用下，进一步加工形成miRNA，并与特异性mRNA结合，通过切割靶基因的mRNA来调节基因的表达。miRNA与siRNA的作用方式类似，但是其来源不同，miRNA初级转录产物（primary miRNA，Pri-miRNA）是在细胞核内由RNA聚合酶Ⅱ或Ⅲ催化形成的，并在Pri-miRNA 5′末端添加帽子结构和3′末端添加多聚腺苷酸序列Pri-miRNA的结构中含有连续互补序列，从而加速分子自身反向折叠，形成局部dsRNA，并包含一个或多个miRNA的茎环结构。Pri-miRNA经加工形成长度为65～70nt，且3′末端悬挂2nt发卡结构的前体miRNA（precursor miRNA，Pre-miRNA）[86]，Pre-miRNA在输出蛋白5的作用下从细胞核进入细胞质中，在RNAseⅢ家族中Dicer-1酶的作用下形成miRNA-miRNA双螺旋结构，此过程是不需要 ATP 的[83]。在解旋酶的作用下，双螺旋结构打开，反义链作为指导链结合在 Ago-1 蛋白上，形成具有活性的 RISC，并指导与之互补的 mRNA 结合。Rother 等[87]证明，RISC 中指导链和靶标 mRNA 之间的相互作用程度决定了 miRNA 介导的 RNAi 机制。指导链与 mRNA 之间完全互补，mRNA 降解；不完全互补时，指导链与 mRNA 的 3′末端的非转录区域相结合，使 mRNA 脱腺苷酸或核糖体与 mRNA 相游离而阻止 mRNA 翻译。Seggerson 等[88]证实，miRNA 在动植物中介导的基因沉默方式不同。在植物中，miRNA 介导的基因沉默机制与 siRNA 相似；在动物中，miRNA 介导的基因沉默是通过与靶基因 mRNA 的 3′末端的非转录区域结合而抑制 mRNA 的翻译，或者切除 mRNA 的多聚腺苷酸序列，降低 mRNA 的稳定性，使 mRNA 降解。

6.3.2.2 dsRNA 吸收机制

（1）跨膜介导的吸收机制　dsRNA 吸收机制最先在秀丽隐杆线虫中发现，且对其 dsRNA 吸收机制的研究也最为透彻。将线虫浸泡在含有 dsRNA 的溶液中。喂食能够表达 dsRNA 的菌体[89]或者直接在腹腔中注射 dsRNA[74]都能够引发系统性 RNAi 的发生。在秀丽隐杆线虫中发现 2 种涉及摄取 dsRNA 的相关蛋白，即 SID-1 和 SID-2，同时，Jose 等[90]认为，SID-3 作为一个保守的酪氨酸激酶也能够促进细胞对 dsRNA 的吸收。分子遗传学研究表明，SID-1 对系统性 RNAi 的诱发具有重要作用。SID-1 是一种多跨反式膜蛋白，作为一个多聚体能够以不同的动力学方式运输 dsRNA、siRNA 或 RNAi 信号到生物体不同的细胞系中[91～93]；Feinberg 等[94]认为，SID-1 蛋白可能作为膜通道促使 dsRNA 被动扩散进入细胞，且与环境温度及能量供应无关；Calixto 等[95]证明，SID-1 在线虫神经细胞异位表达能够促进细胞对 dsRNA 的吸收，增强 RNAi 效应，但是细胞输出 dsRNA 是不需要 SID-1 蛋白的[96]，即线虫在缺少 SID-1 蛋白的情况下，摄取表达 RNAi 引发物的大肠杆菌后，沉默信号同样能够通过肠道细胞传递到内部组织，这可能与核内体相关蛋白 SID-5[97]相关。SID-2 蛋白主要存在于幼虫的肠组织中，Winston 等[98]和 Whangbo 等[99]认为，肠组织中的 SID-2 与 SID-1 共同调节 dsRNA 进入细胞，但是 SID-2 蛋白在 RNAi 信号的系统性传递是非必需的。对于 SID-1 和 SID-2 之间的关系，Whangbo 等[99]提出了 3 种假设，即 SID-2 可能通过修饰 SID-1 来激活转运过程；或者首先与环境的 dsRNA 结合后，将 dsRNA 转移到 SID-1；或者诱导 dsRNA 的内吞途径，将 dsRNA 分发到质膜上。由此得知，线虫对 dsRNA 的吸收是一种跨膜通道介导的吸收机制。

在不同的昆虫种类中，虽然也存在着 *sid-1* 同源基因，但其数量和作用与线虫 *sid-1* 基因各有不同。在模式昆虫赤拟谷盗[100]和鳞翅目家蚕[101]中分别鉴定出 3 个 *sid-1* 同源基因，当分别沉默或同时沉默 *sid-1* 同源基因时，RNAi 的效果不受影响，证明 *sid-1* 同源基因在赤拟谷盗和家蚕系统性 RNAi 中不起作用。通过序列分析发现，*sid-1* 同源基因与线虫的 *tag-130* 基因更为相似，而试验证明 *tag-130* 基因在线虫的系统性 RNAi 中不起作用[100,101]。但是，秀丽隐杆线虫的 *sid-1* 基因在家蚕 BmN4 细胞中的异位表达能够增强 BmN4 细胞对 dsRNA 的吸收[102,103]，这对支持家蚕系统性 RNAi 是至关重要的。在东亚飞蝗的基因组中，只鉴定出 1 种 *sid-1* 同源基因（*LmSID-1*），但是体内和体外的试验证明 *LmSID-1* 与 RNAi 无关[104]。在同翅目棉蚜中，鉴定出 1 种 *sid-1* 的同源基因，该基因与线虫的 *sid-1* 基因所编码的蛋白在结构上高度相似，说明该基因可能与摄取 dsRNA 相关[105]，但对其表达和功能均没有鉴定。在膜翅目昆虫意大利蜜蜂中，鉴定出 1 种 *sid-1* 同源基因 *AmSid-1*，并且 *AmSid-1* 与线虫 *sid-1* 基因的功能相矛盾，在 RNAi 的试验中，*AmSid-1* 只是在靶标基因沉默之前表达量升高，但其表达与沉默效果之间的直接关系并未得到证实，说明 *AmSid-1* 可能参与了 dsRNA 的吸收[106]。而在一些昆虫中并没有发现 *sid-1* 的同源基因，比如冈比亚按蚊和果蝇，推测可能是在长期的自然进化中丢失了 *sid-1* 同源基因，但是在缺少 *sid* 同源基因的一些蚊子中发现了系统性 RNAi 反应[107]；同翅目的麦长管蚜中也没有 *sid-1* 同源基因[108]，但是其具有系统性 RNAi 的特性。这些结果说明，在某些昆虫中 *sid-1* 同源基因所编码的蛋白对 dsRNA 的吸收或系统性 RNAi 可能是非必需的，而存在另一种可能的吸收机制——内吞作用。

（2）内吞作用介导的吸收机制　在模式昆虫果蝇中没有 *sid* 同源基因，也不具有强烈的系统性 RNAi。但是，当果蝇的 S2 细胞浸泡在含有 dsRNA 的培养液中同样能够引发细胞自主性 RNAi 的发生[108,109]，说明 S2 细胞可能存在着某种吸收 dsRNA 的途径。Saleh 等[108]和 Ulvila 等[110]均证明了网络蛋白在内吞途径的过程中介导 dsRNA 吸收，并且细胞表面上 2 个清道夫受体 SR-Cl 和 Eater 也可能参与 dsRNA 的内吞途径，但关于该受体更多的情况仍不清楚。同时，Saleh 等[108]发现，缺失液泡 H^+ ATP 酶的 S2 细胞在内吞小囊泡中累积 dsRNA，但是没有出现 RNAi 现象，可以推测液泡 H^+ ATP 酶在 dsRNA 摄取的内吞途径中起到了一种控制作用。但是，当 *sid-1* 在 S2 细胞中异位表达时，即使 dsRNA 在低浓度的条件下，SID-1 蛋白也能够增强 RNAi 反应，同样，*sid-1* 基因在鳞翅目昆虫草地贪夜蛾 Sf9 细胞异位表达时，也能够赋予该细胞对 dsRNA 的吸收[111]，说明了内吞作用也是细胞吸收 dsRNA 的主要途径之一。

应用 RNAi 防治害虫主要是非细胞自主式 RNAi，即昆虫通过取食 dsRNA 来内化目标基因。当 dsRNA 经取食到达昆虫中肠后被昆虫吸收（环境 RNAi），而被干涉的靶基因位于中肠之外，沉默信号能通过细胞或组织进行传递，起到 RNAi 的效果（系统性 RNAi）[166]。

6.3.2.3 RNAi 技术的关键影响因素

（1）dsRNA 的导入方式　大多数真核生物中普遍存在转录后基因沉默现象，包括昆虫。这为昆虫的基因功能研究提供了基础。而如何将外源的 dsRNA 导入昆虫体内，是实现特定功能基因沉默的前提。不同物种中的 dsRNA 导入方式存在较大的差异[76]。

① 显微注射法：显微注射法是将体外人工合成的 dsRNA 通过显微操作仪注射到昆虫体内，dsRNA 可以注射到昆虫的任何部位，如血腔、中肠、大脑、脂肪体等，但通常是注射到昆虫的胸腔和腹部。Tomoyasu 等[112]向赤拟谷盗（*Tribolium castaneu*）幼虫血腔注射绿色荧光蛋白基因 *gfp* 的 dsRNA；Chen 等[113]向甜菜夜蛾（*Spodoptera exigua*）胸腔注射几丁质合成酶基因的 dsRNA；Arakane 等[114]在赤拟谷盗的蛹和幼虫血腔内注射几丁质合成酶基因 *TcCHS1* 和 *TcCHS2* 表达的 dsRNA；均取得了较好的成效。该方法虽然可将目标基因瞬间敲除，效果显著，但是并非对所有昆虫都有效。因为不是所有的靶标昆虫都能在注射过程中存活下来，不同的昆虫其注射的剂量也不同，而且对研究人员的操作技术要求颇高。

② 饲喂添加法：饲喂添加法是建立在靶标昆虫人工饲养体系条件下的一种 dsRNA 导入方法，即在人工饲料中添加体外合成的 dsRNA。在使用饲喂添加法时，应注意人工饲料中不同 dsRNA 浓度对 RNAi 效果的影响。Araujo 等[115]在长红烈蝽（*Rhodnius prolixus*）的饲料中添加 *NP2* 基因的 dsRNA；Turner 等[116]在苹果透翅蛾（*Epiphyas postvittana*）的饲料中添加 *EpoCXE1* 基因的 dsRNA；Zhao 等[117]在黄曲条跳甲（*Phyllotreta striolata*）的饲料中添加精氨酸激酶基因 *AK* 的 dsRNA；Pitino 等[118]将表达唾液腺 *MpC002* 基因和

肠道*Rack1* 基因的 dsRNA 喂食桃蚜；均获得了较好的效果。目前，采用饲喂法导入 dsRNA 的研究主要集中在鳞翅目、鞘翅目和半翅目几类昆虫中。研究还发现，含有靶标基因 dsRNA 的转基因植物对靶标害虫有一定的抵御作用。Mao 等[119]发现棉铃虫取食含 *P450* 基因（*cEJ*）dsRNAs 的转基因棉花后，昆虫的靶标基因表达受到抑制。

③ 其他方法：其他还有如浸泡法、病毒介导法等 dsRNA 导入手段。浸泡法是将不同发育形态的昆虫浸泡在一定浓度的 dsRNA 溶液中，通过细胞吸收的方式导入 dsRNA，从而抑制基因表达；病毒介导法是将靶标基因 dsRNA 通过病毒侵染途径导入宿主体内进行传递。针对不同的靶标害虫，需要对其生活史和生活习性进行彻底的了解，有目的地选择适宜的方法进行研究，以获得预期的效果。

（2）靶标基因的选择　靶标基因必须是昆虫存活必不可少的基因，才能达到抑制昆虫生长的目的。但需要注意的是，dsRNA 产生的 21～25bp 的 siRNA 序列要与害虫的同源 mRNA 序列达到一致，且与非目标物种的蛋白编码基因及其所有 siRNA 序列存在显著差异，靶标基因选择不当有可能导致非靶标基因沉默，从而影响非靶标昆虫的生长发育，如 Araujo 等研究长红烈蝽的 RNAi 时，由于靶标基因的针对性不强，引起其他同源性非靶标基因的沉默；靶标基因表达 dsRNA 片段的大小也需选择恰当，并非 dsRNA 片段越长或越短，干扰效果就越好，Shakesby 等[120]的研究表明，dsRNA 大小在 300～520bp 之间，干扰效果最佳。

（3）使用剂量　体外合成的 dsRNA 导入昆虫体内的有效剂量，直接影响昆虫 RNAi 的效率。不同的昆虫，采用相同的 dsRNA 剂量，其干扰效果差异较大。Mutti 等[121]在研究豌豆蚜虫的 *Coo2* 基因干扰时，用不同剂量的 siRNA 注射蚜虫，结果发现 50ng・μL^{-1} 的 siRNA 对豌豆蚜的致死效果最好；Wang[122]对农作物喷洒不同剂量的 dsRNA，比较发现 50ng・pL^{-1} 的 siRNA 溶液对控制亚洲玉米螟的效果最显著；Baum 等[123]通过喂食法验证鞘翅目叶甲科昆虫的干扰效率时发现，RNAi 剂量和抑制基因的表达量成正相关性；王晖等[124]对麦长管蚜和桃蚜喂食细胞色素 *P450* 基因表达的 dsRNA，发现随着 dsRNA 剂量的增大，麦长管蚜和桃蚜的死亡率显著提高；而 Kumar 等[125]在研究番茄夜蛾（*Helicoverpa armigera*）的干扰效率时发现，干扰效率随 dsRNA 剂量的加大而降低。在大多数研究中，dsRNA 的使用剂量都控制在 1～100ng・μL^{-1}，但在具体的试验中，应该针对不同物种对 dsRNA 的抵抗力，选择对应的使用剂量。

（4）昆虫的不同生长发育阶段　昆虫不同生长发育阶段实施 RNAi 技术，其干扰效果存在明显差异。Kennerdell 等[126]和 Misquitta 等[127]对果蝇的研究发现，RNAi 可作用于整个胚胎发育阶段，但在成虫时期效果明显低于胚胎发育时期；Arakane 等对赤拟谷盗的干扰试验的结果表明，赤拟谷盗不同发育时期的干扰效果不相同；Araujo 等发现，四龄长红烈蝽的干扰效果只有二龄长红烈蝽幼虫的 42%。研究数据表明，在靶标昆虫的基因处于高效率表达阶段时，实施 RNAi 的效果最好。

6.3.2.4 RNAi 技术在农业生产中的应用

RNAi 被广泛用于研究基因的功能、基因敲除、治疗肿瘤和病毒感染等疾病，也被用于昆虫中研究 RNAi 的机制和功能、基因的表达和调节，例如果蝇（*D. melanogaster*）[128]、赤拟谷盗（*T. castaneum*）[129]、家蚕（*Bombyx mori*）[130]等昆虫。Chen 等[131]注射合成的 dsRNA/siRNA 到甜菜夜蛾（*Spodoptera exigua*）的四龄幼虫诱导几丁质合成酶（chitin synthase gene A，CHSA）沉默，结果发现大多异常的幼虫不能蜕皮，或进入下一期的幼虫明显小于正常大小，并且气管上壁不能统一扩张，明显提高了异常发生率，表明可以利用RNAi来控制害虫。这些研究大多是通过注射的方法将dsRNA/siRNA导入昆虫体内，然而，注射法不适宜用于田间的害虫防治。

为了有效地控制害虫，害虫应该能够自然地通过饲喂和消化获得dsRNA/siRNA[132]。通过饲喂转基因植物诱导RNAi防治害虫已在鳞翅目、鞘翅目、同翅目、直翅目、双翅目、蜚蠊目和等翅目昆虫中试验成功[133,134]。

(1) 防治蚜虫　蚜虫是传播植物病毒的主要害虫，其种类繁多，分布广泛，可传播黄瓜花叶病毒属（*Cucumovirus*）、马铃薯Y病毒属（*Potyvius*）、苜蓿花叶病毒属（*Alfamovirus*）、蚕豆病毒属（*Fabavirus*）等病毒属的多种病毒，对农作物造成严重危害，目前利用RNAi技术控制蚜虫的报道较多。

Stephanie等[135]用组织蛋白酶基因*Ap-cath-L*和钙网织蛋白基因*Ap-crt*表达的dsRNA喂食豌豆蚜，导致豌豆蚜体内相关基因的表达降低了40%左右；Whyard[136]证实饲喂靶向*V-ATPase*基因的dsRNA，对豌豆蚜虫和烟草天蛾幼虫具有致死效应；张维等[137]证实棉蚜的*V-ATPase-A*基因表达的dsRNA转入拟南芥中，对棉蚜也有明显的致死效应；李晓明等[138]的研究表明，转基因植物体内成功表达*Catb5*基因的dsRNAs对棉蚜有一定的防控效果；Pitino等用含有唾液腺*MpC002*基因和肠道*Rackl*基因表达的dsRNA的转基因植物喂食桃蚜，发现60%以上桃蚜的目标基因表达受抑制，同时，其后代数量明显减少；王晖等用细胞色素*P450*基因表达的dsRNA喂食麦长管蚜与桃蚜，成功抑制了蚜虫体内的细胞色素表达，最终导致蚜虫死亡。

(2) 防治飞虱　飞虱是介导禾本科植物病毒水平传播的主要害虫，可向水稻、小麦、大麦、玉米、高粱等禾本科植物传播斐济病毒属（*Fijivirus*）、水稻病毒属（*Oryzavirus*）、纤细病毒属（*Tenuivirus*）等病毒属的多种病毒。利用RNA干扰技术控制飞虱是目前本领域中研究的热点。

陈静等[139]将体外合成的膜结合型海藻糖酶基因（*NlTreh-2*）dsRNA喂食褐飞虱，导致褐飞虱的生长发育受限制；Zha等[140]用含褐飞虱*Mlcar*、*Nltry*和*NlHT1*基因dsRNA的转基因水稻饲喂褐飞虱，结果发现褐飞虱靶标基因的转录水平显著降低，虽然没有死亡现象，但幼虫数量有所减少；王欣茹[141]用含精氨酸激酶基因dsRNA的人工饲料饲喂褐飞虱，导致部分褐飞虱死亡，且随着饲喂时间的延长，死亡率显著提高；李洁[142]在研究*apterousA*基因*NlapA*对褐飞虱的RNAi时发现，褐飞虱翅膀出现畸形，且产卵量显著降低，同时，其生长发育明显受阻。

水稻条纹病毒（rice stripe virus，RSV）主要是由灰飞虱携带在作物间传播，刘文文[143]在利用RNAi技术抑制灰飞虱表皮蛋白（*NCuP*）表达的研究中发现，虫体内RSV含量降低了65%，传毒能力下降了40%；张倩等[144]用海藻糖酶基因*LSTre-1*和*LSTre-2*表达的dsRNA饲喂灰飞虱，发现灰飞虱体内的海藻糖酶基因表达受抑制，阻碍了灰飞虱的正常生长发育，最终致死害虫；贾东升等[145]给白背飞虱喂食其肌动蛋白基因（*Actin*）表达的dsRNA，成功抑制了白背飞虱*Actin*基因的表达，最终导致白背飞虱死亡，从而建立了RNA干扰控制白背飞虱的体系。

(3) 防治其他害虫　RNA干扰技术在控制其他农业害虫方面也取得了良好的效果。例如，Turner等给苹果透翅蛾的幼虫喂食羟酸酯酶基因*EposCXE1*和信息素结合蛋白基因*EposPBP1*

表达的 dsRNAs，其靶标基因的表达明显被抑制，达到控制害虫的目的；Zhou 等[146]给小菜蛾（*Plutella xylostella*）喂食特定靶标序列表达的 dsRNA，导致部分小菜蛾死亡，有效地控制了害虫数量；Baum 等[147]研究发现，含有表达液泡 ATP 酶基因 dsRNA 的转基因玉米，可以明显抵御玉米根萤叶甲对玉米的危害，使玉米根部遭受破坏的程度明显减轻；Mao 等[148]研究发现，棉铃虫取食含有表达其 *P450* 基因（*CYP6AE14*）dsRNA 的转基因棉花后，棉铃虫 *P450* 基因的表达量明显降低，害虫的食欲显著降低，生长发育变缓，最后死亡。

6.3.3 RNAi 干扰技术在防治植物线虫中的应用

每年农业因植物线虫病害遭受严重的损失，遭受的损失又主要由植物寄生线虫引起。据报道，全球因植物寄生线虫而带来的年损失约 1250 亿美元[149]。对植物寄生线虫进行有效的防治迫在眉睫。因此，对植物线虫防治的研究一直以来都是学者们的研究热点。近年来，RNAi 技术已广泛应用于植物线虫基因功能的研究。随着对植物线虫基因组及其功能研究的不断深入，RNAi 技术将会为植物寄生线虫的防治提供大量的药靶及疫苗靶，包括基因及其编码物质——多肽和蛋白质。同时，基于 RNAi 干扰技术还培育出具抗植物寄生线虫的转基因植株。

6.3.3.1 RNAi 在植物线虫基因功能研究中的应用

(1) 对线虫基因功能的研究 RNAi 技术对植物线虫基因功能进行了大量的研究工作，主要集中在对 *C. elegans* 的研究上。Fraser 等[150]用可表达 dsRNA 的细菌文库对 *C. elegans* Ⅰ号染色体近 90%的基因进行系统的研究，经 RNAi 分析使已知功能基因从 70 个增加到 378 个。这一研究具有重大意义。首先，通过对 *C. elegans* 基因组进行系统分析，能够使人们认识各基因编码蛋白的功能，进而筛选出抗线虫药物靶基因，为线虫的防治开辟广阔的空间。其次，发现在已预测的 *C. elegans* 基因中有 36%与人类基因同源，包括那些致病基因，这将推动着对人类基因功能的研究[151]。Zipperlen 等[152]利用 RNAi 与缩时视频显微术确定了 *C. elegans* Ⅰ号染色体上 147 个胚胎致死基因的功能。为在分子水平认识早期胚胎发育过程及其调控开辟了道路。另外，Hyman 研究小组构建了针对 *C. elegans* Ⅲ号染色体上 2232 个基因的 dsRNA 文库，约占该染色体所有编码基因的 96%，并利用该 dsRNA 文库通过 RNAi 对 *C. elegans* Ⅲ号染色体上的这些基因进行了功能分析[153]。Lee 等[154]用系统性 RNAi 对 *C. elegans* 5690 个基因进行功能分析，发现了大量对线粒体功能重要的基因与延长线虫寿命相关。这些基因的发现对于了解线虫的生长特性有着重要的意义，并能为线虫病害的防治提供理论依据。

(2) 对基因间相互作用的研究 RNAi 技术不但可以帮助认识基因的功能，而且有助于认识基因间的相互作用。Ben 等[155]用系统性 RNAi 技术对 *C. elegans* 约 6500 对基因间的相互作用进行了研究，建立了基因间相互作用的系统性图谱，以确定不同信号途径中的共同修饰基因。这是在继酵母之后的第一张针对动物的系统性基因相互作用图谱，为洞察动物基因间的相互作用提供了重要信息。

(3) 对基因进行组织特异敲除 由于 dsRNA 的扩散性，使其在线虫体内进行的 RNAi 为全身性的[156]。现在已建立了组织特异 RNAi 技术。*rde-1* 基因突变体能够抵抗 RNAi，但在特异组织中若表达野生型 *rde-1* 基因，在该组织中则能进行 RNAi。因此，通过构建受 lin-26 和 hlh-1 启动子（分别为皮下和肌肉细胞中的特意表达启动子）控制表达 *red* 基因的表达载体，以分别建立皮下特异 RNAi 系统和肌肉特异 RNAi 系统。由于在 *C. elegans* 中有很多的组织特异启动子，该系统能够运用在很多的组织和特定的细胞中。该技术能够进行组织特异基因的敲除，和通过抑制某一特异组织中功能已知且必需的基因表达，以构建该基因突变的拟表型[157]。

（4）对基因进行聚类分析　RNAi技术还用于线虫基因聚类分析。通过观察*C. elegans* 161个胚胎早期基因特性并用缩时显微镜以47种RNAi相关表型对各个基因缺失表型进行系统分析，即对该47种相关表型用阴性、阳性和不考虑3种评判标准进行评判。用离散型表型特征对所有进行RNAi后的胚胎早期基因表型进行分类，这一序列的表型评判即为各个基因的表型注标（phenotypic signature）。可通过这些数据把这些基因归类为不同的phenocluster，发现这些phenoclusters与基于基冈碱基序列而预测出的功能能很好地吻合。因此，可以用其来预测尚未进行功能分析的基因的功能[158]。

6.3.3.2 应用RNAi技术防治植物寄生线虫

（1）对植物寄生线虫寄主进行RNAi的防治策略　绝大多数植物病害线虫是专性寄生线虫，即某种寄生线虫常寄生于特定的植物上，其生活史包括线虫的入侵、取食和繁殖等几个阶段。打断每个阶段都将达到防治线虫的目的。线虫在入侵植物后口针分泌的物质影响植物基因表达，使其形成取食结构[159]。推测在形成取食结构的部位可能有特异启动子存在，因为只在该部位有的基因才表达或使基因表达明显增强，在其他部位的细胞中不启动这些基因表达或使这些基因微量表达[160]。通过构建包含受这些启动子控制的能表达靶向这些特异基因的dsRNA的植株，就可以通过RNAi抑制这些为形成取食结构所必需的基因的表达来阻止取食结构的形成，从而培育出抗线虫植株。这一通过抑制形成取食结构的必需基因的表达而达到防治线虫的构想已用反义RNA技术得到证实[161]。

（2）对植物寄生线虫进行RNAi的防治策略　借鉴RNAi技术已构建抗病毒植株的成功应用，可以设想通过以线虫病毒为基础构建能够表达靶向线虫功能基因的siRNA的病毒制剂，以达到防治线虫的目的。此外，在线虫取食的同时，如果在寄主细胞质中有一种dsRNA或其siRNA，使靶向线虫产生致死效应基因，而该dsRNA或其siRNA可由于线虫的取食进入线虫体内产生RNAi，导致线虫致死，那么可以通过构建能表达这些dsRNA的植株来获得抗寄生线虫植株[162]。

6.3.4 RNAi干扰技术在植物抗病中的应用

RNA干扰所具有的特异性、稳定性、高效、快速以及不改变基因组的遗传组成等特性，为人们研究未知功能的基因提供了新的反向遗传学手段。同时，在植物发育的不同阶段抑制特定基因的表达，对发育生物学研究具有重要意义。在拟南芥和水稻等基因组测序完成后，RNA干扰这一新技术在植物功能基因组学研究及植物的遗传改良等方面提供了一个强有力的手段。

6.3.4.1 RNA介导的基因沉默

（1）RNA干扰机制假说　目前的研究发现，植物广义的RNA干扰产生转录水平的基因沉默和转录后水平的基因沉默。虽然对整个机制的详细情形还有待进一步探索和研究，但总体看来，RNA干扰反应过程包括一个两步降解反应和一个级联放大效应[75]。

细胞内靶RNA在同源性的dsRNA出现后的数分钟内即发生降解。两步降解反应的第一步先降解dsRNA。dsRNA由Dicer从两端逐步降解为21～25nt的siRNA，siRNA片段的3′端突出2～3nt，片段末端为5p-磷酸基团、3p-羟基基团。第二步降解是siRNA与RISC

结合，解开 siRNA 的双链，然后在反义的 siRNA 的引导下，RISC 与靶 mRNA 结合，并利用其 RNA 酶的作用，降解靶 mRNA。

在实验中发现，每个细胞仅需要几个 dsRNA 就可以产生整个个体的 RNAi 效应。现在普遍认为，RNAi 现象中，有一个放大效应，RdRP（RNA-dependent RNA polymerase）在其中起到了关键的作用。dsRNA 被降解为 siRNA 后，一方面，siRNA 与 RISC 结合降解 mRNA，而另一方面，释放的 siRNA 可结合在 mRNA 上作为引物，在 RdRP 的作用下合成 dsRNA，合成的新的 dsRNA 又可以发生 RNAi 现象，特异地降解靶 mRNA。

（2）RdDM　PTGS 的研究揭示了 dsRNA 在植物上的另一项功能，即诱导序列特异性的 DNA 甲基化（RdDM）。这种现象最早在 1994 年被发现。当时发现，番茄的纺锤块茎类病毒的复制诱导了转基因烟草核中病毒转基因序列的甲基化。后来的研究显示，马铃薯 Y 病毒（*Solanumvirus*）、病毒的卫星 RNA 和反向重复转基因导致的 RNAs 都能在同源核转基因序列的均衡和非均衡位点诱导甲基化。30 碱基对大小的序列能够启动 RdDM。RNA 分析显示，21～25nt 的小 dsRNA 与反向重复转基因或卫星 RNA 诱导的甲基化有关，这表明来自复制型病毒 RNA 和 i/r（inverted-repeated）转基因的 dsRNA 是 RdDM 的诱导物。dsRNA 在植物中介导 PTGS 和 RdDM 的认识，为 PTGS 和 TGS 之间可能的联系提供了理论依据，这二者都能够被用来特异性地抑制基因的表达。

6.3.4.2　RNAi 干扰技术应用于植物抗病作用

在病原体侵染植物时，植物的 RNAi 系统被激活，通过甲基化修饰等作用减少或阻碍外源核酸的转录、复制或者降解其核酸，从而达到抗病的效果。如 Kaff 等（1998）、Havelda 等（2005）研究病毒侵染植物时，植物可通过 PTGS 系统降解病毒 RNA，或抑制其转录，降低植物发病率或抑制其发病。

作为植物功能基因组研究工具，RNA 干扰技术研究中最深入的是拟南芥功能基因组的研究。CAMTA（complete arabidopsis transcriptiome microarray）计划已实施，以获得覆盖拟南芥全基因组的高质量的基因序列标签（gene sequence tag，GST），为了分析 CATMA 中每一个 GST 的功能，Helliwell 及同事利用 Invitrogen 公司的 Gateway 重组克隆技术代替传统费时的克隆步骤，构建高通量基因沉默的载体系列 pHELLSGATE，用以构建包括全部拟南芥基因组的 ihpRNA 转基因系。利用这种思路，澳大利亚的 CSIRO 公司也构建出多种适用于禾本科植物的 RNAi 载体——pHannibal 和 pKannibal 质粒载体系列，并利用这种技术开发出抗大麦黄色侏儒病毒的大麦品种；适用于组成型或诱导异常表达及表达 GUS 或 GFP 融合蛋白的双元载体、以烟草花叶病毒为基础构建的高通量 VICS 载体系列都是根据 Gateway 重组克隆技术的思路，以高通量植物功能基因组分析为目的而构建的载体系列，这些载体能为植物功能基因组的研究提供更多有价值的资源[75]。

河南省农业科学院刘毓侠等对玉米抗病毒基因工程展开了调研。病毒病是导致玉米产量降低和品质下降的主要原因之一。基因工程技术可人为地将抗性基因或部分片段定向导入植物获得转基因抗病毒植株，具有速度快、效率高等优点，在玉米抗病毒育种中具有重要的应用价值。用于转化的基因可分为两类：一类是植物病毒的基因序列，如 *CP* 基因、复制酶基因、运动蛋白（*MP*）基因及反义 RNA 等；另一类是非植物病毒基因，包括来自植物、动物和微生物的抗病毒基因及寄主的抗性基因等。如表 6-1 所示，国内外学者通过将两类基因转化玉米获得大量阳性植株，且大多数植株的抗病性提高[163]。

表 6-1　不同转化策略在玉米抗病毒基因工程中的应用

利用的基因类型	转化策略	转化基因	目标病害	效果	参考文献
植物病毒基因序列	外壳蛋白基因（*CP* 基因）	MDMV-B *CP* 基因	玉米矮花叶病	转基因后代的抗病性均增强，表现为延迟发病、症状减轻	Murry et al.，1993
		MDMV *CP* 基因	玉米矮花叶病	T_1 代转基因植株表现出不同程度的抗性，未表现明显症状的株系 T_2、T_3 代均表现为高抗	刘小红等，2005
		MDMV *CP* 基因	玉米矮花叶病	T_2、T_3 代转基因株系均表现抗病	周小梅等，2006
	复制酶基因	人工突变的 MDMV 复制酶基因 *NIa*、*Nib*	玉米矮花叶病	株系抗病性增强，农艺性状好	雷海英等，2008
		RDV 复制酶基因的提前终止突变体 *NibT*	玉米矮花叶病	T_1～T_3 代植株目的基因稳定遗传，抗性水平比对照提高 3 级	杜建中等，2011
	运动蛋白基因（*MP* 基因）	RDV 运动蛋白缺陷基因（*MP-*）	玉米矮花叶病	T_1～T_3 代植株的抗性水平比对照提高 2～5 级，并筛选出多个农艺性状优、抗性水平高的纯合株系	杜建中等，2008a，2008b
	反义 RNA	SCMV *CP* 基因	玉米矮花叶病	人工接毒条件下获得抗病株率高于 70% 的 2 个 T_2 株系	白云凤等，2006
		SCMV *CP* 基因	玉米矮花叶病	T_1 代幼苗表现出不同程度的抗性	Liu et al.，2009
	RNA 干扰（RNAi）	SCMV 复制酶基因 *Nib*	玉米矮花叶病	获得高抗且较稳定的无标记转基因玉米株系	白云凤等，2007
		MDMV *CP* 基因和 *PI* 基因	玉米矮花叶病	T_2 代植株的抗病水平明显提高，部分株系与抗病对照相当	张志勇，2010
		SCMV 干扰片段	玉米矮花叶病	90.00% 转基因株系的抗病性高于非转基因株系，30.00% 转基因株系的抗病株率高于抗病对照	张莹莹等，2014
		PenMV *HC-Pro* 基因	玉米矮花叶病	T_1 代植株的抗病性高于对照，不同程度地降低发病率，减轻发病程度	马丽，2007
		MRDV 和 RBSDV 基因组中高度同源序列	玉米粗缩病	T_2 代 13 个转基因穗行的发病率极大降低	王平安，2011
	人工小 RNA（amiRNA）	RBSDV S1、S2、S6、S8	玉米粗缩病	转基因株系基本没有 4 级重度感染，靶向 S6 的载体抗病效果最好	宣宁等，2015

续表

利用的基因类型	转化策略	转化基因	目标病害	效果	参考文献
非病毒来源抗病基因	寄主抗病基因	*ZmTrxh*	玉米矮花叶病	玉米早期抗病性显著提高	Liu et al.，2017
	核糖体失活蛋白基因	美洲商陆 *PAP* 基因	玉米矮花叶病	转基因玉米在接种25d后仍未发病	陈定虎等，2003
	核酸酶基因	大肠杆菌RNase Ⅲ基因突变体 *rnc70*	玉米粗缩病	获得具有高度抗性的2个转基因玉米新株系	Cao et al.，2013

目前第3代抗病毒转基因策略——amiRNA抗病毒策略刚起步，其具有精确、高效、可控且操作简便的优点。该策略以植物内源前体miRNA（Pre-miRNA）为骨架，将其茎环结构中的miRNA序列替换为与病毒基因序列互补的amiRNA序列，形成pre-amiRNA，其转入植物后在内源miRNA合成机制的作用下生成靶向病毒mRNA的amiRNA，指导RISC降解病毒mRNA。利用amiRNA策略培育抗病毒植株已在许多植物和病毒组合中被证明有效，其在玉米抗病育种方面的潜力也引起了广泛的重视。宣宁等（2015）根据玉米zea-miR159a的前体序列和RBSDV基因组序列信息设计引物，构建了用于沉默RBSDVS1、S2、S6、S8的amiRNA载体，之后转化玉米自交系综31，选择miRNA表达量高的纯合体株系进行自然发病试验，结果表明，转基因株系的抗病表现优于野生型玉米，几乎没有4级重度感染株，而野生型玉米全部发病，且4级重度感染株的比例占37.5%，4个amiRNA载体中以靶向基因沉默抑制子的S6-miR159转基因玉米的抗病表现最好，健株（0级）和轻微感病株（1级）的比例达41.5%，说明利用amiRNA技术培育抗粗缩病玉米新品种也可行[163]。

此外，山东省农业科学院李广存课题组对马铃薯蛋白激酶基因 *StPki* 的遗传转化进行了研究。该研究以高抗青枯病二倍体马铃薯基因型ED13为材料，克隆了蛋白激酶基因 *StPki*。以 *StPki* 基因特异区段为靶标，成功构建了该基因的RNA干扰植物表达载体pCHF1-StPki。利用重组农杆菌株LBA4404（pCHF1-StPki）感染转化ED13茎段外植体，获得了抗庆大霉素的再生植株。利用CaMV35S启动子特异引物对再生植株进行PCR检测，结果表明获得了转基因植株。利用 *StPki* 基因的特异引物对转基因植株进行半定量RT-PCR分析，结果显示该基因的转录受到了抑制。马铃薯抗病基因型ED13已被成功转化，且表现出了对 *StPki* 基因的RNA干扰活性[164]。

2017年6月，第一个以RNA干扰技术为基础的杀虫剂正式被美环保署批准通过，这标志着一种新的杀虫剂创制技术的出现，无疑会对未来的杀虫剂市场造成巨大的影响。该技术通过将DvSnf7双链RNA添加到SmartStaxPro转基因玉米中，从而起到杀虫作用，该转基因玉米由孟山都和陶氏合作研发。其中RNA干扰技术来源于孟山都。孟山都估计，到2020年，这款RNAi转基因玉米将在市场上上市。与传统杀菌剂需要喷施不同，该技术通过将DvSnf7双链RNA编码信息加入到作物本身的DNA中。当西方玉米根虫开始取食植物时，这种植物自己产生的DvSnf7双链RNA能够干扰玉米根虫一个重要的基因，进而杀死害虫。最后一步被称为RNA干扰过程。西部玉米根虫给北美玉米带来了灾难性的破坏，又被称为“十亿美元害虫”。这种害虫已经逐渐对喷洒农药和 *Bt* 蛋白转基因玉米产生抗性。为了覆盖所有的抗性，SmartStaxPro转基因玉米将会同时拥有 *Bt* 蛋白和DvSnf7双链RNA[165]。

总之，RNAi技术的研究与运用已成为分子生物学的热点。然而在看到其在防治植物病虫害上成功运用的同时，也应看到其仍有局限性。但随着对RNAi认识的不断深入，RNAi技术在基因功能研究中的运用将更加广泛。

6.4 生物源农药

6.4.1 生物源农药简介

农药按其来源可分为生物源、矿物源、化学合成三大类。矿物源农药种类少，发展前途不大。合成化学农药为当今农药中的主流，不仅活性高，而且作用迅速，在控制农作物病虫草害中的作用重大。但其中有的种类副作用较大，在造成环境污染的同时，也对生态平衡造成了很大的破坏。生物源农药（biogenic pesticides）亦称“生物农药”或称为“生物源天然产物农药”，是指利用生物资源开发的农药。其狭义概念，指直接利用生物产生的天然活性物质或生物活体作为农药。广义概念，还包括按天然物质的化学结构或类似衍生结构人工合成的农药[166]。其定义可表述为：农药是控制和调节各种有害生物（包括植物、动物、微生物）的生长、发育和繁殖的过程，在保障人类健康和合理的生态平衡的前提下，使有益生物得到有效保护，有害生物得到较好的抑制，以促进农业现代化向更高层次发展的特殊生物活性物质，环境相容性是这个概念的核心特征。

生物源农药按其来源分为植物源农药、动物源农药、微生物农药；按其用途分为生物源杀虫剂、生物源杀菌剂、生物源除草剂和植物生长调节剂等[167～169]。

6.4.2 植物源农药

植物源农药就是直接利用植物体内能防病和杀虫的活性物质制成的农药。它包括以下几类活性物质：①植物毒素，如烟碱等；②植物源昆虫激素，如在藿香蓟植物中发现的昆虫早熟素，具有抗昆虫保幼激素功能；③拒食剂，如印楝素可阻止昆虫取食；④引诱剂，如丁香油可引诱橘小实蝇；⑤驱避剂，如香茅油可驱蚊；⑥绝育剂；⑦增效剂，如芝麻油（素）等；⑧植物防卫素，即感病植物自身的抗菌物质；⑨异株克生物质，植物产生的某些次生物质可抑制附近同种或异种植物生长；⑩植物内源激素，如赤霉素、细胞分裂素、芸薹素内酯和三十烷醇等；⑪光活化物质，一些植物次生物在光照条件下对有害生物的毒性提高几倍、几十倍甚至上千倍，如α-三联噻吩[170～187]。

6.4.2.1 印楝素类农药

印楝素（azadirachtin），CAS登录号11141-17-6。

印楝素类农药是从印楝树种子里提取的一种生物杀虫剂，是世界公认的广谱、高效、低毒、易降解、无残留的杀虫剂，主要对农林害虫具有拒食、忌避、生长调节、节育等多种作用，可防治200多种农、林、仓储和卫生害虫。

6.4.2.2 鱼藤酮类农药

鱼藤酮（rotenone），CAS登录号83-79-4。

鱼藤酮类农药是从多年生豆科藤本植物鱼藤中提取的杀虫活性物质，对人畜低毒，对天敌较安全，对植物无药害，对鱼和猪高毒。触杀和胃毒作用强，还有一定的驱避作用。对植物的生长有一定的刺激作用。

中毒机制：现已证实，鱼藤酮能与细胞内线粒体的线粒体复合物Ⅰ（complex Ⅰ），即还原型烟酰胺腺嘌呤二核苷酸（NADH）脱氢酶结合并抑制其活性，阻断细胞呼吸链的递氢功能和氧化磷酸化过程，进而抑制细胞呼吸链对氧的利用，造成内呼吸抑制性缺氧，导致细胞窒息、死亡，从而产生细胞毒作用。

6.4.2.3 除虫菊素类农药

除虫菊素（pyrethrins），CAS登录号121-21-1。

除虫菊是一种多年生草本植物，其杀虫活性物质主要是除虫菊素Ⅰ和除虫菊素Ⅱ。它的性质不稳定，在强光和高温下或遇碱时均易分解失效。具触杀作用，无胃毒作用。对人畜为中等毒性，对植物安全。击倒力强，持效期短。以除虫菊素为先导化合物合成的拟除虫菊酯类，其活性比除虫菊素更高更稳定，如溴氰菊酯和甲氰菊酯等。

6.4.2.4 烟碱类农药

烟碱（nicotine），CAS登录号54-11-5。

烟碱是从烟草中提取的杀虫活性成分，又名尼古丁。烟碱制剂对人畜为中等毒性，具有触杀、胃毒和熏蒸作用，并有一定的杀卵效果。其杀虫机制是麻痹神经。烟碱的蒸气可从虫体的任何部分侵入体内而发挥毒杀作用。例如油酸烟碱（又名毙蚜丁）：27.5%油酸烟碱乳油，以触杀和胃毒为主，作用机理与烟碱相似，可防治蚜虫、飞虱、叶蝉和菜青虫等。皂素烟碱：其作用机制和防治对象与烟碱相似，制剂为27%皂素烟碱。

中毒机制：烟碱主要作用于中枢神经系统、周围自主神经节和骨骼肌的神经突触，最初是刺激作用，引起兴奋，随之引起抑制、麻醉作用。数分钟到1h内，常因肌肉麻痹而死亡。此外有促进肾上腺作用，引血糖游离，而空腹感消失。中毒机制是由于烟碱在结构上与乙酰胆碱类似，它的两个氮离子之间的距离相近，从而易与神经突触后膜的乙酰胆碱受体相结合，引起乙酰胆碱蓄积，产生过度刺激，导致中毒。

6.4.2.5 川楝素

川楝素是由川楝树树皮中提炼出来的植物源杀虫剂，具有胃毒、触杀和拒食等作用。

中毒机制：实验证明，川楝素是一个选择性地作用于突触前膜的神经肌肉传递阻断剂，能阻断大鼠、小鼠神经肌肉间的正常传递，是猴等动物出现肌无力的直接原因。

6.4.2.6 苦参碱

苦参碱（matrine），CAS登录号519-02-8。

苦参碱是从豆科植物苦参、苦豆子等植物中提取分离得到的生物碱，对多种农业害虫具有毒杀活性，也具有较好的杀鼠活性。

中毒机制：苦参碱能不同程度地升高大鼠纹体及前脑边缘区的多巴胺代谢物二羟苯乙胺和高香草酸的含量，另外，苦参碱有类似安定的作用，对中枢神经有抑制作用，并与脑中递质中的氨基丁酸和甘氨酸含量增加有关，作用随剂量的增加而增加，可见苦参碱主要作用于小鼠的神经系统。

6.4.2.7 闹羊花素

闹羊花素是从黄杜鹃（又称闹羊花）花中提取的植物活性物质，有抑制生长发育、产卵忌避、拒食、胃毒、触杀、杀卵活性。

中毒机制：闹羊花素会直接抑制心脏。大量毒素使血压上升，心律不齐。对中枢神经系统，先兴奋后抑制，表现麻醉作用，但对脊椎无影响，却可麻痹运动神经末梢，使离体连神经之横膈的节律收缩停止。该毒素的催吐作用，并非由于刺激胃神经末梢，而是中枢性的。它还能使离体兔支气管及肠管平滑肌兴奋，而且有呼吸抑制作用。

6.4.2.8 藜芦碱

藜芦碱（sabadiUa），CAS登录号8051-02-3。

藜芦碱为百合科多年生草本植物黑藜芦的有效成分，其挥发性较低，储存方便。具有触杀、胃毒和熏蒸作用，是一种速效杀虫剂。

中毒机制：藜芦含毒成分主要为藜芦碱、胚芽儿碱及红藜芦碱等。其毒性作用与乌头碱相似，主要属神经毒剂；作用于心血管、呼吸、周围及中枢神经、运动及感觉神经、迷走神经及延脑；对神经系统的作用是先兴奋后麻痹；对胃肠道黏膜有极其强烈的刺激性。

6.4.2.9 百部碱

百部碱是百部属植物提取物中生物碱的总称，具有触杀及胃毒作用，也可用于杀灭虫卵。

中毒机制：可引起呼吸中枢麻痹，可能与百部生物碱降低呼吸中枢的兴奋性有关。

6.4.2.10 蛇床子素

蛇床子素来自伞形科植物蛇床的干燥成熟果实蛇床子，作用方式以触杀作用为主，胃毒作用为辅，药液通过体表吸收进入昆虫体内，作用于害虫的神经系统，导致害虫肌肉非功能性收缩，最终衰竭而死。

中毒机制：蛇床子的水提液对蟾蜍离体坐骨神经有阻滞麻醉作用，对豚鼠有浸润麻醉作用，并可被盐酸肾上腺素所增强；对家兔有椎管麻醉作用；但对家兔角膜没有表面麻醉作用；还可明显延长戊巴比妥钠的致睡时间。

6.4.2.11 海葱素

海葱素（scilliroside），CAS登录号507-60-8。

从海滨海葱的球根粉或球根萃取出红海葱和白海葱，两者都含有强心苷，但只有红海葱可用于杀鼠，新鲜的白海葱虽然对鼠类也有毒，但干燥时就失去毒性，红海葱的活性认为是由于红色素保护的结果，但在加热时也失去活性，所以在球根干燥时应低于80℃。

海葱素是一种强心苷，可引发心律不齐；也对神经系统和分泌器官有影响。

6.4.2.12 苦皮藤素

苦皮藤素是卫矛科南蛇藤属的一种多年生木质藤本植物根皮的提取物，具有杀虫活性和拒食活性等。

中毒机制：对哺乳动物心脏有抑制心跳振幅及频率的作用。兔注射0.14g即可致死。大剂量给药，小鼠活动降低，站立不稳，闭眼伏下不动，呼吸平稳，一般在给药4h内中毒死亡。

6.4.2.13 血根碱

血根碱为野生植物博落回中提取的博落回生物总碱中的主要有效成分之一。其具有胃毒、触杀、麻痹神经等作用，兼有杀螨活性。

中毒机制：其毒性与乌头碱类似，对神经系统和心脏有毒害作用，尤其是对后者的毒性较明显。

6.4.2.14 其他植物源农药

植物源农药还有很多品种，目前生产上有一定应用面积的有几种。①马钱子碱：属抗凝血剂，杀虫杀鼠剂。②烟百素：系烟碱、百部碱和川楝素复配剂，具触杀和胃毒作用，可防治蚜虫、蚧类幼蚧、菜青虫、卷叶蛾和红蜘蛛等，其制剂为1.1%烟百素乳油。③芝麻素（又名增效敏和麻油素）：从芝麻油中分离而得，主要对拟除虫菊酯类农药有增效作用，用于防治蚊、蝇和蟑螂的气雾剂。④芸薹素内酯（又名油菜素内酯、天丰素和益丰素）：有保花保果、增加作物产量、改进品质等作用，其制剂有0.01%芸薹素内酯乳油和0.2%芸薹素内酯（益丰素）可湿性粉剂。⑤三十烷醇：具有促进种子发芽、保花保果等多种效果，有0.1%三十烷醇微乳剂和1.4%三十烷醇乳粉。⑥茴蒿素：具有触杀和胃毒作用。害虫接触或吞食药剂后使神经麻痹，堵塞气门窒息死亡。⑦瑞香狼毒素：有较好的触杀活性和一定的胃毒活性，药液通过体表吸收进入害虫神经系统和体细胞，渗入细胞核，破坏新陈代谢，使昆虫能量传递失调，导致害虫肌肉非功能性收缩，直至死亡。

从有害生物与植物的关系出发，研究和利用植物次生代谢物质将是研制新农药的主要途径之一。植物源农药将会越来越多地为新农药研制提供新的活性先导化合物，对其进一步模拟修饰合成，有望发现结构全新、机理独特、安全高效的农药新品种。与传统大量合成、随机筛选的方法相比，这种方法的开发周期更短，投资更低，成功概率更高。因此，今后应加强以下几个方面的研究。

（1）继续扩大农药资源植物的筛选范围。这不但可发现新的高活性植物，也可保护我国植物资源的知识产权，在国际资源大战中占据一席之地。

（2）深入探讨活性成分的构效关系，发现新型分子模型，以期合成高活性的化合物，为开发高效植物源农药提供物质基础。

（3）积极探索高活性化合物的作用机理和分子靶标，以促进我国农药毒理学的发展，也可为实际应用提供理论指导。

（4）加强活性化合物的生物合成研究，如内生菌培养、细胞培养等，以解决植物源农药工业化生产中的自然资源瓶颈限制问题。

（5）开展植物源农药的田间使用技术研究，以充分发挥其“调控”作用。

总之，在大力提倡“绿色农业”，加强环境保护，贯彻执行“有害生物综合防治”和发展可持续农业的今天，积极研究和开发植物源农药，对保证我国的食物安全有着深远的意义。从农药科学的发展来看，在农药研制、使用上“回归自然”，是社会和自然科学发展的必然趋势。

6.4.3 动物源农药

动物源农药主要包括：动物毒素，如蜘蛛毒素、黄蜂毒素、沙蚕毒素等；昆虫激素，如蜕皮激素、保幼激素等。它们具有调节昆虫生长发育的功能。昆虫信息素又称昆虫外激素，具有引诱、刺激、抑制、控制昆虫摄食或交配产卵等功能。

6.4.3.1 沙蚕毒素类杀虫剂

（1）作用机制　在昆虫体内沙蚕毒素降解为1,4-二硫苏糖醇（DTT）的类似物，从二硫键转化而来的巯基进攻乙酰胆碱受体（AChR）并与之结合，主要作用于神经节的后膜部分，从而阻断了正常的突触传递。对美洲蜚蠊第六腹神经节的电生理试验表明，巴丹对神经节部位表现出特殊的亲和作用，显著地抑制了神经节的突触后膜电位，使其阈值增加，同时使突触前膜放出的神经递质减少。沙蚕毒素类杀虫剂作为一种弱的胆碱酯酶（AChE）抑制剂，主要是通过竞争性对烟碱型AChR的占领，而使ACh不能与AChR结合，阻断正常的神经节胆碱能的突触间神经传递，是一种非箭毒型的阻断剂。这种对AChR的竞争性抑制是沙蚕毒素类杀虫剂的杀虫基础及其与其他神经毒剂的区别所在[188~191]。

（2）沙蚕毒素类杀虫剂的安全性及杀虫谱　沙蚕毒素类杀虫剂不易在作物产品及土壤中残留，或累积在食物循环链中连锁污染环境。作为农用杀虫剂的杀虫双，经口进入体内是其主要途径，它是一种较安全的农用杀虫剂[192,193]。

6.4.3.2 其他毒素

主要有蝎毒素、蛇毒素、芋螺毒素、蜘蛛毒素、海葵毒素。

蝎子毒液中含有许多对离子通道起作用的毒素。由于蝎毒素专一地作用于昆虫，而对于哺乳动物无害或毒性很小。因此，开发此类毒素，作为一种高效生物杀虫剂，在国际上已受到重视。20世纪90年代以来，有关蝎昆虫毒素基因的研究在国际上逐渐开展[194]。

蛇毒中存在大量的K^+通道毒素，至少已发现了7种K^+通道毒素。K^+通道毒素含有57～60个氨基酸残基，具有非常相似的氨基酸组成和空间折叠，但对各种类型的K^+通道的作用有明显的差异[195]。

蜘蛛毒液中含有大量的离子通道毒素，尤其是Ca^{2+}和Na^+通道毒素，研究主要集中于漏斗网蛛神经毒素[196]。

海葵毒液里含有多种可对电压敏感性Na^+通道，如AsⅠ（ATX Ⅰ）、AsⅡ（ATX Ⅱ）和AxⅠ（AP-A），以及电压敏感性K^+通道起作用的多肽毒素，如AsKs、AsKc、ShK、BgK等[197]。

6.4.3.3 昆虫内激素

内激素是由体内的内分泌器官分泌的，昆虫的个体发育主要是脑激素、蜕皮激素和保幼激素共同协调控制的。而到了幼体发育的后期，由另外两种激素——羽化激素和催鞣激素进行调节。

（1）作用机理[198]　内激素是由昆虫体内的内分泌器官或细胞分泌的，是在体内起调控作用的一类激素。

（2）内激素在农业上的应用　昆虫的变态是受3种内激素共同协调控制的。在正常情况下，激素分泌出正常的量才能维持正常的生长与发育。缺少任何一种内激素，都会影响其正常的变态发育。

① 保幼激素[199~201]。保幼激素是昆虫体内固有的激素之一，对昆虫主要起着在幼龄期的保幼作用及成虫期的促性腺作用。保幼激素是Wigglesworth从昆虫头部首次发现的，当时被认为是由昆虫头部分泌的一种阻止变态的因子，稍后又证明它是由附着于脑的一对分泌器官——咽侧体合成并分泌到血液中的生理活性物质。至今已从昆虫体内发现了6种天然保幼激素，天然保幼激素都具有类倍半萜类骨架，双键构成型为（2*E*,6*E*）。另外，1961年，Schmialek从黄粉甲虫粪便中分离到一种倍半萜——法尼醇，对黄粉甲虫及吸血蝽有保幼活性。

② 蜕皮激素。蜕皮激素的研究始于天然蜕皮激素的发现与分离。这些从植物原料分离出来的物质化学合成非常困难，天然提取价格贵，且水溶性太强，而不易渗入昆虫角膜。蜕皮激素最先由Kurlsmn和Butedandt于1954年从家蚕蛹中分离出来。另外，自从Wing发

现 RH 5849 对鳞翅目昆虫具有类似 20-羟基蜕皮激素功能以来，罗姆-哈斯公司对这类化合物的结构活性关系进行了系统的研究，开发了第一个这一类商品化的农药品种，并且 2 个备选品种正在开发中[202]。在开发和推广原有双酰肼类杀虫剂的基础上，科学家们积极寻找新的杀虫剂，又发现了 2 种新型非类固醇类蜕皮甾酮竞争剂[203]。

③ 羽化激素。多数神经肽都形成含有 S—S 桥架的复杂三元结构，其氨基酸基团会受到各种各样的修饰，但对其有机化学合成，若考虑到成本和产量则未必容易。利用微生物通过遗传基因操作的方法，则能低成本地大量生产。况且，生物具有生化合成的机能，不难解决天然三元结构的形成，这也是其优越之处。有人用人工遗传基因合成了蚕的羽化激素，且是通过酵母菌而发现的。本来从几十万条蚕中只能提取精制得几十微克的羽化激素，而运用新方法，仅用 1L 的培养系统就生产成功[204]。

6.4.3.4 昆虫外激素

信息素是指生物间的化学联系及其相互作用的活性物质。昆虫信息素又称昆虫外激素，是昆虫产生的作为种内或种间个体间传递信息的微量活性物质，具有高度专一性，可引起其他个体的某种行为反应，包括引诱、刺激、抑制、控制摄食或产卵、交配、集合、报警、防御等功能[205]。

① 性外激素[206,207]（性信息激素）。性外激素的作用是引诱同种异性个体前来交尾。性外激素具有灵敏度非常高的特点，亿分之一克的性外激素就可以引起异性的性兴奋，森林中 1 只舞毒蛾（害虫）释放 0.1μg 的性外激素就可以引诱几百米以外的异性前来交尾。性外激素具有物种专一性的特点，只作用于同种异性个体。

② 聚集外激素（聚集信息素）。聚集外激素是蚁、白蚁、蜜蜂等营群体生活的昆虫所分泌的一种外激素。由于群体具有“社会性”，个体之间有强烈的相互依存关系，这种激素起重要的信息联络作用。蜜蜂自然分群，就是蜂王分泌聚集外激素，把失散的蜜蜂聚集起来，保存群体[208]。

③ 告警外激素（告警信息素）。告警外激素是蚁、白蚁等营群体生活的昆虫，在受到其他动物侵袭时所分泌的一种外激素。这种激素可以用来告警同类个体，从而保存群体。七星瓢虫、草蛉是蚜虫的天敌，每当个别蚜虫发现天敌前来袭击时，它就分泌这种激素，用以通知别的蚜虫。现已商品化的法尼醇和橙花叔醇为棉叶螨产生的告警信息素。

④ 追踪外激素（追踪信息素）。追踪外激素是营群体生活的昆虫个体离巢外出时，为能再归巢所分泌的一种外激素。蚂蚁在索食的路线上分泌这种激素，借以告知其他个体沿此路线前进，当食物搬运完毕，分泌物挥发完，线路也就自然消失。

利用昆虫信息防治害虫的方法大致可分成 3 种：大量诱捕法、交配干扰法和其他生物农药组合使用技术[209,210]。

① 大量诱捕法[211]。顾名思义是在农田中设置大量的信息素诱捕器诱杀田间雄蛾，导致田间雌雄蛾比例严重失调，减少雌雄间的交配概率，使下一代虫口密度大幅度降低。目前取得较好效果的有：利用性信息素防治苹果小卷蛾；利用烟草甲信息素、印度谷螟信息素、谷蠹信息素和斑皮蠹信息素诱杀相应的储粮害虫；利用性诱剂诱杀棉铃虫等技术[210]。

② 交配干扰法[212～215]。利用信息素来干扰雌雄间的交配通信联系是 1960 年美国学者 Bcroza 提出的，利用这种技术来防治害虫取得了成功。其基本原理是在充满性信息、气味的环境中，雄蛾丧失寻找雌蛾的定向能力，致使期间雌雄间的交配概率大为减少，从而使下

一代虫口密度下降。信息素用作交信搅乱剂是一类新的技术。制备蛾类的交信搅乱剂，让雄蛾处于兴奋状态，从而减少交配，目前在日本已有11种交信搅乱剂获得登记，但尚未大规模应用[202]。交配干扰法具有专一性强、无污染等优点，可以减轻、控制靶标害虫的为害，减少施药次数，保护天敌。同时，信息素作用时会促使成虫活动增加，这也增加了其被天敌捕食的概率，对防治害虫起到增效作用。应用交配干扰法在综合治理中具有重要意义，这项措施对治理抗性发展快、范围分布广的害虫可能非常有前途[216]。

用昆虫性信息素制作的诱捕器，可用于虫害的早期发现，监察虫群趋势，有助于决定是否要施用杀虫剂和施用时间[217]。合理使用信息素测报诱捕器能正确地估计田间虫害量高低和高峰期，有力地使农药和其他防治措施更准确地和昆虫的生命周期协调起来，达到害虫防治的目的；同时，还能以此推测下一代害虫种群的密度高低。有些植物当受到食植性昆虫危害时会释出一些引诱害虫天敌的化学信号。这些化学信号是一些挥发性萜类混合物，天敌昆虫就以此来区分受害和未受害植株[217～220]。

动物源农药一般具有高效、低毒且使用安全的特点，有的还有强烈的胃毒、触杀及内吸传导作用，兼有一定的熏蒸、杀卵效果。一些动物源农药，特别是昆虫激素类农药的研究还相对薄弱，应大力加强这方面的研究与开发。但应该明确指出，动物源农药和合成药物一样，可能存在对高等动物和非靶标生物的毒性问题，也会造成环境残留问题，这是因为人、动物与昆虫在神经系统方面存在一定程度上的相似性。

鉴于动物源农药的特殊作用机理，它们具有较大的发展前景。

6.4.4　微生物农药

微生物农药是生物源农药的重要组成部分，由微生物活体及其代谢产物组成，用于防治作物病害、虫害、杂草的制剂，也包括保护微生物活体的助剂、保护剂和增效剂，以及模拟某些杀虫毒素和抗生素的人工合成制剂。微生物农药具有以下几个特点：①对害虫的防治效果好，对人畜安全无毒，在阳光和土壤微生物的作用下易于分解，不污染生态环境；②对害虫作用的特异性强，选择性高，极少杀伤害虫天敌和有益生物，不破坏生态平衡；③由于微生物自身繁殖快，生长迅速，易于进行大规模工业化生产，同时，也能通过现代生物技术改良菌种和优化发酵工艺，不断提高微生物农药产品的性能和质量；④生产原料和有效成分属于天然产物；⑤多种因素和成分共同发挥作用，害虫难以产生抗药性。因此，国内外越来越重视这类产品的研究开发。近年来，微生物杀虫剂的品种在不断增加，应用范围在不断扩大，微生物农药的研究开发和应用已进入了一个新的历史时期[221～231]。

6.4.4.1　微生物农药的分类

根据来源，微生物农药可分为活体微生物农药和农用抗生素两大类。活体微生物农药是指利用能使有害生物致病的病原微生物活体加工成制剂而应用的一种农药。农用抗生素是由微生物产生的、具有抑制某些农作物病原菌生长的次级代谢产物。

作为微生物农药的生物类群主要有细菌、真菌、病毒、原生动物、线虫等，但以前三者为主。因此，微生物农药可分为细菌农药、真菌农药和病毒农药等。

根据用途或防治对象不同，则可分为微生物杀虫剂、微生物杀菌剂、微生物除草剂、微生物杀鼠剂、微生物植物生长调节剂、微生态制剂等。

以两者结合进行更细的分类，可分为细菌杀虫剂、细菌杀菌剂、细菌除草剂、病毒杀虫剂、真菌杀虫剂、真菌杀菌剂、真菌除草剂等。

6.4.4.2 微生物农药的发展简史

在整个耕种历史中，人们一直在与害虫打交道，很早就认识了许多昆虫病原微生物，并以此来杀灭害虫。公元2世纪左右的《神农本草经》中就已有“白僵菌”的记载。与此差不多时期的《淮南万草术》也提到“白僵（蚕）”这个名称。宋代陈敷著的《农书》卷下《蚕桑叙》(公元1149年)，在世界上首次描述了家蚕的僵病、脓病、空头性软化病等症状，并探讨了这些蚕病的发生与环境因素的关系。尽管碍于当时的技术条件人们无法观察到引起这些疾病的微生物，但是，由此也发现了通过采集僵病死亡的野蚕捣碎后用于防治害虫的方法，积累了用微生物防治害虫的经验。1869年，梅契尼科夫将患绿僵菌病的死虫和绿僵菌的孢子渗入土中，成功地诱发了日本金龟子幼虫发病，并且提出了用生产啤酒的麦芽汁来大量培养绿僵菌的方法，为开展微生物防治迈出了有实践意义的第一步。自此，世界各地都进行了用真菌防治害虫的试验。随后，美国用金龟子芽孢杆菌防治日本金龟子也取得了实际的成效。

20世纪初，苏云金芽孢杆菌的发现使微生物杀虫剂步入了商品化。苏云金芽孢杆菌最早是由日本人石渡于1901年从家蚕病尸虫体中分离出来，并于1915年由德国人Berliner命名的。1938年，苏云金芽孢杆菌商品制剂在法国登记，1957年首次上市销售，如今已有60多个国家登记了120个品种。苏云金芽孢杆菌已经鉴定了75个血清型，85个亚种。自20世纪80年代初克隆第一个杀虫晶体蛋白基因以来，已经命名了184个亚类的基因。20世纪90年代以来，第二代细胞工程杀虫剂和第三代基因工程杀虫剂相继投入市场。我国1965年第一个苏云金芽孢杆菌商品制剂“青虫菌”问世，20世纪90年代得到迅速发展，目前苏云金芽孢杆菌的研究方向正向着改善工艺流程、提高产品质量和扩大防治对象的方向发展，同时，对苏云金芽孢杆菌的研究已深入到基因水平，对其杀虫晶体蛋白的编码基因*cry*的研究已有许多突破，采用基因工程技术构建高效苏云金芽孢杆菌工程菌株已有报道。我国现已通过国家农药行政主管部门注册的苏云金芽孢杆菌生产厂家近70家，年产值超过3万吨，产品剂型以液剂、乳剂为主，还有可湿粉、悬浮剂。

在苏云金芽孢杆菌应用成功的鼓舞下，近来各种微生物杀虫剂生产有了飞速发展。防治目标害虫由农作物害虫、森林害虫扩展到卫生害虫。苏云金芽孢杆菌和白僵菌在许多国家已成为有效的微生物杀虫剂，从而大面积用于防治害虫。

早在1939年加拿大就用核型多角体病毒防治欧洲云杉锯角叶蜂，并取得成功。我国台湾用核型多角体病毒防治舞毒蛾、梨豆夜蛾、甜菜夜蛾，用颗粒体病毒防治苹果小卷叶蛾也都取得很好的防治效果。1973年，人们从苜蓿纹夜蛾中分离出的AcNPV对鳞翅目的许多害虫均有感染作用，已被注册为正式商品而广泛应用。同年，联合国粮农组织和世界卫生组织推荐昆虫杆状病毒用于大面积害虫防治，并被列入21世纪首选生物农药开发使用。目前世界各国已有60多种病毒用于大田防治农林害虫的试验，30多种病毒杀虫剂进行了登记、注册及生产应用。我国的昆虫病毒研究和开发工作起步较晚，始于20世纪50年代，后来武汉大学对昆虫病毒进行了系统和深入的研究，标志着昆虫病毒杀虫剂产业化模式基本形成。

在昆虫病原微生物中，真菌的种类最多，约占昆虫病原微生物中的60%以上，世界上记载虫生真菌约100属800余种，我国报道虫生真菌400多种，其中寄生真菌215种。美国于1890年率先开始用白僵菌防治麦长蝽，其后日本、巴西、英国等也开始应用白僵菌、黄僵菌、绿僵菌、蚜霉菌等防治农林害虫，并且逐渐把虫生真菌发展为一类微生物杀虫剂。虽然我国对昆虫病原真菌的研究有较长历史，但开发和利用的种类不多。目前我国已进入工业化生产和大规模应用试验的虫生真菌主要有白僵菌、绿僵菌、多毛菌、拟青霉、轮枝菌、座壳孢菌等10余种。

6.4.4.3 微生物杀虫剂

目前，国内研究开发应用并形成商品化产品的主要有细菌杀虫剂、真菌杀虫剂、病毒杀虫剂和抗生素类杀虫剂。

细菌杀虫剂是国内研究开发较早的生产量最大、应用最广的微生物杀虫剂。目前，研究应用的品种有苏云金芽孢杆菌、日本金龟子芽孢杆菌和球形芽孢杆菌，其中苏云金芽孢杆菌是最具有代表性的品种。

真菌杀虫剂是一类寄生谱较广的昆虫病原真菌，是一种触杀性微生物杀虫剂。目前，研究利用的主要种类有白僵菌、绿僵菌、拟青霉、座壳孢菌和轮枝菌。

病毒杀虫剂是一类以昆虫为寄主的病毒类群，虽然研究开发比细菌杀虫剂晚，但近年来发展迅速。应用比较普遍的有核型多角体病毒、颗粒体病毒和基因工程棒状病毒。我国科技人员经过多年的努力，已开发出多种野生型昆虫病毒复合杀虫剂产品，并实现商品化。利用基因工程技术开发的重组病毒杀虫剂也已进入田间释放阶段。

（1）苏云金芽孢杆菌　苏云金芽孢杆菌（*Bacillus thuringiensis*，*Bt*）简称苏云金杆菌，是一种天然的昆虫病原细菌，其制剂是世界上产量最大的微生物杀虫剂之一，广泛地应用于防治农业害虫、森林和果树害虫、储藏害虫以及医学昆虫。其杀虫的武器是菌体产生的毒素，最主要的就是伴孢晶体。完整的毒素蛋白质晶体具有相当的物理稳定性，施药并被昆虫摄食后会在昆虫肠道的碱性条件下降解，活化为原毒素发挥作用[232]。害虫的中毒症状是食欲减退，对接触刺激反应失灵，厌食，呕吐，腹泻，行动迟缓，虫体萎缩或卷曲，这时害虫对作物一般不会再造成伤害，经过一段时间后，害虫的肠壁破损，毒素进入血液，引起败血症，同时，芽孢在消化道内迅速繁殖，更加速了害虫的死亡。在实际应用上，可以将*Bt*直接制备成商品用于害虫防治，比如苏云金芽孢杆菌可湿性粉剂（每克含100亿活芽孢）；也可以将其杀虫的晶体蛋白基因转入假单胞菌的活菌中，喷洒在植物上或根际土壤中长期保存，建立保护排斥体系，使植物免遭地下害虫的伤害；还可以将这种基因转入植物细胞中，培育出有自卫抗虫能力的作物品种，比如烟草、番茄、棉花等[233]。

① *Bt*的生理生化特征。根据《伯杰细菌鉴定手册》（Bergey's Manual of Systematic Bacteriology）第九版，苏云金芽孢杆菌属于第二类第十八群、革兰氏阳性菌的芽孢杆菌属的一种，好氧，横裂繁殖。与蜡状芽孢杆菌和炭疽芽孢杆菌相比，*Bt*在形成芽孢的同时，在菌体的一端或两端会形成具有蛋白性质的一个或多个不规则的菱形的伴孢晶体[234]。

目前对苏云金芽孢杆菌的形态和生长特征描述为：其生长发育的整个周期可分为营养体、孢子囊、孢子和伴孢晶体四个阶段。其营养体是粗壮的、产生芽孢的杆状菌，两端钝圆，大小为$(1.2\sim1.3)\mu m\times(3.0\sim5.0)\mu m$，周生鞭毛（或无鞭毛），微动或不动，菌体代谢旺盛，繁殖快。单个或两个以上成链存在，在繁殖旺盛期往往2个、4个、8个连成串；革兰氏正反应。孢子囊杆状比营养体稍膨大或不膨大，芽孢和晶体被孢子囊包裹着，用石炭酸复红染色时营养体呈红色，晶体呈深红色，芽孢不着色。孢子囊到一定时期破裂，放出游离的晶体和芽孢。芽孢是保存种的存活形式，卵圆形，有光泽，大小为$(0.8\sim0.9)\mu m\times2.0\mu m$，杀虫细菌制剂就是以芽孢和晶体的形式进行储存的。形成芽孢的过程是：首先是繁殖停止，菌体细胞质浓缩变为有液泡并充满微粒的形式，随后芽孢和伴孢晶体逐渐形成[235]。

② *Bt* 的分类。*Bt* 的种和亚种分类是根据鞭毛抗原（H 抗原）的血清学试验和生化反应的不同划分的。血清学试验的原理是将细菌或者具有特异性抗原的一部分注射于动物使之产生抗血清，利用此已知的抗血清可鉴定未知的菌种。根据未知菌种与抗血清在玻片或试管中有无凝集现象可知此菌种是否是与抗血清相应的菌种。我国科学家喻子牛等在 1996 年发表了应用此项技术对苏云金芽孢杆菌的分类[236]，共 45 个血清型的 64 个亚种（见表 6-2）。到目前为止，已报道的有 82 种血清型。

表 6-2　苏云金芽孢杆菌的分类

缩写	血清型	亚种名称	缩写	血清型	亚种名称
THU	1	苏云金亚种 *thuringiensis*	YUN	20ab	云南亚种 *yunnanensis*
FIN	2	幕虫亚种 *finitimus*	PON	20ac	本地治理亚种 *pondicheriensis*
ALE	3ac	阿莱亚种 *alesti*	COL	21	科尔默亚种 *colmeri*
KUR	3abc	库斯塔克亚种 *kurstaki*	SHA	22	山东亚种 *shandongiesis*
SUM	3ad	*sumiyoshiensis*	JAP	23	日本亚种 *japonensis*
FUK	3ade	福冈亚种 *fukuorensis*	NEO	24ab	洛昂亚种 *noelenensis*
SOT	4ab	猝倒亚种 *sotto*	NOV	24ac	新西伯利亚亚种 *novosibirsk*
DEN	4ab	松蠋亚种 *dendrolimus*	KOR	25	高丽亚种 *koreanensis*
KEN	4ac	肯尼亚亚种 *kenyae*	MEX	26	墨西哥亚种 *mexicanensis*
GAL	5ab	蜡螟亚种 *galleriae*	SIL	27	锡卢亚种 *siloensis*
CAN	5ac	加拿大亚种 *canadensis*	MON	28ab	蒙特雷亚种 *monterrey*
ENT	6ab	杀虫亚种 *entomocidus*	JEG	28ac	*jegathesan*
SUB	6ac	小山亚中 *oyamensis*	AMA	29	阿马金亚种 *amagiensis*
AIZ	7	占泽亚种 *aizawai*	MED	30	麦德林亚种 Medellin
MOR	8ab	莫里逊亚种 *morrisoni*	TOG	31	多古奇尼亚种 *toguchini*
TEN	8ab	拟步行甲亚种 *tenebrionis*	CAM	32	喀麦隆亚种 *cameroun*
SAN	8ab	圣地亚哥亚种 *san diego*	LEE	33	李氏亚种 *leesis*
OST	8ac	玉米螟亚种 *ostriniae*	KON	34	康库基亚种 *konkokian*
NIG	8bd	尼日利亚亚种 *nigeriensis*	SEO	35	汉城亚种 *seoulensis*
TOL	9	多窝亚种 *toluorthi*	MAL	36	马来西亚亚种 *malaysiensis*
DAR	10	达姆斯塔特亚种 *darmstadiensis*	AND	37	*andalousicnsis*
LON	10ac	*londrina*	OSW	38	*oswaldoerusi*
TOU	11ab	图曼诺夫亚种 *toumanoffi*	BRA	39	巴西亚种 *brasilensis*
KYU	11ac	九州亚种 *kyushuensis*	HUA	40	华中亚种 *huazhongensis*
THO	12	汤普生亚种 *thompsoni*	SOO	41	*sooncheon*
PAK	13	基斯坦亚种 *pakistani*	JIN	42	景洪亚种 *jinghongiensis*
ISR	14	以色列亚种 *israelensis*	GVI	43	贵阳亚种 *guiyangiensis*
DNK	15	达可他亚种 *dakota*	HIG	44	*higo*
IND	16	印第安纳亚种 *indiana*	ROS	45	*roskildiensis*
TOH	17	东北亚种 *tohokuensis*	WUH	0	武汉亚种 *wuhanensis*
KUN	18ab	熊本亚种 *kumamotoensis*	WEN	0	温泉亚种 *wenquanensis*
YOS	18ac	*yosoo*	CHI	0	中华亚种 *chinensis*
TOC	19	励木亚种 *tochigiensis*			

③ *Bt* 的研究历史。其研究历史一般被分为三个阶段[237]。

a. 发现和初步认识。目前公认的 *Bt* 研究起点是 1901 年日本学者 S. Isbiwata 在对家蚕“猝倒病”的研究中发现的一种会使家蚕患软化病急剧死亡的杆状病原菌，该菌现在被称为苏云金芽孢杆菌猝倒亚种（*Bacillus thuringiensis* subsp. *sotto*）。Isbiwata 在接下来的论文中描述了它的形态和培养特征，另一日本学者 Iwabuchi 将其正式命名为猝倒芽孢杆菌（*Bacillus sotto*）。但是日本的研究人员只关注了其对家蚕的毒杀作用，没有发现其作为杀虫剂的巨大潜力。

而在欧洲，科学家们在发现苏云金芽孢杆菌对害虫的致病性后，就进一步挖掘了其作为防虫措施的潜力。1911 年，Berliner 在《粮业杂志》上报道了其在德国苏云金省的一批染病地中海粉螟中分离出了一种杆菌，并在 1915 年详细描述了该菌的形态和培养特征，将其命名为苏云金芽孢杆菌（*Bacillus thuringiensis* subsp. n. sp.）。1920～1930 年，大量的论文肯定了该类杆菌对玉米螟的防治作用，1951 年，科学家用其培养物防治美洲苜蓿粉蝶也取得了成功。1938 年，*Bt* 的第一个商品制剂 Sporeine 在法国问世。

细菌分类学家在初期对于苏云金芽孢杆菌的分类问题一直没有得出统一的结论，1957 年第七版的《伯杰细菌鉴定手册》将其正式列为一个独立的种，1974 年第八版将苏云金芽孢杆菌分类为产生内孢子的杆菌和球菌部分的芽孢杆菌科芽孢杆菌属 1 类群 22 个种中的一个独立种，种以下又区分为不同的亚种，这一分类得到了公认。起初科学家认为作为一种昆虫病原菌只有在死亡昆虫上才能找到苏云金芽孢杆菌，所以大家所熟知的 24 个菌种的发现花了 85 年。1987 年，Martin 和 Travers 从土壤中找到了新的 *Bt* 菌种，从这一发现开始，人们逐渐证实 *Bt* 是多种土壤的正常组分，他们研究了新的从土壤分离苏云金芽孢杆菌的技术并仅花 2 年时间就鉴定了 72 个菌种[238]。

b. 本质认识和实用化。经过多年的培养实践，人们发现苏云金芽孢杆菌对营养条件的要求不高，通常所用的碳源是淀粉、糊精、麦芽糖、葡萄糖等，所用的氮源是牛肉膏、蛋白胨、酵母粉、花生饼粉、鱼粉、玉米浆等，所用的无机盐有 K_2HPO_4、$MgSO_4$、$CaCO_3$ 等；在 10～40℃范围内苏云金芽孢杆菌都能生长，其中 28～32℃最为适宜，温度低时生长缓慢，35～40℃时生长快但易衰老；适于微碱性条件，其中最适 pH 为 7.5，达到 8.5 时能形成芽孢；好氧，在足够的空气条件下才能良好的生长发育，空气不足会导致芽孢形成延迟甚至不能生长，也会影响其生长速率、菌数和晶体；紫外线、阳光对芽孢都有致死作用，抗生素、化学物质如放线菌素 D、氯霉素、红霉素对其生长也有影响，乳化剂对芽孢萌发有抑制作用[239]。

苏云金芽孢杆菌杀虫的核心是其产生的毒素。1953 年，Hannay 第一次发现 *Bt* 的杀虫活性与伴孢晶体有关，随后的研究确定了伴孢晶体是一种由 18 种氨基酸组成的蛋白质，伴随着芽孢的形成而形成，形态结构各异。随着研究的逐渐深入，科学家又发现了其他的杀虫活性组分，在 1987 年，Rowe 和 Margaritis 将 *Bt* 的杀虫毒素基于毒性分为 9 类[240]。

伴孢晶体即 σ-内毒素，又称杀虫晶体蛋白（insecticidal crystal proteins，ICPs），为蛋白质，是最主要的一类，一般为菱形，表面显示出隆起和下凹相间形成的平行于双锥底面的条纹结构，有的形成不规则的块状物。从立体结构看，有的呈八面双锥体，有的为立方体；从超薄切片观察，有的有晶格和亚单位，有的看不到晶格。其形状、结构和大小均与其毒力有着密切的关系。它是由 Mr 130000 蛋白质构成的二聚体，亚单位间以二硫键相连。1980

年，Calabress 和 Nickerson 将伴孢晶体蛋白分为三类，Ⅰ类含 Mr 140000～160000 的一种，Ⅱ类含 Mr 150000 和 60000 两种，Ⅲ类含 Mr 40000～50000 一种。1989 年，Hofte 和 Whiteley 根据当时报道过的 42 种伴孢晶体蛋白的氨基酸序列的同源性和杀虫谱的差异，提出了 HW 分类系统，将其分为两大类：晶体蛋白基因家族（即 Cry 蛋白，crystal protein genes）和细胞外溶解性晶体蛋白家族（即 Cyt 蛋白，cytolytic protein）。

苏云金素即 β-外毒素，也被叫作蝇因素、热稳定外毒素，为核苷类物质，由部分苏云金芽孢杆菌分泌到菌体外，具有热稳定性和广谱杀菌作用，对蝇类幼虫、夜蛾科和鞘翅目害虫有很好的毒杀作用。它由核糖-葡萄糖部分、核糖-别黏酸部分和别黏酸-磷酸部分组成，所含腺嘌呤、核糖、葡萄糖和磷酸的比值是 1∶1∶1∶1。

芽孢，既是病原也是毒素，在害虫中肠受伴孢晶体损伤后，活芽孢就萌发形成营养体，穿透肠壁进入血液并大量繁殖，使害虫患败血症死亡。

其他毒素[241]：α-外毒素（磷脂酶 C），γ-外毒素（对叶蝇有毒），虱子因子外毒素（仅对虱子有活性），水溶性毒素，鼠因子外毒素（对小鼠和鳞翅目昆虫有毒性）和肠毒素。因为不稳定，研究和应用较少。

c. 开拓认识。1977 年，Goldberg 和 Margalit 分离出了对双翅目蚊幼虫有特异敏感性的 ONR-60A 菌株（subsp. *israelensis*），这成为苏云金芽孢杆菌开拓性研究的起点。以色列亚种的发现，打破了长期以来认为苏云金芽孢杆菌只能对鳞翅目昆虫有效的固有观念，不仅把应用目标扩充到医学领域，还为研究不同毒力菌株的特异性提供了启迪。1982 年，Krieg 等从德国分离出拟步行甲亚种（subsp. *tenebrionis*），它对几种鞘翅目昆虫幼虫有效而对鳞翅目和双翅目无效。Gelernter 和 Payne 在美国分离出了圣地亚哥亚种（subsp. *san diego*），它产生的伴孢晶体至少对 20 种鞘翅目昆虫有毒性。

Zakharyan 等在 1976 年首次提出质粒可能对伴孢晶体的编码起作用。1977 年，Debaboy 和 Galushka 就证实了这个观点。1981 年，Schnepf 首次将 *Bt* 的库斯塔克亚种中的 *cry* 基因克隆并移入大肠杆菌中成功表达。紧接着，科学界激起了 *Bt* 的研究热潮，通过转化、转导、接合、融合等传递系统，使控制伴孢晶体形成的基因不仅在苏云金芽孢杆菌亚种之间，而且在不同种细菌之间，甚至与高等植物进行了转移或克隆，并得到了表达。1987 年，美国的 Monsanto 公司成功得到含有 *Bt* 库斯塔克亚种内毒素基因的抗鳞翅目害虫番茄转化株。至此，科学家对 *Bt* 的研究不再局限于高毒力新菌株的选育和杀虫成分的分析，而是扩展到研究杀虫基因的克隆和表达、工程菌的构建、毒素空间结构解析以及作用机理。

④ *Bt* 杀毒蛋白。苏云金芽孢杆菌（*Bacillus thuringiensis*，*Bt*）的特征在于其能够在孢子形成过程中形成类似晶体的伴孢内含物，这些内含物含有称为 δ-内毒素的蛋白质，即杀虫晶体蛋白（insecticidal crystal proteins，ICPs），而这些蛋白质以其杀虫特性被众所周知。除了在伴孢内含物中发现的那些外，在营养生长阶段有被称为营养生长期杀虫蛋白（vegetative insecticidal proteins，VIPs）和分泌型杀虫蛋白（secreted insecticidal protein，SIPs）的杀虫毒素分泌产生[242]。

大多数 δ-内毒素属于 Cry（crystal）蛋白质家族，但它们也包括 Cyt（cytolytic）蛋白质家族，每种 *Bt* 蛋白都存在很多不同的变异株。虽然来自这两个家族的蛋白质在结构上彼此不相关，但有研究认为，Cyt 蛋白质与 Cry 蛋白质以协同方式相互作用，从而增强它们对某些种类的蚊子和黑蝇的作用。

⑤ 苏云金芽孢杆菌杀虫蛋白作用模式

a. Cry 蛋白作用模式。事实上，源自这种细菌的商业杀虫剂在昆虫害虫的生物防治方面、在农业中、在林业中以及在病媒介中有着很长的成功应用历史。在过去的十几年中，表达苏云金芽孢杆菌毒素的各种转基因作物已经在很多地区快速增长。经过大量研究者的实验证明，苏云金芽孢杆菌的 Cry 蛋白对鳞翅目、双翅目、鞘翅目、膜翅目等昆虫纲 10 个目 500 多种昆虫以及原生动物、线形动物门、扁形动物门、疟原虫、血吸虫、螨类等均有毒杀活性。对于 Cry 蛋白是如何杀死昆虫即杀虫机制的疑问一直是苏云金芽孢杆菌研究领域最热门的话题之一。由于它们在生物虫害管理计划中长期使用及其重要性，已经有大量工作致力于阐明杀虫 Cry 蛋白的作用模式[243,244]。

i. “经典”模型。到 20 世纪末，摄入 Cry 蛋白毒素后导致昆虫死亡似乎相对简单并且很好理解，至少在广泛的一般条件下，晶体蛋白首先作为原毒素被摄入，在昆虫中肠中被溶解并蛋白水解转化成更小的、对蛋白酶稳定的多肽。这些活化的毒素然后与中肠上皮细胞表面的特异性受体结合，使它们插入膜中并形成对小分子如无机离子、氨基酸和糖可渗透的选择性差的孔。质膜中这种孔的存在通过消除跨膜离子梯度来干扰细胞的生理活动，并且可能由于来自中肠腔的溶质的大量流入而导致细胞的胶体渗透裂解，细胞的破坏导致中肠上皮组织的广泛损伤，导致幼虫的死亡。

这种模式被认为是苏云金芽孢杆菌作用模式的“经典”模型，但仍然有一些问题没有解决。一方面，由毒素形成的孔隙结构和它们组装成膜的机制尚未完全阐明；另一方面，在鉴定 Cry 蛋白毒素受体和了解它们在毒素识别中的作用以及对这些毒素的抗性方面已经取得了相当大的进展，所以近年来对 Cry 毒素作用方式的研究主要集中在以下两个模型上，即顺序结合模型和信号通路模型，顺序结合模型提出了涉及多个受体的一些相当复杂的事件序列，试图解释孔隙形成的机制，而信号通路模型则从根本上质疑上面提出的事件序列，认为孔隙形成不起重要作用。

ii. 顺序结合模型（the sequential binding model）。该模型描述了一个假设的孔隙形成机制，主要基于处理 Cry1Ab 和 *Manduca sexta* 的工作。像 Cry1Aa 和 Cry1Ac 两种密切相关的毒素一样，Cry1Ab 在几种鳞翅目昆虫物种如 *M. sexta* 中被至少两种中肠上皮细胞的腔膜中的特异性受体识别：钙黏蛋白样蛋白和糖基磷脂酰肌醇（GPI)-锚定的氨肽酶 N。

根据顺序结合模型最开始的解释，一旦被肠蛋白酶激活，毒素就结合到钙黏蛋白上，于是引起了构象变化，该构象变化有利于在位于连接螺旋 α1 和 α2 的环内的残基 F50 水平上的蛋白水解切割，螺旋 α1 和 α2 是毒素分子的成孔结构域的 N-末端上的第一螺旋。随后，去除螺旋 α1 使得毒素的其余部分寡聚并形成所谓的预孔结构，这种低聚物然后与氨肽酶受体结合，因为它比单体毒素对该蛋白具有更大的亲和力。最后，与氨肽酶的结合有利于将预孔结构插入膜中，由此产生的孔隙使其更具渗透性。在该模型的最近修改中，提出了额外的步骤，其中单体毒素首先与氨肽酶以低亲和力但高容量结合，然后与在膜中少量存在的钙黏蛋白相互作用，但以更高的亲和力结合毒素。

顺序结合模型的主要优点在于它为苏云金芽孢杆菌 Cry 毒素形成孔隙的机制的实验研究提供了一个概念框架，其每个步骤至少在原则上适用于实验验证。

iii. 信号通路模型（the signaling pathway model）。另外，由于一些研究结果与大多数人接受的结晶蛋白质的作用方式相反，研究者认为 Cry 毒素蛋白的作用机制与信号转导有关，即信号通路模型。

信号通路模型认为细胞毒性是由苏云金芽孢杆菌毒素与其钙黏蛋白受体的特异性结合介导的，从而激活了昆虫细胞中 Mg^{2+} 依赖性和腺苷酸环化酶/蛋白激酶 A，导致坏死性细胞死亡的信号转导途径，产生毒性，虽然毒素可以与膜脂非特异性相互作用，组装成寡聚物，甚至插入膜中，但这对靶细胞没有任何影响。有研究还发现昆虫和 Cry 毒素之间的持续接触促进中肠钙或信号通路组分的改变，使杀虫机制无效并引发昆虫对 Cry 毒素的抗性。

但是这种模型首先也是最重要的问题之一是这种模式简单地忽略了 20 多年苏云金芽孢杆菌杀虫 Cry 毒素的工作。因为已经使用多种实验方法明确并重复地证明了孔形成，所述实验方法包括平面脂质双层膜中的电导测量，基于光散射的渗透性测定或在昆虫中肠上进行的荧光测量刷边界膜囊泡对分离的中肠的膜电位或短路电流测量，以及在培养的昆虫细胞上的渗透膨胀实验。

此外，信号通路模型在没有实验数据或理论论证的基础上简单地忽略了其他苏云金芽孢杆菌毒素受体所起的作用，因为大量的文献描述了几种膜结合蛋白，包括氨肽酶 N 和最近的碱性磷酸酶以及糖脂在毒素结合和孔形成中的参与。

总之，信号通路模型不容易成立，尤其是它否定了孔形成在苏云金芽孢杆菌毒素作用机制中的作用，苏云金芽孢杆菌毒素长期以来已被证明具有在昆虫中肠上皮中有效透化其目标膜的能力，以及人造膜。然而，它的优点是强调毒素与敏感细胞的相互作用无疑对细胞代谢及其调控具有重要影响。显然，需要更多地关注由毒素引起的改变，以及它们在质膜中形成的孔隙，以及靶细胞的信号转导和调控途径。

iv. 其他类作用模型。在过去几年中，信号通路模型，更重要的是顺序结合模型引起了相当大的关注并产生了丰富的文献。可惜的是，对可用数据的仔细评估表明，这两种模型都只有相当少的可靠实验证据的支持。有关昆虫细胞被苏云金芽孢杆菌毒素杀死的机制的许多重要问题仍然与这些模型被提出之前一样难以理解。一方面，即使预孔结构构成顺序结合模型的中心特征，关于孔是在毒素插入膜之前还是之后组装的关键问题还远未得到明确解决。另一方面，尽管 Cry 毒素在易感细胞中似乎激活了几种细胞内信号转导途径，但是这些途径促进发病机制或防止毒素的有害作用的机制实际上仍然未被探索。

信号通路模型得不到实验证据的支持，并且在顺序结合模型中添加到经典活化→结合→孔形成→裂解模型的组分远非描述 Cry 毒素的作用模式所必需的。它们作为模型的有用性需要通过另外的独立实验研究来证实。同时，Handlesman 等提出在昆虫的肠道环境中只存在苏云金芽孢杆菌不能有效地导致昆虫死亡，必需要其他与肠微生物共存的昆虫才可能导致昆虫死亡，这表明晶体蛋白毒素需要其他微生物的协同作用。也就是说，毒素片段渗透细胞膜以允许其他机会致病微生物进入昆虫的血腔，杀死昆虫。最终，在 20 世纪 80～90 年代提出的经典简单模型仍然是定位未来研究的最有效框架，旨在阐明苏云金芽孢杆菌毒素的作用模式[245]。

b. Cyt 蛋白作用模式。Cyt 蛋白的作用模式在体内过程和体外过程是不一样的。大量研究认为，Cyt 蛋白在体外的溶细胞活性与特异性受体无关，而细胞膜上不饱和磷脂被认为是 Cyt 蛋白普遍的受体。不饱和磷脂处理后的 Cyt 蛋白溶细胞活性降低，以及磷脂酶 A2 处理后的红细胞与 Cyt 蛋白的结合量减少都有效地支持这一结论[246]。

需要注意的是，细胞膜磷脂的组成在双翅目昆虫和其他昆虫中存在很大的差异。例如，大多数双翅目昆虫的磷脂酰乙醇胺大概占一半，差不多是磷脂酰胆碱含量的两倍；而鞘翅目昆虫的磷脂酰乙醇胺和磷脂酰胆碱的含量几乎相等，但在鳞翅目昆虫和脊椎动物中却是磷脂酰胆碱的含量更多。更重要的是，在双翅目昆虫细胞膜磷脂中不饱和磷脂所占比例要高于其他昆虫所占比例，有研究认为，这种特性有利于Cyt蛋白与其细胞膜结合，例如，Cyt1A的一种突变子（E204A）与不饱和磷脂的亲和力下降的同时，这种突变子也失去了对双翅目害虫的毒力。

一般认为，体外溶细胞过程可分为以下三个过程。

第一步，被水解激活后的Cyt蛋白毒素以单体形式不可逆地与昆虫细胞和哺乳动物细胞膜上的不饱和磷脂结合。研究发现，一种半胱氨酸的改性物$HgCl_2$能明显抑制Cyt蛋白毒素与细胞膜的结合。Cyt1Aa仅具有2个半胱氨酸，其中之一（Cys-7）在水解激活成分子量25000时被截掉，另一个（Cys-190）正好位于一个主要的疏水区，而与其螺旋发卡C-D很近。该螺旋发卡区被认为与Cyt蛋白毒素的结合与毒性密切相关。定点突变和单克隆抗体结合实验均证实了这一点。

第二步，与细胞膜结合的Cyt蛋白毒素分子开始聚集，形成特定大小的低聚体。这一过程与细胞膜结合的毒素浓度密切相关，也就是说，只有当毒素的浓度超过一定的阈值后，毒素的低聚体才会形成。而毒素聚集是细胞溶解的必需步骤，只要当达到一定阈值的毒素低聚体形成后，细胞才会开始发生溶解。同时，毒素的聚集也对后续毒素的结合有利，从而在一定程度上也加速了溶细胞的过程。

第三步，毒素低聚体聚集在一起形成跨膜的“孔”。目前这一过程的细节还不十分清楚，有研究者认为，Cyt蛋白毒素会以β-圆筒为基础形成“孔”，理由是Cyt2Aa1的β5、β6和β7三条链的长度足以跨越膜的疏水核心，并且它们形成的片层具有双亲性和疏水性特征；但是Cyt蛋白毒素是否能在细胞膜上形成“孔”尚存在争议，因为有研究发现，Cyt1Aa与脂质的结合是相当松散的，而且并没有足够的证据说明毒素进入了细胞膜，从而猜想是对膜具有一种普遍性的、类似去污剂的干扰作用。

而Cyt蛋白毒素在活体内所产生的毒性就不像在体外那样具有非特异性了，它主要是对双翅目昆虫有毒杀作用。据Ravoahangimalala和Chavels报道，纯化的Cyt1Aa1蛋白能与冈比亚按蚊（*Anopheles gambiae*）的中肠切片上全部中肠区的细胞和前胃区细胞结合，而纯化的Cry4蛋白仅仅只能与前胃区细胞结合；当冈比亚按蚊取食以色列亚种全晶体后，发现Cry4蛋白仍只与前胃区细胞结合，而Cyt1Aa1蛋白也只与前胃区细胞结合。由此可见，Cyt1Aa1本身能与全部中肠区结合，但在以色列亚种中其他Cry蛋白存在的情况下，它却只与具有Cry蛋白受体区域的细胞结合。

由于Cry蛋白与Cyt蛋白结构上的巨大差异，因此形成Cyt-Cry杂合子“孔”的可能性并不大。不过，在Cry蛋白存在的情况下，Cyt蛋白更趋向于结合在具有Cry蛋白受体的区域，那么该区域Cyt蛋白结合浓度将增加，这有利于Cyt蛋白的聚集，进而加速细胞的溶解，这也可能是Cyt蛋白与Cry蛋白存在协同作用的原因所在。

c. Cry蛋白和Cyt蛋白的相互作用。虽然Cyt蛋白在体外试验中存在广泛的溶细胞活性，但其杀虫谱较窄、本身的杀虫活性也并不高。例如，来源于以色列亚种的Cyt1Aa1对埃及伊蚊（*Aedes aegypti*）的LC_{50}为110～125$\mu g \cdot mL^{-1}$，还不到整个以色列亚种杀虫晶体蛋白杀虫活性的万分之一；Cyt1Ab1对尖音库蚊（*Culex pipiens*）、斑须按蚊

(*Anopheles stephensi*) 和埃及伊蚊的毒力也较弱。

但是Cyt蛋白对双翅目害虫的作用并不在于其毒力本身，而在于它能增强其他类型的杀虫晶体蛋白的杀虫活性[247]。例如，有研究证明，Cyt1Aa蛋白与israelensis亚种中Cry4、Cry11A蛋白之间存在着明显的协同作用，由多种蛋白复合形成的*israelensis*亚种野生型伴孢晶体的毒力远远高于单个蛋白的毒力，而将Cyt1Aa蛋白与*israelensis*亚种中其他杀虫蛋白按照不同比例进行混合，发现比单个蛋白的毒力提高4～10倍。

与此同时，Cyt蛋白还能降低双翅目害虫对Cry蛋白的抗性[248]。例如，Cyt1A和Cry11A蛋白按一定比例混合能使五带淡色库蚊（*Culex quinquefasciatus*）抗性系对Cry11A蛋白的抗性降低1000倍；而Cyt1A与Cry4、Cry11A蛋白按照一定比例混合使用则能够完全抑制五带淡色库蚊抗性系对Cry4和Cry11A蛋白的抗性；另外，五带淡色库蚊经*israelensis*亚种晶体蛋白（含有Cyt1Aa蛋白）选择28代后，其抗性仅提高了3倍，但若所用的为不含Cyt1Aa的晶体蛋白，其抗性将提高90倍甚至900倍。*israelensis*亚种从应用于杀蚊虫以来，至今尚未发现有明显的抗性发生，其中Cyt1Aa蛋白起着关键的作用。

除此之外，Cyt蛋白的作用并非仅仅局限于双翅目害虫。据Federici和Bauerz报道，Cyt1Aa蛋白对一种鞘翅目害虫美洲杨叶甲（*Chrysomela scripta*）的幼虫有很高的毒性，同时还发现Cyt1Aa蛋白能降低该害虫对Cry3A蛋白的抗性5000倍以上，这是首次发现Cyt蛋白对非双翅目害虫的作用。近年来，国内外学者开始研究Cyt蛋白与Cry1蛋白对鳞翅目害虫的作用，但结果存在不一致。例如，1999年，Rincon-castro等在以粉纹夜蛾（*Trichoplusia ni*）为靶标害虫时发现，Cyt1Aa蛋白与Cry1Ac蛋白之间存在拮抗作用；而在2000年，余健秀等在研究Cyt1Aa蛋白和Cry1Aa蛋白对斜纹夜蛾（*Prodenia litura*）的作用后，认为Cyt1Aa蛋白和Cry1Aa蛋白具有协同毒杀作用。2001年，Meyer等研究了Cyt1A对小菜蛾（*Plutella xylostella*）敏感品系LAB-PS和抗性品系NO-QA的作用，结果发现，无论是单独使用Cyt1A，还是Cyt1A与*Bt*商品制剂Dipel混用，对小菜蛾敏感品系和抗性品系的死亡率均不会造成明显影响，他们同时还发现Cyt1A对棉花红铃虫（*Pectinophora gossypiella*）也有类似情况。不久，Sayyed等证实Cyt1Aa蛋白对小菜蛾敏感品系ROTH有明显的毒性，这也是首次发现Cyt蛋白对鳞翅目害虫有毒力。此外，他们还发现Cyt1Aa与Cry1Ac间存在协同作用，Cyt1Aa能有效增强Cry1Ac对小菜蛾抗性品系Cry1Ac-SEL的毒性，降低该抗性品系对Cry1Ac的抗性。他们认为不同的生测方法、不同的试虫（包括同一昆虫的不同品系）以及不同的晶体蛋白的表达体系等均可能是研究结果不一致的原因，最重要的原因可能是不同试虫对Cyt蛋白的敏感性不同。

⑥ 苏云金芽孢杆菌的抗癌晶体蛋白。虽然Cry蛋白质家族最广泛研究的是杀虫剂，但杀线虫毒素和其他被称为抗癌晶体蛋白（parasporins，PS）的对某些癌细胞具有特异活性的Cry蛋白，目前正备受关注。

抗癌晶体蛋白是由不具有杀虫活性的苏云金芽孢杆菌产生的一种晶体蛋白，在经过蛋白酶酶解后产生的活性多肽，能够选择性识别并杀死体外培养的来自人类不同组织的癌细胞或癌变组织切片，而对正常细胞具有很小或不具有毒性，是一种有很大潜力的微生物抗癌蛋白[249]。

自1999年日本学者Mizuki等首次发现了第一个具有抗癌活性的苏云金芽孢杆菌菌株至今，具有抗癌活性的*Bt*菌株的研究逐步受到研究人员的重视，日本、越南、加南大、马来西亚等国家相继分离得到数株能够产生抗癌晶体蛋白的苏云金芽孢杆菌，几种抗癌晶体蛋白的作用机制也相继明确。到 2015 年为止，*Bt* 菌株产生的抗癌晶体蛋白已经发展为 PS1、PS2、PS3、PS4、PS5、PS6 共 6 个群 19 个亚类（http://parasporin.fitc.pref.fukuoka.jp/list.html）。已经发现 15 个 *Bt* 菌株产生的抗癌晶体蛋白，有 19 个抗癌晶体蛋白已经鉴定，其中 11 个抗癌晶体蛋白属于 PS1 类，3 个属于 PS2 类，2 个属于 PS3 类，各有 1 个分别属于 PS4 类、PS5 类和 PS6 类。表 6-3 简单介绍这六类抗癌晶体蛋白[250]。

表 6-3 抗癌晶体蛋白的种类及来源

抗癌晶体蛋白	来源菌株	抗癌晶体蛋白	来源菌株
PS1Aa1	A1190	PS1Ad1	CP78B，M019
PS1Aa2	M15	PS2Aa1	A1547
PS1Aa3	B195	PS2Aa2	A1470
PS1Aa4	Bt 79-25	PS2Ab1	TK-E6
PS1Aa5	Bt 92-10	PS3Aa1	A1462
PS1Aa6	CP78A，M019	PS3Ab1	A1462
PS1Ab1	B195	PS4Aa1	A1470
PS1Ab2	Bt 31-5	PS5Aa1	A1100
PS1Ac1	Bt 87-29	PS6Aa1	CP84，M019
PS1Ac2	B0462		

PS1Aa1，也称为 Cry31Aa1，是最早发现的一类抗癌晶体蛋白，是由 Muziki 等 1999 年从 *Bt* A1190 菌株中鉴定出来的。该蛋白原毒素的分子量为 81000，由 723 个氨基酸残基组成，具有与 *Bt* 菌株产生的杀虫晶体蛋白（crystal protein，Cry 蛋白）类似的典型的 3 个结构域、5 个保守区。但该蛋白与已经鉴定的 Cry 蛋白和 Cyt 蛋白的相似性非常低（少于 25%）。

PS2Aa1，也称为 Cry46Aa1，是由 338 个氨基酸残基组成的分子量 37000 的多肽。与 PS1Aa1 不同的是，PS2Aa1 不仅不具有与 Cry 蛋白类似的典型的结构域，也没有 Cry 蛋白中常见的保守区。该蛋白除了与 Cry15Aa 具有很低的相似性外，与其他的 Cry 蛋白和 Cyt 蛋白都没有相似性。更加值得注意的是，Cry15Aa 与球形芽孢杆菌产生的 2 种杀蚊虫毒素 Mtx2 和 Mtx3 有很高的同源性。对 PS2 的活性部分进行 X 射线衍射分析，发现该蛋白主要由很多的 β-片层结构围绕一个长轴卷曲而成，与凝血素类型的 β-穿孔毒素非常类似。该多肽含有 3 个结构域，结构域 1 由 4 个短的 α-螺旋夹着几个 β-片层组成，可能是结合靶标的单位。另外 2 个结构域都由 β-片层结构组成，可能与毒素的寡聚化和穿孔有关。结构域 2 还有个凝血素型的 β-发夹结构，可能是穿孔通道。该蛋白的表面暴露了大量的丝氨酸和苏氨酸侧链，这些侧链可能在结构域 1 结合靶细胞后，在靶细胞上定向，直到寡聚化和膜穿孔开始形成。

PS3Aa1，又称为 Cry41Aa1，由 825 个氨基酸残基组成，分子量 93000，具有与 Cry 蛋白类似的典型的 3 个结构域和 5 个保守区，但与杀虫的 Cry 蛋白的同源性仍然很低。PS3Aa 蛋白与肉毒杆菌产生的血凝素 HA-33 蛋白非常类似。

PS4Aa1，又称为 Cry45Aa1，由 275 个氨基酸残基组成，分子量 31000。在该蛋白的一级序列中，没有发现一个常出现在 Cry 蛋白中的保守区，也没有发现典型的 3 个结构域。而且，该蛋白与其他的抗癌晶体蛋白和杀虫晶体蛋白的相似性均低于 30%。

PS5Aa1，由 305 个氨基酸残基组成，分子量 34000。该蛋白与 *Bt finitimus* 亚种 YBT-020 和 *dakota* 亚种产生的杀蚊虫毒素 MTX2 有较高的相似性（分别为 36%和 37%），与 Cry15Aa 有 32%的相似性。

PS6Aa1，由 753 个氨基酸残基组成，分子量 84000，与具有杀虫活性的 Cry2 有较低的相似性，为 21.9%，具有典型的 3 个结构域。

⑦ *Bt* 的研究进展

a. *Bt* 毒素基因。基于 *Bt* 生命周期的不同阶段，可将 *Bt* 的 δ-内毒素分为两个主要类型。产孢期间产生的毒素是 Cry 和 Cyt 毒素蛋白，营养期产生的毒素是营养期杀虫蛋白（vegetative insecticidal proteins，VIP）。能产生以上两种毒素的基因统一被称为 *Bt* 基因（*Bt* gene）。

自 1981 年 Schnepf 和 Whiteley 利用建立 DNA 文库的方法分离得到第一个 *Cry* 基因，随着分子生物学的、PCR 技术的迅猛发展，又以多重 PCR 和特异 PCR 等方法分离鉴定了 *Cry1*、*Cry2*、*Cry3*、*Cry4*、*Cry7*、*Cry8*、*Cry9*、*Cry20*、*Cry57*、*Cry58*、*Cry59*、*Vip3A* 等基因，同时，进入 21 世纪以来，随着基因组学和蛋白质组学的诞生，全基因组测序和质谱鉴定等技术用于 *Bt* 基因的鉴定，2013 年，中国农业科学院植物保护研究所引入基因组池概念，建立了一种高通量的 *Bt* 基因鉴定技术，截至 2015 年 9 月，已经有 770 个 *Cry* 基因、38 个 *Cyt* 基因、138 个 *Vip* 基因被发现和命名。

现在实行的命名规则是由 Neil Crickmore 博士于 1998 年提出来的，它是依据以杀虫蛋白编码的氨基酸序列相似性关系进行命名的。按照现在的命名规则，所有蛋白毒素都是包含 4 个等级的命名，由两个部分组成，第一部分为蛋白类型的缩写，例如 Cry（crystal delta-endotoxin）、Cyt（cytolytic delta-endotoxin）、Vip（vegetative insecticidal protein）等；第二部分为数字、大写字母、小写字母、数字组成的代表杀虫蛋白序列特征的 4 个等级的编号，例如 Cry 蛋白中 Cry1Ab1。第一等级的杀虫蛋白如 Cry1、Cry2、Cry3 之间的氨基酸序列的相似性小于 45%，比如最新命名的第一等级的 Cry 蛋白是 Cry74Aa1，它与之前命名的所有 Cry 杀虫蛋白的氨基酸序列的相似性都小于 45%；第二等级的杀虫蛋白的氨基酸序列的相似性在 45%～78%之间；第三等级的杀虫蛋白的氨基酸序列的相似性在 78%～95%之间；第四等级的杀虫蛋白的氨基酸序列的相似性在 95%以上。Vip 蛋白和 Sip 蛋白的分类也是如此。

根据 *Bt* 命名委员会公布的信息，按照命名规则，Cry 蛋白分为 Cry1～Cry74，共 74 个大类 302 个模式蛋白；Cyt 蛋白分为 Cyt1～Cry3，共 3 个大类 11 个模式蛋白；Vip 蛋白分为 Vip1～Vip4，共 4 个大类 31 个模式蛋白。Cry 蛋白具有各自独特的杀虫谱，比如 Cry1、Cry3、Cry4、Cry5 可分别杀害鳞翅目、鞘翅目、双翅目等有害昆虫，以及线虫、肝吸虫等；Cry2 对鳞翅目及双翅目有害昆虫有活性；Cry1B、Cry1I 对鞘翅目和鳞翅目害虫均有杀虫活性。而 Vip1 和 Vip2 为二元毒素，两者共同作用对鞘翅目害虫具有较高的杀虫活性；Vip3A 蛋白对鳞翅目害虫具有杀虫活性。

自 1997 年首次克隆获得 *Bt* 杀虫晶体蛋白的基因，我国到 2016 年克隆的杀虫蛋白基因已经超过 285 个，超越美国处于世界第一位，其中的克隆模式基因有 91 个，仅比美国的

135个少。近年我国科学家运用高通量基因组测序等先进的技术，在新型 *Bt* 基因资源的发掘研究中取得了很大的成效。据不完全统计，2010年以来，全球新发现的338个 *cry/cyt* 基因和68个 *vip* 基因中，167个 *cry* 基因和37个 *vip* 基因来自中国，占近年发现的新基因总数的50%以上。

目前一批明确杀虫功能的基因已经获得专利保护，如对鳞翅目害虫高效的 *cry1Ah1*、*cry1Ie1*、*cry2Ah1*、*cry9Ee1* 等基因，对鞘翅目害虫高效的 *cry8Ea1*、*cry8Ga1*、*cry8Ha1*、*cry8Ia1* 等基因，对线虫具有较高活性的 *cry5B*、*cry6A* 等基因；这些基因已相继用于抗虫转基因植物或工程菌的研究与开发。

目前，*cry* 基因序列被分为主要的四大类可能具有不同的作用模式的系统发育非相关的蛋白家族：三域Cry毒素家族（the family of three domain Cry toxins，3D），灭蚊Cry毒素家族（the family of mosquitocidal Cry toxins，Mtx），二元样毒素家族（the family of the binary-like，Bin）和Cyt毒素家族（the Cyt family of toxins）。随着研究的继续，基因序列数还会不断增长，因为为寻找新的对害虫更有效或更有选择性的毒素必须要寻找新的 *cry* 基因。目前已测得的最大的 *cry* 家族是由至少40个不同的基团组成的3D-*cry* 基团，有200多个不同的基因序列。从1991～2009年，经过多名科学家的努力已经破解了七种不同的3D-Cry毒素的三维结构：Cry1Aa、Cry2Aa、Cry3Aa、Cry3Ba、Cry4Aa、Cry4Ba和Cry8Ea。根据PDB数据库2009年发布的结构，Cry8Ea的三维结构与之前结晶的其他3D-Cry高度相似。结构域Ⅰ，是七个α-螺旋束，涉及膜插入、毒素寡聚化和孔形成。结构域Ⅱ是三个反平行β-片层的β-棱镜，堆积在具有暴露的环区域的疏水性核心周围，这个环区域参与受体识别。结构域Ⅲ是两个反平行β-片层的β-夹层。由于结构域Ⅱ和Ⅲ都参与介导与昆虫肠蛋白的特异性相互作用，所以认为它们与昆虫的特异性有关。虽然3D-Cry家族成员显示了非常低的氨基酸序列相似性，但它们的三维结构是保守的，这表明来自该家族的蛋白质可能具有相似的作用机制。例如Cyt2Ba毒素的三维结构中有一个单域结构，是由围绕在β-片层周围的α-螺旋发夹的两个外层组成的，其与先前结晶的Cyt2Aa毒素高度相似。此外，3D-Cry毒素家族的系统进化分析研究显示，Cry毒素变异性主要由两个过程演变而来，包括三个功能域的独立演变以及域Ⅲ在不同毒素之间的替换。域Ⅲ发生替换的证据是Cry8Ca和Cry1Jc，Cry1Bd和Cry1Ac，Cry1Cb、Cry1Eb和Cry1Be，Cry8Aa、Cry1Jb、Cry1Ba和Cry9Da的域Ⅲ都有极高的氨基酸序列相似性。域Ⅱ和域Ⅲ均参与Cry毒素与昆虫中肠蛋白的结合，因此，域Ⅲ替换可导致毒素产生对具有昆虫特异性的蛋白质的选择性。另外，在2000年已经报道了Maagd等通过在不同Cry毒素之间交换结构域Ⅲ来体外构建杂合Cry蛋白。这种体外的新型Cry结构是包含Cry1C毒素（1Ab-1Ab-1C）的结构域Ⅲ的Cry1Ab杂合毒素。这种杂合毒素对甜菜夜蛾幼虫的杀虫活性比任一亲本蛋白质高10倍。2010年，Walters等的实验结果显示，含Cry3Aa结构域Ⅰ、域Ⅱ和Cry1Ab结构域Ⅲ的杂合毒素对玉米根虫（*Diabrotica virgifera virgifera*）有毒性，而Cry3Aa和Cry1Ab对该昆虫没有毒性[251]。

营养期杀虫蛋白是第二代杀虫剂。它们的作用方式与其他内毒素类似，但与任何其他已知的内毒素没有序列同源性。到2015年为止，发现了三种不同类型的 *vip* 基因，即 *vip1*、*vip2*、*vip3*。在这些基因中，*vip3* 基因的类型最丰富（67.4%），其次是 *vip2*（14.6%）和 *vip1*（8.1%）。*vip3* 对鳞翅目害虫具有特异性毒性，*vip1* 和 *vip2* 对鞘翅目害虫具有特异性。可以根据氨基酸序列相似性将 *vip* 基因分为3组9个亚组25个类别和82个亚类[252,253]。

b. *Bt* 毒素的生物杀虫剂产品。目前已有几种 *Bt* 产品被开发用于农业中的昆虫防治以及卫生害虫蚊子的控制。这些产品中的大多数是衍生于少数野生型菌株如 *B. thuringiensis* var. *kurstaki*（*Btk*）的工业菌种的孢子晶体制剂。例如，HD1 可表达 Cry1Aa、Cry1Ab、Cry1Ac 和 Cry2Aa 蛋白；或 HD73 可表达 Cry1Ac；苏云金芽孢杆菌变种 *B. thuringiensis* var. *aizawai* HD137，其产生略微不同的 Cry 毒素，如 Cry1Aa、Cry1B、Cry1Ca 和 Cry1Da；*B. thuringiensis* var. *san diego* 和 *B. thuringiensis* var. *tenebrionis*，它们可表达 Cry3Aa 毒素和含有 Cry4A、Cry4B、Cry11A 和 Cyt1Aa 毒素的 *Bti*。*Btk* 产品可有效控制许多食叶鳞翅目昆虫，该类害虫是重要的作物害虫和森林害虫。基于 *Bt aizawai* 的产品对以储粮为食的鳞翅目幼虫尤其有效。基于 *Bt san diego* 和 *Bt tenebrionis* 的产品适用于农业中的甲虫害虫。另外，基于 *Bti* 的产品被用于控制蚊子，这些卫生害虫是登革热和疟疾等人类疾病的传播载体[254]。

目前，基于 *Bt* 的可喷雾产品在农业中的使用有限，因为 Cry 毒素特异作用于害虫的幼虫阶段，对太阳辐射敏感并且对蛀虫的活性有限。尽管如此，在农业中减少化学杀虫剂的使用的一个重要策略就是发展能够表达 Cry 毒素的转基因作物。在转基因植物中 Cry 蛋白是连续产生的，保护杀虫毒素免受紫外线降解，而且存在于植物体的各部分能特别针对咀嚼和蛀蚀植物体的昆虫，可大大减少农药喷洒的数量，既能保护环境，改善农民的健康状况，也能增加经济效益。目前最重要的转 *Bt* 基因作物是大豆、玉米、棉花和油菜。第一代商品化的转 *Bt* 基因棉花表达用于控制鳞翅目害虫的 Cry1Ac 蛋白，例如玉米螟和棉铃虫等。第二代转 *Bt* 基因棉花除 Cry1Ac 外还产生 Cry2Ab。表达 Cry1Ac 的转 *Bt* 基因玉米能有效控制鳞翅目害虫，如 *H. virescens* 和 *O. nubilalis*。第二代商业化的转 *Bt* 玉米则可以表达一系列毒素，包括 Cry34Ab/Cry35Ab 二元毒素和 Cry3Bb 以控制鞘翅目害虫如 *Diabrotica virgifera*，以及 Cry1A、Cry2Ab 和 Cry1F 以控制鳞翅目害虫，包括草地贪夜蛾（*Spodoptera frugiperda*）。2010 年，Christou 等已研制出能表达 *vip3* 的转基因玉米[255]。

1996 年，转基因作物开始在美国商业化种植，种植面积为 170 万公顷。而后，越来越多的转基因作物品种进入商业化应用，作物种类扩展为大豆、玉米、棉花、油菜、甜菜、苜蓿、木瓜等，转基因作物的全球种植面积一直处于持续快速增长的趋势。截至 2012 年，全球转基因作物总种植面积达到 1996 年的 100 倍，约 1.7 亿公顷。1987 年，Barton 和 Fischhoff 等在番茄和烟草中开发了第一批转 *Bt* 基因植物。在我国，抗虫 *Bt* 棉已得到广泛种植并在市场上销售，主要表达 CrylAb、CrylAc、Cry2Ab 和 CrylF 类杀虫蛋白，其防治的靶标害虫是鳞翅目昆虫，如棉铃虫、烟芽夜蛾、甜菜夜蛾。在世界范围内已商业化生产的转 *Bt* 玉米主要表达两大类杀虫蛋白：一是 CrylAb、CrylAc、CrylF 和 Cry9C，其靶标害虫为鳞翅目害虫，如欧洲玉米螟、玉米穗夜蛾；二是 Cry34Ahl、Cry35Ahl 和 Cry3Bb1，其靶标害虫为鞘翅目害虫如玉米根萤叶甲。转 *Bt* 水稻主要表达 CrylAb、CrylAc 或 CrylAb/1Ac 融合蛋白，还有 Cry1C、Cry2A、Cry9Aa 和 Cry1Ab 融合蛋白，这些品种对鳞翅目害虫有明显的抗性，如二化螟、三化螟和稻纵卷叶螟[256]。

我国最早开始开发转 *Bt* 基因水稻。1989 年，中国农业科学院的科学家利用 PEG 介导法得到了第一个在 CaMV 35S 启动子控制下的能表达 Cry 杀虫蛋白的转 *Bt* 水稻。1998 年，我国开展了转 *Bt* 水稻的田间试验。到 2007 年，我国开发了许多含 Cry1A、Cry1Ab、

Cry1Ac的水稻系。2009年又开发了两种有重要商业价值的含Cry1Ab/Ac的水稻品系：华恢1号和Bt汕优63[257]。

对于转基因植物的研究，除了新型品种的培育，还有环境安全问题。比如对环境中非靶标生物的影响，尤其是传粉者（蜜蜂、蝴蝶）和经济昆虫（家蚕等）；靶标害虫的抗性进化；对生物多样性的影响[258]。

⑧ *Bt* 的害虫抗性。除了研究 *Bt* 毒素的杀虫机制，还需要研究细胞对 *Bt* 毒素的防御反应，这些信息有利于科学家开发新型的对特定害虫毒性更强的农药产品。对Cry5B和Cry21敏感的秀丽隐杆线虫是研究人员获取细胞对毒素的防御响应信息的重要实验生物。但必须要指出，2003年，Griffitts等的研究表明，尽管Cry5B和Cry21是3D-Cry毒素家族的成员，但在秀丽隐杆线虫实验中，Cry5Ba会被内化到宿主细胞的细胞质中，而且这些毒素没有成孔活性，表明在这种有机体中Cry毒素的作用方式可能不同于在昆虫中Cry毒素的作用方式。根据2004年Huffman等的实验结果，在Cry5B毒素存在的条件下，秀丽隐杆线虫的基因表达微阵列分析显示，与MAPK p38（PMK-1）、SEK-1（紧接p38上游的MAPKK）和JNK激酶对应的mRNA在细胞中的含量增加。JNK和p38 MAPK通路主要与应激相关的刺激有关，统称为应激激活蛋白激酶。同年，为验证SEK-1和PMK-1与秀丽隐杆线虫防御系统的相关性，Huffman等做了另一个实验，用Cry5B毒素喂食SEK-1或PMK-1突变的秀丽隐杆线虫，结果出现了超敏反应，表明SEK-1和PMK-1激酶参与了秀丽隐杆线虫对Cry5B毒素的防御保护。为了鉴定可被Cry5B特异性激活的p38途径的下游靶标，Huffman等在Cry5B存在的条件下，比较了野生型或 *p38* 基因敲除型的秀丽隐杆线虫的转录水平，结果显示，二者在两个被称为 *ttm-1* 和 *ttm-2* 的 *p38* 依赖性转录物的水平上有明显差异。研究这些蛋白质在线虫对Cry5B防御体系中的作用的常用方法是通过利用双链RNA（dsRNA）的RNA干扰技术获得相应蛋白质基因沉默的线虫，如果它们对Cry5B高度敏感则可证实该蛋白质参与了细胞对毒素的防御。*ttm-1* 基因与人类锌转运蛋白ZnT-3具有同源性，表明其可能在去除细胞毒性阳离子方面发挥作用。此外，Bischof等在2008年的研究确定了另一基因也是Cry5B作用后的线虫p38通路的靶标，这个基因与对内质网（UPR）的未折叠蛋白的应激反应有关，这会产生对Cry5B的超敏感表型的线虫。2009年Bellier等和2010年Chen Cha等的研究用测试线虫全基因组的方法，确定了低氧应答和信号转导ERK途径是对Cry5B中毒应答的另一种形式。

就昆虫来说，2010年，Cancino-Rodezno等发表了有关p38途径在鳞翅目昆虫 *M. sexta* 和双翅目昆虫 *Ae. aegypti* 对Cry毒素防御中所发挥的作用的文章。用半数致死浓度的Cry1Ab或Cry11Aa分别处理 *M. sexta* 和 *Ae. Aegypti* 的幼虫，会激发磷酸化反应，导致p38的快速激活。当用无毒的Cry1Ab-或Cry11Aa-处理昆虫幼虫时（这种无毒突变体主要影响孔的形成），未观察到p38的活化，表明p38磷酸化是由Cry毒素形成孔后引发的，而不是与受体蛋白质相互作用引起的。最后，通过给 *M. sexta* 和 *Ae. Aegypti* 的幼虫喂食dsRNA导致其p38蛋白沉默，处理后发现昆虫幼虫会对Cry毒素发生超敏反应，再次证实p38通路对昆虫具有保护作用。

转 *Bt* 基因作物在农业上广泛种植的主要威胁是昆虫抗性的出现。昆虫产生影响Cry毒素作用模式中任何步骤的突变都可能产生抗性。实验室选择的抗性昆虫种群表明，抗性可以通过不同的机制发生，包括改变Cry毒素活化（Oppert等，1997），通过脂蛋白（Ma等，

2005）或酯酶（Gunning 等，2005）隔离毒素，通过增强的免疫应答（Hernandez-Martinez 等，2010）和通过改变毒素受体减少其与昆虫肠膜的结合。例如，秀丽隐杆线虫影响糖脂生物合成的突变会导致对 Cry5 毒素的抗性（Griffits 等，2005）。到目前为止，害虫中毒素抗性产生最常见的机制是毒素与中肠细胞的结合减少（抗性模式 1），例如 Cry 毒素受体中的突变如钙黏蛋白、ALP 或 APN。最近，*H. virescens* 抗性种群的抗性突变被鉴定为是编码 ABC 转运蛋白分子的基因中的突变。该突变影响 Cry1A 毒素与刷状缘膜囊泡的结合，表明该 ABC 转运蛋白分子是可能参与低聚物膜插入后期阶段的新型 Cry1A 毒素受体。事实上，这种抗性模式最常见的昆虫抗性表型是一种结合的 Cry1A 毒素减少，Cry1Aa、Cry1Ab 和 Cry1Ac 的交叉抗性以及缺乏对 Cry1C 的抗性。在几种鳞翅目昆虫中，抗性模式 1 与钙黏蛋白基因中的突变相关。在田间条件下，三种鳞翅目昆虫害虫——印度谷螟（*Plodia interpunctella*）、小菜蛾（*Plutella xylostella*）和 *T. ni* 已经对配制的 *Bt* 产品产生了抗性。截止到 2010 年，已至少记录了有 4 例对转 *Bt* 作物的抗性，例如 2008 年在美国发现 *H. zea* 对表达 Cry1Ac 的转 *Bt* 棉花有抗性；2010 年在波多黎各发现 *S. frugiperda* 对表达 Cry1F 的转 Bt 玉米有抗性；2007 年在南非发现 *Busseola fusca* 对表达 Cry1Ab 的转 *Bt* 玉米有抗性；2010 年在印度发现 *P. gossypiella* 对表达 Cry1Ac 的转 *Bt* 棉花有抗性。

针对这一问题科学家也在积极考虑解决办法。在 2008 年 Tabashnik 等发表的文章中总结道“高剂量庇护策略”（High Dose Refuge Strategy）已推迟了害虫对转基因作物 Cry 毒素的表观抗性。根据该策略，需要在表达高剂量 Cry 毒素的转 *Bt* 基因作物附近种植相当大比例的非转基因植物。非转基因植物避难所旨在维持相当数量的敏感昆虫。其原理是由于抗性等位基因的隐性特征，对 Cry 毒素敏感的个体与抗性个体交配会产生敏感型的后代。建模研究表明，庇护策略已成功延缓了美国 *P. gosypiella* 对转 *Bt* 基因棉花的抗性，并解释了印度出现相同昆虫物种对转 *Bt* 基因棉花抗性产生的原因。根据 Tabashnik 在 2010 年的文章，在种植转 *Bt* 基因棉的同时释放不孕的雌性 *P. gosypiella* 可以有效地减缓田间抗性等位基因的频率。这种策略可以用来代替庇护策略，以避免因为非转基因植物受到虫害而产生的重大作物损失。这一策略在庇护战略难以实施的国家尤其重要。

应对昆虫抗性表型的另一策略是在同一植物中转入并表达具有不同作用模式的 Cry 毒素的基因。例如表达 Cry1Ac 和 Cry2Ab 蛋白的转 *Bt* 基因棉花 Bollgard Ⅱ，这两种毒素与不同的受体分子结合；表达 VIP3 以及 Cry1Ab 的转 *Bt* 基因玉米；以及能表达三种针对鳞翅目昆虫的 Cry 毒素（Cry1A1.05、Cry2Ab 和 Cry1F）和两种针对鞘翅目昆虫的 Cry 毒素（Cry34Ab/Cry35Ab 和 Cry3Bb）的转 *Bt* 基因玉米。2007 年，Soberon 等的实验表明，Cry1AMod 毒素可跳过钙黏蛋白受体，并且能够杀死与钙黏蛋白基因突变相关的 *P. gossypiella* 抗性种群。Cry1AMod 毒素还能杀死由 dsRNA 造成钙黏蛋白基因沉默并表现出对 Cry1Ab 高度耐受的 *M. sexta* 幼虫。2009 年，Franklin 等的研究发现，Cry1AcMod 显示出对 *T. ni* 抗性种群的活性，表明该抗性种群的产生可能与钙黏蛋白基因中的突变相关[256~258]。

苏云金芽孢杆菌是广为人知并应用最为广泛的杀虫微生物。目前，它已成为世界上用途最为广泛的微生物农药。现销售额已达 4.5 亿美元。在国际上，美国 50%以上的玉米害虫、加拿大 90%以上的森林害虫，都是用苏云金芽孢杆菌来防治的，全世界每年产量约 10 万吨。它的亚种特异性强，作用于不同种类的昆虫，这些害虫包括棉铃虫、烟青虫、银纹夜蛾、斜纹夜蛾、甜菜夜蛾、小地老虎、稻纵卷叶螟、玉米螟、小菜蛾和茶毛虫等，对森林害虫松毛虫有较好的效果。另外，还可用于防治蚊类幼虫和储粮蛾类害虫。它可用于蔬菜、水稻、玉米、棉花、果树、茶树及林区等众多作物。现在一些分离出来的苏云金芽孢杆菌株也作用于线虫、螨类和原生动物。我国苏云金芽孢杆菌制剂研制始于20世纪60年代，经过科技人员的多年努力，在菌株选育、发酵生产工艺、产品剂型和应用技术等方面均有突破，尤其是在液体深层发酵技术方面和噬菌体倒灌率两项指标上，均达到国际先进水平。目前苏云金芽孢杆菌的研究开发正向改善工艺流程、提高产品质量和扩大防治对象的方向发展，同时，对苏云金芽孢杆菌的研究已深入到基因水平，对其杀虫晶体蛋白的编码基因的研究已有许多突破。我国苏云金芽孢杆菌的产量，在1989～1990年为3000t，在1992年达到6000～8000t。我国的需要量近期约为每年20000t，市场前景很好，目前在农业部药检所登记的生产厂家有数十家。

青虫菌为苏云金芽孢杆菌蜡螟变种经发酵、加工而成的，又称为蜡螟杆菌三号、Entobacterin。青虫菌可防治几十种害虫，尤其是对鳞翅目类害虫的效果更为明显，但对吮吸口器害虫无效。它主要用于蔬菜、水稻、棉花、玉米、果树、烟草、茶树和林木等作物，防治菜蚜、菜青虫、棉铃虫、玉米螟、灯蛾、刺蛾等害虫。

(2) 乳状芽孢杆菌　乳状芽孢杆菌又名日本金龟甲芽孢杆菌，是由金龟甲幼虫的专性寄生病原细菌的活体经培养、加工而成的细菌杀虫剂，最早于1939年在美国推广。

它经口进入金龟甲幼虫蛴螬体内后，于中肠萌发，生成营养体后穿过肠壁进入体腔，在血淋巴中大量繁殖。菌体在昆虫体内迅速繁殖并破坏各种组织，使虫体充满菌体所形成的芽孢而不久死亡。由于致病部位呈乳白色，故称之为乳状病。为此，该菌亦称为乳状芽孢杆菌。

此芽孢杆菌可寄生在50余种金龟甲幼虫体内，病虫死前可大量活动，扩大菌的感染面。乳状芽孢杆菌的耐干旱力强，在土壤中可保持数年活力，是一种长效杀虫细菌。由于乳状芽孢杆菌寄主的专一性，故对人畜及天敌十分安全。

(3) 球形芽孢杆菌　球形芽孢杆菌是由昆虫病原细菌的发酵产物加工而成的细菌杀虫剂。它与苏云金芽孢杆菌相似，其菌体呈棒球状（0.9～1.1μm），普遍存在于土壤和水体中。在发酵液中由于生长期不一，故有各种生长期的菌体。

球形芽孢杆菌对蚊子幼虫有活性，尤其是对库蚊和按蚊幼虫的效果更佳。且球形芽孢杆菌的生存期长，即使在水中也可达1个月之久，它也是有机磷杀虫剂的有效替代物。

(4) 白僵菌　白僵菌（尤其是球孢白僵）的杀虫谱较广，可寄生于鳞翅目、同翅目、膜翅目、直翅目等200多种昆虫和螨类中。主要用于防治松毛虫、玉米螟、大豆食心虫、高粱条螟、甘薯象鼻虫、马铃薯甲虫、茶叶毒蛾、松针毒蛾、稻苞虫、稻叶蝉、稻飞虱等害虫，卵孢白僵菌还对蛴螬等地下害虫有特效。

白僵菌是我国研究时间最长和应用面积最大的真菌杀虫剂。

(5) 绿僵菌　金龟子绿僵菌通过发酵及加工可制成防治害虫的一种真菌制剂。金龟子绿僵菌是一种广谱的昆虫病原菌，在国外应用其防治害虫的面积超过了白僵菌，防治效果可与白僵菌媲美。我国研究开发绿僵菌起步较晚，经过多年的研究开发，在菌株选育、生产工艺、剂型和防治对象上已有长足的进步。绿僵菌被用于防治蛀虫等地下害虫、天牛等蛀干害虫以及苹果食心虫，并且对蚊子幼虫也有效。

（6）核型多角体病毒　核型多角体病毒颗粒包埋了多个病毒粒子，有十二面体、四角体、五角体及六角体等多种形状，直径为0.5～15μm。

核型多角体病毒对昆虫的寄生范围较广，可寄生于昆虫的血液、脂肪、器官、表皮等部位细胞的细胞核中，并在细胞核中繁殖，随后，侵入健康的细胞中再繁殖，直至昆虫死亡。而且，它还能通过昆虫粪便及死亡再进行感染，以使昆虫群体致死。这种病毒的专化性强，可传给后代，至今未发现有抗性发生。

核型多角体病毒主要用于农业和林业，防治棉花、高粱、玉米、烟草、番茄等作物的棉铃虫、尺蠖、斜纹夜蛾、舞毒蛾、茶毛虫等害虫。此外，还可用于防治松黄叶蜂、松叶蜂、天幕毛虫、粉纹夜蛾等害虫。

这种病毒有寄主专一性，发展很快。我国已有棉铃虫、小菜蛾、斜纹夜蛾、苜蓿银纹夜蛾、菜青虫、甜菜夜蛾、草原毛虫、松毛虫、茶尺蠖9个颗粒体和核型多角体品种。农业农村部发布无公害农产品生产推荐农药列入的品种有：甜菜夜蛾核多角体病毒、银纹夜蛾核多角体病毒、小菜蛾颗粒体病毒、茶尺蠖核多角体病毒、棉铃虫核多角体病毒，其中，棉铃虫核多角体病毒已成为多家企业参与生产发展最快的品种。

（7）颗粒体病毒　经颗粒体病毒感染后的幼虫，其病症也与核型多角体病毒相仿，会使幼虫食欲骤减，行动迟缓，最后导致死亡，死虫的口腔内会吐出黏状液体。这种病毒同样可侵染虫体的脂肪、表皮细胞、中肠上皮细胞、器官、血细胞、肌肉等组织。

目前在我国，颗粒体病毒的应用不及核型多角体病毒那样广泛，主要用于防治菜青虫、小菜蛾及黄地老虎等。

（8）质型多角体病毒　质型多角体病毒的形状与核型多角体病毒相仿，只是其病毒粒子比核型多角体病毒小得多。被质型多角体病毒侵染的昆虫幼虫，它的病症也与核型多角体病毒相仿，但死虫的体壁不易触破。

目前我国生产的质型多角体病毒主要为各种松毛虫的质型多角体病毒，且主要用于林区。

6.4.4.4 微生物杀菌剂

（1）地衣芽孢杆菌　又称为“201”微生物，是一种对人畜十分安全的细菌杀菌剂。它对黄瓜及烟草的多种病原真菌（如炭疽病菌等）有效。由于它对植物病原真菌具有很强的拮抗作用而发挥其效果。目前市场销售的为1000单位的地衣芽孢杆菌发酵液。

由于对寄主的专一性，地衣芽孢杆菌对人畜十分安全，对蜜蜂等有益昆虫也无毒害作用。

（2）蜡状芽孢杆菌　蜡状芽孢杆菌制剂，商品名为叶扶力、叶扶力1号，是由蜡状芽孢杆菌经培养、发酵制得的，是一种具特殊腥味的液体。市售商品为42亿芽孢·mL^{-1}的蜡状芽孢杆菌。蜡状芽孢杆菌对水稻纹枯病等真菌病害有效。

（3）假单胞菌　假单胞菌制剂通常与蜡状芽孢杆菌混配成制剂上市。假单胞菌主要用于防治水稻纹枯病等真菌病害，它对人畜十分安全。

另外，假单胞菌也是一种杀菌剂，其主要防治各种细菌病。同样通过培养发酵制取，并已商品化，制剂为20%可湿性粉剂。

（4）枯草芽孢杆菌　枯草芽孢杆菌经发酵后可加工成固体状细菌杀菌剂，制剂为20%可湿性粉剂。

它对水稻稻瘟病、甘蓝黑腐病等真菌病害有效，其亦以拮抗而致效。除了杀菌外，它还具有促进根系发展、抑制根系细菌生长和促进蔬菜生长的作用。它对人畜十分安全。

(5) 木霉菌　木霉菌对植物病原真菌的抑制作用早已有发现，并也出现了一些具有抑制植物病原真菌活性的木霉菌。木霉菌对人、畜及水生生物十分安全。

6.4.4.5　具有除草和植物生长调节活性的微生物农药

枯草芽孢杆菌。由该菌经培养、发酵加工而成的活体微生物植物生长调节剂，其商品名为“增产菌”。它对农作物具有壮苗、抗病及增产作用。通常制剂为每克含300亿芽孢的近灰白色粉末及水剂。它的应用作物面很广，且对人畜十分安全。

微生物农药已取得较快的发展。但是与化学农药相比，微生物农药所占的比例还较低。目前世界上化学农药已有1300多个品种，销售额达160亿美元，而商品微生物农药仅30个品种，年贸易额7亿美元，仅占农药市场的4%左右，且主要用于蔬菜、水果、茶叶等绿色食品及抗药性强的棉铃虫等。但是微生物农药是生物源农药，具有很好的环境效益和社会效益。随着人类对环境保护要求和对“无公害产品”需求的增加，微生物农药将有极大的市场。

随着科学技术的发展，微生物农药的质量与性能不断提高。一方面，通过遗传重组方式可以克服现有杀虫剂的不足，创造新型的微生物农药杀虫工程菌。微生物工程菌将朝着高效、广谱、持效和延缓性方向发展。将多种杀虫基因导入特定菌株后，可以扩充其杀虫范围，增加杀虫基因的拷贝数，可以提高杀虫活性；在构建菌株时利用载体导入杂合基因使其具有延缓抗性和延长持效期的作用。此外，可将抗虫和抗除草剂等基因转入到农作物基因组中，培育出具有抗虫或抗除草剂等功能的转基因作物。另一方面，将不同的生物杀虫剂进行复配，开展多功能微生物制剂的研究以及加强剂型研究也是不能忽视的。

在今后的研究中，还要进一步加强微生物农药的基础研究，研制出更有利于生产和生态环境的新产品，使微生物农药逐步取代或部分取代毒性较强的化学农药。同时，要重视中试研究，加快科技成果的转化，加速实现微生物农药的产业化与商品化。

6.5　基因组编辑（CRISPR）技术

6.5.1　CRISPR技术概述

从1953年沃森和克里克提出DNA双螺旋模型至今，短短的60多年，生物学领域发生了翻天覆地的变化。21世纪的生物学是生物学范围内所有学科在分子水平上的统一，是真正的分子生物学时代。随着核苷酸序列测定技术的迅猛发展，越来越多的物种完成了全基因组测序，使得基因组功能的研究也快速发展，为了揭示所有基因序列的生物学功能，精准和高效的基因打靶（基因组编辑）技术扮演了越来越重要的角色[259]，也是多年来生物学研究人员期望取得突破的技术。基因组编辑技术不仅助力于基因功能的研究，同时对人类疾病的治疗及作物的遗传育种都有着重要的意义[260]。

基因组编辑技术的关键突破来自定点断裂DNA技术的发展。近年来，随着人工合成的序列特异性核酸酶（SSN）的加速发展，基因组编辑技术也进入了快速发展时期[261]。这些序列特异性核酸内切酶主要分为三种类型：锌指核糖核酸酶（ZFN）、类转录激活因子效应物核酸酶（TALEN）和成簇的规律间隔的短回文重复序列及其相关系统。ZFN 和 TALEN 的结构组成较为相似，都主要包含两个结构域：一个是用于识别并特异性结合靶向 DNA 的 DNA 结合域；另一个是用于切割靶序列的 DNA 切割结构域 Fokh。而 CRISPR/Cas 系统则由向导 RNA 引导包含有两个切割结构域（HNH 核酸酶结构域和 RuvC-like 结构域）的 Cas 蛋白复合物特异性地切割目的基因上的序列。3 种序列特异性核酸内切酶的共同点为工作原理较为相似，都是可通过人为地设计各自的 DNA 结合域，产生具有特异性的序列特征，从而对生物靶序列进行特异性切割，使靶向 DNA 双链断裂，产生 DSB。当基因组形成 DSB 结构后，机体会激活细胞内的自我修复机制：一种机制是非同源末端连接（NHEJ）修复机制，通过 NHEJ 修复途径，基因组会在 DNA 断口处引发碱基的丢失、插入及替换，从而引起基因的突变，这一过程的发生是随机的；另一种机制是同源重组（HR）修复机制，这种途径需要有与断裂点两侧同源的 DNA 片段供体，以机体供体片段为模板进行合成修复，这样就可精准地在指定位点插入或者替换 DNA 序列。在这两种修复途径中，NHEJ 修复途径占主导地位，而 HR 修复途径的发生频率则较低[262]。

基因组编辑技术的发展历程如下。

锌指核糖核酸酶（ZFN），又称为锌指蛋白核酸酶，是一种人工改造的核酸内切酶，是第一代基因组编辑技术[263]。该系统由一个 DNA 结合结构域和一个非特异性核酸内切酶构成。其中，DNA 结合结构域是由一系列 Cys2-His2 锌指蛋白串联组成的，它可特异性识别 i 位点，并且每个锌指蛋白都可识别并结合 3′到 5′方向 DNA 链上一个特异的 H 联体碱基；而另一个非特异核酸内切酶 Fokl 则有剪切功能，两个结构域结合就可在 DNA 特定位点进行定点断裂。科研人员可针对靶序列设计 3～4 个锌指结构域，并将这些锌指结构域连接在 DNA 核酸酶上，由此便可实现靶序列的双链断裂。Kim 等使用该策略设计出了第一个锌指蛋白核酸酶，并且该锌指蛋白核酸酶成功地特异性识别并切割了靶位点。虽然在大量植物、果蝇、斑马鱼等物种中，ZFN 技术都已被成功应用于靶向基因的突变，但由于设计困难、工作量大及高失败率等原因，大大限制了 ZFN 技术的应用与推广。

TALEN 作为第二代基因组编辑技术，同样包含 DNA 结合结构域和用于切割特定序列的 DNA 切割结构域 Fold[264]。TALEN 的结合结构域中含有一个重复区域，该区域由 33～35 个氨基酸重复单元组成，每个重复单元的氨基酸序列均高度保守，但第 12 位和第 13 位的两个氨基酸可变，将之称为重复单元可变的双氨基酸残基（RVD）。TALEN 单体通过与 RVD 识别 DNA 碱基，其对应关系为：NG 识别 T、HD 识别 C、NI 识别 A、NH 识别 G、NN 识别 G 或 A。科研人员如果要获得识别某一特定核酸序列的 TALEN，只须按照 DNA 序列将相应的 TAL 单元相关联即可。由于物种的基因大小不等，选择的序列特异性长度也有所差异。相较于 ZFN，TALEN 技术的成本相对较低，但其靶点的选择与载体的构建依然烦琐，使得该技术仍然只被少数实验室所利用而难以得到推广。

2013 年，CRISPR/Cas 技术作为第二代基因组编辑技术迅猛扩展开来，CRISPR 是成簇的规律间隔的短回文重复序列，是细菌和古生菌体内的一种获得性免疫机制[265]。不同于 ZFN 与 TALEN 的蛋白识别机制，CRISPR/Cas 系统通过 RNA 与靶序列间的碱基互补而完成识别过程，这一过程简单灵活，靶位点的选择仅需符合不同系统的 PAM 要求即可。此外，该系统的突变效率相较于 ZFN 和 TALEN 也有了大幅的提高，仅短短几年的时间，CRISPR/Cas 系统就成为主流的基因组编辑技术。

虽然基因组编辑技术出现的时间还不长，但其在人类疾病治疗、基因功能研究及植物育种方面的作用与影响却是巨大的。因此，2012年，TALEN技术被“Science”杂志评选为年度十大科学进展之一；2013年，CRISPR/Cas技术被“Science”杂志选为年度十大科学进展之一；2015年，CRISPR/Cas技术被“Science”杂志评为年度十大技术之首；2016年，CRISPR/Cas9技术再度被麻省理工科技评论列为2016年度十大突破性技术[266]。可以预见，以CRISPR/Cas9技术为代表的基因编辑技术必将在生命科学领域扮演更为重要的角色。

6.5.2 CRISPR/Cas9系统的作用

自从发明CRISPR/Cas9系统以来，就伴随着对其应用研究的不断扩展，除了最基本的基因组编辑功能，科学家还开发了很多其他的功能。简单地将CRISPR/Cas9系统在研究中的作用总结如下。

（1）定点敲除目标基因　通过敲除代谢或发育途径中的特定基因从而研究基因功能也许是CRISPR/Cas9系统起初在植物中最为成功的应用方式。例如，光合作用过程中两个非常关键的蛋白，分别由高度同源的镁离子螯合酶亚基Ⅰ（CHLⅠ）基因*CHLH*（At4918480）和*CHL12*（At5945930）编码[267]，利用CRISPR/Cas9系统将两个基因同时敲除，结果植株产生了白化症状，说明这两个基因在叶绿素的生成过程中CRISPR/Cas9系统介导的棉花*GhCLA1*和*GhVP*基因编辑的研究起着非常重要的作用。还有研究利用CRISPR/Cas9系统将拟南芥的生长素结合蛋白（ABPl）基因敲除[268]，结果发现该基因既不是生长素信号途径所必需的，也不是发育过程所必需的。这两个例子很好地说明了CRISPR/Cas9系统在研究单个或多个基因功能中的作用，可以使我们从理论和实际上充分了解关键基因对植物生长发育过程的影响。

（2）同时编辑多个目标基因　由于sgRNA较小，因此可以将多个sgRNA重组到同一个载体上而同时编辑多个目标基因。Ma等将多个sgRNA重组到同一个载体上[269]，将相应载体转入拟南芥和水稻后成功地使多个基因失去活性。Xie等利用tRNA前体的精确加工过程开发了一种带有多个精确起始位点的sgRNA的CRISPR/Cas9系统[270]，这个系统可以利用细胞自身的tRNA加工机制产生单一的转录本而发挥作用。

（3）CRISPR/Cas9系统介导的基因插入或替换　基因组的位点特异性突变和位点特异性基因插入对作物精准育种具有非常重要的价值。在育种过程中，利用CRISPR/Cas9系统将外源DNA模板携带的目标序列通过HR修复机制插入到基因组的特定区域，比如将抗除草剂基因插入到基因组中。最近，有研究利用CRISPR/Cas9系统替换了水稻乙酰乳酸合酶基因的两个碱基，成功获得了抗除草剂双草醚的水稻植株[271]。

（4）染色体片段的删除　一般来说，当利用CRISPR/Cas9系统造成两个相邻的双链断裂切口时，由NHEJ机制介导的修复过程会造成两个位点间染色体片段的删除。目前，已有报道在烟草和水稻中利用CRISPR/Cas9系统造成了小片段的删除，还有报道在水稻基因组中删除了高达170.245kb的染色体片段[272]。

（5）激活或抑制基因的表达　利用CRISPR/Cas9系统将特定基因敲除或替换，影响基因的表达，从而影响植物的生长和发育，而调节特定基因的表达时间和表达水平也会影响植物的生长和发育。可以将缺少核酸酶活性的Cas9蛋白与基因激活子或抑制子结构域结合后精准插入到特定基因的启动子区域，从而影响基因的表达水平[273]。Piatek 等将 EDLL 和 TAL 效应子的激活结构域与 dCas9 的 C 端结合创造出转录激活子，或将 SRDX 抑制结构域与 dCas9 的 C 端结合创造出转录抑制子，然后用它们选择性地激活或抑制了人工构建的报告基因和内源的植物基因[274]。

6.5.3 对 CRISPR/Cas9 技术的改进

CRISPR/Cas9 在基因编辑上已有诸多应用，但在实际操作中，脱靶效应和编辑效率依然是影响其编辑效果的两大主要因素。目前已有诸多研究针对上述问题对该系统加以改进，以实现更可靠高效的编辑。其中主要进展如下。

（1）降低脱靶率，提高靶向特异性　各类 CRISPR/Cas9 系统均可作用于目标位点以外的脱靶位点，产生 DSB 并引起插入缺失及转位，即脱靶效应[275]。脱靶效应对目标位点的编辑效率及基因编辑过程的安全性具有不可忽视的影响。近年来，研究者从影响靶向精确性的各方面入手对 CRISPR/Cas9 系统进行了改进，以期尽可能降低脱靶率[276]。

（2）改变 gRNA 或 PAM 序列的长度　Cas9 剪切的特异性受 gRNA 和 PAM 的影响。适当缩短 gRNA 中互补区的长度可降低脱靶率[277]。而另一项研究中，利用 PAM 序列更长的嗜热链球菌 Cas9（*Streptococcus thermophilus* Cas9，StCas9）对人类 PRKDC 和 CARD11 基因位点进行编辑[278]，发现其脱靶率显著低于 SpCas9。上述两种策略均能在不影响剪切活性的同时降低脱靶效应，并且不同的 PAM 序列也扩展了该体系靶标的范围。

（3）改变 Cas9 蛋白构象　除了 PAM 序列和 sgRNA，Cas9 的 HNH 结构域构象状态也可直接调控剪切活性，从而影响与脱靶位点结合的能力。通过突变 SpCas9 中带正电的特定氨基酸残基，使其转变为电中性，可削弱其与非目标链的互补作用，从而减少脱靶效应，甚至可以在某些情况下使脱靶率降低至检测不到的水平[279]。此外，将锌指 DNA 结合结构域融合到 CRISPR/Cas9 系统可添加额外的校对步骤，也可明显改善靶向精确性[280]。

（4）采用配对切口酶　Cas9 切口（Cas9 nickase，Cas9n）是 Cas9 缺失一部分酶切活性的突变体，如 RuvC 失活的 SpCas9 D10A 突变体，HNH 失活的 N863A 突变体[281]。单一的 Cas9n 只能诱导 DNA 单链缺口，且该缺口在真核细胞中常以高保真的方式修复。因此，只有成对的 Cas9n，在两条不同的 gRNA 引导下才可诱导 DSB，双 sgRNA 的识别使编辑的准确性也大大提高[282]。相似的策略还有由 dCas9 和 FokI 核酸酶融合而成的 fCas9。在两条 gRNA 的引导下，成对的 FokI 结合在 DNA 上距离较近（约 15～25bp）的位置，形成二聚体并激活其核酸酶活性，从而诱导 DSB[283]。研究表明，与野生型 Cas9 相比，该策略可在提高基因编辑特异性的同时实现与配对切口酶相近的效率。

（5）完善脱靶检测方法　提高特异性的前提是具备准确高效的脱靶位点检测方法。目前检验脱靶位点的策略可分为两大类，一是依赖生物信息学算法预测脱靶位点的有偏方法，二是直接检测全基因组内所有 DSB 的无偏方法[284]。相比之下，无偏法检测更加全面，而有偏法对于特定脱靶位点的检测更加灵敏，因而将两者结合将有助于优势互补，提升对脱靶位点的检测能力。此外，近年有报道表明，多重酶消化基因组测序工具（multiplex digested genome sequencing，multiplex digenome-seq）可在体外同时绘制多种 CRISPR/Cas9 核酸酶的全基因组特异性，发现上百种潜在的突变位点。该法具有高效、简便、经济的特点，为脱靶效率的检测提供了新的思路[285]。

（6）提高编辑效率　Cas9编辑效率的提高是其发展中的另一重要问题，尤其是在体内试验及临床相关应用中，高效的编辑使试验有更高的可能性达到预期效果。改善递送系统及选用合适的编辑策略可使编辑效率提高。

（7）改善递送系统　通过使用合适的载体提升递送效率是提高编辑效率的一种策略。腺病毒因其自身基因组很少整合入宿主基因组，且适用于多种细胞类型，在CRISPR/Cas9的在体递送中有良好的效果。由此改造而来的腺相关病毒（adeno-associatedvirus，AAV）能够转导分裂及非分裂细胞，具有激活细胞DNA修复通路并促进基因靶向的能力，在编辑效率的提高上也极具潜力[286]。

随着技术的发展，各种非病毒载体也应运而生。有研究表明，可降解聚合物微粒在递送CRISPR-Cas9时具有比商业脂质体更高的转染效率[287]。此外，可生物降解的脂样物质在体外和体内均可高效递送Cas9 mRNA。除了递送的载体，递送系统的构成也十分重要。最初的DNA系统存在整合入宿主基因的风险且效率有限，而Cas9 mRNA的递送技术尚未完全成熟。近年来，越来越多的研究使用Cas9蛋白与gRNA重组构成的核糖核酸蛋白复合体进行体内递送，可在降低脱靶率的同时提高同源重组修复[288]。

（8）改善DSB修复策略　目前大部分研究中采取的是HDR修复DSB的策略进行基因编辑。然而，细胞内尚存在与HDR竞争的NHEJ修复途径，且在分裂及非分裂细胞中均存在。基于此原理，若能抑制NHEJ的活性则可相对提高HDR的效率，有望提高基因编辑的效率[289]。有研究证实，使用Scr7这种DNA连接酶Ⅳ抑制剂抑制NHEJ活性，可有效提升大鼠中基因编辑的效率。

此外，利用NHEJ在多种细胞内高活性的特点，近期有研究通过适当改造基因编辑中的供体质粒，使NHE也可在CRISPR/Cas9系统的介导下在人类细胞中实现高效的基因敲入。基于NHEJ，近期有研究设计出非同源依赖的靶向整合（homology-independent targeted integration，HITI）系统，实现了高效的基因编辑[290]，并使视网膜退化大鼠恢复了部分视力。由于NHEJ在细胞全周期均处于高活性，因而在分裂和未分裂的细胞，体外和体内均能进行高效的基因编辑。新的策略为编辑效率的提高拓展了可能性，同时也弥补了HDR的局限性。

（9）Cas9活性的时空调控　除了提高Cas9靶向的特异性及效率，实现Cas9活性的时空调控对于其应用的拓展和安全性也十分重要。控制Cas9活性的时长既有助于研究生命特定时间点的关键事件，也利于减少Cas9活性时间过长所造成的脱靶突变及其他损害；而在空间层面的调控则有助于从器官、组织，甚或细胞群的层面开展更深入的研究。有研究表明，将Cas9分裂成两个片段[291]，形成split-Cas9，通过雷帕霉素与其二聚化结构域的结合可对其进行化学诱导，从而通过给药控制Cas9活性的时长。基于split-Cas9，衍生出光敏Cas9（photoactivatable Cas9，paCas9），通过蓝光辐射诱导paCas9二聚化功能域，实现对paCas9活性在时间和空间上的双重调控。

6.5.4 CRISPR/Cas9技术的优缺点

理论上，应用CRISPR/Cas9技术达成的目标均可以由ZFN和TALEN技术达成，但是为什么会在如此短的时间内有那么多应用CRISPR/Cas9技术进行基因组编辑同样值得我们思考，这说明CRISPR/Cas9技术具有其他两种技术所不具备的优点，可分为以下几点。

（1）操作简单、费用低廉　相比 ZFN 和 TALEN 技术，CRISPR/Cas9 技术减少了对蛋白的操作步骤，而且可以直接对基因的多个 sgRNA 进行验证。仅仅需要改变 sgRNA 中 20nt 的序列，没有克隆步骤，可以直接在体外将合成的两条互补的单链核苷酸引物进行退火连接即可[292]。由于引物的合成快捷便宜，所以利用此技术进行大规模构建 sgRNA 库的费用将大大降低，而且适用于高通量功能基因组研究。该优点也使得大多数分子生物学实验室都可以应用此技术。

（2）靶位点的识别更为广泛　相比 ZFN 和 TALEN 技术，CRISPR/Cas9 系统对 DNA 的甲基化敏感度更低，可以识别切割甲基化的 DNA 位点，这大大扩展了它的应用范围[293]。在植物基因组中大概 70%的 CpG/CpNpG 位点是甲基化的，而且有研究发现，CpG 岛大多位于启动子和邻近外显子上。因此，CRISPR/Cas9 技术更适用于在植物中进行基因组编辑，而且特别适用于基因组中 GC 含量特别高的单子叶植物，比如水稻等[294]。

（3）可以同时对多个靶位点进行编辑　相比 ZFN 和 TALEN 技术，CRISPR/Cas9 技术更为实际的应用是可以非常灵活地同时对多个基因进行编辑。多基因同时编辑的首要条件是基因组中多个靶标位点必须同时产生双链断裂（DSB），从而可以敲除多个冗余基因或改变代谢途径[295]。同样，利用这种策略在染色体距离较远的两个地方同时产生双链断裂还可以实现染色体片段的删除或染色体片段的倒位。ZFN 和 TALEN 技术均需要对每个靶标位点设计特异的二聚体蛋白，而 CRISPR/Cas9 技术仅需要一个 Cas9 蛋白和多个靶标位点序列特异的 sgRNA 即可，并且 sgRNA 序列很短，可以很容易地将多个 sgRNA 构建到同一载体上，从而实现多基因的同时敲除或修饰[296]。

虽然 CRISPR/Cas9 技术有无可比拟的优点，但是任何科学技术自身都存在缺点，CRISPRCas9 技术也不例外。与 ZFN 和 TALEN 技术相似，CRISPR/Cas9 系统也可能会引入不需要的突变造成脱靶现象。第一，如果 Cas9 与 sgRNA 的浓度比例不当就会造成脱靶现象，而且 Cas9 与 sgRNA 的比例越大，脱靶现象越严重。当利用 CRISPR/Cas9 系统编辑拟南芥的 AtPDS3 和 AtFLS2 基因，研究 Cas9 与 sgRNA 的最佳比例时，发现 Cas9∶sgRNA 为 1∶1 时编辑效果最好[297]。第二，数目众多的 PAM 位点可能导致对基因组 DNA 的非特异性识别切割。为了避免这种非特异性的识别切割，可以利用整个基因组的序列信息设计特异性强的 sgRNA。第三，*Cas9* 基因的密码子优化不当的话也会影响 Cas9 蛋白在该物种基因组中的转录。因此，当用一种植物的密码子对 *Cas9* 基因进行优化时，也要考虑将其应用到其他作物中的可能。第四，大多数 CRISPR/Cas9 系统中 *Cas9* 基因和 sgRNA 是由外源启动子启动的，而 *Cas9* 基因最佳的启动子应该是内源的。在双子叶植物中，35S 启动子用来启动 *Cas9* 基因，U6 启动子用来启动 sgRNA；在单子叶植物中，35S 和 Ubi 启动子均可有效启动 *Cas9* 基因，但是在不同的植物中使用了不同的启动子启动 sgRNA，比如在水稻中使用了 OsU3 启动子，而在小麦中使用了 TaU6 启动子[298]。第五，同源基因或基因家族的存在增加了靶标基因编辑的复杂程度。第六，表观遗传因子（比如甲基化或组蛋白修饰）也是必须要考虑的影响因素之一。

6.5.5　CRISPR 的研究进展

由于 CRISPR 技术具有设计简单以及操作简便的特性，其已被全球数以千计的实验室广泛地运用于生命科学、农业、医药和工业等领域。科学家们曾经利用基因编辑技术在基础医学研究中构建疾病动物模型，在临床治疗中攻克各种疑难杂症，在农业发展中加速动物和植物的遗传育种等，尤其是在CRISPR/Cas9出现以后，低成本和操作的简便性又为基因治疗打开了一扇大门。

6.5.5.1　基础科学领域的应用

（1）理解基因功能，探索生命进化历程，解决生命科学中的共性技术问题　如利用CRISPR技术来制备模式生物，以此推进基因功能的探索与鉴定。利用CRISPR/Cas9系统构建小鼠模型，可以将成本和时间降低80%以上，从而极大地推动了基因工程小鼠的应用。南京大学利用CRISPR/Cas9系统获得世界首只基因定向敲除食蟹猴[299]。由于基因组序列和生理特征相似，灵长类动物被公认为是模拟人类疾病最好的动物模型，为高效建立由多基因控制的复杂疾病模型提供了可能，对于研究人类重大疾病的发病机制与药物研发有着重要的意义。

（2）验证科学实验结果准确与否　随着CRISPR技术逐渐普及，不少实验室利用CRISPR技术做出的实验结果与此前用其他类似技术获得的研究结果不一致。麻省大学医学院分子生物学家Lawson发现利用两种基因编辑工具——锌指核酸酶技术和吗啉反义寡聚核苷酸技术对斑马鱼模型的研究结果存在50%～80%的不一致[300]。这使其成为第一批系统比较不同基因工具研究结果的科学家。相对于RNA干扰技术可能存在潜在的“脱靶效应”而言，CRISPR技术的结果更为准确，该技术可用于检验利用其他技术得出的实验结论，使科学数据更为准确可信。

（3）探索生命进化过程中的基因变迁历史　Neil Shubin和Ted Daeschler等借助CRISPR基因编辑技术在斑马鱼中敲除*Hoxl3*家族[301]，来观察它们对斑马鱼鱼鳍发育的影响，相关结果为鳍条与指骨之间的遗传关联提供了证据，推动了生物的四肢演化历程研究。Axel等利用CRISPR基因编辑技术，构造了控制“刺猬因子”蛋白的增强子ZRS缺失的小鼠胚胎，并用人、鼠、腔棘鱼、蟒和眼镜王蛇含有的ZRS进行回补，发现“刺猬因子”在四肢发育的过程中发挥着至关重要的作用[302]。麻省理工学院利用CRISPR/Cas9技术记录人类细胞中的DNA变化历史，可用于研究干细胞在胚胎发育期间如何产生多种组织，细胞如何对环境条件做出反应以及它们在生长过程中导致疾病产生的基因变化，从而深入认识生物体内的基因变迁历史[303]。

6.5.5.2　农作物上的应用

概括起来，CRISPR/Cas9系统在作物中的应用主要分三类：第一类是通过NHEJ机制修复断裂的双链切口，增加或减少若干碱基，从而导致移码突变，这类突变和育种过程中的自然突变、物理突变和化学突变等类似；第二类是在外源DNA修复模板存在的情况下，通过HR机制在特定的位点造成点突变或基因的插入、替换和聚合等，这种情况避免了普通转基因过程中外源基因插入基因组造成的位置效应等影响；第三类是通过多个sgRNA同时在基因组的多个位点对多个基因进行编辑，这个可以用来研究基因家族各成员的功能或分析遗传途径中各个基因的遗传顺序和功能等。下面，简要介绍一下CRISPR/Cas9系统在主要农作物中的应用情况。

该技术在农业领域的应用主要集中在以提高抗逆性、营养品质改良、籽粒性状改良等为目标的定向育种，利用CRISPR技术对一些关键性状基因的编辑能够大大加快良种的育种速度，改良生态环境。如在抗逆性状方面，2014年，中国科学院遗传发育研究所高彩霞研究团队利用 CRISPR/Cas9 基因组编辑技术对小麦 *MLO* 基因进行定向突变[304]，获得了对白粉病具有广谱抗性的小麦。2015 年，该团队又利用 CRISPR/Cas 可特异识别外源 DNA 这一特性，将 CRISPR 切割系统引入植物，在植物中建立了 DNA 病毒防御体系[305]。2016 年，Sun 等率先通过 CRISPR/Cas9 系统介导的同源重组[306]，对水稻 *ALS* 基因的两个氨基酸位点同时进行定点替换，获得了大量 F 代纯合的抗除草剂水稻，并通过后代分离，获得了不含有任何转基因片段的抗除草剂水稻。这一技术的研发和应用，将使得由于自然变异或长期人工选择保留下来的具有 SNP 的优良性状基因得以直接改良，大大加快了农作物的育种进程。Shi 等利用 CRISPR 技术培育了一种新型玉米，这种新型的玉米对干旱表现出了更好的抗性[307]。

在营养品质改良方面，美国仍然走在世界前列，除去多例 CRISPR/Cas9 基因编辑农作物产品正在等待产业化外，目前至少有 2 个产品已经获得美国农业部（United States Department of Agriculture，USDA）的批准[308]，一例是由宾州州立大学研发的抗褐化蘑菇（CRISPR-edited mushroom），通过 CRISPR/Cas9 剔除蘑菇基因组的多酚氧化酶（PPO）的基因，使其能够减缓褐化的速度。另一例为杜邦先锋种子公司基因编辑的糯玉米（CRISPR-edited waxy corn），糯玉米的淀粉含量较高，不但可被研磨用于许多日常消费食品，也是制酒业的重要原料，同时还具有广泛的工业用途，其支链淀粉可以被广泛应用于纺织、造纸、黏合剂等工业部门。2014 年，Liang 等利用 CRISPR/Cas9 对玉米中植酸合成的关键酶基因 *ZmIPK* 进行突变，以降低玉米中植酸的合成，从而改良玉米的营养品质[309]。

（1）水稻　水稻是世界上最重要的粮食作物之一，并已成为重要的模式植物，相对于小麦复杂的基因组背景，水稻的基因编辑更易操作。2013 年，Shan 等首次对水稻中的 *OsPDS*、*OsBADH2* 和 *OsMPK2* 等基因进行修饰，并获得了 *OsPDS* 基因编辑后双位点纯合的突变植株，为水稻基因定点突变提供技术参考。有研究表明，水稻的苯达松抗性基因 *Bel* 功能丧失会导致植株对苯达松敏感，该特性可用于两系杂交水稻种子的生产，通过基因编辑使雄性不育系对苯达松敏感，杂交种子被不育系自交污染的问题就可通过在苗期喷洒苯达松来解决[310]。Xu 等利用日本晴为材料，对其 *Bel* 基因第二内含子上的目的序列进行编辑，获得双等位变异、对苯达松敏感的转基因苗，有效提高杂交稻的生产安全性。Zhou 等利用 CRISPR/Cas9 系统使水稻温敏型雄性不育基因 *tms5* 发生特异性突变，以此开发出 11 个无转基因成分的改良 TGMS 品系，在水稻的籼亚种和粳亚种中均具有巨大的育种潜力，有效利用了水稻的杂种优势[311]。水稻生产中杂草防治是决定产量的重要因素之一，目前草甘膦已成为世界上使用量最大的除草剂。Li 等利用基因定点替换和定点插入两种方法实现了水稻内源 5-烯醇丙酮酰莽草酸-3-磷酸合成酶基因（OsEPSPS）保守区两个氨基酸 T102I 和 P106（TIPS）的定点替换，在 T_0 代获得了 TIPS 定点替换的杂合体，其对草甘膦表现抗性，且 TIPS 突变能稳定地遗传给下一代[312]。Wang 等利用 CRISPR/Cas9 系统修饰稻瘟病侵染效应因子基因 *OSERF922*，以提高对水稻稻瘟病的抗性，结果表明，通过 T_1 代和 T_2 代分离可获得仅含目的基因修饰成分而不含转基因的植株，且 6 个 T_2 代纯合突变株系在苗期和分蘖期的稻瘟病感染率均较野生型大幅度降低，但在其他农艺性状上无明显差异。水稻产量和品质相关基因多为数量性状控制，基因编辑为水稻育种提供新思路和新方法。Miao 等利用 CRISPR/Cas9 系统编辑水稻分蘖基因 *LAZY1*，使其发生双等位变异，结果表明，T_1 代转基因幼苗的分蘖数量明显增多。Shen 等利用 CRISPR/Cas9 系统对 5 个粳稻品种的

粒型基因 *GS3* 和穗粒数基因 *Gn1a* 进行编辑，导致基因突变失活，从而获得粒长和穗粒数均明显增加的株系，但其产量明显下降[313]。Li 等利用 CRISPR/Cas9 系统对水稻品种中花 11 的 4 个产量相关基因 *dep1*、*gn1a*、*gs3* 和 *ipa1* 进行编辑，结果表明，T_2 代 *gn1a*、*dep1* 和 *gs3* 基因突变使其穗粒数增加，穗型密集，籽粒变长，但 *ipa1* 基因突变产生两个相反的表型，一种为分蘖减少、茎秆变粗，另一种为分蘖增多、株高变矮[314]。Xu 等利用 CRISPR/Cas9 系统对粒重基因 *GW2*、*GW5* 和 *TGW6* 同时进行编辑，结果得到 gw5tgw6 和 gw2gw5tgw6 突变体，其粒重较野生型品种粳稻 LH422 明显增加，且 3 个基因间无互作关系。沈兰等利用 CRISPR/Cas9 系统对 4 个优质水稻品种定向改良粒长和穗粒数性状，结果显示，从 T_1 代即可获得无选择标记的突变体，其中 gs3 和 gs3gn1a 突变体的粒长和千粒重较野生型明显增加，表明该系统在水稻品种的定向改良工作中应用潜力巨大[315]。综上所述，利用 CRISPR/Cas9 系统对水稻目的基因进行编辑和修饰可实现较理想的突变，有效推进水稻品种改良和育种进程，虽然部分性状未达到预期效果，但通过进一步研究和改进一定能达到预期的效果。

由于水稻具有愈伤组织易制备、易转化（基因枪或农杆菌介导等转化方法）和可以快速再生为植株等优点，所以水稻成为一种研究非常广泛的模式单子叶植物和农业生产性状改进中最具吸引力的作物。水稻是第一种成功应用 CRISPR/Cas9 系统的作物之一。利用 CRISPR/Cas9 系统在水稻的第一代中就可以完成双等位基因修饰、染色体大片段的删除、同源重组介导的基因替换等，这些优点使水稻成为理解单子叶植物生长发育原理的最佳作物。另外，同时对多个基因进行敲除或修饰可以大大加快对水稻的研究和水稻新品种的培育。利用 CRISPR/Cas9 系统完全敲除水稻基因的双等位基因或通过删除染色体的大片段去敲除整个代谢途径的所有基因可以导致水稻重要性状的改变。例如，Miao 等通过敲除 *CA01* 基因明显改变了水稻的株型。Zhou 等将水稻的感病基因 *OsSWEETl*3 敲除，得到了抗枯萎病的水稻新品种[316]。

(2) 小麦　小麦是异源多倍体，其基因组庞大，高倍性和高度重复的 DNA 序列使得其正向和反向遗传分析均难以进行。*MLO* 是白粉病抗性基因。在小麦中，3 个 *MOL* 同源基因（TaMLO-A1、TaMLO-B1 和 TaMLO-D1）在核酸和蛋白质水平上的一致性分别为 98% 和 99%。六倍体小麦 3 个 *MLO* 同源位点均发生自然变异或可遗传的突变非常困难，因此，至今尚未见有天然的或诱导的 *MLO* 基因突变的研究报道。Shan 等（2013）利用 CRISPR/Cas9 系统成功诱导面包小麦原生质体中 *MLO* 基因突变。Wang 等在此基础上采用 CRISPR/Cas9 系统对单个 *TaMLO* 位点进行诱导，最终获得变异植株，经过不完全检测，从 72 个 T_0 代转基因小麦株系中鉴定出 4 个独立的突变体，其植株携带的突变在 TaMLO-A1 基因位点上各不相同，表明 CRISPR/Cas9 系统可在多倍体的面包小麦中诱导形成有利突变[317]。利用 TALEN 诱导的 *TaMLO* 突变中出现了基因型为 tamlo-aabbdd 的植株，经鉴定，其叶子上出现白粉菌落的数量急剧减少，说明基因编辑可培育持久、广谱抗性的小麦原材料[318]。由此可见，通过优化 CRISPR/Cas9 系统可扩大转基因苗的选择数量而达到育种效果。Zhang 等利用 CRISPR/Cas9 瞬时表达系统对影响小麦籽粒性状和分蘖的基因 *TaGASR7* 和 *TaDEP1* 进行编辑，结果在 T_0 代即可获得小麦纯合敲除突变体，且突变体的千粒重和分蘖数明显增加，但株高降低[319]。小麦也是首先成功应用 CRISPR/Cas9 系统的作物之一。随后有研究利用该系统将小麦的己糖加氧酶基因（*mox*）和番茄红素脱氢酶基因

(*PDS*)进行了敲除，而且他们还发现利用两个 sgRNA 同时靶定两个相邻的位点对染色体片段的删除更为有效。

(3) 玉米　玉米是一种非常重要的研究遗传现象和基因功能的模式作物。CRISPR/Cas9 系统在玉米中已经有了较多的应用。玉米是最重要的粮饲兼用作物，其籽粒中的植酸占总磷含量的 75%，具有抗消化特性，无法被单胃动物消化，易污染环境。因此，降低玉米籽粒的植酸含量非常重要。Liang 等利用 CRISPR/Cas9 系统对玉米植酸生物合成中的一个催化酶基因即肌醇 1,3,4,5,6-戊基磷酸 2 激酶基因（*ZmIPK1A*）进行编辑，并进行细胞质体瞬时表达分析，结果显示，该基因发生插入和缺失碱基的变异，表明 CRISPR/Cas9 系统可有效诱导其突变，为选育低植酸含量的玉米品种提供新途径。Svitashev 等利用 CRISPR/Cas9 系统敲除玉米的乙酰乳酸合酶基因 *ALS2*，获得了抗磺胺脲成分除草剂的玉米植株[320]。Shi 等同样利用 CRISPR/Cas9 系统获得了玉米 AGROS8 突变体，其对乙烯利的敏感性明显降低，抗旱能力也有所提高，故在干旱胁迫下其籽粒产量仍较高。虽然很多突变体的性状与预期培育品种仍存在一定的差距，但随着基因编辑技术的不断完善，对其进一步进行基因改良，终会获得人们生产所需的高产优质新品种。玉米的 *ARGOS8* 基因是乙烯响应的负调节子，已有研究证明，组成型地过表达该基因可以增加玉米在干旱胁迫下的产量，Sl 等利用 CRISPR/Cas9 系统将玉米的 GOS2 启动子插入到 *ARGOS8* 基因启动子 5′端或直接将该基因自身的启动子替换为 GOS2 启动子，结果获得了在干旱胁迫下产量增加的玉米突变体[321]。

(4) 大豆　大豆是一种重要的油料和蛋白作物，含有多种对人体有益的生物活性物质。虽然大豆具有重要的经济价值，但是对其遗传和基因组编辑的研究与其他作物相比还存在一定的差距。CRISPR/Cas9 系统为大豆的基因功能研究和应用研究提供了很好的技术工具。针对转入大豆的外源基因 *GFP* 和九个内源基因，利用农杆菌介导法和基因枪转化法分别将 CRISPR/Cas9 系统转入大豆毛胚轴和愈伤组织，均检测到了靶标位点的突变，并且发现基因枪法转化愈伤组织中靶标位点会随着时间的延长发生更多的突变。Tang 等利用 CRISPR/Cas9 系统证明大豆的 *Rj4* 基因并不是以前报道的那样存在一个等位基因，而是发现其在大豆基因组中只存在一个拷贝去控制共生的特异性[322]。

(5) 棉花　棉花纤维和其次生产品在我们的生活和世界经济中发挥着重要的作用。现在广泛种植的棉花品种是异源四倍体棉花，其基因组结构比较大而复杂，非常不利于基因组功能的研究和转基因育种。以前主要通过 RNAi 和过表达的方式研究棉花的基因功能，随着棉花基因组测序工作的完成，我们可以选择更多的生物学工具去研究棉花的基因组功能。最近，有报道利用 CRISPR/Cas9 系统敲除了陆地棉的 *MYB25* 基因，研究者将两个 sgRNA 构建到同一个表达载体上[323]，通过农杆菌介导法转化愈伤组织，结果发现，两个靶标位点均发生了碱基的缺失，而且还发现两个靶标位点间的染色体片段也发生了删除。Madhusudhazla 等利用转入棉花的报告基因 P 研究了 CRISPR/Cas9 系统在棉花基因组编辑中的作用。

(6) 高粱　目前，关于 CRISPR/Cas9 系统在高粱基因组编辑中的应用只有一篇报道，研究者利用该系统将转入高粱基因组发生移码突变的报告基因 *YFP* 编辑成了有活性的 *YFP* 基因[324]。

6.5.5.3　昆虫领域的应用

自2013年成功地将CRISPR/Cas9系统应用于真核生物细胞以来，该技术已经被广泛应用于各种生物中。CRISPR/Cas9作为一种强大的基因编辑系统，已经成为科学研究的有力工具。同时，研究者们利用天才般的想象力不断完善CRISPR/Cas9系统并拓展其应用领域。迄今为止，利用CRISPR/Cas9系统已经在果蝇、家蚕、蚊子和蝴蝶等昆虫中开展了研究并取得了一定的成果。

黑腹果蝇（*Drosophila melanogaster*）作为奠定经典遗传学基础的重要模式生物之一，对其染色体的组成、基因编码和定位的认识，是其他生物无法比拟的。因此，基于清晰的遗传背景和便捷的遗传操纵，Gratz等首次尝试将CRISPR/Cas系统应用于果蝇，分别在yellow基因5′端和3′端设计了2个gRNA位点，分子检测表明该基因发生了4.6kb的大片段删除[325]。同年，Yu等将位于Y染色体上的基因*kl-3*成功敲除，且其敲除效率高达100%，由此证明CRISPR/Cas系统不仅对常染色体上的基因靶位点有效，而且对性染色体上的位点同样高效[326]。

家蚕（*Bombyx mori*）作为一种泌丝结茧类昆虫，具有悠久的驯化历史和很高的经济价值。家蚕作为研究鳞翅目昆虫的模式生物，许多学者利用CRISPR/Cas9系统对其进行基因编辑，从而实现探究基因功能和预防蚕病的目的。Wang等首次在家蚕中成功应用CRISPR/Cas9系统，以*BmBLOS2*为靶基因，设计了针对*BmBLOS2*基因的两个靶位点，通过显微注射，将编码Cas9和sgRNA的mRNA混合注射进家蚕胚胎，获得了高突变率的可遗传的家蚕突变体，且在基因组上实现了大片段删除[327]。Liu等以*BmBLOS2*基因为靶标，将带有核定位信号的Cas9表达载体和sgRNA表达载体共转染BmN细胞，经检测发现，CRISPR/Cas9系统能有效介导BmN细胞内的基因编辑，并且能实现多个基因的编辑[328]。由于受RNA Pol Ⅲ启动子的限制，sgRNA的靶位点设计通常是以GN19NGG或GGN18NGG的形式进行的，也因此限制了该系统在基因组上找到最佳靶位点的范围。针对这一问题，Zeng等对CRISPR/Cas9系统在家蚕中的应用进行了优化，以U6启动子为例，在家蚕中设计了以A、T、C、G为起始碱基的靶位点序列，分析发现N20NGG能实现在细胞及个体水平的特异性敲除，并可稳定遗传[329]。此外，研究人员以*Bm-ok*、*BmKMO*、*BmTH*、*Bmtan*和*Bm-Wnt1*为靶位点，将Cas9和SgRNA以mRNA的形式注射进胚胎，实现了靶基因的定点编辑。为了进一步提高CRISPR/Cas9系统在家蚕中的敲除效率，Ma等将在驱动Cas9表达的启动子前加上HR3 enhancer，敲除效率提高3.5倍，同时，为了拓宽编辑位点在基因组上的范围，研究者将SpCas9替换成SaCas9和AsCpf1，以*BmBLOS2*为靶位点，统计表明，SpCas9的敲除效率从9.30%～14.13%不等，AsCpf1的敲除效率在8.7%～16.7%之间，SaCas9的敲除效率为11.9%[330]。病毒病作为蚕业生产上危害最为严重的疾病，培育抗性品种应对蚕病是目前有效的策略之一。Chen等将*BmNPV*中early-1(ie-1)和me53为靶标，用piggybac转座子在家蚕中导入Cas9和gRNA，形成稳定转基因系，分析表明，能有效编辑*BmNPV*基因组，并抑制*BmNPV*在家蚕体内的复制和扩散[331]。

蚊子作为传播各类疾病的媒介，与人类的健康息息相关。Dong等利用CRISPR/Cas9系统以ECFP为靶标，将ECFP转基因系蚊子中的*ECFP*基因破坏，获得相应的突变体，突变率为5.5%[332]；Kistler等通过改进CRISPR/Cas9系统以及调整Cas9浓度，将突变效率提升至24%[333]；Hall等应用CRISPR/Cas9系统对Nix进行研究，发现昆虫中第一个M因子[334]。在蝴蝶中，对*Abd-B*敲除后，高达92.5%个体出现突变表型[335]；对生物钟基因*cry2*和*clk*敲除后，得到可遗传突变后代，同时说明*clk*能影响蝴蝶在迁移过程中的生理节律[336]。

中国科学院北京生命科学研究院康乐等[337]成功应用了CRISPR/Cas9系统诱导迁徙蝗虫（*Locusta migratoria*）的目标遗传突变，设计了gRNA的靶序列，以破坏蝗虫中气味受体的基因。南京农业大学吴益东等[338]通过使用CRISPR/Cas9基因组编辑系统，成功地敲除了对棉铃虫的Cry1Ac敏感的SCD菌株的HaCad，为HaCad作为Cry1Ac的功能受体提供了反向遗传学证据。福建农林大学尤民生等[339]发现对小菜蛾的*Pxabd-A*基因编辑在G_1个体中诱导了一系列的基因插入和缺失，为后续的基因组编辑提供了基础。南京农业大学董双林等[340]基于基因体内功能研究的CRISPR/Cas9系统，在RNAi方法不能有效作用于鳞翅目昆虫的情况下，表征了在雌性信息素的感知中起着重要作用的斜纹夜蛾*SlitPBP3*基因。

6.5.5.4 畜牧领域的应用

CRISPR技术在畜牧领域的应用目前主要集中在改良品质、提高抗病能力、生物反应器等方面。在品质改良上，Crispo等利用CRISPR/Cas9人工改造了双臀肌羊的*MSTN*基因，使其肌肉含量提高了20%以上。Wang等利用CRISPR/Cas9获得了MSTN双等位基因敲除猪，所获得的基因编辑猪表现出了“双肌”表型。在抗病能力提升上，蓝耳病是对全世界养猪业危害最大的传染病之一，Whitworth等利用CRISPR/Cas9系统获得了分别敲除*CD163*和*CD1D*的基因编辑猪，该基因编辑猪表现出对蓝耳病良好的抗性。作为生物反应器的研发上成果显著[341]，Jeong等利用CRISPR/Cas9技术将人成纤维细胞生长因子基因导入到牛囊胚，在细胞和胚胎水平实现了*hFGF2*基因的稳定表达，为最终获得表达人成纤维细胞生长因子的基因编辑牛奠定了基础。Peng等利用CRISPR/Cas9技术在猪白蛋白的基因区域插入了人白蛋白的编码DNA，使得猪不再产生猪白蛋白，而只产生人白蛋白[342]。

6.5.5.5 医药领域的应用

近几年在医药领域，CRISPR技术的应用主要集中在疾病治疗、药物研发和器官移植等方面。利用CRISPR技术修复突变基因成为疾病治疗的研发重点，主要包括癌症（如白血病、肺癌等）、罕见遗传性疾病（血友病、杜氏肌肉萎缩症、地中海贫血症等）及感染性疾病（艾滋病、乙肝）等。在癌症治疗方面，利用CRISPR/Cas9技术修饰T细胞，进而调动患者的免疫系统，增强肿瘤微环境的抗肿瘤能力，达到杀伤肿瘤细胞的目的。2016年6月，NIH批准美国Juno首个CRISPR应用于人体的临床试验，该试验利用CRISPR技术对癌症患者免疫系统的T细胞进行基因修饰，并将基因修饰后的T细胞输回病人体内，以实现靶向摧毁肿瘤细胞的目的。2016年10月，中国科学家开展了全球首个CRISPR应用人体临床试验，首名患者接受了经CRISPR技术改造的T细胞（敲除PD-J基因）治疗并表示治疗进展顺利。在遗传病治疗方面，研究人员通过从患者体内分离血细胞，体外利用CRISPR/Cas9基因编辑技术治疗镰状细胞病（SCD）和地中海贫血，为血液病的治疗提供了新的思路和方法。

CRISPR技术在药物靶点的筛选方面也发挥着重要的作用。通过与库中的sgRNA和筛选标记结合在一起，可以快速地筛选出全基因组范围内潜在的靶点基因。科学家们在刚地弓形虫细胞中进行了全基因组范围的CRISPR/Cas9筛选，并找到了潜在的影响寄生虫的必需基因，在RNF43突变的胰腺导管腺癌（PDAC）细胞中进行了全基因组范围的CRISPR/Cas9筛选，借此寻找治疗相应疾病的潜在基因药物。

在器官移植方面，猪被认为是人体异种器官来源的首选动物，通过基因编辑来解决猪器官用于人类存在免疫排斥反应和猪内源性逆转录病毒的风险是当前的研发重点之一。2015年，来自哈佛大学等的研究人员利用CRISPR/Cas9对基因工程化的猪在62个位点进行了遗传编辑，之后就可以钝化猪基因组中的天然的反转录病毒。这一技术或将为患者和临床医生带来巨大的希望。

6.5.5.6 其他应用领域

CRISPR技术除了在农业、生命科学和医药领域有着广泛的应用之外，在能源、物种保护、分子检测、模拟记忆储存等领域的应用也取得了一定的进展。

（1）能源方面 加州大河滨分校利用CRISPR技术编辑了解脂耶酵母中的基因，提高了酵母生成这些产物的能力，这种酵母将糖转化为可用于替代石油的脂肪和油，为可持续生物燃料的发展提供了一定的条件。中国科学院青岛能源所徐健团队以微拟球藻作为底盘生物，建立了基于Cas9-gRNA的工业产油微藻基因组编辑技术，该技术有助于鉴定微拟球藻基因组上各编码或非编码位点的功能，对于能源微藻的分子育种将产生深远的影响。

（2）物种保护方面 加州大学圣克鲁斯分校BenNovak等将灭绝的候鸽博物馆标本DNA与现存鸽子进行序列比对，并通过CRISPR技术尝试对现存鸽子进行基因改造，以使这些鸽子变得更接近灭绝的候鸽。

（3）分子检测方面 张锋等改造了靶向RNA的CRISPR系统，使其成为快速、便宜且高度灵敏的诊断工具，该工具能够指示目标RNA或DNA分子中单分子的存在，未来可被用于应对病毒和细菌爆发，监测抗生素耐药性和癌症。另外，用CRISPR编辑蚊子基因组，使其获得特异抗体控制疟原虫传播，提高鱼类的生长速度和抗低温能力的应用，宠物大小、毛色定制化等的研究和应用也在不断展开。

6.5.6 CRISPR技术的前景与展望

（1）CRISPR技术系统应用领域将不断拓宽 CRISPR技术的发展初期，主要集中在生命科学基础研究、医药与农业领域。随着科学技术的不断发展，CRISPR技术体系的完善升级，其应用领域也在逐渐拓展，能源、环保、健康等领域的应用将会迅速铺开。同时，该技术将不断与其他类型的技术相融合，如与基因测序、基因表达的分析、疾病的模型、药物递送等技术相结合，使得这些技术的应用领域更加广泛。CRISPR技术将在基因功能解析、靶向药物研制、人类疾病动物模型的创建、人类基因治疗以及家畜育种等方面发挥重要作用，具有广阔的应用前景。另外，研究表明，CRISPR系统还参与细菌生长代谢的调控，这说明CRISPR系统的功能还有更多拓宽的可能，对于技术本身的研究还需要更加深入，以期在更加广阔的领域中加以应用。

（2）CRISPR技术系统将不断完善 虽然CRISPR技术近年来发展迅猛，但其技术效能仍然存在一些问题，科研人员正通过改造修饰编辑蛋白、使用直系同源酶、利用物质辅助等一系列措施来完善该技术。完善方向主要有：①致力于进一步提高该技术的修复精确性，拓展目前仅限于将胞嘧啶更换为胸腺嘧啶的局限性，以期能实现对核苷酸更加精确随意的替换；②打破PAM（protospacer adjacent motif，PAM）识别序列的限制，通过对复合蛋白改造和扩大PAM识别范围，进一步扩大CRISPR/Cas技术的应用范围；③通过改造蛋白复合体提高与靶向序列的精准结合，或改变sgRNA的长度，增加sgRNA的稳定性来降低脱靶现象；④突破马赛克现象（mosacism），解决基因编辑时出现的带有不同编辑类型的嵌合个体；⑤加强CRISPR系统对不同物种和不同基因进行编辑时的稳定性和普适性。

（3）CRISPR技术知识产权保护难题有待解决　CRISPR技术在不断创新的同时，围绕该技术的核心专利争夺战最终尘埃落定。美国专利及商标局认为，麻省理工学院和哈佛大学的博德研究所张锋等申请的CRISPR基因编辑专利在有核细胞（如人类细胞）领域应用具有独创性，与加州大学伯克利分校Jennifer Doudna等所持有的CRISPR专利不相冲突，双方均可持有各自的专利权。抛开专利申请规则可能带来的后果，CRISPR是源于细菌及古菌中的一种后天性免疫系统，本身并不能实现专利保护。科学家通过人为改造细菌中自然存在的CRISPR/Cas9系统，利用该技术来增加、修改或者删除相应的DNA序列完成基因编辑，故科研人员利用该系统原理实现独特创新的科研成果可以申请专利保护。但同时，利用CRISPR剪切后，基因通过自我修复程序自动把剪切留下的空档连接上，如果不涉及外源的基因或其他外源遗传物质加入，所获得的生物就没有任何标记可以证明它来自CRISPR编辑技术。其产生的基因编辑生物与突变育种获得的生物在结果上看并无差别，这就为该技术的知识产权保护带来了难题。

（4）CRISPR技术应用的安全监管亟待加强　科学家对CRISPR技术应用的安全性主要包括以下几个方面。一是该技术的快速推进可能引发的伦理问题。如科学家利用CRISPR改造人类胚胎引发了关于是否以及如何使用CRISPR使人类基因组产生可遗传的变异的激烈争辩。二是对自然界中的生物体过度的基因编辑来获取某些性状将可能扰乱整个生态系统的平衡。三是基因编辑技术可以在不引入标记基因的情况下插入某些特定基因，但就目前的检测手段来说，无法获知插入的基因信息，这为后续的安全监管带来技术难题。鉴于上述问题，后续需要提出全球范围的一个监管框架，来指导与约束利用CRISPR技术进行基因操作的研究及产业化等各个环节。

6.5.7 结语

CRISPR/Cas9系统正在成为强有力的基因编辑工具。其优势在于快速、高效、适用范围广。将其应用于各类真核系统，将有助于对细胞关键分子机制的理解，构造疾病模型，以及药物研发和基因治疗的发展。

随着相关研究的进展，2类CRISPR-Cas系统及各种亚型的探索已有长足进展。除上述2型Cas9系统，近期的研究表明，利用Cas12（Cpf1或C2c1）的Ⅴ型系统及含有Cas13（C2c2）的Ⅵ型系统也可进行基因编辑，且在某些情况下具有比Cas9更高的效率。

此外，近两年还发展出了基于CRISPR系统的碱基编辑，利用胞嘧啶脱氨酶，通过诱导C-T转变或胞嘧啶的多样性改变实现特定碱基的编辑，进一步扩展了CRISPR的应用前景。

近年来关于靶向特异性与编辑效率的提高已进展颇多，通过氨基酸残基的突变改变Cas9构象，以及利用NHEJ的修复策略进行基因敲入等都为CRISPR/Cas9技术的优化带来了新的思路。但随着该技术未来在研究及实际过程中的应用，这两大关键问题仍是关系到安全与效果的关键因素，值得引起研究者的注意，并开展更加深入的研究。相信随着

CRISPR/Cas9 技术的不断革新和优化，它将为农药、功能生物学、生物技术和基因治疗等各领域带来新的契机。

参考文献

[1] 郑冬梅．中国生物农药产业发展研究[D]．福建：福建农林大学，2006.

[2] 罗印．农家科技旬刊，2016（4）：63.

[3] 战兴花．中国新技术新产品，2011（10）：238.

[4] 朱昌雄，杨怀文．第三届全国绿色环保农药新技术、新产品交流会暨第二届全国生物农药研讨会报告集，2004.

[5] 沈寅初，张一宾．生物农药．北京：化学工业出版社，2000.

[6] 张兴，马志卿，李广泽，冯俊涛．西北农林科技大学学报，2002，30（2）：67.

[7] 朱昌雄．上海环境科学，2002，21（11）：654.

[8] 徐伟松，钟国华，胡美英．昆虫天敌，2001，23（2）：70.

[9] 陆建中，林敏，邱德文．植物保护，2007，9（4）：22.

[10] 顾宝根，何艺兵．植保技术与推广，2001，21.

[11] 朱昌雄，孙动园，蒋细良．现代化工，2004，24（3）：6.

[12] Larry L M，Richard E S. J Agric Food Chem，2002（50）：6605.

[13] Mark E W，Byron A. Arch Insect Biochem Phys，2003，54：200.

[14] 王勇，贺秉军．农药科学与管理，2006，27（2）：45.

[15] 王淑敏．安徽农业科学，2008，36（161）：6849.

[16] 袁善奎，刘亮，王以燕，等．农药，2016，55（7）：480.

[17] 王爱军，袁丛英．河北化工，2006（1）：54.

[18] 袁善奎，王以燕，师丽红，等．中国生物防治学报，2018，34（1）：1.

[19] 邱德文．植物保护，2013，39（5）：81.

[20] 钱旭红，李正名，沈寅初，等．关于加强国家农药创新与应用的建议中国工程院院士建议，2013，253（13）．

[21] 中国国际贸易促进委员会．中国生物产业发展报告．北京：化学工业出版社，2012.

[22] 国家发展和改革委员会高技术产业司，中国生物工程学会．中国生物产业发展报告．北京：化学工业出版社，2012.

[23] 邱德文．中国生物防治学报，2015，31（5）：679.

[24] 田志环．河北农业科学，2008，12（3）：73.

[25] 马永生，韩德伟，韩秋香．吉林农业科学，2007，32（4）：43.

[26] 邱德文．植物保护，2007，33（5）：27.

[27] Sparks T C. Pestic Biochem Phys，2013，107（1）：8.

[28] 张启发．华中农业大学学报（社会科学版），2010，33（1）：75.

[29] Wheeler W B. Pesticides in Agriculture and the Environment. Amsterdam：CRC Press，2002.

[30] Committee on the Future Role of Pesticides in US Agriculture. National Academy Press，2000，7（3）：179.

[31] CropLife. www. croplifeamerica. org.

[32] Wheelock C E，Miyagawa H. J Pestic Sci，2006，31（3）：240.

[33] Stetter J. Regul Toxicol Pharm，1993，17（3）：346.

[34] Metcalf R L. Annu Rev Entomol，1980，25（1）：219.

[35] 2017年中国转基因行业发展状况分析．www. chyxx. com/industry/201708/554158. html.

[36] 2016年全球转基因种植现状．www. chyxx. com/industry/201608/443630. html.

[37] Musser F R，Shelton A M. J Econ Entomol，2003，96：71.

[38] Olsen K M，Daly J C. J Econ Entomol，2000，93：1293.

[39] Perlak F J，Deaton R W，Armstrong T A，et al. Bio Technol，1990（8）：939.

[40] Koziel M G，Beland G L，Bowman C，et al. Bio Technol，1993，36（11）：194.

[41] Fischhoff D A，Bowdish K S，Perlak F J，et al. Bio Technol，1987（5）：807.
[42] Fujimoto H，Itoh K，Yamamoto M，et al. Bio Technol，1993（11）：1151.
[43] Wuhn J，Kloti A，Burkhardt P，et al. Bio Technol，1996，14：171.
[44] Nayak P，Basu D，Das S，et al. Proc Nat Acad Sci USA，1997，94：2111.
[45] Ghareyazie B，Alinia F，Menguito C A，et al. Mol Breeding，1997，3：401.
[46] Alam M F，Datta K，Abrigo E，et al. Plant Cell Rep，1999，18：572.
[47] Datta K，Vasquez A，Tu J，et al. Theor Appl Genet，1998，97：20.
[48] McBride K E，Svab Z，Schaaf D J，et al. Bio Technol，1995，15：362.
[49] Becker N，Rettich F. J Am Mosquito Contr Assoc，1994，10：527.
[50] Federici B A. Academic Press，1999：519.
[51] Carlton B C，Gawron B C. Advanced Engineered Pesticides，1993：43.
[52] Peferoen M. Plant Genetic Manipulation for Crop Protection，1992：135.
[53] Dankocsik C，Donovan W P，Jany C S. Mol Microbiol，1990，4：2087.
[54] 伍宁丰，孙芹，姚斌，等 . 生物工程学报，2000，16（2）：129.
[55] Delannay X，La V，Dodson R B，et al. Bio Technol，1989，7：1265.
[56] Koziel M G，Beland G L，Bowman C，et al. Bio Technol，1993，11：194.
[57] Tu J，Zhang G，Datta K，et al. Nat Biotechnol，2000，18：1101.
[58] Larry L M，Richard E S. J Agric Food Chem，2002，50：6605.
[59] Duan X L，Li X G，Xue Q Z，et al. Nat Biotechnol，1996，14：494.
[60] Xu D，Xue Q，McElroy D，et al. Mol Breeding，1996，2：167.
[61] Marchetti S，Delledonne M，Fogher C，et al. Theor Appl Gen，2000，101：519.
[62] Shade R E，Schroeder H E，Pueyo J J，et al. Bio Technol，1999，12：793.
[63] Rao K V，Rathore K S，Gatehouse J A，et al. Plant J，1998，14：469.
[64] Bell H A，Fitches E C，Marris G C，et al. Transgenic Res，2001，10：35.
[65] Ding X，Gopalakrishnan B，Johnson L B，et al. Transgenic Res，1998，7：77.
[66] Kramer K J，Morgan T D，Throne J E. Nat Biotechnol，2000，18：670.
[67] Sugita K，Matsunaga E，Kasahara T，et al. MolBreeding，2000，6：529.
[68] De C B，Moar W，Lee S B，et al. Nat Biotechnol，2001，19：71.
[69] Wimmer E A. Nat Rev Genet，2003，4：225.
[70] James C. ISAAA Briefs，1997，5.
[71] 王园园，王敏 . 农业生物技术学报，2018，26（1）：167.
[72] 瞿宏杰 . 襄樊职业技术学院学报，2005，4（6）：4.
[73] 强胜，宋小玲 . 农业生物技术学报，2010，18（1）：114.
[74] 郭葆玉 . 药物生物技术，2008（2）：137.
[75] 苏丹 . 内蒙古煤炭经济，2006（2）：100.
[76] 徐滔明，孙书娥，谭新球，等 . 湖南农业科学，2014（7）：45.
[77] Jayachandran B，Hussain M，Asgari S，et al. J Virol，2012，86（24）：13729.
[78] Wang X H，Aliyari R，Li W X，et al. Sci Signal，2006，312（5772）：452.
[79] Siomi H，Siomi M C. Nature，2009，457（7228）：396.
[80] Winter J，Jung S，Keller S，et al. Nat Cell Biol，2009，11（3）：228.
[81] Jinek M，Doudna J A. Nature，2009，457（7228）：405.
[82] Ketting R F. Dev Cell，2011，20（2）：148.
[83] Cenik E S，Fukunaga R，Lu G，et al. Mole Cell，2011，42（2）：172.
[84] Sijen T，Fleenor J，Simmer F，et al. Cell，2001，107（4）：465.
[85] Dalmay T，Hamilton A，Rudd S，et al. Cell，2000，101（5）：543.
[86] Katoch R，Sethi A，Thakur N，et al. Appl BiochemBiotech，2013，171（4）：847.

[87] Rother S, Meister G. Biochimie, 2011, 93 (11): 1905.
[88] Seggerson K, Tang L, Moss E G. Dev Biol, 2002, 243 (2): 215.
[89] Timmons L, Fire A. Nature, 1998, 395 (6705): 854.
[90] Jose A M, Kim Y A, Leal-Ekman S, et al. Proc Nat Acad Sci USA, 2012, 109 (36): 14520.
[91] Winston W M, Molodowitch C, Hunter C P. Science, 2002, 295 (5564): 2456.
[92] Jose A M, Hunter C P. AnnuRevGenet, 2007, 41: 305.
[93] Shih J D, Hunter C. RNA, 2011, 17 (6): 1057.
[94] Feinberg E H, Hunter C P. Science, 2003, 301 (5639): 1545.
[95] Calixto A, Chelur D, Topalidou I, et al. Nat Methods, 2010, 7 (7): 554.
[96] Jose A M, Smith J J, Hunter C P. Proc Nat Acad Sci USA, 2009, 106 (7): 2283.
[97] Rocheleau C E. Current Biol, 2012, 22 (20): 873.
[98] Winston W M, Sutherlin M, Wright A J, et al. Proc Nat Acad Sci USA, 2007, 104 (25): 10565.
[99] Whangbo J S, Hunter C P. Trends Genet, 2008, 24 (6): 297.
[100] Tomoyasu Y, Miller S C, Tomita S, et al. Genome Biol, 2008, 9 (1): 10.
[101] Kobayashi I, Tsukioka H, Komoto N, et al. Insect Biochem Mole, 2012, 42 (2): 148.
[102] Mon H, Kobayashi I, Ohkubo S, et al. RNA Biol, 2012, 9 (1): 40.
[103] Xu J, Yoshimura K, Mon H, et al. Mole Biotechnol, 2014, 56 (3): 193.
[104] Luo Y, Wang X, Yu D, et al. RNA Biol, 2012, 9 (5): 663.
[105] Xu W, Han Z. J Insect Sci, 2008, 8: 30.
[106] Aronstein K, Pankiwi T, Saldivar E. J Insect Sci, 2006, 45 (1): 20.
[107] Boisson B, Jacques J C, Choumet V, et al. FEBS Lett, 2006, 580 (8): 1988.
[108] Saleh M C, VanRij R P, Hekele A, et al. Nat Cell Biol, 2006, 8 (8): 793.
[109] Roignant J Y, Carre C, Mugat B, et al. RNA Biol, 2003, 9 (3): 299.
[110] Ulvila J, Parikka M, Kleino A, et al. J Biol Chem, 2006, 281 (20): 14370.
[111] Xu J, Nagata Y, Mon H, et al. Appl Microbiol Biot, 2013, 97 (13): 5921.
[112] Tomoyasu Y, Denell R E. Dev Genes Evol, 2004, 214 (11): 575.
[113] Chen X, Tian H, Zou L, et al. B Entomol Res, 2008, 98 (6): 613.
[114] Arakane Y, Muthukrishnan S, Kramer K J, et al. Insect Mole Biol, 2005, 14 (5): 453.
[115] Araujo R N, Pinto F S, Gontijo N F, et al. Insect Biochem Mole, 2006, 36 (9): 683.
[116] Turner C T, Davy M W, MacDiarmid R M, et al. Insect Mole Biol, 2006, 15 (3): 383.
[117] Zhao Y, Yang G, Wang P G, et al. Eur J Entomol, 2008, 105 (5): 815.
[118] Pitino M, Coleman A D, Maffei M E, et al. PLoS One, 2011, 6 (10): 25709.
[119] Mao Y B, Cai W J, Wang J W, et al. Nat Biotechnol, 2007, 25: 1307.
[120] Shakesby A J, Wallace I S, Isaacs H V, et al. Insect Biochem Mole, 2009, 39: 1.
[121] Mutti N S, Park Y, Reese J C, et al. J lnsect Sci, 2006, 6: 1.
[122] Wang Y, Zhang H, Li H, et al. PIoS One, 2011, 6 (4): 18644.
[123] Baum J A, Bogaert T, Clinton W, et al. NatBiotechnol, 2007, 25: 1322.
[124] 王晖，张珉，张小红，等. 中国农业科学，2012，45 (17)：3463.
[125] Kumar M, Gupta G P, Rajam M V. J Insect Physiol, 2009, 55: 273.
[126] Kennerdell J R, Carthew R W. Cell, 1998, 95 (7): 1017.
[127] Misquitta L, Paterson B M. Proc Nat Acad Sci USA, 1999, 96 (4): 1451.
[128] Miller S C, Brown S J, Tomoyasu Y. Dev Genes Evol, 2008, 218: 505.
[129] Tomoyasu Y, Denell R E. Dev Genes Evol, 2004, 214: 575.
[130] Ohnishi A, Hull J J, Matsumoto S. Proc Nat Acad Sci USA, 2006, 103 (12): 4398.
[131] Chen X, Tian H, Zou L, et al. Bull Entomol Res, 2008, 98: 613.
[132] Huvenne H, Smagghe G. J Insect Physiol, 2010, 56: 227.

[133] Gordon K H, Waterhouse P M. Nat Biotechnol, 2007, 25: 1231.
[134] Price D R, Gatehouse J A. Trends Biotechnol, 2008, 26: 393.
[135] Stephanie J P, Gael L T, Joel, et al. BMC Biotechnol, 2007, 7: 63.
[136] Whyard S, Singh A D, Wong S. Insect Biochem Mole, 2009, 39: 824.
[137] 张维，高朝宝，尹秀，等. 江苏农业科学，2013，41（10）：17.
[138] 李晓明，高朝宝，彭明，等. 生物技术通报，2010，8：141.
[139] 陈静，张文庆. http://www.51-lunwen.com/wznr-425.html. 2010.
[140] Zha W J, Peng X X, Chen R Z, et al. PLoS One, 2011, 6 (5): 20504.
[141] 王欣茹. 褐飞虱精氨酸激酶基因的克隆及其RNAi载体的构建和转化[D]. 武汉：华中农业大学，2012.
[142] 李洁. 抗水稻对褐飞虱抗性研究及褐飞虱 *apterousA* 基因的功能研究[D]. 武汉：华中农业大学，2013.
[143] 刘文文. 与传播水稻条纹病毒相关的灰飞虱蛋白质鉴定与功能研究[D]. 北京：中国农业科学院，2013.
[144] 张倩，鲁鼎浩，韩召军，等. 昆虫学报，2012，55（8）：911.
[145] 贾东升，任堂宇，谢连辉，等. 福建农林大学学报（自然科学版），2013，42（6）：579.
[146] Zhou X, Wheeler M M, Oi F M, et al. Insect Biochem Molec, 2008, 38 (8): 805.
[147] Baum J A, Bogaert T, Clinton W, et al. Nat Biotechnol, 2007, 25: 1322.
[148] Mao Y B, Tao X Y, Xue X Y, et al. Transgenic Res, 2011, 20: 665.
[149] Chitwood D J. Pest Manag Sci, 2003, 59 (6-7): 748.
[150] Fraser A G, Kamath R S, Zipperlen P, et al. Nature, 2000, 408 (6810): 325.
[151] Qadota H, Inoue M, Hikita T, et al. Gene, 2007, 400 (1-2): 166.
[152] Zipperlen P, Fraser A G, Kamath R S, et al. Embo J, 2001, 20 (15): 3984.
[153] Bakhetia M, Charhon W L, Urwin P E, et al. Trends Plant Sci, 2005, 10 (8): 362.
[154] Lee S S, Lee R Y N, Fraser A G, et al. Nat Genet, 2003, 33 (1): 40.
[155] Lehner B, Crombie C, Tischler J, et al. Nat Genet, 2006, 38 (8): 896.
[156] Bakhetia M, Charhon W L, Urwin P E, et al. Trends Plant Sci, 2005, 10 (8): 362.
[157] Piano F, Schetter M, Morton D G, et al. Curt Biol, 2002, 12 (22): 1959.
[158] Fraser A G, Kamath R S, Zipperlen P, et al. Nature, 2000, 408 (6810): 325.
[159] Bird D M. Curr opin Plant Biol, 2004, 7 (4): 372.
[160] Cramer C J, Weissenboru D L, Cottinghall C K, et al. J Nematol, 1993, 25: 507.
[161] Opperman C H, et al. Advances in molecular plant nematology. Boston MA: Springer, 1994: 221-230.
[162] 王高峰，冯欣，彭德良，等. 生物技术通报，2008（5）：75.
[163] 燕照玲，段俊枝，冯丽丽，等. 南方农业学报，2017，48（12）：2136.
[164] 杨煜，郭晓，郭宝太，等. 华北农学报，2014，29（1）：73.
[165] RNA干扰技术收获批准作为杀虫剂使用. http://www.agriChem, cn/n/2017/07/11/153114639094.shtml.
[166] 韩熹莱. 中国农业大百科全书（农药卷）. 北京：农业出版社，1993.
[167] 罗敏. 河北工业科技，2003，20（5）：54.
[168] 周仕涛. 西南农业学报，2004，17（4）：525.
[169] 唐英. 西南民族大学学报（自然科学版），2003，29（3）：363.
[170] 郭晓庄. 有毒中草药大辞典. 天津：天津科技翻译出版公司，1991：453.
[171] 黄超培，赵鹏. 国外医学卫生学分册，2005，32：6.
[172] 黄超培，赵鹏. 毒理学杂志，2006，20：3.
[173] 刘素颀，刘春霖. 广西中医药，1989，12（1）：10.
[174] 全国中草药汇编编写组. 全国中草药汇编. 北京：人民卫生出版社，1976：473.
[175] 商燕用. 解剖学报，2006，3：37.
[176] 石和荣，马江耀. 水产科技情报，2001，28（2）：71.
[177] 王用平. 中草药，1986，17（12）：24.
[178] 王维亮. 医师进修杂志，1982，6：24.

[179] 王浴生．中药药理与应用．北京：人民卫生出版社，1983.
[180] 徐汉虹．杀虫植物与植物性杀虫剂．北京：中国农业出版社，2001.
[181] 徐逸懦．上海中医药杂志，1981，12：27.
[182] 杨黠，董兆君，范舒．疾病控制杂志，2005，9（2）：521.
[183] 姚玉娜，刘萍，王淑娥．癌变畸变突变，2004，16（2）：110.
[184] Gao H M，Hong J S，Zhang W，et al. J Neurosci，2003，23：1228.
[185] Kingsbury A E，Mardsen C D，Foster O J. Mov Disord，1998，13：877.
[186] Sherer T B，Betarbet R，Kim J H，et al. Neurosic Lett，2003，341：87.
[187] Sherer T B，Trimmer P A，Borland K，et al. Brain Res，2001，891：94.
[188] 涂伟松，周利娟，胡美英．农药科学与管理，2001，22（2）：30.
[189] 龙楹光，叶春芝．农药，1991，30（1）：7.
[190] 王绪卿，陈君石，赵云峰．环境化学，1997，16（2）：159.
[191] 王绪卿，陈君石，林媛兵．卫生研究，1990，19（4）：18.
[192] 孙洪进．北方蚕业，2001，22（2）：31.
[193] 叶菁，王绪卿，朱家琦．卫生研究，1994，23（3）：157.
[194] 唐周怀，陈川，石勇强．华东昆虫学报，2005，14（1）：21.
[195] Harvey A L，Bradley K N，Cochran S A，et al. Toxicon，1998，36（1）：1635.
[196] McDonough S l，Miniz I M，Bean B P. J Phys Chem C，1997，72（5）：2117.
[197] 赖仞，查宏光，张云．动物学研究，2000，21（6）：499.
[198] 楹明，芦荣胜．生物学教学，1991（1）：39.
[199] 徐豫松，徐俊．中国蚕业，2001，22（1）：56.
[200] 张一宾．农药译丛，1993，15（2）：24.
[201] 顾学斌，徐诚译，亦冰，校．农药译丛，1996，18（4）：54.
[202] 李荣坡，钱旭红．农药，1999，38（12）：1.
[203] 腾宏，康振华，毕强．世界农药，2001，23（2）：24.
[204] 芝中安彦，藤田典久．农药译丛，1993，15（3）：23.
[205] 吴文伟，何成兴，罗雁婕．云南农业科技，2003（增刊）：1670.
[206] 沈兆鹏．粮油科技与经济，1994（2-3）：22.
[207] 鲁玉杰，张孝羲．昆虫知识，2001，38（4）：262.
[208] 程志明．上海化工，2003（9）：7.
[209] 王惠．陕西林业科技，1990（1）：21.
[210] 徐逸楣．农药译丛，1997，19（5）：7.
[211] 杜家纬．中国科学院院刊，1991（4）：326.
[212] 刘孟英．昆虫知识，1994，31（1）：56.
[213] Jleolle K B. 化学生态物质，1991（1）：30.
[214] 高长启，孙中慧，宁福强．吉林林业科技，2001，30（1）：1.
[215] 孟宪佐．生物学通报，1997，32（3）：46.
[216] 孟宪佐．昆虫知识，2000，37（2）：75.
[217] 王香萍，张钟宁．昆虫知识，2004，41（4）：295.
[218] 薛贤清，吕文德．广东林业科技，1990（4）：1.
[219] 杜家纬．植物生理学报，2001，27（3）：193 .
[220] 李蹈．福建果树，1996（1）：21.
[221] 胡霞，苑艳辉，姚卫容，等．农药，2005，44（2）：49.
[222] 惠丰立，夏敏，梁子安．植物保护，2003，29（3）：9.
[223] 孟小林，徐进平，张俊杰，等．农药微生物研究及产业化进展，2004，14（6）：157.
[224] 孙明，刘子铎，李林，等．微生物农药及其产业化，2000，31（9）：35.

[225] 谭云峰，田志来．吉林农业科学，2005，30（3）：62.
[226] 喻子牛．微生物农药及其产业化．北京：科学出版社，2000.
[227] 郑景辉．中国公共卫生学报，1990，9（1）：41.
[228] Drobniewski F A. J Appl Bacteriol，1994（76）：101.
[229] McClintock J T，Schaffer C R，Sjoblad R D. Pestic Sci，1995（45）：95.
[230] Semalulu S S，MacPherson J M，Scheifer H B. J Vet Med B，1992（39）：81.
[231] Siegel J P，Lacey L A. San Diego：Academic Press，1997：325.
[232] 喻子牛．苏云金杆菌．北京：科学出版社，1990.
[233] 戴莲韵，王学聘．苏云金芽孢杆菌研究进展．北京：科学出版社，1997.
[234] 高立起，孙阁，等．生物农药集锦．北京：中国农业大学出版社，2009.
[235] 关雄．苏云金杆菌 8010 的研究．北京：科学出版社，1997.
[236] Vachon V，Laprade R，Schwartz J，et al. J InvertebrPathol，2012，1：1.
[237] 黄小红，陈清西，王君，等．应用与环境生物学报，2004，10（4）：771.
[238] Sowjanya S K，Ajit V. Biocontrol of Lepidopteran Pests. Switzerland：Springer International Publishing，2015.
[239] 彭琦，周子珊，张杰．中国生物防治学报，2015（5）：712.
[240] 邵宗泽，喻子牛．生物工程进展，2001（6）：38.
[241] Ferré J E，Baltasar B Y，et al. Fems Microbiol Lett，1995：1.
[242] 蔡峻，任改新．微生物学报，2002（4）：514.
[243] 陈丽珍，林毅，张杰．植物保护，2009（1）：8.
[244] Néstor R I，Leticia M F.　J Appl Toxicol，2016，36：630.
[245] 张丽丽，梁革梅，曹广春，等．环境昆虫学报，2010（4）：525.
[246] 李今煜，陈小旋，关雄．农业生物技术学报，2002（3）：301.
[247] 付祖姣，周琳，李敏，等．微生物学杂志，2015（1）：95.
[248] Shu C L，Zhang F J，Huang Y，et al. Sci Sin Vitae，2016，46：548.
[249] Carl E P，Jikun H，Ruifa H，et al. Plant J，2002，4：423.
[250] Chattopadhyay A，Bhatnagar N B，Bhatnagar R. Crit Rev Microbiol，2004，1：33.
[251] Romeis J，Meissle M，Bigler F. Nat Biotechnol，2006，1：63.
[252] Fred S B，Bruce G H，Roy L. Regul Toxicol and Pharm，2000，32：156.
[253] Amina Y，Ahmad A S，et al. J Sci Food Agr，2016，96：2613.
[254] Mark E W，Byron A W. Arch Insect Biochem Physiol，2003，54：200.
[255] Néstor R I，Leticia M F. J Appl Toxicol，2016，36：630.
[256] 李怡萍，梁革梅，仵均祥，等．西北农林科技大学学报（自然科学版），2010（9）.
[257] 王世贵，叶恭银，胡萃．生物技术，2000（5）：27.
[258] Alejandra B，Supaporn L，Sarjeet S G，et al. Insect Biochem Molec，2011，41：423.
[259] Boch J，Schloze H，Landgraf A，et al. Science，2009，326：1509.
[260] Christian M，Cernak T，Doyle T，et al. Genetics，2010，186：757.
[261] Chen K，Gao C. Plant Cell Rep，2014，33：575.
[262] Cong L，Ran F A，Cox D，et al. Science，2013，339：819.
[263] Voytas D F. Plant Biol，2013，64：327；Voytas D F，Gao C. Plos Biol，2014，12：e1001877.
[264] Gaj T，Gersbach C A，Barbas C F. Trends Biotechnol，2013，31：397.
[265] Schiml S，Puchta H. Plant Methods，2016，12：8.
[266] Bogdanove A J，Voytas D F. Science，2011，333：1843.
[267] Mao Y，Zhang Z，Feng Z，et al. Plant Biotechnol J，2015，14：519.
[268] Gao Y，Zhang Y，Zhang D，et al. Acad Sci USA，2015，12（7）：2275.
[269] Ma X，Zhang Q，Zhu Q，et al. Mol Plant，2015，8：1274.
[270] Xie K，Yang Y. Mol Plant，2013，6：1975.

[271] Zhang Y, Chuan Y, Yu B, et al. Mol Plant, 2016, 9: 628.
[272] Gao J, Wang G, Ma S, et al. Plant Mol Biol, 2015, 87: 99.
[273] Zhou H, Liu B, Weeks D P, et al. Nucleic Acids Res, 2014, 42: 10903.
[274] Piatek A, Ali Z, Baazim H, et al. Plant Biotechnol J, 2014, 13: 578.
[275] Fu Y, Sander J D, Reyon D, et al. Nat Biotechnol, 2014, 32: 279.
[276] Müller M, Lee C M, Gasiunas G, et al. Mol Ther, 2016, 24: 636.
[277] Slaymaker I M, Gao L, Zetsche B, et al. Science, 2016, 351: 84.
[278] Bolukbasi M F, Gupta A, Oikemus S, et al. Nat Methods, 2015, 12: 1150.
[279] Trevino A E, Zhang F. Methods Enzymol, 2014, 546: 161.
[280] Wyvekens N, Topkar V V, Khayter C, et al. Hum Gene Ther, 2015, 26: 425.
[281] Martin F, Sánchezhernández S, Gutiérrezguerrero A, et al. Int J Mol Sci, 2016, 17: 1507.
[282] Kim D, Kim S, Kim S, et al. Genome Res, 2016, 26: 406.
[283] Wang J Z, Wu P, Shi Z M, et al. Brain Dev, 2017, 39: 547.
[284] Timin A S, Muslimov A R, Lepik K V, et al. Nanomedicine, 2018, 14: 97.
[285] Zhang X, Li B, Luo X, et al. ACS Appl Mater Inter, 2017, 9: 25481.
[286] DeWitt M A, Corn J E, Carroll D. Methods, 2017, 121-122: 9.
[287] Ma Y, Chen W, Zhang X, et al. RNA Biol, 2016, 13: 605.
[288] He X, Tan C, Wang F, et al. Nucleic Acids Res, 2016, 44: e85.
[289] Suzuki K, Tsunekawa Y, Hernandez B R, et al. Nature, 2016, 540: 144.
[290] Zetsche B, Volz S E, Zhang F. Nat Biotechnol, 2015, 33: 139.
[291] Nihongaki Y, Kawano F, Nakajima T, et al. Nat Biotechnol, 2015, 33: 755.
[292] Hsu P D, Scott D A, Weinstein J A, et al. Nat Biotechnol, 2013, 31: 827.
[293] Vanyushin B F, Ashapkin V V. Bba-Biomembranes, 2011, 1809: 360.
[294] Upadhyay S K, Kumar J, Alok A, et al. Genetics, 2013, 3: 2233.
[295] Hsu P D, Lander E S, Zhang F. Cell, 2014, 157: 1262.
[296] Li C, Unver T, Zhang B. Sci Rep, 2017, 7: 43902.
[297] Sternberg S H, Redding S, Jinek M, et al. Nature, 2014, 507: 62.
[298] Shan Q, Wang Y, Li J, et al. Nat Biotechnol, 2013, 31: 686.
[299] Gilbert L A, Larson M H, Morsut L, et al. Cell, 2013, 154 (2): 442.
[300] Niu Y Y, Shen B, Cui Y Q, et al. Cell, 2014, 156 (4): 836.
[301] 李爽, 杨圆圆, 邱艳, 等. 遗传, 2017, 39 (3): 177.
[302] Kok F O, Shin M, Ni C W, et al. Cell, 2015, 32 (1): 97.
[303] Nakamura T, Gehrke A R, Lemberg J, et al. Nature, 2016, 537 (7619): 225.
[304] Wang Y, Cheng X, Shan Q, et al. Nat Biotechnol, 2014, 32 (9): 947.
[305] Ji X, Zhang H W, Zhang Y, et al. Nat Plant, 2015, 1 (10): 1.
[306] Sun Y W, Zhang X, Wu C Y, et al. Plant, 2016, 9 (4): 628.
[307] Shi J R, Gao H R, Wang H Y, et al. Plant Biotechnol, 2016, 15 (2): 207.
[308] Sun Y W, Zhang X, Wu C Y, et al. Plant, 2016, 9 (4): 628.
[309] Liang Z, Zhang K, Chen K, et al. Genet Genom, 2014, 41 (2): 63.
[310] Shan Q W, Wang Y P, Li J, et al. Natural Biotechnology, 2013, 31 (8): 686.
[311] Xu R, Li H, Qin R, et al. Rice, 2014, 7 (1): 5.
[312] Li M, Li X, Zhou Z, et al. Frontiers in Plant Science, 2016, 7 (12217): 377.
[313] Miao J Y, Guo D S, Zhang J Z, et al. Cell Research. 2013. 5 (123): 15.
[314] Li Q, Zhang X M, Yan C J, et al. Journal of Integrative Plant Biology. 2016, 15 (31): 671.
[315] Xu R, Yang Y, Qin R, et al. Journal of Genetics and Genomics, 2016, 43 (8): 529.
[316] Zhou J, Peng Z, Long J, et al. Molecular Biology, 2015, 82 (15): 632.

［317］ Wang Y，Cheng X，Shan Q，et al. Natural Biotechnology，2014，32（9）：947.
［318］ Shan Q W，Wang Y P，Li J，et al. Natural Biotechnology，2013，31（8）：686.
［319］ Zhang Y，Liang Z，Zong Y，et al. Nature Communications，2016，7（21）：12617.
［320］ Svitashev S，Young J K，Schwartz C，et al. Plant Physiology，2015，169（2）：931.
［321］ Sl J，Gao H，Wang H，et al. Plant biotechnologyjournal，2016，25（19）：561.
［322］ Tang F，Yang S，Liu J，et al. Plant physiology，2016，1（70）：26.
［323］ Li C，Unver T，Zhang B，et al. Scientific reports，2017，15（7）：43902.
［324］ Jiang W，Zhou H，Bi H，et al. Nucleic acids research，2013. 4（1）：188.
［325］ Gratz S J，Cummings A M，Nguyen J N，et al. Genetics，2013，194（4）：1029.
［326］ Yu Z S，Ren M D，Wang Z X，et al. Genetics，2013，195（1）：289.
［327］ Wang Y Q，Li Z Q，Xu J，et al. Cell Res，2013，23（12）：1414.
［328］ Liu Y Y，Ma S Y，Wang X G，et al. Insect BiochemMol Biol，2014，4（9）：35.
［329］ Zeng B S，Zhan S，Wang Y Q，et al. Insect Biochem Mol Biol，2016，72（42）：31.
［330］ Ma S Y，Liu Y，Liu Y Y，et al. Insect Biochem Mol Biol，2017，83（20）：13.
［331］ Chen S Q，Hou C X，Bi H L，et al. J Virol，2017，91（8）：465.
［332］ Dong S Z，Lin J Y，Held N L，et al. Plos One，2015，10（3）：353.
［333］ Kistler K E，Vosshall L B，Matthews B J，et al. Cell Reports，2015，11（1）：51.
［334］ Hall A B，Basu S，Jiang X F，et al. Science，2015，348（6240）：1268.
［335］ Okamoto K W，Robert M A，Gould F，et al. PLoS Negl Trop Dis，2014，8（7）：2827
［336］ Zhang L L，Reed R D，et al. Nat Communicat，2016，7（11）：11769.
［337］ Li Yan，Zhang Jie，Kang Le，et al. Insect Biochemistry and Molecular Biology，2016，7（9）：27.
［338］ Wang J，Zhang H N，Wu Y D，et al. Insect Biochemistry and Molecular Biology，2016，76（17）：11.
［339］ Huang Y P，Chen Y Z，You M S，et al. Insect Biochemistry and Molecular Biology，2016，75（106）：98.
［340］ Zhu G H，Xu J，Dong S L，et al. Insect Biochemistry and Molecular Biology，2016，75（9）：1.
［341］ Whitworth K M，Rowland R R R，Ewen C L，et al. NatBiotechnol，2016，34（1）：20.
［342］ Peng J，Wang Y，Jiang J Y，et al. Sci Rep，2015，5（16705）：1.

第 7 章 总结

7.1 中国农药的发展历史

我国是使用农药最早的国家之一，有着十分悠久的历史。据记载，在公元前 7～公元前 5 世纪，即用牡鞠、莽草、蜃炭灰等灭杀害虫；在公元前 4～公元前 3 世纪，《山海经》中记载用含砷矿物毒鼠；在公元前 32～公元前 7 年，《记胜之书》中谈及用附子、干艾等植物防虫及储存种子等；到公元 200～251 年，东汉用炼丹术制造白砒；在 659 年，《唐本草》中记载了用硫黄杀虫、治疥。在唐代，有用砷化物防治庭园害虫；在明代，李时珍的《本草纲目》中更是介绍了不少具有杀虫功效的中药如砒石、雄黄、百部、藜芦等；相关内容在本书第 1 章中作了详细论述。另外，运用烟草、除虫菊、鱼藨等除虫也拥有相当长的历史并得到了大范围的推广。

到 1930 年，中国浙江省植物病虫防治所建立了药剂研究室，这是最早的农药研究机构。在 1935 年，中国开始使用农药防治棉花、蔬菜蚜虫。1943 年，在四川重庆市江北建立了中国首家农药厂。但在 1946 年前，防治病虫害主要使用无机农药，农药厂所生产的也是一些含砷无机化合物及植物性农药。直到 1946 年，我国才开始小规模生产滴滴涕。

中华人民共和国建立后，中国农药工业得以平稳发展。我国在 1950 年开始生产六六六，并于 1951 年首次用飞机喷洒滴滴涕灭蚊、喷洒六六六治蝗。自 1957 年中国建成了第一家有机磷杀虫剂生产厂——天津农药厂后，才开始了有机磷农药对硫磷（1605）、内吸磷（1059）、甲拌磷、敌百虫等农药的生产。在 20 世纪 60～70 年代，我国的农药企业主要发展有机氯、有机磷和氨基甲酸酯类三类杀虫剂品种。

20 世纪 70 年代初，中国科学院上海有机化学研究所梅斌夫先生研发出乙基大蒜素，该药对甘薯黑斑病有很好的防治效果。上海市农药研究所沈寅初先生研发出抗生素井冈霉素（validamycin A）。井冈霉素是一株在井冈山地区发现的微生物菌株所产生的农用抗生素。25 年来井冈霉素经久不衰，已成为我国农民家喻户晓的生物农药，为我国水稻的高产稳产做出了重大贡献。沈阳化工研究院张少铭先生研发出多菌灵，多菌灵的出现在中国杀菌剂发展史上具有重要的意义。多菌灵是内吸性杀菌剂，国际上内吸性的概念出现在 60 年代中后期，沈阳院1969年合成并筛选出多菌灵，1971年完成中试，1973年生产，比德国BASF公司至少早两年。多菌灵在防治小麦赤霉病中有着重要的作用。此外，多菌灵对粮食作物、蔬菜、果树和多种经济作物病害均有良好的防效。同时期，贵州化工研究所段成刚先生团队研发出杀虫双，该药在防治水稻螟虫上发挥重大作用。到目前为止，杀虫双仍然是防治水稻螟虫的重要品种。上述科研成果是无偿提供给国家、服务于人民的，也没有申请任何知识产权保护。但是时至今日，这些科技成果仍然一直在为我国的农业做出贡献，并在世界农业史上留下浓墨重彩的一笔。

自20世纪70年代后期到80年代，高效、安全的农药新品种不断涌现。1983年，国家停止了高残留有机氯杀虫剂六六六、滴滴涕的生产，取而代之的是有机磷和氨基甲酸酯类农药，并且开始了拟除虫菊酯类及其他杀虫剂的研发项目。同时，甲霜灵、三唑酮、三环唑、代森锰锌、百菌清等高效杀菌剂也相继投产，有效地控制了水稻、小麦、棉花、蔬菜、果树等各种作物的多种病害。除草剂的用量也在迅速增加，丁草胺、灭草丹、绿麦隆、草甘膦、灭草松及磺酰脲类除草剂也相继投入了市场。

随着农药的不断发展，现代农药创制更加关注生态安全，低生态风险的绿色杀虫剂创制是未来发展的方向，未来农药要符合活性高、选择性高、农作物无药害、无残留、制备工艺绿色等特点。总之，绿色农药是未来农药发展的必然趋势，也是农业可持续发展的一项重要保证。

农药创新和应用研究具有长周期性、基础性、高度学科交叉性和公益性。基因技术、分子生物学、结构生物学等生物学技术的发展为未来绿色农药的创制提供更大的机遇和平台。其他学科的发展应用到新农药创制的研究中，如化学、物理学、计算机和信息科学等学科与农药研究的交叉和渗透。生命科学的前沿技术如基因组、功能基因组、蛋白质组和生物信息学等，将与农药创制研究紧密结合，将促进农药筛选平台、新先导化合物发现和新型药物靶标验证等的快速发展[1~3]。

在农药的不断发展过程中，农药创新创制的理论也在不断发展、完善。目前对农药创新理论的研究主要针对合成方法、农药分子的设计以及分子靶标发现等方面展开，以构建集成现代分子设计学、合成化学、生物学与分子生物学的农药创新理论体系。在合成方法上，以类同合成为农药分子合成的新思路，发展了片段拼接法、中间体衍生法等创新农药合成理论，用以给农药分子的开发提供明确的方向，提高成功率。在农药分子设计方面，基于绿色化学与分子设计学，发展了QAAR、构型控制、MB-QSAR、DFT/QSAR、构象柔性度分析、活性碎片法等分子设计策略，用于验证候选农药分子的生物合理性，实现对候选药物的高效优化。在靶标发现方面，基于生物学与分子生物学，开发包括几丁质合成酶、细胞质苏氨酰转移核酸合成酶、气味蛋白、咽侧体蛋白、HrBP蛋白等在内的潜在分子靶标，为新型农药的开发，以及农药小分子与靶标生物大分子的各种相互作用的研究提供理论基础。农药创新的理论必然会为今后新农药的开发提供新的思路和策略，这些新理论在新农药的研究开发中将越来越成为关键因素，以适应不断发展的农药需求[4,5]。

7.2 农药发展的国内外差距

我国农药研究相对落后于发达国家，研究经费、人力投入等与医药相比投入较少，研究人员和产业的积极性相对较低，国内农药企业的创新能力弱，长期处于技术和产业的低端。近年来，在国家“973”计划、“863”计划、科技支撑计划的支持下，我国农药的创新能力有所加强，产业发展水平和应用水平有所提高，创制能力及国际影响力大大增强。我国建立了涵盖分子设计、化学合成、生物测试、靶标发现、产业推进等环节的较完整的农药创制体系，自主创制的病虫草害防治品种开始走向应用，组建了一支绿色农药创制队伍，这些项目的实施，进一步发展和完善了我国绿色农药创新研究体系，提升了我国的创新能力，使中国成为继美国、日本、德国、瑞士、英国之后第六个具有独立创制新农药能力的国家。

我国科学家围绕农作物重大病虫草害，以绿色发展和农药减量为前提，开展了绿色新农药的创制。在杀虫剂和杀线虫剂创制方面，我国的战略目标转向高活性、易降解、低残留及对非靶标生物和环境友好的药剂研究，并在新理论、新技术和产品创制上取得了系列进展，创制出哌虫啶、环氧虫啶、戊吡虫胍、环氧啉、叔虫肟脲、硫氟肟醚、氯溴虫腈、丁烯氟虫腈、氯氟氰虫酰胺和四氯虫酰胺等新型农药；在杀菌抗病毒方面，开展以超高效、调控和免疫为特征的分子靶标导向的新型杀菌抗病毒药剂的创新研究。针对水稻、蔬菜和烟草等主要农作物上的病害，建立了基于分子靶标的筛选模型，开展了杀菌抗病毒作用靶标及反应机理研究，发展了基于靶标发现先导化合物的新思路，创制出毒氟磷、丁香菌酯、氰烯菌酯、噻唑锌、丁吡吗啉、氟唑活化酯等多个具有自主知识产权的绿色新农药；在除草剂方面，建立了基于活性小分子与作用靶标相互作用研究的农药生物合理设计体系，形成了具有自身特色的新农药创制体系，构建了杂草对除草剂的抗性机制及反抗性农药分子设计模型，创制出喹草酮、甲基喹草酮以及环吡氟草酮等新品种。

我国在新农药基础理论创新研究领域与国际先进水平的差距在缩小。

（1）在杀菌抗病毒剂农药研究的某些领域，如基于天然源和化学免疫激活农药分子设计、抗病毒潜在新靶标研究等方面，已取得了较好的进展。如贵州大学宋宝安在杀菌抗病毒靶标的研究方面取得了原创性的新突破，首次明确了抗病毒药物毒氟磷的作用靶标为HrBP1[6]，毒氟磷、阿泰灵、*S*-诱抗素和海岛素等具有免疫诱抗活性的国内自主创制产品受到了国内外同行的广泛关注；沈阳化工研究院刘长令创新性地提出了独特的基于“中间体衍生化方法”，受邀为国际权威杂志“Chem，Rev.”撰写了文章，详细地介绍了他提出的新农药创新方法“中间体衍生化方法”的实质与应用，给出了大量利用该方法创制新农药品种的实例[7]；华中农业大学张红雨首次提出基于代谢物浓度的抗菌药物靶标和先导发现策略，指出对代谢酶类靶标，可以通过考察其底物浓度，评价靶标的成药性，并提出靶标底物浓度应低于0.5mmol·L^{-1}的靶标筛选指标，实现了代谢物浓度的简便、快速预测，具有比较重要的基础科学意义和潜在应用价值；贵州大学宋宝安和池永贵将绿色手性农药的研发与有机催化和有机合成原始创新深度结合，发展了基于“氮杂卡宾”（NHC）及金鸡纳碱等手性催化的包含多杂环（及螺环）体系的内酯化合物、手性β-磺酰基酮类化合物、手性吲哚醌化合物及手性α-氨基磷酸酯类化合物等一批结构新颖的手性新型抗病毒先导的发现研究工作，研究成果发表在“Nat Comm ”和“Angew Chem Int Ed”上，这些在手性有机合成方面的工作得到了国际同行的高度评价[8～11]。

（2）在杀虫剂和杀线虫剂领域，国内创新仍主要集中于制剂和筛选方面，在计算机辅助筛选与纳米农药等技术上已经有了与国际接轨的趋势。

（3）在除草剂领域，建立了基于活性小分子与作用靶标相互作用研究农药生物合理设计的创新研究体系，形成了具有自身特色的新农药创制体系。在应用技术研究方面，应当加快施药器械、轮换用药、替换用药、筛选生物-化学协同增效药剂等方面的研究。从2015～2017年7月发表的相关SCI刊源的论文情况看，我国科学家发表的论文数量仅次于美国，排在第二位。通过发表的论文内容分析，我们的优势在于研究人员的数量比较多、“费时、费力”的研究方向（或主题）占优势、“宏观效应”的研究占优势。但是在高端技术利用、学科交叉等方面，美、英仍然比我们要好一些，特别是创新性的研究思路方面。我国科学家的多数论文是以跟踪研究为主，特别是采用相同的技术手段、研究思路用于不同虫种或药剂品种的研究，即所谓的“类同研究”。

我国农药创新研究在基础理论研究方面取得一定的特色，但在自主知识产权分子靶标研究方面，与国际前沿仍有一定的差距。新农药的创制研究是一项周期长、投资大、风险高的复杂的系统工程，我国农药企业难以支撑农药产品创制的高额投入，导致企业的核心竞争力不强，缺乏具有国际竞争力的企业集团和具有国际影响力的著名品牌。行业前十大企业占全国总产量的比重只有19.5%，市场占有率最高的企业只占整个市场份额的不到4%，而我国整个农药行业的国际市场占有率仅为5%，而世界上前八家农化集团的销售额已占到全球农药市场的80%以上。并且我国农药行业规模以上企业投入研发的科研经费大约只占年销售额的2%，相比发达国家的10%～20%有很大差距。

我国已经是农药生产和出口大国，但在我国出口的农药产品中，大都是附加值较低的低端产品，且其中仿制产品占90%，而创制的产品仅为10%，这就导致我国的农药企业在竞争中处于弱势地位。国际上在药物靶标发现、新药物分子设计等前沿和核心技术方面日新月异，在重要农业药物新产品创制方面不断取得突破，农业药物产业的技术水平、规模不断提升。发达国家投入巨大的人力、物力，积极抢占农业药物与生物制剂的前沿制高点。而我国农药相关研究缺乏核心竞争技术，主要集中在农药研发的初级阶段，长期以来以跟踪模仿为主，缺乏自主创新，产品更新换代发展缓慢。国内除少数前沿技术能达到国际水平外，大部分前沿技术与发达国家存在一定的差距，缺乏完全的创新体系，最前沿的核心技术基本上都掌握在发达国家的企业手中。国外农药研发主要由几大巨型跨国集团主导，追求的是全面发展的路线，而我国新农药研发力量长期以来主要集中在科研院所和大学。虽然已有少数企业进行了新农药品种的研究开发，也拥有专利产品，但仍缺乏大宗自主产品。可喜的是，随着农药行业的发展，行业结构已经发生了很大变化，出现了一批工科贸、产学研结合的大型农药集团，如湖北沙隆达、南通江山、山东华阳科技等，上市公司有30多家。国际著名农化企业基本都已在我国投资设厂，外商投资引进了一批先进技术、生产工艺和产品，带动了我国农药生产水平的提高。特别是2016年2月，中国化工以约430亿美元的价格收购国际农药巨头先正达公司，这将大大提高农药的原始创新能力，给我国农药工业带来深远的影响。

尽管我国农药创新取得较大的进步，但与国际相比，农药研究科研的投入远远不足。国家“973”计划、“863”计划等重大科研计划，“十二五”期间，国家累计在农药创制方面的投入仅约3亿元。这与发达国家动辄数亿美元的投入相比，差距巨大。如美国仅2012年用于农药化学品的研发投入约30亿美元，折算下来，我国投入约为美国的几百分之一。这其中用于活性成分研发的约占50%，可见农药活性化合物的发现仍然是整个研发投入的重中之重。农药企业，仅有少数企业的研发投入达到销售额的1%～2%，而国外农药企业的研发投入占公司销售额的8%～10%，孟山都（Monsanto）、杜邦（Dupont）、先正达（Syngenta）、巴斯夫（BASF）、陶氏（Dow）、拜耳（Bayer）国外六大农药公司的研发投入约33亿美元。农药创制是跨国公司全球竞争的焦点，巨额的科研投入是跨国大农药持续发展的根本。孟山都每天用于科技研发的投入达到260万美元，研发投资绝大部分都被用于生物技术的研发；先正达每年研发投入占到销售额的近10%，每天的研发投入高达200多万美元，新的先正达全球生物技术研究中心（中国）在北京建成，是全球第六大研究与技术中心，前5年预计总投资将超过1亿美元；拜耳在化学农药研发投资方面一直位列前茅，年度预算约9.52亿美元，这个数字几乎是全球研发总投资52亿美元的19%。同时，拜耳作物科学将投入70亿欧元助推可持续发展，并将加大研发投入以培育新型农业解决方案[1]。

相对于发达国家，我国农药的创新能力弱，我国的农药工业还比较落后，品种比较单一，且大多数有机合成农药为仿制产品，论文专利的质量和水平令人担忧，论文只有0.05%发表在顶级期刊上。中国农药专利申请总量已经超过美国，成为全球第一，国内的大部分农药专利为制剂、混配和用途等方面的专利申请。与国外相比，中国专利的质量参差不齐。国外专利申请的重点在于新化合物的研发，而国内农药专利申请则以化合物的应用研究为主，国内申请人对化学农药的创新能力低于国外申请人。美、日两大农药创制国的农药化合物专利占总申请量的29%，而中国仅有22%～18%。国外在中国的专利申请人中，企业占93%，而国内的企业申请人仅占20%，差距很大。我国急需提高农药专利的含金量。要提高农药专利的“含金量”不是“为专利而专利”。化学农药目前仍然是中国农药市场竞争的重点。在国外发达国家的农药企业普遍重视化合物类原创性化学农药的专利申请的情形下，必须鼓励发明创新，优化中国农药技术专利结构，提高化合物类化学农药专利在整个专利申请量中的比例。

我国是世界最大的农药生产基地，是世界农药的代工厂，我国已经成为世界农药大国，也为世界的作物保护做出了巨大的贡献。科技创新与技术进步的成绩相对巨大，农药科研投入以及产出逐步增长，国家南北两个农药创制中心，标志着我国农药科技开发步入独立自主的创新轨道，以南北两个创制中心为核心，通过联合与辐射，带动了大批科研院所与高等院校。农药创新发展迅速，已创制30多个具有自主知识产权的农药新品种，并取得农药登记。已经建立了包括原药合成、加工、原料与中间体配套和农药研发、创制的比较完整的体系。但是与国际农药工业相比，差距巨大。目前，国际上在药物靶标发现、新药物分子设计等前沿和核心技术方面日新月异，在重要农业药物新产品创制方面不断取得突破，农业药物产业的技术水平、规模不断提升，发达国家都投入巨大的人力、物力，积极抢占农业药物与生物制剂的前沿制高点。而我国农药相关研究缺乏核心竞争技术，主要集中在农药研发的初级阶段，以产品仿制、低水平的创制为主。农药工业的问题严重：仿制多，创新少；品种多，新品少；投入多，产出低；原药强，加工弱；产量高，质量低。因此，需要制定适合我国国情的农药创制战略，将有限的农药研发费用花在刀刃上，探寻我国技术、资金、人才和市场的优势，尽快取得具有市场价值的创制成果。

7.3　农药未来的发展趋势

新的政策和国家战略引导下的农药为中国农药创新注入了新的活力，中国农业和粮食国际化及农药减施国家战略对农药未来创新具有潜在影响，行动方案的制定促进了新型农药的推广，病虫害绿色防控技术研究以及环境友好型病虫害可持续治理技术体系的建立。

我国的农药创新在研究队伍方面，南开大学、华东理工大学、华中师范大学、贵州大学、中国科学院有机化学研究所、中国农业大学、南京农业大学、西北农林科技大学、浙江工业大学等分别在各自的领域形成了优势，而原本传统农药研究院所，如沈阳化工研究院、湖南化工研究院、上海农药研究中心、江苏省农药研究所、浙江省化工研究院等在工艺开发、me-too 的深入研究方面也继续保持着显著的优势。在我国农药企业方面，江苏扬州农药集团的拟除虫菊酯、江苏克胜集团的新烟碱杀虫剂、大连瑞泽集团的丁烯氟虫腈、山东侨昌集团的异丙草胺等均在农药创制方面也有重要进展。中化化工科学技术研究总院整合各方面的优势成立了我国第一个农药产业技术创新战略联盟，因此，在短期内实现我国农药创制整体跨越式发展的时机已经成熟。

我国农药创制的发展经历了“低效高毒—高效高毒—高效低毒—绿色农药”的发展过程，随着生命科学技术、计算机技术等新兴技术的快速发展，农药科技创新也面临着新的机遇与挑战，新的农药发展趋势已经显现：高效低风险化学调控剂与免疫激活剂的创制是未来发展的方向；农药工业的发展趋势是绿色化、低残留或对环境生态的影响较小；农药的使用技术也由粗放使用向精准、智能化使用的方向发展；充分利用相关学科的最新成果，特别是分子生物学技术、生物化学、结构生物学、计算化学及生物信息学等方面的知识，以农药活性分子与作用靶标的相互作用研究为切入点，开展分子靶标导向的高效低风险农药已成为农药创新研究的热点。

我国人口众多，幅员广阔，种植作物繁多，种植面积大，气候变化大的特点也决定了我国对农药的需求显著异于全球的农药需求，因而国际上成功的商品化农药并不一定适合中国的特殊病虫草害，也不一定适合中国的特殊作物和种植方式，因而针对我国国情创制适应我国市场的化学农药也是我国未来农药创新的发展方向。农药工业“十三五”发展计划中明确指出重点发展针对用于城市绿化、花卉、庭院作物的杀菌剂；种子处理剂和环保型熏蒸剂；鼓励发展用于小宗作物的农药、生物农药和用于非农业领域的农药新产品、新制剂；大力推动农用剂型向水基化、无尘化、控制释放等高效、安全的方向发展；支持开发、生产和推广水分散粒剂、悬浮剂、水乳剂、缓控释剂等新剂型以及与之配套的新型助剂；降低粉剂、乳油、可湿性粉剂的比例，严格控制有毒有害溶剂和助剂的使用。

尽管我国的农药创制的研究水平和国际跨国公司相比整体上还比较落后，但是在农药的合成和药效团的衍生方面具有较强的研究实力，在农药的生物合理分子设计、分子靶标与先导的相互作用方面已具有了较好的基础，而在某些特殊研究领域，如新烟碱杀虫剂的反抗性分子设计、抗性机制及作用机制研究已经处于国际领先地位；在计算化学方面，DFT-密度泛函和双分子聚集态 QSAR 的构建是具有显著创新性的基础理论研究；在活性、毒性预测软件和数据库方面也正在不断缩小和国外的差距；生物活性测试和评价平台也已经得到了显著改善，这些为进一步的发展提供了机遇。

2013 年，“Science”杂志出版专刊——“Smarter Pest Control”，指出未来杀虫剂的创制需要更智能化，要更加关注农药的野生生物生态毒理，以更加安全地使用农药；发展基于结构、碎片和靶标的分子设计技术，低成本催化反应合成技术和植物免疫系统激活技术。同时，RNAi 技术、转基因技术和纳米技术在农药中的应用继续是未来的热点。2014 年，旧金山举行的 IUPAC 十三届国际农药化学大会，指出作物数据库建立、大数据分析、基于云计算的环境模型、转基因技术、纳米农药、生物农药、基因农药、智能农药和功能农药是未来植物保护发展的方向。基因技术、分子生物学、结构生物学等生物学技术的发展为未来杀虫剂的创制提供更大的机遇和平台。其他学科的发展将渗入到新农药创制的研究中，如化学、物理学、计算机和信息科学等学科与农药研究的交叉和渗透。生命科学前沿技术如基因组、功能基因组、蛋白质组和生物信息学等，将与农药创制研究紧密结合，将促进农药筛选平台、新先导化合物发现和新型药物靶标验证等的快速发展。全新结构和作用机制的新农药开发、绿色剂型技术、绿色化工技术、农药的精准调控和释放、生物源农药、仿生化学农药的开发、杀虫蛋白、RNAi 杀虫剂和转基因作物将是未来农药发展的热点领域。我国需要加大投入，促进我国绿色农药技术的提升和农药产业结构的调整[2]。

参考文献

[1] Krämer W，Schirmer U，Jeschke P，et al. Modern Crop Protection Compounds. 2nd ed. Weinheim：Wiley-VCH，2012.

[2] Maienfisch P，Stevenson T M. Discovery and Synthesis of Crop Protection Products. Washington DC：ACS Symposium Series，American Chemical Society，2015.

[3] Casida J E. Annu Rev Entomol，2018，63（1）：125.

[4] 吴孔明，陈剑平，宋宝安，等. 2016-2017 植物保护学学科发展报告. 北京：中国科学技术出版社，2018.

[5] Shao X，Qian X，Li Z，et al. Trend in Pesticide Discovery Research-Development of Safer and Environmentally Friendly Pesticides. Tokyo，2018.

[6] Chen Z，Zeng M J，Song B A，et al. PlosOne，2012，7：e37944.

[7] Guan A Y，Liu C L，Yang X P，et al. Chem Rev，2014，114（14）：7079.

[8] Chen X K，Yang S，Song B A，et al. Angew Chem Int Ed，2013，52（42）：11134.

[9] Jin Z C，Xu J F，Yang S，et al. Angew Chem Int Ed，2013，52（47）：12354.

[10] Zhu T S，Zheng P C，Mou C L，et al. Nature Comm，2014，5：5027.

[11] Namitharan K，Zhu T S，Cheng J J，et al. Nat Comm，2014，5：3982.

索引

（按汉语拼音排序）

B

C

D

F

G

H

J

Y

Z